Scheuchl / Willner · Taschenlexikon der Wildbienen Mitteleuropas

Erwin Scheuchl
Wolfgang Willner

Taschenlexikon der Wildbienen Mitteleuropas

Alle Arten im Porträt

Quelle & Meyer Verlag Wiebelsheim

Die Angaben in diesem Buch sind von den Autoren und dem Verlag sorgfältig erwogen und geprüft, dennoch kann keine Garantie übernommen werden. Eine Haftung der Autor bzw. des Verlags und seiner Beauftragten für Personen-, Sach- und Vermögensschäden ist ausgeschlossen.

Bibliografische Information der Deutschen Nationalbibliothek
Die Deutsche Nationalbibliothek verzeichnet diese Publikation in der Deutschen Nationalbibliografie; detaillierte bibliografische Daten sind im Internet über http://dnb.d-nb.de abrufbar.

www.quelle-meyer.de

Umschlagabbildungen: Wolfgang Willner, Heinz Wiesbauer, Heiko Bellmann
Druck und Verarbeitung: Westermann Druck Zwickau GmbH
Printed in Germany/Imprimé en Allemagne
ISBN 978-3-494-01653-5

Inhaltsverzeichnis

Vorwort ... 7
Danksagung ... 10
Einleitung ... 11
Artporträts ... 31
Literaturverzeichnis ... 872
Bildquellennachweis ... 907
Register der deutschen Artnamen ... 908

Über die Autoren

Erwin Scheuchl ist ein Experte für Wildbienen, der sich seit 1988 mit diesen Insekten beschäftigt und bereits verschiedene Bestimmungswerke zu den mitteleuropäischen Wildbienenarten veröffentlicht hat. Seit vielen Jahren arbeitet er außerdem bei wichtigen nationalen und internationalen Projekten mit. Für seine Forschungsarbeit wurde er mit dem Förderpreis der Münchner Eontomologischen Gesellschaft ausgezeichnet.

Wolfgang Willner ist Naturfotograf und -filmer und beschäftigt sich seit seiner Kindheit mit der heimischen Flora und Fauna. Seine besondere Begeisterung gilt den Schmetterlingen und den Käfern. Er ist außerdem ehrenamtlicher Mitarbeiter beim Bund Naturschutz in Bayern e. V.

Vorwort

Noch bis vor Kurzem war es weitgehend unbekannt, dass es neben dem Haustier der Imker, der Honigbiene, noch eine beeindruckende Vielzahl wildlebender Bienenarten gibt. Dies ist umso verwunderlicher, als Bienen durch ihre Funktion als Hauptbestäuber der meisten Blütenpflanzen eine Schlüsselrolle im Naturhaushalt spielen und für den Menschen von immenser ökonomischer Bedeutung sind. Bereits Ende des 18. Jahrhunderts entdeckte Christian Konrad SPRENGEL (SPRENGEL 1793) den Zusammenhang zwischen Blüten und Bestäuberinsekten. Jedoch erschien seinen Zeitgenossen die Idee zu grotesk, dass Blüten nur deshalb Nektar produzieren, um Insekten anzulocken, die dann ihrerseits den Pollen von einer Blüte zur nächsten tragen und so die Bestäubung gewährleisten. Dies hieße, der Natur einen menschlichen Verstand zu unterstellen, wurde SPRENGEL vorgeworfen. So gerieten seine Forschungsergebnisse in Vergessenheit, bis Charles DARWIN auf sein Buch aufmerksam wurde. Der mit DARWIN korrespondierende deutsche Botaniker Herrmann MÜLLER (MÜLLER 1873, 1879, 1881) sowie, MÜLLERS Arbeiten fortsetzend, Paul KNUTH (KNUTH 1898a,b, 1899) und Ernst LOEW (LOEW 1884, 1886, 1890) bestätigten SPRENGELS Ergebnisse und bauten sie weiter aus. Sie entdeckten die Wechselbeziehung zwischen den verschiedenen Blütenformen und dem Körperbau ihrer Bestäuber und entwickelten die Theorie der Koevolution. Obwohl in allen diesen Arbeiten die Honigbiene als lediglich eine unter vielen bestäubenden Bienenarten beschrieben wird, setzte sich die Existenz der Wildbienen nie im öffentlichen Bewusstsein fest, von den relativ auffälligen Hummeln einmal abgesehen. Erst in den letzten Jahren wird hier ein zaghafter Umschwung erkennbar.

Ungeachtet der mangelnden Wahrnehmung in der Öffentlichkeit haben sich gerade im deutschsprachigen Raum seit 250 Jahren zahlreiche Forscher mit Wildbienen beschäftigt, jedoch sind die dabei zusammengetragenen Informationen zur Biologie und Verbreitung der mitteleuropäischen Arten über eine kaum zu überschauende Fülle an Publikationen verstreut. Zwar gibt es einige ältere zusammenfassende Werke (DUCKE 1900; FREY-GESSNER 1899–1907, 1908–1912; FRIESE 1893, 1895, 1896c, 1897a, 1898, 1899, 1923; PITTIONI & SCHMIDT 1942, 1943; SCHMIEDEKNECHT 1882–1884, 1885–1886; STÖCKHERT 1954), diese legen jedoch zumeist das Hauptgewicht auf die Taxonomie und bearbeiten oft nur Teilgruppen.

Aktuelle zusammenfassende Werke fehlen. Für das in diesem Werk behandelte Gebiet ist das einzige Kompendium das hervorragende, aber leider vergriffene Buch „Die Wildbienen Baden-Württembergs“ von Paul WESTRICH (WESTRICH 1989), das aber nur die Bienenarten der damaligen BRD, also der alten Bundesländer, behandelt. Daneben erschien jüngst eine ähnlich ambitionierte Publikation, die sich allerdings auf die in den Niederlanden heimischen Bienen beschränkt (PEETERS ET AL. 2012).

Das vorliegende Taschenlexikon versucht, diese Lücke zu schließen. Dazu wurden weit über 9000 Publikationen ausgewertet, um alle jemals für Deutschland, Österreich und die Schweiz gemeldeten Arten aufzulisten und die wichtigsten Informationen zu Biologie und Verbreitung zusammenzutragen. Da bei über 800 Arten der zur Verfügung stehende Platz sehr begrenzt ist, mussten sich die Angaben auf die wesentlichsten Fakten beschränken.

Auch wenn das Nennen von Literaturzitaten für ein Lexikon unüblich ist, hoffe ich, durch ein Abweichen von dieser Regel den interessierten Leser zu eigener Literaturrecherche und damit zu einer tieferen Beschäftigung mit dem Thema Wildbienen zu animieren. Sehr viele Publikationen können kostenfrei heruntergeladen oder zuweilen wenigstens online gelesen werden – in diesen Fällen wurden im Literaturverzeichnis die üblichen Angaben durch eine Internetadresse ergänzt.

Leider rückt in der heutigen Forschung und Lehre die Untersuchung der Lebensweise (nicht nur) der Wildbienen immer mehr in den Hintergrund. In der Zoologie ist Artenkenntnis nicht mehr wie früher unabdingbare Grundlage, sondern wird als antiquiert und weitgehend überflüssig, da zeitraubend, betrachtet. Diese Zeit kann doch viel besser mit dem Amortisieren von teuren Gen-Sequenzern verwendet werden! Um nicht falsch verstanden zu werden: Die DNA-Analyse ist ein wertvolles Werkzeug, und gerade in der Taxonomie gibt es einige Probleme, die dadurch endlich gelöst werden können. Auch die Phylogenetik ist ein respektabler und wichtiger Zweig der Biologie, doch in dem Ausmaß, wie sie heute betrieben wird, erscheint sie mir wie purer Luxus – in einer Zeit, in der die meisten Wildbienenarten in einem katastrophalen Rückgang begriffen sind und wir immer noch so wenig über diese Tiere wissen! Diesen Rückgang erkennen freilich nur Menschen, die sich mit den Tieren beschäftigen und nicht nur mit deren Genen. Die Möglichkeit, ein Tier anhand seines „genetischen Fingerabdrucks“ zu identifizieren, liefert nur den Namen des Tieres, und der ist ohne Artenkenntnis absolut wertlos!

Ein erster Blick auf die Artporträts mag vielleicht die Klage über einen Mangel an Wissen übertrieben erscheinen lassen, aber wenn man sich ansieht, wie wenig z. B. in Bezug auf Wirt-Parasit-Beziehungen oder auf eine mögliche Oligolektie wirklich sicher belegt ist, kann man erkennen, wie viel noch unbekannt ist. Oder man betrachte nur die aktuelle Rote Liste für Deutschland (Westrich et al. 2012), in der lediglich ein Drittel der einheimischen Bienen als ungefährdet eingestuft wird und bei der überwiegenden Mehrzahl der gefährdeten Arten die „Risikofaktoren nicht feststellbar“ sind. Ebenso deutlich wird das Wissensdefizit in der „European Red List of Bees“ (Nieto et al. 2014), in der bei gut der Hälfte aller Arten der Kenntnisstand nicht einmal ausreicht, um überhaupt eine Einschätzung der Gefährdung vornehmen zu können („Data deficient“).

In diesem Sinne hoffe ich, dass das vorliegende „Taschenlexikon der Wildbienen Mitteleuropas“ viele Interessierte dazu anregt, sich mit diesen faszinierenden Insekten und ihrer unglaublich spannenden und vielfältigen Lebensweise zu beschäftigen.

Ergolding im November 2015

Erwin Scheuchl

Danksagung

Andreas W. EBMER/Puchenau und Maximilian SCHWARZ/Ansfelden stellten freundlicherweise zahlreiche unpublizierte Daten zur Verfügung, die die Kenntnisse der Verbreitung von Wildbienen enorm erweitern. Ersterer lieferte auch die Texte für die Gesamtverbreitung der meisten nichtparasitischen Halictidae und hat etliche Fotos beigesteuert. Beiden möchte ich meinen herzlichsten Dank aussprechen.

Zu Dank verpflichtet bin ich auch Stephan RISCH/Leverkusen für Korrekturen und Ergänzungen zu den Eucerini und Hans Richard SCHWENNINGER/Stuttgart für Anregungen, Ergänzungen sowie insbesondere für die Initiierung, Koordination und das Engagement bezüglich der Erstellung der deutschen Namensliste.

Danken möchte ich auch zahlreichen weiteren Kollegen, die namentlich gar nicht alle erwähnt werden können und die durch einzelne Hinweise, durch das Mitwirken an der deutschen Namensliste oder in anderer Form dazu beigetragen haben, dass das vorliegende Taschenlexikon entstehen konnte.

Einleitung

Bienen gehören zu den Hautflüglern (Hymenoptera), der in Mitteleuropa artenreichsten Insektenordnung, die durch zwei durchsichtige Flügelpaare sowie eine Eiablageröhre am Hinterleibsende der Weibchen charakterisiert sind. Bei den Stechimmen – eine Untergruppe der Hautflügler, zu der neben den Bienen z. B. auch Falten-, Weg- und Grabwespen sowie Ameisen gezählt werden – ist diese Legeröhre zu einem mit einer Giftdrüse verbundenen Wehrstachel umgebildet.

Um die wildlebenden Arten von der domestizierten Honigbiene zu unterscheiden, werden sie unter dem Terminus „Wildbienen" zusammengefasst. Synonym wird zuweilen der Begriff „Solitärbienen" oder „Einsiedlerbienen" gebraucht, da mit Ausnahme der meisten Hummel- und einiger Furchen- und Schmalbienenarten die meisten Wildbienen nicht wie die Honigbiene in sozialen Gemeinschaften leben.

Da die meisten Menschen Wildbienen mit Honigbienen (oft sogar mit Wespen) in einen Topf werfen, befürchten sie, dass Wildbienen genauso stechlustig sind – die Vorsilbe „Wild-„ suggeriert sogar eine noch größere Aggressivität. Das Gegenteil ist der Fall. Zum einen besitzt ohnehin nur knapp die Hälfte aller Wildbienen einen Stachel (nämlich die Weibchen; im Regelfall werden etwas mehr männliche als weibliche Nachkommen produziert), dann ist der Stachel der meisten Arten auch zu schwach, um die menschliche Haut zu durchdringen, und sollte das ausnahmsweise doch einmal der Fall sein, ist der Schmerz in der Regel etwa so stark wie bei der Berührung einer Brennnessel. Ihren Stachel setzen Wildbienen aber nur bei unmittelbarer Bedrohung ein, also bei einer Berührung, die der Biene eine Flucht unmöglich macht, etwa wenn man sie zwischen die Finger nimmt. Im Gegensatz zur Honigbiene (und zu sozialen Wespenarten) wird ein Verteidigungsverhalten also nicht bei einer Bedrohung des Nestes, sondern nur bei individueller Bedrohung ausgelöst. Verständlich wird dieser Unterschied im Verhalten, wenn man sich vergegenwärtigt, dass die Honigbiene ihren Honigvorrat und Tausende von Nachkommen zu verteidigen hat und dass zu dieser Verteidigung der Verlust einiger, ja Hunderter von Arbeiterinnen ohne größere Nachteile für das Bienenvolk bliebe. Würde eine Solitärbiene ihr Nest gegen einen erkennbar stärkeren Angreifer verteidigen, würde sie dabei höchstwahrscheinlich selbst getötet, ohne dass sie ihre Nachkommen retten könnte. Unter den Wildbienen verteidigen lediglich die sozialen Hummeln ihr Nest, aber auch hier stechen die Tiere der allermeisten Arten nur im äußersten Notfall.

Weltweit sind über 20.000 Bienenarten bekannt, und ständig werden neue Arten beschrieben. In Deutschland, Österreich und der Schweiz wurden bislang etwas über 800 Wildbienenarten nachgewiesen: etwas über 580 in Deutschland, über 720 in Österreich und über 640 in der Schweiz. Eine genaue Zahl anzugeben ist unmöglich, weil manche – insbesondere ältere

– Meldungen nicht überprüfbar sind und weil bei einigen Taxa unter den Fachleuten keine Einigkeit besteht, ob man sie als eine einzige Art oder als Gruppe nahe verwandter Arten auffassen soll. Bei einigen Meldungen handelt es sich um Einzeltiere, die mit einiger Wahrscheinlichkeit eingeschleppt wurden – auch hier gibt es unterschiedliche Meinungen, ob man diese in solche Zählungen mit aufnehmen soll.

Das Erscheinungsbild der einzelnen Wildbienen ist sehr unterschiedlich. Die größten europäischen Arten erreichen eine Körperlänge von fast 3 cm, die kleinsten sind nur knapp 3 mm lang. Einige Arten besitzen einen fast haarlosen Körper, andere, wie z. B. die Hummeln, tragen einen dichten Pelz. Sowohl die Haare als auch der Chitinpanzer sind je nach Art unterschiedlich gefärbt, in der Regel schwarz, manchmal mit blauem oder grünlichem Metallschimmer, oft aber auch mit roter, gelber oder weißer Zeichnung.

Von ihren Stechimmen-Verwandten unterscheiden sich die Bienen durch ihre ausschließlich „vegane“ Lebensweise: Während Wespen und Ameisen ihre Nachkommen mit fleischlicher Nahrung versorgen (Insektenlarven, Spinnen, Heuschrecken, Blattläuse u. a.), können Bienenlarven nur durch Pollen und Nektar ernährt werden. Es gibt nur wenige Ausnahmen von dieser Regel, wie etwa die Gattungen *Macropis* und *Rediviva*, die den Nektar durch Pflanzenöl ersetzen, und einige südamerikanische Arten der Gattung *Trigona*, die ihren Nachwuchs mit Gewebeteilen toter Wirbeltiere füttern. Die erwachsenen Bienen ernähren sich größtenteils von Nektar, daneben nehmen sie zur Eigenversorgung mit Protein Pollen zu sich.

Es sammeln jedoch nicht alle Bienenarten die Nahrung für ihre Brut selbst. Einige Gattungen, die unter dem Begriff „Kuckucksbienen“ zusammengefasst werden, haben sich auf eine brutparasitische Lebensweise verlegt. Wie der Kuckuck versorgen sie ihren Nachwuchs nicht selbst, sondern dringen in die Nester anderer Bienenarten ein und legen dort ihre Eier ab. Die schlüpfende Kuckucksbienenlarve frisst das Wirtsei oder tötet die Wirtslarve und verzehrt anschließend den für die Wirtslarve bestimmten Pollenvorrat. In Mitteleuropa haben sich rund ein Viertel der Wildbienenarten auf diese Lebensweise verlegt.

Der weitaus größte Teil der Wildbienenarten (75 % der mitteleuropäischen Arten) allerdings besorgt die Verproviantierung seiner Nachkommen selbst. Im Laufe ihrer Stammesgeschichte haben die pollensammelnden Wildbienenarten zwei verschiedene Strategien der Nahrungsbeschaffung entwickelt: die Polylektie und die Oligolektie (bzw. als deren Extremfall die Monolektie). Polylektische (auf vielen – aber nicht beliebigen – Pflanzenfamilien sammelnde) Arten können den Pollen vieler verschiedener Pflanzen nutzen, während oligolektische (auf nur einer Pflanzen*familie* oder *-gattung* sammelnde) bzw. monolektische (ausschließlich auf einer Pflanzen*art* sammelnde) Arten auf eine enge Auswahl an Pollenquellen spezialisiert sind. Zwischen Poly- und Oligolektie gibt es natürlich Übergänge; so zeigen zum Beispiel viele nachgewiesenermaßen polylektische Arten eine deutliche Präferenz für eine bestimmte Pflanzenfamilie. Andere beschränken sich beim Pollensammeln auf zwei oder maximal drei Pflanzenfamilien – hier spricht man (je nach Autor) von mesolektischen, breit oligolektischen, eingeschränkt polylektischen oder teilspezialisierten Arten.

Sowohl die Polylektie als auch die Oligolektie bieten Vor- und Nachteile. Polylektische Arten können während der gesamten Vegetationsperiode und in vielen verschiedenen Lebensräumen Nahrung finden, müssen dafür aber mit vielen anderen Blütenbesuchern konkurrieren, und sie müssen Zeit aufwenden, um die jeweils optimale Sammeltechnik für die verschiedenen von ihnen besuchten Blüten zu erlernen. Bei den oligolektischen Arten, die ja nur nach einem einzigen Bauplan gestaltete Blüten besuchen, entfällt dieser Zeitaufwand, und die Konkurrenz um die Nahrungsressourcen ist wesentlich geringer. Dafür sind sie aber räumlich und zeitlich absolut von ihrer Futterpflanze abhängig – ein in unserer von der industriellen Agrikultur geprägten Landschaft äußerst schwerwiegender Nachteil, da bei einem Ausfall der benötigten Pollenquellen die nächstgelegenen Bestände geeigneter Futterpflanzen oftmals in einer für die Biene nicht erreichbaren Entfernung liegen. Dementsprechend sind etwa zwei Drittel der oligolektischen Wildbienenarten in Mitteleuropa in ihrem Bestand bedroht.

Neben geeigneten Pollenquellen benötigen Wildbienen auch geeignete Nistgelegenheiten. Hinsichtlich dieser Ressource kann man die Wildbienen grob in endogäisch (unterirdisch) und hypergäisch (oberirdisch) nistende Arten einteilen. Zwei Drittel der in Bayern lebenden pollensammelnden Bienenarten nisten endogäisch; hier beeinflussen Parameter wie Konsistenz und Feuchtigkeitsgehalt des Substrats, Sonnenexposition, Neigung der Bodenoberfläche und Dichte der Vegetationsdecke die Wahl des Nistplatzes. Im Allgemeinen gilt: Je feuchter und kühler das vorherrschende Klima und Mikroklima, je gröber und inhomogener das Bodensubstrat und je dichter die Vegetationsdecke, desto unattraktiver ist ein Standort für den Nestbau. Etliche Arten können vorgefundene oder selbst angelegte Hohlräume verschiedenster Art besiedeln; hier spielt es meist keine Rolle, ob diese in oder über der Erde liegen. Manche Arten errichten ihre Brutzellen in totem Holz oder in Pflanzenstängeln, andere wieder mörteln sie aus Lehm oder töpfern sie aus Baumharz. Einige wenige Arten benötigen ganz spezielle Requisiten wie verlassene Schneckenhäuser oder verlassene Schilf- oder Eichengallen. Je nach Art werden die Brutzellen oft zusätzlich mit unterschiedlichen Materialien wie Blattstücken, Baumharz, Pflanzenwolle oder körpereigenen Sekreten ausgekleidet. Mit Ausnahme der Mauerbiene *Osmia brevicornis* ist allen europäischen Wildbienennestern gemeinsam, dass für jede Larve eine eigene Brutzelle errichtet wird.

Ein Großteil der Wildbienenarten lebt solitär, d. h. jedes Weibchen errichtet sein eigenes Nest und sorgt sich nur um die Verproviantierung seiner eigenen Brutzellen; es erhält keine Hilfe von Artgenossen und gewöhnlich stirbt es, bevor seine Nachkommen das Erwachsenenstadium erreichen. Unter den europäischen Bienen sind nur Hummeln (*Bombus* spp.) und viele Furchen- und Schmalbienenarten (*Halictus* spp. und *Lasioglossum* spp.) eusozial, d. h. sie leben in arbeitsteiligen Gemeinschaften, bei denen die erwachsenen Weibchen zweier Generationen zusammenarbeiten (Definition nach MICHENER 2000). Die Mutter (bei Furchenbienen können es zuweilen auch mehrere Muttertiere sein) legt Eier und versorgt die daraus schlüpfenden Nachkommen nur so lange, bis diese erwachsen sind. Danach beschränkt sich die Mutter auf das Eierlegen und die Nachkommen übernehmen die Versorgung der künftigen Brut. In Mitteleuropa sind diese Bienenstaaten in der Regel nur einjährig. Sämtliche Bienen sterben im Herbst, lediglich die zuletzt geschlüpften und begatteten Weibchen überwintern, um im nächsten Frühjahr einen neuen Staat zu gründen.

Die ökologische Bedeutung der Wildbienen ergibt sich aus ihrer Rolle als Hauptbestäuber einer Vielzahl von Wild- und auch zahlreicher Kulturpflanzen. Aus dem Phänomen der Oligolektie bei vielen Bienenarten resultiert eine starke gegenseitige Abhängigkeit von Bienen und Pflanzen. Eine artenreiche Wildbienenfauna braucht eine artenreiche Vegetation und umgekehrt. Neben einem ausreichenden Angebot an Pollenquellen wählen Bienen ihre Lebensräume aber auch anhand von Faktoren wie Nistmöglichkeiten, Mikroklima, Raumstruktur, Raumwiderstand, Versteckmöglichkeiten, Habitatvernetzung und Konkurrenzbeziehungen aus und reagieren empfindlich bereits auf kleinste Änderungen dieser Parameter. Durch diese hohe bis teilweise extreme Spezialisierung eignen sich Wildbienen hervorragend als Indikatororganismen für Lebensräume.

Aufgrund ihrer Bedeutung für den Naturhaushalt sind in Deutschland sämtliche Wildbienenarten laut Bundesartenschutzverordnung besonders geschützt, doch hat dieser Schutzstatus in der Praxis – überspitzt gesagt – lediglich zur Folge, dass man sich bereits strafbar macht, wenn man eine gefundene tote Wildbiene mit nach Hause nimmt („Es ist ferner verboten, Tiere und Pflanzen der besonders geschützten Arten in Besitz oder Gewahrsam zu nehmen, in Besitz oder Gewahrsam zu haben"), während die dauerhafte Vernichtung ganzer Wildbienen-Populationen, z. B. durch Verfüllung oder Aufforstung einer Sandgrube, unbeanstandet bleibt, sofern sie nur nach „guter fachlicher Praxis" erfolgt. In Österreich und der Schweiz besitzen Wildbienen keinen besonderen Schutzstatus; es gelten lediglich Lebensräume von Arten als schützenswert, die in der Roten Liste aufgeführt sind (in Österreich existiert eine Rote Liste für Wildbienen nur für Kärnten), deren „Beseitigung durch technische Eingriffe [...] einer Interessenabwägung [bedarf]; lässt sich ein Eingriff nicht vermeiden, ist für deren bestmöglichen Schutz, für Wiederherstellung oder ansonsten für angemessenen Ersatz des Lebensraumes zu sorgen" (Natur- und Heimatschutzgesetz der Schweiz). Welche Interessen in allen drei Ländern in der Regel schwerer wiegen, ist hinlänglich bekannt.

Richtig ist aber, dass Wildbienenschutz in erster Linie den Schutz der Lebensräume dieser Tiere bedeutet, die neben den erforderlichen klimatischen Gegebenheiten die für die jeweilige Art geeigneten Nistplätze und ein ausreichendes Angebot an geeigneten Futterpflanzen bereitstellen müssen. Pflege, Erhaltung und gegebenenfalls Neuschaffung von Lebensräumen für Wildbienen sind daher von grundlegender Bedeutung.

Daneben kann aber jeder interessierte Garten- oder Balkonbesitzer als flankierende Maßnahme Nisthilfen ausbringen und das Nahrungsangebot verbessern, wie durch den Verzicht auf Pflanzen fremdländischer Herkunft und die Duldung bzw. das bewusste Anpflanzen einheimischer Wildpflanzen (die selbstverständlich nicht aus der Natur entnommen, sondern über den Fachhandel bezogen werden sollen). Auf diese Weise lassen sich die Verhaltensweisen der Wildbienen aus nächster Nähe studieren. Nisthilfen kann man mit einfachsten Mitteln herstellen:

- Bündel aus hohlen Pflanzenstängeln (Bambus, Bärenklau, Engelwurz, Schilf, Ampfer, Knöterich ...) mit einem Durchmesser von 2–10 mm und einer Länge von 8–20 cm. WICHTIG: Notwendig ist immer ein verschlossenes Ende, also Stängel immer hinter den Knoten (Verdickungen) durchtrennen, damit das hintere Ende einen natürlichen Abschluss hat.
- Bündel aus markhaltigen Pflanzenstängeln (Holunder, Königskerze, Himbeere, Distel, Rose ...). Diese können auch senkrecht aufgestellt werden. Markhaltige Stängel werden aber nur von wenigen Arten genutzt.
- Abgestorbene Baumstämme, dicke Äste o. Ä. aus Hartholz, in die mit einer Bohrmaschine Löcher (Ø 2–10 mm, Tiefe 5–12 cm) gebohrt werden. WICHTIG: Kein Weichholz verwenden! Bohrungen säubern; es dürfen keine Holzfasern in die Nestöffnung ragen!
- Kisten (Tiefe mindestens 15 cm) mit sandigem Lehm oder Ton, vorzugsweise aber mit Löss gefüllt, Füllung mit Löchern von 4–9 mm Durchmesser versehen. WICHTIG: Kein Stroh untermischen! Möglichst feines und homogenes Substrat verwenden!
- Ziegel aus gebranntem oder luftgetrocknetem Lehm mit hinten abgeschlossenen Löchern von 3–9 mm Durchmesser. Die Löcher sollten vor dem Brennen angebracht werden. Im Gegensatz zu einer Steilwand aus sandigem Lehm oder Löss siedeln sich in gebranntem oder luftgetrocknetem reinen Lehm größtenteils die gleichen Arten an wie in den Holzbohrungen.
- Stapel aus morschen Baumstämmen. Morsches Holz wird nur von wenigen Arten genutzt.

Alle Nisthilfen sollen fest angebracht sein (also nicht frei baumeln können) und an einem witterungsgeschützten, sonnigen Platz aufgestellt werden, die Nistgänge in waagrechter Orientierung, markhaltige Stängel auch senkrecht. Die Nesteingänge sollten vorzugsweise südostexponiert sein.

Schließlich trägt auch der Verzicht auf Insektenvernichtungsmittel zum Wildbienenschutz bei, da selbst sogenannte bienenverträgliche Mittel nicht unbedingt auch für Wildbienen ungefährlich sein müssen.

Zum Aufbau des Taschenlexikons

Der geografische Rahmen dieses Taschenlexikons umfasst Deutschland, Österreich und die Schweiz in den aktuellen politischen Grenzen. Im Folgenden wird das Areal dieser drei Staaten kurz als „Gebiet“ bezeichnet. Alle jemals im Gebiet nachgewiesenen bzw. gemeldeten Wildbienenarten sind nach ihren wissenschaftlichen Namen in alphabetischer Reihenfolge aufgelistet. Die Gattungen werden jeweils als Gesamtheit porträtiert, danach folgen die zur jeweiligen Gattung gehörenden Arten.

Wissenschaftliche Namen

Der schwedische Wissenschaftler Carl VON LINNÉ (latinisiert: LINNAEUS) begründete im 18. Jahrhundert ein System, das jeder Tier- (und Pflanzen-)art einen eindeutigen Namen zuweist und das in Form der „Internationalen Regeln für die Zoologische Nomenklatur“ ständig weiterentwickelt wird. Der Name einer Tierart besteht aus zwei Wörtern (binäre Nomenklatur): Das erste Wort mit großgeschriebenen Anfangsbuchstaben bezeichnet die Gattung, in der die Art steht, das zweite, kleingeschriebene, die Art (Art-Epitheton). Auf den zweiteiligen Artnamen folgt häufig noch der Name des Autors, der die Art beschrieben hat, sowie das Jahr, in dem diese Beschreibung veröffentlicht wurde. Zuweilen wird eine Art später in eine andere Gattung gestellt als vom Erstbeschreiber; in diesem Fall werden Autor und Jahreszahl in Klammern gestellt, wobei üblicherweise Autor und Jahr durch ein Komma getrennt werden. Es hat sich eingebürgert, Gattungs-, Art- und Unterartnamen kursiv zu setzen und den Autorennamen in Kapitälchen oder Versalien [Beispiel: *Amegilla albigena* (LEPELETIER, 1841)]. Wird das Art-Epitheton adjektivisch gebraucht (was die Regel ist), folgt sein grammatikalisches Geschlecht dem des Gattungsnamens; wird die Art in eine andere Gattung gestellt, ändert sich gegebenenfalls die Endung (Beispiel: *Lasioglossum calceatum* hieß zu der Zeit, als *Lasioglossum* noch mit *Halictus* vereinigt war, *Halictus calceatus*).

Vom binären Schema wird nur abgewichen, wenn man eine Unterart (Subspezies) bezeichnen möchte oder wenn die Zugehörigkeit der Art zu einer bestimmten Untergattung dargelegt werden soll. Im ersten Fall wird einfach das Unterart-Epitheton direkt an den Artnamen angehängt oder durch das Kürzel „ssp.“ für „subspecies“ davon abgetrennt (Beispiel: *Andrena pandellei europaea* WARNCKE, 1967 bzw. *Andrena pandellei* ssp. *europaea* WARNCKE, 1967). In ähnlicher Weise wurde mit den früher üblichen Bezeichnungen für Varietäten oder Formen verfahren; heutzutage wird auf die Benennung von Varietäten verzichtet. Im zweiten Fall wird der Untergattungsname in Klammern zwischen Gattungs- und Art-Epitheton gestellt [Beispiel: *Andrena (Lepidandrena) pandellei* PÉREZ, 1895].

Bei der Aufstellung von Unterarten ist man heutzutage viel zurückhaltender als früher. Viele in der Vergangenheit aufgestellte Unterarten stellen nach heutigem Verständnis reine Farbformen dar, die man unter Umständen – drastisch ausgedrückt – auch zu Hause herstellen könnte, indem man Präimaginal-Stadien Temperaturen aussetzt, die für den Herkunftsort untypisch sind. Eine Unterart, die in dem Areal vorkommt, aus dem die Art beschrieben wurde, wird als „Stammform“ oder „Nominatform“ bzw. „Nominat-Unterart“ bezeichnet.

Trotz aller Anstrengungen, die Nomenklaturregeln so zu gestalten, dass jede Art wirklich nur einen einzigen Namen trägt, gibt es immer wieder Situationen, die diesem Ziel entgegenstehen. Der häufigste Fall ist das Auftreten von Synonymen. Ein Synonym entsteht dadurch, dass eine bereits beschriebene Art noch einmal unter einem anderen Namen beschrieben wird, wobei der gültige Name der ist, der zuerst publiziert wurde, sofern dies im Einklang mit den Nomenklaturregeln geschehen ist (Prioritätsprinzip). Aber auch unterschiedliche Auffassungen bezüglich der systematischen Stellung einer Art können dazu führen, dass eine Art mehrere verschiedene Namen trägt (Beispiele: *Hoplitis adunca* (PANZER, 1798) wird von Autoren, die bei der Tribus Osmiini nur eine einzige Großgattung *Osmia* akzeptieren, *Osmia adunca* (PANZER, 1798) genannt; *Stelis minima* SCHENCK, 1859 heißt bei Autoren, die das Taxon nur als Unterart von *Stelis minuta* betrachten, *Stelis minuta minima* SCHENCK, 1859).

Zuweilen werden oder wurden auch zwei Arten unter demselben Namen beschrieben (Homonym). Eine Homonymie kann auch dadurch entstehen, dass eine Art nachträglich in eine andere Gattung gestellt wird, in der bereits eine Spezies mit demselben Art-Epitheton existiert (sekundäres Homonym). Im Falle einer Homonymie muss die Art, die mit demselben Namen belegt wurde wie eine bereits früher beschriebene, einen neuen Namen bekommen (*nomen novum*), da dieser Name bereits vergeben („präokkupiert“) ist. Im Falle einer sekundären Homonymie steht dafür zuweilen ein bisher als Synonym betrachteter Name zur Verfügung (Beispiel: Wenn man, wie es manche Autoren tun, *Chelostoma* nur als Untergattung von *Osmia* betrachtet, dann müsste *Chelostoma distinctum* (STÖCKHERT, 1929) ja *Osmia distincta* (STÖCKHERT, 1929) heißen. Nun wurde aber bereits eine nordamerikanische Art unter dem Namen *Osmia distincta* CRESSON, 1864 beschrieben, der als der ältere Name Prorität hat, und *Osmia distincta* (STÖCKHERT, 1929) wird dadurch zum Homonym. Der nächstälteste verfügbare Name ist *Osmia cantabrica* (BENOIST, 1935), der vorher lediglich ein Synonym von *Chelostoma distinctum* (STÖCKHERT, 1929) war).

Um bei einem mehrfach vergebenen Namen deutlich zu machen, von welchem Taxon gerade die Rede ist, wird er folgendermaßen geschrieben:

„*Andrena pubescens* OLIVIER, 1789 *nec* (KIRBY, 1802)". Damit wird ausgedrückt, dass es sich um die von OLIVIER beschriebene *Andrena pubescens* handelt und nicht („*nec*") um die von KIRBY. Möglich ist auch folgende Schreibweise: „*Andrena pubescens auct. nec* OLIVIER, 1789". Dies bedeutet, dass sich der Name auf die Art bezieht, die ein oder mehrere Autoren („*auctor*" bzw. „*auctores*", in der Pluralform zuweilen auch als „*auctt.*" abgekürzt) als *Andrena pubescens* bezeichnen, die jedoch nicht identisch ist mit der von OLIVIER beschriebenen.

Der wissenschaftliche Name jeder Tierart ist an ein einzelnes Exemplar geknüpft, den „Holotypus". Dieser bildet sozusagen den „Urmeter" einer Art. Er muss heutzutage bei der Beschreibung einer neuen Art festgelegt werden. Bei Arten, die aufgestellt wurden, bevor die Nomenklaturregeln dies zwingend vorschrieben, wird nachträglich ein Tier aus der dem Autor bei der Beschreibung vorliegenden Exemplare, die sogenannte „Typenserie" oder die „Syntypen", ausgewählt und als „Lectotypus" bezeichnet. Die anderen der dem Autor bei der Beschreibung vorliegenden Exemplare nennt man „Paratypen" (bzw. bei nachträglicher Festlegung „Paralectotypen"). Den Fundort des Holotypus bezeichnet man als „*locus typicus*".

Einen wissenschaftlichen Namen, der keinem Taxon mit Sicherheit zugeordnet werden kann, nennt man „*nomen dubium*". Häufigster Grund für ein *nomen dubium* ist der Verlust des Typenmaterials oder eine so weitgehende Zerstörung, dass die artcharakteristischen Merkmale nicht mehr erkennbar sind.

Ein „*nomen nudum*" ist ein wissenschaftlicher Name, der für eine Art vorgeschlagen wurde, ohne eine Beschreibung beizufügen.

Der Begriff „Taxon" (Pl. Taxa) bezeichnet eine Gruppe von Lebewesen, die eine systematische Einheit bilden, z.B. eine Art oder eine Gattung. Der Begriff wird häufig in Fällen gebraucht, in denen die Zuordnung zu einer bestimmten systematischen Kategorie unklar ist. Beispiel: Bei dem als *Andrena croceiventris* MORAWITZ, 1871 beschriebenen Tier könnte es sich sowohl um eine eigene Art, um eine Unterart von *A. similis* oder um eine bloße Färbungsform von *A. similis* handeln.

Der Name einer Familie wird durch Anfügung der Endung „...idae", einer Unterfamilie durch „...inae", und einer Tribus durch „...ini" gekennzeichnet.

Deutsche Namen

Mit Ausnahme einiger Hummeln existieren im deutschsprachigen Raum keine volkstümlichen Bezeichnungen für Wildbienenarten, obwohl bereits im 18. Jahrhundert Entomologen wie Johann Ludwig CHRIST und Georg Wolfgang Franz PANZER ihren Beschreibungen neben den wissenschaftlichen auch deutsche Namen zuwiesen, die sich jedoch nie im allgemeinen Sprachgebrauch durchsetzen konnten.

Da deutsche Namen dazu beitragen können, die Popularität der Wildbienen in der Öffentlichkeit zu fördern, wurde im baden-württembergischen Arbeitskreis Wildbienen-Kataster ein Gremium gebildet, welches sich bis 2012 mit der Vergabe deutscher Bienennamen beschäftigte. Aufbauend auf der bis dahin vorliegenden umfassenden, jedoch noch nicht alle Arten betreffenden Namensliste wurden nun weitere Namen vergeben, sodass sämtliche jemals für Mitteleuropa gemeldeten Bienentaxa mit deutschen Namen versehen sind.

Bei der Namensgebung wurden so weit wie möglich charakteristische Verhaltensweisen verwendet, wie bevorzugter Blütenbesuch (z. B. „Spargel-Sandbiene" für *Andrena chrysopus*) oder Besiedlung bestimmter Landschaftselemente (z. B. „Geriefte Steilwand-Schmalbiene" für *Lasioglossum limbellum*), morphologische Eigenheiten (z. B. „Zweihöckrige Mauerbiene" für *Osmia leaiana*) oder aber die zutreffende Übersetzung der wissenschaftlichen Namen (z. B. „Gürtel-Wollbiene" für *Anthidium cingulatum*). Um bei besonders umfangreichen Gattungen einen besseren Überblick zu schaffen, wurde für Untergattungen ein eigener deutscher Name gebildet. So werden die Subgenera *Micrandrena* als Zwergsandbienen, *Zonandrena* als Bindensandbienen und *Simandrena* als Körbchensandbienen bezeichnet. Die Wahl des Namens wird jeweils im Abschnitt „Etymologie" begründet.

Systematik

Gattungsporträts: Durch die alphabetische Reihenfolge geht natürlich die verwandtschaftliche Ordnung verloren, das heißt nahe verwandte Gattungen, wie z. B. *Chelostoma, Heriades* und *Osmia*, werden weit auseinandergerissen. Da die Kenntnis der verwandtschaftlichen Stellung der einzelnen Gattungen für ein tieferes Verständnis der Wildbienen unerlässlich ist, wird bei jedem Gattungsporträt die Stellung der Gattung im System angegeben. Die Aufgabe der biologischen Systematik ist es, Arten (als Grundeinheit des Systems) festzustellen und sie hierarchisch zu ordnen.

Über die Definition des Begriffes „Art" wird gerne gestritten; am sinnvollsten ist sicherlich immer noch die Definition als Gemeinschaft von Individuen, die sich untereinander fruchtbar fortpflanzen können. Allerdings lässt sich in der Praxis nicht überprüfen, ob Tiere, die man als zu einer Art gehörig betrachtet, diese Definition erfüllen. So liegt insbesondere die Frage, ob bestimmte Tiere zu einer selbstständigen Art oder nur zu einer Unterart gehören, im Ermessen des jeweiligen Bearbeiters.

Arten mit gewissen gemeinsamen Merkmalen werden zu Gattungen zusammengefasst; so werden z. B. alle Bienen, deren Weibchen neben den Komplexaugen eine dicht behaarte, grubige Vertiefung und an der Basis der Hinterbeine eine gekrümmte Haarlocke besitzen, zur Gattung *Andrena* gezählt. Der Gattung folgen als nächsthöhere Kategoriestufe die Tribus, dann die Unterfamilie und schließlich die Familie.

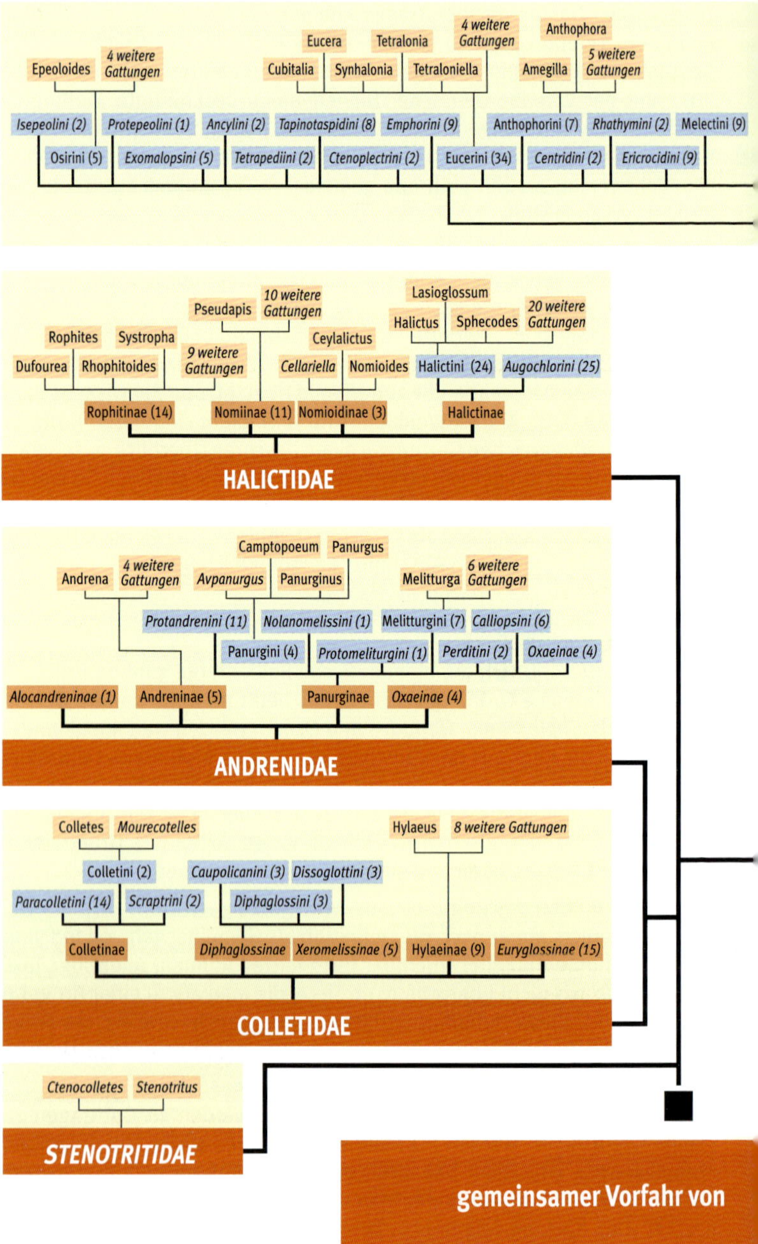

nach MICHENER (2007)

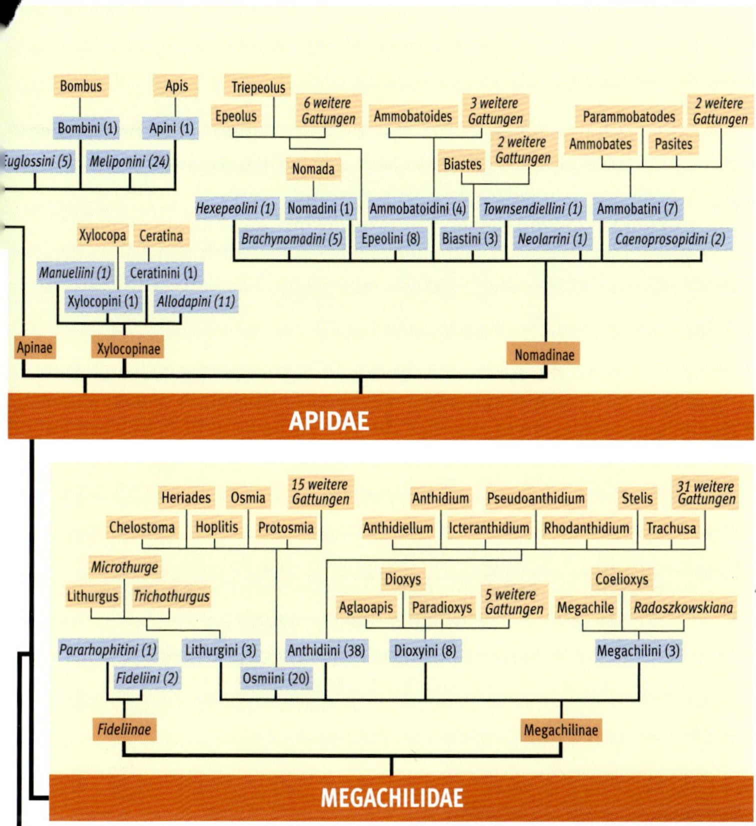

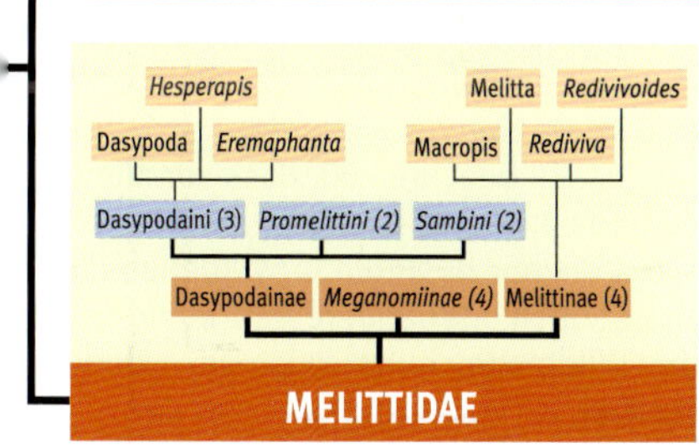

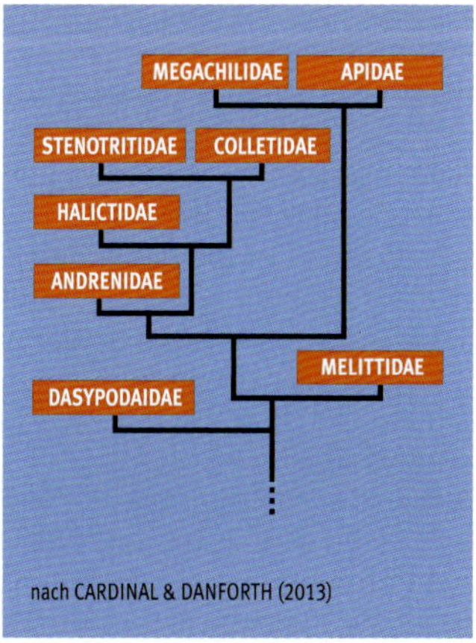

nach CARDINAL & DANFORTH (2013)

Prinzipiell folgt die systematische Einteilung der in MICHENER (2007) dargelegten Auffassung, Abweichungen werden gegebenenfalls erläutert.

In der Abbildung wird die systematische Gliederung der Bienen dargestellt (Stammbaum), wie sie sich aus dem in MICHENER (2007) dargelegten System ergibt; daneben befindet sich der in einigen Punkten abweichende Stammbaum nach neueren Erkenntnissen, die mittels genanalytischer Untersuchungen durch CARDINAL & DANFORTH (2013) gewonnen wurden.

In der Abbildung sind die Namen von Taxa, die im Gebiet nicht vorkommen, kursiv gesetzt. Die Ziffer in Klammern hinter den Namen von Tribus bzw. Unterfamilien gibt die Zahl der jeweils in ihnen enthaltenen Gattungen an. Die Namen von Gattungen, die im Gebiet nicht vorkommen, werden nur bei gattungsärmeren Tribus angegeben.

Artporträts: Hier ist die systematische Zugehörigkeit zur jeweiligen Untergattung bzw. zu einer Artengruppe angegeben. Existieren zu diesem Punkt verschiedene Auffassungen, werden die von MICHENER (2007) abweichenden Auffassungen in Klammern angegeben.

Nomenklatur

Gattungsporträts: Aufzählung der Synonyme des aktuell gültigen Gattungsnamens; die bei den Artporträts verwendeten Untergattungsnamen, die von MICHENER (2007) abweichen, werden erläutert.

Artporträts: Aufzählung der Synonyme des aktuell gültigen Artnamens; aus Platzgründen werden nur Synonyme angegeben, unter denen Arten nach dem Jahr 1900 aus einem der drei Länder des Gebiets gemeldet wurden.

Literatur

Nur Gattungsporträts: Hier werden Publikationen angegeben, die Bestimmungstabellen für die jeweiligen Gattungen enthalten, wobei zuweilen nur die Arten eines Teils des behandelten Gebiets abgedeckt werden, zuweilen aber auch für einen größeren Raum gelten. Zu beachten ist, dass vor allem ältere Arbeiten oft unvollständig sind und eine veraltete Nomenklatur verwenden. Angegeben wird auch Literatur, die nur Bestimmungstabellen für Artengruppen enthält oder durch Illustrationen oder andere Informationen für die Bestimmung mitteleuropäischer Wildbienen hilfreich ist, auch wenn sie sich nicht auf dieses Gebiet beschränkt.

Etymologie

Gattungs- und Artporträts: Erläuterung der Wortherkunft des wissenschaftlichen und des deutschen Namens. Die wissenschaftlichen Namen sind fast durchweg von lateinischen bzw. latinisierten und von griechischen Begriffen abgeleitet; dies wird jeweils durch die Abkürzungen „lat." und

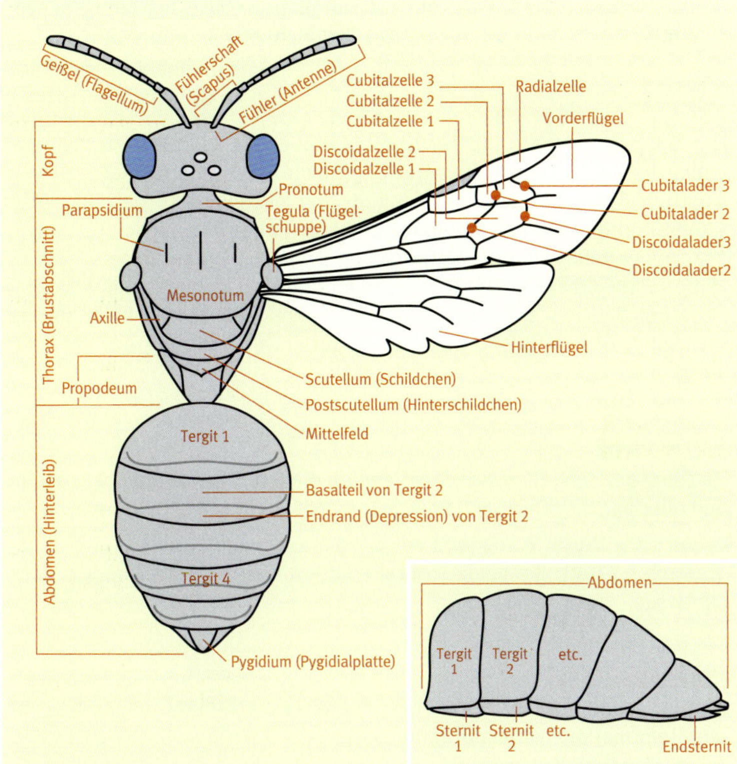

Geißel (Flagellum)
Fühlerschaft (Scapus)
Fühler (Antenne)
Kopf
Thorax (Brustabschnitt)
Abdomen (Hinterleib)
Cubitalzelle 3
Cubitalzelle 2
Cubitalzelle 1
Radialzelle
Vorderflügel
Discoidalzelle 2
Discoidalzelle 1
Cubitalader 3
Cubitalader 2
Discoidalader3
Discoidalader2
Pronotum
Parapsidium
Tegula (Flügel-schuppe)
Mesonotum
Axille
Hinterflügel
Propodeum
Scutellum (Schildchen)
Postscutellum (Hinterschildchen)
Mittelfeld
Tergit 1
Basalteil von Tergit 2
Endrand (Depression) von Tergit 2
Tergit 4
Pygidium (Pygidialplatte)
Abdomen
Tergit 1
Tergit 2
etc.
Sternit 1
Sternit 2
etc.
Endsternit

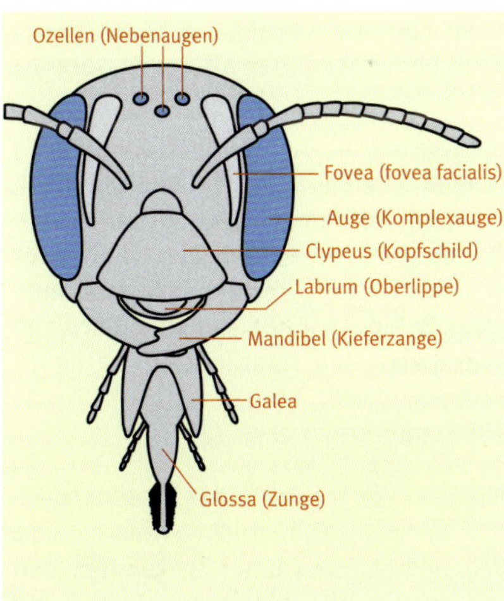

Ozellen (Nebenaugen)
Fovea (fovea facialis)
Auge (Komplexauge)
Clypeus (Kopfschild)
Labrum (Oberlippe)
Mandibel (Kieferzange)
Galea
Glossa (Zunge)

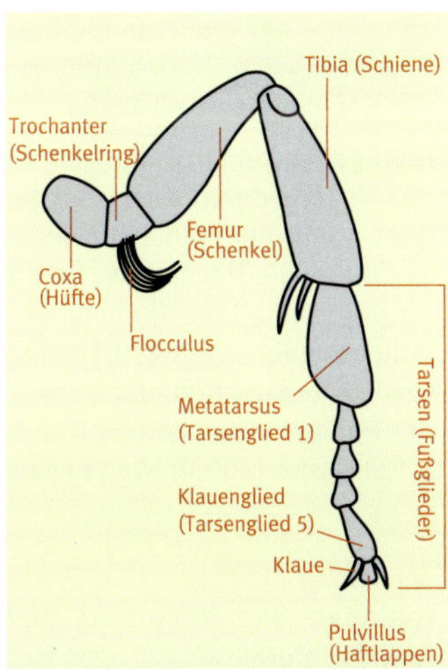

Tibia (Schiene)
Trochanter (Schenkelring)
Femur (Schenkel)
Coxa (Hüfte)
Flocculus
Metatarsus (Tarsenglied 1)
Klauenglied (Tarsenglied 5)
Klaue
Tarsen (Fußglieder)
Pulvillus (Haftlappen)

„griech.“ angezeigt. Namen, die sich auf anatomische Begriffe beziehen, sind durch die Abkürzung „anat.“ gekennzeichnet.

Körperliche Merkmale

Nur Gattungsporträts: Kurzer Überblick über die morphologischen Besonderheiten der jeweiligen Gattung sowie über Unterschiede zu verwandten Gattungen. Zur Bezeichnung der einzelnen Körperteile siehe Abbildung. Nicht in der Abbildung zu sehen, aber in manchen Gattungsporträts erwähnt sind die Dufourschen Drüsen. Sie befinden sich in der Hinterleibsspitze des Weibchens und münden zusammen mit der Giftblase in den Stachel. Sie produzieren ein Sekret, das zur Auskleidung der Brutzellen und möglicherweise auch der Duftmarkierung des Nesteingangs dient.

Lebensweise

Gattungsporträts: Hier wird dargelegt, ob die Gattung aus pollensammelnden oder parasitisch lebenden Arten besteht.

Artporträts: Dieser Punkt wird nur bei den Gattungen *Halictus* und *Lasioglossum* erörtert, die beide sowohl solitär als auch sozial lebende Arten umfassen.

Pollenquellen

Gattungs- und Artporträts (nur bei pollensammelnden Gattungen bzw. Arten): Informationen über die Pollenquellen der jeweiligen Gattung bzw. Art. Zu beachten ist, dass sich die Angaben nicht auf den Blütenbesuch im Allgemeinen beziehen, da die Bienen zur Eigenversorgung mit Nektar in der Regel ein viel größeres Blütenspektrum nutzen können als zur Versorgung der Nachkommen mit Pollen.

Angegeben sind nur Pflanzen bzw. Pflanzenfamilien, bei denen die Nutzung des Pollens durch die jeweilige Bienenart belegt ist. Dies bedeutet nicht, dass keine anderen Pflanzen besammelt werden – es fehlen möglicherweise nur die Nachweise. Gerade bei ausgesprochen polylektischen Arten dürften zukünftige Pollenanalysen noch weitere, bisher nicht bekannte Pollenquellen erbringen. Ebenso könnten sich bisher als oligolektisch geltende Arten als zumindest mesolektisch erweisen. Hauptquellen bezüglich der Pollenspezialisierung waren Westrich (1989), Müller (2015b), Müller & Kuhlmann (2003), Sedivy et al. (2008) und Sedivy et al. (2013).

Nestbau

Gattungs- und Artporträts (nur bei pollensammelnden Gattungen bzw. Arten): Informationen über Nestbau, Nestarchitektur, Nistrequisiten und andere das Nistverhalten betreffende Erkenntnisse. Wenn im Artporträt nicht aufgeführt, liegen keine Informationen vor, die über die Angaben im Gattungsporträt hinausgehen. Bei den Osmiini war MÜLLER (2015b) eine Hauptquelle bezüglich des Nestbauverhaltens.

Lebensraum

Nur Artporträts: Auflistung der Lebensräume der jeweiligen Art und Angabe der vertikalen Verbreitung. Die Angaben zu den Lebensräumen beziehen sich auf das Gebiet, listen lediglich bekanntermaßen bevorzugte Habitate auf und schließen nicht aus, dass die jeweilige Art auch in anderen Lebensräumen angetroffen wird. Die Bezeichnung der Höhenstufen richtet sich nach folgender Einteilung:

- Flachland bis kolline Höhenstufe: 0–800 m
- montane Höhenstufe: 800–1600 m
- subalpine Höhenstufe: 1600–2100 m
- alpine Höhenstufe: über 2100 m

Diese Bezeichnungen gelten für die Nordalpen und das Gebiet nördlich davon; in den Südalpen sind die Höhenstufen um durchschnittlich 200 m nach oben verschoben.

Parasiten

Gattungs- und Artporträts (nur bei pollensammelnden Gattungen bzw. Arten): In erster Linie werden sogenannte Brut- oder Nestparasiten, insbesondere Kuckucksbienen, angegeben. Als Kuckucksbienen werden Bienenarten bezeichnet, die ihre Eier in die Nester von pollensammelnden Bienenarten legen, wo die daraus schlüpfende Larve in aller Regel zuerst das Wirtsei oder die junge Wirtslarve tötet und sich dann vom Pollenvorrat ihres Wirtes ernährt bzw. bei den Hummeln als Sozialparasit ihre Nachkommen von den Arbeiterinnen des Wirtsvolkes aufziehen lässt. Nicht-apide Brutparasiten sind z. B. Ölkäfer (Meloidae), Buntkäfer (Cleridae), Schmalbauchwespen (Gasteruptionidae) und Keulenwespen (Sapygidae), deren Larven ähnlich vorgehen wie Kuckucksbienenlarven. Daneben werden auch weitere, häufiger zu beobachtende Schmarotzer wie Fächerflügler (Strepsipteren) aufgezählt. Die Informationen über nicht-apide Parasiten stammen zum Teil aus älterer Literatur. Es wurde zwar versucht, die darin verwendeten wissenschaftlichen Namen der aktuellen Nomenklatur anzupassen, dies wird möglicherweise aber nicht in allen Fällen gelungen sein, da auch bei den aktuellen Autoren, insbesondere was die Gattungszugehörigkeit anbelangt, keine Einigkeit besteht. Hauptquellen bezüglich der Parasitierung durch Fächerflügler waren STRAKA ET AL. (2015) und HOFENEDER & FULMEK (1942, 1943).

Wirte

Gattungs- und Artporträts (nur bei parasitischen Gattungen bzw. Arten): Informationen über die Wirte der jeweiligen Gattung bzw. Art.

Flugzeit

Nur Artporträts: Angabe des Zeitraums, in dem man erwachsene Tiere der jeweiligen Art in der freien Natur beobachten kann. Als Basis dienten neben eigenen Daten vor allem Angaben aus der Literatur, sofern sie sich auf die Phänologie in Deutschland, Österreich und der Schweiz beziehen, bei sehr seltenen Arten wurden auch Angaben aus den angrenzenden Regionen berücksichtigt. Die Angaben wurden bewusst unscharf gehalten (also nicht „Anfang Juni bis Ende August“, sondern „Juni bis August“), da die klimatischen Unterschiede im Gebiet, das ja von Schleswig-Holstein bis ins Tessin reicht, enorm sind.

Besonderes Verhalten

Gattungs- und Artporträts: Informationen über interessante Verhaltensweisen, die sich nicht unter einem der anderen Punkte unterbringen lassen, wie z. B. Schlaf- oder Paarungsverhalten oder das Phänomen der sexuellen Mimikry bei bestimmten Orchideenarten, deren Blüten durch Form, Farbe und Geruch ein Bienenweibchen nachahmen, um Bienenmännchen, die sich täuschen lassen und versuchen, mit der Blüte zu kopulieren, als Pollentransporteur zu benutzen.

Verbreitung/Artenzahl

Nur Gattungsporträts: Angabe der Gesamtverbreitung der Gattung und die Zahl der bisher weltweit bekannten Arten.

Gesamtverbreitung

Nur Artporträts: Das bekannte Gesamtverbreitungsgebiet der jeweiligen Art wird zuerst in Worten umrissen. Wenn nicht anders angegeben, beziehen sich Namen, die sowohl eine Stadt oder eine Provinz bezeichnen, stets auf die Provinz. Italienische und spanische Provinzen werden in der originalen Schreibung (z. B. Lazio) angegeben, sodass z. B. bei „Galicia“ keine Verwechslung mit dem osteuropäischen Galizien möglich ist oder bei „Abruzzo“ klar ist, dass die Provinz und nicht das Gebirge gemeint ist. Aus praktischen Gründen werden die Territorien des Kashmir zu Indien, der Westbank und des Gazastreifens zu Israel und des Kosovo zu Serbien gezählt. Analog ist mit dem Begriff „Irland“ die Insel gemeint, umfasst also Nordirland und die Republik Irland, und der Begriff „Großbritannien“ wird auf die britische Hauptinsel reduziert. Der Begriff „Skandinavien“ wird stets ohne Dänemark verstanden, ist also identisch mit dem Begriff

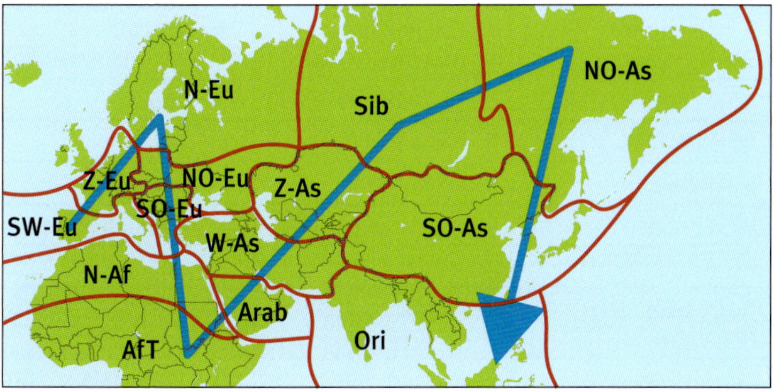

„Fennoskandien" und umfasst Norwegen, Schweden und Finnland in ihren heutigen Grenzen.

Alaska hingegen wird als eigenes Land behandelt, d.h. wenn beim Verbreitungsgebiet einer Art die USA aufgezählt sind, kommt sie nicht in Alaska vor, es sei denn, Alaska ist ebenfalls angegeben. Das Gleiche gilt für die Azoren, Kanaren, Balearen, Korsika, Sardinien, Sizilien, Kreta, die Ägäischen Inseln und die Krim – alle diese Territorien werden getrennt von den Festlandsterritorien der Länder behandelt, zu denen sie politisch gehören.

Geografische Begriffe oder Länderkürzel, denen ein Asterisk vorangestellt ist, verweisen auf bislang unveröffentlichte Nachweise.

Der Beschreibung des Gesamtverbreitungsgebietes folgt eine Liste aller Länder, aus denen die jeweilige Art bisher gemeldet wurde. Um eine Vorstellung von der Verbreitung der Arten zu erleichtern, sind die Länder nach Zonen gruppiert, die von West nach Ost in einer Art „Scheibenwischer-Bewegung" nacheinander angeführt werden (siehe Abbildung).

Erwiesenermaßen oder mit an Sicherheit grenzender Wahrscheinlichkeit auf einem Irrtum beruhende Meldungen werden gekennzeichnet, ebenso zweifelhafte oder überprüfungsbedürftige Literaturangaben.

*	=	bisher unpublizierte Daten
{PL}	=	erwiesenermaßen oder mit an Sicherheit grenzender Wahrscheinlichkeit auf einem Irrtum beruhend
PL?	=	zweifelhafte Meldung
PL(?)	=	überprüfungsbedürftige Meldung
+	=	eingeschleppt oder eingeführt, etabliert

Lokalverbreitung

Nur Artporträts: Es wird auf die Verbreitung innerhalb des Gebietes eingegangen. Hier werden aus praktischen Gründen Bremen zu Niedersachsen,

A = Österreich	I(Sa) = Italien (Sardinien)	RA = Argentinien
AFG = Afghanistan	I(Si) = Italien (Sizilien)	RC = China
AL = Albanien	IL = Israel	RCH = Chile
B = Belgien	IND = Indien	RI = Indonesien
BF = Burkina Faso	IR = Iran	RIM = Mauretanien
BG = Bulgarien	IRL = Irland	RL = Libanon
BIH = Bosnien-Herzegowina	IRQ = Irak	RMM = Mali
BR = Brasilien	IS = Island	RO = Rumänien
BY = Weißrussland	J = Japan	ROU = Uruguay
CDN = Kanada	JOR = Jordanien	RUS(N) = Russ. Föd. (Nord)
CH = Schweiz	KAZ = Kasachstan	RUS(S) = Russ. Föd. (Süd)
CS = Tschechische Republik	KGZ = Kirgisistan	S = Schweden
CV = Capverden	KP = Nordkorea	SF = Finnland
CY = Zypern	KSA = Saudi-Arabien	SK = Slowakische Republik
D = Deutschland	LAR = Libyen	SLO = Slowenien
DK = Dänemark	LT = Litauen	SN = Senegal
DZ = Algerien	LUX = Luxemburg	SO = Somalia
E = Spanien	LV = Lettland	SRB = Serbien
E(B) = Spanien (Balearen)	M = Malta	SUD = Sudan
E(C) = Spanien (Kanaren)	MA = Marokko	SYR = Syrien
EAK = Kenia	MD = Moldawien	TAD = Tadschikistan
ER = Eritrea	MGL = Mongolei	TC = Kamerun
EST = Estland	MK = Mazedonien	TCD = Tschad
ET = Ägypten	MNE = Montenegro	TM = Turkmenistan
ETH = Äthiopien	N = Norwegen	TN = Tunesien
F = Frankreich	NAM = Namibia	TR = Türkei

F(K) = Frankreich (Korsika)	NEP = Nepal	UA = Ukraine
FL = Liechtenstein	NIG = Niger	UA(K) = Ukraine (Krim)
GB = Großbritannien	NL = Niederlande	UAE = Ver. Arabische Emirate
GR = Griechenland	NZ = Neuseeland	USA = Ver. Staaten v. Amerika
GR(Ä) = Griechenland (Ägäis)	OM = Oman	UZB = Usbekistan
GR(K) = Griechenland (Kreta)	P = Portugal	WAG = Gambia
H = Ungarn	P(A) = Portugal (Azoren)	Y = Yemen
HR = Kroatien	PAK = Pakistan	ZW = Simbabwe
I = Italien	PL = Polen	ZA = Südafrikanische Union

Hamburg zu Schleswig-Holstein, Berlin zu Brandenburg, Wien zu Niederösterreich und das Saarland zu Rheinland-Pfalz gezählt. Die Begriffe „aktuell“ bzw. „historisch“ kennzeichnen Nachweise nach bzw. vor 1990.

Sonstiges

Autorennamen: Familiennamen von Personen sind generell in Kapitälchen gesetzt. Die Kennzeichnung eines Literaturzitats folgt dem Schema „AUTOR (Jahreszahl)“, innerhalb einer Klammer „(AUTOR Jahreszahl)“, stets ohne Trennung durch ein Komma. Werden Autor und Jahreszahl durch ein Komma getrennt, bezieht sich diese Kombination immer auf die Beschreibung einer Art.

Arten werden grammatikalisch immer als weiblich behandelt, auch wenn der Gattungsname männlich oder sächlich ist (also z.B. „*Anthidium manicatum* errichtet ihre Brutzellen ...“ statt „*Anthidium manicatum* errichtet seine Brutzellen ...“).

Wissenschaftliche Namen von Gattungen, Arten und Unterarten (inklusive Formen oder Varietäten) werden kursiv gesetzt, die Namen der Hierarchie-Ebenen oberhalb der Gattung jedoch nicht.

Aglaoapis Cameron, 1901
Zweizahnbienen

Systematik: Familie: Megachilidae – Unterfamilie: Megachilinae – Tribus: Dioxini.

Nomenklatur: Die Gattung wurde bis vor Kurzem als Untergattung von *Dioxys* betrachtet.

Literatur: Schmiedeknecht (1930); Warncke (1977); Banaszak & Romasenko (2001); Amiet et al. (2004); Scheuchl (2006).

Etymologie: Von griech. „*aglaos*" = „glänzend" und lat. „*apis*" = „Biene". Der deutsche Name trennt nicht zwischen *Aglaoapis* und *Dioxys*, mit der sie früher vereinigt war.

Körperliche Merkmale: Körperlänge 8–12 mm. Körperfarbe schwarz, Hinterleib oft teilweise rot gefärbt (die einheimische *Aglaoapis tridentata* vollständig schwarz). Vorderflügel mit zwei Cubitalzellen. Wie die anderen Gattungen der Tribus Dioxini besitzt *Aglaoapis* je einen zahnartigen Fortsatz an den Seiten des Scutellums (*Aglaoapis tridentata* überdies einen dritten Zahn in der Mitte des Scutellumhinterrandes), einen zahnartigen Fortsatz in der Mitte des Postscutellums und ein stark verlängertes Labrum, das im Gegensatz zu *Dioxys* nahe der Basis einen Quergrat aufweist. Von *Paradioxys* unterscheidet sich *Aglaoapis* unter anderem dadurch, dass Sternit 6 und Tergit 6 etwa gleich lang sind (bei *Paradioxys* Sternit 6 lang und schmal, fast nadelartig, viel länger als Tergit 6). Die Klauenglieder der Beine sind nicht mit einem Haftlappen ausgestattet. Wie bei allen parasitisch lebenden Gattungen ist bei den Weibchen kein Pollensammelapparat ausgebildet.

Lebensweise: Die Tiere leben als Brutparasitoide bei anderen Wildbienenarten aus der Gattung *Hoplitis*, möglicherweise auch bei anderen Megachiliden. Als Kuckucksbienen besuchen sie Blüten nur zur Eigenversorgung mit Nektar.

Verbreitung/Artenzahl: *Aglaoapis* ist auf die Alte Welt beschränkt, die drei Arten sind disjunkt verbreitet: *Aglaoapis tridentata* geht in Eurasien von Iberien bis in den Fernen Osten, nordwärts bis 61°N, südwärts bis zum Mittelmeer und in den Kaukasus, *Aglaoapis brevipennis* kommt in Indien und *Aglaoapis alata* in Südafrika vor.

Aglaoapis tridentata (Nylander, 1848)
Dunkle Zweizahnbiene

Nomenklatur: Synonyme: *Dioxys tridentata* (Nylander, 1848); *Dioxys fasciata* Schenck, 1861, *Dioxys kuntzei* Noskiewicz, 1940.

Etymologie: Von lat. „*tridentata*" = „dreizähnig"; wegen des dreizähnigen

Scutellums. Deutscher Name: Im Gegensatz zu den anderen Zweizahnbienen ist der Körper der Art vollständig schwarz gefärbt.

Lebensraum: Brachen und Ruderalflächen, Steilwände und Abbruchkanten, Trockenmauern, Felssteppen. Vom Flachland bis in die subalpine Höhenstufe.

Wirte: Als Wirte sicher nachgewiesen sind *Hoplitis anthocopoides*, *Hoplitis ravouxi*, *Hoplitis adunca* und *Megachile parietina*; möglicherweise kommt auch *Megachile leachella* infrage.

Flugzeit: In einer Generation von Mai bis August.

Gesamtverbreitung: Transpaläarktisch. Von Spanien über Süd-, Mittel- und Osteuropa, Ukraine, Südrussland und Sibirien sowie über Kleinasien, Kaukasus und Zentralasiens bis an die Pazifikküste des Fernen Ostens; in Europa nordwärts in Schweden und Finnland bis 61°N, südwärts bis Sardinien, Griechenland und Zypern. **SW-Eu:** E, I(Sa), I. **Z-Eu:** F, B, LUX, D, A, CH. **N-Eu:** S, SF, EST, LT, LV, RUS(N). **NO-Eu:** CS, SK, PL, BY, UA, UA(K), RUS(S). **SO-Eu:** H, RO, SLO, HR, BG, GR. **W-As:** *GR(Ä), CY, TR, Kaukasus. **Z-As:** KAZ, KGZ. **Sib:** W-Sib, O-Sib. **NO-As:** Khab, JAO, Prim.

Lokalverbreitung: In Deutschland großflächig ausgestorben, aktuelle Funde nur aus Rheinland-Pfalz, Bayern und Baden-Württemberg. In Österreich hauptsächlich im östlichen Teil. In der Schweiz aktuell nur südlich des Alpenhauptkammes (Wallis, Graubünden).

Amegilla Friese, 1897
Bindenpelzbienen

Systematik: Familie: Apidae – Unterfamilie: Apinae – Tribus: Anthophorini.

Nomenklatur: Brooks (1988) stellt für die Gattung eine Vielzahl von Untergattungen auf, die jedoch alle von Michener (2007) verworfen werden, da bei den Weibchen Merkmale, die eine Aufteilung in Untergattungen erlauben würden, weitgehend fehlen und weil bei den Männchen die subgenerischen Unterschiede deutlich geringer sind als etwa in der Gattung *Anthophora*. Bei den nachfolgenden Artenportraits werden beim Abschnitt „Systematik" die von Brooks verwendeten Untergattungen in eckige Klammern gestellt. Die Gattung wurde bis vor Kurzem als Untergattung von *Anthophora* betrachtet, d.h. alle *Amegilla*-Arten wurden bis vor einigen Jahren unter dem Gattungsnamen *Anthophora* (bzw. von älteren Autoren unter dem Namen *Podalirius*) geführt.

Literatur: Schmiedeknecht (1930); Scheuchl (2000); Amiet et al. (2007). Weitere hilfreiche Arbeiten: Alfken (1927); Herrero Hernández & Pérez-Iñigo Mora (1982); Brooks (1988).

Etymologie: *Megilla* = Kinnlade; in diesem Fall ist damit die Partie zwischen Auge und Mandibelbasis gemeint, die bei dieser Gattung kaum ausgebildet ist, daher *Amegilla* = „ohne Kinnlade". Deutscher Name: Im Unterschied zu den Pelzbienen, die keine oder nur fransenartig ausgebildete Haarbinden besitzen, tragen *Amegilla*-Arten meist filzig dichte Haarbinden auf den Endrändern der Tergite.

Körperliche Merkmale: Körperlänge 8–18 mm. Körperfarbe schwarz. Hinterleib mit auffälligen, dichten Haarbinden. Einige tropische Arten besitzen eine metallisch blaue oder grüne Behaarung. Der Kopf trägt bei beiden Geschlechtern eine mehr oder weniger arttypische weiße oder gelbliche Zeichnung. Anders als bei vielen *Anthophora*-Arten sind die Beine der Männchen unmodifiziert. Die Zunge ist sehr lang, bei einigen Arten erreicht sie eine Länge von über 20 mm. Der Pulvillus (Haftlappen zwischen den Klauen) fehlt, im Unterschied zu *Anthophora,* wo er stets ausgebildet ist. Der Pollentransport erfolgt in einer gut entwickelten Sammelbürste auf den Schienen und Metatarsen der Hinterbeine.

Lebensweise: *Amegilla*-Arten sind solitär lebende, pollensammelnde und nestbauende Bienen.

Pollenquellen: Alle einheimischen Arten sind polylektisch, auch wenn sie aufgrund ihrer langen Zunge Blumen mit tiefen Kelchen wie Lungenkraut (*Pulmonaria*), Natternkopf (*Echium*), Taubnessel (*Lamium*), Salbei (*Salvia*) etc. bevorzugen.

Nestbau: *Amegilla* nistet in selbst gegrabenen Hohlräumen in der Erde, die oft in Steilwänden von Hohlwegen oder Lehm- und Kiesgruben angelegt werden.

Parasiten: Als Kuckucksbienen treten Arten der Gattung *Thyreus* auf. Weitere Nestparasiten sind Ölkäfer (z. B. *Sitaris muralis*) und Erzwespen (z. B. *Leucospis gigas*).

Verbreitung/Artenzahl: Das Verbreitungsgebiet der Gattung erstreckt sich von Portugal über den gesamten eurasischen Kontinent bis Japan, über ganz Afrika einschließlich Madagaskar, die arabische Halbinsel, Sri Lanka, Indonesien, Neuguinea, Salomonen bis Australien einschließlich Tasmanien. Weltweit sind über 250 *Amegilla*-Arten bekannt; im Gebiet wurden bisher vier Arten nachgewiesen.

Amegilla albigena (Lepeletier, 1841)
Weißwangen-Bindenpelzbiene

Systematik: [Untergattung *Zebramegilla* Brooks, 1988].

Nomenklatur: Synonyme: *Anthophora albigena* (Lepeletier, 1841); *Anthophora binotata* Lepeletier, 1841.

Etymologie: Von lat. „*albus*" = „weiß" und „*gena*" = „Wange", wegen der weißen Gesichtszeichnung.

Pollenquellen: Polylektisch, besucht bevorzugt Borretschgewächse (Boraginaceae) und Lippenblütler (Lamiaceae).

Lebensraum: Trockenwarme Standorte wie Weinberge, Ruderalflächen und Steppen. Vom Flachland bis in die montane Höhenstufe.

Flugzeit: Vermutlich in einer Generation von Juni bis Juli, im Süden zuweilen bis Oktober.

Parasiten: Als Kuckucksbiene wurde *Thyreus ramosus* bekannt.

Gesamtverbreitung: Von Portugal über Süd- und Osteuropa, Ukraine und Südrussland bis Kirgistan; nordwärts bis Mähren, Zentralukraine und Wolgograd. Im Süden entlang der nordafrikanischen Küste über den Nahen Osten bis Pakistan; nach älteren Meldungen bis in den Sudan, Äthiopien, Somalia, Jemen und Sokotra und ostwärts bis Nordindien – hier könnte es sich auch um Verwechslungen mit verwandten Arten handeln. **SW-Eu:** P, E, E(B), F(K), I(Sa), I(Si), I, M. **Z-Eu:** F, A, CH. **NO-Eu:** CS, SK, UA, UA(K), RUS(S). **SO-Eu:** H, RO, SLO, HR, MK, SRB, AL, BG, GR, GR(K). **N-Afr:** MA, DZ, TN, LAR, ET, SUD(?), ETH(?), SO(?). **Arab:** Y(?). **W-As:** GR(Ä), CY, TR, SYR, JOR, RL, IL, IRQ, Kaukasus, IR. **Z-As:** SYR, UZB, TAD, KAZ, KGZ. **Ori:** PAK, IND(?).

Lokalverbreitung: Die nördliche Verbreitungsgrenze zieht sich durch das südliche Mitteleuropa. In Deutschland nur eine alte Meldung bei Nassau/ Rheinland-Pfalz. Ansonsten im Gebiet nur aus Ostösterreich und der Südschweiz nachgewiesen, wo sie im Burgenland, Niederösterreich und dem Wallis noch aktuell vorkommt.

Amegilla garrula (Rossi, 1790)

Braune Bindenpelzbiene

Systematik: [Untergattung *Amegilla* Friese, 1897 *s. str.*]

Nomenklatur: Synonyme: *Anthophora garrula* (Rossi, 1790); *Anthophora bombylans* Mocsáry, 1881.

Etymologie: Von lat. „*garrula*“ = „schwirrend“, vermutlich wegen der gattungstypischen Flugweise. Deutscher Name: Im Gegensatz zur nächstverwandten *A. quadrifasciata* sind die Haarbinden des Hinterleibs braun.

Pollenquellen: Polylektisch.

Lebensraum: Trockenwarme Standorte wie Weinberge, Ruderalflächen und Steppen. Vom Flachland bis in die montane Höhenstufe.

Parasiten: Kuckucksbienen wurden in Mitteleuropa bisher noch nicht bekannt; für Rumänien wird *Thyreus truncatus* genannt. Mehrfach wurde die Erzwespe *Leucospis gigas* als Nestparasit beobachtet.

Flugzeit: In einer Generation von Juli bis September.

Gesamtverbreitung: Von Portugal über Süd- und Osteuropa, Ukraine und Südrussland sowie über Kleinasien und Kaukasus bis in den Iran und Kasachstan; nordwärts bis Zentralfrankreich, Schweiz und Zentralukraine; südwärts bis Sizilien (auch auf Korsika und Sardinien), Thessalien und Zypern (nicht auf Kreta). Aus Nordafrika nur je eine alte Meldung aus Algerien und eine aus dem Sudan, beide beziehen sich vermutlich auf verwandte Arten. **SW-Eu:** P, E, E(B), I(Sa), I(Si), I. **Z-Eu:** F, D?, A, CH. **NO-Eu:** SK, RUS(S). **SO-Eu:** H, RO, SLO, HR, MK, MNE, SRB, AL, BG, GR. **N-Afr:** DZ(?), SUD(?). **W-As:** GR(Ä), CY, TR, Kaukasus, IR. **Z-As:** KAZ.

Lokalverbreitung: Die nördliche Verbreitungsgrenze zieht sich durch das südliche Mitteleuropa. In Deutschland nur eine historische Meldung, ansonsten im Gebiet nur aus Südostösterreich (Burgenland, Kärnten, Steiermark) und der Südschweiz nachgewiesen (aktuell noch im Tessin).

Amegilla quadrifasciata (Villers, 1789)

Weiße Bindenpelzbiene

Systematik: [Untergattung *Amegilla* Friese, 1897 *s. str.*]

Nomenklatur: Synonyme: *Anthophora quadrifasciata* (Villers, 1789); *Anthophora nidulans* (Fabricius, 1793).

Etymologie: Von lat. „*quadri-*“ = „vier-“ und „*fasciata*“ = „mit einer Binde versehen“, wegen der dichten weißen Haarbinden des Hinterleibs. Deutscher Name: Im Gegensatz zur nächstverwandten *A. garrula* sind die Haarbinden des Hinterleibs weiß.

Pollenquellen: Polylektisch; nachgewiesen sind Pollenquellen aus folgenden Pflanzenfamilien: Asteraceae, Boraginaceae, Fabaceae und Lamiaceae.

♀

Nestbau: Nistet in selbst gegrabenen Hohlräumen in der Erde, oft in Steilwänden, aber auch auf nicht oder nur schütter bewachsenen ebenen Flächen.

Lebensraum: Trockenwarme Standorte, Sand-, Kies- und Lehmgruben, Steilwände und Abbruchkanten, Weinberge. Vom Flachland bis in die montane Höhenstufe.

Flugzeit: In einer Generation von Juli bis September.

Gesamtverbreitung: Transpaläarktisch. Von den Kanaren und Portugal über Nordafrika, Süd- und Osteuropa, Ukraine, Südrussland und Sibirien sowie über Kleinasien, Kaukasus, Zentralasien, Nordchina und Mongolei bis Japan und Primorje; nordwärts in Europa bis Luxemburg, Sachsen-Anhalt, Zentralpolen, Zentralukraine und Wolgograd; südwärts bis Sudan, Äthiopien, Jemen und Nordindien. **SW-Eu:** P, E, E(B), F(K), I(Sa), I(Si), I, I(L), M. **Z-Eu:** F, LUX, D, A, CH. **N-Eu:** RUS(N). **NO-Eu:** CS, SK, PL, UA, RUS(S). **SO-Eu:** H, RO, SLO, HR, MK, MNE, SRB, AL, BG, GR, GR(K). **N-Afr:** P(M), E(C), MA, DZ, TN, LAR, ET, SUD, ETH, ER. **W-As:** GR(Ä), CY, TR, SYR, RL, IL, IRQ, Kaukasus, IR. **Z-As:** TM, UZB, TAD, KAZ, KGZ. **Sib:** W-Sib. **NO-As:** Prim. **SO-As:** MGL, RC(Xinjiang, Innere Mongolei), J. **Ori:** PAK, IND.

Lokalverbreitung: In Deutschland früher, wenn auch nur sehr vereinzelt, nordwärts bis Sachsen-Anhalt und Brandenburg nachgewiesen, aktuell nur ein einziger Beleg aus Söllingen/Baden-Württemberg von 1996. In Österreich wurden zwischen 1935 und 1940 drei Weibchen in Niederösterreich und Burgenland gemeldet. In der Schweiz nur einige historische Meldungen aus Basel, dem Wallis (Leuk, Siders, Susten) und Lugano.

Amegilla salviae (Morawitz, 1875)

Salbei-Bindenpelzbiene

Systematik: [Untergattung *Zebramegilla* Brooks, 1988]

Nomenklatur: Synonym: *Anthophora salviae* Morawitz, 1875; *Anthophora pipiens* Mocsáry, 1881.

Etymologie: Von *Salvia* (Salbei), der Futterpflanze, auf der man die Art häufig findet. Der deutsche Name folgt dem wissenschaftlichen Namen.

Pollenquellen: Polylektisch.

Flugzeit: Aus dem Gebiet liegen kaum Daten vor. Im Mittelmeergebiet fliegt die Art sehr lange, von März bis Oktober.

Gesamtverbreitung: Westpaläarktisch. In Nordafrika von Ägypten gemeldet. In Eurasien von Zentralspanien über Süd- und Osteuropa, Ukraine bis Südrussland sowie über Kleinasien bis Kaukasus und Iran; nordwärts bis Slowakei und Zentralukraine; südwärts bis Sizilien, Zypern, Südtürkei und Iran. **SW-Eu:** E, I(Si), I. **Z-Eu:** A, CH.**4** **NO-Eu:** CS, SK, UA, RUS(S). **SO-Eu:** H, RO, HR, MK, SRB, BG, GR, GR(K). **N-Afr:** ET. **W-As:** GR(Ä), CY, TR. **W-As:** Kaukasus, IR.

Lokalverbreitung: Im Gebiet aktuell nur aus dem Burgenland nachgewiesen; eine Meldung von 1941 von Sierre. In der Literatur werden Funde aus Melk/Niederösterreich genannt, der Autor bezeichnet diese aber selbst als „bestätigungsbedürftig". Den einzigen sicheren Nachweis stellt ein Männchen dar, das 1991 bei Illmitz/Burgenland gefangen wurde.

Ammobates Latreille, 1809

Sandgängerbienen

Systematik: Familie: Apidae – Unterfamilie: Nomadinae – Tribus: Ammobatini.

Nomenklatur: Die Gattung ist nahe mit den Gattungen *Pasites* und *Parammobatodes* verwandt. Über systematische Stellung und gültigen Namen dieser Gattung herrschte lange Zeit Unklarheit. So wurde z. B. die einzige im Gebiet heimische Art, *Ammobates punctatus*, u. a. in die Gattungen *Epeolus, Phileremus, Pasites* und *Ammobatoides* gestellt.

Literatur: Warncke (1983); Scheuchl (2000); Amiet et al. (2007).

Etymologie: Von griech. „*ammobates*" = „im Sand laufend". Der deutsche Name ist eine Übersetzung der wissenschaftlichen Bezeichnung und bezieht sich auf die Verhaltensweise der Gattung, die auf der Suche nach Wirtsnestern über Sandflächen läuft bzw. in geringer Höhe fliegt.

Körperliche Merkmale: Der Körper ist gedrungen und 4–11 mm (einheimische Arten 7–10 mm) lang. Der Hinterleib ist größtenteils rot gefärbt. Vorderflügel mit zwei Cubitalzellen, Zelle 1 so groß wie 2. Die Behaarung ist kurz und insbesondere auf den Brustseiten und am Ende der Tergite filzartg dicht. Im Gegensatz zu *Pasites* besitzen bei *Ammobates* die Männchen die üblichen 13 Fühlergeißelglieder (bei *Pasites* 12). Das Postscutellum beider Geschlechter tritt als Dorn oder zumindest als scharfe Kante hervor (bei *Pasites* flach) und das Labrum überragt die Mandibelspitzen (bei *Pasites* endet es auf Höhe der Mandibelspitzen).

Lebensweise: *Ammobates*-Arten leben als Brutparasitoide bei Arten der Gattungen *Anthophora, Tetraloniella* und vermutlich *Ancyla*. Als Kuckucksbienen besuchen sie Blüten nur zur Eigenversorgung mit Nektar.

Verbreitung/Artenzahl: Insgesamt sind rund 50 Arten bekannt. Bis auf eine südafrikanische und eine indische Art sind alle paläarktisch verbreitet, von den Kanaren und Marokko bis Zentralasien und Sibirien, nordwärts bis etwa 53°N. Im Gebiet wurden bisher zwei *Ammobates*-Arten nachgewiesen, davon eine bislang nur in Österreich.

Ammobates punctatus (Fabricius, 1804)

Große Sandgängerbiene

Etymologie: Von lat. „*punctatus*" = „punktiert". Deutscher Name: Die Art ist mit 7–8,5 mm Körperlänge durchschnittlich etwas größer als *A. vinctus*.

Wirte: *Anthophora bimaculata* ist der einzige bekannte Wirt.

Flugzeit: In einer Generation von Ende Juni bis Mitte August.

Lebensraum: Binnendünen, Flugsandfelder, Sandgruben, Steppen. Vom Flachland bis in die montane Höhenstufe.

Gesamtverbreitung: Westpaläarktisch. In Europa von Portugal bis zur Ukraine und Südrussland, nordwärts bis etwa 53°N; südwärts bis Nordgriechenland (*Florina) und Südbulgarien; in Nordafrika entlang der Mittelmeerküste. **SW-Eu:** P, E, I(Si), I. **Z-Eu:** F, B, NL, D, A, CH. **N-Eu:** S, SF, RUS(N). **NO-Eu:** CS, SK, PL, BY, UA, RUS(S). **SO-Eu:** H, RO, HR, SRB, BG, *GR. **N-Afr:** MA, DZ, ET. **Sib:** O-Sib.

Lokalverbreitung: Die Nordgrenze der Verbreitung verläuft im Gebiet durch Norddeutschland; aus Niedersachsen und Schleswig-Holstein gibt es keine Nachweise. In Österreich nur in den wärmeren Bundesländern Burgenland, Kärnten, Niederösterreich und Steiermark, in der Schweiz nur im Wallis.

Ammobates vinctus Gerstaecker, 1869
Kleine Sandgängerbiene

Etymologie: Von lat. „*vinctus*“ = „umgebunden, umwunden“, vermutlich wegen der schmalen, durchgehenden weißen Haarbinden auf den hinteren Tergiten. Deutscher Name: Die Art ist mit 6–7,5 mm Körperlänge durchschnittlich etwas kleiner als *A. punctatus*.

Wirte: Als Wirte wurden bisher *Tetraloniella dentata, Tetraloniella fulvescens, Tetraloniella graja* und *Tetraloniella ruficornis* beobachtet.

Flugzeit: In einer Generation von Ende Juni bis Mitte August.

Gesamtverbreitung: Westpaläarktisch. In Nordafrika aus Tunesien gemeldet. In Eurasien von Portugal über die Ukraine und Südrussland bis Kasachstan; nordwärts bis Slowakei; südwärts bis Korsika und Norditalien (Piemont, Trentino), Thessalien, Ägäis und Südosttürkei; im Kaukasus nur aus dem türkischen Teil nachgewiesen. Von Südpolen bis zum Schwarzen Meer und in der Ostmediterraneis in der ssp. *setosus* Morawitz, 1870 **SW-Eu:** P, E, F(K), I. **Z-Eu:** F, A. **NO-Eu:** SK, PL, UA, UA(K), RUS(S). **SO-Eu:** H, RO, SLO, HR, SRB, BG, GR. **N-Afr:** TN. **W-As:** GR(Ä), TR. **Z-As:** TM, KAZ.

Lokalverbreitung: Im Gebiet nur in Niederösterreich und dem Burgenland (aktuell).

Ammobatoides Radoszkowski, 1868
Steppenglanzbienen

Systematik: Familie: Apidae – Unterfamilie: Nomadinae – Tribus: Ammobatoidini.

Nomenklatur: Alte Synonyme dieser Gattung sind *Phileremus* und *Phiarus*.

Literatur: Warncke (1982a); Scheuchl (2000); Amiet et al. (2007).

Etymologie: Der wissenschaftliche Name bezieht sich auf die Ähnlichkeit mit der Gattung *Ammobates* (griech. „*ammobates*" = im Sand laufend, „*eidos*" = das zu Sehende, Anblick, Gestalt), der deutsche Name auf Steppenbiotope als bevorzugten Lebensraum und die glänzende Körperoberfläche.

Körperliche Merkmale: *Ammobatoides* ähnelt den Gattungen *Ammobates* und *Pasites*, ist aber mit 10–14 mm Körperlänge deutlich größer. Der Hinterleib ist bei den Weibchen ausgedehnt rot gefärbt, bei den Männchen schwarz. Vorderflügel mit zwei Cubitalzellen, Zelle 1 deutlich größer als 2. Die Radialzelle ist am Ende gerundet und liegt mit der Spitze entfernt vom Flügelrand. Beide Geschlechter besitzen eine gut ausgebildete Pygidialplatte, die beim Männchen gut sichtbar vorspringt, beim Weibchen jedoch meist durch Tergit 5 verdeckt ist. Das Männchen ist wie die Männchen der Wirtsgattung mit stark vergrößerten Komplexaugen ausgestattet.

Lebensweise: *Ammobatoides*-Arten leben als Brutparasitoide bei *Melitturga*-, außerhalb Europas auch bei *Meliturgula*-Arten. Als Kuckucksbienen besuchen sie Blüten nur zur Eigenversorgung mit Nektar

Verbreitung/Artenzahl: Insgesamt sind acht Arten bekannt, mit Ausnahme einer isoliert in Südafrika vorkommenden Art sind alle paläarktisch verbreitet, von Marokko und Iberien bis China und dem Fernen Osten. Aus dem Gebiet wurde bisher nur eine einzige Art gemeldet.

Ammobatoides abdominalis (Eversmann, 1852)
Steppenglanzbiene

Etymologie: Von lat. „*abdominalis*" = „den Bauch betreffend" (im Sinne von Hinterleib); wegen des rot gefärbten Hinterleibs. Der deutsche Name bezieht sich auf den Lebensraum.

Wirte: Der einzige bekannte Wirt ist *Melitturga clavicornis*.

Lebensraum: Trockenwarme Standorte, Binnendünen, Flugsandfelder, Magerrasen, Brach- und Ruderalflächen, Steppen. Vom Flachland bis in die kolline Höhenstufe.

Flugzeit: In einer Generation von Juni bis August.

Gesamtverbreitung: Von Brandenburg und Ostösterreich über Süd- und Osteuropa, Ukraine, Südrussland und Sibirien sowie über Kleinasien, Kaukasus, Zentralasien und Nordwestchina bis Irkutsk; nordwärts bis Brandenburg, Mähren, Weißrussland und Perm; südwärts bis Lazio und Abruzzo, Mazedonien, Bulgarien, Libanon, Syrien, Iran. Alte Meldungen aus Frankreich von vor 1908 beziehen sich vermutlich auf *Ammobatoides scriptus*. **SW-Eu:** I. **Z-Eu:** F, D, A. **N-Eu:** RUS(N). **NO-Eu:** CS, SK, BY, UA, UA(K), RUS(S). **SO-Eu:** H, RO, MD, SLO, HR, MK, SRB, AL, BG. **W-As:** CY, TR, SYR, RL, Kaukasus, IR. **Z-As:** TM, UZB, TAD, KAZ, KGZ. **Sib:** W-Sib, O-Sib. **SO-As:** RC(Tibet).

Lokalverbreitung: Die westlichsten Funde stammen aus Brandenburg, Burgenland, Niederösterreich und dem Aostatal in Italien, wobei der letztere der einzige aktuelle ist.

Andrena Fabricius, 1775
Sandbienen

Systematik: Familie: Andrenidae – Unterfamilie: Andreninae.

Literatur: Stöckhert (1930a); Warncke (1968); Dylewska (1987); Schmid-Egger & Scheuchl (1997); Patiny & Terzo (2010); Amiet et al. (2011). Weitere hilfreiche Arbeiten: Stöckhert (1924); Stöckhert (1935); Stöckhert (1942); Pittioni (1948); Niemelä (1949); Pittioni & Stöckhert (1950); Gusenleitner (1984); Schmid-Egger & Doczkal (1995); Gusenleitner & Schwarz (2002); Schmid-Egger (2005); Schwenninger (2009); Schwenninger (2013); Schwenninger (2015).

Etymologie: Der wissenschaftliche Name ist altgriechischen Ursprungs („*anthrene*“ = wilde Biene, Waldbiene). Ihren deutschen Namen haben die Sandbienen von ihrem Nestbau: sämtliche Arten bauen ihre Nester in den Erdboden, viele davon bevorzugen sandigen Untergrund.

Körperliche Merkmale: Die Gattung *Andrena* ist sehr verschiedengestaltig – einige Arten wird der Laie wohl noch am ehesten als Bienen erkennen, da sie im Habitus der Honigbiene ähneln. Einige sind nur spärlich behaart, andere wiederum dicht pelzartig wie eine Hummel; einige tragen auf dem ansonsten kahlen Hinterleib helle Haarbinden.

Es gibt kleine Arten von 5 mm, aber auch große von 18 mm. Manche Arten besitzen einen mehr oder weniger rot gefärbten Hinterleib. Bei den Männchen mancher Arten sind der Clypeus und zuweilen auch die benachbarten Teile des Gesichts gelb gezeichnet, bei ganz wenigen (nicht heimischen) Arten ist dies auch beim Weibchen der Fall. Als Vorrichtung zum Pollensammeln tragen die Weibchen an den Hinterbeinen eine Haarbürste und an deren Basis eine gattungstypische Haarlocke (Flocculus). Ein Merkmal, das nur *Andrena*-Weibchen besitzen, sind die beiden flachen Gruben (*foveae facialis*) neben den Innenrändern der Komplexaugen, die samtartig dicht mit sehr kurzen feinen Härchen besetzt sind; andeutungsweise und mehr oder weniger unbehaart ist diese Bildung auch bei den Männchen zu finden. *Foveae facialis* finden sich zwar auch bei einigen anderen Bienengattungen, sind bei diesen jedoch viel unauffälliger und es fehlt die charakteristische Samtbehaarung.

Lebensweise: *Andrena*-Arten sind solitär lebende, pollensammelnde und nestbauende Bienen. Einige Arten nisten kommunal, d. h. mehrere Weibchen benutzen einen gemeinsamen Nesteingang, bauen und versorgen aber jede ihre eigenen Brutzellen. Einige *Andrena*-Arten gehören zu den ersten Bienen im Jahr; sie erscheinen schon Anfang März, wenn noch nicht einmal die Weiden (*Salix*) blühen. Es gibt auch ausgesprochene Spätflieger, die erst im August zu finden sind. Die meisten Arten fliegen jedoch in den Monaten April bis Juni. Bis auf einige Ausnahmen haben Sandbienen nur eine Generation im Jahr. Sie überdauern den Winter als Imago in ihrer Brutzelle.

Pollenquellen: Neben ausgesprochenen Generalisten, die eine Vielzahl verschiedener Blütenpflanzen besuchen, gibt es unter den Sandbienen eine ganze Reihe von Spezialisten, die auf ganz bestimmte Pflanzenfamilien oder -gattungen angewiesen sind.

Nestbau: Ausnahmslos nisten alle Sandbienen in der Erde, jedoch bevorzugen verschiedene Arten häufig verschiedene Substrate. Die Nester werden meist auf ebenen oder schwach geneigten Flächen angelegt, zuweilen auch in Steilwänden. Sie bestehen in der Regel aus einem Hauptgang, von dem mehrere kurze Seitengänge abzweigen, an deren Ende sich die einzelnen Brutzellen befinden, in der Regel zwischen 2 und 10.

Parasiten: Als Kuckucksbienen finden wir bei den Sandbienen hauptsächlich Wespenbienen (*Nomada)* und einzelne Blutbienenarten (*Sphecodes*). Sie werden von den Wirten gewöhnlich nicht vertrieben und auch sonst nicht beachtet. Weitere Brutparasiten sind unter anderem Wollschweber (*Bombylius*) und Ölkäfer (*Meloe*). Als Innenparasiten treten Fächerflügler der Gattung *Stylops* auf.

Besonderes Verhalten: Wie bei etlichen anderen Gattungen patrouillieren auch bei *Andrena* die Männchen, die etwas früher als die Weibchen erscheinen, auf durch Duftmarken festgelegten Flugbahnen entlang ihrer Nektarquellen oder um die Nesteingänge, um auf die Weibchen zu warten. Zuweilen finden sich Männchen zum Schlafen in Anzahl an bestimmten Plätzen, meist Pflanzenstängeln, zusammen. Die Männchen vieler Arten fungieren, insbesondere im Mittelmeergebiet, als Bestäuber der Orchideen-Gattung *Ophrys*, deren Blüten durch Geruch und Aussehen Sandbienen-Weibchen imitieren; den dadurch angelockten Männchen wird dann beim Kopulationsversuch ein Pollenpaket angeheftet.

Verbreitung/Artenzahl: Die Gattung ist holarktisch, d.h. sie besiedelt die gemäßigten Zonen der gesamten nördlichen Hemisphäre, wobei einige Arten teilweise sogar den Polarkreis überschreiten. Südwärts geht sie in der Neuen Welt bis Panama, in der Alten Welt bis Südafrika, Südindien, Malaysia und Taiwan. Drei Arten kommen bekanntermaßen sowohl in der Paläarktis wie in der Nearktis vor, vermutlich existieren noch weitere holarktische Arten, insbesondere aus der Untergattung *Andrena s. str.*, die lediglich bisher in der Ostpaläarktis unter einem anderen Namen bekannt sind als in Amerika. Weltweit sind bisher über 1500 Arten bekannt. Im Gebiet wurden 170 Arten nachgewiesen.

Andrena aberrans Eversmann, 1852
Geißklee-Sandbiene

Systematik: Untergattung *Taeniandrena* Hedicke, 1933, *lathyri*-Gruppe.

Nomenklatur: Synonym: *Andrena ratisbonensis* Stöckhert, 1924.

Etymologie: Von lat. „*aberrans*" = „abweichend"; Eversmann bezieht sich (unzutreffenderweise) auf ein Merkmal im Flügelgeäder, wodurch die Art von allen anderen ihm bekannten *Andrena*-Arten abweichen soll („*Ab omnibus reliquis speciebus differt A. aberrans cellula discoidali prima seu antica, quae cellulam basalem internem spatio declarato tangit, cum in reliquis Andrenis cellula illa discoidalis basalem internam solo puncto tangit vel petiolo brevi insidet*"). Das Synonym von lat. „*ratisbonensis*" = „aus Regensburg"; Stöckhert beschrieb die Art aus der Umgebung von Regensburg. Deutscher Name: Im Gebiet ist Geißklee die ausschließliche Pollenquellen der Art.

Pollenquellen: Oligolektisch auf Schmetterlingsblütler (Fabaceae), einzige belegte Pollenquelle in Deutschland ist der Regensburger Geißklee (*Chamaecytisus ratisbonensis*), im pannonischen Teil Österreichs kommen noch *C. podolicus* und *C. ruthenicus* hinzu. Beobachtungen im Mittelmeerraum legen nahe, dass zumindest regional auch andere Fabaceen als Pollenquelle infrage kommen (Standfuss et al. 2011).

Lebensraum: Trockenhänge, Magerrasen, Steppen. Vom Flachland bis in die kolline Höhenstufe.

Parasiten: Als Kuckucksbiene wurde *Nomada striata* beobachtet.

Flugzeit: In einer Generation von Ende April bis Anfang Juni.

Gesamtverbreitung: Von Bayern im Westen bis Ukraine und Südrussland im Osten, nordwärts bis 52°N in Mittelpolen, südwärts bis Thessalien, eine isolierte Meldung aus dem Kaukasus (Nachitschewan). Keine Nachweise aus der Türkei. **SW-Eu:** I. **Z-Eu:** D, A, CH. **N-Eu:** RUS(N). **NO-Eu:** CS, SK, PL, UA, RUS(S). **SO-Eu:** H, RO, SLO, HR, MK, BG, GR. **W-As:** Kaukasus.

Lokalverbreitung: Die Art erreicht in Deutschland (Jura um Regensburg) ihren westlichsten Verbreitungspunkt. In Österreich in den Bundesländern Burgenland, Niederösterreich, Oberösterreich und Steiermark gemeldet. Warncke (1986a) listet die Art auch für die Schweiz auf, vermutlich irrtümlicherweise, da sich in seiner Sammlung kein Belegtier findet und die Art auch sonst nie dort nachgewiesen wurde.

Andrena aciculata Morawitz, 1886
Nadelrissige Sandbiene

Systematik: Untergattung *Aciandrena* Warncke, 1968.

Nomenklatur: Synonym: *Andrena tenuicula* Stöckhert 1950.

Etymologie: Von lat. „*aciculata*“ = „nadelrissig“, wegen der äußerst feinen und dichten nadelrissigen Skulptur der Körperoberfläche.

Pollenquellen: Es liegen keine Pollenanalysen vor. Beobachtungen des Blütenbesuchs lassen vermuten, dass die Art polylektisch ist mit einer Bevorzugung von Kreuzblütlern (Brassicaceae) und Doldenblütlern (Apiaceae).

Lebensraum: Trockenwarme Standorte, Ruderalflächen, Brachäcker, Steppen. Vom Flachland bis in die kolline Höhenstufe.

Parasiten: Kuckucksbienen wurden bisher noch nicht bekannt.

Flugzeit: In einer Generation von Ende Juli bis September.

Gesamtverbreitung: Vom Pannonicum bis Iran und Kaukasus; nordwärts bis Böhmen; südwärts bis Kreta, Südtürkei und Nordiran. **Z-Eu:** {~~D~~}, A. **NO-Eu:** CS, SK, {~~PL~~}, UA, UA(K), RUS(S). **SO-Eu:** H, RO, MD, HR, MK, BG, GR, GR(K). **W-As:** GR(Ä), CY, TR, Kaukasus, IR.

Lokalverbreitung: Im Gebiet nur in Niederösterreich und Burgenland (aktuell). Osytshnjuk et al. (2005) geben die Art irrtümlicherweise auch für Deutschland an.

Andrena aeneiventris Morawitz, 1872
Schuppige Steppensandbiene

Systematik: Untergattung *Aenandrena* Warncke, 1968, *aeneiventris*-Gruppe.

Etymologie: Von lat. „*aeneus*“ = „aus Kupfer oder Bronze“ *und „venter (ventris)*“ = „Bauch“ (im Sinne von Hinterleib), wegen der kupferfarbenen

♀

Körperoberfläche. Der deutsche Name bezieht sich auf die extrem kurze, fast schuppenartige Behaarung der Thoraxoberseite; als „Steppensandbienen" werden wegen des Lebensraumes die Arten der Untergattung *Aenandrena* bezeichnet.

Pollenquellen: Polylektisch.

Lebensraum: Trockenwarme Standorte, Ruderalflächen, Trockenrasen, Brachäcker, Steppen. Vom Flachland bis in die kolline Höhenstufe.

Parasiten: Kuckucksbienen wurden bisher noch nicht bekannt. Als Innenparasiten treten Arten der Fächerflüglergattung *Stylops* auf.

Flugzeit: In zwei Generationen von Mai bis September.

Gesamtverbreitung: In Nordafrika in Marokko und Algerien. In Eurasien von Portugal über Süd- und Osteuropa, Ukraine, Südrussland sowie über Kleinasien, Kaukasus und Nordiran bis Tadschikistan; nordwärts bis zur Loire-Mündung, Mähren, Nordukraine und Baschkirien; südwärts bis Sizilien (nicht auf Korsika und Sardinien), Kreta, Zypern und Israel. **SW-Eu:** P, E, I(Si), I. **Z-Eu:** F, A, CH. **NO-Eu:** CS, SK, {~~PL~~}, UA, UA(K), RUS(S). **SO-Eu:** H, RO, MD, SLO, HR, MK, SRB, BIH, BG, GR, GR(K). **N-Afr:** MA, DZ. **W-As:** GR(Ä), CY, TR, RL, IL, IRQ, Kaukasus, IR. **Z-As:** TM, TAD, KAZ.

Lokalverbreitung: Im Gebiet nur in Ostösterreich und der Südschweiz (aktuell).

Andrena afrensis WARNCKE, 1967
Schöterich-Blauschillersandbiene

Systematik: Untergattung *Agandrena* WARNCKE, 1968.

Etymologie: WARNCKE gibt keine Informationen zur Etymologie. Deutscher Name: Schöterich gehört zu den bevorzugten Pollenquellen der Art; als „Blauschillersandbienen" werden wegen des metallisch blau schimmernden Hinterleibs die Arten der Untergattung *Agandrena* bezeichnet.

Pollenquellen: Polylektisch an Brassicaceae, Fagaceae, Cistaceae, Resedaceae, Rosaceae. Pollenuntersuchungen von Tieren aus der Schweiz ergaben einen Anteil von 80–100 % Brassicaceen-Pollen (WESTRICH ET AL. 1997).

Lebensraum: Trockenwarme, extensiv genutzte Wiesen und Ruderalflächen, im Gebiet in der kollinen bis subalpinen Höhenstufe.

Parasiten: Als Kuckucksbiene wird *Nomada melathoracica* vermutet.

Flugzeit: In einer Generation von Mitte Mai bis Ende Juli, in Südeuropa möglicherweise zumindest partiell bivoltin.

Gesamtverbreitung: Westeuropäisch. Von Portugal bis Norditalien, nordwärts bis in die Südschweiz; südwärts in Spanien und Frankreich bis zum Mittelmeer, in Italien nur im Trentino. **SW-Eu:** P, E, I. **Z-Eu:** CH.

Lokalverbreitung: Im Gebiet nur im Wallis nachgewiesen (aktuell).

Andrena agilissima (SCOPOLI, 1770)
Senf-Blauschillersandbiene

Systematik: Untergattung *Agandrena* WARNCKE, 1968.

Nomenklatur: *Andrena flessae* PANZER, 1805.

Etymologie: Superlativ von lat. „*agilis*" = „schnell, hurtig", wegen des reißend schnellen Flugs, insbesondere der Männchen beim Patrouillieren. Deutscher Name: Als Kreuzblütler-Spezialist ist die Art häufig auf Senf zu beobachten; als „Blauschillersandbienen" werden wegen des metallisch blau schimmernden Hinterleibs die Arten der Untergattung *Agandrena* bezeichnet.

Pollenquellen: Oligolektisch an Kreuzblütlern (Brassicaceae).

Nestbau: Nistplätze sind Steilwände in Sand, Löss und Lehm, bevorzugt an durch überhängende Felsen o. Ä. geschützten kahlen Rohbodenflächen, gelegentlich aber auch auf vegetationsfreien Flächen im Siedlungsbereich, oft in kleineren Nestaggregationen.

Lebensraum: Trockene Mager- und Fettwiesen, Waldsäume, Hecken, Hochwasserdämme, Sand-, Kies- und Lehmgruben, zuweilen auch Gärten und Parks. Vom Flachland bis in die montane Höhenstufe.

Parasiten: Kuckucksbiene ist *Nomada melathoracica*, möglicherweise auch *N. fulvicornis*. Als weiterer Nestparasit wurde der Wollschweber *Bom-*

bylius fimbriatus beobachtet. Erwachsene Tiere sind nicht selten vom Fächerflügler *Stylops aterrimus* Newport, 1851 (früher mit *Stylops melittae* vermengt) befallen.

Flugzeit: In einer Generation von Anfang Mai bis Mitte Juni.

Gesamtverbreitung: In Nordafrika von Marokko bis Tunesien. In Europa von Portugal über Süd- und Mitteleuropa bis Polen, jüngst auch aus Rumänien gemeldet; nordwärts bis 51°N; südwärts bis Sizilien (auch auf Korsika und Sardinien) und Malta. In Süditalien, Sizilien und Malta in der ssp. *italica* Warncke, 1967. **SW-Eu:** P, E, E(B), F(K), I(Sa), I(Si), I, M. **Z-Eu:** F, B, LUX, NL, D, A, CH, DK. **N-Eu:** {~~S~~}. **NO-Eu:** CS, SK, PL, RUS(S). **SO-Eu:** H, RO, SLO, HR. **N-Afr:** MA, DZ, TN. **W-As:** {~~TR~~}.

Lokalverbreitung: Im Gebiet weit verbreitet, allerdings in der Norddeutschen Tiefebene erst in jüngster Zeit erste Nachweise.

Andrena albopunctata (Rossi, 1792)

Weißfleckige Düstersandbiene

Etymologie: Von lat. „*albus*" = „weiß" und „*punctata*" = „punktiert", wegen der dichten schneeweißen Haarflecken auf den Tergitseiten; daher auch der deutsche Name; als „Düstersandbienen" werden wegen der bei vielen Arten vorherrschend dunklen Behaarung die Arten der Untergattung *Melandrena* bezeichnet.

Lokalverbreitung: Friese (1896a) meldet die Art aus Hoflössnitz/Sachsen, zusammen mit einer Reihe weiterer Arten, die mit Sicherheit nie in Sachsen vorkamen. Belegtiere sind nicht vorhanden. Es handelt sich mit Sicherheit um eine Falschmeldung.

Andrena alfkenella Perkins, 1914
Alfkens Zwergsandbiene

Systematik: Untergattung *Micrandrena* Ashmead, 1899, *minutula*-Gruppe.

Etymologie: Benannt nach dem Bremer Hymenopterologen Johann Diedrich Alfken (1862–1945); mit dem deutschen Namen „Zwergsandbienen" werden wegen ihrer geringen Körpergröße die Arten der Untergattung *Micrandrena* bezeichnet.

Pollenquellen: Polylektisch; häufig auf Doldenblütlern (Apiaceae), Kreuzblütlern (Brassicaceae), Fingerkraut (*Potentilla spec.*), Erdbeere (*Fragaria spec.*) und Ehrenpreis (*Veronica spec.*) zu finden.

Lebensraum: Trockenwarme Wiesen, Dämme, Ruderalflächen und Waldsäume. Vom Flachland bis in die montane Höhenstufe.

Parasiten: Kuckucksbienen wurden noch nicht beobachtet. Erwachsene Tiere sind zuweilen von Fächerflüglern der Gattung *Stylops* befallen.

Flugzeit: In zwei Generationen von Mai bis Juni und Juli bis August.

Gesamtverbreitung: Westpaläarktisch. Von Portugal über Süd- und Mitteleuropa und Ukraine bis Südrussland sowie über Kleinasien bis zum Kaukasus; nordwärts bis Südengland und Südschweden (bis 60°N); südwärts bis Sizilien (auch auf Korsika und Sardinien), Peloponnes und Südtürkei. Ein isolierter Nachweis in Marokko (Warncke 1974a). In Iberien und Marokko in der ssp. *sunna* Warncke, 1975. **SW-Eu:** P, E, F(K), I(Sa), I(Si), I. **Z-Eu:** F, B, LUX, NL, D, A, CH, DK. **N-Eu:** GB, N, S, LT, LV, RUS(N). **NO-Eu:** CS, SK, PL, BY, UA, UA(K), RUS(S). **SO-Eu:** H, RO, MD, SLO, HR, MK, SRB, BG, GR. **N-Afr:** MA. **W-As:** TR.

Lokalverbreitung: Im Gebiet überall, aus Schleswig-Holstein und Niedersachsen nur historische Nachweise.

Andrena allosa Warncke, 1975
Westalpen-Sandbiene

Systematik: Untergattung *Euandrena* Hedicke, 1933.

Nomenklatur: Warncke beschrieb zwei Unterarten von *Andrena allosa* aus der Türkei und aus Griechenland, die mit ziemlicher Sicherheit eigene Arten darstellen.

Etymologie: Bezieht sich auf den Fundort des Typusexemplars, die Ortschaft Allos im französischen Département Alpes-de-Haute-Provence in den Westalpen.

Pollenquellen: Keine Daten verfügbar; vermutlich wie die nah verwandte *Andrena bicolor* polylektisch.

Lebensraum: Wiesen und Matten in der montanen bis subalpinen Höhenstufe.

Flugzeit: Alle Tiere der Typenserie wurden im Juni gefangen; vom Verfasser untersuchte Tiere aus den Alpes Maritimes Mitte Mai. Weitere Daten sind nicht verfügbar.

Gesamtverbreitung: Nach bisherigem Kenntnisstand endemisch in den Westalpen. Ein (in der Erstbeschreibung nicht erwähntes!) als „Paratypus" etikettiertes Tier in der WARNCKE-Sammlung in Linz aus Spanien ist augenscheinlich nicht konspezifisch. **SW-Eu:** E. **Z-Eu:** F, CH.

Lokalverbreitung: Im Gebiet nur eine Meldung aus dem Wallis von 1958 (WARNCKE 1975a).

Andrena alutacea STÖCKHERT, 1942
Späte Doldensandbiene

Systematik: Untergattung *Proxiandrena* SCHMID-EGGER, 2005.

Nomenklatur: Die Art wird von einigen Autoren mit *Andrena proxima* vermengt (zum Artstatus vgl. SCHMID-EGGER 2005).

Etymologie: Von lat. „*aluta*" = „gegerbtes Leder", wegen der Skulptur des Hinterleibs. Der deutsche Name bezieht sich auf die im Vergleich zur nächstverwandten *Andrena proxima* um 4–6 Wochen spätere Flugzeit; als „Doldensandbienen" werden die auf Doldenblütler spezialisierten Arten der Untergattung *Proxiandrena* bezeichnet.

Pollenquellen: Oligolektisch auf Doldenblütlern (Apiaceae); Hauptpollenquellen sind Wiesen-Kerbel (*Anthriscus sylvestris*) und Giersch (*Aegopodium podagraria*), weitere Pollenquellen sind Wilde Möhre (*Daucus carota*) und vermutlich diverse andere Doldenblütler.

Lebensraum: Trockene Mager- und Fettwiesen, Waldsäume, Hecken, Hochwasserdämme, Ruderalflächen. Im Gebiet vorwiegend in der kollinen bis montanen Höhenstufe.

Parasiten: Kuckucksbiene ist vermutlich *Nomada conjungens*.

Flugzeit: In einer Generation von Mitte Juni bis Mitte August (ca. 4–6 Wochen später als *A. proxima*).

Gesamtverbreitung: Von Portugal über das südliche Mitteleuropa, Südosteuropa und Kleinasien bis in den Iran und Turkmenistan. **SW-Eu:** P, I. **Z-Eu:** F, D, A, CH, FL. **N-Eu:** LV. **NO-Eu:** CS, PL. **SO-Eu:** RO, SLO, HR, MK, BG, GR. **W-As:** TR, Kaukasus, IR. **Z-As:** TM.

Lokalverbreitung: Durch die Vermengung mit *A. proxima* ist die Datenlage unklar. Sie dürfte im Gebiet überall vorkommen, möglicherweise mit Ausnahme der Norddeutschen Tiefebene.

Andrena ampla Warncke, 1967
Südliche Doldensandbiene

Systematik: Untergattung *Proxiandrena* Schmid-Egger, 2005.

Nomenklatur: Die Art wird von einigen Autoren als Unterart von *Andrena proxima* betrachtet (zum Artstatus vgl. Schmid-Egger 2005).

Etymologie: Von lat. „*ampla*" = „glänzend, prächtig, herrlich, ansehnlich". Der deutsche Name bezieht sich auf das im Vergleich zu den anderen Kielsandbienen südlichere Verbreitungsgebiet; als „Doldensandbienen" werden die auf Doldenblütler spezialisierten Arten der Untergattung *Proxiandrena* bezeichnet.

Pollenquellen: Vermutlich oligolektisch auf Doldenblütlern (Apiaceae).

Lebensraum: Trockenwarme, extensiv genutzte Hänge, Hecken und Waldsäume. Vom Flachland bis in die montane Höhenstufe.

Flugzeit: In einer Generation von Anfang Juni bis Ende August.

Gesamtverbreitung: Nach dem bisherigen Kenntnisstand ist das Verbreitungsgebiet disjunkt. Im westlichen Teilgebiet von Marokko über Iberien und Südfrankreich bis Südschweiz und Norditalien, im östlichen Teilgebiet nachgewiesen aus Aserbaidschan, Kasachstan, Kirgisien und Tadschikistan. **SW-Eu:** P, E, I. **Z-Eu:** F, D, CH. **N-Afr:** MA. **W-As:** Kaukasus. **Z-As:** TAD, KAZ, KGZ.

Lokalverbreitung: Im Gebiet jüngst aus Sachsen-Anhalt gemeldet (Schmidt et al. 2014), sonst nur in der Südschweiz (Wallis, Tessin, südliches Graubünden; aktuell).

Andrena angustior (Kirby, 1802)
Westliche Zangensandbiene

Systematik: Untergattung *Ptilandrena* Robertson, 1902, *fulvata*-Gruppe.

Nomenklatur: Warncke unterteilte *A. angustior* in drei Unterarten: *Andrena angustior angustior* (Kirby, 1802), *Andrena angustior impressa* Warncke, 1967 und *Andrena angustior fulvata* Stöckhert, 1930. So gut wie alle Bearbeiter nach Warncke betrachten *A. fulvata* als eigene Art.

Etymologie: Komparativ von lat. „*angusta*" = „schmal"; Kirby bezieht sich auf den schmalen Hinterleib („*abdomen angustum*"). Der deutsche Name bezieht sich auf die im Vergleich zu *Andrena fulvata* westliche Verbreitung; als „Zangensandbienen" werden wegen der verlängerten Kiefernzangen der Männchen die Arten der Untergattung *Ptilandrena* bezeichnet.

Pollenquellen: Polylektisch.

Lebensraum: Hochwasserdämme, Wiesen und Waldränder, Heide; kommt im Gegensatz zu den meisten anderen Bienen auch mit feuchteren Lebensräumen wie Moorheiden und Auwäldern zurecht. Vom Flachland bis in die kolline Höhenstufe.

Parasiten: Als Kuckucksbiene ist *Nomada fabriciana* bekannt.

Flugzeit: In einer Generation von Ende Juli bis September.

Gesamtverbreitung: In Nordafrika (Marokko, Algerien), Iberien und Südfrankreich in der Unterart *impressa*, in Mitteleuropa in den westlichen Teilen Deutschlands, den Benelux-Ländern, Dänemark und den Britischen Inseln. Eine Meldung aus Schweden erwies sich bei einer Überprüfung als Fehlbestimmung. Die Verbreitungsgebiete von *A. angustior* und *A. fulvata* überlappen sich in Frankreich, Deutschland und den Benelux-Ländern. Von Südfrankreich westwärts über Iberien bis Nordafrika tritt die Art in der ssp. *impressa* Warncke, 1967 auf. **SW-Eu:** P, E, E(B), I. **Z-Eu:** F, B, LUX, NL, D, {~~A~~}, {~~CH~~}, DK. **N-Eu:** IRL, GB, {~~S~~}. **NO-Eu:** PL. **SO-Eu:** {H}. **N-Afr:** MA, DZ, LAR.

Lokalverbreitung: Im Gebiet nur in der Westhälfte Deutschlands nachgewiesen. Ältere Meldungen aus Bayern müssten überprüft werden, ziemlich sicher handelt es sich um Verwechslungen mit *A. fulvata*.

Andrena anthrisci Blüthgen, 1925
Kerbel-Zwergsandbiene

Systematik: Untergattung *Micrandrena* Ashmead, 1899, *minutula*-Gruppe.

Nomenklatur: Wird von manchen Autoren mit *A. minutuloides* vermengt.

Etymologie: Bezieht sich auf den Wiesenkerbel (*Anthriscus sylvestris*), eine bevorzugte Pollenquelle der Art. Mit dem deutschen Namen „Zwergsandbienen“ werden wegen ihrer geringen Körpergröße die Arten der Untergattung *Micrandrena* bezeichnet.

Pollenquellen: Vermutlich polylektisch, jedoch wurden bislang nur zwei Pollenquellen sicher nachgewiesen: Wiesen-Kerbel (*Anthriscus sylvestris*) und Gamander-Ehrenpreis (*Veronica chamaedrys*).

Lebensraum: Hecken, Waldsäume, Wiesen. Höhenverbreitung unklar.

Parasiten: Als Kuckucksbiene wird *Nomada castellana* vermutet. Erwachsene Tiere sind zuweilen vom Fächerflügler *Stylops melittae* befallen.

Flugzeit: In einer Generation von Ende Mai bis Anfang Juli.

Gesamtverbreitung: Von Spanien über Mitteleuropa bis in die Slowakei und Ungarn; nordwärts bis Niederlande und Norddeutschland; aus Italien noch nicht belegt. **SW-Eu:** E. **Z-Eu:** F, B, LUX, NL, D, A, CH. **NO-Eu:** CS, SK, RUS(S). **SO-Eu:** H.

Lokalverbreitung: Durch die Vermengung mit *A. minutuloides* ist die Datenlage unklar. In Deutschland nordwärts bis Niedersachsen und Brandenburg. In Österreich bisher nur aus Nieder- und Oberösterreich, in der Schweiz nur aus Graubünden nachgewiesen.

Andrena apicata Smith, 1847
Dunkle Lockensandbiene

Systematik: Untergattung *Andrena* Fabricius, 1775 *s. str.*

Nomenklatur: Wird von manchen Autoren mit *Andrena batava* vermengt.

Etymologie: Von lat. „*apex* (Gen. *apicis*)“ = „*Spitze*“; Smith bezieht sich auf die im Gegensatz zu *Andrena praecox*, mit der er die Art vergleicht, schwarze Endfranse („*the apical fimbria black*“). Deutscher Name: Bei den Männchen ist das Propodeum ganz oder größtenteils schwarz behaart, bei den Weibchen der Hinterleib ab Tergit 3, wodurch sich die Art von den meisten anderen Lockensandbienen unterscheidet. Als „Lockensandbienen“ werden wegen der bei den Weibchen dieser Gruppe auffallend stark ausgebildeten Haarlocke auf den Hintertrochanteren (Flocculus) die Arten der Untergattung *Andrena s. str.* bezeichnet.

Pollenquellen: Oligolektisch an Weiden (*Salix*).

Nestbau: Bevorzugt in Sandboden, am Fuß von Sandabbrüchen, auf mehr oder weniger verdichteten sandigen Wegen oder in sandigen Wegböschungen.

Lebensraum: Lichte Wälder, Kahlschläge, Waldränder, Sand- und Kiesgruben. Vom Flachland bis in die montane Höhenstufe.

Parasiten: Als Kuckucksbiene sind *Nomada leucophthalma* und *Nomada ferruginata* bekannt. Erwachsene Tiere sind zuweilen von Fächerflüglern befallen.

Flugzeit: Eine Generation, eine der frühesten Arten, die in günstigen Jahren bereits ab Mitte Februar erscheint und bis Ende Mai fliegt.

Gesamtverbreitung: In Europa von Zentralspanien über Mittel- und Osteuropa, Ukraine und Südrussland bis Kasachstan und Westsibirien; nordwärts bis Irland und Mittelengland, Südschweden (57°N), in Norwegen nur zwei Funde im äußersten Süden (Vestfold bzw. Seljord, 59,5°N), kein Beleg aus Finnland, aber aus dem benachbarten Karelien; südwärts bis Emilia-Romagna und Peloponnes (eine zweifelhafte Meldung von Sizilien), in der Türkei nur im äußersten Nordosten. In der isolierten ssp. *kamtschatica* ALFKEN, 1929 auf der Halbinsel Kamtschatka. **SW-Eu:** E, I(Si), I. **Z-Eu:** F, B, LUX, NL, D, A, CH, DK. **N-Eu:** IRL, GB, N, S, SF, EST, LT, LV, RUS(N). **NO-Eu:** CS, SK, PL, BY, UA, RUS(S). **SO-Eu:** H, RO, SLO, HR, SRB, GR. **W-As:** TR, {~~IL~~}, Kaukasus. **Z-As:** KAZ. **NO-As:** Kam.

Lokalverbreitung: Über das gesamte Gebiet verbreitet, wenn auch ziemlich zerstreut. Bei den Meldungen aus Norddeutschland ist durch die Vermengung mit *A. batava* die Datenlage unklar.

Andrena argentata SMITH, 1844
Silber-Sandbiene

Systematik: Untergattung *Leucandrena* HEDICKE, 1933.

Etymologie: Von lat. „*argentata*" = „silbern, silberweiß"; bezieht sich auf die silberweißen Haarbinden des Hinterleibs.

Pollenquellen: Polylektisch, die Frühjahrsgeneration oft auf Weiden, die Sommergeneration gerne auf Doldenblütlern (Apiaceae) und Fingerkraut (*Potentilla*).

Nestbau: Nistet meist in kleinen bis größeren Aggregationen auf kahlen oder schütter bewachsenen Flächen mit lockerem oder festem Sand. Die Brutzellen liegen in etwa 15 cm Tiefe.

Lebensraum: Als charakteristische Sandart vorwiegend auf Binnendünen, in Sandheiden und Sandgruben. Vom Flachland bis in die kolline Höhenstufe.

Parasiten: Als Kuckucksbiene sind *Nomada baccata, Nomada alboguttata, Sphecodes ephippius* und *Sphecodes reticulatus* bekannt.

Flugzeit: In zwei Generationen von April bis Mai und Juli bis September. Was die Generationen anbelangt, besteht noch Klärungsbedarf. In manchen Gegenden (z. B. in England und Schweden) wird keine Frühjahrsgeneration beobachtet, oder eine der beiden Generationen, in der Regel die Sommergeneration, ist deutlich individuenstärker als die andere, sodass verschiedentlich spekuliert wird, ob die beiden Generationen nicht in Wirklichkeit zwei verschiedene Arten darstellen.

Gesamtverbreitung: Transpaläarktisch. In Europa von Nordspanien bis Ukraine und Südrussland; nordwärts bis Südengland, Südnorwegen und -schweden und Südfinnland, hier bis 64,5°N; südwärts bis Mazedonien; in vereinzelten Nachweisen über Kleinasien, Kaukasus, Kasachstan und Sibirien bis in den Fernen Osten (Amur, Primorje). **SW-Eu:** E, I. **Z-Eu:** F, B, NL, D, A, CH, DK. **N-Eu:** GB, N, S, SF, EST, LT, LV, RUS(N). **NO-Eu:** CS, SK, PL, BY, UA, RUS(S). **SO-Eu:** H, RO, SLO, HR, SRB, AL, BG, GR. **N-Afr:** {~~ET~~}. **W-As:** TR, Kaukasus. **Z-As:** KAZ. **Sib:** W-Sib, O-Sib. **NO-As:** Amur, Prim.

Lokalverbreitung: Im Gebiet in fast allen Landesteilen, aber sehr selten.

Andrena assimilis Radoszkowski, 1875
Gallische Düstersandbiene

Systematik: Untergattung *Melandrena* Pérez, 1890, *nitida*-Gruppe.

Nomenklatur: Im Gebiet durch die Unterart *Andrena assimilis gallica* Schmiedeknecht, 1883 vertreten, die von manchen Autoren auch als selbstständige Art aufgefasst wird.

Etymologie: Von lat. „*similis*“ = „ähnlich, gleichartig“, da sie der *Andrena thoracica* sehr ähnlich ist; der Name der Unterart bezieht sich auf den Typenfundort Bordeaux, der in Frankreich liegt; daher auch der deutsche Name; als „Düstersandbienen“ werden wegen der bei vielen Arten vorherrschend dunklen Behaarung die Arten der Untergattung *Melandrena* bezeichnet.

Pollenquellen: Polylektisch.

Lebensraum: Bevorzugt sandigen Boden, daher vorwiegend auf Binnendünen, in Sandheiden und Sandgruben, aber auch in Weinbergen und auf trockenwarmen Südhängen. Höhenverbreitung unklar.

Parasiten: Kuckucksbiene ist *Nomada italica*. Erwachsene Tiere sind zuweilen von Fächerflüglern befallen.

Flugzeit: In zwei Generationen von April bis Mai und Juli bis August.

Gesamtverbreitung: Von Portugal bis Zentralasien, südwärts bis Türkei und Kaukasus, nordwärts bis Polen und Weißrussland. **SW-Eu:** P, E, I(Si), I. **Z-Eu:** F, D, A, CH. **NO-Eu:** CS, SK, PL, BY, UA. **SO-Eu:** H, RO, HR, MK, SRB, AL, BG, GR. **N-Afr:** MA, DZ. **W-As:** GR(Ä), TR, Kaukasus. **Z-As:** KAZ, KGZ. **Sib:** Sib(?). **SO-As:** RC(Mandschurei).

Lokalverbreitung: In Deutschland sehr selten, Meldungen nur aus der Südhälfte. In Österreich nur in Nieder- und Oberösterreich nachgewiesen. Aus der Schweiz nur historische Nachweise aus dem Wallis und Bern.

Andrena atrata Friese, 1887
Schwarze Leistensandbiene

Systematik: Untergattung *Parandrenella* Popov, 1958.

Etymologie: Von lat. „*atrata*“ = „schwarz gekleidet“. Der deutsche Name bezieht sich auf die eigentümlichen Leisten an den Seiten des 1. Tergits.

♀

Pollenquellen: Vermutlich oligolektisch auf Doldenblütlern (Apiaceae).

Lebensraum: Trockenwarme Standorte, Steppen oder Steppen, Lössgebiete. Vom Flachland bis in die kolline Höhenstufe.

Parasiten: Kuckucksbienen sind *Nomada bouceki* und *Nomada connectens*, erstere kommt im Gebiet nicht vor, zweitere ist aus der Schweiz nachgewiesen, wo allerdings *A. atrata* fehlt. Erwachsene Tiere von *A. atrata* sind zuweilen von Fächerflüglern befallen.

Flugzeit: In einer Generation von Juni bis September.

Gesamtverbreitung: Von Österreich bis nach Zentralasien und zum Mittelsibirischen Bergland (Obl. Kemerowo), in Europa südwärts bis Istrien und Südrumänien, im östlichen Teil des Verbreitungsgebiets nordwärts bis Baschkirien und Kemerowo, südwärts bis Südturkmenien. Keine Nachweise aus der Türkei. **SW-Eu:** I. **Z-Eu:** A. **NO-Eu:** CS, SK, PL, UA, UA(K), RUS(S). **SO-Eu:** H, RO, MD, SLO, HR, SRB, BIH, BG. **W-As:** Kaukasus. **Z-As:** TM, UZB, KAZ. **Sib:** W-Sib.

Lokalverbreitung: In Mitteleuropa nur in Ostösterreich (Burgenland, Niederösterreich, Wien), eine Meldung aus Kärnten liegt deutlich außerhalb des Verbreitungsgebietes.

Andrena barbareae Panzer, 1805
Rauchflügelige Düstersandbiene

Systematik: Untergattung *Melandrena* Pérez, 1890, *cineraria*-Gruppe.

Nomenklatur: Synonym: *Andrena fumipennis* Schmiedeknecht, 1880. Die Art wurde früher als zweite Generation von *Andrena cineraria* betrachtet.

Etymologie: Von *Barbarea* (Winterkresse), der Blume, auf der Panzer die Art gefunden hat. Der deutsche Name bezieht sich auf den im Vergleich zur nächstverwandten *Andrena cineraria* stärker verdunkelten Außenrand der Vorderflügel; als „Düstersandbienen" werden wegen der bei vielen Arten vorherrschend dunklen Behaarung die Arten der Untergattung *Melandrena* bezeichnet.

Pollenquellen: Polylektisch.

Lebensraum: Die Art ist vorwiegend in der montanen bis subalpinen Höhenstufe zu finden.

Parasiten: Kuckucksbiene ist vermutlich die seltene *Nomada trapeziformis*, die mehrmals zusammen mit *Andrena barbareae* gefangen wurde.

Flugzeit: In zwei Generationen von April bis Mai und von Juli bis August.

Gesamtverbreitung: In Europa von den Pyrenäen bis in die Ukraine, nordwärts bis ins Baltikum (Kaliningrad), südwärts bis Mittelitalien und Südbulgarien. Darüber hinaus existieren Nachweise aus Zentralasien (*Tadschikistan, *Kirgistan). Ob das Verbreitungsgebiet disjunkt ist oder ob Nachweise zwischen den beiden Arealen nur aufgrund der Vermengung mit

Andrena cineraria fehlen, müssen künftige Untersuchungen erweisen. **SW-Eu:** E, I. **Z-Eu:** F, B, D, A, CH. **N-Eu:** SF, RUS(N). **NO-Eu:** CS, SK, PL, UA. **SO-Eu:** H, RO, HR, BIH, BG, GR. **N-Afr:** {~~DZ~~}. **W-As:** TR. **Z-As:** *TAD, *KGZ.

Lokalverbreitung: Aus Deutschland keine aktuellen Nachweise, historische Meldungen aus Schleswig-Holstein, Sachsen-Anhalt, Thüringen und Baden-Württemberg. In Österreich Meldungen aus Oberösterreich, Salzburg, Steiermark und Niederösterreich, die beiden letzteren sind überprüfungsbedürftig. In der Schweiz vorwiegend in den trockenwarmen großen Binnentälern der Südalpen (Wallis, Tessin, Graubünden, Engadin).

Andrena barbilabris (Kirby, 1802)

Bärtige Sandbiene

Systematik: Untergattung *Leucandrena* Hedicke, 1933.

Nomenklatur: Synonym: *Andrena sericea* (Christ, 1791).

Etymologie: Von lat. „*barba*“ = „Bart“ und „*labrum*“ = „Lippe“; Kirby bezieht sich auf die dicht silberweiß behaarte untere Gesichtshälfte des Männchens („*facie antice barba densa argentea*“).

Pollenquellen: Polylektisch.

Nestbau: Nistplätze sind Schuttkegel am Fuße von Sandsteilwänden, Sanddünen, Sandwege, sonstige schütter bewachsene, vorzugsweise horizontale oder schwach geneigte sandige Flächen.

Lebensraum: Sandgebiete, Sand- und Kiesgruben, Waldsäume und Ruderalflächen. Vom Flachland bis in die kolline Höhenstufe.

Parasiten: Als Kuckucksbiene wurden *Nomada alboguttata, Nomada baccata, Sphecodes pellucidus* und *Sphecodes reticulatus* beobachtet. Erwachsene Tiere sind zuweilen von Fächerflüglern der Gattung *Stylops* befallen.

Flugzeit: Erste Generation von Mitte März bis Ende Mai, zuweilen eine zweite, allerdings deutlich individuenärmere Generation im Juni und Juli.

Gesamtverbreitung: Holarktisch. In Eurasien in Iberien nur ein Einzelfund aus Nordspanien (Barcelona), ansonsten über den ganzen Kontinent verbreitet; nordwärts bis Irland und Nordschottland, in Skandinavien bis 69,5°N (als eine der wenigen Bienen, die den Polarkreis überschreiten); südwärts bis Sizilien und Peloponnes, in der Türkei nur an der Ägäisküste nachgewiesen (fehlt ansonsten im Nahen Osten, ebenso in Nordafrika), Kaukasus bis zur Pazifikküste des Fernen Ostens. In Nordamerika von Alaska bis zur Südgrenze der USA. Auf der Halbinsel Kamtschatka in der ssp. *malaisei* ALFKEN, 1929. **SW-Eu:** E, I(Si), I. **Z-Eu:** F, B, LUX, NL, D, A, CH, FL, DK. **N-Eu:** IRL, GB, N, S, SF, EST, LT, LV, RUS(N). **NO-Eu:** CS, SK, PL, BY, UA, RUS(S). **SO-Eu:** H, RO, SLO, HR, SRB, GR. **W-As:** TR, Kaukasus. **Z-As:** KAZ. **Sib:** W-Sib, O-Sib. **NO-As:** Jak, Amur, Prim, Mag, Kam. **SO-As:** MGL, RC(Heilongjiang, Jilin, Liaoning, Hebei, Jiangsu, Shanghai), ROK, J. **Nearktis:** Alaska, CDN, USA.

Lokalverbreitung: Im Gebiet aus allen Regionen gemeldet.

Andrena batava PÉREZ, 1902
Belgische Lockensandbiene

Systematik: Untergattung *Andrena* FABRICIUS, 1775 *s. str.*

Nomenklatur: Wird von manchen Autoren mit *Andrena apicata* vermengt.

Etymologie: Von lat. „*Batavi*" = Bataver, ein germanischer Volksstamm, der in der römischen Provinz Belgica (etwa heutiges Belgien und Niederlande) siedelte. PÉREZ erhielt die Tiere, nach denen er die Art beschrieb, aus Holland. Als „Lockensandbienen" werden wegen der bei den Weibchen dieser Gruppe auffallend stark ausgebildeten Haarlocke auf den Hintertrochanteren (Flocculus) die Arten der Untergattung *Andrena s. str.* bezeichnet.

Pollenquellen: Oligolektisch an Weiden (*Salix*).

Lebensraum: Lichte Wälder, Kahlschläge, Waldränder, Sand- und Kiesgruben. Vom Flachland bis in die montane Höhenstufe.

Parasiten: Kuckucksbiene ist *Nomada leucophthalma*. Erwachsene Tiere sind zuweilen von Fächerflüglern der Gattung *Stylops* befallen.

Flugzeit: In einer Generation von Ende Februar/Anfang März bis Mitte Mai.

Gesamtverbreitung: Durch die Vermengung mit *A. apicata* ist die tatsächliche Verbreitung unklar. Nach den vorliegenden Daten auf Europa beschränkt, von Westfrankreich bis Südschweden (Skåne), Baltikum und Karelien, südwärts bis in die Steiermark. **Z-Eu:** F, B, NL, D, A. **N-Eu:** S, {~~SF~~}, EST, LT, LV, RUS(N). **NO-Eu:** CS, PL.

Lokalverbreitung: In Deutschland aus fast allen Bundesländern, in Österreich nur aus Wien und der Steiermark gemeldet. Keine Nachweise in der Schweiz.

Andrena bicolor Fabricius, 1775

Zweifarbige Sandbiene

Systematik: Untergattung *Euandrena* Hedicke, 1933.

Nomenklatur: Synonym: *Andrena gwynana* (Kirby, 1802).

Etymologie: Von lat. „*bicolor*" = „zweifarbig", wegen des Haarkleids, das aus schwarzen und rostroten Haaren besteht.

Pollenquellen: Polylektische Art, wenn auch die zweite Generation mit Vorliebe Glockenblumen besucht.

Nestbau: Nistplätze sind kahle oder schütter bewachsene Flächen. Eine Bevorzugung bestimmter Bodenarten ist nicht erkennbar.

Lebensraum: Ubiquist, besiedelt alle möglichen Lebensräume, wie lichte Wälder, Waldsäume, Hecken, trockene Mager- und Fettwiesen, Hochwasserdämme, Ruderalflächen, Sand-, Kies- und Lehmgruben, Gärten und Parks. Vom Flachland bis in die subalpine Höhenstufe.

Parasiten: Als Kuckucksbiene wurden *Nomada fabriciana* und *Sphecodes ephippius* beobachtet. Erwachsene Tiere sind zuweilen vom Fächerflügler *Stylops gwynanae* Günther, 1957 befallen.

Flugzeit: In zwei Generationen von Anfang März bis Ende Mai und von Ende Juni bis Ende August.

Gesamtverbreitung: Transpaläarktisch. In Nordafrika von Marokko bis Tunesien. In Europa von Portugal bis Ukraine und Südrussland, nordwärts bis Irland und Nordschottland, in Südnorwegen und Südschweden bis 61,5°N, eigenartigerweise keine Nachweise aus Finnland, Baltikum; Türkei, Levante südwärts bis Israel, Kaukasus, Iran über Zentralasien und Sibirien bis zum Baikalsee und in die Zentralmongolei. Warncke stellte mehrere Taxa als Unterarten zu *A. bicolor*; meist handelt es sich um bloße Farbformen, lediglich die in Iberien und Südfrankreich vorkommende ssp. *nigrosterna* Pérez, 1902 weist durch einen abweichenden Bau des Pygidiums auch morphologische Unterschiede auf. **SW-Eu:** P, E, E(B), F(K), I(Sa), I(Si), I, M. **Z-Eu:** F, B, LUX, NL, D, A, CH, FL, DK. **N-Eu:** IRL, GB, N, S, SF, EST, LT, LV, RUS(N). **NO-Eu:** CS, SK, PL, BY, UA, UA(K), RUS(S). **SO-Eu:** H, RO, SLO, HR, MK, MNE, SRB, BIH, AL, BG, GR, GR(K). **N-Afr:** MA, DZ, TN. **W-As:** CY, TR, SYR, IL, Kaukasus, IR. **Z-As:** KAZ. **Sib:** W-Sib, O-Sib. **SO-As:** MGL, RC(Xinjiang).

Lokalverbreitung: Im Gebiet aus allen Regionen gemeldet.

Andrena bimaculata (Kirby, 1802)
Schwarzbeinige Rippensandbiene

Systematik: Untergattung *Plastandrena* Hedicke, 1933, *tibialis*-Gruppe.

Nomenklatur: Synonym: *Andrena decorata* Smith, 1847. Ob das vorwiegend in Norddeutschland und Ostösterreich fliegende Taxon *bluethgeni* Stöckhert, 1930 besser als eigene Art, als Unterart oder nur als Synonym von *A. bimaculata* betrachtet werden soll, bedarf noch der Klärung.

Etymologie: Von lat. „*bi*-" = „zwei-" und „*maculata*" = „befleckt"; die Exemplare, die Kirby bei der Beschreibung vorlagen, besaßen jeweils zwei rote Flecken auf der Unterseite der Hinterleibsbasis. Der deutsche Name bezieht sich auf die im Gegensatz zur nächstverwandten *Andrena tibialis* vollständig schwarz gefärbten Hinterbeine; als „Rippensandbienen" werden wegen des grob skulptierten Mittelfelds die Arten der *tibialis*-Gruppe aus der Untergattung *Plastandrena* bezeichnet.

Pollenquellen: Polylektisch; nachgewiesen ist bislang die Nutzung des Pollens von fünf Pflanzenfamilien: Amaryllidaceae, Brassicaceae, Rosaceae, Salicaceae und Tiliaceae.

Nestbau: Nistet in der Regel einzeln. Das Nest besteht aus einem Hauptgang, in dessen Seitengängen sich jeweils 1–3 Brutzellen befinden.

Lebensraum: Bevorzugt sandige Böden, daher vorwiegend auf in Sandheiden und Sandgruben, auch in Weinbergen und auf trockenwarmen Südhängen. Vom Flachland bis in die kolline Höhenstufe.

Parasiten: Kuckucksbiene ist *Nomada fulvicornis*. Erwachsene Tiere sind zuweilen vom Fächerflügler *Stylops aterrimus* Newport, 1851 befallen.

Flugzeit: In zwei Generationen von Ende März bis Mitte August.

Gesamtverbreitung: In Europa von Portugal bis Ukraine und Südrussland; nordwärts bis Südengland und Wales, Dänemark, Südschweden und Karelien, fehlt jedoch in Norwegen und Finnland, Türkei, in der Levante bis in den Süden Israels und Jordaniens, Kaukasus, Iran, Zentralasien bis in die Mongolei. Meldungen aus Nordafrika beziehen sich auf *Andrena atrorubricata* Dours, 1872, die von manchen Autoren als Unterart von *A. bimaculata* aufgefasst werden; Ähnliches gilt für Zypern, wo *A. oligotricha* vorkommt, die ebenfalls verschiedentlich als Unterart betrachtet wird. In Iberien in der ssp. *lichata* Warncke, 1967, in der Mongolei in der ssp. *mondaensis* Friese, 1922. **SW-Eu:** P, E, F(K), I(Sa), I(Si), I, M. **Z-Eu:** F, B, LUX, NL, D, A, CH, DK. **N-Eu:** GB, S, ~~{SF}~~, EST, LT, LV, RUS(N). **NO-Eu:** CS, SK, PL, BY, UA, UA(K), RUS(S). **SO-Eu:** H, RO, SLO, HR, MK, SRB, BIH, AL, BG, GR, GR(K). **N-Afr:** ~~{P(M), MA, DZ, TN}~~. **Arab:** ~~{UAE}~~. **W-As:** GR(Ä), ~~{CY}~~,TR, SYR, JOR, IL, IRQ, Kaukasus, IR. **Z-As:** TM, TAD, KAZ, KGZ. **Sib:** W-Sib. **SO-As:** MGL.

Lokalverbreitung: Im Gebiet weit verbreitet, aber selten und großflächig ohne aktuelle Nachweise, insbesondere in Norddeutschland und dem Schweizerischen Mittelland. In Österreich nur aus Niederösterreich, dem

Burgenland, und der Steiermark nachgewiesen; Meldungen aus Oberösterreich bedürfen der Überprüfung.

Andrena bisulcata Morawitz, 1877
Zweifurchige Steppensandbiene

Systematik: Untergattung *Aenandrena* Warncke, 1968, *bisulcata*-Gruppe.

Etymologie: Von lat. „*bi-*" = „zwei-" und „*sulcata*" = „gefurcht"; Morawitz bezieht sich auf die rinnig vertieften Foveae („*orbita interna superne profunde sulcata nigroque velutina*"). Hierauf bezieht sich auch der deutsche Name; als „Steppensandbienen" werden wegen des Lebensraumes die Arten der Untergattung *Aenandrena* bezeichnet.

Pollenquellen: Vermutlich polylektisch, die erste Generation bevorzugt deutlich Kreuzblütler, die zweite Generation Doldenblütler.

Nestbau: Nistet einzeln auf wärmebegünstigten, sandigen Flächen.

Lebensraum: Trockenwarme Standorte, Steppen und Steppen. Vom Flachland bis in die kolline Höhenstufe.

Parasiten: Als Kuckucksbiene wird *Nomada distinguenda* vermutet. Erwachsene Tiere sind zuweilen von Fächerflüglern befallen.

Flugzeit: In zwei Generationen von April bis Mai/Juni und von Juli bis August.

Gesamtverbreitung: In Europa von Nordwestitalien bis Ukraine und Südrussland, südwärts bis Kalabrien und Peloponnes, nordwärts bis Mähren, in Russland bis Perm; Türkei, in der Levante südwärts bis Israel, Kaukasus und Nordiran. **SW-Eu:** I. **Z-Eu:** A. **N-Eu:** RUS(N). **NO-Eu:** CS, SK, {~~PL~~}, UA, UA(K), RUS(S). **SO-Eu:** H, RO, MD, MK, SRB, BG, GR. **W-As:** TR, RL, IL, Kaukasus.

Lokalverbreitung: Im Gebiet nur aus dem pannonischen Teil Österreichs nachgewiesen.

Andrena braunsiana Friese, 1887
Lein-Sandbiene

Systematik: Untergattung *Pallandrena* Warncke, 1968.

Etymologie: Friese widmete die Art dem mit ihm befreundeten Entomologen Hans Brauns (1857–1929). Deutscher Name: Lein ist die bevorzugte Pollenquelle der Art.

Pollenquellen: Möglicherweise polylektisch, vielleicht aber auch oligolektisch an *Linum*. Die Art wurde in Ungarn auf *Veronica austriaca, Ranunculus repens* und *Sisymbrium altissimum* beobachtet, sobald aber *Linum austriacum* zu blühen begann, besuchten Männchen und Weibchen nunmehr ausschließlich diese Pflanze (Friese 1893).

Nestbau: Nistet einzeln auf wärmebegünstigten Flächen.

Lebensraum: Trockenwarme Standorte, Steppen und Steppen. Vom Flachland bis in die kolline Höhenstufe.

Parasiten: Kuckucksbiene ist vermutlich *Nomada cruenta*. Erwachsene Tiere sind zuweilen von Fächerflüglern befallen.

Flugzeit: In einer Generation von Mai bis Juni.

Gesamtverbreitung: Von Ostösterreich bis zum Kaukasus, südwärts bis zur Südküste der Türkei, der nördlichste Fund ist bei *Lipezk (52°N). **Z-Eu:** {~~D~~}, A. **NO-Eu:** SK, {~~PL~~}, UA, UA(K), RUS(S). **SO-Eu:** H, RO, GR. **W-As:** TR, Kaukasus.

Lokalverbreitung: Im Gebiet nur in der Umgebung des Neusiedler Sees nachgewiesen (letzter Fund 1985, Schwarz & Gusenleitner 1997). Dylewska (1987) gibt irrtümlich auch Deutschland an.

Andrena bremensis Alfken, 1900

Bremer Herbstsandbiene

Systematik: Untergattung *Cnemidandrena* Hedicke, 1933, *nigriceps*-Gruppe.

Nomenklatur: Wird von manchen Autoren mit *Andrena simillima* vermengt oder als Unterart von dieser betrachtet.

Etymologie: Benannt nach der Stadt Bremen, einem der Fundorte der Art. Als „Herbstsandbienen" werden die erst im Spätsommer und Herbst erscheinenden Arten der Untergattung *Cnemidandrena* bezeichnet.

Pollenquellen: Polylektisch, am häufigsten auf *Jasione montana* zu finden, wo das Weibchen auch bei Pollensammeln beobachtet wurde.

Lebensraum: Sandheiden. Vom Flachland bis in die kolline Höhenstufe.

Flugzeit: In einer Generation von Ende Juli bis Anfang September, erscheint also etwa vier Wochen später als die nahe verwandte *Andrena nigriceps*.

Gesamtverbreitung: Nordeuropäisch. Von Irland und Nordostfrankreich im Westen ostwärts bis Litauen, nordwärts bis Stockholm, Åland und Südfinnland (ca. 60,5°N). Nilsson (2003) bezweifelt nach einer Untersuchung von drei als *A. bremensis* bestimmten Tieren das Vorkommen der Art in Schweden, da es sich um fehldeterminierte *A. fuscipes* und *A. nigriceps* handelte; es existieren jedoch weitere glaubhafte Meldungen. **Z-Eu:** F, B, LUX, NL, D. **N-Eu:** IRL, S, SF, LT, RUS(N). **NO-Eu:** PL, UA.

Lokalverbreitung: Im Gebiet nur aus der nördlichen Hälfte Deutschlands nachgewiesen (Niedersachsen, Thüringen, Sachsen-Anhalt, Schleswig-Holstein, Brandenburg, Mecklenburg-Vorpommern), aktuelle Nachweise sind jedoch nicht bekannt.

Andrena bucephala Stephens, 1846

Weißdorn-Sandbiene

Systematik: Untergattung *Hoplandrena* Pérez, 1890, *bucephala*-Gruppe.

Etymologie: Von griech. „*bukephalos*" = „ochsenköpfig". Bei den Männchen dieser Art ist das Phänomen der Makrozephalie (abnorm vergrößerter Kopf bei einigen Individuen) zu beobachten, das z. B. auch bei den nächsten Verwandten von *A. bucephala* und einigen Arten der Gattungen *Lasioglossum* und *Panurgus* auftritt. Der deutsche Name bezieht sich auf eine der bevorzugten Futterpflanzen.

Pollenquellen: Polylektisch, Pollen von Bäumen und Sträuchern werden bevorzugt.

Nestbau: Nistet in der Regel in sandigem bis lehmigem Boden.

Lebensraum: Hecken, Waldränder, Wiesenhänge. Vom Flachland bis in die montane Höhenstufe.

Parasiten: Kuckucksbiene ist *Nomada hirtipes*. Erwachsene Tiere sind zuweilen von Fächerflüglern der Gattung *Stylops* befallen.

Flugzeit: In einer Generation von Anfang April bis Ende Mai.

Gesamtverbreitung: Von Wales und England südwärts bis zu den Pyrenäen, quer durch Mitteleuropa, nordwärts bis ca. bis 52°N, Wales und Südengland, Niederlande, südwärts bis Norditalien, ostwärts bis Westukraine und Bulgarien, isolierte Funde auf dem Peloponnes und in Aserbaidschan. **SW-Eu:** E, I(Sa), I. **Z-Eu:** F, B, NL, D, A, CH. **N-Eu:** GB. **NO-Eu:** CS, SK, {~~PL~~}, UA, RUS(S). **SO-Eu:** H, RO, SLO, HR, SRB, BG, GR. **N-Afr:** {~~DZ~~}. **W-As:** Kaukasus.

Lokalverbreitung: In Deutschland nur in den südlichen Ländern, nordwärts bis in den Süden Nordrhein-Westfalens. In Österreich aus allen Bundesländern nachgewiesen. In der Schweiz im Mittelland vom Genfersee bis zum Bodensee zahlreiche aktuelle Meldungen, südlich der Alpen nur historische Funde.

Andrena carantonica Pérez, 1902
Gesellige Sandbiene

Systematik: Untergattung *Hoplandrena* Pérez, 1890.

Nomenklatur: Die Art wurde lange Zeit als *Andrena trimmerana* bezeichnet bzw. mit dieser Art vermengt. Erst 1921 erkannte R.C.L. Perkins, dass sich unter diesem Namen in England zwei Arten verbergen, eine uni- und eine bivoltine, und schlug für die univoltine Art den Namen *Andrena jacobi* vor. Für die in Mitteleuropa vorkommende univoltine Art wurde fortan dieser Name allgemein akzeptiert, bis Warncke (1967b) das Typenmaterial von *Andrena carantonica* Pérez, 1902 untersuchte und *Andrena jacobi* als jüngeres Synonym zu *Andrena carantonica* stellte. Drei Jahre später bezieht Warncke (1970) die Beschreibung von *Apis sabulosa* Scopoli, 1763 auf dieselbe Art und erklärt nun den Namen *Andrena carantonica* zum Synonym von *Andrena sabulosa*. Die Beschreibung Scopolis ist jedoch alles andere als eindeutig und seine Sammlung existiert nicht mehr, sodass *Apis sabulosa* ein klares *nomen dubium* ist, worauf u. a. auch Schwarz & Gusenleitner (1997) hinweisen. Diese Autoren bestätigen aber nach neuerlicher Untersuchung des Typenmaterials von *A. carantonica* (7 Weibchen und 7 Männchen) Warnckes Meinung, dass dieses identisch ist mit der mittlerweile zumindest in Mitteleuropa als *A. jacobi* bekannten Art. Allerdings wurden drei Weibchen und ein Männchen aus der Typenserie im Juni und vier Weibchen

und sechs Männchen im Juli gefangen (der Rest ohne Angaben), was mit der Flugzeit von *Andrena jacobi* nicht übereinstimmt, die ja eine typische Frühjahrsart ist. SCHWARZ & GUSENLEITNER begründen diese Diskrepanz mit lokalen Abweichungen in der Phänologie. Eine Klärung dieses ganzen verworrenen Komplexes wird sich wohl nur mit den Mitteln der DNA-Analyse schaffen lassen. Wenn sich nun aber *Andrena carantonica* als nicht identisch mit *Andrena jacobi* erweist, muss *Andrena jacobi* nach den Nomenklaturregeln erneut umgetauft werden, da PERKINS bereits 1916 ein Tier unter dem Namen Andrena *trimmerana* var. *scotica* beschrieb (das er also als Varietät von *A. trimmerana* betrachtete), das aber in Wirklichkeit identisch ist mit der fünf Jahre später beschriebenen *Andrena jacobi*. In diesem Fall müsste der Name *Andrena jacobi* als jüngeres Synonym dem älteren Namen *Andrena scotica* weichen.

Etymologie: PÉREZ verrät nichts über die Herkunft des Namens. Vermutlich bezieht er sich auf „Caranton“, die geologische Bezeichnung für ein kompaktes Sediment aus schluffigem Ton und Sand. Der deutsche Name bezieht sich auf die oft bei dieser Art beobachtete kommunale Nistweise.

Pollenquellen: Polylektische Art. Sie sammelt bevorzugt in Baum- und Strauchkronen.

Nestbau: Kahle oder schütter bewachsene Flächen an Wald-, Feld- und Wiesenrändern, unter Hecken, auch in lehmverfugtem Gemäuer. Die Art nistet kommunal, d. h. ein Nest wird gemeinsam von mehreren Weibchen genutzt, in dem jedes seine eigenen Brutzellen versorgt.

Lebensraum: Trockene Mager- und Fettwiesen, Hochwasserdämme, Waldsäume, Hecken, Sand- und Kiesgruben, zuweilen auch Gärten und Parks. Vom Flachland bis in die montane Höhenstufe.

Parasiten: Als Kuckucksbienen sind *Nomada marshamella*, *Nomada goodeniana* und *Nomada flava* bekannt. Weiterer Nestparasit ist der Ölkäfer *Meloe proscarabaeus*. Erwachsene Tiere sind zuweilen von den Fächerflüglern *Stylops aterrimus* Newport, 1851 und *Stylops nassonowi* Pierce, 1909 befallen.

Flugzeit: In einer Generation von Anfang April bis Mitte Juni.

Gesamtverbreitung: Aufgrund der unklaren taxonomischen und nomenklatorischen Situation ist es kaum möglich, das tatsächliche Verbreitungsgebiet der Art abzugrenzen. Nach derzeitigem Kenntnisstand ist sie auf den westlichen Teil des eurasischen Kontinents beschränkt und geht von Portugal ostwärts bis in den Kaukasus und den Iran, nordwärts bis Irland und Nordschottland, in Skandinavien bis 64°N, südwärts bis zum Mittelmeer. **SW-Eu:** P, E, I(Si), I. **Z-Eu:** F, B, LUX, NL, D, A, CH, FL, DK. **N-Eu:** IRL, GB, N, S, SF, EST, LT, LV, RUS(N). **NO-Eu:** CS, SK, PL, BY, UA, RUS(S). **SO-Eu:** H, RO, SLO, HR, MK, SRB, AL, BG, GR. **W-As:** GR(Ä), Kaukasus, IR.

Lokalverbreitung: Im Gebiet aus allen Regionen gemeldet.

Andrena carbonaria Fabricius, 1793

Siehe *Andrena nigrospina*.

Andrena chrysopus Pérez, 1903
Spargel-Sandbiene

Systematik: Untergattung *Euandrena* Hedicke, 1933.

Nomenklatur: Synonym: *Andrena dobrowlanensis* Noskiewicz, 1923.

Etymologie: Von griech. „*chrysós*“ = „Gold“ und „*pus*“ = „Fuß“; bezieht sich auf die rotgelb gefärbten Hintertibien und -tarsen. Der deutsche Name bezieht sich auf Spezialisierung auf Spargel.

Pollenquellen: Streng oligolektisch auf Asparagaceae, in Mitteleuropa nur auf wildwachsendem Spargel (*Asparagus officinalis*), in Osteuropa auch auf *Asparagus tenuifolius*. Möglicherweise weicht sie nach dem Verblühen des Spargels auf Kreuzblütler aus, da sie einmal pollensammelnd auf *Barbarea* beobachtet wurde.

Nestbau: Nach Beobachtungen aus der Ukraine verläuft der Nesteingang quer durch den zu einem Hügel aufgetürmten Aushub. Der Hauptgang führt etwa 10 cm abwärts und verzweigt sich dann in acht bis elf ca. 3–7 cm lange Seitengänge, die in alle Richtungen führen und jeweils in einer einzigen eiförmigen Brutzelle enden.

Lebensraum: Nur in Sandgebiet mit Vorkommen von wildwachsendem Spargel. Vom Flachland bis in die kolline Höhenstufe.

Flugzeit: In einer Generation von Mai bis Juni.

Gesamtverbreitung: Vom Elsass über Mittel- und Osteuropa, Ukraine und Südrussland bis Westkasachstan, in Mitteleuropa nordwärts bis Brandenburg, südwärts bis in die Emilia-Romagna und Mazedonien, in Russland nordwärts bis Kirov. In der Türkei nur im kaukasisch geprägten Nordosten. **SW-Eu:** I. **Z-Eu:** F, B?, D, A, CH. **N-Eu:** RUS(N). **NO-Eu:** CS, SK, {~~PL~~}, UA, RUS(S). **SO-Eu:** H, RO, SLO, HR, MK, BG. **W-As:** TR. **Z-As:** KAZ.

Lokalverbreitung: Die nördliche Verbreitungsgrenze verläuft durch Deutschland von Rheinland-Pfalz nach Brandenburg. In Österreich nur aus Niederösterreich und dem Burgenland bekannt. In der Schweiz nur im Wallis.

Andrena chrysopyga Schenck, 1853
Goldafter-Bindensandbiene

Systematik: Untergattung *Zonandrena* Hedicke, 1933.

Etymologie: Von griech. „*chrysós*"= „Gold" und „*pyx* (*pygos*)" = „Steiß, Gesäß"; wegen der goldgelben Endfranse des Hinterleibs. Als „Bindensandbienen" werden wegen der deutlich ausgebildeten Haarbinden auf dem Hinterleib die Arten der Untergattung *Zonandrena* bezeichnet.

Pollenquellen: Polylektisch; nachgewiesen ist bislang die Nutzung des Pollens von sechs Pflanzenfamilien: Apiaceae, Asteraceae, Brassicaceae, Fabaceae, Ranunculaceae und Plantaginaceae.

Nestbau: Nester in der Regel in kleinen Aggregationen an schütter bewachsenen Stellen, an Feldwegen oder Böschungen.

Lebensraum: Trockene Standorte; Hochwasserdämme oder Sandheiden, aber auch trockene Fettwiesen. Vom Flachland bis in die montane Höhenstufe.

Parasiten: Als Kuckucksbiene wurde *Nomada mutabilis* beobachtet, möglicherweise parasitieren auch *Nomada stigma* und *Sphecodes ephippius* die Nester.

Flugzeit: In einer Generation von April bis Juni.

Gesamtverbreitung: Von Südwestfrankreich über Süd-, Mittel- und Osteuropa, Ukraine und Südrussland bis zum Mittelsibirischen Bergland (Obl. Kemerowo) sowie über Kleinasien zum Kaukasus, nordwärts bis Südschweden und Estland, südwärts bis Sizilien, Südbulgarien, Nordtürkei und Aserbaidschan. **SW-Eu:** I(Si), I. **Z-Eu:** F, B, LUX, NL, D, A, CH, DK. **N-Eu:** S, EST, LT, LV, RUS(N). **NO-Eu:** CS, SK, PL, BY, UA, RUS(S). **SO-Eu:** H, RO, SLO, HR, MNE, SRB, BIH, BG, {~~GR~~}. – **W-As:** TR, Kaukasus. **Z-As:** KAZ, KGZ. **Sib:** W-Sib.

Lokalverbreitung: In Deutschland aus fast allen Bundesländern gemeldet, aber vor allem im Norden aktuell nicht mehr nachgewiesen. In Österreich Nachweise aus Nieder- und Oberösterreich, dem Burgenland und der Steiermark, aber auch hier verschwunden. Keine Meldungen aus der Schweiz.

Andrena chrysosceles (Kirby, 1802)
Gelbbeinige Kielsandbiene

Systematik: Untergattung *Notandrena* Pérez, 1890.

Etymologie: Von griech. „*chrysós*"= „Gold" und „*sceles*" = „schenkelig"; bezieht sich auf die rotgelb gefärbten Hintertibien und -tarsen. Deutscher Name: Die Endfranse des Hinterleibs ist goldbraun; als „Kielsandbienen" werden wegen des mit einem Seitenkiel versehenen Pronotums die Arten der Untergattung *Notandrena* bezeichnet.

Pollenquellen: Ausgesprochen polylektisch; nachgewiesen ist bislang die Nutzung des Pollens von zehn Pflanzenfamilien: Aceraceae, Apiaceae, Aquifoliaceae, Asteraceae, Brassicaceae, Cistaceae, Cornaceae, Ranunculaceae, Rosaceae und Scrophulariaceae.

Nestbau: Nester einzeln oder in kleinen Aggregationen an schütter bewachsenen Stellen an Böschungen, unter Hecken oder an Feldsäumen. Eine Bevorzugung bestimmter Bodenarten ist nicht erkennbar.

Lebensraum: Waldsäume, Hecken, trockene Mager- und Fettwiesen, Hochwasserdämme, Ruderalflächen, auch in Gärten und Parks. Vom Flachland bis in die kolline Höhenstufe.

Parasiten: Kuckucksbiene ist *Nomada fabriciana*. Erwachsene Tiere sind zuweilen vom Fächerflügler *Stylops hammella* Perkins, 1918 (früher mit *Stylops melittae* vermengt) befallen.

Flugzeit: In einer Generation von Anfang April bis Juni.

Gesamtverbreitung: Von Katalonien über Süd-, Mittel- und Osteuropa, Ukraine, Südrussland und Nordkasachstan bis zum Mittelsibirischen Bergland (Obl. Kemerowo), nordwärts bis Südschottland, Südschweden (Skåne), Litauen und Perm, südwärts bis Kalabrien (Meldung aus Sizilien zweifelhaft), Nordwesttürkei (Marmara-Region) und Kaukasus. **SW-Eu:** E, I(Si), I. **Z-Eu:** F, B, LUX, NL, D, A, CH, FL, DK. **N-Eu:** GB, S, LT, RUS(N). **NO-Eu:** CS, SK, PL, BY, UA, RUS(S). **SO-Eu:** H, RO, SLO, HR, BG. **W-As:** TR, Kaukasus. **Z-As:** KAZ. **Sib:** W-Sib.

Lokalverbreitung: Im Gebiet aus allen Regionen gemeldet.

Andrena cineraria (Linnaeus, 1758)
Grauschwarze Düstersandbiene

Systematik: Untergattung *Melandrena* Pérez, 1890, *cineraria*-Gruppe.

Nomenklatur: Wurde früher oft mit *Andrena danuvia* und *Andrena barbareae* vermengt.

Etymologie: Von lat. „*cinereus*" = „aschgrau". Der deutsche Name bezieht sich ebenfalls auf die grauweiße, mit einer schwarzen Querbinde versehene Behaarung des Brustrückens; als „Düstersandbienen" werden wegen der bei vielen Arten vorherrschenden dunklen Behaarung die Arten der Untergattung *Melandrena* bezeichnet.

Pollenquellen: Polylektisch; nachgewiesen ist bislang die Nutzung des Pollens von sechs Pflanzenfamilien: Apiaceae, Asteraceae, Brassicaceae, Ranunculaceae, Rosaceae und Salicaceae.

Nestbau: Nistet auf kahlen oder schütter bewachsenen Flächen auf trockenen Fett- und Magerwiesen, Hochwasserdämmen, Sand- und Kiesgruben, aber auch in Gärten und Parks und sogar auf mehr oder weniger stark beschatteten Standorten an Waldsäumen und -lichtungen, in der Regel in kleinen bis zu mehreren Hundert Nestern starken Aggregationen. Sie scheint Sandboden zu bevorzugen, nimmt aber auch mit lehmigem oder humosem Substrat vorlieb. Pro Nest werden nur zwei bis drei Brutzellen angelegt, die meist in einer Tiefe von 10–25 cm liegen, es wurden aber auch schon Brutzellen in einer Tiefe von 60 cm gefunden. Die Nesteingänge bleiben während der Verproviantierung tagsüber offen und werden nur nachts oder bei schlechter Witterung verschlossen.

Lebensraum: Waldsäume, Hecken, trockene Wiesen, Hochwasserdämme, Ruderalflächen, Sand- und Kiesgruben, Gärten und Parks. Vom Flachland bis in die subalpine, in der Südschweiz zuweilen bis in die alpine Höhenstufe.

Parasiten: Kuckucksbienen sind *Nomada lathburiana* und *Nomada goodeniana*. Als weiterer Nestparasit wurde der Wollschweber *Bombylius discolor* beobachtet. Erwachsene Tiere sind zuweilen von Fächerflüglern der Gattung *Stylops* befallen.

Flugzeit: Univoltin von Mitte März bis Ende Mai, ausnahmsweise bis Mitte Juni.

Gesamtverbreitung: Transpaläarktisch. Von Nordportugal bis an die Pazifikküste des Fernen Ostens, in Europa nordwärts bis Irland und Mittelschottland, Norwegen (bis 62,5°N), in Schweden und Finnland fast bis zum

Polarkreis, südwärts in Italien bis Apulien, weiter östlich ist die Südgrenze wegen der Vermengung mit *A. danuvia* bzw. in Asien mit der Vermengung mit weiteren nah verwandten Arten unklar. Auf den Britischen Inseln bis in den Norden Schottlands. Soweit bisher bekannt, beziehen sich alle Meldungen von *A. cineraria* in Griechenland und der Türkei auf *A. danuvia*. Alte Meldungen aus Nordafrika dürften auf Fehldeterminationen basieren. **SW-Eu:** P, E, I. **Z-Eu:** F, B, LUX, NL, D, A, CH, FL, DK. **N-Eu:** IRL, GB, N, S, SF, EST, LT, LV, RUS(N). **NO-Eu:** CS, SK, PL, BY, UA, RUS(S). **SO-Eu:** H, RO, SLO, HR, MK, SRB, BIH, AL, BG. **N-Afr:** {~~DZ~~}. **W-As:** {~~IL~~}, Kaukasus, IR. **Z-As:** TM, UZB, TAD, KAZ, KGZ. **Sib:** W-Sib, O-Sib. **NO-As:** Jak, Khab. **SO-As:** MGL?, RC?, KOR? **Ori:** {~~PAK~~}, NEP?, IND?

Lokalverbreitung: Im Gebiet aus allen Regionen gemeldet.

Andrena clarkella (Kirby, 1802)

Rotbeinige Lockensandbiene

Systematik: Untergattung *Andrena* Fabricius, 1775 *s. str.*

Etymologie: Kirby benannte die Art zu Ehren von Bracey Clark, einem englischen Entomologen. Deutscher Name: Die Hinterbeine des Weibchens sind ausgedehnt leuchtend rotgelb gefärbt; als „Lockensandbienen" werden wegen der hier vielfach auftretenden Spezialisierung auf Weiden die Arten der Untergattung *Andrena s. str.* bezeichnet.

Pollenquellen: Oligolektisch auf Weiden (*Salix*, Fam. Salicaceae).

Nestbau: Kahle bis schütter bewachsene Flächen in lichten Wäldern, an Waldsäumen oder -lichtungen, bevorzugt in Sandboden, nistet aber auch in humosen Böden, meist in kleineren Aggregationen mit geringer Nestdichte. Zu Beginn jeden Verproviantierungsfluges wird der Nesteingang verschlossen. Pro Nest werden eine bis vier Brutzellen angelegt, die oft nur 5 cm, maximal 30 cm unter der Oberfläche liegen.

Lebensraum: Waldaffin; Waldsäume, Waldlichtungen, Kahlschläge, bevorzugt auf Sandboden. Vom Flachland bis in die subalpine Höhenstufe.

Parasiten: Kuckucksbiene ist *Nomada leucophthalma*. Als weiterer Nestparasit wurde der Wollschweber *Bombylius major* beobachtet. Erwachsene Tiere sind zuweilen vom Fächerflügler *Stylops melittae* befallen.

Flugzeit: In einer Generation von Anfang März bis Mitte Mai.

Gesamtverbreitung: Holarktisch. Von den Britischen Inseln und Westfrankreich bis Tschukotka und jenseits der Beringstraße über Alaska bis Labrador und südwärts bis Colorado; in Europa nordwärts bis zum 70°N, also bis weit jenseits des Polarkreises, südwärts bis Norditalien, Kroatien und Bulgarien; in der Ukraine, Südrussland und Kaukasus nur sehr vereinzelte, in den zentralasiatischen Staaten bisher noch keine Nachweise. **SW-Eu:** {~~I(Si)~~}, I. **Z-Eu:** F, B, LUX, NL, D, A, CH, DK. **N-Eu:** IRL, GB, N, S, SF, EST, LT, LV, RUS(N). **NO-Eu:** CS, SK, PL, BY, UA, RUS(S). **SO-Eu:** H, RO, SLO, HR, BG. **N-Afr:** {~~DZ~~}. **W-As:** TR, Kaukasus. **Sib:** W-Sib, O-Sib. **NO-As:** Jak, Amur, Khab, Sach, Mag, Chuk. **Nearktis:** Alaska, CDN, USA.

Lokalverbreitung: Im Gebiet aus allen Regionen gemeldet.

Andrena clypella Strand, 1921
Östliche Dörnchensandbiene

Systematik: Untergattung *Chlorandrena* Pérez, 1890, *humilis*-Gruppe.

Etymologie: Bezieht sich auf den gelb gefärbten Clypeus des Männchens. Der deutsche Name bezieht sich auf das Verbreitungsgebiet; als „Dörnchensandbienen" werden wegen der Dörnchenreihe auf den Hinterschenkeln der Weibchen die Arten der Untergattung *Chlorandrena* bezeichnet.

Pollenquellen: Oligolektisch auf Asteraceae der Unterfamilie Cichorioideae.

Flugzeit: In einer Generation von Mai bis Juni.

Gesamtverbreitung: Der Meldung aus Algerien liegt wahrscheinlich ein Etikettierungsfehler zugrunde. Von Südostfrankreich bis in die östliche Türkei, nordwärts bis Norditalien, Ostösterreich, Slowakei und Rumänien, südwärts bis Sardinien, Sizilien, Peloponnes und Kreta. Eine Meldung aus Ägypten (Moustafa 1986), die bislang bezweifelt wurde, erscheint durch jüngste Funde aus *Israel möglich. **SW-Eu:** I(Sa), I(Si), I. **Z-Eu:** F, A. **NO-Eu:** SK, UA. **SO-Eu:** H, RO, SLO, MK, BG, GR, GR(K). **N-Afr:** DZ?, ET(?). **W-As:** GR(Ä), TR, *IL.

Lokalverbreitung: Im Gebiet nur durch einen Fund in Ostösterreich (Steiermark) belegt, wo die Art 2001 erstmals für Mitteleuropa nachgewiesen wurde.

Andrena coitana (Kirby, 1802)
Bergwald-Sandbiene

Systematik: Untergattung *Oreomelissa* Hirashima & Tadauchi, 1975.

Nomenklatur: Synonym: *Andrena shawella* (Kirby, 1802).

Etymologie: Kirby benannte die Art zu Ehren von J. Coyte, einem englischen Entomologen aus Gipping/Suffolk. Der deutsche Name bezieht sich auf den Lebensraum.

Pollenquellen: Polylektisch; nachgewiesen ist bislang die Nutzung des Pollens von sechs Pflanzenfamilien: Apiaceae, Asteraceae, Campanulaceae, Caryophyllaceae, Lamiaceae, Rosaceae und Scrophulariaceae.

Nestbau: Nistet nur im Schatten oder Halbschatten, in der Regel in kleineren Aggregationen.

Lebensraum: Wälder, Waldsäume und -wege, Lichtungen, Kahlschläge. Vom Flachland bis in die subalpine Höhenstufe, aktuell im Gebiet fast nur noch in der montanen bis subalpinen Stufe.

Parasiten: Als Kuckucksbiene ist *Nomada obtusifrons* bekannt, auch *Nomada roberjeotiana* dürfte infrage kommen. Erwachsene Tiere sind zuweilen von Fächerflüglern befallen.

♀

Flugzeit: In einer Generation von Ende Juni bis September.

Gesamtverbreitung: Transpaläarktisch. Von Irland und Südwestfrankreich bis Kamtschatka, nordwärts bis Norwegen (63°N), Schweden (64°N) und Finnland (65°N), südwärts bis Norditalien, Mazedonien, Rumänien, Nordosttürkei, Kaukasus, Zentralasien, Mongolei; im Fernen Osten nordwärts bis Jakutien, südwärts bis Korea und Japan. Im Fernen Osten in der ssp. *pilosodorsata* Alfken, 1929, in der Nordosttürkei und dem Kaukasus in der ssp. *xema* Warncke, 1975. **SW-Eu:** P, I. **Z-Eu:** F, B, LUX, NL, D, A, CH, FL, DK. **N-Eu:** IRL, GB, N, S, SF, EST, LT, LV, RUS(N). **NO-Eu:** CS, SK, PL, BY, UA, RUS(S). **SO-Eu:** H, RO, SLO, HR, MNE, SRB, BIH, GR(K). **W-As:** TR, Kaukasus. **Z-As:** KAZ, KGZ. **Sib:** W-Sib, O-Sib. **NO-As:** Jak, Amur, Prim, Sach, Mag, Kam, Kur. **SO-As:** MGL, RC(Xinjiang), KOR, J.

Lokalverbreitung: Im Gebiet in höheren Lagen weit verbreitet, aus allen Ländern nachgewiesen, in Deutschland vor allem in den nördlichen Bundesländern weitgehend verschwunden.

Andrena colletiformis Morawitz, 1874

Netzrippen-Sandbiene

Etymologie: Vom Gattungsnamen *Colletes*, wegen des ähnlichen Habitus und der ähnlichen Skulptur des Propodeums. Der deutsche Name bezieht sich auf auf die Skulptur des Propodeum-Mittelfelds, das netzartig mit scharfen Graten (Rippen) überzogen ist.

Lokalverbreitung: Dylewska (1987) führt die Art fälschlicherweise für Österreich an.

Andrena combaella Warncke, 1966
Kamillen-Sandbiene

Systematik: Untergattung *Ulandrena* Warncke, 1968.

Nomenklatur: Synonym: *Andrena leucorhina* auct. part. nec Morawitz, 1876.

Etymologie: Benannt nach dem Sammler des Holotypus, Mario Comba. Der deutsche Name bezieht sich auf eine der bevorzugten Nahrungspflanzen.

Pollenquellen: Oligolektisch auf Asteraceae (Asteroideae), am häufigsten wurden Blütenbesuche auf *Anthemis, Achillea* und *Leucanthemum* registriert.

Lebensraum: Im Gebiet nur auf Brachäckern mit reichlichen Kamillenbeständen beobachtet.

Flugzeit: In einer Generation von Mai bis Juni.

Gesamtverbreitung: Sizilien und Italien, Ostösterreich, Slowakei, Ungarn, Rumänien, Kroatien, Mazedonien, Bulgarien, Ukraine, Türkei, Kaukasus,

♀

Israel und zwei isolierte Nachweise aus Zentral- und Nordkasachstan. **SW-Eu:** I. **Z-Eu:** A. **NO-Eu:** CS, SK, {~~PL~~}, UA, RUS(S). **SO-Eu:** H, RO, HR, MK, BG, GR. **W-As:** TR, IL, Kaukasus. **Z-As:** KAZ.

Lokalverbreitung: Im Gebiet nur in Niederösterreich (aktuell).

Andrena combinata (Christ, 1791)
Dichtpunktierte Körbchensandbiene

Systematik: Untergattung *Simandrena* Pérez, 1890, *combinata*-Gruppe.

Etymologie: Von lat. „*combinata*" = „vereinigt, verbunden"; Christ gibt keinen Hinweis auf die Namenswahl. Der deutsche Name bezieht sich auf die sehr dicht punktierten Tergite; als „Körbchensandbienen" werden wegen des gut ausgebildeten Sammelkörbchens auf den Propodeumseiten der Weibchen die Arten der Untergattung *Simandrena* bezeichnet.

Pollenquellen: Polylektisch; nachgewiesen ist bislang die Nutzung des Pollens von zehn Pflanzenfamilien: Apiaceae, Asteraceae, Brassicaceae, Cistaceae, Crassulaceae, Fabaceae, Hypericaceae, Plantaginaceae, Ranunculaceae und Rosaceae.

Nestbau: Nistet einzeln oder allenfalls in kleinen Aggregationen in Sand oder Löss, der auch Lehmanteile enthalten kann.

Lebensraum: Trockenwarme Hangwiesen, Magerrasen. Vom Flachland bis in die montane Höhenstufe.

Parasiten: Kuckucksbiene ist *Nomada piccioliana*. Erwachsene Tiere sind zuweilen von Fächerflüglern befallen.

Flugzeit: In einer Generation von Mai bis Juni oder Anfang August.

Gesamtverbreitung: Transpaläarktisch. Von Portugal über Zentralasien bis Jakutien, fehlt in Nordafrika (ein einziges, von Algerien gemeldetes Tier ist mit ziemlicher Sicherheit fehletikettiert); in Europa südwärts bis Sizilien und Kreta, nordwärts bis ins Baltikum, fehlt in Großbritannien (alle von dort gemeldeten Tiere erwiesen sich als *A. lepida*, vgl. Yarrow 1968) und in Skandinavien; im Nahen Osten südwärts bis Israel, Kaukasus. In Iberien in der ssp. *crudelis* Warncke, 1967. **SW-Eu:** P, E, I(Sa), I(Si), I. **Z-Eu:** F, B, LUX, NL, D, A, CH, FL. **N-Eu:** {~~GB~~}, LT, RUS(N). **NO-Eu:** CS, SK, PL, BY, UA, UA(K), RUS(S). **SO-Eu:** H, RO, SLO, HR, MK, SRB, BIH, AL, BG, GR, GR(K). **N-Afr:** DZ. **W-As:** CY, TR, SYR, RL, IL, Kaukasus, IR. **Z-As:** TM, UZB, TAD, KAZ, KGZ. **Sib:** W-Sib, O-Sib. **NO-As:** Jak, Mag. **SO-As:** MGL, RC(Xinjiang, Xizang).

Lokalverbreitung: Im Gebiet überall, aber selten.

Andrena comta Eversmann, 1852
Östliche Düstersandbiene

Systematik: Untergattung *Melandrena* Pérez, 1890, *morio*-Gruppe.

Nomenklatur: Synonym: *Andrena orenburgensis* Schmiedeknecht, 1883.

Etymologie: Druckfehler bei der Erstbeschreibung, die von Eversmann angebrachte Namensetikette des Holotypus trägt den Namen „*A. compta*", von „*comptus*" = „frisiert, gekämmt". Der deutsche Name bezieht sich auf das Verbreitungsgebiet der Art; als „Düstersandbienen" werden wegen der bei vielen Arten vorherrschenden dunklen Behaarung die Arten der Untergattung *Melandrena* bezeichnet.

Pollenquellen: Vermutlich polylektisch. In der Literatur wird der Besuch folgender Pflanzen erwähnt: *Solidago, Centaurea jacea* und *Brassica campestris.*

Flugzeit: Nach den Funddaten aus Ungarn von Mai bis September dürfte die Art bivoltin sein.

Gesamtverbreitung: Von Ostösterreich bis zur Pazifikküste des Fernen Ostens; in Europa nur wenige Meldungen, diese in zwei Clustern in Österreich-Ungarn-Serbien-Rumänien und in Weißrussland; die nächsten Fundorte nach Osten befinden sich im Oblast Orenburg und in Baschkortostan, von hier aus über Südsibirien, Mongolei und Nordchina bis zur Pazifikküste des Fernen Ostens. **Z-Eu:** A. **NO-Eu:** {PL}, BY, UA, RUS(S). **SO-Eu:** H, RO, SRB. **Z-As:** KAZ. **Sib:** W-Sib, O-Sib. **NO-As:** Amur, Prim. **SO-As:** MGL, RC(Xinjiang, Gansu, Innere Mongolei, Heilongjiang), J.

Lokalverbreitung: Im Gebiet nur eine einzige Meldung von 1940 aus dem Burgenland (Pittioni & Schmidt 1943).

Andrena confinis Stöckhert, 1930
Wald-Körbchensandbiene

Systematik: Untergattung *Simandrena* Pérez, 1890, *combinata*-Gruppe.

Nomenklatur: Wird von manchen Autoren mit *Andrena congruens* vermengt. Synonym: *Andrena dallatorrei* Clément, 1922.

Etymologie: Von lat. „*confinis*" = „angrenzend, benachbart"; wegen der großen Ähnlichkeit mit *Andrena congruens*. Der deutsche Name bezieht sich auf den Lebensraum; als „Körbchensandbienen" werden wegen des gut ausgebildeten Sammelkörbchens auf den Propodeumseiten der Weibchen die Arten der Untergattung *Simandrena* bezeichnet.

Pollenquellen: Von dieser Art liegen keine Pollenuntersuchungen vor, aber sie ist offensichtlich polylektisch.

Nestbau: Als Nistplätze wurden trockene, mäßig geneigte und größtenteils mit Gras bedeckte Flächen bekannt.

Lebensraum: Wegen der Vermengung mit *A. congruens* noch ungenügend bekannt, aber offensichtlich bevorzugt sie kühlere, aber trockenere Standorte als die Schwesterart. Sie wurde bisher fast immer in Waldnähe gefunden. Vom Flachland bis in die kolline Höhenstufe.

Parasiten: Kuckucksbiene ist *Nomada zonata*. Erwachsene Tiere sind zuweilen von Fächerflüglern befallen.

Flugzeit: Nach Literaturangaben zumindest partiell bivoltin von Ende März bis Mitte Mai und von Juli bis August, wobei die erste Generation individuenreicher zu sein scheint als die zweite.

Gesamtverbreitung: Bekannt geworden aus Südengland, Schweiz, Deutschland, Österreich, Tschechien und der Slowakei. Zwei Meldungen aus Baschkortostan (Nikiforuk 1957) und zwei Nachweise aus *Nord- und Zentralgriechenland scheinen isoliert, mit ziemlicher Sicherheit kommt die Art auch in den Arealen dazwischen vor und wurde lediglich mit *A. congruens* vermengt. **SW-Eu:** I. **Z-Eu:** F, D, A, CH. **N-Eu:** GB. **NO-Eu:** CS, SK, RUS(S). **SO-Eu:** *GR.

Lokalverbreitung: In Deutschland fast überall, jedoch im Süden häufiger als im Norden. In Österreich aus Tirol und Kärnten gemeldet. In der Schweiz historische Funde im westlichen Mittelland und in Graubünden.

Andrena congruens Schmiedeknecht, 1883
Wiesen-Körbchensandbiene

Systematik: Untergattung *Simandrena* Pérez, 1890, *combinata*-Gruppe.

Nomenklatur: Wird von manchen Autoren mit *Andrena confinis* vermengt.

Etymologie: Von lat. „*congruens*" = „übereinstimmend"; von Schmiedeknecht offensichtlich wegen der gemeinsamen Merkmale mit den verwandten Arten gewählt. Der deutsche Name bezieht sich auf den Lebensraum; als „Körbchensandbienen" werden wegen des gut ausgebildeten Sammelkörbchens auf den Propodeumseiten der Weibchen die Arten der Untergattung *Simandrena* bezeichnet.

Pollenquellen: Polylektisch; nachgewiesen ist bislang die Nutzung des Pollens von zehn Pflanzenfamilien: Aceraceae, Apiaceae, Brassicaceae, Fabaceae, Fagaceae, Plantaginaceae, Ranunculaceae, Rosaceae, Salicaceae und Valerianaceae.

Nestbau: Nester wurden bisher noch nicht beobachtet.

Lebensraum: Wenig bekannt; nach bisherigen Angaben Offenlandsart, auf Hochwasserdämmen, Weinbergen und Kiesgruben, aber tendenziell eher in feuchteren Standorten. Vom Flachland bis in die kolline Höhenstufe.

Parasiten: Kuckucksbiene ist *Nomada zonata*. Erwachsene Tiere sind zuweilen von Fächerflüglern befallen.

Flugzeit: In zwei Generationen von April bis Mai und von Juli bis August.

Gesamtverbreitung: Westpaläarktisch. Von Portugal bis Kleinasien, Kaukasus und Ural, nordwärts bis Lettland und Perm. Auch in Südgroßbritannien. Überprüfungsbedürftig sind je eine Meldung aus Tunesien und Israel. Generell ist bei einem Großteil der Meldungen unklar, ob es sich um *A. congruens* oder *A. confinis* handelt. **SW-Eu:** P, E, I(Sa), I. **Z-Eu:** F, NL, D, A, CH, FL. **N-Eu:** GB, LT, LV, RUS(N). **NO-Eu:** CS, SK, PL, BY, UA, RUS(S). **SO-Eu:** H, RO, SLO, HR, MK, SRB, AL, GR. **N-Afr:** TN. **W-As:** TR, IL, Kaukasus.

Lokalverbreitung: Im Gebiet weit verbreitet, aber sehr selten und großflächig bereits verschwunden.

Andrena cordialis Morawitz, 1878
Herzförmige Sandbiene

Systematik: Untergattung *Cordandrena* Warncke, 1968.

Etymologie: Von lat. „*cordialis*" = „das Herz betreffend"; hier wohl: „herzförmig", bezieht sich möglicherweise auf den mehr oder weniger herzförmigen Hinterleib.

Pollenquellen: Offensichtlich polylektisch. Die erste Generation bevorzugt Brassicaceae, die zweite Apiaceae.

Nestbau: Nistet einzeln oder in kleineren Aggregationen.

Lebensraum: Trockenwarme Standorte, im Gebiet Ackerbrachen, Flächen mit Steppencharakter. Vom Flachland bis in die kolline Höhenstufe.

Flugzeit: Nach den mittel- und osteuropäischen Funddaten in zwei Generationen von April bis Mai/Juni und von Juni/Juli bis August.

Parasiten: Als Kuckucksbiene ist vermutlich *Nomada blepharipes* bekannt, die im Gebiet nicht vorkommt.

Gesamtverbreitung: Nach sicheren Nachweisen von Ostösterreich bis Turkmenien, nordwärts bis Slowakei und Ukraine (Lviv, 50°N), südwärts bis Kreta; Kleinasien, Kaukasus, Iran. Meldungen von Kasachstan, Kirgistan, Tadschikistan und Tibet sollten überprüft werden, da fast alle untersuchten Tiere aus Zentralasien zur sehr ähnlichen *A. pagophila* gehören. **Z-Eu:** A. **N-Eu:** RUS(N). **NO-Eu:** SK, {~~PL~~}, UA, UA(K), RUS(S). **SO-Eu:** H, RO, MD, MK, SRB, BG, GR, GR(K). **N-Afr:** {~~MA~~}. **W-As:** TR, IRQ, Kaukasus. **Z-As:** TM, TAD(?), KAZ(?), KGZ(?). **Sib:** O-Sib(?). **SO-As:** RC(?).

Lokalverbreitung: Im Gebiet nur in Ostösterreich, wurde 2003 erstmals für Mitteleuropa in Niederösterreich nachgewiesen (Pachinger 2003) und 2005 auch aus dem Burgenland gemeldet (Schwarz et al. 2005).

Andrena curtula Pérez, 1903
Kurze Zwergsandbiene

Systematik: Untergattung *Micrandrena* Ashmead, 1899.

Nomenklatur: Verschiedentlich wird *A. pauxilla* als Synonym von *Andrena curtula* betrachtet. Der Artenkomplex *A. curtula-pauxilla-pusilla-spreta* ist noch nicht abschließend geklärt. Hier wird davon ausgegangen, dass alle vier Taxa eigenständige Arten darstellen, von denen *A. pauxilla* und *A. pusilla* im Gebiet vorkommen.

Etymologie: Von lat. „*curtus*" = „verkürzt"; wegen der geringen Körperlänge.

Siehe *Andrena pauxilla*.

Andrena curvana Warncke, 1965
Östliche Kielsandbiene

Systematik: Untergattung *Notandrena* Pérez, 1890.

Etymologie: Warncke verrät nicht über die Herleitung des Namens. Der deutsche Name bezieht sich auf das Verbreitungsgebiet; als „Kielsandbienen" werden wegen des mit einem Seitenkiel versehenen Pronotums die Arten der Untergattung *Notandrena* bezeichnet.

Pollenquellen: Möglicherweise wie die nächstverwandten Arten oligolektisch auf Doldenblütler, was nach Beobachtungen zumindest auf die zweite Generation zutrifft; Weibchen der ersten Generation wurden aber auch pollensammelnd auf Kreuzblütlern angetroffen.

Lebensraum: Waldsäume, Hecken, Mager- und Fettwiesen, Hochwasserdämme, Ruderalflächen, Sand-, Kies- und Lehmgruben, zuweilen auch Gärten und Parks. Vom Flachland bis in die kolline Höhenstufe.

Flugzeit: Zumindest partiell in zwei Generationen von April bis Mai und von Juni bis September. Im Gebiet ist die zweite Generation die individuenreichere.

Gesamtverbreitung: Im Wesentlichen auf Südosteuropa beschränkt; westlichster Punkt der Verbreitung ist Stuttgart, von Österreich und der Slowakei im Norden über den Balkan bis Nordgriechenland. **SW-Eu:** I. **Z-Eu:** D, A. **NO-Eu:** CS, SK. **SO-Eu:** H, RO, {~~SLO~~}, HR, MK, MNE, SRB, BG, GR. **W-As:** CY.

Lokalverbreitung: Im Gebiet nur in Deutschland bisher nur in der Stuttgarter Gegend nachgewiesen (Schwenninger 2013); ein historischer Nachweis aus Sachsen ist möglicherweise fehletikettiert (Ebmer et al. 1994). In Österreich mit Ausnahme von Kärnten, Tirol und Vorarlberg aus allen Bundesländern gemeldet.

Andrena curvungula Thomson, 1870
Braune Schuppensandbiene

Systematik: Untergattung *Lepidandrena* Hedicke, 1933, *curvungula*-Gruppe.

Etymologie: „Mit gekrümmten Klauen", von lat. „*curvus*" = „krumm, gekrümmt" und „*ungula*" = „Kralle, Klaue". Das verlängerte und vergleichsweise stark gekrümmte Klauenglied der Hinterbeine ist ein gutes Unterscheidungsmerkmal gegen die nächstverwandte *A. pandellei*. Der deutsche Name bezieht sich auf die im Gegensatz zur nächstverwandten *Andrena pandellei* braune Behaarung der Thoraxoberseite; als „Schuppensandbienen“ werden wegen der fast schuppenartig kurzen und dichten Behaarung des Thoraxrückens die Arten der *curvungula*-Gruppe aus der Untergattung *Lepidandrena* bezeichnet.

Pollenquellen: Oligolektische, auf *Campanula* (Campanulaceae) spezialisierte Art.

Nestbau: Nistet auf schütter bewachsenen, ebenen bis deutlich abfallenden Flächen, unter günstigen Bedingungen auch in größeren Aggregationen.

Lebensraum: Trockenwarme Magerrasen, extensiv genutzte Wiesen, Trockenhänge, südexponierte Waldränder. Vom Flachland bis in die montane Höhenstufe.

Parasiten: Kuckucksbiene ist *Nomada braunsiana*, vermutet wird auch *Nomada succincta*. Erwachsene Tiere sind zuweilen von Fächerflüglern befallen.

Flugzeit: In einer Generation von Mai bis Juli.

Gesamtverbreitung: Von den Pyrenäen über Süd- und Osteuropa, Ukraine, Südrussland bis zum Mittelsibirischen Rücken sowie über Kleinasien und Kaukasus bis Westkasachstan; nordwärts bis Skåne, Gotland, Riga und Perm; südwärts bis in die Toskana und Thessalien. **SW-Eu:** E, I. **Z-Eu:** F, B, LUX, NL, D, A, CH, DK. **N-Eu:** S, LT, LV, RUS(N). **NO-Eu:** CS, SK, PL, BY, UA, UA(K), RUS(S). **SO-Eu:** H, RO, SLO, HR, MK, SRB, BIH, BG, GR. **W-As:** GR(Ä), TR, Kaukasus. **Z-As:** KAZ. **Sib:** W-Sib.

Lokalverbreitung: In Deutschland in der Südhälfte weit verbreitet (keine Nachweise aus Niedersachsen und Schleswig-Holstein, eine einzige Meldung aus Mecklenburg-Vorpommern). In Österreich mit Ausnahme von Salzburg und Vorarlberg aus allen Bundesländern nachgewiesen. In der Schweiz fast überall mit Ausnahme von weiten Teilen des Mittellandes.

Andrena danuvia Stöckhert, 1950

Donau-Düstersandbiene

Systematik: Untergattung *Melandrena* Pérez, 1890, *cineraria*-Gruppe.

Nomenklatur: Wurde früher oft mit *Andrena cineraria* und *Andrena barbareae* vermengt.

Etymologie: Von. lat. „*Danubius*“ = „Donau“, vom (an der Donau gelegenen) Typenfundort Wien. Als „Düstersandbienen“ werden wegen der bei vielen Arten vorherrschenden dunklen Behaarung die Arten der Untergattung *Melandrena* bezeichnet.

Pollenquellen: Polylektisch; wie die Schwesterart *A. cineraria* am häufigsten auf Weiden und Löwenzahn zu beobachten.

Nestbau: Nistet auf kahlen oder schütter bewachsenen Flächen auf Straßenböschungen, Hochwasserdämmen, innerstädtischen Grünanlagen, oft in bis zu mehreren Hundert Nestern starken Aggregationen. Die Nesteingänge bleiben während der Verproviantierung tagsüber offen und werden nur nachts oder bei schlechter Witterung verschlossen.

Lebensraum: Im Gebiet am häufigsten im Stadtgebiet beobachtet. Vom Flachland bis in die kolline Höhenstufe.

Parasiten: Als Kuckucksbienen wurden *Nomada goodeniana* und *Nomada lathburiana* beobachtet, infrage kommt auch *Nomada fulvicornis*. Erwachsene Tiere sind zuweilen von Fächerflüglern der Gattung *Stylops* befallen.

Flugzeit: In einer Generation von März bis Mai/Juni.

Gesamtverbreitung: Wegen der Vermengung mit *A. cineraria* unklar. Soweit bisher bekannt, markiert Niederösterreich den nordwestlichsten Punkt der Verbreitung. Alle untersuchten Tiere der Verwandtschaftsgruppe aus Griechenland und der Türkei waren *A. danuvia*. **SW-Eu:** I. **Z-Eu:** A. **NO-Eu:** CS, SK. **SO-Eu:** H, RO, BG, GR. **W-As:** GR(Ä), TR.

Lokalverbreitung: Im Gebiet nur in Niederösterreich, hier – vor allem in Wien – stellenweise nicht selten.

Andrena decipiens Schenck, 1859
Mannstreu-Sandbiene

Systematik: Untergattung *Holandrena* Pérez, 1890.

Nomenklatur: *Andrena flavilabris* wurde oft als erste Generation von *Andrena decipiens* betrachtet.

Etymologie: Von lat. „*decipiens*“ = „täuschend“, wegen der großen Ähnlichkeit mit *A. labialis*. Der deutsche Name bezieht sich auf eine der bevorzugten Nahrungspflanzen.

Pollenquellen: Polylektisch; nachgewiesen ist bislang die Nutzung des Pollens vor allem von Schmetterlingsblütlern und Doldenblütlern, aber auch – wenn auch in geringerem Maße – von Korbblütlern.

Nestbau: Nester wurden beobachtet in schütter bewachsenen Lehmböschungen, zuweilen auch in Sandboden.

Lebensraum: Trockenwarme Standorte mit Steppencharakter; die wenigen Fundorte im Gebiet liegen oft auf Truppenübungsplätzen. Vom Flachland bis in die kolline Höhenstufe.

Parasiten: Als Kuckucksbiene ist *Nomada stigma* bekannt. Erwachsene Tiere sind zuweilen von Fächerflüglern befallen.

Flugzeit: In einer Generation von Juni bis September.

Gesamtverbreitung: In Nordafrika in der ssp. *capta* Warncke, 1974 von Marokko bis Tunesien. In Eurasien von Zentralspanien über Ukraine, Kleinasien und Kaukasus bis Kasachstan; in Europa nordwärts bis Belgien, Weißrussland und Perm, südwärts bis Sizilien und Malta sowie Mittelgriechenland (nicht auf der Peloponnes, Kreta und Zypern) und Südgrenze der Türkei. **SW-Eu:** E, I(Si), I, M. **Z-Eu:** F, B, LUX, NL?, D, A, CH. **N-Eu:** RUS(N). **NO-Eu:** CS, SK, PL, BY, UA, RUS(S). **SO-Eu:** H, RO, SLO, HR, MNE, SRB, BIH, BG, GR. **N-Afr:** MA, DZ, TN. **W-As:** GR(Ä), CY, TR, Kaukasus. **Z-As:** KAZ.

Lokalverbreitung: In Deutschland aktuell nur in Bayern und Baden-Württemberg, historisch in Hessen und Rheinland-Pfalz. In Österreich aus Niederösterreich und dem Burgenland bekannt, eine überprüfungsbedürftige Meldung aus Salzburg von 1878. Aus der Schweiz verschwunden, nur wenige historische Nachweise aus Basel, Genfersee-Gebiet und Locarno, alle vor 1905.

Andrena denticulata (Kirby, 1802)

Rainfarn-Herbstsandbiene

Systematik: Untergattung *Cnemidandrena* Hedicke, 1933, *nigriceps*-Gruppe.

Nomenklatur: Synonym: *Andrena listerella* (Kirby, 1802).

Etymologie: Diminutiv von lat. „*dentata*" = „gezähnt"; Kirby vergab diesen Namen wegen des zahnartigen Fortsatzes vor der Mandibelbasis des Männchens. Der deutsche Name bezieht sich auf eine der bevorzugten

Nahrungspflanzen; als „Herbstsandbienen“ werden die erst im Spätsommer und Herbst erscheinenden Arten der Untergattung *Cnemidandrena* bezeichnet.

Pollenquellen: Oligolektisch an Korbblütlern (Asteraceae). Besonders gerne besucht sie Rainfarn (*Tanacetum vulgare*).

Nestbau: Kahle oder schütter bewachsene Flächen, bevorzugt in Sand- oder sandigem Lehmboden.

Lebensraum: Ruderalflächen, Sandgruben und Waldgebiete, hier vor allem Waldränder mit blütenreichen Säumen und sonnenexponierte Waldlichtungen. Vom Flachland bis in die montane Höhenstufe.

Parasiten: Kuckucksbiene ist *Nomada rufipes*, vermutlich auch *Nomada roberjeotiana*. Erwachsene Tiere sind zuweilen von Fächerflüglern befallen.

Flugzeit: In einer Generation von Ende Juli bis Ende August.

Gesamtverbreitung: Transpaläarktisch. Von der Nordküste Spaniens und Irland über Zentralasien, China und Mongolei bis in den Fernen Osten (Sachalin, Südkurilen); in Europa nordwärts bis Norwegen (60,5°N), Schweden (66°N) und Finnland (65°N), in Russland bis Kirov und Perm, südwärts bis Lazio und Bulgarien, in Asien südwärts bis zum Kaukasus, fehlt in der Türkei. Die Angaben aus Japan und Korea beziehen sich auf *A. seneciorum* Hirashima, 1964, die im Fernen Osten sympatrisch mit *A. denticulata* vorkommt. **SW-Eu:** E, I(Sa), I. **Z-Eu:** F, B, LUX, NL, D, A, CH, FL, DK. **N-Eu:** IRL, GB, N, S, SF, EST, LT, LV, RUS(N). **NO-Eu:** CS, SK, PL, BY, UA, RUS(S). **SO-Eu:** H, RO, SLO, HR, SRB, BG. **W-As:** Kaukasus. **Z-As:** KAZ. **Sib:** W-Sib, O-Sib. **NO-As:** Amur, JAO, Khab, Prim, Sach, Kur. **SO-As:** MGL, RC (Shaanxi, Xinjiang, Jilin, Heilongjiang), {~~KOR~~}, {J}.

Lokalverbreitung: In Deutschland und Österreich fast überall. In der Schweiz mit Ausnahme einer historischen Meldung von 1912 von Neuenburg nur in den Alpen nachgewiesen.

Andrena distinguenda Schenck, 1871
Glanzlose Riefensandbiene

Systematik: Untergattung *Distandrena* Warncke, 1968.

Nomenklatur: Synonym: *Andrena obsoleta spongiosa* Warncke, 1967. Warncke (1967b) hielt den Namen *distinguenda* für ungültig und ersetzte ihn durch *spongiosa*. Zudem betrachtete er die bei uns vorkommende Art als Unterart der nordafrikanischen *Andrena obsoleta* Pérez, 1895.

Etymologie: Von lat. „*distinguenda*“ = „die zu unterscheidende“. Der deutsche Name bezieht sich auf die Tatsache, dass die Art im Vergleich zur nächstverwandten *Andrena nitidula* einen glanzlosen Brustrücken besitzt; als „Riefensandbienen“ werden wegen des deutlich längs gerieften Clypeus die Arten der Untergattung *Distandrena* bezeichnet.

Pollenquellen: Oligolektisch auf Kreuzblütler (Brassicaceae).

Nestbau: Nistet in der Regel auf ebenen, schütter bewachsenen Flächen, ein Nest wurde aber auch in einer Lehmsteilwand beobachtet.

Lebensraum: Trockenwarme Brachäcker und Ruderalflächen. Vom Flachland bis in die kolline Höhenstufe.

Parasiten: Erwachsene Tiere sind zuweilen vom Fächerflügler *Stylops obsoletus* Luna de Carvalho, 1974 befallen.

Flugzeit: In einer Generation von April bis Juni.

Gesamtverbreitung: Von den Benelux-Ländern, Nordostfrankreich und Sachsen-Anhalt im Norden südwärts über die Schweiz bis Kalabrien und Thessalien, westwärts über Südfrankreich bis Katalonien, ostwärts bis Rumänien und Bulgarien. **SW-Eu:** {~~P~~}, E, {~~E(B)~~}, I(Si), I. **Z-Eu:** F, B, LUX, NL, D, A, CH. **NO-Eu:** CS, SK, PL. **SO-Eu:** H, RO, SLO, HR, MK, MNE, SRB, BIH, BG, GR. **N-Afr:** {~~MA, DZ, TN~~}. **W-As:** GR(Ä).

Lokalverbreitung: In Deutschland aktuell aus Rheinland-Pfalz, Baden-Württemberg, Hessen, Bayern, Thüringen und Sachsen-Anhalt bekannt. In Österreich Nachweise aus dem Burgenland, Niederösterreich und Steiermark; eine Meldung aus Kärnten von 1949 basiert mit ziemlicher Sicherheit auf einer Fehlbestimmung (vgl. Ebmer 2003). In der Schweiz aktuell nur bei Schaffhausen, historische Funde von 1946 und 1947 am Genfersee.

Andrena dorsalis Brullé, 1832
Mittlere Schuppensandbiene

Systematik: Untergattung *Lepidandrena* Hedicke, 1933, *florivaga*-Gruppe.

Etymologie: Von lat. „*dorsalis*" = „den Rücken betreffend"; spielt auf die auffallend kurze und dichte, fast schuppenartige Behaarung des Brustrückens an. Der deutsche Name bezieht sich auf die im Vergleich zu den meisten anderen Sandbienenarten mit ähnlicher Thoraxbehaarung geringere Körpergröße, sie ist jedoch größer als *A. bisulcata*; als „Schuppensandbienen" werden wegen der fast schuppenartig kurzen und dichten Behaarung des Thoraxrückens die Arten der *curvungula*-Gruppe aus der Untergattung *Lepidandrena* bezeichnet.

Pollenquellen: Angeblich polylektisch, pollensammelnde Weibchen sollen beobachtet worden sein auf *Stellaria holostea*, einzeln auf *Ranunculus* und *Brassica*, andere Beobachtungen deuten aber auf eine Bindung an *Ornithogalum* hin.

Lebensraum: Trockenwarme, lichte Laubwälder, Kahlschläge, Hecken, Brachäcker. Vom Flachland bis in die kolline Höhenstufe.

Flugzeit: In einer Generation von April bis Juni.

Gesamtverbreitung: Ostmediterran. Von der Insel Elba bis zum Schwarzen Meer, nordwärts bis Ostösterreich und Slowakei, südwärts bis Apulien und die Peloponnes; in der Türkei nur zwei Fundorte bei Istanbul und Samsun. **SW-Eu:** I. **Z-Eu:** F?, A. **NO-Eu:** SK. **SO-Eu:** H, RO, SLO, HR, MNE, SRB, BIH, GR. **N-Afr:** {~~DZ, ET~~}. **W-As:** TR.

Lokalverbreitung: Im Gebiet nur in Ostösterreich; wurde 1994 in der Steiermark erstmals für Mitteleuropa nachgewiesen (Schwarz & Gusenleitner 1997) und in den folgenden Jahren auch im Burgenland und Niederösterreich gefunden.

Andrena dorsata (Kirby, 1802)
Rotbeinige Körbchensandbiene

Systematik: Untergattung *Simandrena* Pérez, 1890, *dorsata*-Gruppe.

Nomenklatur: Wurde vielfach mit *Andrena propinqua* vermengt. Synonym: *Andrena dubitata* Schenck, 1869.

Etymologie: Von lat. „*dorsum*" = „Rücken"; Kirby gibt keine explizite Erklärung zur Namenswahl. Der deutsche Name bezieht sich auf die im Unterschied zur nächstverwandten *Andrena propinqua* teilweise rot gefärbten Hinterbeine; als „Körbchensandbienen" werden wegen des gut ausgebildeten Sammelkörbchens auf den Propodeumseiten der Weibchen die Arten der Untergattung *Simandrena* bezeichnet.

Pollenquellen: Polylektisch; nachgewiesen ist bislang die Nutzung des Pollens von acht Pflanzenfamilien: Apiaceae, Asteraceae, Brassicaceae,

♀

Cucurbitaceae, Fabaceae, Lamiaceae, Rosaceae und Salicaceae.

Nestbau: Nistet einzeln in kahlen oder schütter bewachsenen Flächen in sandigem oder lehmigem Boden.

Lebensraum: Sand- und Kiesgruben, Magerrasen, Waldränder, Hochwasserdämme. Vom Flachland bis in die montane Höhenstufe.

Parasiten: Kuckucksbiene ist *Nomada zonata.* Erwachsene Tiere sind zuweilen von Fächerflüglern befallen.

Flugzeit: In zwei Generationen von April bis Mai und von Juni bis August.

Gesamtverbreitung: In Iberien nur im Pyrenäen-Vorland, von Wales und England ostwärts bis in die Wolga-Tiefebene, nordwärts bis nach Estland und Perm, in Schweden nur ein einziger Nachweis von vor 1900 (Södermanland), fehlt ansonsten in Skandinavien, in Europa südwärts bis Baleareen, Sardinien, Kalabrien und Peloponnes, fehlt auf Sizilien, Kreta und Zypern, in Asien südwärts bis Israel. In Nordafrika nur aus Marokko nachgewiesen. Alte Meldungen von Sibirien und der Mongolei von 1880 sind zweifelhaft. **SW-Eu:** P, E, E(B), F(K), I(Sa), I(Si), I. **Z-Eu:** F, B, LUX, NL, D, A, CH, FL, DK. **N-Eu:** GB, S, EST, LT, LV, RUS(N). **NO-Eu:** CS, SK, PL, BY, UA, UA(K), RUS(S). **SO-Eu:** H, RO, MD, SLO, HR, MK, MNE, SRB, BIH, AL, BG, GR. **N-Afr:** MA, DZ, TN, ET. **W-As:** GR(Ä), TR, SYR, RL, IL, Kaukasus, IR. **Z-As:** TM, KAZ. **Sib:** Sib? **SO-As:** MGL?

Lokalverbreitung: Im Gebiet aus allen Regionen gemeldet.

Andrena elegans Giraud, 1863

Pracht-Sandbiene

Etymologie: Von lat. „*elegans*“ = „elegant, auserlesen“; wie die deutsche Bezeichnung bezieht sich der Name auf das Aussehen der Biene, die mit 16–18 mm Körperlänge, dem glänzenden, mit weißen Haarbinden und einer goldgelben Endfranse verzierten Hinterleib und den gelbroten Hintertibien eine beeindruckende Erscheinung bietet.

Lokalverbreitung: Von Rogenhofer & Kohl (1886) aus Hernstein/Niederösterreich gemeldet. Es handelt sich mit Sicherheit um eine Falschmeldung.

Andrena enslinella Stöckhert, 1924

Enslins Zwergsandbiene

Systematik: Untergattung *Micrandrena* Ashmead, 1899, *enslinella*-Gruppe.

Nomenklatur: Synonym: *Andrena chimaera* Blüthgen, 1949.

Etymologie: Gewidmet Dr. Eduard Enslin (1879–1970), bayrischer Hymenopterologe, Sammler des Holotypus. Mit dem deutschen Namen „Zwergsandbienen“ werden wegen ihrer geringen Körpergröße die Arten der Untergattung *Micrandrena* bezeichnet.

Pollenquellen: Möglicherweise oligolektisch auf Kreuzblütler.

Nestbau: Die wenigen beobachteten Nester befanden sich an Böschungen und Straßengräben.

Parasiten: Als Kuckucksbiene wurde die im Gebiet nicht heimische *Nomada tenella* bekannt.

Flugzeit: In einer Generation von April bis Juni.

Gesamtverbreitung: Zentralasiatisch-europäisch; von Südwestdeutschland und Norditalien ostwärts über Ukraine, Kleinasien und Kaukasus bis Kasachstan und zum Mittelsibirischen Bergland (Obl. Kemerowo), nordwärts bis Sachsen-Anhalt, Mordovia und Udmurtien, südwärts bis auf die Peloponnes und die Südgrenze der Türkei. **SW-Eu:** E, I. **Z-Eu:** D, A. **N-Eu:** RUS(N). **NO-Eu:** CS, SK, PL, UA, RUS(S). **SO-Eu:** H, RO, MD, SLO, HR, SRB, BG, GR. **W-As:** TR, Kaukasus. **Sib:** W-Sib.

Lokalverbreitung: Im Gebiet nur in Deutschland und Österreich nachgewiesen. In Deutschland aktuell nur in Rheinland-Pfalz und Sachsen-Anhalt, letzte Funde aus Baden-Württemberg 1940, aus Bayern 1945. In Österreich nur aus dem Pannonikum bekannt, hier aktuell in Niederösterreich und Burgenland.

Andrena falsifica Perkins, 1915

Fingerkraut-Zwergsandbiene

Systematik: Untergattung *Micrandrena* Ashmead, 1899, *minutula*-Gruppe.

Etymologie: Von lat. „*falsifica*" = „gefälscht, falsch", wegen der Ähnlichkeit mit verwandten Arten. Deutscher Name: Fingerkraut gehört zu den bevorzugten Pollenquellen der Art; mit dem Namen „Zwergsandbienen" werden wegen ihrer geringen Körpergröße die Arten der Untergattung *Micrandrena* bezeichnet.

Pollenquellen: Vermutlich polylektische Art, von der bisher nur Frühlings-Fingerkraut (*Potentilla verna*) und Gamander-Ehrenpreis (*Veronica chamaedrys*) als Pollenquellen belegt sind.

Nestbau: Nistplätze sind kahle oder schütter bewachsene Flächen an ebenen oder geneigten Flächen, ohne erkennbare Bevorzugung bestimmter Bodenarten.

Lebensraum: Lichte Wälder, Waldsäume, Hecken, trockene Mager- und Fettwiesen, Ruderalflächen. Vom Flachland bis in die montane Höhenstufe.

Parasiten: Als Kuckucksbiene tritt regelmäßig *Nomada flavoguttata* auf. Erwachsene Tiere sind zuweilen vom Fächerflügler *Stylops melittae* befallen.

Flugzeit: In einer Generation von März bis Mai.

Gesamtverbreitung: Von Zentralspanien ostwärts über Ukraine und Kaukasus bis zum Mittelsibirischen Bergland (Obl. Kemerowo), in Europa nordwärts bis Wales und Südengland, Litauen, Norwegen (bis 60,5°N), Schweden (bis 61,5°N), keine Nachweise aus Finnland, in Russland bis Kirov und Perm; südwärts bis zu den Abruzzen und Mazedonien; keine Nachweise aus der Türkei. **SW-Eu:** E, I. **N-Eu:** N, S, EST?, LT, LV, RUS(N). **NO-Eu:** CS, SK, PL, BY, UA, UA(K), RUS(S). **SO-Eu:** H, RO, SLO, MK, BIH, BG, {~~GR~~}. **W-As:** Kaukasus. **Z-As:** KAZ? **Sib:** W-Sib.

Lokalverbreitung: Im Gebiet aus allen Regionen gemeldet.

Andrena ferox Smith, 1847

Eichen-Sandbiene

Systematik: Untergattung *Hoplandrena* Pérez, 1890, *trimmerana*-Gruppe.

Etymologie: Von lat. „*ferox*" = „wild, trotzig, kriegerisch", wegen der stark verlängerten sichelförmigen Mandibeln der Männchen. Der deutsche Name bezieht sich auf eine der bevorzugten Nahrungsquellen der Art.

Pollenquellen: Polylektisch, Pollen von Bäumen und Sträuchern werden bevorzugt, insbesondere von Eichen. Als Pollenquellen belegt sind Feld-Ahorn (*Acer campestre*), Stiel-Eiche (*Quercus robur*) und Zweigriffliger Weißdorn (*Crataegus laevigata*).

Nestbau: Nistet kommunal (bis zu 80 Weibchen benutzen einen Nesteingang) an schütter bewachsenen Flächen, gerne an den Südrändern von Laub-, insbesondere Eichenwäldern. Oft wird der Nesteingang an einer besonders geschützten Stellen angelegt, etwa zwischen den Steinen einer Trockenmauer, oder im Eingangsbereich von Nagetierbauen.

♂

Lebensraum: Vorwiegend offene Laubwälder, Waldsäume, reich strukturierte Wald- und Heckenbiotope. Vom Flachland bis in die montane Höhenstufe.

Parasiten: Kuckucksbiene ist *Nomada mutica*, möglicherweise auch *Nomada marshamella*. Erwachsene Tiere sind zuweilen von Fächerflüglern befallen.

Flugzeit: In einer Generation von Mai bis Juni.

Gesamtverbreitung: Von Zentralspanien bis in die Osttürkei und Nordiran, nordwärts bis Südengland, Holland und den Nordrand der deutschen Mittelgebirge, südwärts bis Sizilien, Thessalien und *Ägäis, in der Türkei nur sehr wenige Nachweise von Akseki und Hakkari, im Nahen Osten südwärts über *Syrien bis *Jordanien. **SW-Eu:** E, I(Si), I. **Z-Eu:** F, B, NL, D, A, CH. **N-Eu:** GB. **NO-Eu:** CS, SK, {~~PL~~}, UA, UA(K). **SO-Eu:** H, RO, SLO, HR, MK, BIH, BG, GR. **W-As:** TR, *SYR, *JOR, IR.

Lokalverbreitung: In Deutschland aktuell nur in Rheinland-Pfalz, Baden-Württemberg, Hessen und Bayern, historische Meldungen aus Nordrhein-Westfalen, Sachsen-Anhalt und Thüringen. In Österreich belegt für Ober- und Niederösterreich sowie Kärnten, zusätzlich eine überprüfungsbedürftige Meldung von 1895 aus der Steiermark. In der Schweiz aktuell im Tessin, Wallis, Graubünden und dem Jura-Südfuß, aus dem Mittelland nur historische Meldungen.

Andrena flavilabris Schenck, 1874
Gelblippige Sandbiene

Systematik: Untergattung *Holandrena* Pérez, 1890.

Nomenklatur: *Andrena flavilabris* wurde oft als erste Generation von *Andrena decipiens* betrachtet (zum Artstatus vgl. Mandery et al. 2008).

Etymologie: Von lat. *„flavus“* = „goldgelb, rötlich gelb“ und *„labrum“* = „Lippe“, wegen des gelben Clypeus des Männchens.

Pollenquellen: Polylektisch; nachgewiesen ist bislang die Nutzung des Pollens von fünf Pflanzenfamilien: Aceraceae, Brassicaceae, Cornaceae, Fabaceae und Rosaceae.

Nestbau: Nistet unter günstigen Bedingungen in größeren Aggregationen.

Lebensraum: Trockenwarme Standorte mit Steppencharakter; die wenigen Fundorte im Gebiet liegen oft auf Truppenübungsplätzen. Vom Flachland bis in die kolline Höhenstufe.

Parasiten: Als Kuckucksbiene ist *Nomada stigma* bekannt. Erwachsene Tiere sind zuweilen von Fächerflüglern befallen.

Gesamtverbreitung: Wegen der Vermengung mit *A. decipiens* existieren sichere Nachweise nur aus Frankreich, Deutschland, der Schweiz und den Niederlanden sowie aus *Spanien (Prov. Alicante), von der *Krim und aus der *Türkei. Meldungen von Zypern beziehen sich möglicherweise auf *A. wilhelmi*. **SW-Eu:** *E, I(Si). **Z-Eu:** F, D, CH. **NO-Eu:** UA, *UA(K). **SO-Eu:** HR, GR. **W-As:** CY(?), *TR.

Lokalverbreitung: Im Gebiet nur in Deutschland und der Schweiz nachgewiesen. In Deutschland nur aus Bayern und Rheinland-Pfalz bekannt (aktuell nur in Bayern); Meldungen aus Thüringen und Baden-Württemberg sind sicherlich Fehlbestimmungen, da die betreffenden Tiere im Juli und August gefangen wurden. Aus der Schweiz nur historische Meldungen von vor 1905 aus Basel und dem Genfersee.

Andrena flavipes Panzer, 1798
Gewöhnliche Bindensandbiene

Systematik: Untergattung *Zonandrena* Hedicke, 1933.

Nomenklatur: Synonym: *Andrena fulvicrus* (Kirby, 1802).

Etymologie: Von lat. *„flavus“* = „goldgelb, rötlich gelb“ und *„pes“*= „Fuß“, wegen der rotgelben Sammelbehaarung der Hinterbeine bei den Weibchen. Der deutsche Name bezieht sich auf die Tatsache, dass die Art eine

der häufigsten Sandbienen ist; als „Bindensandbienen" werden wegen der deutlich ausgebildeten Haarbinden auf dem Hinterleib die Arten der Untergattung *Zonandrena* bezeichnet.

Pollenquellen: Ausgesprochen polylektisch; nachgewiesen ist bislang die Nutzung des Pollens von 17 Pflanzenfamilien: Aceraceae, Apiaceae, Asteraceae, Brassicaceae, Campanulaceae, Caryophyllaceae, Convolvulaceae, Cucurbitaceae, Fabaceae, Fagaceae, Hypericaceae, Lamiaceae, Papaveraceae, Ranunculaceae, Rosaceae, Salicaceae und Scrophulariaceae.

Nestbau: Kahle oder schütter, seltener auch dicht bewachsene Flächen auf Wiesen, unter Hecken, an Böschungen und Feldrainen, in Sand- und Kiesgruben und an Waldrändern, in Gärten und Parks. Bevorzugt sandigen bis lehmigen Boden von unterschiedlicher Dichte. Unter günstigen Bedingungen können Nestaggregationen von mehreren Tausend Nestern entstehen. Das Nest besteht aus einem etwa 20 cm langen Hauptgang, an dessen Ende die Brutzellen liegen.

Lebensraum: Ubiquist, besiedelt alle möglichen Standorte. Vom Flachland bis in die montane Höhenstufe.

Parasiten: Kuckucksbiene ist *Nomada fucata*. Weitere Nestparasiten sind der Wollschweber *Bombylius discolor* und vermutlich Ölkäfer der Gattung *Meloe*. Erwachsene Tiere sind zuweilen vom Fächerflügler *Stylops melittae* KIRBY, 1802 befallen.

Flugzeit: In zwei Generationen von März bis Ende Mai/Anfang Juni und von Juni bis September.

Gesamtverbreitung: Von Portugal und Marokko bis Nordindien, Nepal und Tibet, in Europa nordwärts bis Irland, Wales und Mittelengland (bis 54°N), Südnorwegen (Vest-Agder, 58,5°N), Schweden (bis 61°N), fehlt in Finnland; südwärts bis an den Nordrand der Sahara, über Israel, Irak, Iran, Afghanistan und Pakistan nach Nordindien. WARNCKE stellte mehrere Taxa als Unterarten zu *A. flavipes*; meist handelt es sich um bloße Farbformen, lediglich die auf Ibiza endemische ssp. *ibizensis* WARNCKE, 1984 und die in Iberien beheimatete ssp. *puber* ERICHSON, 1835 weisen geringfügige morphologische Unterschiede auf. **SW-Eu:** P, E, E(B), F(K), I(Sa), I(Si), I, M. **Z-Eu:** F, B, LUX, NL, D, A, CH, FL, DK. **N-Eu:** IRL, GB, N, S, EST?, LT, LV, RUS(N). **NO-Eu:** CS, SK, PL, BY, UA, UA(K), RUS(S). **SO-Eu:** H, RO, MD, SLO, HR, MK, MNE, SRB, BIH, AL, BG, GR, GR(K). **N-Afr:** E(C), MA, DZ, TN, LAR, ET. **W-As:** GR(Ä), CY, TR, SYR, JOR, RL, IL, IRQ, Kaukasus, IR, AFG. **Z-As:** TM, UZB, TAD, KAZ, KGZ. **SO-As:** MGL, RC. **Ori:** NEP, IND.

Lokalverbreitung: Im Gebiet aus allen Regionen gemeldet.

Andrena florea FABRICIUS 1793
Zaunrüben-Sandbiene

Systematik: Untergattung *Poliandrena* WARNCKE, 1968, *florea*-Gruppe.

♀

Etymologie: Von lat. „*florea*" = „blumig, blühend". Der deutsche Name bezieht sich auf Spezialisierung auf Zaunrübe.

Pollenquellen: Streng oligolektische, auf *Bryonia* (Cucurbitaceae) spezialisierte Art, einzige Pollenquellen sind die Rote Zaunrübe (*Bryonia dioica*) und die Weiße Zaunrübe (*Bryonia alba*). Da *Bryonia dioica* zweihäusig getrenntgeschlechtig ist, können nur die männlichen Pflanzen als Pollenquellen dienen (Westrich 1989).

Flugzeit: In einer Generation von Ende Mai bis in den August.

Nestbau: Nistet an kahlen bis schütter bewachsenen, horizontalen bis abschüssigen Stellen in sandigem bis lehmigem Substrat, meist in kleinen Aggregationen. Die Brutzellen befinden sich etwa 5–10 cm unter der Erdoberfläche.

Lebensraum: Waldränder, Feldhecken, Ruderalflächen, Gärten, sofern dort die Zaunrübe vorkommt. Vom Flachland bis in die montane Höhenstufe.

Parasiten: Kuckucksbienen wurden noch nie beobachtet. Erwachsene Tiere sind zuweilen von Fächerflüglern befallen.

Gesamtverbreitung: In Nordafrika von Marokko und Algerien nachgewiesen (je eine Meldung aus Tunesien und Libyen basiert auf einer Fehlbestimmung); in Eurasien von Portugal über Ukraine, Kleinasien und Kaukasus bis Turkmenien und Ural, nordwärts bis Südengland, Norddeutschland, Moskau und Perm, südwärts bis Sizilien, Kreta und Israel. Eine Meldung aus Zypern bedarf der Überprüfung. In der Türkei und in Israel in der ssp. *anhinga* Warncke, 1975, auf Korsika in der ssp. *corsica* Warncke, 1975. **SW-Eu:** P, E, F(K), I(Sa), I(Si), I. **Z-Eu:** F, B, LUX, NL, D, A, CH. **N-Eu:** GB, RUS(N). **NO-Eu:** CS, SK, PL, BY, UA, RUS(S). **SO-Eu:** H, RO, SLO, HR, SRB, AL, BG, GR, GR(K). **N-Afr:** MA, DZ, {~~TN, LAR~~}. **W-As:** GR(Ä), CY(?), TR, Kaukasus. **Z-As:** TM.

Lokalverbreitung: In Deutschland sind nur Schleswig-Holstein und Mecklenburg-Vorpommern ohne Nachweise. In Österreich beschränken sich die Vorkommen auf Ober- und Niederösterreich, das Burgenland und die Steiermark. In der Schweiz im Tessin, Wallis, Genfersee-Gebiet, Jura und im Großraum Basel und Schaffhausen.

Andrena floricola Eversmann, 1852
Senf-Zwergsandbiene

Systematik: Untergattung *Micrandrena* Ashmead, 1899, *nana*-Gruppe.

Nomenklatur: Synonym: *Andrena ochropyga* Alfken, 1916.

Etymologie: Von lat. „*flos* (*floris*)" = „Blüte, Blume" und „*-cola*" = „-bewohnend". Der deutsche Name bezieht sich auf eine der bevorzugten Nahrungspflanzen; mit dem deutschen Namen „Zwergsandbienen" werden wegen ihrer geringen Körpergröße die Arten der Untergattung *Micrandrena* bezeichnet.

Pollenquellen: Möglicherweise oligolektisch, da bisher nur Kreuzblütler als Pollenquellen belegt sind.

Lebensraum: Ruderalflächen, Brachäcker. Vom Flachland bis in die montane Höhenstufe.

Parasiten: Erwachsene Tiere sind zuweilen von Strepsipteren der Gattung *Stylops* befallen.

Flugzeit: In zwei Generationen von April bis Mai und von Juli bis August.

Gesamtverbreitung: Von Zentralspanien über Ukraine, Kleinasien bis Kaukasus und Iran, nordwärts bis zu den Britischen Inseln (nur ein Nachweis von England 1937, YARROW & GUICHARD 1941), Schleswig-Holstein, Lettland und Perm, südwärts bis Sizilien, Peloponnes und Südküste der Türkei. Ein alter Nachweis von 1901 aus Tomsk (MOCSÁRY & SZÉPLIGETI 1901) müsste überprüft werden. **SW-Eu:** E, I(Sa), I(Si), I. **Z-Eu:** F, B, LUX, D, A, CH. **N-Eu:** GB, LT, LV, RUS(N). **NO-Eu:** CS, SK, PL, BY, UA, UA(K), RUS(S). **SO-Eu:** H, RO, MD, SLO, HR, MK, BIH, BG, GR. **W-As:** TR, Kaukasus. **Sib:** W-Sib(?).

Lokalverbreitung: In Deutschland mit Ausnahme von Schleswig-Holstein und Mecklenburg-Vorpommern aus allen Bundesländern gemeldet, aus Niedersachsen und Nordrhein-Westfalen nur historische Nachweise. In Österreich mit Ausnahme von Vorarlberg aus allen Bundesländern bekannt. In der Schweiz aktuell aus der Nordschweiz und dem Wallis, historisch aus Graubünden und vom Genfersee.

Andrena florivaga EVERSMANN, 1852
Gabel-Sandbiene

Systematik: Untergattung *Lepidandrena* HEDICKE, 1933, *florivaga*-Gruppe.

Nomenklatur: Synonym: *Andrena molhusina* BLÜTHGEN, 1914.

Etymologie: Von lat. „*flos* (*floris*)“ = „Blüte, Blume“ und „ *vaga*“ = „umherschweifend, umherziehend“. Der deutsche Name bezieht sich auf das gegabelte Endsternit des Männchens.

Pollenquellen: Polylektisch; nachgewiesen ist bislang die Nutzung des Pollens von drei Pflanzenfamilien: Asteraceae, Brassicaceae und Ranunculaceae.

Nestbau: Nester wurden auf einer kahlen, schwach abschüssigen Wegböschung gefunden.

Lebensraum: Trockenwarme Standorte von Steppenbiotopen bis zu extensiv genutzten Wiesen und Weiden. Vom Flachland bis in die kolline Höhenstufe.

Parasiten: Als Kuckucksbiene wurde *Nomada guttulata* beobachtet.

Flugzeit: In einer Generation von Mai bis Juni.

Gesamtverbreitung: Vom Elsass bis zum Baikalsee, in Europa nordwärts bis Brandenburg, Warschau und Perm, südwärts bis Umbria, griechisch

Mazedonien und Südosttürkei. **SW-Eu:** I. **Z-Eu:** F, D, A. **N-Eu:** LT, RUS(N). **NO-Eu:** CS, SK, PL, BY, UA, RUS(S). **SO-Eu:** H, RO, SLO, GR. **W-As:** TR, Kaukasus. **Z-As:** KAZ. **Sib:** W-Sib, O-Sib.

Lokalverbreitung: In Deutschland mit Ausnahme von Schleswig-Holstein, Mecklenburg-Vorpommern und Nordrhein-Westfalen aus allen Bundesländern nachgewiesen. In Österreich nur im Pannonikum. Aus der Schweiz keine Meldungen.

Andrena freygessneri Alfken, 1904
Alpen-Herbstsandbiene

Systematik: Untergattung *Cnemidandrena* Hedicke, 1933, *nigriceps*-Gruppe.

Nomenklatur: Wurde lange als Unterart von *Andrena simillima* betrachtet.

Etymologie: Gewidmet Emil Frey-Gessner (1826–1917), Schweizer Apidologe und Hymenopterologe. Der deutsche Name bezieht sich auf den Lebensraum; als „Herbstsandbienen" werden die erst im Spätsommer und Herbst erscheinenden Arten der Untergattung *Cnemidandrena* bezeichnet.

Pollenquellen: Vermutlich eingeschränkt polylektisch; jedenfalls wurde die Art bisher nur an Fetthennen-Steinbrech (*Saxifraga aizoides*, Fam. Saxifragaceae) und Berg-Hauswurz (*Sempervivum montanum*, Fam. Crassulaceae) beobachtet, auf letzterer auch explizit beim Pollensammeln. Eine Pollenanalyse an Weibchen aus Osttirol erbrachte vorwiegend *Sempervivum*-Pollen mit vereinzelten *Helianthemum*-Pollen (vgl. Ebmer 2001).

Lebensraum: Alpine Art, die meisten Funde zwischen 1600 und 2000 m; Almwiesen, Alluvionen.

Flugzeit: In einer Generation von Juni bis August.

Gesamtverbreitung: Endemisch in den Südwestalpen, bisher nur aus Frankreich, Schweiz, Italien und Österreich gemeldet; geht von den französischen Seealpen ostwärts bis zu den Hohen Tauern. **SW-Eu:** I. **Z-Eu:** F, A, CH. **NO-Eu:** UA.

Lokalverbreitung: Im Gebiet nur in Österreich und der Schweiz nachgewiesen. In Österreich in den Tiroler und Kärntner Alpen. In der Schweiz vom Wallis bis ins Engadin.

Andrena fucata Smith, 1847
Wald-Lockensandbiene

Systematik: Untergattung *Andrena* Fabricius, 1775 *s. str.*

Nomenklatur: Synonyme: *Andrena clypearis* Nylander, 1848.

Etymologie: Von lat. „*fucata*" = „gefärbt, geschminkt"; Smith bezieht sich offenbar auf die silbern schimmernden Samtstreifen (*foveae facialis*) neben den Augen („*and a line of short decumbent silvery pile along the inner margin of the eye*"). Der deutsche Name bezieht sich auf den Lebensraum; als „Lockensandbienen" werden wegen der bei den Weibchen dieser Gruppe auffallend stark ausgebildeten Haarlocke auf den Hintertrochanteren (Flocculus) die Arten der Untergattung *Andrena s. str.* bezeichnet.

Pollenquellen: Polylektisch; nachgewiesen ist bislang die Nutzung des Pollens von sechs Pflanzenfamilien: Apiaceae, Brassicaceae, Cistaceae, Ranunculaceae, Rosaceae und Scrophulariaceae.

Nestbau: Nistet auf kahlen oder schütter bewachsenen Flächen an Waldsäumen und Lichtungen, bevorzugt auf Sand- oder Lehmboden. Nestaggregationen wurden noch nicht beobachtet.

Parasiten: Als Kuckucksbiene ist *Nomada panzeri*. Erwachsene Tiere sind zuweilen vom Fächerflügler *Stylops melittae* befallen.

Lebensraum: Waldgebiete, nur selten außerhalb von Wäldern gefunden. Vom Flachland bis in die subalpine Höhenstufe.

Flugzeit: In einer Generation von Mai bis Juli.

Gesamtverbreitung: Von Portugal über Ukraine und Zentralasien bis Transbaikalien; in Europa auf den Britischen Inseln nordwärts bis Schottland, in Norwegen und Finnland bis 69°N, in Schweden bis 67,5°N (deutlich jenseits des Polarkreises!), südwärts bis Lazio, Mazedonien und Kaukasus, in der Türkei nur im Nordosten. **SW-Eu:** P, E, I. **Z-Eu:** F, B, LUX, NL, D, A, CH, DK. **N-Eu:** IRL, GB, N, S, SF, EST, LT, LV, RUS(N). **NO-Eu:** CS, SK, PL, BY, UA, UA(K), RUS(S). **SO-Eu:** H, RO, MD(?), SLO, HR, MK, ~~{AL}~~, GR. **W-As:** TR, Kaukasus. **Z-As:** KAZ. **Sib:** W-Sib, O-Sib.

Lokalverbreitung: Im Gebiet fast überall, nur im Burgenland noch nicht nachgewiesen.

Andrena fulva (Müller, 1766)
Fuchsrote Lockensandbiene

Systematik: Untergattung *Andrena* Fabricius, 1775 *s. str.*

Nomenklatur: Synonyme: *Andrena armata* (Gmelin, 1790).

Etymologie: Von lat. „*fulva*" = „dunkelgelb, braungelb, bräunlich, rotgelb", wegen der dicht und leuchtend rotgelb behaarten Körperoberseite. Als „Lockensandbienen" werden wegen der bei den Weibchen dieser Gruppe auffallend stark ausgebildeten Haarlocke auf den Hintertrochanteren (Flocculus) die Arten der Untergattung *Andrena s. str.* bezeichnet.

Pollenquellen: Polylektisch; nachgewiesen ist bislang die Nutzung des Pollens von zehn Pflanzenfamilien: Aceraceae, Aquifoliaceae, Berberidaceae, Brassicaceae, Buxaceae, Caprifoliaceae, Fagaceae, Grossulariaceae, Ranunculaceae, Rosaceae und Salicaceae. Auffallend häufig besucht die Art die Blüten von Stachel- oder Johannisbeeren.

Nestbau: Nistet auf kahlen oder nur schütter bewachsenen, sonnigen bis halbschattigen Flächen, unter günstigen Umständen in mehreren Hundert Nestern umfassenden Aggregationen. Der Aushub wird kegelförmig um den Nesteingang abgelagert. Die Nestgänge können mehr als einen halben Meter tief sein.

Lebensraum: Bevorzugt im Siedlungsbereich, aber auch in Wäldern, Waldsäumen und an Hochwasserdämmen. Vom Flachland bis in die montane Höhenstufe.

Parasiten: Als Kuckucksbiene sind *Nomada signata* und *Nomada panzeri* bekannt. Erwachsene Tiere sind zuweilen vom Fächerflügler *Stylops nevinsoni* Perkins, 1918 (früher mit *Stylops melittae* vermengt) befallen.

Flugzeit: In einer Generation von März bis Mai.

Gesamtverbreitung: Von Portugal bis Rumänien und Bulgarien; nordwärts auf den Britischen Inseln bis in den Süden Schottlands, in Schweden nur im äußersten Süden (57°N), fehlt im übrigen Skandinavien; südwärts bis Si-

zilien, Mittelitalien (Molise) und Südbulgarien. Bei der aus Rumänien beschriebenen ssp. *romaniensis* Warncke, 1980 handelt es sich lediglich um eine Färbungsform. **SW-Eu:** P, E, E(B), I(Si), I. **Z-Eu:** F, B, LUX, NL, D, A, CH, FL, DK. **N-Eu:** IRL, GB, S, {~~SF~~}. **NO-Eu:** CS, SK, PL. **SO-Eu:** H, RO, SLO, HR, BG, {~~GR~~}. **N-Afr:** DZ. **W-As:** GR(Ä).

Lokalverbreitung: Im Gebiet aus allen Regionen gemeldet.

Andrena fulvago (Christ, 1791)

Pippau-Sandbiene

Systematik: Untergattung *Chrysandrena* Hedicke, 1933.

Etymologie: Von lat. „*fulva*“ = „dunkelgelb, braungelb, bräunlich, rotgelb“; wegen der überwiegend rostbraunen Körperbehaarung. Deutscher Name: Pippau gehört zu den bevorzugten Pollenquellen der Art.

Pollenquellen: Oligolektisch auf Korbblütler (Asteraceae), insbesondere Cichorioideae und Carduoideae. Am ehesten trifft man die Art an größeren Beständen von Habichtskraut (*Hieracium spec.*), Pippau (*Crepis spec.*), Löwenzahn (*Leontodon spec.*, weniger *Taraxacum*) oder Ferkelkraut (*Hypochoeris spec.*).

Nestbau: Nistplätze sind kahle oder schütter bewachsene, ebene oder schwach geneigte Flächen in sandigen oder lehmigen Böden.

Lebensraum: Waldsäume, Hecken, Hochwasserdämme, mageres und trockenes Grünland. Vom Flachland bis in die subalpine, in der Schweiz zuweilen bis in die alpine Höhenstufe.

Parasiten: Als Kuckucksbienen wurden *Nomada integra* und *N. facilis* beobachtet, infrage kommt auch *N. femoralis*. Die Beobachtungen von *N. integra* stammen aus der Zeit, als die Art noch nicht von *N. facilis* getrennt wurde, sodass sie sich auch auf letztere Art beziehen könnten; mit hoher Wahrscheinlichkeit sind aber beide Arten Nestparasiten von *A. fulvago*. Erwachsene Tiere sind zuweilen vom Fächerflügler *Stylops nevinsoni* Perkins, 1918 befallen.

Flugzeit: In einer Generation von Mai bis Juli.

Gesamtverbreitung: Von Portugal über Ukraine und Kleinasien bis in den Kaukasus und zum Ural; nordwärts in Norwegen bis 60°N, in Schweden bis 62°N, in Finnland nur ganz im Süden auf der Insel Åland, in Russland bis Perm, südwärts bis Sizilien und Thessalien; in der Türkei nur in der nördlichen Landeshälfte. Zwei Meldungen aus Algerien (Pérez 1890, Aouar-Sadli et al. 2012) müssten überprüft werden, ansonsten keine Meldungen aus Afrika. **SW-Eu:** P, E, F(K), I(Sa), I(Si), I. **Z-Eu:** F, B, LUX, NL, D, A, CH, FL, DK. **N-Eu:** GB, N, S, SF, EST, LT, LV, RUS(N). **NO-Eu:** CS, SK, PL, BY, UA, UA(K), RUS(S). **SO-Eu:** H, RO, SLO, HR, MK, MNE, SRB, BIH, AL, BG, GR. **N-Afr:** DZ. **W-As:** TR, Kaukasus.

Lokalverbreitung: In Deutschland aus allen Bundesländern bekannt, aus Schleswig-Holstein und Niedersachsen nur historische Meldungen. In Österreich und der Schweiz fast überall.

Andrena fulvata Stöckhert, 1930

Östliche Zangensandbiene

Systematik: Untergattung *Ptilandrena* Robertson, 1902, *fulvata*-Gruppe.

Nomenklatur: Wurde lange mit *Andrena angustior* vermengt oder als deren Unterart betrachtet.

Etymologie: Von lat. „*fulva*" = „dunkelgelb, braungelb, bräunlich, rotgelb", wegen der überwiegend rostrot behaarten Körperoberseite. Der deutsche Name bezieht sich auf die im Vergleich zu *Andrena angustior* östliche Verbreitung; als „Zangensandbienen" werden wegen der verlängerten Kieferzangen der Männchen die Arten der Untergattung *Ptilandrena* (= *fulvata*-Gruppe) bezeichnet.

Pollenquellen: Polylektisch; nachgewiesen ist bislang die Nutzung des Pollens von sieben Pflanzenfamilien: Asteraceae, Betulaceae, Brassicaceae, Caryophyllaceae, Gentianaceae, Rosaceae und Ranunculaceae.

Nestbau: Nistplätze sind kahle oder schütter bewachsene Flächen in sandigem oder lehmigem, zuweilen humosem Boden.

Lebensraum: Waldgebiete (Waldränder, Waldlichtungen), trockene Fett- und Magerwiesen, Hochwasserdämme. Vom Flachland bis in die montane Höhenstufe.

Flugzeit: In einer Generation von März bis Juni.

Gesamtverbreitung: Mitteleuropäisch. Von der französischen Atlantikküste bis Rumänien, nordwärts bis Nordrhein-Westfalen und Slowakei, südwärts bis Lazio, Istrien und Südrumänien. Die Verbreitungsgebiete von *A. angustior* und *A. fulvata* überlappen sich in Frankreich, Deutschland und den Benelux-Ländern. **SW-Eu:** I. **Z-Eu:** F, LUX, D, A, CH, FL, DK. **NO-Eu:** SK. **SO-Eu:** H, RO, SLO, HR, BG.

Lokalverbreitung: In Deutschland aktuell aus Nordrhein-Westfalen, Rheinland-Pfalz, Hessen, Baden-Württemberg und Bayern gemeldet. In Österreich nur im Burgenland, in Kärnten und Tirol noch nicht nachgewiesen. Fehlt in der Schweiz lediglich in großen Teilen Graubündens.

Andrena fulvicornis Schenck, 1853
Rotfühler-Kielsandbiene

Systematik: Untergattung *Notandrena* Pérez, 1890.

Nomenklatur: Von manchen Autoren immer noch mit der univoltinen *Andrena nitidiuscula* vermengt (zum Artstatus vgl. Schmid-Egger & Doczkal 1995; Schwenninger 2013). Synonym: *Andrena franconica* Stöckhert, 1922.

Etymologie: Von lat. „*fulvus*" = „dunkelgelb, braungelb, bräunlich, rotgelb" und „*cornum*" = „Horn" (im Sinne von Fühler). Die rotgelb gefärbte Fühlerunterseite dient als Unterscheidungsmerkmal zur sehr ähnlichen *Andrena nitidiuscula*. Als „Kielsandbienen" werden wegen des mit einem Seitenkiel versehenen Pronotums die Arten der Untergattung *Notandrena* bezeichnet.

Pollenquellen: Vermutlich polylektisch, die erste Generation wird am häufigsten auf Kreuzblütlern, die zweite Generation fast ausschließlich auf Doldenblütlern beobachtet.

Lebensraum: Waldsäume, Hecken, Mager- und Fettwiesen, Hochwasserdämme, Ruderalflächen, Sand-, Kies- und Lehmgruben, Gärten und Parks. Vom Flachland bis in die kolline Höhenstufe.

Parasiten: Kuckucksbiene ist *Nomada errans*.

Flugzeit: In zwei Generationen von April bis Juni und Juli bis August.

Gesamtverbreitung: Wegen der Vermengung mit *A. nitidiuscula* unklar. Nach als verlässlich erachteten Meldungen und eigenen Daten westpaläarktisch in der temperaten und meridionalen Zone; in Nordafrika von Marokko bis Ägypten; in Eurasien von Portugal bis in die Ukraine (vermutlich weiter über Südrussland zum Kaukasus) und über Kleinasien bis Syrien und Iran. **SW-Eu:** P, E, I. **Z-Eu:** F, D, A, CH. **NO-Eu:** CS, SK, PL, UA. **SO-Eu:** H, SLO, HR. **N-Afr:** MA. **W-As:** TR, SYR.

Lokalverbreitung: Wegen der Vermengung mit *A. nitidiuscula* unklar. Sichere Nachweise in Deutschland nur aus der Rheinland-Pfalz, Baden-Württemberg, Hessen, Thüringen, Sachsen-Anhalt und Bayern, in Österreich aus dem Burgenland, der Steiermark, Ober- und Niederösterreich.

Andrena fulvida Schenck, 1853
Waldrand-Sandbiene

Systematik: Untergattung *Euandrena* Hedicke, 1933.

Etymologie: Von lat. „*fulvus*" = „dunkelgelb, braungelb, bräunlich, rotgelb". Der deutsche Name bezieht sich auf den Lebensraum.

Pollenquellen: Polylektisch; nachgewiesen ist bislang die Nutzung des Pollens von 13 Pflanzenfamilien: Aceraceae, Brassicaceae, Campanulaceae, Cornaceae, Ericaceae, Fabaceae, Geraniaceae, Liliaceae, Plantaginaceae, Oleaceae, Ranunculaceae, Rhamnaceae und Valerianaceae.

Lebensraum: Waldaffin; lichte Wälder, Waldsäume, Lichtungen. Vom Flachland bis in die kolline Höhenstufe.

Parasiten: Kuckucksbiene ist *Nomada opaca*.

Flugzeit: In einer Generation von Mai bis Juli.

Gesamtverbreitung: Disjunkt in der West- und Ostpaläarktis oder transpaläarktisch mit Nachweislücke in Mittelsibirien und Zentralasien; auffallenderweise besteht diese Lücke auch bei *Nomada opaca*. In der Westpaläarktis von Zentralfrankreich bis zum Ural; in Europa in Norwegen bis 61°N, in Schweden und in Finnland bis 65°N, in Russland bis Perm; südwärts bis zum Südrand der Alpen und bis Bosnien-Herzegowina, fehlt ansonsten auf dem Balkan, in Bulgarien, Rumänien und weitgehend in der Ukraine (nur zwei Nachweise von Lviv und Chernihiv); das Tier von Grandi (1935), das er von Ronzano/Emilia-Romagna als „*aff. fulvida*" meldete, gehört sicher zu einer anderen Art – es wurde im April gesammelt und Grandi war sich der Artzugehörigkeit selbst nicht sicher. In der Ostpaläarktis nur im Osten Russlands (Kemerowo, Irkutsk, Burjatien, Amur, Jakutien, Chabarowsk inkl. Sachalin, Primorje). **SW-Eu:** I. **Z-Eu:** F, B, LUX, NL, D, A, CH, FL, DK. **N-Eu:** N, S, SF, EST, LT, LV, RUS(N). **NO-Eu:** CS, SK, PL, BY, UA, RUS(S). **-Eu:** H, SLO, HR, MNE, BIH. **W-As:** TR. **Sib:** W-Sib, O-Sib. **NO-As:** Jak, Amur, Khab, Prim, Sach.

Lokalverbreitung: In Deutschland und Österreich fast überall, merkwürdigerweise keine Nachweise aus Sachsen-Anhalt. In der Schweiz aktuell nur aus dem Tessin, historisch im zentralen Mittelland.

Andrena fuscipes (Kirby, 1802)
Heidekraut-Herbstsandbiene

Systematik: Untergattung *Cnemidandrena* Hedicke, 1933, *fuscipes*-Gruppe.

Etymologie: Von lat. „*fuscus*“ = „dunkelbraun, dunkel, schwarz“ und „*pes*“ = „Fuß“. Der deutsche Name bezieht sich auf die Spezialisierung auf Heidekraut; als „Herbstsandbienen“ werden die erst im Spätsommer und Herbst erscheinenden Arten der Untergattung *Cnemidandrena* bezeichnet.

Pollenquellen: Oligolektisch auf spätblühenden Heidekrautgewächsen (Ericaceae). In Mitteleuropa ist Heidekraut (*Calluna vulgaris*) die einzige nachgewiesene Pollenquelle.

Nestbau: Nistplätze sind kahle oder schütter bewachsene Flächen in sandigem Boden.

Lebensraum: Waldsäume und -lichtungen, Sandgruben, Binnendünen, sofern ausreichend große Heidekrautbestände vorhanden sind. Vom Flachland bis in die montane Höhenstufe.

Parasiten: Kuckucksbiene ist *Nomada rufipes*, vermutlich auch *N. roberjeotiana*. Erwachsene Tiere sind zuweilen von Fächerflüglern befallen.

Flugzeit: Univoltin von August bis September.

Gesamtverbreitung: Von Portugal über die Ukraine bis Kasachstan und Usbekistan; in Europa nordwärts auf den Britischen Inseln bis Schottland, in Norwegen und Schweden bis 61°N, in Finnland bis 64,5°N, in Russland bis Karelien und Perm, südwärts bis Emilia-Romagna und Nordbulgarien; fehlt in der Türkei und im Kaukasus. **SW-Eu:** P, E, I. **Z-Eu:** F, B, LUX, NL, D, A, CH, DK. **N-Eu:** IRL, GB, N, S, SF, EST, LT, LV, RUS(N). **NO-Eu:** CS, SK, PL, BY, UA, RUS(S). **SO-Eu:** H, RO, MD, SLO, HR, BIH, AL, BG. **Z-As:** UZB, KAZ.

Lokalverbreitung: In Deutschland und Österreich fast überall, lediglich aus Vorarlberg fehlen Nachweise. In der Schweiz aktuell aus dem Tessin gemeldet, aktuell und historisch aus dem Wallis und historisch aus Süd-Graubünden (Puschlav).

Andrena fuscosa Erichson, 1835

Rußige Sandbiene

Systematik: Untergattung *Melanapis*.

Nomenklatur: Es ist nach wie vor ungeklärt, ob *Andrena rutila* Spinola, 1839 und *Andrena atrocoerulea* Giraud, 1863 Synonyme von *A. fuscosa* oder ei-

gene Arten sind. *A. rutila* kommt im Gebiet nicht vor. Die auch aus Österreich gemeldete *A. atrocoerulea* scheint keine eigene Art zu sein; hier tritt möglicherweise das Phänomen der Makrozephalie, das bei *Andrena* von den Männchen einiger Arten bekannt ist, auch im weiblichen Geschlecht auf. Synonym: *Andrena aethiops* Imhoff, 1832.

Etymologie: Von lat. „*fuscus*" = „dunkelbraun, dunkel, schwarz". Der deutsche Name bezieht sich auf die schwarze Körperbehaarung.

Pollenquellen: Polylektisch; am häufigsten auf gelben Kreuzblütlern zu beobachten.

Nestbau: Nistet in der Regel in kleineren Aggregationen, gerne in von oben geschützten Situationen, z. B. im Eingangsbereich verlassener Zieselbauten oder Uferschwalben-Nestgängen, aber auch in Steilwänden. Als Substrat wird Löss oder Sand bevorzugt.

Lebensraum: Trockenwarme Standorte mit Steppencharakter. Vom Flachland bis in die kolline Höhenstufe.

Parasiten: Als Kuckucksbiene wurde *Nomada mauritanica* beobachtet, möglicherweise kommt auch *Nomada melathoracica* in Frage. Erwachsene Tiere sind zuweilen vom Fächerflügler *Stylops deserticola* Medvedev, 1970 befallen (im Gebiet noch nicht beobachtet).

Flugzeit: In zwei Generationen von Mai bis Juni und von Juli bis September.

Gesamtverbreitung: Wegen der problematischen taxonomischen Situation ungeklärt. In Nordafrika von Marokko bis Ägypten, von hier über die Arabische Halbinsel bis Nordindien. In Eurasien von Spanien (in Portugal noch nicht nachgewiesen) über Ukraine, Kleinasien und Kaukasus bis Turkmenien, Kasachstan, Usbekistan, Kirgistan und Tadschikistan, nordwärts bis in die Südschweiz, Niederösterreich, Mähren und Südukraine, südwärts im Nahen Osten bis Israel, von hier entlang der Küste des Indischen Ozeans über Iran und Pakistan bis Nord-Indien. **SW-Eu:** E, I(Si), I. **Z-Eu:** F, {~~D~~}, A, CH. **NO-Eu:** CS, SK, {~~PL~~}, UA, UA(K), RUS(S). **SO-Eu:** H, RO, HR, MK, SRB, BIH, BG, GR, GR(K). **N-Afr:** E(C), MA, DZ, TN, LAR, ET. **Arab:** {~~UAE~~}. **W-As:** GR(Ä), CY, TR, SYR, RL, IL, Kaukasus, IR, AFG. **Z-As:** TM, UZB, TAD, KAZ, KGZ. **Ori:** PAK, IND.

Lokalverbreitung: Im Gebiet nur im pannonischen Teil Österreichs (Burgenland, Niederösterreich) und aus dem Wallis nachgewiesen.

Andrena gelriae van der Vecht, 1927
Esparsetten-Kleesandbiene

Systematik: Untergattung *Taeniandrena* Hedicke, 1933, *ovatula*-Gruppe.

Nomenklatur: Warncke beschreibt die Unterarten *Andrena gelriae vocifera* Warncke 1975, *Andrena gelriae gredana* Warncke 1975 und *Andrena gelriae producta* Warncke, 1973, von denen die zwei letzteren eigene Arten darstellen.

Etymologie: van der Vecht bezieht sich auf den Namen der einstigen römischen Provinz *Gelria* (heute Gelderland/Niederlande), aus der ein Teil der Typenserie stammt. Der deutsche Name bezieht sich auf eine der bevorzugten Nahrungspflanzen; als „Kleesandbienen“ werden wegen der Spezialisierung auf Schmetterlingsblütler die Arten der *ovatula*-Gruppe aus der Untergattung *Taeniandrena* bezeichnet.

Pollenquellen: Oligolektisch auf Schmetterlingsblütler (Fabaceae); Hauptpollenquellen sind Gewöhnlicher Hornklee (*Lotus corniculatus*), Futter-Esparsette (*Onobrychis viciifolia*) und Roter Wiesenklee (*Trifolium pratense*).

Nestbau: Nestbeobachtungen in der Literatur sind nicht bekannt. Der Verfasser fand ein Nest auf einer spärlich bewachsenen, leicht abschüssigen Stelle einer extensiv genutzten Wiese in Lössboden.

Lebensraum: Trockenwarme Magerwiesen, Waldsäume. Vom Flachland bis an die Obergrenze der subalpinen Höhenstufe.

Parasiten: Als Kuckucksbiene wird *Nomada rhenana* vermutet.

Flugzeit: In einer Generation von Mai bis Juli.

Gesamtverbreitung: Disjunkt in der West- und Ostpaläarktis oder transpaläarktisch mit Nachweislücke in Zentralasien und zwischen Ural und Mittelsibirischem Bergland. In der Westpaläarktis von den Pyrenäen bis zum Ural und zum Kaukasus; in Europa in Schweden bis 60°N und in Finnland bis 64°N (fehlt in Norwegen), in Russland bis Perm; südwärts bis Friaul und

Bulgarien; in der Türkei nur im Nordosten. Zwei Nachweise von Sizilien (Nobile et al. 2005) und Sardinien (Alfken 1938) müssten überprüft werden. In der Ostpaläarktis nur im Fernen Osten Russlands (Irkutsk, Amur, Jakutien, Khabarowsk, Primorje). In Finnland und Nordwestrussland in der ssp. *karelica* Niemelä, 1949. Bei der nach nur zwei Männchen aus Südfrankreich beschriebenen ssp. *vocifera* Warncke, 1975 dürfte es sich nach dem deutlich abweichenden Genital um eine eigene Art handeln, desgleichen bei der ssp. *gredana* Warncke, 1975 aus Iberien. **SW-Eu:** P(?), E(?), I(Sa), I(Si), I. **Z-Eu:** F, B, LUX, NL, D, A, CH, DK. **N-Eu:** S, SF, EST, LT, LV, RUS(N). **NO-Eu:** CS, SK, PL, BY, UA, UA(K), RUS(S). **SO-Eu:** H, RO, HR, BG. **W-As:** TR, Kaukasus. **Sib:** W-Sib, O-Sib. **NO-As:** Jak, Amur, Khab, Prim.

Lokalverbreitung: In Deutschland aus allen Bundesländern nachgewiesen. In Österreich fehlen Nachweise aus Vorarlberg und der Steiermark. In der Schweiz fast überall mit Ausnahme des östlichen Mittellandes.

Andrena granulosa Pérez, 1902
Sonnenröschen-Sandbiene

Systematik: Untergattung *Euandrena* Hedicke, 1933.

Nomenklatur: Synonym: *Andrena enslini* Alfken, 1921.

Etymologie: Von lat. „*granulosa*“ = „gekörnt“; wegen der rauen Tergitoberfläche. Der deutsche Name bezieht sich auf die Hauptpollenquelle.

Pollenquellen: Oligolektisch auf Zistrosengewächse (Cistaceae), die in Mitteleuropa durch die Gattung *Helianthemum* vertreten ist. Hier ist die Hauptpollenquelle das Gewöhnliche Sonnenröschen (*Helianthemum nummularium*). *Helianthemum* stellt keinen Nektar bereit, sodass die Art als Nektarquelle andere Blüten besuchen muss.

Lebensraum: Trockenwarme Standorte, im Gebiet vorzugsweise Kalkmagerrasen oder Steppen. Vom Flachland bis in die kolline Höhenstufe.

Flugzeit: In einer Generation von Mai bis Juli.

Gesamtverbreitung: In Nordafrika nur in Marokko. In Europa von Portugal bis Ungarn, Slowakei und Mazedonien, nordwärts bis Thüringen und Tschechien, südwärts in Italien bis Molise und auf dem Balkan bis Mazedonien. Meldungen aus Griechenland beziehen sich auf *A. vulpecula* oder verwandte Arten. In Mitteleuropa in der ssp. *enslini* Alfken, 1921. **SW-Eu:** P, E, I. **Z-Eu:** F, D, A. **NO-Eu:** CS, SK, PL. **SO-Eu:** H, HR, MK, {GR}. **N-Afr:** MA.

Lokalverbreitung: Im Gebiet nur aus Deutschland (aktuell: Baden-Württemberg, Bayern, historisch: Thüringen, Sachsen-Anhalt und vermutlich Rheinland-Pfalz) und Niederösterreich nachgewiesen (letzter Fund 1942, Pittioni & Schmidt 1943).

Andrena gravida Imhoff, 1832

Weiße Bindensandbiene

Systematik: Untergattung *Zonandrena* Hedicke, 1933.

Nomenklatur: Synonym: *Andrena extricata* auct. nec Smith, 1849.

Etymologie: Von lat. „*gravida*" = „gefüllt, beladen, beschwert", vermutlich wegen des im Vergleich zur sehr ähnlichen *A. flavipes* robusteren Habitus. Der deutsche Name bezieht sich auf die Behaarung von Thoraxseiten und Hinterleib, die im Gegensatz zur nächstverwandten *A. flavipes* weiß statt braun ist; als „Bindensandbienen" werden wegen der deutlich ausgebildeten Haarbinden auf dem Hinterleib die Arten der Untergattung *Zonandrena* bezeichnet.

Pollenquellen: Polylektisch; nachgewiesen ist bislang die Nutzung des Pollens von vier Pflanzenfamilien: Asteraceae, Brassicaceae, Rosaceae und Salicaceae; es dürften aber noch weitere Familien infrage kommen.

Nestbau: Kahle oder schütter, zuweilen auch dichter bewachsene Flächen. Eine Bevorzugung bestimmter Bodenarten ist nicht zu erkennen.

Lebensraum: Ubiquist, besiedelt alle möglichen Lebensräume, wie Waldsäume und -lichtungen, trockene Fett- und Magerwiesen, Gärten und Parks. Vom Flachland bis in die montane Höhenstufe.

Parasiten: Kuckucksbiene ist *Nomada bifasciata*. Erwachsene Tiere sind zuweilen von Fächerflüglern befallen.

Flugzeit: In einer Generation von März bis Juni.

Gesamtverbreitung: Von den Pyrenäen über Ukraine, Kleinasien und Kaukasus bis Kasachstan, nordwärts bis in den äußersten Südosten Englands und den äußersten Süden Schwedens, ins Baltikum und Baschkortostan, südwärts bis Sizilien und die Peloponnes, in der Türkei nur vereinzelte Nachweise. Im Kaukasus und Zentralasien in der ssp. *rubidopilosa* Osytshnjuk, 1994. **SW-Eu:** E, I(Si), I. **Z-Eu:** F, B, LUX, NL, D, A, CH, FL, DK. **N-Eu:** GB, S, EST, RUS(N). **NO-Eu:** CS, SK, PL, UA, RUS(S). **SO-Eu:** H, RO, SLO, HR, MK, SRB, BIH, BG, GR. **N-Afr:** {~~P(M)~~}. **W-As:** GR(Ä), TR, Kaukasus, IR? **Z-As:** TM, TAD, KAZ. **Sib:** O-Sib(?).

Lokalverbreitung: Im Gebiet aus allen Regionen gemeldet.

Andrena haemorrhoa (Fabricius, 1781)

Rotschopfige Sandbiene

Systematik: Untergattung *Trachandrena* Robertson, 1902.

Nomenklatur: Synonym: *Andrena albicans* auct. nec Müller 1776.

Etymologie: Von griech. „*haima*" = „Blut" und „*rhoe*" = „das Fließen", sinngemäß „als ob Blut geflossen sei", bezieht sich wie der deutsche Name auf die rötliche Franse an der Hinterleibsspitze des Weibchens.

Pollenquellen: Polylektisch; nachgewiesen ist bislang die Nutzung des Pollens der 15 Pflanzenfamilien Aceraceae, Apiaceae, Aquifoliaceae, As-

teraceae, Betulaceae, Brassicaceae, Caryophyllaceae, Cornaceae, Fagaceae, Grossulariaceae, Ranunculaceae, Resedaceae, Rosaceae, Salicaceae, Scrophulariaceae.

Nestbau: Nistplätze sind meist schütter, oft aber auch dichter bewachsene Flächen in Wiesen, an Feldsäumen, unter Hecken, bevorzugt in sandigem oder lehmigem, aber auch humosen Boden. Die Art nistet in der Regel einzeln, selten in kleineren Aggregationen.

Lebensraum: Ubiquist, besiedelt alle möglichen Lebensräume, wie Waldsäume und -lichtungen, trockene Fett- und Magerwiesen, Gärten und Parks. Vom Flachland bis in die montane Höhenstufe.

Parasiten: Als Kuckucksbiene ist *Nomada ruficornis* bekannt, sehr wahrscheinlich kommt auch *Nomada moeschleri* infrage. Als weiterer Nestparasit wird der Ölkäfer *Meloe violaceus* vermutet. Erwachsene Tiere sind zuweilen vom Fächerflügler *Stylops melittae* befallen.

Flugzeit: In einer Generation von März bis Juni.

Gesamtverbreitung: Transpaläarktisch. In Eurasien von Zentralspanien über Ukraine, Kleinasien, Kaukasus, Nordiran, Zentralasien und Sibirien bis Mongolei, Korea, Japan und den Fernen Osten Russlands (Irkutsk, Transbaikalien, Amur, Jakutien, Chabarowsk, Primorje). In Europa nordwärts auf den Britischen Inseln bis Nordschottland, in Norwegen und Finnland bis nördlich des Polarkreises (68°N), in Russland bis in den Norden der Republik Komi, südwärts bis Korsika, die Toskana und Attika. Im Fernen Osten in der ssp. *japonibia* Hirashima, 1957, in Nordafrika (Algerien und Libyen) in der ssp. *messaadensis* Scheuchl, 2013; zumindest letztere sollte wegen deutlicher morphologischer Unterschiede zur Stammform als eigene Art aufgefasst werden. **SW-Eu:** E, F(K), I(Si), I. **Z-Eu:** F, B, LUX, NL, D, A, CH, FL, DK. **N-Eu:** IRL, GB, N, S, SF, EST, LT, LV, RUS(N). **NO-Eu:** CS, SK, PL, BY, UA, UA(K), RUS(S). **SO-Eu:** H, RO, MD, SLO, HR, SRB, BIH, AL, BG, GR. **N-Afr:** DZ(?), LAR(?). **W-As:** GR(Ä), TR, Kaukasus, IR. **Z-As:** KAZ. **Sib:** W-Sib, O-Sib. **NO-As:** Jak, Amur, JAO, Khab, Prim, Sach, Kam. **SO-As:** MGL, ROK, J.

Lokalverbreitung: Im Gebiet aus allen Regionen gemeldet.

Andrena hattorfiana (Fabricius, 1775)
Knautien-Sandbiene

Systematik: Untergattung *Charitandrena* Hedicke, 1933.

Etymologie: Gewidmet Baron (?) von Hattorf, aus dessen Sammlung das von Fabricius beschriebene Exemplar stammt. Der deutsche Name bezieht sich auf die Hauptpollenquelle.

Pollenquellen: Oligolektisch auf Kardengewächse (Dipsacaceae); Hauptpollenquelle im Gebiet ist die Wiesen-Knautie (*Knautia arvensis*), Nebenpollenquelle die Wald-Knautie (*Knautia dipsacifolia*). Wenn die Knautien

bereits vor dem Ende der Flugzeit verblühen, wird auch die Tauben-Skabiose (*Scabiosa columbaria*) besammelt.

Nestbau: Nistplätze sind kahle oder schütter, zuweilen auch dichter bewachsene Flächen auf trockenwarmen Standorten. Eine Bevorzugung bestimmter Bodenarten ist nicht erkennbar.

Lebensraum: Trockene Fett- und Magerwiesen, Hochwasserdämme, Straßenböschungen, Waldsäume. Vom Flachland bis in die montane Höhenstufe.

Parasiten: Kuckucksbiene ist *Nomada armata*. Erwachsene Tiere sind zuweilen von Strepsipteren (*Stylops melittae*) befallen.

Flugzeit: In einer Generation von Mai bis August.

Gesamtverbreitung: Von Zentralspanien über Ukraine bis Ural und über Kleinasien in den Kaukasus; nordwärts bis Südengland und Südwales, in Norwegen und Schweden bis 60,5°N, in Finnland bis 62,5°N, in Russland bis Perm, südwärts bis Sizilien, Peloponnes und Südtürkei; nicht auf Kreta. Im östlichen Mittelmeergebiet (westwärts bis nach Sizilien) in der ssp. *dimidiata* Brullé, 1832. **SW-Eu:** E, I(Si), I. **Z-Eu:** F, B, LUX, NL, D, A, CH, DK. **N-Eu:** GB, N, S, SF, EST, LT, LV, RUS(N). **NO-Eu:** CS, SK, PL, BY, UA, UA(K), RUS(S). **SO-Eu:** H, RO, MD, SLO, HR, MK, MNE, SRB, BIH, AL, BG, GR. **W-As:** GR(Ä), TR, Kaukasus, AFG.

Lokalverbreitung: Im Gebiet aus allen Regionen gemeldet.

Andrena helvola (Linnaeus, 1758)

Schlehen-Lockensandbiene

Systematik: Untergattung *Andrena* Fabricius, 1775 *s. str.*

Nomenklatur: Synonym: *Andrena varians* var. *helvola* (Linnaeus, 1758).

Etymologie: Von lat. „*helvola*" = „blassrot, gelblich"; wegen der Farbe der Körperbehaarung. Der deutsche Name bezieht sich auf eine der bevorzugten Nahrungspflanzen; als „Lockensandbienen" werden wegen der bei den Weibchen dieser Gruppe auffallend stark ausgebildeten Haarlocke auf den Hintertrochanteren (Flocculus) die Arten der Untergattung *Andrena s. str.* bezeichnet.

Pollenquellen: Polylektisch; nachgewiesen ist bislang die Nutzung des Pollens der sechs Pflanzenfamilien Amaryllidaceae, Asteraceae, Grossulariaceae, Rhamnaceae und Rosaceae. Am häufigsten anzutreffen auf Wiesen-Löwenzahn (*Taraxacum officinale*), Johannisbeere (*Ribes spec.*), Kreuzdorn (*Rhamnus spec.*) und bestimmten Rosengewächsen (*Prunus spec.*).

Nestbau: Nestfunde wurden nicht bekannt, aber offensichtlich zeigt die Art keine Bevorzugung bestimmter Bodenarten.

Parasiten: Kuckucksbiene ist *Nomada panzeri*. Als weiterer Nestparasit wird der Ölkäfer *Meloe violaceus* vermutet. Erwachsene Tiere sind zuweilen vom Fächerflügler *Stylops melittae* befallen.

Lebensraum: Waldränder, Waldlichtungen, Hecken, Wiesen, Siedlungsbereich. Vom Flachland bis in die montane und subalpine Höhenstufe.

Flugzeit: In einer Generation von April bis Juni.

Gesamtverbreitung: Isolierte Funde in Südspanien (Jaen); von Zentralfrankreich über Ukraine, Kleinasien und Kaukasus bis zum Mittelsibirischen Bergland (Obl. Kemerowo), nordwärts bis Nordschottland (fehlt in Irland), in Norwegen bis 62,5°N, in Schweden bis 68°N, in Finnland nur ganz im Süden auf der Insel Åland, südwärts in Italien bis Friaul (alte Meldungen aus der Toskana (Rossi 1790), Kalabrien (Petagna 1787) und Ligurien (Spinola 1806) beziehen sich vermutlich auf verwandte Arten), auf der Balkanhalbinsel bis auf die *Peloponnes, in der Türkei bis zur Südküste. Die Meldung eines einzigen Weibchens von Xu & Tadauchi (2012) aus Nordostchina (Heilongjiang), das in der Punktierung der Tergite abweicht, bezieht sich vermutlich auf eine verwandte Art. **SW-Eu:** E, I. **Z-Eu:** F, B, LUX, NL, D, A, CH, FL, DK. **N-Eu:** IRL, GB, N, S, SF, EST, LT, LV, RUS(N). **NO-Eu:** CS, SK, PL, BY, UA, UA(K), RUS(S). **SO-Eu:** H, RO, MD, SLO, HR, SRB, BG, GR. **W-As:** TR, Kaukasus. **Z-As:** KAZ. **Sib:** W-Sib. **SO-As:** RC(?).

Lokalverbreitung: Im Gebiet aus allen Regionen gemeldet.

Andrena hesperia Smith, 1853

Hesperiden-Sandbiene

Systematik: Untergattung *Chrysandrena* Hedicke, 1933.

Nomenklatur: Synonym: *Andrena freya* Strand, 1915.

Etymologie: Nach Hesperia benannt, einer Nymphe der griechischen Mythologie.

Pollenquellen: Oligolektisch auf Korbblütler (Asteraceae) der Unterfamilie Cichorioideae wie *Crepis, Hieracium, Hypochoeris* oder *Leontodon*.

Lebensraum: Wärmeliebend, besiedelt verschiedenartige Standorte, die durchaus auch feuchten Charakter haben können: Hochwasserdämme, Ruderalflächen, Steppen. Vom Flachland bis in die montane Höhenstufe.

Flugzeit: In einer Generation von März/April bis Juni.

Gesamtverbreitung: In Nordafrika von Marokko bis Tunesien sowie in Ägypten. In Eurasien über Ukraine, Kleinasien, Kaukasus und *Iran bis Turkmenien und Tadschikistan, nordwärts bis Südschweiz, Niederösterreich, Slowakei und Donezk, südwärts bis Sizilien, Kreta, Zypern und Israel. **SW-Eu:** P, E, F(K), I(Sa), I(Si), I. **Z-Eu:** F, A, CH. **N-Eu:** {GB}. **NO-Eu:** SK, UA, UA(K), RUS(S). **SO-Eu:** H, SLO, HR, MK, BIH, AL, BG, GR, GR(K). **N-Afr:** MA, DZ, TN, ET. **W-As:** GR(Ä), CY, TR, JOR, RL, IL, Kaukasus, *IR. **Z-As:** TM, TAD, KAZ.

Lokalverbreitung: Im Gebiet nur aus Österreich und der Schweiz nachgewiesen.

Andrena humilis Imhoff, 1832

Gewöhnliche Dörnchensandbiene

Systematik: Untergattung *Chlorandrena* Pérez, 1890, *humilis*-Gruppe.

Nomenklatur: Synonyme: *Andrena fulvescens* Smith, 1847; *Andrena nudigastra* Alfken, 1914.

Etymologie: Von lat. „*humilis*“ = „schwach, gering, gewöhnlich, demütig“; vermutlich wegen des unauffälligen Aussehens. Deutscher Name: Die Art ist im Vergleich zu ihren Verwandten die relativ häufigste; als „Dörnchensandbienen“ werden wegen der Dörnchenreihe auf den Hinterschenkeln der Weibchen die Arten der Untergattung *Chlorandrena* bezeichnet.

Pollenquellen: Oligolektisch auf Korbblütler (Asteraceae) der Unterfamilie Cichorioideae wie *Crepis, Hieracium, Hypochoeris* oder *Leontodon*.

Nestbau: Nistplätze sind kahle oder schütter bewachsene Flächen in sandigen oder lehmigen Böden. Unter günstigen Bedingungen nistet die Art auch in größeren Aggregationen. Die Nester erreichen eine Tiefe von 10–25 cm und enthalten rund fünf Brutzellen.

Lebensraum: Die Art ist waldaffin und vornehmlich an Waldsäumen, auf Hochwasserdämmen, Magerrasen, trockenen Fettwiesen oder in Sand-,

Kies- und Lehmgruben zu finden. Vom Flachland bis in die montane, im Süden zuweilen bis in die subalpine Höhenstufe.

Parasiten: Als Kuckucksbienen wurden *Nomada integra, Nomada facilis* und *Nomada femoralis* beobachtet. Weiterer Nestparasit ist der Wollschweber *Bombylius canescens*. Erwachsene Tiere sind zuweilen vom Fächerflügler *Stylops maxillaris* Pasteels, 1949 befallen.

Flugzeit: In der Regel in einer Generation von Mai bis Juli. In Ostfriesland konnte der Verfasser die Art noch Mitte August in großer Zahl beobachten; möglicherweise ein Hinweis darauf, dass die Art partiell bivoltin ist. Derart spät fliegende Tiere wurden als *Andrena nudigastra* Alfken, 1914 beschrieben.

Gesamtverbreitung: Transpaläarktisch. In Nordafrika von Marokko bis Tunesien. In Eurasien von Portugal über Ukraine, Kleinasien, Kaukasus und Zentralasien bis in den Fernen Osten (Primorje) und Japan, nordwärts auf den Britischen Inseln bis Mittelengland (auch in Irland), in Norwegen verschwunden, in Schweden bis 60°N, in Finnland bis 64°N, in Russland bis Perm und Tomsk, südwärts bis Sizilien, Kreta und Israel. Die Meldungen aus Korea und Japan beziehen sich auf *Andrena nudigastroides* Yasumatsu, 1935, die früher als Synonym von *A. humilis* galt, aber einer anderen Untergattung angehört. In Italien und den französischen Südalpen in der ssp. *ardeola* Warncke, 1975, auf dem griechischen Festland in der ssp. *cucullata* Warncke, 1975, endemisch auf Kreta in der ssp. *hiaticula* Warncke, 1975 und in der Ägäis, der Türkei, der Ukraine und dem Kaukasus in der ssp. *indigena* Warncke, 1975. **SW-Eu:** P, E, E(B), I(Si), I. **Z-Eu:** F, B, LUX, NL, D, A, CH, FL, DK. **N-Eu:** IRL, GB, N, S, SF, EST, LT, LV, RUS(N). **NO-Eu:** CS, SK, PL, BY, UA, UA(K), RUS(S). **SO-Eu:** H, RO, SLO, HR, MK, MNE, SRB, BIH, AL, BG, GR, GR(K). **N-Afr:** MA, DZ, TN. **W-As:** GR(Ä), TR, JOR, IL, Kaukasus. **Z-As:** UZB, KAZ, KGZ. **Sib:** W-Sib. **NO-As:** Prim. **SO-As:** RC(Beijing, Hebei), {~~KOR~~}, {~~J~~}.

Lokalverbreitung: Im Gebiet aus allen Regionen gemeldet.

Andrena hungarica Friese, 1887
Ungarische Bindensandbiene

Systematik: Untergattung *Zonandrena* Hedicke, 1933.

Etymologie: Von lat. „*hungarica*“ = „ungarisch“, nach dem Typenfundort. Als „Bindensandbienen“ werden wegen der deutlich ausgebildeten Haarbinden auf dem Hinterleib die Arten der Untergattung *Zonandrena* bezeichnet (die bei dieser Art allerdings zu dichten Seitenflecken reduziert sind).

Pollenquellen: Pollenanalysen liegen nicht vor. Der Blütenbesuch wurde beobachtet auf diversen, gelb blühenden Kreuzblütlern (*Erysimum, Sinapis, Brassica, Sisymbrium*) und auf dem Schmetterlingsblütler *Melilotus*.

Lebensraum: Die Art ist ausgesprochen xerothermophil. Im Gebiet nur auf Flächen mit Steppencharakter. Vom Flachland bis in die kolline Höhenstufe.

Parasiten: Als Kuckucksbiene werden *Nomada numida* und *Nomada pulchra* vermutet.

Flugzeit: In einer Generation von Mai bis Juni.

Gesamtverbreitung: Disjunkt verbreitet; die osteuropäische Nominatform im Pannonikum (Ostösterreich, Tschechien, Slowakei, Ungarn und Nordserbien), die anatolische ssp. *macroura* Warncke, 1975 in der Türkei (Ankara, Gürün, Erzurum, Horasan) und die kaukasische ssp. *khursiensis* Osytshnjuk, 1994 (Armenien, Nachitschewan). Untersuchte Tiere vom Vansee gehören letzterer Unterart an. **Z-Eu:** A. **NO-Eu:** SK, UA. **SO-Eu:** H, RO, SRB. **W-As:** TR, Kaukasus.

Lokalverbreitung: Im Gebiet nur aus Niederösterreich und vom *Neusiedler See nachgewiesen.

Andrena hypopolia Schmiedeknecht, 1883
Kressen-Sandbiene

Systematik: Untergattung *Thysandrena* Lanham, 1949.

Nomenklatur: Wurde von Warncke als Unterart der nordafrikanischen *Andrena numida* Lepeletier, 1841 aufgefasst, zeitweise auch unter dem Namen *Andrena numida holosericea* Bramson, 1879.

Etymologie: Von griech. „*hypo*" = „unter" (hier im Sinne von fast) und „*polios*" = „grau"; Schmiedeknecht bezieht sich auf die grau behaarte Brustunterseite („*Thorax superne sat dense fulvido-, subtus griseo-hirtus*"). Der deutsche Name bezieht sich auf eine der bevorzugten Nahrungspflanzen.

Pollenquellen: Anscheinend mesolektisch; zumindest ist bisher nur die Nutzung des Pollens der beiden Pflanzenfamilien Kreuzblütler (Brassicaceae) und Doldenblütler (Apiaceae) belegt, wobei die erste Generation eine größere Affinität zu Kreuzblütlern, die zweite Generation zu Doldenblütlern zeigt.

Nestbau: Nester wurden beobachtet auf einer spärlich mit Gras bewachsenen Steppenfläche, in einer Lehmwand und einem Lössabbruch. Nistet offensichtlich einzeln.

Lebensraum: Trockenwarme Standorte, Weinberge, Steppen. Vom Flachland bis in die kolline Höhenstufe.

Parasiten: Kuckucksbiene ist vermutlich *Nomada blepharipes*. Manche Autoren vermuten auch *Nomada bispinosa*, was aber sehr unwahrscheinlich ist.

Flugzeit: In zwei Generationen von Mai bis Juni und von Juli bis August.

Gesamtverbreitung: Von Portugal über Ukraine bis Nishny Novgorod und über Kleinasien bis Kaukasus und Nordiran, nordwärts bis Sachsen-Anhalt und Moskau, südwärts bis Sardinien, Sizilien, Süditalien, auf der Balkanhalbinsel nur bis Chalkidike, in der Türkei wegen der Vermengung mit der nah verwandten *A. albiscopa* nicht sicher eruierbar. **SW-Eu:** P, E, I(Sa), I(Si), I. **Z-Eu:** F, B, LUX, NL, D, A, CH. **N-Eu:** RUS(N). **NO-Eu:** CS, SK, {~~PL~~}, {~~BY~~}, UA, UA(K), RUS(S). **SO-Eu:** H, RO, MD, SLO, HR, MK, MNE, SRB, BIH, AL, BG, GR. **W-As:** TR, Kaukasus, IR. **Z-As:** TM, KAZ.

Lokalverbreitung: In Deutschland aktuell in Rheinland-Pfalz, Baden-Württemberg und Sachsen-Anhalt, historisch in Thüringen. In Österreich aus Niederösterreich, Kärnten und dem Burgenland gemeldet. In der Schweiz nur von alten Funden aus dem Wallis und vom Genfersee bekannt; letzter Fund 1942.

Andrena hystrix Schmiedeknecht, 1883
Igel-Steppensandbiene

Systematik: Untergattung *Aenandrena* Warncke, 1968, *bisulcata*-Gruppe.

Etymologie: Von griech. „*hystrix*“ = „Stachelschwein“, wegen der stachelförmigen Behaarung vor den Tergiträndern. Als „Steppensandbienen“ werden wegen des Lebensraumes die Arten der Untergattung *Aenandrena* (= *aeneiventris*- bzw. *bisulcata*-Gruppe) bezeichnet.

Pollenquellen: Meso- oder polylektisch; Blütenbesuche wurden bisher fast ausschließlich auf Kreuzblütlern (Brassicaceae) und Korbblütlern (Asteraceae) beobachtet.

Lebensraum: Trockenwarme Standorte mit Steppencharakter. Vom Flachland bis in die kolline Höhenstufe.

Flugzeit: In einer Generation von Mai bis Juli.

Gesamtverbreitung: Disjunkt westmediterran und pontisch. Im Westen in Marokko und *Tunesien, in Europa von Gibraltar über Südfrankreich ostwärts nach Norden bis in die Südschweiz und im Süden bis Ligurien; im Osten von Ungarn über Rumänien bis auf die Krim und über Kleinasien bis zum Kaukasus und Turkmenien. Die Nachweise aus Osteuropa sind extrem spärlich und stammen meist aus der ersten Hälfte des 20. Jahrhunderts; die beiden Meldungen aus der Ukraine von 1931 und 1964. **SW-Eu:** E, I. **Z-Eu:** F, CH. **NO-Eu:** UA, UA(K), RUS(S). **SO-Eu:** H, RO. **N-Afr:** MA, *TN. **W-As:** TR, {~~IL~~}, Kaukasus. **Z-As:** M.

Lokalverbreitung: Im Gebiet nur aus der Schweiz gemeldet. Stöckhert (1930a) gibt an, dass ihm Tiere der Art „bisher nur aus Südfrankreich, der Südschweiz und Ungarn bekannt geworden“ seien, und Warncke (1967a) gibt die Daten eines von ihm untersuchten Weibchens bekannt („Sierre 15.VII.1887“). Amiet et al. (2011) haben bei der Durchsicht der Schweizer Sammlungen keine weiteren Exemplare gefunden.

Andrena impunctata Pérez, 1895

Punktlose Sandbiene

Systematik: Untergattung *Graecandrena* Warncke, 1968.

Nomenklatur: Synonym: *Andrena paula* Noskiewicz, 1939.

Etymologie: Von lat. „*impunctata*" = „unpunktiert", wegen des nahezu unpunktierten Hinterleibs.

Pollenquellen: Offensichtlich polylektisch; die erste Generation bevorzugt Kreuzblütler, die zweite Generation Doldenblütler.

Nestbau: Nester wurden beobachtet in kalkhaltigen Steppenböden und in sandigem Substrat.

Lebensraum: Trockenwarme Standorte mit Steppencharakter. Vom Flachland bis in die kolline Höhenstufe.

Parasiten: Als Kuckucksbiene wurde *Nomada concolor* bekannt. Erwachsene Tiere sind zuweilen von Fächerflüglern befallen.

Flugzeit: In zwei Generationen von April bis Mai und von Juni bis August.

Gesamtverbreitung: In Nordafrika von den Kanaren über Marokko bis Ägypten, jedoch keine Nachweise aus Libyen. In Eurasien von Südspanien (*Murcia) über die Ukraine und Kleinasien bis Südrussland; nordwärts bis Ostösterreich und Tschechien, südwärts bis Sizilien, Malta, Kreta und Israel. **SW-Eu:** E, E(B), I(Sa), I(Si), I, M. **Z-Eu:** F, A. **NO-Eu:** CS, SK, UA, UA(K), RUS(S). **SO-Eu:** H, RO, MD, SLO, HR, SRB, BG, GR, GR(K). **N-Afr:** E(C), MA, DZ, TN, ET. **W-As:** GR(Ä), TR, IL, Kaukasus.

Lokalverbreitung: Im Gebiet nur aus Niederösterreich und dem Burgenland nachgewiesen (aktuell).

Andrena incisa Eversmann, 1852

Steppen-Sandbiene

Systematik: Untergattung *Campylogaster* Dours, 1873.

Etymologie: Von lat. „*incisa*" = „eingeschnitten, durchschnitten", wegen der in der Mitte unterbrochenen Haarbinden auf den Tergiten. Der deutsche Name bezieht sich auf den Lebensraum.

Pollenquellen: Offensichtlich polylektisch; die zweite Generation bevorzugt offensichtlich Doldenblütler, die erste Generation besucht auch gerne Kreuzblütler.

Lebensraum: Trockenwarme Steppenbiotope, montane Felssteppen. Vom Flachland bis in die kolline Höhenstufe.

Parasiten: Erwachsene Tiere sind zuweilen vom Fächerflügler *Stylops dinizi* Luna de Carvalho, 1974 befallen (im Gebiet noch nicht beobachtet).

Flugzeit: In zwei Generationen von Mai bis Juni und von Juli bis August.

♀

Gesamtverbreitung: Von Zentralspanien über Ukraine und Südrussland sowie über Kleinasien und Kaukasus bis Mittelsibirien (Tomsk, Kemerowo, Chakassien); nordwärts bis Norditalien und Südschweiz, Südpolen, Tatarstan, südwärts bis zur Peloponnes, Südgrenze der Türkei und Tadschikistan. In Italien nur im äußersten Nordwesten. **SW-Eu:** P, E, I. **Z-Eu:** F, D, CH. **N-Eu:** RUS(N). **NO-Eu:** {SK}, PL, UA, RUS(S). **SO-Eu:** H, RO, MK, {~~GR~~}. **W-As:** TR, Kaukasus. **Z-As:** TAD, KAZ, KGZ. **Sib:** W-Sib.

Lokalverbreitung: Im Gebiet nur im Wallis nachgewiesen, wo sie 1939 zum letzten Mal gefunden wurde (Amiet et al. 2011).

Andrena intermedia Thomson, 1870
Berg-Kleesandbiene

Systematik: Untergattung *Taeniandrena* Hedicke, 1933, *ovatula*-Gruppe.

Etymologie: Von lat. „*inter*" = „inmitten, zwischen, unter" und lat. „*media*" = „die mittlere, mitten, in der Mitte". Deutscher Name: Die Art hat ihren Verbreitungsschwerpunkt in den Gebirgen; als „Kleesandbienen" werden wegen der Spezialisierung auf Schmetterlingsblütler die Arten der *ovatula*-Gruppe aus der Untergattung *Taeniandrena* bezeichnet.

Pollenquellen: Oligolektisch auf Schmetterlingsblütler (Fabaceae); als Pollenquellen nachgewiesen sind bislang nur Roter Wiesenklee (*Trifolium pratense*) und Flügelginster (*Chamaespartium sagittale*).

Lebensraum: Abgesehen von den Sandheidegebieten Norddeutschlands kommt die Art vor allem in Mittelgebirgen und der montanen bis alpinen Höhenstufe der Alpen vor.

Parasiten: Als Kuckucksbiene kommen *Nomada villosa* und *Nomada striata* in Betracht.

Flugzeit: In einer Generation von Mai bis Juli.

Gesamtverbreitung: Von Aragonien über fast das ganze Mitteleuropa bis Nordosttürkei, nordwärts in Norwegen bis 62°N, in Schweden und Finnland bis zum Polarkreis, fehlt auf den Britischen Inseln, südwärts bis Umbria, Peloponnes und Südküste der Türkei. Bei der auf einem einzigen Weibchen basierenden Meldung aus Sizilien dürfte es sich um eine Fehlbestimmung handeln. Die Meldung aus Sardinien geht auf Alfken zurück – hierbei handelt es sich möglicherweise um *A. gelriae*. **SW-Eu:** E, I(Sa), I(Si), I. **Z-Eu:** F, B, LUX, NL, D, A, CH, FL, DK. **N-Eu:** N, S, SF, EST, LT, LV, RUS(N). **NO-Eu:** CS, SK, PL, BY, UA, RUS(S). **SO-Eu:** H, RO, SLO, HR, MK, SRB, BG, GR. **W-As:** TR.

Lokalverbreitung: Im Gebiet aus allen Regionen gemeldet.

Andrena labialis (Kirby, 1802)
Rotklee-Sandbiene

Systematik: Untergattung *Holandrena* Pérez, 1890.

Etymologie: Von lat. „*labialis*" = „die Lippe betreffend", wegen des gelben Kopfschildes des Männchens. Der deutsche Name bezieht sich auf eine der bevorzugten Nahrungspflanzen.

Pollenquellen: Offensichtlich oligolektisch auf Schmetterlingsblütler (Fabaceae); häufigste Pollenquellen sind Klee (*Trifolium spec.*), Wicke (*Vicia spec.*), Luzerne (*Medicago sativa*) und Gewöhnlicher Hornklee (*Lotus corniculatus*).

Nestbau: Nistplätze sind kahle oder schütter bewachsene Flächen auf trockenwarmen Standorten.

Lebensraum: Trockene Mager- und Fettwiesen, Feld- und Waldsäume. Vom Flachland bis in die montane und subalpine Höhenstufe.

Parasiten: Als Kuckucksbiene wurden *Nomada stigma, Nomada mutabilis, Nomada succincta* und *Sphecodes rubicundus* bekannt. Weiterer Nestparasit ist der Wollschweber *Bombylius major*. Erwachsene Tiere sind nicht selten vom Fächerflügler *Stylops dalii* Curtis, 1828 befallen.

Flugzeit: In einer Generation von Mai bis Juli.

Gesamtverbreitung: In Nordafrika von Marokko bis Tunesien. In Eurasien von Portugal über Ukraine und Südrussland sowie Kleinasien, Kaukasus, Iran, Afghanistan und Zentralasien bis zum Mittelsibirischen Bergland (Obl. Kemerowo, Krasnojarsk); nordwärts bis Wales und Mittelengland, in Schweden bis 59°N, in Finnland bis 63°N, in Russland bis Karelien und Perm; südwärts bis Sizilien, Kreta und Jordanien (nicht auf Zypern). Auf dem Balkan, in Kleinasien und dem Nahen Osten in der ssp. *megala* WARNCKE, 1975, in Südfrankreich, Iberien und dem Maghreb in der ssp. *nigrostincta* DOURS, 1872. **SW-Eu:** P, E, E(B), I(Sa), I(Si), I. **Z-Eu:** F, B, LUX, NL, D, A, CH, DK. **N-Eu:** IRL, GB, S, SF, EST, LT, LV, RUS(N). **NO-Eu:** CS, SK, PL, BY, UA, UA(K), RUS(S). **SO-Eu:** H, RO, SLO, HR, MK, MNE, SRB, BIH, AL, BG, GR. **N-Afr:** MA, DZ, TN. **W-As:** GR(Ä), TR, SYR, RL, Kaukasus, IR, AFG. **Z-As:** UZB, TAD, KAZ, KGZ. **Sib:** W-Sib, O-Sib.

Lokalverbreitung: Im Gebiet fast überall, lediglich in der Schweiz fehlen Nachweise aus dem östlichen Mittelland.

Andrena labiata FABRICIUS, 1781
Rote Ehrenpreis-Sandbiene

Systematik: Untergattung *Poecilandrena* HEDICKE, 1933, *labiata*-Gruppe.

Nomenklatur: Synonyme: *Andrena cingulata* auct. nec (FABRICIUS, 1775).

Etymologie: Von lat. „*labia*" = „Lippen", wegen des gelben Kopfschildes des Männchens. Der deutsche Name bezieht sich auf den roten Hinterleib bei beiden Geschlechtern sowie auf eine der bevorzugten Nahrungspflanzen.

Pollenquellen: Polylektisch; nachgewiesen ist bislang die Nutzung des Pollens von sieben Pflanzenfamilien: Asteraceae, Brassicaceae, Caryophyllaceae, Lamiaceae, Ranunculaceae, Rosaceae, Scrophulariaceae. Besonders häufig besucht die Art Gamander-Ehrenpreis *(Veronica chamaedrys)* und Fingerkraut (*Potentilla spec.*).

Nestbau: Nistet einzeln auf kahlen oder schütter bewachsenen Flächen ohne Bevorzugung bestimmter Bodenarten.

Lebensraum: Magerrasen, trockene Fettwiesen, Feld- und Waldsäume, Hochwasserdämme, auch Gärten und Parks. Vom Flachland bis in die montane, zuweilen bis in die subalpine Höhenstufe.

Parasiten: Kuckucksbiene ist *Nomada guttulata*. Erwachsene Tiere sind zuweilen von Fächerflüglern befallen.

Flugzeit: In einer Generation von April bis Juni/Juli.

Gesamtverbreitung: Von Portugal über die Ukraine und Südrussland sowie Kleinasien, Kaukasus, Nordiran und Zentralasien bis zum Mittelsibirischen Bergland (Obl. Kemerowo); nordwärts bis Südschottland, in Schweden und Finnland bis 61°N, in Russland bis Karelien und Perm; südwärts bis Sizilien, Peloponnes und Süd-Türkei. In Iberien in der ssp. *bellina* Warncke, 1967. **SW-Eu:** P, E, I(Si), I. **Z-Eu:** F, B, LUX, NL, D, A, CH, FL, DK. **N-Eu:** GB, S, SF, EST, LT, LV, RUS(N). **NO-Eu:** CS, SK, PL, BY, UA, RUS(S). **SO-Eu:** H, RO, MD, SLO, HR, MK, SRB, BIH, BG, GR. **W-As:** TR, Kaukasus, IR. **Z-As:** KAZ, KGZ. **Sib:** W-Sib. **SO-As:** {~~RC~~}.

Lokalverbreitung: Im Gebiet aus allen Regionen gemeldet.

Andrena lagopus Latreille, 1809

Zweizellige Sandbiene

Systematik: Untergattung *Biareolina* Dours, 1873.

Nomenklatur: Synonyme: *Andrena neglecta* Dours, 1873. Einige wenige Autoren bewerten die Präsenz von nur zwei Cubitalzellen im Vorderflügel so stark, dass sie die Art in eine eigene Gattung *Biareolina* verweisen.

Etymologie: Von griech. „*lagós*“ = „Hase“ und „*pus*“ = „Fuß“, Herleitung unklar. Der deutsche Name bezieht sich auf die im Gegensatz zu allen anderen heimischen Sandbienen nur zwei Cubitalzellen im Vorderflügel.

Pollenquellen: Oligolektisch auf Brassicaceae (Kreuzblütler).

Nestbau: Bevorzugt als Substrat offensichtlich Sand oder Löss.

Lebensraum: Trockene Mager- und Fettwiesen, Feld- und Waldsäume, Lichtungen, Hecken, Sand- und Kiesgruben, Ruderalstellen. Die Art hält sich offensichtlich gerne im Halbschatten auf. Vom Flachland bis in die montane Höhenstufe.

Parasiten: Erwachsene Tiere sind zuweilen von Fächerflüglern befallen.

Flugzeit: In einer Generation von April bis Juni.

Gesamtverbreitung: In Nordafrika von Marokko bis Tunesien. In Europa von Portugal bis Ungarn; nordwärts bis Rheinland-Pfalz und Hessen; südwärts bis Sizilien (nicht auf Korsika und Sardinien). **SW-Eu:** P, E, I(Sa), I(Si), I. **Z-Eu:** F, D, A, CH. **NO-Eu:** CS, {~~PL~~}. **SO-Eu:** H, SLO, HR, SRB. **N-Afr:** MA, DZ, TN.

Lokalverbreitung: In Deutschland bislang in Rheinland-Pfalz, Baden-Württemberg, Hessen, Bayern und jüngst auch in Thüringen (Creutzburg 2015) nachgewiesen. In Österreich historisch ein Fund 1919 bei Graz und drei Funde 1975 und 1977 am Neusiedler See, seit den 1990er Jahren dann diverse Meldungen aus dem Burgenland, Niederösterreich und der Steiermark. In der Schweiz über den gesamten Jura und das Mittelland vom Genfersee bis zum Bodensee sowie je ein Fundpunkt im Wallis und in Graubünden. Eine der wenigen Arten, die aktuell in Ausbreitung begriffen ist.

Andrena lapponica Zetterstedt, 1838

Heidelbeer-Lockensandbiene

Systematik: Untergattung *Andrena* Fabricius, 1775 *s. str.*

Etymologie: Von lat. „*lapponica*" = „lappländisch"; ZETTERSTEDT beschrieb die Art nach Tieren aus Lappland. Der deutsche Name bezieht sich auf die Hauptpollenquelle; als „Lockensandbienen" werden wegen der bei den Weibchen dieser Gruppe auffallend stark ausgebildeten Haarlocke auf den Hintertrochanteren (Flocculus) die Arten der Untergattung *Andrena s. str.* bezeichnet.

Pollenquellen: Oligolektisch auf frühblühende Heidekrautgewächse (Ericaceae), möglicherweise wird nur die Gattung *Vaccinium* besammelt. Im größten Teil des Gebiets ist die Heidelbeere (*Vaccinium myrtillus*) Hauptpollenquelle, daneben sind noch Preiselbeere (*Vaccinium vitisidaea*), Rauschbeere (*Vaccinium uliginosum*) und Gewöhnliche Moosbeere (*Vaccinium oxycoccos*) als Pollenquellen nachgewiesen.

Nestbau: Nistplätze sind kahle oder schütter bewachsene Flächen in Wäldern und an Waldrändern, bevorzugt auf Sandboden.

Lebensraum: Lichte Nadel-, seltener Laubwälder, Waldsäume, Moorgebiete, feuchtere Bereiche von Sandheiden. Von der kollinen bis in die alpine Höhenstufe.

Parasiten: Kuckucksbiene ist *Nomada panzeri* bzw. *Nomada glabella*. Erwachsene Tiere sind zuweilen von Fächerflüglern der Gattung *Stylops* befallen.

Flugzeit: In einer Generation von Anfang April bis Juni/Juli, in größeren Höhen auch bis August.

Gesamtverbreitung: Transpaläarktisch. Offenbar isoliert in Nordportugal, ansonsten von den Pyrenäen über die Ukraine (Karpaten, Tschernihiw, Sumy), Kaukasus, Zentralasien bis Japan, Kurilen und Kamtschatka; nordwärts bis Nordschottland (auch in Irland), in Norwegen, Schweden, Finnland und Russland bis weit jenseits des Polarkreises (bis 70°N); südwärts bis zum Südrand der Alpen, von hier über Dinarischen Alpen und den Karpaten bis Südrumänien. Die Population von Japan wird meist als ssp. *sumizome* TADAUCHI, HIRASHIMA & MATSUMURA, 1987, die Population von Primorje, Sachalin, den Kurilen und von Kamtschatka als ssp. *shirozui* HIRASHIMA, 1962 verstanden, beide Taxa können aber auch als eigenständige Arten aufgefasst werden. **SW-Eu:** P, E, I. **Z-Eu:** F, B, LUX, NL, D, A, CH, FL, DK. **N-Eu:** IRL, GB, N, S, SF, EST, LT, LV, RUS(N). **NO-Eu:** CS, SK, PL, BY, UA, RUS(S). **SO-Eu:** RO, SLO, HR. **Z-As:** KAZ, KGZ. **Sib:** O-Sib. **NO-As:** Jak, Prim, Sach, Mag, Kam, Kur.

Lokalverbreitung: In Deutschland fast überall, in Österreich nur aus dem Burgenland noch nicht gemeldet. In der Schweiz im Wesentlichen im Bereich der Alpen, aus dem Mittelland und dem Jura nur vereinzelte, meist historische Meldungen.

Andrena lathyri Alfken, 1899

Zaunwicken-Sandbiene

Systematik: Untergattung *Taeniandrena* Hedicke, 1933, *lathyri*-Gruppe.

Nomenklatur: Synonyme: *Andrena xanthura* auct. nec (Kirby, 1802).

Etymologie: Von *Lathyrus*, einer der beiden Pflanzengattungen, auf welche die Biene spezialisiert ist. Der deutsche Name bezieht sich auf die Hauptpollenquelle.

Pollenquellen: Oligolektisch auf *Vicia* und *Lathyrus* (Fabaceae); Hauptpollenquelle ist die Zaun-Wicke (*Vicia sepium*).

Nestbau: Nistet meist einzeln, allenfalls in kleinen Aggregationen mit geringer Nestdichte, auf kahlen oder schütter bewachsenen Flächen in sandigem oder lehmigem Boden.

Lebensraum: Trockene Fett- und Magerwiesen, Hochwasserdämme, Feld- und Waldsäume, Gärten und Parks. Vom Flachland bis in die montane Höhenstufe.

Parasiten: Kuckucksbiene ist *Nomada villosa*.

Flugzeit: In einer Generation von April bis Juli.

Gesamtverbreitung: Disjunkt in der West- und Ostpaläarktis oder transpaläarktisch mit Nachweislücke in Zentralasien und zwischen Ural und Mittelsibirischem Bergland. In der Westpaläarktis von Nordspanien über Ukraine und Südrussland bis zum Ural (Udmurtien); nordwärts bis Südengland, in Norwegen und Schweden bis 61°N, in Finnland nur ganz im Süden (60,5°N), in Russland bis Moskau und Kilmez; südwärts bis Sizilien und Peloponnes; in der Türkei nur entlang des Pontischen Gebirges, keine Nachweise aus dem Kaukasus. In der Ostpaläarktis von Kemerowo über Irkutsk und Amur bis Khabarovsk und Primorje. **SW-Eu:** E, I(Si), I. **Z-Eu:** F, B, LUX, NL, D, A, CH, FL, DK. **N-Eu:** GB, N, S, SF, LT, RUS(N). **NO-Eu:** CS, SK, PL, BY, UA, UA(K), RUS(S). **SO-Eu:** H, RO, MD, SLO, HR, MK, SRB, BG, GR. **W-As:** TR. **Sib:** W-Sib, O-Sib. **NO-As:** Amur, Khab, Prim.

Lokalverbreitung: Im Gebiet fast überall, aus Schleswig-Holstein, Mecklenburg-Vorpommern und Niedersachsen keine aktuellen Nachweise.

Andrena lepida Schenck, 1859

Sieb-Körbchensandbiene

Systematik: Untergattung *Simandrena* Pérez, 1890, *combinata*-Gruppe.

Nomenklatur: Synonym: *Andrena separanda* Schmiedeknecht, 1883.

Etymologie: Von lat. „*lepida*“ = „niedlich, zierlich, anmutig, schön“. Der deutsche Name bezieht sich auf die siebartig dicht punktierten Tergite; als „Körbchensandbienen“ werden wegen des gut ausgebildeten Sammelkörbchens auf den Propodeumseiten der Weibchen die Arten der Untergattung *Simandrena* bezeichnet.

Pollenquellen: Vermutlich polylektisch; nachgewiesen ist bislang die Nutzung des Pollens von Kreuzblütlern (Brassicaceae) und Rosengewächsen (Rosaceae).

Lebensraum: Trockenwarme Standorte, Magerrasen, Dämme, Waldsäume. Vom Flachland bis in die kolline Höhenstufe.

Flugzeit: In zwei Generationen von April bis Mai und von Juli bis August.

Gesamtverbreitung: Westpaläarktisch. In Nordafrika in Marokko und Algerien. In Eurasien von Portugal über die Ukraine bis zum Ural und über Kleinasien bis zum Kaukasus; nordwärts bis Südengland, Lettland und Baschkirien, südwärts bis Sizilien, Peloponnes, Zypern, Israel und Südiran (Fars). **SW-Eu:** P, E, F(K), I(Sa), I(Si), I. **Z-Eu:** F, D, A, CH. **N-Eu:** GB, LT, LV, RUS(N). **NO-Eu:** CS, SK, PL, BY, UA, UA(K), RUS(S). **SO-Eu:** H, RO, MD, HR, MK, SRB, AL, BG, GR. **N-Afr:** MA, DZ, TN. **W-As:** CY, TR, SYR, RL, IL, Kaukasus, IR.

Lokalverbreitung: Im Gebiet ausgestorben oder verschollen, historische Meldungen aus Sachsen-Anhalt, Thüringen, Baden-Württemberg, Bayern, Hessen, Niederösterreich und dem Genfersee.

Andrena limata Smith, 1853
Schwarzhaarige Düstersandbiene

Systematik: Untergattung *Melandrena* Pérez, 1890, *nitida*-Gruppe.

Nomenklatur: Wird von manchen Autoren mit der univoltinen *Andrena nitida* vermengt. Synonym: *Andrena pectoralis* Schmiedeknecht, 1883.

Etymologie: Von lat. „*limata*“ = „geglättet, poliert“, wegen des glänzenden Hinterleibes. Der deutsche Name bezieht sich auf die im Gegensatz zur nächstverwandten *Andrena nitida* schwarz behaarten Brustseiten und Gesicht; als „Düstersandbienen“ werden wegen der bei vielen Arten vorherrschenden dunklen Behaarung die Arten der Untergattung *Melandrena* bezeichnet.

Pollenquellen: Polylektisch; nachgewiesen ist bislang die Nutzung des Pollens der acht Pflanzenfamilien Amaryllidaceae, Apiaceae, Asteraceae, Betulaceae, Brassicaceae, Cistaceae, Plantaginaceae und Salicaceae.

Lebensraum: Trockenwarme Standorte mit Steppencharakter, Magerrasen, Hochwasserdämme. Vom Flachland bis in die montane Höhenstufe.

Flugzeit: In zwei Generationen von April bis Juni und von Juli bis September.

Besonderes Verhalten: Die Männchen von *Andrena limata* sind im Gebiet neben denen von *A. nigroaenea* die einzigen bekannten Bestäuber der Spinnen-Ragwurz (*Ophrys sphegodes*), deren Blüten durch Geruch und Aussehen ein Sandbienen-Weibchen imitieren; den dadurch angelockten Männchen wird dann beim Kopulationsversuch ein Pollenpaket angeheftet.

Parasiten: Kuckucksbiene ist *Nomada trapeziformis*.

Gesamtverbreitung: In Nordafrika von Marokko bis Tunesien. In Eurasien von Portugal über die Ukraine bis zum Mittelsibirischen Bergland (Obl. Kemerowo) und über Kleinasien und den Kaukasus bis Kirgistan; nordwärts bis Thüringen, Sachsen, Zentralpolen, Baltikum und Udmurtien, südwärts bis Sizilien, Kreta, Zypern, Israel und Nordiran. Warncke unterscheidet mehrere Unterarten, die wie folgt verbreitet sein sollen: In Algerien in der ssp. *algeriensis* Alfken, 1914, im östlichen Mittelmeergebiet und der Schwarzmeer-Region in der ssp. *batesiae* Cockerell, 1910, in Iberien, Marokko und Tunesien in der ssp. *mixtura* Warncke, 1967 und in Dänemark, Schweden und Finnland in der ssp. *omissa* Valkeila, 1954 – es handelt sich lediglich um Färbungsformen ohne deutliche morphologische Unterschiede. **SW-Eu:** P, E, E(B), I(Si), I. **Z-Eu:** F, B, LUX, D, A, CH, DK? **N-Eu:** S?, LT, LV, RUS(N). **NO-Eu:** CS, SK, PL, BY, UA, UA(K), RUS(S). **SO-Eu:** H, RO, SLO, HR, MK, MNE, SRB, AL, BG, GR, GR(K). **N-Afr:** MA, DZ, TN. **W-As:** GR(Ä), CY, TR, RL, IL, Kaukasus, IR. **Z-As:** UZB, TAD, KAZ, KGZ. **Sib:** W-Sib.

Lokalverbreitung: In Deutschland nur im Süden, in Thüringen verschwunden, aktuell in Rheinland-Pfalz, Baden-Württemberg und Bayern. In Österreich mit Ausnahme von Salzburg, Tirol und Vorarlberg aus allen Bundesländern gemeldet. In der Schweiz vereinzelte historische Nachweise im Mittelland vom Genfersee bis zum Bodensee, aktuell in Graubünden und dem Tessin.

Andrena livens Pérez, 1895

Matte Dörnchensandbiene

Systematik: Untergattung *Chlorandrena* Pérez, 1890, *livens*-Gruppe.

Etymologie: Von lat. „*livens*“ = bläulich, blau, dunkel“, wegen des schwachen Metallschimmers der Körperoberfläche. Der deutsche Name bezieht sich auf den glanzlosen Brustrücken; als „Dörnchensandbienen“ werden wegen der Dörnchenreihe auf den Hinterschenkeln der Weibchen die Arten der Untergattung *Chlorandrena* bezeichnet.

Pollenquellen: Oligolektisch auf Korbblütler (Asteraceae) der Unterfamilie Cichorioideae wie *Crepis*, *Hieracium*, *Hypochoeris* oder *Leontodon*.

Lebensraum: Trockenwarme Standorte mit Steppencharakter. Vom Flachland bis in die kolline Höhenstufe.

Parasiten: Erwachsene Tiere sind zuweilen vom Fächerflügler *Stylops maxillaris* Pasteels, 1949 befallen.

Flugzeit: In einer Generation von Mai bis Juni.

Gesamtverbreitung: Westmediterran. Von Portugal bis *Kroatien; nordwärts bis Bordeaux und den Alpensüdrand; südwärts bis Sizilien (nicht auf Korsika und Sardinien). Die Meldungen aus dem Maghreb gehören zu *Andrena algeria* Warncke 1967 (von Warncke als Unterart von *A. livens* betrachtet). **SW-Eu:** P, E, I(Si), I. **Z-Eu:** F, CH. **SO-Eu:** *HR. **N-Afr:** {~~MA, DZ, TN~~}.

Lokalverbreitung: Im Gebiet nur aus dem Tessin nachgewiesen (historisch und aktuell).

Andrena marginata Fabricius, 1776
Skabiosen-Sandbiene

Systematik: Untergattung *Margandrena* Warncke, 1968.

Nomenklatur: Synonym: *Andrena cetii* Schrank, 1781.

Etymologie: Von lat. „*marginata*" = „mit einem Rand versehen"; Fabricius nimmt Bezug auf die weißlichen Haarbinden auf den Endrändern der Tergite („*abdomine ferrugineo: segmentorum marginibus cinereis*"). Der deutsche Name bezieht sich auf eine der bevorzugten Nahrungspflanzen.

Pollenquellen: Oligolektisch auf Kardengewächse (Dipsacaceae); Hauptpollenquelle ist die Tauben-Skabiose (*Scabiosa columbaria*), als weitere Pollenquellen werden auch andere Arten der Gattung *Scabiosa* sowie Arten der Gattungen *Succisa* und *Knautia* genutzt.

Nestbau: Nistet einzeln, allenfalls in kleinen Aggregationen mit geringer Nestdichte, bevorzugt in sandigem oder lössigem Substrat, das auch Lehmanteile enthalten kann. Nester wurden vor allem auf Flächen mit schütterer Vegetation oder an Laubwaldsäumen beobachtet.

Lebensraum: Warme, offene bis halboffene Standorte, Magerrasen, Steppen. Vom Flachland bis in die montane Höhenstufe.

Parasiten: Kuckucksbiene ist *Nomada argentata*.

Flugzeit: In einer Generation von Juli bis September, zuweilen bis Oktober.

♀

Gesamtverbreitung: Transpaläarktisch. Von Nordspanien über die Ukraine und Sibirien sowie über Kleinasien, Kaukasus und Zentralasien bis in den Fernen Osten (Irkutsk, Burjatien, Chita, Amur, Primorje); in Europa nordwärts bis nach Irland und Mittelschottland, in Norwegen bis 59,5°N, in Schweden bis 61°N, in Finnland bis 62°N, südwärts bis Sizilien (nicht auf Korsika und Sardinien) und Südbulgarien (in Griechenland noch nicht nachgewiesen); in Asien nordwärts bis Tomsk, südwärts bis in den Nordwesten der Türkei, Kaukasus, Turkmenien und Hebei/China. **SW-Eu:** E, F(K), I(Si), I. **Z-Eu:** F, B, LUX, NL, D, A, CH, DK. **N-Eu:** IRL, GB, N, S, SF, EST, LT, LV, RUS(N). **NO-Eu:** CS, SK, PL, BY, UA, RUS(S). **SO-Eu:** H, RO, SLO, HR, SRB, BIH, AL, BG. **N-Afr:** {~~MA~~}. **W-As:** TR, Kaukasus. **Z-As:** TM, KAZ. **Sib:** W-Sib, O-Sib. **NO-As:** Amur, Primorje. **SO-As:** RC.

Lokalverbreitung: In Deutschland in allen Bundesländern nachgewiesen, aber im Norden (Schleswig-Holstein, Mecklenburg-Vorpommern, Brandenburg, Sachsen) keine aktuellen Nachweise. In Österreich aus allen Bundesländern gemeldet, Meldung aus Salzburg ist überprüfungsbedürftig. Über die ganze Schweiz verbreitet, im Osten und Norden (Genfersee, Neuenburger See, Thurgau) nur historische Meldungen.

Andrena mehelyi Alfken, 1936

Ungarische Körbchensandbiene

Systematik: Untergattung *Simandrena* Pérez, 1890, *combinata*-Gruppe.

Nomenklatur: Von manchen Autoren als Unterart oder Synonym von *A. combinata* betrachtet.

Etymologie: Gewidmet dem ungarischen Zoologen Prof. Dr. Ludwig von Méhely (= Lajos Méhelÿ) (1862–1946/1952?), Sammler der Typenserie. Der deutsche Name bezieht sich auf die Herkunft der Typenserie; als „Körbchensandbienen“ werden wegen des gut ausgebildeten Sammelkörbchens auf den Propodeumseiten der Weibchen die Arten der Untergattung *Simandrena* bezeichnet.

Pollenquellen: Vermutlich polylektisch; im Gebiet wurde der Blütenbesuch beobachtet an Doldenblütlern (Apiaceae), Korbblütlern (Asteraceae) und Kreuzblütlern (Brassicaceae).

Nestbau: Nester wurden bisher nur vereinzelt in Lehm- und Steppenböden beobachtet.

Lebensraum: Trockenwarme Standorte. Vom Flachland bis in die kolline Höhenstufe.

Flugzeit: In zwei Generationen von Mai bis Juni und von Juli bis August/September.

Gesamtverbreitung: Von Ostösterreich im Westen über Osteuropa und die Ukraine bis Südrussland (Orenburg) und über Kleinasien bis zum Fuß des Kleinen Kaukasus; nordwärts bis Mähren und Zentralukraine, südwärts bis

Griechenland (vermutlich bis zur Peloponnes, aber wegen Vermengung mit *A. combinata* unklar) und bis Zypern. **Z-Eu:** {~~D~~}, A. **NO-Eu:** CS, SK, {~~PL~~}, RUS(S). **SO-Eu:** H, MK, SRB, BIH, AL, GR. **W-As:** CY, TR.

Lokalverbreitung: Im Gebiet nur von historischen Meldungen aus Niederösterreich und dem Burgenland bekannt, eine Meldung aus Deutschland (Kehl am Rhein) von 1938 erwies sich als *A. combinata* (vgl. Westrich 1984).

Andrena minutula (Kirby, 1802)
Gewöhnliche Zwergsandbiene

Systematik: Untergattung *Micrandrena* Ashmead, 1899, *minutula*-Gruppe.

Nomenklatur: Synonyme: *Andrena parvula* (Kirby, 1802).

Etymologie: Von lat. „*minutula*" = „ganz klein", wegen der geringen Körpergröße. Der deutsche Name bezieht sich auf die Tatsache, dass die Art eine der häufigsten der Untergattung ist; mit dem deutschen Namen „Zwergsandbienen" werden wegen ihrer geringen Körpergröße die Arten der Untergattung *Micrandrena* bezeichnet.

Pollenquellen: Ausgesprochen polylektisch; nachgewiesen ist bislang die Nutzung des Pollens der elf Pflanzenfamilien Aceraceae, Apiaceae, Astera-

ceae, Brassicaceae, Caryophyllaceae, Crassulaceae, Lamiaceae, Ranunculaceae, Rosaceae, Salicaceae und Scrophulariaceae.

Nestbau: Nistplätze sind kahle oder schütter bewachsene Flächen an Feld- und Wiesensäumen oder unter Hecken in sandigem oder lehmigem Boden.

Lebensraum: Ubiquist, besiedelt eine Vielzahl an Lebensräumen, wie Waldsäume und -lichtungen, Kahlschläge, Ruderalflächen, trockene Fett- und Magerwiesen, Hochwasserdämme, Sand- und Kiesgruben, Gärten und Parks. Vom Flachland bis in die subalpine Höhenstufe.

Parasiten: Kuckucksbiene ist *Nomada flavoguttata.* Erwachsene Tiere sind zuweilen vom Fächerflügler *Stylops spreta* Perkins, 1918 (früher mit *Stylops melittae* vermengt) befallen.

Flugzeit: In zwei Generationen von März bis Mai/Juni und von Juni bis August.

Gesamtverbreitung: Transpaläarktisch. In Nordafrika von Marokko bis Tunesien. In Eurasien von Portugal über die Ukraine bis zum Ural sowie über Kleinasien bis zum Kaukasus; in Europa nordwärts bis Südschottland (auch in Irland), in Norwegen und Finnland bis 61°N, in Schweden bis 62,5°N, in Russland bis Leningrad und Perm, südwärts bis Sizilien (auch auf Korsika und Sardinien), Thessalien (historische Meldungen von Kreta fehlbestimmt), Südtürkei und Kaukasus. Aus Pakistan, Zentralasien und der Mongolei nur historische Meldungen, die sich vielleicht auf nah verwandte Arten beziehen. Sichere Meldungen aus Tibet, Nordostchina und Japan. Warncke unterscheidet neben der Stammform die ssp. *alga* Warncke, 1974 aus dem Maghreb und die ssp. *lenis* Pérez, 1903 aus Iberien und Südfrankreich. **SW-Eu:** P, E, E(B), I(Sa), I(Si), I. **Z-Eu:** F, B, LUX, NL, D, A, CH, FL, DK. **N-Eu:** IRL, GB, N, S, SF, EST, LT, LV, RUS(N). **NO-Eu:** CS, SK, PL, BY, UA, UA(K), RUS(S). **SO-Eu:** H, RO, SLO, HR, SRB, BIH, BG, GR, GR(K). **N-Afr:** ~~{P(M), E(C)}~~, MA, ~~{DZ}~~, TN, LAR. **W-As:** TR, SYR, IL, Kaukasus. **Z-As:** TM(?), UZB(?), TAD(?), KGZ(?). **SO-As:** MGL(?), RC(Beijing, Jilin, Liaoning, Tibet), J. **Ori:** PAK(?).

Lokalverbreitung: Im Gebiet aus allen Regionen gemeldet.

Andrena minutuloides Perkins, 1914
Glanzrücken-Zwergsandbiene

Systematik: Untergattung *Micrandrena* Ashmead, 1899, *minutula*-Gruppe.

Nomenklatur: Synonyme: *Andrena parvuloides* Perkins, 1914; *Andrena sparsiciliata* Alfken, 1925.

Etymologie: Von „*Andrena minutula*“ und griech. „*eidos*“ = „das zu Sehende, Anblick, Gestalt“, also „von ähnlichem Habitus wie *Andrena minutula*“. Der deutsche Name bezieht sich auf den meist relativ glatten Brustrücken; mit dem deutschen Namen „Zwergsandbienen“ werden wegen ihrer geringen Körpergröße die Arten der Untergattung *Micrandrena* bezeichnet.

Pollenquellen: Polylektisch; nachgewiesen ist bislang die Nutzung des Pollens der sieben Pflanzenfamilien Aceraceae, Apiaceae, Asteraceae, Brassicaceae, Rosaceae, Salicaceae und Scrophulariaceae.

Nestbau: Nistet einzeln, allenfalls in kleinen Aggregationen mit geringer Nestdichte, auf kahlen oder schütter bewachsenen Flächen an Feld- und Wiesensäumen oder unter Hecken in sandigem oder lehmigem Boden.

Lebensraum: Ubiquist, besiedelt eine Vielzahl an Lebensräumen, wie Waldsäume und -lichtungen, Kahlschläge, Ruderalflächen, trockene Fett- und Magerwiesen, Hochwasserdämme, Sand- und Kiesgruben, Gärten und Parks. Vom Flachland bis in die montane Höhenstufe.

Parasiten: Kuckucksbiene ist *Nomada flavoguttata*. Erwachsene Tiere sind zuweilen von Fächerflüglern befallen.

Flugzeit: In zwei Generationen April bis Mai/Juni und von Juni bis August/September.

Gesamtverbreitung: Isolierte Funde im Hohen Atlas. In Eurasien von Portugal über die Ukraine bis zum Mittelsibirischen Bergland (Obl. Kemerowo) sowie über Kleinasien bis zum Kaukasus; in Europa nordwärts bis Südengland und Wales, in Schweden bis 60°N, in Finnland bis 62,5°N, in Russland bis Perm; südwärts bis Mittelitalien (Molise), Peloponnes und Südtürkei. Eine historische Meldung von Sardinien (Alfken 1938, als *A. parvuloides)* bezieht sich vermutlich auf eine verwandte Art. **SW-Eu:** P, E, E(B), I(Sa), I. **Z-Eu:** F, B, LUX, NL, D, A, CH, FL, DK. **N-Eu:** GB, S, SF, LT, LV, RUS(N). **NO-Eu:** CS, SK, PL, BY, UA, UA(K), RUS(S). **SO-Eu:** H, RO, SLO, HR, MK, SRB, BIH, AL, BG, GR. **N-Afr:** MA. **W-As:** TR, Kaukasus. **Sib:** W-Sib.

Lokalverbreitung: Im Gebiet überall, lediglich aus Mecklenburg-Vorpommern fehlen Nachweise; aus Schleswig-Holstein seit mindestens 1938 keine Meldungen.

Andrena mitis Schmiedeknecht, 1883
Auen-Lockensandbiene

Systematik: Untergattung *Andrena* Fabricius, 1775 *s. str.*

Etymologie: Von lat. „*mitis*" = „sanft, mild, weich, zart". Der deutsche Name bezieht sich auf den Lebensraum; als „Lockensandbienen" werden wegen der bei den Weibchen dieser Gruppe auffallend stark ausgebildeten Haarlocke auf den Hintertrochanteren (Flocculus) die Arten der Untergattung *Andrena s. str.* bezeichnet.

Pollenquellen: Oligolektisch auf *Salix* (Salicaceae).

Nestbau: Nistplätze sind kahle oder schütter bewachsene Flächen, bevorzugt in sandigem Boden.

Lebensraum: Auwälder, mäßig feuchtes Grünland, Hochwasserdämme, Sand- und Kiesgruben. Vom Flachland bis in die kolline Höhenstufe.

Parasiten: Kuckucksbienen wurden noch nicht beobachtet, zu vermuten ist *Nomada panzeri.* Erwachsene Tiere sind zuweilen von Fächerflüglern befallen.

Flugzeit: In einer Generation von März bis Mai/Juni.

Gesamtverbreitung: Eine alte, unbestätigte Meldung von Barcelona, ansonsten von den Pyrenäen über die Ukraine bis zur Wolga und über Kleinasien bis zum Kaukasus; nordwärts bis in die Niederlande, Moskau und Kirov, südwärts bis Sizilien, Thessalien und Südtürkei. **SW-Eu:** E, I(Si), I. **Z-Eu:** F, B, NL, D, A, CH, FL. **N-Eu:** RUS(N). **NO-Eu:** CS, SK, PL, UA, UA(K), RUS(S). **SO-Eu:** H, RO, SLO, HR, SRB, BIH, GR. **W-As:** TR, Kaukasus.

Lokalverbreitung: Im Gebiet aus allen Regionen gemeldet.

Andrena mocsaryi Schmiedeknecht, 1883
Milchstern-Schuppensandbiene

Systematik: Untergattung *Lepidandrena* Hedicke, 1933, *florivaga*-Gruppe.

Etymologie: Gewidmet dem ungarischen Hymenopterologen Alexander (= Sandor) Mocsáry (1841–1915). Der deutsche Name bezieht sich auf die ausschließliche Pollenquelle der Art; als „Schuppensandbienen" werden wegen der fast schuppenartig kurzen und dichten Behaarung des Thoraxrückens die Arten der *curvungula*-Gruppe aus der Untergattung *Lepidandrena* bezeichnet.

Pollenquellen: Oligolektisch auf Milchstern (*Ornithogalum,* Fam. Asparagaceae).

Nestbau: Nester wurden in Sand- und Steppenböden gefunden, teilweise auch auf ziemlich dicht mit Gras bewachsenen Flächen.

Lebensraum: Trockenwarme Standorte mit Beständen der Futterpflanze, wie Hochwasserdämme, Steppen. Vom Flachland bis in die kolline Höhenstufe.

Flugzeit: In einer Generation von April bis Mai.

Gesamtverbreitung: Von Italien (Kalabrien, Sizilien) ostwärts bis Samsun/Türkei, nordwärts bis Mähren, südwärts bis Sizilien und die Peloponnes. In der Türkei nur an der Schwarzmeerküste. **SW-Eu:** I(Si), I. **Z-Eu:** A. **NO-Eu:** CS, SK. **SO-Eu:** H, RO, HR, AL, BG, GR. **W-As:** TR, {~~SYR~~}.

Lokalverbreitung: Im Gebiet nur aus Niederösterreich und dem Burgenland nachgewiesen (historisch und aktuell).

Andrena montana Warncke, 1973
Gebirgs-Sandbiene

Systematik: Untergattung *Euandrena* Hedicke, 1933.

Etymologie: Von lat. „*montana*" = „Bergs-, Gebirgs-, auf den Bergen befindlich", wegen des Lebensraums der Art.

Pollenquellen: Vermutlich polylektisch.

Lebensraum: Gebirgsart; Matten, alpine Rasen, Staudenfluren, in der Regel oberhalb der Baumgrenze. Vom der montanen bis in die alpine Höhenstufe.

Flugzeit: In einer Generation von Juni bis August.

Gesamtverbreitung: Von den Südalpen über das Dinarische Gebirge bis in den Pindos. Eine Meldung aus Slowenien erwies sich nachträglich als *A. vulpecula* (vgl. Gogala 1994). **Z-Eu:** F, D, A, CH, FL. **NO-Eu: SO-Eu:** {~~SLO~~}, MK, MNE, BIH, AL, GR.

Lokalverbreitung: Im Gebiet nur aus den bayerischen Alpen und den Schweizer Alpen belegt. Für Österreich existiert ein Fundpunkt in einer Verbreitungskarte von Warncke, der aber nicht näher zu lokalisieren ist.

Andrena morawitzi Thomson, 1872
Nördliche Rippensandbiene

Systematik: Untergattung *Plastandrena* Hedicke, 1933, *tibialis*-Gruppe.

Nomenklatur: Wird von manchen Autoren als Unterart von *Andrena bimaculata* aufgefasst (zum Artstatus vgl. Nilsson 2010).

Etymologie: Gewidmet dem russischen Hymenopterologen Ferdinand Morawitz (1827–1896). Deutscher Name: Im Gebiet ist die Art nur im Norden verbreitet; als „Rippensandbienen“ werden wegen des grob skulptierten Mittelfelds die Arten der *tibialis*-Gruppe aus der Untergattung *Plastandrena* bezeichnet.

Pollenquellen: Sicherlich polylektisch; am häufigsten wird die Art auf Weiden (*Salix*) und Wiesen-Löwenzahn (*Taraxacum officinale*) beobachtet.

Nestbau: Nistet einzeln auf schütter bewachsenen, in der Regel horizontalen Flächen mit Sand- und Lösssubstrat.

Lebensraum: Sandgebiete, vorzugsweise mit Steppencharakter. Höhenverbreitung im Gebiet nicht bekannt, in Kirgistan bis 2200 m.

Parasiten: Kuckucksbiene ist *Nomada marshamella*. Erwachsene Tiere sind zuweilen von Fächerflüglern befallen.

Flugzeit: In einer Generation von März bis Mai.

Gesamtverbreitung: Von Nordfrankreich (Somme) über die Ukraine und Zentralasien bis zum Baikalsee; nordwärts bis Südschweden (Skåne, Småland, Öland), aus Finnland noch nicht gemeldet, aber aus dem benachbarten Gebieten Russlands (Karelien), Jaroslawl, Tomsk, Nowosibirsk, Krasnojarsk, südwärts bis zum deutschen Mittelgebirge, die Slowakei und die Krim. **SW-Eu:** {~~I~~}. **Z-Eu:** F, B, NL, D, A, DK. **N-Eu:** S, SF, EST, LT, LV, RUS(N). **NO-Eu:** CS, SK, PL, UA, UA(K), RUS(S). **SO-Eu:** H, RO, HR, SRB, BG. **W-As:** Kaukasus. **Z-As:** KAZ. **Sib:** W-Sib, O-Sib.

Lokalverbreitung: Im Gebiet nur aus Deutschland nachgewiesen, hier nur in den nördlichen Bundesländern. Meldungen aus Österreich erscheinen zweifelhaft und sind möglicherweise wie die einzige Meldung aus Baden-Württemberg auf durch *Stylops*-Befall veränderte Tiere von *A. tibialis* oder *A. bimaculata* zurückzuführen.

Andrena morio Brullé, 1832
Schwarze Düstersandbiene

Systematik: Untergattung *Melandrena* Pérez, 1890, *morio*-Gruppe.

Etymologie: Von lat. „*morio*“ = „Mohr“; wegen der mehr oder weniger vollständig schwarzen Färbung von Körper und Behaarung. Als „Düstersandbienen“ werden wegen der bei vielen Arten vorherrschenden dunklen Behaarung die Arten der Untergattung *Melandrena* bezeichnet.

Pollenquellen: Meso- oder polylektisch; nachgewiesen ist bislang die Nutzung des Pollens der drei Pflanzenfamilien Apiaceae, Asteraceae und Brassicaceae.

Lebensraum: Im Mitteleuropa nur in Sandgebieten gefunden. Vom Flachland bis in die montane Höhenstufe.

Parasiten: Kuckucksbiene ist *Nomada mauritanica*. Erwachsene Tiere sind zuweilen von Fächerflüglern befallen.

Flugzeit: In zwei Generationen von Mai bis Juni und Juli bis September.

Gesamtverbreitung: In Nordafrika von Marokko bis Ägypten. In Eurasien von Portugal über Ukraine und über Kleinasien und Kaukasus bis Kasachstan; nordwärts bis Brandenburg und Tatarstan; südwärts bis zum Indischen Ozean; sollten ältere Meldungen den Tatsachen entsprechen, dann dringt die Art in Nordindien in die orientalische Region vor. **SW-Eu:** P, E, E(B), F(K), I(Sa), I(Si), I, I(L), M. **Z-Eu:** F, D, A. **NO-Eu:** CS, SK, PL, UA, UA(K), RUS(S). **SO-Eu:** H, RO, SLO, HR, MK, MNE, SRB, BIH, AL, BG, GR, GR(K). **N-Afr:** MA, DZ, TN, LAR, ET, SUD. **W-As:** GR(Ä), CY, TR, SYR, RL, IL, IRQ, Kaukasus, IR. **Z-As:** TM, UZB, KAZ. **Ori:** IND(?).

Lokalverbreitung: Im Gebiet nur aus Deutschland (Baden-Württemberg, Brandenburg, Hessen, Sachsen, Sachsen-Anhalt) und Österreich (Burgenland, Niederösterreich) nachgewiesen. Seit Jahrzehnten keine aktuellen Funde.

Andrena mucida Kriechbaumer, 1873
Schnabel-Sandbiene

Systematik: Untergattung *Didonia* Gribodo, 1894.

Nomenklatur: Synonym: *Andrena julliani* Schmiedeknecht, 1883.

Etymologie: Von lat. „*mucida*“ = „schimmelig“; Kriechbaumer nennt sie so wegen der schimmelgrauen Körperbehaarung („*Schwarz, fast allenthalben mit ziemlich langen, seidenartigen, abstehenden, weissen, auf Scheitel und Brustrücken bräunlichen Haaren, wie mit Schimmelfäden überzogen*“). Der deutsche Name bezieht sich auf den deutlich verlängerten Clypeus.

♀

Pollenquellen: Pollenuntersuchungen liegen nicht vor. Die erste Generation wird meist an *Salix* und *Muscari* beobachtet, die zweite Generation fast nur an *Scabiosa* oder *Knautia*.

Nestbau: Nester wurden im Gebiet noch nicht beobachtet; aus dem Friaul wurde eine Aggregation von Hunderten Nestern in der festgetretenen Erde eines Uferdamms mitgeteilt (Ducke 1898).

Lebensraum: Trockenwarme Standorte mit Steppencharakter. Vom Flachland bis in die kolline Höhenstufe.

Flugzeit: In zwei Generationen von April bis Juni und von Juli bis August. Möglicherweise verbirgt sich zumindest in Österreich unter der ersten Generation eine eigene Art.

Gesamtverbreitung: In Nordafrika von Marokko bis Algerien (Dylewska 1987 zitiert die Art fälschlicherweise von Ägypten). In Eurasien von Portugal im Norden bis in die Ostslowakei, im Süden bis zum Kaukasus; nordwärts bis Mähren, südwärts bis Sizilien (auch auf Korsika, nicht auf Sardinien), Peloponnes und Israel. **SW-Eu:** P, E, E(B), F(K), I(Si), I. **Z-Eu:** F, A, CH. **NO-Eu:** CS, SK, {~~PL~~}. **SO-Eu:** H, RO, SLO, HR, MNE, BIH, BG, GR. **N-Afr:** MA, DZ. **W-As:** TR, SYR, RL, IL, Kaukasus.

Lokalverbreitung: Im Gebiet aktuell nur aus Niederösterreich und dem Burgenland nachgewiesen. Amiet et al. (2011) erwähnen drei Weibchen aus dem Genfersee-Gebiet von vermutlich vor 1900.

Andrena nana (Kirby, 1802)
Punktierte Zwergsandbiene

Systematik: Untergattung *Micrandrena, nana*-Gruppe.

Nomenklatur: Synonym: *Andrena nanoides* Stöckhert, 1924.

Etymologie: Von lat. „*nana*" = „Zwergin", wegen der geringen Körpergröße. Der deutsche Name bezieht sich auf die deutliche Punktierung der Tergite; mit dem deutschen Namen „Zwergsandbienen" werden wegen ihrer geringen Körpergröße die Arten der Untergattung *Micrandrena* bezeichnet.

Pollenquellen: Polylektisch; nachgewiesen ist bislang die Nutzung des Pollens der sechs Pflanzenfamilien Aceraceae, Apiaceae, Asteraceae, Brassicaceae, Rosaceae und Scrophulariaceae.

Lebensraum: Trockenwarme Standorte wie Magerrasen, Sand- und Lehmgruben, Ruderalflächen. Vom Flachland bis in die subalpine Höhenstufe.

Flugzeit: In zwei Generationen von März bis Juni und von Juli bis August.

Gesamtverbreitung: In Nordafrika von Marokko bis Tunesien. In Eurasien von Portugal bis Nischny Nowgorod und in die Ukraine; nordwärts bis Brandenburg und Nischny Nowgorod, südwärts bis Sizilien, Apulien, Bosnien-Herzegowina und Nordbulgarien. Vom griechischen Festland keine Nachweise. Alte Meldungen von den Britischen Inseln und aus Skandinavien beziehen sich auf *A. semilaevis, A. nanula* und *A. niveata*, aus der Türkei und Kasachstan höchstwahrscheinlich auf *A. magunta* oder andere verwandte Arten mit starker Tergitpunktierung. **SW-Eu:** P, E, I(Sa), I(Si), I. **Z-Eu:** F, B, LUX, D, A, CH, FL, DK. **N-Eu:** {~~IRL, GB, N, S, SF~~}, EST, LV, RUS(N). **NO-Eu:** CS, SK, PL, BY, UA, RUS(S). **SO-Eu:** H, RO, SLO, HR, BIH, BG, GR. **N-Afr:** MA, DZ, TN. **W-As:** GR(Ä), TR(?). **Z-As:** KAZ(?).

Lokalverbreitung: In Deutschland mit Ausnahme von Schleswig-Holstein und Mecklenburg-Vorpommern in allen Bundesländern nachgewiesen, aus Brandenburg, Hessen und Sachsen nur historische Meldungen. In Österreich fast überall mit Ausnahme von Vorarlberg, Meldung aus Salzburg überprüfungsbedürftig. In der Schweiz fast überall, aus dem Tessin nur historisch.

Andrena nanaeformis Noskiewicz, 1924
Östliche Zwergsandbiene

Systematik: Untergattung *Micrandrena, enslinella*-Gruppe.

Etymologie: Von *Andrena nana* und lat. „*forma*“ = „Form, Gestalt, Figur“, also „von der Gestalt der *Andrena nana*“. Der deutsche Name bezieht sich auf das Verbreitungsgebiet; mit dem deutschen Namen „Zwergsandbienen“ werden wegen ihrer geringen Körpergröße die Arten der Untergattung *Micrandrena* bezeichnet.

Pollenquellen: Polylektisch.

Nestbau: Nistet vorwiegend in Sandböden.

Lebensraum: Standorte mit Steppencharakter wie Sandheiden oder Waldsteppe. Vom Flachland bis in die kolline Höhenstufe.

Flugzeit: In einer oder zwei Generationen von April bis Juli. Funde im Gebiet nur aus dem April und Mai.

Gesamtverbreitung: Von Piemont, Mazedonien und Ostdeutschland über Ukraine und Zentralasien bis Tuwa; nordwärts bis Perm, südwärts bis Mazedonien, auf die Krim, den Kaukasus und Zentral-*Iran (Isfahan). **SW-Eu:** I. **Z-Eu:** D, A. **N-Eu:** RUS(N). **NO-Eu:** CS, PL, UA, RUS(S). **SO-Eu:** H, MD, MK. **W-As:** Kaukasus, *IR. **Z-As:** KAZ. **Sib:** W-Sib.

Lokalverbreitung: Im Gebiet nur aus Sachsen-Anhalt (Blüthgen 1949) und Niederösterreich (Pittioni 1948) gemeldet; in beiden Fällen datieren die letzten Funde vor 1950. Bei der Meldung aus Niederösterreich wurde das Genital des betreffenden Tieres abgebildet; da diese Zeichnung definitiv kein *A. nanaeformis*-Genital zeigt, muss hier wohl von einer Fehldetermination ausgegangen werden.

Andrena nanula Nylander, 1848

Rotfühler-Zwergsandbiene

Systematik: Untergattung *Micrandrena, nana*-Gruppe.

Etymologie: Diminutiv von *Andrena nana.* Der deutsche Name bezieht sich auf die unterseits in der Regel rotgelb gefärbten Fühler; mit dem deutschen Namen „Zwergsandbienen" werden wegen ihrer geringen Körpergröße die Arten der Untergattung *Micrandrena* bezeichnet.

Pollenquellen: Möglicherweise oligolektisch auf Doldenblütler (Apiaceae); jedenfalls konnte bisher nur die Nutzung des Pollens Wilder Möhre (*Daucus carota*) belegt werden.

Lebensraum: Boreal-alpine Art, ist vorwiegend in Waldbereichen der höheren Lagen zu finden. Vom Flachland bis in die montane Höhenstufe.

Flugzeit: In einer Generation von Juli bis August.

Gesamtverbreitung: Disjunkt in der West- und Ostpaläarktis oder transpaläarktisch mit Nachweislücke in Zentralasien und zwischen Ural und Mittelsibirischem Bergland. Im Westen von den Pyrenäen bis zum Ural; nordwärts in Norwegen und Schweden bis 60°N, in Finnland bis 62,5°N, in Russland bis Perm, südwärts zum Südrand der Alpen. Im Osten gemeldet aus Irkutsk, Burjatien, Transbaikalien und Südprimorje. Auf den Britischen Inseln nur von einem einzigen Weibchen aus Südengland bekannt (gefangen vor 1879, vermutlich in Norwich, Perkins 1914). **SW-Eu:** E, I. **Z-Eu:** F, B, NL, D, A, CH, DK. **N-Eu:** GB, N, S, SF, EST, LT, LV, RUS(N). **NO-Eu:** CS, SK, PL, BY, UA, RUS(S). **SO-Eu:** H, SLO. **Sib:** W-Sib, O-Sib. **NO-As:** Prim.

Lokalverbreitung: Im Gebiet sehr selten. In Deutschland aktuelle Meldungen aus Rheinland-Pfalz, Baden-Württemberg und Bayern, historisch aus Niedersachsen und Sachsen. In Österreich mit Ausnahme von Vorarlberg aus allen Bundesländern nachgewiesen, größtenteils historisch. In der Schweiz gemeldet vom Genfersee, aus dem Wallis, Tessin und Graubünden; die Tiere aus den ersten beiden Regionen sind laut Alfken (1924) fehlbestimmt; aktuell nur im Tessin.

Andrena nasuta Giraud, 1863

Ochsenzungen-Sandbiene

Systematik: Untergattung *Didonia* Gribodo, 1894.

Etymologie: Von lat. „*nasuta*" = „mit großer Nase", wegen des schnauzenförmig verlängerten Clypeus. Der deutsche Name bezieht sich auf die ausschließliche Pollenquelle der Art.

Pollenquellen: Streng oligolektisch auf Borretschgewächse (Boraginaceae); einzige Pollenquelle im Gebiet ist die Gewöhnliche Ochsenzunge (*Anchusa officinalis*).

Nestbau: Nistet in der Regel einzeln, vorwiegend auf kahlen oder spärlich bewachsenen Stellen in sandigem Substrat.

Lebensraum: Trockenwarme Standorte in Sand- oder Lössgebieten, Steppen. Vom Flachland bis in die kolline Höhenstufe.

Parasiten: Kuckucksbiene ist *Nomada rostrata*. Die in der Literatur oft angeführte *Nomada nobilis* ist auf Wirte der Gattung *Eucera* beschränkt. Erwachsene Tiere sind zuweilen von Fächerflüglern befallen.

Flugzeit: In einer Generation von Mai bis Juni.

Gesamtverbreitung: Von Deutschland und Italien über Osteuropa und Kleinasien bis zum Ural und in den Kaukasus; nordwärts bis Litauen und Perm, südwärts bis Kalabrien, Südbulgarien und Südtürkei; in Griechenland noch nicht nachgewiesen. **SW-Eu:** I. **Z-Eu:** D, A, CH, DK. **N-Eu:** LT, RUS(N). **NO-Eu:** CS, SK, PL, BY, UA, RUS(S). **SO-Eu:** H, RO, MD, HR, MK, SRB, AL, BG. **W-As:** TR, Kaukasus.

Lokalverbreitung: In Deutschland historisch in Hessen (westlichster Punkt der Verbreitung), Thüringen und Sachsen-Anhalt, aktuell in Mecklenburg-Vorpommern, Brandenburg, Sachsen und Bayern. In Österreich vor allem in Niederösterreich und Burgenland, vereinzelt auch aus der Steiermark, Kärnten und Tirol nachgewiesen. Friese (1893) führt die Art für die Schweiz an. Amiet et al. (2011) haben bei der Durchsicht der Schweizer Sammlungen keine Exemplare gefunden.

Andrena nigriceps (Kirby, 1802)
Schwarzköpfige Herbstsandbiene

Systematik: Untergattung *Cnemidandrena* Hedicke, 1933, *nigriceps*-Gruppe.

Nomenklatur: Synonym: *Andrena marchica* Alfken, 1939.

Etymologie: Von lat. „*niger*“ = „schwarz“ und „*ceps*“ = „Kopf“, wegen der schwarzen Kopfbehaarung. Als „Herbstsandbienen“ werden die erst im Spätsommer und Herbst erscheinenden Arten der Untergattung *Cnemidandrena* bezeichnet.

Pollenquellen: Polylektisch; nachgewiesen ist bislang die Nutzung des Pollens der sieben Pflanzenfamilien Asteraceae, Brassicaceae, Campanulaceae, Caryophyllaceae, Ericaceae, Lamiaceae und Rosaceae. Am ehesten auf Berg-Sandrapunzel (*Jasione montana*) zu finden.

Nestbau: Nistet in sandigem Substrat.

Lebensraum: Sandheiden, sandige Magerrasen, Binnendünen, Flugsandfelder, Sandgruben. Vom Flachland bis in die montane Höhenstufe.

Flugzeit: In einer Generation von Juni bis August.

Gesamtverbreitung: Von der Südspitze Spaniens über Ukraine sowie über Kleinasien und Kaukasus bis zum Pamir; nordwärts in Norwegen bis 60°N, in Schweden bis 61°N, keine Nachweise aus Finnland, aber aus dem benachbarten Oblast Leningrad, in Russland bis Perm, südwärts bis Südtirol, Korfu, Nordosttürkei und Kaukasus. Davydova & Pesenko (2002) melden die Art von Jakutsk, sie ist aber im Katalog der Bienen des Fernen Ostens (Lelej 2012) nicht aufgenommen, sodass es sich vermutlich um eine Verwechslung mit einer der in der Ostpaläarktis zahlreichen verwandten Arten handelt. Die aus der Türkei beschriebene und später aus der Ukraine gemeldete ssp. *comata* Warncke, 1975 stellt lediglich eine Färbungsform dar. **SW-**

Eu: E, I. **Z-Eu:** F, B, LUX, NL, D, A, CH, DK. **N-Eu:** GB, N, S, SF, EST, LT, LV, RUS(N). **NO-Eu:** CS, SK, PL, BY, UA, RUS(S). **SO-Eu:** RO, SLO, HR, SRB, BIH, BG, GR. **W-As:** TR, Kaukasus. **Z-As:** UZB, TAD. **NO-As:** Jak? **Ori:** PAK.

Lokalverbreitung: Im Gebiet selten. In Deutschland nur aus Rheinland-Pfalz nicht nachgewiesen, aus Baden-Württemberg, Thüringen und Sachsen-Anhalt nur historisch. In Österreich aus Niederösterreich, Kärnten und Tirol gemeldet. Für die Schweiz geben Amiet et al. (2011) einen Fund von 1912 aus dem Wallis an.

Andrena nigroaenea (Kirby, 1802)

Erzfarbene Düstersandbiene

Systematik: Untergattung *Melandrena* Pérez, 1890, *nitida*-Gruppe.

Etymologie: Von lat. „*niger*" = „schwarz" und „*aenea*" = „aus Kupfer oder Bronze", wegen des bronzefarben schimmernden Hinterleibs. Als „Düstersandbienen" werden wegen der bei vielen Arten vorherrschenden dunklen Behaarung die Arten der Untergattung *Melandrena* bezeichnet.

Pollenquellen: Ausgesprochen polylektisch; nachgewiesen ist bislang die Nutzung des Pollens der zwölf Pflanzenfamilien Apiaceae, Aquifoliaceae, Asteraceae, Brassicaceae, Caryophyllaceae, Cistaceae, Cucurbitaceae, Ericaceae, Fabaceae, Ranunculaceae, Rosaceae, Salicaceae.

Nestbau: Kahle oder schütter bewachsene Flächen, zuweilen auch in Steilwänden und Erdabbrüchen. Eine der wenigen Arten, die auch in humosem Boden nistet. Mehrfach wurde beobachtet, dass mehrere Weibchen einen Nesteingang benutzten, also die Art gelegentlich kommunal nistet.

Lebensraum: Waldsäume, Hecken, Hochwasserdämme, trockene Fett- und Magerwiesen, Sand- und Kiesgruben, Gärten, Parks. Vom Flachland bis in die subalpine Höhenstufe.

Parasiten: Als Kuckucksbienen wurden *Nomada fulvicornis, N. goodeniana, N. marshamella* und *N. succincta* bekannt. Erwachsene Tiere sind zuweilen vom Fächerflügler *Stylops melittae* Kirby, 1802 befallen.

Flugzeit: In einer Generation von März bis Juli.

Besonderes Verhalten: Die Männchen von *Andrena nigroaenea* sind im Gebiet neben denen von *A. limata* die einzigen bekannten Bestäuber der Spinnen-Ragwurz (*Ophrys sphegodes*), deren Blüten durch Geruch und Aussehen ein Sandbienen-Weibchen imitieren; den dadurch angelockten Männchen wird dann beim Kopulationsversuch ein Pollenpaket angeheftet.

Gesamtverbreitung: In Nordafrika von Marokko bis Ägypten. In Eurasien von Portugal über die Ukraine bis zum Ural und über Kleinasien, Kaukasus und Iran bis Afghanistan; nordwärts bis Schottland (auch auf Irland), in Norwegen bis 63,5°N, in Schweden bis 65,5°N, in Finnland bis 60,5°N, in Russland bis Kostroma und Perm; südwärts bis Malta, Kreta, Zypern und Israel. Die von Warncke als Unterarten aufgefassten Taxa *candiae* Strand, 1915 (östliches Mittelmeergebiet), *corsa* Tkalců, 1984 (Korsika) und *nigrosericea* Dours, 1872 (Nordafrika) sowie die von den Kanalinseln beschriebene ssp. *sarnia* Richards, 1979 sind lediglich Färbungsformen. **SW-Eu:** P, E, E(B), F(K), I(Sa), I(Si), I, M. **Z-Eu:** F, B, LUX, NL, D, A, CH, FL, DK. **N-Eu:** IRL, GB, N, S, SF, EST, LT, LV, RUS(N). **NO-Eu:** CS, SK, PL, BY, UA, UA(K), RUS(S). **SO-Eu:** H, RO, SLO, HR, SRB, BIH, AL, BG, GR, GR(K). **N-Afr:** {~~P(M)~~}, MA, DZ, TN, LAR, ET, SUD. **W-As:** GR(Ä), CY, TR, SYR, JOR, RL, IL, Kaukasus, IR, AFG.

Lokalverbreitung: Im Gebiet aus allen Regionen gemeldet.

Andrena nigroolivacea Dours, 1873
Grüne Dörnchensandbiene

Systematik: Untergattung *Chlorandrena* Pérez, 1890, *livens*-Gruppe.

Etymologie: Von lat. „*niger*“ = „schwarz“ und „*olivacea*“ = „olivenfarben“, wegen des dunkelgrünen Metallschimmers des Hinterleibs. Als „Dörnchensandbienen“ werden wegen der Dörnchenreihe auf den Hinterschenkeln der Weibchen die Arten der Untergattung *Chlorandrena* bezeichnet.

Pollenquellen: Oligolektisch auf Korbblütler (Asteraceae) der Unterfamilie Cichorioideae wie *Crepis, Hieracium, Hypochoeris* oder *Leontodon*.

Lebensraum: Trockenwarme Standorte, die aber durchaus beschattet sein können, wie lichte Wälder, Waldsäume, Steppenbiotope. Vom Flachland bis in die kolline Höhenstufe.

Parasiten: Kuckucksbienen wurden im Gebiet noch nicht bekannt. In Griechenland tritt die auch bei uns heimische *Nomada femoralis* als Nestparasit auf. Erwachsene Tiere sind zuweilen von Fächerflüglern befallen.

Flugzeit: In einer Generation von April bis Mai.

Gesamtverbreitung: Mediterran. In Nordafrika von Marokko bis Tunesien. In Europa von Portugal bis auf die ostägäischen Inseln; nordwärts bis Zentralfrankreich und die Nordschweiz, südwärts bis Malta und Thessalien; noch keine Funde von der Peloponnes und der Türkei. **SW-Eu:** P, E, E(B), F(K), I(Sa), I(Si), I, M. **Z-Eu:** F, CH. **SO-Eu:** HR, BIH, GR. **N-Afr:** MA, DZ, TN. **W-As:** *GR(Ä).

Lokalverbreitung: Im Gebiet nur aus der nordöstlichen Schweiz (Mittelland, Jura, Basel, Aargau) nachgewiesen.

Andrena nigrospina Thomson, 1872
Weiße Köhlersandbiene

Systematik: Untergattung *Plastandrena* Hedicke, 1933, *pilipes*-Gruppe.

Nomenklatur: Die taxonomische und nomenklatorische Situation ist ziemlich verworren. Die Art ist eine Schwesterart von *Andrena pilipes* Fabricius, 1781, und manche Autoren halten beide Taxa für konspezifisch. Die Art wurde lange Zeit als *Andrena carbonaria* (Linnaeus, 1767) bzw. *Andrena carbonaria* Fabricius, 1793 bezeichnet.

Linné (1767) beschrieb eine *Apis carbonaria* aus Afrika. Fabricius (1793) beschrieb nach einem Weibchen aus Deutschland eine *Andrena carbonaria* in der irrigen Annahme, dass das ihm vorliegende Insekt mit der Linnéschen *Apis carbonaria* konspezifisch sei. Später erkannte Fabricius (1798) den Irrtum und wies darauf hin, dass seine *Andrena carbonaria* nicht identisch sei mit der *Apis carbonaria* von Linné. Kirby wies 1802 noch einmal auf diese Tatsache hin. Dies wurde jedoch über 150 Jahre lang nicht zur Kenntnis genommen und der Name *Andrena carbonaria* (Linnaeus, 1767) gebraucht. Er wird in der Regel für die Art mit der weißen Thoraxbehaarung verwendet, von vielen Autoren aber auch für beide Taxa, da diese sich im Wesentlichen nur durch die Färbung der Behaarung unterscheiden (die männlichen Genitalien, die maßgebliche Unterscheidungsmerkmale bieten, wurden damals noch nicht untersucht). Erst die Untersuchung des Typenmaterials von Linné durch Day (1979) bringt diese Tatsache wieder ins Bewusstsein.

Day geht von einer Artgleichheit von *Andrena pilipes* Fabricius, 1781 und *Andrena carbonaria* Fabricius, 1793 aus und erklärt folgerichtig den Namen *Andrena pilipes* Fabricius, 1781 für den gültigen. In einer umfangreicheren Arbeit setzt sich Baker (1994a) mit dem *Andrena-pilipes*-Komplex auseinander. Er erkennt darin zwei Arten, lehnt aber den Namen *Andrena carbonaria* Fabricius, 1793 mit der Begründung ab, es handele sich um eine „misidentification". Dies hat aber keinerlei nomenklatorische Bedeutung, denn indem Fabricius eine Beschreibung des Tieres gibt, schuf er lediglich eine unbeabsichtigte Neubeschreibung. Zudem beschrieb er das Tier unter dem Gattungsnamen *Andrena*, sodass auch keine Homonymie mit dem Namen *Apis carbonaria* Linnaeus, 1767 vorliegt. Leider sagt Fabricius in der

Beschreibung nicht mehr, als dass die Art in Größe und Statur ganz der *Andrena pilipes* gleicht und sich von dieser durch den weißgrau behaarten Thorax und die unbehaarten Beine unterscheidet und dass die Flügel schwärzlich und an der Basis ausgedehnt weißlich sind *(„Statura & magnitudo omnino A. pilipes, at thorax cinereo hirtus, & pedes omnino glabri. Alae fuscae, basi magis albidae“)*. Man kann darüber streiten, ob diese Beschreibung genügt, um sie eindeutig zu charakterisieren. Sollte jedoch das der Beschreibung zugrunde liegende Tier noch existieren, wäre der Name *Andrena carbonaria* Fabricius, 1781 gültig. Da dies mit großer Wahrscheinlichkeit nicht der Fall ist – zumindest ist kein derartiges Tier im Katalog des Typenmaterials von Fabricius (Zimsen 1964) aufgeführt –, muss für dieses Taxon der Name *Andrena nigrospina* Thomson, 1872 verwendet werden.

Etymologie: Von lat. „*niger*“ = „schwarz“ und „*spina*“ = „Dorn, Rückgrat, Rücken“; Thomson gibt keine Erklärung, weshalb er diesen Namen wählte. Das Synonym von lat. „carbonarius“ = „Köhler“, wegen der überwiegenden Schwarzfärbung des Körpers und der aschgrauen Behaarung des Brustrückens. Der deutsche Name bezieht sich auf den im Gegensatz zur nächstverwandten *Andrena pilipes* weißlich behaarten Brustrücken; als „Köhlersandbienen“ werden wegen der weitgehend rußschwarzen Behaarung die Arten der *pilipes*-Gruppe aus der Untergattung *Plastandrena* bezeichnet.

Pollenquellen: Polylektisch, nachgewiesen ist die Nutzung des Pollens von sieben Pflanzenfamilien: Amaryllidaceae, Apiaceae, Asteraceae, Brassicaceae, Fabaceae, Lamiaceae und Rosaceae.

Lebensraum: Dünen und Flugsandfelder; Magerrasen, extensiv genutztes Ackerland, Brachen und Ruderalflächen. Vom Flachland bis in die montane Höhenstufe.

Flugzeit: In zwei Generationen von April bis Mai und von Juli bis September.

Gesamtverbreitung: Aufgrund der unklaren taxonomischen und nomenklatorischen Situation ist es kaum möglich, das tatsächliche Verbreitungsgebiet der Art abzugrenzen. Nach derzeitigem Kenntnisstand transpaläarktisch, von Portugal über Zentralasien und Sibirien bis in die Mongolei und China, in Nordafrika von Marokko bis Libyen, auf dem eurasischen Kontinent nordwärts bis in die südlichen Teile Skandinaviens, südwärts bis Kleinasien und Afghanistan; erreicht nach überprüfungsbedürftigen Meldungen in Kashmir und den angrenzenden Gebieten die orientalische Faunenregion. **SW-Eu:** P, E, F(K), I(Sa), I(Si), I, M. **Z-Eu:** F, B, LUX, NL, D, A, CH, DK. **N-Eu:** IRL, GB, N, S, SF, LT, LV, RUS(N). **NO-Eu:** CS, SK, PL, BY, UA, RUS(S). **SO-Eu:** H, RO, SLO, HR, MK, SRB, BIH, AL, BG, GR. **N-Afr:** MA, DZ, TN, LAR, ET. **W-As:** TR, IL, Kaukasus, IR, AFG. **Z-As:** TM, UZB, TAD, KAZ, KGZ. **Sib:** W-Sib, O-Sib. **SO-As:** MGL, RC. **Ori:** PAK(?), IND(?).

Lokalverbreitung: Im Gebiet weit verbreitet, genauere Angaben sind aber wegen der ungeklärten taxonomischen Problematik nicht möglich.

Andrena nitida (Müller, 1776)
Glänzende Düstersandbiene

Systematik: Untergattung *Melandrena* Pérez, 1890, *nitida*-Gruppe.

Nomenklatur: Wird von manchen Autoren mit der bivoltinen *Andrena limata* vermengt. Synonym: *Andrena pubescens* Olivier, 1789 [nec (Kirby, 1802)].

Etymologie: Von lat. „*nitida*" = „glänzend", wegen des glänzenden Hinterleibs. Der deutsche Name lehnt sich an die wissenschaftliche Bezeichnung an; als „Düstersandbienen" werden wegen der bei vielen Arten vorherrschend dunklen Behaarung die Arten der Untergattung *Melandrena* bezeichnet.

Pollenquellen: Ausgesprochen polylektisch; nachgewiesen ist bislang die Nutzung des Pollens der 17 Pflanzenfamilien Aceraceae, Amaryllidaceae, Apiaceae, Aquifoliaceae, Asteraceae, Brassicaceae, Caryophyllaceae, Cistaceae, Cornaceae, Hippocastanaceae, Lamiaceae, Liliaceae, Ranunculaceae, Rosaceae, Salicaceae, Saxifragaceae und Scrophulariaceae.

Nestbau: Nistplätze sind kahle oder schütter bewachsene Flächen an Waldsäumen, unter Hecken, auf Ruderalflächen, trockenen Fett- und Magerwiesen, Hochwasserdämmen, in Gärten und Parks.

Lebensraum: Ubiquist, besiedelt alle möglichen Lebensräume, wie lichte Wälder, Waldsäume, Hecken, trockene Mager- und Fettwiesen, Hoch-

wasserdämme, Ruderalflächen, Sand-, Kies- und Lehmgruben, Gärten und Parks. Vom Flachland bis in die montane Höhenstufe.

Parasiten: Als Kuckucksbienen sind *Nomada succincta, Nomada flava, Nomada goodeniana, Nomada marshamella* und *Nomada fulvicornis* bekannt. Erwachsene Tiere sind zuweilen vom Fächerflügler *Stylops melittae* Kirby, 1802 befallen.

Flugzeit: In einer Generation von März bis Mai/Juni.

Gesamtverbreitung: Wegen der Vermengung mit *A. limata* unklar. Die Meldungen aus Nordafrika (Marokko bis Algerien) gehören zu *A. limata*. Nach sicheren Angaben von Portugal bis zur Ukraine nordwärts bis zur Nordgrenze Englands (in Irland seit Ende des 19. Jahrhunderts verschwunden), in Schweden bis 60°N, in Finnland bis 62°N, in Russland bis Perm; südwärts bis Sizilien und Peloponnes. Nachweise von Kreta und Zypern gehören zu *A. limata*, von den ostägäischen Inseln, aus der Türkei und dem Nahen Osten größtenteils zu *Andrena nitidemula* Scheuchl & Hazir, 2012. Meldungen aus Zentralasien und Mittelsibirien (Obl. Kemerowo) sollten überprüft werden, wahrscheinlich handelt es sich um *A. limata*. **SW-Eu:** P, E, ~~{E(B)}~~, I(Sa), I(Si), I. **Z-Eu:** F, B, LUX, NL, D, A, CH, FL, DK. **N-Eu:** IRL, GB, N, S, SF, EST, LT, LV, RUS(N). **NO-Eu:** CS, SK, PL, BY, UA, UA(K), RUS(S). **SO-Eu:** H, RO, MD, SLO, HR, MNE, SRB, BIH, AL, BG, GR. – **N-Afr:** ~~{MA, DZ, TN}~~. **W-As:** GR(Ä), TR, Kaukasus, IR. **Z-As:** KAZ(?), KGZ(?). **Sib:** W-Sib(?).

Lokalverbreitung: Im Gebiet aus allen Regionen gemeldet.

Andrena nitidiuscula Schenck, 1853
Sommer-Kielsandbiene

Systematik: Untergattung *Notandrena* Pérez, 1890.

Nomenklatur: Von manchen Autoren mit der bivoltinen *Andrena fulvicornis* vermengt (zum Artstatus vgl. Schmid-Egger & Doczkal 1995; Schwenninger 2013). Synonym: *Andrena petroselini* Pérez, 1903.

Etymologie: Von lat. „*nitidiuscula*" = „etwas glänzender", wegen des glänzenden Hinterleibs. Der deutsche Name bezieht sich auf die Flugzeit; als „Kielsandbienen" werden wegen des mit einem Seitenkiel versehenen Pronotums die Arten der Untergattung *Notandrena* bezeichnet.

Pollenquellen: Oligolektische an Doldenblütlern (Apiaceae) wie Wilde Möhre (*Daucus carota*), Sichelmöhre (*Falcaria vulgaris*), Wiesen-Bärenklau (*Heracleum sphondylium*) und Wald-Engelwurz (*Angelica sylvestris*).

Nestbau: Nistet einzeln oder in kleinen Aggregationen auf kahlen oder schütter bewachsenen Flächen auf trockenwarmen Standorten, ohne erkennbare Bevorzugung bestimmter Bodenarten.

Lebensraum: Waldsäume, Hecken, Mager- und Fettwiesen, Hochwasserdämme, Ruderalflächen, Sand-, Kies- und Lehmgruben, Gärten und Parks. Vom Flachland bis in die montane Höhenstufe.

Parasiten: Kuckucksbiene ist *Nomada errans*. Erwachsene Tiere sind zuweilen vom Fächerflügler *Stylops hammella* Perkins, 1918 (früher mit *Stylops melittae* vermengt) befallen.

Flugzeit: In einer Generation von Juni bis August.

Gesamtverbreitung: Wegen der Vermengung mit *A. fulvicornis* unklar, insbesondere die Südgrenze. Nach als verlässlich erachteten Meldungen und eigenen Daten europäisch-asiatisch vorwiegend in der borealen und temperaten Zone (*A. fulvicornis*: temperate und meridionale Zone). Von Spanien über die Ukraine, Südsibirien (Tomsk, Irkutsk, Burjatien, Transbaikalien), Mongolei und Nordchina (Qinghai, Gansu, Heilongjiang, Jilin) bis in das südliche Khabarowsk; nordwärts bis Südengland, entlang der Nordseeküste bis Lettland und Perm; Südgrenze verläuft vermutlich durch Spanien, Italien, Griechenland und den Kaukasus. Alle bisher untersuchten Tiere aus der Türkei und der Levante erwiesen sich als *A. fulvicornis*. **SW-Eu:** P, E, I(Si), I. **Z-Eu:** F, B, LUX, NL, D, A, CH. **N-Eu:** GB, LT, LV, RUS(N). **NO-Eu:** CS, SK, PL, BY, UA, UA(K), RUS(S). **SO-Eu:** H, RO, MD, SLO, HR, MK, MNE, SRB, BIH, BG, GR. **N-Afr:** MA, DZ, TN, ET. **W-As:** TR(?), SYR(?), IL(?), Kaukasus, IR. **Z-As:** KAZ. **Sib:** W-Sib, O-Sib. **NO-As:** Amur, Khab. **SO-As:** MGL, RC(Qinghai, Gansu, Heilongjiang, Jilin), J.

Lokalverbreitung: In Deutschland mit Ausnahme von Mecklenburg-Vorpommern überall nachgewiesen; aus Schleswig-Holstein nur historische Meldungen. In Österreich und der Schweiz fast überall.

Andrena nitidula Pérez, 1903
Glänzende Riefensandbiene

Systematik: Untergattung *Distandrena* Warncke, 1968.

Nomenklatur: Von Warncke als Unterart der nordafrikanischen *Andrena obsoleta* betrachtet.

Etymologie: Diminutiv von lat. „*nitida*" = „glänzend", wegen des glänzenden Hinterleibs. Der deutsche Name bezieht sich auf die Tatsache, dass die Art im Vergleich zur nächstverwandten *Andrena distinguenda* einen glänzenden Brustrücken besitzt; als „Riefensandbienen" werden wegen des deutlich längs gerieften Clypeus die Arten der Untergattung *Distandrena* bezeichnet.

Pollenquellen: Blütenbesuch wurde an Brassicaceae und Apiaceae beobachtet, aber wahrscheinlich ist *A. nitidula* wie ihre Schwesterart *A. distinguenda* oligolektisch auf Kreuzblütler.

Lebensraum: Trockenwarme Brachäcker und Ruderalflächen. Vom Flachland bis in die kolline Höhenstufe.

Flugzeit: In einer Generation von April bis Mai

Gesamtverbreitung: Westeuropäisch. Von Portugal über Spanien und Frankreich bis Belgien und das westliche Deutschland. **SW-Eu:** P, E, E(B), I(Si), I. **Z-Eu:** F, B, LUX, D, CH. **N-Afr:** DZ.

Lokalverbreitung: Im Gebiet nur im Westen Deutschlands (Baden-Württemberg, Hessen, Rheinland-Pfalz), wo sie 1988 zum ersten Mal in Müllheim in Baden nachgewiesen wurde (Warncke 1992a) und sich seither ausbreitet.

Andrena niveata Friese, 1887
Weißbindige Zwergsandbiene

Systematik: Untergattung *Micrandrena* Ashmead, 1899, *minutula*-Gruppe.

Etymologie: Von lat. „*niveata*" = „die Beschneite", wegen der schneeweißen Haarbinden des Hinterleibs. Mit dem Namen „Zwergsandbienen" werden wegen ihrer geringen Körpergröße die Arten der Untergattung *Micrandrena* bezeichnet.

Pollenquellen: Oligolektisch auf Kreuzblütler (Brassicaceae).

Lebensraum: Trockenwarme Standorte, extensiv genutztes Ackerland, Magerrasen, Sandgruben. Vom Flachland bis in die montane Höhenstufe.

Parasiten: Als Kuckucksbiene wird *Nomada distinguenda* vermutet. Erwachsene Tiere sind zuweilen von Fächerflüglern der Gattung *Stylops* befallen.

Flugzeit: In einer Generation von April bis Juli.

Gesamtverbreitung: In Nordafrika nur von Tunesien nachgewiesen. In Eurasien von Portugal über die Ukraine bis zum Ural und über Kleinasien zum

Kaukasus; nordwärts bis Südengland und Wales, in Schweden bis 59°N (aus Norwegen und Finnland noch nicht gemeldet), in Russland bis Perm, südwärts bis Apulien und Bulgarien. Isoliert in der Nordosttürkei und im Kaukasus. In Tunesien und Süditalien in der ssp. *haloga* WARNCKE, 1980, auf der Iberischen Halbinsel in der ssp. *lecana* WARNCKE, 1975 und in der Türkei und der Ukraine in der ssp. *bubulca* WARNCKE, 1975. **SW-Eu:** E, I. **Z-Eu:** F, B, LUX, NL, D, A, CH, DK. **N-Eu:** GB, S, LT, LV, RUS(N). **NO-Eu:** CS, SK, PL, BY, UA, RUS(S). **SO-Eu:** H, RO, MD, SLO, HR, BG. **N-Afr:** TN, ET. **W-As:** TR, Kaukasus.

Lokalverbreitung: Im Gebiet selten. In Deutschland aus allen Bundesländern gemeldet, aktuell nur in Nordrhein-Westfalen, Sachsen-Anhalt, Brandenburg, Rheinland-Pfalz, Baden-Württemberg und Bayern; Meldung aus Hessen nicht belegt. In Österreich aus allen Bundesländern belegt mit Ausnahme von Kärnten, Salzburg, Tirol und Vorarlberg. In der Schweiz historisch im Mittelland und Wallis, aktuell im Tessin.

Andrena nobilis MORAWITZ, 1873
Schwarze Rauken-Sandbiene

Systematik: Untergattung *Nobandrena* WARNCKE, 1968.

Etymologie: Von lat. „*nobilis*" = „edel, vornehm, vortrefflich, vorzüglich". Deutscher Name: Rauke gehört zu den bevorzugten Pollenquellen der Art.

Pollenquellen: Oligolektisch auf Kreuzblütler (Brassicaceae).

Nestbau: Nistet einzeln in spärlich bewachsenen Steppenböden.

Lebensraum: Trockenwarme Standorte mit Steppencharakter. Vom Flachland bis in die kolline Höhenstufe.

Parasiten: Kuckucksbiene ist wahrscheinlich *Nomada fulvicornis.*

Flugzeit: In einer Generation von April bis Juni.

Gesamtverbreitung: Von Ostösterreich über die Ukraine sowie über Kleinasien und den Kaukasus bis Turkmenien; nordwärts bis Mähren und Baschkirien, südwärts bis Kreta und Südiran; keine Nachweise aus der Levante. Jüngste Meldungen aus Burjatien und Nowosibirsk sollten überprüft werden. **SW-Eu:** I(Sa), I(Si). **Z-Eu:** F, A. **NO-Eu:** CS, SK, {PL}, UA, UA(K), RUS(S). **SO-Eu:** H, RO, HR, MK, SRB, BG, GR, GR(K). **W-As:** GR(Ä), TR, Kaukasus, IR. **Z-As:** TM. **Sib:** O-Sib(?).

Lokalverbreitung: Im Gebiet nur aus Niederösterreich und dem Burgenland nachgewiesen, aktuell in Niederösterreich.

Andrena nuptialis Pérez, 1902

Große Möhren-Sandbiene

Systematik: Untergattung *Hoplandrena* Pérez, 1890, *trimmerana*-Gruppe.

Nomenklatur: Zuweilen wird in der ersten Generation eine eigene, noch unbeschriebene Art vermutet.

Etymologie: Von lat. „*nuptialis*“ = „hochzeitlich, Hochzeits-, Ehe-“; Pérez gibt keinen Hinweis zur Namensgebung. Der deutsche Name bezieht sich auf eine der bevorzugten Nahrungspflanzen und auf die im Vergleich zu anderen Doldenblütler präferierenden Arten bedeutendere Körpergröße.

Pollenquellen: Pollenuntersuchungen liegen nur von Tieren der zweiten Generation vor. Diese ergaben, dass ausschließlich Pollen von Doldenblütler (Apiaceae) gesammelt wurden. Da nur wenige Tiere untersucht wurden, kann noch nicht sicher auf Oligolektie geschlossen werden, möglicherweise liegt – analog zur nahen Verwandten *A. rosae* – bei den Sommertieren nur eine starke Bevorzugung von Doldenblütlern vor, während die erste Generation offenbar polylektisch ist.

Nestbau: Nester wurden zwischen den Steinen von Trockenmauern, in Lehmfugen alter Mauern und in Steilwänden beobachtet.

Lebensraum: Trockenwarme Standorte, Magerrasen, Waldsäume, Ruderalflächen. Vom Flachland bis in die montane Höhenstufe, in Südeuropa bis 1800 m.

Parasiten: Kuckucksbiene ist *Nomada flavilabris.*

Flugzeit: In zwei Generationen von April bis Mai und von Juli bis August.

Gesamtverbreitung: Europäisch. Von Südspanien bis in die Westukraine und Moldawien, nordwärts bis Rheinland-Pfalz und Böhmen, südwärts bis Sardinien und Sizilien, in Italien ansonsten nur im Norden (Piemont), fehlt mit Ausnahme einer einzigen Meldung von Kroatien auf der gesamten Balkanhalbinsel. **SW-Eu:** E, F(K), I(Sa), I(Si), I. **Z-Eu:** F, B, NL, D, A, CH. **NO-Eu:** CS, SK, {PL}, UA, RUS(S). **SO-Eu:** H, SLO, HR, GR.

Lokalverbreitung: In Deutschland nur aus Rheinland-Pfalz und Hessen bekannt. Dieses Vorkommen ist isoliert vom übrigen Verbreitungsgebiet und hochgradig gefährdet. In Österreich aus Kärnten, Niederösterreich und dem Burgenland gemeldet (aktuell nur Burgenland). In der Schweiz nur aus dem Wallis nachgewiesen (historisch und aktuell).

Andrena nycthemera Imhoff, 1866
Graue Lockensandbiene

Systematik: Untergattung *Andrena* Fabricius, 1775 *s. str.*

Etymologie: Von griech. „*nyx*" = „Nacht" und „*heméra*" = „Tag", wegen der Flugzeit um die Tag- und Nachtgleiche im Frühjahr. Der deutsche Name bezieht sich auf die mehr oder weniger einheitliche graue Körperbehaarung; als „Lockensandbienen" werden wegen der bei den Weibchen dieser Gruppe auffallend stark ausgebildeten Haarlocke auf den Hintertrochanteren (Flocculus) die Arten der Untergattung *Andrena s. str.* bezeichnet.

Pollenquellen: Streng oligolektisch auf Weide (*Salix*, Fam. Salicaceae).

Nestbau: Nistplätze sind Wege, Wegränder, kleine Abbruchkanten oder der Fuß von Steilwänden, bevorzugt an vegetationsfreien Stellen in lockerem, aber auch in festem Sand, vereinzelt auch in sandigem Lockerlöss. Meist in kleineren Aggregationen. Die Nester werden am Beginn jeden Verproviantierungsfluges verschlossen.

Lebensraum: Vorwiegend in Sandgebieten: Flussauen, Sandheiden, Sand- und Kiesgruben, Hochwasserdämme. Vom Flachland bis in die kolline Höhenstufe.

Parasiten: Als Kuckucksbienen wurden *Nomada leucophthalma* und *Sphecodes pellucidus* festgestellt. Erwachsene Tiere sind zuweilen vom Fächerflügler *Stylops praecocis* Luna de Carvalho, 1974 (früher mit *Stylops melittae* vermengt) befallen.

Flugzeit: In einer Generation von März bis Juni.

Gesamtverbreitung: Von Ostfrankreich über die Ukraine bis Nordkasachstan, nordwärts bis Dänemark, Südschweden (bis Stockholm, 59,5°N), Estland (fehlt in Norwegen und Finnland), in Russland bis Perm; südwärts bis in die Emilia-Romagna, auf der Balkanhalbinsel bis Nordkroatien und Rhodopen. **SW-Eu:** I. **Z-Eu:** F, B, LUX, NL, D, A, CH, DK. **N-Eu:** S, EST, LT, LV, RUS(N). **NO-Eu:** CS, SK, PL, BY, UA, RUS(S). **SO-Eu:** H, RO, HR, SRB, BG. **Z-As:** KAZ.

Lokalverbreitung: In Deutschland weit verbreitet, aber selten, keine Nachweise aus Schleswig-Holstein und Thüringen, aus Niedersachsen und Sachsen nur historische Meldungen. In Österreich ebenfalls fast überall, keine Nachweise aus Salzburg, eine überprüfungsbedürftige Meldung von 1946 aus der Steiermark. In der Schweiz aus Basel, Jura, Mittelland, Genf und Wallis nachgewiesen, jedoch letzter Fund von 1912 (Amiet et al. 2011).

Andrena oralis Morawitz, 1876
Feindornige Sandbiene

Systematik: Untergattung *Orandrena* Warncke, 1968.

Etymologie: Von lat. „*oralis*“ = „den Mund betreffend“; offenbar wegen der außergewöhnlichen Clypeus-Skulptur. Deutscher Name: Ähnlich wie die Dörnchensandbienen besitzt *A. oralis* eine Dörnchenreihe auf den Hinterschenkeln, diese Dörnchen sind jedoch etwas feiner.

Pollenquellen: Oligolektisch auf Brassicaceae.

Nestbau: Nester bisher nur einzeln an besonnten Abhängen und Böschungen gefunden.

Lebensraum: Trockenwarme Standorte, vorwiegend mit Steppencharakter. Vom Flachland bis in die kolline Höhenstufe.

Flugzeit: In einer Generation von April bis Juni.

Gesamtverbreitung: Von Ostösterreich über die Ukraine sowie Kleinasien und Kaukasus bis Kirgistan; nordwärts bis Mähren und Baschkirien; südwärts bis auf die Peloponnes, Kykladen, in der Türkei nur in Nordanatolien und der Schwarzmeerregion. **Z-Eu:** A. **NO-Eu:** CS, SK, UA, UA(K), RUS(S). **SO-Eu:** H, RO, MD, MK, SRB, GR. **W-As:** TR, Kaukasus. **Z-As:** TM, UZB, KAZ.

Lokalverbreitung: Im Gebiet nur aus Niederösterreich und dem Burgenland nachgewiesen (aktuell).

Andrena ovatula (Kirby, 1802)

Ovale Kleesandbiene

Systematik: Untergattung *Taeniandrena* Hedicke, 1933, *ovatula*-Gruppe.

Nomenklatur: Ob *Andrena albofasciata* Thomson, 1870 eine eigene Art oder nur ein Synonym von *A. ovatula* ist, bedarf noch der Klärung. Synonyme: *Andrena afzeliella* (Kirby, 1802).

Etymologie: Von lat. „*ovatus*" = „eiförmig", wegen des eiförmigen Hinterleibs. Der deutsche Name bezieht sich auf die Tatsache, dass die Art im Gebiet die häufigste dieser Gruppe ist; als „Kleesandbienen" werden wegen der Spezialisierung auf Schmetterlingsblütler die Arten der *ovatula*-Gruppe aus der Untergattung *Taeniandrena* bezeichnet.

Pollenquellen: Vermutlich mesolektische Art, die den Pollen von drei Pflanzenfamilien nutzt, die jedoch Schmetterlingsblütler (Fabaceae) deutlich bevorzugt; bei Pollenanalysen wurden in geringen Mengen auch Korbblütler (Asteraceae) und Kreuzblütler (Brassicaceae) nachgewiesen.

Nestbau: Nistplätze sind meist schütter, zuweilen auch dichter bewachsene Flächen auf Fett- und Magerwiesen, Feldsäumen und unter Hecken. Eine Bevorzugung bestimmter Bodenarten ist nicht erkennbar.

Lebensraum: Trockene Mager- und Fettwiesen, Hochwasserdämme, Ruderalflächen, Sand-, Kies- und Lehmgruben, Hecken, Gärten und Parks. Vom Flachland bis in die montane und subalpine Höhenstufe.

Parasiten: Kuckucksbiene ist *Nomada rhenana*, möglicherweise auch *Sphecodes ephippius*. Erwachsene Tiere sind zuweilen vom Fächerflügler *Stylops thwaitesi* Perkins, 1918 befallen.

Flugzeit: In zwei Generationen von März bis Juni und von Juli bis August.

Gesamtverbreitung: Transpaläarktisch. In Nordafrika von Marokko bis Ägypten, außerhalb Ägyptens sehr zerstreut und selten. In Eurasien von Portugal über Ukraine und Sibirien sowie über Kleinasien, Kaukasus und Zentralasien bis zur Pazifikküste des Fernen Ostens (Khabarowsk, Primorje); in Europa nordwärts bis Südschottland (2004 erstmals auch in Irland nachgewiesen, Fitzpatrick et al. 2006), Südskandinavien (von Berg 2000 erstmals aus Norwegen gemeldet, in Finnland seit 1940 nicht mehr nachgewiesen), in Russland bis Perm; südwärts bis Sizilien (auch auf Korsika und Sardinien), Kreta, Zypern, Israel, Südiran und Afghanistan. **SW-Eu:** P, E, E(B), F(K), I(Sa), I(Si), I. **Z-Eu:** F, B, LUX, NL, D, A, CH, FL, DK. **N-Eu:** IRL, GB, N, S, SF, EST, LT, LV, RUS(N). **NO-Eu:** CS, SK, PL, BY, UA, UA(K), RUS(S). **SO-Eu:** H, RO, MD, SLO, HR, MNE, SRB, BIH, AL, BG, GR, GR(K). **N-Afr:** MA, DZ, TN, LAR, ET, SUD. **W-As:** GR(Ä), CY, TR, SYR, IL, Kaukasus, IR, AFG. **Z-As:** TM, UZB, TAD, KAZ, KGZ. **Sib:** W-Sib, O-Sib. **NO-As:** Jak, Amur, Khab, Prim, Kam. **SO-As:** RC(Xinjiang, Tibet).

Lokalverbreitung: Im Gebiet überall.

Andrena pallitarsis Pérez, 1903

Fahlbeinige Kielsandbiene

Systematik: Untergattung *Notandrena* Pérez, 1890.

Etymologie: Von lat. „*pallens*“ = „bleich, gelb“ und anat. „*tarsus*“ = „Fußglied“, wegen der strohgelben Hintertarsen. Als „Kielsandbienen“ werden wegen des mit einem Seitenkiel versehenen Pronotums die Arten der Untergattung *Notandrena* bezeichnet.

Pollenquellen: Oligolektisch an Doldenblütler (Apiaceae).

Nestbau: Nistet einzeln an schütter bewachsenen Stellen, vorwiegend in sandigem oder lössigem Substrat.

Lebensraum: Trockenwarme Standorte, Magerrasen, Ruderalflächen. Vom Flachland bis in die kolline Höhenstufe.

Parasiten: Kuckucksbiene ist *Nomada errans*.

Flugzeit: Im Gebiet in einer Generation von Juli bis August; aus Südwestfrankreich und Spanien wurden auch Tiere vom April gemeldet.

Gesamtverbreitung: Von Nordostspanien bis Zentralrumänien, von hier aus ostwärts nur extrem zerstreute Nachweise (Aserbaidschan, Lipetsk, Orenburg, Perm, Baschkirien), östlichste Meldung vom Kusnezker Becken; nordwärts bis Hessen und Perm; südwärts bis in die Emilia-Romagna, in Osteuropa bis Slowenien und Mittel-Serbien. **SW-Eu:** E, I. **Z-Eu:** F, LUX, D, A, CH. **N-Eu:** RUS(N). **NO-Eu:** CS, SK, PL, RUS(S). **SO-Eu:** H, RO, SLO, HR, SRB. **W-As:** Kaukasus. **Sib:** W-Sib.

Lokalverbreitung: In Deutschland aktuell nur in Baden-Württemberg und Bayern, ansonsten nur ein Fund von 1945 aus Hessen. In Österreich fehlen lediglich Meldungen aus Vorarlberg, aktuell nur aus Kärnten und dem Burgenland. In der Schweiz aktuell nur in den Südalpen (Tessin, Misox), ansonsten historische Meldungen aus dem Tessin, aus Graubünden, Genf und Basel.

Andrena pandellei Pérez, 1895

Graue Schuppensandbiene

Systematik: Untergattung *Lepidandrena* Hedicke, 1933, *curvungula*-Gruppe.

Etymologie: Gewidmet dem französischen Arzt und Entomologen Louis Pandellé (1824–1905). Der deutsche Name bezieht sich auf die im Gegensatz zur nächstverwandten *Andrena curvungula* graue Behaarung des Brustrückens; als „Schuppensandbienen“ werden wegen der fast schuppenartig kurzen und dichten Behaarung des Thoraxrückens die Arten der *curvungula*-Gruppe aus der Untergattung *Lepidandrena* bezeichnet.

Pollenquellen: Streng oligolektisch auf Glockenblumen (*Campanula*, Fam. Campanulaceae). Hauptpollenquelle ist die Wiesen-Glockenblume (*Campanula patula*).

Nestbau: Nistplätze sind kahle oder schütter bewachsene Flächen auf trockenwarmen Standorten.

Lebensraum: Warmes, extensiv genutztes Grünland, Magerrasen, Hecken, Waldsäume. Vom Flachland bis in die montane Höhenstufe.

Parasiten: Als Kuckucksbiene wurde *Nomada braunsiana* bekannt, infrage kommt möglicherweise auch *Nomada striata*. Erwachsene Tiere sind zuweilen von Fächerflüglern der Gattung *Stylops* befallen.

Flugzeit: In einer Generation von Anfang Mai bis Ende Juni.

Gesamtverbreitung: In Nordafrika von Marokko bis Algerien (Stammform). In Eurasien in der ssp. *europaea* Warncke, 1967 von Portugal bis in die Ukraine und über Kleinasien bis zum Kaukasus; nordwärts bis in die Niederlande, Südpolen und Kiew; südwärts bis Sizilien, Peloponnes und Südtürkei. **SW-Eu:** P, E, F(K), I(Si), I. **Z-Eu:** F, B, LUX, NL, D, A, CH. **NO-Eu:** CS, SK, PL, UA, RUS(S). **SO-Eu:** H, RO, SLO, HR, MK, SRB, BIH, BG, GR. **N-Afr:** MA, DZ. **W-As:** GR(Ä), TR.

Lokalverbreitung: In Deutschland mit Ausnahme von Schleswig-Holstein und Mecklenburg-Vorpommern überall nachgewiesen, aus Nordrhein-Westfalen nur eine Meldung von 1949. In Österreich fast überall. In der Schweiz fast überall mit Ausnahme der Alpensüdseite.

Andrena parviceps Kriechbaumer, 1873

Kleinköpfige Sandbiene

Systematik: Untergattung *Leucandrena* Hedicke, 1933.

Etymologie: Von: „*parva*“ = „klein, kurz, gering“ und „*ceps*“ = „Kopf“.

Pollenquellen: Möglicherweise polylektisch; mit deutlicher Bevorzugung von Weiden (*Salix*).

Nestbau: Nistet in feinem Schwemmsand, in den die Biene regelrecht „eintaucht“, da hinter ihr der lockere Sand wieder zusammenfällt, sodass keine Nesteingänge zu erkennen sind.

Lebensraum: Schwemmland unregulierter Flüsse mit mehr oder weniger ausgedehnten Sandbänken. Vom Flachland bis in die montane Höhenstufe.

Parasiten: Erwachsene Tiere sind zuweilen von Strepsipteren befallen.

Flugzeit: In der Regel in einer Generation von März bis Mai; einzelne Funde aus dem Sommer deuten möglicherweise auf eine partielle zweite Generation hin.

Gesamtverbreitung: Von Zentraliberien bis in die Ukraine (nur auf der Krim nachgewiesen) und über Kleinasien bis zum Kaukasus; nordwärts bis in die Südschweiz und Slowakei; südwärts bis Emilia-Romagna und Thessalien; in der Türkei nur in der nördlichen Hälfte. **SW-Eu:** E, I. **Z-Eu:** F, {~~D~~}, CH. **NO-Eu:** SK, {~~PL~~}, UA, UA(K), RUS(S). **SO-Eu:** H, RO, SLO, HR, MK, SRB, BG, GR. **W-As:** TR, Kaukasus.

Lokalverbreitung: Im Gebiet nur aus dem Genfersee-Gebiet und dem Wallis nachgewiesen, in ersterem nur historisch.

Andrena pastellensis Schwenninger, 2007

Pastello-Dörnchensandbiene

Systematik: Untergattung *Chlorandrena* Pérez, 1890, *taraxaci*-Gruppe.

Etymologie: Vom Fundort des Holotypus, dem Monte Pastello in Venetien. Als „Dörnchensandbienen“ werden wegen der Dörnchenreihe auf den Hinterschenkeln der Weibchen die Arten der Untergattung *Chlorandrena* bezeichnet.

Pollenquellen: Vermutlich wie die nächstverwandten Arten oligolektisch auf Korbblütler (Asteraceae) der Unterfamilie Cichorioideae. Blütenbesuch von Weibchen konnte konnte bisher lediglich zwei Mal beobachtet werden, beide Male auf Wiesen-Löwenzahn (*Taraxacum officinale*).

Flugzeit: In einer Generation von April bis Mai.

Gesamtverbreitung: Nur aus Italien und der Schweiz bekannt; westlichster Fundpunkt ist das Aostatal, die südlichsten sind Gargano und Alberobello in Apulien. **SW-Eu:** I. **Z-Eu:** CH.

Lokalverbreitung: Im Gebiet nur in der Schweiz, hier fast ausschließlich im Tessin; lediglich ein einzelnes Männchen stammt aus dem Kanton Luzern, vermutlich nicht aus einem bodenständigen Vorkommen (Schwenninger 2007).

Andrena paucisquama Noskiewicz, 1924
Kahle Schuppensandbiene

Systematik: Untergattung *Lepidandrena* Hedicke, 1933, *curvungula*-Gruppe.

Etymologie: Von lat. „*pauci*" = „wenige, nur wenige" und „*squama*" = „Schuppe, Schuppen", wegen der für die im Vergleich zu den nächsten Verwandten spärlich ausgebildeten Schuppenbehaarung der Thoraxoberseite. Deutscher Name: Als „Schuppensandbienen" werden wegen der fast schuppenartig kurzen und dichten Behaarung des Thoraxrückens die Arten der *curvungula*-Gruppe aus der Untergattung *Lepidandrena* bezeichnet.

Pollenquellen: Streng oligolektisch auf Glockenblumen (*Campanula*, Fam. Campanulaceae). Bevorzugte Pollenquelle ist die Sibirische Glockenblume (*Campanula sibirica*).

Nestbau: Nester wurden in der Slowakei einzeln und hauptsächlich in ausgedörrten Steppenabhängen beobachtet.

Lebensraum: Trockenwarme Standorte, Waldsäume, extensiv genutztes Grünland, trockene Fettwiesen und -weiden; Magerrasen. Vom Flachland bis in die kolline Höhenstufe.

Parasiten: Kuckucksbiene ist *Nomada braunsiana*. Erwachsene Tiere sind nicht selten von Fächerflüglern der Gattung *Stylops* befallen.

Flugzeit: In einer Generation von Mai bis Juni.

Gesamtverbreitung: Von Portugal über die Ukraine bis Südrussland und über Kleinasien bis zum Kaukasus; nordwärts bis Brandenburg, Nordpolen, Litauen und Mordwinien; südwärts bis Lazio, Peloponnes und Rhodos. In der Türkei und den Ägäischen Inseln in der ssp. *curonica* Warncke, 1975. **SW-Eu:** P, E, I. **Z-Eu:** F, D, A. **N-Eu:** LT, RUS(N). **NO-Eu:** CS, SK, PL, UA, UA(K), RUS(S). **SO-Eu:** H, RO, MD, SLO, HR, MK, MNE, SRB, BG, GR. **W-As:** GR(Ä), TR, Kaukasus.

Lokalverbreitung: In Deutschland erstmals 1993 bei Brodowin in Brandenburg nachgewiesen (Taeger & Blank 1995) und hier bisher nur von wenigen weiteren Fundorten in diesem Bundesland bekannt geworden. In Österreich aus Ober- und Niederösterreich, Kärnten, der Steiermark und dem Burgenland gemeldet.

Andrena pauxilla Stöckhert, 1935
Verkannte Zwergsandbiene

Systematik: Untergattung *Micrandrena* Ashmead, 1899, *minutula*-Gruppe.

Nomenklatur: Verschiedentlich als Unterart oder Synonym von *Andrena spreta* betrachtet bzw. als Synonym von *A. curtula*. Der Artenkomplex *A. curtula-pauxilla-pusilla-spreta* ist noch nicht abschließend geklärt

Etymologie: Von lat. „*pauxilla*" = „wenig, klein", wegen der geringen Körpergröße. Der deutsche Name bezieht sich auf die taxonomischen Probleme; mit dem deutschen Namen „Zwergsandbienen" werden wegen ihrer geringen Körpergröße die Arten der Untergattung *Micrandrena* bezeichnet.

Gesamtverbreitung: Wegen der problematischen taxonomischen Situation unklar. Wenn die vier oben genannten Taxa konspezifisch aufgefasst werden, wäre der gültige Name *A. spreta*. Vermutlich stellen aber alle eine eigene Art dar. Nach Warncke, der *A. pauxilla* als Unterart von *A. spreta* betrachtete, stellt sich die Gesamtverbreitung wie folgt dar: Von Portugal und der Südspitze Spaniens über Süd- und Mittelfrankreich das Rhonetal aufwärts bis zum Oberrheingraben und im Rheintal bis nach Rheinland-Pfalz. **SW-Eu:** P, E, E(B). **Z-Eu:** F, D, CH. **NO-Eu:** {~~PL~~}.

Lokalverbreitung: In Deutschland nach Tieren aus Hessen und Baden-Württemberg beschrieben, in Hessen mindestens seit Mitte des 20. Jahrhunderts verschwunden; aktuelle Nachweise nur aus Baden-Württemberg und Rheinland-Pfalz. Aus der Schweiz sind lediglich zwei Tiere aus Genf und dem Misox bekannt (letzter Fund 1923, Amiet et al. 2011).

Andrena pilipes Fabricius, 1781
Schwarze Köhlersandbiene

Systematik: Untergattung *Plastandrena* Hedicke, 1933, *pilipes*-Gruppe.

Nomenklatur: Wird von manchen Autoren mit *A. nigrospina* vermengt.

Etymologie: Von lat. „*pilus*" = „(einzelnes) Haar" und „*pes*" = „Fuß". Der deutsche Name bezieht sich auf den im Gegensatz zur nächstverwandten *Andrena nigrospina* schwarz behaarten Brustrücken; als „Köhlersandbienen" werden wegen der weitgehend rußschwarzen Behaarung die Arten der *pilipes*-Gruppe aus der Untergattung *Plastandrena* bezeichnet.

Pollenquellen: Polylektisch; nachgewiesen ist bislang die Nutzung des Pollens der sieben Pflanzenfamilien Amaryllidaceae, Apiaceae, Asteraceae, Brassicaceae, Fabaceae, Lamiaceae und Rosaceae. Bevorzugt an Kreuzblütlern (Brassicaceae).

Nestbau: Nistet einzeln, unter günstigen Bedingungen auch in größerer Aggregation, fast ausschließlich in sandigem Substrat.

Lebensraum: Dünen und Flugsandfelder; Magerrasen, extensiv genutztes Äckerland, Brachen und Ruderalflächen. Vom Flachland bis in die montane Höhenstufe.

Parasiten: Kuckucksbiene ist *Nomada fulvicornis*. Erwachsene Tiere sind zuweilen von Fächerflüglern der Gattung *Stylops* befallen.

Flugzeit: In zwei Generationen von April bis Mai und von Juli bis September.

Gesamtverbreitung: Wegen der Vermengung mit *A. nigrospina* unklar. Offensichtlich transpaläarktisch. In Nordafrika von Marokko bis Libyen. In Eurasien von Portugal über Ukraine und Sibirien sowie über Kleinasien, Kaukasus und Zentralasien bis Mongolei, Ostchina und Ferner Osten (Irkutsk, Transbaikalien, Amur, Primorje); nordwärts bis Südskandinavien (in Norwegen und Schweden bis 60°N, in Finnland bis 64°N); südwärts bis Malta, Kreta, Israel (keine Nachweise von Zypern). Erreicht in Pakistan und Nordindien die orientalische Faunenregion. **SW-Eu:** P, E, I(Sa), I(Si), I, M. **Z-Eu:** F, B, LUX, NL, D, A, CH, DK. **N-Eu:** IRL, GB, N, S, SF, EST, LT, LV, RUS(N). **NO-Eu:** CS, SK, PL, BY, UA, UA(K), RUS(S). **SO-Eu:** H, RO, HR, MNE, SRB, BIH, AL, BG, GR. **N-Afr:** E(C), MA, DZ, TN, LAR, ET. **W-As:** GR(Ä), TR, SYR, RL, IL, Kaukasus, IR, AFG. **Z-As:** TM, UZB, TAD, KAZ, KGZ. **Sib:** W-Sib, O-Sib. **NO-As:** Amur, Prim. **SO-As:** MGL, RC (Gansu, Innere Mongolei, Ost-China). **Ori:** PAK, IND.

Lokalverbreitung: In Deutschland in den Sandgebieten aller Bundesländer. In Österreich fehlen Nachweise aus Tirol und Vorarlberg, Meldungen aus Salzburg und der Steiermark bedürfen der Überprüfung. In der Schweiz aktuell aus dem Wallis und dem Misox nachgewiesen, historisch von Basel und dem Mittelland gemeldet.

Andrena pillichi Noskiewicz, 1939

Pillichs Zwergsandbiene

Systematik: Untergattung *Micrandrena* Ashmead, 1899, *minutula*-Gruppe.

Nomenklatur: Von manchen Autoren als Synonym von *Andrena alfkenella* Perkins, 1914 betrachtet.

Etymologie: Gewidmet dem Sammler F. Pillich, der die Tiere der Typenserie erbeutete. Mit dem Namen „Zwergsandbienen" werden wegen ihrer geringen Körpergröße die Arten der Untergattung *Micrandrena* bezeichnet.

Pollenquellen: Vermutlich polylektisch, die erste Generation wird am häufigsten auf Kreuzblütlern, die zweite Generation vor allem auf Doldenblütlern beobachtet.

Lebensraum: Hauptsächlich in trockenwarmen Biotopen mit Steppencharakter. Vom Flachland bis in die kolline Höhenstufe.

Parasiten: Erwachsene Tiere sind zuweilen von Fächerflüglern der Gattung *Stylops* befallen.

Flugzeit: In zwei Generationen von April bis Juni und von Juli bis August.

Gesamtverbreitung: Von Venetien über die Ukraine und Südrussland bis *Kasachstan (Osytshnjuk, pers. Mitt.); nordwärts bis Mähren und Wolgograd; südwärts bis Istrien, Mittelrumänien und Arastal an der türkisch-armenischen Grenze. **SW-Eu:** I. **Z-Eu:** A. **NO-Eu:** CS, SK, UA, UA(K), RUS(S). **SO-Eu:** H, RO, MD, SRB. **W-As:** TR. **Z-As:** *KAZ.

Lokalverbreitung: Im Gebiet nur aus Niederösterreich und dem Burgenland nachgewiesen.

Andrena polita Smith, 1847

Polierte Sandbiene

Systematik: Untergattung *Poliandrena* Warncke, 1968., *polita*-Gruppe.

Etymologie: Von lat. „*polita*" = „glatt, poliert"; wegen des glänzenden Hinterleibs.

Pollenquellen: Oligolektische auf Korbblütler (Asteraceae), bevorzugt auf Arten der Unterfamilie Cichorioideae. Am ehesten trifft man die Art an größeren Beständen von Bitterkraut (*Picris spec.*), Habichtskraut (*Hieracium spec.*), Löwenzahn (*Leontodon spec.*), Ferkelkraut (*Hypochoeris spec.*) und Wegwarte (*Cichorium intybus*).

Nestbau: Nistet einzeln oder in kleinen Aggregationen auf kahlen oder schütter bewachsenen Flächen an trockenwarmen Böschungen, in sandigem, lössigem, zuweilen auch lehmigem Boden. Es wurden auch mehrfach Nester in verwittertem dolomitisierten Riffkalk beobachtet.

Lebensraum: Trockenwarme Fett- und Magerwiesen und Ruderalflächen, Waldsäume, Steinbrüche, Sand- und Lehmgruben. Vom Flachland bis in die kolline Höhenstufe.

Parasiten: Kuckucksbiene ist *Nomada pleurosticta*.

Flugzeit: In einer Generation von Mai/Juni bis August/September.

Gesamtverbreitung: Von den französischen Pyrenäen über die Ukraine bis zum Ural und über Kleinasien bis zum Kaukasus; nordwärts bis Südengland (letzte Meldung 1937), Niederlande, Sachsen-Anhalt und Perm; südwärts bis Sizilien (nicht auf Korsika und Sardinien), Südgrenze auf dem Balkan wegen der Vermengung mit *Andrena westensis* Warncke, 1965 unklar, Meldungen vom Peloponnes und Thessalien gehören jedenfalls zu *A. westensis*. In der Türkei nur im Norden, im Süden tritt an ihre Stelle *A. westensis*, im Südosten *A. caspica* Morawitz, 1886; Meldungen aus der Levante und aus Libyen und Ägypten gehören zu nah verwandten Arten. **SW-Eu:** I(Si), I. **Z-Eu:** F, B, LUX, NL, D, A, CH. **N-Eu:** GB, RUS(N). **NO-Eu:** CS, SK, PL, UA, UA(K), RUS(S). **SO-Eu:** H, RO, MD, HR, MK, MNE, SRB, BIH, AL, BG, GR. **N-Afr:** {~~LAR, ET~~}. **W-As:** GR(Ä), TR, {~~IL~~}, Kaukasus. **Sib:** W-Sib(?).

Lokalverbreitung: In Deutschland nur in den südlichen Bundesländern, nordwärts bis an den Nordrand der Mittelgebirge. In Österreich aus allen Bundesländern mit Ausnahme von Salzburg und Vorarlberg gemeldet. In der Schweiz nur im Jura, Wallis und in Graubünden.

Andrena pontica Warncke, 1972

Pontische Kielsandbiene

Systematik: Untergattung *Notandrena* Pérez, 1890.

Etymologie: Typenfundort ist Ungarn, daher bezieht sich der Name möglicherweise auf eine großzügig ausgelegte Interpretation des lat. Begriffes *„pontica"* = pontisch; von *Pontus*, dem antiken Namen des Schwarzen Meeres und der angrenzenden Landschaften der Südküste. Warncke jedenfalls verrät nichts über die Herleitung des von ihm gegebenen Namens. Als „Kielsandbienen" werden wegen des mit einem Seitenkiel versehenen Pronotums die Arten der Untergattung *Notandrena* bezeichnet.

Pollenquellen: Von dieser Art liegen keine Pollenuntersuchungen vor, aber sie ist offensichtlich oligolektisch an Apiaceae. Die deutschen Tiere wurden ausnahmslos auf den Blüten von Wiesenkerbel (*Anthriscus sylvestris*) und Giersch (*Aegopodium podagraria*) gefangen.

Lebensraum: Waldsäume, warme Fett- und Magerwiesen, Hochwasserdämme. Vom Flachland bis in die kolline Höhenstufe.

Flugzeit: Nach Dylewska (1987) in zwei Generationen von Mai bis Juni/Juli und von Juli bis August. In Deutschland konnte bisher nur eine Generation in der zweiten Maihälfte beobachtet werden.

Gesamtverbreitung: Von Bayern bis Zentralrumänien; nordwärts bis Südpolen; südwärts bis Slowenien und Zentralrumänien. Ein isolierter Fund in der Nordost-Türkei. **Z-Eu:** D, A. **NO-Eu:** CS, SK, PL. **SO-Eu:** H, RO, SLO. **W-As:** TR.

Lokalverbreitung: Im Gebiet nur aus dem Osten Bayerns und aus Österreich nachgewiesen. Beschrieben nach Tieren aus Ungarn und Tschechien, wurden durch Warncke (1986a) die ersten Funde aus Österreich bekannt, wo sie in den folgenden Jahren mehrfach aus dem Donautal und ihren Seitentälern gemeldet wurden. 2010 wurde die Art dann erstmals im Inntal für Deutschland nachgewiesen (Scheuchl 2011), in den folgenden Jahren auch im Donautal sowie den Seitentälern der Vils und der Isar.

♀

Andrena potentillae Panzer, 1809
Rote Fingerkraut-Sandbiene

Systematik: Untergattung *Poecilandrena* Hedicke, 1933, *labiata*-Gruppe.

Nomenklatur: Synonym: *Andrena genevensis* Schmiedeknecht, 1883.

Etymologie: Von *Potentilla* (Fingerkraut), der einzigen Pollenquelle der Art. Der deutsche Name bezieht sich ebenfalls darauf und auf die größtenteils rote Färbung des Hinterleibs bei beiden Geschlechtern.

Pollenquellen: Streng oligolektisch auf Fingerkraut (*Potentilla*, Fam. Rosaceae).

Nestbau: Nistet einzeln oder in kleinen Aggregationen an kahlen oder spärlich bewachsenen Flächen in sandigem oder lehmigem Substrat.

Lebensraum: Trockenwarme Standorte, Magerrasen, Sand-, Kies- und Lehmgruben. Vom Flachland bis in die kolline Höhenstufe.

Parasiten: Als Kuckucksbiene wird *Nomada guttulata* vermutet.

Flugzeit: In einer Generation von März bis Mai.

Gesamtverbreitung: Von Zentralfrankreich über die Ukraine und Südrussland bis Kasachstan (Osytshnjuk, pers. Mitt.); nordwärts bis Belgien, Nordpolen, Litauen und Perm; südwärts bis Lazio, Kroatien und Zentralrumänien. **SW-Eu:** E, I. **Z-Eu:** F, B, LUX, D, A, CH. **N-Eu:** LT, RUS(N). **NO-Eu:** CS, SK, PL, UA, UA(K), RUS(S). **SO-Eu:** H, RO, MD, SLO, HR, BG, GR. **Z-As:** KAZ.

Lokalverbreitung: In Deutschland nordwärts bis zum Nordrand der Mittelgebirge mit Ausnahme einer Meldung aus Brandenburg. In Österreich nachgewiesen aus Niederösterreich, dem Burgenland und Tirol, überprüfungsbedürftige Meldungen aus Oberösterreich und der Steiermark. In der Schweiz aktuell nur aus dem Wallis und vom Neuenburger See, historische Meldungen vom Jura-Südfuß und von Basel und Genf.

Andrena praecox (Scopoli, 1763)
Frühe Lockensandbiene

Systematik: Untergattung *Andrena* Fabricius, 1775 *s. str.*

Etymologie: Von lat. „*praecox*“ = „frühzeitig“, wegen der frühen Flugzeit. Der deutsche Name bezieht sich ebenfalls darauf; als „Lockensandbienen“ werden wegen der bei den Weibchen dieser Gruppe auffallend stark ausgebildeten Haarlocke auf den Hintertrochanteren (Flocculus) die Arten der Untergattung *Andrena s. str.* bezeichnet.

Pollenquellen: Streng oligolektisch auf Weiden (*Salix*, Fam. Salicaceae).

Nestbau: Nistet meist einzeln, zuweilen auch in kleinen Aggregationen, auf kahlen oder schütter bewachsenen Flächen in Sand- und Lössboden.

Lebensraum: Sand- und Kiesgruben, Hochwasserdämme, Waldsäume, Hecken, bevorzugt in Sandgebieten. Vom Flachland bis in die montane Höhenstufe.

Parasiten: Kuckucksbiene ist *Nomada ferruginata*. Erwachsene Tiere sind zuweilen vom Fächerflügler *Stylops praecocis* Luna de Carvalho, 1974 (früher mit *Stylops melittae* vermengt) befallen.

Flugzeit: In einer Generation von März bis Mai.

Gesamtverbreitung: Von Zentralspanien über die Ukraine und Südrussland bis zum Kaukasus und Kasachstan; in der Türkei ein einziger Fundpunkt bei Seydişehir auf einer Verbreitungskarte von Warncke (in Gusenleitner & Schwarz 2002); nordwärts in Norwegen historisch bis jenseits des Polarkreises (69°N), aktuell bis 62°N, in Schweden bis 61°N, in Finnland bis 65,5°N, in Russland bis Perm; südwärts bis Lazio, Südungarn, Südrumänien und Armenien. **SW-Eu:** E, I. **Z-Eu:** F, B, LUX, NL, D, A, CH, FL, DK. **N-Eu:** IRL, GB, S, SF, EST, LT, LV, RUS(N). **NO-Eu:** CS, SK, PL, BY, UA, UA(K), RUS(S). **SO-Eu:** H, RO, MD, SLO, HR, TR. **W-As:** TR, Kaukasus. **Z-As:** TM, KAZ.

Lokalverbreitung: Im Gebiet aus allen Regionen gemeldet.

Andrena probata Warncke, 1973
Schöterich-Sandbiene

Systematik: Untergattung *Nobandrena* Warncke, 1968.

Etymologie: Von lat. „*probata*“ = „erprobt, bewährt, angenehm, beliebt“; Warncke gibt keinen Hinweis zur Namensgebung. Deutscher Name: Als Pollenquelle der Art wurde bisher nur Schöterich bekannt.

Pollenquellen: Oligolektisch auf Kreuzblütler (Brassicaceae), wurde bisher ausschließlich auf Blüten verschiedener *Erysimum*-Arten beobachtet.

Lebensraum: Gebirgsart; sonnige Bergwiesen, Waldsäume, Felssteppen in der montanen bis subalpinen Höhenstufe.

Flugzeit: In einer Generation von Mai bis Juli.

Gesamtverbreitung: Offenbar isoliert in den Südalpen (Wallis, Aostatal), auf der Balkanhalbinsel von der Galicica Planina über das Pindos-Gebirge bis zum Chelmos auf der Peloponnes, in der Türkei über den Taurus und das Pontische Gebirge bis zum *Kaukasus (Armenien), auch in relativ isolierten Gebirgsstöcken wie Ulu Dagh und Ercyes Dagh. Mit ziemlicher Sicherheit ist die Art bei einer Suche in den entsprechenden Höhenlagen auch im Dinarischen Gebirge zu finden. **Z-Eu:** CH. **NO-Eu:** **SO-Eu:** MK, GR. **W-As:** TR, *Kaukasus.

Lokalverbreitung: Im Gebiet nur aus dem Wallis nachgewiesen (aktuell), eine historische Meldung aus Graubünden.

Andrena producta Warncke, 1973
Östliche Kleesandbiene

Systematik: Untergattung *Taeniandrena* Hedicke, 1933, *ovatula*-Gruppe.

Nomenklatur: Von Warncke als Unterart von *Andrena gelriae* betrachtet.

Etymologie: Von lat. „*producta*“ = „ausgedehnt, verlängert“; Warncke gibt keinen Hinweis zur Namensgebung. Der deutsche Name bezieht sich auf das Verbreitungsgebiet; als „Kleesandbienen“ werden wegen der Spezialisierung auf Schmetterlingsblütler die Arten der *ovatula*-Gruppe aus der Untergattung *Taeniandrena* bezeichnet.

Pollenquellen: Oligolektisch auf Schmetterlingsblütler (Fabaceae).

Lebensraum: Trockenwarme Magerwiesen, Waldsäume. Vom Flachland bis in die kolline Höhenstufe.

Parasiten: Als Kuckucksbiene wird *Nomada rhenana* vermutet.

Flugzeit: In einer Generation von Mai bis Juli.

Gesamtverbreitung: Von Österreich über Kleinasien bis in den Kaukasus, nordwärts bis in die Nordukraine, Südgrenze unklar. **Z-Eu:** A. **NO-Eu:** CS, SK, UA. **SO-Eu:** RO, SLO, MK, BG. **W-As:** TR, Kaukasus.

Lokalverbreitung: Im Gebiet nur aus Österreich (Burgenland, Kärnten, Niederösterreich, Steiermark) nachgewiesen.

Andrena propinqua Schenck, 1853
Schwarzbeinige Körbchensandbiene

Systematik: Untergattung *Simandrena* Pérez, 1890, *dorsata*-Gruppe.

Nomenklatur: Wurde vielfach mit *Andrena dorsata* vermengt bzw. als ihre Unterart betrachtet.

Etymologie: Von lat. „*propinqua*“ = „benachbart, verwandt“, wegen der großen Ähnlichkeit mit der nahe verwandten *A. dorsata*. Der deutsche Name bezieht sich auf die im Unterschied zur nächstverwandten *Andrena dorsata* vollständig schwarz gefärbten Hinterbeine; als „Körbchensandbienen“ werden wegen des gut ausgebildeten Sammelkörbchens auf den Propodeumseiten der Weibchen die Arten der Untergattung *Simandrena* bezeichnet.

Pollenquellen: Polylektisch.

Nestbau: Nistet einzeln in kahlen oder schütter bewachsenen Flächen in sandigem oder lehmigem Boden.

Lebensraum: Sand- und Kiesgruben, Magerrasen, Waldränder, Hochwasserdämme. Vom Flachland bis in die montane Höhenstufe. Die Art stellt deutlich höhere Ansprüche an die Temperatur als ihre Schwesterart *A. dorsata*.

Parasiten: Kuckucksbiene ist *Nomada zonata*. Erwachsene Tiere sind zuweilen von Fächerflüglern befallen.

Flugzeit: In zwei Generationen von März bis Mai und von Juni bis August.

Gesamtverbreitung: In Nordafrika von Marokko bis Tunesien. In Eurasien von Portugal über die Ukraine und Südrussland bis Kasachstan; nordwärts bis zur Nordseeküste, Lettland und Perm; südwärts bis Sizilien (nicht auf Korsika und Sardinien), Südrumänien und Georgien. **SW-Eu:** P, E, I(Si), I. **Z-Eu:** F, B, LUX, NL, D, A, CH. **N-Eu:** LT, LV, RUS(N). **NO-Eu:** CS, SK, PL, UA, UA(K), RUS(S). **SO-Eu:** H, RO, MD, SLO, HR, SRB. **N-Afr:** MA, DZ, TN. **W-As:** TR, Kaukasus. **Z-As:** KAZ. **SO-As:** RC?

Lokalverbreitung: In Deutschland aus allen Bundesländern gemeldet, im Norden jedoch nur historische und sehr vereinzelte Meldungen. In Österreich fast überall. In der Schweiz nachgewiesen aus dem Mittelland, Jurasüdfuß, Wallis und Tessin; aktuell mit Ausnahme von zwei Funden vom Neuenburger See und von Genf nur noch im Wallis.

Andrena proxima (Kirby, 1802)

Frühe Doldensandbiene

Systematik: Untergattung *Proxiandrena* Schmid-Egger, 2005.

Nomenklatur: Die Art wird von einigen Autoren mit *Andrena alutacea* und *A. ampla* vermengt (zum Artstatus vgl. Schmid-Egger 2005).

Etymologie: Von lat. „*proxima*“ = „die nächste, am nächsten“; Kirby geht in der Beschreibung auf Unterschiede zu Arten ein, die er als nahestehend empfindet. Der deutsche Name bezieht sich auf die im Vergleich zur nächstverwandten *Andrena alutacea* um 4–6 Wochen frühere Flugzeit; als „Doldensandbienen“ werden die auf Doldenblütler spezialisierten Arten der Untergattung *Proxiandrena* bezeichnet.

Pollenquellen: Oligolektisch auf Doldenblütler (Apiaceae).

Nestbau: Nistet einzeln oder in kleinen Aggregationen auf kahlen oder schütter bewachsenen Flächen in sandigem oder lehmigem Boden.

Lebensraum: Trockene Mager- und Fettwiesen, Waldsäume, Hecken, Hochwasserdämme, Ruderalflächen, Gärten und Parks. Vom Flachland bis in die montane und subalpine Höhenstufe.

Parasiten: Kuckucksbiene ist *Nomada conjungens*. Erwachsene Tiere sind zuweilen von Fächerflüglern der Gattung *Stylops* befallen.

Flugzeit: In einer Generation von April bis Juni.

Gesamtverbreitung: Wegen der Vermengung mit *A. alutacea* und *A. ampla* unklar. Nach sicheren Nachweisen von den französischen Pyrenäen über die Ukraine bis Zentralasien; nordwärts bis Nordengland (nicht in Irland, sämtliche Meldungen aus Schweden beziehen sich auf *A. argentata*, wie vermutlich auch ein Fund in Norwegen von Stavanger 1898), bis Litauen und Perm; südwärts bis Sizilien, in Griechenland sympatrisch mit *A. alutacea* bis auf die Peloponnes; Meldungen aus der Türkei dürften sich alle auf *A. alutacea* beziehen. **SW-Eu:** P, E, I(Si), I. **Z-Eu:** F, B, LUX, NL, D, A, CH, FL, DK. **N-Eu:** GB, N, S, LT, LV, RUS(N). **NO-Eu:** CS, SK, PL, BY, UA, UA(K), RUS(S). **SO-Eu:** H, RO, MD, SLO, HR, MNE, SRB, BIH, AL, BG, GR. **N-Afr:** MA, DZ. **W-As:** Kaukasus. **Z-As:** TAD, KAZ, KGZ.

Lokalverbreitung: Im Gebiet fast überall, lediglich aus Schleswig-Holstein und Mecklenburg-Vorpommern existieren nur historische Meldungen.

Andrena pusilla Pérez, 1903
Winzige Zwergsandbiene

Systematik: Untergattung *Micrandrena* Ashmead, 1899, *minutula*-Gruppe.

Nomenklatur: Verschiedentlich als Unterart oder Synonym von *Andrena spreta* betrachtet.

Etymologie: Von lat. „*pusilla*" = „winzig, gering", wegen der geringen Körperlänge. Mit dem Namen „Zwergsandbienen" werden wegen ihrer geringen Körpergröße die Arten der Untergattung *Micrandrena* bezeichnet.

Pollenquellen: Möglicherweise oligolektisch an Kreuzblütler (Brassicaceae). Pollenanalysen fehlen, die Art zeigt jedoch eine auffallende Vorliebe für diese Pflanzenfamilie.

Nestbau: Die Art soll einzeln in lehmigem oder sandigem Boden und in Steppenabhängen nisten.

Lebensraum: Trockenwarmes Grünland, Waldsäume, Hecken, Hochwasserdämme, Ruderalflächen, Gärten, Sanddünen, Steppen. Vom Flachland bis in die montane Höhenstufe.

Parasiten: Erwachsene Tiere sind zuweilen von Fächerflüglern der Gattung *Stylops* befallen.

Flugzeit: In zwei Generationen von März/April bis Mai und von Juni bis Juli/August.

Gesamtverbreitung: Wie bei einigen anderen Verwandten aus der Untergattung *Micrandrena*, die taxonomisch schwierig und durch ihre geringe Größe leicht zu übersehen sind, ist die Datenlage unklar. Vermutlich europäisch-maghrebinisch. Nach als verlässlich eingeschätzten Meldungen in Nordafrika in Algerien, in Europa von Spanien bis Rumänien; nordwärts bis Südniederlande und Zentralpolen; südwärts bis Sizilien und Nordgriechenland. **SW-Eu:** E, I(Sa), I(Si), I. **Z-Eu:** F, B, LUX, NL, D, A, CH. **NO-Eu:** CS, SK, PL. **SO-Eu:** H, RO, HR, BIH, AL, BG, GR. **N-Afr:** DZ.

Lokalverbreitung: In Deutschland bis an den Nordrand der Mittelgebirge, keine Nachweise aus Schleswig-Holstein, Mecklenburg-Vorpommern, Niedersachsen und Thüringen, Meldung aus Berlin fehlbestimmt, aus allen anderen Bundesländern aktuell gemeldet, aber selten. In Österreich aktuell aus Niederösterreich nachgewiesen, historisch aus dem Burgenland, Oberösterreich, Steiermark und Kärnten. In der Schweiz historisch vom Genfersee-Gebiet, aktuell aus dem Tessin und dem Kanton Aargau.

Andrena ranunculi SCHMIEDEKNECHT, 1883
Iberische Kielsandbiene

Etymologie: Der Name stammt von PÉREZ, der SCHMIEDEKNECHT Tiere schickte, die dieser dann unter Verwendung von PÉREZ' Namensvorschlag beschrieb. In einer späteren Publikation erläutert PÉREZ (1890), er habe die Tiere hauptsächlich auf „*Renoncules*" (Hahnenfuß) gefunden. Der deutsche Name bezieht sich auf die westmediterrane Verbreitung der Art.

Lokalverbreitung: Von FRIESE (1896a) von Hoflössnitz bei Dresden gemeldet. MÜLLER (1944) berichtet, dass die betreffenden Tiere mit *A. vetula* übereinstimmen. Beide Arten wären in Sachsen so weit außerhalb ihres Verbreitungsgebietes, dass es sich mit Sicherheit um einen Irrtum (Fehletikettierung?) handelt.

Andrena ranunculorum MORAWITZ, 1877
Felssteppen-Sandbiene

Systematik: Untergattung *Thysandrena* LANHAM, 1949.

Nomenklatur: Von WARNCKE zeitweise unter dem Namen *A. numida* ssp. *holosericea* BRAMSON, *1897* geführt, und zeitweise als Unterart von *A. numida* betrachtet.

Etymologie: Von *Ranunculus* (Hahnenfuß), an dem MORAWITZ einige seiner Tiere fing. Der deutsche Name bezieht sich auf den Lebensraum.

Pollenquellen: Oligolektisch auf Kreuzblütler (Brassicaceae); bevorzugt werden offensichtlich gelb blühende Arten.

Lebensraum: Vorwiegend in der montanen bis subalpinen Höhenlage auf Almwiesen, Matten, Felssteppen.

Flugzeit: In einer Generation von Mai bis Juni.

Gesamtverbreitung: Pyrenäen, Alpen, *Griechenland (Chelmos und Kyllini/Peloponnes), weit verbreitet in der Türkei und im Kaukasus, eine überprüfungsbedürftige Meldung aus Rumänien, einige wenige Meldungen von der Krim, weitgehend unpublizierte Nachweise aus Zentralasien; nordöstlichster bisher bekannter Fundort ist das Kusnezker Becken im

♀

Oblast Kemerowo. Dürfte insbesondere in den europäischen Gebirgen nur durch ihr Vorkommen in selten besammelten Höhenlagen so selten nachgewiesen worden sein. **SW-Eu:** E, I(Si), I. **Z-Eu:** F, CH. **NO-Eu:** UA, UA(K). **SO-Eu:** RO(?), *GR. **W-As:** TR, Kaukasus, IR. **Z-As:** TM, UZB, TAD, KAZ, KGZ. **Sib:** W-Sib.

Lokalverbreitung: Im Gebiet nur aus dem Wallis nachgewiesen (aktuell).

Andrena rhenana Stöckhert, 1930
Rheinische Dörnchensandbiene

Systematik: Untergattung *Chlorandrena* Pérez, 1890, *taraxaci*-Gruppe.

Nomenklatur: Von Warncke als Unterart von *Andrena taraxaci* betrachtet (zum Artstatus vgl. Schwenninger 2001, 2015).

Etymologie: Von lat. „*rhenana*" = „vom Rhein" (*rhenus* = Rhein); der Fundort der Typenserie ist der Kaiserstuhl im Oberrheintal. Als „Dörnchensandbienen" werden wegen der Dörnchenreihe auf den Hinterschenkeln der Weibchen die Arten der Untergattung *Chlorandrena* bezeichnet.

Pollenquellen: Oligolektisch auf Korbblütler (Asteraceae) der Unterfamilie Cichorioideae; Pollensammeln wurde bisher beobachtet an Wiesen-Löwenzahn (*Taraxacum officinale*) und Wiesen-Pippau (*Crepis biennis*).

Lebensraum: Extensiv genutztes Grünland, Hochwasserdämme. Vom Flachland bis in die kolline Höhenstufe.

Parasiten: Kuckucksbienen wurden zwar noch nicht beobachtet, aber vermutlich parasitiert *Nomada integra* die Nester.

Flugzeit: In einer Generation von April bis Mai.

Gesamtverbreitung: Ein Nachweis aus Tanger/Marokko, ansonsten ausschließlich in Westeuropa von Portugal bis in die Schweiz und Südwestdeutschland. **SW-Eu:** P, E. **Z-Eu:** F, D, CH. **N-Afr:** MA.

Lokalverbreitung: Im Gebiet nur aus Baden-Württemberg und der Schweiz (Basel, Genf) nachgewiesen.

Andrena rogenhoferi Morawitz, 1872
Alpenrosen-Lockensandbiene

Systematik: Untergattung *Andrena* Fabricius, 1775 *s. str.*

Etymologie: Gewidmet dem österreichischen Entomologen Alois Friedrich Rogenhofer (1831–1897), Sammler der Typenserie. Der deutsche Name bezieht sich auf eine der bevorzugten Nahrungspflanzen; als „Lockensandbienen" werden wegen der bei den Weibchen dieser Gruppe auffallend stark ausgebildeten Haarlocke auf den Hintertrochanteren (Flocculus) die Arten der Untergattung *Andrena s. str.* bezeichnet.

Pollenquellen: Polylektisch; nachgewiesen ist bislang die Nutzung des Pollens folgender acht Pflanzenfamilien: Aceraceae, Apiaceae, Cistaceae, Ericaceae, Gentianaceae, Rosaceae, Salicaceae und Saxifragaceae.

Nestbau: Die wenigen bisher beobachteten Nester befanden sich in der festgetretenen Erde von Wegen und Wegrändern. Das einzige bisher aufgegrabene Nest bestand aus einem senkrecht verlaufenden, ca. 20 cm langen Hauptgang, an dessen Ende sich zwei diametral gegenüberstehende Brutzellen befanden (TRAUTMANN & TRAUTMANN 1924).

Lebensraum: Montan bis alpin, von ca. 600 bis ca. 2400 m Höhe, hier in allen offenen Lebensräumen.

Flugzeit: In einer Generation von Mai bis August.

Gesamtverbreitung: Gesamter Alpenbogen von den französischen Seealpen bis zu den Südostalpen sowie im nördlichen Teil des Dinarischen Gebirges. Nach einer Mitteilung von GUSENLEITNER angeblich auch in den Pyrenäen (EBMER 1997). **SW-Eu:** I. **Z-Eu:** F, D, A, CH, FL. **NO-Eu:** {~~PL~~}. **SO-Eu:** SLO, HR.

Lokalverbreitung: Im Gebiet überall in den Alpen, in der Schweiz zusätzlich auch im Jura.

Andrena rosae PANZER, 1801
Bärenklau-Sandbiene

Systematik: Untergattung *Hoplandrena* PÉREZ, 1890, *trimmerana*-Gruppe.

Nomenklatur: Die erste Generation wurde lange Zeit als eigene Art betrachtet und unter den Namen *Andrena eximia* SMITH, 1847 und *Andrena*

stragulata ILLIGER, 1806 geführt. Zeitweise wurde sie auch mit der ersten Generation von *A. trimmerana* (unter dem Namen *A. spinigera*) vermengt. Als Argument für diese Auffassung diente die Ausbildung eines zahnartigen Fortsatzes an der Unterseite der Wangen vor der Mandibelbasis bei den Männchen der ersten Generation, der bei der zweiten Generation fehlt (dasselbe Phänomen ist auch bei *A. trimmerana* zu beobachten), sowie das Aufsuchen verschiedener Futterpflanzen der beiden Generationen. Der Wangenzahn bei den Frühjahrs-Männchen tritt jedoch auch bei mehreren ostpaläarktischen Arten aus der näheren Verwandtschaft auf; diese Bildung ist in der *trimmerana*-Gruppe geradezu die Regel, von der in der Westpaläarktis nur *A. carantonica* abweicht. Ebenso ist die Nutzung verschiedener Nahrungsressourcen durch die beiden Generationen einer Art nicht ungewöhnlich und tritt bei vielen bivoltinen Arten auf, da nur wenige Pollenquellen während der gesamten Vegetationsperiode zur Verfügung stehen. Synonym: *Andrena austriaca* auct. nec PANZER, 1798.

Etymologie: Von lat. „*rosa*" = „Rose", wegen des ausgedehnt rot gefärbten Hinterleibs. Der deutsche Name bezieht sich auf eine der bevorzugten Nahrungspflanzen der zweiten Generation.

Pollenquellen: Polylektisch; nachgewiesen ist bislang die Nutzung des Pollens von Apiaceae, Asteraceae, Rosaceae und Salicaceae. Die zweite Generation ist möglicherweise oligolektisch auf Apiaceae; jedenfalls wurden bei ihr bisher ausschließlich Pollen dieser Pflanzenfamilie nachgewiesen.

Nestbau: Nistet einzeln oder in kleineren Aggregationen in sandigem wie lehmigem Substrat.

Lebensraum: Feuchte bis trockenwarme Standorte, extensiv genutztes Grünland, Magerrasen, Hochwasserdämme, Ruderalflächen, Waldsäume, Hecken. Vom Flachland bis in die montane Höhenstufe.

Parasiten: Kuckucksbiene ist *Nomada marshamella*. Erwachsene Tiere sind zuweilen von Fächerflüglern der Gattung *Stylops* befallen.

Flugzeit: In zwei Generationen von März bis Mai und von Juli bis August.

Gesamtverbreitung: Von Zentralspanien über Ukraine und Südrussland bis Kasachstan und über Kleinasien, Kaukasus und Nordiran bis Turkmenien; nordwärts bis zur Nordgrenze Englands (in Irland seit 1896 verschollen), Estland, Karelien und Perm (nicht in Skandinavien); südwärts bis Sizilien (nicht auf Korsika und Sardinien), Kreta, Südgrenze der Türkei und Nordiran. Eine Meldung von Alfken (1914) aus Algerien ist mit an Sicherheit grenzender Wahrscheinlichkeit eine Fehlbestimmung. Die ostpaläarktische ssp. *alfkeni* Friese, 1914 wird zuweilen als eigene Art aufgefasst. **SW-Eu:** E, I(Si), I. **Z-Eu:** F, B, LUX, NL, D, A, CH, DK. **N-Eu:** IRL, GB, EST, LT, LV, RUS(N). **NO-Eu:** CS, SK, PL, BY, UA, UA(K), RUS(S). **SO-Eu:** H, RO, MD, SLO, HR, SRB, GR, GR(K). **N-Afr:** {~~DZ~~}. **W-As:** TR, Kaukasus, IR. **Z-As:** KAZ. **Sib:** W-Sib, O-Sib. **NO-As:** Jak, Amur, JAO, Khab, Prim, Sach, Kur. **SO-As:** MGL, RC(Heilongjiang), KP, ROK, J.

Lokalverbreitung: In Deutschland nördlich der Mittelgebirge nur wenige, meist historische Meldungen. In Österreich mit Ausnahme von Vorarlberg aus allen Bundesländern nachgewiesen. In der Schweiz überall, aber wie im gesamten Gebiet sehr selten.

Andrena ruficrus Nylander, 1848
Rotschienen-Sandbiene

Systematik: Untergattung *Euandrena* Hedicke, 1933.

Nomenklatur: Synonym: *Andrena rufitarsis* Zetterstedt, 1838.

Etymologie: Von lat. „*rufus*“ = „rötlich“ und „*crus*“ = „Bein, Schienbein“, wegen der rotgelb gefärbten Hintertibien.

Pollenquellen: Streng oligolektisch auf Weiden (*Salix*, Fam. Salicaceae).

Nestbau: Nistet einzeln auf kahlen oder schütter bewachsenen Flächen in oder an Wäldern, bevorzugt in Sand-, seltener in Lehmböden. Brutzellen in etwa 5 cm Tiefe.

Lebensraum: Typische Waldart, Waldgebiete, Waldsäume und -lichtungen, Moore, Moor- und Sandheiden. Vom Flachland bis in die subalpine Höhenstufe.

Parasiten: Kuckucksbiene ist *Nomada obscura*. Erwachsene Tiere sind zuweilen von Fächerflüglern der Gattung *Stylops* befallen.

Flugzeit: In einer Generation von Anfang März bis Mitte Mai, in günstigen Jahren bereits ab Mitte Februar.

Gesamtverbreitung: Transpaläarktisch. Von den Pyrenäen über Ukraine und Sibirien bis Sachalin und über Tibet bis Korea und Japan; nordwärts bis Nordschottland, in Norwegen, Schweden, Finnland und Oblast Murmansk bis weit jenseits des Polarkreises (69°N); südwärts bis Norditalien, möglicherweise bis in die Emilia-Romagna, und bis Kroatien. Meldungen von Sardinien, Sizilien, der Balkanhalbinsel und Kreta sollten überprüft werden; eventuell handelt es sich dabei um *A. pileata* oder *A. montana*. Bisher keine Nachweise aus der Türkei, dem Kaukasus und den zentralasiatischen Ländern; Schmiedeknecht (1884) gibt die Art zwar für „Vorder-Asien" an, was in nachfolgenden Publikationen wiederholt zitiert wird, es wurden jedoch bislang keine Tiere aus diesem Raum bekannt. In Japan, Korea und Nordostchina in der ssp. *rabicrus* Hirashima, 1957. **SW-Eu:** I(Sa)(?), I(Si)(?), I. **Z-Eu:** F, B, LUX, NL, D, A, CH, FL, DK. **N-Eu:** GB, N, S, SF, EST, LT, LV, RUS(N). **NO-Eu:** CS, SK, PL, BY, UA, RUS(S). **SO-Eu:** H, SLO, HR, BIH, AL, GR(?), GR(K) (?). **W-As:** {~~TR~~}. **Sib:** W-Sib, O-Sib. **NO-As:** Jak, Amur, Khab, Prim, Sach. **SO-As:** RC(Tibet, Heilongjiang, Jilin), ROK, J.

Lokalverbreitung: Im Gebiet fast überall, es fehlen lediglich Nachweise aus Mecklenburg-Vorpommern, Burgenland, der Nordschweiz (Basel, Schaffhausen, Bodensee) und dem Genfersee-Gebiet.

Andrena rufizona Imhoff, 1834
Rote Schuppensandbiene

Systematik: Untergattung *Lepidandrena* Hedicke, 1933, *curvungula*-Gruppe.

Nomenklatur: Synonym: *Andrena alpina* Morawitz, 1872.

Etymologie: Von lat. „*rufus*" = „rötlich, rothaarig" und „*zona*" = „Gürtel, Zone", wegen der meist bindenartigen roten Zeichnung auf den ersten Hinterleibssegmenten. Deutscher Name: Als „Schuppensandbienen" werden wegen der fast schuppenartig kurzen und dichten Behaarung des Thoraxrückens die Arten der *curvungula*-Gruppe aus der Untergattung *Lepidandrena* bezeichnet.

Pollenquellen: Streng oligolektisch auf Glockenblumen (*Campanula*, Fam. Campanulaceae).

Lebensraum: Vorwiegend in der montanen bis alpinen, zuweilen auch in der kollinen Höhenstufe; extensiv genutztes Grünland, Magerrasen, Waldsäume, Felssteppen.

Flugzeit: In einer Generation von Mai bis August.

Gesamtverbreitung: Pyrenäen, Alpen und Alpenvorland, Mittelgebirge, Karpaten, Rhodopen, Kaukasus, Ural, Alai. Die nordöstlichsten bisher bekannten Funde aus dem Oblast Kemerowo. **SW-Eu:** E, I. **Z-Eu:** F, D, A, CH.

N-Eu: RUS(N). **NO-Eu:** CS, SK, PL, UA, RUS(S). **SO-Eu:** GR. **W-As:** Kaukasus. **Sib:** W-Sib.

Lokalverbreitung: In Deutschland aktuell nur in den bayerischen Alpen, die Vorkommen im Alpenvorland, Harz, Thüringer Wald und im Saaletal sind erloschen. In Österreich in den Bundesländern Oberösterreich und Tirol. In der Schweiz aus den Alpen und dem Jura nachgewiesen, aktuell nur in den Alpen.

Andrena rufula Schmiedeknecht, 1883
Fahlrote Sandbiene

Systematik: Untergattung *Euandrena* Hedicke, 1933.

Etymologie: Von lat. „*rufula*“ = „rötlich, rothaarig“, wegen der Farbe der Behaarung.

Pollenquellen: Offensichtlich polylektisch. Pollenanalysen liegen nicht vor. Blütenbesuch wurde überwiegend an Bäumen und Sträuchern wie Weide, Schlehe, Weißdorn und Ahorn beobachtet.

Nestbau: Nistet nach Literaturangaben in warmen Steppenhängen und manchmal an Laubwaldrändern.

Lebensraum: Warme, blütenreiche Magerrasen, Waldsäume, Steppen. Vom Flachland bis in die montane Höhenstufe.

Parasiten: Kuckucksbienen wurden nicht beobachtet. Erwachsene Tiere sind zuweilen von Fächerflüglern befallen.

Flugzeit: In einer Generation von März bis Mai.

Gesamtverbreitung: Von den Pyrenäen bis in die Nordwestukraine und Zentralrumänien; nordwärts bis Basel und dem ukrainischen Teil der Karpaten; südwärts bis in die Toskana und auf die *Peloponnes. In der Türkei bisher nur aus der Gegend um Beysehir gemeldet. **SW-Eu:** E, I(Sa), I. **Z-Eu:** F, {~~NL~~} A, CH. **NO-Eu:** CS, SK, {~~PL~~}, UA. **SO-Eu:** H, RO, SLO, HR, SRB, GR. **W-As:** TR.

Lokalverbreitung: Im Gebiet nur aus Österreich und der Schweiz nachgewiesen; in Österreich im Burgenland, in Ober- und Niederösterreich und der Steiermark (aktuell), in der Schweiz aktuell im Jura und bei Genf, aus dem Tessin und dem Wallis nur historische Meldungen; die Meldungen aus dem Wallis dürften fehlbestimmt sein.

Andrena rugulosa Stöckhert, 1935
Runzelige Zwergsandbiene

Systematik: Untergattung *Micrandrena* Ashmead, 1899, *minutula*-Gruppe.

Etymologie: Diminutiv von lat. „*rugosa*“ = „runzelig“, wegen der fein gerunzelten Skulptur des Thorax. Mit dem Namen „Zwergsandbienen“ werden wegen ihrer geringen Körpergröße die Arten der Untergattung *Micrandrena* bezeichnet.

Pollenquellen: Polylektisch; nachgewiesen ist bislang die Nutzung des Pollens der beiden Pflanzenfamilien Aceraceae und Brassicaceae.

Lebensraum: Trockenwarme, wasserdurchlässige Standorte; im Gebiet von Trockenrasen, Binnendünen, Schotterflächen und Felssteppen bekannt. Vom Flachland bis in die montane Höhenstufe.

Flugzeit: Vermutlich in zwei Generationen von April bis Juli.

Gesamtverbreitung: Von der Schweiz im Westen bis zum Kaukasus und Iran, nordwärts bis Tschechien, südwärts bis zum Peloponnes. In Italien nur vom Karst, in der Ukraine nur auf der Krim und in der Türkei nur im Nordosten nachgewiesen. Eine Meldung aus Litauen (Monsevičius 1988) liegt so weit außerhalb des übrigen Verbreitungsgebietes und die Angabe des Lebensraumes (Auwald) passt nicht auf die Ansprüche der Art, dass es sich mit größter Wahrscheinlichkeit um einen Irrtum handelt. **SW-Eu:** I. **Z-Eu:** F, D, A, CH. **N-Eu:** LT? **NO-Eu:** CS, {~~PL~~}, UA, UA(K). **SO-Eu:** H, RO, MD, SLO, MK, SRB, BG, GR. **W-As:** GR(Ä), TR, Kaukasus, IR.

Lokalverbreitung: In Deutschland nur in den wärmsten Bundesländern, Rheinland-Pfalz, Hessen, Baden-Württemberg und Bayern, ebenso in Österreich (Burgenland, Niederösterreich, Kärnten. In der Schweiz nur aus dem Mittelland und dem Schaffhausener Gebiet gemeldet.

Andrena saxonica Stöckhert, 1935
Sächsische Zwergsandbiene

Systematik: Untergattung *Micrandrena* Ashmead, 1899, *minutula*-Gruppe.

Etymologie: Benannt nach dem Land Sachsen (latinisiert *Saxonia*), in dem alle Fundorte der Typenserie liegen.

Pollenquellen: Streng oligolektisch auf Milchstern (*Ornithogalum,* Fam. Asparagaceae).

Nestbau: Nester sind nicht bekannt.

Lebensraum: Trockenwarme Magerwiesen, Hochwasserdämme, Brachflächen, Waldsäume. Vom Flachland bis in die montane Höhenstufe.

Parasiten: Kuckucksbiene ist *Nomada guttulata*. Erwachsene Tiere sind zuweilen von Fächerflüglern befallen.

Flugzeit: In einer Generation von April bis Juni.

Gesamtverbreitung: In Nordafrika ein Weibchen von 1981 in Algerien nachgewiesen. Von Zentralspanien bis zum europäischen und ägäischen Teil der Türkei; nordwärts bis Sachsen-Anhalt, südwärts bis Sizilien (nicht auf Korsika und Sardinien), Peloponnes und Çine/Türkei. **SW-Eu:** E, I(Si), I. **Z-Eu:** F, D, A. **NO-Eu:** CS, SK, {~~PL~~}. **SO-Eu:** H, RO, SLO, HR, MK, BIH, BG, GR. **W-As:** TR.

Lokalverbreitung: In Deutschland lange Zeit nur aus Sachsen und Sachsen-Anhalt (Elbe-Tal) bekannt, wurde 2010 erstmals auch in Bayern gefunden (Scheuchl 2011). In Österreich im Burgenland, Niederösterreich und Steiermark. In der Schweiz ein einziger (aktueller) Nachweis aus dem Puschlav/Süd-Engadin (Amiet et al. 2011).

Andrena schencki Morawitz, 1866
Schencks Sandbiene

Systematik: Untergattung *Opandrena* Robertson, 1902.

Nomenklatur: Synonyme: *Andrena labiata* Schenck, 1851; *Andrena labialis* var. *labiata* Schenck, 1851.

Etymologie: Gewidmet dem bedeutenden deutschen Hymenopterologen Adolph Schenck (1763–1805).

Pollenquellen: Polylektisch; nachgewiesen ist bislang die Nutzung des Pollens von fünf Pflanzenfamilien: Asteraceae, Brassicaceae, Cornaceae, Dipsacaceae und Fabaceae.

Nestbau: Nistet einzeln oder in Aggregationen auf kahlen oder schütter bewachsenen Flächen, vorzugsweise in verdichtetem Substrat, sogar in schwerem Lehm, an besonnten Waldsäumen oder Wegrändern, Erdabbrüchen und Böschungen.

Lebensraum: Trockenwarme Standorte, extensiv genutztes Grünland, Fett- und Magerwiesen, Brach- und Ruderalflächen, Hochwasserdämme. Vom Flachland bis in die kolline Höhenstufe.

Parasiten: Kuckucksbiene ist *Nomada stigma*, möglicherweise kommt auch *Nomada goodeniana* infrage. Erwachsene Tiere sind zuweilen von Fächerflüglern befallen.

Flugzeit: In einer Generation von Mai bis Juli.

Gesamtverbreitung: Von Portugal ostwärts über Ukraine, Kleinasien und Kaukasus bis Turkmenien und Baschkirien, nordwärts bis Dänemark, Litauen und Orenburg, fehlt auf den Britischen Inseln, südwärts bis Israel. Eine

Meldung von Südschweden (Öland) stellte sich als *A. labialis* heraus (vgl. Nilsson 2003), je eine Meldung aus Marokko und Tunesien (als *A. labiata* Schenck) beruhen ziemlich sicher auf einem Irrtum (vgl. Warncke 1967a). **SW-Eu:** P, E, I(Si), I. **Z-Eu:** F, B, LUX, NL, D, A, CH, DK. **N-Eu:** {GB}, {S}, LT, RUS(N). **NO-Eu:** CS, SK, PL, BY, UA, RUS(S). **SO-Eu:** H, RO, SLO, HR, MK, BIH, AL, BG, GR. **N-Afr:** MA?, TN? **W-As:** GR(Ä), TR, IL, Kaukasus, IR.

Lokalverbreitung: Im Gebiet weit verbreitet, aber selten, Nachweise fehlen lediglich aus Vorarlberg.

Andrena scita Eversmann, 1852

Rote Rauken-Sandbiene

Systematik: Untergattung *Scitandrena* Warncke, 1968.

Etymologie: Von lat. „*scita*" = „klug, erfahren, kundig, fein, geschmackvoll". Der genaue Bezug ist nicht bekannt. Der deutsche Name bezieht sich auf die Färbung des Hinterleibs und auf eine der bevorzugten Nahrungspflanzen.

Pollenquellen: Oligolektisch auf Kreuzblütler (Brassicaceae).

Nestbau: Nistet in der Regel in kleineren bis großen Aggregationen in oft sehr hoher Nestdichte, gerne in von oben geschützten Situationen, z. B. im Eingangsbereich verlassener Kaninchenbaue, aber auch in Steilwänden. Als Substrat wird Löss oder Sand bevorzugt.

Lebensraum: Trockenwarme Standorte mit Steppencharakter, Weinbauterrassen, Ruderalflächen. Vom Flachland bis in die kolline Höhenstufe.

Parasiten: Kuckucksbiene ist *Nomada cruenta*, vermutlich auch *Nomada hungarica*. Erwachsene Tiere sind zuweilen von Fächerflüglern befallen.

Flugzeit: In einer Generation von Mai bis Juli.

Gesamtverbreitung: Von Sizilien und Süditalien im Süden und Ostösterreich im Norden ostwärts über Kleinasien und Kaukasus bis Afghanistan, Tadschikistan und das südliche Westsibirien. **SW-Eu:** I(Si), I. **Z-Eu:** {F}, A. **N-Eu:** RUS(N). **NO-Eu:** CS, SK, {~~PL~~}, UA, UA(K), RUS(S). **SO-Eu:** H, RO, MD, HR, MK, SRB, BG, GR, GR(K). **W-As:** GR(Ä), TR, Kaukasus, IR, AFG. **Z-As:** TM, KAZ.

Lokalverbreitung: Im Gebiet nur aus Niederösterreich und dem Burgenland nachgewiesen (historisch und aktuell).

Andrena scotica Perkins, 1916

Siehe *Andrena carantonica*.

Andrena semilaevis Pérez, 1903
Glattrandige Zwergsandbiene

Systematik: Untergattung *Micrandrena* Ashmead, 1899, *minutula*-Gruppe.

Nomenklatur: Wird von manchen Autoren mit *A. anthrisci* vermengt. Synonym: *Andrena saundersella* Perkins, 1914.

Etymologie: Von lat. „*semi-*" = „halb-" und „*laevis*" = „glatt". Der deutsche Name bezieht sich auf die glatten Endänder der Tergite; mit dem deutschen Namen „Zwergsandbienen" werden wegen ihrer geringen Körpergröße die Arten der Untergattung *Micrandrena* bezeichnet.

Pollenquellen: Polylektisch; nachgewiesen ist bislang die Nutzung des Pollens der drei Pflanzenfamilien Apiaceae, Asteraceae und Scrophulariaceae.

Nestbau: Nistplätze sind kahle oder schütter bewachsenen, meist geneigte Flächen in sandigem oder lehmigem Boden.

Lebensraum: Waldsäume, Hecken, trockene Mager- und Fettwiesen, Hochwasserdämme, Ruderalflächen, Sand-, Kies- und Lehmgruben. Vom Flachland bis in die subalpine Höhenstufe.

Parasiten: Kuckucksbiene ist *Nomada flavoguttata*. Erwachsene Tiere sind zuweilen von Fächerflüglern der Gattung *Stylops* befallen.

Flugzeit: In einer Generation von Mitte Mai bis Mitte Juli.

Gesamtverbreitung: Von Portugal über die Ukraine bis in den Kaukasus; nordwärts in Norwegen bis 63,5°N, in Schweden bis 65,5°N, in Finnland bis 64,5°N, in Russland bis Karelien und Kirov; südwärts bis Toskana, Montenegro und Nordbulgarien. Keine Nachweise aus Griechenland und der Türkei. **SW-Eu:** P, E, I. **Z-Eu:** F, B, LUX, NL, D, A, CH, FL, DK. **N-Eu:** IRL, GB, N, S,

SF, EST, LT, LV, RUS(N). **NO-Eu:** CS, SK, PL, BY, UA, UA(K), RUS(S). **SO-Eu:** H, RO, MD, SLO, HR, MNE, BIH, BG. **W-As:** Kaukasus.

Lokalverbreitung: In Deutschland aus allen Bundesländern gemeldet. In Österreich fehlen Nachweise aus dem Burgenland und dem pannonischen Teil Niederösterreichs. In der Schweiz fast überall.

Andrena seminuda Friese, 1896
Kahlrand-Sandbiene

Systematik: Untergattung *Poecilandrena* Hedicke, 1933, *seminuda*-Gruppe.

Etymologie: Von lat. „*semi-*" = „halb-" und „*nuda*" = „nackt", wegen der zur Hälfte unbehaarten Hinterleibssegmente.

Pollenquellen: Vermutlich polylektisch; am häufigsten wurde die Art auf weiß blühenden Kreuzblütlern (Brassicaceae) beobachtet.

Nestbau: Nestbeobachtungen liegen nur aus der Slowakei vor, wo die Art an einem südostexponierten Gebirgsabhang nistete.

Lebensraum: Trockenwarme Magerrasen, Lösshohlwege, Ruderalflächen. Vom Flachland bis in die kolline Höhenstufe.

Flugzeit: In einer Generation von April bis Mai.

Gesamtverbreitung: Von Ostösterreich über die Balkanhalbinsel und Kleinasien bis in den Kaukasus, nordwärts bis Südmähren und Luhansk/Ukraine. Eine Meldung aus Lazio/Italien ist zweifelhaft, alle anderen Meldungen aus Italien sind Kopien eines Fehlers in Comba & Comba (1991), die Warncke (1967a) zitieren, jedoch nicht dessen Daten von *A. seminuda* (die dieser aus Italien nicht meldet) wiedergeben, sondern die von *A. senecionis* eine Zeile darunter. **SW-Eu:** {~~I(Si)~~}, I? **Z-Eu:** A. **NO-Eu:** CS, SK, UA, UA(K), RUS(S). **SO-Eu:** H, RO, SLO, HR, MK,? AL, BG, GR. **W-As:** TR, Kaukasus.

Lokalverbreitung: Im Gebiet nur aus Niederösterreich, dem Burgenland und der Steiermark nachgewiesen.

Andrena sericata Imhoff, 1866
Samt-Sandbiene

Systematik: Untergattung *Larandrena* LaBerge, 1964.

Etymologie: Von lat. „*sericata*" = „in Seide gekleidet", wegen der feinen, seidig oder samtig glänzenden Behaarung auf dem Basalteil der Tergite.

Pollenquellen: Möglicherweise oligolektisch auf Weiden (*Salix*, Fam. Salicaceae); durch bisherige Pollenanalysen und Beobachtungen konnte bisher nur das Besammeln dieser Pollenquelle nachgewiesen werden.

Nestbau: Nistet einzeln oder in kleineren, unter günstigen Umständen auch in großen Aggregationen, vorzugsweise in sandigem, aber auch in lehmigem Substrat.

Lebensraum: Art der Flussauen, hier an Waldsäumen, Hecken und Hochwasserdämmen. Vom Flachland bis in die montane Höhenstufe.

Parasiten: Als Kuckucksbiene wird *Nomada zonata* vermutet, die allerdings im Gegensatz zu ihrem Wirt bivoltin ist. Erwachsene Tiere sind zuweilen von Fächerflüglern befallen.

Flugzeit: In einer Generation von März bis Mai.

Gesamtverbreitung: In historischer Zeit nach Westen bis Bordeaux und im Südwesten bis Bologna; die Art scheint aber aus Frankreich und Italien verschwunden zu sein. Die heutige Westgrenze erreicht sie in Franken, von dort über Osteuropa ostwärts über die Ukraine und Südrussland bis Udmurtien und Kaukasus. In Griechenland nur ein Nachweis von Chalkidike, in der Türkei nur sehr vereinzelte Nachweise aus fast allen Landesteilen. **SW-Eu:** I. **Z-Eu:** F, D, A, CH. **N-Eu:** RUS(N). **NO-Eu:** CS, SK, PL, UA, UA(K), RUS(S). **SO-Eu:** H, RO, MD, HR, SRB, BG, GR. **W-As:** TR, Kaukasus.

Lokalverbreitung: In Deutschland aktuell nur aus Bayern, historisch auch in Baden-Württemberg (Rheintal). In Österreich nachgewiesen aus dem Burgenland, aus Kärnten und Niederösterreich, eine überprüfungsbedürftige Meldung aus der Steiermark. In der Schweiz nur historische Nachweise aus Basel und dem Wallis.

Andrena similis Smith, 1849

Rothaarige Kleesandbiene

Systematik: Untergattung *Taeniandrena* Hedicke, 1933, *ovatula*-Gruppe.

Nomenklatur: Warncke verwendete den Namen *Andrena ocreata* (Christ, 1791), obwohl dieser eindeutig ein *nomen dubium* ist. Möglicherweise ist *A. similis* artgleich mit der nordafrikanischen *Andrena russula* Lepeletier, 1841 und müsste in diesem Fall als Synonym von dieser angesehen werden. Vor einer endgültigen Namensänderung sollte aber eine Untersuchung des Typenmaterials erfolgen.

Etymologie: Von lat. „*similis*" = „ähnlich, gleichartig", wegen der Ähnlichkeit mit verwandten Arten. Der deutsche Name bezieht sich auf die fast vollständig rotbraun gefärbte Behaarung; als „Kleesandbienen" werden wegen der Spezialisierung auf Schmetterlingsblütler die Arten der *ovatula*-Gruppe aus der Untergattung *Taeniandrena* bezeichnet.

Pollenquellen: Oligolektisch auf Schmetterlingsblütler (Fabaceae).

Nestbau: Nester wurden gefunden auf kahlen oder schütter bewachsenen Flächen an Waldrändern oder besonnten Hohlwegen, offensichtlich bevorzugt in sandigen und lössigen, manchmal auch lehmigen Böden.

Lebensraum: Trockene Mager- und Fettwiesen, Waldsäume, Sand-, Kies- und Lehmgruben. Vom Flachland bis in die kolline Höhenstufe.

Parasiten: Kuckucksbiene ist *Nomada striata*, möglicherweise auch *N. fulvicornis*. Erwachsene Tiere sind zuweilen vom Fächerflügler *Stylops thwaitesi* Perkins, 1918 befallen.

Flugzeit: In einer Generation von März/April bis Juli, in Südeuropa offensichtlich bivoltin.

Gesamtverbreitung: Von Portugal ostwärts bis Kasachstan und Xinjiang. Auch in Großbritannien von Wales bis Schottland, nordwärts bis in den Süden Skandinaviens (in Norwegen bis 61,5°N, in Schweden 59,5°N, in Finnland bis 62°N), im Süden bis Israel, Iran und Afghanistan. Je nach Autor werden als Unterarten gewertet: ssp. *caraimica* Osytshnjuk, 1994 (Ukraine), ssp. *croceiventris* Morawitz, 1871 (Mittel- und Süditalien, Sizilien) und ssp. *cyprisina* Warncke, 1975 (Zypern). **SW-Eu:** P, E, E(B), F(K), I(Si), I. **Z-Eu:** F, B, LUX, NL, D, A, CH, DK. **N-Eu:** GB, S, SF, EST, RUS(N). **NO-Eu:** CS, SK, PL, UA, UA(K), RUS(S). **SO-Eu:** H, RO, SLO, HR, MK, SRB, AL, BG, GR, GR(K). **W-As:** GR(Ä), CY, TR, SYR, IL, Kaukasus, IR, AFG. **Z-As:** TM, KAZ. **SO-As:** RC(Xinjiang).

Lokalverbreitung: Im Gebiet aus allen Regionen gemeldet.

Andrena simillima Smith, 1851

Ockerköpfige Herbstsandbiene

Systematik: Untergattung *Cnemidandrena* Hedicke, 1933, *nigriceps*-Gruppe.

Nomenklatur: Die Art wird vielfach mit *A. bremensis*, früher auch mit *A. freygessneri* vermengt.

Etymologie: Superlativ von lat. „*similis*" = „ähnlich, gleichartig", wegen der Ähnlichkeit mit *A. nigriceps*. Der deutsche Name bezieht sich auf die im Unterschied zur nächstverwandten *A. nigriceps* ockerbraune Kopfbehaarung; als „Herbstsandbienen" werden die erst im Spätsommer und Herbst erscheinenden Arten der Untergattung *Cnemidandrena* bezeichnet.

Pollenquellen: Vermutlich polylektisch; Pollenanalysen liegen nicht vor.

Nestbau: Nistet einzeln auf sandigen Flächen, es wurden aber auch Nester in einer Lehmböschung bekannt.

Lebensraum: Im Flachland in erster Linie Sandheiden, im Gebirge Matten und Felssteppen. Vom Flachland bis in die subalpine, zuweilen alpine Höhenstufe.

Parasiten: Kuckucksbiene ist *Nomada rufipes*.

Flugzeit: In einer Generation von Juli bis August/September.

Gesamtverbreitung: Vom Südfuß der Pyrenäen über Nordukraine, Südrussland, Sibirien und Mongolei bis Jakutien; nordwärts bis Südengland und Südwales (nicht in Irland, alle Meldungen von hier gehören zu *A. bremensis*), Litauen und Perm; südwärts bis Südtirol, *Böotien und Thrakien. Nach Nilsson (2003), der das *Andrena*-Material in den schwedischen Sammlungen revidierte, gehören alle Meldungen aus Schweden zu *Andrena fuscipes* und *Andrena nigriceps*. Dies gilt möglicherweise auch für die Meldungen aus Finnland, dem Baltikum und Nordrussland. **SW-Eu:** E, I. **Z-Eu:** F, B, LUX, NL, D, A, CH, DK. **N-Eu:** IRL, GB, S, SF(?), LT(?), RUS(N)(?). **NO-Eu:** CS, SK, PL, BY, UA, RUS(S). **SO-Eu:** RO, BG, GR. **W-As:** TR, Kaukasus, IR. **Sib:** W-Sib, O-Sib. **NO-As:** Jak. **SO-As:** MGL.

Lokalverbreitung: In Deutschland mit Ausnahme von Mecklenburg-Vorpommern, Rheinland-Pfalz, Hessen und Baden-Württemberg aus allen Bundesländern gemeldet, aber mit Ausnahme zweier aktueller Einzelfunde aus Thüringen und Brandenburg überall verschwunden. In Österreich nur historische Meldungen aus dem Burgenland sowie Nieder- und Oberösterreich; eine Meldung für Tirol bezieht sich wahrscheinlich auf Südtirol. In der Schweiz aktuell im Wallis und in Graubünden, historisch im Tessin.

Andrena simontornyella Noskiewicz, 1939
Ungarische Zwergsandbiene

Systematik: Untergattung *Micrandrena* Ashmead, 1899, *minutula*-Gruppe.

Etymologie: Benannt nach der Stadt Simontornya in Ungarn, dem Fundort der Typenserie. Mit dem Namen „Zwergsandbienen" werden wegen ihrer geringen Körpergröße die Arten der Untergattung *Micrandrena* bezeichnet.

Pollenquellen: Polylektisch; nachgewiesen ist bislang die Nutzung des

Pollens der fünf Pflanzenfamilien Asparagaceae, Rubiaceae, Cistaceae, Apiaceae und Asteraceae.

Lebensraum: Trockenwarme Standorte, extensiv genutztes Grünland, Ackerbrachen, Ruderalflächen, Hecken, Waldsäume. Vom Flachland bis in die montane Höhenstufe.

Flugzeit: Fast alle Funde im Gebiet stammen aus dem April und Mai; einzelne Funde von Juni bis August deuten auf eine partielle zweite Generation hin.

Gesamtverbreitung: Mediterran. In Nordafrika von Marokko und Tunesien bekannt. In Eurasien von Portugal über die Donau-Tiefebene und den Balkan bis in die Türkei und Israel; nordwärts bis Zentralfrankreich und Böhmen; südwärts bis Sardinien und Sizilien (nicht auf Korsika), Peloponnes und Israel. In Portugal und im Maghreb in der ssp. *adianta* Warncke, 1974, in Griechenland in der ssp. *corpana* Warncke, 1965. **SW-Eu:** P, E, I(Sa), I(Si), I. **Z-Eu:** F, A, CH. **NO-Eu:** CS, SK. **SO-Eu:** H, RO, SLO, HR, MK, MNE, SRB, BG, GR. **N-Afr:** MA, TN. **W-As:** TR, RL, IL.

Lokalverbreitung: In Deutschland noch nicht gemeldet, aber in Ostbayern zu erwarten (vgl. Gusenleitner 1984). Im Gebiet nur aus Österreich und der Schweiz nachgewiesen. In Österreich aus allen Bundesländern mit Ausnahme von Salzburg, Vorarlberg und Tirol gemeldet, in der Schweiz von Genf und aus dem Tessin (in beiden Ländern aktuell).

Andrena spreta Pérez, 1895

Etymologie: Von lat. „*spreta*“ = „verachtet, verschmäht, gering geschätzt“. Von manchen Autoren werden *A. pauxilla* und *A. pusilla* als Unterarten zu *A. spreta* gestellt oder als Synonym betrachtet. Alle Meldungen von *A. spreta* aus dem Gebiet dürften sich in erster Linie auf diese beiden Arten beziehen, zeitweise wurde sie aber auch mit *A. niveata* und sicherlich auch mit verwandten Arten verwechselt. Der Artenkomplex *A. curtula-pauxilla-pusilla-spreta* ist noch nicht abschließend geklärt. Wenn diese vier Taxa konspezifisch aufgefasst werden, wäre der gültige Name *A. spreta*. Die Verbreitung wäre dann westpaläarktisch, in Nordafrika von Marokko bis Ägypten, in Eurasien von Portugal über den Balkan und Kleinasien bis zum Kaukasus; nordwärts bis Niederlande und Norddeutschland; südwärts auf allen großen Mittelmeerinseln mit Ausnahme von Kreta, im Osten bis Israel.

Andrena stabiana Morice, 1899

Italienische Dörnchensandbiene

Systematik: Untergattung *Chlorandrena* Pérez, 1890, *taraxaci*-Gruppe.

Nomenklatur: Von Warncke als Unterart von *A. taraxaci* betrachtet (zum Artstatus vgl. Schwenninger 2015). Synonym: *Andrena emarginata* Pérez, 1903.

Etymologie: Vom Typenfundort Castellammare di Stabia bei Neapel, das antike Stabiae. Als „Dörnchensandbienen“ werden wegen der Dörnchenreihe auf den Hinterschenkeln der Weibchen die Arten der Untergattung *Chlorandrena* bezeichnet.

Pollenquellen: Oligolektisch auf Korbblütler (Asteraceae) der Unterfamilie Cichorioideae wie *Crepis*, *Hieracium*, *Hypochoeris* oder *Leontodon*.

Flugzeit: Es liegen aus dem Gebiet keine Beobachtungen vor; den Daten aus Südeuropa nach zu urteilen dürfte die Art im Gebiet von April bis Mai fliegen.

Gesamtverbreitung: Mediterran. Von Sizilien nordwärts über das italienische Festland bis Norditalien und Südschweiz, auch auf Korsika (kein Nachweis von Sardinien). Die Meldungen unter dem Synonym *A. emarginata* von Mallorca und Marseille dürften zu *A. rhenana* gehören; die Meldung von Tunesien bezieht sich auf *A. jerbaensis* Schwenninger, 2015 (Schwenninger 2015). **SW-Eu:** E(B), F(K), I(Si), I. **Z-Eu:** F, CH. **N-Afr:** {~~TN~~}.

Lokalverbreitung: Nur ein einziger Nachweis aus der Schweiz. Der Lectotypus von *Andrena emarginata* (Synonym von *A. stabiana*) trägt ein Etikett mit der Angabe „Suisse“ (Schwenninger 2015).

Andrena strohmella Stöckhert, 1928
Leisten-Zwergsandbiene

Systematik: Untergattung *Micrandrena* Ashmead, 1899, *minutula*-Gruppe.

Etymologie: Gewidmet dem baden-württembergischen Entomologen Prof. K. Strohm, Sammler eines Teils der Typenserie. Der deutsche Name bezieht sich auf die eigentümlichen Leisten an den Seiten des 1. Tergits; mit dem deutschen Namen „Zwergsandbienen“ werden wegen ihrer geringen Körpergröße die Arten der Untergattung *Micrandrena* bezeichnet.

Pollenquellen: Polylektisch, häufig zu finden auf Sternmiere (*Stellaria spec.*), Fingerkraut (*Potentilla spec.*), Erdbeere (*Fragaria spec.*), Himbeere (*Rubus idaeus*), Ehrenpreis (*Veronica spec.*) und anderen kleinblütigen Pflanzen.

Nestbau: Nester sind nicht bekannt, die Fundorte lassen darauf schließen, dass sie in sandigem und lössigem Boden errichtet werden.

Lebensraum: Waldsäume, Hecken, trockene Mager- und Fettwiesen, Hochwasserdämme, Ruderalflächen, Sand-, Kies- und Lehmgruben. Vom Flachland bis in die montane Höhenstufe.

Parasiten: Erwachsene Tiere sind zuweilen von Fächerflüglern befallen.

Flugzeit: In einer Generation von März bis Mai, vereinzelte Nachweise von Juli bis August weisen auf eine partielle zweite Generation hin.

Gesamtverbreitung: Mitteleuropäisch. Von Westfrankreich bis Ungarn, nordwärts bis Niederlande und Norddeutschland; südwärts bis Emilia-Romagna und Nordkroatien, angeblich auch auf Sizilien. **SW-Eu:** I(Si)(?), I. **Z-Eu:** F, B, LUX, NL, D, A, CH, FL. **NO-Eu:** CS, SK, {~~PL~~}. **SO-Eu:** H, SLO.

Lokalverbreitung: Im Gebiet aus allen Regionen gemeldet.

Andrena subopaca Nylander, 1848
Glanzlose Zwergsandbiene

Systematik: Untergattung *Micrandrena* Ashmead, 1899, *minutula*-Gruppe.

Etymologie: Von lat. „*sub*“ = „nahe an“ und „*opaca*“ = „matt, glanzlos, dunkel“; Nylander betont die glanzlose Körperoberfläche („*corpore magis opacao (præsertim in abdomine)*“). Als „Zwergsandbienen“ werden wegen ihrer geringen Körpergröße die Arten der Untergattung *Micrandrena* bezeichnet.

Pollenquellen: Polylektisch, häufig zu finden auf Sternmiere (*Stellaria spec.*), Fingerkraut (*Potentilla spec.*), Erdbeere (*Fragaria spec.*), Himbeere (*Rubus idaeus*), Ehrenpreis (*Veronica spec.*) und anderen kleinblütigen Pflanzen.

Nestbau: Nistet auf kahlen oder schütter bewachsenen Flächen, auch an mehr oder weniger beschatteten Standorten.

Lebensraum: Waldsäume, lichte Wälder, Hecken, trockene Mager- und Fettwiesen, Hochwasserdämme, Ruderalflächen, Sand-, Kies- und Lehmgruben, Gärten und Parks. Vom Flachland bis in die subalpine Höhenstufe.

Parasiten: Kuckucksbiene ist *Nomada flavoguttata*. Erwachsene Tiere sind zuweilen von Fächerflüglern der Gattung *Stylops* befallen.

Flugzeit: In zwei Generationen von März bis Juni und von Juli bis August. In manchen Regionen scheint die zweite Generation seltener zu sein als die erste.

Gesamtverbreitung: Transpaläarktisch. Von Kastilien über die Ukraine, Sibirien und China bis Japan, Primorje, Khabarowsk und Kamtschatka; nordwärts bis Nordschottland (auch in Irland), in Schweden bis 65°N, in Norwegen und Finnland bis zum Polarkreis; südwärts bis Lazio, Nordgriechenland und Aserbaidschan; nicht in der Türkei. Dardón et al. (2014) melden ein Tier aus Äthiopien, was sehr unwahrscheinlich ist. **SW-Eu:** E, I. **Z-Eu:** F, B, LUX, NL, D, A, CH, FL, DK. **N-Eu:** IRL, GB, N, S, SF, LT, LV, RUS(N). **NO-Eu:** CS, SK, PL, BY, UA, UA(K), RUS(S). **SO-Eu:** H, RO, MD, SLO, HR, MNE, SRB, BIH, BG, GR. **N-Afr:** ETH?? **W-As:** Kaukasus. **Z-As:** KGZ. **Sib:** W-Sib, O-Sib. **NO-As:** Amur, Khab, Prim, Sach, Kam, Kur. **SO-As:** RC(Sichuan, Yunnan, Liaoning), J.

Lokalverbreitung: Im Gebiet aus allen Regionen gemeldet.

Andrena suerinensis Friese, 1884
Schweriner Sandbiene

Systematik: Untergattung *Suandrena* Warncke, 1968.

Etymologie: Vom Fundort des größten Teils der Typenserie Schwerin (latinisiert: *Suerin*).

Pollenquellen: Oligolektisch auf Kreuzblütler (Brassicaceae).

Nestbau: Nistet in der Regel in kleineren Aggregationen auf kahlen oder schütter bewachsenen, ebenen oder schwach geneigten Flächen, bevorzugt in sandigem oder lössigem Substrat.

Lebensraum: Sandige Felder und Brachen, Ruderalflächen, Sand- und Kiesgruben, Steppen. Vom Flachland bis in die kolline Höhenstufe.

Parasiten: Kuckucksbiene ist *Nomada calimorpha*, möglicherweise auch die als *N. schmiedeknechti* beschriebene Form von *Nomada fulvicornis*. Erwachsene Tiere sind zuweilen von Fächerflüglern befallen.

Flugzeit: In einer Generation von Mai bis Juli.

Gesamtverbreitung: Von Portugal ostwärts bis in die Ukraine, nordwärts bis Hamburg und Danzig (nicht in den Benelux-Ländern), fehlt südlich des Alpenbogens, in Italien ein älterer Fund an der westlichen Riviera (Grünwaldt 1977) und aktuell bei Pavia in der Lombardei (M. Cornalba, pers. Mitt. 2015), in Osteuropa südwärts bis Nordserbien und Südrumänien. **SW-Eu:**

P, E, I. **Z-Eu:** F, D, A, CH. **N-Eu:** LT. **NO-Eu:** CS, SK, PL, BY, UA, RUS(S). **SO-Eu:** H, RO.

Lokalverbreitung: In Deutschland aus allen Bundesländern mit Ausnahme von Nordrhein-Westfalen und Thüringen gemeldet, in Schleswig-Holstein nur historische Nachweise. In Österreich nur im Pannonicum (Niederösterreich, Burgenland). In der Schweiz lediglich eine historische Meldung aus dem Wallis und aktuell aus der Umgebung von Genf.

Andrena susterai Alfken, 1914
Schusteras Körbchensandbiene

Systematik: Untergattung *Simandrena* Pérez, 1890, *combinata*-Gruppe.

Etymologie: Gewidmet dem tschechischen Entomologen Oldrich Šustera (1879–1971), dem Sammler des größten Teils der Typenserie. Als „Körbchensandbienen" werden wegen des gut ausgebildeten Sammelkörbchens auf den Propodeumseiten der Weibchen die Arten der Untergattung *Simandrena* bezeichnet.

Pollenquellen: Von dieser Art liegen keine Pollenuntersuchungen vor, aber sie ist offensichtlich polylektisch.

Lebensraum: Nester wurden an sonnigen Böschungen und Steppenabhängen, manchmal an Laubwaldrändern und auf Waldwiesen beobachtet. Vom Flachland bis in die kolline Höhenstufe.

Flugzeit: Bivoltin, die erste Generation im April und Mai, die zweite im Juli bis Mitte August .

Gesamtverbreitung: Von Bayern ostwärts bis in die Ukraine, südwärts bis auf die Peloponnes, nordwärts bis Südpolen. Auf der Balkanhalbinsel nur einige wenige Funde, fehlt in der Türkei. **SW-Eu:** I. **Z-Eu:** D, A. **NO-Eu:** CS, SK, PL, UA, UA(K), RUS(S). **SO-Eu:** H, RO, MD, SLO, HR, BG, GR.

Lokalverbreitung: Die Art wurde 2010 erstmals in Deutschland gefunden (Straubing/Bayern, SCHEUCHL 2011). In Österreich in allen Bundesländern außer Salzburg, Vorarlberg und Tirol nachgewiesen.

Andrena symphyti SCHMIEDEKNECHT, 1883
Beinwell-Sandbiene

Systematik: Untergattung *Euandrena* HEDICKE, 1933.

Etymologie: Von *Symphytum* (Beinwell), der einzigen Pollenquelle der Art.

Pollenquellen: Oligolektisch auf Borretschgewächse (Boraginaceae); im Gebiet mehr oder weniger ausschließlich auf Beinwell (*Symphytum*), im Süden und Südosten des Verbreitungsgebietes auch auf Wachsblume (*Cerinthe*) und Lotwurz (*Onosma*), vermutlich auch *Nonnea*.

Nestbau: Nistplätze sind kahle oder schütter bewachsene Flächen, vorwiegend in lehmigen Böden.

Lebensraum: Fluss- und Bachauen, Auwaldränder, Waldlichtungen, Kiesgruben. Vom Flachland bis in die kolline Höhenstufe.

Parasiten: Einzige bisher festgestellte Kuckuchsbiene ist *Nomada symphyti*. Erwachsene Tiere sind zuweilen von Fächerflüglern befallen.

Flugzeit: Univoltin von April bis Juni.

Gesamtverbreitung: Im Westen bis zum Ebro-Tal, nordwärts bis ca. 51°N, südwärts bis Süditalien und Peloponnes, ostwärts über Kleinasien bis in den Kaukasus und den Nordiran. Fehlt auf den Britischen Inseln und den großen Mittelmeerinseln. In der Türkei, im Kaukasus und im Iran in der ssp. *furcata* Friese, 1921. **SW-Eu:** E, I. **Z-Eu:** F, D, A, CH. **NO-Eu:** CS, SK, PL, UA, UA(K), RUS(S). **SO-Eu:** H, RO, MD, SLO, HR, SRB, BIH, AL, BG, GR. **W-As:** TR, Kaukasus, IR.

Lokalverbreitung: In Deutschland nur aus Sachsen und Bayern nachgewiesen. In Österreich aus allen Bundesländern mit Ausnahme von Tirol und Vorarlberg gemeldet. In der Schweiz nur von historischen Funden am Genfersee und aktuell aus dem Südtessin bekannt.

Andrena synadelpha Perkins, 1914
Breitrandige Lockensandbiene

Systematik: Untergattung *Andrena* Fabricius, 1775 *s. str.*

Nomenklatur: Synonym: *Andrena ambigua* Perkins, 1895.

Etymologie: Von griech. „*syn*“ = „zusammen mit, gemeinsam, zugleich, gleichartig“ und „*adelphos*“ = „Bruder“, also „Mitbruder“; wegen der Ähnlichkeit mit mehreren verwandten Arten. Der deutsche Name bezieht sich auf die über die Hälfte der Tergite einnehmenden Endränder; als „Lockensandbienen“ werden wegen der bei den Weibchen dieser Gruppe auffallend stark ausgebildeten Haarlocke auf den Hintertrochanteren (Flocculus) die Arten der Untergattung *Andrena s. str.* bezeichnet.

Pollenquellen: Polylektisch, nachgewiesen ist die Nutzung des Pollens der sechs Pflanzenfamilien Aceraceae, Apiaceae, Aquifoliaceae, Brassicaceae, Fagaceae und Rosaceae. Generell ist sie eher auf den Blüten von Büschen und Bäumen zu finden als von krautigen Pflanzen.

Nestbau: Nistet oft unter Büschen und an Wegrändern, bevorzugt in sandigen Böden.

Lebensraum: Typische Flussauenart, lichte Wälder, Waldsäume, Hecken, Heiden, Brach- und Ruderalflächen. Vom Flachland bis in die kolline Höhenstufe.

Parasiten: Erwachsene Tiere sind zuweilen vom Fächerflügler *Stylops nevinsoni* Perkins, 1918 befallen.

Flugzeit: In einer Generation von Mai bis Juli.

Gesamtverbreitung: Isoliert in Zentralspanien und den Pyrenäen, von Zentralfrankreich ostwärts bis Ungarn und Polen, nordwärts bis Wales, Südengland und Schleswig-Holstein, südwärts bis in die Schweiz und Südungarn, ein isoliertes Vorkommen am Ulu Dagh in der Türkei. Aus Ungarn völlig, aus Polen weitgehend verschwunden. **SW-Eu:** E. **Z-Eu:** F, B, LUX, NL, D, A, CH, DK. **N-Eu:** GB. **NO-Eu:** CS, SK, PL. **SO-Eu:** H, RO. **W-As:** TR.

Lokalverbreitung: In Deutschland mit Ausnahme von Thüringen, Sachsen und Sachsen-Anhalt aus allen Bundesländern nachgewiesen, im Norden häufiger als im Süden. In Österreich nur aus Ober- und Niederösterreich sowie dem Burgenland gemeldet. In der Schweiz aktuell aus der Nordschweiz, dem Jura-Südfuß und dem Wallis, historisch vom Genfersee und dem östlichen Mittelland.

Andrena taraxaci Giraud, 1861
Löwenzahn-Dörnchensandbiene

Systematik: Untergattung *Chlorandrena* Pérez, 1890, *taraxaci*-Gruppe.

Nomenklatur: Warncke betrachtet *A. rhenana* und *A. stabiana* als Unterarten von *A. taraxaci* (zum Artstatus vgl. Schwenninger 2015).

Etymologie: Von *Taraxacum officinale* (Wiesen-Löwenzahn), eine der Hauptpollenquellen der Art. Als „Dörnchensandbienen" werden wegen der Dörnchenreihe auf den Hinterschenkeln der Weibchen die Arten der Untergattung *Chlorandrena* bezeichnet.

Pollenquellen: Oligolektisch auf Asteraceae der Unterfamilie Cichorioideae, hauptsächlich wird Wiesen-Löwenzahn (*Taraxacum officinale)* und Huflattich (*Tussilago farfara)* besucht.

♀

Nestbau: Nistet meist in kleineren, unter günstigen Umständen auch in sehr großen Aggregationen, in lehmigem, sandigem, zuweilen auch feingrusigem Substrat auf kahlen oder schütter bewachsenen, ebenen bis abfallenden Flächen.

Lebensraum: Sand-, Lehm- und Kiesgruben, Fettwiesen, Hochwasserdämme, Waldsäume, Ruderalflächen. Vom Flachland bis in die montane Höhenstufe.

Parasiten: Kuckucksbiene ist *Nomada integra*, in Österreich auch *Nomada trispinosa*. Erwachsene Tiere sind zuweilen von Fächerflüglern befallen.

Flugzeit: In einer Generation von März bis Juni.

Gesamtverbreitung: Von Ostbayern über Ukraine bis Usbekistan; nordwärts bis Böhmen, Südpolen und Perm; südwärts bis zur Peloponnes und Iran. Auch aus der Ostpaläarktis (Mongolei, China, Ferner Osten) gemeldet, häufig als ssp. *orienticola*; hier dürfte es sich um eine eigene Art handeln. **SW-Eu:** {~~E~~}, I(Sa), I(Si), I. **Z-Eu:** F, {~~LUX~~} D, A, {~~CH~~}. **N-Eu:** RUS(N). **NO-Eu:** CS, SK, PL, UA, UA(K), RUS(S). **SO-Eu:** H, RO, SLO, HR, MK, SRB, BIH, BG, GR, GR(K). **N-Afr:** {~~MA, TN~~}. **W-As:** GR(Ä), CY. **W-As:** TR, SYR, IL, Kaukasus, IR. **Z-As:** TM, UZB, TAD, KAZ. **NO-As:** Prim? **SO-As:** MGL?, RC?, J?

Lokalverbreitung: In Deutschland nur in Ostbayern. In Österreich mit Ausnahme von Kärnten, Tirol und Vorarlberg aus allen Bundesländern gemeldet. Die Meldungen aus der Schweiz beziehen sich auf die verwandten Arten *A. rhenana* und *A. pastellensis* (vgl. Schwenninger 2015).

Andrena tarsata Nylander, 1848
Blutwurz-Sandbiene

Systematik: Untergattung *Tarsandrena* Osytshnjuk, 1984.

Etymologie: Bezieht sich auf die rotgelb gefärbten Hintertarsen. Der deutsche Name bezieht sich auf eine der Hauptpollenquellen.

Pollenquellen: Streng oligolektisch auf Fingerkraut (*Potentilla*, Fam. Rosaceae).

Nestbau: Nistet meist in kleineren, unter günstigen Bedingungen auch großen Aggregationen auf ebenen oder geneigten Flächen, zuweilen auch in Steilwänden, in lehmigen, sandigen oder torfigen, zuweilen sehr flachgründigen Böden.

Lebensraum: Boreo-montane Art, vom Flachland bis zur subalpinen Höhenstufe; lichte Wälder, Waldsäume, Lichtungen, Sand- und Bergheiden, Moore.

Parasiten: Kuckucksbiene ist die als *Nomada montana* beschriebene Form von *Nomada roberjeotiana*, möglicherweise auch *Nomada obtusifrons*. Erwachsene Tiere sind zuweilen von Fächerflüglern der Gattung *Stylops* befallen.

♀

Flugzeit: In einer Generation von Juni bis August.

Gesamtverbreitung: Vom Südfuß der Pyrenäen über Ukraine und Südrussland, Kasachstan, Sibirien, Mongolei und China bis Jakutien und Magadan; nordwärts bis Irland und Nordschottland (bis zu den Orkney-Inseln), in Norwegen bis 63,5°N, in Schweden und Finnland bis zum Polarkreis, Schmiedeknecht (1884) gibt sie sogar für Island an, leider ohne genauere Quellen zu nennen; südwärts bis Norditalien (Piemont, Trentino), Thrakien und Südfuß des Kleinen Kaukasus (fehlt ansonsten in der Türkei). In der Ost-Paläarktis in der ssp. *baicalensis* Cockerell, 1929. **SW-Eu:** E, I. **Z-Eu:** F, B, LUX, NL, D, A, CH, DK. **N-Eu:** IS?, IRL, GB, N, S, SF, EST, LT, LV, RUS(N). **NO-Eu:** CS, PL, BY, UA, RUS(S). **SO-Eu:** H, RO, SLO, HR, BIH, BG, GR. **W-As:** TR, Kaukasus. **Z-As:** UZB, KAZ. **Sib:** O-Sib. **NO-As:** Jak, Mag. **SO-As:** MGL, RC(Xinjiang, Sichuan).

Lokalverbreitung: In Deutschland mit Ausnahme von Mecklenburg-Vorpommern und Rheinland-Pfalz in allen Bundesländern nachgewiesen, in Niedersachsen und Thüringen nur historische Meldungen. In Österreich in allen Bundesländern außer Burgenland und Niederösterreich. In der Schweiz in den Alpen und im Jura; eine Meldung aus Basel beruht vermutlich auf einem Irrtum.

Andrena thoracica (Fabricius, 1775)
Rothaarige Düstersandbiene

Systematik: Untergattung *Melandrena* Pérez, 1890, *nitida*-Gruppe.

Etymologie: In seiner knappen Beschreibung („*Apis atra, thorace rufo, alis* *apice fuscis*") betont FABRICIUS den rostrot behaarten Brustabschnitt. Als „Düstersandbienen" werden wegen der bei vielen Arten vorherrschend dunklen Behaarung die Arten der Untergattung *Melandrena* bezeichnet.

Pollenquellen: Ausgesprochen polylektisch; nachgewiesen ist bislang die Nutzung des Pollens von 13 Pflanzenfamilien: Aceraceae, Amaryllidaceae, Apiaceae, Asteraceae, Brassicaceae, Campanulaceae, Caryophyllaceae, Lamiaceae, Onagraceae, Ranunculaceae, Rosaceae, Salicaceae und Tiliaceae.

Nestbau: Nistet auf kahlen oder schütter bewachsenen Flächen in sandigem, lössigem oder lehmigem Boden. Die Brutzellen wurden in einer Tiefe von bis zu 40 cm gefunden.

Lebensraum: Meeres- und Binnendünen, Flugsandfelder, Sand-, Kies- und Lehmgruben, Magerrasen. Vom Flachland bis in die montane Höhenstufe.

Parasiten: Kuckucksbiene ist *Nomada fulvicornis,* möglicherweise parasitieren gelegentlich auch *N. goodeniana* und *N. succincta* die Nester. Erwachsene Tiere sind zuweilen vom Fächerflügler *Stylops melittae* KIRBY, 1802 befallen.

Flugzeit: In zwei Generationen von April bis Juni und von Juli bis September.

Gesamtverbreitung: Transpaläarktisch. In Nordafrika von Marokko bis Tunesien. In Eurasien von Portugal über Ukraine, Südrussland und Sibirien sowie über Kleinasien, Kaukasus und Zentralasien bis Mongolei, Nordostchina und den Fernen Osten (Primorje, Khabarowsk, Magadan, Kamtschatka); nordwärts bis Wales und Mittelengland, in Norwegen nur einmal im Jahr 1800 an der Südspitze gefunden, in Schweden in Skåne, Halland, Vaster- und Östergötland (58,5°N), aber seit Jahrzehnten verschwunden, in Finnland keine Nachweise, in Russland bis Karelien und Perm; südwärts auf allen großen Mittelmeerinseln mit Ausnahme von Kreta, bis Israel und Südiran. Von manchen Autoren als Unterarten gewertete Färbungsformen sind die Taxa *kotschyi* MAVROMOUSTAKIS, 1953 (Ägäis, Türkei, Zypern, Levante), *melanoptera* HEDICKE, 1934 (Maghreb, Iberien, Korsika, Sardinien, Italien) und *sinensis* COCKERELL, 1910 (China, Korea). **SW-Eu:** P, E, E(B), F(K), I(Sa), I(Si), I. **Z-Eu:** F, B, LUX, NL, D, A, CH, DK. **N-Eu:** IRL, GB, N, S, EST, LT, LV, RUS(N). **NO-Eu:** CS, SK, PL, BY, UA, UA(K), RUS(S). **SO-Eu:** H, RO, MD, SLO, HR, MK, MNE, SRB, BIH, AL, BG, GR. **N-Afr:** MA, DZ, TN, ET. **W-As:** GR(Ä), CY, TR, SYR, JOR, RL, IL, Kaukasus, IR. **Z-As:** TM, UZB, TAD, KAZ. **Sib:** W-Sib, O-Sib. **NO-As:** Amur, Khab, Prim, Sach, Mag, Kam. **SO-As:** RC(Xinjiang, Heilongjiang, Liaoning, Hebei, Gansu), ROK.

Lokalverbreitung: In Deutschland aus allen Bundesländern nachgewiesen, aber fast völlig verschwunden, obwohl die Art noch vor einigen Jahrzehnten insbesondere an der Nordseeküste stellenweise in großen Populationen vorkam. In Österreich mit Ausnahme von Vorarlberg aus allen Bundesländern nachgewiesen, aber auch hier seit Jahrzehnten nicht mehr gefunden. In der Schweiz aktuell nur südlich des Alpen-Hauptkammes (Wallis, Tessin, Graubünden), historisch auch von Basel und Laufenburg gemeldet.

Andrena tibialis (Kirby, 1802)
Rotbeinige Rippensandbiene

Systematik: Untergattung *Plastandrena* Hedicke, 1933, *tibialis*-Gruppe.

Nomenklatur: Wird von manchen Autoren mit *A. morawitzi* vermengt. Im östlichen Teil des Gebiets tritt die Unterart *Andrena tibialis vindobonensis* Stöckhert, 1950 mit teilweise rot gefärbtem Hinterleib auf.

Etymologie: Kirby nimmt Bezug auf die rot gefärbten Hintertibien („*tibiis posticis fulvis*"). Als „Rippensandbienen" werden wegen des grob skulptierten Mittelfelds die Arten der *tibialis*-Gruppe aus der Untergattung *Plastandrena* bezeichnet.

Pollenquellen: Polylektisch; nachgewiesen ist bislang die Nutzung des Pollens der fünf Pflanzenfamilien Aceraceae, Asteraceae, Brassicaceae, Rosaceae und Salicaceae.

Nestbau: Nistet auf kahlen oder schütter bewachsenen Flächen, bevorzugt in Sand-, aber auch in Löss- oder Lehmböden. Der beim Nestbau anfallende Aushub wird kegelförmig um das Eingangsloch gehäuft.

Lebensraum: Sand-, Kies- und Lehmgruben, Waldsäume, Hecken, trockene Mager- und Fettwiesen, Hochwasserdämme, Ruderalflächen, Gärten und Parks. Vom Flachland bis in die montane Höhenstufe.

Parasiten: Kuckucksbiene sind *Nomada fulvicornis* und *N. goodeniana*. Erwachsene Tiere sind nicht selten von den Fächerflüglern *Stylops aterrimus* Newport, 1851 (früher mit *Stylops melittae* vermengt) und *Stylops nassonowi* Pierce, 1909 befallen.

Flugzeit: In einer Generation von März bis Juni. Es existieren auch einzelne Funde aus dem Juli und August – möglicherweise bildet sie eine partielle zweite Generation aus.

Gesamtverbreitung: Transpaläarktisch; fehlt in Nordafrika; von Portugal über Ukraine, Kleinasien, Kaukasus und Zentralasien bis in die Mongolei und die Pazifikküste des Fernen Ostens; nordwärts in Europa bis 62,5°N in Norwegen und 64°N in Schweden (keine Nachweise aus Finnland, aber aus dem benachbarten Oblast Leningrad, hier könnte es sich aber auch um fehlbestimmte *A. morawitzi* handeln), südwärts bis Malta, Südtürkei und Nordiran; fehlt in der Levante. Warncke unterscheidet folgende Unterarten: ssp. *concreta* Warncke, 1975 und ssp. *porzana* Warncke, 1975 (beide Türkei) sowie ssp. *corvina* Warncke, 1967 (Iberien); zudem wird von vielen Autoren das Taxon *vindobonensis* Stöckhert, 1950 (Österreich) als Unterart von *A. tibialis* aufgefasst. **SW-Eu:** E, I, M. **Z-Eu:** F, B, LUX, NL, D, A, CH, FL, DK. **N-Eu:** IRL?, GB, N, S, EST, LT, LV, RUS(N). **NO-Eu:** CS, SK, PL, BY, UA, UA(K), RUS(S). **SO-Eu:** H, RO, SLO, HR, MK, SRB, BIH, BG, GR. **W-As:** TR, Kaukasus, IR. **Z-As:** KAZ, KGZ. **Sib:** Sib. **NO-As:** Prim. **SO-As:** MGL, RC (Liaoning).

Lokalverbreitung: Im Gebiet fast überall, es fehlen lediglich Nachweise von der Schweizerischen Alpen-Nordflanke.

Andrena transitoria Morawitz, 1871
Rote Körbchensandbiene

Systematik: Untergattung *Simandrena* Pérez, 1890, *transitoria*-Gruppe.

Nomenklatur: Alfken glaubte in der ostösterreichischen Population eine eigene Unterart zu erkennen (*Andrena transitoria schmidti* Alfken, 1936).

Etymologie: Von lat. „*transitoria*“ = „vorübergehend, kurz, Durchgangs-“; Morawitz gibt keinen Hinweis zur Namensgebung. Der deutsche Name bezieht sich auf die teilweise rot gefärbten Tergite; als „Körbchensandbienen“ werden wegen des gut ausgebildeten Sammelkörbchens auf den Propodeumseiten der Weibchen die Arten der Untergattung *Simandrena* bezeichnet.

Pollenquellen: Polylektisch.

Nestbau: Nistet einzeln oder in kleineren Aggregationen.

Lebensraum: Trockenwarme Standorte, Brach- und Ruderalflächen, extensiv genutztes Grünland. Vom Flachland bis in die kolline Höhenstufe.

Flugzeit: In zwei Generationen von Mai bis Juni und von Juni bis September.

Gesamtverbreitung: Von Ostösterreich ostwärts über Ukraine, Kleinasien und Kaukasus bis nach Turkmenien, *Kirgistan und Afghanistan; nordwärts bis Mähren und Rostov am Don, südwärts bis auf die Peloponnes, die Ägäischen Inseln (nicht auf Kreta), Zypern, Israel und Zentraliran. Eine Meldung von Sizilien stammt aus dem Jahr 1889 und beruht mit ziemlicher Sicherheit auf einen Irrtum. **SW-Eu:** {~~I(Si)~~}. **Z-Eu:** A. **NO-Eu:** CS, SK, {~~PL~~}, UA, UA(K), RUS(S). **SO-Eu:** H, RO, MD, MK, BG, GR. **W-As:** GR(Ä), CY, TR, SYR, JOR, RL, IL, Kaukasus, AFG. **Z-As:** TM, TAD, *KGZ.

Lokalverbreitung: Im Gebiet nur aus dem Pannonikum (Niederösterreich, Burgenland) nachgewiesen, aber seit Jahrzehnten nicht mehr nachgewiesen.

Andrena tridentata (Kirby, 1802)

Hellfransige Herbstsandbiene

Systematik: Untergattung *Cnemidandrena* Hedicke, 1933, *nigriceps*-Gruppe.

Etymologie: Von lat. „*tridentata*“ = „dreizähnig“; das Labrum erscheint in der Ansicht von unten, jedenfalls in der Zeichnung bei Kirby, dreizähnig. Der deutsche Name bezieht sich auf die im Unterschied zur nächstverwandten *A. nigriceps* helle Endfranse des Hinterleibs; als „Herbstsandbienen“ werden die erst im Spätsommer und Herbst erscheinenden Arten der Untergattung *Cnemidandrena* bezeichnet.

Pollenquellen: Offensichtlich oligolektisch auf Korbblütler (Asteraceae); Blütenbesuch wurde hauptsächlich auf Pflanzen der Unterfamilie Asteroideae beobachtet, hauptsächlich auf Greiskraut (*Senecio*), in geringerem Maße auch auf Pflanzen der Unterfamilie Cichorioideae.

Lebensraum: Eher feuchtere Standorte, Waldsäume und Lichtungen, Heiden, Auen. Vom Flachland bis in die kolline Höhenstufe.

Flugzeit: In einer Generation von Juli bis September.

Gesamtverbreitung: Die Art wurde aus England beschrieben und dort vor allem im 19. Jahrhundert mehrfach gefunden (letztmals1944, vgl. Edwards & Broad 2006), weitere einigermaßen verlässliche Meldungen gibt es darüber hinaus nur aus Weißrussland, aus Lettland, aus der Ukraine und aus Russland (Perm, Baschkortostan, Krasnodar). In Shebl & Tadauchi (2009) wurde der Fund eines einzelnen Weibchens aus Kasachstan publiziert. Meldungen aus Polen und Ungarn bedürfen der Überprüfung. Zu den Meldungen aus Österreich und Italien bzw. Schweiz siehe unten. Eine irrtümliche Meldung aus Frankreich von Warncke (1967), die dieser später korrigierte (Warncke 1975b), wird nichtsdestoweniger hartnäckig in fast sämtlichen Verbreitungsangaben für diese Art oder in französischen Faunenlisten kopiert. **SW-Eu:** {~~P~~}, I. **Z-Eu:** {~~F~~}, A?, CH? **N-Eu:** GB, LV, RUS(N). **NO-Eu:** {~~PL~~}, BY, UA, RUS(S). **SO-Eu:** H. **Z-As:** KAZ.

Lokalverbreitung: Laut Grünwaldt (1977) entdeckte Dylewska eine kleine Serie der Art in der Coll. Graeffe im Naturhistorischen Museum Wien mit dem Etikett „Velden 28/6" und bezieht die Ortsbezeichnung auf Velden am Wörthersee. Warncke (1986a) stellte fest, dass die Etiketten nicht von Graeffe stammen, und vermutet eine Fehletikettierung. Später meldet Dylewska (1987) das Auffinden eines Weibchens im Naturhistorischen Museum Berlin aus „N-Italien (Roveredo)". Amiet et al. (2011) geben die Art für die Schweiz („Misox") an und beziehen sich ganz offensichtlich auf dieses Tier, indem sie die Ortsbezeichnung „Roveredo" als das Roveredo in der Schweiz interpretieren. Sollte die Art jemals im Gebiet vorgekommen sein, dürfte sie, ähnlich wie in Großbritannien, seit vielen Jahrzehnten verschwunden sein.

Andrena trimmerana (Kirby, 1802)

Atlantische Sandbiene

Systematik: Untergattung *Hoplandrena* Pérez, 1890, *trimmerana*-Gruppe.

Nomenklatur: Da *A. trimmerana* und *A. carantonica* (= *scotica*) morphologisch schwer zu trennen sind, kann bei Literaturangaben kaum sicher unterschieden werden, um welche der beiden Arten es sich handelt. Die erste Generation galt lange Zeit unter dem Namen *Andrena spinigera* (Kirby, 1802) als eigene Art.

Etymologie: Kirby widmete die Art dem englischen Entomologen Jacob Trimmer, der einen Teil der Typenserie fing. Deutscher Name: Die Art ist vorwiegend atlantisch verbreitet.

Pollenquellen: Polylektisch; bevorzugt auf Bäumen und Sträuchern.

Nestbau: Nistet einzeln oder kommunal auf kahlen oder schütter bewachsenen, flachen oder abschüssigen Flächen, zuweilen auch in Steilwänden.

Lebensraum: Magerrasen, Heiden, offene Wälder, Waldsäume, Hecken, Brach- und Ruderalfluren, Gärten. Vom Flachland bis in die montane Höhenstufe.

Parasiten: Kuckucksbiene ist *Nomada marshamella*. Erwachsene Tiere sind nicht selten von den Fächerflüglern *Stylops aterrimus* Newport, 1851 (früher mit *Stylops melittae* vermengt) und *Stylops nassonowi* Pierce, 1909 befallen.

Flugzeit: In zwei Generationen von März bis Mai und von Juli bis August.

Gesamtverbreitung: Aufgrund der schwierigen Abgrenzung zu *A. carantonica* etwas unklar. Nach als verlässlich erachteten Meldungen und eigenen Daten westpaläarktisch. In Nordafrika von Marokko und Algerien gemeldet. In Eurasien von Portugal über Ukraine und Südrussland sowie über Kleinasien bis zum Kaukasus; nordwärts in Großbritannien bis zur schottischen Grenze (in Irland nur von einem historischen und einem aktuellen Fundort bekannt), bis Belgien, Oberrheingraben, Mähren und Südpolen, südwärts bis Korsika und Sizilien (auf Sardinien nicht nachgewiesen), Peloponnes, Kreta und Südküste der Türkei. Meldungen aus Pakistan, der Mongolei, aus China und dem Fernen Osten beziehen sich mit an Sicherheit grenzender Wahrscheinlichkeit auf verwandte Arten. Das von Warncke als Unterart gewertete Taxon *fusca* Lepeletier, 1841 aus dem Maghreb ist lediglich eine Färbungsform. **SW-Eu:** P, E, E(B), F(K), I(Si), I. **Z-Eu:** F, B, D, A, CH, DK. **N-Eu:** IRL, GB, N, S, SF, EST, LT, LV, RUS(N). **NO-Eu:** CS, SK, ~~{PL}~~, BY, UA, UA(K), RUS(S). **SO-Eu:** H, RO, SLO, HR, MK, SRB, BG, GR. **N-Afr:** MA, DZ. **W-As:** GR(Ä), TR, Kaukasus. **Sib:** ~~{O-Sib}~~. **SO-As:** ~~{MGL}~~, ~~{RC}~~. **Ori:** PAK?

Lokalverbreitung: Im Gebiet sicher nur aus dem Tessin und dem Oberrheingraben nachgewiesen, Meldungen aus anderen Regionen der Schweiz und Deutschlands sowie aus Österreich beruhen zumindest größtenteils auf Verwechslungen mit *Andrena carantonica*.

Andrena truncatilabris Morawitz, 1878
Senf-Sandbiene

Systematik: Untergattung *Truncandrena* Warncke, 1968.

Etymologie: Von lat. „*truncatus*“ = „gestutzt, abgestutzt“ und „*labrum*“ = „Lippe“. Der deutsche Name bezieht sich auf eine der bevorzugten Nahrungspflanzen.

Pollenquellen: Bevorzugt, möglicherweise sogar oligolektisch auf Kreuzblütler (Brassicaceae), kann aber offensichtlich bei einem Mangel an blühenden Pflanzen dieser Familie auf Lippenblütler (Lamiaceae), vermutlich auch auf andere Familien ausweichen.

Lebensraum: Trockenwarme Standorte, Brachäcker, Feldraine, Steppenbiotope. Vom Flachland bis in die kolline Höhenstufe.

Parasiten: Kuckucksbiene ist *Nomada basalis*. Erwachsene Tiere sind zuweilen von Fächerflüglern befallen.

Flugzeit: In einer Generation von Mai bis Juni.

Gesamtverbreitung: Es gibt Gründe, die von Warncke als Unterarten aufgefassten Populationen von *A. truncatilabris* in Iberien und Nordafrika als eigene Arten zu betrachten; folgt man jedoch dem Konzept Warnckes, dann besiedelt *A. truncatilabris* in Nordafrika in der ssp. *nigropilosa* Warncke, 1967 den gesamten Maghreb; in Eurasien Portugal, Spanien und Südfrankreich in der ssp. *espanola* Warncke, 1967; die Stammform vom Piemont ostwärts über die Ukraine, Kleinasien und Kaukasus bis Baschkortostan im Norden und Nordiran im Süden, nordwärts bis Bordeaux und Mähren und südwärts bis Sizilien, Kreta, Zypern und Israel. **SW-Eu:** ~~{P}~~, ~~{E}~~, I(Si), I. **Z-Eu:** F, ~~{D}~~, A. **NO-Eu:** CS, SK, ~~{PL}~~, UA, UA(K), RUS(S). **SO-Eu:** H, RO, MD, SLO, HR, MK, SRB, BIH, BG, GR, GR(K). **N-Afr:** MA, DZ, ~~{LAR}~~. **W-As:** GR(Ä), CY, TR, SYR, RL, IL, Kaukasus, IR. **Z-As:** TM, KAZ.

Lokalverbreitung: Die Meldung von Friese (1896a) aus Hoflössnitz/Sachsen beruht auf einer Fehlbestimmung. Im Gebiet nur aus Niederösterreich nachgewiesen (historisch und aktuell).

Andrena tscheki Morawitz, 1872
Steinkraut-Sandbiene

Systematik: Untergattung *Truncandrena* Warncke, 1968.

Nomenklatur: Synonym: *Andrena nigrifrons* Smith, 1853.

Etymologie: Gewidmet dem österreichischen Entomologen Carl Tschek (?–1872). Der deutsche Name bezieht sich auf eine der bevorzugten Nahrungspflanzen.

Pollenquellen: Oligolektisch auf Kreuzblütler (Brassicaceae).

Nestbau: Nistet einzeln auf kahlen oder schütter bewachsenen Flächen in sandigen, lössigen oder lehmigen Böden.

Lebensraum: Trockenwarme Standorte, extensiv genutztes Grünland, Weinberge, Brachen, Magerrasen. Vom Flachland bis in die kolline Höhenstufe.

Parasiten: Kuckucksbiene ist wahrscheinlich *Nomada verna*. Erwachsene Tiere sind zuweilen von Fächerflüglern befallen.

Flugzeit: In einer Generation von März/April bis Mai.

Gesamtverbreitung: Vom Rheintal ostwärts bis zum Kaukasus, nordwärts bis Thüringen und Böhmen, südwärts im Westen bis in die Emilia-Romagna, im Osten bis zur Peloponnes und zur Südküste der Türkei, isoliert in Israel. Eine Meldung von Alfken (1935) aus Kashmir dürfte mit ziemlicher Sicherheit auf einem Irrtum beruhen. In der ssp. *tritica* Warncke, 1965 von Albanien, Mazedonien und Griechenland über Kleinasien bis Israel. **SW-Eu:** {~~E~~}, I. **Z-Eu:** F, {~~B~~} D, A, CH. **N-Eu:** {~~GB~~}. **NO-Eu:** CS, SK, {~~PL~~}, UA, RUS(S). **SO-Eu:** H, RO, SLO, HR, MK, SRB, BIH, AL, BG, GR. **N-Afr:** {~~*MA*~~}. **W-As:** GR(Ä), TR, SYR, IL, Kaukasus. **Ori:** IND?

Lokalverbreitung: In Deutschland aktuell nur in Hessen, Thüringen, Baden-Württemberg und Bayern, historisch in Nordrhein-Westfalen und Rheinland-Pfalz. In Österreich nur im Pannonikum (Niederösterreich, Burgenland). In der Schweiz 1905 aus dem Tessin gemeldet, seither verschollen.

Andrena vaga Panzer, 1799

Große Weiden-Sandbiene

Systematik: Untergattung *Melandrena* Pérez, 1890, *vaga*-Gruppe.

Nomenklatur: ynonym: *Andrena ovina* Klug, 1810; *Andrena pratensis* (Müller, 1776).

Etymologie: Von lat. „*vaga*" = „umherschweifend, umherziehend". Der deutsche Name bezieht sich auf die Körpergröße und auf die ausschließliche Pollenquelle.

Pollenquellen: Streng oligolektisch auf Weiden (*Salix*, Fam. Salicaceae).

Nestbau: Nistplätze sind kahle oder schütter bewachsene Flächen auf Wegen, in Sand- und Lehmgruben, auf Hochwasserdämmen, auf Wiesen. Die Nester werden auch an Standorten errichtet, die regelmäßig im Frühjahr überschwemmt werden. Bevorzugt Sand- und Lössböden, nistet zuweilen aber auch in Lehm, meist in mehr oder weniger großen Aggregationen. Der Hauptgang des Nestes reicht bis zu einer Tiefe von 60 cm, wo er sich in mehrere kurze Seitengänge verzweigt, an deren Ende eine oder mehrere Brutzellen errichtet werden. Die Nester werden am Beginn jedes Verproviantierungsfluges verschlossen.

Lebensraum: Flussauenart, Ersatzlebensräume sind Sand-, Kies- und Lehmgruben, Hochwasserdämme. Vom Flachland bis in die montane Höhenstufe.

Parasiten: Kuckucksbiene ist *Nomada lathburiana*, möglicherweise auch *Sphecodes gibbus*. Erwachsene Tiere sind häufig vom Fächerflügler *Stylops ater* Reichert, 1914 (früher mit *Stylops melittae* vermengt) befallen. Weitere Nestparasiten sind die Ölkäfer *Meloe violaceus, Meloe decorus* und *Meloe proscarabaeus* sowie die Wollschweber *Bombylius major* und *Bombylius discolor* und die Blumenfliege *Leucophora cinerea* (Fam. Anthomyiidae).

Flugzeit: In einer Generation von März bis Juni.

Gesamtverbreitung: Transpaläarktisch. Von den Pyrenäen bis Jakutien und Primorje, in Europa nordwärts bis Südengland, in Norwegen und Schweden bis 61°N, in Finnland bis 66°N, südwärts bis zum Alpensüdrand und Mazedonien; in der Türkei nur im Nordosten, Zentralasien, Sibirien. **SW-Eu:** I. **Z-Eu:** F, B, LUX, NL, D, A, CH, FL, DK. **N-Eu:** GB, N, S, SF, EST, LT, LV, RUS(N). **NO-Eu:** CS, SK, PL, BY, UA, RUS(S). **SO-Eu:** H, RO, MD, SLO, MK, SRB, BIH. **N-Afr:** {~~DZ~~}. **W-As:** TR, Kaukasus. **Z-As:** KAZ, KGZ. **Sib:** W-Sib. **NO-As:** Jak.

Lokalverbreitung: Im Gebiet aus allen Regionen gemeldet.

Andrena variabilis Smith, 1853
Breitscheitel-Sandbiene

Systematik: Untergattung *Hoplandrena* Pérez, 1890.

Nomenklatur: Synonym: *Andrena fimbriata* auct. nec Brullé, 1832.

Etymologie: Von lat. „*variabilis*" = „veränderlich"; Smith nimmt Bezug auf die variable Körperfarbe („*Both the sexes of this species vary in being sometimes more or less red*"). Deutscher Name: Der Scheitel, d. h. der Abstand zwischen Ozellen und Hinterrand des Kopfes, ist mit mehr als drei Ozellendurchmessern ungewöhnlich breit.

Pollenquellen: Polylektisch; Pollensammeln wurde beobachtet an Schmetterlingsblütlern (Fabaceae), Kreuzblütlern (Brassicaceae) und Korbblütlern (Asteraceae).

Nestbau: Nistet einzeln in lehmigen und sandigen Böden.

Lebensraum: Trockenwarme Standorte mit Steppencharakter, vom Flachland bis (außerhalb Mitteleuropas) in die montane Höhenstufe.

Parasiten: Einzige bisher festgestellte Kuckucksbiene ist *Nomada stigma* (im Gebiet noch nicht bearbeitet). Erwachsene Tiere sind zuweilen von Fächerflüglern befallen.

Flugzeit: In zwei Generationen von Mai bis Juni und von Juli bis September.

Gesamtverbreitung: In Nordafrika von Marokko bis Tunesien; in Europa von Portugal über Südwest- und Südfrankreich südlich des Alpenbogens ins Pannonikum und weiter über die Ukraine bis Südrussland und über Kleinasien und den Kaukasus bis Südostkasachstan, in Europa nordwärts bis Bordeaux, Niederösterreich, Slowakei und Luhansk, südwärts bis Sizilien und Kreta, im Nahen Osten bis Zypern, Israel und Südiran. **SW-Eu:** P, E, F(K), I(Sa), I(Si), I. **Z-Eu:** F, {~~D~~}, A, CH. **N-Eu:** {~~GB~~}, RUS(N). **NO-Eu:** SK, {~~PL~~}, UA, UA(K), RUS(S). **SO-Eu:** H, RO, SLO, HR, MK, SRB, BIH, AL, BG, GR, GR(K). **N-Afr:** MA, DZ, TN. **W-As:** GR(Ä), CY, TR, RL, IL, Kaukasus, IR. **Z-As:** {~~UZB~~}, KAZ.

Lokalverbreitung: Im Gebiet nur aus Niederösterreich gemeldet, es existieren jedoch keine aktuellen Nachweise.

Andrena varians (Kirby, 1802)
Veränderliche Lockensandbiene

Systematik: Untergattung *Andrena* Fabricius, 1775 *s. str.*

Nomenklatur: Bis in die jüngste Zeit wurde Rossi als Autor von *A. varians* angegeben. Bei der Beschreibung der *Andrena varians* glaubte Kirby, die *Apis varians* von Rossi (1792) vor sich zu haben, und bezog sich dabei auf die Abbildung des Männchens dieser Art, die Panzer (1798) in seiner „*Faunae Insectorum Germanicae*" gibt. Er ging dabei fälschlicherweise von der Annahme aus, Panzer habe das Geschlecht vertauscht und die Abbildung zeige das Weibchen der ihm vorliegenden *Andrena*-Art („*Panzer's figure very accurately represents our insect, but he is quite mistaken in asserting that it is a male*"). Rossi aber beschreibt ausführlich und völlig eindeutig die heute als *Megachile parietina* bekannte Biene, wobei er sogar auf den charakteristischen Nestbau eingeht. Da Panzers Zeichnung tatsächlich das Männchen der *Apis varians* Rossi, 1792 = *Megachile parietina* zeigt, schuf Kirby eine unbeabsichtigte Neubeschreibung und ist damit der Autor von *Andrena varians*.

Etymologie: Von lat. „*varians*" = „sich verändern, wechselnd, schwankend"; Rossi wählte den Namen „*varians*" wegen des verschiedenartigen Aussehens von Männchen und Weibchen. Der deutsche Name übernimmt die wissenschaftliche Bezeichnung; als „Lockensandbienen" werden wegen der bei den Weibchen dieser Gruppe auffallend stark ausgebildeten Haarlocke auf den Hintertrochanteren (Flocculus) die Arten der Untergattung *Andrena s. str.* bezeichnet.

Pollenquellen: Ausgesprochen polylektisch; nachgewiesen ist bislang die Nutzung des Pollens von zwölf Pflanzenfamilien: Aceraceae, Apiaceae, Aquifoliaceae, Asteraceae, Berberidaceae, Betulaceae, Brassicaceae, Caryophyllaceae, Grossulariaceae, Ranunculaceae, Rosaceae und Salicaceae.

Nestbau: Nistet einzeln oder in kleineren Aggregationen auf kahlen oder schütter bewachsenen Flächen in Sand- oder Lehmböden.

Lebensraum: Lichte Wälder, Waldsäume, Hecken, Brach- und Ruderalflächen, Gärten, Parks. Vom Flachland bis in die montane Höhenstufe.

Parasiten: Kuckucksbiene ist *Nomada panzeri.* Erwachsene Tiere sind zuweilen vom Fächerflügler *Stylops melittae* Kirby, 1802 befallen.

Flugzeit: In einer Generation von März/April bis Mai.

Gesamtverbreitung: Von den Pyrenäen ostwärts bis ins zentralasiatische Bergland (Ostkasachstan) und Westsibirien, in Europa südwärts bis Norditalien und Bulgarien, nordwärts in Norwegen und Schweden bis 60°N, auf der Verbreitungskarte von Warncke in Gusenleitner & Schwarz (2002) ein Fundpunkt in Schweden am Polarkreis, fehlt in Finnland; eine irrtümliche Meldung aus der Türkei (vgl. Warncke 1965), keine aus dem Kaukasus, fehlt in Nordafrika und dem Nahen Osten. Auf den Britischen Inseln von Wales bis Schottland. **SW-Eu:** I. **Z-Eu:** F, B, LUX, NL, D, A, CH, DK. **N-Eu:** GB, N, S, SF, EST, LT, LV, RUS(N). **NO-Eu:** CS, SK, PL, BY, UA, RUS(S). **SO-Eu:** H, RO, MD, SLO, HR, SRB, BIH, BG. **W-As:** TR. **Z-As:** KAZ.

Lokalverbreitung: Im Gebiet aus allen Regionen gemeldet.

Andrena ventralis Imhoff, 1832
Rotbauch-Sandbiene

Systematik: Untergattung *Larandrena* LaBerge, 1964.

Etymologie: Von lat. „*ventralis*“ = „den Bauch betreffend“; wegen der rot gefärbten Unterseite des Hinterleibs.

Pollenquellen: Streng oligolektisch auf Weiden (*Salix*, Fam. Salicaceae).

Nestbau: Nistet einzeln oder in kleineren bis großen Aggregationen auf kahlen oder schütter bewachsenen Flächen bevorzugt in sandigen, aber auch lössigen oder seltener lehmigen Böden.

Lebensraum: Flussauenart, Ersatzlebensräume sind Sand-, Kies- und Lehmgruben sowie Hochwasserdämme. Vom Flachland bis in die montane Höhenstufe.

Parasiten: Als Kuckucksbienen wurde eine kleine, dunkle Form der *Nomada alboguttata* und *Sphecodes pellucidus* beobachtet. Erwachsene Tiere sind zuweilen vom Fächerflügler *Stylops analis* Perkins, 1918 befallen.

Flugzeit: In einer Generation von März bis Mai.

Gesamtverbreitung: Transpaläarktisch. Ein isolierter Fund bei Madrid (Warncke 1975a), ansonsten vom südlichen Pyrenäen-Vorland ostwärts bis zum Baikalsee und Japan; in Europa nordwärts bis Estland und Moskau. Keine Nachweise von den Britischen Inseln, Skandinavien und der Peloponnes. In der Türkei nur ein einziger Fund bei Samsun (Warncke 1974b), im Kaukasus nur ein einziger Fund bei Achalziche/Georgien (Skhirtladze 1970). **SW-Eu:** E, I(Sa), I. **Z-Eu:** F, B, LUX, NL, D, A, CH, FL. **N-Eu:** EST, LT, LV, RUS(N). **NO-Eu:** CS, SK, PL, BY, UA, UA(K), RUS(S). **SO-Eu:** H, RO, SLO, HR, SRB, BIH, BG, GR. **W-As:** TR, Kaukasus. **Z-As:** KAZ. **Sib:** W-Sib, O-Sib. **SO-As:** RC (Gansu, Beijing, Shandong), J.

Lokalverbreitung: Im Gebiet aus allen Regionen gemeldet.

Andrena ventricosa Dours, 1873
Starkpunktierte Sandbiene

Systematik: Untergattung *Cryptandrena* Pittioni, 1948.

Etymologie: Von lat. „*venter*" = „Bauch" (im Sinne von Hinterleib); Dours nimmt Bezug auf den herzförmigen Hinterleib („*abdomine cordiforme*"). Der deutsche Name bezieht sich auf die extrem dicht und kräftig punktierten Tergite.

Pollenquellen: Vermutlich polylektisch, zeigt eine Vorliebe für Doldenblütler (Apiaceae).

Nestbau: Nester wurden in kleineren Aggregationen an kahlen oder schütter bewachsenen Flächen an Feldrainen, Brachäckern und unbefestigten Feldwegen gefunden.

Lebensraum: Trockenwarme Standorte, Brach- und Ruderalflächen, Steppen. Vom Flachland bis in die kolline Höhenstufe.

Parasiten: Kuckucksbiene ist *Nomada tridentirostris*. Erwachsene Tiere sind zuweilen von Fächerflüglern befallen.

Flugzeit: In Mitteleuropa wurde die Art überwiegend im April und Mai gefangen, ein kleiner Teil im Juli bis August, ist also möglicherweise partiell bivoltin.

Gesamtverbreitung: In Nordafrika nur je eine Meldung von Marokko und von Tunesien; in Europa von Spanien über Südwest- und Südfrankreich südlich des Alpenbogens ins Pannonikum und weiter über Kleinasien und den Kaukasus bis zum Kaspischen Meer, in Europa südwärts bis Sizilien und Kreta, im Nahen Osten bis Zypern und Israel. In der ssp. *ridibunda* Warncke, 1975 endemisch auf Zypern. **SW-Eu:** E, F(K), I(Si), I. **Z-Eu:** F, A. **NO-Eu:** SK. **SO-Eu:** H, RO, SLO, HR, MK, MNE, SRB, BIH, BG, GR, GR(K). **N-Afr:** MA, TN. **W-As:** GR(Ä), CY, TR, JOR, IL, Kaukasus.

Lokalverbreitung: Für das Gebiet nur von Kocourek (1963, 1966) für Österreich angegeben, allerdings ohne konkrete Funddaten, seither keine einzige Meldung. Aus der Schweiz keine Meldungen, jedoch ist die Kuckucksbiene von *A. ventricosa, Nomada tridentirostris*, aus dem Genfersee-Gebiet nachgewiesen, sodass ein Vorkommen möglich scheint.

Andrena verticalis Pérez, 1895
Quirlige Sandbiene

Etymologie: Pérez gibt keinen Hinweis zur Namensgebung.

Lokalverbreitung: Franz (1982) meldet die Art aus Oberösterreich. Es handelt sich um einen Abschreibfehler – gemeint ist *Andrena ventralis*.

Andrena vetula Lepeletier, 1841
Großkopf-Zangensandbiene

Etymologie: Von lat. „*vetula*“ = „die Alte“; vermutlich fühlte sich Lepeletier durch die weißgraue Körperbehaarung an eine Greisin erinnert. Der deutsche Name bezieht sich auf das Phänomen der Makrozephalie (abnorm vergrößerter Kopf bei einigen Individuen), das bei den Männchen dieser Art zu beobachten ist. Als „Zangensandbienen“ werden wegen der verlängerten Kiefernzangen der Männchen die Arten der Untergattung *Ptilandrena* bezeichnet.

Lokalverbreitung: Müller (1944) teilt mit, dass es sich bei zwei Männchen aus der Sammlung der Forstlichen Hochschule zu Tharandt, gefangen bei Dresden (Hoflössnitz), die Friese – allerdings mit einem Fragezeichen versehen – als *A. ranunculi* Pér. bestimmt hat, nach Mitteilung von Baer um *A. vetula* Lep. handeln soll. Bei diesem Nachweis liegt mit Sicherheit eine Fehletikettierung vor.

Andrena viridescens Viereck, 1916
Blaue Ehrenpreis-Sandbiene

Systematik: Untergattung *Poecilandrena* Hedicke, 1933, *viridescens*-Gruppe.

Nomenklatur: Synonym: *Andrena cyanescens* Nylander, 1852.

Etymologie: Von lat. „*viridescens*“ = „grünlich“, wegen des grünen (eher blauen) Metallschimmers der Körperoberfläche. Der deutsche Name bezieht sich auf die ausschließliche Pollenquelle.

Pollenquellen: Streng oligolektisch auf Ehrenpreis (*Veronica*, Fam. Plantaginaceae, Tribus Veronicaceae). Hauptpollenquelle in Mitteleuropa ist der Gamander-Ehrenpreis (*Veronica chamaedrys*).

Nestbau: Nistet einzeln, bisweilen in kleineren Aggregationen, auf kahlen oder mehr oder weniger bewachsenen Flächen in Sand-, Löss- oder Lehmböden.

Lebensraum: Extensiv genutztes, bevorzugt trockenes Grünland, Waldsäume, Hecken, Hochwasserdämme, Ruderalflächen, Sand-, Kies- und Lehmgruben, Gärten und Parks. Vom Flachland bis in die montane Höhenstufe.

Parasiten: Kuckucksbiene ist *Nomada atroscutellaris.* Erwachsene Tiere sind zuweilen von Fächerflüglern befallen.

Flugzeit: In einer Generation von April bis Juni.

Gesamtverbreitung: Von Südwestfrankreich bis in die Ostukraine, in Europa südwärts bis in die Emilia-Romagna und Thessalien; in der Türkei nur im europäischen Teil; ein isolierter Fund in Talysch/Aserbaidschan. **SW-Eu:** E, {~~I(Si)~~}, I. **Z-Eu:** F, B, NL, D, A, CH, FL, DK. **N-Eu:** {~~S~~}, {~~SF~~}, RUS(N). **NO-Eu:** CS, SK, PL, UA, RUS(S). **SO-Eu:** H, RO, SLO, HR, MK?, SRB, BG, GR. **N-Afr:** {~~MA~~}. **W-As:** TR, {~~IRQ~~}, Kaukasus.

Lokalverbreitung: In Deutschland mit Ausname von Schleswig-Holstein überall und mit Ausnahme von von Mecklenburg-Vorpommern aktuell nachgewiesen, allerdings im Süden häufiger als im Norden. In Österreich und der Schweiz fast überall.

Andrena vulpecula Kriechbaumer, 1873

Fuchspelz-Sandbiene

Systematik: Untergattung *Euandrena* Hedicke, 1933.

Etymologie: Von lat. „*vulpecula*“ = „Füchslein“, wegen der Farbe der Behaarung.

♀

Pollenquellen: Offensichtlich oligolektisch auf Zistrosengewächse (Cistaceae); einzige Pollenquelle im Gebiet ist das Sonnenröschen (*Helianthemum*), im Süden des Verbreitungsgebietes auch Zistrosen (*Cistus*).

Lebensraum: Trockenwarme Standorte, Magerrasen, Steppen, Brach- und Ruderalfluren. Vom Flachland bis in die kolline Höhenstufe.

Parasiten: Kuckucksbienen wurden noch nicht beobachtet. Erwachsene Tiere sind zuweilen von Fächerflüglern befallen.

Flugzeit: In einer Generation von April bis Juni.

Gesamtverbreitung: Mediterran. Von Portugal über Südfrankreich und die Südalpen bis Bulgarien, die Peloponnes und Kreta, nordwärts bis Südschweiz und Norditalien; in Nordafrika von Marokko bis Tunesien; isoliert in Israel. Keine Nachweise aus der Türkei. Von Marikovskaya (1972) mit Vorbehalt („*Andrena aff. vulpecula*") aus Kasachstan und jüngst auch aus dem Fernen Osten (Proshchalykin 2004) gemeldet, vermutlich handelt es sich in beiden Fällen um eine Verwechslung mit einer verwandten Art. Das von Warncke als Unterart gewertete Taxon *rubea* Pérez, 1895 ist lediglich eine Färbungsform. **SW-Eu:** P, E, F(K), I(Sa), I(Si), I. **Z-Eu:** F, ~~{A}~~, CH. **NO-Eu:** **SO-Eu:** SLO, HR, BG, GR. **N-Afr:** MA, DZ, TN. **W-As:** IL. **Z-As:** KAZ? **NO-As:** Amur?, Prim?

Lokalverbreitung: Die Meldung von Hofeneder & Fulmek (1942) für Österreich beruht auf einem Irrtum (Gusenleitner et al. 2012). Von Warncke (1967) erstmals für die Schweiz (Tessin) gemeldet und in den letzten Jahren mehrfach dort nachgewiesen.

Andrena wilkella (Kirby, 1802)
Grobpunktierte Kleesandbiene

Systematik: Untergattung *Taeniandrena* Hedicke, 1933, *ovatula*-Gruppe.

Nomenklatur: Synonyme: *Andrena convexiuscula* (Kirby, 1802); *Andrena xanthura* (Kirby, 1802).

Etymologie: Gewidmet dem englischen Entomologen und Illustrator D. Wilks. Der deutsche Name bezieht sich auf das im Unterschied zu den anderen Arten der Untergattung deutlich punktierte Tergit 1; als „Kleesandbienen" werden wegen der Spezialisierung auf Schmetterlingsblütler die Arten der *ovatula*-Gruppe aus der Untergattung *Taeniandrena* bezeichnet.

Pollenquellen: Oligolektisch auf Schmetterlingsblütler (Fabaceae).

Nestbau: Nistet einzeln, seltener in kleinen, unter günstigen Umständen auch großen Aggregationen auf kahlen oder schütter, zuweilen auch dichter bewachsenen Flächen in sandigen, lössigen, lehmigen oder leicht humosen Böden. Nistplätze sind meist horizontale Flächen, zuweilen aber auch Erdabbrüche und Steilwände.

Lebensraum: Waldsäume, Hecken, mehr oder weniger extensiv genutzte Mager- und Fettwiesen, Ruderalflächen, Sand-, Kies- und Lehmgruben. Vom Flachland bis in die montane und subalpine Höhenstufe.

Parasiten: Kuckucksbiene ist *Nomada striata*. Erwachsene Tiere sind zuweilen vom Fächerflügler *Stylops thwaitesi* Perkins, 1918 befallen.

Flugzeit: In einer Generation von März/April bis Juli.

Gesamtverbreitung: Holarktisch. In der Paläarktis von Portugal bis in den Fernen Osten, in Europa nordwärts Irland und Nordschottland, bis zu 62,5°N in Norwegen, 61,5°N in Schweden und 64°N in Finnland; in Nordafrika nur aus Marokko bekannt; südwärts bis Sizilien und Zypern, über Kleinasien, den Kaukasus, Zentralasien, Nordchina bis Jakutien; fehlt in Japan, keine Nachweise aus Korea. Erreicht in Kashmir die orientalische Region. In der Nearktis wurde die Art als *Andrena winkleyi* Viereck, 1907 beschrieben und lief unter diesem Namen, bis Malloch (1918) die Artgleichheit mit *A. wilkella* erkannte. Ob die Art in Nordamerika autochthon ist oder bereits in den frühen Anfängen der Globalisierung eingeschleppt wurde, kann nicht mehr mit Sicherheit entschieden werden; Malloch vermutet das letztere. Sie geht von Quebec und Minnesota im Norden bis Florida und New Mexico im Süden, fehlt also nur in den Rocky Mountains und an der Westküste. In Iberien und Marokko in der ssp. *beaumonti* Benoist, 1961. **SW-Eu:** P, E, E(B), F(K), I(Sa), I(Si), I. **Z-Eu:** F, B, LUX, NL, D, A, CH, FL, DK. **N-Eu:** IRL, GB, N, S, SF, EST, LT, LV, RUS(N). **NO-Eu:** CS, SK, PL, BY, UA, RUS(S). **SO-Eu:** H, RO, SLO, HR, MK, MNE, SRB, BIH, AL, BG, GR, GR(K). **N-Afr:** MA. **W-As:** CY, TR, SYR, Kaukasus. **Z-As:** UZB, TAD, KAZ, KGZ. **Sib:** W-Sib, O-Sib. **NO-As:** Jak, Amur, Prim. **SO-As:** MGL, RC (Tibet, Gansu, Shanghai, Shanxi, Jiangsu, Xinjiang). **Ori:** IND. **Nearktis:** USA, CDN.

Lokalverbreitung: Im Gebiet aus allen Regionen gemeldet.

Anthidiellum Cockerell, 1904
Zwergharzbienen

Systematik: Familie: Megachilidae – Unterfamilie: Megachilinae – Tribus: Anthidiini.

Nomenklatur: Die Gattung wurde bis vor Kurzem als Untergattung von *Anthidium* betrachtet; von einigen wenigen Autoren wird diese Auffassung beibehalten.

Literatur: Warncke (1980a); Banaszak & Romasenko (2001); Amiet et al. (2004); Scheuchl (2006).

Etymologie: Der wissenschaftliche Name ist ein Diminutiv des Gattungsnamens *Anthidium* (*Anthidiellum*-Arten sind in der Regel deutlich kleiner als *Anthidium*-Arten). Der deutsche Name drückt aus, dass zumindest die einzige im deutschsprachigen Raum vorkommende

Anthidiellum-Art zum Bau ihrer Brutzellen das Harz bestimmter Bäume verwendet; zudem ist sie deutlich kleiner als die Arten der Gattungen *Icteranthidium* und *Trachusa*, die den selben Baustoff verwenden und daher unter dem Namen „Harzbienen" zusammengefasst werden.

Körperliche Merkmale: Harzbienen besitzen einen schwarz-gelb gezeichneten und kaum behaarten Körper; eine nennenswerte Behaarung findet sich nur bei den Weibchen, wo sie auf der Unterseite des Hinterleibs eine dichte Pollensammelbürste bildet. Die Körpergröße reicht von 6–7 mm. Wie bei allen Megachilidae besitzen die Vorderflügel nur zwei Cubitalzellen. Die Tribus Anthidiini unterscheidet sich von den übrigen Megachiliden-Gattungen dadurch, dass die Discoidalader 2 sehr nahe bei oder hinter der Cubitalader 2 mündet. Zwischen den Klauen des letzten Tarsengliedes befindet sich ein deutlich ausgebildeter Haftlappen (Pulvillus), ein Merkmal, das weder bei den einheimischen Anthidiini noch bei *Rhodanthidium* und *Trachusa* auftritt, von denen *Anthidiellum* aber schon allein durch die geringe Körpergröße getrennt werden kann.

Lebensweise: *Anthidiellum*-Arten sind solitär lebende, pollensammelnde und nestbauende Bienen. Sie überdauern den Winter als Ruhelarve (Präpuppe) in ihrem Kokon.

Pollenquellen: Die einzige heimische Art ist polylektisch, der Gewöhnliche Hornklee (*Lotus corniculatus*) wird jedoch als Pollenquelle deutlich bevorzugt.

Nestbau: Die einzeln oder in kleinen Gruppen frei aufgehängten Brutzellen werden aus Baumharz errichtet, lediglich die Arten einer in der Orientalis heimischen Untergattung graben ihre Nester in den Boden, benutzen aber ebenfalls Harz zum Bau der Brutzellen und einer Eingangsröhre.

Parasiten: Bekannte Nestparasiten sind Bienen der Gattung *Stelis*, Erzwespen der Gattung *Leucospis* und Ölkäfer der Gattung *Sitaris*.

Besonderes Verhalten: Die Männchen übernachten oft einzeln oder zu mehreren festgebissen an Pflanzenstängeln.

Verbreitung/Artenzahl: In der Neuen Welt geht die Gattung von Kanada bis Brasilien und Bolivien, in der Alten Welt besiedelt sie das gemäßigte bis tropische Eurasien (nordwärts bis 63°N), Afrika, Philippinen, den Malaiischen Archipel bis Neuguinea und Salomonen sowie Nordostaustralien. Weltweit sind knapp 50 Arten bekannt. Im Gebiet ist nur eine einzige Art heimisch.

Anthidiellum strigatum (Panzer, 1805)
Zwergharzbiene

Nomenklatur: Synonym: *Anthidium strigatum* (Panzer, 1805).

Etymologie: Von lat. „*strigatum*“ = „mit einem Strich versehen“, bezieht sich auf die gelbe Zeichnung der Hinterleibssegmente. Der deutsche Name bezieht sich auf die Körpergröße und das von der Art verwendete Nistmaterial.

Pollenquellen: Polylektisch, *Lotus* wird deutlich bevorzugt. Als Pollenquellen nachgewiesen sind Pflanzen der Familien Campanulaceae, Cistaceae, Crassulaceae, Fabaceae und Rosaceae.

Nestbau: Für den Bau ihrer frei an Baumstämmen, Felsbrocken o. Ä. aufgehängten urnen- oder amphorenförmigen Brutzellen verwendet sie Baumharz.

Lebensraum: Sonnige Waldsäume und -lichtungen, Kahlschläge, Magerrasen, Ruderalflächen, Sand- und Kiesgruben, auch im Siedlungsbereich. Vom Flachland bis in die montane Höhenstufe.

Parasiten: Einzige Kuckucksbiene ist *Stelis signata*, die ihrem Wirt täuschend ähnlich sieht. Weitere Nestparasiten sind die Erzwespen der Gattungen *Dibrachys, Leucospis* und *Pteromalus*.

Flugzeit: Univoltin von Anfang Juni bis Ende August.

Gesamtverbreitung: Transpaläarktisch. In Nordafrika von Marokko bis Libyen. In Eurasien von Portugal über Ukraine, Südrussland und Sibirien sowie über Kleinasien, Kaukasus und Zentralasien bis China, Korea, Primorje und Khabarowsk; nordwärts bis Dänemark, Baltikum, in Finnland bis 63°N, in Russland bis Perm; südwärts auf allen großen Mittelmeerinseln und auf Malta, bis Israel und Irak. Fehlt auf den Britischen Inseln sowie in Norwegen und Schweden. Warncke unterscheidet die ssp. *contractum* (Latreille, 1809) in Nordafrika und Südiberien, die ssp. *luteum* (Friese, 1897) im östlichen Mittelmeerraum, ssp. *rubellum* (Friese, 1917) in Südtunesien und Libyen sowie die ssp. *crassepunctatum* (Popov, 1935) in Zypern, im Nahen Osten bis ins südliche turkestanische Becken; bis auf *crassepunctatum*, die eine eigene Art darstellt, dürften alle als reine Färbungsformen zu werten sein; der Name *rubellum* (Friese, 1917) ist überdies durch *Anthidium rubellum* Brauns, 1905 präokkupiert. **SW-Eu:** P, E, F(K), I(Sa), I(Si), I, M. **Z-Eu:** F, B, LUX, NL, D, A, CH, FL, DK. **N-Eu:** SF, EST, LT, LV, RUS(N). **NO-Eu:** CS, SK, PL, BY, UA, UA(K), RUS(S). **SO-Eu:** H, RO, SLO, HR, MK, MNE, BIH, SRB, AL, BG, GR, GR(K). **N-Afr:** MA, DZ, TN, LAR. **W-As:** GR(Ä), CY, TR, SYR, RL, IL, IRQ, Kaukasus, IR. **Z-As:** TM, UZB, TAD, KAZ. **Sib:** W-Sib, O-Sib. **NO-As:** Amur, JAO, Khab, Prim. **SO-As:** RC, KP, ROK.

Lokalverbreitung: Im Gebiet aus allen Regionen gemeldet.

Anthidium Fabricius, 1804
Wollbienen

Systematik: Familie: Megachilidae – Unterfamilie: Megachilinae – Tribus: Anthidiini.

Nomenklatur: Die ehemalige Großgattung *Anthidium* wurde in jüngerer Zeit in mehrere eigenständige Gattungen aufgeteilt, von denen im Gebiet *Anthidiellum, Anthidium, Icteranthidium, Pseudoanthidium, Rhodanthidium* und *Trachusa* vorkommen.

Literatur: Warncke (1980a); Banaszak & Romasenko (2001); Amiet et al. (2004); Scheuchl (2006). Weitere hilfreiche Arbeiten: Nieuwenhuijsen (2011a).

Etymologie: Der wissenschaftliche Name kommt von griech. „*anthos*“ = „Blume, Blüte“ und „*eidos*“ = „das zu Sehende, Anblick“. Der deutsche Name leitet sich davon ab, dass fast alle Arten zum Bau ihrer Brutzellen die abgeschabte Pflanzenwolle bestimmter Blätter verwenden.

Körperliche Merkmale: Im Regelfall besitzen Wollbienen einen schwarzen, gelb gezeichneten Körper; die Oberseite des Hinterleibes ist mehr oder weniger unbehaart. Wie bei allen Megachilidae besitzen die Vorderflügel nur zwei Cubitalzellen. Die Tribus Anthidiini unterscheidet sich von den übrigen Megachiliden-Gattungen dadurch, dass die Discoidalader 2 sehr nahe bei oder hinter der Cubitalader 2 mündet. Zwischen den Klauen des letzten Tarsengliedes befindet sich kein deutlich ausgebildeter Haftlappen (Pulvillus), ein Merkmal, das bei den einheimischen Anthidiini auch bei *Icteranthidium, Pseudoanthidium* und *Stelis* auftritt. Das Hinterleibsende der Männchen ist oft mit Zähnen oder dornartigen Fortsätzen bewehrt. Die Weibchen tragen am Bauch eine helle Haarbürste für den Pollentransport, dem gleichen Zweck dienen die dichten Haare auf dem Clypeus. Die Körpergröße reicht von 8 bis 18 mm; wie bei fast allen Gattungen der Tribus Anthidiini sind im Gegensatz zu den anderen einheimischen Gattungen die Männchen größer als die Weibchen.

Lebensweise: *Anthidium*-Arten sind solitär lebende, pollensammelnde und nestbauende Bienen. Sie überdauern den Winter als Ruhelarve (Präpuppe) in ihrem Kokon.

Pollenquellen: Von den meisten Arten werden Schmetterlingsblütler (Fabaceae) und Lippenblütler (Lamiaceae) als Pollenquelle bevorzugt.

Nestbau: Die einheimischen Arten nisten alle in den unterschiedlichsten vorhandenen Hohlräumen, wo sie aus Pflanzenwolle errichtete Brutzellen anlegen. Als Baumaterial für die einzelnen Brutzellen dienen abgeschabte Pflanzenhaare von Pflanzen wie der Königskerze (*Verbascum*), einiger Ziestarten (*Stachys*) oder der Eselsdistel (*Onopordum*).

Parasiten: Bekannte Nestparasiten sind Bienen der Gattung *Stelis* und Erzwespen der Gattung *Leucospis*.

Besonderes Verhalten: Wollbienen-Männchen zeigen das ausgeprägteste Territorialverhalten unter den einheimischen Bienen. Dabei wird jedes größere in das beanspruchte Territorium eindringende Insekt vehement attackiert. Bei den meisten Arten, wie bei der häufigen *Anthidium manicatum*, besitzen die Weibchen an der Außenseiten der Beine ein Polster aus dichten, feinen Haaren, mit denen sie Drüsensekrete bestimmter Pflanzen aufsaugen, um damit das Baumaterial ihrer Brutzellen zu imprägnieren, vermutlich als Schutz gegen schädliche Mikroorganismen. Die Männchen übernachten oft einzeln oder zu mehreren festgebissen an Pflanzenstängeln.

Verbreitung/Artenzahl: Die Gattung ist auf allen Kontinenten verbreitet mit Ausnahme von Australien und den indomalayischen Tropen. Insgesamt sind rund 120 Arten bekannt, davon wurden neun im Gebiet nachgewiesen.

Anthidium cingulatum Latreille, 1809
Gürtel-Wollbiene

Systematik: Untergattung *Anthidium* Fabricius, 1804 *s. str.*

Etymologie: Von lat. „*cingulatum*“ = „mit einem Gurt versehen“, wegen der bindenartigen gelben Zeichnung der Hinterleibssegmente.

Pollenquellen: Polylektisch. Das Sammeln von Pollen wurde beobachtet bei Pflanzen der Familien Asteraceae, Fabaceae und Lamiaceae.

Nestbau: Nistet in vorhandenen Hohlräumen unterschiedlichster Art. Die aus Pflanzenwolle gefertigten Brutzellen werden linear angeordnet.

Lebensraum: Trockenwarme Standorte. Vom Flachland bis in die montane Höhenstufe.

Flugzeit: In einer Generation von Juni bis August.

Gesamtverbreitung: In Nordafrika von Algerien bis Libyen gemeldet, eine zweifelhafte Meldung von 1916 aus Ägypten. In Eurasien von Portugal über Südeuropa, Ukraine und Südrussland sowie über Kleinasien, Kaukasus bis Tadschikistan; nordwärts bis Nordschweiz und Böhmen; südwärts bis Sardinien und Sizilien, bis Kreta, Zypern und Iran; nicht in der Levante. Aus China und Sibirien nur alte Meldungen aus dem 19. Jahrhundert, die sich vermutlich auf andere Arten beziehen. **SW-Eu:** P, E, E(B), I(Sa), I(Si), I. **Z-Eu:** F, A, CH. **NO-Eu:** CS, SK, UA, UA(K), RUS(S). **SO-Eu:** H, RO, SLO, HR, MK, MNE, SRB, BG, GR, GR(K). **N-Afr:** MA, DZ, TN, LAR, ET. **W-As:** GR(Ä), CY, TR, Kaukasus, IR. **Z-As:** TM, UZB, TAD, KAZ, KGZ. **Sib:** W-Sib? **SO-As:** RC?

Lokalverbreitung: Im Gebiet nur aus Ostösterreich und der Schweiz (aktuell vom Genfersee, historisch vom Mittelland und Jura-Südfuß, von Graubünden und von Basel) nachgewiesen.

Anthidium diadema Latreille, 1809

Diadem-Wollbiene

Systematik: Untergattung *Anthidium* Fabricius, 1804 *s. str.*

Etymologie: Von lat./griech. „*diadema*“ = „Königsbinde, Diadem“, wegen der ausgedehnten gelben Kopfzeichnung.

Pollenquellen: Vermutlich polylektisch. Am häufigsten an Fabaceae und Lamiaceae zu beobachten.

Nestbau: Nistet in vorhandenen Hohlräumen unterschiedlichster Art. Die aus Pflanzenwolle gefertigten Brutzellen werden linear angeordnet.

Lebensraum: Trockenwarme Standorte. Vom Flachland bis in die kolline Höhenstufe.

Flugzeit: In einer Generation von Juni bis Juli.

Gesamtverbreitung: In Nordafrika von Marokko bis Libyen. In Eurasien von Portugal über Südeuropa, Ukraine und Südrussland sowie über Kleinasien, Kaukasus bis Tadschikistan; nordwärts bis Wallis, Kroatien und Ukraine (eine Meldung aus Südbelgien beruht vermutlich auf einem Irrtum oder bezieht sich auf ein eingeschlepptes Tier); südwärts bis Sizilien (nicht auf Sardinien und Korsika), bis Kreta, Zypern und Iran; nicht in der Levante. Eine Meldung aus China bedarf der Überprüfung. **SW-Eu:** P, E, I(Si), I. **Z-Eu:** F, B?, CH. **NO-Eu:** UA, UA(K), RUS(S). **SO-Eu:** HR, MK, BIH, BG, GR, GR(K). **N-Afr:** MA, DZ, TN, LAR. **W-As:** CY, TR, Kaukasus, IR. **Z-As:** TM, UZB, TAD, KAZ, KGZ. **SO-As:** RC(?).

Lokalverbreitung: Im Gebiet nur eine Meldung von Friese (1893) aus dem Wallis.

Anthidium florentinum (Fabricius, 1775)

Florentiner Wollbiene

Systematik: Untergattung *Anthidium* Fabricius, 1804 *s. str.*

Etymologie: Von lat. „*florens* (*florentis*)“ = „blühend, glänzend, mächtig“, wahrscheinlicher aber von Florenz, da Fabricius als Herkunft der Art Südeuropa angibt („Habitat in Europa australi“).

Pollenquellen: Polylektisch, bevorzugt an Fabaceae und Lamiaceae.

Nestbau: Nistet in vorhandenen Hohlräumen unterschiedlichster Art. Das Baumaterial der Brutzellen besteht aus den abgeschabten Haaren von Stängeln und Blättern verschiedener Pflanzen sowie aus Distelstacheln. Ein Großteil des als Nest verwendeten Hohlraums wird mit dieser Pflanzenwolle gefüllt. Der Nestverschluss aus dem gleichen Material ist von variabler Dicke (2–5 cm), die Außenseite wird oft mit einer dünnen konkaven Schicht aus zerkauten Blättern überzogen.

Lebensraum: Trockenwarme Standorte. Vom Flachland bis in die montane Höhenstufe.

♂

Parasiten: Als Kuckucksbiene wurde *Stelis punctulatissima* bekannt. Weitere Nestparasiten sind Erzwespen der Gattungen *Melittobia, Monodontomerus* und *Leucospis*.

Flugzeit: In einer Generation von Juni bis August.

Gesamtverbreitung: Transpaläarktisch. Die Art wurde erst 2010 in Algerien zum ersten Mal für Nordafrika nachgewiesen. In Eurasien von Portugal über Südeuropa, Ukraine, Südrussland und Sibirien sowie über Kleinasien, Kaukasus, Zentralasien, Tibet und Mongolei bis Primorje; nordwärts bis in den Elsass und die Slowakei; südwärts bis Sizilien (nicht auf Korsika und Sardinien) und Malta, Kreta, Zypern, Israel, Irak und Pakistan. **SW-Eu:** P, E, E(B), I(Si), I, M. **Z-Eu:** F, D, A, CH. **N-Eu:** RUS(N). **NO-Eu:** SK, {~~PL~~}, UA, UA(K), RUS(S). **SO-Eu:** H, RO, SLO, HR, MK, MNE, BIH, SRB, AL, BG, GR, GR(K). **N-Afr:** DZ. **W-As:** GR(Ä), CY, TR, SYR, RL, IL, IRQ, Kaukasus, IR. **Z-As:** TM, UZB, TAD, KAZ, KGZ. **Sib:** W-Sib, O-Sib. **NO-As:** Prim. **SO-As:** RC (Xinjiang, Tibet, Gansu, Innere Mongolei). **Ori:** PAK.

Lokalverbreitung: Wird von SMITH (1854) pauschal für „Germany" angegeben, später dann von FRIESE (1896a) aus Dresden als Erstfund für Deutschland gemeldet, zusammen mit einigen anderen Bienenarten, die in Sachsen so weit außerhalb ihres Verbreitungsgebietes wären, dass hier von einer Fehletikettierung ausgegangen werden muss. SCHWENNINGER (2007b) fand *A. florentinum* bei Heilbronn. SCHENCK (1869) meldet die Art für Österreich, bezieht sich aber mit an Sicherheit grenzender Wahrscheinlichkeit auf Funde in den sog. „Österreichischen Küstenlanden" (Istrien, Gebiet um Triest). In der Schweiz wurde sie im 19. Jahrhundert mehrfach im Wallis nachgewiesen, danach keine Meldungen mehr, bis sie 2006 und 2013 im Tessin nachgewiesen wurde (AMIET ET AL. 2011, AMIET ET AL. 2014).

Anthidium loti Perris, 1852
Hornklee-Wollbiene

Systematik: Untergattung *Anthidium* Fabricius, 1804 *s. str.*

Nomenklatur: Synonym: *Anthidium variegatum* (Fabricius, 1781).

Etymologie: Von *Lotus* (Hornklee), einer der bevorzugten Pollenquellen der Art. Der deutsche Name bezieht sich ebenfalls auf eine der bevorzugten Nahrungspflanzen.

Pollenquellen: Polylektisch, bevorzugt an Fabaceae und Lamiaceae.

Nestbau: Nistet in vorhandenen Hohlräumen unterschiedlichster Art. Die aus Pflanzenwolle gefertigten Brutzellen werden linear angeordnet.

Lebensraum: Trockenwarme Standorte. Vom Flachland bis in die kolline Höhenstufe.

Flugzeit: Von Mai bis August.

Gesamtverbreitung: Von Portugal über Südeuropa, Ukraine und Südrussland sowie über Kleinasien und Kaukasus bis Turkmenien und Kasachstan; nordwärts bis Schweiz, Österreich und Slowakei; südwärts bis Sizilien (nicht auf Korsika und Sardinien), Peloponnes, Ägäis, Israel und Iran. **SW-Eu:** P, E, I(Si), I. **Z-Eu:** F, A, CH. **NO-Eu:** SK, UA, UA(K), RUS(S). **SO-Eu:** H, RO, SLO, HR, MK, MNE, SRB, BIH, AL, BG, GR. **W-As:** GR(Ä), CY, TR, SYR, RL, IL, Kaukasus, IR. **Z-As:** TM, KAZ.

Lokalverbreitung: Im Gebiet nur ein historischer Nachweis vom Lago di Muzzano bei Lugano/Schweiz (Frey-Gessner 1908–1912).

Anthidium manicatum (Linnaeus, 1758)
Garten-Wollbiene

Systematik: Untergattung *Anthidium* Fabricius, 1804 *s. str.*

Etymologie: Von lat. „*manicatum*“ = „mit einer Hand versehen“, wegen der fünf mehr oder weniger fingerförmigen Fortsätze am Hinterleibsende der Männchen. Der deutsche Name bezieht sich auf einen Lebensraum, in dem man die Art häufig findet.

Pollenquellen: Eingeschränkt polylektisch an Pflanzen mit zygomorphen Blüten aus den Familien Fabaceae, Lamiaceae und Scrophulariaceae.

Nestbau: Nistet in vorhandenen Hohlräumen unterschiedlichster Art. Die aus abgeschabten Härchen verschiedener Pflanzen (Pflanzenwolle) gefertigten Brutzellen werden darin in Gruppen oder linear angeordnet. Mittels speziell ausgebildeter Haarflecken auf den Vorderbeinen sammeln die Weibchen die Drüsensekrete von Pflanzen, um damit die Brutzellen zu imprägnieren. Nach Fertigstellung der letzten Brutzelle werden am Nesteingang Partikel aus verschiedensten Materialien angehäuft (Steinchen, Erdkrumen, Teile von Grashalmen sowie Laub- und Blütenblättern etc.). Eher

selten erhält das Nest noch einen zusätzlichen Verschluss aus Pflanzenwolle.

Lebensraum: Siedlungsschwerpunkt sind Gärten und Parks, ansonsten warme Waldsäume, Waldlichtungen, Hochwasserdämme, Sand-, Kies- und Lehmgruben. Vom Flachland bis in die montane Höhenstufe.

Parasiten: Kuckucksbiene ist *Stelis punctulatissima*. Erwachsene Tiere sind zuweilen von Milben befallen.

Flugzeit: Univoltin von Mitte Juni bis Mitte August.

Gesamtverbreitung: Transpaläarktisch; eingeschleppt in die USA und nach Brasilien, Argentinien und Uruguay. In Nordafrika von den Azoren (hier wohl eingeschleppt) und den Kanaren bis Libyen. In Eurasien von Portugal über Süd-, Mittel- und Osteuropa, Ukraine, Südrussland und Sibirien sowie über Kleinasien, Kaukasus, Zentralasien, Tibet bis Innere Mongolei und Burjatien; nordwärts bis Südschottland, in Norwegen bis 61°N, in Schweden bis 62°N, in Finnland bis 64°N, in Russland bis Perm; südwärts auf allen großen Mittelmeerinseln und Malta (nicht auf Kreta und Zypern), bis in den Libanon und Iran. Nach Warncke in der ssp. *barbarum* Lepeletier, 1841 in Nordafrika. **SW-Eu:** P(A)+, P, E, E(B), F(K), I(Sa), I(Si), I, M. **Z-Eu:** F, B, LUX, NL, D, A, CH, FL, DK. **N-Eu:** GB, N, S, SF, EST, LT, LV, RUS(N). **NO-Eu:** CS, SK, PL, BY, UA, UA(K), RUS(S). **SO-Eu:** H, RO, SLO, HR, MK, SRB, BIH, AL, BG, GR. **N-Afr:** E(C), MA, DZ, TN, LAR. **W-As:** GR(Ä), TR, SYR, RL, Kaukasus, IR. **Z-As:** TAD, KAZ, KGZ. **Sib:** W-Sib, O-Sib. **SO-As:** RC (Xinjiang, Innere Mongolei). **Nearktis:** USA+, CDN+. **Neotropis:** BR+, RA+, ROU+.

Lokalverbreitung: Im Gebiet überall die häufigste Wollbienenart.

Anthidium montanum Morawitz, 1864
Berg-Wollbiene

Systematik: Untergattung *Anthidium* Fabricius, 1804 *s. str.*

Etymologie: Von lat. „*montanum*“ = „Bergs-, Gebirgs-, auf den Bergen befindlich“, wegen des Lebensraumes der Art.

Pollenquellen: Möglicherweise oligolektisch, da alle bisher belegten Pollenquellen zur Familie Fabaceae gehören.

Nestbau: Nester wurden bisher nur in vorhandenen Höhlungen im Boden, in Felsritzen oder zwischen Steinen beobachtet. Baumaterial der Brutzellen ist Pflanzenwolle, z. B. von Edelweiß (*Leontopodium alpinum*) und Spinnwebiger Hauswurz (*Sempervivum arachnoideum*).

Lebensraum: Von der montanen bis in die alpine Höhenstufe.

Flugzeit: In einer Generation von Juni bis August.

Gesamtverbreitung: Gebirge Europas (Pyrenäen, Alpen, Schwarzwald, Erzgebirge, Karpaten, Berge der Krim) und Zentralasiens. **Z-Eu:** F, D, A, CH, FL, DK. **NO-Eu:** CS, SK, PL, UA, UA(K), RUS(S). **SO-Eu:** H, SLO, HR. **Z-As:** TAD, KGZ. **SO-As:** RC (Xinjiang, Siquan, Qinghai).

Lokalverbreitung: Im Gebiet fast ausschließlich in den Alpen; außerhalb der Alpen in der Schweiz nur ein einziger aktueller Fund aus dem Jura so-

wie ein historischer aus dem Kanton Bern, sowie in Deutschland aktuell im Hochschwarzwald, historische Funde aus dem Fichtel- und dem Erzgebirge.

Anthidium oblongatum (Illiger, 1806)

Felsspalten-Wollbiene

Systematik: Untergattung *Proanthidium* Friese, 1898.

Nomenklatur: Synonym: *Proanthidium oblongatum* (Illiger, 1806).

Etymologie: Von lat. „*oblongatum*" = „länglich, verlängert"; Illiger gibt keine Auskunft zur Namenswahl. Der deutsche Name bezieht sich auf eine häufig verwendete Nistmöglichkeit.

Pollenquellen: Polylektisch; nachgewiesen ist die Nutzung des Pollens der drei Pflanzenfamilien Crassulaceae, Fabaceae und Resedaceae. Bevorzugt werden *Lotus corniculatus*, *Onobrychis viciifolia* und *Sedum reflexum*.

Nestbau: Nistet in vorhandenen Hohlräumen unterschiedlichster Art. Die Brutzellen werden aus Pflanzenwolle gefertigt.

Lebensraum: Trockenwarme Standorte wie blütenreiche Magerrasen, Hecken, Trockenmauern, Ruderalstellen, Abwitterungshalden, Straßenböschungen, Bahndämme, Hochwasserdämme, auch im Siedlungsbereich (blütenreichen Brachflächen, Steingärten). Die Nistplätze sind räumlich oft

♂

weit getrennt von den Pollenquellen und Nistrequisiten. Vom Flachland bis in die montane Höhenstufe.

Parasiten: In Frankreich wurde *Stelis punctulatissima* aus einem Nest von *A. oblongatum* gezogen. Ein weiterer Brutparasit ist nach Beobachtungen aus Deutschland und der Schweiz mit hoher Wahrscheinlichkeit die Goldwespe *Chrysis marginata*.

Flugzeit: In einer Generation von Mitte Juni bis Anfang August.

Gesamtverbreitung: In Nordafrika von Marokko gemeldet. In Eurasien von Portugal über Süd-, Mittel- und Osteuropa, Ukraine, Südrussland und Sibirien (ostwärts bis Tuva) sowie über Kleinasien, Kaukasus bis in die zentralasiatischen Gebirge und, sofern die Angaben von Wu (2006) zutreffen, bis in die Innere Mongolei; in Europa nordwärts bis Niederlande, Brandenburg, Zentralpolen und Weißrussland; südwärts bis Sizilien (nicht auf Korsika und Sardinien), Thessalien (nicht auf Kreta und Zypern), Iran und Afghanistan. Eingeschleppt im Osten der USA. Nach Warncke in der ssp. *berberum* Warncke , 1980 in Nordafrika. **SW-Eu:** P, E, I(Si), I. **Z-Eu:** F, B, LUX, NL, D, A, CH, FL. **NO-Eu:** CS, SK, PL, BY, UA, UA(K), RUS(S). **SO-Eu:** H, RO, SLO, HR, BG, GR. **W-As:** TR, Kaukasus, IR, AFG. **Z-As:** TM, UZB, TAD, KAZ, KGZ. **Sib:** O-Sib. **SO-As:** RC(Xinjiang, Innere Mongolei?). **Nearktis:** USA.

Lokalverbreitung: Im Gebiet aus allen Regionen gemeldet.

Anthidium punctatum Latreille, 1809
Weißfleckige Wollbiene

Systematik: Untergattung *Anthidium* Fabricius, 1804 *s. str.*

Etymologie: Von lat. „*punctatum*“ = „punktiert“, wegen der punktförmigen weißlichen Hinterleibszeichnung.

Pollenquellen: Polylektisch. Nachgewiesen ist die Nutzung des Pollens der drei Pflanzenfamilien Crassulaceae, Fabaceae und Resedaceae. Bevorzugt werden *Lotus corniculatus* und *Reseda*-Arten.

Nestbau: Nester wurden bisher nur in vorhandenen Höhlungen im Boden, in Felsritzen oder zwischen Steinen beobachtet. Die aus Pflanzenwolle gefertigten Brutzellen werden linear angeordnet. Als Nestverschluss dienen Partikel aus verschiedensten Materialien (Steinchen, Erdkrumen, Pflanzenteile).

♂

Lebensraum: Trockenwarme Standorte wie blütenreiche Magerrasen, Hecken, Trockenmauern, Ruderalstellen, Abwitterungshalden, Straßenböschungen, Bahndämme, Hochwasserdämme, auch im Siedlungsbereich (blütenreichen Brachflächen, Steingärten). Vom Flachland bis in die subalpine Höhenstufe.

Flugzeit: In einer Generation von Mai bis September.

Gesamtverbreitung: Transpaläarktisch. In Nordafrika von Marokko bis Tunesien. In Eurasien von Portugal über Süd-, Mittel- und Osteuropa, Ukraine, Südrussland und Sibirien sowie über Kleinasien, Kaukasus und Zentralasien bis Nordchina, Mongolei, Primorje und Khabarowsk; in Europa nordwärts bis zur Nord- und Ostseeküste (nicht auf den Britischen Inseln) und in Norwegen und Schweden bis 62°N, in Finnland bis 63,5°N, in Russland bis Perm; südwärts bis Sizilien (nicht auf Korsika und Sardinien), Thessalien (nicht auf Kreta und Zypern), Israel und Iran. **SW-Eu:** P, E, I(Si), I. **Z-Eu:** F, B, LUX, NL, D, A, CH, FL, DK. **N-Eu:** N, S, SF, EST, LT, LV, RUS(N). **NO-Eu:** CS, SK, PL, BY, UA, RUS(S). **SO-Eu:** H, RO, SLO, HR, MK, SRB, BG, GR. **N-Afr:** MA, DZ, TN. **W-As:** GR(Ä), TR, SYR, IL, Kaukasus, IR. **Z-As:** TM, UZB, TAD, KAZ, KGZ. **Sib:** W-Sib, O-Sib. **NO-As:** Jak, Amur, JAO, Khab, Prim. **SO-As:** MGL, RC (Xinjiang, Tibet).

Lokalverbreitung: Im Gebiet fast überall, in Deutschland nördlich der Mittelgebirge nur sehr vereinzelt.

Anthidium septemspinosum Lepeletier, 1841
Siebendornige Wollbiene

Systematik: Untergattung *Anthidium* Fabricius, 1804 *s. str.*

Etymologie: Von lat. „*septem*-“ = „sieben-“ und lat. „*spinosum*“ = „dornig, stachelig“, wegen der sieben dornartigen Fortsätze am Hinterleibsende der Männchen. Der deutsche Name folgt der wissenschaftlichen Bezeichnung.

Pollenquellen: Vermutlich polylektisch. Pollensammelnde Weibchen wurden beobachtet auf *Centaurea* und verschiedenen Lamiaceae.

Parasiten: Als Nestparasiten sind Erzwespen der Gattung *Monodontomerus* bekannt.

Flugzeit: In einer Generation von Juni bis August.

Gesamtverbreitung: Transpaläarktisch. In Nordafrika nur eine Meldung aus Algerien durch Alfken (1914). In Eurasien von Nordostspanien über Süd- und Osteuropa, Ukraine, Südrussland und Sibirien sowie über Kasachstan, Nordchina und Mongolei bis Korea, Japan und Ferner Osten (Primorje, Khabarowsk), in der Türkei bis Erzurum (keine Nachweise aus dem Kaukasus, Turkmenien und Iran); in Europa nordwärts bis Rheinland-Pfalz, historisch von St. Petersburg, aktuell von Perm und Sverdlovsk; südwärts bis Lazio (nicht auf den großen Mittelmeerinseln), Anatolien und Afghanistan. **SW-Eu:** E, I. **Z-Eu:** F, D, A, CH. **N-Eu:** RUS(N). **NO-Eu:** CS, SK, BY, UA, RUS(S). **SO-Eu:** H, RO, SLO, HR, BG. **N-Afr:** DZ. **W-As:** GR(Ä), TR, AFG. **Z-As:** KAZ. **Sib:** W-Sib, O-Sib. **NO-As:** Amur, Khab, Prim. **SO-As:** MGL, RC (Nordosten), ROK, J.

Lokalverbreitung: In Deutschland aktuell und historisch nur in Baden-Württemberg und Rheinland-Pfalz, in der Schweiz historisch aus Basel, aktuell aus dem Süden (Tessin und Puschlav), in Österreich nur im Osten (Burgenland, Niederösterreich, Steiermark, Wien).

Anthophora Latreille, 1803
Pelzbienen

Systematik: Familie: Apidae – Unterfamilie: Apinae – Tribus: Anthophorini.

Nomenklatur: Die ehemalige Großgattung *Anthophora* wurde in jüngerer Zeit in mehrere eigenständige Gattungen aufgeteilt, von denen im Gebiet *Amegilla* und *Anthophora* vorkommen. Manche Bearbeiter spalten die Gattung noch weiter auf, indem sie von den einheimischen Arten *A. furcata* in eine eigene Gattung *Clisodon* und *A. bimaculata* in die Gattung *Heliophila* stellen.

Literatur: Schmiedeknecht (1930); Scheuchl (2000); Amiet et al. (2007). Weitere hilfreiche Arbeiten: Herrero Hernández & Pérez-Iñigo Mora (1982); Brooks (1988); Rasmont (1995); Nieuwenhuijsen (2007).

Etymologie: Der wissenschaftliche Name setzt sich zusammen aus griech. „*anthos*" = „Blume, Blüte" und „*phorós*" = „tragen". Ihren deutschen Namen trägt die Gattung wegen der dichten pelzartigen Behaarung der meisten Arten.

Körperliche Merkmale: Pelzbienen erinnern durch die oft dicht geschlossene Behaarung an Hummeln. Bei einigen Arten sind mehr oder weniger auffällige Haarbinden auf dem Hinterleib ausgebildet. Die Körperlänge beträgt zwischen 8 und 18 mm. Die Vorderflügel besitzen drei annähernd gleich große Cubitalzellen. Beim Männchen ist der Kopfschild weiß oder gelb gezeichnet, bei vielen Arten sind die Fußglieder der Mittelbeine durch eigenartige arttypische Haarwimpern ausgezeichnet, die eine noch nicht völlig erforschte Rolle bei der Begattung spielen. Die Zunge ist sehr lang, bei einigen Arten erreicht sie eine Länge von über 20 mm. Pelzbienen sind Beinsammler; auch wenn sie noch kein ausgebildetes Körbchen wie Hummeln und Honigbienen besitzen, so doch eine gut entwickelte Schienenbürste. Ihr Flug ist reißend schnell, wird aber oft abrupt durch Phasen des Stillstehens in der Luft unterbrochen.

Lebensweise: *Anthophora*-Arten sind solitär lebende, pollensammelnde und nestbauende Bienen. Die Erscheinungszeit der verschiedenen Arten ist über das ganze Jahr verteilt, jedoch besitzen alle mitteleuropäischen Arten nur eine Generation im Jahr. Den Winter überdauern sie je nach Art als Ruhelarve (Präpuppe) oder als Imago.

Pollenquellen: Die einheimischen Arten stellen mit Ausnahme von *Anthophora balneorum* und *Anthophora furcata* keine großen Ansprüche an die Pollenquellen, auch wenn sie aufgrund ihrer langen Zunge Blumen mit tiefen Kelchen wie Lungenkraut (*Pulmonaria*), Natternkopf (*Echium*), Taubnessel (*Lamium*), Salbei (*Salvia*) etc. bevorzugen.

Nestbau: Pelzbienen nisten meist in selbst gegrabenen Hohlräumen in der Erde. Von den einheimischen Arten weicht hiervon nur *A. furcata* ab: Sie nagt ihre Brutgänge in morsches Holz. Erdnester werden oft in Steilwänden von Lehm- oder Kiesgruben angelegt, wobei einige Arten unter günstigen Bedingungen größere Nestaggregationen bilden. Die Brutzellen bestehen aus einem Gemisch von Erdsubstrat, in der Regel Lehm oder Löss, und einem Sekret aus der Dufourdrüse der Biene. Die Innenwände werden mithilfe des Pygidiums geglättet und danach mit einer wachsartigen Schicht überzogen.

Parasiten: Als Kuckucksbienen treten Arten der Gattungen *Melecta*, *Thyreus* und *Coelioxys*, zuweilen auch *Ammobates punctatus* auf. Weitere Nestparasiten sind Larven von Ölkäfern und der Keulenwespe *Sapyga clavicornis*. Als Parasitoide, die sich von den Pelzbienenlarven ernähren, wurden verschiedene Erzwespen, Goldwespen und Wollschweber beobachtet.

Besonderes Verhalten: Pelzbienen-Männchen patrouillieren entlang bestimmter Bahnen auf der Suche nach Weibchen. Jedes Männchen besitzt eine eigene Flugbahn, die es durch Duftstoffe markiert hat und die es tage-, mitunter wochenlang mit oder gegen den Uhrzeigersinn, aber in der Regel immer in einer Richtung, abfliegt. Zuweilen finden sich Männchen zum Übernachten einzeln, oft aber auch in Gemeinschaft, festgebissen an Pflanzenstängeln. Die Männchen mancher Arten sind – insbesondere im Mittelmeerraum – als Bestäuber von Orchideen der Gattung *Ophrys* bekannt, deren Blüten durch Geruch und Aussehen Pelzbienen-Weibchen imitieren; den dadurch angelockten Männchen wird dann beim Kopulationsversuch ein Pollenpaket angeheftet.

Verbreitung/Artenzahl: Die meisten Arten von *Anthophora* leben in der Holarktis (Europa, Asien ohne die tropischen Regionen, Nordamerika, Nordafrika), in Afrika besiedelt die Gattung auch die Gebiete südlich der Sahara, einige Arten finden sich auch in Südamerika und in Südostasien. Weltweit sind rund 350 Arten bekannt, im Gebiet wurden bisher 18 Arten gemeldet, drei davon irrtümlich.

Anthophora aestivalis (Panzer, 1801)

Gebänderte Pelzbiene

Systematik: Untergattung *Pyganthophora* Brooks, 1988.

Nomenklatur: Synonym: *Anthophora intermedia* Lepeletier, 1841.

Etymologie: Von lat. „*aestivus*“ = „sommerlich“, wegen der Flugzeit im Sommer. Der deutsche Name bezieht sich auf die schwarze Querbinde in der sonst braunen Behaarung des Thoraxrückens bei den Weibchen.

Pollenquellen: Polylektische Art. Nachgewiesen ist die Nutzung des Pollens von drei Pflanzenfamilien: Cistaceae, Fabaceae und Lamiaceae.

Nestbau: Nistet in selbst gegrabenen Gängen in Erdabbrüchen und Steilwänden, bevorzugt in sandigem, lössigem oder lehmigem Boden, zuweilen auch in lehmverfugtem Mauerwerk. Bildet unter günstigen Bedingungen kleine Nestaggregationen.

Lebensraum: Sand- und Lehmgruben, Ruderalflächen, sonnige Waldsäume und Hecken mit Abbruchkanten. Vom Flachland bis in die subalpine Höhenstufe.

Parasiten: Als Kuckucksbiene tritt regelmäßig *Melecta luctuosa* auf.

Flugzeit: Univoltin von Ende April bis Anfang Juli.

Gesamtverbreitung: Von Portugal über Süd-, Mittel- und Osteuropa, Ukraine und Südrussland bis ins östliche Sibirien (Zabajkal) sowie über Kleinasien zum Kaukasus; nordwärts bis Niederlande, Lettland und Kirov; südwärts bis zum Mittelmeer und dem nördlichen Iran. Meldungen aus der Levante beziehen sich vermutlich auf *A. retusa*. **SW-Eu:** E, I(Si), I. **Z-Eu:** F, B,

LUX, NL, D, A, CH, FL, DK. **N-Eu:** LV, RUS(N). **NO-Eu:** CS, SK, PL, UA, RUS(S). **SO-Eu:** H, RO, SLO, HR, BG, GR. **N-Afr:** DZ. **W-As:** GR(Ä)?, TR, SYR, JOR(?), IL(?), Kaukasus, IR. **Z-As:** TM, TAD. **Sib:** W-Sib, O-Sib.

Lokalverbreitung: Im Gebiet aus allen Regionen gemeldet.

Anthophora affinis Brullé, 1832
Zweibindige Pelzbiene

Systematik: Untergattung *Lophanthophora* Brooks, 1988.

Nomenklatur: Synonym: *Anthophora biciliata* Lepeletier, 1841.

Etymologie: Von lat. „*affinis*" = „angrenzend" im Sinne von „ähnlich". Der deutsche Name bezieht sich auf das Synonym *biciliata*, von lat. „*bi-*" = „zwei-" und „*ciliata*" = „bewimpert", wegen der spärlich ausgebildeten Haarbinden auf den Hinterleibssegmenten 2 und 3.

Pollenquellen: Polylektisch.

Flugzeit: In einer Generation von April bis Juli.

Gesamtverbreitung: In Nordafrika von Algerien und Ägypten gemeldet. In Eurasien von Portugal über Süd- und Südosteuropa, Ukraine und Südrussland sowie über Kleinasien und Kaukasus bis Kirgistan; nordwärts bis ins Aostatal, Ungarn und Rumänien; südwärts bis Sizilien, Albanien, Thessalien, Ägäis und Israel. **SW-Eu:** P, E, F(K), I(Si), I. **Z-Eu:** F, {~~CH~~}. **NO-Eu:** UA, RUS(S). **SO-Eu:** H, RO, HR, AL, GR, GR(K). **N-Afr:** DZ, ET. **W-As:** GR(Ä), SYR, IL, Kaukasus, IR, AFG? **Z-As:** TM, UZB, TAD?, KAZ.

Lokalverbreitung: Im Gebiet nur eine Meldung aus dem Wallis, die sich nachträglich als Irrtum erwies (vgl. Amiet et al. 2007). Die Art kommt jedoch im Aostatal vor, sodass ein Vorkommen in der Südschweiz nicht auszuschließen ist.

Anthophora balneorum Lepeletier, 1841
Natternkopf-Pelzbiene

Systematik: Untergattung *Paramegilla* Friese, 1897.

Nomenklatur: Synonym: *Anthophora obesa* Giraud, 1863.

Etymologie: Von lat. „*balneus*“ = „Bad“. Lepeletier gibt keine Erklärung zur Namensgebung; möglicherweise beobachtete er ein ähnliches Nestbauverhalten wie bei *A. plagiata*, bei der die Weibchen zuweilen in Anzahl an Wasserstellen, wie z. B. Quellaustritte, angetroffen werden können, wo sie für den Nestbau verwendetes Wasser aufnehmen. Der deutsche Name bezieht sich auf die ausschließliche Pollenquelle.

Pollenquellen: Oligolektisch auf Natternkopf (*Echium*).

Nestbau: Nistet in selbst gegrabenen Hohlräumen in der Erde, bisweilen in Aggregationen. Nestarchitektur möglicherweise ähnlich wie bei *Anthophora plagiata*, allerdings erwähnt Ferton (1902), der ein Nest beobachtete, nichts dergleichen. Der Eingang dieses Nestes war unter einem Grasbüschel versteckt; der Nestgang war 10–13 cm lang und enthielt eine zusammenhängende Gruppe von Brutzellen, die außen mit ca. 4 mm großen und innen mit kleineren, rund einen Millimeter großen Steinchen verkleidet waren, die aus einiger Entfernung herbeigeschafft wurden.

Lebensraum: Trockenwarme Standorte. Vom Flachland bis zur Obergrenze der montanen Höhenstufe.

Flugzeit: In einer Generation von Mai bis August.

Gesamtverbreitung: Westmediterran. In Nordafrika aus Marokko und Algerien bekannt. In Europa von Portugal über Spanien, Frankreich inkl. Korsika, Italien inkl. Sardinien und Sizilien bis ins Engadin. In Ostfrankreich, Italien und Schweiz in der ssp. *obesa* Giraud, 1863. **SW-Eu:** P, E, F(K), I(Sa), I(Si), I. **Z-Eu:** F, CH. **N-Afr:** MA, DZ.

Lokalverbreitung: Im Gebiet nur aus der Schweiz nachgewiesen, historisch vom Kanton Waadt über die ganzen Südalpen bis ins Münstertal und nordwärts bis Chur, aktuell nur mehr im Engadin und im Wallis.

Anthophora bimaculata (PANZER, 1798)
Dünen-Pelzbiene

Systematik: Untergattung *Heliophila* KLUG, 1807.

Nomenklatur: Synonyme: *Saropoda rotundata* (PANZER, 1798); *Heliophila bimaculata* (PANZER, 1798).

Etymologie: Von lat. „*bi-*" = „zwei" und „*maculata*" = „gefleckt". Der deutsche Name bezieht sich auf einen Lebensraum, in dem die Art anzutreffen ist.

Pollenquellen: Polylektisch; nachgewiesen ist die Nutzung von Pollen der acht Pflanzenfamilien Asteraceae, Boraginaceae, Campanulaceae, Fabaceae, Hypericaceae, Lamiaceae, Lythraceae und Rosaceae.

Nestbau: Nistet in selbst gegrabenen Gängen in sandigem Boden, unter günstigen Bedingungen in kleineren bis großen Aggregationen.

Lebensraum: Bevorzugt trockenwarme Sand-, aber auch Lössgebiete. Vom Flachland bis in die montane Höhenstufe.

Parasiten: Als Kuckucksbiene sind *Ammobates punctatus* und *Coelioxys rufescens* bekannt; in England wurde auch *Coelioxys elongata* an den Nestern beobachtet.

Flugzeit: In einer Generation von Mai bis September.

Gesamtverbreitung: In Nordafrika von Marokko bis Libyen; eine Meldung von FRIESE (1915) aus Eritrea ist fraglich. Von Portugal über Süd-, Mittel- und Osteuropa, Ukraine und Südrussland bis Ostsibirien (Zabajkal) sowie über

Kleinasien und Kaukasus bis in den Iran und Kirgistan; nordwärts bis Mittelengland (angeblich jüngst auch auf Irland nachgewiesen), Dänemark, Lettland, Kirov; südwärts bis Sizilien (auch auf Korsika, keine Nachweise von Sardinien), Albanien, Bulgarien (keine Nachweise aus Griechenland), Israel und Iran. Eine Meldung von 1880 aus der Mongolei dürfte sich auf eine ähnliche Art beziehen. **SW-Eu:** P, E, F(K), I(Si), I. **Z-Eu:** F, B, NL, D, A, CH, DK. **N-Eu:** GB, EST, LT, LV, RUS(N). **NO-Eu:** CS, SK, PL, BY, UA, RUS(S). **SO-Eu:** H, RO, SLO, HR, MK, SRB, AL, BG. **N-Afr:** MA, DZ, TN, LAR, ER? **W-As:** TR, IL, Kaukasus, IR. **Z-As:** TM, UZB, TAD, KAZ, KGZ. **Sib:** O-Sib. **SO-As:** MGL?

Lokalverbreitung: In Deutschland aus allen Bundesländern nachgewiesen, mit Ausnahme von Schleswig-Holstein überall aktuell. In Österreich mit Ausnahme von Salzburg, Tirol und Vorarlberg aus allen Bundesländern gemeldet. In der Schweiz aktuell aus Graubünden und dem Wallis, historisch vom Genfer-, Thuner- und Bielersee sowie Tessin, Mesox und Domleschg.

Anthophora borealis Morawitz, 1864
Nördliche Pelzbiene

Systematik: Untergattung *Mystacanthophora* Brooks, 1988.

Etymologie: Von lat. „*borealis*“ = „nordisch“; Morawitz beschrieb die Art nach Tieren aus der Umgebung von St. Petersburg.

Pollenquellen: Polylektisch; nachgewiesen ist die Nutzung des Pollens von Schmetterlings- und Lippenblütlern.

Nestbau: Nistet an besonnten Stellen in selbst gegrabenen Gängen in sandigem Boden, meist in kleineren Aggregationen.

Lebensraum: Waldränder und Lichtungen, aufgelassene Lehmgruben.

Parasiten: Als Kuckucksbiene ist *Thyreus orbatus* bekannt.

Flugzeit: In einer Generation von Juni bis August.

Gesamtverbreitung: Transpaläarktisch. Von Belgien über Mittel- und Osteuropa, Ukraine, Südrussland und Sibirien sowie über Kleinasien und Kaukasus bis Nordwestchina, Mongolei und den Fernen Osten (Jakutien, Amur); nordwärts bis Karelien, jedoch noch nie aus den skandinavischen Ländern gemeldet, südwärts bis in die Alpen, Bulgarien und Kaukasus. **SW-Eu:** I. **Z-Eu:** B, NL, D, A. **N-Eu:** EST, LV, RUS(N). **NO-Eu:** CS, SK, PL, BY, RUS(S). **SO-Eu:** H, RO, BG. **W-As:** TR, Kaukasus. **Z-As:** TAD, KAZ. **Sib:** W-Sib, O-Sib. **NO-As:** Jak, Amur, JAO. **SO-As:** MGL, RC (Xinjiang, Innere Mongolei).

Lokalverbreitung: In Deutschland nur historische Funde, in Österreich aktuell aus dem Burgenland, historische Meldungen aus Kärnten und der Steiermark sind zweifelhaft. Fehlt in der Schweiz.

Anthophora canescens Brullé, 1832
Weißgraue Pelzbiene

Systematik: Untergattung *Anthophora* Latreille, 1803 *s. str.*

Nomenklatur: Synonym: *Podalirius nigrocinctus* (Lepeletier, 1841).

Etymologie: Von lat. „*canescere*“ = „weißgrau werden“, wegen der Farbe der Behaarung.

Pollenquellen: Vermutlich polylektisch. Beobachtet wurde der Besuch von Lamiaceae und Brassicaceae der Gattungen *Sinapis, Cheiranthus* und *Raphanus*.

Nestbau: Nistet in selbst gegrabenen Gängen in der Erde.

Lebensraum: Trockenwarme Flächen. Vom Flachland bis in die montane Höhenstufe.

Flugzeit: In einer Generation von Mai bis Juli, im Mittelmeerraum bereits ab Februar.

Gesamtverbreitung: Mediterran. In Nordafrika von Marokko bis Ägypten. In Europa von Nordostspanien und den Balearen über Korsika, Sardinien, Sizilien, Mittel- und Süditalien, Dalmatien, Griechenland, Kreta, Zypern bis Israel und Ägypten, fehlt offensichtlich in der Türkei. **SW-Eu:** E, E(B), I(Sa), I(Si), I. **Z-Eu:** A, CH. **SO-Eu:** HR, GR, GR(K). **N-Afr:** ET. **W-As:** GR(Ä), CY, IL.

Lokalverbreitung: Im Gebiet nur zwei Nachweise aus dem 19. Jahrhundert aus der Schweiz (Genthod bei Genf 1876, Frey-Gessner 1907) und Österreich (Leitha-Gebirge, Morawitz 1872). Da Frey-Gessner in 33 Jahren Sammeltätigkeit kein weiteres Tier aus der Schweiz zu Gesicht bekam, hält er eine Verschleppung per Eisenbahn aus Südfrankreich nach Genf für möglich.

Anthophora crassipes Lepeletier, 1841
Dickschenklige Pelzbiene

Systematik: Untergattung *Petalosternon* Brooks, 1988.

Etymologie: Von lat. „*crassus*“ = „dick, fett“ und „*pes*“ = „Fuß“, wegen der verdickten Beine der Männchen.

Pollenquellen: Polylektisch; nachgewiesen ist die Nutzung von Pollen der drei Pflanzenfamilien Boraginaceae, Cistaceae und Lamiaceae. Am häufigsten auf Natternkopf (*Echium*) und Schwarznessel (*Ballota*) zu beobachten.

Nestbau: Keine Daten verfügbar; nistet sicherlich wie die verwandten Arten in selbst gegrabenen Gängen in der Erde.

Lebensraum: Trockenwarme Flächen. Vom Flachland bis in die montane Höhenstufe.

Flugzeit: In einer Generation von Juni bis August, vereinzelt bis in den Oktober.

Gesamtverbreitung: In Nordafrika historische Meldungen von Marokko und Algerien. In Eurasien von Portugal über Mittel- und Osteuropa und Ukraine bis Südrussland; nordwärts bis Zentralfrankreich, Süddeutschland und Mähren; südwärts in Italien bis Lazio und Sizilien, auf der Balkanhalbinsel nur in Nordkroatien. Eine Meldung aus Israel ist überprüfungsbedürftig. **SW-Eu:** P, E, I(Si), I. **Z-Eu:** F, D, A, CH. **NO-Eu:** CS, SK, UA, RUS(S). **SO-Eu:** H, RO, HR. **N-Afr:** DZ. **W-As:** TR, IL(?).

Lokalverbreitung: In Deutschland und Österreich nur historische Funde (Baden-Württemberg, Rheinland-Pfalz, Hessen bzw. Niederösterreich, Tirol), im Gebiet aktuell nur in der Schweiz (Wallis, Tessin).

Anthophora crinipes Smith, 1854
Haarschopf-Pelzbiene

Systematik: Untergattung *Anthophora* Latreille, 1803 *s. str.*

Nomenklatur: *Lasius salviae* Panzer, 1805 – dieser Name hätte zwar Priorität, da aber kein Tier, das Panzer zur Beschreibung vorlag, erhalten ist und seine Beschreibung bzw. Abbildung nicht eindeutig auf *A. crinipes* zu beziehen ist, muss der Name als *nomen dubium* betrachtet werden und ist somit ungültig.

Etymologie: Von lat. „*crinis*“ = „Haar“ und „*pes*“ = „Fuß“, wegen der eigentümlichen Behaarung der Mittelbeine bei den Männchen. Darauf bezieht sich auch der deutsche Name.

Pollenquellen: Poly- oder mesolektisch; nachgewiesen ist die Nutzung des Pollens der zwei Pflanzenfamilien Boraginaceae und Lamiaceae.

Nestbau: Nistet in selbst gegrabenen Gängen in der Erde, zuweilen in kleineren Aggregationen, vorzugsweise in Löss-, seltener auch in verdichteten Sandsteilwänden.

Lebensraum: Trockenwarme Flächen, ist im Süden oft auch im Siedlungsbereich zu beobachten. Vom Flachland bis in die montane Höhenstufe.

Parasiten: Als Kuckucksbiene tritt *Melecta luctuosa* auf.

Flugzeit: In Mitteleuropa in einer Generation von April bis Juni, südlich der Alpen in zwei Generationen von März bis Juli.

Gesamtverbreitung: In Nordafrika von Algerien bis Ägypten. In Eurasien von Portugal über Süd-, Mittel- und Osteuropa und Südrussland sowie über Kleinasien und Kaukasus bis in den Iran und Kirgistan; nordwärts bis Berlin und Mähren; südwärts bis Sizilien, Kreta, Israel, Irak und Iran. **SW-Eu:** P, E, F(K), I(Sa), I(Si), I. **Z-Eu:** F, D, A, CH. **NO-Eu:** CS, SK, UA, RUS(S). **SO-Eu:** H, RO, SLO, HR, MK, SRB, AL, BG, GR, GR(K). **N-Afr:** DZ, TN, ET. **W-As:** GR(Ä), TR, IL, IRQ, Kaukasus, IR. **Z-As:** KGZ.

Lokalverbreitung: In Deutschland nur zwei historische Funde von Blüthgen (1949) aus Bayern (Wildbad Kreuth) und von Quelle (1936) aus Berlin; in Österreich aktuell aus fast allen Bundesländern gemeldet; in der Schweiz aktuelle Funde vorwiegend aus dem Wallis und dem Tessin.

Anthophora femorata (Olivier, 1789)
Dornbeinige Pelzbiene

Etymologie: Von lat. „*femur*“ = „Schenkel, Oberschenkel“, wegen der verdickten Hinterschenkel der Männchen. Der deutsche Name bezieht sich auf den mit einem langen, spitzen Dorn versehenen Metatarsus der Hinterbeine beim Männchen.

Lokalverbreitung: Smith (1854), Kirchner (1867) und Schenck (1869) geben Deutschland als Herkunftsland dieser Art an, und Rudow (1876) meldet sie mit Fragezeichen aus Brandenburg. Es ist unwahrscheinlich, dass die westmediterrane Art jemals im Gebiet heimisch war.

Anthophora fulvitarsis Brullé, 1832
Große Pelzbiene

Systematik: Untergattung *Anthophora* Latreille, 1803 *s. str.*

Nomenklatur: Synonym: *Anthophora personata* (Erichson, 1835).

Etymologie: Von lat. „*fulvus*“ = „dunkelgelb, braungelb, bräunlich, rotgelb“ und „Tarsen“ = Teile der Beine, wegen der rotgelben Sammelbürs-

♀

te auf den Hinterbeinen der Weibchen. Der deutsche Name bezieht sich auf die Körpergröße (16–18 mm beim Weibchen).

Pollenquellen: Polylektisch; nachgewiesen ist die Nutzung des Pollens von vier Pflanzenfamilien: Boraginaceae, Fabaceae, Lamiaceae und Papaveraceae.

Nestbau: Nistet in selbst gegrabenen Gängen in der Erde, zuweilen in kleineren Aggregationen, vorzugsweise in Löss-, seltener auch in verdichteten Sandsteilwänden.

Lebensraum: Trockenwarme Flächen, insbesondere kleinstrukturierte Weinberge, sofern Nistgelegenheiten und Pollenquellen vorhanden sind. Vom Flachland bis in die montane Höhenstufe.

Parasiten: Als Kuckucksbiene wurde bisher nur *Melecta albifrons* bekannt.

Flugzeit: In einer Generation von Mai bis Juni.

Gesamtverbreitung: In Nordafrika von Marokko bis Ägypten. In Eurasien von Portugal über Süd-, Mittel und Osteuropa, Ukraine und Südrussland bis Westsibirien (Tomsk) sowie über Kleinasien, Kaukasus und den Nahen Osten bis Zentralasien und Pakistan; nordwärts bis Süddeutschland, Ungarn und Rumänien; südwärts bis Sizilien (auch auf Korsika, nicht auf Sardinien), Peloponnes (nicht auf Kreta und Zypern), Israel und Irak. Alte Meldungen aus der Südostmongolei und Ostchina (Beijing) bedürfen der Bestätigung. Im Kaukasus in der ssp. *murutica* Friese, 1919. **SW-Eu:** P, E, F(K), I(Si), I. **Z-Eu:** F, D, A, CH. **NO-Eu:** UA, RUS(S). **SO-Eu:** RO, BG, GR. **N-Afr:** MA, DZ, TN, LAR, ET. **W-As:** TR, SYR, JOR, IL, IRQ, Kaukasus, IR. **Z-As:** TM, UZB, TAD, KAZ, KGZ. **Sib:** W-Sib. **SO-As:** MGL(?), RC(?). **Ori:** PAK.

Lokalverbreitung: Im Gebiet nur historische Funde, in Deutschland aus dem Südwesten (Nordrhein-Westfalen, Hessen, Rheinland-Pfalz, Baden-Württemberg), in Österreich je eine unsichere Meldung aus Tirol und Salzburg, in der Schweiz aus Genf und dem Wallis sowie eine zweifelhafte Meldung aus Basel.

Anthophora furcata (Panzer, 1798)
Wald-Pelzbiene

Systematik: Untergattung *Clisodon* Patton, 1879.

Nomenklatur: Synonym: *Clisodon furcatus* (Panzer, 1798).

Etymologie: Von lat. „*furcata*“ = „gegabelt“, wegen der zweispitzigen Pygidialplatte des Männchens. Der deutsche Name bezieht sich auf den Hauptlebensraum.

Pollenquellen: Oligolektisch auf Lippenblütler (Lamiaceae); Hauptpollenquelle ist der Wald-Ziest (*Stachys sylvatica*), daneben werden auch andere Ziestarten, Schwarznessel (*Ballota nigra*) sowie andere Lippenblütler mit vergleichbarer Blütengröße genutzt.

Nestbau: Die Nester bestehen aus selbst genagten Gängen oder vorhandenen, lediglich nachbearbeiteten Hohlräumen in morschem Holz. Sie werden in der Regel senkrecht angelegt und verzweigen sich in zwei oder drei Seitengänge. Baumaterial der Brutzellen ist Holzmulm und Holzmehl, das mit dem Sekret der Dufourdrüse vermischt wird.

Lebensraum: Hauptsächlich mehr oder weniger besonnte Flächen in und an Wäldern, z. B. Waldsäume und -lichtungen, zuweilen auch im Siedlungsbereich (Obstgärten, Parks), sofern Nistgelegenheiten und Pollenquellen vorhanden sind. Vom Flachland bis in die montane Höhenstufe.

Parasiten: Als Kuckucksbiene tritt in der Regel *Coelioxys rufescens* auf, vermutlich kommt auch *Coelioxys alata* infrage.

Flugzeit: In einer Generation von Juni bis August, zuweilen bis September oder Oktober.

Gesamtverbreitung: Transpaläarktisch. Von Portugal über Süd-, Mittel-, Nord- und Osteuropa, Ukraine, Sibirien sowie über Kleinasien, Kaukasus, Zentralasien, Nordwestchina und Mongolei bis Irkutsk und Jakutien; nordwärts bis Südschottland, in Norwegen bis 63°N, in Schweden bis 64°N, in Finnland bis 65°N, in Russland bis Karelien und Kirov; südwärts bis Basilicata und Sizilien (nicht auf Korsika und Sardinien) und Nordgriechenland. Von manchen Autoren wird *A. furcata* als holarktisch bezeichnet, die in der ssp. *terminalis* auch in Kanada und den USA vorkommt. Nach neueren Erkenntnissen sind *A. furcata* und *A. terminalis* zwei distinkte Arten, die in der Ostpaläarktisch teilweise sympatrisch verbreitet sind. **SW-Eu:** E, I(Si), I. **Z-Eu:** F, B, LUX, NL, D, A, CH, FL, DK. **N-Eu:** GB, N, S, SF, EST, LT, LV, RUS(N).

NO-Eu: CS, SK, PL, BY, UA, RUS(S). **SO-Eu:** H, RO, SLO, HR, MK, SRB, BG, GR. **W-As:** TR, Kaukasus. **Z-As:** KAZ. **Sib:** W-Sib. **NO-As:** Jak, Prim. **SO-As:** MGL, RC (Xinjiang).

Lokalverbreitung: Im Gebiet aus allen Regionen gemeldet.

Anthophora mucida Gribodo, 1873
Schwarzgraue Pelzbiene

Systematik: Untergattung *Lophanthophora* Brooks, 1988.

Etymologie: Von lat. „*mucida*“ = „schimmelig“, vermutlich wegen der weißen, mit schwarzen Haaren durchsetzten Körperbehaarung, die an Schimmel erinnert. Der deutsche Name bezieht sich ebenfalls auf die Färbung der Körperbehaarung.

Pollenquellen: Höchstwahrscheinlich polylektisch, Pollenanalysen stehen jedoch noch aus. Laut Literatur wurde die Art beim Besuch von *Echium vulgare, Lycium barbarum*, *Silene spec.* und *Coronilla emerus* beobachtet.

Nestbau: Nistet in selbst gegrabenen Gängen in der Erde.

Lebensraum: Trockenwarme, strukturreiche Hänge. Vom Flachland bis in die montane Höhenstufe.

Flugzeit: In einer Generation von April bis Juli.

Gesamtverbreitung: In Nordafrika aus Marokko, Tunesien und Ägypten gemeldet. In Eurasien von Spanien über Süd- und Osteuropa, Ukraine und Südrussland sowie über Kleinasien bis zum Kaukasus; nordwärts bis in die Südschweiz und Rumänien; südwärts bis Sizilien (nicht auf Korsika und Sardinien), Griechenland und Türkei. **SW-Eu:** E, E(B), I(Si), I. **Z-Eu:** F, CH. **NO-Eu:** UA, RUS(S). **SO-Eu:** RO, AL, BG, GR. **N-Afr:** TN, ET. **W-As:** TR, Kaukasus.

Lokalverbreitung: Im Gebiet nur in der Schweiz, historische Nachweise aus dem Tessin, aktuelle Funde nur im Wallis.

Anthophora orientalis Morawitz, 1878
Orientalische Pelzbiene

Etymologie: Die aus dem Kaukasus beschriebene Art ist, abgesehen von einigen Meldungen aus Spanien und Sizilien, ausschließlich östlich verbreitet und geht von der Balkanhalbinsel bis Pakistan.

Lokalverbreitung: Friese (1897a) meldet die Art von Piesting. Der nächste Fundort liegt in Slowenien, sodass ein ehemaliges Vorkommen in Niederösterreich nicht völlig ausgeschlossen ist; wahrscheinlicher ist jedoch ein Irrtum.

Anthophora plagiata (Illiger, 1806)
Schornstein-Pelzbiene

Systematik: Untergattung *Melea* Sandhouse, 1943.

Nomenklatur: Synonyme: *Anthophora parietina* (Fabricius, 1793).

Etymologie: Vermutlich von lat. „*plagium*“ = „Menschendiebstahl, Seelenverkauf“; Bezug unklar. Der deutsche Name bezieht sich auf ein Charakteristikum des Nestbaus.

Pollenquellen: Polylektisch; als Pollenquellen nachgewiesen sind Pflanzen der Familien Boraginaceae, Cistaceae, Fabaceae und Lamiaceae.

Nestbau: Nistet in selbst gegrabenen Gängen in der Erde, in der Regel in Löss- oder Lehmsteilwänden oder -abbrüchen, seltener auf kahlen, regengeschützten horizontalen Flächen. Unter günstigen Bedingungen können sich größere Aggregationen von mehreren Hundert Nestern bilden. Charakteristisch sind die aus kleinen Erdklümpchen geformten, gekrümmten Röhren vor dem eigentlichen Nesteingang. In der Nähe größerer Nestansammlungen sind oft gleichzeitig mehrere Weibchen zu beobachten, die an einer Wasserstelle die für den Bau benötigte Flüssigkeit aufnehmen.

Lebensraum: Strukturreiche, extensiv genutzte Feldfluren mit Abbruchkanten und Steilwänden in lössigem oder lehmigem Substrat, alte Lehmgruben. Vom Flachland bis in die subalpine Höhenstufe.

Parasiten: Als Kuckucksbiene tritt in der Regel *Coelioxys rufescens* auf, seltener *Coelioxys quadridentata* und *Thyreus orbatus*. *Melecta punctata* und *Melecta luctuosa* sind wahrscheinlich ebenfalls Brutparasiten der Art. *Anthophora plagiata* ist auch Wirt der Ölkäfer *Meloe violaceus* und *Sitaris muralis* sowie der Erzwespe *Monodontomerus dentipes*.

Flugzeit: In einer Generation von April bis Juli.

Gesamtverbreitung: Paläarktisch, erreicht in Nordindien (Sikkim, Ladakh) die Grenzen der orientalischen Region. In Nordafrika aus Algerien gemeldet. In Eurasien von Spanien über Süd-, Mittel- und Osteuropa, Ukraine und Südrussland bis Zentralasien, Tibet und Mongolei sowie über Kleinasien und Kaukasus bis Nordindien; nordwärts in Europa bis Südschweden und Baltikum, südwärts bis Sardinien (nicht auf Korsika und Sizilien), Mazedonien, Bulgarien (kein Nachweis aus Griechenland), Türkei, Afghanistan und Pakistan. **SW-Eu:** E, I(Sa), I, M. **Z-Eu:** F, B, LUX, NL, D, A, CH, DK. **N-Eu:** S, EST, LT, LV. **NO-Eu:** CS, SK, PL, BY, UA, RUS(S). **SO-Eu:** H, RO, SLO, HR, MK, SRB, BIH, BG. **N-Afr:** DZ. **W-As:** TR, Kaukasus, AFG. **Z-As:** UZB, TAD, KAZ. **SO-As:** MGL, RC (Xinjiang, Tibet, Gansu, Qinghai). **Ori:** PAK, NEP, IND.

Lokalverbreitung: Im Gebiet einst weit verbreitet, mittlerweile kaum mehr aktuelle Nachweise, die meisten davon in der Südschweiz.

Anthophora plumipes (Pallas, 1772)
Frühlings-Pelzbiene

Systematik: Untergattung *Anthophora* Latreille, 1803 *s. str.*

Nomenklatur: Synonyme: *Anthophora acervorum* auct. nec (Linnaeus, 1758), *Anthophora pilipes* (Fabricius, 1775).

Etymologie: Von lat. „*pluma*" = „Flaum" und „*pes*" = „Fuß", wegen der eigentümlichen Behaarung auf den Mittelbeinen der Männchen. Der deutsche Name bezieht sich auf die Flugzeit.

Pollenquellen: Ausgesprochen polylektische Art. Nachgewiesen ist die Nutzung des Pollens der zehn Pflanzenfamilien Berberidaceae, Boraginaceae, Fabaceae, Iridaceae, Lamiaceae, Liliaceae, Papaveraceae, Primulaceae, Rosaceae und Scrophulariaceae. Bevorzugt werden Pflanzen mit zygomorphen, langkelchigen Blüten wie Lungenkraut, Lerchensporn oder Taubnessel.

Nestbau: Die nur wenige Zentimeter langen Nistgänge werden selbst gegraben. Nistplätze sind Steilwände und Abbruchkanten, bevorzugt in sandigem, lössigem oder lehmigem Boden, bisweilen auch Trockenmauern.

Lebensraum: Fast überall, wo sich geeignete Nistplätze finden. Kommt nicht selten auch im Siedlungsgebiet vor. Vom Flachland bis in die montane Höhenstufe.

Parasiten: Als Kuckucksbiene tritt fast überall *Melecta punctata* auf. Weitere beobachtete Nestparasiten sind die Erzwespen *Monodontomerus obscurus* und die Larven des Ölkäfers *Sitaris muralis*.

Flugzeit: In einer Generation von Mitte März bis Anfang Juni, wobei die Männchen gut drei Wochen vor den Weibchen erscheinen.

Gesamtverbreitung: In Nordafrika von Marokko bis Ägypten. In Eurasien von Portugal über Süd-, Mittel-, Nord- und Osteuropa, Ukraine und Südrussland bis zum Ural sowie über Kleinasien bis zum Kaukasus; nordwärts bis zur Südgrenze Schottlands, bis zur Südspitze Schwedens, in Russland bis Kirov; südwärts bis Sizilien (auch auf Korsika und Sardinien), Kreta, Zypern, Israel und Iran. Meldungen aus China, dem Fernen Osten, Korea und Japan beziehen sich auf *Anthophora villosula* SMITH, 1854, die früher oft als Unterart von *A. plumipes* aufgefasst wurde. Eingeschleppt im Osten der USA. **SW-Eu:** P, E, E(B), F(K), I(Sa), I(Si), I, M. **Z-Eu:** F, B, LUX, NL, D, A, CH, FL, DK. **N-Eu:** IRL, GB, N, S, SF, EST, LT, LV, RUS(N). **NO-Eu:** CS, SK, PL, BY, UA, UA(K), RUS(S). **SO-Eu:** H, RO, SLO, HR, MK, SRB, BIH, BG, GR, GR(K). **N-Afr:** MA, DZ, TN, ET, ER. **W-As:** GR(Ä), CY, TR, SYR, IL, Kaukasus, IR, AFG. **Sib:** {~~W-Sib~~}, {~~O-Sib~~}. **NO-As:** {~~Prim~~}. **SO-As:** {~~RC~~}, {~~J~~}. **Nearktis:** USA.

Lokalverbreitung: Überall im Gebiet die häufigste Pelzbienenart.

Anthophora pubescens (FABRICIUS, 1781)
Filzige Pelzbiene

Systematik: Untergattung *Caranthophora* BROOKS, 1988.

Nomenklatur: Synonym: *Anthophora flabellifera* LEPELETIER, 1841.

Etymologie: Von lat. „*pubescere*" = „bedeckt werden", wegen des vollständig mit weißen Filzhaaren bedeckten Hinterleibs.

Pollenquellen: Polylektisch; nachgewiesen ist die Nutzung des Pollens dreier Pflanzenfamilien: Boraginaceae, Lamiaceae und Cistaceae.

Nestbau: Nistet in selbst gegrabenen Gängen, bevorzugt in lössigem, sandigem oder lehmigem Substrat, unter günstigen Umständen auch in größeren Aggregationen.

Lebensraum: Trockenwarmes, strukturreiches, extensiv genutztes Grünland, zuweilen auch im Siedlungsbereich, insbesondere in naturnahen Gärten mit Trockenmauern. Vom Flachland bis in die montane Höhenstufe.

Parasiten: Als potenzielle Kuckucksbiene wurde *Coelioxys rufescens* an den Nestern beobachtet.

Flugzeit: In einer Generation von Juni bis August.

Gesamtverbreitung: In Nordafrika von den Kanaren bis Tunesien. In Eurasien von Zentralspanien über Süd-, Mittel- und Osteuropa, Ukraine bis Südrussland; nordwärts bis Rheinland-Pfalz, Böhmen und Südpolen; südwärts bis Lazio und Bulgarien, fehlt in Griechenland; zweifelhafte Meldungen aus Zypern und Israel. **SW-Eu:** E, E(B), F(K), I. **Z-Eu:** F, D, A, CH. **N-Eu:** RUS(N). **NO-Eu:** CS, SK, PL, UA, RUS(S). **SO-Eu:** H, RO, SLO, HR, SRB, BG. **N-Afr:** E(C), MA, DZ, TN. **W-As:** CY, IL.

Lokalverbreitung: In Deutschland aktuell nur mehr in Baden-Württemberg (Kaiserstuhlgebiet) und Brandenburg, historische Funde auch in Rheinland-Pfalz und Bayern. In Österreich in den östlichen Bundesländern (Kärnten, Burgenland, Niederösterreich, Wien). In der Schweiz historisch am Genfersee und im Tessin, aktuell nur mehr in Graubünden und im Wallis.

Anthophora quadrimaculata (Panzer, 1798)
Vierfleck-Pelzbiene

Systematik: Untergattung *Dasymegilla* Brooks, 1988.

Nomenklatur: Synonym: *Anthophora vulpina* (Panzer, 1798).

Etymologie: Von lat. „*quadri-*“ = „vier“ und „*maculata*“ = „gefleckt“; Panzer hatte bei der Beschreibung ein Männchen vorliegen, der Name bezieht sich auf die schwarz-gelbe Zeichnung des Gesichts („*fronte flava punctis quatuor strigaque transversa nigris*“).

Pollenquellen: Polylektisch; nachgewiesen ist die Nutzung der Pollen der fünf Pflanzenfamilien Boraginaceae, Crassulaceae, Fabaceae, Lamiaceae

und Solanaceae. Insgesamt am häufigsten auf Natternkopf (*Echium vulgare*) und Schwarznessel (*Ballota nigra*) zu beobachten.

Nestbau: Nistet in selbst gegrabenen Gängen, die bevorzugt in Steilwänden und Abbruchkanten in lössigem, sandigem oder lehmigem Substrat angelegt werden.

Lebensraum: Sand- und Lehmgruben, strukturreiches, extensiv genutztes Grünland, zuweilen auch im Siedlungsbereich, insbesondere in naturnahen Gärten mit Trockenmauern. Vom Flachland bis in die subalpine Höhenstufe.

Parasiten: Als häufigste Kuckucksbiene kann *Thyreus orbatus*, seltener auch *Coelioxys rufescens* an den Nestern beobachtet werden.

Flugzeit: In einer Generation von Mai bis August.

Gesamtverbreitung: In Nordafrika alte und bestätigungsbedürftige Meldungen von Algerien und Ägypten. In Eurasien von Zentralspanien über Süd-, Mittel- und Osteuropa, Ukraine, Südrussland und Zentralasien bis Nordchina und Mongolei (eine Meldung von Osytshnjuk et al. 1980 aus Primorje basiert nach Proshchalykin 2005 vermutlich auf einer Verwechslung mit *A. borealis*); nordwärts bis Südengland und Wales, in Norwegen bis 61°N, in Schweden und Finnland bis 64° n.Br., in Russland bis Karelien und Kirov; südwärts bis Emilia-Romagna, Sizilien (nicht auf Korsika und Sardinien), Serbien, Bulgarien (kein Nachweis von Griechenland) und Kaukasus. **SW-Eu:** E, I(Si), I. **Z-Eu:** F, B, LUX, NL, D, A, CH, DK. **N-Eu:** GB, N, S, SF, EST, LT, LV, RUS(N). **NO-Eu:** CS, SK, PL, BY, UA, RUS(S). **SO-Eu:** H, RO, SLO, HR, SRB, BG. **N-Afr:** DZ?, ET? **W-As:** TR, Kaukasus, AFG. **Z-As:** UZB, TAD, KAZ. **NO-As:** Prim? **SO-As:** MGL, RC (Tibet, Gansu, Hebei).

Lokalverbreitung: Im Gebiet in fast allen Regionen aktuell nachgewiesen, im Norden allerdings deutlich seltener.

Anthophora retusa (Linnaeus, 1758)
Rotbürstige Pelzbiene

Systematik: Untergattung *Pyganthophora* Brooks, 1988.

Etymologie: Von lat. „*retusa*" = „abgestutzt, eingedrückt, stumpf"; Linnè bezeichnet den Hinterleib als an der Basis eingedrückt („*abdominis basi retusa*"). Der deutsche Name bezieht sich auf die Farbe der Sammelbürste auf den Hinterbeinen der Weibchen.

Pollenquellen: Offenbar mesolektisch; als Pollenquelle sicher nachgewiesen sind nur Pflanzen der Familien Brassicaceae und Lamiaceae.

Nestbau: Nistet in selbst gegrabenen Gängen in der Erde, bevorzugt in Sand- oder Lössboden, meist in Steilwänden und Abbruchkanten, zuweilen auch auf schütter bewachsenen ebenen Flächen.

Lebensraum: Sand- und Lehmgruben, strukturreiches, extensiv genutztes Grünland, sonnenexponierte Waldsäume und Hecken. Vom Flachland bis in die montane Höhenstufe.

Parasiten: Als offensichtlich einziger Kuckucksbiene werden die Nester von *Melecta luctuosa* befallen. Weitere beobachtete Nestparasiten sind die Erzwespen *Melittobia acasta* und *Monodontomerus* spec. und die Larven von Ölkäfern (z. B. *Meloe cicatricosus* und *M. proscarabaeus)*.

Flugzeit: In einer Generation von April bis Juli.

Gesamtverbreitung: Transpaläarktisch. In Nordafrika alte und bestätigungsbedürftige Meldungen von Marokko, Algerien und Ägypten. In Eurasien von Portugal über Süd-, Mittel- und Osteuropa, Ukraine, Südrussland und Sibirien sowie über Kleinasien, Kaukasus, Zentralasien, Nordchina und Mongolei bis Korea und in den Fernen Osten (Amur, Primorje); nordwärts bis Südengland und Estland, in Skandinavien nur aus Schweden gemeldet, hier bis 61°N; südwärts bis Sizilien, Kreta und Süd-Türkei. **SW-Eu:** P, E, I(Sa), I(Si), I. **Z-Eu:** F, B, LUX, NL, D, A, CH, DK. **N-Eu:** GB, S, EST, LT, LV, RUS(N). **NO-Eu:** CS, SK, PL, BY, UA, RUS(S). **SO-Eu:** H, RO, SLO, HR, MK, SRB, BIH, AL, BG, GR, GR(K). **N-Afr:** MA?, DZ?, ET? **W-As:** GR(Ä). **W-As:** TR, Kaukasus. **Z-As:** UZB, TAD, KAZ, KGZ. **Sib:** W-Sib, O-Sib. **NO-As:** Jak, Amur, Prim, Sach. **SO-As:** MGL, RC (Xinjiang, Beijing), KOR.

Lokalverbreitung: In Deutschland in fast allen Bundesländern, aber selten. In Österreich aktuell nur im Osten. In der Schweiz nur vom Zürcher Unterland und dem Tessin bekannt, wo die Art auch aktuell vorkommt.

Biastes Panzer, 1806
Kraftbienen

Systematik: Familie: Apidae – Unterfamilie: Nomadinae – Tribus: Biastini.

Literatur: Warncke (1982a); Scheuchl (2000); Amiet et al. (2007).

Etymologie: Von griech. „*biastés*" = „kräftig"; wegen der gedrungenen Gestalt. Der deutsche Name ist eine Übersetzung.

Körperliche Merkmale: Kraftbienen besitzen einen gedrungenen Körper von 5–9 mm Länge. Der Hinterleib ist schwarz, braunrot oder rot und meist von filzartigen hellen Haarflecken verziert, ansonsten ist der Körper aber sehr spärlich behaart. Die Weibchen besitzen weder auf der Abdomenunterseite noch auf den Hinterbeinen eine Sammelbürste. Bei einigen Arten bestehen die Fühler der Männchen wie die der Weibchen aus 12 Gliedern (bei allen anderen einheimischen Bienengattungen mit Ausnahme von *Pasites* sind die Fühler der Männchen 13-gliedrig). Vorderflügel mit zwei Cubitalzellen, die zweite geringfügig größer als die erste.

Lebensweise: *Biastes*-Arten leben als Brutparasitoide bei anderen Wildbienenarten aus den Gattungen *Dufourea*, *Rophites* und *Systropha*, wobei jede Kraftbienenart auf eine bestimmte Wirtsbienen-Gattung spezialisiert ist. Als Kuckucksbienen besuchen sie Blüten nur zur Eigenversorgung mit Nektar.

Verbreitung/Artenzahl: Die Gattung ist in Europa und Asien beheimatet und geht von Iberien bis in den Fernen Osten. Insgesamt sind vier Arten bekannt, von denen drei im Gebiet vorkommen.

Biastes brevicornis (Panzer, 1798)
Kurzfühler-Kraftbiene

Nomenklatur: Synonyme: *Tiphia brevicornis* Panzer, 1798; *Epeolus brevicornis* (Panzer, 1798); *Pasites ater* Spinola, 1808; *Nomada atrata* Fabricius, 1804; *Nomada schottii* Fabricius, 1804.

Etymologie: Von lat. „*brevis*" = „kurz" und „*cornum*" = „Horn" (im Sinne von Fühler); wegen der kurzen Fühler.

Lebensraum: Trockenwarme Standorte; Weinberge, Brach- und Ruderalflächen. Vom Flachland bis in die kolline, selten bis in die montane Höhenstufe.

Wirte: *Systropha curvicornis* und *Systropha planidens*.

Flugzeit: In einer Generation von Juni bis August.

Gesamtverbreitung: Von Zentralspanien bis Südrussland, nordwärts bis zum Baltikum und Moskau, fehlt auf den Britischen Inseln und in Skandinavien, ostwärts über Kleinasien, Syrien, Iran, Kaukasus, Zentralasien bis

Mittelsibirien. Tkalců beschrieb aus der Türkei die ssp. *denesi* Tkalců, 1994. **SW-Eu:** E, I(Si), I. **Z-Eu:** F, D, A, CH. **N-Eu:** EST, RUS(N). **NO-Eu:** CS, SK, PL, UA, UA(K), RUS(S). **SO-Eu:** H, RO, SLO, HR, SRB, BIH, BG, GR. **W-As:** GR(Ä), TR, SYR, Kaukasus, IR. **W-As: Z-As:** KAZ.

Lokalverbreitung: In Deutschland aktuell nur noch in Brandenburg, historische Finde aus dem 19. Jahrhundert aus Schleswig-Holstein und Bayern. In Österreich aktuell im Burgenland, in Niederösterreich, Wien und der Steiermark. In der Schweiz nur ein historischer Fund bei Siders/Wallis von 1884 (Friese 1893).

Biastes emarginatus (Schenck, 1853)
Filzige Kraftbiene

Nomenklatur: Synonyme: *Phileremus nasutus* Gerstaecker, 1869; *Pasites punctatus* Schenck, 1869.

Etymologie: Von lat. „*emarginatus*" = „ausgerandet"; die letzten beiden Tergite des Weibchens sind mitten ausgerandet. Der deutsche Name bezieht sich auf die im Gegensatz zu den anderen beiden Arten der Gattung filzig dichten, schneeweißen Behaarung der Brustseiten.

Wirte: *Rophites algirus* und *Rophites quinquespinosus*.

Flugzeit: In einer Generation von Juni bis August.

Gesamtverbreitung: Von den Pyrenäen bis Südrussland, nordwärts bis zum Baltikum und Moskau, fehlt auf den Britischen Inseln und in Skandinavien, ostwärts über Kleinasien, Kaukasus, Zentralasien bis Mittelsibirien. **SW-Eu:** E, I. **Z-Eu:** F, B, D, A, CH. **N-Eu:** LV, RUS(N). **NO-Eu:** CS, SK, PL, BY,

UA, UA(K), RUS(S). **SO-Eu:** H, RO, MD, SLO, HR, SRB, BG. **W-As:** TR, Kaukasus. **Z-As:** KAZ. **Sib:** W-Sib, O-Sib.

Lokalverbreitung: In Deutschland aktuell in Thüringen, Sachsen, Sachsen-Anhalt, Baden-Württemberg und Bayern, historische Meldungen aus dem 19. Jahrhundert aus Schleswig Holstein, Brandenburg und Hessen. In Österreich aktuelle und historische Meldungen aus dem Burgenland, Kärnten, Niederösterreich, Oberösterreich, der Steiermark und Wien. In der Schweiz aktuell aus dem Mittelwallis und Waadt sowie historisch von Genf.

Biastes truncatus (Nylander, 1848)
Kleine Kraftbiene

Nomenklatur: Synonym: *Phileremus punctatus* auct. nec (Fabricius, 1804).

Etymologie: Von lat. „*truncatus*" = „gestutzt, abgestutzt"; Nylander bezieht sich auf die abgestutzte Hinterleibsspitze des Weichens. Der deutsche Name bezieht sich auf die mit 5–6 mm deutlich geringere Körperlänge gegenüber den anderen beiden Arten der Gattung (7–8 mm).

Wirte: *Dufourea dentiventris* und *Dufourea inermis*.

Flugzeit: In einer Generation von Juli bis August.

Gesamtverbreitung: Disjunkt in der West- und Ostpaläarktis oder transpaläarktisch mit auffälliger Nachweislücke etwa zwischen dem 50° und 80°E. Von den Pyrenäen bis Südrussland, nordwärts in Norwegen und Schweden bis 60°N, in Finnland bis 63°N, fehlt auf den Britischen Inseln, ostwärts über Kleinasien bis zum Kaukasus; in der Ostpaläarktis diverse Meldungen vom Altai bis zur Pazifikküste des Fernen Ostens. **Z-Eu:** F, B, LUX, NL, D, A, CH, DK. **N-Eu:** S, SF, EST, LV, RUS(N). **NO-Eu:** CS, SK, PL, BY, UA, RUS(S). **SO-Eu:** RO, SLO, BG. **W-As:** TR, Kaukasus. **Sib:** W-Sib, O-Sib. **NO-As:** Prim.

Lokalverbreitung: In Deutschland mit Ausnahme zweier Meldungen aus Schleswig-Holstein von 1941 und 1998 (van der Smissen 2001) nicht über den Nordrand der Mittelgebirge hinausgehend. In Österreich aus den Bundesländern Nieder- und Oberösterreich, Salzburg, Steiermark und Tirol nachgewiesen. In der Schweiz aktuell aus Graubünden und dem Wallis; historische Belege fehlen.

Bombus Latreille, 1802
Hummeln und Kuckuckshummeln

Systematik: Familie: Apidae – Unterfamilie: Apinae – Tribus: Bombini.

Nomenklatur: Die vormals eigenständige Gattung *Psithyrus* (Kuckuckshummeln) wurde mit *Bombus* vereinigt, da sie nach neueren Erkenntnissen keine Schwestergruppe von *Bombus* darstellt, sondern quasi mitten aus dem Stammbaum dieser Gattung entspringt. Aufgrund ihrer Lebensweise werden sie in zwei Gruppen eingeteilt: Hummeln und Kuckuckshummeln. Bis vor Kurzem wurden beide Gruppen als eigene Gattungen geführt, *Bombus* und *Psithyrus*, bis neuere phylogenetische Untersuchungen es notwendig machten, sie zu einer Gattung zu vereinigen. Aus praktischen Gründen wird die Lebensweise der beiden Gruppen hier getrennt behandelt. Einige wenige Autoren betrachten die Untergattungen von *Bombus* als eigene Gattungen. Durch ihre Größe und ihre Häufigkeit fallen Hummeln sogar weniger naturinteressierten Menschen auf, daher besitzen die meisten Hummelarten einen volkstümlichen deutschen Namen.

Literatur: Blüthgen (1930f); Schmiedeknecht (1930); Mauss (1986); von Hagen (1994); Amiet (1996); Gokcezade et al. (2010).

Etymologie: Von lat. „*bombus*" = „tiefes Summen, Brummen".

Körperliche Merkmale: Hummeln sind große, dicht behaarte Bienen. Ihr Aussehen ist auch dem Laien geläufig; Verwechslungen sind im Prinzip nur mit den Gattungen *Anthophora* und *Xylocopa* möglich. Alle drei Gattungen besitzen im Vorderflügel drei Cubitalzellen, deren dritte bei *Xylocopa* deutlich größer ist als die anderen beiden. Von *Anthophora* unterscheidet sich *Bombus* durch die in fast gerader Linie stehenden Ozellen, die bei *Anthophora* in einem Dreick angeordnet sind. Ähnlich wie die Honigbiene sind bei den nestbauenden Hummelarten die Hintertibien zu einem Sammelkörbchen umgeformt: die Außenseite der Hintertibien ist glatt und flach vertieft und wird am Rand von langen Haaren umrahmt. Den Kuckuckshummeln fehlt dieser Pollensammelapparat. Die Färbung des Haarkleids ist von Art zu Art, aber auch innerhalb der Art recht unterschiedlich.

Nestbauende Hummeln

Lebensweise: Die überwinterten Königinnen erscheinen im zeitigen Frühjahr, ihre Nachkommen sind bis in den Herbst zu beobachten; Männchen und die jungen Königinnen erscheinen im Spätsommer oder Herbst. Zwar begeben sich manche Arten durchschnittlich etwas früher aus den Winterverstecken als andere bzw. die jungen Königinnen und Männchen schlüpfen etwas eher, aber im Wesentlichen gleicht sich der Lebenszyklus aller nestbauenden Hummelarten.

Pollenquellen: Hummeln sind ausgesprochene Nahrungsgeneralisten, die sogar exotische Gartengewächse nicht verschmähen. Ausnahmen unter den heimischen Arten sind *Bombus gerstaeckeri*, die auf Eisenhut (*Aconitum*) spezialisiert ist, und vermutlich auch *Bombus brodmannicus*, die bisher fast nur an Wachsblumen (*Cerinthe*) beobachtet wurde.

Nestbau: Je nach Art wird das Nest, das bis zu mehrere Hundert Brutzellen umfassen kann, entweder unterirdisch z. B. in verlassenen Mäusenestern, an der Erdoberfläche, oft unter Grasbüscheln oder Moospolstern, oder in Baumhöhlen und Hohlräumen verschiedenster Art angelegt. Die nestbauenden Hummeln werden oftmals in „Nestbezieher" (Nester werden in verlassenen Nestern von Vögeln oder Kleinsäugern errichtet) und „Nestbauer" (Nester werden selbstständig aus Pflanzenteilen wie Moos, Gras oder Laub gefertigt) eingeteilt, allerdings sind die Grenzen zwischen den beiden Kategorien fließend. Eine andere Einteilung bezieht sich auf die Art und Weise, in der Pollen im Nest deponiert wird: Die „Pollenstorer" benutzen verlassene Kokons zur Aufbewahrung des Pollens, aus denen er dann bei Bedarf von Arbeiterinnen geschluckt und den Larven durch Auswürgen verfüttert wird. Die „Pocketmaker" lagern den Pollen in eigens gefertigten Wachstaschen, die sich am Grund von Gemeinschafts-Brutzellen befinden, in denen sich mehrere Larven gemeinsam entwickeln und die ihre Nahrung selbstständig aus den Wachstaschen aufnehmen.

Parasiten: Kuckuckshummeln leben als Sozialparasiten in den Hummelnestern. Als Raubparasiten, deren Larven sich von den Hummelpuppen ernähren, treten Bienenameisen (*Mutilla*) und Raupenfliegen (*Tachinidae*) auf. Hummeln werden oft von verschiedenen Milbenarten befallen.

Besonderes Verhalten: Hummeln bilden einen einjährigen Sozialstaat. Die nach dem Schlüpfen im Herbst begattete Königin überwintert und beginnt im Frühjahr des folgenden Jahres mit dem Nestbau. Die erste Brut, die aus Arbeiterinnen besteht, zieht die Königin alleine auf. In der folgenden Zeit helfen die Arbeiterinnen bei der Aufzucht weiterer Nachkommen. Auf dem Höhepunkt der Entwicklung des Hummelvolkes, in der Regel also im Spätsommer oder Herbst, werden dann Geschlechtstiere erzeugt, d. h. Männchen und junge Königinnen.

Kuckuckshummeln

Nomenklatur: Ein in der älteren Literatur gebräuchliches Synonym für die (damals als Gattung aufgefasste) Untergattung *Psithyrus* ist *Apathus*.

Körperliche Merkmale: Schmarotzerhummeln sehen ihren Wirten täuschend ähnlich und sind wie diese groß und dicht behaart. Wie alle parasitisch lebenden Bienen besitzen die Weibchen keinen Pollensammelapparat.

Lebensweise: Kuckuckshummelarten leben als Brutparasitoide ausschließlich bei anderen Hummelarten, wobei manche Arten auf eine einzige oder einige wenige Wirtsarten spezialisiert sind. Als Kuckucksbienen besuchen sie Blüten nur zur Eigenversorgung mit Nektar.

Besonderes Verhalten: Wenn das Weibchen im Frühjahr in ein Hummelnest eindringt, wird es attackiert, wobei es manchmal vertrieben, selten sogar getötet wird. Da es aber durch einen dicken Chitinpanzer geschützt ist, gelingt es ihm häufig, in das Nest einzudringen und den Nestgeruch anzunehmen, sodass es dort unbehelligt ihrem Brutgeschäft nachgehen kann. Es bricht die Brutzellen auf, frisst die Hummeleier auf und baut aus dem Material der Brutzelle eine neue, in die es seine Eier legt, die dann von den Arbeiterinnen des Wirtsvolkes versorgt werden. Die Männchen patrouillieren entlang bestimmter Flugbahnen, die sie mit für Weibchen attraktiven Duftstoffen markieren. Die Männchen mancher Arten sind – insbesondere im Mittelmeerraum – als Bestäuber von Orchideen der Gattung *Ophrys* bekannt, deren Blüten durch Geruch und Aussehen Kuckuckshummel-Weibchen imitieren; den dadurch angelockten Männchen wird dann beim Kopulationsversuch ein Pollenpaket angeheftet.

Verbreitung/Artenzahl: Hummeln sind vorwiegend an kühle Klimate angepasst. Lediglich in Südamerika gibt es einige wenige Arten, die im tropischen Tiefland vorkommen. In den Tropen der Alten Welt werden nur höher gelegene Regionen besiedelt, in Afrika fehlen sie südlich der Sahara ganz, ebenso wie in der australo-ozeanischen Region, wo aber verschiedentlich Hummeln, vorwiegend *Bombus terrestris*, als Bestäuber von Futterklee und anderen Kulturpflanzen eingeführt wurden. Weltweit sind etwa 250 *Bombus*-Arten bekannt, 30 davon sind Kuckuckshummeln. Im Gebiet kommen 49 Arten vor, der Nachweis einer weiteren (*B. sporadicus*) aus Deutschland ist sehr zweifelhaft.

Bombus alpinus (Linnaeus, 1758)
Alpenhummel

Systematik: Untergattung *Alpinobombus* Skorikov, 1914.

Nomenklatur: Im Gebiet in der ssp. *helleri* Dalla Torre, 1882. Synonym: *Alpinobombus alpinus* (Linnaeus, 1758).

Etymologie: Von lat. „*alpinus*“ = „zu den Alpen gehörig, in den Alpen wohnend“; bezieht sich auf das Verbreitungsgebiet.

Pollenquellen: Polylektisch.

Nestbau: Nistet unterirdisch, meist in verlassenen Mäusenestern. Ein Volk umfasst 100–150 Individuen. Nestbezieher, Pollenstorer.

Lebensraum: Hochgebirgsart; alpine Matten, Abwitterungshalden. Von der montanen bis in die alpine Höhenstufe, in der Südschweiz bis 3000 m.

Flugzeit: Überwinterte Königinnen ab April, junge Königinnen und Männchen ab August.

Gesamtverbreitung: Nordeuropa, hier bis zur Nordmeerküste, in Norwegen bis in die südlichen Regionen, in Schweden aktuell nur mehr in den beiden nördlichsten Provinzen Norbottens län und Västerbottens län, auch in Finnland und Russland nur in den nördlichsten Provinzen (Lappland, Oblast Murmansk). Sonst nur noch in den Alpen und den Karpaten nachgewiesen. Die Angaben von Morawitz (1880) aus Sibirien und Mongolei beruhen auf einem Irrtum. **SW-Eu:** I. **Z-Eu:** F, D, A, CH, DK. **N-Eu:** N, S, SF, RUS(N). **SO-Eu:** RO. **Sib:** {~~Sib~~}. **SO-As:** {~~MGL~~}.

Lokalverbreitung: Im Gebiet auf die Alpen beschränkt. In Deutschland nur aus den bayerischen Alpen nachgewiesen (letzter Fund 1924, Trautmann & Trautmann 1924). In Österreich aus Kärnten, Salzburg, Steiermark und Vorarlberg belegt, aus Ober- und Niederösterreich sowie aus Tirol unsichere Literaturmeldungen. In der Schweiz zerstreute historische und aktuelle Nachweise aus dem Alpenraum.

Bombus argillaceus (Scopoli, 1763)

Lehmhummel

Systematik: Untergattung *Megabombus* Dalla Torre, 1880.

Nomenklatur: Synonym: *Megabombus argillaceus* (Scopoli, 1763); *Bombus hortorum* var. *argillaceus* (Scopoli, 1763).

♀

Etymologie: Von lat. „*argillaceus*“ = „lehmig“ (von „*argilla*“ = „weißer Ton, Töpferlehm“); Scopoli bezieht sich offensichtlich auf seine Beobachtung, die Art errichte ihre Waben aus weißem Ton („*favos struens cretaceos*“), was allerdings nicht den Tatsachen entspricht. Der deutsche Name folgt der wissenschaftlichen Bezeichnung.

Pollenquellen: Polylektisch mit Präferenz für Pflanzen mit langen Blütenkelchen.

Nestbau: Nistet unterirdisch, gewöhnlich in verlassenen Mäusenestern, insbesondere in den Nestern von Schermäusen (*Arvicola*). Ein Nest kann 100–500 Individuen umfassen. Nestbezieher, Pocketmaker.

Lebensraum: Warme Standorte; Waldränder, lichte Wälder, extensiv genutztes Grünland, Magerrasen. Von der montanen bis in die subalpine Höhenstufe.

Parasiten: Kuckucksbiene ist *Bombus maxillosus*.

Flugzeit: Überwinterte Königinnen ab April, junge Königinnen und Männchen ab August.

Gesamtverbreitung: Von Südostfrankreich und Norditalien über den Alpenbogen bis in die Ukraine und Südrussland sowie über den Balkan und Kleinasien bis Turkmenien; südwärts bis Peloponnes und Libanon. Die Meldungen aus Spanien, Korsika, Sardinien und Sizilien stammen aus dem 19. Jahrhundert und sind sehr zweifelhaft. **SW-Eu:** E?, F(K)?, I(Sa)?, I(Si)?, I. **Z-Eu:** F, D?, A, CH. **N-Eu:** RUS(N). **NO-Eu:** CS, SK, {~~PL~~}, UA, UA(K), RUS(S). **SO-Eu:** H, RO, MD, SLO, HR, MNE, SRB, BIH, AL, BG, GR, GR(K). **W-As:** GR(Ä), TR, Kaukasus, IR. **Z-As:** TM.

Lokalverbreitung: Nach von Hagen (1994) soll die Art auch in süddeutschen Wärmeinseln vorkommen, was nicht zutrifft. In Österreich mit Ausnahme von Oberösterreich und Vorarlberg aus allen Bundesländern gemeldet. In der Schweiz aktuell und historisch aus dem Wallis und dem Südtessin, historisch aus dem Puschlav und dem Unterengadin.

Bombus armeniacus Radoszkowski, 1877
Kaukasus-Hummel

Systematik: Untergattung *Thoracobombus* Dalla Torre, 1880.

Nomenklatur: Im Gebiet in der ssp. *pallasi* (Vogt, 1909). Synonym: *Megabombus armeniacus* (Radoszkowski, 1877); *Bombus scythes* (Skorikov, 1925).

Etymologie: Die Art wurde aus Armenien im Kaukasus beschrieben.

Pollenquellen: Polylektisch.

Nestbau: Nistet unterirdisch. Die Völker sind nicht sehr individuenstark. Nestbezieher, Pocketmaker.

Lebensraum: Trockenwarme Standorte mit Steppencharakter. Vom Flachland bis in die kolline Höhenstufe.

Flugzeit: Flugdaten aus dem Gebiet von Ende Mai bis Anfang Oktober.

Gesamtverbreitung: Von Kroatien und Ostösterreich über Ukraine, Südrussland und Westsibirien bis zum Mittelsibirischen Bergland (Tuva) sowie über die nördliche Balkanhalbinsel (keine Nachweise aus Griechenland!) und Kleinasien bis Zentralasien; südwärts bis in den Zentraliran. **Z-Eu:** A. **N-Eu:** RUS(N). **NO-Eu:** CS, {~~PL~~}, UA, UA(K), RUS(S). **SO-Eu:** H, HR, MK, BG. **W-As:** TR, Kaukasus, IR. **Z-As:** TM, TAD, KAZ, KGZ. **Sib:** W-Sib, O-Sib.

Lokalverbreitung: Im Gebiet nur aus Österreich, und hier nur aus Niederösterreich (letzter Fund 1930) und dem Burgenland (letzter Fund 1951) gemeldet (Gusenleitner et al. 2012).

Bombus barbutellus (Kirby, 1802)
Bärtige Kuckuckshummel

Systematik: Untergattung *Psithyrus* Lepeletier, 1833.

Nomenklatur: Synonym: *Psithyrus barbutellus* (Kirby, 1802).

Etymologie: Diminutiv von lat. „*barbutus*" = „bärtig"; Kirby bezieht sich auf die bartähnlich nach unten gerichtete schwarze Behaarung auf den Mandibeln („*Os barbâ nigricanti*").

Lebensraum: Waldsäume, Hecken, extensiv genutzte Mager- und Fettwiesen, Hochwasserdämme, Brach- und Ruderalflächen, Park- und Gartenanlagen. Vom Flachland bis in die obere subalpine Höhenstufe.

Wirte: Hauptwirt ist *Bombus hortorum*, weiterer Wirt möglicherweise *Bombus ruderatus*.

Flugzeit: Überwinterte Weibchen ab April, junge Weibchen und Männchen ab Juni/Juli.

Gesamtverbreitung: Transpaläarktisch. Von Nord- und Zentralspanien über das gesamte Mittel- und südliche Nordeuropa und Sibirien bis Primorje; nordwärts bis Irland und Nordschottland (bis zu den Orkney-Inseln), bis 62°N in Schweden, Finnland und Russland (keine Nachweise aus Norwegen), in Russland bis Karelien und Arkhangelsk; südwärts bis in die Südtürkei. **SW-Eu:** E, F(K), I(Sa), I(Si), I. **Z-Eu:** F, B, LUX, NL, D, A, CH, FL, DK. **N-Eu:** IRL, GB, N, S, SF, EST, LT, LV, RUS(N). **NO-Eu:** CS, SK, PL, BY, UA, RUS(S). **SO-Eu:** H, RO, SLO, HR, MK, SRB, BIH, BG. **W-As:** TR, Kaukasus. **Z-As:** KAZ. **Sib:** W-Sib, O-Sib. **NO-As:** Prim. **SO-As:** MGL, RC.

Lokalverbreitung: Im Gebiet aus allen Regionen gemeldet.

Bombus bohemicus Seidl, 1838
Böhmische Kuckuckshummel

Systematik: Untergattung *Psithyrus* Lepeletier, 1833.

Nomenklatur: Synonyme: *Psithyrus bohemicus* (Seidl, 1838); *Psithyrus vestalis var. amoenus* Schmiedeknecht, 1883.

Etymologie: Von lat. „*bohemicus*“ = „böhmisch“; Seidl beschrieb die Art aus Böhmen.

Lebensraum: Zeigt keine strenge Habitatbindung, aber eher an offenen Standorten; Waldsäume, Hecken, extensiv genutztes Grünland, Hochwasserdämme, Brach- und Ruderalflächen, Garten- und Parkanlagen. Vom Flachland bis in die montane, in der Südschweiz bis in die subalpine Höhenstufe.

Wirte: *Bombus terrestris, B. lucorum* und *B. cryptarum*, möglicherweise auch *B. magnus*.

Flugzeit: Überwinterte Weibchen ab April, junge Weibchen und Männchen ab Juli.

Gesamtverbreitung: Transpaläarktisch. Von Nord- und Zentralspanien über das gesamte Mittel- und Nordeuropa, über Sibirien und Zentralasien bis Primorje; nordwärts bis Irland und Nordschottland (bis zu den Orkney-Inseln), in Skandinavien bis weit über den Polarkreis hinaus (bis 70°N in Norwegen, 69°N in Schweden, Finnland und Russland); südwärts bis Sizilien, Südtürkei und Nordiran. Durch jüngste DNA-Untersuchungen stellte sich die in Nordamerika verbreitete *Bombus ashtoni* (Cresson, 1864) als konspezifisch mit *B. bohemicus* heraus (Cameron et al. 2007), wie bereits Williams (1991) vermutete; hier geht die Art von Alaska bis zur kanadischen Ostküste und südwärts bis Illinois. **SW-Eu:** E, I. **Z-Eu:** F, B, LUX, NL, D, A, CH, FL, DK. **N-Eu:** IRL, GB, S, EST, LT, LV. **NO-Eu:** CS, SK, PL, BY, UA, UA(K), RUS(S). **SO-Eu:** H, RO, MD, SLO, HR, MNE, SRB, BIH, BG, GR. **W-As:** TR, Kaukasus. **Z-As:** TAD, KAZ, KGZ. **Sib:** W-Sib, O-Sib. **NO-As:** Jak, Amur, JAO, Khab, Prim, Sach, Mag, Chuk, Kam, Kur. **SO-As:** MGL, RC. **Ori:** PAK, IND. **Nearktis:** Alaska, CDN, USA.

Lokalverbreitung: Im Gebiet aus allen Regionen gemeldet.

Bombus brodmannicus Vogt, 1909

Wachsblumen-Hummel

Systematik: Untergattung *Pyrobombus* Dalla Torre, 1880.

Nomenklatur: Im Gebiet in der ssp. *delmasi* (Tkalců, 1974). Synonym: *Pyrobombus brodmannicus* (Vogt, 1909).

Etymologie: Gewidmet dem Sammler Brodmann, der die Typen im Kaukasus fing. Der deutsche Name bezieht sich auf die Vorliebe für Wachsblumen.

Pollenquellen: Offensichtlich oligolektisch auf Wachsblume (*Cerinthe*, Fam. Boraginaceae); bisher beobachtete Polenquellen sind Alpen-Wachsblume (*Cerinthe glabra*) und Kleine Wachsblume (*Cerinthe minor*).

Nestbau: Nistet in unterirdischen Hohlräumen. Die Völker sind nicht sehr individuenstark. Nestbezieher, Pollenstorer.

Lebensraum: Alpine Matten, Abwitterungshalden, Felssteppen. Von der montanen bis in die subalpine Höhenstufe.

Flugzeit: Nach Daten aus Frankreich: Arbeiterinnen von Juni bis August, Männchen im Juli, frische Weibchen im August.

Gesamtverbreitung: Nur aus den Südwestalpen, dem Kaukasus und dem ostanatolischen Hochland bekannt. **SW-Eu:** I. **Z-Eu:** F, CH. **W-As:** TR, Kaukasus.

Lokalverbreitung: Im Gebiet nur eine einzige Meldung von Delmas (1962), der in der Sammlung Pérez im Museum Paris eine Arbeiterin aus der Schweiz (ohne nähere Angaben) auffand.

Bombus campestris (Panzer, 1801)
Feld-Kuckuckshummel

Systematik: Untergattung *Psithyrus* Lepeletier, 1833.

Nomenklatur: Synonym: *Psithyrus campestris* (Panzer, 1801).

Etymologie: Von lat. „*campester*" = „auf dem Feld befindlich". Der deutsche Name folgt der wissenschaftlichen Bezeichnung.

Lebensraum: Zeigt keine strenge Habitatbindung; Waldsäume, Hecken, Mager- und Fettwiesen, Hochwasserdämme, Brach- und Ruderalflächen, Garten- und Parkanlagen. Vom Flachland bis in die montane, zuweilen subalpine Höhenstufe.

Wirte: Hauptwirt ist *Bombus pascuorum*, als weitere Wirte sind in der Literatur *Bombus humilis*, *Bombus pomorum*, *Bombus pratorum* und *Bombus ruderarius* erwähnt.

Flugzeit: Überwinterte Königinnen ab Ende April, junge Königinnen und Männchen ab Juli.

Gesamtverbreitung: Transpaläarktisch. Von Portugal über das gesamte Mittel- und südliche Nordeuropa, über Sibirien und Zentralasien bis Primorje; nordwärts bis Irland und Nordschottland (bis zu den Orkney-Inseln), bis 63°N in Norwegen, 62°N in Schweden, 63,5° in Finnland, in Russland bis Karelien und Perm; südwärts bis Sizilien, Südtürkei und Nordiran. **SW-Eu:** P, E, I(Sa), I(Si), I. **Z-Eu:** F, B, LUX, NL, D, A, CH, FL, DK. **N-Eu:** IRL, GB, N, S, SF, EST, LT, LV. **NO-Eu:** CS, SK, PL, BY, UA, RUS(S). **SO-Eu:** H, RO, MD, SLO, HR, MK, MNE, SRB, BIH, AL, BG, GR. **W-As:** TR, Kaukasus. **Z-As:** TAD, KAZ. **Sib:** W-Sib, O-Sib. **NO-As:** Amur, Prim. **SO-As:** MGL, RC.

Lokalverbreitung: Im Gebiet aus allen Regionen gemeldet, in Schleswig-Holstein nur historisch belegt.

Bombus confusus Schenck, 1861

Samthummel

Systematik: Untergattung *Bombias* Robertson, 1903.

Nomenklatur: Tritt im gesamten Gebiet in der Nominatform (rot behaartes Hinterleibsende) auf, daneben in Süddeutschland, Österreich und der Schweiz in der ssp. *paradoxus* Dalla Torre, 1882 (weiß behaartes Hinterleibsende). Synonym: *Confusibombus confusus* (Schenck, 1861).

Etymologie: Von lat. „*confusus*" = „vermischt, vermengt"; Schenck bezieht sich auf die große Ähnlichkeit mit *B. lapidarius*. Der deutsche Name bezieht sich auf die kurze, fast samtartig wirkende Behaarung des Thoraxrückens.

Pollenquellen: Polylektisch mit Präferenz für Pflanzen mit langen Blütenkelchen, insbesondere Fabaceae.

Nestbau: Nistet sowohl unterirdisch, hier meist in verlassenen Bauten kleiner Säugetiere, oder über der Erde in selbst gebauten Nestern aus Gras und Moos. Die Völker sind nicht sehr individuenstark. Nestbauer und Nestbezieher, Pollenstorer.

Lebensraum: Trockenwarme Standorte; Magerrasen, Weinbergbrachen, Waldsäume, extensiv genutztes Grünland

Flugzeit: Überwinterte Königinnen ab Anfang Mai, junge Königinnen und Männchen ab August.

Gesamtverbreitung: Von den Pyrenäen über Mittel- und Osteuropa, Nordkasachstan bis zum Mittelsibirischen Bergland (Kemerowo, Republik Altai); südwärts bis Norditalien, Nordserbien und Bulgarien. **SW-Eu:** E, I. **Z-Eu:** F, B, LUX, NL, D, A, CH. **N-Eu:** EST, LT, LV, RUS(N). **NO-Eu:** CS, SK, PL, BY, UA, RUS(S). **SO-Eu:** H, RO, SLO, HR, SRB, BIH, BG. **Z-As:** KAZ. **Sib:** W-Sib.

Lokalverbreitung: In Deutschland aus allen Bundesländern gemeldet, aber mit Ausnahme von Brandenburg, Baden-Württemberg und Bayern überall verschwunden. In Österreich aus allen Bundesländern gemeldet. In der Schweiz nur wenige Funde aus dem Mittelland und den Südalpen, nach 1970 nur von Genf, dem Wallis und dem Bündner Rheintal.

Bombus cryptarum (Fabricius, 1775)

Heide-Erdhummel

Systematik: Untergattung *Bombus* Latreille, 1802 s.str.

Nomenklatur: Synonym: *Bombus paradoxus* Dalla Torre, 1882; *Bombus terrestris* var. *cryptarum* (Fabricius, 1775).

Taxonomie: Siehe *Bombus lucorum*.

Etymologie: Von lat. „*crypta*" (griech. Fremdw.) = „Gewölbe, Gruft, Tunnel". Deutscher Name: Heiden sind ein Teillebensraum der Art; zudem gehört die Heide-Erdhummel zu einem Komplex sehr nahe verwandter Spezies („Erdhummeln“), die durch morphologische Merkmale kaum zu trennen sind.

Pollenquellen: Polylektisch.

Nestbau: Nistet in der Regel unterirdisch, hier in verlassenen Bauten kleiner Säugetiere, manchmal auch über der Erde in Baumhöhlen und Nistkästen. Die Völker umfassen 70–150 Individuen. Nestbezieher, Pollenstorer.

Lebensraum: Zeigt keine strenge Habitatbindung; offenes Gelände, Heiden, Hecken, trockene Mager- und Fettwiesen, Hochwasserdämme, Ruderalflächen, Gärten und Parks. Vom Flachland bis in die alpine Höhenstufe.

Parasiten: *Bombus bohemicus, B. rupestris.*

Flugzeit: Überwinterte Königinnen ab März, junge Königinnen und Männchen ab Juli.

Gesamtverbreitung: Holarktisch. Von Westfrankreich über das gesamte Mittel- und Nordeuropa, über Sibirien und Zentralasien bis Kamtschatka; nordwärts bis Irland und Nordschottland (bis zu den Orkney-Inseln), in Skandinavien und Nordrussland weit über den Polarkreis hinaus bis zur Nordmeerküste; südwärts bis Norditalien, Nordgriechenland, Südtürkei und Nordiran. Die aus Alaska und Kanada als *B. lucorum* gemeldeten Tiere gehören nach ersten DNA-Untersuchungen möglicherweise zu *B. cryptarum* (Williams, briefl. Mitt. in Ebmer 2011). **SW-Eu:** I. **Z-Eu:** F, B, LUX, NL, D, A, CH, DK. **N-Eu:** IRL, GB, N, S, SF, EST, LT, RUS(N). **NO-Eu:** CS, SK, PL, BY, UA, RUS(S). **SO-Eu:** H, RO, SLO, MK, BG, GR. **W-As:** TR, Kaukasus, IR. **Z-As:** KAZ, KGZ. **Sib:** W-Sib, O-Sib. **NO-As:** Prim, Sach, Kam, Kur. **SO-As:** MGL, RC, KOR, J. **Ori:** NEP, IND. **Nearktis:** {~~Alaska, CDN~~}.

Lokalverbreitung: Im Gebiet aus allen Regionen gemeldet, in Thüringen nur historisch.

Bombus cullumanus (Kirby, 1802)
Marschhummel

Systematik: Untergattung *Cullumanobombus* Vogt, 1911.

Nomenklatur: Synonym: *Pyrobombus cullumanus* (Kirby, 1802).

Etymologie: Gewidmet dem Naturforscher Thomas Gery Cullum (1777–1855), 8. Baronet von Hastede/Suffolk. Deutscher Name: Marschen waren ein Teillebensraum der Art.

Pollenquellen: Polylektisch.

Nestbau: Nistet wahrscheinlich unterirdisch. Die Völker sind nicht sehr individuenstark. Pollenstorer.

Lebensraum: Warme Standorte; extensiv genutztes, blütenreiches Grünland.

Flugzeit: Nach den wenigen Flugdaten aus dem europäischen Verbreitungsgebiet erscheinen die überwinterten Königinnen ab Mai, junge Königinnen und Männchen ab August.

Gesamtverbreitung: Die Nominatform war atlantisch verbreitet und kam von den Pyrenäen über Zentral- und Nordfrankreich, Südengland, Belgien, Niederlande, Nordwestdeutschland und Dänemark bis Südschweden vor. Heute ist sie aus dem gesamten Verbreitungsgebiet verschwunden. Die letzten Rückzugsgebiete waren in den Pyrenäen und im Massif Central, der letzte Fund datiert von 2004. Damit existieren von *Bombus cullumanus* nur noch die beiden östlichen Unterarten *apollineus* Skorikov, 1910 aus Ostanatolien, Kaukasus und Nordiran sowie *serrisquama* Morawitz, 1888, die ihren westlichsten Verbreitungspunkt in Zentralungarn erreicht, wo sie stark im Rückgang begriffen ist, und ostwärts über Zentralasien bis in den Fernen Osten verbreitet ist; im Süden geht sie bis in die Nordtürkei und Nordiran. Beide Taxa werden von manchen Autoren als eigene Arten aufgefasst. **SW-Eu:** E. **Z-Eu:** F, B, NL, D, DK. **N-Eu:** GB, S, RUS(N). **NO-Eu:** CS, PL, BY, UA, RUS(S). **SO-Eu:** H, RO, SRB. **W-As:** TR, Kaukasus, AFG. **Z-As:** UZB, TAD, KAZ, KGZ. **Sib:** W-Sib. **SO-As:** RC.

Lokalverbreitung: Im Gebiet nur von Schleswig-Holstein bekannt, letzter Fund 1960.

Bombus distinguendus Morawitz, 1868
Deichhummel

Systematik: Untergattung *Subterraneobombus* Vogt, 1911.

Nomenklatur: Synonym: *Bombus elegans* Seidl, 1838; *Bombus subterra-*

♀

neus distinguendus MORAWITZ, 1868; *Megabombus distinguendus* MORAWITZ, 1868.

Etymologie: Von lat. „*distinguendus*" = „der zu unterscheidende", MORAWITZ warnt vor Verwechslungen mit den ähnlich gefärbten *B. fragrans* und *B. sylvarum*. Deutscher Name: Insbesondere in Norddeutschland sind Deiche einer der Hauptlebensräume der Art.

Pollenquellen: Polylektisch mit deutlicher Präferenz für Fabaceae.

Nestbau: Nistet in der Regel unterirdisch, hier vorwiegend in verlassenen Mäusenestern, manchmal auch über der Erde in alten Vogelnestern, in Gebäuden, oder in selbst gebauten Nestern aus Gras und Moos. Die Völker umfassen 30 bis 120 Individuen. Nestbezieher und Nestbauer, Pocketmaker.

Lebensraum: Extensiv genutztes, blütenreiches Grünland, Magerrasen, Küstenbereiche, Marschen, Hochwasserdämme, Waldsäume.

Parasiten: Kuckucksbiene ist vermutlich *Bombus barbutellus*.

Flugzeit: Überwinterte Königinnen ab April, junge Königinnen und Männchen ab Juli/August.

Gesamtverbreitung: Von den Britischen Inseln im Westen über Mittel- und Nordeuropa, über Sibirien und Zentralasien bis Kamtschatka, nordwärts bis Nordschottland (bis zu den Shetland-Inseln), in Norwegen bis 64°N, in Schweden, Finnland und Russland bis 68°N; südwärts bis Norditalien, Kroatien und Bulgarien. 2005 erstmals auf den Aleuten, 2011 dann auf dem kontinentalen Alaska nachgewiesen. **SW-Eu:** I. **Z-Eu:** F, B, NL, D, A, CH, DK. **N-Eu:** IRL, GB, N, S, SF, EST, LT, LV, RUS(N). **NO-Eu:** CS, SK, PL, BY, UA, UA(K), RUS(S). **SO-Eu:** H, RO, HR, {~~MK~~}. **N-Afr:** MA, DZ. **W-As:** TR. **Z-As:** KAZ, KGZ. **Sib:** Sib. **NO-As:** Jak, Sach, Kam. **SO-As:** MGL, RC. **Nearktis:** Alaska.

Lokalverbreitung: In Deutschland aus allen Bundesländern nachgewiesen, aus Schleswig-Holstein nur historisch. In Österreich mit Ausnahme von Kärnten und Vorarlberg aus allen Bundesländern gemeldet, aus der Steiermark und Tirol nur unsichere Literaturangaben. In der Schweiz verschollen, es existieren lediglich mehrere historische Meldungen aus dem Kanton Bern, nach AMIET (1996) auch einer von Zürich sowie zwei aus dem Kanton Waadt und einer vom Neuenburger See.

Bombus flavidus EVERSMANN, 1852
Gelbliche Kuckuckshummel

Systematik: Untergattung *Psithyrus* LEPELETIER, 1833.

Nomenklatur: Im Gebiet in der ssp. *alpium* (RICHARDS, 1928). Synonym: *Psithyrus lissonurus* (THOMSON, 1872).

Etymologie: Von lat. „*flavus*" = „goldgelb, rötlich gelb"; wegen der gelblichen Behaarung („*B. hirsutus, flavidus*").

Lebensraum: Lichte Wälder, Waldsäume und Matten im Gebirge; außerhalb des Gebiets auch in Mooren und Feuchtheiden. Von der montanen bis in die alpine Höhenstufe.

Wirte: Als Wirte wurden *Bombus monticola* und *B. jonellus* bekannt, außerhalb des Gebietes auch *B. lapponicus* und *B. cingulatus*.

Flugzeit: Die wenigen Flugdaten aus dem Gebiet stammen aus dem Juli und August (beide Geschlechter).

Gesamtverbreitung: Von der Westküste Norwegens über Sibirien bis Kamtschatka; nordwärts bis zur Nordmeerküste; isoliert in den Alpen und dem Dinarischen Gebirge. Meldungen aus den ungarischen und rumänischen Karpaten sowie dem Anatolischen Hochland sind überprüfungsbedürftig. **SW-Eu:** E, I. **Z-Eu:** F, D, A, CH, FL. **N-Eu:** N, S, SF, LT, RUS(N). **NO-Eu:** PL, RUS(S). **SO-Eu:** H(?), RO(?), SLO, GR(?). **W-As:** TR(?). **Sib:** W-Sib, O-Sib. **NO-As:** Jak, Sach, Mag, Kam, Kur.

Lokalverbreitung: In Deutschland nur aus den bayerischen Alpen bekannt. In Österreich mit Ausnahme von Vorarlberg und dem Burgenland aus allen Bundesländern nachgewiesen, eine Meldung aus Niederösterreich ist überprüfungsbedürftig. In der Schweiz zerstreut im Alpengebiet.

Bombus fragrans (Pallas, 1771)
Steppenhummel

Systematik: Untergattung *Subterraneobombus* Vogt, 1911.

Nomenklatur: Synonym: *Megabombus fragrans* (Pallas, 1771).

Etymologie: Von lat. „*fragrans*" = „duftend"; Pallas nahm am Männchen einen Rosenduft wahr („*Mares [...], et fragrantissimae odore roseo*"). Der deutsche Name bezieht sich auf den Lebensraum.

Pollenquellen: Polylektisch mit Präferenz für Korbblütler der Unterfamilie Carduoideae.

Nestbau: Nistet unterirdisch, vorwiegend in verlassenen Mäusenestern. Die Völker umfassen 50 bis 100 Individuen. Nestbezieher, Pocketmaker.

Lebensraum: Trockenwarme Standorte mit Steppencharakter.

Flugzeit: Überwinterte Königinnen ab Mai, junge Königinnen und Männchen ab August.

Gesamtverbreitung: Von Ostösterreich über Rumänien und Ukraine bis zum Mittelsibirischen Bergland (Region Altai) sowie von Kleinasien über Kaukasus bis Kasachstan und Nordwestchina; nordwärts bis Polen, Moskau und Perm. Bei älteren Meldungen handelt es sich um *B. distinguendus, B. muscorum* oder andere Arten. **SW-Eu:** ~~{I}~~. **Z-Eu:** ~~{F}~~, ~~{D}~~, A, ~~{DK}~~. **N-Eu:** ~~{GB}~~, RUS(N). **NO-Eu:** CS, SK, PL, UA, UA(K), RUS(S). **SO-Eu:** H, RO, MD, SRB, BG. **W-As:** TR, Kaukasus, IR. **Z-As:** KAZ. **Sib:** W-Sib. **SO-As:** RC (Xinjiang).

Lokalverbreitung: Im Gebiet nur aus Österreich bekannt, letzter belegter Fund aus dem Burgenland 1967, aus Niederösterreich 1952.

Bombus gerstaeckeri Morawitz, 1882

Eisenhut-Hummel

Systematik: Untergattung *Megabombus* Dalla Torre, 1880.

Nomenklatur: Synonym: *Megabombus gerstaeckeri* (Morawitz, 1882).

Etymologie: Gewidmet dem Berliner Zoologen Carl Eduard Adolph Gerstaecker (1828–1895). Der deutsche Name bezieht sich auf die ausschließliche Pollenquelle.

Pollenquellen: Oligolektisch an Eisenhut (*Aconitum*, Fam. Ranunculaceae), im Gebiet insbesondere an Blauen Eisenhut (*Aconitum napellus*) und Gelben Eisenhut (*Aconitum vulparia*).

Nestbau: Nistet in der Regel unterirdisch, vorwiegend in verlassenen Mäusenestern, zuweilen auch in Hohlräumen über der Erde, wie etwa Felsspalten, in die sie ihre Nester aus Moos, Laub und trockenem Gras baut. Die Völker umfassen 40 bis 100 Individuen. Nestbezieher und Nestbauer, Pocketmaker.

Lebensraum: Hochgebirge; Berghänge, Matten, Waldsäume in der montanen bis alpinen Höhenstufe.

Flugzeit: Überwinterte Königinnen ab Ende Mai, junge Königinnen und Männchen ab August.

Gesamtverbreitung: Nur aus den Pyrenäen, den Alpen, den Karpaten und dem Kaukasus bekannt. **SW-Eu:** E, I. **Z-Eu:** F, D, A, CH. **NO-Eu:** UA. **SO-Eu:** H, RO, SLO, SRB, BG. **W-As:** Kaukasus.

Lokalverbreitung: Im Gebiet fast überall in den mittleren und höheren Lagen der Alpen.

Bombus haematurus Kriechbaumer, 1870
Bluthummel

Systematik: Untergattung *Pyrobombus* Dalla Torre, 1880.

Nomenklatur: Synonym: *Pyrobombus haematurus* (Kriechbaumer, 1870).

Etymologie: Von griech. „*haima* (*haimatos*)“ = „Blut“; wegen der in der Regel leuchtend roten Hinterleibsspitze. Der deutsche Name folgt der wissenschaftlichen Bezeichnung.

Pollenquellen: Polylektisch.

Nestbau: Nistet in vorgefundenen Hohlräumen in, möglicherweise auch über der Erde. Die Völker sind nicht sehr individuenstark. Nestbezieher.

Lebensraum: Wälder, Waldsäume, Lichtungen. Vom Flachland bis in die kolline Höhenstufe.

Flugzeit: Überwinterte Königinnen ab März, junge Königinnen und Männchen ab Juli.

Gesamtverbreitung: Von den Westalpen über die Karpaten, den Balkan, dem Pontischen Gebirge, dem Ostanatolischen Bergland und dem Kaukasus bis in den Elburs. **Z-Eu:** A. **NO-Eu:** CS, SK, UA, UA(K). **SO-Eu:** H, RO, SLO, HR, MK, SRB, AL, BG, GR. **W-As:** TR, Kaukasus, IR.

Lokalverbreitung: Im Gebiet nur aus Österreich bekannt, wo durch Józan

(1995) in der Steiermark der Erstnachweis für Mitteleuropa gemeldet wurde; seither auch aus dem Burgenland und Niederösterreich nachgewiesen.

Bombus hortorum (Linnaeus, 1761)
Gartenhummel

Systematik: Untergattung *Megabombus* Dalla Torre, 1880.

Nomenklatur: Synonym: *Megabombus hortorum* (Linnaeus, 1761).

Etymologie: Genitiv Plural von lat. „*hortus*" = „Garten, Park"; Linné gibt keine Auskunft zur Namensgebung, er wird sie wohl in einem Garten gefunden haben. Der eingebürgerte deutsche Name folgt der wissenschaftlichen Bezeichnung.

Pollenquellen: Polylektisch mit Präferenz für Fabaceae, Lamiaceae und Scrophulariaceae.

Nestbau: Die Nester werden oberirdisch in Vogelnestern, Nistkästen oder Gebäuden, oder aber unterirdisch in verlassenen Mäusenestern und Ähnlichem, errichtet. Die Völker umfassen 50 bis 120 Individuen. Nestbezieher und Nestbauer, Pocketmaker.

Lebensraum: Waldsäume, Hecken, extensiv genutzte Mager- und Fettwiesen, Hochwasserdämme, Brach- und Ruderalflächen, Siedlungsbereich (Parks, Gärten). Vom Flachland bis in die obere subalpine Höhenstufe.

Parasiten: Kuckucksbiene ist *Bombus barbutellus*, vermutlich auch *Bombus campestris*.

Flugzeit: Überwinterte Königinnen ab März, junge Königinnen und Männchen ab Juni/Juli; bei günstiger Witterung oder in günstiger Lage kann eine zweite Generation auftreten.

Gesamtverbreitung: Von Portugal über das gesamte Europa bis Kamtschatka; nordwärts bis Irland und Nordschottland (bis zu den Shetland-Inseln), in Skandinavien und Russland weit über den Polarkreis hinaus bis an die Nordmeerküste; südwärts bis Sizilien, Malta, Zentralgriechenland, Südtürkei und Nordiran. Als Klee-Bestäuber eingeführt in Neuseeland. **SW-Eu:** P(A), P, E, F(K), I(Sa), I(Si), I. **Z-Eu:** F, B, LUX, NL, D, A, CH, FL, DK. **N-Eu:** IS, IRL, GB, N, S, SF, EST, LT, LV, RUS(N). **NO-Eu:** CS, SK, PL, BY, UA, UA(K), RUS(S). **SO-Eu:** H, RO, MD, SLO, HR, MK, MNE, SRB, BIH, AL, BG, GR, GR(K). **N-Afr:** P(M), MA, DZ, TN. **W-As:** TR, Kaukasus, IR. **Z-As:** TM, KAZ, KGZ. **Sib:** W-Sib, O-Sib. **NO-As:** Jak, Amur, Sach, Kam. **SO-As:** MGL, RC. **Aus:** NZ+.

Lokalverbreitung: Im Gebiet aus allen Regionen gemeldet.

Bombus humilis Illiger, 1806
Veränderliche Hummel

Systematik: Untergattung *Thoracobombus* Dalla Torre, 1880.

Nomenklatur: Synonyme: *Bombus solstitialis* Panzer, 1806; *Bombus variabilis* Schmiedeknecht, 1878; *Bombus venustus* Smith, 1891.

Etymologie: Von lat. „*humilis*" = „niedrig, schwach, gering, gewöhnlich, demütig"; Illiger gibt keinen Hinweis zur Namensgebung. Der eingebürgerte deutsche Name bezieht sich auf große Variabilität in der Färbung der Körperbehaarung.

Pollenquellen: Polylektisch mit leichter Präferenz für Fabaceae, Lamiaceae and Scrophulariaceae.

Nestbau: Die Nester werden in der Regel oberirdisch in der Krautschicht, meist unter Grasbüscheln und Moospolstern, errichtet, zuweilen aber auch in vorhandenen Hohlräumen wie Baumhöhlen oder verlassene unterirdische Bauten von Kleinsäugern. Die Völker umfassen 50 bis 120 Individuen. Nestbauer, seltener Nestbezieher; Pocketmaker.

Lebensraum: Mager- und Fettwiesen, Waldsäume, Hecken, Streuobstwiesen, Hochwasserdämme, Brach- und Ruderalflächen. Vom Flachland bis in die subalpine Höhenstufe.

Parasiten: Kuckucksbiene ist *Bombus campestris.*

Flugzeit: Überwinterte Königinnen ab April, junge Königinnen und Männchen ab Juli/August.

Gesamtverbreitung: Transpaläarktisch. Von Portugal über das gesamte Mittel- und südliche Nordeuropa, über Sibirien und das nördliche Zentralasien bis Primorje; nordwärts bis Mittelschottland (extrem selten in Irland), in Skandinavien bis 62°N in Norwegen, 64°N in Schweden, 63°N in Finnland, in Russland bis Karelien und Perm; südwärts bis Sizilien, Peloponnes, Südtürkei und Nordiran. **SW-Eu:** P, E, F(K), I(Si), I. **Z-Eu:** F, B, LUX, NL, D, A, CH, FL, DK. **N-Eu:** IRL, GB, N, S, SF, EST, LT, LV, RUS(N). **NO-Eu:** CS, SK, PL, UA, UA(K), RUS(S). **SO-Eu:** H, RO, MD, SLO, HR, MK, MNE, SRB, BIH, BG, GR, GR(K). **W-As:** TR, Kaukasus, IR. **Z-As:** KAZ. **Sib:** W-Sib, O-Sib. **NO-As:** Prim. **SO-As:** MGL, RC, KP, ROK.

Lokalverbreitung: Im Gebiet aus fast allen Regionen aktuell gemeldet, in Schleswig-Holstein nur historische Nachweise.

Bombus hypnorum (LINNAEUS, 1758)
Baumhummel

Systematik: Untergattung *Pyrobombus* DALLA TORRE, 1880.

Nomenklatur: Im Gebiet in der ssp. *ericetorum* (PANZER, 1801). Synonym: *Pyrobombus hypnorum* (LINNAEUS, 1758).

Etymologie: Von griech. „*hypnos*" = „Schlaf"; LINNÉ gibt keine Erklärung zur Namenswahl. Deutscher Name: Natürliche Baumhöhlen gehörten ursprünglich zu den bevorzugten Nistplätzen der Art.

Pollenquellen: Polylektisch mit Präferenz für Fabaceae, Lamiaceae und Scrophulariaceae.

Nestbau: Die Nester werden ausschließlich oberirdisch errichtet, insbesondere in natürlichen Baumhöhlen und Felsspalten, aber auch in Nistkästen, in Ställen, Scheunen, Schuppen und Dachböden. Die Völker umfassen 80 bis 400 Individuen. Nestbauer, seltener Nestbezieher; Pollenstorer. Im Gegensatz zu den meisten anderen Hummelarten werden die Nester bei Störungen vehement verteidigt.

Lebensraum: Waldsäume, lichte Wälder und angrenzende Wiesen, Streu-

obstwiesen, Brach- und Ruderalflächen, häufig auch im Siedlungsgebiet (Parks, Gärten). Vom Flachland bis in die subalpine, in der Südschweiz bis in die alpine Höhenstufe.

Parasiten: Kuckucksbiene ist *Bombus norvegicus; auch B. barbutellus* wurde in einem Nest von *B. hypnorum* beobachtet. Möglicherweise kommt auch *Bombus sylvestris* infrage.

Flugzeit: Überwinterte Königinnen ab März/April, junge Königinnen und Männchen ab Juli.

Gesamtverbreitung: Transpaläarktisch. Von Nordspanien über das gesamte Mittel- und Nordeuropa, über Sibirien und das nördliche Zentralasien bis Kamtschatka; nordwärts bis Nordengland, in Skandinavien und Russland weit über den Polarkreis hinaus bis zur Nordmeerküste; südwärts bis in die Toskana, Mazedonien und Südrussland. **SW-Eu:** E, I. **Z-Eu:** F, B, LUX, NL, D, A, CH, FL, DK. **N-Eu:** IS, GB, N, S, SF, EST, LT, LV, RUS(N). **NO-Eu:** CS, SK, PL, BY, UA, RUS(S). **SO-Eu:** H, RO, SLO, HR, MK, MNE, SRB, BIH, BG. **W-As:** TR, Kaukasus. **Z-As:** KAZ. **Sib:** W-Sib, O-Sib. **NO-As:** Amur, Khab, Prim, Sach, Mag, Kam, Kur. **SO-As:** MGL, RC, KP, J. **Ori:** PAK, NEP, IND, TW.

Lokalverbreitung: Im Gebiet aus allen Regionen gemeldet.

Bombus inexspectatus (Tkalců, 1963)

Unerwartete Hummel

Systematik: Untergattung *Thoracobombus* Dalla Torre, 1880.

Nomenklatur: Synonyme: *Megabombus inexspectatus* (Tkalců, 1963); *Agrobombus inexspectatus* Tkalců, 1963.

Etymologie: Von lat. „*inexspectatus*" = „unerwartet"; bezieht sich auf das unerwartete Auffinden einer neuen Hummelart im relativ gut durchforschten Europa.

Lebensweise: Lebt als einzige heimische Hummelart, die nicht der Untergattung *Psithyrus* angehört, als Sozialparasit bei einer anderen *Bombus*-Spezies.

Lebensraum: Vorwiegend offene, trockene Standorte; extensiv genutztes Grünland, Mager- und Fettwiesen, Streuobstwiesen; der eigentliche Siedlungsbereich wird aber weitgehend gemieden. Von der montanen bis in die alpine Höhenstufe.

Wirt: *Bombus ruderarius.*

Flugzeit: Weibchen wurden bisher von Juni bis August, Männchen im August gefunden.

Gesamtverbreitung: Bisher nur bekannt aus dem Kantabrischen Gebirge und aus den Alpen (von den französischen Südalpen bis zu den Dolomiten und Karawanken). **SW-Eu:** I. **Z-Eu:** F, A, CH.

Lokalverbreitung: In Österreich bekannt aus Kärnten (Mauthen und Würmlach, beide Funde von 1939). In der Schweiz nachgewiesen aus dem Tessin (Val Vigezzo und Lavizzara) und Graubünden (St. Bernhard, Malojapass und Samaden).

Bombus jonellus (Kirby, 1802)
Heidehummel

Systematik: Untergattung *Pyrobombus* Dalla Torre, 1880.

Nomenklatur: Im Gebiet in der ssp. *martes* Gerstaecker, 1869. Synonym: *Pyrobombus jonellus* (Kirby, 1802); *Bombus pratorum jonellus* (Kirby, 1802); *Bombus scrimshiranus* (Kirby, 1802).

Etymologie: Gewidmet dem englischen Entomologen und Illustratoren D. Jones. Deutscher Name: Heiden gehören zu den Hauptlebensräumen der Art.

Pollenquellen: Polylektisch.

Nestbau: Nistet in unter- oder oberirdischen Hohlräumen, aber auch in Vogelnestern, Eichhörnchenkobeln und unter Moospolstern. Die Völker umfassen 50 bis 150 Individuen. Nestbezieher und Nestbauer; Pollenstorer.

Lebensraum: Bevorzugt in Heiden und Mooren, aber auch in anderen Lebensräumen, und zwar sowohl an trockenwarmen als auch an feuchten Standorten, wie lichte Wälder, Waldsäume, Magerrasen. Vom Flachland bis in die subalpine Höhenstufe.

Parasiten: Kuckucksbienen sind *Bombus flavidus* und *B. sylvestris.*

Flugzeit: Überwinterte Königinnen ab März, junge Königinnen und Männchen ab Juli; bei günstiger Witterung oder in günstiger Lage kann eine

zweite Generation auftreten, bei der die Geschlechtstiere bereits im Mai/Juni produziert werden und deren befruchtete Weibchen dann im Juni neue Nester gründen, aus denen die Geschlechtstiere im August/September entspringen.

Gesamtverbreitung: Von Nordspanien über das gesamte Mittel- und Nordeuropa, über Sibirien und Zentralasien bis Chukotka; nordwärts bis Island, Irland und Nordschottland (bis zu den Shetland-Inseln), in Skandinavien und Russland weit über den Polarkreis hinaus bis zur Nordmeerküste; südwärts bis in die Emilia-Romagna, Bosnien-Herzegowina, Südrumänien und Südrussland. In Nordamerika von Alaska **SW-Eu:** E, I. **Z-Eu:** F, B, LUX, NL, D, A, CH, FL, DK. **N-Eu:** IS, IRL, GB, N, S, SF, EST, LT, LV, RUS(N). **NO-Eu:** CS, SK, PL, UA, RUS(S). **SO-Eu:** RO, SLO, HR, BIH, BG. **W-As:** TR, Kaukasus. **Z-As:** KAZ, KGZ. **Sib:** W-Sib, O-Sib. **NO-As:** Jak, Khab, Sach, Mag, Chuk, Kam, Kur. **Nearktis:** Alaska, CDN.

Lokalverbreitung: In Deutschland und Österreich mit Ausnahme von Niederösterreich und dem Burgenland aus allen Bundesländern nachgewiesen, in Rheinland-Pfalz nur historisch. In der Schweiz nur im Alpenraum (aktuell und historisch)

Bombus laesus Morawitz, 1875

Laesus-Hummel

Systematik: Untergattung *Thoracobombus* Dalla Torre, 1880.

Nomenklatur: Im Gebiet in der ssp. *mocsaryi* (Kriechbaumer, 1877). Synonym: *Megabombus laesus* (Morawitz, 1875).

Etymologie: Von lat. „*laesus*“ = „verletzt“; MORAWITZ gibt keinen Hinweis zur Namenswahl. Der deutsche Name folgt der wissenschaftlichen Bezeichnung.

Pollenquellen: Polylektisch.

Nestbau: Nistet vermutlich oberirdisch. Pocketmaker.

Lebensraum: Trockenwarme Standorte mit Steppencharakter. Vom Flachland bis in die kolline Höhenstufe.

Flugzeit: Überwinterte Königinnen ab Mai, Arbeiterinnen ab Juni, junge Königinnen und Männchen ab August.

Gesamtverbreitung: Transpaläarktisch. Als eine der wenigen Hummelarten auch in Nordafrika (Maghreb). In Eurasien von Südspanien und Südfrankreich über Osteuropa (in Mitteleuropa und Italien keine Nachweise, nur in Ostösterreich) und Südrussland bis Primorje; nordwärts bis Tschechien, Nordostpolen, Baltikum, Archangelsk und Komi; südwärts bis Nordgriechenland. In zwei teilweise sympatrisch verbreiteten Unterarten (die ssp. *mocsaryi* wird verschiedentlich als eigene Art aufgefasst): ssp. *mocsaryi* KRIECHBAUMER, 1877 von Marokko und Iberien ostwärts bis zur Pazifikküste des Fernen Ostens, südwärts bis Nordgriechenland; ssp. *laesus* von Ostösterreich in Europa südwärts bis Mazedonien und nordwärts bis Mittelpolen, ostwärts über die Ukraine und Südrussland bis Südtürkei, Zentraliran und Zentralasien. **SW-Eu:** E. **Z-Eu:** F, A, CH. **N-Eu:** EST, LT, LV, RUS(N). **NO-Eu:** CS, SK, PL, BY, UA, UA(K), RUS(S). **SO-Eu:** H, RO, HR, MK, SRB, BG, GR. **N-Afr:** MA, DZ, TN. **W-As:** TR, Kaukasus, IR. **Z-As:** UZB, TAD, KAZ, KGZ. **Sib:** W-Sib. **NO-As:** Amur, Prim. **SO-As:** MGL, RC (Xinjiang, Gansu, Qinghai, Hebei, Beijing, Heilongjiang).

Lokalverbreitung: Im Gebiet nur aus dem Osten Österreichs bekannt, gemeldet aus dem Burgenland und Niederösterreich sowie eine unsichere Literaturangabe aus der Steiermark, letzter Fund 1960; ein Einzelfund von 1998 aus Wien ist möglicherweise auf Verschleppung zurückzuführen (NEUMAYER in GUSENLEITNER ET AL. 2012).

Bombus lapidarius (LINNAEUS, 1758)
Steinhummel

Systematik: Untergattung *Melanobombus* DALLA TORRE, 1880.

Nomenklatur: Synonym: *Pyrobombus lapidarius* (LINNAEUS, 1758).

Etymologie: Von lat. „*lapidarius*“ = „Stein-“; LINNÉ gibt an, die Art wohne in Steinhaufen („*Habitat in acervis Lapidum*“). Der eingebürgerte deutsche Name folgt der wissenschaftlichen Bezeichnung.

Pollenquellen: Polylektisch.

Nestbau: Die Nester werden meist oberirdisch in den verschiedensten Hohlräumen errichtet, aber auch unterirdisch in verlassenen Bauten von

Kleinsäugern. Die Völker umfassen 100 bis 300 Individuen. Nestbauer und Nestbezieher; Pollenstorer.

Lebensraum: Zeigt keine strenge Habitatbindung; Waldsäume, Hecken, Mager- und Fettwiesen, Hochwasserdämme, Brach- und Ruderalflächen, Garten- und Parkanlagen. Vom Flachland bis in die subalpine Höhenstufe.

Parasiten: Kuckucksbiene ist *Bombus rupestris*.

Flugzeit: Überwinterte Königinnen ab März/April, junge Königinnen und Männchen ab Juli.

Gesamtverbreitung: Als eine der wenigen Hummelarten auch in Nordafrika (Marokko). Von Portugal über das gesamte Mittel- und südliche Nordeuropa bis Westsibirien, West- und Zentralchina und Mongolei; nordwärts bis Irland und Nordschottland (bis zu den Orkney-Inseln), in Skandinavien in Norwegen und Finnland bis zum Polarkreis, bis 68°N in Schweden (Norrbottens län), in Russland bis Karelien, Arkhangelsk und Perm; südwärts bis Sizilien, Peloponnes, Südosttürkei und Daghestan. **SW-Eu:** P, E, E(B), I(Si), I. **Z-Eu:** F, B, LUX, NL, D, A, CH, FL, DK. **N-Eu:** IRL, GB, N, S, SF, EST, LT, LV, RUS(N). **NO-Eu:** CS, SK, PL, BY, UA, UA(K), RUS(S). **SO-Eu:** H, RO, MD, SLO, HR, MK, MNE, SRB, BIH, AL, BG, GR. **N-Afr:** MA. **W-As:** TR, Kaukasus. **Sib:** W-Sib. **SO-As:** MGL, RC (Tibet, Xinjiang, Gansu).

Lokalverbreitung: Im Gebiet aus allen Regionen gemeldet.

Bombus lucorum (Linnaeus, 1761)

Helle Erdhummel

Systematik: Untergattung *Bombus* Latreille, 1802 s.str.

Taxonomie: Die Arten *Bombus lucorum* (LINNAEUS, 1761), *Bombus cryptarum* (FABRICIUS, 1775), *Bombus magnus* VOGT, 1911 und *Bombus terrestris* (LINNAEUS, 1758) können morphologisch oft nicht mit Sicherheit getrennt werden (schon gar nicht bei Sichtnachweisen im Gelände). Während *B. terrestris* mit einiger Erfahrung anhand morphologischer Merkmale meist eindeutig zu erkennen ist, sind die drei anderen Arten oft nur mittels genetischer oder chemischer Analysemethoden zu trennen (zum Artstatus vgl. SCHOLL & OBRECHT 1983, OBRECHT & SCHOLL 1984; PEDERSEN 2002; WILLIAMS ET AL. 2012).

Nomenklatur: Synonym: *Bombus terrestris lucorum* (LINNAEUS, 1761).

Etymologie: Genitiv Plural von lat. „*lucus*“ = „Lichtung, Hain, Wald“; LINNÉ fand die Art im Wald („*Habitat in Lucis*“). Der deutsche Name bezieht sich auf die im Vergleich zur nächstverwandten *B. terrestris* ausgedehntere gelbe Behaarung auf dem Brustabschnitt; die Helle Erdhummel gehört zu einem Komplex sehr nahe verwandter Spezies („Erdhummeln“), die durch morphologische Merkmale kaum zu trennen sind.

Pollenquellen: Polylektisch.

Nestbau: Die Nester werden unterirdisch angelegt, meist in verlassenen Bauten von Kleinsäugern. Die Völker umfassen 100 bis 400 Individuen. Nestbezieher; Pollenstorer.

Lebensraum: Zeigt keine strenge Habitatbindung; lichte Wälder, Waldsäume, Hecken, Mager- und Fettwiesen, Hochwasserdämme, Ruderalflächen, Sand-, Kies- und Lehmgruben, Garten- und Parkanlagen. Vom Flachland bis in die subalpine Höhenstufe.

Parasiten: Kuckucksbiene ist *Bombus bohemicus*, vermutlich auch *B. vestalis*.

Flugzeit: Überwinterte Königinnen ab März, junge Königinnen und Männchen ab Juli.

Gesamtverbreitung: Aus Nordafrika nur Nachweise aus der ersten Hälfte des 20. Jahrhunderts, die sich ziemlich sicher auf andere Arten beziehen. Von Portugal über das gesamte Europa, Sibirien und Zentralasien bis Kamtschatka; nordwärts bis Island, Irland und Nordschottland (bis zu den Shetland-Inseln), in Skandinavien und Russland weit über den Polarkreis hinaus bis zur Nordmeerküste; südwärts bis Mittelgriechenland, Südtürkei und Nordiran. Die aus Alaska und Kanada als *B. lucorum* gemeldeten Tiere gehören nach ersten DNA-Untersuchungen zu *B. cryptarum* (Williams, briefl. Mitt. in Ebmer 2011). **SW-Eu:** E, F(K), I(Sa), I(Si), I. **Z-Eu:** F, B, LUX, NL, D, A, CH, FL, DK. **N-Eu:** IS, IRL, GB, N, S, SF, EST, LT, LV, RUS(N). **NO-Eu:** CS, SK, PL, BY, UA, RUS(S). **SO-Eu:** H, RO, MD, SLO, HR, MK, MNE, SRB, BIH, AL, BG, GR. **N-Afr:** ~~{MA, DZ}~~. **W-As:** GR(Ä), TR, Kaukasus, IR, AFG. **Z-As:** UZB, TAD, KAZ, KGZ. **Sib:** W-Sib, O-Sib. **NO-As:** Jak, Amur, Sach, Kam, Kur. **SO-As:** MGL, RC, KP, J. **Ori:** PAK, NEP, IND. **Nearktis:** Alaska, CDN.

Lokalverbreitung: Im Gebiet aus allen Regionen gemeldet.

Bombus magnus Vogt, 1911
Große Erdhummel

Systematik: Untergattung *Bombus* Latreille, 1802 s.str.

Taxonomie: Siehe *Bombus lucorum*.

Etymologie: Von lat. „*magnus*“ = „groß“; bezieht sich auf die Körpergröße. Der deutsche Name folgt der wissenschaftlichen Bezeichnung; die Große Erdhummel gehört zu einem Komplex sehr nahe verwandter Spezies („Erdhummeln“), die durch morphologische Merkmale kaum zu trennen sind.

Pollenquellen: Polylektisch.

Nestbau: Die Nester werden unterirdisch angelegt, meist in verlassenen Bauten von Kleinsäugern. Die Völker umfassen 50 bis 300 Individuen. Nestbezieher; Pollenstorer.

Lebensraum: Vorwiegend in offenem Gelände; Heiden, extensiv genutztes Grünland, nur selten im Siedlungsbereich.

Parasiten: Als Kuckucksbiene wird *Bombus bohemicus* vermutet.

Flugzeit: Überwinterte Königinnen ab April, junge Königinnen und Männchen ab Juli.

Gesamtverbreitung: Wegen der Vermengung mit *B. lucorum* und *B. cryptarum* unklar; gemeldet von Portugal im Westen bis Tschechien im Osten, vom Trentino im Süden bis Karelien im Norden. **SW-Eu:** P, E, I. **Z-Eu:** F, B, NL, D, A, CH, DK. **N-Eu:** IRL, GB, N, S, SF, EST, LT, RUS(N). **NO-Eu:** CS, PL.

Lokalverbreitung: Wegen der Vermengung mit *B. lucorum* und *B. cryptar-*

um unklar; kommt vermutlich im gesamten Gebiet mit Ausnahme der höheren Lagen vor.

Bombus maxillosus Klug, 1817
Lehm-Kuckuckshummel

Systematik: Untergattung *Psithyrus* Lepeletier, 1833.

Nomenklatur: Neuere Gen- und Pheromon-Untersuchungen deuten darauf hin, dass *B. maxillosus* konspezifisch mit *B. barbutellus* ist. Synonym: *Psithyrus maxillosus* (Klug, 1817).

Etymologie: Von lat. „*maxilla*" = „Oberkiefer, Kinn, Kinnlade". Der deutsche Name bezieht sich auf einen ihrer Wirte, die Lehmhummel.

Lebensraum: Warme Standorte; Waldränder, lichte Wälder, extensiv genutztes Grünland, Magerrasen. Vom Flachland bis in die subalpine Höhenstufe.

Wirte: *Bombus argillaceus* und *B. ruderatus*.

Flugzeit: Weibchen wurden im Gebiet bisher von Mai bis September, Männchen von Juli bis September gefunden.

Gesamtverbreitung: Von Südspanien bis zum Kaukasus; nordwärts bis Mittelfrankreich, Slowakei; südwärts bis Sizilien, Peloponnes, Südtürkei und Nordiran. **SW-Eu:** F(K), I(Sa), I(Si), I. **Z-Eu:** F, A, CH, DK? **N-Eu:** RUS(N). **NO-Eu:** CS, SK, {~~PL~~}, UA, UA(K). **SO-Eu:** H, RO, SLO, HR, MK, SRB, AL, BG, GR. **W-As:** TR, IR.

Lokalverbreitung: Im Gebiet bisher nur aus Österreich bekannt (Burgenland, Kärnten, Ober- und Niederösterreich, Steiermark). In der Schweiz bisher noch nicht nachgewiesen, ein Vorkommen im Tessin ist aber nicht ausgeschlossen.

Bombus mendax Gerstaecker, 1869
Trughummel

Systematik: Untergattung *Mendacibombus* Skorikov, 1914.

Nomenklatur: Synonyme: *Bombias mendax* (Gerstaecker, 1869); *Mendacibombus mendax* (Gerstaecker, 1869).

Etymologie: Von lat. „*mendax*" = „lügnerisch, trügerisch"; Gerstaecker bezieht sich offensichtlich auf die täuschend ähnliche Färbung von *Bombus montanus* (= *ruderarius*). Der deutsche Name folgt der wissenschaftlichen Bezeichnung.

Pollenquellen: Polylektisch mit Präferenz für Pflanzen mit langen Blütenkelchen.

Nestbau: Nistet unterirdisch in verlassenen Bauten von Kleinsäugern, zuweilen auch oberirdisch in Vogelnestern. Die Völker umfassen 80 bis 150

Individuen. Nestbezieher; Pollenstorer. In der Art der Pollenspeicherung weicht *B. mendax* von den übrigen Hummelarten ab: Das Nest ist in drei separate Bereiche aufgeteilt, in denen sich jeweils nur Brut-, Nektar- oder Pollenwaben befinden. Im Gegensatz zu den meisten anderen Hummelarten werden die Nester bei Störungen vehement verteidigt.

Lebensraum: Eher feuchte Standorte im Hochgebirge. In der subalpinen bis alpinen Höhenstufe.

Flugzeit: Überwinterte Königinnen ab April, junge Königinnen und Männchen ab August.

Gesamtverbreitung: Nur aus dem Kantabrischen Gebirge, den Pyrenäen und den Alpen bekannt. Die Meldungen aus anderen Gebieten beziehen sich auf verwandte Arten. **SW-Eu:** E, AND, I. **Z-Eu:** F, D, A, CH, FL. **SO-Eu:** SLO. **W-As:** {~~Kaukasus~~}. **Z-As:** {~~TAD~~}. **SO-As:** {~~MGL, RC~~}.

Lokalverbreitung: Im Gebiet auf die Alpen beschränkt. In Deutschland nur aus den bayerischen Alpen nachgewiesen (aktuell). In Österreich mit Ausnahme des Burgenlands aus allen Bundesländern gemeldet. In der Schweiz historisch und aktuell aus dem Alpenraum und aus dem Jura bei Genf.

Bombus mesomelas Gerstaecker, 1869

Berghummel

Systematik: Untergattung *Thoracobombus* Dalla Torre, 1880.

Nomenklatur: Im Gebiet in der Unterart *Bombus mesomelas mesomelas* Gerstaecker, 1869. Synonyme: *Megabombus mesomelas* (Gerstaecker, 1869); *Bombus elegans mesomelas* (Gerstaecker, 1869); *Bombus pomorum* var. *mesomelas* (Gerstaecker, 1869).

♀

Etymologie: Von griech. „*meso*“ = „Mitte“ und „*mela*“ = „schwarz“; wegen des Querbands aus schwarzen Haaren zwischen den Flügeln. Deutscher Name: Die Art ist hauptsächlich montan verbreitet.

Pollenquellen: Polylektisch.

Nestbau: Nistet überwiegend unterirdisch in verlassenen Bauten von Kleinsäugern, seltener in selbst gebauten Nestern in der Krautschicht. Die Völker umfassen 50 bis 120 Individuen. Nestbezieher, seltener Nestbauer; Pocketmaker.

Lebensraum: Trockenwarme Standorte in den Mittel- und Hochgebirgen. Von der montanen bis in die alpine Höhenstufe, in Mitteleuropa bereits ab 600 m.

Flugzeit: Überwinterte Königinnen ab Mai, junge Königinnen und Männchen ab August.

Gesamtverbreitung: Die Nominatform im Kantabrischen Gebirge, in den Pyrenäen, den Alpen, den Apenninen, in den Alpen, im Riesengebirge und in den Karpaten, seltener in den mitteleuropäischen Mittelgebirgen. Die Unterart *Bombus mesomelas alboluteus* Vogt, 1909 ist disjunkt verbreitet mit einer westlichen Population in den Gebirgen der Balkanhalbinsel und einer östlichen im Ostanatolischen Hochland, dem Kaukasus bis zum Elburs. **SW-Eu:** E, I. **Z-Eu:** F, E, D, A, CH. **NO-Eu:** CS, SK, PL, UA. **SO-Eu:** RO, MK, MNE, SRB, BIH, AL, BG, GR. **N-Afr:** {~~MA~~}. **W-As:** TR, Kaukasus, IR.

Lokalverbreitung: In Deutschland verschollen, nachgewiesen aus Thüringen, Sachsen und Bayern (letzter Fund 1956, Westrich et al. 2008); eine Meldung von *B. pomorum* var. *elegans* aus Mecklenburg-Vorpommern bezieht sich mit Sicherheit nicht auf *B. mesomelas*. In Österreich mit Ausnahme des Burgenlands aus allen Bundesländern gemeldet. In der Schweiz im gesamten Alpenraum und dem Jura, historisch vereinzelt auch aus dem nördlichen Alpenvorland.

Bombus monticola Smith, 1849
Nordische Hummel

Systematik: Untergattung *Pyrobombus* Dalla Torre, 1880.

Nomenklatur: Rasmont fasst die im Gebiet vorkommenden Populationen als Angehörige der ssp. *alpestris* Vogt, 1909 auf, von Hagen, Neumayer und andere Autoren als die der ssp. *hypsophilus* (Skorikov, 1912). Synonyme: *Bombus lapponicus* auct. nec (Fabricius, 1793); *Pyrobombus monticola* (Smith, 1849).

Etymologie: Von lat. „*monticola*“ = „Bergbewohner“. Der deutsche Name bezieht sich auf die Tatsache, dass das ausgedehnteste Verbreitungsteilgebiet der disjunkt vorkommenden Art der Hohe Norden Europas ist.

Pollenquellen: Polylektisch, wird vor allem auf *Vaccinium, Trifolium* und *Rubus* angetroffen.

Nestbau: Nistet in der Regel unterirdisch, hier vorwiegend in verlassenen Bauten von Kleinsäugern, manchmal auch über der Erde in Vogelnestern, in natürlichen Baumhöhlen oder in Ställen und Scheunen. Die Völker umfassen 30 bis 120 Individuen. Nestbezieher; Pollenstorer.

Lebensraum: Lichte Wälder, Waldsäume und Matten im Gebirge; außerhalb des Gebiets auch in Mooren und Feuchtheiden. Von der montanen bis in die alpine Höhenstufe.

Parasiten: Kuckucksbiene ist *Bombus flavidus*, möglicherweise auch *B. sylvestris*.

Flugzeit: Überwinterte Königinnen ab März, junge Königinnen und Männchen ab August.

Gesamtverbreitung: Nur aus Europa bekannt, hier disjunkt in mehreren Unterarten verbreitet: ssp. *rondoui* Vogt, 1909 im Kantabrischen Gebirge und den Pyrenäen, ssp. *konradini* Reinig, 1965 im Apennin, ssp. *alpestris* Vogt, 1909 in den Alpen und den Gebirgen der Balkanhalbinsel, ssp. *monticola* Smith, 1849 in Irland und Großbritannien nordwärts bis Nordschottland, und ssp. *scandinavicus* Friese, 1911 in Skandinavien und Nordrussland, hier nordwärts weit über den Polarkreis hinaus bis zur Nordmeerküste. **SW-Eu:** E, I. **Z-Eu:** F, D, A, CH, FL. **N-Eu:** IRL, GB. **SO-Eu:** SLO, MK, MNE, BIH, AL, BG, GR.

Lokalverbreitung: Im Gebiet auf die Alpen beschränkt. In Deutschland nur aus den bayerischen Alpen nachgewiesen (aktuell). In Österreich mit Ausnahme des Burgenlands aus allen Bundesländern gemeldet. In der Schweiz historisch und aktuell aus dem Alpenraum.

Bombus mucidus Gerstaecker, 1869
Grauweiße Hummel

Systematik: Untergattung *Thoracobombus* Dalla Torre, 1880.

Nomenklatur: Synonym: *Megabombus mucidus* (Gerstaecker, 1869).

Etymologie: Von lat. „*mucidus*“ = „schimmelig“; bezieht sich auf die grauweiße Behaarung.

Pollenquellen: Polylektisch.

Nestbau: Nistet vermutlich immer unterirdisch, meist in verlassenen Bauten von Kleinsäugern, aber auch in offenen Höhlungen im Erdboden. Die Völker umfassen 50 bis 80 Individuen. Nestbezieher, seltener Nestbauer; Pocketmaker.

Lebensraum: Sonnige Waldsäume und Matten im Gebirge. Von der montanen bis in die alpine Höhenstufe.

Flugzeit: Überwinterte Königinnen ab Mai, junge Königinnen und Männchen ab August.

Gesamtverbreitung: Nur aus den südeuropäischen Gebirgen bekannt: Kantabrisches Gebirge, Pyrenäen, Alpen, Apennin, Dinarisches Gebirge, Balkan, Karpaten. **SW-Eu:** E, I. **Z-Eu:** F, D, A, CH, FL. **SO-Eu:** RO, SLO, MNE, SRB, BIH.

Lokalverbreitung: Im Gebiet auf die Alpen beschränkt. In Deutschland nur aus den bayerischen Alpen nachgewiesen (aktuell). In Österreich mit Ausnahme des Burgenlands aus allen Bundesländern gemeldet. In der Schweiz historisch und aktuell aus dem Alpenraum, historisch aus dem Jura in der Umgebung des Genfersees.

Bombus muscorum (Linnaeus, 1758)

Mooshummel

Systematik: Untergattung *Thoracobombus* Dalla Torre, 1880.

Nomenklatur: Synonym: *Megabombus muscorum* (Linnaeus, 1758).

Etymologie: Genitiv Plural von lat. „*muscus*" = „Moos"; Linné gibt an, die Art wohne unter dem Moos („*Habitat sub Musco terrestri*"). Der eingebürgerte deutsche Name folgt der wissenschaftlichen Bezeichnung.

Pollenquellen: Polylektisch.

Nestbau: Nistet oberirdisch in der Krautschicht, unter Grasbüscheln und Moospolstern, auch in verlassenen Vogelnestern oder leeren Nistkästen, in

Sandgebieten auch im lockeren Sand. Die Völker umfassen 40 bis 120 Individuen. Nestbauer; Pocketmaker.

Lebensraum: Offene, bevorzugt feuchte Standorte; Moore, Feuchtheiden, Gewässersäume, extensiv genutztes Grünland. Vom Flachland bis in die montane Höhenstufe.

Parasiten: Kuckucksbiene ist mit größter Wahrscheinlichkeit *Bombus campestris*.

Flugzeit: Überwinterte Königinnen ab März, junge Königinnen und Männchen ab Juli.

Gesamtverbreitung: Transpaläarktisch. Von Portugal über das gesamte Europa, über Sibirien und Zentralasien bis Sachalin; nordwärts bis Irland und Nordschottland (bis zu den Shetland-Inseln), in Norwegen bis über den Polarkreis hinaus (68°N), in Schweden bis 61°N, in Finnland bis 65,5°N, Russland bis Karelien, Arkhangelsk und Komi; südwärts bis Kalabrien, Mittelgriechenland, Südtürkei und Nordiran. **SW-Eu:** P, E, F(K), I. **Z-Eu:** F, B, LUX, NL, D, A, CH, DK. **N-Eu:** IRL, GB, N, S, SF, EST, LT, LV, RUS(N). **NO-Eu:** CS, SK, PL, BY, UA, RUS(S). **SO-Eu:** H, RO, SLO, HR, MK, SRB, BIH, AL, BG, GR, GR(K). **W-As:** TR, Kaukasus. **Z-As:** KAZ, KGZ. **Sib:** W-Sib, O-Sib. **NO-As:** Jak, Amur, Khab, Prim, Sach. **SO-As:** MGL, RC.

Lokalverbreitung: In Deutschland und Österreich aus allen Bundesländern nachgewiesen (überall aktuell, aber stark rückläufig, Meldung aus Salzburg zweifelhaft). In der Schweiz historisch aus dem Genfersee-Gebiet, dem Kanton Bern, Zürich und dem Walliser Rhonetal, nach 1970 nur aus dem Kanton Schwyz gemeldet.

Bombus norvegicus (Sparre-Schneider, 1918)
Norwegische Kuckuckshummel

Systematik: Untergattung *Psithyrus* Lepeletier, 1833.

Nomenklatur: Synonym: *Psithyrus norvegicus* Sparre-Schneider, 1918.

Etymologie: Von neulat. „*norvegicus*" = „norwegisch"; die Art wurde aus Norwegen beschrieben.

Lebensraum: Waldsäume, lichte Wälder und angrenzende Wiesen, Streuobstwiesen, Brach- und Ruderalflächen. Vom Flachland bis in die subalpine Höhenstufe.

Wirte: Wohl einziger Wirt ist *Bombus hypnorum*.

Flugzeit: Überwinterte Weibchen ab April, junge Weibchen und Männchen ab Juli.

Gesamtverbreitung: Transpaläarktisch. Von Nordspanien über Mittel- und Nordeuropa, Sibirien und das nördliche Zentralasien bis Kamtschatka; in Skandinavien bis weit über den Polarkreis hinaus (bis 69°N in Norwegen, Schweden und Finnland), in Russland bis Murmansk, Arkhangelsk und

Perm; südwärts bis in die Pyrenäen, Seealpen, Slowenien, Rumänien und Südukraine. **SW-Eu:** I. **Z-Eu:** F, B, LUX, NL, D, A, CH, FL, DK. **N-Eu:** N, S, SF, EST, LT, LV, RUS(N). **NO-Eu:** CS, SK, PL, BY, UA. **SO-Eu:** RO, SLO. **Z-As:** KAZ. **Sib:** W-Sib, O-Sib. **NO-As:** Jak, Amur, Khab, Prim, Sach, Kam. **SO-As:** MGL, RC, J.

Lokalverbreitung: Im Gebiet aus fast allen Regionen gemeldet, in der Schweiz keine Nachweise vom Genfersee-Gebiet und dem Engadin.

Bombus pascuorum (Scopoli, 1763)

Ackerhummel

Systematik: Untergattung *Thoracobombus* Dalla Torre, 1880.

Nomenklatur: Synonyme: *Bombus agrorum* (Fabricius, 1787); *Bombus cognatus* Stephens, 1846.

Etymologie: Genitiv Plural von lat. „*pascuum*" = „grüne Aue, Weide, Weideland". Der schon länger eingebürgerte deutsche Name ist eine Übertragung des Synonyms *B. agrorum* (Genitiv Plural von lat. „*ager*" = „Acker").

Pollenquellen: Polylektisch.

Nestbau: Die Nester werden unterirdisch in verlassenen Bauten von Kleinsäugern oder oberirdisch in der Krautschicht (z. B. unter Grasbüscheln oder Moospolstern), und in den verschiedensten Hohlräumen (Baumhöhlen, Nistkästen, Eichhörnchenkobel u.v.m.) errichtet. Die Völker umfassen 60 bis 150 Individuen. Nestbezieher und Nestbauer; Pocketmaker.

Lebensraum: Zeigt keine strenge Habitatbindung; Waldsäume, Hecken, Mager- und Fettwiesen, Hochwasserdämme, Brach- und Ruderalflächen, Garten- und Parkanlagen. Vom Flachland bis in die subalpine Höhenstufe.

Parasiten: Kuckucksbiene ist vorwiegend *Bombus campestris*, seltener auch *Bombus rupestris*.

Flugzeit: Überwinterte Königinnen ab März/April, junge Königinnen und Männchen ab Juli.

Gesamtverbreitung: Transpaläarktisch. Von Portugal über Europa, Sibirien und Zentralasien bis Kamtschatka; nordwärts bis Irland und Nordschottland (bis zu den Orkney-Inseln), in Skandinavien und Russland weit über den Polarkreis hinaus bis zur Nordmeerküste; südwärts bis Sizilien, Mittelgriechenland, Südtürkei und Nordiran. **SW-Eu:** P, E, E(B), F(K), I(Si), I. **Z-Eu:** F, B, LUX, NL, D, A, CH, FL, DK. **N-Eu:** IS, IRL, GB, N, S, SF, EST, LT, LV, RUS(N). **NO-Eu:** CS, SK, PL, BY, UA, UA(K), RUS(S). **SO-Eu:** H, RO, MD, SLO, HR, MK, MNE, SRB, BIH, AL, BG, GR. **W-As:** TR, Kaukasus, IR. **Z-As:** KAZ, KGZ. **Sib:** W-Sib, O-Sib. **NO-As:** Jak, Amur, Khab, Prim, Sach, Mag, Kam. **SO-As:** MGL, RC, KP.

Lokalverbreitung: Im Gebiet aus allen Regionen gemeldet.

Bombus pomorum (Panzer, 1805)
Obsthummel

Systematik: Untergattung *Thoracobombus* Dalla Torre, 1880.

Nomenklatur: Synonym: *Megabombus pomorum* (Panzer, 1805).

Etymologie: Genitiv Plural von lat. „*poma*“ = „Früchte, Obst“. Der deutsche Name folgt der wissenschaftlichen Bezeichnung.

Pollenquellen: Polylektisch mit Präferenz für Fabaceae und Lamiaceae.

Nestbau: Nistet unterirdisch. Die Völker umfassen 40 bis 300 Individuen. Nestbezieher; Pocketmaker.

Lebensraum: Offene, nicht zu feuchte Standorte; Waldsäume, Hecken, extensiv genutztes Grünland. Vom Flachland bis in die montane Höhenstufe.

Parasiten: Kuckucksbiene ist *Bombus campestris*.

Flugzeit: Überwinterte Königinnen ab April, junge Königinnen und Männchen ab August.

Gesamtverbreitung: Vom Languedoc und der Normandie im Westen über Mittel- und Osteuropa bis Westsibirien (Sverdlovsk, Tscheljabinsk); nordwärts bis Dänemark und Perm; südwärts bis Südfrankreich, Norditalien, Nordgriechenland und Südosttürkei. **SW-Eu:** E, I. **Z-Eu:** F, B, NL, D, A, CH, DK. **N-Eu:** GB, N, S, LT, LV, RUS(N). **NO-Eu:** CS, SK, PL, BY, UA, RUS(S). **SO-Eu:** H, RO, HR, MK, MNE, SRB, BIH, AL, BG, GR. **W-As:** TR, Kaukasus. **Sib:** W-Sib.

Lokalverbreitung: In Deutschland aus allen Bundesländern nachgewiesen, aber fast überall verschwunden, aktuelle Einzelfunde nur noch aus Thüringen, Sachsen-Anhalt, Sachsen, Rheinland-Pfalz, Brandenburg, Baden-Württemberg und Bayern. In Österreich aus allen Bundesländern gemeldet, aber auch hier fast überall verschwunden. In der Schweiz historisch aus dem Tessin, dem Bündner Rheintal, dem Genfersee-Gebiet, den Kantonen Bern, Freiburg, Zürich, Aargau und Basel, nach 1970 nur noch vom Neuenburgersee, aus der Umgebung von Solothurn und von Basel gemeldet (Amiet 1996).

Bombus pratorum (Linnaeus, 1761)
Wiesenhummel

Systematik: Untergattung *Pyrobombus* Dalla Torre, 1880.

Nomenklatur: Synonym: *Pyrobombus pratorum* (Linnaeus, 1761).

Etymologie: Genitiv Plural von lat. „*pratum*" = „Wiese"; Linné fand die Art auf Wiesen („*Habitat in Pratis*"). Der eingebürgerte deutsche Name folgt der wissenschaftlichen Bezeichnung.

Pollenquellen: Polylektisch.

Nestbau: Die Nester werden in der Regel oberirdisch, in der Krautschicht (z. B. unter Grasbüscheln oder Moospolstern), in vorhandenen Hohlräumen, zuweilen auch unterirdisch in verlassenen Bauten von Kleinsäugern errichtet. Die Völker umfassen 50 bis 120 Individuen. Nestbezieher; Pollenstorer.

Lebensraum: Waldsäume, Hecken, lichte Wälder, extensiv genutztes Grünland, Hochwasserdämme, Brach- und Ruderalflächen, zuweilen auch im Siedlungsbereich. Vom Flachland bis in die alpine Höhenstufe.

Parasiten: Kuckucksbienen sind *Bombus campestris* und *Bombus sylvestris*.

Flugzeit: Überwinterte Königinnen ab März, junge Königinnen und Männchen ab Mai/Juni. Die Art beginnt und beendet unter den heimischen Hummeln ihren Lebenszyklus am frühesten.

Gesamtverbreitung: Transpaläarktisch. Von Portugal über das gesamte Europa bis Kamtschatka; nordwärts bis Irland und Nordschottland (bis zu den Orkney-Inseln), in Skandinavien und Russland weit über den Polarkreis hinaus bis an die Nordmeerküste; südwärts bis Sizilien, Nordgriechenland, Südtürkei und Nordiran. **SW-Eu:** E, F(K), I(Si), I. **Z-Eu:** F, B, LUX, NL, D, A, CH, FL, DK. **N-Eu:** IRL, GB, N, S, SF, EST, LT, LV, RUS(N). **NO-Eu:** CS, SK, PL, BY, UA, RUS(S). **SO-Eu:** H, RO, MD, SLO, HR, MK, MNE, SRB, BIH, AL, BG, GR. **W-As:** TR, Kaukasus, IR. **Sib:** W-Sib. **NO-As:** Jak, Prim.

Lokalverbreitung: Im Gebiet aus allen Regionen gemeldet.

Bombus pyrenaeus Pérez, 1879
Pyrenäenhummel

Systematik: Untergattung *Pyrobombus* Dalla Torre, 1880.

Nomenklatur: Im Gebiet in der ssp. *tenuifasciatus* Vogt, 1909. Synonyme: *Pyrobombus pyrenaeus* (Pérez, 1879); *Bombus derhammellus* var. *pyrenaeus* Pérez, 1879.

Etymologie: Von lat. „*pyrenaeus*" = „aus den Pyrenäen stammend". Die Tiere, die Pérez bei der Beschreibung vorlagen, stammten aus den Pyrenäen.

Pollenquellen: Polylektisch.

Nestbau: Nistet in unter- oder oberirdischen Hohlräumen, aber auch in Vogelnestern, Eichhörnchenkobeln und in Gebäuden wie Schuppen oder Almhütten. Die Völker umfassen 50 bis 120 Individuen. Nestbezieher und Nestbauer; Pollenstorer.

Lebensraum: Lichte Wälder, Waldsäume und Matten im Gebirge. Von der subalpinen bis in die alpine Höhenstufe.

Flugzeit: Überwinterte Königinnen ab Mai, junge Königinnen und Männchen ab Juli.

Gesamtverbreitung: Nur aus süd- und mitteleuropäischen Gebirgen bekannt: in der ssp. *pyrenaeus* Pérez, 1879 in den Pyrenäen, in der ssp. *tenuifasciatus* Vogt, 1909 in den Alpen, in der ssp. *balcanicus* Friese, 1923 in den Karpaten und im Balkan und in der ssp. *afasciatus* Dylewska, 1958 in den Karpaten. **SW-Eu:** E, I. **Z-Eu:** F, D, A, CH, FL. **NO-Eu:** SK, PL, UA. **SO-Eu:** RO, SLO, MK, MNE, SRB, BIH, BG, GR.

Lokalverbreitung: Im Gebiet auf die Alpen beschränkt. In Deutschland nur aus den bayerischen Alpen nachgewiesen (aktuell). In Österreich mit Ausnahme des Burgenlands aus allen Bundesländern gemeldet. In der Schweiz historisch und aktuell aus dem Alpenraum, im Wallis nur historisch.

Bombus quadricolor (Lepeletier, 1832)
Vierfarbige Kuckuckshummel

Systematik: Untergattung *Psithyrus* Lepeletier, 1833.

Nomenklatur: Im nördlichen Schleswig-Holstein und auf Sylt in der ssp. *globosus* Eversmann, 1852, im übrigen Gebiet in der ssp. *meridionalis* Richards, 1928. Synonyme: *Psithyrus quadricolor* (Lepeletier, 1832); *Psithyrus meridionalis* Richards, 1928; *Psithyrus globosus* Eversmann, 1852.

Etymologie: Von lat. „*quadri-*" = „vier-" und „*color*" = „Farbe"; bezieht sich auf die Behaarung, die aus schwarzen, weißen, gelben und roten Haaren besteht.

Lebensraum: Im Flachland vorwiegend Moore und Heiden, im Gebirge Waldsäume, lichte Wälder, extensiv genutztes Grünland, Ruderalflächen.

Vom Flachland bis in die subalpine, in der Südschweiz auch alpine Höhenstufe.

Wirte: Wohl einziger Wirt ist *Bombus soroeensis,* wenn auch verschiedentlich *B. pratorum* und *B. ruderarius* als Wirte vermutet werden.

Flugzeit: Überwinterte Weibchen ab Mai, junge Königinnen und Weibchen ab Juli.

Gesamtverbreitung: Von Nordspanien über das gesamte Mittel- und südliche Nordeuropa (fehlt auf den Britischen Inseln) bis Westsibirien (Tomsk); nordwärts bis 64°N in Schweden, bis 62°N in Norwegen und Finnland, in Russland bis 65°N (Solovetsky-Inseln); südwärts bis Nordspanien, Mazedonien, Bulgarien und Südosttürkei. **SW-Eu:** E, I. **Z-Eu:** F, B, D, A, CH, DK. **N-Eu:** IRL, GB, N, S, SF, EST, LT, LV, RUS(N). **NO-Eu:** CS, SK, PL, BY, UA. **SO-Eu:** H, RO, SLO, HR, MK, MNE, SRB, BIH, AL, BG. **W-As:** TR, Kaukasus, IR. **Sib:** W-Sib.

Lokalverbreitung: In Deutschland mit Ausnahme von Nordrhein-Westfalen aus allen Bundesländern gemeldet (Meldung aus Rheinland-Pfalz ist überprüfungsbedürftig), aber großflächig verschwunden, aktuelle Meldungen nur aus Sachsen, Baden-Württemberg und Bayern, nach Dathe (2001) auch aus Brandenburg. In Österreich mit Ausnahme des Burgenlands aus allen Bundesländern gemeldet. In der Schweiz historisch und aktuell aus dem Alpenraum, vereinzelt auch im nördlichen Alpenvorland, historisch aus dem Genfersee-Gebiet und dem Jura.

Bombus ruderarius (Müller, 1776)
Grashummel

Systematik: Untergattung *Thoracobombus* Dalla Torre, 1880.

Nomenklatur: Synonyme: *Bombus derhamellus* (Kirby, 1802); *Bombus rajellus* (Kirby, 1802); *Megabombus ruderarius* (Müller, 1776).

Etymologie: Von lat. „*rudus* (*ruderis*)“ = „Geröll, Schutt, Trümmer“. Der deutsche Name ist seit Längerem eingebürgert.

Pollenquellen: Polylektisch mit Präferenz für Fabaceae, Lamiaceae und Scrophulariaceae.

Nestbau: Die Nester werden oberirdisch angelegt, in Mulden oder unter Grasbüscheln oder Moospolstern, zuweilen werden auch flach unter der Erdoberfläche liegende Mäusenester als Grundlage verwendet. Die Völker umfassen 50 bis 100 Individuen. Nestbauer; Pocketmaker.

Lebensraum: Vorwiegend offene, trockene Standorte; extensiv genutztes Grünland, Mager- und Fettwiesen, Streuobstwiesen; der eigentliche Siedlungsbereich wird aber weitgehend gemieden. Vom Flachland bis in die untere alpine Höhenstufe.

Parasiten: Kuckucksbiene ist *Bombus campestris*.

Flugzeit: Überwinterte Königinnen ab April, junge Königinnen und Männchen ab Juli.

Gesamtverbreitung: Als eine der wenigen Hummelarten auch in Nordafrika (Algerien, Tunesien). In Eurasien von Nord- und Zentralspanien über Mittel-, Süd- und südliches Nordeuropa bis ins Mittelsibirische Bergland (Tuva); nordwärts bis Irland und Nordschottland, in Skandinavien bis 62°N in Norwegen, 66°N in Schweden, 65°N in Finnland, Russland bis Karelien und Arkhangelsk; südwärts bis Sizilien, Mittelgriechenland, Südtürkei und Nordiran. **SW-Eu:** E, I(Si), I. **Z-Eu:** F, B, LUX, NL, D, A, CH, FL, DK. **N-Eu:** IRL, GB, N, S, SF, EST, LT, LV, RUS(N). **NO-Eu:** CS, SK, PL, BY, UA, RUS(S). **SO-Eu:** H, RO, SLO, HR, MK, MNE, SRB, BIH, AL, BG, GR, GR(K). **N-Afr:** DZ, TN. **W-As:** TR, Kaukasus, IR. **Z-As:** KAZ, KGZ. **Sib:** W-Sib, O-Sib.

Lokalverbreitung: Im Gebiet aus allen Regionen gemeldet; in der Schweiz im Genfersee-Gebiet nur historische Nachweise.

Bombus ruderatus (Fabricius, 1775)

Feldhummel

Systematik: Untergattung *Megabombus* Dalla Torre, 1880.

Nomenklatur: Im Gebiet in der ssp. *eurynotus* (Dalla Torre, 1882). Synonyme: *Megabombus ruderatus* (Fabricius, 1775); *Bombus hortorum ruderatus* (Fabricius, 1775).

Etymologie: Von lat. „*rudus* (*ruderis*)“ = „Geröll, Schutt, Trümmer“. Der deutsche Name ist seit Längerem eingebürgert.

Pollenquellen: Polylektisch mit Präferenz für Fabaceae, Lamiaceae, Scrophulariaceae und Boraginaceae.

Nestbau: Die Nester werden vorwiegend unterirdisch in verlassenen Bauten von Kleinsäugern oder knapp über dem Boden unter dichter Vegetation errichtet, die Zugangsstollen der unterirdischen Nester können bis zu 1,5 m lang sein. Die Völker umfassen 50 bis 150 Individuen. Nestbezieher, Pocketmaker.

Lebensraum: Vorwiegend offene Standorte; extensiv genutztes Grünland, Mager- und Fettwiesen, Streuobstwiesen. Vom Flachland bis in die montane Höhenstufe.

Parasiten: Kuckucksbienen sind *Bombus barbutellus* und *B. maxillosus*.

Flugzeit: Überwinterte Königinnen ab April, junge Königinnen und Männchen ab Juli.

Gesamtverbreitung: Als eine der wenigen Hummelarten auch in Nordafrika (Maghreb). In Eurasien von den Azoren und Madeira über Mittel-, Süd- und südliches Nordeuropa bis ins Mittelsibirische Bergland (Novosibirsk); nordwärts bis Südirland und Nordengland, in Skandinavien nur historisch von der Südspitze Schwedens, bis ins Baltikum, Arkhangelsk und Perm;

südwärts bis Sizilien, Slowenien, Bulgarien und Krim. Als Klee-Bestäuber eingeführt in Neuseeland. **SW-Eu:** P(A), P, E, F(K), I(Sa), I(Si), I. **Z-Eu:** F, B, LUX, NL, D, A, CH, DK. **N-Eu:** GB, N, S, LT, RUS(N). **NO-Eu:** CS, SK, PL, BY, UA, UA(K), RUS(S). **SO-Eu:** H, RO, SLO, HR, SRB, AL, BG. **N-Afr:** P(M), MA, DZ, TN. **W-As:** TR, Kaukasus. **Sib:** W-Sib. **Aus:** NZ+.

Lokalverbreitung: In Deutschland aus allen Bundesländern gemeldet (Meldungen aus Rheinland-Pfalz überprüfungsbedürftig), aus Schleswig-Holstein, Mecklenburg-Vorpommern, Nordrhein-Westfalen, Hessen und Sachsen nur historisch. In Österreich aus allen Bundesländern gemeldet, die Meldungen aus Oberösterreich, Salzburg und Tirol sind überprüfungsbedürftig. In der Schweiz historisch von Genf, den Kantonen Bern und Solothurn sowie von Zürich, nach 1970 nur von Genf, Neuenburgersee, Solothurn und Basel (Amiet 1996).

Bombus rupestris (Fabricius, 1793)

Rotschwarze Kuckuckshummel

Systematik: Untergattung *Psithyrus* Lepeletier, 1833.

Nomenklatur: Synonym: *Psithyrus rupestris* (Fabricius, 1793).

Etymologie: Von lat. „*rupestris*“ = „Felsen liebend“. Der deutsche Name bezieht sich auf die Farbe der Behaarung, die mit Ausnahme der roten Hinterleibsspitze vollständig schwarz ist.

Lebensraum: Zeigt keine strenge Habitatbindung; Waldsäume, Hecken, Mager- und Fettwiesen, Hochwasserdämme, Brach- und Ruderalflächen, Garten- und Parkanlagen. Vom Flachland bis in die subalpine Höhenstufe.

Wirte: Hauptwirt ist *Bombus lapidarius*, als weitere Wirte sind in der Literatur *Bombus sylvarum*, *Bombus sicheli alticola* und *Bombus pascuorum* aufgeführt.

Flugzeit: Überwinterte Weibchen ab Mai, junge Weibchen und Männchen ab August.

Gesamtverbreitung: Transpaläarktisch. Von Nord- und Zentralspanien über das gesamte Mittel-, Süd- und südliches Nordeuropa, weiter über Sibirien und Zentralasien bis Magadan; nordwärts bis Irland und Südschottland, in Norwegen und Finnland bis 63°N, in Schweden bis 64°N, in Russland bis Murmansk, Arkhangelsk und Perm; südwärts bis Sizilien, Mazedonien, Bulgarien, Nordtürkei und Nordiran. **SW-Eu:** E, I(Si), I. **Z-Eu:** F, B, LUX, NL, D, A, CH, FL, DK. **N-Eu:** IRL, GB, N, S, SF, EST, LT, LV, RUS(N). **NO-Eu:** CS, SK, PL, BY, UA, RUS(S). **SO-Eu:** H, RO, MD, SLO, HR, MK, MNE, SRB, BIH, AL, BG. **W-As:** TR, Kaukasus, IR. **Z-As:** TAD, KAZ. **Sib:** W-Sib, O-Sib. **NO-As:** Jak, Amur, Khab, Prim, Mag. **SO-As:** MGL, RC.

Lokalverbreitung: Im Gebiet aus allen Regionen gemeldet.

Bombus semenoviellus Skorikov, 1910
Taigahummel

Systematik: Untergattung *Cullumanobombus* Vogt, 1911.

Etymologie: Benannt nach dem russischen Entomologen Prof. Dr. A. Semenov Tian-Shanskij (1866–?), der Teile der Typenserie gesammelt hat. Deutscher Name: Die Typen stammen unter anderem aus den Waldsteppen der Oblaste Rjasan und Vladimir.

Pollenquellen: Polylektisch.

Nestbau: Bisher bekannt gewordene Nester waren unterirdisch angelegt. Die Völker sind nicht sehr individuenstark. Nestbezieher, Pollenstorer.

Lebensraum: Waldsteppe, extensiv genutztes Grünland, Halbtrockenrasen, Ruderalflächen, Feuchtwiesen. Vom Flachland bis in die kolline Höhenstufe.

Flugzeit: Das Erscheinen überwinterter Königinnen konnte anhand von Funddaten aus dem Gebiet nicht eruiert werden, junge Königinnen und Männchen ab Juli.

Gesamtverbreitung: Die Art dringt in den letzten Jahren nach Westen vor. Der bisher westlichste Fundort liegt in Niedersachsen; von hier ostwärts bis Tuva, östlich davon nur eine Meldung durch Panfilov et al. 1961 aus Sacha/Jakutien; nordwärts bis Südnorwegen (hier erstmals 2013 in Hvaler/Østfold entdeckt, Ødegaard et al. 2015; kein Nachweis aus Schweden), in Finnland bis zum Polarkreis, in Russland bis Karelien, Arkhangelsk, Komi und Perm; südwärts bis Bayern, Nordösterreich, Slowakei, Ukraine und Orenburg. **Z-Eu:** D, A. **N-Eu:** N, SF, EST, LT, LV, RUS(N). **NO-Eu:** CS, SK, PL, BY, UA, RUS(S). **Z-As:** KAZ. **Sib:** W-Sib, O-Sib. **NO-As:** Jak? **Ori:** PAK.

Lokalverbreitung: In Deutschland gelang 1998 in Schleswig-Holstein der Erstnachweis für Mitteleuropa (van der Smissen & Rasmont 2000), in den folgenden Jahren wurde die Art auch aus Brandenburg, Sachsen, Thüringen, Sachsen-Anhalt, Bayern, Mecklenburg-Vorpommern und Niedersachsen gemeldet. In Österreich ist bisher ein Fund von 2009 aus dem Waldviertel/Niederösterreich bekannt (Streinzer 2010).

Bombus sichelii Radoszkowski, 1860
Höhenhummel

Systematik: Untergattung *Melanobombus* Dalla Torre, 1880.

Nomenklatur: Im Gebiet in der ssp. *alticola* Kriechbaumer, 1873. Synonyme: *Pyrobombus sicheli* (Radoszkowski, 1860); *Bombus alticola* Kriechbaumer, 1873. Gelegentlich wird der Artname mit nur einem „i“ geschrieben – die Originalschreibweise ist „*sichelii*“ und ist der Genitiv von „Sichelius“, der latinisierten Form des Familiennamens Sichel.

Etymologie: Gewidmet dem französischen Entomologen Frédéric Jules Sichel (1802–1868). Der deutsche Name bezieht sich auf die hochgelegenen Lebensräume.

Pollenquellen: Polylektisch.

Nestbau: Nistet unterirdisch in verlassenen Bauten von Kleinsäugern. Die Völker umfassen 80 bis 150 Individuen. Nestbezieher, Pollenstorer.

Lebensraum: Lichte Wälder, Waldsäume und Matten im Gebirge. Von der subalpinen bis in die alpine Höhenstufe.

Parasiten: Kuckucksbiene ist *Bombus rupestris*.

Flugzeit: Überwinterte Königinnen ab April, junge Königinnen und Männchen ab August.

Gesamtverbreitung: Disjunkt in in mehreren Unterarten in Eurasien verbreitet: im Kantabrischen Gebirge, den Pyrenäen, den Alpen und auf dem Balkan (keine Nachweise aus dem fennoskandischen Raum), in Kleinasien im östlichen Pontischen Gebirge, im Ostanatolischen Bergland und im Kaukasus, die asiatische Population westwärts bis Arkhangelsk und Moskau, südwärts bis Pensa und Baschkortostan, ostwärts bis Kamtschatka und Japan. **SW-Eu:** E, I(Si), I. **Z-Eu:** F, D, A, CH. **N-Eu:** RUS(N). **NO-Eu:** CS, SK, PL, RUS(S). **SO-Eu:** H, RO, MK, BG. **W-As:** TR, Kaukasus. **Z-As:** KAZ. **Sib:** W-Sib, O-Sib. **NO-As:** Jak, Amur, Khab, Prim, Sach, Mag, Kam, Kur. **SO-As:** MGL, RC, KP, J.

Lokalverbreitung: Im Gebiet auf die Alpen beschränkt. In Deutschland nur aus den bayerischen Alpen nachgewiesen (aktuell). In Österreich mit Ausnahme des Burgenlands aus allen Bundesländern gemeldet. In der Schweiz historisch und aktuell aus dem Alpenraum, vereinzelt im Mittelland und im Jura.

Bombus soroeensis (Fabricius, 1776)
Glockenblumenhummel

Systematik: Untergattung *Kallobombus* Dalla Torre, 1880.

Nomenklatur: Im Gebiet in der ssp. *soroeensis* (Fabricius, 1753). Synonym: *Pyrobombus soroeensis* (Fabricius, 1776).

Etymologie: Benannt nach der Ortschaft Sorø auf der dänischen Insel Seeland (Sjælland), dem *locus typicus*. Deutscher Name: Glockenblumen gehören zu den bevorzugten Nahrungsquellen der Art.

Pollenquellen: Polylektisch, besucht mit Vorliebe Glockenblumen (*Campanula*).

Nestbau: Die Nester werden unterirdisch in verlassenen Bauten von Kleinsäugern angelegt. Die Völker umfassen 80 bis 150 Individuen. Nestbezieher, Pollenstorer.

Lebensraum: Im Flachland vorwiegend Moore und Heiden, im Gebirge Waldsäume, lichte Wälder, extensiv genutztes Grünland, Ruderalflächen. Vom Flachland bis in die subalpine, in der Südschweiz auch alpine Höhenstufe.

Parasiten: Als Kuckucksbiene ist *Bombus quadricolor* bekannt; verschiedentlich werden auch *B. campestris* und *B. rupestris* vermutet.

Flugzeit: Überwinterte Königinnen ab April/Mai, junge Königinnen und Männchen ab August/September.

Gesamtverbreitung: Von Nordspanien über Europa bis zum Baikalsee; nordwärts bis Irland (hier verschollen) und Nordschottland (bis zu den Orkney-Inseln), in Skandinavien und Russland weit über den Polarkreis hinaus bis 68–70°N, in Russland bis Arkhangelsk und Komi; südwärts bis Kalabrien, Nordgriechenland, Nordsyrien und Nordiran. Bei der Meldung von Sachalin handelt es sich höchstwahrscheinlich um *B. modestus*. **SW-Eu:** E, I. **Z-Eu:** F, B, LUX, NL, D, A, CH, FL, DK. **N-Eu:** IRL, GB, N, S, SF, EST, LT, LV, RUS(N). **NO-Eu:** CS, SK, PL, BY, UA, RUS(S). **SO-Eu:** H, RO, SLO, HR, MK, MNE, SRB, BIH, AL, BG, GR. **N-Afr:** ~~{E(C)}~~, ~~{DZ}~~. **W-As:** TR, SYR, Kaukasus, IR. **Z-As:** KAZ, KGZ. **Sib:** W-Sib, O-Sib. **NO-As:** Sach? **SO-As:** MGL, RC.

Lokalverbreitung: Im Gebiet aus allen Regionen gemeldet.

Bombus sporadicus Nylander, 1848
Skandinavische Hummel

Etymologie: Der Name spielt auf die sehr zerstreuten Nachweise der Art an. Der deutsche Name bezieht sich auf die in Europa ausschließlich skandinavische Verbreitung der borealen Art.

Lokalverbreitung: Strand (1918) meldet *Bombus terrestris* var. *sporadicus* Nylander, 1848 aus Bayern – es handelt sich mit Sicherheit lediglich um eine Farbform der Dunklen Erdhummel.

Bombus subterraneus (Linnaeus, 1758)
Grubenhummel

Systematik: Untergattung *Subterraneobombus* Vogt, 1911.

Nomenklatur: Im Gebiet in der ssp. *latreillellus* (Kirby, 1802). Synonyme: *Megabombus subterraneus* (Linnaeus, 1758); *Bombus latreillellus* var. *borealis* Schmiedeknecht, 1878.

Etymologie: Von lat. „*subterraneus*" = „unterirdisch". Der deutsche Name ist seit Längerem eingebürgert.

Pollenquellen: Polylektisch.

Nestbau: Die Nester werden unterirdisch in verlassenen Bauten von Kleinsäugern angelegt, die Zugangsstollen können bis zu 2 m lang sein. Die Völker umfassen 100 bis 300 Individuen. Nestbezieher, selten Nestbauer; Pocketmaker.

Lebensraum: Vorwiegend offene und trockene Standorte; Waldsäume, Hecken, extensiv genutztes Grünland, Magerrasen, Hochwasserdämme.

Flugzeit: Überwinterte Königinnen ab Mai, junge Königinnen und Männchen ab Juli/August.

Gesamtverbreitung: Von Nord- und Zentralspanien über Mittel-, Süd- und südliches Nordeuropa bis Ostsibirien (Zabajkal), Mongolei und Nordchina; nordwärts bis Mittelengland (keine Nachweise von Irland, in Großbritannien seit 1988 verschollen), in Skandinavien bis 60°N in Norwegen, 61°N in Schweden, 62°N in Finnland, in Russland bis Karelien; südwärts bis Kalabrien, Mittelgriechenland, Südtürkei und Nordiran. Eingeführt in Neuseeland (Rotklee-Bestäubung). In Großbritannien wird seit 2009 versucht, die Art wieder anzusiedeln, zuerst erfolglos durch Tiere aus neuseeländischen und nunmehr aus schwedischen Populationen. **SW-Eu:** E, I. **Z-Eu:** F, B, LUX, NL, D, A, CH, DK. **N-Eu:** GB, N, S, SF, EST, LT, LV, RUS(N). **NO-Eu:** CS, SK, PL, BY, UA, UA(K), RUS(S). **SO-Eu:** H, RO, HR, MK, MNE, SRB, BIH, AL, BG, GR. **W-As:** TR, Kaukasus, IR. **Z-As:** KAZ, KGZ. **Sib:** W-Sib, O-Sib. **SO-As:** MGL, RC. **Aus:** NZ+.

Lokalverbreitung: In Deutschland aus allen Bundesländern nachgewiesen, aber in Schleswig-Holstein, Mecklenburg-Vorpommern, Nordrhein-Westfalen und Rheinland-Pfalz nur historisch. In Österreich aus allen Bundesländern gemeldet, aus Kärnten, Salzburg und der Steiermark nur historisch. In der Schweiz historisch aus dem Wallis, dem Kanton Bern, aus Solothurn, Zürich, dem Domleschg und dem Obersimmen- und dem Münstertal, nach 1970 nur aus Solothurn, Wallis und dem Engadin

Bombus sylvarum (Linnaeus, 1761)
Bunte Hummel

Systematik: Untergattung *Thoracobombus* Dalla Torre, 1880.

Nomenklatur: Synonyme: *Megabombus sylvarum* (Linnaeus, 1761). Der Artname wurde lange Zeit in der emendierten Schreibweise „*silvarum*" benutzt.

Etymologie: Genitiv Plural von lat. „*silva*" = „Wald"; Linné fand die Art im Wald („*Habitat in Sylvis*"). Zwar wird im deutschen Sprachraum seit Längerem der deutsche Name „Waldhummel" verwendet, vor allem in populärwissenschaftlichen Publikationen, der wissenschaftlichen Bezeichnung folgend, da die Art tatsächlich aber kaum in Wäldern zu finden ist, erscheint eine Namensänderung sinnvoll. Der Name „Bunte Hummel" nimmt Bezug auf das farbenreiche Haarkleid.

Pollenquellen: Polylektisch mit Präferenz für Fabaceae, Lamiaceae und Scrophulariaceae.

Nestbau: Die Nester werden unterirdisch in verlassenen Bauten von Kleinsäugern oder oberirdisch in der Krautschicht (unter Grasbüscheln oder Moospolstern) oder Eichhörnchenkobeln angelegt; die Zugangsstollen der unterirdischen Nester sind nur kurz. Die Völker umfassen 80 bis 150 Individuen. Nestbauer und Nestbezieher, Pocketmaker.

Lebensraum: Waldsäume, Hecken, Streuobstwiesen, extensiv genutztes Grünland, Hochwasserdämme, Dünen, Heiden, Brach- und Ruderalflächen, zuweilen auch Garten- und Parkanlagen. Vom Flachland bis in die subalpine Höhenstufe.

Parasiten: Kuckucksbiene ist *Bombus rupestris*.

Flugzeit: Überwinterte Königinnen ab April, junge Königinnen und Männchen ab Juli.

Gesamtverbreitung: Von Nord- und Zentralspanien über Mittel-, Süd- und südliches Nordeuropa bis zum Mittelsibirischen Bergland (Chakassien) und Kasachstan; nordwärts bis Irland und Südschottland, in Skandinavien bis 62°N in Norwegen, 64°N in Schweden, 63°N in Finnland, in Russland bis Karelien und Perm; südwärts bis Sizilien, Nordgriechenland, Südtürkei und Nordiran. **SW-Eu:** E, I(Si), I. **Z-Eu:** F, B, LUX, NL, D, A, CH, FL, DK. **N-Eu:** IRL, GB, N, S, SF, EST, LT, LV, RUS(N). **NO-Eu:** CS, SK, PL, BY, UA, RUS(S). **SO-Eu:** H, RO, MD, SLO, HR, MK, MNE, SRB, BIH, AL, BG, GR. **W-As:** TR, Kaukasus, IR. **Z-As:** KAZ. **Sib:** W-Sib.

Lokalverbreitung: Im Gebiet mit Ausnahme von Salzburg aus allen Regionen nachgewiesen (aktuell).

Bombus sylvestris (Lepeletier, 1832)
Wald-Kuckuckshummel

Systematik: Untergattung *Psithyrus* Lepeletier, 1833.

Nomenklatur: Der Artname wurde lange Zeit in der emendierten Schreibweise „*silvestris*“ benutzt. Synonyme: *Psithyrus sylvestris* (Lepeletier, 1832); *Psithyrus quadricolor* var. *citrinus* Schmiedeknecht, 1883.

Etymologie: Von lat. „*silvestris*" = „zum Wald gehörig, im Wald lebend". Der deutsche Name folgt der wissenschaftlichen Bezeichnung.

Lebensraum: Waldsäume, Hecken, lichte Wälder, extensiv genutztes Grünland, Hochwasserdämme, Brach- und Ruderalflächen, zuweilen auch im Siedlungsbereich. Vom Flachland bis in die subalpine, zuweilen alpine Höhenstufe.

Wirte: Hauptwirt ist *Bombus pratorum*, daneben wurde die Art einmal in einem Nest von *Bombus jonellus* beobachtet.

Flugzeit: Überwinterte Königinnen ab März, junge Königinnen und Männchen ab Juni/Juli.

Gesamtverbreitung: Transpaläarktisch. Von Spanien über Mittel-, Süd- und Nordeuropa bis Kamtschatka; nordwärts bis Irland und Nordschottland, in Norwegen, Schweden und Finnland bis 68°N, in Russland bis Karelien, Arkhangelsk, Komi und Perm; südwärts bis Kalabrien, Nordgriechenland, Nordtürkei und Nordiran. **SW-Eu:** I. **Z-Eu:** F, B, LUX, NL, D, A, CH, FL, DK. **N-Eu:** IRL, GB, N, S, SF, EST, LT, LV, RUS(N). **NO-Eu:** CS, SK, PL, BY, UA, RUS(S). **SO-Eu:** H, RO, SLO, MNE, BIH, AL, BG. **W-As:** TR, Kaukasus, IR. **Z-As:** KAZ. **Sib:** W-Sib. **NO-As:** Jak, Amur, Khab, Prim, Sach, Mag, Kam. **SO-As:** MGL, RC, KP.

Lokalverbreitung: Im Gebiet aus allen Regionen gemeldet.

Bombus terrestris (Linnaeus, 1758)
Dunkle Erdhummel

Systematik: Untergattung *Bombus* Latreille, 1802 s.str.

Taxonomie: Siehe *Bombus lucorum*.

Etymologie: Von lat. „*terrestris*" = „Erd-, die Erde betreffend". Der deutsche Name bezieht sich auf die im Vergleich zur nächstverwandten *B. lucorum* reduziertere gelbe Behaarung auf dem Brustabschnitt; die Dunkle Erdhummel gehört zu einem Komplex sehr nahe verwandter Spezies („Erdhummeln"), die durch morphologische Merkmale kaum zu trennen sind.

Pollenquellen: Polylektisch.

Nestbau: Die Nester werden in der Regel unterirdisch (meist in verlassenen Bauten von Kleinsäugern), seltener oberirdisch in verschiedensten Hohlräumen angelegt; die Zugangsstollen der unterirdischen Nester können bis 1,5 m lang sein. Die Völker umfassen 100 bis 600 Individuen. Nestbezieher, Pollenstorer.

Lebensraum: Zeigt keine strenge Habitatbindung, aber eher an offenen Standorten; Waldsäume, Hecken, extensiv genutztes Grünland, Hochwasserdämme, Brach- und Ruderalflächen, Garten- und Parkanlagen. Vom Flachland bis in die montane, in der Südschweiz bis in die subalpine Höhenstufe.

Parasiten: Kuckucksbiene ist *Bombus vestalis*.

Flugzeit: Überwinterte Königinnen ab März, junge Königinnen und Männchen ab Juli.

Gesamtverbreitung: Als eine der wenigen Hummelarten auch in Nordafrika von den Kanaren bis Libyen. In Eurasien von Portugal über das gesamte Mittel-, Süd- und südliche Nordeuropa bis Burjatien, Mongolei und Japan; nordwärts bis Irland und Nordschottland, in Skandinavien in Norwegen und Schweden relativ häufig bis ca. 62°N, vereinzelt bis über den Polarkreis, in Finnland nur im Stadtgebiet von Helsinki, in Russland bis Vologda und Perm; südwärts bis Sizilien, Peloponnes, Kreta, Zypern, Israel und Nordiran. Eingeführt in Nord- und Südamerika sowie Australien, Tasmanien und Neuseeland. **SW-Eu:** P(A), P, E, E(B), F(K), I(Sa), I(Si), I. **Z-Eu:** F, B, LUX, NL, D, A, CH, FL, DK. **N-Eu:** IS, IRL, GB, N, S, SF, EST, LT, LV, RUS(N). **NO-Eu:** CS, SK, PL, BY, UA, UA(K), RUS(S). **SO-Eu:** H, RO, MD, SLO, HR, MK, MNE, SRB, BIH, AL, BG, GR, GR(K). **N-Afr:** P(M), E(C), MA, DZ, TN, LAR. **W-As:** GR(Ä), CY, TR, SYR, RL, IL, Kaukasus, IR, AFG. **Z-As:** UZB, KAZ, KGZ. **Sib:** W-Sib, O-Sib. **SO-As:** MGL, RC(Xinjiang), J. **Ori:** IND. **Nearktis:** CDN+, USA+. **Neotropis:** RCH+, RA+. **Aus:** AUS+, NZ+, Tasmania+.

Lokalverbreitung: Im Gebiet aus allen Regionen gemeldet.

Bombus vestalis (Geoffroy, 1785)
Gefleckte Kuckuckshummel

Systematik: Untergattung *Psithyrus* Lepeletier, 1833.

Nomenklatur: Synonym: *Psithyrus vestalis* (Geoffroy, 1785).

Etymologie: Von lat. „*vestalis*" = „keusch". Der deutsche Name ist seit Längerem eingebürgert.

Lebensraum: Zeigt keine strenge Habitatbindung, aber eher an offenen Standorten; Waldsäume, Hecken, extensiv genutztes Grünland, Hochwasserdämme, Brach- und Ruderalflächen, Garten- und Parkanlagen. Vom Flachland bis in die montane Höhenstufe.

Wirte: Hauptwirt ist *Bombus terrestris*, vermutlicher Nebenwirt *Bombus lucorum*.

Flugzeit: Überwinterte Königinnen ab April, junge Königinnen und Männchen ab Juli.

Gesamtverbreitung: Als eine der wenigen Hummelarten auch in Nordafrika (Marokko, Tunesien). In Eurasien von Portugal über Mittel- und Südeuropa bis Irkutsk; nordwärts bis Irland, Nordengland und Baltikum, in Skandinavien nur im äußersten Süden Schwedens, im europäischen Teil Russlands nur vereinzelt, hier nordwärts bis Perm; südwärts bis Sizilien, Mittelgriechenland, Südtürkei und Nordiran. **SW-Eu:** P, E, F(K), I(Sa), I(Si), I. **Z-Eu:** F, B, LUX, NL, D, A, CH, FL, DK. **N-Eu:** IRL, GB, N, S, SF, LT, LV, RUS(N). **NO-Eu:** CS, SK, PL, BY, UA, RUS(S). **SO-Eu:** H, RO, MD, SLO, HR, MK, MNE, SRB, BIH, BG, GR, GR(K). **N-Afr:** MA, TN. **W-As:** TR, Kaukasus, IR. **Z-As:** KAZ. **Sib:** W-Sib, O-Sib. **NO-As:** Prim?

Lokalverbreitung: In Deutschland und Österreich aus allen Bundesländern gemeldet, die Meldung aus Salzburg ist überprüfungsbedürftig. In der Schweiz aktuell und historisch in der Nordschweiz, im Mittelland und im Wallis.

Bombus veteranus (Fabricius, 1793)
Sandhummel

Systematik: Untergattung *Thoracobombus* Dalla Torre, 1880.

Nomenklatur: Synonym: *Bombus arenicola* Thomson, 1872; *Bombus equestris* auct. nec Fabricius, 1793.

Etymologie: Von lat. „*veteranus*" = „Veteran"; bezieht sich vermutlich auf die graue Behaarung. Der deutsche Name ist seit Längerem eingebürgert.

Pollenquellen: Polylektisch.

Nestbau: Die Nester werden überwiegend oberirdisch, meist unter Grasbüscheln oder unter Moospolstern angelegt, zuweilen aber auch in verlassenen Bauten von Kleinsäugern. Die Völker umfassen 60 bis 130 Individuen. Nestbauer; Pocketmaker.

Lebensraum: Vorwiegend an offenen Standorten; extensiv genutztes Grünland, Hecken, Streuobstwiesen, Waldsäume. Vom Flachland bis in die montane Höhenstufe.

Flugzeit: Überwinterte Königinnen ab April, junge Königinnen und Männchen ab Juli.

Gesamtverbreitung: Von der Normandie und dem Massif Central über Mitteleuropa bis Ostsibirien und Mongolei; nordwärts bis Dänemark, in Schweden und Finnland bis zum Polarkreis, in Schweden auch alte Funde im Süden, aber zwischen dort (58°N) und den Funden im Norden (65–67°N) keine Nachweise; in Russland nordwärts bis Karelien, Arkhangelsk und Komi; südwärts bis Friaul, nach überprüfungsbedürftigen Meldungen bis in die Toskana, Kroatien, Rumänien, Ukraine und Orenburg. In Japan eingeführt. **SW-Eu:** I. **Z-Eu:** F, B, LUX, NL, D, A, CH, DK. **N-Eu:** S, SF, EST, LT, LV, RUS(N). **NO-Eu:** CS, PL, BY, UA, RUS(S). **SO-Eu:** H, RO, SLO, HR, BG. **Z-As:** KAZ, KGZ. **Sib:** W-Sib, O-Sib. **SO-As:** MGL, J+.

Lokalverbreitung: In Deutschland aus allen Bundesländern nachgewiesen, aus Sachsen-Anhalt nur historisch. In Österreich mit Ausnahme des Burgenlands und Kärntens aus allen Bundesländern gemeldet. In der Schweiz aktuell aus dem Jura und dem östlichen Mittelland, historisch vom Neuenburgersee, aus Zürich und den Kantonen Bern und Obwalden.

Bombus wurflenii Radoszkowski, 1860
Bergwaldhummel

Systematik: Untergattung *Alpigenobombus* Skorikov, 1914.

Nomenklatur: Im Gebiet in der ssp. *mastrucatus* Gerstäcker, 1869. Synonyme: *Alpigenobombus wurflenii* (Radoszkowski, 1860); *Bombus lefebvrei* auct. nec Lepeletier, 1836.

Etymologie: Radoszkowski gibt keinen Hinweis auf die Herkunft des Namens. Er ist offensichtlich von einem Personenamen abgeleitet. Radoszkowski schreibt den Artnamen in nachfolgenden Arbeiten in unterschiedlicher Weise: *B. wurfleini, B. wurfleinii, B. wurfleni*. Deutscher Name: Bergwälder gehören zu den Hauptlebensräumen der Art.

Pollenquellen: Polylektisch.

Nestbau: Nistet vorwiegend in verlassenen Bauten von Kleinsäugern. Die Völker umfassen 80 bis 150 Individuen. Nestbezieher; Pollenstorer.

Lebensraum: Vorwiegend im Gebirge; Heiden, lichte Wälder, Waldsäume, Lichtungen, Bergwiesen. Vom Flachland bis in die alpine Höhenstufe.

Flugzeit: Überwinterte Königinnen ab April, junge Königinnen und Männchen ab Juli.

Gesamtverbreitung: Von Nordspanien über Mittel-, Süd- und Nordeuropa bis Westsibirien (Chelyabinsk) und Zentralchina; nordwärts in Norwegen und Schweden bis jenseits des Polarkreises (die Meldungen aus Finnland basieren auf Falschetikettierung (vgl. Söderman & Leinonen 2003); keine Nachweise von den Britischen Inseln), in Skandinavien bis 60°N in Norwegen, 61°N in Schweden, 62°N in Finnland, in Russland nur vereinzelt (Kaukasus-Region, Südural, Chelyabinsk); südwärts bis ins Iberische Gebirge, Kalabrien, Nordgriechenland; isoliert im östlichen Pontischen Gebirge, im Ostanatolischen Bergland und im Kaukasus. Sollte die Meldung aus Kaschmir (Maidl 1922) korrekt sein, dann erreicht die Art hier die orientalische Faunenregion. **SW-Eu:** E, I. **Z-Eu:** F, B, D, A, CH, FL, DK. **N-Eu:** N, S, {~~SF~~}. **NO-Eu:** CS, SK, PL, UA, RUS(S). **SO-Eu:** H, RO, SLO, HR, MK, SRB, BIH, AL, BG, GR. **W-As:** TR, Kaukasus. **–Sib:** W-Sib. **SO-As:** RC(Tibet, Gansu, Sichuan). **Ori:** IND(?).

Lokalverbreitung: In Deutschland mit Ausnahme von Schleswig-Holstein, Mecklenburg-Vorpommern und Brandenburg aus allen Bundesländern nachgewiesen, aus Niedersachsen, Sachsen-Anhalt und Nordrhein-Westfalen nur historisch. In Österreich aus allen Bundesländern gemeldet. In der Schweiz aus allen Kantonen bekannt (historisch und aktuell).

Camptopoeum Spinola, 1843
Buntbienen

Systematik: Familie: Andrenidae – Unterfamilie: Panurginae – Tribus: Panurgini.

Nomenklatur: Warncke betrachtete die Gattung als Untergattung von *Panurgus*.

Literatur: Schmiedeknecht (1930); Warncke (1972); Schmid-Egger & Scheuchl (1997).

Etymologie: Von griech. „*kámpto*" = „biegen verbiegen, krümmen" und „*poiein*" = „machen, hervorbringen, schaffen". Der deutsche Name spielt auf die reichhaltige Gelbzeichnung des Körpers an.

Körperliche Merkmale: Die 4–12 mm langen Bienen besitzen einen schwarzen Körper, der auf Kopf, Brustabschnitt und Hinterleib eine mehr oder weniger ausgedehnte gelbe Zeichnung trägt, wodurch sie sich sofort von den einheimischen Arten der nächstverwandten Gattungen *Panurgus* und *Panurginus* unterscheiden. Der Hinterleib ist glatt und fast unbehaart; die Vorderflügel besitzen nur zwei Cubitalzellen. Der Pollen wird von den Weibchen mittels einer Haarbürste auf den Hinterbeinen ins Nest transportiert.

Lebensweise: *Camptopoeum*-Arten sind solitär lebende, pollensammelnde und nestbauende Bienen.

Pollenquellen: Zumindest die beiden einheimischen Arten sind auf Korbblütler der Unterfamilie Carduoideae spezialisiert (Flockenblumen und Disteln).

Nestbau: Buntbienen nisten in selbst gegrabenen Hohlräumen in der Erde, die sie auf vegetationsfreien oder schütter bewachsenen, horizontalen bis stark abschüssigen Flächen anlegen, meist in Aggregationen von einigen Dutzend bis mehreren Hundert Nestern. Von einem Hauptgang zweigen Seitengänge ab, an deren Ende jeweils eine einzige Brutzelle angelegt wird.

Parasiten: Als Kuckucksbienen treten Arten der Gattung *Parammobatodes* auf.

Verbreitung/Artenzahl: Die Gattung *Camptopoeum* ist auf die Paläarktis beschränkt; ihr Verbreitungsgebiet erstreckt sich von der Iberischen Halbinsel bis nach Sibirien und China. Insgesamt sind rund 25 Arten bekannt, von denen zwei im Gebiet vorkommen.

Camptopoeum friesei Mocsáry, 1894
Salz-Buntbiene

Etymologie: Gewidmet dem deutschen Apidologen Heinrich Friese (1860–1948). Der deutsche Name bezieht sich auf die Spezialisierung auf salzhaltiges Nistsubstrat.

Pollenquellen: Oligolektisch auf Asteraceae der Unterfamilie Carduoideae, vornehmlich *Centaurea* und *Carduus*.

Nestbau: In Bezug auf das Nistsubstrat ist die Salz-Buntbiene extrem spezialisiert. Sie nistet ausschließlich in salzhaltigen, wechselfeuchten Sodaböden (Solontschak-Böden), die im Gebiet nur am Neusiedler See vorkommen. Sie bildet in der Regel Nestaggregationen.

Lebensraum: Salzsteppen. Vom Flachland bis in die kolline Höhenstufe.

Parasiten: Kuckucksbiene ist *Parammobatodes schmidti*.

Flugzeit: In einer Generation von Juli bis September.

Gesamtverbreitung: Zentralasiatisch-osteuropäisch. Von Spanien über Süd- und Osteuropa, Ukraine und Südrussland bis Baschkirien sowie über Kleinasien und Kaukasus bis Westturkmenien und Westkasachstan; nordwärts bis Ostösterreich und Slowakei, südwärts bis Lazio, Kreta und Südküste der Türkei. Nach WARNCKE in Iberien in der ssp. *euzonum* (WARNCKE, 1972) und in der Ostmediterraneis in der ssp. *densum* (WARNCKE, 1972). **SW-Eu:** E, I(Si), I. **Z-Eu:** A. **NO-Eu:** SK, UA, UA(K), RUS(S). **SO-Eu:** H, RO, HR, SRB, BG, GR, GR(K). **W-As:** GR(Ä), TR, Kaukasus. **Z-As:** TM.

Lokalverbreitung: Im Gebiet mit Ausnahme eines Fundes bei Zwingendorf in Niederösterreich (SCHWARZ ET AL. 1999) ausschließlich im Lackengebiet des Seewinkels/Burgenland.

Camptopoeum frontale (FABRICIUS, 1804)
Steppen-Buntbiene

Etymologie: Von lat. „*frontale*" = „das Gesicht betreffend"; FABRICIUS bezieht sich auf das gelbweiß gefärbte Gesicht („*Caput nigrum, sub antennis album*"). Deutscher Name: Steppen gehören zu den Hauptlebensräumen der Art.

Pollenquellen: Oligolektisch auf Asteraceae der Unterfamilie Carduoideae, vornehmlich *Centaurea* und *Carduus*.

Nestbau: Nistet auf kahlen bis schütter bewachsenen, ebenen bis abschüssigen Flächen, oft auch in Steilwänden, in Löss- oder Sandböden.

Lebensraum: Trockenwarme, von Steilwänden oder Erdabbrüchen durchzogene Standorte. Vom Flachland bis in die kolline Höhenstufe.

Parasiten: Als Kuckucksbiene ist *Parammobatodes minutus* bekannt.

Flugzeit: In einer Generation von Juli bis August.

Gesamtverbreitung: In Nordafrika von Ägypten belegt. In Eurasien von Portugal über Süd- und Osteuropa, Ukraine und Südrussland bis Westsibirien sowie über Kleinasien und Kaukasus bis Turkmenien und Kasachstan; nordwärts bis Sachsen-Anhalt, Böhmen, Zentralukraine und Saratow; südwärts bis Emilia-Romagna und Sizilien (nicht auf Korsika und Sardinien), Thrakien, Israel und Iran, möglicherweise bis Pakistan. Nach WARNCKE in Kleinasien in der ssp. *triticum* (WARNCKE, 1972), in der Levante in der ssp. *sacrum* ALFKEN, 1935, und im Südwestiran in der ssp. *persicum* COCKERELL, 1910. **SW-Eu:** P, I(Si), I. **Z-Eu:** F, D, A. **NO-Eu:** CS, SK, {PL}, BY, UA, UA(K), RUS(S). **SO-Eu:** H, RO, MD, SLO, HR, MK, SRB, BG, GR. **N-Afr:** ET. **W-As:** TR, SYR, RL, IL, Kaukasus, IR. **Z-As:** TM, KAZ. **Sib:** W-Sib. **Ori:** PAK(?).

Lokalverbreitung: In Deutschland nur in Sachsen-Anhalt, wo sie aktuell im Raum Halle noch vorkommt. In Österreich ausschließlich im Pannonicum.

Ceratina Latreille, 1802
Keulhornbienen

Systematik: Familie: Apidae – Unterfamilie: Xylocopinae – Tribus: Ceratinini.

Literatur: Schmiedeknecht (1930); Daly (1983); Scheuchl (2000); Terzo & Rasmont (2005); Amiet et al. (2007). Weitere hilfreiche Arbeiten: Kocourek (1998); Terzo (1998); Terzo & Ortiz-Sánchez (2004); Terzo & Rasmont (2005).

Etymologie: Von griech. „*kéras*“ (gen. „*kératos*“) = „Horn“. Der deutsche Name bezieht sich auf die keulenförmige Gestalt der Fühler.

Körperliche Merkmale: Keulhornbienen besitzen einen fast unbehaarten, meist metallisch glänzenden Körper von 2,5–14 mm (einheimische Arten: 6–14 mm) Länge. Die Vorderflügel besitzen drei Cubitalzellen, die mittlere ist die kleinste und ist zum Vorderrand hin deutlich verengt. Der Hinterleib wird nach hinten breiter. Kopfschild, Schultern, Flügelschuppen und Beine tragen oft eine weiße Zeichnung. Die Weibchen besitzen eine sehr schwach ausgeprägte Pollensammelbürste an den Hinterbeinen, der überwiegende Teil der gesammelten Pollenkörner wird im Kropf transportiert.

Lebensweise: *Ceratina*-Arten sind solitär lebende, pollensammelnde und nestbauende Bienen. Im ostasiatischen Raum haben Keulhornbienenarten eine Vorstufe sozialer Lebensweise entwickelt, bei der Mutter und eine oder mehrere Töchter arbeitsteilig zusammenleben.

Pollenquellen: Keulhornbienen sind Nahrungsgeneralisten.

Nestbau: Die Nistgänge werden in das Mark dürrer Stängel und Äste genagt (in Mitteleuropa hauptsächlich Disteln, Königskerzen, Strauchpappel, Beifuß, Brombeere, Holunder) und dann mit linear angeordneten Brutzellen gefüllt. Die Trennwände bestehen aus Markpartikeln. Der Raum unmittelbar hinter dem Nesteingang bleibt leer; hier hält sich das Weibchen bis zum Schlupf seiner Nachkommen auf, um die Brutzellen gegen Eindringlinge zu verteidigen. Jedes Weibchen investiert also den gesamten Fortpflanzungsaufwand in ein einziges Nest.

Parasiten: Kuckucksbienen sind als Nestparasiten nicht bekannt geworden, jedoch Erzwespen aus der Gattung *Eurytoma*.

Besonderes Verhalten: Keulhornbienen bilden jährlich eine Generation aus, die aber im Gegensatz zu fast allen anderen einheimischen Bienen im Spätsommer erscheint und sich im Herbst in ihre Überwinterungsquartiere (hohle Stängel etc.) zurückzuziehen, in denen oft mehrere Dutzend Tiere anzutreffen sind. Erst im Frühjahr des nächsten Jahres paaren sich die Tiere. Im Unterschied zu den meisten anderen solitär lebenden Bienenarten erleben Keulhornbienen-Weibchen den

Schlupf ihrer Nachkommen, sterben jedoch kurz danach. Die Überwinterungsverstecke, in der Regel hohle Stängel, werden oft in größeren Gruppen aufgesucht. Anders als die meisten anderen Bienen mit linear angeordneten Brutzellen schlüpft bei den Keulhornbienen nicht das jüngste, also das dem Nesteingang am nächsten platzierte Tier, zuerst, sondern das älteste, das im Nest zuhinterst liegt. Dieses zerstört zuerst die Trennwand zwischen eigener und der nächsten Zelle, wobei es das anfallende „Baumaterial" hinter sich deponiert. Danach zwängt es sich an der zweitältesten Biene vorbei und nagt sich durch die nächste Trennwand, deren Bruchstücke nach hinten zum Geschwistertier gereicht werden, die diese seinerseits am Ende des Nistganges ablegt. So wird eine regelrechte Arbeitskette gebildet, bis das älteste Tier alle Trennwände durchbrochen hat.

Verbreitung/Artenzahl: Die Gattung ist in den wärmeren Regionen der Alten wie der Neuen Welt heimisch. Ihr Verbreitungsgebiet zieht sich über den indo-malyischen Archipel bis nach Australien. Insgesamt sind gut 300 Arten bekannt, von denen neun aus dem Gebiet gemeldet wurden, zwei davon irrtümlich.

Ceratina acuta Friese, 1896
Spitzleibige Keulhornbiene

Systematik: Untergattung *Euceratina* Hirashima, Moure & Daly, 1971.

Etymologie: Von lat. „*acuta*" = „spitz, scharf"; bezieht sich auf das spitz zulaufende Hinterleibsende des Männchens.

Pollenquellen: Polylektisch. Beobachtet an kleinblütigen Lippenblütlern, Kreuzblütlern, Disteln und Flockenblumen.

Nestbau: Die Nistgänge werden in vertrocknete, markhaltige Pflanzenstängel genagt.

Lebensraum: Trockenwarme Standorte. Vom Flachland bis in die kolline Höhenstufe.

Flugzeit: Männchen und Weibchen erscheinen im April aus ihren Überwinterungsquartieren. Das Aktivitätsmaximum liegt im Juni bis August, danach sterben die Weibchen der alten Generation und Männchen und Weibchen der neuen Generation suchen ab September geeignete Verstecke auf, meist hohle bzw. ausgehöhlte Pflanzenstängel, in denen sie in der Regel in Gemeinschaften überwintern.

Gesamtverbreitung: Zentralasiatisch-ostmediterran mit Verbreitungsschwerpunkt rund um die Ägäis. Von Sardinien und Sizilien (nicht auf Korsika) über Süd- und Südosteuropa, Ukraine und Südrussland sowie über Kleinasien und Kaukasus bis Ostkasachstan (Semipalatinsk); nordwärts bis Mähren; südwärts bis Kreta (nicht auf Zypern) und Israel. Alte Meldungen aus Nordafrika beruhen höchstwahrscheinlich auf Fehlbestimmungen.

SW-Eu: {P}, {E}, I(Sa), I(Si), I. **Z-Eu:** D, A. **NO-Eu:** CS, SK, UA, RUS(S). **SO-Eu:** H, RO, HR, SRB, AL, BG, GR, GR(K). **N-Afr:** ~~{DZ}~~, ~~{TN}~~. **W-As:** GR(Ä), TR, RL, IL, Kaukasus, IR. **Z-As:** TM, KAZ.

Lokalverbreitung: In Deutschland eine Meldung aus Bayern durch einen Fundpunkt in einer Verbreitungskarte in Terzo & Rasmont (1997); hier handelt es sich vermutlich um einen Irrtum, denn im Text geben sie die Provenienz der Tiere an, die neben dem Typenmaterial den Fundpunkten auf der Karte zugrundelagen – ein Fundort in Deutschland wird nicht erwähnt. Sollte die Meldung doch auf einem real existierenden Exemplar beruhen, wäre eine Verschleppung die wahrscheinlichste Erklärung, da alle Keulhornbienen aufgrund ihres Nist- und Überwinterungsverhaltens leicht im Inneren von Pflanzenstängeln unabsichtlich transportiert werden können. In Österreich ist die Art auf die pannonischen Bundesländer Burgenland, Niederösterreich und Wien beschränkt.

Ceratina chalcites Germar, 1839

Große Keulhornbiene

Systematik: Untergattung *Euceratina* Hirashima, Moure & Daly, 1971.

Nomenklatur: Synonym: *Ceratina aenea* Brullé, 1832.

Etymologie: Von lat. „*chalceus*“ = „ehern“; bezieht sich auf den Metallglanz der Körperoberfläche. Deutscher Name: Die Art ist mit ihrer Körperlänge von 12–14 mm deutlich größer als die anderen heimischen Arten (6–10 mm).

Pollenquellen: Polylektisch. Beobachtet wurde der Blütenbesuch an Pflanzen der Familien Apiaceae, Asteraceae (Carduoideae), Boraginaceae, Cam-

panulacea, Dipsacaceae, Euphorbiaceae, Lamiaceae, Liliaceae, Malvaceae, Oleaceae, Simaroubaceae, Rutaceae und Rosaceae.

Nestbau: Nagt ihre Nistgänge in das Mark dicker Stängel von verholzten Stauden oder Sträuchern.

Lebensraum: Trockenwarme Standorte. Vom Flachland bis in die kolline Höhenstufe.

Flugzeit: Beide Geschlechter erscheinen im April, die Männchen erreichen ihr Abundanzmaximum im Juni, die Weibchen im Juli. Ab September oder Oktober suchen die Tiere der neuen Generation ihre Überwinterungsquartiere auf.

Gesamtverbreitung: Die Art ist im gesamten Mittelmeergebiet mit Ausnahme Nordafrikas, Sardiniens, Kretas und Zyperns verbreitet und geht südwärts bis Jordanien, ostwärts bis zum Kopet-Dagh im iranisch-turkmenischen Grenzgebiet, nordwärts bis in die Südschweiz bzw. im Osten bis zum Oblast Saratow. In Nordost-Anatolien in der ssp. *ebmeri* Terzo, 1998. **SW-Eu:** P, E, F(K), I(Si), I. **Z-Eu:** F, A, CH. **NO-Eu:** CS, SK, UA, UA(K), RUS(S). **SO-Eu:** H, SLO, HR, MK, SRB, AL, BG, GR. **W-As:** GR(Ä), TR, SYR, JOR, Kaukasus, IR. **Z-As:** TM.

Lokalverbreitung: Im Gebiet sicher nur aus dem Südtessin bekannt (Amiet et al. 2007). Es existiert auch eine Meldung aus dem Leithagebirge in Ostösterreich (Pittioni & Schmidt 1942), zu der aber keine entsprechenden Belegexemplare aufzufinden sind (Gusenleitner et al. 2012).

Ceratina chalybea Chevrier, 1872
Metallische Keulhornbiene

Systematik: Untergattung *Euceratina* Hirashima, Moure & Daly, 1971.

Nomenklatur: Der Name *Ceratina chalybea* wurde lange Zeit mit *Ceratina callosa* vermengt: *Ceratina callosa* auct. nec (Fabricius, 1794).

Etymologie: Von lat. „*chalybeius*“ (griech. Fremdw.) = „stählern“; bezieht sich auf den deutlichen Metallglanz der Körperoberfläche.

Pollenquellen: Ausgesprochen polylektisch.

Nestbau: Die Nistgänge werden in markhaltige, verholzte Stängel genagt, meist in dürre Brombeerranken.

Lebensraum: Trockenwarme Standorte in Hanglage. Vom Flachland bis in die kolline Höhenstufe.

Flugzeit: Ähnlich wie bei den anderen Keulhornbienenarten. Die im Sommer geschlüpften Weibchen und Männchen suchen ab September geeignete Verstecke auf, meist hohle bzw. ausgehöhlte Pflanzenstängel, in denen sie in der Regel in Gemeinschaften überwintern.

Gesamtverbreitung: Eine mediterrane Art, die nach Norden bis Hessen und Rheinland-Pfalz vordringt. In Europa von Portugal über Südrussland bis Westsibirien (Omsk), in Nordafrika nur im Maghreb, fehlt auf den Balearen, Sardinien und Zypern; im Osten südwärts bis Jordanien, Südosttürkei und Aserbaidschan, ostwärts bis Turkmenien. **SW-Eu:** P, E, F(K), I(Sa)?, I(Si), I, I(L). **Z-Eu:** F, D, A, CH. **N-Eu:** GB? **NO-Eu:** CS, SK, PL, UA, UA(K), RUS(S). **SO-Eu:** H, RO, SLO, HR, MK, MNE, SRB, BIH, AL, BG, GR, GR(K). **N-Afr:** MA, DZ, TN, TR. **W-As:** SYR, JOR, Kaukasus, IR. **Z-As:** TM. **Sib:** W-Sib.

Lokalverbreitung: In Deutschland nur im Südwesten in Gegenden mit Weinbauklima. In Österreich in den wärmebegünstigten Regionen des Pannonikums, der Steiermark und Kärntens. In der Schweiz bei Basel, am Jura-Südfuß und auf der Alpensüdseite (Wallis, Tessin und ein historischer Nachweis vom Puschlav).

Ceratina cucurbitina (Rossi, 1792)
Schwarze Keulhornbiene

Systematik: Untergattung *Ceratina* Latreille, 1802.

Nomenklatur: Synonym: *Ceratina albilabris* Fabricius, 1793

Etymologie: Von lat. „*cucurbita*" = „Gurke, Kürbis"; bezieht sich auf verutlich auf die Blüten, in denen Rossi die Biene fand („*Habitat in floribus*"). Deutscher Name: Im Gegensatz zu den anderen heimischen Keulhornbienen fehlt dieser Art der Metallschimmer.

Pollenquellen: Polylektisch. Eine Pollenaufnahme wurde beobachtet bei Pflanzen der Familien Boraginaceae, Campanulaceae, Fabaceae und Rosaceae; das tatsächliche Spektrum dürfte aber noch breiter sein.

Nestbau: Nagt ihre Nistgänge in das Mark dürrer Stängel.

Lebensraum: Trockenwarme Standorte. Vom Flachland bis in die montane Höhenstufe.

Flugzeit: Im Vergleich zu den anderen Keulhornbienen erscheint *C. cucurbitina* in Mitteleuropa deutlich später, erst ab Mai. Der übrige Lebenszyklus entspricht weitgehend dem der anderen Keulhornbienen.

Gesamtverbreitung: Das Verbreitungsgebiet deckt sich weitgehend mit dem von *C. chalybea*, geht aber weniger weit nach Norden. In Europa von Portugal bis zur Krim, in Nordafrika nur im Maghreb, fehlt auf Zypern; im Osten südwärts bis Israel, ostwärts bis Kasachstan. **SW-Eu:** P, E, E(B), F(K), I(Sa), I(Si), I, I(L). **Z-Eu:** F, LUX, D, A, CH. **NO-Eu:** GB. **NO-Eu:** CS, SK, PL, UA, UA(K), RUS(S). **SO-Eu:** H, RO, SLO, HR, MK, MNE, SRB, BIH, AL, BG, GR, GR(K). **N-Afr:** MA, DZ, TN, ET. **W-As:** GR(Ä). **W-As:** TR, SYR, JOR, RL, IL, Kaukasus, IR. **Z-As:** TM, TAD, KAZ.

Lokalverbreitung: Auch im Gebiet deckt sich die Verbreitung weitgehend mit der von *C. chalybea*: In Deutschland im Südwesten in Gegenden mit Weinbauklima. In Österreich in den wärmebegünstigten Regionen des Pannonikums und der Steiermark. In der Schweiz bei Basel, am Jura-Südfuß und auf der Alpensüdseite (Wallis, Tessin und Puschlav).

Ceratina cyanea (Kirby, 1802)
Gewöhnliche Keulhornbiene

Systematik: Untergattung *Euceratina* Hirashima, Moure & Daly, 1971.

Etymologie: Von lat. „*cyanea*" = „dunkelblau"; bezieht sich auf den blauen Metallglanz der Körperoberfläche. Deutscher Name: Die Art ist mit Abstand die häufigste Keulhornbiene im Gebiet.

Pollenquellen: Polylektisch; nachgewiesen ist die Nutzung des Pollens von acht Pflanzenfamilien: Asteraceae (hauptsächlich Flockenblumen), Boraginaceae (Natternkopf), Campanulaceae, Caryophyllaceae, Fabaceae, Lamiaceae, Resedaceae und Rubiaceae.

Nestbau: Die Nester werden in selbst genagten Hohlräumen in dürren markhaltigen Stängeln und Zweigen angelegt.

Lebensraum: Waldsäume und -lichtungen, Hecken, Magerwiesen, Hochwasserdämme, Ruderalflächen, auch Gärten und Parks. Vom Flachland bis in die montane Höhenstufe.

Flugzeit: Überwinterte Tiere erscheinen ab Mitte April, die neue Generation fliegt bis September oder Oktober. Die im Sommer geschlüpften Weibchen und Männchen suchen ab September geeignete Verstecke auf, meist hohle bzw. ausgehöhlte Pflanzenstängel, in denen sie in der Regel in Gemeinschaften überwintern.

Gesamtverbreitung: In Europa von Portugal bis Südrussland, erreicht als einzige Keulhornbienenart den Süden der Britischen Inseln (Südengland)

und Skandinaviens (Norwegen, Schweden) sowie das Baltikum. In Nordafrika nur vereinzelt, aus Ägypten und dem Nahen Osten keine Meldungen. Ostwärts geht sie bis Ostkasachstan und Krasnojarsk. **SW-Eu:** P, E, F(K), I(Sa), I(Si), I, M. **Z-Eu:** F, B, LUX, NL, D, A, CH, FL, DK? **N-Eu:** GB, N, S, LT, RUS(N). **NO-Eu:** CS, SK, PL, BY, UA, UA(K), RUS(S). **SO-Eu:** H, RO, SLO, HR, MK, MNE, SRB, BIH, AL, BG, GR, GR(K). **N-Afr:** DZ, TN, LAR. **W-As:** TR, Kaukasus, IR. **Z-As:** TM, KAZ. **Sib:** W-Sib, O-Sib.

Lokalverbreitung: Im Gebiet aus allen Regionen gemeldet.

Ceratina dallatorreana Friese, 1896
Dalla-Torres Keulhornbiene

Systematik: Untergattung *Euceratina* Hirashima, Moure & Daly, 1971.

Etymologie: Gewidmet dem österreichischen Botaniker und Zoologen Prof. Dr. Karl Wilhelm von Dalla Torre von Thurnberg-Sternhof (1850–1928).

Pollenquellen: Polylektisch. Sie wurde auf Blüten folgender Pflanzenfamilien beobachtet: Apiaceae, Araliaceae, Asteraceae, Boraginaceae, Cistaceae, Convolvulaceae, Dipsacaceae, Fabaceae, Lamiaceae und Rhamnaceae.

Nestbau: Nester wurden bisher hauptsächlich in dürren *Rubus*-Zweigen gefunden.

Lebensraum: Trockenwarme Standorte. Vom Flachland bis in die kolline Höhenstufe.

Flugzeit: Der Lebenszyklus verläuft wie bei den anderen Keulhornbienen. Als bisher einzige bekannte Bienenart kann sich *C. dallatorreana* parthenogenetisch fortpflanzen. Während sie in ihrem ursprünglichen Verbreitungsgebiet zweigeschlechtlich ist, besteht die eingeschleppte Population in Kalifornien fast nur aus Weibchen. Bislang wurde dort nur ein einziges Männchen gefunden (Daly 1966).

Gesamtverbreitung: Die Art ist rund um das Mittelmeer und das Schwarze Meer verbreitet, wo sie auch auf sämtlichen größeren Inseln nachgewiesen ist. Weiter östlich sind nur vereinzelte Funde in der Osttürkei, dem Kaukasus, Turkmenien und Kirgistan bekannt. Eingeschleppte Populationen haben sich in Kalifornien etabliert. **SW-Eu:** P, E, E(B), F(K), I(Sa), I(Si), I, M. **Z-Eu:** F, ~~{A}~~. **NO-Eu:** UA, RUS(S). **SO-Eu:** RO, SLO, HR, MNE, AL, BG, GR, GR(K). **N-Afr:** MA, DZ, TN. **W-As:** GR(Ä), CY, TR, SYR, RL, IL, Kaukasus, IR. **Z-As:** TM, UZB, KGZ. **Nearktis:** USA+.

Lokalverbreitung: Kommt im Gebiet nicht vor. Der immer wieder zitierte Nachweis aus Österreich geht auf Dusmet (1923) zurück, der bei der Verbreitung der Art u.a. angibt: „Austria (Gräffe)". Graeffe meldete die Art aus Triest, das damals zu Österreich gehörte.

Ceratina dentiventris Gerstaecker, 1869
Gezähnte Keulhornbiene

Etymologie: Von lat. „*dens* (*dentis*)" = „Zahn" und „*venter* (*ventris*)" = „Bauch" (im Sinne von Hinterleib).

Lokalverbreitung: Die Meldung für Österreich kam auf die gleiche Weise zustande wie bei *C. dallatorreana*. Allerdings führt Warncke (1992a) in einer Arbeit über Neuzugänge für Süddeutschland auch *C. dentiventris* als neu für Mitteleuropa auf, nennt aber nur „Österreich" als Fundort und unterlässt jegliche Quellenangabe, sodass zu vermuten ist, dass auch er sich auf die missverständliche Angabe bei Dusmet bezieht.

Ceratina gravidula Gerstaecker, 1869
Glanzlose Keulhornbiene

Systematik: Untergattung *Euceratina* Hirashima, Moure & Daly, 1971.

Etymologie: Diminutiv von lat. „*gravida*" = „gefüllt, beladen, beschwert"; Gerstaecker nannte die Art so, weil er die Tiere, die ihm zur Beschreibung vorlagen, pollenbeladen fing („*Ich fing das Weibchen dieser Art Mitte August's bei Meran auf Centaurea paniculata, an Hinterbeinen und Bauchhaaren dicht mit Pollen bedeckt*"). Der deutsche Name bezieht sich auf das im Gegensatz zu den anderen metallischen Keulhornbienen im Gebiet matte Mittelfeld.

Pollenquellen: Polylektisch. Der Blütenbesuch wurde beobachtet bei Pflanzen der Familien Apiaceae, Asteraceae (hauptsächlich *Centaurea*), Boraginaceae (*Echium*), Dipsacaceae, Lamiaceae und Rosaceae.

Nestbau: Nester wurden bisher nur in dürren *Rubus*-Zweigen gefunden.

Lebensraum: Trockenwarme Standorte. Vom Flachland bis in die kolline Höhenstufe.

Flugzeit: Der Lebenszyklus verläuft wie bei den anderen Keulhornbienen.

Gesamtverbreitung: Die Art geht vom Südfuß der Pyrenäen über Südfrankreich, die Alpensüdseite und die ungarische Tiefebene bis zur Wolga und dem Kaukasus, südwärts bis Sizilien und Malta, fehlt aber auf allen anderen großen Mittelmeerinseln, ebenso in Nordafrika, auch aus der Türkei ist nur ein alter Fund von der Schwarzmeerküste bekannt. **SW-Eu:** P, E, I(Si), I, M. **Z-Eu:** F, {D}, A?, CH. **NO-Eu:** SK, UA, RUS(S). **SO-Eu:** H, RO, HR, MNE, BG. **W-As:** GR(Ä), TR, Kaukasus.

Lokalverbreitung: Die Meldungen aus Deutschland sind auf Fehlbestimmungen zurückzuführen, mit ziemlicher Sicherheit auch die Meldung aus Österreich von Pittioni & Schmidt (1942), da in Pittionis im Internet veröffentlichter Kartei (Pittioni 2015) diese Art nicht enthalten ist. Aus der Schweiz gibt es historische Nachweise aus dem Wallis und dem Tessin, in letzterem kommt sie im südlichsten Teil auch aktuell noch vor.

Ceratina nigrolabiata Friese, 1896
Schwarzlippige Keulhornbiene

Systematik: Untergattung *Euceratina* Hirashima, Moure & Daly, 1971.

Etymologie: Von lat. „*nigra*" = „schwarz" und „*labia*" = „Lippen"; Friese bezieht sich auf das im Gegensatz zu fast allen anderen heimischen Keulhornbienen vollständig schwarze Labrum beim Männchen.

Pollenquellen: Polylektisch; der Blütenbesuch wurde beobachtet bei Pflanzen der Familien Amaryllidaceae, Apiaceae (*Daucus, Eryngium*), Asteraceae (*Centaurea, Echinops*), Boraginaceae, Brassicaceae, Dipsacaceae, Fabaceae, Lamiaceae, Malvaceae und Scrophulariaceae. In Österreich vorwiegend an *Allium flavum*.

Nestbau: Nester wurden in dürren Brombeerranken gefunden.

Lebensraum: Trockenwarme Standorte. Vom Flachland bis in die montane Höhenstufe.

Flugzeit: Der Lebenszyklus verläuft wie bei den anderen Keulhornbienen.

Gesamtverbreitung: Von Portugal über Südeuropa und Ukraine bis Südrussland (Wolgatal) sowie über Kleinasien bis zum Kaukasus; südwärts bis Sizilien, Kreta und Israel. **SW-Eu:** P, E, F(K), I(Sa), I. **Z-Eu:** F, {~~D~~}, A. **NO-Eu:** CS, SK, UA, UA(K), RUS(S). **SO-Eu:** H, RO, MD, HR, SRB, BG, GR, GR(K). **W-As:** GR(Ä), CY, TR, SYR, RL, IL, IRQ, Kaukasus, IR.

Lokalverbreitung: Die Meldung aus Deutschland durch Bollow (1918) aus Brandenburg ist auf eine Fehlbestimmung zurückzuführen (Hedicke 1922). In Österreich zeigt die Art im Pannonikum deutliche Ausbreitungstendenzen. Aus der Schweiz liegen keine Nachweise vor, jedoch aus dem südlich angrenzenden Aostatal (Amiet et al. 2007).

Ceylalictus Strand, 1913
Steppenbienen

Systematik: Familie: Halictidae – Unterfamilie: Nomioidinae.

Nomenklatur: Die Gattung war lange Zeit mit der Gattung *Nomioides* vereinigt.

Literatur: Schmiedeknecht (1930); Ebmer (1988b); Amiet et al. (1999). Weitere hilfreiche Arbeiten: Constantinescu (1974); Pesenko et al. (2000).

Etymologie: Strand (1913) beschrieb eine *Halictus horni* aus Sri Lanka (ehem. Ceylon) und stellt abschließend mit den Worten: „Die Art wird s. Z. von *Halictus* abgetrennt werden müssen (*Ceylalictus* n. g.)" eine neue Gattung auf. Der deutsche Name nimmt Bezug auf den Lebensraum.

Körperliche Merkmale: Steppenbienen fallen durch ihre geringe Körpergröße auf (Körperlänge 2,5–6,5 mm, die einheimischen Arten unter

4 mm). Die Körperbehaarung ist sehr spärlich. Kopf und Brustabschnitt sind gewöhnlich metallisch grün oder blau, der Hinterleib entweder größtenteils gelb oder schwarz mit gelber Zeichnung. Der Hinterleib des Weibchens ist deutlich abgeflacht.

Lebensweise: *Ceylalictus*-Arten sind pollensammelnde und nestbauende Bienen. Sie leben solitär, Beobachtungen deuten aber darauf hin, dass manche Arten zumindest gelegentlich eine kommunale Lebensweise zeigen. Steppenbienen bilden jährlich eine Generation aus, wobei sie im Spätsommer schlüpfen und unverpaart als erwachsene Tiere überwintern.

Pollenquellen: Steppenbienen sind Nahrungsgeneralisten.

Nestbau: Die Nester werden in kleinen bis größeren Aggregationen auf unbewachsenen ebenen Flächen, zuweilen aber auch in Erdabbrüchen, angelegt. Sie bestehen aus einem Hauptgang von ca. 5–12 cm Länge, von dem mehrere Nebengänge abzweigen, an deren Ende jeweils eine Brutzelle platziert wird und die nach der Eiablage mit Erde verfüllt werden. Die Brutzellen werden mit einer von der Biene produzierten, wasserabstoßenden, wachsartigen Substanz ausgekleidet. Der Larvenproviant besteht aus einer Mischung von Nektar und Pollen, der zu einem runden Laib geformt wird.

Verbreitung/Artenzahl: Die Gattung ist auf die Alte Welt und die indo-australische Region beschränkt, wo sie vorwiegend die heißen Klimate bewohnt. Insgesamt sind über 25 Arten bekannt, von denen eine im Gebiet nachgewiesen wurde.

Ceylalictus variegatus (Olivier, 1789)
Bunte Steppenbiene

Nomenklatur: *Andrena variegata* Olivier, 1789; *Nomioides variegatus* (Olivier, 1789).

Etymologie: Von lat. „*variegatus*" = „bunt"; die Art wirkt im weiblichen Geschlecht mit dem leuchtend grünmetallisch glänzenden Kopf und Brustabschnitt und dem schwarz-gelb gebänderten Hinterleib recht farbenfroh.

Pollenquellen: Polylektisch.

Nestbau: Siehe Gattungsporträt.

Lebensraum: Im Gebiet ist die Art ein ausgesprochener Sandbewohner. Vom Flachland bis in die kolline Höhenstufe.

Flugzeit: Die Fangdaten der mitteleuropäischen Funde stammen von Juni und Juli. Die Art überwintert als erwachsenes Tier.

Gesamtverbreitung: Sehr weit verbreitet; in Europa über ganz Südeuropa, nordwärts bis in das südliche Böhmen, Nordhälfte von Afrika bis zur Linie Gambia-Kamerun-Kenia, über die gesamte Arabische Halbinsel, in der Tür-

kei bis auf wenige Funde in Ostanatolien und der Südküste keine Nachweise, Nordhälfte Indiens, ostwärts über den gesamten zentralasiatischen Steppen- und Wüstengürtel bis Nordchina und die Mongolei. **SW-Eu:** P, E, E(B), I(Sa), I. **Z-Eu:** F, D, A, CH. **NO-Eu:** CS, SK, PL, UA, UA(K), RUS(S). **SO-Eu:** H, RO, MD, SLO, HR, SRB, BG, GR, GR(K). **N-Afr:** E(C), MA, DZ, TN, LAR, ET, RIM, SUD, ETH, ER. **Arab:** KSA, UAE, Y, OM. **AfT:** CV, SN, WAG, RMM, BF, NIG, TCD, TC, EAK, SO. **W-As:** GR(Ä), CY, TR. **W-As:** RL, IRQ, Kaukasus, IR, AFG. **Z-As:** TM, UZB, TAD, KAZ. **SO-As:** MGL, RC (Gansu). **Ori:** PAK, IND.

Lokalverbreitung: Im Gebiet nur zwei historische Meldungen aus Wien und Oberweiden/Niederösterreich, jüngst wiedergefunden in Weikendorf/Niederösterreich (Ebmer 2014).

Chelostoma Latreille, 1809
Scherenbienen

Systematik: Familie: Megachilidae – Unterfamilie: Megachilinae – Tribus: Osmiini.

Nomenklatur: *Chelostoma* wird von einigen Autoren nicht als eigene Gattung aufgefasst, sondern als Untergattung der Gattung *Osmia*. Früher wurden die *Chelostoma*-Arten zur Gattung *Heriades* (zeitweise auch in der Schreibung *Eriades*) gezählt.

Literatur: Benoist (1929); Banaszak & Romasenko (2001); Amiet et al. (2004); Scheuchl (2006). Weitere hilfreiche Arbeiten: Schwarz & Gusenleitner (2000); Nieuwenhuijsen (2011b); Torres et al. (2012); (Müller 2015b).

Etymologie: Der wissenschaftliche wie der deutsche Name nehmen Bezug auf die großen, scherenartigen Mandibeln der Weibchen (griech. „*chelé*" = „Schere" (von Tieren wie Krebs oder Skorpion) und „*stóma*" = „Mund").

Körperliche Merkmale: Scherenbienen sind 3,5–14 mm große, schwarz gefärbte Bienen mit lang gestrecktem, sehr spärlich behaartem Körper, lediglich auf dem Hinterleib befinden sich bei manchen Arten mehr oder weniger dichte weiße Haarbinden. Der Bauch und das Hinterleibsende der Männchen besitzen arttypische Fortsätze, die Weibchen tragen auf dem Bauch eine helle Sammelbürste. Im Unterschied zur nahe verwandten Gattung *Osmia* bestehen die Maxillarpalpen aus drei Gliedern (bei *Osmia* vier) und das Labrum ist mehr oder weniger unbehaart.

Lebensweise: *Chelostoma*-Arten sind solitär lebende, pollensammelnde und nestbauende Bienen. Den Winter überdauern sie als Ruhelarve (Präpuppe) oder als Imago.

Pollenquellen: Viele, wenn nicht die meisten Arten sind oligolektisch. Die einheimischen Spezies sind je nach Art auf Glockenblumen (*Campanula*), auf Hahnenfuß (*Ranunculus*), Kardengewächse oder Korbblütler spezialisiert.

Nestbau: Alle Arten nisten in den unterschiedlichsten vorhandenen Hohlräumen, besonders gern in totem Holz.

Parasiten: Als Kuckucksbienen wurden Düsterbienen (*Stelis*) festgestellt, als weitere Brutschmarotzer Keulhornwespen (*Sapyga*), Goldwespen (*Chrysis*, *Hedychridium*, *Hedychrum* und *Pseudochrysis*), Trauerschweber (*Anthrax*), Schmalbauchwespen (*Gasteruption*) und Schlupfwespen (*Ephialtes*).

Besonderes Verhalten: Zuweilen finden sich Männchen zum Übernachten einzeln, oft aber auch in größerer Anzahl, an bestimmten Plätzen, meist Pflanzenstängeln, zusammen.

Verbreitung/Artenzahl: Die Gattung ist holarktisch verbreitet, fehlt jedoch in Japan und China. Südwärts geht sie bis Nordafrika und Nordmexiko, in der indomalyischen Region dringt sie in die Gebirge der Tropen vor. Weltweit sind etwa 60 Arten bekannt, von denen neun im Gebiet nachgewiesen wurden; die Meldung einer zehnten Art, *Chelostoma handlirschi*, aus Österreich ist zweifelhaft.

Chelostoma campanularum (Kirby, 1802)
Kurzfransige Scherenbiene

Systematik: Untergattung *Foveosmia* Warncke, 1991.

Nomenklatur: Synonym: *Osmia campanularum* (Kirby, 1802).

Etymologie: Von *Campanula* (Glockenblume); diese Pflanzengattung ist in Mitteleuropa die einzige Pollenquelle der Art. Deutscher Name: Die Männchen tragen auf dem Sternit eine im Vergleich zur nächstverwandten *Ch. distinctum* kurze Haarfranse.

Pollenquellen: Streng oligolektisch auf Glockenblumengewächse (Campanulaceae); im Gebiet ausschließlich auf *Campanula*, außerhalb Mitteleuropas wird auch der Pollen verwandter Pflanzengattungen genutzt (z. B. *Edraianthus*). Hauptpollenquelle im Gebiet ist die Rundblättrige Glockenblume (*Campanula rotundifolia*), daneben werden gerne auch Nesselblättrige Glockenblume (*Campanula trachelium*) und Pfirsichblättrige Glockenblume (*Campanula persicifolia*) genutzt, aber auch als Gartenpflanzen

angebaute fremdländische Glockenblumenarten wie z. B. *Campanula poscharskyana*.

Nestbau: Nistplätze sind vorhandene lineare Hohlräume von geringem Durchmesser (2–2,5 mm), meist Käferfraßgänge in Totholz oder Schilfhalme, etwa von Reetdächern. Als Material für die Zellwände und den Nestverschluss dient Sand oder Lehm.

Lebensraum: Waldränder und -lichtungen, Kahlschläge, Ruderalflächen, trockene Fettwiesen, Magerrasen, Hochwasserdämme, aber auch Gärten und Parks.

Parasiten: Kuckucksbiene ist *Stelis minima*.

Flugzeit: In einer Generation von Juni bis August.

Gesamtverbreitung: Aus Nordafrika eine Meldung aus Algerien von 1914, die vermutlich auf einer Fehlbestimmung beruht. Von Portugal über Süd-, Mittel- und Osteuropa, Ukraine und Südrussland sowie über Kleinasien bis in den Kaukasus; nordwärts bis Wales und Mittelengland, in Norwegen bis 62°N, in Schweden und Finnland bis 64°N, in Russland bis Karelien, Kirov und Baschkirien; südwärts bis Sizilien (nicht auf Korsika und Sardinien), Thessalien und Nordtürkei. Eingeschleppt in Nordamerika und Kanada hat sie sich von New York bis zu den Großen Seen verbreitet. **SW-Eu:** P, E, AND, I(Si), I. **Z-Eu:** F, B, LUX, NL, D, A, CH, FL, DK. **N-Eu:** GB, N, S, SF, EST, LT, LV, RUS(N). **NO-Eu:** CS, SK, PL, BY, UA, UA(K), RUS(S). **SO-Eu:** H, RO, SLO, HR, MK, SRB, AL, BG, GR. **N-Afr:** DZ. **W-As:** TR, Kaukasus. **Nearktis:** CDN+, USA+.

Lokalverbreitung: Im Gebiet aus allen Regionen gemeldet.

Chelostoma distinctum (Stöckhert, 1929)
Langfransige Scherenbiene

Systematik: Untergattung *Foveosmia* Warncke, 1991.

Nomenklatur: Synonym: *Osmia cantabrica* (Benoist, 1935).

Etymologie: Von lat. „*distinctum*" = „verschieden, unterschieden", wegen der großen Ähnlichkeit zu *Chelostoma campanularum*. Deutscher Name: Die Männchen tragen auf dem Sternit eine im Vergleich zur nächstverwandten *Ch. campanularum* lange Haarfranse.

Pollenquellen: Streng oligolektisch auf Glockenblumengewächse (Campanulaceae); im Gebiet ausschließlich auf *Campanula*, außerhalb Mitteleuropas wird vermutlich auch der Pollen verwandter Pflanzengattungen genutzt. Im Gebiet sind die am häufigsten besuchten Pollenquellen Wiesen-Glockenblume (*Campanula patula*), Pfirsichblättrige Glockenblume (*Campanula persicifolia*) und Rundblättrige Glockenblume (*Campanula rotundifolia*).

Nestbau: Nistplätze sind unterschiedliche Totholzstrukturen, wo die Brutzellen in vorhandenen linearen Hohlräumen (Fraßgänge in Totholz,

Schilfhalme etc.) angelegt werden. Als Material für die Zellwände und den Nestverschluss dient Sand oder Lehm.

Lebensraum: Waldsäume, Ruderalflächen, trockene Fettwiesen, Magerrasen, Hochwasserdämme, zuweilen auch Gärten und Parks.

Parasiten: Kuckucksbiene ist *Stelis minima*.

Flugzeit: In einer Generation von Mai bis August.

Gesamtverbreitung: Von Portugal über Süd-, Mittel- und Osteuropa, Ukraine und Südrussland sowie über Kleinasien bis in den Kaukasus und den Iran; nordwärts bis Lettland, Kirov und Perm; südwärts bis Campania, Böotien, Israel und Iran. **SW-Eu:** P, E, AND, I. **Z-Eu:** F, B, LUX, NL, D, A, CH, FL, DK? **N-Eu:** LT, LV, RUS(N). **NO-Eu:** CS, SK, PL, BY, UA, UA(K), RUS(S). **SO-Eu:** H, RO, SLO, HR, MK, MNE, SRB, BIH, BG, GR. **W-As:** TR, IL, Kaukasus, IR.

Lokalverbreitung: Im Gebiet fast überall, Nachweise fehlen lediglich aus Niedersachsen und Mecklenburg-Vorpommern, aus Schleswig-Holstein nur eine einzige Meldung von 1960.

Chelostoma emarginatum (Nylander, 1856)
Kerben-Scherenbiene

Systematik: Untergattung *Chelostoma* Latreille, 1809 *s. str.*

Nomenklatur: Synonym: *Heriades angustatum* Chevrier, 1872.

Etymologie: Von lat. „*emarginatum*“ = „ausgerandet“, wegen des arttypisch am Vorderrand ausgeschnittenen Clypeus beim Weibchen. Der deutsche Name bezieht sich auf das gleiche Merkmal.

Pollenquellen: Streng oligolektisch auf Hahnenfuß (*Ranunculus*).

Flugzeit: In einer Generation von April bis Juni.

Gesamtverbreitung: In Nordafrika aus Algerien und Tunesien gemeldet. In Eurasien von Portugal über Süd- und Südosteuropa, Kleinasien und Kaukasus bis in den Iran; nordwärts bis Österreich und Böhmen; südwärts bis Kalabrien und Sizilien (nicht auf Korsika und Sardinien), Thessalien, Kreta (nicht auf Zypern), Südtürkei und Iran. **SW-Eu:** P, E, I(Si), I. **Z-Eu:** F, A, CH. **NO-Eu:** CS, SK. **SO-Eu:** H, RO, SLO, HR, MK, SRB, BIH, BG, GR, GR(K). **N-Afr:** DZ, TN. **W-As:** TR, Kaukasus, IR.

Lokalverbreitung: In Österreich aus wärmebegünstigten Regionen in den Bundesländern Burgenland, Nieder- und Oberösterreich, Steiermark und Wien. In der Schweiz nur im Süden (Genfersee und südliches Tessin), eine historische Meldung von Zürich (Frey-Gessner 1908–1912).

Chelostoma florisomne (Linnaeus, 1758)
Hahnenfuß-Scherenbiene

Systematik: Untergattung *Chelostoma* Latreille, 1809 *s. str.*

Nomenklatur: Synonym: *Osmia florisomnis* (Linnaeus, 1758).

Etymologie: Von lat. „*flos* (*floris*)“ = „Blüte, Blume“ und „*somnus*“ = „Schlaf“, die Art wird oft in Blüten ruhend angetroffen. Der deutsche Name bezieht sich auf die ausschließliche Pollenquelle.

Pollenquellen: Streng oligolektisch auf Hahnenfuß (*Ranunculus*).

Nestbau: Nistplätze sind lineare Hohlräume, insbesondere in Totholzstrukturen. Als Material für die Zellwände und den Nestverschluss dient Sand oder Lehm, wobei letzterer mit kleinen Steinchen verstärkt wird.

Lebensraum: Waldränder und -lichtungen, Kahlschläge, Ruderalflächen, trockene Fettwiesen, Magerrasen, Hochwasserdämme, Gärten und Parks.

Parasiten: Kuckucksbienen wurden bislang nicht bekannt. Recht häufig an den Nestern zu beobachten sind die Keulhornwespen *Monosapyga clavicornis* und *Sapyga quinquepunctata,* die Schmalbauchwespe *Gasteruption jaculator,* die Goldwespen *Chrysis cyanea* und *Chrysis ignita* sowie seltener die Schlupfwespe *Townesia tenuiventris* und der Buntkäfer *Trichodes alvearius.*

Flugzeit: In einer Generation von April bis Juni. Überwinterung im Puppenstadium.

Gesamtverbreitung: In Nordafrika von Marokko bis Tunesien. In Eurasien von Portugal über Süd-, Mittel- und Osteuropa, Ukraine und Südruss-

land bis zum Ural sowie über Kleinasien bis in den Kaukasus; nordwärts bis Nordengland, in die südlichen Teile Skandinaviens, in Finnland bis 63°N; südwärts bis Kalabrien (fehlt auf den großen Mittelmeerinseln), Griechenland und Südtürkei. Nach einer bisher nicht bestätigten Meldung von VAN DER ZANDEN (1983) auch in Nordamerika am Lake Huron gefunden. **SW-Eu:** P, E, AND, I. **Z-Eu:** F, B, LUX, NL, D, A, CH, FL, DK. **N-Eu:** GB, N, S, SF, EST, LT, LV, RUS(N). **NO-Eu:** CS, SK, PL, BY, UA, UA(K), RUS(S). **SO-Eu:** H, RO, MD, SLO, HR, SRB, BIH, AL, BG, GR. **N-Afr:** MA, DZ, TN. **W-As:** GR(Ä), TR, Kaukasus. **Nearktis:** CDN/USA?

Lokalverbreitung: Im Gebiet aus allen Regionen gemeldet.

Chelostoma foveolatum (MORAWITZ, 1868)

Gruben-Scherenbiene

Systematik: Untergattung *Foveosmia* WARNCKE, 1991.

Nomenklatur: Synonym: *Osmia foveolata* (MORAWITZ, 1868).

Etymologie: Von lat. „*foveolatum*" = „grubig, grubentragend" (von „*fovea*" = „Grube"), wegen der runden Grube auf dem letzten Hinterleibssegment des Männchens.

Pollenquellen: Streng oligolektische, auf Glockenblumengewächse (Campanulaceae) spezialisierte Art, im Gebiet ausschließlich auf *Campanula*, außerhalb Mitteleuropas wird vermutlich auch der Pollen verwandter Pflanzengattungen genutzt.

Flugzeit: In einer Generation von Juni bis August.

Gesamtverbreitung: Disjunkt in der West- und Ostpaläarktis oder transpaläarktisch mit Nachweislücke in Zentralasien und zwischen Ural und Mittelsibirischem Bergland. In Europa von Portugal über Süd- und Osteuropa, Ukraine bis Südrussland sowie über Kleinasien bis in den Kaukasus; nordwärts bis Süddeutschland, Slowakei, Nordpolen, Weißrussland; südwärts bis Lazio, Griechenland und Südtürkei. In Asien aus den Verwaltungsbezirken Krasnojarsk, Amur und Magadan nachgewiesen. **SW-Eu:** P, E, AND, I. **Z-Eu:** F, D, A, CH. **NO-Eu:** ~~{CS}~~, SK, PL, BY, UA, RUS(S). **SO-Eu:** H, RO, SLO, HR, SRB, BIH, AL, BG, GR. **N-Afr:** TN. **W-As:** GR(Ä), TR, Kaukasus. **Sib:** O-Sib. **NO-As:** Amur, Mag.

Lokalverbreitung: In Deutschland lediglich zwei alte Nachweise aus Bodersweier bei Kehl und Buchholz im Elztal in Baden-Württemberg (BALLES 1949); das von AERTS (1960) von Kirn/Rheinland-Pfalz gemeldete Exemplar erwies sich bei einer Überprüfung als *Hoplitis claviventris* (WESTRICH 1989). In Österreich und der Schweiz sind aktuelle Vorkommen gemeldet, jedoch nur aus Niederösterreich, dem Burgenland und dem Südtessin.

Chelostoma grande (Nylander, 1852)
Große Scherenbiene

Systematik: Untergattung *Chelostoma* Latreille, 1809 *s. str.*

Nomenklatur: Synonym: *Osmia grandis* (Nylander, 1852).

Etymologie: Von lat. „*grande*" = „groß"; bezieht sich auf die im Vergleich zu den anderen Scherenbienenarten enorme Körpergröße.

Pollenquellen: Streng oligolektisch auf Kardengewächse (Dipsacaceae); im Gebiet wird sie vor allem auf *Knautia*, seltener auf *Scabiosa* beobachtet.

Nestbau: Nistet in vorhandenen Hohlräumen (Fraßgänge in Totholz, hohle Stängel etc.). Als Material für die Zellwände und den Nestverschluss dient Sand oder Lehm.

Lebensraum: Gebirgsart; lichte Bergwälder, Bergwiesen, Felssteppen. Vom der montanen bis in die untere subalpine Höhenstufe.

Parasiten: Als Brutparasiten wurden Buntkäfer der Gattung *Trichodes* und die Keulhornwespe *Sapyga similis* beobachtet.

Flugzeit: In einer Generation von Mai bis August.

Gesamtverbreitung: Alpen, Dinarisches Gebirge, Karpaten, Kaukasus. Eine alte Meldung aus dem Amanus-Gebirge in der Türkei von Fahringer & Friese (1921) ist nach Ungricht et al. (2008) fehlbestimmt. Ein Nachweis von Maharramov et al. (2014) aus Nachitschewan bedarf der Überprüfung. **SW-Eu:** I. **Z-Eu:** F, A, CH, FL. **NO-Eu: SO-Eu:** RO, SLO, SRB, BIH, BG, GR. **W-As:** {~~TR~~}, Kaukasus?

Lokalverbreitung: Im Gebiet nur aus Österreich (sichere Nachweise aus Kärnten, Steiermark und Vorarlberg) und der Schweiz (Alpennordseite, Wallis, historisch auch aus Graubünden) bekannt.

♀

Chelostoma handlirschi Schletterer, 1889

Handlirschs Scherenbiene

Systematik: Untergattung *Gyrodromella* Michener, 1997.

Etymologie: Gewidmet dem österreichischen Entomologen Anton Peter Josef Handlirsch (1865–1935).

Pollenquellen: Vermutlich oligolektisch auf Glockenblumengewächsen (Campanulaceae).

Gesamtverbreitung: Unzureichend bekannt; sichere Nachweise aus Italien, Ungarn, Bulgarien, Rumänien und der Türkei. **SW-Eu:** I. **Z-Eu:** F, {~~A~~}. **NO-Eu:** {~~CS~~}. **SO-Eu:** H, RO, MK, {~~GR~~}. **N-Afr:** TN. **W-As:** GR(Ä), TR, IL.

Lokalverbreitung: Aus dem Gebiet existiert nur eine zweifelhafte Meldung aus der Steiermark (Gusenleitner et al. 2012).

Chelostoma rapunculi (Lepeletier, 1841)

Glockenblumen-Scherenbiene

Systematik: Untergattung *Gyrodromella* Michener, 1997.

Nomenklatur: Synonym: *Osmia rapunculi* (Lepeletier, 1841); *Chelostoma fuliginosum* (Panzer, 1798).

Etymologie: Von *lat. „rapunculus"* = „kleine Rübe"; gemeint ist die Pollenquelle Glockenblume, vermutlich *Campanula rapunculus*, deren verdickte Wurzeln früher unter dem Namen „Rapunzel" als Gemüse zubereitet wurden. Der deutsche Name bezieht sich auf die ausschließliche Pollenquelle.

Pollenquellen: Streng oligolektische, auf Glockenblumengewächse (Campanulaceae) spezialisierte Art, im Gebiet ausschließlich auf *Campanula*.

Nestbau: Nistplätze sind lineare Hohlräume, insbesondere in Totholz, aber auch im Erdboden. Als Material für die Zellwände und den Nestverschluss dient Sand oder Lehm, der Nestverschluss wird mit kleinen Steinchen verstärkt.

Lebensraum: Waldränder und -lichtungen, Kahlschläge, Ruderalflächen, trockene Fettwiesen, Magerrasen, Hochwasserdämme, Gärten und Parks. Vom Flachland bis in die subalpine Höhenstufe.

Parasiten: Als Kuckucksbiene wurde *Stelis minuta* nachgewiesen. Weitere Brutparasiten sind die Keulhornwespen *Sapyga quinquepuncta* und *Sapyga similis*.

Flugzeit: In einer Generation von Ende Mai bis Mitte August.

Gesamtverbreitung: Transpaläarktisch, eingeschleppt in den USA und Kanada. In Nordafrika verlässliche Meldungen aus Marokko und Algerien, bestätigungsbedürftige aus Tunesien und Libyen. In Eurasien von Portugal über Süd-, Mittel-, Nord- und Osteuropa, Ukraine und Südrussland sowie über Kleinasien, Kaukasus, Zentralasien und Mongolei bis in den Fernen

Osten (Khabarowsk, Amur, Sachalin); in Europa nordwärts bis Mittelschweden, Finnland (hier bis 66°N), in Russland bis Karelien und Kirov; südwärts bis Apulien und Sizilien, Griechenland, Israel und Iran. **SW-Eu:** P, E, AND, I(Si), I. **Z-Eu:** F, B, LUX, NL, D, A, CH, FL, DK. **N-Eu:** S, SF, EST, LT, LV, RUS(N). **NO-Eu:** CS, SK, PL, BY, UA, UA(K), RUS(S). **SO-Eu:** H, RO, SLO, HR, MK, SRB, BIH, BG, GR. **N-Afr:** MA, DZ, TN, LAR. **W-As:** TR, SYR, IL, Kaukasus, IR. **Z-As:** TM, UZB, KAZ, KGZ. **Sib:** W-Sib, O-Sib. **NO-As:** Amur, JAO, Khab, Sach. **SO-As:** MGL. **Nearktis:** CDN+, USA+.

Lokalverbreitung: Im Gebiet aus allen Regionen gemeldet.

Chelostoma styriacum Schwarz & Gusenleitner, 1999
Steirische Scherenbiene

Systematik: Untergattung *Foveosmia* Warncke, 1991.

Nomenklatur: Synonym: *Osmia styriaca* (Schwarz & Gusenleitner, 1999).

Etymologie: Von lat. „*styriacum*“ = „steirisch“, da die Art aus der Steiermark beschrieben wurde.

Pollenquellen: Streng oligolektische, auf Glockenblumengewächse (Campanulaceae) spezialisierte Art. Sämtliche bisher untersuchten Pollenladungen enthielten ausschließlich *Campanula*-Pollen.

Flugzeit: In einer Generation von Mai bis Juni.

Gesamtverbreitung: Von Österreich über Südosteuropa und die Balkanhalbinsel bis in die Türkei. **Z-Eu:** A. **SO-Eu:** H, RO, SLO, HR, MNE, SRB, BG, GR. **W-As:** TR.

Lokalverbreitung: Im Gebiet nur aus Österreich (Steiermark und Burgenland) bekannt (aktuell).

Chelostoma ventrale Schletterer, 1889
Chrysanthemen-Scherenbiene

Systematik: Früher zur Untergattung *Foveosmia* gezählt; nach neueren phylogenetischen Analysen ist sie in keine der bekannten Untergattungen einzuordnen (Müller 2015b).

Nomenklatur: Synonym: *Osmia ventralis* (Schletterer, 1889).

Etymologie: Von lat. „*ventrale*“ = „den Bauch betreffend“; bezieht sich vermutlich auf die arttypische lange Haarfranse auf der Unterseite des Hinterleibs. Der deutsche Name bezieht sich auf eine der bevorzugten Nahrungspflanzen.

Pollenquellen: Streng oligolektisch auf Korbblütler (Asteraceae) der Unterfamilie Asteroideae. Sämtliche bisher untersuchten Pollenladungen enthielten ausschließlich Pollen dieser Unterfamilie.

Flugzeit: In einer Generation von Juni bis Juli.

Gesamtverbreitung: Von Österreich bis in die Ukraine und Südrussland sowie über Kleinasien bis in den Nahen Osten, nordwärts bis Mähren und Südpolen; südwärts bis Bulgarien und Jordanien. **SW-Eu:** E. **Z-Eu:** F, D(?), A, {CH}. **NO-Eu:** CS, SK, PL, UA, RUS(S). **SO-Eu:** H, RO, SLO, HR, SRB, BG. **W-As:** TR, SYR.

Lokalverbreitung: In Deutschland eine einzige Meldung durch Stöckhert (1919) aus Erlangen. Da die Art in den beiden zusammenfassenden Werken seines Bruders (Stöckhert 1933, 1954) nicht mehr erwähnt wird, ist davon auszugehen, dass sich die letzte Meldung nachträglich als Irrtum erwiesen hat. In Österreich aktuelle Vorkommen in Niederösterreich und Burgenland. Die von Frey-Gessner (1908–1912) aus dem Tessin gemeldeten Tiere sind nach Amiet et al. (2004) *Ch. distinctum*.

Coelioxys Latreille, 1809
Kegelbienen

Systematik: Familie: Megachilidae – Unterfamilie: Megachilinae – Tribus: Megachilini.

Literatur: Warncke (1992c); Banaszak & Romasenko (2001); Amiet et al. (2004); Scheuchl (2006). Weitere hilfreiche Arbeiten: Rowson & Pavett (2008); Nieuwenhuijsen (2010).

Etymologie: Der wissenschaftliche Name bezieht sich auf das zumeist spitz zulaufende Hinterleibsende (von griech. „*koiliá*" (latinisiert *coelia*) = „Bauch" und „*oxys*" = „spitz"). Ihren deutschen Namen verdanken sie dem kegelförmigen Hinterleib der Weibchen.

Körperliche Merkmale: Kegelbienen besitzen einen 8–22 mm langen, schwarzen Körper, über 15 mm große Arten kommen jedoch nur außerhalb Europas vor; selten sind Beine und Hinterleib teilweise rot gefärbt. Der Hinterleib ist meist von weißen Haarbinden oder -flecken geziert, wobei die Haare zu Schuppen umgeformt sein können. Das Scutellum ist beiderseits mit einem zahnartigen Fortsatz versehen. Die Ausbildung der letzten Hinterleibssegmente ist bei den Weibchen größtenteils charakteristisch für die jeweilige Art, bei den Männchen ist das letzte Tergit in mehrere Zähne ausgezogen. Die Augen der meisten (in Mitteleuropa bei allen) Arten sind im Vergleich zu den anderen Bienengattungen deutlich behaart.

Lebensweise: *Coelioxys*-Arten leben als Brutparasitoide bei anderen Wildbienenarten, soweit bekannt bei Pelz- und Blattschneiderbienen (*Anthophora* und *Megachile*), möglicherweise auch Mauerbienen und Bastardbienen (*Osmia* und *Trachusa*). Die meisten Kegelbienenarten sind auf eine oder einige wenige Wirtsarten spezialisiert. Als Kuckucksbienen besuchen sie Blüten nur zur Eigenversorgung mit Nektar.

Besonderes Verhalten: Zuweilen übernachten Männchen einzeln oder in Gemeinschaft festgebissen an Pflanzenstängeln.

Verbreitung/Artenzahl: *Coelioxys* ist auf allen Kontinenten mit zahlreichen Arten vertreten, lediglich aus Australien sind bisher noch nicht einmal zehn Arten beschrieben. Weltweit sind etwa 320 Arten bekannt, von denen 16 im Gebiet nachgewiesen sind, die Meldung von drei weiteren Arten ist zweifelhaft.

Coelioxys acanthura (Illiger, 1806)
Bedornte Kegelbiene

Systematik: Untergattung *Allocoelioxys* Tkalců, 1974.

Nomenklatur: Synonym: *Apis quadridentata* Panzer, 1798 (nec Linnaeus, 1758).

Etymologie: Von lat. „*acanthus*“ = „bedornt“ (von griech. „*ákanthos*“).

Wirte: Bekannt wurde bisher nur *Megachile montenegrensis* Dours, 1873, die in Mitteleuropa nicht vorkommt.

Flugzeit: In einer Generation von Juni bis August.

Gesamtverbreitung: In Nordafrika von Marokko und Algerien gemeldet. In Eurasien von Süd- und Südosteuropa, Ukraine und Südrussland sowie über Kleinasien, Iran und Zentralasien bis Südchina (Guangxi, Fujian); nordwärts bis Südfrankreich, Norditalien, Ungarn, Ukraine, Südural; südwärts bis *Peloponnes, Zypern, Israel und Iran. **SW-Eu:** E, F(K), I(Si), I. **Z-Eu:** F, A? **NO-Eu:** UA, RUS(S). **SO-Eu:** H, HR, MK, GR. **N-Afr:** MA, DZ. **W-As:** GR(Ä), CY, TR, IL, IR. **Z-As:** TM, UZB. **SO-As:** RC.

Lokalverbreitung: Im Gebiet nur eine sehr fragliche Meldung von 1878 aus Oberösterreich (Fritsch 1878).

Coelioxys afra Lepeletier, 1841
Schuppenhaarige Kegelbiene

Systematik: Untergattung *Allocoelioxys* Tkalců, 1974.

Nomenklatur: Synonym: *Coelioxys coronata* Förster, 1853.

Etymologie: Von „Afrika“; *locus typicus* ist Oran/Algerien. Deutscher Name: Die Körperbehaarung ist zum großen Teil schuppenartig ausgebildet.

Lebensraum: Trockenwarme Standorte; Magerrasen, Sand-, Kies- und Lehmgruben, Abwitterungshalden, Weinberge, Brach- und Ruderalflächen. Vom Flachland bis in die montane Höhenstufe.

Wirte: *Megachile leachella, Megachile pilidens, Megachile apicalis, Megachile dorsalis.* Eine große Form wurde auch an den Nestern von *Megachile deceptoria* und *Megachile lagopoda* beobachtet.

Flugzeit: In einer Generation von Juni bis August.

Gesamtverbreitung: In Nordafrika von Marokko bis Ägypten und Äthiopien. In Eurasien von Portugal über Süd-, Mittel- und Osteuropa, Ukraine und Südrussland sowie über Kleinasien, Kaukasus und Zentralasien bis Nordostchina und den Fernen Osten (Jüdische Autonome Region, Burjatien), erreicht in *Pakistan und *Nordwestindien die orientalische Faunenregion; nordwärts bis Südengland (fehlt auf Irland und in Skandinavien) und zur Kurischen Nehrung; in Südeuropa auf allen großen Mittelmeerinseln, südwärts bis Israel und Irak. In Arabien aus den Vereinten Arabischen Emiraten gemeldet. Auf der Südhalbkugel im südlichen Afrika, je eine Meldung von Taiwan und von Java. Auf Taiwan in der ssp. *sauteri* Cockerell, 1911. **SW-Eu:** P, E, E(B), F(K), I(Sa), I(Si), I, I(L). **Z-Eu:** F, B, LUX, NL, D, A, CH. **N-Eu:** GB, LT, RUS(N). **NO-Eu:** CS, SK, PL, UA, UA(K), RUS(S). **SO-Eu:** H, RO, SLO, HR, MK, MNE, SRB, AL, BG, GR, GR(K). **N-Afr:** MA, DZ, TN, ET, ETH. **AfT:** NAM, ZW, ZA. **Arab:** UAE. **W-As:** GR(Ä), CY, TR, IL, IRQ, Kaukasus, IR. **Z-As:** TM, UZB, TAD, KAZ, KGZ. **Sib:** W-Sib, O-Sib. **NO-As:** Jak, JAO, Khab. **SO-As:** RC (Hebei, Shanxi, Jiangsu, Fujian, Guangdong). **Ori:** *PAK, *IND, TW, RI (Java).

Lokalverbreitung: In Deutschland aus allen Bundesländern gemeldet. In Österreich fast überall mit Ausnahme von Oberösterreich, Salzburg und Vorarlberg. In der Schweiz nur am Genfersee und im Wallis, außerdem ein aktueller Einzelfund bei Basel und historische Nachweise aus dem Tessin.

Coelioxys alata Förster, 1853

Geflügelte Kegelbiene

Systematik: Untergattung *Coelioxys* Latreille, 1809 *s. str.*

Nomenklatur: Synonym: *Coelioxys montandoni* Gribodo, 1884.

Etymologie: Von lat. „*alata*“ = „geflügelt“, wegen des beiderseits flügelartig verbreiterten Sternits 5 beim Weibchen.

Lebensraum: Lichtungen, Waldsäume, Auwälder, Moore. Vom Flachland bis in die kolline Höhenstufe.

Wirte: Hauptwirt ist sicherlich *Megachile ligniseca*, Nebenwirte sehr wahrscheinlich *Anthophora furcata* und möglicherweise *Megachile lapponica*.

Flugzeit: In einer Generation von Juni bis August.

Gesamtverbreitung: Von Südfrankreich, Belgien und Niederlande über Süd-, Mittel- und Osteuropa, Ukraine, Südrussland und Sibirien bis Japan und zur Pazifikküste des Fernen Ostens. Bisher keine Nachweise aus Griechenland, dem Kaukasus und Zentralasien, daher erscheint die Meldung eines einzelnen Weibchens aus Rize/Nordtürkei überprüfungsbedürftig. **SW-Eu:** I. **Z-Eu:** B, NL, D, A, CH, DK? **N-Eu:** {~~SF~~}, EST, LT, LV, RUS(N). **NO-Eu:** CS, SK, PL, BY, UA, RUS(S). **SO-Eu:** H, RO, SLO, HR, BG. **W-As:** TR. **Sib:** W-Sib, O-Sib. **NO-As:** Amur, Khab, Prim. **SO-As:** RC, J.

♀

Lokalverbreitung: In Deutschland und Österreich weit verbreitet, aber sehr vereinzelt, in der Schweiz lediglich ein alter Nachweis von 1888 aus der Umgebung von Bischofszell im Kanton Thurgau (Wegelin 1900) und jüngst eine aktuelle Meldung vom Urner Reussdelta (Burckhardt & Gonseth 2015).

Coelioxys argentea Lepeletier, 1841
Silberhaarige Kegelbiene

Systematik: Untergattung *Mesocoelioxys* Ruszkowski, 1986.

Etymologie: Von lat. „*argentea*" = „silbern"; wegen der silberweißen Körperbehaarung.

Wirte: *Megachile albisecta* (Klug, 1817), die in Mitteleuropa nicht vorkommt.

Flugzeit: In einer Generation von Juni bis August.

Gesamtverbreitung: In Nordafrika von Marokko, Algerien und Ägypten gemeldet. In Eurasien von Portugal über Südeuropa bis zum Schwarzen Meer und über Kleinasien, Levante, Kaukasus und Iran bis Zentralasien; nordwärts bis Lettland; südwärts bis Lazio und *Abruzzo, Peloponnes, Zypern, Israel und Nordiran. Überprüfungsbedürftige Meldungen aus den chinesischen Provinzen Gansu und Xinjiang (Wu 2006). **SW-Eu:** P, E, I(Sa), I. **Z-Eu:** F, NL, D. **N-Eu:** LV, {~~RUS(N)~~}. **NO-Eu:** {~~PL~~}, UA, RUS(S). **SO-Eu:** RO, HR, MK, GR. **N-Afr:** MA, DZ, TN, ET, ETH? **W-As:** GR(Ä), CY, TR, SYR, JOR, IL, Kaukasus, IR. **Z-As:** TM, UZB, TAD, KAZ, KGZ. **SO-As:** RC(?).

Lokalverbreitung: Im Gebiet nur eine vermutlich irrtümliche Meldung von Bamberg aus dem 19. Jahrhundert (Friese 1895).

Coelioxys aurolimbata Förster, 1853
Goldsaum-Kegelbiene

Systematik: Untergattung *Coelioxys* Latreille, 1809 *s. str.*

Etymologie: Von lat. „*aureus*" = „golden" und „*limbata*" = „gesäumt"; wegen der goldgelben Haarfranse am Endrand von Sternit 5.

Lebensraum: Magerrasen, Waldsäume, extensiv genutztes Grünland, Sand- und Lehmgruben, Weinberge, Brach- und Ruderalflächen. Vom Flachland bis in die kolline oder zuweilen untere montane Höhenstufe.

Wirte: Der vermutlich einzige Wirt ist *Megachile ericetorum*.

Flugzeit: In einer Generation von Juni bis August.

Gesamtverbreitung: In Nordafrika von Algerien und Marokko gemeldet. In Eurasien über fast ganz Europa (aus Portugal, Korsika, Sardinien, Sizilien, Kreta, den britischen Inseln, Schweden und Norwegen noch keine Nachweise), ostwärts über Kleinasien, Kaukasus, Südrussland, Iran, *Afghanistan und Zentralasien bis nach Ostchina und die Mongolei; nordwärts bis

62°N in Finnland; südwärts bis Sizilien, Puglia, Peloponnes und Libanon. Nach Warncke in der ssp. *orientalica* Warncke, 1992 von Anatolien und der Levante über den Kaukasus bis in den Iran (die unpublizierten Nachweise aus Afghanistan gehören vermutlich dazu), und in der ssp. *mongolica* Friese, 1925 in der Mongolei. **SW-Eu:** E, I(Si), I. **Z-Eu:** F, B, LUX, NL, D, A, CH, DK? **N-Eu:** SF, EST, LT, LV, RUS(N). **NO-Eu:** CS, SK, PL, BY, UA, UA(K), RUS(S). **SO-Eu:** H, RO, SLO, HR, MK, BIH, GR, GR(K). **N-Afr:** MA, DZ. **W-As:** GR(Ä), TR, RL, Kaukasus, IR, *AFG. **Z-As:** TM, UZB, TAD, KAZ, KGZ. **Sib:** W-Sib. **SO-As:** MGL, RC (Hebei, Innere Mongolei, Xinjiang).

Lokalverbreitung: Im Gebiet fast überall, wenn auch nicht häufig.

Coelioxys brevis Eversmann, 1852

Kurze Kegelbiene

Systematik: Untergattung *Allocoelioxys* Tkalců, 1974.

Etymologie: Von lat. „*brevis*“ = „kurz, klein, schmal, gering“.

Lebensraum: Binnendünen, Flugsandfelder, Sand- und Lehmgruben, Sandheiden. Vom Flachland bis in die kolline Höhenstufe.

Wirte: Hauptwirt, zumindest in Mitteleuropa, ist *Megachile leachella*, im Südeuropa ist *Megachile apicalis* höchstwahrscheinlich ein weiterer Wirt.

Flugzeit: In einer Generation von Juni bis August.

Gesamtverbreitung: In Nordafrika von Marokko bis in die Cyrenaica. In Eurasien über Süd- und Mitteleuropa, Südrussland, Kleinasien, Levante, Kaukasus, Iran, *Afghanistan bis mindestens Zentralasien, nach überprüfungsbedürftigen Meldungen bis zur Ostküste Chinas und bis Japan; nordwärts bis Norddeutschland und Nordpolen, in Russland bis Sverdlovsk; südwärts bis Sizilien, Basilicata, Peloponnes, Israel, Nordiran und Afghanistan. **SW-Eu:** P, E, F(K), I(Sa), I(Si), I. **Z-Eu:** F, D, A. **N-Eu:** RUS(N). **NO-Eu:** CS, SK, PL, RUS(S). **SO-Eu:** H, RO, SLO, HR, MK, SRB, BG, GR. **N-Afr:** MA, DZ, TN, LAR. **W-As:** GR(Ä), CY, TR, IL, Kaukasus, IR, *AFG. **Z-As:** TM, UZB, TAD, KAZ, KGZ. **Sib:** W-Sib, O-Sib. **SO-As:** RC(?), J(?).

Lokalverbreitung: Die Art erreicht in Norddeutschland den nördlichsten Punkt ihrer Verbreitung in Europa und ist in Deutschland aus den meisten Bundesländern nachgewiesen. In Österreich nur aus Niederösterreich und dem Burgenland gemeldet. In der Schweiz noch nicht nachgewiesen, jedoch aus dem benachbarten Vintschgau (Amiet et al. 2004).

Coelioxys caudata Spinola, 1839

Geschwänzte Kegelbiene

Etymologie: Von lat. „*cauda*“ = „Schwanz, Schweif“, wegen des schwanzartig verschmälerten und verlängerten letzten Tergits des Weibchens.

Lokalverbreitung: Kommt im Gebiet nicht vor. Die Falschmeldung aus

Deutschland geht zurück auf Dusmet (1906), der Friese zitiert, jedoch aus „Albanien" ein „Alemania" macht.

Coelioxys conoidea (Illiger, 1806)
Sandrasen-Kegelbiene

Systematik: Untergattung *Coelioxys* Latreille, 1809 *s. str.*

Nomenklatur: Synonym: *Coelioxys vectis* Curtis, 1831.

Etymologie: Von lat. „*conoidea*" = „kegelähnlich; von „*conus*" = „Kegel, kegelförmige Helmspitze" (griech. Fremdwort.), wegen des kegelförmigen Hinterleibs des Weibchens; möglicherweise wollte Illiger mit diesem Namen auch die Ähnlichkeit mit *Coelioxys conica* (Synonym von *C. quadridentata*) zum Ausdruck bringen. Der deutsche Name bezieht sich auf den Lebensraum.

Lebensraum: Binnen- und Küstendünen, Flugsandfelder, Sand- und Lehmgruben, Sandheiden, Trockenrasen, Brach- und Ruderalflächen. Vom Flachland bis in die montane Höhenstufe.

Wirte: Hauptwirt ist *Megachile maritima*, Nebenwirte sind *Megachile lagopoda* und möglicherweise *Megachile ericetorum*.

Flugzeit: In einer Generation von Juni bis August.

Gesamtverbreitung: Transpaläarktisch. In Nordafrika von Marokko, Algerien und Ägypten gemeldet. In Eurasien von Portugal bis an die Pazifikküste des Fernen Ostens; nordwärts bis Mittelengland, Südschweden und Finnland (bis 62°N); südwärts bis Sizilien, Kalabrien, Nordgriechenland, Kreta, Zypern und Nordlran. **SW-Eu:** P, E, I(Sa), I(SI), I. **Z-Eu:** F, B, LUX, NL, D, A, CH, DK. **N-Eu:** IRL, GB, S, SF, EST, LT, LV, RUS(N). **NO-Eu:** CS, SK, PL, BY, UA, UA(K), RUS(S). **SO-Eu:** H, RO, SLO, HR, BIH, BG, GR, GR(K). **N-Afr:** MA, DZ, ET. **W-As:** *GR(Ä), CY, TR, Kaukasus, IR. **Z-As:** TM, UZB. **Sib:** W-Sib, O-Sib. **NO-As:** Jak, Amur, JAO, Khab, Prim. **SO-As:** RC.

Lokalverbreitung: In Deutschland aus allen Bundesländern nachgewiesen, in Schleswig-Holstein nur historische Meldungen. In Österreich ebenfalls in allen Bundesländern, lediglich die Meldung aus Salzburg bedarf der Nachprüfung. In der Schweiz mit Ausnahme des Alpenhauptkammes fast überall, aktuell jedoch nur aus dem Wallis, im Graubündner Rheintal, im Mittelland und im Genfersee-Gebiet.

Coelioxys echinata Förster, 1853
Stacheltragende Kegelbiene

Systematik: Untergattung *Allocoelioxys* Tkalců, 1974.

Nomenklatur: Synonym: *Coelioxys rufocaudata* Smith, 1854.

Etymologie: Von lat. „*echinata*" = „stachelig, igelartig", wegen des stachelartigen letzten Sternits des Weibchens.

Lebensraum: Brach- und Ruderalflächen, Sand- und Lehmgruben, Magerrasen, Waldsäume, Hochwasserdämme, Gleisanlagen, Weinberge. Vom Flachland bis in die untere montane Höhenstufe.

Wirte: Vermutlich einziger Wirt ist *Megachile rotundata*.

Flugzeit: In einer Generation von Juli bis August.

Gesamtverbreitung: Westpaläarktisch. In Nordafrika von Marokko bis Tunesien. In Eurasien von Portugal über Süd- und Mitteleuropa bis Ukraine und Südrussland, Kleinasien und Kaukasus bis *Afghanistan; nordwärts bis Norddeutschland und Mittelpolen; südwärts bis Sizilien, Kalabrien, Peloponnes, Zypern, Israel und Irak. Eine Meldung aus Xinjiang/China (Wu 2006) beruht mit ziemlicher Sicherheit auf einer Fehlbestimmung. **SW-Eu:** P, E, F(K), I(Sa), I(Si), I. **Z-Eu:** F, B, D, A, CH. **N-Eu:** RUS(N). **NO-Eu:** CS, SK, PL, UA, RUS(S). **SO-Eu:** H, RO, SLO, HR, SRB, BG, GR. **N-Afr:** MA, DZ, *TN, ET(?). **W-As:** *GR(Ä), CY, TR, *IL, IRQ, Kaukasus, IR, *AFG. **SO-As:** RC (Xinjiang)?

Lokalverbreitung: In Deutschland mit Ausnahme von Schleswig-Holstein und Nordrhein-Westfalen, in Österreich mit Ausnahme von Oberösterreich, Salzburg und Vorarlberg aus allen Bundesländern bekannt, aber überall zerstreut und selten. In der Schweiz aktuell nur aus dem Genfersee-Gebiet bekannt, ansonsten existieren nur historische Meldungen von zwei Fundorten im Tessin.

Coelioxys elongata Lepeletier, 1841
Langschwanz-Kegelbiene

Systematik: Untergattung *Coelioxys* Latreille, 1809 *s. str.*

Nomenklatur: Synonyme: *Coelioxys simplex* Nylander, 1852.

Etymologie: Von lat. „*elongata*“ = „verlängert“, wegen des verlängerten letzten Sternits des Weibchens.

Lebensraum: Waldsäume, Magerrasen, Hecken, extensiv genutztes Grünland, Sand-, Kies- und Lehmgruben, Weinberge, Brach- und Ruderalflächen. Vom Flachland bis in die montane, in der Südschweiz bis in die untere subalpine Höhenstufe.

Wirte: Sichere, durch Zucht belegte Wirte sind *Megachile leachella* und *Megachile circumcincta*. Vermutete Wirte sind *Megachile willughbiella*, *Megachile ligniseca* und *Megachile centuncularis*.

Flugzeit: Vermutlich in einer Generation von Mai bis September.

Gesamtverbreitung: Transpaläarktisch. In Nordafrika von Marokko bis Tunesien (eine Meldung von Guiglia 1938 aus Somalia bedarf der Überprüfung). In Eurasien von Portugal über Europa, Südrussland, Kleinasien, Kaukasus, Iran, Zentralasien und Sibirien bis China und den Fernen Osten, nordwärts bis Irland und Nordschottland, in Südnorwegen und Südschweden bis 60°N, in Südfinnland bis 63°N; südwärts bis Sizilien, Lazio und Abruzzo, Albanien, Nordtürkei und Nordiran. **SW-Eu:** P, E, I(Sa), I(Si), I. **Z-Eu:** F, B, NL, D, A, CH, FL, DK. **N-Eu:** IRL, GB, N, S, SF, EST, LT, LV, RUS(N). **NO-Eu:** CS, SK, PL, BY, RUS(S). **SO-Eu:** H, RO, SLO, HR, AL, BG. **N-Afr:** MA, DZ, TN. **AfT:** SO(?). **W-As:** TR, Kaukasus, IR. **Z-As:** KAZ. **Sib:** W-Sib, O-Sib. **NO-As:** Amur, JAO, Khab, Prim, Sach. **SO-As:** RC (Tibet, Xinjiang).

Lokalverbreitung: Im Gebiet aus allen Regionen gemeldet.

Coelioxys emarginata Förster, 1853
Ausgerandete Kegelbiene

Systematik: Untergattung *Allocoelioxys* Tkalců, 1974.

Etymologie: Von lat. „*emarginata*" = „ausgerandet", wegen des an der Spitze ausgerandeten letzten Sternits des Weibchens.

Wirte: Wirt ist *Megachile leucomalla*, der im Gebiet noch nicht nachgewiesen wurde.

Flugzeit: In einer Generation von Juni bis August.

Gesamtverbreitung: Transpaläarktisch. In Nordafrika nur aus Marokko bekannt. In Europa in Spanien und Südfrankreich, Einzelmeldungen aus Südtirol und Genf, sehr zweifelhafte Meldungen aus Belgien und Deutschland, nordwärts bis Tschechien und Slowakei, von hier über die Ukraine und Südrussland bis zur Pazifikküste des Fernen Ostens; fehlt auf dem Balkan, von der Türkei, Iran und Kaukasus über Zentralasien bis China. **SW-Eu:** E, I. **Z-Eu:** F, B?, D?, A?, CH. **NO-Eu:** CS, SK, UA, RUS(S). **SO-Eu:** H, HR, SRB. **N-Afr:** MA. **W-As:** TR, Kaukasus, IR. **Z-As:** TM, UZB, TAD, KAZ. **Sib:** W-Sib, O-Sib. **NO-As:** Jak, Amur, Prim. **SO-As:** RC. **Ori:** IND.

Lokalverbreitung: In Deutschland nur zwei historische Meldungen aus Brandenburg durch Schirmer (1915) und aus Bayern durch Friese (1926), beide ziemlich sicher auf einem Irrtum beruhend. In der Literatur wird wiederholt „Tirol" angegeben, mit Bezug auf Schletterer (1887), der aber nur Funde aus Südtirol meldet. In der Schweiz nur ein einziger Nachweis aus der Umgebung des Genfersees von 1888 durch Frey-Gessner (1912).

Coelioxys haemorrhoa Förster, 1853
Rotschwanz-Kegelbiene

Systematik: Untergattung *Allocoelioxys* Tkalců, 1974.

Etymologie: Von griech. „*haima*" = „Blut" und „*rhoe*" = „das Fließen", sinngemäß „als ob Blut geflossen sei", bezieht sich auf die rot gefärbte Hinterleibsspitze des Weibchens.

Wirte: Vermutlich *Megachile flabellipes*.

Flugzeit: In einer Generation von Juni bis August.

Gesamtverbreitung: In Nordafrika von Marokko bis Eritrea. In Eurasien von Portugal über die Ukraine und Südrussland bis zum Mittelsibirischen Rücken (Kemerowo) sowie über Griechenland, Kleinasien, Levante, Kaukasus, Iran, Zentralasien bis Nordostchina und Nordkorea; in Europa nordwärts bis Ostösterreich, Slowakei und Mittelukraine; südwärts bis Sizilien, Kalabrien, Peloponnes, Israel und Irak. Nach WARNCKE in der ssp. *rhodocantha* COCKERELL, 1931 am Nordrand der Sahara von Marokko bis Ägypten. **SW-Eu:** P, E, I(Si), I, M. **Z-Eu:** F, D, A. **NO-Eu:** SK, UA, RUS(S). **SO-Eu:** H, RO, HR, *MNE, BG, GR, GR(K). **N-Afr:** MA, DZ, TN, LAR, ET, ER. **W-As:** *GR(Ä), CY, TR, IL, IRQ, Kaukasus, IR. **Z-As:** TM, UZB, TAD, KAZ, KGZ. **Sib:** W-Sib. **SO-As:** RC (Innere Mongolei, Heilongjian), KP. **Ori:** PAK.

Lokalverbreitung: Beschrieben nach einem Tier, dessen Herkunft FÖRSTER mit „angeblich aus der Gegend von Erlangen" angibt. Danach gibt es aus Deutschland nur zwei Meldungen aus Bamberg durch FRIESE (1895) und Mainz durch VON HEYDEN (1903), beide um 1900, die wahrscheinlich auf einem Irrtum beruhen. In Österreich aktuell nur an einem einzigen Fundort bei Hainburg (ZETTEL ET AL. 2004).

Coelioxys inermis (KIRBY, 1802)
Unbewehrte Kegelbiene

Systematik: Untergattung *Boreocoelioxys* MITCHELL, 1973.

Nomenklatur: Synonym: *Coelioxys acuminata* NYLANDER, 1852.

Etymologie: Von lat. „*inermis*" = „unbewehrt"; KIRBY bezieht sich auf ein ungezähntes Scutellum („*scutello inermi*"), was allerdings nicht den Tatsachen entspricht, möglicherweise hatte er ein missgebildetes Tier vor sich.

Der deutsche Name bezieht sich auf die wissenschaftliche Bezeichnung.

Lebensraum: Waldsäume, Hecken, extensiv genutztes Grünland, Hochwasserdämme, Brach- und Ruderalflächen, Gärten, Parks. Vom Flachland bis in die montane, in der Südschweiz bis in die untere subalpine Höhenstufe.

Wirte: Hauptwirte sind *Megachile centuncularis* und *Megachile versicolor*.

Flugzeit: Möglicherweise partiell bivoltin von Mai bis Oktober.

Gesamtverbreitung: Transpaläarktisch. In Nordafrika in Marokko und Algerien. In Eurasien von Portugal über Kleinasien, Zentralasien, Sibirien bis Sachalin und Japan; in Europa nordwärts bis Südirland und Mittelengland, bis 61,5°N in Norwegen, 66°N in Schweden, 65°N in Finnland; südwärts bis Sizilien, Montenegro (keine Nachweise vom griechischen Festland), *Kreta, Zypern, Südosttürkei und Nordiran. **SW-Eu:** P, E, E(B), F(K), I(Sa), I(Si), I. **Z-Eu:** F, B, LUX, NL, D, A, CH, FL, DK. **N-Eu:** IRL, GB, N, S, SF, EST, LT, LV, RUS(N). **NO-Eu:** CS, SK, PL, BY, UA, RUS(S). **SO-Eu:** H, RO, SLO, HR, MNE, *GR(K). **N-Afr:** MA, DZ. **W-As:** *GR(Ä), CY, TR, Kaukasus, IR. **Z-As:** UZB. **Sib:** W-Sib, O-Sib. **NO-As:** Amur, Khab, Prim, Sach. **SO-As:** RC, J.

Lokalverbreitung: In Deutschland in Mecklenburg-Vorpommern nur historisch, sonst überall aktuell. In Österreich mit Ausnahme von Salzburg aus allen Bundesländern gemeldet. In der Schweiz aktuell aus Schaffhausen, aus der Umgebung des Neuenburgersees und aus dem Alpenraum bis ins südliche Tessin, keine Nachweise im östlichen Mittelland, historisch aus Basel, Bern, den Kantonen Genf und Waadt, auch im westlichen Wallis nur alte Funde.

Coelioxys lanceolata Nylander, 1852
Lanzen-Kegelbiene

Systematik: Untergattung *Coelioxys* Latreille, 1809 *s. str.*

Etymologie: Von lat. „*lanceolata*“ = „lanzettförmig“.

Lebensraum: Waldsäume, Lichtungen, Au- und Moorwälder. Von der kollinen bis in die montane Höhenstufe.

Wirte: Der vermutlich einzige Wirt ist *Megachile nigriventris*.

Flugzeit: In einer Generation von Juni bis Juli.

Gesamtverbreitung: Die spärlichen Funde zeichnen ein disjunktes Verbreitungsbild: In Europa von Südwestfrankreich (Pyrenäen) über das südliche Mitteleuropa, Südpolen bis Südrussland (Penza) sowie in der fennoskandischen Region, hier in Norwegen bis 59,5°N, in Schweden bis 65°N, in Finnland bis 63°N, in Russland in Karelien und Kirov. In Asien vom Mittelsibirischen Bergland (Kemerowo) bis Kamtschatka. **SW-Eu:** I. **Z-Eu:** F, D, A, CH. **N-Eu:** N, S, SF, RUS(N). **NO-Eu:** {~~CS~~}, PL, RUS(S). **Sib:** W-Sib, O-Sib. **NO-As:** Jak, Amur, Prim, Kam.

Lokalverbreitung: In Deutschland nur aus Bayern nachgewiesen (historisch und aktuell). In Österreich aus Kärnten, Oberösterreich, Salzburg, Tirol und Vorarlberg gemeldet. In der Schweiz aktuell nur von zerstreuten Funden im Alpenraum nachgewiesen, historisch von Lausanne und dem Kanton Bern, auch im westlichen Wallis nur alte Funde.

Coelioxys mandibularis Nylander, 1848
Mandibel-Kegelbiene

Systematik: Untergattung *Coelioxys* Latreille, 1809 *s. str.*

Etymologie: Wegen der fast rechtwinklig abgeknickten Mandibeln.

Lebensraum: Zeigt keine strenge Habitatbindung; Waldsäume, Magerrasen, extensiv genutztes Grünland, Almwiesen, Brach- und Ruderalflächen, Hochwasserdämme, Sand- und Lehmgruben, Abwitterungshalden, Weinberge, Gartenanlagen. Vom Flachland bis in die subalpine Höhenstufe.

Wirte: Durch Zucht sicher belegt sind bislang nur *Megachile versicolor* und *Hoplitis villosa*, aber höchstwahrscheinlich kommen noch andere *Megachile*-Arten wie *M. centuncularis* infrage. Oftmals als Wirt vermutet wird auch *Hoplitis papaveris*.

Flugzeit: In einer Generation von Juni bis August.

Gesamtverbreitung: Transpaläarktisch. Von den Pyrenäen über Süd-, Mittel- und das südliche Nordeuropa, Kleinasien, Kaukasus, Zentralasien und Sibirien bis Sachalin; in Europa nordwärts bis Mittelengland, in Norwegen bis 61°N, in Schweden bis 60°N, in Finnland bis 63,5°N, in Russland bis Karelien und Perm; südwärts bis *Sardinien, Lazio und Mittelgriechenland.

SW-Eu: E, *I(Sa), I. **Z-Eu:** F, B, LUX, NL, D, A, CH, DK. **N-Eu:** GB, N, S, SF, EST, LT, LV, RUS(N). **NO-Eu:** CS, SK, PL, BY, RUS(S). **SO-Eu:** H, RO, SLO, *HR, GR. **N-Afr:** {~~DZ~~}. **W-As:** TR, Kaukasus. **Z-As:** TAD. **Sib:** W-Sib, O-Sib. **NO-As:** Jak, Khab, Amur, JAO, Prim, Sach, Kur. **SO-As:** MGL, RC (Tibet, Mandschurei).

Lokalverbreitung: In Deutschland und Österreich mit Ausnahme von Salzburg und Vorarlberg aus allen Bundesländern nachgewiesen. In der Schweiz aktuell nur aus dem Alpenraum, historisch auch aus dem Kanton Waadt.

Coelioxys obtusa Pérez, 1884
Stumpfe Kegelbiene

Systematik: Untergattung *Allocoelioxys* Tkalců, 1974.

Nomenklatur: Synonyme: *Coelioxys ruficauda* auct. nec Lepeletier, 1841.

Etymologie: Von lat. „*obtusa*" = „abgestumpft, stumpf", wegen des im Vergleich zu den verwandten Arten kurzen und stumpfen letzten Sternits des Weibchens.

Lebensraum: Trockenwarme Standorte; Brach- und Ruderalflächen, Brennen, Steppen. Vom Flachland bis in die montane Höhenstufe.

Wirte: Im Gebiet vermutlich *Tetraloniella inulae*, die zumindest in Italien als Wirt beobachtet wurde (G. Pagliano, pers. Mitt. an M. Schwarz). *Mega-*

chile giraudi, die als Wirt von *C. obtusa* bekannt ist, wurde im Gebiet noch nie gefunden.

Flugzeit: Die wenigen Flugdaten aus dem Gebiet stammen aus dem Juli und August.

Gesamtverbreitung: In Nordafrika von Marokko bis Ägypten. In Eurasien von Portugal über Südeuropa bis Turkmenien; nordwärts bis Ostösterreich, Ungarn und Ukraine; südwärts bis Sizilien, Kreta, Südtürkei und Irak. **SW-Eu:** P, E, I(Si), I. **Z-Eu:** F, B, A. **NO-Eu:** UA, RUS(S). **SO-Eu:** H, SLO, HR, BG, GR(K). **N-Afr:** MA, DZ, TN, LAR, ET. **W-As:** TR, IRQ, Kaukasus. **Z-As:** TM.

Lokalverbreitung: Im Gebiet bisher nur von wenigen Funden aus dem Burgenland aus dem Jahr 1995 bekannt (Schwarz & Gusenleitner 1997).

Coelioxys polycentris Förster, 1853
Salzsteppen-Kegelbiene

Systematik: Untergattung *Allocoelioxys* Tkalců, 1974.

Etymologie: Von griech. „*poly*" = „viele" und lat. „*centrum*" = „Mittelpunkt, Kern"; Förster gibt keine Hinweise zur Namensgebung. Der deutsche Name bezieht sich auf den Lebensraum.

Lebensraum: Binnendünen, Sandheiden, Salzsteppen. Vom Flachland bis in die kolline Höhenstufe.

Wirte: Als Wirt ist *Megachile deceptoria* bekannt. Nach einer alten Beobachtung aus der Türkei soll auch *Tetraloniella nana* Wirt sein, diese Angabe ist aber überprüfungsbedürftig.

Flugzeit: Vermutlich in einer Generation von Juni bis August.

Gesamtverbreitung: Von Portugal über das südliche Mittel- und nördliche Südeuropa, Südrussland bis Burjatien (Nachweise aus Westsibirien fehlen); nordwärts bis Nordpolen und Nordukraine; südwärts bis Kroatien, Serbien, Zypern, Iran und Pakistan. **SW-Eu:** P, E, I. **Z-Eu:** F, D, A. **NO-Eu:** CS, SK, PL, UA, RUS(S). **SO-Eu:** H, RO, SLO, HR, SRB. **W-As:** CY, TR, Kaukasus, IR. **Sib:** O-Sib. **SO-As:** MGL, RC (Beijing, Shandong). **Ori:** PAK.

Lokalverbreitung: In Deutschland in den Jahren 1921 und 1937 aus der Umgebung von Mittenwalde/Brandenburg durch Hedicke (1922) und Markowsky (1940) gemeldet; Belegtiere sind allerdings nicht auffindbar (Westrich & Dathe 1997). In Österreich nur zwei Meldungen vom Neusiedler See von Weiden durch Warncke (1992c) und von Illmitz durch Zettel et al. 2004.

Coelioxys quadridentata (Linnaeus, 1758)
Vierzähnige Kegelbiene

Systematik: Untergattung *Coelioxys* Latreille, 1809 *s. str.*

Nomenklatur: Synonyme: *Coelioxys conica* (Linnaeus, 1758); *Coelioxys acuta* Nylander, 1848.

Etymologie: Von lat. „*quadridentata*" = „vierzähnig", wegen des mit zahnartigen Fortsätzen bewehrten Hinterleibsendes des Männchens.

Lebensraum: Waldsäume, Waldwege, Lichtungen, Obstgärten, Parks. Vom Flachland bis in die subalpine Höhenstufe.

Wirte: Einziger gesicherter Wirt ist *Anthophora furcata*. Ansonsten finden sich in der Literatur nur vermutete Wirt-Parasitoid-Beziehungen durch beobachtetes gemeinsames Auftreten an einem Fundort; genannt werden *Anthophora plagiata*, *Megachile circumcincta*, *Megachile willughbiella* und *Trachusa byssina*.

Flugzeit: Vermutlich in einer Generation von Mai bis August.

Gesamtverbreitung: Transpaläarktisch. Von Portugal über Europa, Südrussland, Sibirien bis Kamtschatka; nordwärts bis Mittelengland, in Norwegen bis 64°N, in Schweden bis 63°N, in Finnland bis 65°N, in Russland bis zum Polarkreis (Karelien); südwärts bis Sizilien, Nordgriechenland, Zentraltürkei und Iran. **SW-Eu:** P, E, I(Si), I. **Z-Eu:** F, B, LUX, NL, D, A, CH, FL, DK. **N-Eu:** GB, N, S, SF, EST, LT, LV, RUS(N). **NO-Eu:** CS, SK, PL, BY, UA, UA(K), RUS(S). **SO-Eu:** H, RO, SLO, HR, BG, GR. **N-Afr:** DZ, ET. **W-As:** TR, IR. **Sib:** W-Sib, O-Sib. **NO-As:** Jak, Amur, Khab, Prim, Sach, Mag, Kam. **SO-As:** RC (Gansu).

Lokalverbreitung: In Deutschland und Österreich aus allen Bundesländern nachgewiesen (aktuell). In der Schweiz aktuell und historisch im Alpenraum und vereinzelt im Mittelland, nur historisch aus dem Kanton Waadt und dem Jura-Südfuß.

Coelioxys rufescens Lepeletier & Serville, 1825
Rötliche Kegelbiene

Systematik: Untergattung *Coelioxys* Latreille, 1809 *s. str.*

Etymologie: Von lat. „*rufescens*" = „rot bzw. rötlich werdend", wegen der rotbraunen Behaarung.

Lebensraum: Waldsäume, Waldwege, Lichtungen, Hochwasserdämme. Vom Flachland bis in die subalpine Höhenstufe.

Wirte: Sicher belegte Wirte sind *Anthophora plagiata* und *Anthophora furcata*. In der Literatur werden auch *A. quadrimaculata*, *A. bimaculata*, *A. borealis* und *A. fulvitarsis* genannt.

Flugzeit: In einer Generation von Juni bis August/September.

Gesamtverbreitung: Transpaläarktisch. Von *Portugal über Europa, Südrussland, Sibirien bis Primorje, Japan und die Kurilen; nordwärts bis Mittelengland, in Norwegen bis 60°N, in Schweden bis 63°N, in Finnland bis 65°N, in Russland bis Karelien und Perm; südwärts bis Lazio, Peloponnes, Südtürkei und Nordiran. Nach Warncke in Ostanatolien und dem Kaukasus in der ssp. *anatolica* Warncke, 1992, in Zentralasien in der ssp. *tricarinata* Morawitz, 1875. **SW-Eu:** *P, E, I. **Z-Eu:** F, B, LUX, NL, D, A, CH, FL, DK. **N-Eu:** GB, N, S, SF, EST, LT, LV, RUS(N). **NO-Eu:** CS, SK, PL, BY, UA, RUS(S). **SO-Eu:**

H, RO, SLO, HR, MK, SRB, BIH, BG, GR. **N-Afr:** MA, DZ. **W-As:** TR, Kaukasus, IR. **Z-As:** UZB, TAD, KAZ, KGZ. **Sib:** W-Sib, O-Sib. **NO-As:** Jak, Amur, JAO, Khab, Prim, Kur. **SO-As:** MGL, RC (Xinjiang, Tibet, NO-China), J.

Lokalverbreitung: Im Gebiet aus fast allen Regionen gemeldet, in Schleswig-Holstein nur historisch, in Österreich bislang keine Nachweise aus Salzburg.

Colletes Latreille, 1802
Seidenbienen

Systematik: Familie: Colletidae – Unterfamilie: Colletinae – Tribus: Colletini.

Literatur: Blüthgen (1930h); Noskiewicz (1936); Amiet et al. (1999). Weitere hilfreiche Arbeiten: Smit (2009).

Etymologie: Latreille leitet den Namen offensichtlich von lat. „*collare*" = „Halsband, Halseisen" ab, wegen der bei den allermeisten Arten ausgebildeten breiten Haarbinden auf dem Hinterleib. Ihr deutscher Name stammt von der eigentümlichen Auskleidung ihrer Brutzellen (siehe Nestbau).

Körperliche Merkmale: Der Körperbau ähnelt der der Sand- und Sägehornbienen (*Andrena* und *Melitta*). Von diesen unterscheiden sie sich durch die zweilappige kurze Zunge, wie sie unter den europäischen Bienengattungen nur noch *Hylaeus* besitzt. Beim Weibchen kommt zu diesem Merkmal noch das Fehlen einer Pygidialfranse. Von allen anderen Bienenarten unterscheidet sich *Colletes* durch die S-förmig gebogene Discoidalader 2 des Vorderflügels. Der Körper ist 7–16 mm lang und schwarz gefärbt, der Hinterleib trägt meist breite, scharf begrenzte weiße Haarbinden.

Lebensweise: *Colletes*-Arten sind solitär lebende, pollensammelnde und nestbauende Bienen. Bis auf *Colletes cunicularius*, die bereits zur Weidenblüte erscheint, sind alle einheimischen Seidenbienen Sommerarten mit einer Generation im Jahr. Die meisten Arten überdauern den Winter im letzten Larvenstadium (Präpuppe), lediglich von *C. halophilus* wurde bekannt, dass sie als junge Larve überwintert.

Pollenquellen: Alle einheimischen Arten sind Nahrungsspezialisten, die jeweils verschiedene Pflanzenfamilien oder -gattungen besammeln.

Nestbau: Alle Seidenbienen mit Ausnahme einiger südamerikanischer Totholznister errichten ihre Nester in selbst gegrabenen Gängen in der Erde. Die Brutzellen bestehen aus einem körpereigenen Sekret, das an der Luft zu einer cellophan- oder seidenpapierähnlichen Membrane aushärtet. Im Gegensatz zu fast allen anderen Bienen ist der Nahrungsvorrat für die Larven flüssig und das Ei wird nicht auf den Vorrat gelegt, sondern es wird mit einem Ende an der Decke der Brutzelle befestigt. Wie bei der Gattung *Hylaeus* besteht der Nestverschluss aus einer Membrane.

Parasiten: Als Kuckucksbienen treten Schmuckbienenarten (*Epeolus*) auf, bei *Colletes cunicularius* jedoch schmarotzt ausschließlich die Blutbiene *Sphecodes albilabris*. Weitere Brutparasiten sind z.B. Schmalbauchwespen der Gattung *Gasteruption* und Ölkäfer der Gattung *Meloe*. Als Innenparasiten treten Fächerflügler der Familie Hylecthridae auf.

Besonderes Verhalten: Die Männchen von *Colletes cunicularius* sind in Südeuropa als Bestäuber der Orchideen *Ophrys litigosa* und *O. exaltata* bekannt, deren Blüten durch Geruch und Aussehen Seidenbienen-Weibchen imitieren; den dadurch angelockten Männchen wird dann beim Kopulationsversuch ein Pollenpaket angeheftet.

Verbreitung/Artenzahl: Mit Ausnahme der indo-australischen Region kommt *Colletes* in den gemäßigten und tropischen Klimaten aller Kontinente vor, fehlt allerdings auf Madagaskar. Weltweit sind rund 350 Arten bekannt, von denen im Gebiet 25 nachgewiesen wurden, die Meldung einer weiteren Art ist sehr zweifelhaft.

Colletes albomaculatus (Lucas, 1849)
Weißfleckige Seidenbiene

Systematik: *albomaculatus*-Gruppe.

Nomenklatur: Synonyme: *Colletes spectabilis* Morawitz, 1868.

Etymologie: Von lat. „*albus*" = „weiß" und „*maculatus*" = „gefleckt", wegen der unterbrochenen weißen Haarbinden auf dem Hinterleib.

Nestbau: Nester wurden in Steilwänden aus Löss oder Sand beobachtet. Das Nest besteht aus einem horizontalen oder leicht nach oben gerichteten Gang mit variablem Durchmesser: in härterem Substrat 8–9 mm, in lockeren Böden bis zu 12 mm oder etwas mehr. Manchmal ist der Querschnitt des Ganges oval. Die Länge beträgt 8–15 cm. Die Nester sind unverzweigt und enthalten 4–10 Zellen.

Pollenquellen: Polylektisch, aber mit starker Präferenz für Resedaceae.

Lebensraum: Trockenwarme Standorte mit Steppencharakter. Vom Flachland bis in die kolline Höhenstufe.

Flugzeit: In einer Generation von Mai bis Juni (nach Daten aus dem Mittelmeerraum).

Gesamtverbreitung: In Nordafrika von Marokko bis Tunesien. In Eurasien von Portugal über Süd- und südliches Mitteleuropa, Kleinasien und Kaukasus bis Zentralasien; nordwärts bis Mähren, Südrumänien und Krim; südwärts bis Sizilien und Jordanien. **SW-Eu:** P, E, E(B), I(Sa), I(Si), I. **Z-Eu:** F, A. **N-Eu:** RUS(N)? **NO-Eu:** CS, SK(?), UA, UA(K), RUS(S). **SO-Eu:** H, RO, SLO, HR, MK, BG, GR, GR(K). **N-Afr:** MA, DZ, TN. **W-As:** TR, SYR, JOR, Kaukasus, IR. **Z-As:** TAD, KGZ.

Lokalverbreitung: Im Gebiet nur aus Niederösterreich nachgewiesen, der letzte Fund stammt von 1937 von Oberweiden, gemeldet durch Franz (1982).

Colletes brevigena Noskiewicz, 1936

Kurzwangen-Seidenbiene

Systematik: *succinctus*-Gruppe.

Nomenklatur: Synonyme: *Colletes succinctus brevigena* Noskiewicz, 1936.

Etymologie: Bezieht sich auf die kurze Gena oder Wange, also den geringen Abstand zwischen Auge und Mandibelbasis.

Pollenquellen: Polylektisch; der Großteil der bisher untersuchten Pollenladungen stammt von Korbblütlern der Unterfamilie Asteroideae und von Resedaceae.

Nestbau: Nester wurden in einer Lösswand beobachtet.

Lebensraum: Trockenwarme Standorte; Weinberge, Trockenrasen, Steppen. Vom Flachland bis in die kolline Höhenstufe.

Flugzeit: Im Gebiet offensichtlich nur in einer Generation von August bis September, im Süden zwei Generationen.

Gesamtverbreitung: Von Portugal über Süd- und südliches Mitteleuropa, Kleinasien und Kaukasus bis in den Iran; nordwärts bis Ostösterreich und Krim; südwärts bis Sardinien, Kreta, Zypern und Nordiran. **SW-Eu:** P, E, E(B), I(Sa), I. **Z-Eu:** F, A. **NO-Eu:** UA(K). **SO-Eu:** H, HR, MK, SRB, BG, GR, GR(K). **W-As:** CY, TR, Kaukasus, IR.

Lokalverbreitung: Im Gebiet nur im pannonischen Teil Österreichs.

Colletes caspicus Morawitz, 1874
Kaspische Seidenbiene

Systematik: *caspicus*-Gruppe.

Nomenklatur: Synonyme: *Colletes balticus* Alfken, 1912.

Etymologie: Bezieht sich auf den *locus typicus*, die am Kaspischen Meer gelegene daghestanische Hafenstadt Derbent.

Pollenquellen: Polylektisch mit starker Präferenz für Fabaceae und Crassulaceae (zwei bzw. ein Drittel aller untersuchten Pollenladungen).

Flugzeit: Die Funddaten aus Deutschland stammen aus dem Juni.

Gesamtverbreitung: Meldungen aus Spanien, Südfrankreich und Italien dürften auf Verwechslungen mit *Colletes dusmeti* Noskiewicz, 1936 und *C. maidli* Noskiewicz, 1936 zurückzuführen sein. Von Ostdeutschland über Sibirien und Zentralasien bis Krasnojarsk und Mongolei. **SW-Eu:** {E}, I(Sa)(?), I(?). **Z-Eu:** {F}, D. **N-Eu:** LT, RUS(N). **NO-Eu:** CS, PL, BY, UA, UA(K), RUS(S). **SO-Eu:** MD, H, HR. **W-As:** Kaukasus. **Z-As:** TM, UZB, TAD, KAZ. **Sib:** W-Sib, O-Sib. **SO-As:** MGL.

Lokalverbreitung: Im Gebiet nur von historischen Funden aus Berlin und Brandenburg bekannt, wo die Art die nordwestlichste Grenze ihrer Verbreitung erreichte. Letzte Meldung von 1936 durch Markowsky (1939).

Colletes chengtehensis Yasumatsu, 1935
Bleiche Seidenbiene

Systematik: *marginatus*-Gruppe.

Nomenklatur: Bis in die jüngste Zeit wurde die Art im europäischen Raum unter dem Namen *Colletes pallescens* Noskiewicz, 1936 geführt, bis durch Kuhlmann (2009) die Artgleichheit mit der ein Jahr früher beschriebenen *Colletes chengtehensis* Yasumatsu, 1935 erkannt wurde.

Etymologie: *Locus typicus* der Art ist Chengde (frühere Schreibweise: Cheng-teh), eine Stadt in der chinesischen Provinz Hebei. Der Artname des Synonyms kommt von lat. „*pallescens*“ = „bleich werdend“, wegen der hellen Körperbehaarung.

Lebensraum: Trockenwarme Standorte; Trockenrasen, Steppen. Vom Flachland bis in die kolline Höhenstufe.

Pollenquellen: Polylektisch.

Flugzeit: Die Funddaten aus Österreich stammen aus dem August.

Gesamtverbreitung: Von Ostösterreich über Kleinasien, Kaukasus, Sibirien und Zentralasien bis Zabaikal und Heilongjiang. **Z-Eu:** A. **N-Eu:** RUS(N). **NO-Eu:** UA, UA(K), RUS(S). **SO-Eu:** H, RO, HR, SRB, BG, GR. **W-As:** TR, Kaukasus, IR. **Z-As:** TM, UZB, TAD, KAZ, KGZ. **Sib:** W-Sib, O-Sib. **SO-As:** MGL, RC (Xinjiang, Gansu, Innere Mongolei, Shanxi, Hebei, Beijing, Heilongjiang).

Lokalverbreitung: Die Art wurde im Gebiet erst jüngst durch Ebmer (2005) gemeldet, wo er sie 2004 in Oberweiden/Niederösterreich fing; hier erreicht sie ihren westlichsten Punkt der Verbreitung.

Colletes collaris Dours, 1872
Goldaster-Seidenbiene

Systematik: *succinctus*-Gruppe.

Nomenklatur: *Colletes collaris* Dours, 1872 ist ein *nomen dubium*, da die Beschreibung nicht eindeutig auf eine bestimmte Art zu beziehen ist und die Sammlung Dours im 1. Weltkrieg vernichtet wurde, sodass kein typisches Material mehr existiert. Die Deutung der Art geht auf die *Colletes*-Monografie von Noskiewicz (1936) zurück, dem aber kein typisches Material vorlag. Da jedoch alle nachfolgenden Autoren der Deutung Noskiewiczs folgten, herrscht zumindest über die Identität der Art kein Zweifel; Klärungsbedarf besteht aber in der Frage, ob die Verwendung des Namens *Colletes collaris* Dours, 1872 für diese Art im Einklang mit den Internationalen Zoologischen Nomenklaturregeln steht. Synonyme: *Colletes frigidus* Pérez, 1903.

Etymologie: Von lat. „*collare*" = „Halsband"; Dours beschreibt die rotbraune Behaarung des Brustrückens, die von einem Band aus schwarzen Haaren umgeben sei („*Corselet, en dessus et sur les côtés, hérissé de poils roux mêlés de noirs sur le disque qu' ils entourent d' un collier épais*"). Der deutsche Name bezieht sich auf eine der bevorzugten Nahrungspflanzen.

Pollenquellen: Eingeschränkt polylektisch; untersuchte Pollenladungen bestanden zu etwa der Hälfte aus Pollen von Asteroideae, einem Drittel von Cichorioideae und einem Zehntel von Resedaceae.

Nestbau: Nester wurden in Steilwänden aus Löss oder Sand beobachtet. Sie bestehen aus einem Hauptgang, von dem mehrere Seitgänge abzweigen. Am Ende von Hauptgang und Seitengängen werden jeweils eine oder zwei Brutzellen errichtet. Die Gesamtlänge der Stollen kann 30–40 cm erreichen.

Lebensraum: Trockenwarme Standorte; Weinberge, Binnendünen, Trockenrasen, Steppen. Vom Flachland bis in die kolline Höhenstufe.

Parasiten: Als Kuckucksbiene wird *Epeolus tarsalis* vermutet.

Flugzeit: In einer Generation von August bis Oktober.

Gesamtverbreitung: Transpaläarktisch. Von Spanien bis über die Ukraine, Südrussland und Zentralasien bis Sachalin und Japan. Scheint auf dem Balkan und in Kleinasien zu fehlen. Obwohl Dours (1872) bei der Erstbeschreibung der Art neben Frankreich auch Algerien und die ägäischen Inseln als Herkunftsort nennt, scheinen letztere Angaben auf einem Irrtum zu beruhen, da *C. collaris* aus beiden Gegenden seither nie mehr gemeldet wurde. **SW-Eu:** E, E(B), I(Si), I. **Z-Eu:** F, D, A, CH. **N-Eu:** RUS(N). **NO-Eu:** CS, SK, UA, RUS(S). **SO-Eu:** H, GR? **N-Afr:** DZ? **Z-As:** KAZ. **Sib:** W-Sib, O-Sib. **NO-As:** Amur, JAO, Khab, Prim, Sach, Kur. **SO-As:** MGL, RC (Tibet, Qinghai, Sichuan, Yunnan, Innere Mongolei, Jiangxi, Hebei, Beijing, Heilongjiang), ROK, J.

Lokalverbreitung: In Deutschland nur im Oberrheingraben. In Österreich in Niederösterreich und dem Burgenland. In der Schweiz nur ein einziger Fund vor 1930 bei Basel (Noskiewicz 1936).

Colletes cunicularius (Linnaeus, 1761)
Frühlings-Seidenbiene

Systematik: *cunicularius*-Gruppe.

Nomenklatur: *Apis cunicularia* Linnaeus, 1761; *Andrena cunicularia* (Linnaeus, 1761).

Etymologie: Von lat. „*cunicularius*" = „Stollengräber" (von „*cuniculus*" = „Stollen, unterirdischer Gang, Mine"), wegen der Nestbauweise. Der deutsche Name bezieht sich auf die außergewöhnlich frühe Flugzeit – alle anderen heimischen Seidenbienen fliegen im Sommer und Herbst.

Pollenquellen: Eingeschränkt polylektisch; weit über die Hälfte der unter-

suchten Pollenladungen enthielten Pollen von *Salix*, sodass die Art bis vor Kurzem als oligolektisch galt.

Nestbau: Die Nester werden auf horizontalen oder schwach geneigten Flächen oder in Steilwänden aus sandigem oder lössigem Substrat angelegt, oft in sehr großen Aggregationen. Durch den Aushub des Hauptganges entsteht rund um den Nesteingang ein kleiner Haufen Sand mit einem seitlichen Nesteingang. Das Nest besteht aus einem flach abfallenden Hauptgang, der in einer Tiefe von 15–30, zuweilen auch bis 50 cm in einen horizontalen Abschnitt übergeht. Von hier gehen mehr oder weniger horizontale, 2–6 cm lange Seitengänge aus, an deren Ende je eine Brutzelle errichtet wird. Pro Nest wurden bis zu sechs Brutzellen gefunden.

Lebensraum: Vorwiegend Sand- und Kiesgruben, Binnen- und Küstendünen und Hochwasserdämme. Als Pionierart, die ursprünglich vor allem neu entstandene Sandflächen in den Flussauen besiedelte, ist sie häufig in Sandgebieten zu finden. Vom Flachland bis in die obere kolline Höhenstufe.

Parasiten: Kuckucksbiene ist *Sphecodes albilabris*.

Flugzeit: In einer Generation von Mitte März bis Ende April.

Gesamtverbreitung: Transpaläarktisch. Von Portugal bis zur Pazifikküste des Fernen Ostens, in Europa vom Mittelmeer nordwärts Irland und Mittelengland, bis 62°N in Norwegen und Schweden, bis 65°N in Finnland, in Russland bis Karelien und Komi; östlich von Europa verläuft die Südgrenze der Verbreitung über Kleinasien und den Kaukasus bis Nordostchina. Ältere Meldungen aus Algerien, Ägypten und dem Libanon dürften auf Fehlbestimmungen oder Fehletikettierungen beruhen. **SW-Eu:** E, I. **Z-Eu:** F, B, LUX, NL, D, A, CH, FL, DK. **N-Eu:** IRL, GB, N, S, SF, EST, LT, LV, RUS(N). **NO-Eu:** CS, SK, PL, BY, UA, UA(K), RUS(S). **SO-Eu:** H, RO, SLO, HR, MK, SRB, BIH, BG, GR. **N-Afr:** DZ?, ET? **W-As:** TR, RL, Kaukasus. **Z-As:** KAZ. **Sib:** W-Sib, O-Sib. **NO-As:** Khab, Prim. **SO-As:** MGL, RC (Beijing, Hebei, Heilongjiang).

Lokalverbreitung: Im Gebiet aus allen Regionen gemeldet.

Colletes daviesanus Smith, 1846
Buckel-Seidenbiene

Systematik: *fodiens*-Gruppe.

Etymologie: Smith übernahm den Namen aus einem unveröffentlichten Manuskript von W. Kirby, verrät jedoch nichts über die Person, der er gewidmet ist. Der deutsche Name bezieht sich auf das leicht bucklig aufgewölbte Mesonotum.

Pollenquellen: Oligolektisch auf Asteraceae. In der ersten Hälfte der Flugzeit wird vorwiegend an Kamillenarten gesammelt, später hauptsächlich auf Rainfarn.

Nestbau: Nistplätze sind vorwiegend Steilwände und Abbruchkanten, im Untersuchungsgebiet meist in Sand oder Löss, mancherorts aber auch in härterem Substrat bis hin zu Sandstein, meist in kleinen bis großen Aggregationen. Das Nest besteht aus einem 6–20 cm langen Gang, der am Ende auch verzweigt sein kann. Die Regel sind kürzere Nestgänge mit nur ein bis zwei Brutzellen, in längeren Gängen sind bis zu sechs Zellen linear hintereinander angeordnet. Ein Weibchen errichtet durchschnittlich 18 Brutzellen, verteilt auf mehrere Nester.

Lebensraum: Sand-, Kies- und Lehmgruben, Ruderalflächen, strukturreiche Feldfluren, Siedlungsbereich. Vom Flachland bis in die subalpine Höhenstufe.

Parasiten: Kuckucksbiene ist *Epeolus variegatus*. Als weitere Nestparasiten wurden die Erzwespe *Monodontomerus dentipes*, Schmalbauchwespen der Gattung *Gasteruption*, die Fleischfliege (Sarcophagidae) *Miltogramma punctata* und die Wollschweber *Bombylius pumilus* und *Bombylius minor* bekannt. Aus den Brutzellen von *Colletes daviesanus* wurden angeblich auch die Goldwespen *Chrysis ignita* und *Chrysis cyanea* gezogen.

Flugzeit: In einer Generation von Anfang Juni bis Mitte September.

Gesamtverbreitung: Von Spanien bis zur Pazifikküste des Fernen Ostens, in Europa vom Mittelmeer nordwärts bis Irland und Nordschottland, bis 63,5°N in Norwegen, bis 65,5°N in Schweden und Finnland, in Russland bis Karelien und Perm; östlich von Europa verläuft die Südgrenze der Verbreitung über Kleinasien, Iran und Zentralchina bis in die Mandschurei. Die Meldung von PÉREZ aus Algerien beruht sicher auf einem Irrtum. **SW-Eu:** E, I(Si), I. **Z-Eu:** F, B, LUX, NL, D, A, CH, FL, DK. **N-Eu:** IRL, GB, N, S, SF, EST, LT, LV, RUS(N). **NO-Eu:** CS, SK, PL, BY, UA, UA(K), RUS(S). **SO-Eu:** H, RO, SLO, HR, MK, SRB, BIH, BG. **N-Afr:** {~~DZ~~}. **W-As:** TR, Kaukasus, IR. **Z-As:** TAD, KAZ, KGZ. **Sib:** W-Sib, O-Sib. **NO-As:** Jak, Amur, Khab. **SO-As:** MGL, RC (Qinghai, Heilongjiang).

Lokalverbreitung: Im Gebiet aus allen Regionen gemeldet.

Colletes floralis EVERSMANN, 1852
Dolden-Seidenbiene

Systematik: *clypearis*-Gruppe.

Nomenklatur: Synonyme: *Colletes montanus* MORAWITZ, 1876; *Colletes alpinus* MORAWITZ, 1872 (siehe bei *Colletes impunctatus*).

Etymologie: Von lat. „*florus*" = „blühend". Der deutsche Name bezieht sich auf Bevorzugung von Doldenblütlern als Nahrungspflanze.

Pollenquellen: Polylektisch mit deutlicher Präferenz von Apiaceae; bislang nachgewiesen ist die Nutzung des Pollens der zehn Pflanzenfamilien Apiaceae, Asteraceae, Brassicaceae, Campanulaceae, Caryophyllaceae. Chenopodiaceae, Fabaceae, Gentianaceae, Lamiaceae und Rosaceae.

Nestbau: In Küstenhabitaten nistet die Art in kleineren Aggregationen auf vegetationslosen oder schütter bewachsenen Sandflächen. Das Nest besteht aus einem unverzweigten gewundenen Gang, in dem die Brutzellen linear hintereinander angeordnet sind. Pro Nest werden etwa fünf bis sechs Brutzellen angelegt.

Lebensraum: Die Art besiedelt zwei unterschiedliche Lebensräume: einerseits Meeresstrände im Bereich der Küstendünen und andererseits Gebirge. In den Alpen zwischen 1000 und 2000 m. Vom Flachland bis in die subalpine Höhenstufe.

Parasiten: An der Ostseeküste wurde *Epeolus variegatus* als Kuckucksbiene beobachtet.

Flugzeit: In einer Generation von Mai/Juni bis August.

Gesamtverbreitung: Transpaläarktisch. Von Spanien bis zur Pazifikküste des Fernen Ostens (Sachalin, Kurilen, Japan), in Europa vom Mittelmeer nordwärts bis Irland und Nordschottland (Hebriden), bis 60°N in Norwegen, bis 63°N in Schweden und Finnland, in Russland bis Karelien und Perm; östlich von Europa verläuft die Südgrenze der Verbreitung über Kleinasien, Iran bis Südchina; erreicht in letzterem sowie im Himalaya die orientalische Faunenregion. **SW-Eu:** E, I. **Z-Eu:** F, LUX, D, A, CH, DK. **N-Eu:** IRL, GB, N, S, SF, EST, RUS(N). **NO-Eu:** CS, PL, BY, RUS(S). **SO-Eu:** H, RO, SLO, HR, MK, SRB, BIH, GR. **W-As:** TR, Kaukasus, IR. **Z-As:** UZB, TAD, KAZ, KGZ. **Sib:** W-Sib, O-Sib. **NO-As:** Jak, Amur, JAO, Khab, Prim, Sach, Kur. **SO-As:** MGL, RC (Xinjiang, Tibet, Qinghai, Yunnan, Guangdong, Hebei), J. **Ori:** IND.

Lokalverbreitung: In Deutschland nur von historischen Meldungen aus der ersten Hälfte des 20. Jahrhunderts oder früher aus Schleswig-Holstein und Mecklenburg-Vorpommern bekannt. In Österreich nur aus Tirol gemeldet (aktuell). In der Schweiz aktuell aus dem Nordtessin, historisch und aktuell aus dem Wallis, und historisch aus dem Engadin.

Colletes fodiens (Geoffroy, 1785)

Filzbindige Seidenbiene

Systematik: *fodiens*-Gruppe.

Etymologie: Von lat. „*fodiens*“ = „grabend, wühlend“; wegen der Nistweise. Der deutsche Name bezieht sich auf die filzig dichten Haarbinden des Hinterleibs, die allerdings bei den meisten Arten der Gattung ausgebildet sind.

Pollenquellen: Oligolektisch auf Asteraceae (Korbblütler); Hauptpollenquelle ist Rainfarn (*Tanacetum vulgare*).

Nestbau: Nistplätze sind kahle oder schütter bewachsene Flächen, vorwiegend in sandigem oder lössigem Substrat.

Lebensraum: Sandgruben, Hochwasserdämme, Brach- und Ruderalflächen in Sand- und Lössgebieten. Vom Flachland bis in die montane Höhenstufe.

Flugzeit: In einer Generation von Mitte Juli bis Ende August.

Parasiten: Als Kuckucksbiene ist *Epeolus variegatus* bekannt geworden, ebenso *Epeolus productus*.

Gesamtverbreitung: Von Portugal bis Nordwestchina, Krasnojarsk, Tuva und Mongolei, in Europa vom Mittelmeer nordwärts bis Irland und Südschottland, bis 58,5°N in Schweden (keine Nachweise aus Norwegen, die Meldungen aus Finnland sind zweifelhaft), in Russland bis Leningrad und Perm; östlich von Europa verläuft die Südgrenze der Verbreitung über Kleinasien, Iran, Turkmenien und Tadschikistan bis in die Mongolei. Ältere Meldungen aus Algerien, Tunesien und Ägypten dürften auf Fehlbestimmungen beruhen. Nach Warncke in Iberien in der ssp. *hispanicus* Noskiewicz, 1936, von der Osttürkei bis Zentralasien in der ssp. *kirgisicus* Radoszkowski, 1868. **SW-Eu:** P, E, I(Si), I. **Z-Eu:** F, B, NL, D, A, CH, DK. **N-Eu:** IRL, GB, S, SF?, EST, LT, LV, RUS(N). **NO-Eu:** CS, SK, PL, BY, UA, UA(K), RUS(S). **SO-Eu:** H, RO, SLO, HR, MK, MNE, SRB, BIH, BG. **N-Afr:** DZ?, TN?, {ET}. **W-As:** TR, Kaukasus, IR. **Z-As:** TM, UZB, KAZ, KGZ. **Sib:** W-Sib, O-Sib. **SO-As:** MGL, RC (Xinjiang). **Ori:** PAK.

Lokalverbreitung: In Deutschland aus allen Bundesländern nachgewiesen. In Österreich mit Ausnahme von Salzburg, der Steiermark, Tirol und Vorarlberg aus allen Bundesländern gemeldet. In der Schweiz aktuell und historisch im Wallis, historisch aus den Kantonen Genf, Waadt, Bern, Tessin und aus dem Misox.

Colletes gallicus Radoszkowski, 1891
Gallische Seidenbiene

Systematik: *carinatus*-Gruppe.

Nomenklatur: Synonym: *Colletes carinatus gallicus* Radoszkowski, 1891.

Etymologie: Radoszkowski vergab den Namen als *nomen novum* für die Art französischer Provenienz, die Dours fälschlicherweise für *C. fodiens* hielt (von lat. „*gallicus*“ = „gallisch“, also französisch).

Nestbau: Ein von Janvier ausgegrabenes Nest war in einer Steilwand angelegt und bestand aus einem Gang, der auf einer Länge von ca. 6 cm leicht schräg nach oben verlief und dann senkrecht nach unten führte. Ausgehend von diesem Knick bis zum Ende des Hauptganges waren fünf kurze Seitengänge gegraben, an deren Ende, wie auch am Ende des Hauptganges, je eine Brutzelle errichtet war.

Pollenquellen: Polylektisch; am häufigsten werden Lauch (*Allium*, Fam. Amaryllidaceae), Crassulaceae, Apiaceae und Resedaceae besammelt.

Flugzeit: In einer Generation von Juli bis August.

Gesamtverbreitung: Westmediterran. In Nordafrika von Marokko und Tunesien gemeldet. In Europa von Portugal bis Südwestschweiz und Trentino; Meldungen aus Gebieten weiter östlich sind überprüfungsbedürftig. **SW-Eu:** P, E, I. **Z-Eu:** F, A(?), CH. **SO-Eu:** H(?), HR(?). **N-Afr:** MA, TN.

Lokalverbreitung: Von Schwarz et al. (1996) und Folgepublikationen für das Burgenland aufgelistet, in Gusenleitner et al. (2012) dann als fragwürdiger Nachweis bzw. unbestätigte Literaturangabe für Österreich gewertet; ein Vorkommen im Burgenland wäre unplausibel. In der Schweiz nur von historischen Funden aus dem Genfersee-Gebiet bekannt.

Colletes graeffei Alfken, 1900
Lauch-Seidenbiene

Systematik: *graeffei*-Gruppe.

Etymologie: Gewidmet dem schweizerischen Entomologen und Zoologen Eduard Graeffe (1833–1916), Sammler der Typenserie. Der deutsche Name bezieht sich auf die ausschließliche Pollenquelle.

Pollenquellen: Oligolektisch auf Lauch (*Allium*, Fam. Amaryllidaceae). In Österreich scheint sie ausschließlich an *Allium flavum* zu sammeln.

Lebensraum: Trockenwarme Standorte; Weinberge, Trockenrasen, Steppen. Vom Flachland bis in die kolline Höhenstufe.

Flugzeit: In einer Generation von Juli bis August.

Gesamtverbreitung: Von der Lombardei im Westen über Südosteuropa, Ukraine und Südrussland bis in den Kaukasus (keine Nachweise aus der Türkei); nordwärts bis Mähren und Donezk. **SW-Eu:** I. **Z-Eu:** A. **NO-Eu:** CS, SK, UA, UA(K), RUS(S). **SO-Eu:** H, SLO, HR, MK, MNE, SRB, BIH, BG, GR. **W-As:** Kaukasus.

Lokalverbreitung: Im Gebiet nur aus Österreich bekannt, wo sie in Niederösterreich aktuell vorkommt; Alfken erwähnt bei der Beschreibung der Art auch ein Tier aus der Steiermark.

Colletes halophilus Verhoeff, 1944

Strandaster-Seidenbiene

Systematik: *succinctus*-Gruppe.

Nomenklatur: Die Art wurde als Unterart von *Colletes succinctus* beschrieben: *Colletes succinctus halophilus* Verhoeff, 1944.

Etymologie: Von griech. „*háls*" (Genitiv „*halós*") – „Salz" und „*philos*" – „Freund", also salzliebend. Der deutsche Name bezieht sich auf eine der bevorzugten Nahrungspflanzen.

Pollenquellen: Oligolektisch auf Korbblütler der Unterfamilien Asteroideae und Cichorioideae, daneben wurden bei Pollenanalysen geringe Beimischungen von Kreuzblütler- und Schmetterlingsblütler-Pollen nachgewiesen.

Nestbau: Nistplätze sind ebene Sandflächen oder Steilwände und Abbruchkanten, manchmal in großen Aggregationen. Die Nesteingänge sind kraterförmigen vom beim Nestbau anfallenden Aushub umgeben. Das Nest besteht aus einem Hauptgang, der 8–30 cm in die Tiefe führt. Im unteren Bereich werden in einer Doppelreihe bis zu zehn Seitengänge angelegt, die jeweils eine Brutzelle enthalten. Zwischen den Brutzellen von Männchen und Weibchen bestehen deutliche Unterschiede: Die der Weibchen sind größer und enthalten mehr Nahrungsvorrat.

Lebensraum: Dünenbereich der Meeresküsten.

Parasiten: Kuckucksbiene ist *Epeolus tarsalis*; in England wurde auch *Epeolus variegatus* beobachtet.

Flugzeit: In einer Generation von August bis Oktober.

Gesamtverbreitung: Atlantisch. Nordseeküste von der Normandie bis zur Weser-Mündung und in England von Bournemouth bis Hull. **Z-Eu:** F, B, NL, D. **N-Eu:** GB.

Lokalverbreitung: Im Gebiet ausschließlich an der ostfriesischen Küste und den vorgelagerten Inseln.

Colletes hederae Schmidt & Westrich, 1993

Efeu-Seidenbiene

Systematik: *succinctus*-Gruppe.

Nomenklatur: Die Art wurde bis in die jüngste Zeit mit *Colletes succinctus* und *C. halophilus* vermengt. Erst die Beobachtungen, dass diese beiden morphologisch äußerst ähnlichen Taxa als streng oligolektische, auf Heidekraut (Ericaceae) bzw. Korbblütler (Asteraceae) spezialisierte Arten wiederholt an Efeu beobachtet wurde, führten zu einer eingehenderen Untersuchung dieses Artenkomplexes und schließlich zur Entdeckung dieser Art.

Etymologie: Von *Hedera*, dem wissenschaftlichen Gattungsnamen des Efeus, der fast ausschließlichen Pollenquelle der Art.

Pollenquellen: Weitgehend oligolektisch auf Efeu (*Hedera helix*). Wenn sich Flugzeit und Blütezeit des Efeus nicht vollständig überlappen, werden auch andere Pflanzen besammelt.

Nestbau: Nistplätze sind kahle oder schütter bewachsene Flächen, bevorzugt in Sand oder Löss, auf mehr oder weniger ebenen Flächen wie in Steilwänden, zuweilen in großen Aggregationen. Das Nest besteht aus einem Hauptgang, der ungefähr senkrecht verläuft und im Extremfall bis in eine Tiefe von 60 cm geht. Befindet sich das Nest in einer Steilwand, verlaufen die ersten 7–12 cm horizontal. Pro Nest wurden 4–6 Brutzellen gefunden. Die Brutzellen liegen einzeln oder hintereinander. Im Gebiet wurden bisher weder der Bau von Seitengängen noch die Anlage eines zweiten Nestes beobachtet. Während der Verproviantierung bleibt das Nest geöffnet. Alte Nistgänge werden oft wiederverwendet.

Lebensraum: Zeigt keine strenge Habitatbindung; fast überall, wo Efeu wächst, daher auch häufig im Siedlungsbereich. Vom Flachland bis in die kolline Höhenstufe.

Parasiten: Als Kuckucksbiene wurde *Epeolus cruciger* bekannt.

Flugzeit: In einer Generation von August/September bis Oktober.

Gesamtverbreitung: Nach bisherigem Kenntnisstand auf Europa beschränkt, hier von Spanien bis zu den Ägäischen Inseln (keine Nachweise von Korsika, Sizilien und Kreta), nordwärts bis Südengland und Kölner

Bucht. **SW-Eu:** E, F(K), I(Sa), I. **Z-Eu:** F, B, LUX, NL, D, A, CH. **N-Eu:** GB. **SO-Eu:** SLO, HR, MK, MNE, SRB, BIH, GR. **W-As:** GR(Ä).

Lokalverbreitung: In Deutschland bisher aus Nordrhein-Westfalen, Hessen, Rheinland-Pfalz, Baden-Württemberg und Bayern nachgewiesen. In Österreich wurde sie erstmals 2006 in Wien gefunden und ist seither von weiteren Fundorten in Niederösterreich und der Steiermark bekannt geworden. In der Schweiz bisher von Genf, vom Neuenburgersee sowie aus dem Wallis und dem Tessin gemeldet.

Colletes hylaeiformis Eversmann, 1852
Mannstreu-Seidenbiene

Systematik: *hylaeiformis*-Gruppe.

Nomenklatur: Kurzzeitig als Unterart von *Colletes ligatus* betrachtet: *Colletes ligatus hylaeiformis* Eversmann, 1852.

Etymologie: Von lat. „*forma*" = „Form, Gestalt, Aussehen, Beschaffenheit", also „*hylaeiformis*" = „vom Aussehen eines *Hylaeus*", wobei der Gattungsname *Hylaeus* zu Eversmanns Zeiten nicht wie heute für die Maskenbienen, sondern für die Gattung *Halictus* verwendet wurde. Der deutsche Name bezieht sich auf eine der bevorzugten Nahrungspflanzen.

Pollenquellen: Streng oligolektisch auf Mannstreu (*Eryngium*, Fam. Apiaceae).

Lebensraum: Trockenwarme Standorte auf Sand- oder Lössböden; Weinberge, Trockenrasen, Steppen, Sandgruben, Brach- und Ruderalflächen. Vom Flachland bis in die kolline Höhenstufe.

Parasiten: Für Ungarn wird *Triepeolus tristis* als Kuckucksbiene angegeben, was zweifelhaft erscheint.

Flugzeit: In einer Generation von Juli bis August/September.

Gesamtverbreitung: Von Portugal über Süd- und südliches Mitteleuropa, Kleinasien, Kaukasus, Zentralasien bis in die Mongolei; in Europa nordwärts bis Südwestdeutschland, Böhmen, Südpolen, Zentralukraine und Wolgograd; südwärts bis Lazio und Peloponnes. **SW-Eu:** P, E, I. **Z-Eu:** F, B, D, A, CH. **N-Eu:** RUS(N). **NO-Eu:** CS, SK, PL, UA, UA(K), RUS(S). **SO-Eu:** H, RO, SLO, HR, MK, MNE, SRB, BIH, BG, GR. **N-Afr:** {~~DZ~~}, ET? **W-As:** CY, TR, IR?, Kaukasus. **Z-As:** TM, UZB, TAD, KAZ. **SO-As:** MGL, RC (Xinjiang).

Lokalverbreitung: In Deutschland erstmals 1994 bei Vogtsburg gefunden und seither von einem weiteren Fundort in Baden-Württemberg nachgewiesen (Westrich & Dathe 1997). In Österreich aus dem Burgenland und Niederösterreich gemeldet. In der Schweiz noch nicht nachgewiesen, jedoch aus dem benachbarten Aostatal.

Colletes impunctatus Nylander, 1852
Alpen-Seidenbiene

Systematik: *clypearis*-Gruppe.

Nomenklatur: Bis in die jüngste Zeit wurde *Colletes alpinus* Morawitz, 1872 als Synonym von *C. impunctatus* betrachtet. Die Untersuchung von Morawitz' Typenmaterial durch Proshchalykin & Kuhlmann (2015) erbrachte, dass *C. alpinus* in Wirklichkeit Synonym von *C. floralis* ist.

Etymologie: Von lat. „*impunctatus*" = „unpunktiert". Der deutsche Name bezieht sich auf einen der beiden Lebensräume.

Pollenquellen: Eingeschränkt polylektisch; untersuchte Pollenladungen bestanden zu etwa 80 % aus Pollen von Fabaceae und geringen Beimischungen anderer Pollen.

Nestbau: Nester wurden in Steilwänden beobachtet. Sie bestehen aus einem Hauptgang, von dem mehrere Seitgänge abzweigen. Am Ende von Hauptgang und Seitengängen werden jeweils eine oder zwei Brutzellen errichtet.

Lebensraum: Die Art besiedelt zwei unterschiedliche Lebensräume: einerseits Meeresstrände im Bereich der Küstendünen und andererseits Gebirge. In den Alpen zwischen 1000 und 2000 m. Vom Flachland bis in die subalpine Höhenstufe.

Parasiten: Kuckucksbiene ist vermutlich *Epeolus variegatus*.

Flugzeit: In einer Generation von Juni bis August.

Gesamtverbreitung: Holarktisch. Von den Alpes-Maritimes im Westen über Mittel- und Nordeuropa, Sibirien und Zentralasien bis zur Pazifikküste des Fernen Ostens; in Europa nordwärts bis 66°N in Schweden, in Norwegen und Finnland bis jenseits des Polarkreises (69°N), in Russland (Karelien) bis zum Polarkreis; im südlichen Europa nur in den Alpen (Seealpen, Trentino, Tirol), im Norden südwärts bis zu den Mittelgebirgen. In der Nearktis von Alaska und Kanada bis in die nördlichen USA (Michigan, Wisconsin, Minnesota). **SW-Eu:** I. **Z-Eu:** F, LUX, NL, D, A, CH, DK. **N-Eu:** N, S, SF, LV, RUS(N). **NO-Eu:** CS, SK, PL, BY, RUS(S). **W-As:** Kaukasus. **Z-As:** TM, KAZ. **Sib:** W-Sib, O-Sib. **NO-As:** Jak, Amur, Khab, Prim, Sach, Kam, Kur. **SO-As:** MGL, RC (Innere Mongolei). **Nearktis:** Alaska, CDN, USA.

Lokalverbreitung: In Deutschland nur an der Nord- bzw. Ostseeküste von Niedersachsen, Schleswig-Holstein und Mecklenburg-Vorpommern. In Österreich aus Tirol bekannt (letzter Fund 1986), Meldungen aus der Steiermark und aus Niederösterreich dürften auf Irrtümern beruhen. In der Schweiz nur im Alpenraum (historisch und aktuell).

Colletes inexpectatus Noskiewicz, 1936
Unerwartete Seidenbiene

Systematik: *fodiens*-Gruppe.

Etymologie: Von lat. „*inexspectatus*" = „unerwartet"; offensichtlich bezieht sich Noskiewicz darauf, dass er in dem von ihm untersuchten Material von *Colletes daviesanus* auf eine neue Art stieß. Noskiewicz benutzt übrigens die assimilierte Schreibweise, bei der das „s" zwischen „x" und „p" wegfällt (im Gegensatz zu *Bombus inexspectatus*).

Pollenquellen: Wenngleich Noskiewicz (1936) die Art auf *Medicago* und *Trifolium* beobachtete, erbrachten bisherige Pollenanalysen ausschließlich den Pollen von Korbblütlern der Unterfamilie Asteroideae.

Flugzeit: In einer Generation von Juni bis August.

Gesamtverbreitung: Von Oberösterreich im Westen über Südrussland, Zentralasien und Westsibirien bis in die Mongolei; nordwärts bis Südpolen, Mittelukraine und Orenburg; südwärts bis Mazedonien, Bulgarien und Türkei. **Z-Eu:** A. **N-Eu:** RUS(N). **NO-Eu:** CS, SK, PL, UA, RUS(S). **SO-Eu:** H, RO, HR, MK, MNE, SRB, BIH, BG. **Z-As:** TM, UZB, TAD, KAZ, KGZ. **Sib:** W-Sib. **SO-As:** MGL. **Ori:** PAK(?).

Lokalverbreitung: Im Gebiet nur aus dem Burgenland, Ober- und Niederösterreich sowie der Steiermark gemeldet.

Colletes lacunatus Dours, 1872
Riesen-Seidenbiene

Etymologie: Von lat. „*lacuna*" = „Loch, Lücke, Grübchen"; Dours bezieht sich auf den Clypeus („*clypeo in medio lacunato*"), der längs der Mitte breit vertieft und am Ende mit kleinen, rundlichen Grübchen versehen ist. Deutscher Name: Die Art erreicht eine Körperlänge von bis zu 19 mm.

Lokalverbreitung: GRAEFFE (1902) meldet einen Fund von Glanegg in Kärnten. Es handelt sich mit ziemlicher Sicherheit um eine Fehlbestimmung.

Colletes marginatus SMITH, 1846

Dünen-Seidenbiene

Systematik: *marginatus*-Gruppe.

Nomenklatur: Synonym: *Colletes thomsoni* ALFKEN, 1899.

Etymologie: Von lat. „*marginatus*" = „mit einem Rand versehen, gerändert, gerandet"; SMITH beschreibt die Art u.a. nach einem Tier aus der LINNÉ-Sammlung, die dieser mit jenem Namen versehen, aber nie publiziert hatte, sodass nur vermutet werden kann, dass LINNÉ sich auf die Haarbinden auf den Endrändern der Tergite bezog. Deutscher Name: Dünen gehören zu den Hauptlebensräumen der Art.

Pollenquellen: Polylektisch; Pollenanalysen erbrachten je 20–40 % Pollen von Fabaceae, Apiaceae und Orobanchaceae (*Odontites*) und geringe Beimischungen anderer Pollen (MÜLLER & KUHLMANN 2008).

Nestbau: Nistet einzeln oder in Aggregationen auf nicht oder spärlich bewachsenen Sandflächen. Ein von JANVIER ausgegrabenes Nest war in einem Sandhügel angelegt und bestand aus einem kurvenreichen Gang, bei dem sich jede Kurve in einen abwechselnd schräg nach oben und unten verlaufenden Seitengang fortsetzte. Am Ende dieser kurzen Seitengänge befand sich je eine Brutzelle.

Lebensraum: Küsten- und Binnendünen, Flugsandfelder, Magerrasen, Sand-, Kies- und Lehmgruben. Vom Flachland bis in die montane Höhenstufe.

Parasiten: Kuckucksbiene ist *Epeolus cruciger*, vermutet wird auch *Epeolus marginatus*.

Flugzeit: In einer Generation von Juli bis September.

Gesamtverbreitung: Von Portugal über Europa, Kleinasien, Zentralasien bis Ostsibirien (Tuva); in Europa nordwärts bis Mittelengland (keine Nachweise aus Irland), 60°N in Schweden und Norwegen, bis 61°N in Finnland, in Russland bis Leningrad und Perm; südwärts bis Sardinien, Lazio, Thessalien und Türkei. Die Meldungen aus Algerien und Ägypten beruhen mit ziemlicher Sicherheit auf Irrtümern. **SW-Eu:** P, E, F(K), I(Sa), I. **Z-Eu:** F, B, LUX, NL, D, A, CH, DK. **N-Eu:** GB, N, S, SF, EST, LT, LV, RUS(N). **NO-Eu:** CS, SK, PL, BY, UA, RUS(S). **SO-Eu:** H, RO, SLO, HR, MK, MNE, SRB, BIH, BG, GR. **N-Afr:** {~~DZ, ET~~}. **W-As:** TR, Kaukasus. **Z-As:** TM, UZB, TAD, KAZ. **Sib:** W-Sib, O-Sib. **SO-As:** RC (Xinjiang).

Lokalverbreitung: In Deutschland aus allen Bundesländern nachgewiesen. In Österreich aus dem Burgenland und Niederösterreich gemeldet (aktuell), Meldungen aus Kärnten und Oberösterreich sind überprüfungsbedürftig. In der Schweiz aktuell und historisch im Wallis und Tessin, historisch aus Genf.

Colletes mlokossewiczi Radoszkowski, 1891
Östliche Seidenbiene

Systematik: *senilis*-Gruppe.

Nomenklatur: Synonym: *Colletes brevicornis* Pérez, 1903.

Etymologie: Gewidmet dem russischen Forschungsreisenden L. Mlokossewicz. Der deutsche Name bezieht sich auf das Verbreitungsgebiet.

Pollenquellen: Bisherige Pollenanalysen erbrachten ausschließlich den Pollen von Korbblütlern der Unterfamilie Asteroideae, wie Schafgarbe oder Rainfarn.

Lebensraum: Trockenwarme Standorte; Weinberge, Trockenrasen, Steppen. Vom Flachland bis in die kolline Höhenstufe.

Flugzeit: In einer Generation von Juni bis August.

Gesamtverbreitung: Von Portugal über Europa und Kleinasien bis Kirgistan; in Europa nordwärts bis Thüringen, Slowakei, Mittelukraine, Kursk und Orenburg; südwärts bis Sizilien, Peloponnes und Türkei. **SW-Eu:** P, E, F(K),

♀

I(Si), I. **Z-Eu:** F, D, A, CH. **NO-Eu:** CS, SK, UA, UA(K), RUS(S). **SO-Eu:** H, RO, MD, HR, MK, MNE, SRB, BIH, BG, GR. **W-As:** TR, Kaukasus, IR. **Z-As:** TM, UZB, TAD, KAZ, KGZ.

Lokalverbreitung: In Deutschland erstmals 1998 bei Bad Frankenhausen/Thüringen und seither noch mehrmals in der weiteren Umgebung nachgewiesen (Burger & Kuhlmann 2008). In Österreich nur aus dem Burgenland gemeldet (aktuell). In der Schweiz aktuell und historisch im Wallis, historisch aus Genf und Locarno.

Colletes nasutus Smith, 1853

Ochsenzungen-Seidenbiene

Systematik: *nasutus*-Gruppe.

Etymologie: Von lat. „*nasutus*" = „mit großer Nase", wegen des lang gezogenen, schnauzenförmigen Clypeus. Der deutsche Name bezieht sich auf die ausschließliche Pollenquelle.

Pollenquellen: Streng oligolektisch auf Ochsenzunge (*Anchusa*, Fam. Boraginaceae).

Lebensraum: Trockenwarme Standorte; Binnendünen und Flugsandfelder, Sandheiden, Sand-, Kies- und Lehmgruben. Vom Flachland bis in die kolline Höhenstufe.

Parasiten: Kuckucksbiene ist *Epeolus schummeli*.

Flugzeit: In einer Generation von Juni bis August.

Gesamtverbreitung: Von der Südwestschweiz im Westen über Südost- und südliches Nordosteuropa bis zum Kaukasus und in den Iran; nordwärts bis Brandenburg, Nordpolen, Litauen, Mittelukraine und Rostov; südwärts bis Mittelgriechenland und Syrien. **Z-Eu:** D, A, CH. **N-Eu:** {GB}, LT. **NO-Eu:** CS, SK, PL, BY, UA, UA(K), RUS(S). **SO-Eu:** H, RO, HR, MK, MNE, SRB, BIH, AL, BG, GR. **W-As:** TR, SYR, Kaukasus, IR.

Lokalverbreitung: In Deutschland aktuell in Brandenburg, historisch in Sachsen und Bayern (letzter Fund 1946). In Österreich aus dem Burgenland und Niederösterreich gemeldet (aktuell). Aus der Schweiz nur von einem Männchen aus dem Jahre 1886 von Genf bekannt (Amiet et al. 1999).

Colletes nigricans Gistel, 1857
Reseden-Seidenbiene

Systematik: *nigricans*-Gruppe.

Nomenklatur: Von Warncke als Unterart von *Colletes dimidiatus* betrachtet: *Colletes dimidiatus nigricans* Gistel, 1857. Synonyme: *Colletes canescens* auct. nec Smith, 1853.

Etymologie: Von lat. „*nigricans*“ = „schwarz werden, geschwärzt“. Der deutsche Name bezieht sich auf die bevorzugte Pollenquelle.

Lebensraum: Trockenwarme Standorte. Vom Flachland bis in die montane Höhenstufe.

Pollenquellen: Polylektisch, aber mit deutlicher Bevorzugung von Resedaceae.

Flugzeit: In einer Generation von Mai bis September.

Gesamtverbreitung: In Nordafrika von Marokko bis Tunesien. In Europa von Portugal über Südeuropa bis Griechenland; nordwärts bis in die Südschweiz. **SW-Eu:** P, E, F(K), I(Sa), I(Si), I, I(L). **Z-Eu:** F, {D}, CH. **SO-Eu:** SLO, HR, BG, GR. **N-Afr:** MA, DZ, TN.

Lokalverbreitung: Gistel beschreibt zwar die Art aus „Bavaria“, diese Angabe ist aber mit Sicherheit falsch, ebenso die Meldung von Friese (1926) aus Bamberg. Im Gebiet nur in der Schweiz, hier aktuell und historisch im Wallis, historisch aus Genf.

Colletes pannonicus Hölzler & Mazzucco, 2011
Pannonische Seidenbiene

Systematik: *succinctus*-Gruppe.

Etymologie: *Locus typicus* ist der Neusiedler See, der im pannonischen Teil Österreichs liegt.

Pollenquellen: Weibchen wurden bislang nur auf Salzaster (*Tripolium pannonicum*, Fam. Asteraceae) beim Pollensammeln beobachtet.

Lebensraum: Salzwiesen, Salzsteppen in der kollinen Höhenstufe.

Flugzeit: Die wenigen bisher gefundenen Tiere flogen im September.

Gesamt- und Lokalverbreitung: Bisher nur vom Neusiedler See/Burgenland bekannt, wo sie 2011 entdeckt wurde. **Z-Eu:** A.

Colletes punctatus Mocsáry, 1877
Schwarzkümmel-Seidenbiene

Systematik: *albomaculatus*-Gruppe.

Etymologie: Von lat. „*punctatus*" = „punktiert"; Mocsáry stellt u. a. das dicht punktierte Propodeum als Unterscheidungsmerkmal zu *C. nasutus* heraus („*Colleti nasuto Sm. similis, [...] metanoti lateribus dense punctatis*"). Deutscher Name: Schwarzkümmel ist die ausschließliche Pollenquelle der Art.

Lebensraum: Trockenwarme Standorte; Brach- und Ruderalflächen, Ackerraine. Vom Flachland bis in die kolline Höhenstufe.

Pollenquellen: Streng oligolektisch auf Schwarzkümmel (*Nigella*, Fam. Ranunculaceae).

Parasiten: Kuckucksbiene ist *Epeolus fasciatus*.

Flugzeit: In einer Generation von Juli bis August.

Gesamtverbreitung: Von Ostösterreich über Ukraine und Kleinasien bis in den Kaukasus; nordwärts bis Südpolen und Pensa; südwärts bis Israel. **Z-Eu:** A. **NO-Eu:** CS, SK, PL, UA, RUS(S). **SO-Eu:** H, RO, SLO, HR, MK, SRB, BG, GR. **W-As:** SYR, IL, Kaukasus.

Lokalverbreitung: Im Gebiet nur aus dem Burgenland und Niederösterreich gemeldet.

Colletes sierrensis Frey-Gessner, 1901
Zahntrost-Seidenbiene

Systematik: *marginatus*-Gruppe.

Etymologie: Herkunftsort des Typenmaterials ist Sierre im Wallis. Der deutsche Name bezieht sich auf die ausschließliche Pollenquelle.

Pollenquellen: Streng oligolektisch auf Zahntrost (*Odontites*, Fam. Orobanchaceae), den Untersuchungen von Westrich zufolge sogar offensichtlich monolektisch auf Klebrigem Zahntrost (*Odontites viscosus*).

Nestbau: Nester konnten bisher noch nicht beobachtet werden, jedoch Weibchen im Nestsuchflug an kahlen oder schütter bewachsenen Flächen.

Lebensraum: Trockenwarme Standorte; lichte Eichen- und Kiefernwälder, Waldsäume, Lichtungen. Von der kollinen bis in die montane Höhenstufe.

Parasiten: Kuckucksbiene ist mit hoher Wahrscheinlichkeit *Epeolus cruciger.*

Flugzeit: In einer Generation von Juli bis August.

Gesamtverbreitung: Bisher nur aus den spanischen Provinzen Teruel und Girona, den französischen Alpen und dem Wallis bekannt. **SW-Eu:** E. **Z-Eu:** F, CH.

Lokalverbreitung: Im Gebiet nur Wallis (historisch und aktuell).

Colletes similis Schenck, 1853

Rainfarn-Seidenbiene

Systematik: *fodiens*-Gruppe.

Etymologie: Von lat. „*similis*" = „ähnlich, gleichartig"; Schenck vergleicht das Männchen mit dem von *C. marginatus* („*Ein diesem M. sehr ähnliches hat andere Binden auf der Bauchseite*"). Deutscher Name: Rainfarn gehört zu den bevorzugten Nahrungsquellen der Art.

Pollenquellen: Oligolektisch auf Asteraceae (Korbblütler). Pollenanalysen erbrachten oft geringe Beimischungen anderer Pollen.

Nestbau: Nistet in Abbruchkanten und Steilwänden, aber auch auf kahlen oder schütter bewachsenen, ebenen oder mäßig abschüssigen Flächen, bevorzugt in sandigem Substrat. Das Nest besteht aus einem geraden oder gekrümmten Gang, an dessen Ende eine oder zwei Brutzellen liegen.

Lebensraum: Trockenwarme Ruderalflächen, Magerwiesen, Hochwasserdämme, Sand- und Lehmgruben. Vom Flachland bis in die montane Höhenstufe.

Parasiten: Kuckucksbiene ist *Epeolus variegatus*, außerhalb des Gebiets wurden auch *Epeolus tarsalis* und *E. laevifrons* beobachtet.

Flugzeit: In einer Generation von Juni bis September.

Gesamtverbreitung: In Nordafrika von Marokko bis Tunesien. In Europa von Portugal über Europa, Kleinasien, Sibirien, Zentralasien bis Ostsibirien (Irkutsk); nordwärts bis Irland und Mittelengland, bis 60°N in Norwegen, bis 63°N in Schweden und Finnland, in Russland bis Leningrad, Kirov und Perm; südwärts bis Sizilien, Kreta, Zypern und Israel. **SW-Eu:** P, E, F(K), I(Sa), I(Si), I. **Z-Eu:** F, B, LUX, NL, D, A, CH, DK. **N-Eu:** IRL, GB, N, S, SF, EST, LT, LV, RUS(N). **NO-Eu:** CS, SK, PL, BY, UA, UA(K), RUS(S). **SO-Eu:** H, RO, SLO, HR, MK, SRB, BG, GR, GR(K). **N-Afr:** MA, DZ, TN. **W-As:** CY, TR, SYR, JOR, RL, IL, Kaukasus, IR. **Z-As:** TM, UZB, TAD, KAZ, KGZ. **Sib:** W-Sib, O-Sib. **SO-As:** RC (Xinjiang).

Lokalverbreitung: Im Gebiet aus allen Regionen gemeldet.

Colletes succinctus (Linnaeus, 1758)
Heidekraut-Seidenbiene

Systematik: *succinctus*-Gruppe.

Etymologie: Von lat. „*succinctus*" = „umgürtet", wegen der weißen Hinterleibsbinden. Deutscher Name: Heidekraut ist die Hauptpollenquelle der Art.

Pollenquellen: Oligolektische auf spätblühende Heidekrautgewächse (Ericaceae); Hauptpollenquelle ist das Heidekraut (*Calluna vulgaris*). Pollenanalysen ergaben zuweilen geringe Beimischungen anderer Pollen.

Nestbau: Nistplätze sind kahle oder schütter bewachsene Flächen in sandigem Boden. Das Nest besteht aus einem Hauptgang, von dem aus paarweise beiderseits schräg nach unten führende kurze Seitengänge gegraben werden, in denen jeweils eine Brutzelle errichtet wird.

Lebensraum: Waldsäume und -lichtungen, Sandgruben, Binnendünen, Sandheiden, sofern ausreichend große Bestände der Pollenquelle vorhanden sind. Vom Flachland bis in die kolline, zuweilen auch montane Höhenstufe.

Flugzeit: In einer Generation von August bis September.

Gesamtverbreitung: Die Meldungen aus Nordafrika sind überprüfungsbedürftig. In Eurasien von Portugal über Europa, Ukraine, Südrussland, Sibirien bis Sachalin; nordwärts bis Irland und Nordschottland, bis 62°N in Norwegen, bis 65,5°N in Schweden und 63°N in Finnland, in Russland bis Ka-

relien und Perm; südwärts bis Sardinien (alte Meldungen von Sizilien sind überprüfungsbedürftig), Kalabrien, Thessalien und Kaukasus. **SW-Eu:** P, E, E(B), F(K), I(Sa), I(Si)(?), I. **Z-Eu:** F, B, LUX, NL, D, A, CH, DK. **N-Eu:** IRL, GB, N, S, SF, EST, LT, LV, RUS(N). **NO-Eu:** CS, SK, PL, BY, UA, UA(K), RUS(S). **SO-Eu:** H, RO, SLO, HR, BG, GR, GR(K)(?). **N-Afr:** DZ(?), TN(?), ET(?). **W-As:** GR(Ä), {~~CY~~}, Kaukasus. **Z-As:** KAZ. **Sib:** W-Sib, O-Sib. **NO-As:** Amur, Sach. **SO-As:** MGL, RC (Tibet).

Lokalverbreitung: In Deutschland aus allen Bundesländern nachgewiesen (aktuell). In Österreich fehlen Nachweise aus Tirol und Vorarlberg, die Meldungen aus Oberösterreich und Salzburg sind überprüfungsbedürftig, sonst überall aktuell. In der Schweiz historisch und aktuell nur im Wallis und im Tessin, historisch von Genf und aus dem Puschlav.

Cubitalia Friese, 1911
Langhornbienen

Systematik: Familie: Apidae – Unterfamilie: Apinae – Tribus: Eucerini.

Literatur: Schmiedeknecht (1930); Scheuchl (2000); Amiet et al. (2007). Weitere hilfreiche Arbeiten: Tkalců (1984a); Risch (1999).

Etymologie: Friese vergleicht *Cubitalia* mit *Eucera* und *Anthophora* und findet zu beiden Gattungen u.a. Unterscheidungsmerkmale in den Cubitalzellen bzw. Cubitaladern der Vorderflügel („*von Eucera trennt sie der kurze Clypeus, die stark nach außen gebogene, rechtwinkelige 2.*

Cubitalader [...]. Von Anthophora wird sie durch die 2 Cubitalzellen geschieden"). Der deutsche Name stammt von den verlängerten Fühlern der Männchen, allerdings ist dieses Merkmal hier deutlich schwächer ausgeprägt als bei den anderen heimischen Eucerini.

Nomenklatur: Die Gattung wurde erst in jüngerer Zeit von der Gattung *Eucera* abgespalten und wird von den meisten Autoren als eigenständig akzeptiert.

Körperliche Merkmale: In Größe, Form und Färbung ähnelt die Gattung *Eucera* wie alle Langhornbienen sehr den Pelzbienen. Wie alle Gattungen der Tribus Eucerini zeichnen sich die Männchen durch die stark verlängerten Fühler aus, die allerdings bei *Cubitalia* etwas kürzer sind als bei den anderen Gattungen und nur etwa die halbe Körperlänge erreichen. Wie *Eucera* besitzt *Cubitalia* nur zwei Cubitalzellen (die übrigen Eucerini haben drei), unterscheidet sich von ersterer aber durch die drei- oder viergliedrigen Maxillarpalpen (sechs- bzw. ausnahmsweise fünfgliedrig bei *Eucera*) und dadurch, dass die Cubitalzellen 1 und 2 etwa gleich groß sind (bei *Eucera* Cubitalzelle 1 kleiner als 2). Die Männchen besitzen einen gelben Kopfschild. Die Weibchen transportieren den Pollen mittels einer Sammelbürste auf den Hinterbeinen.

Lebensweise: *Cubitalia*-Arten sind solitär lebende, pollensammelnde und nestbauende Bienen.

Pollenquellen: Die einzige heimische Art ist oligolektisch.

Nestbau: Die Nester werden in selbst gegrabenen Gängen im Boden angelegt, vorzugsweise auf ebenen oder schwach geneigten Flächen. Von einem Hauptgang gehen in der Regel mehrere Nebengänge ab, an deren Ende jeweils eine Brutzelle sitzt. Diese Zelle wird von der Biene mit einem körpereigenen, wachsähnlichen Sekret ausgekleidet.

Verbreitung/Artenzahl: Die Gattung besitzt ein relativ kleines Verbreitungsgebiet, das sich von Italien über die Balkanhalbinsel bis zum Kaukasus erstreckt, eine Art ist nur aus Kirgisien bekannt. Insgesamt sind sechs Arten bekannt, von denen im Gebiet nur eine vorkommt.

Cubitalia parvicornis (Mocsáry, 1878)
Ochsenzungen-Langhornbiene

Systematik: Untergattung *Pseudeucera* Tkalců, 1978.

Nomenklatur: Synonym: *Eucera parvicornis* Mocsáry, 1878.

Etymologie: Mit kleinen Fühlern, von lat. „*parvus*" = „klein, kurz, gering" und „*cornum*" = „Horn" (im Sinne von Fühler). Deutscher Name: Ochsenzunge ist im Gebiet eine der beiden Pollenquellen der Art.

Pollenquellen: Oligolektisch auf Boraginaceae (*Anchusa, Nonnea*).

Flugzeit: In einer Generation von Mai bis Juli.

Gesamtverbreitung: Nach unsicheren älteren Meldungen in Kalabrien und Emilia-Romagna; ebenso unsicher ist die Meldung aus Algerien unter dem Synonym *Eucera bibalteata* Dours, 1873. Nach sicheren Angaben von Ostösterreich über Südosteuropa bis Südrussland und über Kleinasien bis Israel. **SW-Eu:** I? **Z-Eu:** A. **NO-Eu:** SK, UA, RUS(S). **SO-Eu:** H, RO, HR, MK, SRB, BG, GR. **N-Afr:** DZ? **W-As:** GR(Ä). **W-As:** SYR, JOR, IL.

Lokalverbreitung: Im Gebiet nur von einem einzigen Weibchen bekannt, das 1936 in Weiden am Neusiedler See gefangen wurde (Pittioni & Schmidt 1942).

Dasypoda Latreille, 1802
Hosenbienen

Systematik: Familie: Melittidae – Unterfamilie: Dasypodainae – Tribus: Dasypodaini. Michez et al. (2004) teilen die Gattung in vier Untergattungen auf, die jedoch alle von Michener (2007) verworfen werden. Aus diesem Grund werden nachfolgend beim Abschnitt „Systematik" die von Michez et al. verwendeten Untergattungen in eckige Klammern gestellt.

Literatur: Schmiedeknecht (1930); Warncke (1973); Amiet et al. (2007); Michez et al. (2004); Scheuchl (2006).

Etymologie: Von griech. „*dasys*" = „zottig, rauh, dicht behaart" und „*poús*", Gen. „*podós*" = „Fuß". Auch der deutsche Name spielt auf die ungewöhnlich stark ausgebildete Sammelbürste der Hinterbeine an.

Körperliche Merkmale: Hosenbienen besitzen einen großen (11–17 mm), stark behaarten Körper; die Behaarung ist auf dem Hinterleib in der Regel bindenartig ausgeprägt, die Färbung ist auch innerhalb der einzelnen Arten sehr variabel. Der Pollentransport erfolgt mittels der enorm großen Sammelbürste auf den Hinterbeinen, die nicht nur auf den Hintertibien, sondern auch auf den Metatarsen ausgebildet ist. Anhand dieses Merkmals und der Körpergröße können die Weibchen bereits im Feld sofort der Gattung zugeordnet werden.

Lebensweise: *Dasypoda*-Arten sind solitär lebende, pollensammelnde und nestbauende Bienen. Sie überdauern den Winter als Ruhelarve (Präpuppe).

Pollenquellen: Alle einheimischen Arten sind Nahrungsspezialisten.

Nestbau: Hosenbienen nisten fast ausschließlich in Sandgegenden, wo die Nestgänge in den Boden gegraben werden, wobei der Aushub den Eingang kegelförmig umgibt. Im Gegensatz zu den meisten anderen Bienen kleiden *Dasypoda*-Arten die Brutzellen nicht aus. Um den Pollenvorrat trotzdem einigermaßen vor der Bodenfeuchtigkeit zu schützen und die Möglichkeit eines Befalls mit Schimmelpilzen zu reduzieren, wird die Pollenmasse so geformt, dass sie durch beinähnliche Fortsätze nicht direkt auf dem Boden der Zelle aufliegt.

Parasiten: Kuckucksbienen sind nicht bekannt, lediglich einige Zweiflüglerarten wie die Satellitenfliege *Miltogramma oestraceum* wurden als Brutschmarotzer nachgewiesen.

Verbreitung/Artenzahl: Die Gattung ist auf die Paläarktis beschränkt und geht von den Kanaren und Portugal bis Japan. Insgesamt sind knapp 40 Arten bekannt, von denen vier im Gebiet vorkommen.

Dasypoda argentata Panzer, 1809
Skabiosen-Hosenbiene

Systematik: [Untergattung *Megadasypoda* Michez, 2004].

Etymologie: Von lat. „*argentata*" = „versilbert, silbern", wegen der weißen Behaarung auf dem vorderen und hinteren Teil des Brustabschnitts bei den Weibchen. Deutscher Name: Skabiosen gehören zu den Hauptpollenquellen der Art.

Pollenquellen: Oligolektisch auf Kardengewächse (Dipsacaceae). Hauptpollenquellen sind Arten der Gattungen *Scabiosa*, *Knautia* und *Succisa*.

Nestbau: Die Nester werden bevorzugt auf vegetationsfreien Sandflächen errichtet, oft in kleinen bis größeren Aggregationen. Um den Nesteingang wird der Abraum kegelartig aufgehäuft. Das Nest besteht aus einem bis zu einem Meter langen Hauptgang, von dem 7–8 Seitengänge zu jeweils zwei bis drei hintereinander liegenden Brutzellen führen.

Lebensraum: Trockene, wärmebegünstigte, steppenartige Standorte mit sandigen Böden wie Küsten- und Binnendünen oder Sandgruben. Vom Flachland bis in die montane Höhenstufe.

Flugzeit: In einer Generation von Juni bis September.

Gesamtverbreitung: Die Meldungen aus Nordafrika von Schletterer (1890) sind überprüfungsbedürftig. Von der spanischen Provinz Galicia über Süd- und Mitteleuropa, Südrussland, Kleinasien, Kaukasus, Kasachstan bis zum Mittelsibirischen Bergland (Minusinsk); in Europa nordwärts bis Südschweden, wo sie durch historische Meldungen von drei Fundorten in Skåne bekannt geworden ist, bis ins Baltikum und Moskau; südwärts bis Apulien (Meldungen aus Sizilien sind überprüfungsbedürftig), Nordgriechenland, Syrien und Irak. Sollte die Meldung von Schletterer aus „Nordindien“ zutreffend sein, erreicht die Art hier die orientalische Faunenregion. Nach Warncke in Spanien in der ssp. *hispanica* Warncke, 1973. **SW-Eu:** E, I(Si)?, I. **Z-Eu:** F, D, A, CH. **N-Eu:** S, LT, RUS(N). **NO-Eu:** CS, SK, PL, BY, UA, UA(K), RUS(S). **SO-Eu:** H, RO, HR, MK, SRB, AL, BG, GR. **N-Afr:** DZ(?), TN(?), ET(?). **W-As:** GR(Ä), TR, SYR, IRQ, Kaukasus, IR. **Z-As:** KAZ. **Sib:** W-Sib. **Ori:** IND.

Lokalverbreitung: In Deutschland aktuell aus Sachsen-Anhalt und Thüringen nachgewiesen, historisch aus Mecklenburg-Vorpommern, Niedersachsen, Brandenburg, Hessen, Sachsen, Baden-Württemberg und Bayern. In Österreich nur aus dem Burgenland und Niederösterreich gemeldet. In der Schweiz aktuell und historisch aus dem Wallis, historisch aus dem Misox.

Dasypoda braccata Eversmann, 1852

Filzbindige Hosenbiene

Systematik: [Untergattung *Megadasypoda* Michez, 2004].

Etymologie: Von lat. „*braca*" = „weite Hose, Pluderhose"; wegen der enorm großen Sammelbürste auf den Hinterbeinen. Der deutsche Name bezieht sich auf die filzig dichten Haarbinden auf den Endrändern der Tergite bei den Weibchen.

Pollenquellen: Oligolektisch auf Kardengewächse spezialisiert. Als Pollenquelle wurde im Gebiet nur die Gelbe Skabiose (*Scabiosa ochroleuca*) festgestellt.

Lebensraum: Trockenwarme Steppenhabitate mit sandigen Böden. Vom Flachland bis in die kolline Höhenstufe.

Flugzeit: In einer Generation von Juli bis August, Männchen bereits ab Mitte Juni.

Gesamtverbreitung: Der westlichste Fundort liegt im Piemont, wo sie 2006 entdeckt wurde (Praz et al. 2008b); zuvor verlief die bekannte Westgrenze der Verbreitung durch Ostösterreich; die Nordgrenze verläuft von hier über Ungarn, Mittelukraine bis Orenburg; südwärts bis Albanien, Mazedonien, Bulgarien und Süd-Türkei. Nach Warncke in der Türkei in der ssp. *anatolica* Warncke, 1973. **SW-Eu:** I. **Z-Eu:** A. **NO-Eu:** ~~{PL}~~, UA, UA(K), RUS(S). **SO-Eu:** H, MK, SRB, AL, BG. **W-As:** TR, Kaukasus. **Z-As:** KAZ.

Lokalverbreitung: Im Gebiet nur zwei historische Funde (je ein Männchen) von 1940 aus Niederösterreich und dem Burgenland (Pittioni & Schmidt 1943).

Dasypoda hirtipes (Fabricius, 1793)

Dunkelfransige Hosenbiene

Systematik: [Untergattung *Dasypoda* Latreille, 1802 *s. str.*].

Nomenklatur: Synonym: *Dasypoda plumipes* Panzer, 1797; *Dasypoda altercator* Harris, 1776.

Etymologie: Von lat. „*hirtus*" = „struppig, ruppig, rauh, borstig, behaart" und „*pes*" = „Fuß"; bezieht sich auf die Sammelbürste. Der deutsche Name bezieht sich auf die im Gegensatz zu den übrigen einheimischen Arten schwarze Endfranse des Hinterleibs.

Pollenquellen: Oligolektisch auf Korbblütler (Asteraceae), Arten der Unterfamilie Cichorioideae werden deutlich bevorzugt, bisweilen werden auch Carduoideae besammelt.

Nestbau: Nistplätze sind kahle oder schütter bewachsene Flächen, bevorzugt in ebenem, sandigem oder lössigem Boden. Die Art nistet in der Regel in kleinen bis größeren Aggregationen.

Lebensraum: Trockene, sandige Standorte wie Sand- und Lehmgruben, Wegränder, Magerrasen, Ruderalflächen und Hochwasserdämme. Vom Flachland bis in die montane Höhenstufe.

Flugzeit: In einer Generation von Juni/Juli bis September.

Gesamtverbreitung: Transpaläarktisch. Die Meldungen von den Kanaren beziehen sich auf *D. sinuata*, die meisten der nordafrikanischen Angaben (vermutlich auch die arabische) wahrscheinlich auf dieselbe oder eine verwandte Art. Von Portugal über Süd-, Mittel- und das südliche Nordeuropa, Südrussland, Kleinasien, Kaukasus, Zentralasien, Sibirien bis Primorje; nordwärts bis Wales und Südengland, in Norwegen bis 60°N, 61°N in Schweden und 63°N in Finnland, in Russland bis Karelien und Perm; südwärts bis Sizilien und Lampedusa, Peloponnes, Syrien und Irak. Bildet nach Warncke mehrere Unterarten aus, die aber alle durch Michez et al. (2004) mit *D. hirtipes* synonymisiert oder in Artrang erhoben wurden. **SW-Eu:** P, E, I(Sa), I(Si), I, I(L). **Z-Eu:** F, B, LUX, NL, D, A, CH, DK. **N-Eu:** GB, N, S, SF, EST, LT, LV, RUS(N). **NO-Eu:** CS, SK, PL, BY, UA, RUS(S). **SO-Eu:** H, RO, SLO, HR, MNE, SRB, BIH, AL, BG, GR. **N-Afr:** ~~{E(C)}~~, MA, DZ(?), TN(?), LAR(?), ET(?). **Arab:** UAE(?). **W-As:** GR(Ä), TR, SYR, IRQ, Kaukasus, IR. **Z-As:** TAD, KAZ, KGZ. **Sib:** W-Sib, O-Sib. **NO-As:** Prim. **SO-As:** MGL, RC (Gansu, Innere Mongolei).

Lokalverbreitung: In Deutschland aus allen Bundesländern nachgewiesen (aktuell). In Österreich mit Ausnahme von Vorarlberg aus allen Bundesländern nachgewiesen, die Meldungen aus Salzburg und Tirol sind überprüfungsbedürftig. In der Schweiz im Wallis und Tessin zahlreiche historische und aktuelle Funde, aktuell sonst nur im Bündner Rheintal, im Kanton Schaffhausen und in der Umgebung des Neuenburgersees, historisch vereinzelt aus den Kantonen Zürich, Bern, Freiburg, Waadt und Genf.

Dasypoda suripes (Christ, 1791)
Knautien-Hosenbiene

Systematik: [Untergattung *Megadasypoda* Michez, 2004].

Nomenklatur: Synonym: *Dasypoda thomsoni* Schletterer, 1890.

Etymologie: Von lat. „*pes*" = „Fuß". Die Herkunft von „*suri-*" ist unklar, bezieht sich jedoch sicherlich auf den Nestbau (vgl. „Surikate" = „Scharrtier"). Deutscher Name: Knautien sind die bislang einzigen bekannten Pollenquellen der Art.

Pollenquellen: Offensichtlich oligolektisch auf Kardengewächse (Dipsacaceae). Als Pollenquelle ist bislang nur die Wiesen-Knautie (*Knautia arvensis*) bekannt.

Lebensraum: Trockenwarme Standorte, im Gebiet vor allem Sandheiden und Steppen. Vom Flachland bis in die kolline Höhenstufe.

Flugzeit: In einer Generation von Juni/Juli bis September.

Gesamtverbreitung: Von Niedersachsen und Südschweden im Nordwesten ostwärts Kirow, südwärts bis Apulien, Istrien, Peloponnes, Zypern und Südtürkei. **Z-Eu:** D, A, DK. **N-Eu:** S, LT, RUS(N). **NO-Eu:** CS, SK, PL, BY, RUS(S). **SO-Eu:** H, RO, MK, AL, BG, GR. **W-As:** GR(Ä), TR.

Lokalverbreitung: In Deutschland aktuell nur aus Brandenburg nachgewiesen, historisch aus Schleswig-Holstein, Mecklenburg-Vorpommern, Niedersachsen und Sachsen. In Österreich nur aus dem Burgenland und Niederösterreich gemeldet, aber verschollen.

Dioxys Lepeletier, 1825
Zweizahnbienen

Systematik: Familie: Megachilidae – Unterfamilie: Megachilinae – Tribus: Dioxini.

Nomenklatur: Die Gattungen *Aglaoapis* und *Paradioxys* wurden bis in die jüngste Zeit als Untergattungen von *Dioxys* aufgefasst.

Literatur: Schmiedeknecht (1930); Warncke (1977); Banaszak & Romasenko (2001); Amiet et al. (2004); Scheuchl (2006).

Etymologie: Von griech. „*dis*" = „zweimal" und „*oxys*" = „scharf, spitz", das Scutellum ist beiderseits in einen zahnartigen Fortsatz ausgezogen.

Körperliche Merkmale: Als Kuckucksbienengattung bedarf *Dioxys* keiner Vorrichtung zum Pollentransport. Körperlänge 6–12 mm. Wie die anderen Gattungen der Tribus Dioxini besitzt *Dioxys* ein stark verlängertes Labrum, das aber im Gegensatz zu *Aglaoapis* nahe der Basis keinen Quergrat aufweist. Die Klauenglieder der Beine sind nicht mit einem Haftlappen ausgestattet. Von *Paradioxys* unterscheidet sich *Dioxys* unter anderem dadurch, dass Sternit 6 und Tergit 6 etwa gleich lang sind (bei *Paradioxys* Sternit 6 lang und schmal, fast nadelartig, viel länger als Tergit 6).

Lebensweise: *Dioxys*-Arten leben als Brutparasitoide bei Arten der Familie Megachilidae, nach bisheriger Kenntnis in der Paläarktis bei Arten der Gattungen *Megachile* und *Hoplitis*, in Amerika auch bei *Osmia*. Als Kuckucksbienen besuchen sie Blüten nur zur Eigenversorgung mit Nektar.

Verbreitung/Artenzahl: *Dioxys* ist disjunkt in der Paläarktis und Nearktis verbreitet. In der Paläarktis geht sie von den Kanaren und Marokko bis Zentralasien. In Amerika kommt sie in den Weststaaten der USA von Oregon südwärts bis Kalifornien und Texas vor und erreicht in Mittelmexiko ihre Südgrenze. Insgesamt sind zirka 15 Arten bekannt, von denen im Gebiet nur eine vorkommt.

Dioxys cincta (Jurine, 1807)
Stumpfe Zweizahnbiene

Etymologie: Von lat. „*cincta*" = „umgürtet", wegen der Haarbinden auf dem Hinterleib. Deutscher Name: Im Gegensatz zu den anderen heimischen Dioxini ist beim Weibchen der Endrand des letzten Tergits gerade abgestutzt.

Lebensraum: Trockenwarme Standorte; Trockenrasen, Steinbrüche, Kiesgruben. Vom Flachland bis in die montane, in der Schweiz bis in die untere subalpine Höhenstufe.

Wirte: *Megachile parietina, Megachile pyrenaica, Hoplitis adunca, Hoplitis anthocopoides.*

Flugzeit: In einer Generation von April bis Juli/August.

Gesamtverbreitung: In Nordafrika von den Kanaren bis nach Ägypten. In Eurasien von Portugal über Süd- und südliches Mitteleuropa, Kleinasien, Kaukasus bis Usbekistan; nordwärts bis Zentralfrankreich, Böhmen und Zentralukraine; südwärts bis Sizilien, *Peloponnes, Kreta, Zypern und Israel. Nach Warncke in der ssp. *atlantica* Saunders, 1904 auf Teneriffa und in in Südägypten. **SW-Eu:** P, E, E(B), F(K), I(Sa), I(Si), I. **Z-Eu:** F, A, CH. **NO-Eu:** CS, SK, UA, UA(K), RUS(S). **SO-Eu:** H, RO, SLO, HR, GR, GR(K). **N-Afr:** E(C), MA, DZ, TN, LAR, ET. **W-As:** GR(Ä), CY, TR, IL, *JOR, Kaukasus. **Z-As:** UZB.

Lokalverbreitung: In Österreich aus den Bundesländern Burgenland, Nieder- und Oberösterreich und Tirol gemeldet. In der Schweiz aktuell und historisch aus dem Wallis und dem Engadin, historisch vom Genfersee-Gebiet, Neuenburgersee, Zürich, Thurgau, Nordtessin und Graubünden.

Dufourea Lepeletier, 1841
Glanzbienen

Systematik: Familie: Halictidae – Unterfamilie: Rophitinae.

Nomenklatur: In Europa wurde die Gattung lange Zeit in die zwei Gattungen *Dufourea* und *Halictoides* aufgespalten. Warncke vereinigte in seinen Publikationen *Dufourea* mit der Gattung *Rophites*. Von Ebmer wird die Gattung in mehrere Untergattungen aufgeteilt. Michener (2007) verwirft jedoch alle bislang aufgestellten Subgenera. Die Begründung dafür ist unseres Erachtens wenig nachvollziehbar („*Dufourea is diverse morphologically, especially in the males, with the result that many generic or subgeneric names have been proposed for particular species or species groups*“), daher werden die von den meisten europäischen Autoren verwendeten Untergattungen hier beibehalten.

Literatur: Schmiedeknecht (1930); Ebmer (1984); Amiet et al. (1999). Weitere hilfreiche Arbeiten: Warncke (1979); Pesenko et al. (2000).

Etymologie: Gewidmet dem französischen Arzt und Naturforscher Leon Dufour (1780–1865). Ihren deutschen Namen verdankt die Gattung dem spärlich behaarten und stark glänzenden Hinterleib.

Körperliche Merkmale: Glanzbienen sind kleine (4–11 mm), spärlich behaarte und schwarz (bei neuweltlichen Arten selten auch rot) gefärbte bzw. blaumetallisch glänzende Bienen, die in ihrem Habitus den Schmalbienen ähneln, unter anderem auch durch die Fühler, die bei den Weibchen kurz und bei den Männchen lang sind. Im Gegensatz zu diesen besitzen sie aber nur zwei Cubitalzellen im Vorderflügel. Die Behaarung ist recht spärlich, der Hinterleib trägt keine Haarbinden, wodurch sie sich von den beiden anderen Gattungen der Unterfamilie Rophitinae mit nur zwei Cubitalzellen unterscheidet. Für den Pollentransport dient eine spärlich ausgebildete Sammelbürste an den Hinterbeinen. *Dufourea*-Arten haben recht unterschiedlich gebaute Mundteile, entsprechend ihrer Spezialisierung auf unterschiedliche Nahrungspflanzen.

Lebensweise: *Dufourea*-Arten sind solitär lebende, pollensammelnde und nestbauende Bienen.

Pollenquellen: Fast alle bei uns vorkommenden *Dufourea*-Arten sind auf bestimmte Blumen spezialisiert, die meisten auf Glockenblumengewächse.

Nestbau: Glanzbienen nisten in selbst gegrabenen Hohlräumen in der Erde. Über die Nistbiologie einheimischer Arten ist kaum etwas bekannt, aber Untersuchungen in den USA zeigten, dass die Brutzellen mit körpereigenem Sekret ausgekleidet werden.

Parasiten: Bisher ist als Kuckucksbiene nur die Kraftbienenart *Biastes truncatus* bekannt geworden.

Verbreitung/Artenzahl: Die Gattung ist holarktisch verbreitet. In der Paläarktis geht sie von den Kanaren bis Japan, nordwärts bis Finnland und südwärts bis Nordafrika. In der Nearktis besiedelt sie fast das gesamte Nordamerika und geht bis in den Süden Mexikos. Insgesamt sind über 130 Arten bekannt, von denen sechs im Gebiet vorkommen.

Dufourea alpina (Morawitz, 1865)
Alpen-Glanzbiene

Systematik: Untergattung *Alpinodufourea* Ebmer, 1984.

Etymologie: Der Typenfundort liegt in den Alpen („*Habitat in regionem alpinam Helvetiae*").

Pollenquellen: Vermutlich polylektisch, bevorzugt an gelben Asteraceae; als Pollenquellen festgestellt wurden bisher Habichtskraut (*Hieracium*) und Glockenblumen (*Campanula*).

Nestbau: Nistet in Abbruchkanten oder kahlen bis schütter bewachsenen Böschungen.

Lebensraum: Matten und Felssteppen in der montanen bis alpinen Höhenstufe.

Flugzeit: In einer Generation von Juni bis August.

Gesamtverbreitung: Auf Hochgebirge beschränkt (Pyrenäen, Alpen, Dinarisches Gebirge, Kaimaktsalan, Rhodopen); isoliert auf Kreta, hier möglicherweise eingeschleppt. **SW-Eu:** E, I. **Z-Eu:** F, D, A, CH, FL. **SO-Eu:** SRB, BIH, AL, BG, GR, GR(K).

Lokalverbreitung: In Deutschland nur aus Bayern (Allgäu) bekannt. In Österreich aus Kärnten, Ober- und Niederösterreich, Salzburg, Steiermark, Tirol und Vorarlberg gemeldet. In der Schweiz entlang des Alpenkamms verbreitet (aktuell).

Dufourea dentiventris (Nylander, 1848
Gezähnte Glanzbiene

Systematik: Untergattung *Halictoides* Nylander, 1848.

Etymologie: Von lat. „*dens*" (Genitiv „*dentis*") = „Zahn" und „*venter*" (Genitiv „*ventris*") = „Bauch" (im Sinne von Hinterleib); das Sternit 5 des Männchens trägt beiderseits je einen zahnartigen Fortsatz. Der deutsche Name bezieht sich auf dasselbe Merkmal.

Pollenquellen: Streng oligolektisch auf *Campanula* (Campanulaceae).

Nestbau: Nistet in Abbruchkanten oder kahlen bis schütter bewachsenen Böschungen, bevorzugt in sandig-lehmigem Boden.

Lebensraum: Waldsäume, Waldlichtungen, waldnahe Magerrasen. Vom Flachland bis in die subalpine Höhenstufe.

Parasiten: Erwachsene Tiere sind zuweilen vom Fächerflügler *Eurystylops oenipontana* befallen.

Flugzeit: In einer Generation von Juli bis August.

Gesamtverbreitung: Transpaläarktisch, von den Pyrenäen ostwärts bis Nordkorea; in Europa nordwärts in Norwegen bis 63°N, in Schweden bis

♀

65°N, in Finnland bis 64°N; südwärts bis Toskana und Kroatien. **SW-Eu:** E, I. **Z-Eu:** F, B, LUX, NL, D, A, CH, FL, DK. **N-Eu:** N, S, SF, EST, LV, RUS(N). **NO-Eu:** CS, SK, PL, BY, UA, RUS(S). **SO-Eu:** H, RO, SLO, HR. **W-As:** Kaukasus. **Sib:** O-Sib. **NO-As:** Jak. **SO-As:** RC (Qinghai), KP.

Lokalverbreitung: In Deutschland aus allen Bundesländern nachgewiesen, in Schleswig-Holstein, Mecklenburg-Vorpommern nur historische Meldungen. In Österreich mit Ausnahme des Burgenlandes aus allen Bundesländern belegt. In der Schweiz fast überall, im Genfersee-Gebiet nur historisch.

Dufourea halictula (Nylander, 1852)
Sandglöckchen-Glanzbiene

Systematik: Untergattung *Dufourea* Lepeletier, 1841 *s. str.*

Nomenklatur: Synonym: *Dufourea minuta* auct. nec Lepeletier, 1841. Die Art lief lange Zeit unter dem Namen *Dufourea minuta*, während die echte *D. minuta* mit dem Namen *D. vulgaris* belegt wurde. Erst durch das Auffinden von durch Lepeletier determiniertem Material von *Dufourea minuta* konnte geklärt werden, was dieser Autor darunter verstand (Baker 1994b).

Etymologie: Verkleinerungsform des Gattungsnamen *Halictus*. Der deutsche Name bezieht sich auf die ausschließliche Pollenquelle.

Pollenquellen: Streng oligolektisch auf Sandglöckchen (*Jasione*, Fam. Campanulaceae).

Nestbau: Nester wurden im Flachland zwischen den Steinen eines festgetretenen Sandwegs und auf einer moosbedeckten Sandbank, im Gebirge in einer Abbruchkante aus Granitgrus beobachtet.

Lebensraum: Sanddünen, Sand-, Kies- und Lehmgruben, Sandheiden, trockenwarme Magerrasen. Vom Flachland bis in die kolline Höhenstufe.

Flugzeit: In einer Generation von Juli bis August.

Gesamtverbreitung: Westliche Westpaläarktis. In Europa nordwärts bis Südengland (letzter Fund 1953) und Skandinavien, aber nur im äußersten Süden, in Norwegen nur zwei Funde von Anfang des vorigen Jahrhunderts, keine Nachweise aus Finnland; südwärts bis Sardinien, aber keine Nachweise vom italienischen Festland. 2012 erstmals aus Nordafrika gemeldet (Aouar-Sadli et al. 2012). In der ssp. *amethystina* Ebmer, 2008 in der Sierra Nevada. **SW-Eu:** P, E, F(K), I(Sa). **Z-Eu:** F, B, NL, D, A, CH, DK. **N-Eu:** GB, N, S, EST, LT, LV, RUS(N). **NO-Eu:** CS, SK, PL, UA, UA(K). **SO-Eu:** H. **N-Afr:** DZ. **W-As:** Kaukasus.

Lokalverbreitung: In Deutschland mit Ausnahme von Rheinland-Pfalz und Baden-Württemberg aus allen Bundesländern nachgewiesen, aber mit Ausnahme von Schleswig-Holstein, Brandenburg, Sachsen und Bayern überall verschollen. In Österreich aus Ober- und Niederösterreich sowie dem Burgenland nachgewiesen. In der Schweiz nur im Wallis (aktuell).

Dufourea inermis (Nylander, 1848)
Ungezähnte Glanzbiene

Systematik: Untergattung *Halictoides* Nylander, 1848.

Etymologie: Von lat. „*inermis*" = „unbewehrt"; im Gegensatz zu *D. dentiventris* trägt *D. inermis* keine zahnartigen Fortsätze auf den Sterniten.

Pollenquellen: Streng oligolektisch auf Glockenblumen (*Campanula*, Fam. Campanulaceae).

Lebensraum: Waldsäume, Lichtungen, trockenwarme Magerrasen. Vom Flachland bis in die alpine Höhenstufe.

Parasiten: Erwachsene Tiere sind zuweilen vom Fächerflügler *Eurystylops oenipontana* befallen.

Flugzeit: In einer Generation von Juli bis August.

Gesamtverbreitung: Transpaläarktisch. In Europa nordwärts in Schweden bis 59°N, in Finnland bis 62°N; südwärts bis in die Toskana und Griechenland (Kaimaktsalan). In der Ostpaläarktis bis Jakutien, Amur, Khabarowsk, und Primorje. **SW-Eu:** I. **Z-Eu:** F, B, NL, D, A, CH, DK. **N-Eu:** S, SF, EST, LT, LV, RUS(N). **NO-Eu:** CS, SK, PL, BY, UA, UA(K), RUS(S). **SO-Eu:** H, RO, SLO, HR, BG, GR. **W-As:** Kaukasus. **Sib:** W-Sib, O-Sib. **NO-As:** Jak, Amur, Khab, Prim. **SO-As:** RC (QInghal, Heilongjiang).

Lokalverbreitung: In Deutschland mit Ausnahme von Brandenburg und Nordrhein-Westfalen aus allen Bundesländern gemeldet, in Mecklenburg-Vorpommern seit Langem verschollen. In Österreich belegt aus Kärnten, Ober- und Niederösterreich sowie Tirol, wohl überall verschollen. In der Schweiz nur aus dem Wallis, dem Tessin und Graubünden bekannt, in ersterem nur historisch.

Dufourea minuta Lepeletier, 1841
Habichtskraut-Glanzbiene

Systematik: Untergattung *Dufourea* Lepeletier, 1841 *s. str.*

Nomenklatur: Synonym: *Dufourea vulgaris* Schenck, 1861. Siehe bei *Dufourea halictula.*

Etymologie: Von lat. „*minuta*“ = „winzig, klein“, wegen der geringen Körpergröße. Deutscher Name: Habichtskraut gehört zu den bevorzugten Nahrungsquellen der Art.

Pollenquellen: Oligolektisch auf Korbblütler (Asteraceae) der Unterfamilie Cichorioideae, bevorzugt auf gelbblütigen Arten.

Nestbau: Nistet in kleinen bis größeren Aggregationen in Abbruchkanten oder kahlen bis schütter bewachsenen Böschungen. Das Nest besteht aus einem ca. 15 cm langen Hauptgang, von dem in gewissen Abständen kurze, 5–15 mm lange Seitengänge abzweigen, die jeweils eine Brutzelle enthalten.

Lebensraum: Wälder in höheren Lagen. Von der montanen bis in die subalpine Höhenstufe.

Parasiten: Als Kuckucksbiene ist *Biastes truncatus* bekannt. Gemeldet wurde auch *Sphecodes divisus.*

Flugzeit: In einer Generation von Juni/Juli bis September.

Gesamtverbreitung: Sibirisch-europäisch. Von den spanischen Pyrenäen bis Westsibirien (Chelyabinsk); in Europa nordwärts bis 59°N in Schweden, bis 62,5°N in Finnland; südwärts bis Abruzzo und Kroatien. **SW-Eu:** E, I. **Z-Eu:** F, B, LUX, NL, D, A, CH, DK. **N-Eu:** GB, N, S, SF, EST, LT, LV, RUS(N). **NO-Eu:** CS, SK, PL, BY, UA, RUS(S). **SO-Eu:** H, RO, SLO, HR. **W-As:** TR, Kaukasus. **Sib:** W-Sib. **SO-As:** RC (Qinghai).

Lokalverbreitung: In Deutschland mit Ausnahme von Brandenburg aus allen Bundesländern gemeldet, in Schleswig-Holstein und Nordrhein-Westfalen verschollen. In Österreich mit Ausnahme von Vorarlberg aus allen Bundesländern gemeldet (in Oberösterreich verschollen). In der Schweiz aktuell im Wallis, Graubünden, Alpen und im Emmental belegt, historisch aus dem Emmen- und dem Rheintal.

Dufourea paradoxa (Morawitz, 1868)
Gebirgs-Glanzbiene

Systematik: Untergattung *Cephalictoides* Cockerell, 1924.

Etymologie: Von lat. „*paradoxa*“ = „seltsam, widersinnig“, bezieht sich auf

die abnorm gebildeten Beine der Männchen. Der deutsche Name bezieht sich auf den Lebensraum.

Pollenquellen: Polylektisch. Bisher durchgeführte Pollenanalysen erbrachten Pollen von Asteraceae, Caryophyllaceae und Lamiaceae.

Lebensraum: Matten und Felssteppen in der montanen bis alpinen Höhenstufe.

Flugzeit: In einer Generation von Juni/Juli bis September.

Gesamtverbreitung: Transpaläarktisch, in mehreren Unterarten vom Hohen Atlas über Sierra Nevada, Pyrenäen, Alpen und Olymp nach Zentralasien, disjunkt in Nepal und Jakutien. Fehlt in den nördlichen Teilen Europas; südwärts bis Norditalien und Griechenland (Olymp). Die Nominatform in den Alpen, die ssp. *nivalis* EBMER, 1989 in der Sierra Nevada, die ssp. *mesembrla* EBMER, 1979 im Kantabrischen Gebirge und den Pyrenäen, die ssp. *zolotasi* (Warncke, 1988) vom Olymp, die ssp. *atrocoerulea* (MORAWITZ, 1876) in Zentralasien bis in die Mongolei, die ssp. *nepalensis* EBMER, 1989 in Nepal. **SW-Eu:** E, I. **Z-Eu:** F, D, A, CH, FL, GR. **N-Afr:** MA. **Z-As:** UZB, TAD, KGZ. **Sib:** W-Sib, O-Sib. **NO-As:** Jak. **SO-As:** MGL, RC (Gansu). **Ori:** NEP.

Lokalverbreitung: In Deutschland nur aus Bayern (Königssee, Allgäu) bekannt. In Österreich aus Kärnten, Salzburg und Tirol gemeldet. In der Schweiz entlang des Alpenkamms verbreitet (aktuell).

Epeoloides GIRAUD, 1863
Schmuckbienen

Systematik: Familie: Apidae – Unterfamilie: Apinae – Tribus: Osirini.

Literatur: SCHMIEDEKNECHT (1930); SCHEUCHL (2000); AMIET ET AL. (2007).

Etymologie: Zusammengesetzt aus dem Namen der Bienengattung *Epeolus* und griech. „*eidos*" = „das zu Sehende, Anblick, Gestalt", bezieht sich auf die Ähnlichkeit mit der Gattung *Epeolus*. Der deutsche Name verweist auf das attraktive Aussehen der Bienen.

Körperliche Merkmale: Körperlänge 7–10 mm. Die Männchen besitzen einen hellroten, an den Seiten schwarz gefleckten Hinterleib; Kopf und Brustabschnitt sind rötlich- bis gelbbraun behaart, die Augen schimmern leuchtend türkis. Die Weibchen sind tiefschwarz mit roter Hinterleibsbasis und schneeweißen Haarflecken an Brustseiten, Hinterleib und Beinen. Die Vorderflügel besitzen drei Cubitalzellen, die zweite und dritte sind etwa gleich groß und deutlich kleiner als die erste.

Lebensweise: *Epeoloides* lebt als Brutparasitoid ausschließlich bei den beiden heimischen Schenkelbienenarten. Als Kuckucksbienen besuchen die Tiere Blüten nur zur Eigenversorgung mit Nektar.

Verbreitung/Artenzahl: Weltweit sind lediglich zwei Arten bekannt. Die in Nordamerika beheimatete Art war lange Zeit verschollen und wurde erst 2002 in Kanada wiederentdeckt. Die in Europa heimische Art kommt im Gebiet vor und ist von Frankreich und den Niederlanden bis Westrussland verbreitet.

Epeoloides coecutiens (Fabricius, 1775)
Schmuckbiene

Nomenklatur: Synonym: *Epeoloides ambiguus* Giraud, 1863.

Etymologie: Von lat. „*coecutiens*" = „blendend". Fabricius beschrieb das Männchen, das mit seinem gelbroten Hinterleib und den türkisfarbenen Augen besonders farbenprächtig ist.

Lebensraum: Hochwasserdämme, Auwälder, Ufersäume, Moore. Vom Flachland bis in die montane Höhenstufe.

Wirte: *Macropis labiata*, höchstwahrscheinlich auch *Macropis fulvipes*.

Flugzeit: In einer Generation von Juli bis August.

Gesamtverbreitung: Von Westfrankreich über Süd- und Mitteleuropa, Südrussland und Nordkasachstan bis Krasnojarsk; nordwärts bis zur Nordseeküste, Baltikum und Südfinnland (hier bis 61°N), in Russland bis Leningrad und Perm; südwärts bis Emilia-Romagna, Bulgarien und Kaukasus (keine Nachweise aus der Türkei). **SW-Eu:** I. **Z-Eu:** F, B, LUX, NL, D, A, CH, FL. **N-Eu:** SF, EST, LT, LV, RUS(N). **NO-Eu:** CS, SK, PL, BY, UA, RUS(S). **SO-Eu:** H, RO, SLO, HR, BG. **W-As:** Kaukasus. **Z-As:** {TAD}, KAZ. **Sib:** W-Sib, O-Sib.

Lokalverbreitung: In Deutschland und Österreich aus fast allen Bundesländern aktuell gemeldet, lediglich aus Oberösterreich und Tirol stehen noch Nachweise aus. In der Schweiz aktuell und historisch aus Genf, dem Mittelland sowie dem Bündner und St. Galler Rheintal, im Wallis nur historisch.

♂

Epeolus Latreille, 1802
Filzbienen

Systematik: Familie: Apidae – Unterfamilie: Nomadinae – Tribus: Epeolini.

Nomenklatur: In Europa war die Gattung *Triepeolus* bis in die jüngere Zeit mit *Epeolus* vereinigt. In dieser Gattung wurde eine Vielzahl von Formen beschrieben, die je nach Autor als eigene Arten, als Unterarten oder als bloße Varietäten betrachtet werden. Wie auch bei vielen anderen Kuckucksbienen-Gattungen dürfte dieses Phänomen Ausdruck eines sympatrischen Artbildungsprozess sein, bei dem sich Arten durch ökologische Isolation – in diesem Fall durch die Spezialisierung auf verschiedene Wirte – in verschiedene neue Arten aufspalten.

Literatur: Bischoff (1930b); Scheuchl (2000); Amiet et al. (2007). Weitere hilfreiche Arbeiten: Bischoff (1930a); Pittioni (1945); Niemelä (1947).

Etymologie: Latreille gibt keine Information zur Namenswahl; Friese (1895) leitet den Namen ab von griech. „*épiolos*" = „begatten". Der deutsche Name bezieht sich auf die filzartigen Haarflecken des Hinterleibs.

Körperliche Merkmale: Filzbienen sind klein bis mittelgroß (5–11 mm), der Körperbau ist gedrungen. Der Hinterleib ist mit filzartig anliegenden weißen Haarflecken verziert. Der Körper ist überwiegend schwarz gefärbt, die Beine sind vollständig oder teilweise rot, beim Weibchen meist auch das Schildchen. Letzteres ist in beiden Geschlechtern bucklig gewölbt und auf beiden Seiten mit je einem Zahn besetzt. Die Weibchen besitzen am 6. Sternit sägeartige Strukturen, die vermutlich dazu dienen, die zellophanähnlichen Hüllen der Brutzellen ihrer Wirte zu öffnen. Die Vorderflügel besitzen drei Cubitalzellen, die zweite und dritte sind etwa gleich groß und deutlich kleiner als die erste.

Lebensweise: *Epeolus*-Arten leben als Brutparasitoide bei Seidenbienenarten (*Colletes*), wobei sie in der Regel auf eine oder einige wenige Wirtsarten spezialisiert sind. Als Kuckucksbienen besuchen sie Blüten nur zur Eigenversorgung mit Nektar.

Verbreitung/Artenzahl: Die Gattung ist holarktisch verbreitet. Sie geht von den Kanaren und Portugal bis nach Japan und von der amerikanischen West- bis zur Ostküste. Nordwärts erreicht sie das subarktische Finnland und Alaska, südwärts die Südspitze Afrikas und Kolumbien sowie die Karibik, fehlt aber in Südostasien und dem tropischen Indien. Insgesamt sind über 110 Arten bekannt; im Gebiet kommen davon sieben vor.

Epeolus alpinus Friese, 1893
Alpen-Filzbiene

Nomenklatur: Synonyme: *Epeolus montanus* Bischoff, 1930; *Epeolus glacialis* Alfken, 1913; *Epeolus pilosus* Bischoff, 1930.

Etymologie: Der Typenfundort Goeschenen liegt in den Alpen.

Lebensraum: Die Art besiedelt wie ihre Wirte zwei unterschiedliche Lebensräume: einerseits Meeresstrände im Bereich der Küstendünen und andererseits Gebirge, hier von der montanen bis in die alpine Höhenstufe.

Wirte: *Colletes impunctatus* und *Colletes floralis*.

Flugzeit: In einer Generation von Juni bis Juli.

Gesamtverbreitung: Von Languedoc-Roussillon im Westen bis Smolensk; nordwärts bis 65,5°N in Finnland, in Russland bis Karelien; südwärts bis Piemont und Trentino. Ein isolierter Fund vom *Erciyes Dag (Coll. Schwarz). **SW-Eu:** I. **Z-Eu:** F, NL, D, A, CH, DK. **N-Eu:** N, S, SF, LT, LV, RUS(N). **NO-Eu:** PL, BY, RUS(S). **W-As:** *TR.

Lokalverbreitung: In Deutschland nur aus dem Küstengebiet von Nord- und Ostsee bekannt, aktuell nur in Niedersachsen. In Österreich (Tirol) erst 1998 erstmals nachgewiesen (Gusenleitner et al. 2001). In der Schweiz aktuell im Wallis und in Graubünden, historisch vom Genfersee und dem Alpenhauptkamm.

Epeolus cruciger (Panzer, 1799)
Heide-Filzbiene

Nomenklatur: Synonyme: *Epeolus laevifrons* Bischoff, 1930; *Epeolus marginatus* Bischoff, 1930; *Epeolus rufipes* Thomson, 1870; *Epeolus similis* Höppner, 1899.

Etymologie: Von lat. „*cruciger*“ = „kreuztragend“, wegen der von den unterbrochenen Filzbinden gebildeten kreuzartigen Zeichnung auf dem Hinterleib. Deutscher Name: Heiden sind einer der Hauptlebensräume der Art.

Lebensraum: Waldsäume, Lichtungen, Sandgruben, Binnendünen, Sandheiden, Brach- und Ruderalflächen. Vom Flachland bis in die kolline Höhenstufe.

Wirte: Wirte sind *Colletes succinctus*, *Colletes hederae* und *Colletes fodiens*; eine kleinere, als *Epeolus marginatus* beschriebene Form parasitiert die Nester von *Colletes marginatus*.

Flugzeit: In einer Generation von Juli bis August.

Gesamtverbreitung: Die Meldung aus Algerien von Pérez (1890) bezieht sich auf eine andere Art. In Eurasien von den Pyrenäen über Europa, Kleinasien, Kaukasus, Sibirien bis Sachalin; nordwärts bis Wales und Mittelengland (keine Nachweise von Irland), in Norwegen bis 60°N, in Schweden bis 62,5°N, in Finnland bis 65°N, in Russland bis Karelien, Kirov und Perm; südwärts bis Apulien, Thessalien, Süd-*Türkei und Nordiran. **SW-Eu:** E, I. **Z-Eu:** F, B, LUX, NL, D, A, CH, DK. **N-Eu:** GB, N, S, SF, EST, LT, LV, RUS(N). **NO-Eu:** CS, SK, PL, BY, UA, RUS(S). **SO-Eu:** H, RO, SLO, HR, SRB, AL, BG, GR. **N-Afr:** {~~DZ~~}. **W-As:** *TR, Kaukasus, IR. **Sib:** W-Sib, O-Sib. **NO-As:** Jak, Sach.

Lokalverbreitung: In Deutschland aus allen Bundesländern gemeldet (aktuell). In Österreich mit Ausnahme der Bundesländer Tirol, Salzburg und Vorarlberg überall nachgewiesen. In der Schweiz aktuell von Genf, Wallis und Tessin, historisch von Basel, dem Misox und dem Puschlav.

Epeolus fasciatus Friese, 1895
Binden-Filzbiene

Nomenklatur: Synonym: *Epeolus transitorius* auct. nec Eversmann, 1852.

Etymologie: Von lat. „*fasciatus*" = „gebändert", wegen der Filzbinden des Hinterleibs.

Lebensraum: Trockenwarme Standorte; Brach- und Ruderalflächen, Ackerraine. Vom Flachland bis in die kolline Höhenstufe.

Wirt: *Colletes punctatus*.

Flugzeit: In einer Generation von Juli bis August.

Gesamtverbreitung: Von Ostösterreich über Osteuropa bis in die Ukraine (die Meldungen aus der Türkei und dem Kaukasus sind älteren Datums und müssten überprüft werden); nordwärts bis Slowakei, südwärts bis Zentralbulgarien (Balkan). **SW-Eu:** I. **Z-Eu:** {~~D~~}, A. **N-Eu:** RUS(N). **NO-Eu:** SK, UA, RUS(S). **SO-Eu:** H, RO, SLO, HR, SRB, BG. **W-As:** TR(?), Kaukasus(?).

Lokalverbreitung: Bei der Meldung von Friese (1893) aus Mecklenburg-Vorpommern unter dem Synonym *Epeolus transitorius* handelt es sich sicherlich um eine Fehlbestimmung. In Österreich nur aus dem Burgenland bekannt geworden, aber seit 1940 nicht mehr gefunden.

Epeolus productulus Bischoff, 1930
Trockenrasen-Filzbiene

Etymologie: Diminutiv von lat. „*productus*" = „ausgedehnt, verlängert, vorspringend"; Bischoff vergleicht die Art mit *E. productus*, einem Synonym von *E. variegatus* („Die Art ist durchschnittlich kleiner als *productus*"). Der deutsche Name bezieht sich auf die wissenschaftliche Bezeichnung.

Lebensraum: Trockenwarme Standorte; Weinberge, Trockenrasen, Steppen. Vom Flachland bis in die kolline Höhenstufe.

Wirt: Vermutlich *Colletes mlokossewiczi*.

Flugzeit: In einer Generation von Juni bis August.

Gesamtverbreitung: Von Languedoc-Roussillon über Wallis, Piemont, Trentino, Burgenland und Ukraine bis Sarepta sowie über Bulgarien, Griechenland und Kleinasien bis in den Kaukasus und südwärts bis Syrien. **SW-Eu:** I. **Z-Eu:** F, A, CH. **NO-Eu:** UA, RUS(S). **SO-Eu:** BG, GR. **W-As:** GR(Ä), TR, SYR, Kaukasus. **Z-As:** TAD, KAZ.

Lokalverbreitung: In Österreich (Burgenland) erst 1999 erstmals nachgewiesen (Schwarz et al. 1999). In der Schweiz nur im Wallis (aktuell).

Epeolus schummeli Schilling, 1849
Steppen-Filzbiene

Etymologie: Dem Breslauer Entomologen T. E. Schummel († 1848) gewidmet. Deutscher Name: Steppen sind einer der Hauptlebensräume der Art.

Lebensraum: Trockenwarme Standorte; Binnendünen, Sandheiden, Steppen, Sand-, Kies- und Lehmgruben. Vom Flachland bis in die kolline Höhenstufe.

Wirte: *Colletes nasutus* und vermutlich auch *Colletes graeffei,* wie neuere Beobachtungen aus Tschechien nahelegen (Bogusch 2003).

Flugzeit: In einer Generation von Juni bis August.

Gesamtverbreitung: Von Brandenburg und Ostösterreich über Osteuropa und Kleinasien bis Iran. **Z-Eu:** D, A. **NO-Eu:** CS, SK, PL, BY, UA, RUS(S). **SO-Eu:** H, RO, HR, BG. **W-As:** *GR(Ä), TR, IR.

Lokalverbreitung: In Deutschland nur aus Brandenburg bekannt. In Österreich aus Niederösterreich und dem Burgenland gemeldet. In beiden Ländern aktuell.

Epeolus tarsalis Morawitz, 1873

Tarsen-Filzbiene

Nomenklatur: Synonyme: *Epeolus praeustus* Pérez, 1884; *Epeolus rozenburgensis* van Lith, 1949.

Etymologie: Von Tarsen (anat.), also den Endgliedern der Beine, die bei dieser Art alle rotbraun gefärbt sind.

Lebensraum: Trockenwarme Standorte; Weinberge, Trockenrasen, Steppen, Binnendünen. Vom Flachland bis in die kolline Höhenstufe.

Wirte: *Colletes collaris*. In den Niederlanden parasitiert die als *rozenburgensis* van Lith, 1949 beschriebene und im Gebiet noch nicht beobachtete Form die Nester von *Colletes halophilus*.

Flugzeit: In einer Generation von August bis September.

Gesamtverbreitung: Disjunkt in der West- und Ostpaläarktis oder transpaläarktisch mit Nachweislücke in Zentralasien und zwischen Ural und Mittelsibirischem Bergland. In der Westpaläarktis an der Atlantik- bzw. Nordseeküste von Aquitanien, Belgien und Niederlande, in Ostösterreich, Mähren, Slowakei und Ungarn sowie im Kaukasus und Südrussland. In der Ostpaläarktis von Burjatien und Mongolei bis Primorje und Japan. Es wurden verschiedene Formen beschrieben, die von manchen Autoren als Unterarten betrachtet werden: ssp. *praeustus* Pérez, 1884 in den Alpen und Pyrenäen, ssp. *rozenburgensis* van Lith, 1949 in den Küstengebieten der Niederlande, ssp. *himukanus* Hirashima, 1955 in Japan und auf der Koreanischen Halbinsel. **SW-Eu:** I. **Z-Eu:** F, NL, A. **NO-Eu:** CS, SK, RUS(S). **SO-Eu:** H. **W-As:** Kaukasus. **Sib:** O-Sib. **NO-As:** Amur, JAO, Khab, Prim. **SO-As:** MGL, KP, J.

Lokalverbreitung: Im Gebiet nur aus Niederösterreich, Tirol und dem Burgenland nachgewiesen; alle Nachweise stammen von vor 1945.

Epeolus variegatus (Linnaeus, 1758)

Gewöhnliche Filzbiene

Nomenklatur: Synonym: *Epeolus productus* Thomson, 1870.

Etymologie: Von lat. „*variegatus*“ = „bunt“, wegen des durch die Rot- und Schwarzfärbung des Chitins zusammen mit den gelbweißen Filzflecken bunten Gesamteindrucks. Deutscher Name: Die Art ist im Gebiet die häufigste der Gattung.

Lebensraum: Sand-, Kies- und Lehmgruben, Hochwasserdämme, Ruderalflächen. Vom Flachland bis in die montane Höhenstufe.

Wirte: *Colletes fodiens*, *Colletes similis* und *Colletes daviesanus*.

Flugzeit: In einer Generation von Juni bis August.

Gesamtverbreitung: In Nordafrika von Marokko bis Algerien (alter Nachweis, überprüfungsbedürftig). In Eurasien von Portugal über Europa, Klein-

asien, Kaukasus und Sibirien bis Mongolei und Jakutien; in Europa nordwärts bis Wales und Nordengland (keine Nachweise aus Irland), in Norwegen und Schweden bis 61,5°N, in Finnland bis 64°N, in Russland bis Leningrad und Kirov; Südgrenze in Italien unklar, da das Taxon *Epeolus compar* Alfken, 1938, das von Sardinien beschrieben und verschiedentlich als Synonym von *E. variegatus* aufgefasst wurde, wahrscheinlich doch eine eigene Art darstellt, auf die sich möglicherweise auch die Meldungen von Sizilien und Süditalien beziehen; ansonsten südwärts bis Sizilien, Albanien, Bulgarien, *Nordgriechenland und Türkei. **SW-Eu:** P, E, *E(B), *F(K), I(Sa), I(Si), I. **Z-Eu:** F, B, LUX, NL, D, A, CH, DK. **N-Eu:** GB, N, S, SF, EST, LT, LV, RUS(N). **NO-Eu:** CS, SK, PL, BY, UA, RUS(S). **SO-Eu:** H, RO, SLO, HR, SRB, BIH, AL, BG, *GR. **N-Afr:** MA, DZ(?), {~~ET~~}. **W-As:** *GR(Ä), TR, Kaukasus. **Z-As:** TAD. **Sib:** W-Sib, O-Sib. **NO-As:** Jak. **SO-As:** MGL.

Lokalverbreitung: In Deutschland und Österreich fast überall, fehlt in der Schweiz entlang des Alpenhauptkamms und in großen Teilen des Mittellandes.

Eucera Scopoli, 1770
Langhornbienen

Systematik: Familie: Apidae – Unterfamilie: Apinae – Tribus: Eucerini.

Nomenklatur: Lange Zeit wurden die europäischen Arten der Tribus Eucerini in die zwei Gattungen *Eucera* und *Tetralonia* geteilt, wobei *Te-*

tralonia die Arten mit drei, *Eucera* die Arten mit zwei Cubitalzellen umfasste. In jüngster Zeit wurden diese beiden Gattungen nochmals weiter aufgeteilt, und zwar *Eucera* in *Eucera* und *Cubitalia* und *Tetralonia* in *Tetralonia*, *Tetraloniella* und *Synhalonia*.

Literatur: Schmiedeknecht (1930); Scheuchl (2000); Amiet et al. (2007). Weitere hilfreiche Arbeiten: Tkalců (1984b); Risch (1997, 2001, 2003).

Etymologie: Von griech. „*eu*“ = „wohl, gut“ und „*kéras*“ = „Horn“, bezieht sich wie auch der deutsche Gattungsname auf die stark verlängerten Fühler der Männchen.

Körperliche Merkmale. In Größe, Form und Färbung ähnelt die Gattung *Eucera* wie alle Langhornbienen sehr den Pelzbienen; wie diese besitzen die Männchen ebenfalls meist einen gelben Kopfschild und die Weibchen vieler Arten helle Hinterleibsbinden. Im Gegensatz zu den Pelzbienen besitzt *Eucera* nur zwei Cubitalzellen im Vorderflügel. Charakteristisch sind die für die Tribus Eucerini typischen stark verlängerten Fühler der Männchen, die zuweilen fast Körperlänge erreichen. Von der Gattung *Cubitalia*, die wie *Eucera* nur zwei Cubitalzellen besitzt (die übrigen Eucerini haben drei), unterscheidet sich die Gattung dadurch, dass die Cubitalzelle 1 kleiner ist als 2 (bei *Cubitalia* fast gleich groß), und durch die sechs-, selten fünfgliedrigen Maxillarpalpen (bei *Cubitalia* viergliedrig). Beim Männchen ist überdies das Geißelglied 2 um ein Vielfaches kürzer als Geißelglied 3 (bei *Cubitalia* genauso lang oder länger).

Lebensweise: *Eucera*-Arten sind solitär lebende, pollensammelnde und nestbauende Bienen.

Pollenquellen: Alle einheimischen *Eucera*-Arten sind auf Schmetterlingsblütler (*Fabaceae*) spezialisiert. Besonders häufig trifft man sie auf Wicken (*Vicia*) und Platterbsen (*Lathyrus*) an.

Nestbau: Langhornbienen nisten in selbst gegrabenen Hohlräumen in der Erde. Die Nester werden in selbst gegrabenen Gängen im Boden angelegt, vorzugsweise auf ebenen oder schwach geneigten, zuweilen auch stark abschüssigen Flächen. Von einem Hauptgang, der sich manchmal in einige wenige Seitengänge verzweigen kann, gehen in der Regel mehrere kurze, schräg oder senkrecht nach unten führende Nebengänge ab, an deren Ende jeweils eine vertikal orientierte Brutzelle sitzt. Die Brutzelle ist im Prinzip lediglich ein Hohlraum in der Erde, d.h. es werden nicht wie bei den meisten anderen Bienen eigens Zellwände angefertigt und die Innenwand der Zellen wird auch nicht ausgekleidet. Der Nahrungsvorrat füllt die gesamte untere Hälfte der Zelle, wird also nicht zu einer Kugel geformt. Die Zellen werden nach der Eiablage verschlossen und die zu ihnen führenden Nebengänge mit Erde verfüllt.

Parasiten: Als Kuckucksbiene treten Arten der Gattung *Nomada* auf.

Besonderes Verhalten: Wie bei etlichen anderen Gattungen patrouillieren auch bei *Eucera* die Männchen, die früher als die Weibchen erscheinen, auf durch Duftmarken festgelegten Flugbahnen entlang ihrer Nektarquellen, um auf die Weibchen zu warten. Zuweilen finden sich Männchen zum Übernachten einzeln, oft aber auch in Gemeinschaft, in Blüten oder festgebissen an Pflanzenstängeln. Die Männchen vieler Arten fungieren, insbesondere im Mittelmeergebiet, als Bestäuber von *Ophrys*-Spezies, deren Blüten durch Geruch und Aussehen Langhornbienen-Weibchen imitieren; den dadurch angelockten Männchen wird dann beim Kopulationsversuch ein Pollenpaket angeheftet.

Verbreitung/Artenzahl: Die Gattung ist paläarktisch verbreitet; sie geht von den Kanaren bis Japan. Insgesamt sind zirka 120 Arten bekannt, von denen zwölf aus dem Gebiet gemeldet wurden, zwei davon irrtümlich.

Eucera atricornis Panzer, 1809
Schwarzfühler-Langhornbiene

Etymologie: Von lat. „*ater*" = „schwarz, dunkel" und „*cornum*" = „Horn" (im Sinne von Fühler).

Lokalverbreitung: Panzer beschreibt diese Art aus Deutschland. Dalla Torre (1896) synonymisiert *E. atricornis* mit *Eucera dimidiata* Brullé, 1832, die allerdings nur in Nordafrika und dem ostmediterranen Raum vorkommt, sodass unklar bleibt, auf welche Art Panzer sich bezieht.

Eucera caspica Morawitz, 1873
Kaspische Langhornbiene

Etymologie: Morawitz beschrieb die Art von Derbent am Kaspischen Meer.

Lokalverbreitung: Dusmet (1926) gibt bei den Verbreitungsangaben zu *Eucera caspica* auch „Alemania" an, unter Berufung auf Friese, der die Art aber nie von dort gemeldet hat.

Eucera cineraria Eversmann, 1852
Graue Langhornbiene

Systematik: Untergattung *Hetereucera* Tkalců, 1978.

Nomenklatur: Synonyme: *Eucera cinerea* Lepeletier, 1841.

Etymologie: Von lat. „*cinerea*" = „aschgrau"; wegen der Farbe der Körperbehaarung.

Pollenquellen: Möglicherweise oligolektisch auf Schmetterlingsblütler (Fabaceae) oder polylektisch mit Bevorzugung dieser Pflanzengruppe.

Lebensraum: Trockenwarme Standorte; Magerrasen, Flächen mit Steppencharakter. Vom Flachland bis in die kolline Höhenstufe.

Parasiten: Kuckucksbienen wurden bisher nicht beobachtet. Erwachsene Tiere sind zuweilen von Ölkäferlarven befallen.

Flugzeit: In einer Generation von Mai bis Juli.

Gesamtverbreitung: In Nordafrika von Marokko und Algerien gemeldet. In Eurasien von Portugal über Süd- und südliches Mitteleuropa sowie Kleinasien bis in den Kaukasus und bis Syrien; in Europa nordwärts bis Bayern, Ostösterreich, Mähren, Slowakei und Orenburg; südwärts bis Kalabrien und Thessalien. **SW Eu:** E, I. **Z Eu:** F, D, A. **NO-Eu:** CS, SK, {PL}, UA, RUS(S). **SO-Eu:** H, RO, HR, MK, SRB, BIH, AL, BG, GR. **N-Afr:** MA, DZ. **W-As:** GR(Ä), TR, SYR, Kaukasus, IR.

Lokalverbreitung: Morawitz (1870) gibt die Art für „Germania" an; ein konkreter Fund wird aber aus Deutschland nur ein einziges Mal in Warncke (1986b) gemeldet, ein einzelnes Männchen von Fürth von 1954. In Österreich zwei Funde aus dem Burgenland (Weiden und Neusiedl am See) von 1940 (Pittioni & Schmidt 1942).

Eucera clypeata Erichson, 1835
Ragwurz-Langhornbiene

Systematik: Untergattung *Hetereucera* Tkalců, 1978.

Etymologie: Von „Clypeus" (anat.), wegen des gelb gefärbten Clypeus beim Männchen. Deutscher Name: Die Männchen der Art sind vor allem im Mittelmeergebiet Bestäuber von Ragwurzen, also Orchideen der Gattung *Ophrys*.

Pollenquellen: Offensichtlich polylektisch.

Nestbau: Bisher wurden nur einzelne Nester in sandig-lehmigem Substrat beobachtet.

Lebensraum: Trockenwarme Standorte; Magerrasen, Flächen mit Steppencharakter. Vom Flachland bis in die montane Höhenstufe.

Parasiten: Kuckucksbienen wurden bisher nicht beobachtet. Erwachsene Tiere sind zuweilen von Ölkäferlarven befallen.

Flugzeit: Nach Daten aus dem Mittelmeerraum in einer Generation von April/Mai bis Juni.

Gesamtverbreitung: In Nordafrika von Marokko bis Tunesien. In Eurasien von Portugal über Süd- und südliches Mitteleuropa sowie Kleinasien und Kaukasus bis in das östliche Zentralasien; in Europa nordwärts bis Ostösterreich, Mähren, Slowakei, Südweißrussland, Mordwinien und Baschkortostan; südwärts bis Sizilien, Peloponnes, Rhodos, in Asien bis Israel und Pakistan. **SW-Eu:** P, E, E(B), I(Sa), I(Si), I. **Z-Eu:** F, A. **N-Eu:** RUS(N). **NO-Eu:** CS, SK, PL?, BY, UA, UA(K), RUS(S). **SO-Eu:** H, RO, SLO, HR, MK, SRB, BIH, AL, BG, GR. **N-Afr:** MA, DZ, TN. **W-As:** GR(Ä), TR, SYR, IL, JOR, IRQ, Kaukasus, IR, AFG. **Z-As:** TM, UZB, TAD, KAZ, KGZ. **Ori:** PAK.

Lokalverbreitung: Im Gebiet sind nur wenige Exemplare zwischen 1935 und 1940 von zwei Fundorten am Neusiedler See bekannt geworden (PITTIONI & SCHMIDT 1942).

Eucera interrupta BAER, 1850
Wicken-Langhornbiene

Systematik: Untergattung *Eucera* SCOPOLI, 1770 *s. str.*

Etymologie: Von lat. „*interrupta*" = „unterbrochen", wegen der in der Mitte unterbrochenen Haarbinden des Hinterleibs. Deutscher Name: Wicken gehören zu den bevorzugten Pollenquellen der Art.

Pollenquellen: Oligolektisch auf Schmetterlingsblütler (Fabaceae).

Lebensraum: Trockenwarme Standorte; Magerrasen, Brach- und Ruderalflächen. Vom Flachland bis in die kolline Höhenstufe.

Parasiten: Kuckucksbiene ist *Nomada sexfasciata* und mit ziemlicher Sicherheit auch *Nomada nobilis*.

Flugzeit: In einer Generation von Mai bis Juli.

Gesamtverbreitung: DUSMET (1926) gibt die Art für Algerien und Tunesien an; für Algerien bezieht er sich auf *Eucera semistrigosa* DOURS, 1873, die er für ein Synonym von *E. interrupta* hält, für Tunesien auf die höchstwahrscheinlich irrtümliche Meldung von GRAEFFE (1906). Verlässliche Meldungen aus Nordafrika sind nicht bekannt. In Eurasien von der Iberischen Halbinsel über Süd- und südliches Mitteleuropa sowie Kleinasien und Kaukasus bis ins östliche *Kasachstan; nordwärts bis zur Ostsee und Perm; südwärts bis Sizilien und Thessalien. **SW-Eu:** P(?), E, I(Si), I. **Z-Eu:** F, D, A, CH. **N-Eu:** RUS(N). **NO-Eu:** CS, SK, PL, BY, UA, UA(K), RUS(S). **SO-Eu:** H, RO, SLO, HR, MK, SRB, AL, BG, GR. **N-Afr:** DZ(?), TN(?). **W-As:** GR(Ä), TR, Kaukasus. **Z-As:** *KAZ.

Lokalverbreitung: In Deutschland aktuell aus Sachsen-Anhalt, Brandenburg, Hessen, Thüringen, Rheinland-Pfalz, Baden-Württemberg und Bayern, historisch aus Mecklenburg-Vorpommern nachgewiesen. In Österreich mit Ausnahme von Salzburg, Tirol und Vorarlberg aus allen Bundesländern gemeldet. In der Schweiz aktuell im Wallis und St. Gallen, historisch von Genf und Bellinzona bekannt.

Eucera longicornis (LINNAEUS, 1758)
Juni-Langhornbiene

Systematik: Untergattung *Eucera* SCOPOLI, 1770 *s. str.*

Etymologie: Von lat. „*longus*" = „lang" und „*cornum*" = „Horn" (im Sinne von Fühler), wegen der langen Fühler beim Männchen. Der deutsche Name bezieht sich auf die im Vergleich zur nächstverwandten *E. nigrescens* um etwa einen Monat spätere Flugzeit.

Pollenquellen: Oligolektisch auf Schmetterlingsblütler (Fabaceae); am häufigsten auf Wicken (*Vicia spec.*), Platterbsen (*Lathyrus spec.*) und Klee (*Trifolium spec.*) zu beobachten.

Nestbau: Nistplätze sind kahle oder schütter bewachsene Flächen auf horizontalen Flächen oder an Böschungen, bevorzugt in sandigem oder lehmigem Boden.

Lebensraum: Trockenwarme Magerwiesen, extensiv genutztes Grünland, Hochwasserdämme, Ruderalflächen. Vom Flachland bis in die kolline Höhenstufe.

Parasiten: Kuckucksbiene ist *Nomada sexfasciata*.

Flugzeit: In einer Generation von Mai bis Juli.

Besonderes Verhalten: Die Männchen dieser Art sind in Mitteleuropa Bestäuber der Hummel-Ragwurz (*Ophrys holosericea*).

Gesamtverbreitung: Transpaläarktisch. Angaben für Nordafrika beziehen sich wahrscheinlich auf andere Arten. In Eurasien von Nordspanien über Europa, Kleinasien, Kaukasus und Sibirien bis Primorje; nordwärts in Europa bis Mittelengland (keine Nachweise von Irland), in Norwegen bis 60°N, in Schweden bis 63°N, in Finnland bis 63,5°N, in Russland bis Karelien, Kirov und Perm; südwärts bis Sizilien und Kreta, in Asien bis Israel und Irak. **SW-Eu:** E, F(K), I(Sa), I(Si), I. **Z-Eu:** F, B, LUX, NL, D, A, CH, FL, DK. **N-Eu:** GB, N, S, SF, EST, LT, LV, RUS(N). **NO-Eu:** CS, SK, PL, BY, UA, UA(K), RUS(S). **SO-Eu:** H, RO, MD, SLO, HR, MK, SRB, BIH, AL, BG, GR, GR(K). **N-Afr:** MA?, DZ?,

TN?, ET? **W-As:** GR(Ä), TR, SYR, IL, IRQ, Kaukasus. **Z-As:** KAZ. **Sib:** W-Sib, O-Sib. **NO-As:** Amur, JAO, Khab, Prim. **SO-As:** RC (Gansu).

Lokalverbreitung: Im Gebiet aus allen Regionen gemeldet.

Eucera nigrescens Pérez, 1879
Mai-Langhornbiene

Systematik: Untergattung *Eucera* Scopoli, 1770 *s. str.*

Nomenklatur: Synonym: *Eucera tuberculata* auct. nec (Fabricius, 1793).

Etymologie: Von lat. „*nigrescens*“ = „geschwärzt“; Pérez beschreibt die Art als verdunkelte Varietät von *E. longicornis* aus Korsika. Der Name *E. longicornis* wurde damals für *E. nigrescens* verwendet, bis sich durch die Untersuchung der Linnéschen Typen die wahre Identität herausstellte und somit die bis dahin als *E. longicornis* aufgefasste Art einen neuen Namen brauchte; hier erwies sich *E. nigrescens* als der älteste verfügbare Name (Tkalců 1984b). Der deutsche Name bezieht sich auf die im Vergleich zur nächstverwandten *E. longicornis* um etwa einen Monat frühere Flugzeit.

Pollenquellen: Oligolektisch auf Schmetterlingsblütler (Fabaceae). Hauptpollenquelle im Gebiet ist die Zaunwicke (*Vicia sepium*).

Nestbau: Nistplätze sind kahle oder schütter bewachsene Flächen auf horizontalen Flächen oder an Böschungen, bevorzugt in sandigem oder lehmigem Boden.

Lebensraum: Fettwiesen, Hochwasserdämme, Hecken und Waldsäume mit größeren Beständen der Zaun-Wicke. Vom Flachland bis in die kolline Höhenstufe.

Parasiten: Kuckucksbiene ist *Nomada sexfasciata*.

Flugzeit: In einer Generation von Ende April bis Ende Juni.

Besonderes Verhalten: Die Männchen dieser Art sind in Mitteleuropa Bestäuber der Hummel-Ragwurz (*Ophrys holosericea*), in der Schweiz auch der Wespen-Ragwurz (*Ophrys tenthredinifera*).

Gesamtverbreitung: Die Meldungen aus Marokko sind zweifelhaft. In Eurasien von Portugal über Süd- und südliches Mitteleuropa sowie Kleinasien bis in den Kaukasus; nordwärts in Europa bis Südengland (hier letzter Nachweis 1970, keine Nachweise von Irland), bis Mecklenburg-Vorpommern, Nordukraine und Penza; südwärts bis Sizilien, Peloponnes, Kreta, in Asien bis Jordanien. Zerfällt nach Tkalců in die Nominatform und in je eine westliche und eine östliche Unterart: die Nominatform auf Korsika, Sardinien, Sizilien, Basses-Alpes, Ostpyrenäen und Nordspanien; die ssp. *continentis* Tkalců, 1984 besiedelt Iberien, die ganze Apenninenhalbinsel und geht bis Mitteleuropa; auf Sizilien eine Mischpopulation; die ssp. *contraria* Tkalců, 1984 von Mitteleuropa ostwärts über die Balkanhalbinsel (einschließlich Kreta) bis nach Kleinasien und Iran. **SW-Eu:** P, E, F(K), I(Sa), I(Si), I. **Z-Eu:** F, B, LUX, NL, D, A, CH, FL, ~~{DK}~~. **N-Eu:** GB. **NO-Eu:** CS, SK, PL, UA, UA(K), RUS(S). **SO-Eu:** H, RO, SLO, HR, SRB, BG, GR, GR(K). **N-Afr:** MA? **W-As:** GR(Ä), CY, TR, JOR, Kaukasus, IR.

Lokalverbreitung: In Deutschland mit Ausnahme von Schleswig-Holstein aus allen Bundesländern nachgewiesen, in Mecklenburg-Vorpommern nur historisch. In Österreich mit Ausnahme von Tirol aus allen Bundesländern nachgewiesen, Meldung aus Salzburg bestätigungsbedürftig. In der Schweiz mit Ausnahme des Engadins und der höheren Lagen des Alpenhauptkammes fast überall.

Eucera pannonica Mocsáry, 1878

Pannonische Langhornbiene

Systematik: Untergattung *Hetereucera* Tkalců, 1978.

Etymologie: *Locus typicus* ist Nádorkert bei Budapest in der Pannonischen Tiefebene.

Pollenquellen: Wahrscheinlich oligolektisch auf Korbblütler (Asteraceae) der Unterfamilie Carduoideae oder polylektisch mit Bevorzugung dieser Pflanzengruppe.

Lebensraum: Trockenwarme Flächen mit Steppencharakter. Vom Flachland bis in die kolline Höhenstufe.

Flugzeit: In einer Generation von Mai bis Juni.

Gesamtverbreitung: In Nordafrika erstmals 2012 aus Algerien gemeldet. In Eurasien von Portugal über Süd- und südliches Mitteleuropa bis Südrussland, *Kleinasien und *Kaukasus; nordwärts bis Ostösterreich, Slowakei und Nordukraine (Sumy). **SW-Eu:** P, E, I. **Z-Eu:** F, A. **NO-Eu:** SK, UA, RUS(S). **SO-Eu:** H, RO, HR, SRB. **N-Afr:** DZ. **W-As:** *TR, *Kaukasus.

Lokalverbreitung: Im Gebiet nur in Österreich, wo die Art 2012 erstmals von Wien gemeldet wurde (Gusenleitner et al. 2012).

Eucera pollinosa Smith, 1854
Goldfarbene Langhornbiene

Systematik: Untergattung *Eucera* Scopoli, 1770 *s. str.*

Nomenklatur: Synonym: *Eucera chrysopyga* Pérez, 1879. In vielen Publikationen und insbesondere Internetquellen wird dieser Name aufgrund einer irrtümlich angenommenen Homonymie verwendet. Ursache ist die Beschreibung von *Macrocera pollinosa* Lepeletier, 1841, die heutzutage in die Gattung *Tetraloniella* gestellt wird. Eine Homonymie entstünde nur, wenn man alle Eucerini zu einer einzigen Gattung *Eucera* zusammenfassen würde, was aber längst obsolet ist.

Etymologie: Von lat. „*pollinosa*" = „bestäubt", wegen der extrem dichten und kurzen Behaarung des Hinterleibs, wodurch er wie staubbedeckt wirkt. Deutscher Name: Die Farbe der Hinterleibsbehaarung ist goldbraun.

Pollenquellen: Oligolektisch auf Schmetterlingsblütler (Fabaceae). Hauptpollenquellen im Gebiet sind Wicken (*Vicia*) und Tragant (*Astragalus*). Auffallenderweise patrouillieren die Männchen bevorzugt nicht an den Futterpflanzen, sondern an Mönchskraut (*Nonnea*) und Ochsenzunge (*Anchusa*).

Nestbau: Nistet auf kahlen bis schütter bewachsenen Sandflächen, zuweilen in Aggregationen.

Lebensraum: Trockenwarme, steppenartige Standorte. Vom Flachland bis in die kolline Höhenstufe.

Flugzeit: In einer Generation von Mai bis Juli.

Gesamtverbreitung: Auf Friese (1896) zurückgehende Meldungen aus Algerien sind überprüfungsbedürftig. In Eurasien von Portugal über Süd- und südliches Mitteleuropa sowie Kleinasien bis Wolgograd und Iran; nordwärts in Europa bis Mähren, Slowakei und Zentralukraine (Kaniw); südwärts bis Emilia-Romagna (Meldungen aus Süditalien und Sizilien sind überprüfungsbedürftig), Mazedonien und Lesbos, in Asien bis Südtürkei und Nordiran. **SW-Eu:** P, E, F(K), I(Si)(?), I. **Z-Eu:** F, A, CH. **NO-Eu:** CS, SK, PL?, UA, UA(K), RUS(S). **SO-Eu:** H, RO, SLO, HR, MK, SRB, BIH, AL, BG. **N-Afr:** DZ(?). **W-As:** GR(Ä), TR, Kaukasus, IR.

Lokalverbreitung: Im Gebiet nur aus Niederösterreich und dem Burgenland nachgewiesen, wo sie Jahrzehnte verschwunden war und erst seit 1999 wieder an einigen Fundorten nachgewiesen werden konnte.

Eucera proxima Morawitz, 1875

Glänzende Langhornbiene

Systematik: Untergattung *Eucera* Scopoli, 1770 *s. str.*

Nomenklatur: Synonyme: *Eucera graeca* Raduszkowski, 1875; *Eucera nitidiventris* Mocsáry, 1879.

Etymologie: Von lat. „*proxima*" = „die nächste, am nächsten", aufgrund der Ähnlichkeit mit verwandten Arten. Der deutsche Name bezieht sich auf die stark glänzenden Tergite des Weibchens.

Pollenquellen: Vermutlich polylektisch.

Flugzeit: In einer Generation von Mai bis Juli.

Gesamtverbreitung: Ob die unter den Synonymen *Eucera nitidiventris* Mocsáry, 1879 und *Eucera semistrigosa* Dours, 1873 gemeldeten Tiere aus Marokko und Algerien wirklich zu *E. proxima* gehören, ist überprüfungsbedürftig. In Eurasien von Portugal über Südeuropa, Kleinasien und Kaukasus bis Zentralasien; nordwärts in Europa bis Ostösterreich, Slowakei, Ukraine (Karpaten), Ulyanovsk und Baschkortostan; südwärts bis Sizilien, Mittelgriechenland und Zypern, in Asien bis Israel. **SW-Eu:** P, E, I(Si), I. **NO-Eu:** SK, UA, RUS(S). **SO-Eu:** H, RO, HR, MK, SRB, BIH, AL, BG, GR. **N-Afr:** MA(?), DZ(?). **W-As:** GR(Ä), CY, TR, SYR, IL, Kaukasus, IR. **Z-As:** *TM, UZB, TAD.

Lokalverbreitung: Im Gebiet nur von einigen wenigen Männchen aus dem Burgenland und Niederösterreich bekannt (historisch).

Eucera punctulata Alfken, 1942

Punktierte Langhornbiene

Systematik: Untergattung *Eucera* Scopoli, 1770 *s. str.*

Nomenklatur: Von Sitdikov & Pesenko 1988 mit *E. interrupta* synonymisiert. Dieser Synonymisierung wird jedoch von anderen Bearbeitern nicht gefolgt.

Etymologie: Diminutiv von lat. „*punctata*" = „punktiert". Der deutsche Name folgt der wissenschaftlichen Bezeichnung.

Pollenquellen: Vermutlich oligolektisch auf Schmetterlingsblütler (Fabaceae).

Parasiten: Kuckucksbienen wurden noch nicht bekannt. Erwachsene Tiere sind zuweilen von Fächerflüglern befallen.

Flugzeit: In einer Generation von Mai bis Juni.

Gesamtverbreitung: Von Ostösterreich über die Balkanhalbinsel bis in die *Ukraine und über *Kleinasien bis nach Israel und Jordanien. **Z-Eu:** A. **NO-Eu:** *UA. **SO-Eu:** RO, HR, MNE, MK, SRB, BG, GR. **W-As:** GR(Ä), *TR, SYR, RL, IL, JOR.

Lokalverbreitung: Im Gebiet nur aus Österreich gemeldet. Alfken beschreibt die Art anhand von Weibchen von der Insel Krk und von Männchen aus Jedlsee bei Wien. Laut Risch (mdl. Mitt.), der das Typenmaterial untersucht hat, gehören die Männchen zu *E. nigrescens*. Gusenleitner et al. 2012 führen die Art jedoch für die Steiermark auf.

Eucera seminuda Brullé, 1832

Breitsporn-Langhornbiene

Systematik: Untergattung *Hetereucera* Tkalců, 1978.

Nomenklatur: Synonym: *Eucera paradoxa* Mocsáry, 1878.

Etymologie: Von lat. „*semi-*" = „halb-" und „*nuda*" = „nackt", wegen der Hinterleibsbehaarung, die jeweils nur eine Hälfte des Tergits bedeckt. Der deutsche Name bezieht sich auf den blattartig verbreiterten Sporn der Mitteltibien beim Männchen.

Pollenquellen: Polylektisch.

Flugzeit: Die wenigen Daten stammen aus dem Juni.

Gesamtverbreitung: Die von Nordafrika und Spanien, möglicherweise auch die aus Italien gemeldeten Tiere dürften zu *Eucera elongatula* Vachal, 1907 gehören; jedenfalls sind aus Afrika und Westeuropa keine verlässlichen Meldungen bekannt. Von Ostösterreich und Tschechien über Südosteuropa bis zur Wolga; nordwärts bis Böhmen, Slowakei, Südrumänien und Krim; südwärts bis Sizilien, Peloponnes, in Asien bis zur türkischen Südküste. **SW-Eu:** ~~{E, I(Si), I.}~~ **Z-Eu:** A. **NO-Eu:** CS, SK, UA, UA(K), RUS(S). **SO-**

Eu: H, RO, HR, MK, BG, GR, GR(K). **N-Afr:** MA(?), TN(?). **W-As:** GR(Ä), CY, TR, Kaukasus.

Lokalverbreitung: Im Gebiet nur von einem einzigen Männchen vom Neusiedler See bekannt geworden (Pittioni & Schmidt 1942).

Halictus Latreille, 1804
Furchenbienen

Systematik: Familie: Halictidae – Unterfamilie: Halictinae – Tribus: Halictini.

Nomenklatur: Die Gattung *Halictus* war lange Zeit mit der Gattung *Lasioglossum* vereinigt. In jüngerer Zeit wurde *Halictus* von Pesenko in mehrere Gattungen aufgesplittet, von denen im Gebiet *Halictus* und *Seladonia* vorkommen. Michener (2007) erkennt im Gegensatz zu Pesenko nur eine einzige Gattung *Halictus* an, folgt aber dessen Aufteilung in viele verschiedene Untergattungen. Hier wird dem klassischen System von Ebmer mit einer Aufteilung der Gattung in der Paläarktis in die drei Untergattungen *Halictus s. str.*, *Seladonia* und *Vestitohalictus* gefolgt; die Aufteilung nach Michener wird in eckigen Klammern angegeben.

Literatur: Blüthgen (1930a); Ebmer (1969); Amiet et al. (2001). Weitere hilfreiche Arbeiten: Pesenko et al. (2000).

Etymologie: Von griech. „*alekto*“ = „die niemals Rastende“, möglicherweise mit Bezug auf Alekto, eine der drei Erinnyen der griechischen Mythologie. Ihren deutschen Namen besitzt die Gattung wegen der charakteristischen Mittelfurche auf dem 5. Rückensegment des Hinterleibs bei den Weibchen.

Taxonomie: Etliche Arten können nur im männlichen Geschlecht mit Sicherheit determiniert werden.

Körperliche Merkmale: Die Gattung *Halictus* umfasst Arten von 4–16 mm Länge; die Körper sind schwarz oder schwarzbraun gefärbt, es gibt aber auch metallisch grüne oder goldglänzende Arten. Die Männchen sind deutlich schlanker als die Weibchen; diese besitzen eine Sammelbürste an den Hinterbeinen. Von den Schmalbienen (*Lasioglossum*), mit der die Furchenbienen früher zu einer Gattung zusammengefasst waren, unterscheiden sie sich hauptsächlich durch die dichten hellen Haarbinden an den Enden der Hinterleibssegmente und durch Abweichungen im Flügelgeäder.

Lebensweise: Viele der heimischen Furchenbienen sind eusozial, leben also in kleinen sozialen Gemeinschaften. Diese umfassen meist zwei bis vier, selten bis zu einem Dutzend Tiere. Die überwinternden Weibchen ziehen im Frühjahr ihre erste Brut selbst groß, danach übernehmen die daraus schlüpfenden Arbeiterinnen die Versorgung der nächsten Brut, einige Tiere beschränken sich ganz auf das Bewachen der Nesteingänge. Die Arbeiterinnen sind jedoch nicht auf ihren Status festgelegt, sondern können, z. B. durch den Tod der Königin, selbst zu Königinnen werden, d. h. sie legen Eier, die jedoch, da die Tiere nicht begattet wurden, unbefruchtet bleiben und nur Männchen hervorbringen. Die Nestgründung geschieht meist durch ein einzelnes befruchtetes Weibchen, es können allerdings auch mehrere befruchtete Weibchen gemeinsam ein Nest etablieren (polygyne Nestgründung). In diesem Fall übernimmt in der Regel das größte Tier die Rolle der Königin. Die Weibchen aller Arten überwintern und erscheinen im Frühjahr (in der Regel im April), ihre Nachkommen (bei eusozialen Arten in der Regel zwei Bruten pro Jahr) sind bis in den Herbst zu beobachten, wobei die Männchen erst im Sommer (ca. Juli) erscheinen. Sie verpaaren sich mit den jungen Weibchen und fliegen gemeinsam bis in den Herbst.

Pollenquellen: Alle im Gebiet vorkommenden Furchenbienen sind Nahrungsgeneralisten.

Nestbau: Sie legen ihre Nester im Boden an, wobei in der Regel kahle oder nur schütter bewachsene Stellen bevorzugt werden. Bei vielen Arten ist der Nesteingang von einem kleinen Erdhügel (Tumulus) umgeben, der aus dem beim Nestbau anfallenden Aushub errichtet wird, bei anderen wird eine kurze Röhre gemauert. Bei der Untergattung *Halictus s. str.* werden die Brutzellen in einem dichten Verbund angeordnet, der durch kleine Pfeiler deutlich vom umgebenden Bodensubstrat isoliert ist. Die Brut durchläuft die Entwicklung vom Ei zum fertigen Insekt innerhalb einer Saison. Die Larve spinnt zur Verpuppung keinen Kokon.

Parasiten: Als Kuckucksbienen treten Blutbienenarten (*Sphecodes*) auf. Erwachsene Bienen sind manchmal von Fächerflüglern der Gattung *Halictoxenos* befallen, oft auch von Milben.

Verbreitung/Artenzahl: Die Gattung besiedelt alle Kontinente mit Ausnahme von Australien. In der Neuen Welt ist sie von Kanada bis Brasilien verbreitet, in der alten Welt von Schweden und Finnland bis Südafrika und von den Kanaren bis China und Südostasien. Zwei Arten sind holarktisch. Insgesamt sind fast 200 Arten bekannt, von denen im Gebiet 28 vorkommen.

Halictus asperulus Pérez, 1895

Raue Furchenbiene

Systematik: Untergattung *Halictus* Latreille, 1804 *s. str.*; [*Tytthalictus* Pesenko, 1984].

Etymologie: Von lat. „*asper*" = „rau, uneben, holprig" oder „scharf, grob, derb"; Pérez bezieht sich auf die Punktierung („*ponctuation [...], un peu rugueuse*").

Pollenquellen: Offensichtlich polylektisch.

Lebensweise: Eusozial. Die Nestgemeinschaften bestehen nach bisherigen Beobachtungen aus nur wenigen Tieren.

Lebensraum: Trockenwarme Standorte. Vom Flachland bis in die kolline Höhenstufe.

Flugzeit: Funddaten aus Ungarn und der Slowakei gehen von Mai bis August.

Gesamtverbreitung: Südliche Westpaläarktis. Von Portugal über Süd- und südliches Mitteleuropa bis in den Iran; nordwärts bis Slowakei und Mittelukraine. **SW-Eu:** P, E, I(Si), I. **Z-Eu:** A. **NO-Eu:** SK, UA, UA(K), RUS(S). **SO-Eu:** H, RO, SLO, HR, MK, SRB, BG, GR. **N-Afr:** {~~MA, DZ~~}. **W-As:** GR(Ä), CY, TR, SYR, IL, Kaukasus, IR.

Lokalverbreitung: Im Gebiet von einem einzigen Weibchen bekannt, das 1992 in Neusiedl am See gefangen wurde (Ebmer 1999).

Halictus brunnescens Eversmann, 1852

Braune Furchenbiene

Systematik: Untergattung *Halictus* Latreille, 1804 *s. str.*; [*Halictus* Latreille, 1804 *s. str.*].

Nomenklatur: Synonym: *Halictus quadricinctus aegyptiacus* Friese, 1916.

Etymologie: Von lat. „*brunneus*" = „rötlichbraun, sienabraun", bezieht sich auf die Farbe der Körperbehaarung.

Pollenquellen: Offensichtlich polylektisch mit Bevorzugung von Korbblütlern (Asteraceae).

Gesamtverbreitung: In Nordafrika von Marokko bis Tunesien und von Ägypten bis Äthiopien. In Eurasien von Portugal über Süd- und südliches Mitteleuropa, Kleinasien, Kaukasus und Zentralasien bis Ostsibirien (Burjatien); nordwärts bis Mähren, Nordukraine und Bashkortostan; südwärts bis Sizilien, Kreta, Zypern und Israel. Erreicht in Pakistan und Nordindien (Himachal Pradesh) die orientalische Faunenregion. **SW-Eu:** P, E, E(B), I(Sa), I(Si), I, M. **Z-Eu:** F, D(?), A. **NO-Eu:** CS, SK, UA, UA(K), RUS(S). **SO-Eu:** H, HR, GR, GR(K). **N-Afr:** MA, DZ, TN, ET, ETH. **W-As:** GR(Ä), CY, TR. **W-As:** IL, Kaukasus, IR, AFG. **Z-As:** TM, UZB, TAD, KAZ, KGZ. **Sib:** O-Sib. **SO-As:** RC (Innere Mongolei). **Ori:** PAK, IND.

Lokalverbreitung: In Deutschland nur von zwei Männchen bekannt, die nach dem Fundortetikett 1962 bei Freiburg im Breisgau gefangen worden sein sollen (Westrich & Dathe 1997). Da der Fundort weitab vom übrigen Verbreitungsgebiet liegt, eine Fehletikettierung nicht völlig ausgeschlossen werden kann und nach Westrich & Dathe 1997 zudem eine erneute Überprüfung des baden-württembergischen Sammlungsmaterials von *Halictus quadricinctus* keine weiteren Nachweise von *Halictus brunnescens* erbrachte, wurde auf die Aufnahme in die deutsche Faunenliste verzichtet. In Österreich sehr wenige Funde vor 1970 aus Neusiedl, Wien, Piesting und Oberweiden; ein Weibchen, das wahrscheinlich zu dieser Art gehört, 2004 vom Hundsheimer Berg (Zettel et al. 2005).

Halictus carinthiacus Blüthgen, 1936
Kärntner Furchenbiene

Systematik: Untergattung *Halictus* Latreille, 1804 *s. str.*; [*Monilapis* Cockerell, 1931].

Nomenklatur: Synonym: *Halictus brachyceros* Blüthgen, 1923.

Etymologie: Von lat. „*Carinthia*“ = Kärnten, dem Typenfundort der Art.

Pollenquellen: Vermutlich polylektisch; beobachtet wurden bisher nur Blütenbesuche auf Korbblütlern (Asteraceae).

Lebensraum: Nach Literaturangaben bevorzugt in lichten Buchenwäldern der montanen Höhenstufe, geht bis in die subalpine Stufe.

Flugzeit: Nach bisher vorliegenden Funddaten Weibchen im Juli, Männchen von Juli bis August.

Gesamtverbreitung: Südalpin, in den Westalpen teilweise auch im Norden. **SW-Eu:** I. **Z-Eu:** F?, A, CH. **SO-Eu:** RO?, SLO, HR. **W-As:** {~~Kaukasus~~}. **SO-As:** {~~RC~~}.

Lokalverbreitung: In Österreich von drei Fundorten in Kärnten und Tirol bekannt, letzter Fund 1980. In der Schweiz aktuell im Wallis und im Berner

Oberland, historisch vom Genfersee-Gebiet sowie vom Neuenburger- und Bielersee

Halictus cochlearitarsis (Dours, 1872)
Löffelbeinige Furchenbiene

Systematik: Untergattung *Halictus* Latreille, 1804 *s. str.*; [*Argalictus* Pesenko, 1984].

Etymologie: Von lat. „*cochlearis*" = „löffelförmig" und „Tarsen" (anat.), bezieht sich auf die eigenartige Bildung der Hintertarsen beim Männchen.

Pollenquellen: Polylektisch.

Flugzeit: Funddaten aus dem Aostatal stammen aus dem Juli und August.

Gesamtverbreitung: Südliche Westpaläarktis. Von Portugal über Südeuropa und Kleinasien bis in den Kaukasus; nordwärts bis Südschweiz und Mittelukraine, südwärts bis Sizilien, Kreta und Israel. **SW-Eu:** P, E, I(Si), I. **Z-Eu:** CH. **NO-Eu:** UA, UA(K), RUS(S). **SO-Eu:** H, RO, HR, MK, BG, GR, GR(K). **W-As:** GR(Ä), TR, IL, Kaukasus.

Lokalverbreitung: Blüthgen (1936) meldet die Art vom St. Bernhard; vermutlich bezieht er sich auf den italienischen Teil des Passes, der ins Aostatal führt, aus dem er weitere Funde mitteilt. In einem Brief an Amiet berichtet Warncke von einem Fund im Tessin, ohne genauere Daten zu nennen (Amiet 1991).

Halictus confusus Smith, 1853
Verkannte Goldfurchenbiene

Systematik: Untergattung *Seladonia* Robertson, 1918; [*Seladonia* Robertson, 1918].

Nomenklatur: Kommt im Gebiet in den beiden Unterarten *Halictus confusus alpinus* Alfken, 1907 und *Halictus confusus perkinsi* Blüthgen, 1926 vor; Nominatform in Nordamerika. Synonym: *Seladonia confusa* Smith, 1853.

Etymologie: Von lat. „*confusus*" = „vermischt, vermengt", wegen ihrer Ähnlichkeit mit verwandten Arten. Als Goldfurchenbienen werden die metallisch glänzenden Arten der Untergattung *Seladonia* bezeichnet.

Pollenquellen: Polylektisch; nachgewiesen ist bislang die Nutzung des Pollens der fünf Pflanzenfamilien Asteraceae, Brassicaceae, Campanulaceae, Fabaceae und Rosaceae.

Nestbau: Nistet auf kahlen oder schütter bewachsenen Flächen, bevorzugt in Sand oder lockerem Löss bzw. im Gebirge in lockerem Kalkgrus, es wurden aber auch Nester in festem Lehmboden beobachtet.

Lebensweise: Während die nordamerikanischen Populationen eine soziale Lebensweise zeigen, ist die Art bei uns eher solitär.

Lebensraum: Sanddünen, Flugsandfelder, Sandheiden, Sandgruben, Magerrasen, Gebirgsmatten. Vom Flachland bis in die subalpine Höhenstufe.

Parasiten: Als Kuckucksbiene wird *Sphecodes cristatus* vermutet. Erwachsene Tiere sind zuweilen von Fächerflüglern der Gattung *Halictoxenos* befallen.

Flugzeit: Überwinterte Weibchen ab März/April, die Männchen von Juli bis September.

Gesamtverbreitung: Holarktisch. Isoliert in den Hochgebirgen Zentraliberiens (ssp. *glacialis* Ebmer, 1979). Die ssp. *alpinus* Alfken, 1907 inneralpin in der Schweiz und Österreich; die ssp. *perkinsi* Blüthgen, 1926 nordwärts bis Südengland, in Norwegen bis 61°N (Prov. Hedmark), in Schweden bis 57°N (Halland, Öland), in Finnland bis 63°N (Prov. Nordsavo); im Süden nur lokal bis Mazedonien und Nordosttürkei; in der Ostpaläarktis in der ssp. *pelagius* Ebmer, 1996. **SW-Eu:** P, E, I. **Z-Eu:** F, B, NL, D, A, CH, FL, DK. **N-Eu:** GB, N, S, SF, LT, LV, RUS(N). **NO-Eu:** CS, SK, PL, BY, UA, UA(K), RUS(S). **SO-Eu:** H, RO, SLO, MK. **W-As:** TR, Kaukasus. **Z-As:** KAZ. **Sib:** W-Sib, O-Sib. **NO-As:** Jak, JAO, Amur, Khab, Prim, Sach, Mag, Kur. **SO-As:** MGL, RC (Beijing, Shandong, Shaanxi, Xinjiang), J. **Nearktis:** Alaska, CDN, USA.

Lokalverbreitung: Im Gebiet überall.

Halictus eurygnathus Blüthgen, 1931
Breitkiefer-Furchenbiene

Systematik: Untergattung *Halictus* Latreille, 1804 *s. str.*; [*Monilapis* Cockerell, 1929].

Nomenklatur: Synonym: *Halictus compressus* (Walckenaer, 1802). Leider wird in letzter Zeit vermehrt dieser Name verwendet, der nie in Gebrauch war, jedoch vom russischen Autor Pesenko (1985) wieder eingeführt wurde. *Halictus compressus* (bzw. im Original *Andrena compressa*) ist ein Ersatzname (*nomen novum*) für *Apis flavipes* Panzer, 1798, da dieser Name bereits 1776 von Fabricius für eine andere Art vergeben wurde. Weil aber nach der Beschreibung von Panzer dieser Name nicht eindeutig auf eine bestimmte Art bezogen werden kann und auch kein Originalmaterial existiert, ist *Apis flavipes* Panzer, 1798 und damit auch *Halictus compressus* Walckenaer, 1802 ein *nomen dubium* und kann nicht verwendet werden.

Etymologie: Von griech. „*eurys*" = „breit, weit" und „*gnathos*" = „Kinnbacke, Wange, Kiefer", wegen der stark verbreiterten Mandibelbasis der Männchen.

Pollenquellen: Offensichtlich polylektisch.

Nestbau: Nistet sowohl auf ebenen wie vertikalen Flächen, oft in kleineren Aggregationen. Das Nest besteht aus einem 10–15 cm langen vertikalen Hauptgang, in den die (pro Nest drei bis zehn) Brutzellen direkt münden.

Lebensraum: Trockenwarmes Offenland, Magerrasen, Standorte mit Steppencharakter. Vom Flachland bis in die montane Höhenstufe.

Parasiten: Als Kuckucksbiene wird *Sphecodes scabricollis* vermutet. Erwachsene Tiere sind zuweilen von Fächerflüglern der Gattung *Halictoxenos* befallen.

Flugzeit: Überwinterte Weibchen ab April, die Männchen von Juni bis September.

Gesamtverbreitung: Paläarktische Steppenart. Von Portugal über Europa und Kleinasien bis in den Kaukasus: nordwärts bis in den äußersten Süden Englands, in Norwegen bis 60°N (Oslo), in Schweden bis 59,5°N (Stockholm), in Russland bis 61°N (Oblast Leningrad); südwärts bis Sizilien und Nordgriechenland (Katara-Pass). Meldungen aus Zentralasien und Ostsibirien beziehen sich auf das Taxon *transvolgensis* Pesenko, 1985, das je nach Autor als Unterart von *H. eurygnathus* oder als eigene Art aufgefasst wird. **SW-Eu:** P, E, I(Si), I. **Z-Eu:** F, B, LUX, NL, D, A, CH, DK. **N-Eu:** GB, N, S, LT, LV, RUS(N). **NO-Eu:** CS, SK, PL, BY, UA, UA(K), RUS(S). **SO-Eu:** H, RO, SLO, HR, SRB, BG, GR. **W-As:** GR(Ä), TR, Kaukasus. **Z-As:** TAD?, KAZ?, KGZ? **Sib:** W-Sib, O-Sib? **SO-As:** RC (Xinjiang)?

Lokalverbreitung: In Deutschland mit Ausnahme von Schleswig-Holstein und Mecklenburg-Vorpommern aus allen Bundesländern nachgewiesen, in Niedersachsen, Brandenburg und Nordrhein-Westfalen verschollen. In Österreich mit Ausnahme von Salzburg, Tirol und Vorarlberg aus allen Bundesländern gemeldet. In der Schweiz aktuell im Wallis, am Genfersee und im Kanton Aargau, historisch im Tessin, Misox, Graubünden und dem Mittelland.

Halictus fulvipes (Klug, 1817)
Südliche Furchenbiene

Systematik: Untergattung *Halictus* Latreille, 1804 *s. str.*; [*Halictus* Latreille, 1804 *s. str.*].

Etymologie: Von lat. „*fulvus*“ = „braungelb, bräunlich, rotgelb“ und „*pes*“ = „Fuß“; wegen der rotbraunen Behaarung der Hintertibien beim Weibchen.

Pollenquellen: Polylektisch, bevorzugt auf Asteraceae.

Nestbau: Nester wurden in lehmigem Substrat gefunden und führten senkrecht in eine Tiefe von rund 30 cm. Sie enthielten bis zu zehn Zellen, die direkt vom Gang aus angelegt wurden.

Lebensweise: Eusozial. Die begatteten Weibchen überwintern zusammen in eigens dafür errichteten Kammern in ihrem Geburtsnest. Im folgenden Frühjahr wird ein neues Nest gegründet, in der Regel durch ein einziges befruchtetes Weibchen, manchmal aber auch von zwei oder drei Schwestern, wobei dann das größte Weibchen die Rolle der Königin übernimmt. Sie legt die Eier und bewacht den Nesteingang.

Lebensraum: Waldränder, Ruderalflächen. Vom Flachland bis in die kolline Höhenstufe.

Flugzeit: Die einzigen Funde aus dem Gebiet stammen aus dem Juli, im Mittelmeergebiet von Februar bis August.

Gesamtverbreitung: In Nordafrika von den Kanaren über Marokko bis Tunesien. In Eurasien von Portugal über Spanien, Südfrankreich und Italien bis Dalmatien; nordwärts bis Südschweiz; südwärts bis Sizilien und Malta. **SW-Eu:** P, E, E(B), F(K), I(Sa), I(Si), I,M. **Z-Eu:** F, {~~D~~}, CH. **NO-Eu:** SK, UA, UA(K), RUS(S). **SO-Eu:** {~~H, RO~~}, HR, MNE?, SRB?, {~~GR(K)~~}. **N-Afr:** E(C), MA, DZ, TN. **W-As:** {~~GR(Ä), CY, IL, SYR, Kaukasus, AFG~~}. **Z-As:** {~~TM, UZB~~}. **Sib:** {~~O-Sib~~}. **SO-As:** {~~MGL~~}. **Ori:** {~~PAK~~}.

Lokalverbreitung: Von Smith (1853) irrtümlich für Deutschland angegeben. Im Gebiet bisher noch nicht gemeldet, neu für die Schweiz (Serie von Weibchen vom Juli 1954 aus Brissago/Tessin, leg. und coll. Erlandson, det. Ebmer). Eigentümlicherweise wurden später im Tessin keine Tiere dieser nicht zu übersehenden, mittelgroßen und durch die soziale Lebensweise lokal häufigen Art mehr gefunden.

Halictus gavarnicus Pérez, 1903
Heide-Goldfurchenbiene

Systematik: Untergattung *Seladonia* Robertson, 1918; [*Seladonia* Robertson, 1918].

Nomenklatur: Synonym: *Seladonia gavarnica* (Pérez, 1903). Im Gebiet in der ssp. *tataricus* Blüthgen, 1933.

Etymologie: Nach dem Fundort der Typen, den Pérez mit „Gèdre, près Gavarnie“ angibt. Gavarnie ist eine Gemeinde im Département Hautes-Pyrénées in den französischen Pyrenäen. Deutscher Name: Heiden sind einer der Hauptlebensräume der Art; als Goldfurchenbienen werden die metallisch glänzenden Arten der Untergattung *Seladonia* bezeichnet.

Pollenquellen: Polylektisch.

Lebensweise: Nach den phänologischen Daten wahrscheinlich eusozial.

Lebensraum: Trockenrasen, Heiden, Standorte mit Steppencharakter. Von der kollinen bis in die subalpine Höhenstufe.

Flugzeit: Nach bisher vorliegenden Funddaten aus dem Gebiet Weibchen von Mai bis Juni, Männchen von August bis September.

Gesamtverbreitung: Die Nominatform disjunkt in den Pyrenäen und den Gebirgen Griechenlands, in den Südwestalpen und dem Dinarischen Gebirge Übergänge zur ssp. *tataricus*, diese vom Pannonikum ostwärts bis in den Kaukasus. Der Status der aus Primorje und der Mongolei gemeldeten Tiere ist noch unklar. **SW-Eu:** P, E, I. **Z-Eu:** F, D, A. **NO-Eu:** SK, PL, UA, UA(K), RUS(S). **SO-Eu:** HR, H, RO, SLO, HR, MNE, SRB, BIH, BG, GR. **W-As:** TR, Kaukasus. **NO-As:** Prim? **SO-As:** MGL?

Lokalverbreitung: In Deutschland nur ein Vorkommen (Fröttmaninger Heide bei München), das mittlerweile erloschen ist (letzter Fund 1983). In Österreich aus dem Burgenland, Niederösterreich und der Steiermark nachgewiesen, in den letzten beiden aktuell.

Halictus gemmeus Dours, 1872
Edelstein-Goldfurchenbiene

Etymologie: Von lat. „*gemmeus*“ = „aus Edelsteinen“, wegen der metallisch goldgrün glänzenden Körperoberfläche.

Lokalverbreitung: Es existieren Meldungen von Oberösterreich aus den Jahren 1946 und 1952 (Hamann 1960); die betreffenden Tiere wurden von Ebmer bei einer Nachuntersuchung als *Halictus kessleri* identifiziert. Bei Meldungen aus der Schweiz von Frey-Gessner (1912) aus dem Wallis und dem Genfersee-Gebiet liegt vermutlich die gleiche Verwechslung vor.

Halictus kessleri Bramson, 1879
Kesslers Goldfurchenbiene

Systematik: Untergattung *Seladonia* Robertson, 1918; [*Seladonia* Robertson, 1918].

Nomenklatur: Synonym: *Seladonia kessleri* (Bramson, 1879).

Etymologie: Dem russischen Ichthyologen Carl Fjodorowitsch Kessler (1815–1881) gewidmet. Als Goldfurchenbienen werden die metallisch glänzenden Arten der Untergattung *Seladonia* bezeichnet.

Pollenquellen: Polylektisch.

Nestbau: Nester werden auf kahlen oder schütter bewachsenen Flächen in dichtem Substrat errichtet. Der Eingang sitzt an der Spitze eines Tumulus und wird permanent von einer Arbeiterin bewacht. In der solitären Phase erreichen sie eine Tiefe von 8–12 cm, nach dem Schlüpfen der Arbeiterinnen können sie bis in eine Tiefe von 30 cm gehen. Die Brutzellen liegen einzeln am Ende kurzer Seitengänge, die längs des Hauptganges, häufig aber auch kreisförmig um den Eingangsbereich des Hauptganges errichtet werden.

Lebensweise: Eusozial. Die Nestgründung erfolgt in der Regel durch ein einziges befruchtetes Weibchen, manchmal aber auch von zwei oder drei Schwestern. Die Überwinterung erfolgt in eigens dafür errichteten Kammern im Mutternest.

Lebensraum: Sand- und Trockenrasen. Vom Flachland bis in die montane Höhenstufe.

Parasiten: Kuckucksbienen wurden noch nicht beobachtet. Erwachsene Tiere sind zuweilen vom Fächerflügler *Halictoxenos tumulorum* befallen.

Flugzeit: Überwinterte Weibchen ab April/Mai, die Männchen ab Juli /August.

Gesamtverbreitung: Pontische Steppenart, ostwärts bis Armenien, in isolierten Populationen bis Süditalien und die östlichen Pyrenäen. **SW-Eu:** E, I(Sa), I(Si), I. **Z-Eu:** F, A, CH. **NO-Eu:** CS, SK, {~~PL~~}, UA, UA(K), RUS(S). **SO-Eu:** H, RO, MD, SLO, HR, MK, MNE, SRB, BG, GR. **W-As:** TR, Kaukasus.

Lokalverbreitung: In Österreich drang die Art zeitweise bis Linz vor (letzter Fund in Oberösterreich 1948); aktuell ist die Art nur noch in Niederösterreich und Burgenland zu finden. In der Schweiz nur drei historische Funde aus dem 19. Jahrhundert aus dem Wallis und vom Genfersee.

Halictus langobardicus Blüthgen, 1944
Langobarden-Furchenbiene

Systematik: Untergattung *Halictus* Latreille, 1804 *s. str.*; [*Monilapis* Cockerell, 1929].

Etymologie: Offensichtlich nahm Blüthgen bei der Namensgebung die Tatsache zum Anlass, dass etliche der Tiere, die ihm bei der Beschreibung vorlagen, aus Oberitalien stammten, dem Zentrum des Langobardenreiches.

Pollenquellen: Polylektisch.

Flugzeit: Dürfte wie *Halictus eurygnathus* mit der Flugzeit des nahe verwandten und im weiblichen Geschlecht kaum zu trennenden *Halictus simplex* übereinstimmen.

Gesamtverbreitung: Nach sicheren Männchen vom Nordfuß der Pyrenäen (Lannemezzan) bis zur bulgarischen Schwarzmeerküste; nordwärts bis zur Lahn in Hessen und zum Kyffhäuser in Thüringen; südwärts bis Sizilien und zum Olymp. **SW-Eu:** F(K), I(Sa), I(Si), I. **Z-Eu:** F, LUX, D, A, CH. **NO-Eu:** CS, SK. **SO-Eu:** H, RO, SLO, HR, MNE, SRB, BIH, BG, GR.

Lokalverbreitung: In Deutschland nur aus Thüringen, Rheinland-Pfalz, Hessen, Baden-Württemberg und Bayern gemeldet. In Österreich aus dem

Burgenland, aus Kärnten und der Steiermark nachgewiesen. In der Schweiz im Wallis, Tessin und Graubünden sowie im Jura und Mittelland vom Genfersee bis Schaffhausen. Überall aktuell.

Halictus leucaheneus Ebmer, 1972
Sand-Goldfurchenbiene

Systematik: Untergattung *Seladonia* Robertson, 1918; [*Seladonia* Robertson, 1918].

Nomenklatur: Im Gebiet ist die Art in der Unterart *Halictus leucaheneus arenosus* Ebmer, 1976 vertreten. Synonym: *Halictus fasciatus* auct. nec Nylander, 1848.

Etymologie: Von griech. „*leukós*“ = „weiß“ und lat. „*aeneus*“ = „aus Kupfer oder Bronze, ehern“; die Körperoberfläche der Art glänzt bronzefarben, die Behaarung ist weißlich. Deutscher Name: Sandrasen sind einer der Hauptlebensräume der Art; als Goldfurchenbienen werden die metallisch glänzenden Arten der Untergattung *Seladonia* bezeichnet.

Pollenquellen: Polylektisch; nachgewiesen ist bislang die Nutzung des Pollens der sieben Pflanzenfamilien Asteraceae, Brassicaceae, Campanulaceae, Ericaceae, Lamiaceae, Rosaceae und Scrophulariaceae.

Nestbau: Nistet vorwiegend auf unbewachsenen Flächen in sandigem Substrat, seltener in lockerem Löss, unter günstigen Bedingungen in größeren Aggregationen. Der Nesteingang sitzt an der Spitze einer 2–3 cm hohen Erdröhre. In einer Tiefe zwischen 6 und 10 cm werden die Brutzellen fort-

schreitend von oben nach unten angelegt. Ein Nest enthält rund ein halbes Dutzend Zellen.

Lebensweise: Unbekannt; nach den phänologischen Daten wahrscheinlich eusozial.

Lebensraum: Binnendünen und Flugsandfelder, Brach- und Ruderalflächen, Sand-, Kies- und Lehmgruben, Sandheiden, zuweilen auch Wälder. Vom Flachland bis in die montane, zuweilen auch subalpine Höhenstufe.

Flugzeit: Überwinterte Weibchen ab April, die Männchen von Juli bis September.

Gesamtverbreitung: Transpaläarktisch. Vom Kantabrischen Gebirge über Europa, Kleinasien, Kaukasus, Zentralasien und Sibirien bis zur Pazifikküste des Fernen Ostens. Die europäische ssp. *arenosus* Ebmer, 1976 nordwärts bis in die Niederlande, in Schweden bis 57,5°N (Småland, Gotland), Baltikum, Russland bis Moskau und Kirov; südwärts bis zu den Pyrenäen und Mazedonien; im Kaukasus und Nordosttürkei in der ssp. *occipitalis* Ebmer, 1972; vom Balkhash-See (Ostkasachstan) bis Primorje in der Nominatform. **SW-Eu:** E, I(Si). **Z-Eu:** F, B, NL, D, A, CH, DK. **N-Eu:** {GB}, S, LT, LV, RUS(N). **NO-Eu:** CS, SK, PL, BY, UA, UA(K), RUS(S). **SO-Eu:** H, RO, MK. **W-As:** TR, Kaukasus. **Z-As:** KAZ, KGZ. **Sib:** W-Sib, O-Sib. **NO-As:** Jak, Amur, Khab, Prim. **SO-As:** MGL, RC (Gansu, Xinjiang, Innere Mongolei, Hebei, Heilongjiang, Shandong).

Lokalverbreitung: In Deutschland in allen Bundesländern nachgewiesen, in Schleswig-Holstein, Mecklenburg-Vorpommern und Niedersachsen nur historisch. In Österreich mit Ausnahme von Salzburg, Steiermark und Vorarlberg aus allen Bundesländern gemeldet, in Oberösterreich verschollen. In der Schweiz aktuell im Wallis, im Domleschg und der Nordschweiz, historisch aus dem Misox.

Halictus maculatus Smith, 1848

Dickkopf-Furchenbiene

Systematik: Untergattung *Halictus* Latreille, 1804; [*Tytthalictus* Pesenko, 1984].

Nomenklatur: Synonym: *Halictus interruptus* Lepeletier, 1841.

Etymologie: Von lat. „*maculatus*“ = „gefleckt“, wegen der zu weißen Seitenflecken reduzierten Haarbinden des Hinterleibs. Deutscher Name: Die Art zeichnet sich in beiden Geschlechtern durch deutlich verbreiterte Schläfen aus.

Pollenquellen: Polylektisch; nachgewiesen ist bislang die Nutzung des Pollens der neun Pflanzenfamilien Apiaceae, Asparagaceae, Asteraceae, Brassicaceae, Campanulaceae, Fabaceae, Ranunculaceae, Rosaceae und Salicaceae.

Nestbau: Nistet in der Regel in Aggregationen von mehreren Dutzend bis mehreren Hundert, unter günstigen Bedingungen mehreren Tausend Nestern. Die Nester werden sowohl auf ebenen oder schwach geneigten Flächen angelegt, wo dann die Eingänge von einem Tumulus umgeben sind, der manchmal röhrenartig ausgeprägt sein kann, oder in Steilwänden und Erdabbrüchen. Der Nestgang verläuft senkrecht, die Brutzellen münden direkt in ihn. Die Nester werden über Nacht mit Erde verschlossen. Monogyne Nester sind im Frühjahr in der Regel 6–12 cm tief und enthalten 4–7 Brutzellen, polygyne Nester sind etwa doppelt so tief mit 10–14 Zellen. Die daraus schlüpfenden Arbeiterinnen erweitern das Nest bis in eine Tiefe von 35 cm, wobei sich die Gänge vielfach verzweigen. Ebenso wird der Eingangsbereich des Nestes verbreitert, sodass zwei Tiere aneinander vorbeilaufen können. Das Sommernest kann bis etwas über 40 Brutzellen enthalten.

Lebensweise: Eusozial. Die Nestgründung erfolgt in der Regel durch ein einzelnes Weibchen, es wurden aber auch gelegentliche polygyne Gründungen bekannt, wobei das Geburtsnest, in dem die Tiere überwinterten, oft wiederverwendet wird. In der ersten Brut werden Arbeiterinnen erzeugt, Männchen sind selten (weniger als 5%). Nach dem Schlüpfen der zweiten Brut, bestehend aus Männchen und fertilen Weibchen, paaren sich die Tiere. Die Weibchen überwintern am Grund des Nestes in Erdkammern.

Lebensraum: Trockenwarme Magerrasen, Waldsäume, Hochwasserdämme, Ruderalflächen, Lehmgruben. Vom Flachland bis in die montane Höhenstufe.

Parasiten: Kuckucksbiene ist *Sphecodes rufiventris*, vermutet werden auch *S. ephippius, S. gibbus* und *S. crassus*.

Flugzeit: Überwinterte Weibchen ab April, die Männchen von Juli bis September.

Gesamtverbreitung: Die einzige Meldung aus Nordafrika durch Pérez (1890) beruht mit ziemlicher Sicherheit auf einem Irrtum. In Eurasien von Portugal bis zum Baikalsee; nordwärts bis in den äußersten Süden Englands (hier verschollen) und ins Baltikum, in Finnland und Russland bis 61°N (Prov. Südkarelien bzw. Oblast Leningrad). **SW-Eu:** P, E, I(Si), I. **Z-Eu:** F, B, LUX, NL, D, A, CH, FL, DK. **N-Eu:** GB, SF, EST, LT, LV, RUS(N). **NO-Eu:** CS, SK, PL, BY, UA, UA(K), RUS(S). **SO-Eu:** H, RO, SLO, HR, MK, SRB, BIH, BG, GR. **N-Afr:** {DZ}. **W-As:** TR, RL, IL, Kaukasus, IR, AFG. **Z-As:** TM, UZB, TAD, KAZ. **Sib:** W-Sib, O-Sib. **SO-As:** RC (Xinjiang).

Lokalverbreitung: Im Gebiet aus allen Regionen gemeldet, fehlt lediglich in der Schweiz in den höheren Lagen des Jura, des Mittellandes und am Alpennordhang.

Halictus microcardia Pérez, 1895
Schuppen-Furchenbiene

Pesenko et al. (2000) geben irrtümlicherweise Deutschland als Teil des Verbreitungsgebietes dieser endemisch auf den Balearen heimischen Art an.

Halictus patellatus Morawitz, 1873
Gelappte Furchenbiene

Systematik: Untergattung *Halictus* Latreille, 1804 *s. str.*; [*Monilapis* Cockerell, 1929].

Etymologie: Von lat. „*patella*“ = „Platte, Teller“; das zweite Glied der Vordertarsen des Männchens besitzen einen platten- oder lappenähnlichen Fortsatz.

Pollenquellen: Offensichtlich polylektisch.

Lebensraum: Trockenwarme Standorte mit Steppencharakter. Vom Flachland bis in die kolline, in Südeuropa auch montane Höhenstufe.

Flugzeit: Funddaten im Gebiet: Weibchen ab April, Männchen ab Juni bis August.

Gesamtverbreitung: In Nordafrika unklare taxonomische Situation; die von dort gemeldeten Tiere gehören möglicherweise zu *H. consobrinus* Pérez, 1895 oder *H. maroccanus* Blüthgen, 1934. In Eurasien von Portugal bis Zentralasien; nordwärts bis Mähren, Nordukraine und Saratow; südwärts bis Sizilien und Israel. Die Nominatform in Zentralasien und im Iran, Übergänge im Kaukasus, im übrigen Gebiet in der ssp. *taorminicus* Strand, 1921. **SW-Eu:** P, E, I(Si), I. **Z-Eu:** F, A. **NO-Eu:** CS, SK, UA, UA(K), RUS(S). **SO-Eu:** H,

RO, SLO, HR, MK, SRB, BG, GR. **N-Afr:** MA?, DZ? **W-As:** GR(Ä), TR, SYR, RL, IL, Kaukasus, IR. **Z-As:** TM, UZB.

Lokalverbreitung: Im Gebiet nur im Pannonikum, wo sie früher durchaus häufig war, aktuell aber nur mehr in einer Restpopulation im Steinfeld/Niederösterreich vorkommt.

Halictus pollinosus Sichel, 1860
Große Filzfurchenbiene

Systematik: Untergattung *Vestitohalictus* Blüthgen, 1961; [*Vestitohalictus* Blüthgen, 1961].

Nomenklatur: Synonym: *Seladonia pollinosa* (Sichel, 1860).

Etymologie: Von lat. „*pollinosa*" = „bestäubt", wegen der extrem dichten und kurzen, filzartigen Behaarung des Hinterleibs, wodurch er wie staubbedeckt wirkt. Deutscher Name: Im Vergleich zur nächstverwandten *H. tectus* ist die Art mit einer Körperlänge von 8–9 mm die größere; als Filzfurchenbienen werden die Arten der Untergattung *Vestitohalictus* bezeichnet, deren Tergite vollständig mit filzartig dichter Behaarung bedeckt sind.

Pollenquellen: Vermutlich polylektisch.

Lebensraum: Trockenwarme Standorte mit Steppencharakter. Vom Flachland bis in die kolline Höhenstufe.

Parasiten: Kuckucksbiene ist wahrscheinlich *Sphecodes intermedius*.

Flugzeit: Funddaten im Gebiet: Weibchen von Mai bis August.

Gesamtverbreitung: In Nordafrika von Marokko bis Ägypten und südwärts bis in den Sudan. In Eurasien von Portugal bis in die Mongolei; nordwärts

bis an den Südrand der deutschen Mittelgebirge, Tschechien, Slowakei, Ukraine, in Russland bis Perm. Die Nominatform in Sizilien und Süditalien, in Nordafrika die ssp. *thevestensis* PÉREZ, 1903, im übrigen Gebiet in der ssp. *cariniventris* MORAWITZ, 1875. **SW-Eu:** P, E, E(B), F(K), I(Sa), I(Si), I. **Z-Eu:** F, D, A. **N-Eu:** RUS(N). **NO-Eu:** CS, SK, UA, UA(K), RUS(S). **SO-Eu:** H, RO, HR, MK, SRB, BG, GR, GR(K). **N-Afr:** MA, DZ, TN, LAR, ET, SUD. **W-As:** GR(Ä), CY, TR, JOR, IL, Kaukasus, IR, AFG. **Z-As:** UZB, TAD, KAZ, KGZ. **SO-As:** MGL, RC (Innere Mongolei, Xinjiang). **Ori:** PAK.

Lokalverbreitung: In Deutschland nur aus Hessen und Rheinland-Pfalz, in Österreich aus Niederösterreich und dem Burgenland bekannt (aktuell). Aus der Schweiz noch nicht nachgewiesen, jedoch aus dem benachbarten Aostatal.

Halictus quadricinctus (FABRICIUS, 1776)
Vierbindige Furchenbiene

Systematik: Untergattung *Halictus* LATREILLE, 1804 *s. str.*; [*Halictus* LATREILLE, 1804 *s. str.*].

Nomenklatur: Synonym: *Halictus quadristrigatus* LATREILLE, 1805.

Etymologie: Von lat. „*quadri-*“ = „vier“ und „*cinctus*“ = „Umgürtung, Gurt“; bezieht sich auf die Haarbinden des Hinterleibs.

Pollenquellen: Polylektisch; nachgewiesen ist bislang die Nutzung des Pollens der acht Pflanzenfamilien Asteraceae, Boraginaceae, Convolvulaceae, Dipsacaceae, Oleaceae, Papaveraceae, Ranunculaceae und Valerianaceae. Am häufigsten ist die Art auf Distelblüten zu beobachten.

Nestbau: Nistet bevorzugt in Steilwänden und Erdabbrüchen, aber auch auf ebenen Flächen, meist in kleineren bis großen Aggregationen. Auf horizontalen Flächen ist der Nesteingang von einem konischen Tumulus umgeben. Bevorzugtes Substrat ist Sand oder Löss. Das Nest besteht aus einem ca. 10–15 cm langen Hauptgang, der in einer Kammer mündet. Darin befindet sich, mit Stützpfeilern an den Seitenwänden befestigt, eine wabenartige Anhäufung von 5–20 oder mehr Brutzellen.

Lebensweise: Solitär. Das Weibchen lebt jedoch einige Wochen mit seinen geschlüpften Nachkommen zusammen, bevor es stirbt.

Lebensraum: Magerrasen, Brach- und Ruderalflächen, Sand-, Kies- und Lehmgruben, Steilwände und Abbruchkanten. Vom Flachland bis in die subalpine Höhenstufe.

Parasiten: Kuckucksbiene ist *Sphecodes gibbus*. Erwachsene Tiere werden zuweilen von der Blasenkopffliege (Conopidae) *Zodion cinereum* parasitiert.

Flugzeit: Eine Generation; überwinterte Weibchen ab April, die Männchen von Juli bis September.

Gesamtverbreitung: Transpaläarktische Steppenart. Meldungen aus Nordafrika beziehen sich auf *H. rufipes* (Fabricius, 1793) und *H. brunnescens* (Eversmann, 1852). In Eurasien von Portugal über Europa, den Nahen Osten und Zentralasien bis Zabaikal und Ostchina; nordwärts über die Niederlande und Dänemark bis zur Südspitze Schwedens (Skåne, Öland), Russland 61,5°N (Republik Karelien). Die historischen Meldungen aus Finnland beziehen sich alle auf heute zu Russland gehörende Lokalitäten. Erreicht in Pakistan und Nordindien die orientalische Faunenregion. **SW-Eu:** P, E, I(Sa), I(Si), I. **Z-Eu:** F, B, NL, D, A, CH, DK. **N-Eu:** GB, N(?), S, ~~{SF}~~, EST, LT, LV, RUS(N). **NO-Eu:** CS, SK, PL, BY, UA, UA(K), RUS(S). **SO-Eu:** H, RO, SLO, HR, MK, MNE, SRB, BIH, AL, BG, GR, GR(K). **N-Afr:** ~~{MA, DZ TN, LAR, ET}~~. **W-As:** GR(Ä), CY, TR, JOR, IL, Kaukasus, IR, AFG. **Z-As:** TM, UZB, TAD, KAZ, KGZ. **Sib:** W-Sib, O-Sib. **SO-As:** MGL, RC (Gansu, Qinghai, Shanxi, Hebei, Liaoning, Jilin, Heilongjiang, Shandong, Innere Mongolei). **Ori:** PAK, IND.

Lokalverbreitung: Im Gebiet aus allen Regionen gemeldet. In Österreich aus allen Bundesländern mit Ausnahme von Burgenland, Salzburg und Vorarlberg nachgewiesen. In der Schweiz aktuell im Wallis und in Graubünden, historisch in der Region von Genf bis Neuenburg, im Tessin, Misox und Puschlav.

Halictus rubicundus (Christ, 1791)
Rotbeinige Furchenbiene

Systematik: Untergattung *Halictus* Latreille, 1804 *s. str.*; [*Protohalictus* Pesenko, 1986].

Etymologie: Von lat. „*rubicundus*“ = „rot, rot bemalt“; beim Weibchen sind die Tibien und Tarsen der Hinterbeine rot gefärbt (beim Männchen gelb).

Pollenquellen: Polylektisch; nachgewiesen ist bislang die Nutzung des Pollens der neun Pflanzenfamilien Asteraceae, Brassicaceae, Campanulaceae, Dipsacaceae, Fabaceae, Geraniaceae, Ranunculaceae, Rosaceae und Salicaceae.

Nestbau: Nistet ohne erkennbare Bevorzugung bestimmter Bodenarten meist in kleinen bis größeren Aggregationen. Der Nesteingang ist von einem konischen Tumulus umgeben und wird permanent von einer Arbeiterin bewacht. Das Nest besteht aus einem vertikalen, etwa 10–20 cm langen Hauptgang, von dem kurze Seitgänge abzweigen, an deren Ende jeweils eine Brutzelle errichtet wird.

Lebensweise: In der Regel eusozial mit zwei Bruten. Die erste Brut erzeugt vorwiegend Arbeiterinnen und zu einem geringen Teil Männchen und fertile Weibchen, die sich verpaaren und aus den Nestern verschwinden, wobei die Weibchen anscheinend direkt in die Diapause gehen. Die zweite Brut besteht dann vollständig aus Geschlechtstieren, also Männchen und fertilen Weibchen. In Lebensräumen, wo die klimatischen bzw. mikroklimatischen Verhältnisse nur die Produktion einer Brut erlauben (höhere Lagen, nördlicher Teil des Verbreitungsgebietes, nordexponierte oder beschattete Standorte), ist eine Rückkehr zu einer solitären Lebensweise zu beobachten. Die Nestgründung erfolgt in der Regel durch ein einzelnes Weibchen, es wurden allerdings auch polygyne Nestgründungen beobachtet.

Lebensraum: Ubiquitäre Art, die sowohl in offenen, trockenen als auch feuchteren, walddominierten Lebensräumen auftritt; auch im Siedlungsbereich. Vom Flachland bis in die subalpine Höhenstufe.

Parasiten: Kuckucksbienen sind *Sphecodes gibbus* und *Sphecodes monilicornis*, im Süden möglicherweise auch *Sphecodes olivieri*. Erwachsene Tiere sind zuweilen von Fächerflüglern der Gattung *Halictoxenos* befallen.

Flugzeit: Eine Generation; überwinterte Weibchen ab April, die Männchen von Juli bis September.

Gesamtverbreitung: Holarktisch. In Nordafrika aus Marokko bekannt; eine ältere Meldung aus Tunesien ist zweifelhaft. In Eurasien von Portugal bis Kamtschatka; in Europa nordwärts bis Irland und Nordschottland, in Norwegen bis 64°N (Prov. Nord-Trøndelag), in Schweden und Finnland bis 68°N (Torne Lappmark bzw. Prov. Lappland), in Russland bis Karelien und Perm; in Südeuropa isoliert in den Gebirgen. In der Neuen Welt von Alaska bis Nova Scotia und südwärts bis Arizona, Texas und Florida. **SW-Eu:** P, E, I(Sa), I(Si), I. **Z-Eu:** F, B, LUX, NL, D, A, CH, FL, DK. **N-Eu:** IRL, GB, N, S, SF, EST, LT, LV, RUS(N). **NO-Eu:** CS, SK, PL, BY, UA, UA(K), RUS(S). **SO-Eu:** H, RO, SLO, HR, MK, SRB, BG, GR. **N-Afr:** MA, TN? **W-As:** CY?, TR, Kaukasus. **Z-As:** TAD, KAZ, KGZ. **Sib:** W-Sib, O-Sib. **NO-As:** Jak, Amur, Khab, Prim, Sach, Mag, Kam, Kur. **SO-As:** MGL, RC (Gansu, Innere Mongolei, Ningxia, Jilin, Heilongjiang), KP, J. **Nearktis:** Alaska, CDN, USA.

Lokalverbreitung: Im Gebiet aus allen Regionen gemeldet.

Halictus sajoi Blüthgen, 1923
Sajos Furchenbiene

Systematik: Untergattung *Halictus* Latreille, 1804 *s. str.*; [*Monilapis* Cockerell, 1929].

Etymologie: Dem ungarischen Entomologen Károly Sajó (1851–1939) gewidmet.

Pollenquellen: Vermutlich polylektisch mit einer Präferenz für Korbblütler.

Nestbau: Nistet auf kahlen oder schütter bewachsenen, ebenen oder steilen Flächen, bevorzugt in Sand, Löss oder lockerem Lehm, unter günstigen Voraussetzungen auch in Aggregationen. Das Nest besteht aus einem verzweigten Gang, die Brutzellen liegen am Ende kurzer Seitengänge.

Lebensweise: Eusozial. Die Nestgemeinschaften bestehen aus nur wenigen Tieren. Die Brutzellen werden nach Verproviantierung und Eiablage verschlossen.

Lebensraum: Trockenwarme Standorte. Vom Flachland bis in die untere montane Höhenstufe.

Parasiten: Erwachsene Tiere sind zuweilen von Fächerflüglern befallen (bisher nur im Mittelmeergebiet beobachtet).

Flugzeit: Im Gebiet Funddaten von Juli bis September.

Gesamtverbreitung: Nach sicheren Männchen von Piemont und Ostösterreich bis Kasachstan und Kirgistan; nordwärts bis Mähren und Nordukraine; südwärts bis Lazio, Mittelgriechenland und Nordiran. **SW-Eu:** I. **Z-Eu:** D, A. **NO-Eu:** CS, SK, UA, UA(K), RUS(S). **SO-Eu:** H, RO, MD, {~~SLO~~}, HR, MK, SRB, GR. **W-As:** TR, Kaukasus, IR. **Z-As:** TM, KAZ, KGZ.

Lokalverbreitung: Aus Deutschland nur von zwei Männchen bekannt, eines gefangen 1924 bei Worms/Rheinland-Pfalz (Westrich & Dathe 1997) und eines 1926 am Salzigen See/Sachsen-Anhalt (Burger & Ruhnke 2004). In Österreich nur im Pannonikum, in Niederösterreich aktuell, im Burgenland letzter Fund von 1986.

Halictus scabiosae (Rossi, 1790)

Gelbbindige Furchenbiene

Systematik: Untergattung *Halictus* Latreille, 1804 *s. str.*; [*Hexataenites* Pesenko, 1984].

Etymologie: Eine Pflanze, auf der die Art häufig zu beobachten ist, ist die Skabiose (*Scabiosa*). Der deutsche Name nimmt Bezug auf die im Gegensatz zur sehr ähnlichen *Halictus sexcinctus* leuchtend ockergelben Haarbinden des Hinterleibs (bräunlich-weiß bei *H. sexcinctus*).

Pollenquellen: Polylektisch; nachgewiesen ist bislang die Nutzung des Pollens der drei Pflanzenfamilien Asteraceae, Convolvulaceae und Dipsacaceae. Häufig findet man die Art auf Distelblüten.

Nestbau: Nistet auf kahlen oder schütter bewachsenen, ebenen oder geneigten Flächen, bevorzugt in Sand, Löss oder lockerem Lehm, unter günstigen Voraussetzungen auch in größeren Aggregationen. Das Nest besteht aus einem verzweigten Gang, in den die Brutzellen direkt münden.

Lebensweise: Eusozial. Die begatteten Weibchen überwintern zusammen in ihrem Geburtsnest. Im folgenden Frühjahr wird ein neues Nest gegründet, wobei das größte Weibchen die Rolle der Königin übernimmt. Sie legt die Eier und bewacht den Nesteingang. Ihre Schwestern errichten die Brutzellen und sorgen für deren Verproviantierung, bis sie schließlich vom dominanten Weibchen nicht mehr in das Nest gelassen werden. Die verstoßenen Helfer graben nun entweder eigene Nestgänge oder übernehmen ein fremdes Nest, auch das anderer Bienenarten.

Lebensraum: Trockenwarme Standorte, Hochwasserdämme, Magerrasen, sonnenexponierte Waldsäume, Sand- und Lehmgruben. Vom Flachland bis in die montane Höhenstufe.

Flugzeit: Eine Generation; überwinterte Weibchen ab April, die Männchen von Juli bis September.

Gesamtverbreitung: Westpaläarktisch mit westmediterranem Verbreitungsschwerpunkt. In Nordafrika von Marokko bis Tunesien. In Eurasien von Portugal bis in die Westtürkei (Bilecik); nordwärts bis in die Niederlande, Thüringen, Böhmen, Slowakei und Ukraine; südwärts bis Sizilien und Kreta. Bei Meldungen von den Kanaren handelt es sich um *H. fulvipes* (KLUG, 1817), von Madeira um *H. frontalis* SMITH 1853, von Ägypten, dem Nahen Osten und dem Kaukasus vermutlich um *H. sexcinctus* (FABRICIUS, 1775) und *H. berlandi* BLÜTHGEN, 1936. **SW-Eu:** P, E, E(B), F(K), I(Sa), I(Si), I. **Z-Eu:** F, B, LUX, NL, D, A, CH. **N-Eu:** ~~{GB}~~, ~~{S}~~. **NO-Eu:** CS, SK, ~~{PL}~~, UA, RUS(S). **SO-Eu:** H, RO, SLO, HR, MNE, SRB, BIH, AL, BG, GR, GR(K). **N-Afr:** ~~{P(M), E(C)}~~, MA, DZ, TN, ~~{ET}~~. **W-As:** GR(Ä), TR, ~~{SYR, IL, IRQ, Kaukasus, IR}~~.

Lokalverbreitung: In Deutschland vor 1990 nachgewiesen aus Baden-Württemberg, Rheinland-Pfalz, Hessen und Bayern (Mainfranken), breitete sie sich in den letzten Jahren nach Norden, Nordosten und Südosten aus und hat mittlerweile Niedersachsen, Thüringen und Südostbayern erreicht. In Österreich besteht keine derartige Ausbreitungstendenz, hier aktuell aus der Südsteiermark, dem Burgenland und Wien. In der Schweiz im Jura, dem Mittelland, Wallis und Tessin (aktuell).

Halictus scardicus BLÜTHGEN, 1936
Balkan-Furchenbiene

Systematik: Untergattung *Halictus* LATREILLE, 1804 *s. str.*; [*Monilapis* COCKERELL, 1929].

Etymologie: Adjektiv zu „Skardos“. Skardos ist die historische Bezeichnung für ein Gebirge an der Südgrenze des Kosovo, dem Typenfundort der Art („Schar Dagh“).

Pollenquellen: Polylektisch.

Lebensraum: Laubwälder höherer Lagen.

Flugzeit: Das datierte Tier aus Niederösterreich wurde im Juli gefangen.

Gesamtverbreitung: Illyrisch-balkanisch, extrem selten und disjunkt. Von Ostösterreich über die Balkanhalbinsel bis Nordgriechenland (Pindos). Die taxonomische Situation im Nahen Osten bedarf noch der Klärung. **Z-Eu:** F, A. **SO-Eu:** MK, MNE, AL, GR. **W-As:** TR(?), SYR?, Kaukasus(?).

Lokalverbreitung: Aus dem Gebiet nur von drei Männchen aus Niederösterreich bekannt, nämlich einem Paratypus (Gars, 22.7.1904) und je einem Tier aus dem Kamp- und dem Thayatal (ohne weitere Funddaten) (Ebmer 1988a).

Halictus seladonius (Fabricius, 1794)
Grüne Goldfurchenbiene

Systematik: Untergattung *Seladonia* Robertson, 1918; [*Seladonia* Robertson, 1918].

Nomenklatur: Synonym: *Seladonia seladonia* (Fabricius, 1794).

Etymologie: Von lat. „*seladonius*" = „meergrün", die Körperoberfläche schimmert metallisch grün. Als Goldfurchenbienen werden die metallisch glänzenden Arten der Untergattung *Seladonia* bezeichnet.

Pollenquellen: Polylektisch.

Lebensweise: Nach den phänologischen Daten wahrscheinlich eusozial.

Lebensraum: Trockenwarme Standorte mit Steppencharakter. Vom Flachland bis in die montane Höhenstufe.

Flugzeit: Eine Generation; überwinterte Weibchen ab Mai, die Männchen von Juli bis August.

Gesamtverbreitung: Eurasische Steppenart. In Nordafrika aus Algerien und Tunesien gemeldet. In Eurasien von Portugal sehr lokal bis Nordchina; im nördlichen Mitteleuropa keine verbürgten Nachweise (wohl Verwechslungen mit *H. subauratus*); südwärts bis Sizilien und Peloponnes. **SW-Eu:** P, E, I(Si), I. **Z-Eu:** F, {~~NL~~}, {~~D~~}, A, CH. **NO-Eu:** CS, SK, {~~PL~~}, UA, UA(K), RUS(S). **SO-Eu:** H, RO, SLO, HR, MK, BIH, AL, BG, GR. **N-Afr:** DZ, TN. **W-As:** TR, Kaukasus, IR, AFG. **Z-As:** UZB, TAD, KGZ. **Sib:** W-Sib. **SO-As:** RC (Xinjiang, Innere Mongolei).

Lokalverbreitung: Im Gebiet nur in Österreich (Pannonikum und Süd- und Oststeiermark).

Halictus semitectus Morawitz, 1874
Steppen-Goldfurchenbiene

Systematik: Untergattung *Seladonia* Robertson, 1918; [*Seladonia* Robertson, 1918].

Nomenklatur: Synonym: *Seladonia semitecta* (Morawitz, 1874).

Etymologie: Von lat. „*semi-*" = „halb-" und „*tectus*" = „bedeckt, bekleidet", wegen der kahlen Basalhälfte der Tergite, die im scharfen Kontrast zu den filzartig dicht behaarten Apikalhälften stehen. Der deutsche Name bezieht sich auf den Lebensraum; als Goldfurchenbienen werden die metallisch glänzenden Arten der Untergattung *Seladonia* bezeichnet.

Pollenquellen: Polylektisch.

Lebensweise: Nach den phänologischen Daten wahrscheinlich eusozial.

Lebensraum: Nach bisherigen Beobachtungen nur an trockenwarmen und sandigen Standorten mit Steppencharakter.

Flugzeit: Nach den Funddaten aus dem Gebiet Weibchen von Ende Juli bis Mitte August, Männchen von Anfang Mai bis Mitte August.

Gesamtverbreitung: Eurasische Steppenart. Von Mitteldeutschland und Ostösterreich bis zur Pazifikküste des Fernen Ostens; nordwärts bis Brandenburg, Böhmen, Mittelpolen und Nordukraine; südwärts bis Kroatien und Bulgarien. **SW-Eu:** {~~I~~}. **Z-Eu:** {~~F~~}, D, A, {~~CH~~}. **N-Eu:** {~~LT~~}, {~~RUS(N)~~}. **NO-Eu:** CS, SK, PL, UA, UA(K), RUS(S). **SO-Eu:** H, RO, HR, SRB, BG. **W-As:** TR, Kaukasus, AFG. **Sib:** W-Sib, O-Sib. **NO-As:** Khab, Prim. **SO-As:** MGL, RC (Xinjiang, Hebei).

Lokalverbreitung: In Deutschland nur aus Sachsen, Sachsen-Anhalt und Brandenburg bekannt (aktuell). In Österreich nur aus dem Pannonikum nachgewiesen; die meisten der seit 1990 bekannt gewordenen Vorkommen dürften mittlerweile zerstört worden sein, aktuelle Funde nur aus Niederösterreich und dem Burgenland.

Halictus sexcinctus (Fabricius, 1775)
Sechsbinden-Furchenbiene

Systematik: Untergattung *Halictus* Latreille, 1804 *s. str.*; [*Hexataenites* Pesenko, 1984].

Etymologie: Von lat. „*sex*“ = „sechs“ und „*cinctus*“ = „Umgürtung, Gurt“; bezieht sich auf die Haarbinden des Hinterleibs.

Pollenquellen: Polylektisch; nachgewiesen ist bislang die Nutzung des Pollens der vier Pflanzenfamilien Asteraceae, Convolvulaceae, Dipsacaceae und Papaveraceae. Am häufigsten ist die Art auf Distelblüten zu beobachten.

Nestbau: Nistet auf ebenen oder geneigten Flächen und in Steilwänden, in sandigem oder lehmigem Substrat. Das Nest besteht aus einem meist schräg nach unten verlaufenden Hauptgang, der sich mehrfach verzweigen kann. Von diesen Gängen zweigen kurze Seitengänge ab, an deren Ende jeweils eine Brutzelle errichtet wird. Auf mehr oder weniger ebenen Flächen ist der Nesteingang von einem asymmetrischen Tumulus umgeben.

Lebensweise: Im Gebiet solitär. Das Weibchen lebt jedoch oft einige Wochen mit seinen geschlüpften Nachkommen zusammen.

Lebensraum: Binnendünen, Flugsandfelder, Sandgruben, Magerrasen, hauptsächlich in Sand-, aber auch Lössgebieten. Vom Flachland bis in die montane Höhenstufe.

Parasiten: Kuckucksbiene ist *Sphecodes gibbus*, vermutlich auch *S. albilabris*.

Flugzeit: Im Gebiet eine Generation; beide Geschlechter fliegen von Mai bis September/Oktober.

Gesamtverbreitung: Westpaläarktisch. Von Portugal über Europa, Kleinasien und Kaukasus bis Orenburg und Iran; nordwärts bis Schweden (Vastergötland), Baltikum, Moskau und Kirov; südwärts bis Sizilien, Kreta und Israel. Die Meldungen aus Zentralasien stammen aus dem 19. und frühen 20. Jahrhundert und beziehen sich auf verwandte Arten, das gleiche dürfte bei den Meldungen aus Sibirien (Tomsk) und China der Fall sein. In Kleinasien, Kaukasus, Iran und Israel in der ssp. *albohispidus* Blüthgen, 1923, Übergänge in Griechenland, im übrigen Gebiet in der Stammform. **SW-Eu:** P, E, E(B), I(Sa), I(Si), I. **Z-Eu:** F, B, LUX, NL, D, A, CH, DK. **N-Eu:** S, LT, LV, RUS(N). **NO-Eu:** CS, SK, PL, BY, UA, UA(K), RUS(S). **SO-Eu:** H, RO, SLO, HR, MK, SRB, AL, BG, GR, GR(K). **N-Afr:** E(C), DZ, TN. **W-As:** GR(Ä), {~~CY~~}, TR, IL, Kaukasus, IR. **Z-As:** {~~TM~~}, {~~UZB~~}, {~~KGZ~~}. **Sib:** W-Sib? **SO-As:** RC (Xinjiang)?

Lokalverbreitung: In Deutschland aus allen Bundesländern nachgewiesen, in Schleswig-Holstein verschollen. In Österreich mit Ausnahme von Salzburg aus allen Bundesländern gemeldet. In der Schweiz mit Ausnahme der höheren Jura-Lagen und der Alpennordseite fast überall, aber nur im Wallis und im Tessin etwas häufiger.

Halictus simplex Blüthgen, 1923
Gewöhnliche Furchenbiene

Systematik: Untergattung *Halictus* Latreille, 1804 *s. str.*; [*Monilapis* Cockerell, 1929].

Nomenklatur: Synonym: *Halictus marchali* Vachal, 1891.

Etymologie: Von lat. „*simplex*" = „einfach, gewöhnlich, unauffällig, schlicht".

Pollenquellen: Polylektisch. Aufgrund der schwierigen Trennung der Weibchen von *H. eurygnathus* und *H. langobardicus* wurde bisher nur die Nutzung der Pollen der beiden Pflanzenfamilien Asteraceae und Dipsacaceae nachgewiesen.

Nestbau: Nistet ohne erkennbare Bevorzugung bestimmter Bodenarten. Der Nesteingang ist in eine Erdröhre verlängert. Die Brutzellen münden nur wenige Zentimeter unter der Erdoberfläche in den Hauptgang.

Lebensweise: Vermutlich solitär.

Lebensraum: Trockenwarme Standorte, Binnendünen, Flugsandfelder, Magerrasen, Sand-, Kies- und Lehmgruben, Hochwasserdämme. Vom Flachland bis in die subalpine Höhenstufe.

Parasiten: Erwachsene Tiere sind zuweilen vom Fächerflügler *Halictoxenos tumulorum* befallen.

Flugzeit: Eine Generation; überwinterte Weibchen ab April, die Männchen von Juni bis August.

Gesamtverbreitung: Westpaläarktisch. Nach sicheren Männchen von Spanien bis Nordostkasachstan, in Europa nordwärts bis Dänemark, Baltikum, Moskau, Kirov und Perm; südwärts bis Umbria, Peloponnes und Nordiran. **SW-Eu:** E, I(Sa)(?), I(Si)(?), I. **Z-Eu:** F, B, LUX, NL, D, A, CH, FL, DK. **N-Eu:** LT, LV, RUS(N). **NO-Eu:** CS, SK, PL, BY, UA, UA(K), RUS(S). **SO-Eu:** H, RO, MD, SLO, HR, MK, SRB, BG, GR. **W-As:** TR, Kaukasus, IR. **Z-As:** KAZ.

Lokalverbreitung: Im Gebiet fast überall, lediglich Schleswig-Holstein ohne Nachweise, aus Mecklenburg-Vorpommern nur historisch.

Halictus smaragdulus Vachal, 1895
Smaragdgrüne Goldfurchenbiene

Es wurde seit Längerem vermutet, dass sich unter diesem Namen möglicherweise eine Reihe kryptischer Arten verbirgt. Da die morphologischen Unterschiede für eine sichere Determination zu subtil sind, wurde in jüngster Zeit, hauptsächlich durch den belgischen Apidologen Alain Pauly, eine Klärung mittels DNA-Analyse versucht. Nach dessen Ergebnissen kommt die echte *Halictus smaragdulus* Vachal, 1895 im Gebiet nicht vor; bei den bisher mit diesem Namen bezeichneten mitteleuropäischen Tieren handelt es sich um *Halictus submediterraneus* (Pauly, 2015); siehe dort.

Halictus subauratus (Rossi, 1792)
Dichtpunktierte Goldfurchenbiene

Systematik: Untergattung *Seladonia* Robertson, 1918; [*Seladonia* Robertson, 1918].

Nomenklatur: Synonym: *Seladonia subaurata* (Rossi, 1792).

Etymologie: Von lat. „*sub*“ = „unter, nahe an …“ und „*auratus*“ = „golden, vergoldet“; wegen der goldfarben schimmernden Körperoberfläche. Deutscher Name: Das Mesonotum ist im Gegensatz zu den nah verwandten *H. confusus, H. gavarnicus, H. tumulorum* und *H. leucaheneus* fingerhutartig dicht punktiert; als Goldfurchenbienen werden die metallisch glänzenden Arten der Untergattung *Seladonia* bezeichnet.

Pollenquellen: Polylektisch; nachgewiesen ist bislang die Nutzung des Pollens der vier Pflanzenfamilien Apiaceae, Asteraceae, Cistaceae und Convolvulaceae.

Nestbau: Nistet auf kahlen oder schütter bewachsenen, ebenen oder schwach geneigten, seltener vertikalen Flächen in sandigem oder lössigem Substrat, in der Regel in kleineren, unter günstigen Bedingungen auch großen Aggregationen. Der Nesteingang ist von einem konischen Tumulus umgeben. Das Nest besteht aus einem 10–15 cm langen, mehr oder weniger

vertikalen Hauptgang, in den in der Regel die Brutzellen direkt münden. In feuchterem Substrat sind die Brutzellen auch als Gruppe in einem Hohlraum angeordnet, die nur durch schmale Pfeiler mit der Wand des Hohlraumes verbunden ist, sodass die Zellen vom Substrat getrennt sind.

Lebensweise: Eusozial. Die Nestgründung erfolgt durch ein einzelnes Weibchen. Die erste Brut, etwa vier bis sechs Arbeiterinnen, hilft dieser dann bei der Aufzucht der Geschlechtstiere.

Lebensraum: Magerrasen, Hochwasserdämme, Ruderalflächen, Sand- und Kiesgruben. Vom Flachland bis in die montane Höhenstufe.

Parasiten: Kuckucksbiene ist *Sphecodes cristatus*.

Flugzeit: Eine Generation; überwinterte Weibchen ab März/April, die Geschlechtstiere von Juli bis August.

Gesamtverbreitung: Wärmere Paläarktis. In Nordafrika nur aus Marokko bekannt. In Eurasien von Portugal bis Ostchina (Beijing); nordwärts bis Südengland (wurde dort unter dem Synonym *Halictus gramineus* Smith, 1849 beschrieben, seither verschollen), ins Baltikum, Moskau und Kirov; südwärts bis Sizilien, Peloponnes und Israel. **SW-Eu:** P, E, E(B), F(K), I(Sa), I(Si), I. **Z-Eu:** F, B, LUX, NL, D, A, CH. **N-Eu:** GB, LT, LV, RUS(N). **NO-Eu:** CS, SK, PL, BY, UA, UA(K), RUS(S). **SO-Eu:** H, RO, MD, SLO, HR, MK, SRB, BIH, BG, GR. **N-Afr:** MA. **W-As:** TR, RL, IL, Kaukasus, IR. **Z-As:** TM, UZB, TAD, KAZ, KGZ. **Sib:** W-Sib. **SO-As:** RC (Beijing, Xinjiang). **Ori:** PAK, IND.

Lokalverbreitung: In Deutschland mit Ausnahme von Schleswig-Holstein aus allen Bundesländern nachgewiesen, im Norden selten. In Österreich mit Ausnahme von Salzburg und Vorarlberg aus allen Bundesländern gemeldet. In der Schweiz mit Ausnahme des alpennahen Mittellandes und des Alpenhauptkammes fast überall.

Halictus submediterraneus (Pauly, 2015)
Südliche Goldfurchenbiene

Systematik: Untergattung *Seladonia* Robertson, 1918; [*Seladonia* Robertson, 1918].

Nomenklatur: Es wurde seit Längerem vermutet, dass der Artenkomplex von *H. smaragdulus* aus mehreren kryptischen Arten besteht. Da die morphologischen Unterschiede sehr schwach ausgeprägt und für eine sichere Determination zu subtil sind, zumeist auch nur im männlichen Geschlecht existieren, wurde in jüngster Zeit, hauptsächlich durch den belgischen Apidologen Alain Pauly, eine Klärung mittels DNA-Analyse versucht. Nach dessen Ergebnissen kommt die echte *Halictus smaragdulus* Vachal, 1895 im Gebiet nicht vor; bei den bisher mit diesen Namen bezeichneten mitteleuropäischen Tieren handelt es sich um *Halictus submediterraneus* (siehe Pauly et al. 2015).

Etymologie: Pauly bezieht sich auf die submediterrane Verbreitung. Der deutsche Name lehnt sich an die wissenschaftliche Bezeichnung an; als Goldfurchenbienen werden die metallisch glänzenden Arten der Untergattung *Seladonia* bezeichnet.

Pollenquellen: Sicherlich polylektisch, wenn auch bisher nur die Nutzung des Pollens der beiden Pflanzenfamilien Apiaceae und Asteraceae nachgewiesen wurde.

Lebensweise: Eusozial. Die pro Nest kaum ein halbes Dutzend Arbeiterinnen sind deutlich kleiner als die Königin.

Lebensraum: Trockenwarme Standorte, Magerrasen, Binnendünen, Felssteppen. Vom Flachland bis in die montane Höhenstufe.

Flugzeit: Eine Generation; überwinterte Weibchen ab April, die Männchen von Juli bis August.

Gesamtverbreitung: Gesicherte Daten aufgrund von DNA-Analysen stammen aus Portugal, Spanien, Frankreich, Niederlande, Deutschland, Österreich, Krim, Rumänien, Kroatien, Bulgarien und Iran; sie geht von Portugal über Mittel- und Südeuropa bis in den Iran; nordwärts bis in die Niederlande und Brandenburg. Vermutlich gehören auch die meisten als *H. smaragdulus* determinierten Tiere aus Südosteuropa sowie Sardinien und Sizilien zu *H. submediterraneus*. Tiere aus der Türkei zeigen Abweichungen im männlichen Genital und stellen möglicherweise eine eigene Unterart oder gar Art dar. **SW-Eu:** P, E, I(Sa)(?), I(Si)(?). **Z-Eu:** F, NL, D, A. **NO-Eu:** CS(?), SK(?), PL(?), UA(?), UA(K). **SO-Eu:** RO, SLO(?), HR, MK (?), BG. **W-As:** TR?, IR.

Lokalverbreitung: In Deutschland nachgewiesen aus Brandenburg, Sachsen, Sachsen-Anhalt, Rheinland-Pfalz, Hessen, Baden-Württemberg und Bayern, (hier verschollen). In Österreich nur im Pannonikum (Burgenland, Niederösterreich). In der Schweiz aktuell aus dem Wallis und bei Basel, historisch von Genf und Chur.

Halictus tectus Radoszkowski, 1875

Kleine Filzfurchenbiene

Systematik: Untergattung *Vestitohalictus* Blüthgen, 1961; [*Vestitohalictus* Blüthgen, 1961].

Nomenklatur: Die taxonomische und nomenklatorische Situation dieses Taxons wurde erst durch Ebmer (1988a) geklärt. Bis dahin wurde für die Art der Name *H. vestitus* Lepeletier, 1841 gebraucht; *H. vestitus* ist jedoch der gültige Name für eine nahe verwandte, strikt westmediterrane Art. Synonym: *Seladonia tecta* (Radoszkowski, 1875).

Etymologie: Von lat. „*tectus*" = „bedeckt, bekleidet"; wegen des vollständig von filzartiger Behaarung bedeckten Hinterleibs. Deutscher Name: Im Vergleich zur nächstverwandten *H. pollinosus* ist die Art mit einer Körperlänge von 6–8 mm die kleinere; als Filzfurchenbienen werden die Arten der Untergattung *Vestitohalictus* bezeichnet, deren Tergite vollständig mit filzartig dichter Behaarung bedeckt sind.

Pollenquellen: Vermutlich polylektisch.

Flugzeit: Eine Generation; überwinterte Weibchen ab April, die Männchen von Juni bis September.

Gesamtverbreitung: Eurasische Steppenart. Von Südfrankreich bis in den Kaukasus; nordwärts bis Mähren und Nordukraine; südwärts bis Sizilien und Thessalien. Eingeschleppt in den USA (Pennsylvania und Maryland). Bei den Meldungen aus Iberien und Sardinien handelt es sich um *H. vestitus* Lepeletier, 1841, aus dem Irak, der Mongolei und aus China um *H. pulvereus* Morawitz, 1874. **SW-Eu:** ~~{E, E(B), I(Sa)}~~, I(Si), I. **Z-Eu:** F, A, CH. **NO-Eu:** CS, SK, UA. **SO-Eu:** H, RO, MD, SRB, BG, GR. **W-As:** Kaukasus, ~~{IRQ}~~. **SO-As:** ~~{MGL, RC}~~. **Nearktis:** USA+.

Lokalverbreitung: Im Gebiet durch historische Nachweise aus dem Pannonikum und dem Wallis bekannt, jedoch seit Jahrzehnten verschollen.

Halictus tetrazonius (Klug, 1817)

Sandsteppen-Furchenbiene

Systematik: Untergattung *Halictus* Latreille, 1804 *s. str.*; [*Monilapis* Cockerell, 1929].

Nomenklatur: Synonym: *Halictus pannonicus* Ebmer, 1969.

Etymologie: Von griech. „*tetra-*" = „vier-" und lat. „*zona*" (griech. Fdw.) = „Gürtel, Zone"; bezieht sich auf die Haarbinden des Hinterleibs. Der deutsche Name verweist auf den bevorzugten Lebensraum.

Pollenquellen: Vermutlich polylektisch.

Lebensraum: Trockenwarme Standorte, Sandsteppen.

Flugzeit: Eine Generation; nach Daten aus Istrien überwinterte Weibchen ab Mai, die Männchen von Juli bis August.

Gesamtverbreitung: Nach sicheren Männchen wärmere Westpaläarktis. Von Südfrankreich bis in den Iran, ein isolierter Fund in Turkmenien (Kushka); nordwärts bis Sachsen-Anhalt, südwärts bis Sizilien, Peloponnes und Israel. Meldungen aus Dänemark, Polen, dem Baltikum und dem europäischen Teil Russlands sind nicht verifizierbar und nach den nördlichen Funden in Deutschland kaum zu erwarten. **SW-Eu:** P(?), E(?), I(Sa), I(Si), I. **Z-Eu:** F, B, D, A, CH, DK? **N-Eu:** LT?, RUS(N)? **NO-Eu:** CS, SK, PL?, UA, UA(K), RUS(S). **SO-Eu:** H, RO, MD, SLO, HR, MK, MNE, SRB, BIH, AL, BG, GR, GR(K). **N-Afr:** ~~{MA}~~, ~~{TN}~~. **W-As:** TR, IL, Kaukasus, IR. **Z-As:** TM, ~~{KAZ}~~. **Sib:** ~~{W-Sib, O-Sib}~~. **NO-As:** ~~{Prim}~~. **SO-As:** ~~{RC}~~.

Lokalverbreitung: In Deutschland historische Meldungen aus Baden-Württemberg, Hessen, Sachsen, Brandenburg und Thüringen, die aufgrund der schwierigen Abgrenzung der Art alle wenig verlässlich scheinen (Untersuchungen des männlichen Genitals, das das einzige sichere Unterscheidungsmerkmal bietet, wurden damals nicht vorgenommen); erste sichere Nachweise für Deutschland in Sachsen-Anhalt aus dem Jahr 2001 (Burger & Ruhnke 2004). In Österreich nur aus dem Pannonikum; neben einigen wenigen historischen Meldungen ein aktueller Fund östlich von Hainburg 2008 (Zettel et al. 2008).

Halictus tumulorum (Linnaeus, 1758)
Gewöhnliche Goldfurchenbiene

Systematik: Untergattung *Seladonia* Robertson, 1918; [*Seladonia* Robertson, 1918].

Nomenklatur: Synonym: *Seladonia tumulorum* (Linnaeus, 1758).

Etymologie: Genitiv Plural von lat. „*tumulus*" = „Hügel, Erdhügel"; Linné bezieht sich nicht auf den kegelförmig um den Nesteingang ausgeworfenen Erdaushub, sondern er fand die Art auf Grabhügeln („*Habitat in Wisingsoæ Tumulis sepulchralibus*"). Deutscher Name: Die Art ist im Gebiet die häufigste der Gattung; als Goldfurchenbienen werden die metallisch glänzenden Arten der Untergattung *Seladonia* bezeichnet.

Pollenquellen: Polylektisch; nachgewiesen ist bislang die Nutzung des Pollens von 14 Pflanzenfamilien: Asteraceae, Brassicaceae, Campanulaceae, Caryophyllaceae, Convolvulaceae, Fabaceae, Hypericaceae, Lythraceae, Papaveraceae, Ranunculaceae, Resedaceae, Rosaceae, Salicaceae und Scrophulariaceae.

Nestbau: Nistet auf kahlen oder schütter bewachsenen ebenen Flächen ohne Bevorzugung eines bestimmten Substrats, akzeptiert sogar humosen Boden, meidet aber lockeren Sand. Der Nesteingang ist von einem konischen Tumulus umgeben. Der 5–20 cm lange Hauptgang verläuft in der Regel vertikal, die Brutzellen münden direkt in ihn.

Lebensweise: Die Art wurde lange Zeit für solitär gehalten, ist tatsächlich

aber eusozial. Bereits in der ersten Brut werden Männchen erzeugt, die sich mit den Arbeiterinnen paaren, die allerdings bis auf wenige Ausnahmen keine entwickelten Ovarien besitzen. Vereinzelt können Königinnen zwei Mal überwintern und ein Nest gründen.

Lebensraum: Ubiquitäre Art, die auf trockenwarmen Standorten ebenso vorkommt wie in relativ kühlen und feuchten Auwald-Lichtungen. Vom Flachland bis in die subalpine Höhenstufe.

Parasiten: Als Kuckucksbiene beobachtet wurden *Sphecodes ephippius* und *Sphecodes miniatus*. Erwachsene Tiere sind zuweilen vom Fächerflügler *Halictoxenos tumulorum* befallen.

Flugzeit: Eine Generation; überwinterte Weibchen ab April, die Männchen von Juli bis August/September.

Gesamtverbreitung: Transpaläarktisch. Stammform von Irland und Portugal bis zum Westufer des Baikalsees, von hier bis Japan und Magadan in der ssp. *higashi* SAKAGAMI & EBMER, 1979; in Europa nordwärts bis Irland und Nordschottland, in Norwegen bis 63,5°N (Trondheim), in Finnland bis 65°N (Prov. Nordösterbotten), ein Einzelfund aus der Provinz Lappland sogar vom Polarkreis, in Russland bis Karelien und Perm; im Süden isoliert montan, südwärts bis Sizilien, Peloponnes und Zentralanatolien. **SW-Eu:** P, E, F(K), I(Sa), I(Si), I. **Z-Eu:** F, B, LUX, NL, D, A, CH, FL, DK. **N-Eu:** IRL, GB, N, S, SF, EST, LT, LV, RUS(N). **NO-Eu:** CS, SK, PL, BY, UA, UA(K), RUS(S). **SO-Eu:**

H, RO, MD, SLO, HR, MK, SRB, BIH, AL, BG, GR. **N-Afr:** {~~ET~~}. **W-As:** {~~CY~~}, TR, {~~IL~~}, Kaukasus. **Z-As:** TAD. **Sib:** W-Sib, O-Sib. **NO-As:** Jak, Amur, JAO, Khab, Prim, Sach, Mag, Kur. **SO-As:** MGL, RC (Jilin, Heilongjiang, Innere Mongolei), KP, ROK, J.

Lokalverbreitung: Im Gebiet aus allen Regionen gemeldet.

Halictus vestitus Lepeletier, 1841
Puder-Filzfurchenbiene

Etymologie: Von lat. „*vestitus*" = „bekleidet, bedeckt"; wegen des vollständig von filzartiger Behaarung bedeckten Hinterleibs.

Lokalverbreitung: Alle Meldungen im Gebiet beziehen sich auf *H. tectus*, siehe dort.

Heriades Spinola, 1808
Löcherbienen

Systematik: Familie: Megachilidae – Unterfamilie: Megachilinae – Tribus: Osmiini.

Nomenklatur: Von einigen wenigen Autoren wird *Heriades* als Untergattung von *Osmia* betrachtet.
Die Gattung wurde früher unter dem Synonym *Trypetes* oder unter der abweichenden Schreibweise *Eriades* geführt.

Literatur: Benoist (1929); Banaszak & Romasenko (2001); Amiet et al. (2004); Scheuchl (2006). Weitere hilfreiche Arbeiten: (Müller 2015b).

Etymologie: Spinola gibt keine Information zur Namenswahl; Schletterer (1889) und Friese (1895) leiten den Namen von griech. „*erion*" = „Wolle" ab. Den deutschen Name trägt die Gattung wegen ihres rastlosen Inspizierens von Käferfraßgängen auf totem Holz.

Körperliche Merkmale: Wie bei den nah verwandten Scherenbienen ist der Körper schwarz gefärbt und nahezu unbehaart; sie sind diesen so ähnlich, dass sie früher zu einer Gattung zusammengefasst wurden; mit freiem Auge lassen sich Löcherbienen nur durch die gedrungenere Körperform von den ausgesprochen schlanken Scherenbienen unterscheiden, zudem besitzen die einheimischen Arten einen Quergrat an der Basis von Tergit 1. Die Weibchen tragen auf dem Bauch eine helle Sammelbürste.

Lebensweise: *Heriades*-Arten sind solitär lebende, pollensammelnde und nestbauende Bienen. Sie überdauern den Winter als Ruhelarve (Präpuppe) in ihrem Kokon.

Pollenquellen: Alle einheimischen Arten sind auf Korbblütler (Asteraceae) spezialisiert.

Nestbau: Löcherbienen nisten in den unterschiedlichsten vorhandenen Hohlräumen, besonders gern in totem Holz.

Parasiten: Kuckucksbienen sind Düsterbienen *(Stelis)*.

Verbreitung/Artenzahl: Die Gattung ist in der Neuen Welt von Kanada bis Panama, in der Alten Welt von Skandinavien bis Südafrika, von Portugal bis Japan und den Indomalayischen Archipel verbreitet. Insgesamt sind rund 110 Arten bekannt, von denen im Gebiet drei vorkommen.

Heriades crenulatus Nylander, 1856
Gekerbte Löcherbiene

Systematik: Untergattung *Heriades* Spinola, 1808 *s. str.*

Nomenklatur: Synonym: *Osmia crenulata* (Nylander, 1856).

Etymologie: Von lat. „*crenulatus*" = „fein gekerbt"; wegen des fein gekerbten Vorderrand des Clypeus.

Pollenquellen: Oligolektisch auf Korbblütler (Asteraceae).

Nestbau: Nistet in vorhandenen Hohlräumen, meist in Käferfraßgängen oder hohlen Stängeln. Die Zwischenwände der Brutzellen werden aus Harz gefertigt, ebenso der Nestverschluss, der mit Holzpartikeln und kleinen Steinchen verstärkt wird. Die Nestanlage ist in der Regel linear, pro Nest werden 4–12 Zellen angelegt.

Lebensraum: Warme Standorte, sonnenexponierte Waldsäume und Hecken, extensiv genutztes Grünland. Vom Flachland bis in die montane Höhenstufe.

Parasiten: Kuckucksbiene ist vermutlich *Stelis breviuscula*. Als weitere Nestparasiten wurden die Erzwespen *Eurytoma nodularis, Eurytoma heriadi, Melittobia acasta* und *Leucospis dorsigera* beobachtet.

Flugzeit: In einer Generation von Juni bis August/September.

Gesamtverbreitung: In Nordafrika von Marokko bis Libyen. In Eurasien von Portugal über Südeuropa, Kleinasien und Kaukasus bis Kasachstan; nordwärts bis Brandenburg, Nordpolen, Weißrussland, Mittelukraine und Rostow; südwärts bis Sizilien, Malta und Kreta, in Asien bis Nordwestiran. **SW-Eu:** P, E, E(B), F(K), I(Sa), I(Si), I, M. **Z-Eu:** F, B, LUX, NL, D, A, CH. **NO-Eu:** CS, SK, PL, BY, UA, UA(K), RUS(S). **SO-Eu:** H, RO, MD, SLO, HR, MK, SRB, BIH, AL, BG, GR, GR(K). **N-Afr:** MA, DZ, TN, LAR. **W-As:** GR(Ä), TR, Kaukasus, IR. **Z-As:** KAZ.

Lokalverbreitung: In Deutschland Verbreitungsschwerpunkte im Oberrheintal und in Brandenburg; aktuell aus Brandenburg, Nordrhein-Westfalen, Hessen, Rheinland-Pfalz und Baden-Württemberg, historisch aus Sachsen gemeldet. In Österreich aus allen Bundesländern mit Ausnahme von Salzburg und Vorarlberg nachgewiesen. In der Schweiz aktuell im Wallis, im südlichen Tessin, bei Basel und bei Zürich, historisch vom Genfer- und vom Bielersee.

Heriades rubicola Pérez, 1890
Stängel-Löcherbiene

Systematik: Untergattung *Heriades* Spinola, 1808 *s. str.*

Nomenklatur: Synonym: *Osmia rubicola* (Pérez, 1890). Von manchen Autoren wird der Artname fälschlicherweise zu *Heriades rubicolus* emendiert – wohl im Glauben, der Artname wäre ein Adjektiv und müsse daher dasselbe grammatikalische Geschlecht besitzen wie der männliche Gattungsname *Heriades*; Pérez fasste aber den Artnamen eindeutig als Substantiv auf, das trotz der Endung auf „a" männlich ist.

Etymologie: Von lat. „*rubus*" = Brombeere und „-*cola*" = „Bewohner" (von „*colere*" = „bewohnen"); die Nester werden sehr häufig in dürren Brombeerstängeln angelegt.

Pollenquellen: Oligolektisch auf Korbblütler (Asteraceae).

Nestbau: Nistet in vorhandenen Hohlräumen, meist in Käferfraßgängen oder hohlen Stängeln. Die Zwischenwände der Brutzellen und der Nestverschluss werden aus Harz gefertigt.

Flugzeit: In einer Generation von Juli bis September.

Gesamtverbreitung: In Nordafrika von Marokko bis Tunesien (ältere Meldungen aus Ägypten sind überprüfungsbedürftig). In Eurasien von Portugal über Südeuropa, Kleinasien und Kaukasus bis ins östliche Zentralasien; nordwärts bis Mähren, Ungarn, Rumänien; südwärts bis Sizilien, Malta, Kreta und Zypern, in Asien bis Israel und Jordanien. **SW-Eu:** P, E, E(B), F(K), I(Sa), I(Si), I, M. **Z-Eu:** F, A, CH. **NO-Eu:** CS. **SO-Eu:** H, RO, SLO, HR, MK, BG, GR, GR(K). **N-Afr:** MA, DZ, TN, ET(?). **W-As:** CY, TR, SYR, IL, JOR. **Z-As:** TM, KAZ, KGZ.

Lokalverbreitung: Aus Österreich nur historische Meldungen aus Oberösterreich und dem Burgenland. Aus der Schweiz ist nur der Fund eines einzigen Männchens von Sierre bekannt (ohne Jahresangabe, aber historisch).

Heriades truncorum (Linnaeus, 1758)
Gewöhnliche Löcherbiene

Systematik: Untergattung *Heriades* Spinola, 1808 *s. str.*

Nomenklatur: Synonym: *Osmia truncorum* (Linnaeus, 1758).

Etymologie: Genitiv Plural von lat. „*truncus*" = „Baumstamm"; die Art nistet häufig in Totholz. Deutscher Name: Die Art ist im Gebiet die häufigste der Gattung.

Pollenquellen: Oligolektisch auf Korbblütler (Asteraceae).

Nestbau: Nistet in vorhandenen Hohlräumen, meist in Käferfraßgängen oder hohlen Stängeln. Die Zwischenwände der Brutzellen werden aus Harz gefertigt, ebenso der Nestverschluss, der mit Holzpartikeln und kleinen

Steinchen verstärkt wird. Die Nestanlage ist in der Regel linear, pro Nest werden 2–8 Zellen angelegt.

Lebensraum: Waldsäume und Lichtungen, Hecken, extensiv genutztes Grünland. Vom Flachland bis in die montane Höhenstufe.

Parasiten: Kuckucksbiene sind *Stelis breviuscula* und *Stelis minuta*. Als weitere Nestparasiten wurden die Keulenwespe *Sapygina decemguttata* und *Monosapyga clavicornis*, Schmalbauchwespen der Gattung *Gasteruption*, die Erzwespe *Melittobia acasta* und der Trauerschweber *Anthrax anthrax* beobachtet. In der Literatur werden verschiedentlich Goldwespenarten (Chrysididae) als Nestparasiten angeführt.

Flugzeit: In einer Generation von Juni bis September.

Gesamtverbreitung: Transpaläarktisch. In Nordafrika von Marokko und Algerien (eine ältere Meldung aus Äthiopien gehört sicherlich zu einer anderen Art). In Eurasien von Portugal über Europa, Kleinasien, Kaukasus, Zentralasien und Sibirien bis Primorje; nordwärts bis Südengland und Wales (keine Nachweise aus Irland), in Norwegen bis 60,5°N, in Schweden bis 60°N, in Finnland bis 65°N, in Russland bis Karelien, Kirov und Perm, südwärts bis Sizilien, Thessalien, Rhodos und Zypern, in Asien bis Israel und Iran. **SW-Eu:** P, E, AND, F(K), I(Sa), I(Si), I. **Z-Eu:** F, B, LUX, NL, D, A, CH, FL, DK. **N-Eu:** GB, N, S, SF, EST, LT, LV, RUS(N). **NO-Eu:** CS, SK, PL, BY, UA, UA(K), RUS(S). **SO-Eu:** H, RO, MD, SLO, HR, MK, SRB, AL, BG, GR. **N-Afr:** MA, DZ, {~~ETH~~}. **W-As:** GR(Ä), CY, TR, SYR, IL, Kaukasus, IR. **Z-As:** UZB, KAZ, KGZ. **Sib:** W-Sib. **NO-As:** Amur, Prim.

Lokalverbreitung: Im Gebiet aus allen Regionen gemeldet.

Hoplitis Klug, 1807
Stängelbienen, Felsenbienen und Natternkopfbienen

Systematik: Familie: Megachilidae – Unterfamilie: Megachilinae – Tribus: Osmiini.

Nomenklatur: Die Gattung wird von einigen Autoren als Untergattung der Gattung *Osmia* betrachtet. Einige Arten wurden zeitweise unter dem Gattungsnamen *Anthocopa* geführt. Abweichend von Michener (2007) ist nach neueren Erkenntnissen durch A. Müller und Kollegen *Micreriades* nicht als Synonym von *Hoplitis* (*Alcidamea*), sondern als gute Untergattung zu werten.

Literatur: Blüthgen (1930e); Banaszak & Romasenko (2001); Amiet et al. (2004); Scheuchl (2006). Weitere hilfreiche Arbeiten: Warncke (1991); Warncke (1992e); Nieuwenhuijsen (2014); Müller (2015b).

Etymologie: Von griech. „*hoplítes*“ (dieser Begriff ist abgeleitet von „*hóplon*“ = „Kriegsgerät, schwere Waffen, schwere Rüstung, Schwerbewaffnete“) = Angehöriger der Haupttruppe der griechischen Heere, da der Hinterleib der Männchen oft mit zahnartigen Fortsätzen „bewaffnet“ ist. Der deutsche Name „Stängelbiene“ bezieht sich auf das Nistverhalten vieler *Hoplitis*-Arten, die ihre Brutzellen vorzugsweise in hohlen oder markhaltigen Stängeln anlegen; die „Felsenbienen“ bauen Mörtelnester in Felsspalten oder Vertiefungen von Gesteinsoberflächen, und „Natternkopfbiene“ wird für die relativ zahlreichen *Hoplitis*-Arten verwendet, die auf *Echium* als Pollenquelle spezialisiert sind.

Körperliche Merkmale: Die zwischen 6 und 16 mm großen Bienen besitzen meist einen länglicheren Körper als ihre Verwandten der Gattung *Osmia*. Der Hinterleib ist fast kahl und trägt lediglich oft helle Haarbinden. Die Weibchen besitzen eine gelblich, rötlich oder weißlich gefärbte Sammelbürste auf der Unterseite des Hinterleibs. Die Männchen tragen auf dem Bauch und am Hinterleibsende die unterschiedlichsten Fortsätze, die oft arttypisch sind, sowie ebenso arttypische membranöse Anhänge am 6. Sternit, die bei keiner anderen Bienengattung ausgebildet sind. Auch die Fühler der Männchen sind oft arttypisch modifiziert.

Lebensweise: *Hoplitis*-Arten sind solitär lebende, pollensammelnde und nestbauende Bienen. Sie überdauern den Winter als Ruhelarve (Präpuppe) in ihrem Kokon. Ein Teil der Brut „überliegt“, d.h. sie schlüpft erst im übernächsten Jahr.

Flugzeit: Die Arten der Gattung *Hoplitis* erscheinen im Sommer und bilden eine einzige Generation pro Jahr aus.

Pollenquellen: Sie sind meist mehr oder weniger eng auf bestimmte Pflanzenfamilien oder -gattungen spezialisiert; die wenigen polylektischen Arten zeigen eine deutliche Bevorzugung von Hornklee.

Nestbau: Sie nisten in vorgefundenen oder selbst angefertigten Hohlräumen der unterschiedlichsten Art. Als Baustoff für die Brutzellen verwenden sie je nach Art zerkaute Blätter oder Lehm und Sand, die mit körpereigenen Sekreten vermischt werden, oder Blütenblätter zur Auskleidung der Brutzellen, wie etwa *H. papaveris*. Einige Arten mörteln ihre Nester aus Lehm und Steinchen in Vertiefungen und Spalten von Gesteinsoberflächen.

Parasiten: Als Kuckucksbienen treten Düsterbienenarten (*Stelis*) auf, vereinzelt auch Kegel- und Zweizahnbienen (*Coelioxys* und *Dioxys*), als weitere Brutschmarotzer Keulhornwespen der Gattung *Sapyga*, Goldwespen (*Chrysididae*) und Erzwespen der Familie *Pteromalidae*.

Verbreitung/Artenzahl: Mit Ausnahme der australisch-ozeanischen, neotropischen und der orientalischen Faunenregion (in letzterer kommt lediglich eine einzige, etwas abweichende Art vor) ist *Hoplitis* auf allen Kontinenten verbreitet. Weltweit sind knapp 350 Arten bekannt, von denen im Gebiet 20 vorkommen; die alte Meldung einer weiteren Art ist sehr zweifelhaft.

Hoplitis acuticornis (Dufour & Perris, 1840) Spitzfühler-Stängelbiene

Systematik: Untergattung *Alcidamea* Cresson, 1864.

Nomenklatur: Synonym: *Osmia acuticornis* Dufour & Perris, 1840.

Etymologie: Von lat. „*acutus*" = „spitz" und „*cornum*" = „Horn" (im Sinne von Fühler); die Männchen besitzen ein zugespitztes Fühlerendglied.

Pollenquellen: Polylektisch mit starker Präferenz für Schmetterlingsblütler (Fabaceae). Am häufigsten auf Wicke (*Vicia*), Platterbse (*Lathyrus*), Hornklee (*Lotus*) und Luzerne (*Medicago*) zu beobachten.

Nestbau: Nistet in selbst genagten Gängen in markhaltigen Stängeln, meist in dürren Brombeerranken. Die Zwischenwände der Brutzellen und der Nestverschluss werden aus dem zerkauten Mark der als Nest verwendeten Stängel errichtet, in seltenen Fällen wird für den Nestverschluss aus zerkauten Blättern hergestellter Pflanzenmörtel verwendet. Die Nestanlage ist linear, pro Nest werden bis zu einem Dutzend Zellen angelegt.

Lebensraum: Trockenwarme Standorte, Trockenrasen, Kiesgruben. Vom Flachland bis in die montane Höhenstufe.

Parasiten: Kuckucksbiene ist *Stelis ornatula*. Als weitere Nestparasiten wurden die Satellitenfliege *Miltogramma murinum* und die Erzwespe *Leucospis biguetina* beobachtet (letztere Beobachtung aus Frankreich, die Art kommt aber auch in der Schweiz und Österreich vor).

Flugzeit: In einer Generation von Juni bis Juli/August.

Gesamtverbreitung: In Nordafrika von den Kanaren sowie von Algerien und Tunesien bekannt. In Europa von Madeira und Portugal über Süd- und südliches Mitteleuropa, Kleinasien, Kaukasus und Zentralasien bis zum Mittelsibirischen Bergland (Krasnojarsk); nordwärts in Europa bis Bretagne, Luxemburg, Böhmen, Kirov und Perm; südwärts bis Sizilien, Kreta und Zypern, in Asien bis Israel und Jordanien. In der ssp. *brunneipes* (Peters, 1975) auf Gran Canaria, in der ssp. *hispanica* (Schmiedeknecht, 1886) in Iberien (inklusive Balearen), und in der ssp. *gilvus* van der Zanden, 1994 in Zentralasien. **SW-Eu:** P, E, E(B), AND, F(K), I(Sa), I(Si), I. **Z-Eu:** F, LUX, D, A, CH. **N-Eu:** RUS(N). **NO-Eu:** CS, SK, UA, UA(K), RUS(S). **SO-Eu:** H, RO, SLO, HR, MK, AL, BG, GR, GR(K). **N-Afr:** P(M), E(C), DZ, TN. **W-As:** GR(A), CY, TR, SYR, JOR, IL, Kaukasus, IR. **Z-As:** TM, TAD, KAZ, KGZ. **Sib:** W-Sib, O-Sib.

Lokalverbreitung: In Deutschland nur von Baden-Württemberg und Bayern nachgewiesen (aktuell); eine alte Meldung von Gerstaecker (1869) aus Brandenburg erscheint plausibel. In Österreich nur aus Niederösterreich und dem Burgenland bekannt (aktuell). In der Schweiz aktuell im Wallis und eine historische Meldung vom Genfersee.

Hoplitis adunca (Panzer, 1798)
Gewöhnliche Natternkopfbiene

Systematik: Untergattung *Hoplitis* Klug, 1807 *s. str.*

Nomenklatur: Synonym: *Osmia adunca* (Panzer, 1798).

Etymologie: Von lat. „*adunca*“ = „gekrümmt, gebogen“, bezieht sich auf die gekrümmten Seitenzähne von Tergit 6 beim Männchen („*segmento penultimo margine laterali utrinque spina adunca*“). Deutscher Name: Die Art ist im Gebiet die häufigste Natternkopfbiene.

Pollenquellen: Streng oligolektisch auf Natternkopf *(Echium*, Fam. Boraginaceae).

Nestbau: Nistet in den verschiedensten vorhandenen Hohlräumen, beispielsweise Käferfraßgänge in altem Holz, hohle Stängel, Löcher in Erdabbrüchen und Mauern oder verlassene Nester anderer Bienen (*Colletes, Megachile, Anthophora*). Die Zwischenwände der Brutzellen und der Nestverschluss werden aus einem Mörtel errichtet, der aus Lehm und Sand besteht, die mit körpereigenen Sekreten vermischt werden und der eine extreme Festigkeit erreicht. Der Nestverschluss wird oft mit Holzpartikeln oder Sandkörnchen verstärkt. Die Innenwände des Nestganges werden oft mehr oder weniger vollständig mit Lehm ausgekleidet. Die Zellzwischenwände bestehen aus zwei Lagen, was als Überrest eines Nestbauverhaltens gedeutet werden kann, bei dem ursprünglich vollständige Zellen errichtet wurden. Die Nestanlage ist in der Regel linear, pro Nest werden bis zu sieben Zellen angelegt.

Lebensraum: Standorte, an denen ausreichend große Bestände der Futterpflanze vorkommen, wie Hochwasserdämme, Brach- und Ruderalflächen, Kiesgruben, Steinbrüche, Eisenbahnanlagen. Vom Flachland bis in die montane Höhenstufe.

Parasiten: Als Kuckucksbiene wurden *Stelis punctulatissima* und *Dioxys tridentata* beobachtet. Weitere Nestparasiten sind verschiedene Goldwespen (*Chrysis sexdentata, Chrysura austriaca, Chrysura radians*), die Keulenwespe *Sapyga similis* sowie die Erzwespen *Eurytoma nodularis, Leucospis dorsigera, Melittobia acasta, Monodontomerus aeneus, Monodontomerus obscurus* und *Neochalcis osmicida*.

Flugzeit: In einer Generation von Juni bis August/September.

Gesamtverbreitung: In Nordafrika von Marokko bis Libyen. In Eurasien von Portugal über Süd- und Mitteleuropa, Kleinasien, Kaukasus, Zentralasien bis Westsibirien (Kurgan); nordwärts bis Dänemark, Baltikum und Leningrad; südwärts bis Sizilien und Peloponnes (ältere Meldungen von Kreta beziehen sich vermutlich auf verwandte Arten), in Asien bis in die Südtürkei. Die Art wird für den Fernen Osten nur einmal in Romankova (1995) aufgeführt, wird aber in allen folgenden Publikationen, die sich mit diesem Gebiet befassen, nicht wieder erwähnt, sodass hier von einem Irrtum auszugehen ist. **SW-Eu:** P, E, E(B), AND, F(K), I(Sa), I(Si), I. **Z-Eu:** F, B, NL, LUX, D, A, CH, FL, DK. **N-Eu:** EST, LT, LV, RUS(N). **NO-Eu:** CS, SK, PL, BY, UA, RUS(S). **SO-Eu:** H, RO, SLO, HR, MNE, SRB, AL, BG, GR, GR(K)(?). **N-Afr:** MA, DZ, TN, LAR. **W-As:** GR(Ä), TR, Kaukasus. **Z-As:** TM, TAD, KAZ. **Sib:** W-Sib. **NO-As:** RUS(FE)?

Lokalverbreitung: Im Gebiet aus allen Regionen gemeldet.

Hoplitis anthocopoides (Schenck, 1853)
Matte Natternkopfbiene

Systematik: Untergattung *Hoplitis* Klug, 1807 *s. str.*

Nomenklatur: Synonym: *Osmia anthocopoides* Schenck, 1853; *Osmia spinolae* auct. nec Lepeletier, 1841.

Etymologie: Vom Gattungsnamen *Anthocopa* (Synonym von *Hoplitis*), also „einer *Anthocopa* ähnlich". Der deutsche Name bezieht sich auf den glanzlosen Clypeus.

Pollenquellen: Streng oligolektisch auf Natternkopf (*Echium*, Fam. Boraginaceae).

Nestbau: Die Nester werden in der Regel in Vertiefungen oder Höhlungen und Spalten von Felsen oder Steinen errichtet. Das Baumaterial besteht aus einer Mischung aus Lehm, Steinchen und körpereigenen Sekreten, die eine extreme Festigkeit erreicht. Je nach Situation enthält ein Nest von einer bis zu mehr als dreißig Brutzellen. Verlassene Brutzellen aus dem Vorjahr werden wieder benutzt, bei größeren Nestern kann es vorkommen, dass mehrere Tiere Zellen desselben Nestes verproviantieren.

Lebensraum: Steinbrüche, Felshänge, Felssteppen, Abwitterungshalden, zuweilen in Eisenbahnanlagen. Vom Flachland bis in die subalpine Höhenstufe.

Parasiten: Als Kuckucksbiene tritt *Stelis phaeoptera* und höchstwahrscheinlich auch *Aglaoapis tridentata* auf. Als weitere Nestparasiten wurden verschiedene Goldwespen (*Chrysis ignita, Chrysis graelsii, Chrysis ruddii, Chrysura austriaca, Chrysura hybrida, Chrysura radians, Chrysura simplex*) und die Erzwespe *Monodontomerus montivagus* beobachtet.

Flugzeit: In einer Generation von Mai/Juni bis Juli/August.

Gesamtverbreitung: In Nordafrika von den Kanaren über Marokko bis Tunesien. In Eurasien von Portugal über Süd- und Mitteleuropa, Kleinasien bis in den Kaukasus und Nordwestiran; nordwärts bis Dänemark, Baltikum und Leningrad; südwärts bis Sizilien, Mazedonien und Nordgriechenland (Rhodopen). Die Art wird für den Fernen Osten nur einmal in ROMANKOVA (1995) aufgeführt, wird aber in allen folgenden Publikationen, die sich mit diesem Gebiet befassen, nicht wieder erwähnt, es dürfte sich mit größter Wahrscheinlichkeit um eine Verwechslung mit *Hoplitis leucomelana* handeln. Auf den Kanaren (Teneriffa, Fuerteventura, Lanzarote) in der ssp. *perambigua* (PETERS, 1975). **SW-Eu:** P, E, E(B), I(Si), I. **Z-Eu:** F, B, LUX, NL, D, A, CH, DK. **N-Eu:** EST, LT, LV, RUS(N). **NO-Eu:** CS, SK, PL, BY, UA, UA(K), RUS(S). **SO-Eu:** H, RO, SLO, HR, MK, BG, GR. **N-Afr:** E(C), MA, DZ, TN. **W-As:** Kaukasus, IR. **NO-As:** {~~Prim~~}. **Nearktis:** USA+.

Lokalverbreitung: In Deutschland in allen Bundesländern nachgewiesen, aus Schleswig-Holstein und Nordrhein-Westfalen nur historische Meldungen. In Österreich mit Ausnahme von Salzburg aus allen Bundesländern gemeldet, die Meldungen aus dem Burgenland und der Steiermark sind überprüfungsbedürftig. In der Schweiz aktuell nur aus dem Wallis und dem Puschlav, historisch vom Genfer-, Neuenburger- und Bielersee, Zürich und Graubünden.

Hoplitis claviventris (THOMSON, 1872)
Gelbspornige Stängelbiene

Systematik: Untergattung *Alcidamea* CRESSON, 1864.

Nomenklatur: Synonym: *Osmia claviventris* THOMSON, 1872; *Osmia leucomelana* auct. nec KIRBY, 1802.

Etymologie: Von lat. „*clavus*" = „Keil, Geschwür, Warze" und „*venter*", Gen. „*ventris*" = „Bauch" (im Sinne von Hinterleib); wegen des höckerartigen Fortsatzes auf der Unterseite des Hinterleibs beim Männchen. Deutscher Name: Im Gegensatz zur ähnlichen *H. leucomelana* sind die Sporne der Hintertibien gelbbraun.

Pollenquellen: Polylektisch mit deutlicher Präferenz für *Lotus corniculatus*; nachgewiesen ist bislang die Nutzung des Pollens der acht Pflanzenfamilien Asteraceae, Boraginaceae, Cistaceae, Crassulaceae, Fabaceae, Lamiaceae, Hypericaceae und Rosaceae.

Nestbau: Nistet in selbst genagten Gängen in markhaltigen Stängeln, etwa von Himbeer- oder Brombeerbüschen, Königskerzen, Kletten oder Disteln, oder in morschem Holz, seltener auch in vorgefundenen Hohlräumen in Totholz. Die Zwischenwände der Brutzellen und der Nestverschluss werden aus zerkauten Pflanzenteilen (Pflanzenmörtel) errichtet. Die Nestanlage ist linear, pro Nest werden 4–8 Zellen angelegt. Die Leerzelle am Nesteingang wird zuweilen mit Steinchen und Halmstücken verfüllt.

Lebensraum: Waldsäume und Lichtungen, Hecken, Ruderalflächen, Kies- und Lehmgruben, Eisenbahnanlagen. Vom Flachland bis in die subalpine Höhenstufe.

Parasiten: Kuckucksbienen sind *Stelis minuta* und *Stelis ornatula*. Als weitere Nestparasiten wurden die Erzwespe *Melittobia acasta* und die Schmalbauchwespe *Gasteruption nigrescens* beobachtet.

Flugzeit: In einer Generation von Juni bis August.

Gesamtverbreitung: Von Portugal über Europa, Kleinasien, Kaukasus und Sibirien bis Irkutsk; nordwärts bis Wales und Nordengland, in Norwegen bis 62°N, in Schweden bis zum Polarkreis, in Finnland bis 65,5°N, in Russland bis Karelien und Kirov; südwärts bis Sizilien, Nordgriechenland (Olymp) und Südosttürkei (Muğla). Warncke beschreibt eine ssp. *columba* (Warncke, 1991) aus Spanien. **SW-Eu:** P, E, F(K), I(Sa), I(Si), I. **Z-Eu:** F, B, LUX, NL, D, A, CH, FL, DK. **N-Eu:** GB, N, S, SF, EST, LT, LV, RUS(N). **NO-Eu:** CS, SK, PL, BY, UA, UA(K), RUS(S). **SO-Eu:** H, RO, SLO, HR, MK, AL, BG, GR. **N-Afr:** {~~DZ~~}. **W-As:** TR, Kaukasus. **Z-As:** KAZ. **Sib:** W-Sib, O-Sib. **SO-As:** MGL(?), RC?

Lokalverbreitung: Im Gebiet aus allen Regionen gemeldet.

Hoplitis dalmatica (Morawitz, 1871)
Dalmatinische Felsenbiene

Systematik: Untergattung *Anthocopa* Lepeletier & Serville, 1825.

Nomenklatur: Synonym: *Osmia dalmatica* Morawitz, 1871.

Etymologie: Adjektiv zu „*Dalmatia*" = Dalmatien, dem Typenfundort der Art.

Pollenquellen: Oligolektisch auf Kardengewächsen (Dipsacaceae), bisher nur auf Witwenblumen (*Knautia*) und Skabiosen (*Scabiosa*) beobachtet.

Nestbau: Die Brutzellen werden in Felsspalten errichtet. Sie bestehen aus grob zerkauten Blattstücken, die innen mit Blütenblättern verkleidet werden.

Lebensraum: Trockenrasen und Felssteppen, vorwiegend in der montanen bis subalpinen Höhenstufe.

Flugzeit: In einer Generation von Mai bis August.

Gesamtverbreitung: Von Spanien über Südeuropa bis in die Osttürkei (Erzurum); nordwärts bis Wallis, Slowakei und Südrumänien. **SW-Eu:** E, AND, I(Sa), I. **Z-Eu:** F, CH. **SO-Eu:** H, RO, SLO, HR, MK, AL, BG, GR. **W-As:** TR.

Lokalverbreitung: Im Gebiet nur in der Schweiz (Wallis, Tessin und Calancatal).

Hoplitis laevifrons (Morawitz, 1872)

Glattstirn-Felsenbiene

Etymologie: Von lat. „*laevis*“ = „glatt“ und „*frons*“ = „Stirn, Gesicht, Vorderseite“; bezieht sich auf die glatte, glänzende und unpunktierte Zone zwischen den Fühlern der Weibchen.

Lokalverbreitung: Morawitz (1872) beschreibt die Art nach Tieren aus Meran und einem Tier aus dem Wiener Museum mit der Vaterlandsangabe „Germania“. Es ist unwahrscheinlich, dass die Art jemals in Deutschland vorkam. Blüthgen (1930d) erwähnt die Art ohne weitere Ortsangabe aus Tirol. Ganz offensichtlich bezieht er sich nicht auf Tiere von Nordtirol, sondern auf die Angabe von Morawitz. Für die Schweiz gibt es nur die Pauschalangabe in Warncke (1986a), sonst wurde die Art nie aus diesem Land gemeldet. Die Art sollte daher von der Faunenliste Mitteleuropas gestrichen werden.

Hoplitis lepeletieri (Pérez, 1879)

Gebirgs-Natternkopfbiene

Systematik: Untergattung *Hoplitis* Klug, 1807 *s. str.*

Nomenklatur: Synonym: *Osmia lepeletieri* Pérez, 1879.

Etymologie: Dem französischen Hymenopterologen Amédée Louis Michel Lepeletier de Saint-Fargeau (1780–1848) gewidmet. Deutscher Name: Die Art kommt im Gebiet fast nur in Gebirgen vor.

Pollenquellen: Streng oligolektisch auf Natternkopf (*Echium*, Fam. Boraginaceae).

Nestbau: Die Nester werden in der Regel auf der Oberfläche bzw. in Vertiefungen oder Höhlungen von Felsen oder Steinen errichtet. Das Baumaterial besteht aus einer Mischung aus Lehm, Steinchen und körpereigenen Sekreten, die eine extreme Festigkeit erreicht. Je nach Situation enthält ein Nest von einer bis zu rund zehn Brutzellen. Nach Fertigstellung der letzten Zelle werden alle mit einer durchgehenden Mörtelschicht bedeckt. Verlassene Brutzellen aus dem Vorjahr werden wieder benutzt.

Lebensraum: Steinbrüche, Felshänge, Felssteppen, Abwitterungshalden. Vom Flachland bis in die subalpine Höhenstufe.

Flugzeit: In einer Generation von Juni bis Juli/August.

Gesamtverbreitung: Von Kastilien bis Rumänien; nordwärts bis zu den deutschen Mittelgebirgen und Nordrumänien; südwärts bis Ligurien (Meldungen aus Süditalien beziehen sich vermutlich auf verwandte Arten), Slowenien und Südrumänien. **SW-Eu:** E, I. **Z-Eu:** F, D, A, CH. **NO-Eu:** SK. **SO-Eu:** H, RO, SLO. **N-Afr:** {DZ}.

Lokalverbreitung: In Deutschland nur vom Schwarzwald, der Schwäbischen und Fränkischen Alb und den bayerischen Alpen und Voralpen bekannt, seit Jahrzehnten verschollen. In Österreich nachgewiesen aus Kärnten, Salzburg und Tirol (aktuell), überprüfungsbedürftige historische Meldungen aus der Steiermark und Niederösterreich. In der Schweiz nur in den Alpen.

Hoplitis leucomelana (Kirby, 1802)

Schwarzspornige Stängelbiene

Systematik: Untergattung *Alcidamea* Cresson, 1864.

Nomenklatur: Synonym: *Osmia leucomelana* Kirby, 1802; *Osmia parvula* Dufour & Perris, 1840.

Etymologie: Von griech. „*leukós*" = „weiß" und „*mélas*" Genitiv: „*mélanos*" = schwarz, bezieht sich auf die tiefschwarze Körperoberfläche und die schneeweiße Behaarung. Deutscher Name: Im Gegensatz zur ähnlichen *H. claviventris* sind die Sporne der Hintertibien schwarz.

Pollenquellen: Polylektisch mit deutlicher Präferenz für Schmetterlingsblütler (Fabaceae), insbesondere Hornklee (*Lotus*); nachgewiesen ist bislang die Nutzung des Pollens der sechs Pflanzenfamilien Asteraceae, Crassulaceae, Fabaceae, Lamiaceae, Lythraceae und Rosaceae.

Nestbau: Nistet in selbst genagten Gängen in markhaltigen Stängeln, etwa von Himbeer- oder Brombeerbüschen, Königskerzen, Kletten oder Disteln, zuweilen auch in vorgefundenen Hohlräumen in Totholz, hohlen Stängeln und anderen. Die Zwischenwände der Brutzellen und der Nestverschluss werden aus zerkauten Pflanzenteilen (Pflanzenmörtel) errichtet. Die Nestanlage ist linear, pro Nest werden von einer bis zu knapp zwanzig Zellen angelegt. Die Leerzelle am Nesteingang wird zuweilen mit Steinchen, Markstücken und anderen trockenen Partikeln verfüllt.

Lebensraum: Waldsäume und Lichtungen, Hecken, Ruderalflächen, Kies- und Lehmgruben, Eisenbahnanlagen. Vom Flachland bis in die subalpine Höhenstufe.

Parasiten: Kuckucksbienen sind in erster Linie *Stelis ornatula*, seltener auch *Stelis minuta* und *Stelis breviuscula*. Als weitere Nestparasiten wurden die Keulenwespe *Sapyga quinquepunctata*, die Erzwespen *Melittobia acasta* und *Eurytoma nodularis*, die Schmalbauchwespe *Gasteruption caudatum* sowie die Schlupfwespen *Xylophrurus augustus*, *X. angustatus*, *Aritranis fugitivus*, *A. mesoxanthus*, *A. dubius*, *A. signatorius*, *Diplason tibiatorius* und *Peritheus mediator* beobachtet.

Flugzeit: In einer Generation von Juni bis August.

Gesamtverbreitung: Transpaläarktisch. Von Portugal über Europa, Kleinasien, Kaukasus, Zentralasien und Sibirien bis Primorje und Südkorea; nordwärts bis Wales und Mittelengland (keine Nachweise von Irland), in Norwegen bis 59,5°N, in Schweden bis 61°N (keine Nachweise aus Finnland), in Russland bis Karelien, Kirov und Perm; südwärts bis Sizilien, Mazedonien, Bulgarien (keine Nachweise aus Griechenland), Südanatolien und Nordiran. **SW-Eu:** P, E, E(B), F(K), I(Sa), I(Si), I. **Z-Eu:** F, B, LUX, NL, D, A, CH, FL, DK. **N-Eu:** GB, N, S, EST, LT, LV, RUS(N). **NO-Eu:** CS, SK, PL, BY, UA, UA(K), RUS(S). **SO-Eu:** H, RO, SLO, HR, MK, AL, BG. **N-Afr:** DZ, TN? **W-As:** GR(Ä)?, TR, Kaukasus, IR. **Z-As:** TAD, KAZ, KGZ. **Sib:** W-Sib, O-Sib. **NO-As:** Jak, Khab, JAO, Amur, Prim. **SO-As:** MGL, RC (Beijing, Hebei, Innere Mongolei, Yunnan, Shanxi, Xinjiang), ROK, J?

Lokalverbreitung: Im Gebiet aus allen Regionen gemeldet.

Hoplitis loti (Morawitz, 1867)

Hornklee-Felsenbiene

Systematik: Untergattung *Hoplitis* Klug, 1807 *s. str.*

Nomenklatur: Synonym: *Osmia loti* Morawitz, 1867; *Osmia morawitzi* Gerstaecker, 1869.

Etymologie: Vom Gattungsnamen „*Lotus*“ = Hornklee, der bevorzugten Pollenquelle der Art.

Pollenquellen: Mesolektisch auf Schmetterlingsblütler (Fabaceae), Dickblattgewächse (Crassulaceae) und Natternkopf (*Echium*, Fam. Boraginaceae) mit starker Präferenz für Hornklee (*Lotus*).

Nestbau: Die Nester werden in der Regel in Vertiefungen oder Höhlungen und Spalten von Felsen oder Steinen errichtet, zuweilen auch in den Fugen von Steinmauern. Das Baumaterial besteht aus einer Mischung aus Lehm, Steinchen und körpereigenen Sekreten, die eine extreme Festigkeit erreicht. Meist enthält ein Nest 3–4 Brutzellen. Nach Fertigstellung der letzten Zelle werden alle mit einer durchgehenden Mörtelschicht bedeckt.

Lebensraum: Felshänge, Felssteppen, Abwitterungshalden. Vom Flachland bis in die alpine Höhenstufe.

Parasiten: Kuckucksbienen wurden bisher nicht bekannt. Beobachtungen in den bayerischen Alpen deuten darauf hin, dass sich die Goldwespe *Chrysura hybrida* in den Nestern von *Hoplitis loti* entwickelt.

Flugzeit: In einer Generation von Juni bis August/September.

Gesamtverbreitung: Vom Kantabrischen Gebirge und den Pyrenäen bis in den europäischen Teil Russlands; nordwärts bis in die deutschen Mittelgebirge; südwärts bis Bulgarien. **SW-Eu:** E, I(Si), I. **Z-Eu:** F, D, A, CH, FL. **N-Eu:** RUS(N). **NO-Eu:** {~~CS~~}. **SO-Eu:** H, SLO, HR, BG, {~~GR(K)~~}.

Lokalverbreitung: In Deutschland aktuell nur aus den bayerischen Alpen, historische Meldungen von 1916 aus Thüringen,1920 aus Hessen und 1925 aus Sachsen-Anhalt, alle von Blüthgen (1916, 1920, 1925) sowie von Schwammberger (1969), der von einem 1910 bei Schwäbisch-Gmünd in Baden-Württemberg gefangenen Tier berichtet. In Österreich mit Ausnahme des Burgenlands und der Steiermark aus allen Bundesländern gemeldet, aber auf die Alpen beschränkt. In der Schweiz aktuell in den Alpen, historisch vom Jura-Südfuß.

Hoplitis manicata (Morice, 1901)
Große Natternkopfbiene

Systematik: Untergattung *Hoplitis* Klug, 1807 *s. str.*

Nomenklatur: Synonym: *Osmia manicata* Morice, 1901.

Etymologie: Von lat. „*manicata*" = „mit der Hand gearbeitet"; der Bezug ist unklar. Der deutsche Name bezieht sich auf die im Vergleich zu den anderen Natternkopfbienen bedeutendere Körpergröße.

Pollenquellen: Streng oligolektisch auf Natternkopf *(Echium*, Fam. Boraginaceae).

Nestbau: Nistet in hohlen Pflanzenstängeln. Die Zwischenwände der Brutzellen und der Nestverschluss bestehen aus einem Gemisch aus Lehm und körpereigenen Sekreten, in das im Gegensatz zu etlichen verwandten Arten keine Steinchen beigemischt werden.

Lebensraum: Trockenwarme Standorte. Vom Flachland bis in die kolline Höhenstufe.

Flugzeit: In einer Generation von Juni bis August/September.

Gesamtverbreitung: Die Art wurde von Morice nach einem Männchen aus Algerien und einem von den Ionischen Inseln beschrieben; Tkalců fand in dessen Sammlung aber nur drei Männchen mit dem Fundortetikett „Zante" (das heutige Zakynthos), sodass unklar ist, ob die Angabe „Algerien", das weit außerhalb des bekannten Verbreitungsgebietes liegt, tatsächlich korrekt ist. Eine Meldung aus Barcelona ist ebenfalls überprüfungsbedürftig. Von Korsika und Toskana über Südosteuropa bis auf die Krim sowie über Kleinasien bis in den Kaukasus und Nordiran; nordwärts bis Mähren und Nordrumänien; südwärts bis Kreta, Rhodos und Südtürkei. **SW-Eu:** E(?), F(K), I. **Z-Eu:** A. **NO-Eu:** UA. **NO-Eu:** CS, SK, UA, UA(K). **SO-Eu:** H, RO, HR, MK, AL, BG, GR, GR(K). **N-Afr:** DZ(?). **W-As:** GR(Ä), TR, Kaukasus, IR.

Lokalverbreitung: Im Gebiet nur eine Meldung von 1962 von Ilmitz am Neusiedler See (Franz 1982).

Hoplitis mazzuccoi (Schwarz & Gusenleitner, 2005)
Mazzuccos Stängelbiene

Systematik: Untergattung *Micreriades* Mavromoustakis, 1958.

Nomenklatur: Synonym: *Osmia mazzuccoi* Schwarz & Gusenleitner, 2005.

Etymologie: Dem österreichischen Entomologen Dr. Karl Mazzucco (*1939) gewidmet.

Pollenquellen: Wegen der speziellen Behaarung auf Clypeus und Stirn, die aus an der Spitze gekrümmten Haaren besteht und in ähnlicher Form bei auf Lippenblütlern und Löwenmaul sammelnden Arten vorgefunden wird, vermutet A. Müller Lamiaceae als wichtige Pollenquelle der Art.

Lebensraum: Trockenwarme Standorte mit Steppencharakter, Trockenrasen. Vom Flachland bis in die kolline Höhenstufe.

Flugzeit: In einer Generation von Mai bis August.

Gesamtverbreitung: Von Ostösterreich über Südosteuropa bis in die Türkei. **Z-Eu:** A. **NO-Eu:** SK. **SO-Eu:** H, RO, SLO, HR, BG, GR. **W-As:** TR.

Lokalverbreitung: Aus dem Gebiet nur durch den Holotypus bekannt, gefangen 1990 in Jois/Burgenland. Dieses Tier war als *Hoplitis tenuispina* für Österreich gemeldet worden, bevor es als neue Art erkannt wurde.

Hoplitis mitis (Nylander, 1852)

Glockenblumen-Felsenbiene

Systematik. Untergattung *Alcidamea* Cresson, 1864.

Nomenklatur: Synonym: *Osmia mitis* Nylander, 1852; *Osmia montivaga* Morawitz, 1872.

Etymologie: Von lat. „*mitis*" = „sanft, mild, weich, zart". Der deutsche Name bezieht sich auf die ausschließliche Pollenquelle.

Pollenquellen: Streng oligolektisch auf Glockenblumen (*Campanula*).

Nestbau: Die Brutzellen werden in vorhandenen Hohlräumen im Boden oder in Totholz, in Felsspalten, unter Steinen, aber auch relativ frei in Grashorsten oder in welkem Laub errichtet. Sie bestehen aus Blattstücken, die mit Pflanzenmörtel zusammengeklebt sind. Diese Blätter stammen bevorzugt von Sonnenröschen (*Helianthemum*) oder Fingerkraut (*Potentilla*). Der Nestverschluss besteht aus Pflanzenmörtel, der zuweilen mit Sandkörnchen verstärkt wird, und kleinen Blattstücken.

Lebensraum: Magerrasen, sonnenexponierte Waldsäume und Abwitterungshalden, Gleisanlagen, Hecken, Felssteppen.

Flugzeit: In einer Generation von Juni bis August.

Gesamtverbreitung: Von Portugal über Europa, Sibirien und Zentralasien bis Jakutien; nordwärts bis 59°N in Schweden (keine Nachweise aus Norwegen, Finnland und Nordrussland), bis in die deutschen Mittelgebirge, Südpolen, Mittelukraine und Baschkortostan; südwärts bis Campania und Peloponnes (keine Nachweise aus der Türkei), in Asien bis Armenien. Tkalců beschreibt eine ssp. *granadae* Tkalců, 1984 aus Spanien. **SW-Eu:** P, E, I. **Z-Eu:** F, B, LUX, D, A, CH, FL. **N-Eu:** S. **NO-Eu:** CS, SK, PL, UA, UA(K), RUS(S). **SO-Eu:** H, SLO, HR, GR. **W-As:** Kaukasus. **Z-As:** TAD, KAZ. **Sib:** W-Sib, O-Sib. **NO-As:** Jak. **SO-As:** MGL.

Lokalverbreitung: In Deutschland nur etwa bis zum Nordrand der Mittelgebirge, keine Nachweise aus Schleswig-Holstein, Mecklenburg-Vorpommern, Niedersachsen und Brandenburg, historisch aus Sachsen-Anhalt, in den übrigen Bundesländern aktuell. In Österreich mit Ausnahme des Burgenlandes aus allen Bundesländern gemeldet. In der Schweiz aktuell in den Alpen und vereinzelt im alpennahen Mittelland und dem Jura-Südfuß, historisch vom Genfersee.

Hoplitis mocsaryi (Friese, 1895)
Leinbiene

Systematik: Untergattung *Anthocopa* Lepeletier & Serville, 1825.

Nomenklatur: Synonym: *Osmia mocsaryi* Friese, 1895; *Osmia linophila* Westrich, 2006.

Etymologie: Dem ungarischen Hymenopterologen Alexander (= Sandor) Mocsáry (1841–1915) gewidmet. Der deutsche Name bezieht sich auf die ausschließliche Pollenquelle.

Pollenquellen: Streng oligolektisch auf Lein *(Linum*, Fam. Linaceae); im Gebiet wurde Pollensammeln nur auf dem Gelben Lein (*Linum flavum*) beobachtet, in der Slowakei auch auf Zottel-Lein (*Linum hirsutum*).

Nestbau: Die Nester werden in selbst gegrabenen Gängen in der Erde errichtet, bevorzugt auf kahlen oder schütter bewachsenen Flächen. Der Hauptgang verzweigt sich bis zu vier Mal, jede dieser Verzweigungen enthält eine oder zwei Brutzellen. Das Baumaterial besteht fast ausschließlich aus den Blütenblättern von Lein, nur gelegentlich – offensichtlich bei einem Mangel an Leinblüten – werden auch Blütenblätter von Blut-Storchschnabel (*Geranium sanguineum*) genutzt. Auch die Nistgänge sind mit Lein-Blütenblättern ausgekleidet. Zuweilen wird zwischen zwei benachbarten Brutzellen eine Lehmwand errichtet. Im Gegensatz zu den anderen *Osmiini*-Arten verzichtet *H. mocsaryi* auf einen Nestverschluss.

Lebensraum: Trockenwarme Standorte, Magerrasen, sonnenexponierte Waldsäume. Vom Flachland bis in die kolline Höhenstufe.

Flugzeit: In einer Generation von Juni bis August.

Gesamtverbreitung: Möglicherweise isoliert in den ostspanischen Pyrenäen, Südfrankreich und Korsika, und von Ostösterreich über Ukraine und

Südrussland sowie über Kleinasien bis in den Kaukasus und Nordiran; südwärts bis Israel. **SW-Eu:** E, F(K). **Z-Eu:** F, A. **NO-Eu:** SK, UA, RUS(S). **SO-Eu:** H, RO, GR. **W-As:** TR, IL, Kaukasus, IR.

Lokalverbreitung: Im Gebiet nur aus Niederösterreich nachgewiesen (aktuell).

Hoplitis mucida (Dours, 1873)

Graue Natternkopfbiene

Systematik: Untergattung *Hoplitis* Klug, 1807 *s. str.*

Nomenklatur: Synonym: *Osmia mucida* Dours, 1873. Im Gebiet ist die Art durch die Unterart *Hoplitis mucida stecki* (Frey-Gessner, 1908) vertreten.

Etymologie: Von lat. „*mucida*" = „schimmelig"; wegen der weißlich grauen Behaarung.

Pollenquellen: Streng oligolektisch auf Natternkopf *(Echium*, Fam. Boraginaceae).

Nestbau: Die Nester werden in Felshöhlungen oder -spalten errichtet. Die Zwischenwände der Brutzellen und der Nestverschluss bestehen aus einem Gemisch aus Lehm und körpereigenen Sekreten, in das im Gegensatz zu etlichen verwandten Arten keine Steinchen beigemischt werden.

Lebensraum: Trockenwarme Standorte, Felssteppen, Abwitterungshalden. Vom Flachland bis in die montane Höhenstufe.

Flugzeit: Die wenigen Flugdaten stammen aus dem Juli.

Gesamtverbreitung: In Nordafrika von Marokko bis Tunesien. Von Portugal über Spanien und Südfrankreich bis in die Südostschweiz und Norditalien; isolierte Meldungen aus Sizilien sowie Israel und Jordanien. Die Nominatform im Maghreb und der Levante; die ssp. *stecki* (Frey-Gessner, 1908) in Iberien, Frankreich Schweiz und Italien. **SW-Eu:** P, E, I(Si), I. **Z-Eu:** F, CH. **N-Afr:** MA, DZ, TN. **W-As:** IL, JOR.

Lokalverbreitung: Im Gebiet nur aus der Schweiz und hier nur aus dem Misox bekannt, wo der letzte Nachweis 1935 gelang (Amiet et al. 2004).

Hoplitis papaveris (Latreille, 1799)

Mohnbiene

Systematik: Untergattung *Anthocopa* Lepeletier & Serville, 1825.

Nomenklatur: Synonyme: *Osmia papaveris* Latreille, 1799; *Anthocopa papaveris* (Latreille, 1799).

Etymologie: Vom Gattungsnamen „*Papaver*" = Mohn, dessen Blütenblätter die Art als Nistmaterial benutzt.

Pollenquellen: Polylektisch; nachgewiesen ist bislang die Nutzung des Pollens der sechs Pflanzenfamilien Asteraceae, Campanulaceae, Caryophyllaceae, Cistaceae, Convolvulaceae und Papaveraceae.

Nestbau: Die Nester werden einzeln oder in kleineren Aggregationen in selbst gegrabenen Gängen in der Erde errichtet, bevorzugt auf kahlen oder schütter bewachsenen Flächen in etwas verdichtetem Sand- oder Lössboden, meist auf horizontalen Flächen, seltener in Steilwänden. Der Aushub wird vom Nesteingang wegtransportiert, sodass kein Erdkegel verrät, wo er sich befindet. Das Nest besteht aus einem meist 3–4 cm, selten bis 15 cm tiefen Gang, der in aller Regel eine, selten zwei bis vier Brutzellen enthält. Bei zwei oder mehr Zellen ist der Gang gewöhnlich gegabelt. Der Gang ist vertikal orientiert; in Steilwänden führt er erst eine kurze Strecke waagerecht ins Erdinnere und knickt dann senkrecht nach unten. Er wird mit ausgeschnittenen Blütenblättern von Klatschmohn (*Papaver rhoeas*) ausgekleidet, oft mit Beimischungen von Kornblume (*Centaurea cyanus*), Moschus-Malve (*Malva moschata*) oder Sonnenröschen (*Helianthemum*). An einem Fundort in Niederösterreich verwendet die Art vorwiegend Blütenblätter von Österreichischem Lein (*Linum austriacum*) und in geringer Menge die von Gelbem Lein (*Linum flavum*) und von Klatschmohn, an einem anderen vorwiegend von Blut-Storchschnabel (*Geranium sanguineum*). Diese Blattstücke ragen während der Verproviantierungsphase schornsteinartig über den Erdboden hinaus, werden aber beim Abschluss des Nestes abgebissen und nach innen gestopft, danach wird der Nesteingang mit Bodenmaterial versiegelt.

Lebensraum: Trockenwarme Standorte, Magerrasen, sonnenexponierte Waldsäume. Vom Flachland bis in die montane Höhenstufe.

Parasiten: Als Kuckucksbienen wurden *Coelioxys mandibularis, Coelioxys inermis, Coelioxys brevis, Coelioxys elongata* und *Stelis phaeoptera* beobachtet. Als weitere Nestparasiten wurden die Schmalbauchwespe *Gaste-*

ruption caudatum, die Erzwespen *Chalcis sispes, Melittobia acasta, Monodontomerus nitidus* und *Monodontomerus obsoletus* gemeldet, vermutet werden auch die Goldwespen *Hedychridium sculpturatum* und *Hedychridium roseum*.

Flugzeit: In einer Generation von Mai bis Juli.

Gesamtverbreitung: Von Portugal über Süd- und Mitteleuropa über Ukraine und Südrussland sowie über Kleinasien, Kaukasus und Zentralasien bis Burjatien; nordwärts bis Norddeutschland, Nordpolen, Kirov und Perm; südwärts bis Sizilien, Peloponnes, Israel und Jordanien. **SW-Eu:** P, E, I(Sa), I(Si), I. **Z-Eu:** F, B, NL, D, A, CH. **N-Eu:** {GB}, RUS(N). **NO-Eu:** CS, SK, PL, BY, UA, UA(K), RUS(S). **SO-Eu:** H, RO, HR, AL, BG, GR. **W-As:** TR, JOR, IL, Kaukasus. **Z-As:** UZB, TAD, KAZ. **Sib:** W-Sib, O-Sib. **SO-As:** RC (Xinjiang).

Lokalverbreitung: In Deutschland mit Ausnahme von Schleswig-Holstein aus allen Bundesländern gemeldet, aktuell jedoch nur aus Sachsen-Anhalt, Brandenburg, Rheinland-Pfalz, Baden-Württemberg und Bayern, aber überall vom Aussterben bedroht. In Österreich aktuell aus Niederösterreich und dem Burgenland nachgewiesen, historisch aus Oberösterreich und der Steiermark, überprüfungsbedürftig aus Salzburg. In der Schweiz nur historische Meldungen vom Genfersee, letzter Fund 1936.

Hoplitis praestans (Morawitz, 1893)
Gekerbte Stängelbiene

Systematik: Untergattung *Alcidamea* Cresson, 1864.

Nomenklatur: Synonym: *Osmia praestans* Morawitz, 1893.

Etymologie: Von lat. „*praestans*“ = „vortrefflich, hervorragend, ausgezeichnet“; bezieht sich sicherlich auf zahlreiche besondere Bildungen am Hinterleib des Männchens, die die Art leicht kenntlich machen. Deutscher Name: Das Weibchen ist durch eine dreieckige Kerbe im Vorderrand des Clypeus ausgezeichnet.

Pollenquellen: Streng oligolektisch auf Glockenblumen (*Campanula*).

Nestbau: Nistet in selbst genagten Gängen in markhaltigen Pflanzenstängeln. Die Zwischenwände der Brutzellen und der Nestverschluss werden aus zerkauten Pflanzenteilen (Pflanzenmörtel) errichtet.

Lebensraum: Kiesgruben, Magerrasen. Vom Flachland bis in die montane Höhenstufe.

Flugzeit: In einer Generation von Mai bis Juli.

Gesamtverbreitung: In Nordafrika von Marokko bis Tunesien sowie in Ägypten. In Eurasien von Portugal über Süd- und südliches Mitteleuropa, Ukraine und Südrussland sowie über Kleinasien und Kaukasus bis in das östliche Zentralasien; nordwärts bis Südschweiz, Ostösterreich, Slowakei, Krim und Rostov; südwärts bis Korsika, Abruzzen, Peloponnes, Rhodos, Israel und Iran. **SW-Eu:** P, E, F(K), I. **Z-Eu:** F, A, CH. **NO-Eu:** SK, UA, UA(K), RUS(S). **SO-Eu:** H, RO, SLO, HR, BG, GR. **N-Afr:** MA, DZ, TN, ET. **W-As:** GR(Ä), TR, IL, JOR, Kaukasus, IR. **Z-As:** UZB, TAD, KAZ, KGZ.

Lokalverbreitung: In Österreich aktuell in Niederösterreich sowie zwei historische Funde bei Wien. Aus der Schweiz nur aus dem Wallis bekannt (aktuell).

Hoplitis ravouxi (Pérez, 1902)
Französische Felsenbiene

Systematik: Untergattung *Hoplitis* Klug, 1807 *s. str.*

Nomenklatur: Synonym: *Osmia ravouxi* Pérez, 1902; *Osmia brachyceros* Blüthgen, 1920.

Etymologie: Pérez widmete die Art M. Ravoux („Dédié à M. Ravoux, de Nyons"). Deutscher Name: Die Nester der Art werden meist auf Felsen errichtet.

Pollenquellen: Mesolektisch auf Schmetterlingsblütler (Fabaceae), Dickblattgewächse (Crassulaceae) und Natternkopf (*Echium*, Fam. Boraginaceae) mit starker Präferenz für Hornklee (*Lotus*).

Nestbau: Die Brutzellen werden in der Regel mehr oder weniger freiliegend in Vertiefungen und Spalten von Felsen errichtet, zuweilen auch in den Fugen von Steinmauern. Das Baumaterial besteht aus einer Mischung aus Lehm, Steinchen und körpereigenen Sekreten. Meist enthält ein Nest 2–8 Brutzellen. Nach Fertigstellung der letzten Zelle werden alle mit einer durchgehenden Mörtelschicht bedeckt. Verlassene Brutzellen aus dem Vorjahr werden zuweilen wieder benutzt.

Lebensraum: Trockenwarme Standorte, Magerrasen, Steinbrüche, Abwitterungshalden, Gleisanlagen, steinige Ruderalflächen. Vom Flachland bis in die montane Höhenstufe.

Parasiten: Kuckucksbiene ist *Aglaoapis tridentata*. Als weitere Nestparasiten werden die Goldwespen *Chrysis ruddii* und *Chrysura hybrida* genannt.

Flugzeit: In einer Generation von April bis August.

Gesamtverbreitung: Von Portugal über Süd- und südliches Mitteleuropa bis Südrussland; nordwärts bis in die südlichen Niederlande, Böhmen und Krim; südwärts bis Sardinien, Kalabrien und Südrumänien. **SW-Eu:** P, E, I(Sa), I. **Z-Eu:** F, B, LUX, NL, D, A, CH. **NO-Eu:** CS, SK, BY, UA, UA(K), RUS(S). **SO-Eu:** H, RO, SLO, HR.

Lokalverbreitung: In Deutschland nur etwa bis zum Nordrand der Mittelgebirge, keine Nachweise aus Schleswig-Holstein, Mecklenburg-Vorpommern, Niedersachsen, Sachsen und Brandenburg, historisch aus Nordrhein-Westfalen, in den übrigen Bundesländern aktuell. In Österreich historisch aus Kärnten und Oberösterreich sowie aktuell aus Niederösterreich gemeldet. In der Schweiz aktuell im Wallis, Genfersee-Gebiet, im westlichen Mittelland und im Jura vom Bielersee bis Schaffhausen.

Hoplitis robusta (Nylander, 1848)
Einhorn-Stängelbiene

Systematik: Untergattung *Formicapis* Sladen, 1916.

Nomenklatur: Synonym: *Osmia robusta* Nylander, 1848; *Osmia rhinoceros* Giraud, 1861.

Etymologie: Von lat. „*robusta*" = „stark, kräftig". Deutscher Name: Das Weibchen trägt in der Mitte des Clypeusvorderrandes einen hornartigen Höcker.

Pollenquellen: Polylektisch.

Nestbau: Nistet in vorhandenen Hohlräumen in Totholz. Die Zwischenwände der Brutzellen und der Nestverschluss werden aus zerkauten Pflanzenteilen (Pflanzenmörtel) errichtet, letzterer wird manchmal mit Holzpartikeln verstärkt. Die Nestanlage ist linear, pro Nest werden bis etwa ein Dutzend Zellen angelegt.

Lebensraum: Offene Wälder mit hohem Totholzanteil in der montanen und subalpinen Höhenstufe.

Flugzeit: In einer Generation von Juni bis August.

Gesamtverbreitung: Holarktisch. Von Rasmont et al. (1995) ohne weitere Angaben für Frankreich, Belgien und Luxemburg aufgelistet, vermutlich irrtümlich, da keine Belegexemplare existieren und zumindest in Belgien und Luxemburg ein Vorkommen völlig unwahrscheinlich ist. Isoliert in den Alpen; im nördlichen Eurasien vom Baltikum über Sibirien bis Chukotka; nordwärts bis 63,5°N in Finnland, In Russland bis Karelien und Kirov. In der Nearktis von Alaska und Kanada bis in die nördliche USA, in den Gebirgen südwärts bis Kalifornien. **SW-Eu:** I. **Z-Eu:** F?, B?, LUX?, A, CH. **N-Eu:** SF, EST, LV, RUS(N). **NO-Eu:** BY, UA, RUS(S). **Sib:** W-Sib, O-Sib. **NO-As:** Jak, Amur, Khab, Mag, Chuk. **SO-As:** MGL, RC. **Nearktis:** Alaska, CDN, USA.

Lokalverbreitung: Im Gebiet nur in den österreichischen und Schweizer Alpen.

Hoplitis tenuispina (Alfken, 1937)
Feindornige Stängelbiene

Etymologie: Von lat. „*tenuis*" = „dünn, fein, klein, schwach, gering" und „*spina*" = „Dorn"; wegen des im Gegensatz zu den meisten verwandten Arten sehr kleinen Seitenzähnchens am Tergit 6 der Männchen.

Lokalverbreitung: Das einzige je aus Österreich gemeldete Tier stellte sich als eigne Art heraus und wurde als *Osmia mazzuccoi* Schwarz & Gusenleitner, 2005 beschrieben; siehe *Hoplitis mazzuccoi*.

Hoplitis tridentata (Dufour & Perris, 1840)

Dreizahn-Stängelbiene

Systematik: Untergattung *Alcidamea* Cresson, 1864.

Nomenklatur: Synonym: *Osmia tridentata* Dufour & Perris, 1840.

Etymologie: Von lat. „*tridentata*" = „dreizähnig"; das Männchen besitzt ein in drei zahnartige Fortsätze ausgezogenes Hinterleibsende.

Pollenquellen: Die Art galt lange als streng oligolektisch auf Schmetterlingsblütler (Fabaceae), aber da bei Pollenanalysen bei einigen wenigen Tieren auch größere Anteile von Natternkopf-Pollen festgestellt wurden, ist sie wohl eher als mesolektisch mit starker Präferenz für Fabaceae einzustufen.

Nestbau: Nistet in selbst genagten Gängen in dürren, markhaltigen, bevorzugt aufrecht stehenden Stängeln, etwa von Königskerzen, Kletten oder Disteln, seltener von Himbeer- oder Brombeerbüschen, da diese in der Regel schräg nach unten gerichtet sind. Die Zwischenwände der Brutzellen und der Nestverschluss werden aus Pflanzenmörtel errichtet, der oft, insbesondere für den Nestverschluss, mit Markpartikeln verstärkt wird. Der Nestverschluss befindet sich in der Regel innerhalb des Nistganges, schließt also nicht mit der Eingangsöffnung ab. Häufig wird der Nesteingang nicht an der Bruchstelle des Stängels, wo das Mark freiliegt, sondern an der Außenseite genagt. Die Nestanlage ist linear, pro Nest können bis über dreißig Zellen angelegt werden. Nicht selten schlüpfen die erwachse-

♀

nen Tiere nicht durch den Nesteingang ins Freie, sondern beißen sich durch die verholzte Außenwand. Die dabei entstehenden kreisrunden Schlupflöcher weisen alle in dieselbe Richtung.

Lebensraum: Trockenwarme Standorte, Brach- und Ruderalflächen, sonnenexponierte Waldsäume, Magerrasen, Gleisanlagen. Vom Flachland bis in die kolline, im Wallis bis zur montanen Höhenstufe.

Parasiten: Als Kuckucksbiene treten *Stelis minuta*, *Stelis minima* und *Stelis ornatula* auf. Als weitere Nestparasiten wurden die Keulenwespe *Sapyga quinquepunctata*, die Goldwespe *Chrysis fasciata*, die Schlupfwespen *Aritranis signatorius* und *Aritranis confecor* sowie die Satellitenfliege *Miltogramma murinum* beobachtet.

Flugzeit: In einer Generation von Juni bis August.

Gesamtverbreitung: In Nordafrika in Marokko, Algerien und Ägypten. In Eurasien von Portugal über Europa, Kleinasien, Kaukasus und Zentralasien bis zum Mittelsibirischen Bergland (Tomsk, Kemerowo); nordwärts bis ins Baltikum, Kirov und Perm; südwärts bis Sizilien, Griechenland und Israel. **SW-Eu:** P, E, E(B), I(Si), I. **Z-Eu:** F, B, LUX, NL, D, A, CH. **N-Eu:** LT, RUS(N). **NO-Eu:** CS, SK, PL, UA, UA(K), RUS(S). **SO-Eu:** H, RO, SLO, HR, BG, GR. **N-Afr:** MA, DZ, ET. **W-As:** TR, SYR, IL, Kaukasus, IR. **Z-As:** UZB, TAD, KAZ, KGZ. **Sib:** W-Sib.

Lokalverbreitung: In Deutschland keine Nachweise aus Schleswig-Holstein und Mecklenburg-Vorpommern, sonst überall aktuell. In Österreich keine Nachweise aus Salzburg und Vorarlberg, historische Meldungen aus der Steiermark und Tirol, in den übrigen Bundesländern aktuell. In der Schweiz aktuell im Wallis, Jura und westlichem Mittelland, historisch aus dem Tessin und dem Puschlav.

Hoplitis tuberculata (Nylander, 1848)

Höcker-Stängelbiene

Systematik: Untergattung *Alcidamea* Cresson, 1864.

Nomenklatur: Synonym: *Osmia tuberculata* Nylander, 1848; *Osmia cylindrica* Giraud, 1857.

Etymologie: Von lat. „*tuberculata*" = „höckerig, mit einem Höcker versehen"; bezieht sich auf den großen höckerartigen Fortsatz auf der Unterseite des Hinterleibs beim Männchen.

Pollenquellen: Polylektisch mit starker Präferenz für Schmetterlingsblütler (Fabaceae); nachgewiesen ist bislang die Nutzung des Pollens der acht Pflanzenfamilien Asparagaceae, Asteraceae, Cistaceae, Ericaceae, Fabaceae, Ranunculaceae, Rosaceae und Violaceae.

Nestbau: Die Nester werden in vorhandenen Hohlräumen, wie z. B. Käferfraßgänge, in Totholz angelegt. Die Nestanlage ist linear. Die Zwischenwände der Brutzellen und der Nestverschluss bestehen aus Pflanzenmörtel, letztere werden oft mit Steinchen verstärkt. Einzigartig unter den paläarktischen Osmiini sind die Zellwände von *H. tuberculata* dreilagig: Zwischen zwei Schichten Pflanzenmörtel befindet sich ein dicht mit Steinchen, Erdkrumen, Holzstückchen und anderen Partikeln verfüllter Zwischenraum. Der Nestverschluss ist ähnlich aufgebaut, besteht aber aus mindestens drei Wänden aus Pflanzenmörtel. Die Leerzelle vor dem Nesteingang enthält in der Regel ebenfalls Steinchen und andere Partikel. Die Berichte über Lehm als Baumaterial der Zellwände beruhen vermutlich auf der Beobachtung, dass die Weibchen Erdklümpchen als Füllmaterial ins Nest transportieren (vgl. Müller 2015a).

Lebensraum: Almwiesen, offene Bergwälder, Waldsäume. Von der montanen bis in die alpine Höhenstufe.

Parasiten: Kuckucksbiene ist *Stelis phaeoptera*. Als weitere Nestparasiten wurden die Keulenwespe *Sapyga similis* und die Goldwespe *Chrysura hirsuta* beobachtet.

Flugzeit: In einer Generation von Juni bis Juli.

Gesamtverbreitung: Von den Seealpen über Europa und Sibirien bis zur Pazifikküste des Fernen Ostens; nordwärts in Norwegen bis 63°N, in Schweden und Finnland über den Polarkreis hinaus bis 67°N, in Russland bis Karelien, Kirov und Perm; südwärts bis Norditalien (Piemont, Trentino, Venezien), Kroatien und Baschkortostan. Die Nominatform von Nordeuropa über Zentralasien und Sibirien bis in den Fernen Osten; die ssp. *cylindrica* (Giraud, 1857) in Mittel- und nördlichem Südeuropa. **SW-Eu:** I. **Z-Eu:** F, NL, D, A, CH, FL. **N-Eu:** N, S, SF, EST, LT, LV, RUS(N). **NO-Eu:** ~~{PL}~~, BY, RUS(S). **SO-Eu:** HR. **Z-As:** KAZ. **Sib:** W-Sib, O-Sib. **NO-As:** Jak, Amur, Khab, Mag. **SO-As:** MGL, RC (Xinjiang).

Lokalverbreitung: In Deutschland historisch aus Baden-Württemberg und aktuell aus Bayern und Nordrhein-Westfalen nachgewiesen, angeblich auch aktuell in Rheinland-Pfalz. In Österreich mit Ausnahme von Niederösterreich und dem Burgenland aus allen Bundesländern gemeldet. In der Schweiz in den Alpen und vereinzelt im Jura (aktuell).

Hoplitis villosa (Schenck, 1853)
Zottige Felsenbiene

Systematik: Untergattung *Anthocopa* Lepeletier & Serville, 1825.

Nomenklatur: Synonym: *Osmia villosa* Schenck, 1853; *Osmia platycera* Gerstaecker, 1869.

Etymologie: Von lat. „*villosa*" = „zottig, haarig, behaart"; wegen der dichten, zottigen Körperbehaarung.

Pollenquellen: Oligolektisch auf Korbblütler (Asteraceae) mit Präferenz für Arten der Unterfamilie Cichorioideae.

Nestbau: Die Nester werden in der Regel in Vertiefungen oder Höhlungen und Spalten von Felsen oder Steinen errichtet, in Fugen von Steinmauern oder auch in aufgerissener Baumrinde. Das Baumaterial der einzelnen oder in kleinen Gruppen angelegten Brutzellen besteht aus einer Mischung aus Lehm und ausgeschnittenen Stücken von Blütenblättern, die vorwiegend von Storchschnabel (*Geranium*) und Sonnenröschen (*Helianthemum*), aber auch anderen Pflanzen stammen.

Lebensraum: Steinbrüche, Felshänge, Felssteppen, Geröllhalden, zuweilen in Eisenbahnanlagen. Vom Flachland bis in die alpine Höhenstufe.

Parasiten: Als Kuckucksbiene wird *Coelioxys mandibularis* genannt. Als weitere Nestparasiten werden die Goldwespen *Chrysura hirsuta, Chrysura hybrida* und *Pseudospinolia neglecta* angegeben.

Flugzeit: In einer Generation von Mai bis Juli.

Gesamtverbreitung: Von Portugal bis zum europäischen Teil Russlands; nordwärts bis Dänemark und Südpolen; südwärts bis in die Abruzzen und Mazedonien. **SW-Eu:** P, E, AND, I. **Z-Eu:** F, B, LUX, NL, D, A, CH, FL, DK. **NO-Eu:** CS, SK, PL. **SO-Eu:** RO, SLO, HR, MK, AL, GR. **W-As:** TR?, RL?

Lokalverbreitung: In Deutschland historisch und aktuell bis zum Nordrand der Mittelgebirge, erst jüngst erstmals nördlich davon nachgewiesen (2009 in Berlin, Saure 2012). In Österreich mit Ausnahme des Burgenlandes aus allen Bundesländern nachgewiesen. In der Schweiz aktuell in den Alpen und im Jura, historisch vom Genfersee.

Hylaeus Fabricius, 1793
Maskenbienen

Systematik: Familie: Colletidae – Unterfamilie: Hylaeinae.

Nomenklatur: Bis in die 1990er Jahre wurde die Gattung *Hylaeus* von einigen Autoren unter dem Namen *Prosopis* geführt.

Literatur: Blüthgen (1930g); Dathe (1980); Amiet et al. (1999). Weitere hilfreiche Arbeiten: Pittioni (1950); Koster (1986); Nieuwenhuijsen & Raemakers (2009); Straka & Bogusch (2011).

Etymologie: Nach Illiger (1801) von griech. „*hylaios*" = „im Wald lebend". Ihren deutschen Namen führt die Gattung wegen der eigentümlichen weißen oder gelben Gesichtszeichnung, die beim Männchen meist die untere Gesichtshälfte einnimmt und beim Weibchen auf zwei Flecke reduziert ist.

Körperliche Merkmale: Die Gattung *Hylaeus* umfasst Arten von geringer Größe (4–10 mm) und einheitlichem Habitus. Bis auf helle Flecken im Gesicht, dem Brustabschnitt und den Beinen sind sie in der Regel völlig schwarz, selten ist der Hinterleib rötlich gefärbt. Eine Behaarung fehlt fast ganz. Maskenbienen haben keine Sammelbürste entwickelt – sie speichern den Pollen zum Transport im Kropf. Die Zunge ist wie bei der Gattung *Colletes* kurz und zweilappig, wodurch sich die beiden einzigen heimischen Colletidae-Gattungen von allen anderen einheimischen Bienen unterscheiden; von *Colletes* unterscheidet sich *Hylaeus* durch die geringere Größe, die weitgehend fehlende Behaarung und die zwei Cubitalzellen im Vorderflügel.

Lebensweise: *Hoplitis*-Arten sind solitär lebende, pollensammelnde und nestbauende Bienen. Sie überdauern den Winter als Ruhelarve (Präpuppe).

Pollenquellen: In der Regel sind sie in der Auswahl der Blüten nicht sehr wählerisch; gerne besuchen sie Doldenblütler (*Apiaceae*), aber auch Natternkopf (*Echium*), Him- und Brombeere (*Rubus*) und Fingerkraut (*Potentilla*). Lediglich drei der im Gebiet heimischen Arten sind nachweislich spezialisiert.

Nestbau: Ihre Nester errichten die Maskenbienen in vorhandenen Hohlräumen, z. B. in Käferfraßgängen in altem Holz, verlassenen Eichengallen oder in Höhlungen in Lehm- oder Lösswänden, oder im Mark dürrer Stängel, z. B. von Brombeeren, Königskerze, Disteln oder Beifuß, in das sie ihre Nistgänge nagen. Einige Arten wie *Hylaeus pectoralis* nisten fast ausschließlich in den verlassenen Gallen der Schilfgallenfliege *Lipara*. Die Brutzellen werden mittels eines Drüsensekrets gefertigt, das an der Luft eine zellophanartige Konsistenz erlangt. Der deponierte Pollenvorrat ist, wie bei *Colletes*, mehr oder weniger flüssig.

Parasiten: Kuckucksbienen treten bei den Maskenbienen nicht als Brutschmarotzer auf, lediglich einige parasitische Hautflügler wurden beobachtet, z. B. Erzwespen (Chalcidoidea) aus den Gattungen *Coelopencyrtus* (Encyrtidae) und *Melittobia* (Eulophidae). Als Innenparasiten bei den erwachsenen Tieren sind nur Fächerflügler der Gattung *Hylechtrus* bekannt.

Verbreitung/Artenzahl: Mit Ausnahme der Antarktis ist die Gattung auf allen Kontinenten verbreitet. In den gemäßigten und subtropischen Zonen Australiens erreicht sie den größten Artenreichtum, während sie in Neuguinea und dem größten Teil der orientalischen Faunenregion selten ist. Weltweit sind knapp 650 Arten bekannt, von denen im Gebiet 47 vorkommen.

Hylaeus alpinus (Morawitz, 1867)
Alpen-Maskenbiene

Systematik: Untergattung *Spatulariella* Popov, 1939.

Etymologie: Der Typenfundort St. Moritz liegt in den Alpen.

Pollenquellen: Polylektisch.

Lebensraum: In der montanen und subalpinen Höhenstufe.

Flugzeit: In einer Generation von Juni bis September.

Gesamtverbreitung: Pyrenäen, Alpen, Tatra, Balkan, Rhodopen, Gebirge Nordgriechenlands (Varnous bis Pindos) und Kleinasiens. **SW-Eu:** E, I. **Z-Eu:** F, D, A, CH, FL. **NO-Eu:** SK. **SO-Eu:** H, SLO, BG, GR. **W-As:** TR.

Lokalverbreitung: Im Gebiet in allen drei Ländern, jedoch nur im Bereich der Alpen.

Hylaeus angustatus (Schenck, 1861)
Sandrasen-Maskenbiene

Systematik: Untergattung *Hylaeus* Fabricius, 1793 *s. str.*

Etymologie: Von lat. „*angustatus*" = „verengt, schmal"; Schenck betont in seiner Beschreibung die „sehr schmale und nach unten sehr verschmälerte Gesichtsfärbung". Der deutsche Name bezieht sich auf einen der bevorzugten Lebensräume.

Pollenquellen: Polylektisch.

Nestbau: Nistet in vorhandenen Hohlräumen (Käferfraßgänge in Totholz, Pflanzenstängel und -gallen).

Lebensraum: Magerrasen, Sand- und Kiesgruben, Ruderalflächen, Waldsäume, Hecken; bevorzugt auf sandigen Böden.

Flugzeit: In einer Generation von Mai/Juni bis August/September.

Gesamtverbreitung: In Nordafrika verlässlich aus Marokko bekannt. Von Portugal über Europa bis Kleinasien und Kaukasus, 2012 erstmals aus der Ostpaläarktis gemeldet (Tuva); nordwärts bis 61,5°N in Norwegen, 61°N in Schweden, 64°N in Finnland, in Russland bis Moskau; südwärts bis Sizilien, Kreta, Libanon und Nordiran. In der Westmediterraneis (Frankreich, Iberien, Maghreb) in der ssp. *punctifrons* (Pérez, 1903). **SW-Eu:** P, E, F(K), I(Si), I. **Z-Eu:** F, B, LUX, NL, D, A, CH, FL, DK. **N-Eu:** N, S, SF, EST, LT, RUS(N). **NO-Eu:** CS, SK, PL, BY, UA, UA(K), RUS(S). **SO-Eu:** H, RO, MD, SLO, HR, SRB, BG, GR, GR(K). **N-Afr:** MA, TN(?). **W-As:** TR, JOR, RL, Kaukasus, IR. **Sib:** O-Sib.

Lokalverbreitung: In Deutschland mit Ausnahme von Schleswig-Holstein überall nachgewiesen (aktuell). Auch in Österreich und der Schweiz aus allen Regionen bekannt, im nördlichen Mittelland nur historisch.

Hylaeus annularis (Kirby, 1802)

Geringelte Maskenbiene

Systematik: Untergattung *Lambdopsis* Popov, 1939.

Nomenklatur: Erst durch Notton & Dathe (2008) wurde anhand der Untersuchung des Kirby'schen Originalmaterials die wahre Identität von *H. annularis* festgestellt. Bis zu diesem Zeitpunkt war die Art unter dem Namen *H. spilotus* bekannt und wurde teilweise auch als Unterart von H. *euryscapus* aufgefasst. Die Art, die bisher als *H. annularis* verstanden wurde, trägt nunmehr den Namen *H. dilatatus*.

Etymologie: Von lat. „*annulatus*" = „geringelt"; Kirby bezieht sich auf die ringartig rund um die ansonsten weißen Hintertibien laufende schwarze Zeichnung.

Pollenquellen: Polylektisch.

Nestbau: Nach einer Beobachtung aus England in selbst gegrabenen Gängen in lockerem Sand. In Frankreich soll die Art in Brombeer- und Mannstreu-Stängeln nisten, doch sind die Angaben wegen der verworrenen nomenklatorischen Situation vermutlich nicht auf *H. annularis*, sondern eher auf *H. dilatatus* zu beziehen.

Lebensraum: Im Gebiet in Weinbergen, die nächstgelegenen Vorkommen in den Niederlanden in Sandheiden und Dünen.

Flugzeit: In einer Generation von Juni bis August/September.

Gesamtverbreitung: In Nordafrika von Marokko bis Tunesien. In Eurasien von Portugal bis Polen; nordwärts bis Südengland (keine Nachweise von Irland); südwärts bis Sizilien. Meldungen aus anderen Ländern sind auf Verwechslungen mit *H. dilatatus* zurückzuführen. **SW-Eu:** P, E, E(B), I(Si), I.

Z-Eu: F, B, NL, D, A, CH. **N-Eu:** GB, {~~S~~}, {~~SF~~}. **NO-Eu:** PL, {~~RUS(S)~~}. **N-Afr:** MA, DZ, TN. **W-As:** {~~Kaukasus~~}. **Z-As:** {~~TM, UZB~~}. **Sib:** {~~Sib~~}.

Lokalverbreitung: In Deutschland nur von einigen Nachweisen aus den Jahren 1992 und 1993 aus Rheinland-Pfalz bekannt. In der Schweiz nur historische Meldungen von Genf und Peney (südwestliches Mittelland).

Hylaeus annulatus (Linnaeus, 1758)
Nördliche Maskenbiene

Systematik: Untergattung *Hylaeus* Fabricius, 1793 s. str.

Nomenklatur: Synonym: *Hylaeus borealis* Nylander, 1852.

Etymologie: Von lat. „*annulatus*“ = „geringelt“; Linné bezieht sich auf die ringartig rund um die ansonsten weißen Hintertibien laufende schwarze Zeichnung. Der deutsche Name ist die Übersetzung des Synonyms „*borealis*“ = „nördlich“.

Pollenquellen: Polylektisch.

Nestbau: In den Niederlanden wurde ein Nest in Nisthilfen in einem Schilfstängel mit einem Innendurchmesser von 3 mm gefunden (Peeters et al. 2012).

Lebensraum: Zeigt keine strenge Habitatbindung; im Gebiet eher montan, kommt aber auch im Flachland vor, sogar im wärmebegünstigten Pannonikum; lichte Wälder, Waldsäume, Ruderalflächen, Grünland, teilweise auch im Siedlungsgebiet. Bis in die subalpine Höhenstufe.

Parasiten: Als Nestparasit wurde die Schmalbauchwespe *Gasteruption assectator* beobachtet.

Flugzeit: In einer Generation von Juni bis September.

Gesamtverbreitung: Holarktisch. Ob die Art in Marokko vorkommt, wie Strand (1909b) und Alfken (1912) unter dem Synonym *Prosopis borealis* (Nylander, 1852) angeben, bedarf der Überprüfung; die Meldung aus Ägypten von Spinola (1839) beruht sicher auf einer Verwechslung. In Eurasien von Zentralspanien über Europa und Sibirien bis Chukotka; nordwärts in Skandinavien bis weit über den Polarkreis hinaus (bis 69°N in Norwegen, Schweden und Finnland), in Russland bis Murmansk; südwärts bis Lazio (Meldungen von Sizilien sind zweifelhaft), Mazedonien und Kaukasus (keine Nachweise aus der Türkei). In der Nearktis von Alaska bis zur kanadischen Atlantikküste, südlich bis New Mexiko. **SW-Eu:** E, I(Si)?, I. **Z-Eu:** F, D, A, CH, FL, {~~DK~~}. **N-Eu:** N, S, SF, EST, LT, LV, RUS(N). **NO-Eu:** CS, SK, PL, BY, UA, {~~UA(K)~~}, RUS(S). **SO-Eu:** H, RO, SLO, HR, BIH, AL. **N-Afr:** MA(?), {~~ET~~}. **W-As:** Kaukasus. **Sib:** W-Sib, O-Sib. **NO-As:** Jak, Amur, Khab, Prim, Sach, Mag, Chuk, Kam, Kur. **SO-As:** MGL, RC. **Nearktis:** Alaska, CDN, USA.

Lokalverbreitung: In Deutschland aktuell nur aus den bayerischen Alpen bekannt; sie wurde historisch auch aus Thüringen und Brandenburg gemeldet, möglicherweise aufgrund von Verwechslungen. In Österreich aus allen Bundesländern gemeldet; überprüfungsbedürftig aus Niederösterreich und Steiermark. In der Schweiz nur aus den Alpen bekannt (aktuell).

Hylaeus bifasciatus (Jurine, 1807)
Zweibindige Maskenbiene

Systematik: Untergattung *Koptogaster* Alfken, 1912.

Etymologie: Von lat. „*bi-*“ = zwei-“ und „*fasciatus*“ = „umwickelt“; Jurine gibt keinen Hinweis zur Namensgebung. Der deutsche Name folgt der wissenschaftlichen Bezeichnung.

Pollenquellen: Bisher nur auf Lauch (*Allium*, Fam. Amaryllidaceae) beobachtet.

Flugzeit: In einer Generation von Juli bis August.

Gesamtverbreitung: Sämtliche Meldungen aus Nordafrika beruhen auf Fehldeterminationen, vermutlich auch die aus Spanien. Von der französischen Atlantikküste über Mittel- und Osteuropa, Kleinasien und Kaukasus bis Nordwestiran; nordwärts bis Belgien, Brandenburg und Nordukraine; südwärts bis Sizilien, Mittelgriechenland und Israel. **SW-Eu:** E?, I(Sa), I(Si), I, I(L). **Z-Eu:** F, B, D, A, CH. **N-Eu:** ~~{GB}~~. **NO-Eu:** ~~{CS}~~, ~~{PL}~~, UA, RUS(S). **SO-Eu:** RO, SLO, HR, AL, BG, GR. **N-Afr:** ~~{DZ}~~, ~~{LAR}~~. **W-As:** GR(Ä), TR, IL, Kaukasus, IR.

Lokalverbreitung: In Deutschland eine Meldung in Alfken (1912) aus Eberswalde/Brandburg und in Stöckhert (1933) von 1919 aus Großenhain/Sachsen. Auch in der Schweiz nur historisch, je ein Fund von Genf und Orbe (Frey-Gessner 1901) sowie zwei aus dem Tessin, letzter Fund 1946 (Amiet et al. 1999).

Hylaeus brevicornis Nylander, 1852
Kurzfühler-Maskenbiene

Systematik: Untergattung *Dentigera* Popov, 1939.

Nomenklatur: Einige nah verwandte Arten (*Hylaeus gredleri, Hylaeus imparilis, Hylaeus intermedius, Hylaeus kahri*) galten lange Zeit als Synonym von *Hylaeus brevicornis* und wurden erst in jüngerer Zeit wieder als eigenständig erkannt. Synonym: *Hylaeus minutus* auct. nec (Fabricius, 1793).

Etymologie: Von lat. „*brevis*“ = „kurz“ und „*cornum*“ = „Horn“ (im Sinne von Fühler); wegen der kurzen Fühler.

Pollenquellen: Polylektisch.

Nestbau: Nistet in dürren, auch markhaltigen Pflanzenstängeln und Käferfraßgängen in Totholz.

Lebensraum: Zeigt keine strenge Habitatbindung; sonnenexponierte Waldsäume, blüten- und strukturreiches Grünland, Hecken, Brach- und Ruderalflächen, Gleisanlagen, nicht selten auch im Siedlungsgebiet. Vom Flachland bis in die montane Höhenstufe.

Parasiten: Als Nestparasit wurde die Schmalbauchwespe *Gasteruption assectator* beobachtet. Vereinzelt sind erwachsene Tiere von Fächerflüglern befallen.

Flugzeit: Von Juni bis September, im Gebiet nur partiell bivoltin, im Süden bi- bis trivoltin.

Gesamtverbreitung: Wegen der Vermengung mit einer Reihe nah verwandter Arten unklar. Nach sicheren Meldungen in Nordafrika in Marokko, möglicherweise auch in Algerien und Ägypten. In Eurasien von Portugal über Europa, Kleinasien und Kaukasus bis Nordiran (Mazanderan); nordwärts bis Irland und Südschottland, in Norwegen bis 61°N, in Schweden bis 64,5°N, in Finnland bis 63°N, in Russland bis Karelien, Kirov und Perm; südwärts bis Sizilien, Zypern und Israel. Bildet nach Warncke mehrere Unterarten aus, die aber alle durch Dathe (1980) mit *H. brevicornis* synonymisiert oder in Artrang erhoben wurden. **SW-Eu:** P, E, E(B), F(K), I(Sa), I(Si), I. **Z-Eu:** F, B, LUX, NL, D, A, CH, FL, DK. **N-Eu:** IRL, GB, N, S, SF, LT, LV, RUS(N). **NO-Eu:** CS, SK, PL, BY, UA, UA(K), RUS(S). **SO-Eu:** H, RO, MD, SLO, HR, SRB, BG, GR, GR(K)? **N-Afr:** MA, DZ(?), ET(?). **W-As:** CY, TR, JOR, RL, IL, Kaukasus, IR. **Z-As:** UZB, TAD. **Sib:** W-Sib?

Lokalverbreitung: Im Gebiet aus allen Regionen gemeldet.

Hylaeus cardioscapus Cockerell, 1924
Herz-Maskenbiene

Systematik: Untergattung *Hylaeus* Fabricius, 1793 *s. str.*

Nomenklatur: Jüngst wurde durch Proshchalykin et al. (2004) der Name *Hylaeus miyakei* (Matsumura,1911) für diese Art eingeführt. Da aber Typenmaterial nicht auffindbar und die Beschreibung nicht eindeutig ist (und eher auf eine *Lasioglossum*-Art passt), ist dieser Name ein *nomen dubium* und kann nicht verwendet werden (Ebmer 2011).

Etymologie: Von griech. „*cardia*“ = „Herz“ und „*scapus*“ (anat.) = „Fühlerschaft“; wegen des annähernd herzförmig verbreiterten Fühlerschafts beim Männchen.

Pollenquellen: Polylektisch.

Nestbau: Nistet in hohlen Pflanzenstängeln, in Käferfraßgängen und anderen Hohlräumen in Totholz, zuweilen auch in morschem Holz.

Lebensraum: Bisher fast ausschließlich in Auen und Uferzonen von Gewässern gefunden. Vom Flachland bis in die kolline Höhenstufe.

Flugzeit: Vermutlich in einer Generation von Juni bis August.

Gesamtverbreitung: Transpaläarktisch. Von Brandenburg und Oberösterreich über Osteuropa, Zentralasien und Sibirien bis Kamtschatka; nordwärts bis ins Baltikum und Südfinnland (hier bis 64°N), in Russland bis Moskau; südwärts bis Österreich und Ungarn. **SW-Eu:** {~~E~~}. **Z-Eu:** D, A. **N-Eu:** SF, LT, LV, RUS(N). **NO-Eu:** CS, SK, PL. **SO-Eu:** H. **Z-As:** TAD. **Sib:** W-Sib, O-Sib. **NO-As:** Amur, JAO, Khab, Prim, Sach, Mag, Kam. **SO-As:** MGL, RC (Yunnan).

Lokalverbreitung: In Deutschland nur aus Brandenburg bekannt (aktuell). In Österreich aus Ober- und Niederösterreich sowie der Steiermark gemeldet (aktuell).

Hylaeus clypearis (Schenck, 1853)
Kopfschild-Maskenbiene

Systematik: Untergattung *Paraprosopis* Popov, 1939.

Etymologie: Von lat. „*clypearis*“ = „den Clypeus betreffend“; wegen der abweichenden Clypeuszeichnung der Männchen: in der unteren Hälfte schwarz statt vollständig weiß wie bei den meisten anderen Arten der Gattung.

Pollenquellen: Polylektisch.

Nestbau: Nistet in dürren, auch markhaltigen Pflanzenstängeln und Käferfraßgängen in Totholz.

Lebensraum: Thermophil; Hecken, Waldsäume, Ruderalflächen. Vom Flachland bis in die montane Höhenstufe.

Parasiten: Vereinzelt sind erwachsene Tiere von Fächerflüglern befallen.

Flugzeit: In einer Generation von Juni bis August/September.

Gesamtverbreitung: In Nordafrika von Marokko bis Ägypten. In Eurasien von Portugal bis in die Türkei; nordwärts bis Dänemark; südwärts bis Sizilien, Malta, Kreta und Zypern. **SW-Eu:** P, E, E(B), F(K), I(Sa), I(Si), I, M. **Z-Eu:** F, B, LUX, NL, D, A, CH, DK. **N-Eu:** RUS(N). **NO-Eu:** CS, SK, PL, UA, UA(K), {~~RUS(S)~~}. **SO-Eu:** H, RO, MD, SLO, HR, MNE, AL, BG, GR, GR(K). **N-Afr:** MA, DZ, TN, LAR, ET. **W-As:** CY, TR.

Lokalverbreitung: In Deutschland keine Nachweise aus Mecklenburg-Vorpommern und Nordrhein-Westfalen, nur historische Meldungen aus Sachsen, aus dem übrigen Bundesgebiet aktuell. In Österreich nur aus Niederösterreich und der Steiermark gemeldet. In der Schweiz nur im Norden, in der Gegend um den Neuenburgersee und den Genfersee sowie im Wallis und im Tessin (aktuell).

Hylaeus communis Nylander, 1852
Gewöhnliche Maskenbiene

Systematik: Untergattung *Hylaeus* Fabricius, 1793 *s. str.*

Nomenklatur: Synonym: *Prosopis annulata var. nigrifacies* Alfken, 1913.

♂

Etymologie: Von lat. „*communis*" = „gemein, gewöhnlich"; diese Art ist eine der häufigsten Maskenbienen.

Pollenquellen: Polylektisch.

Nestbau: Nistet in den verschiedensten vorhandenen Hohlräumen (Käferfraßgänge in Totholz, hohle Pflanzenstängel, Eichen- und Schilfgallen, verlassene Erdnester anderer Hautflügler, Mauerfugen) und in selbst genagten Gängen in markhaltigen Stängeln.

Lebensraum: Zeigt keine strenge Habitatbindung; sowohl an trockenen wie auch feuchteren Standorten wie Waldsäume, Hecken, Sand-, Kies- und Lehmgruben, Dämme, Gleisanlangen, häufig auch im Siedlungsgebiet. Vom Flachland bis in die subalpine Höhenstufe.

Parasiten: Als Nestparasit wurden Schmalbauchwespen der Gattung *Gasteruption* und Erzwespen der Gattung *Coelopencyrtus* beobachtet. Vereinzelt sind erwachsene Tiere von Fächerflüglern befallen.

Flugzeit: Von Mai bis Oktober, zumindest partiell bivoltin.

Gesamtverbreitung: Von Portugal über Europa, Kleinasien und Kaukasus bis Zentralasien; nordwärts bis Irland und Mittelschottland, überschreitet in Skandinavien den Polarkreis, in Norwegen bis 63°N, in Schweden bis 66°N, in Finnland bis 67,5°N, in Russland bis Karelien und Kirov; im Süden des Verbreitungsgebietes wurde die Art häufig mit *H. deceptorius* (Benoist, 1959) vermengt, sodass die Südgrenze nicht zweifelsfrei feststeht – nach bisherigem Kenntnisstand südwärts bis Sizilien, Kreta, Libanon und Nordiran; die nordafrikanischen Funde gehören möglicherweise zu *H. deceptorius*. *H. deceptorius* wird von Warncke ohne weitere Aussagen als Unterart zu *H. communis* gestellt, ebenso die Taxa *impressiventris* (Benoist, 1960) aus

Marokko und *distinguendus* Morawitz, 1876 aus Zentralasien. **SW-Eu:** P, E, F(K), I(Sa), I(Si), I. **Z-Eu:** F, B, LUX, NL, D, A, CH, FL, DK. **N-Eu:** IRL, GB, N, S, SF, EST, LT, LV, RUS(N). **NO-Eu:** CS, SK, PL, BY, UA, UA(K), RUS(S). **SO-Eu:** H, RO, MD, SLO, HR, SRB, BIH, BG, GR, GR(K). **N-Afr:** MA(?), TN(?). **W-As:** TR, RL, Kaukasus, IR, AFG. **Z-As:** UZB, TAD. **NO-As:** ~~{Prim}~~. **SO-As:** MGL, RC(?).

Lokalverbreitung: Im Gebiet aus allen Regionen gemeldet.

Hylaeus confusus Nylander, 1852
Verkannte Maskenbiene

Systematik: Untergattung *Prosopis* Fabricius, 1804.

Nomenklatur: Wurde längere Zeit als Synonym oder als Unterart von *Hylaeus gibbus* betrachtet.

Etymologie: Von lat. „*confusus*" = „vermischt, vermengt"; die Art wurde vor Nylander mit *Hylaeus signatus* vermengt.

Pollenquellen: Polylektisch.

Nestbau: Nistet in den verschiedensten vorhandenen Hohlräumen (Käferfraßgänge in Totholz, hohle Pflanzenstängel, verlassene Eichengallen) und in selbst genagten Gängen in markhaltigen Stängeln.

Lebensraum: Waldaffin; Waldsäume, Lichtungen, Hecken, Sand-, Kies- und Lehmgruben, Dämme, Gleisanlangen, häufig auch im Siedlungsgebiet. Vom Flachland bis in die subalpine Höhenstufe.

Parasiten: Als Nestparasiten wurde die Schmalbauchwespen *Gasteruption assectator* und die Erzwespe *Eurytoma rubicola* beobachtet.

♂

Flugzeit: Von April bis September, partiell bivoltin.

Gesamtverbreitung: Transpaläarktisch. Von Portugal über Europa, Kleinasien, Kaukasus und Sibirien bis zu den Kurilen nordwärts bis Irland und Nordschottland (Inverness), in Norwegen bis 63,5°N, in Schweden bis 64,5°N, in Finnland bis 66,5°N, in Russland bis 67,5° (Murmansk); südwärts bis Sardinien und Mittelgriechenland. **SW-Eu:** P, E, F(K), I(Sa), I(Si) (?), I. **Z-Eu:** F, B, LUX, NL, D, A, CH, DK. **N-Eu:** IRL, GB, N, S, SF, EST, LT, LV, RUS(N). **NO-Eu:** RUS(S). **SO-Eu:** GR. **W-As:** TR, Kaukasus. **Sib:** W-Sib, O-Sib. **NO-As:** Jak, Amur, JAO, Khab, Prim, Sach, Kur. **SO-As:** MGL, RC (Tibet, Jilin), J.

Lokalverbreitung: Im Gebiet aus allen Regionen gemeldet.

Hylaeus cornutus Curtis, 1831
Gehörnte Maskenbiene

Systematik: Untergattung *Abrupta* Méhelÿ, 1935.

Etymologie: Von lat. „*cornutus*" = „gehörnt, zweispitzig"; der Clypeus des Weibchens ist am Vorderrand seitlich mit je einem zahnartigen Fortsatz bewehrt.

Pollenquellen: Polylektisch.

Nestbau: Nistet in hohlen Pflanzenstängeln (*Artemisia, Rubus, Rumex, Salvia*), verlassenen Gallen an Mannstreu (*Eryngium*), zuweilen auch in Löss-Steilwänden.

Lebensraum: Trockenwarme Standorte; sonnenexponierte Waldsäume, blütenreiches Grünland, Bahn- und Hochwasserdämme, Ruderalflächen, Sand- und Lehmgruben. Vom Flachland bis in die montane Höhenstufe.

Flugzeit: In einer Generation von Juni bis August.

Gesamtverbreitung: In Nordafrika von Marokko bis Tunesien sowie in Ägypten. In Eurasien von Portugal über Europa, Kleinasien und Kaukasus bis Turkmenien; nordwärts bis Südengland (keine Nachweise aus Irland und Fennoskandien), in Russland bis Kirov und Perm; südwärts bis Sizilien, Kreta, Zypern und Israel. WARNCKE beschreibt aus Marokko die ssp. *porzanus* (WARNCKE, 1992). **SW-Eu:** P, E, E(B), F(K), I(Sa), I(Si), I. **Z-Eu:** F, B, LUX, NL, D, A, CH, DK. **N-Eu:** GB, RUS(N). **NO-Eu:** CS, SK, PL, UA, UA(K), RUS(S). **SO-Eu:** H, RO, MD, SLO, HR, MNE, SRB, AL, BG, GR, GR(K). **N-Afr:** MA, DZ, TN, EL. **W-As:** GR(Ä), CY, TR, SYR, IL, Kaukasus, IR. **Z-As:** TM.

Lokalverbreitung: In Deutschland außer in Schleswig-Holstein und Mecklenburg-Vorpommern, in Österreich außer in Kärnten, Tirol und Vorarlberg in allen Bundesländern nachgewiesen (aktuell). In der Schweiz nur wenige Nachweise aus dem Norden, dem Mittelland, dem Wallis und dem Inntal (aktuell).

Hylaeus crassanus (Warncke, 1972)
Polierte Maskenbiene

Systematik: Untergattung *Lambdopsis* Popov, 1939.

Nomenklatur: Synonym: *Prosopis polita* Förster, 1871.

Etymologie: Von lat. „*crassus*“ = „dick, grob“; möglicherweise wegen der groben Punktierung des 1. Tergits. Der deutsche Name bezieht sich auf die auffallend glatte, stark glänzende Körperoberfläche.

Pollenquellen: Polylektisch.

Flugzeit: In einer Generation von Juli bis August.

Gesamtverbreitung: Einzelne Nachweise aus Marokko und Algerien. In Eurasien von Portugal über Südeuropa bis in die Nordwesttürkei; nordwärts bis Wallis, Südtirol und Ostösterreich; südwärts bis Norditalien und Nordgriechenland. **SW-Eu:** P, E, I. **Z-Eu:** F, A, CH. **SO-Eu:** HR, MK, MNE, SRB, BIH, BG, GR. **N-Afr:** DZ. **W-As:** TR.

Lokalverbreitung: Aus Österreich sind nur zwei undatierte Weibchen aus Wien bekannt (erstmals publiziert 1944). In der Schweiz historisch von Chur, Zizers und Tessin, historisch und aktuell vom Wallis.

Hylaeus difformis (Eversmann, 1852)
Beulen-Maskenbiene

Systematik: Untergattung *Hylaeus* Fabricius, 1793 *s. str.*

Etymologie: Von lat. „*difformis*“ = „abweichend gestaltet“; wegen der eingedrückten, von beuligen Erhebungen eingefassten Stirn des Männchens.

Pollenquellen: Polylektisch.

♂

Nestbau: Nistet in den verschiedensten vorhandenen Hohlräumen (Käferfraßgänge in Totholz, hohle Pflanzenstängel, verlassene Steilwandnester anderer Hautflügler) und in selbst genagten Gängen in markhaltigen Stängeln.

Lebensraum: Waldaffin; lichte Wälder, Lichtungen, Waldsäume, Hecken, Obstgärten. Vom Flachland bis in die montane Höhenstufe.

Parasiten: Als Nestparasit wurden Schmalbauchwespen der Gattung *Gasteruption* beobachtet.

Flugzeit: In einer Generation von Juni bis August.

Gesamtverbreitung: Transpaläarktisch. In Nordafrika von Marokko und Algerien bekannt. In Eurasien von Portugal über Europa, Kleinasien, Kaukasus und Sibirien bis Primorje; nordwärts bis 60°N in Norwegen, Schweden und Finnland (in Norwegen nur Meldungen aus dem 19. Jh.), in Russland bis Kirov; südwärts bis Campania, Südtürkei und Nordiran. Auf der Iberischen Halbinsel in der ssp. *hispanicus* (Warncke, 1972). **SW-Eu:** P, E, I. **Z-Eu:** F, B, NL, D, A, CH, FL, DK. **N-Eu:** N, S, SF, EST, LT, LV, RUS(N). **NO-Eu:** CS, SK, PL, BY, UA, UA(K), RUS(S). **SO-Eu:** H, RO, SLO, HR, MK, SRB, BG, GR. **N-Afr:** MA, DZ. **W-As:** TR, Kaukasus, IR. **Sib:** W-Sib. **NO-As:** Prim. **SO-As:** RC.

Lokalverbreitung: In Deutschland aus allen Bundesländern gemeldet, aus Schleswig-Holstein nur historisch. In Österreich aus allen Bundesländern nachgewiesen. In der Schweiz keine Nachweise aus dem Jura, im Genfersee-Gebiet nur historisch, ansonsten überall aktuell.

Hylaeus dilatatus (Kirby, 1802)
Rundfleck-Maskenbiene

Systematik: Untergattung *Lambdopsis* Popov, 1939.

Nomenklatur: Erst durch Notton & Dathe (2008) wurde anhand der Untersuchung des Kirby'schen Originalmaterials festgestellt, dass die Art, die bis dahin als *Hylaeus annularis* verstanden wurde, den Namen *Hylaeus dilatatus* tragen muss.

Etymologie: Von lat. „*dilatatus*“ = „verbreitert“; wegen des verbreiterten Fühlerschafts beim Männchen. Deutscher Name: Das Gesicht des Weibchens trägt zwei runde weiße Flecken.

Pollenquellen: Polylektisch.

Nestbau: Nistet in vorhandenen oder selbst genagten Hohlräumen in Pflanzenstängeln oder in Käferfraßgängen in Totholz.

Lebensraum: Sandaffin; Binnendünen, Flugsandfelder, Sandheiden, Brach und Ruderalflächen, Waldsäume, Sand- und Lehmgruben. Vom Flachland bis in die montane Höhenstufe.

Parasiten: Als Nestparasit wurde die Schmalbauchwespe *Gasteruption assectator* beobachtet.

Flugzeit: In einer Generation von Juni bis September.

Gesamtverbreitung: In Nordafrika von Marokko bis Tunesien. In Eurasien von Portugal über Europa, Kleinasien, Kaukasus und nördliches Zentralasien sowie über Sibirien bis Irkutsk; nordwärts in Europa bis Südengland (keine Nachweise von Irland), in Norwegen bis 60°N, in Schweden bis 58°N, in Finnland bis 62,5°N, in Russland bis Karelien, Kirov und Perm; südwärts bis Sizilien, Mittelgriechenland, Südtürkei und Nordiran. Von der Türkei bis in den Nordiran in der ssp. *elbursus* (Warncke, 1981). **SW-Eu:** P, E, F(K), I(Sa), I(Si), I, I(L). **Z-Eu:** F, B, LUX, NL, D, A, CH, DK. **N-Eu:** GB, N, S, SF, LT, LV, RUS(N). **NO-Eu:** CS, SK, PL, BY, UA, UA(K), RUS(S). **SO-Eu:** H, RO, SLO, HR, MNE, SRB, AL, BG, GR. **N-Afr:** MA, DZ, TN. **W-As:** GR(Ä), TR, Kaukasus, IR. **Z-As:** KAZ. **Sib:** W-Sib, O-Sib.

Lokalverbreitung: Im Gebiet aus allen Regionen gemeldet.

Hylaeus duckei (Alfken, 1904)

Duckes Maskenbiene

Systematik: Untergattung *Prosopis* Fabricius, 1804.

Etymologie: Dem Triester Hymenopterologen Adolf Ducke (1876–1959) gewidmet.

Pollenquellen: Vermutlich polylektisch, Blütenbesuch wurde bisher beobachtet auf Apiaceae, Asteraceae, Crassulaceae und Rosaceae.

Lebensraum: Trockenwarme Standorte; Magerrasen, Brach- und Ruderalflächen, Steppen. Vom Flachland bis in die montane Höhenstufe.

Flugzeit: In einer Generation von Mai bis August.

Gesamtverbreitung: Von Zentralspanien bis Südrussland und Türkei (keine Nachweise von den Mittelmeerinseln); nordwärts bis in die deutschen Mittelgebirge und in das polnische und ukrainische Karpaten-Vorland;

südwärts bis Lazio, Nordgriechenland (Olymp) und Südtürkei (Adana). In Kleinasien in der ssp. *stellatus* (Warncke, 1992). **SW-Eu:** E, I. **Z-Eu:** F, D, A, CH. **NO-Eu:** CS, SK, PL, UA, RUS(S). **SO-Eu:** H, RO, MD, SLO, HR, MNE, BG, GR. **W-As:** TR.

Lokalverbreitung: In Deutschland nur in der Südhälfte: Rheinland-Pfalz, Baden-Württemberg, Hessen, Thüringen und Bayern nachgewiesen (aktuell). In Österreich außer in Oberösterreich, Tirol und Vorarlberg in allen Bundesländern gemeldet. In der Schweiz aktuell nur im Wallis, historisch von Basel, Solothurn, Bielersee und Genfersee.

Hylaeus euryscapus Förster, 1871
Breitschaft-Maskenbiene

Systematik: Untergattung *Lambdopsis* Popov, 1939.

Nomenklatur: Wurde längere Zeit mit *Hylaeus spilotus*, also dem jetzigen *H. annularis* vermengt.

Etymologie: Von griech. „*eurys*" = „breit, weit" und „*scapus*" (anat.) = „Fühlerschaft"; wegen des verbreiterten Fühlerschafts beim Männchen.

Pollenquellen: Vermutlich polylektisch.

Flugzeit: In einer Generation im Sommer.

Gesamtverbreitung: In Nordafrika von Marokko bis Tunesien. In Eurasien von Portugal über Europa und Kleinasien bis zum Kaukasus; nordwärts bis in die Südschweiz (historisch), Mähren, Slowakei und Nordrumänien; südwärts bis Sardinien, möglicherweise auch Sizilien, Kalabrien, Thessalien und Südtürkei. **SW-Eu:** P, E, E(B), F(K), I(Sa), I(Si)(?), I. **Z-Eu:** F, {~~D~~}, {~~A~~}, CH. **N-Eu:** RUS(N). **NO-Eu:** CS, SK, {~~PL~~}, UA, UA(K), RUS(S). **SO-Eu:** H, RO, MD, HR, MK, MNE, AL, BG, GR. **N-Afr:** MA, DZ, TN. **W-As:** GR(Ä), TR, Kaukasus.

Lokalverbreitung: Im Gebiet nur alte, aber von Dathe überprüfte Nachweise vom Genfersee (Amiet et al. 1999). Anderweitige Meldungen aus dem Gebiet beziehen sich auf *H. spilotus*.

Hylaeus gibbus Saunders, 1850
Buckel-Maskenbiene

Systematik: Untergattung *Prosopis* Fabricius, 1804.

Nomenklatur: Wurde längere Zeit mit *Hylaeus confusus* und *H. incongruus* vermengt.

Etymologie: Von lat. „*gibbus*" = „Buckel, Höcker"; Saunders beginnt die Beschreibung der Art mit: „*Niger, gibbosus*", es bleibt jedoch unklar, was er damit meint. Der deutsche Name folgt der wissenschaftlichen Bezeichnung.

Pollenquellen: Polylektisch.

Nestbau: Nistet in den verschiedensten vorhandenen Hohlräumen (Käferfraßgänge in Totholz, hohle Pflanzenstängel) und in selbst genagten Gängen in markhaltigen Stängeln, insbesondere von Brombeersträuchern.

Lebensraum: Sandaffin auf eher trockenwarmen Standorten; Waldsäume, Heiden, Hochwasserdämme, Brach- und Ruderalflächen, Sandgruben, Gleisanlagen, Steppen. Vom Flachland bis in die montane oder subalpine Höhenstufe.

Parasiten: Vereinzelt sind erwachsene Tiere vom Fächerflügler *Hylecthrus rubi* befallen.

Flugzeit: Von Mai bis September, vermutlich zumindest partiell bivoltin.

Gesamtverbreitung: In Nordafrika aus Marokko und Ägypten bekannt. In Eurasien von Portugal über Europa und Kleinasien bis in den Kaukasus (Meldungen aus Sibirien sind überprüfungsbedürftig); nordwärts bis 66°N in Schweden und 65°N in Finnland (keine Nachweise aus Norwegen; ältere Meldungen aus England beziehen sich vermutlich auf *H. confusus*), in Russland bis Karelien und Kirov; südwärts bis Sizilien, Kreta, Zypern und Nordiran. **SW-Eu:** P, E, F(K), I(Si), I. **Z-Eu:** F, B, LUX, NL, D, A, CH, FL, DK. **N-Eu:** GB?, N, S, SF, EST, LT, LV, RUS(N). **NO-Eu:** CS, SK, PL, BY, UA, UA(K), RUS(S). **SO-Eu:** H, RO, MD, SLO, HR, AL, BG, GR, GR(K). **N-Afr:** MA, ET. **W-As:** GR(Ä), CY, TR, Kaukasus, IR. **Z-As:** KAZ. **Sib:** W-Sib(?).

Lokalverbreitung: Im Gebiet aus allen Regionen gemeldet.

Hylaeus glacialis Morawitz, 1872

Gletscher-Maskenbiene

Systematik: Untergattung *Dentigera* Popov, 1939.

Etymologie: Von lat. „*glacialis*“ = „an Gletschern“; wegen des Lebensraums der Art.

Pollenquellen: Polylektisch.

Nestbau: Bisher wurde nur ein Nest in einem Brombeerstängel beobachtet.

Lebensraum: In der montanen bis subalpinen Höhenstufe.

Flugzeit: In einer Generation von Juni bis September.

Gesamtverbreitung: Disjunkt in den Pyrenäen, Alpen, Pindos und dem Ostanatolischen Bergland. In Kleinasien in der ssp. *giresunus* (Warncke, 1992). **SW-Eu:** E, I. **Z-Eu:** F, CH. **SO-Eu:** GR. **W-As:** TR.

Lokalverbreitung: Im Gebiet nur im Wallis und im Engadin (aktuell).

Hylaeus gracilicornis (Morawitz, 1867)

Zarte Maskenbiene

Systematik: Untergattung *Hylaeus* Fabricius, 1793 *s. str.*

Nomenklatur: Lange mit *Hylaeus paulus* Bridwell, 1919 (= *Hylaeus lepidulus* Cockerell, 1924) vereinigt und erst durch Dathe et al. (1996) getrennt, sodass sich vorher gemachte Beobachtungen über Biologie und Verbreitung auf beide Arten beziehen können.

Etymologie: Von lat. „*gracilis*“ = „zart, fein, schlank, schmal“ und „*cornum*“ = „Horn“ (hier im Sinne von Fühler).

Pollenquellen: Polylektisch.

Nestbau: Nistet in markhaltigen Pflanzenstängeln von Brombeeren und sicherlich weiteren Pflanzen sowie in Schilfgallen. Die Beobachtung über den Nestbau in einem verlassenen Nest der Grabwespe *Pemphredon lugubris* kann sich auch auf *H. paulus* beziehen.

Lebensraum: Eher feuchtkühle Standorte; Wälder, Lichtungen, Waldsäume, Schilfröhrichte, Moore und Moorheiden. Vom Flachland bis in die kolline Höhenstufe.

Parasiten: Vereinzelt sind erwachsene Tiere von Fächerflüglern befallen.

Flugzeit: Vermutlich in einer Generation von Juni bis August.

Gesamtverbreitung: Wegen der Vermengung mit *H. paulus* noch nicht abschließend geklärt. Nach bisherigem Kenntnisstand transpaläarktisch von Portugal über Europa, Kleinasien, Kaukasus und Sibirien bis Kamtschatka; nordwärts in Schweden bis 59°N, in Finnland bis 63,5°N (keine Nachweise von den Britischen Inseln und Norwegen), in Russland bis Karelien und Kirov; südwärts bis Trentino (möglicherweise bis Sardinien und Kalabrien), Mittelrumänien und Kaukasus. **SW-Eu:** P, E, I(Sa)(?), I. **Z-Eu:** F, B, LUX, NL, D, A, CH, DK. **N-Eu:** S, SF, EST, LT, LV, RUS(N). **NO-Eu:** CS, SK, PL, BY, UA, UA(K), RUS(S). **SO-Eu:** H, RO, ~~{GR}~~. **W-As:** TR, Kaukasus. **Sib:** W-Sib, O-Sib. **NO-As:** Jak, Amur, JAO, Khab, Prim, Sach, Mag, Kam, Kur. **SO-As:** MGL.

Lokalverbreitung: In Deutschland keine Nachweise aus Schleswig-Holstein und Mecklenburg-Vorpommern, die Überprüfung von nordrhein-westfälischen Sammlungsbelegen ist noch nicht abgeschlossen, ansonsten aus allen Bundesländern aktuell gemeldet. In Österreich aus Ober- und Niederösterreich, Salzburg und Tirol nachgewiesen. Ein Teil der Typenserie von *H. gracilicornis* stammt aus der Schweiz, aber die Beschreibung und auch die Festlegung der Lectotypen erfolgten vor der Trennung von *H. paulus*. Amiet et al. (1999) fanden bei der Durchschau der Schweizer Sammlungen keine Tiere von *H. gracilicornis*. Amiet et al. (2011) stellten fest, dass es sich bei den Schweizer Tieren um *Hylaeus paulus* handle und *Hylaeus gracilicornis* von der Schweizer Liste zu streichen sei.

Hylaeus gredleri Förster, 1871
Gredlers Maskenbiene

Systematik: Untergattung *Dentigera* Popov, 1939.

Nomenklatur: Galt lange Zeit als Synonym von *Hylaeus brevicornis* und wurde erst in jüngerer Zeit wieder als eigenständig erkannt. Synonym: *Prosopis brevicornis* var. *fumipennis* (Förster, 1871).

Etymologie: Dem Tiroler Naturforscher Pater Vinzenz Maria Gredler gewidmet.

Pollenquellen: Polylektisch.

Nestbau: Nester wurden beobachtet in Brombeerstängeln und in Hohlräumen in Holzwänden und -balken.

Lebensraum: Kommt auch syntop mit *H. brevicornis* vor, geht aber eher als diese auch in feuchtere Bereiche; lichte Wälder, Lichtungen, Waldsäume, Hecken, Brach- und Ruderalflächen, Gleisanlagen, Hochwasserdämme, nicht selten auch im Siedlungsgebiet. Vom Flachland bis in die montane, zuweilen subalpine Höhenstufe.

Flugzeit: Von Juni bis August, in der Südschweiz vermutlich partiell bivoltin von Mai bis September.

Gesamtverbreitung: Wegen der Vermengung mit *H. brevicornis* noch nicht völlig geklärt. In Nordafrika von Marokko und Tunesien gemeldet. In Eurasien von Portugal über Europa, Kleinasien und Kaukasus bis Ostkasachstan; nordwärts bis Litauen und Moskau; südwärts bis Sizilien, Samos und Libanon. **SW-Eu:** P, E, E(B), F(K), I(Si), I, I(L). **Z-Eu:** F, LUX, D, A, CH, FL. **N-Eu:** LT, RUS(N). **NO-Eu:** CS, SK, PL, RUS(S). **SO-Eu:** H, RO, SLO, HR, BG. **N-Afr:** MA, TN. **W-As:** GR(Ä), TR, RL, Kaukasus. **Z-As:** KAZ.

Lokalverbreitung: Im Gebiet mit Ausnahme von Schleswig-Holstein aus allen Regionen gemeldet.

Hylaeus hyalinatus (Smith, 1842)
Mauer-Maskenbiene

Systematik: Untergattung *Spatulariella* Popov, 1939.

Nomenklatur: Synonym: *Prosopis armillata* Nylander, 1848; *Prosopis bipunctata* Fabricius, 1798.

Etymologie: Von lat. „*hyalinatus*" = „durchsichtig, transparent"; Smith bezieht sich auf die durchsichtigen Flügel („*wings hyaline*"). Deutscher Name: Die Art nistet nicht selten in Mauerfugen.

Pollenquellen: Polylektisch.

Nestbau: Nistet in den verschiedenartigsten Hohlräumen (Käferfraßgänge in Totholz, Erdabbrüche und Steilwände, hohle Stängel von holzigen und krautigen Pflanzen, Mauerfugen, verlassene Nester anderer Hymenopteren u.a.m.).

Lebensraum: Zeigt keine strenge Habitatbindung; sonnenexponierte Waldsäume, blüten- und strukturreiches Grünland, Hecken, Sand-, Kies- und Lehmgruben, Brach- und Ruderalflächen, Gleisanlagen, nicht selten auch im Siedlungsgebiet. Vom Flachland bis in die montane Höhenstufe.

Parasiten: Vereinzelt sich erwachsene Tiere von Fächerflüglern befallen (im Gebiet noch nicht beobachtet).

Flugzeit: Von Mai bis September, zumindest partiell bivoltin.

Gesamtverbreitung: In Nordafrika aus Marokko gemeldet. In Eurasien von Portugal über Europa und Kleinasien bis in den Kaukasus; nordwärts bis Irland und Südschottland, in Norwegen und Schweden bis 63°N, in Finn-

♂

land bis 62°N, in Russland bis Kirov und Perm; südwärts bis Sizilien, Kreta und Israel. Eingeschleppt in Kanada und den USA. Auf der Iberischen Halbinsel in der ssp. *aragonensis* (Pittioni, 1950), auf der Apenninen-Halbinsel in der ssp. *montebovensis* (Pittioni, 1950). **SW-Eu:** P, E, E(B), F(K), I(Sa), I(Si), I. **Z-Eu:** F, B, LUX, NL, D, A, CH, FL, DK. **N-Eu:** IRL, GB, N, S, SF, LT, LV, RUS(N). **NO-Eu:** CS, SK, PL, UA, UA(K), RUS(S). **SO-Eu:** H, RO, MD, SLO, HR, SRB, BIH, BG, GR, ~~{GR(K)}~~. **N-Afr:** MA. **W-As:** GR(Ä), TR, IL, Kaukasus. **Nearktis:** CDN+, USA+

Lokalverbreitung: Im Gebiet aus allen Regionen gemeldet.

Hylaeus imparilis Förster, 1871

Spitzenfleck-Maskenbiene

Systematik: Untergattung *Dentigera* Popov, 1939.

Nomenklatur: Galt lange Zeit als Synonym von *Hylaeus brevicornis* und wurde erst in jüngerer Zeit wieder als eigenständig erkannt.

Etymologie: Von lat. „*imparilis*“ = „ungleich, ungleichförmig“. Der deutsche Name bezieht sich auf die gelbe Zeichnung des Fühlerschafts beim Männchen, die im Gegensatz zur nächstverwandten *H. intermedius* auf einen Fleck an der Spitze reduziert ist.

Pollenquellen: Vermutlich polylektisch.

Flugzeit: In einer Generation von Juli bis August.

Gesamtverbreitung: In Nordafrika von Marokko bis Tunesien, eine überprüfungsbedürftige ältere Meldung aus Libyen (Schulthess 1924). In Eurasien von Portugal über Europa und Kleinasien bis in den Kaukasus; nordwärts bis in die Alpen, Tschechien, Slowakei und Nordrumänien; südwärts bis Sizilien, Malta, Kreta, Zypern, Israel und Nordiran. **SW-Eu:** P, E, E(B), F(K), I(Sa), I(Si), I, M. **Z-Eu:** F, ~~{D}~~, A, CH. **NO-Eu:** CS, SK. **SO-Eu:** H, RO, SLO, HR, MNE, AL, BG, GR, GR(K). **N-Afr:** MA, DZ, TN, LAR. **W-As:** GR(Ä), CY, TR, JOR, RL, IL, Kaukasus, IR.

Lokalverbreitung: In Deutschland keine Nachweise; bei den von Stöckhert (1933) als *Prosopis brevicornis* var. *imparilis* aus Bayern gemeldeten Tiere handelt es sich um etwas abweichende Farbformen von Arten aus der *H. brevicornis*-Verwandtschaft. In Österreich nur aus Niederösterreich gemeldet. In der Schweiz ein aktueller Fund aus dem Tessin, historisch aus dem Misox und dem Puschlav.

Hylaeus incongruus Förster, 1871

Abweichende Maskenbiene

Systematik: Untergattung *Prosopis* Fabricius, 1804.

Nomenklatur: Wurde lange Zeit mit *Hylaeus confusus* und *H. gibbus* vermengt und erst durch Straka & Bogusch (2011) wieder als eigenständig erkannt. Synonym: *Prosopis genalis* THOMSON, 1872.

Etymologie: Von lat. „*incongruus*“ = „nicht übereinstimmend“; FÖRSTER bezieht sich auf die Ähnlichkeit mit verwandten Arten. Der deutsche Name folgt der wissenschaftlichen Bezeichnung.

Pollenquellen: Sicherlich polylektisch.

Lebensraum: Sowohl auf trockenen wie feuchten Standorten.

Flugzeit: Nach den verfügbaren Daten von Juni bis August, im Wallis bis September.

Gesamtverbreitung: Wegen der Vermengung mit *H. gibbus* und *H. confusus* besonders im zentralasiatischen und sibirischen Bereich nur unvollständig bekannt. Von Frankreich bis zur rumänischen Schwarzmeerküste; nordwärts bis Südengland; südwärts bis in die Lombardei; ein isoliert scheinender Fund vom Baikalsee. **SW-Eu:** I. **Z-Eu:** F, D, A, CH. **NO-Eu:** CS, SK, RUS(S). **SO-Eu:** RO. **Sib:** O-Sib.

Lokalverbreitung: Durch die Vermengung mit *H. confusus* liegen nur wenige verlässliche Daten vor. In Deutschland historisch aus Bayern, Nordrhein-Westfalen und Niedersachsen sowie aktuell aus Mecklenburg-Vorpommern, Brandenburg, Sachsen-Anhalt, Thüringen und Baden-Württemberg nachgewiesen; sicherlich weiter verbreitet. In Österreich historisch aus Niederösterreich bekannt, aktuell nur aus Wien. In der Schweiz aktuell aus dem Wallis nachgewiesen. Die unter dem Namen *Hyleaus* (bzw. *Prosopis*) *genalis* gemeldeten historischen Funde aus Mecklenburg-Vorpommern, Niedersachsen, Peney, Genfersee, dem Wallis und Graubünden beziehen sich vermutlich auf *Hylaeus incongruus*.

Hylaeus intermedius FÖRSTER, 1871
Mittlere Maskenbiene

Systematik: Untergattung *Dentigera* POPOV, 1939.

Nomenklatur: Galt lange Zeit als Synonym von *Hylaeus brevicornis* und wurde erst in jüngerer Zeit wieder als eigenständig erkannt.

Etymologie: Von lat. „*inter*“ = „inmitten, zwischen, unter“ und lat. „*media*“ = „die mittlere, mitten, in der Mitte“.

Pollenquellen: Vermutlich polylektisch.

Flugzeit: Aus Mitteleuropa liegen fast keine Daten vor. In Wien wurde ein Männchen bereits im Mai gefangen.

Gesamtverbreitung: Wegen der Vermengung mit *H. brevicornis* nur unvollständig bekannt. Von den französischen Seealpen über das südliche Mitteleuropa und Kleinasien bis Zentraliran. **Z-Eu:** F, A. **NO-Eu:** PL. **W-As:** TR, IR.

Lokalverbreitung: Im Gebiet nur aus Ober- und Niederösterreich sowie der Steiermark gemeldet.

♂

♂

Hylaeus kahri Förster, 1871
Kahrs Maskenbiene

Systematik: Untergattung *Dentigera* Popov, 1939.

Nomenklatur: Galt lange Zeit als Synonym von *Hylaeus brevicornis* und wurde erst in jüngerer Zeit wieder als eigenständig erkannt.

Etymologie: Benannt nach dem österreichischen Sammler der Art.

Pollenquellen: Polylektisch.

Nestbau: Vermutlich wie bei *H. brevicornis*.

Lebensraum: Trockenwarme Standorte. Vom Flachland bis in die montane Höhenstufe.

Flugzeit: In einer Generation von Juni bis September.

Gesamtverbreitung: Wegen der Vermengung mit *H. brevicornis* nur unvollständig bekannt. In Nordafrika von Algerien gemeldet. In Eurasien von Portugal über Europa und Kleinasien bis in den Kaukasus und Nordiran; nordwärts bis in die deutschen Mittelgebirge, Böhmen, Slowakei und Nordrumänien; südwärts bis Norditalien, Thessalien, Israel und Jordanien. **SW-Eu:** P, E, I. **Z-Eu:** F, LUX, D, A, CH, FL. **NO-Eu:** CS, SK. **SO-Eu:** H, RO, SLO, HR, BG, GR. **N-Afr:** DZ. **W-As:** GR(Ä), TR, SYR, JOR, RL, IL, Kaukasus, IR.

Lokalverbreitung: In Deutschland verlässlich nur aus Rheinland-Pfalz, Baden-Württemberg, Bayern und Thüringen nachgewiesen, aber sicherlich weiter verbreitet. In Österreich mit Ausnahme von Salzburg und Tirol aus allen Bundesländern gemeldet. In der Schweiz mit Ausnahme des nördlichen Alpenvorlandes und des Alpenhauptkammes fast überall.

Hylaeus leptocephalus (Morawitz, 1870)
Schmalkopf-Maskenbiene

Systematik: Untergattung *Hylaeus* Fabricius, 1793 *s. str.*

Nomenklatur: Synonym: *Hylaeus bisinuatus* Förster, 1871.

Etymologie: Von griech. „*lepto*“ = „dünn, klein“ und „*kephalos*“ (latinisiert „*cephalus*“) = „Kopf“.

Pollenquellen: Polylektisch.

Nestbau: Nistet in den verschiedenartigsten Hohlräumen (Käferfraßgänge in Totholz, Löcher in Erdabbrüchen und Steilwänden, hohle Stängel von holzigen und krautigen Pflanzen, Mauerfugen, verlassene Nester anderer Hymenopteren u.a.m.). Je nach Beschaffenheit des Hohlraums sind die Brutzellen linear hintereinander oder unregelmäßig verteilt angeordnet.

Lebensraum: Waldsäume, Hecken, Brach- und Ruderalflächen, auch im Siedlungsbereich. Vom Flachland bis in die montane Höhenstufe.

Parasiten: Vereinzelt sind erwachsene Tiere von Fächerflüglern befallen.

Flugzeit: Partiell bivoltin von Mai/Juni bis August/September.

Gesamtverbreitung: Von Portugal über Europa, Kleinasien und Sibirien bis in den Fernen Osten; nordwärts bis Dänemark; südwärts bis Kalabrien, Kreta und Nordiran. Eingeschleppt in die Nearktis. **SW-Eu:** P, E, I. **Z-Eu:** F, B, LUX, NL, D, A, CH, DK. **N-Eu:** EST, LT, LV, RUS(N). **NO-Eu:** CS,

SK, PL, UA, RUS(S). **SO-Eu:** H,RO, SLO, MD, HR, BG, GR, GR(K). **W-As:** TR, Kaukasus, IR. **Sib:** W-Sib, O-Sib. **NO-As:** JAO. **SO-As:** MGL. **Nearktis:** CDN+, USA+.

Lokalverbreitung: In Deutschland keine Nachweise aus Mecklenburg-Vorpommern, aus Schleswig-Holstein und Nordrhein-Westfalen nur historisch belegt, in den übrigen Bundesländern aktuell. In Österreich mit Ausnahme von Vorarlberg aus allen Bundesländern nachgewiesen. In der Schweiz keine Nachweise aus der Bodensee- und der Genfersee-Region sowie aus dem Tessin und den Südtälern Graubündens, sonst überall aktuell.

Hylaeus lineolatus (Schenck, 1861)

Linien-Maskenbiene

Systematik: Untergattung *Paraprosopis* Popov, 1939.

Etymologie: Von lat. „*lineolatus*" = „liniert"; wegen der zu einer Linie auf den Gesichtsseiten reduzierten Maskenzeichnung des Männchens.

Pollenquellen: Polylektisch.

Nestbau: Nester wurden beobachtet in Brombeerstängeln und in alten Eichengallen.

Lebensraum: Sandaffin auf trockenwarmen Standorten; Binnendünen und Flugsandfelder, Sand-, Kies- und Lehmgruben, Steppen, sonnenexponierte Waldsäume. Vom Flachland bis in die kolline Höhenstufe.

Flugzeit: In einer Generation von Juni bis September.

Gesamtverbreitung: In Nordafrika aus Marokko und Algerien gemeldet. In Eurasien von Portugal über Süd- und südliches Mitteleuropa, Kleinasien und Kaukasus bis Nordiran; nordwärts bis Brandenburg, Tschechien, Nordrumänien und Krim; südwärts bis Apulien (nach unsicheren Meldungen aus dem 19. Jh. auch auf Sizilien), Kreta, Zypern und Israel. Im Maghreb in der ssp. *ferinus* (Warncke, 1992), auf Zypern in der ssp. *rudis* (Pittioni, 1950). **SW-Eu:** P, E, E(B), I(Si)(?), I. **Z-Eu:** F, D, A, CH. **NO-Eu:** CS, SK, UA(K), RUS(S). **SO-Eu:** H, RO, MD, SLO, HR, MNE, AL, BG, GR, GR(K). **N-Afr:** MA, DZ. **W-As:** CY, TR, JOR, RL, IL, Kaukasus, IR.

Lokalverbreitung: In Deutschland historisch aus Nordrhein-Westfalen, aktuell aus Brandenburg, Hessen, Rheinland-Pfalz, Baden-Württemberg und Bayern gemeldet. In Österreich aus dem Burgenland und Niederösterreich nachgewiesen (aktuell). Aus der Schweiz sind keine Nachweise bekannt, aber aus dem benachbarten Aostatal.

Hylaeus meridionalis Förster, 1871

Südliche Maskenbiene

Systematik: Untergattung *Prosopis* Fabricius, 1804.

Nomenklatur: Verschiedentlich als Synonym oder Unterart von *Hylaeus variegatus* aufgefasst.

Etymologie: Von lat. „*meridionalis*“ = „südlich“; bezieht sich auf das Verbreitungsgebiet der Art.

Pollenquellen: Polylektisch.

Flugzeit: Daten aus dem Gebiet stammen von Juni und Juli.

Gesamtverbreitung: In Nordafrika von Marokko bis Tunesien. In Eurasien von Portugal über Süd- und südliches Mitteleuropa, Kleinasien und Kaukasus bis Kirgistan; nordwärts bis Südschweiz, Ostösterreich und Krim; südwärts bis Lazio, Kreta, Zypern und Israel. **SW-Eu:** P, E, I. **Z-Eu:** F, A, CH. **NO-Eu:** UA, UA(K). **SO-Eu:** H, RO, HR, SRB, BG, GR, GR(K). **N-Afr:** MA, DZ, TN. **W-As:** GR(Ä), CY, TR, JOR, IL, Kaukasus, IR. **Z-As:** TAD, KGZ.

Lokalverbreitung: In Österreich aus dem Burgenland (letzter Fund 1973, Dathe 1980) und Niederösterreich nachgewiesen (letzter Fund vor 1950, Zettel et al. 2005).

Hylaeus moricei (Friese, 1898)
Röhricht-Maskenbiene

Systematik: Untergattung *Hylaeus* Fabricius, 1793 *s. str.*

Nomenklatur: *Prosopis moricella* f. *atricallosa* Bischoff, 1954; *Prosopis nigrifacies* (Bramson, 1879).

Etymologie: Dem englischen Hymenopterologen Francis David Morice (1849–1926) gewidmet. Deutscher Name: Röhrichte sind einer der Hauptlebensräume der Art.

Pollenquellen: Polylektisch.

Nestbau: Nester wurden bislang nur in Schilfgallen beobachtet.

Lebensraum: Röhrichte, Auwälder, Ufersäume, ruderale Hochstaudenfluren. Vom Flachland bis in die kolline Höhenstufe.

Flugzeit: Von Juni bis August, vermutlich in einer Generation.

Gesamtverbreitung: In Nordafrika von Ägypten gemeldet. In Eurasien von Zentralspanien über Süd- und Mitteleuropa und Kleinasien bis in den Kaukasus und Nordiran; nordwärts bis ins Baltikum; südwärts bis Campania, Peloponnes und Israel. Die Nominatform in Ägypten und der Levante, im übrigen Verbreitungsgebiet in der ssp. *luteifrons* (Strand, 1909); Warncke trennt zudem eine ssp. *rhenanus* (Warncke, 1986) ab, die von Zentralspanien bis in den Oberrheingraben geht. **SW-Eu:** E. **Z-Eu:** F, D, A, CH. **N-Eu:** LT. **NO-Eu:** CS, SK, PL, BY, UA, UA(K), RUS(S). **SO-Eu:** H, RO, MD, SLO, HR, BG, GR. **N-Afr:** ET. **W-As:** TR, SYR, JOR, IL, Kaukasus, IR.

Lokalverbreitung: In Deutschland keine Nachweise aus Mecklenburg-Vorpommern, Niedersachsen und Nordrhein-Westfalen, aus den übrigen Bundesländern aktuell. In Österreich aus Vorarlberg, dem Burgenland sowie Ober- und Niederösterreich gemeldet. In der Schweiz nur vom Bodensee und dem Rheintal bei St. Gallen bekannt (aktuell).

Hylaeus nigritus (Fabricius, 1798)
Rainfarn-Maskenbiene

Systematik: Untergattung *Hylaeus* Fabricius, 1793 *s. str.*

Etymologie: Von lat. „*nigritus*" = „schwarz gemacht"; Fabricius beschreibt die Art als Angehörige der Grabwespen-Gattung *Mellinus*, und im Vergleich zu den anderen *Mellinus*-Arten, die meist einen gelb gezeichneten Hinterleib besitzen, ist *H. nigritus* tatsächlich eher schwarz. Deutscher Name: Rainfarn gehört zu den bevorzugten Pollenquellen der Art.

Pollenquellen: Oligolektisch auf Korbblütler (Asteraceae). Am häufigsten auf Rainfarn (*Tanacetum*), Margerite (*Leucanthemum*), Färberkamille (*Anthemis*), Schafgarbe (*Achillea*) und Flockenblume (*Centaurea*) zu beobachten.

Nestbau: Nester wurden bisher nur in Erdabbrüchen, Steilwänden, Mauerfugen und ähnlichen Hohlräumen beobachtet.

Lebensraum: Extensiv genutztes Grünland, Magerrasen, Hochwasserdämme, Brach- und Ruderalflächen, Sand-, Kies- und Lehmgruben, auch im Siedlungsbereich. Vom Flachland bis in die subalpine Höhenstufe.

Parasiten: Als Nestparasit wurde die Erzwespe *Coelopencyrtus arenarius* beobachtet.

♂

Flugzeit: In einer Generation von Mai bis August/September.

Gesamtverbreitung: In Nordafrika aus Marokko gemeldet. In Eurasien von Zentralspanien über Europa, Kleinasien und Kaukasus bis Westsibirien und Kasachstan; nordwärts in Finnland bis 61,5°N, in Russland bis Kirov und Perm; südwärts bis Toskana und Marche, Griechenland, Türkei und Nordiran. Ob die alten Meldungen von MORAWITZ (unter dem Synonym *H. propinquuus* NYLANDER, 1852) und ALFKEN aus China wirklich auf *H. nigritus* bezogen werden können, wäre zu überprüfen. **SW-Eu:** E, I. **Z-Eu:** F, B, LUX, D, A, CH, FL. **N-Eu:** {GB}, {S}, SF, EST, LT, LV, RUS(N). **NO-Eu:** CS, SK, PL, BY, UA, RUS(S). **SO-Eu:** H, RO, SLO, HR, BG, GR. **N-Afr:** MA. **W-As:** TR, Kaukasus, IR. **Z-As:** KAZ. **Sib:** W-Sib. **SO-As:** RC?

Lokalverbreitung: In Deutschland aus allen Bundesländern nachgewiesen, aus Schleswig-Holstein und Mecklenburg-Vorpommern nur historisch. In Österreich und der Schweiz aus allen Regionen gemeldet (aktuell).

Hylaeus nivaliformis DATHE, 1977
Hochgebirgs-Maskenbiene

Systematik: Untergattung *Hylaeus* FABRICIUS, 1793 *s. str.*

Etymologie: Sinngemäß „von der Gestalt bzw. dem Aussehen der *Hylaeus nivalis*“. Der deutsche Name bezieht sich auf den Lebensraum.

Pollenquellen: Vermutlich polylektisch; Blütenbesuch wurde bisher an Thymian (*Thymus*) und Mauerpfeffer (*Sedum*) beobachtet.

Lebensraum: In der subalpinen Höhenstufe.

Flugzeit: Funddaten aus dem Gebiet zwischen Anfang Juli und Ende August.

Gesamtverbreitung: Nur in den Alpen (isoliert im Piemont, ansonsten vom Monte Baldo, den Dolomiten und Salzburger Alpen bis zu den Karawanken) und isoliert auf dem Olymp. **SW-Eu:** I. **Z-Eu:** A. **SO-Eu:** SLO, GR.

Lokalverbreitung: Im Gebiet nur in Österreich (Kärnten, Oberösterreich, Salzburg, Steiermark, überall aktuell).

Hylaeus nivalis (Morawitz, 1867)
Schnee-Maskenbiene

Systematik: Untergattung *Hylaeus* Fabricius, 1793 *s. str.*

Etymologie: Von lat. „*nivalis*" = „schneeweiß, zum Schnee gehörig"; bezieht sich auf den Lebensraum (Morawitz fand die Art um St. Moritz).

Pollenquellen: Vermutlich polylektisch.

Nestbau: Nistet in Felsspalten und vorhandenen Hohlräumen in der Erde.

Lebensraum: In der montanen, vorwiegend aber subalpinen und alpinen Höhenstufe.

Flugzeit: In einer Generation von Juni bis September.

Gesamtverbreitung: Alpen vom Mt. Ventoux bis Kärnten. Je eine alte Meldung aus Rumänien (Zilahi-Kiss 1915) und Baschkortostan (Nikiforuk 1957) sind sehr zweifelhaft. **SW-Eu:** E, I. **Z-Eu:** F, D, A, CH. **NO-Eu:** RUS(S)? **SO-Eu:** RO?

Lokalverbreitung: Im Gebiet nur in den Alpen. In Deutschland aus Bayern, in Österreich aus Vorarlberg, Salzburg, Tirol und Kärnten, in der Schweiz im gesamten Alpenraum nachgewiesen.

Hylaeus paulus Bridwell, 1919
Kleine Maskenbiene

Systematik: Untergattung *Hylaeus* Fabricius, 1793 *s. str.*

Nomenklatur: Dathe et al. (1996) entdeckten, dass sich in Mitteleuropa unter dem Namen *Hylaeus gracilicornis* zwei Arten verbargen. Die Schwesterart lief dann kurze Zeit unter dem Namen *Hylaeus lepidulus* Cockerell, 1924, bis schließlich deren Identität mit der aus Japan beschriebenen *Hylaeus paulus* geklärt wurde (Dathe 1986).

Etymologie: Von lat. „*paulus*“ = „gering, klein“.

Pollenquellen: Polylektisch.

Nestbau: Nester wurden beobachtet in dürren Pflanzenstängeln (Brombeere, Disteln, Brennnessel, Sonnenblume) und in Hohlräumen in Holzbalken und -pfählen.

Lebensraum: Sonnenexponierte Waldsäume, Hecken, Magerrasen.

Flugzeit: Von Mai bis August, vermutlich in einer Generation.

Gesamtverbreitung: Wegen der Vermengung mit *H. gracilicornis* nur unvollständig bekannt. Nach bisherigem Kenntnisstand transpaläarktisch von Frankreich über Europa, und Sibirien bis Japan und den Kurilen; nordwärts bis in die Norddeutsche Tiefebene, Nordpolen, Moskau und Kirov; südwärts bis Kärnten und Ungarn. **Z-Eu:** F, B, NL, D, A, CH, FL. **N-Eu:** RUS(N). **NO-Eu:** CS, SK, PL. **SO-Eu:** H. **Sib:** O-Sib. **NO-As:** Jak, Amur, JAO, Khab, Prim, Sach, Kam, Kur. **SO-As:** MGL, RC (Beijing, Heilongjiang, Jilin, Shandong), J.

Lokalverbreitung: In Deutschland mit Ausnahme von Schleswig-Holstein, Mecklenburg-Vorpommern und Nordrhein-Westfalen aus allen Bundesländern aktuell nachgewiesen. In Österreich mit Ausnahme von Salzburg und dem Burgenland aus allen Bundesländern aktuell gemeldet. In der Schweiz nur entlang des Jura-Südfußes, in den Kantonen Zürich, Schaffhausen und Thurgau und im St. Gallener Rheintal nachgewiesen (aktuell).

Hylaeus pectoralis Förster, 1871
Schilfgallen-Maskenbiene

Systematik: Untergattung *Nesoprosopis* Perkins, 1899.

Nomenklatur: Synonym: *Prosopis kriechbaumeri* (Förster, 1871).

Etymologie: Von lat. „*pectoralis*“ = „die Brust betreffend, Brust-“; Förster bezieht sich auf die unterschiedlich große Punktierung der Brustseiten, einem charakteristischen Merkmal der Art. Deutscher Name: Die Art nistet vorwiegend in Schilfgallen.

Pollenquellen: Polylektisch.

Nestbau: Nistet fast ausschließlich in alten Schilfgallen, selten werden auch hohle oder markhaltige Pflanzenstängel (Schilf, Brombeere) zum Nestbau verwendet. Die Nester enthalten bis zu acht Brutzellen.

Lebensraum: Schilfröhrichte, Feuchtwiesen, Moore, Flussauen und Ufersäume. Vom Flachland bis in die kolline Höhenstufe.

Parasiten: Als Nestparasit wurden Schmalbauchwespen der Gattung *Gasteruption* beobachtet.

Flugzeit: Von Mai bis September, möglicherweise partiell bivoltin.

Gesamtverbreitung: Transpaläarktisch. Von den Pyrenäen über Nord- und Mitteleuropa, Kleinasien und Sibirien bis Japan und zu den Kurilen; nordwärts bis Südengland (keine Nachweise von Irland und Norwegen), bis 62°N in Finnland, in Russland bis Kirov und Perm; südwärts bis Norditalien (Venetien, Friaul), Südrumänien und Türkei. **SW-Eu:** I. **Z-Eu:** F, B, NL, D, A, CH, FL, DK. **N-Eu:** GB, SF, EST, LT, LV, RUS(N). **NO-Eu:** CS, SK, PL, UA, RUS(S). **SO-Eu:** H, RO. **W-As:** TR. **Sib:** W-Sib. **NO-As:** Amur, Prim, Sach, Kur. **SO-As:** J.

Lokalverbreitung: In Deutschland mit Ausnahme von Nordrhein-Westfalen aus allen Bundesländern nachgewiesen. In Österreich aus dem Burgenland, Niederösterreich, Salzburg und Vorarlberg gemeldet. In der Schweiz sehr zerstreute aktuelle Nachweise aus den Kantonen Thurgau, Zürich, St. Gallen, Neuenburg, Waadt und Wallis, historisch von Genf.

Hylaeus pfankuchi (Alfken, 1919)
Ried-Maskenbiene

Systematik: Untergattung *Lambdopsis* Popov, 1939.

Etymologie: Benannt nach dem Hymenopterologen und Sammler der Typenserie K. Pfankuch. Deutscher Name: Hauptlebensraum der Art sind Schilfröhrichte.

Pollenquellen: Polylektisch.

Nestbau: Nester wurden bislang nicht beobachtet, jedoch ist aufgrund des Lebensraumes der Art zu erwarten, dass sie in Schilfgallen, möglicherweise auch in hohlen Schilfstängeln nistet.

Lebensraum: Schilfröhrichte, Feuchtwiesen, Moore, Flussauen und Ufersäume.

Flugzeit: Von Juni bis Anfang September, vermutlich in einer Generation.

Gesamtverbreitung: Transpaläarktisch. Von Frankreich über Europa und Sibirien bis Japan und zu den Kurilen; nordwärts in Schweden bis 60°N, ebenso in Finnland (hier ein einziger Nachweis 1970 von den Åland-Inseln, Lomholdt 1989); südwärts bis Norditalien (Piemont, Trentino), Slowenien und Kaukasus. **SW-Eu:** I. **Z-Eu:** F, NL, D, A, CH, FL, DK. **N-Eu:** S, SF, LT. **NO-Eu:** CS, SK, PL, UA, RUS(S). **SO-Eu:** H, SLO. **W-As:** Kaukasus. **Sib:** W-Sib, O-Sib. **NO-As:** Khab, Prim, Sach, Kur. **SO-As:** RC (Jilin), J.

Lokalverbreitung: In Deutschland historisch aus Schleswig-Holstein, aktuell aus Brandenburg, Rheinland-Pfalz, Baden-Württemberg und Bayern nachgewiesen. In Österreich mit Ausnahme von Salzburg und der Steiermark aus allen Bundesländern gemeldet. In der Schweiz sehr zerstreute aktuelle Nachweise aus den Kantonen Thurgau, Zürich, St. Gallen, Neuenburg, der Umgebung des Zuger Sees und aus dem Wallis, historisch aus den Kantonen Waadt und Genf.

Hylaeus pictipes Nylander, 1852
Gezeichnete Maskenbiene

Systematik: Untergattung *Paraprosopis* Popov, 1939.

Etymologie: Von lat. „*pictus*“ = „bemalt, bunt“ und „*pes*“ = „Fuß“, wegen der weißen Zeichnung der Beine.

Pollenquellen: Polylektisch.

Nestbau: Nistet in den verschiedensten vorhandenen Hohlräumen (Käferfraßgänge in Totholz, hohle Pflanzenstängel, Erdlöcher, Mauerfugen, verlassene Hymenopteren-Nester) und in selbst genagten Gängen in markhaltigen Stängeln, insbesondere von Brombeersträuchern.

Lebensraum: Wald- und Ufersäume, Brach- und Ruderalflächen, Steinbrüche, Lehmgruben, Gleisanlagen. Vom Flachland bis in die montane Höhenstufe.

Flugzeit: Von Juni bis August, möglicherweise partiell bivoltin.

Gesamtverbreitung: Wegen der häufigen Vermengung mit *H. taeniolatus* vor allem im Südosten nur unvollständig bekannt. Von Portugal über Europa bis in den Kaukasus; nordwärts bis Wales und Südengland, in Norwegen bis 61°N (historisch), nordwärts in Schweden bis 60°N, ebenso in Finnland (hier nur von den Åland-Inseln bekannt, letzter Fund 1999, Söderman & Leinonen 2003), in Russland bis Perm; südwärts bis Sizilien und Griechenland. **SW-Eu:** P, E, E(B), F(K), I(Sa), I(Si), I. **Z-Eu:** F, B, LUX, NL, D, A, CH, DK. **N-Eu:** GB, N, S, SF, LT, LV, RUS(N). **NO-Eu:** CS, SK, PL, BY, UA, UA(K), RUS(S). **SO-Eu:** H, RO, MD, SLO, HR, MNE, SRB, BG, GR, GR(K)(?). **N-Afr:** {P(M), E(C), ~~MA, DZ, TN, LAR}~~. **W-As:** GR(Ä)(?), CY(?), ~~{TR, SYR, IL}~~, Kaukasus.

Lokalverbreitung: In Deutschland in allen Bundesländern aktuell nachgewiesen. In Österreich mit Ausnahme von Kärnten und der Steiermark aus allen Bundesländern gemeldet. In der Schweiz sehr zerstreute Nachweise, historisch aus den Kantonen Basel, Bern, Neuenburg, Genf, Wallis und dem Misox, aktuell aus Zürich, Wallis und Tessin.

Hylaeus pilosulus (Pérez, 1903)
Behaarte Maskenbiene

Systematik: Untergattung *Dentigera* Popov, 1939.

Nomenklatur: *Hylaeus conformis* auct. nec Förster, 1871.

Etymologie: Von lat. „*pilosus*" = „behaart", wegen der artcharakteristischen langen Behaarung von Kopf und Thorax.

Pollenquellen: Vermutlich polylektisch; Blütenbesuch von Weibchen wurde bislang nur auf *Reseda* beobachtet.

Nestbau: Nester werden in Erdabbrüchen, Steilwänden und Mauerfugen angelegt.

Flugzeit: Von Mai bis Juli, offensichtlich in einer Generation.

Gesamtverbreitung: Westmediterran. In Nordafrika von Marokko bis Tunesien. In Europa von Portugal bis Westdeutschland und Westschweiz; nordwärts bis Nordrhein-Westfalen (historisch) und Kanton Freiburg/Schweiz; südwärts bis Sizilien. **SW-Eu:** P, E, I(Si), I. **Z-Eu:** F, B, LUX, D, CH. **N-Afr:** MA, DZ, TN.

Lokalverbreitung: In Deutschland nur ein historischer Fund bei Castrop/Nordrhein-Westfalen von 1929 (Blüthgen 1944). In der Schweiz nur aus dem Kanton Freiburg bekannt, je ein Fund vom Mont Vully (nach 1970, Amiet et al. 1999) und vom Murtensee (nach 2000, Amiet et al. 2014).

Hylaeus punctatus (Brullé, 1832)
Grobpunktierte Maskenbiene

Systematik: Untergattung *Spatulariella* Popov, 1939.

Nomenklatur: Synonym: *Prosopis subquadrata* (Förster, 1871).

Etymologie: Von lat. „*punctatus*" = „punktiert"; Brullé bezieht sich auf die tiefe und dichte Punktierung des Körpers („*Nigra, profunde et dense punctata*").

Pollenquellen: Polylektisch.

Nestbau: Nester wurden bisher nicht bekannt.

Lebensraum: Trockenwarme Standorte; sonnenexponierte Waldsäume, Ruderalflächen, Siedlungsbereich. Vom Flachland bis in die kolline Höhenstufe.

Parasiten: Als Nestparasit wurden Schmalbauchwespen der Gattung *Gasteruption* beobachtet.

Flugzeit: In einer Generation von Mai bis August.

Gesamtverbreitung: Von Portugal über Süd- und Mitteleuropa bis Osttürkei; nordwärts bis Brandenburg und Nordpolen; südwärts bis Sizilien, Kreta und Israel. **SW-Eu:** P, E, E(B), F(K), I(Sa), I(Si), I. **Z-Eu:** F, B, LUX, NL, D, A,

CH, FL. **NO-Eu:** CS, SK, PL, UA. **SO-Eu:** H, RO, SLO, HR, MK, MNE, SRB, AL, BG, GR, GR(K). **W-As:** GR(Ä), CY, TR, RL, IL. **Nearktis:** CDN+, USA+. **Neotropis:** RCH+, RA+.

Lokalverbreitung: In Deutschland mit Ausnahme von Schleswig-Holstein, Mecklenburg-Vorpommern, Niedersachsen und Nordrhein-Westfalen aus allen Bundesländern nachgewiesen (aktuell). In Österreich aus allen Bundesländern gemeldet, ebenso in der Schweiz mit Ausnahme des nördlichen Alpenvorlandes und des Alpenhauptkammes.

Hylaeus punctulatissimus Smith, 1842
Lauch-Maskenbiene

Systematik: Untergattung *Koptogaster* Alfken, 1912.

Nomenklatur: Synonyme: *Prosopis obscurata* Schenck, 1853; *Prosopis quadrimaculata* Schenck, 1861.

Etymologie: Von lat. „*punctulatissimus*" = „stark punktiert", wegen der dichten Punktierung von Tergit 1. Der deutsche Name bezieht sich auf die ausschließliche Pollenquelle.

Pollenquellen: Oligolektisch auf Lauch (*Allium*, Fam. Amaryllidaceae).

Nestbau: Nistet in den verschiedensten vorhandenen Hohlräumen, häufig in Käferfraßgängen in Totholz.

Lebensraum: Je nachdem, ob wild wachsende oder kultivierte Laucharten als Pollenquelle genutzt werden, besiedelt die Art entweder Binnendünen, Heiden, Steppen, Halbtrocken- und Trockenrasen und Gleisanlagen oder Gemüsegärten in Dörfern und Städten. Vom Flachland bis in die montane Höhenstufe.

Parasiten: Erwachsene Tiere sind zuweilen von Fächerflüglern befallen.

Flugzeit: Von Mai/Juni bis Juli/August, in der Südschweiz bis September, möglicherweise partiell bivoltin.

Gesamtverbreitung: In Nordafrika aus Marokko gemeldet. In Eurasien von Portugal über Europa und Kleinasien bis in den Kaukasus und Nordiran; nordwärts bis Südengland (historisch), Dänemark, Mittelpolen und Kursk; südwärts bis Sizilien, Kreta und Israel. **SW-Eu:** P, E, I(Si), I. **Z-Eu:** F, B, LUX, NL, D, A, CH, FL, DK. **N-Eu:** GB. **NO-Eu:** CS, SK, PL, UA, UA(K), RUS(S). **SO-Eu:** H, RO, MD, SLO, HR, BG, GR, GR(K). **N-Afr:** MA. **W-As:** GR(Ä), TR, IL, Kaukasus, IR.

Lokalverbreitung: In Deutschland keine Meldungen aus Schleswig-Holstein, historisch aus Mecklenburg-Vorpommern und aktuell aus dem übrigen Bundesgebiet. In Österreich keine Nachweise aus Tirol, bestätigungsbedürftig aus Kärnten, sonst in allen Bundesländern aktuell. In der Schweiz sehr zerstreut, aktuell im Wallis, in der Umgebung des Neuenburg-, des Zürich- und des Walensees, im Kanton Freiburg und im Tessin, historisch vom Thurgau, Basel und Genfersee-Gebiet.

Hylaeus rinki (Gorski, 1852)
Wald-Maskenbiene

Systematik: Untergattung *Lambdopsis* Popov, 1939.

Etymologie: Gorski widmete die Art dem Staatsrat in der Präfektur von Vilnius, Roman Rink. Deutscher Name: Wälder gehören zu den Hauptlebensräumen der Art.

Pollenquellen: Polylektisch.

Nestbau: Nistet in selbst genagten Hohlräumen in markhaltigen Pflanzenstängeln, vorwiegend von Himbeer- und Brombeersträuchern. Die Nestanlage ist linear und enthält bis zu einem Dutzend Brutzellen. Die Zwischenwände werden aus Markpartikeln errichtet.

Lebensraum: Wälder, Waldsäume, Hecken, Hochwasserdämme, Ufersäume. Vom Flachland bis in die montane Höhenstufe.

Parasiten: Als Nestparasit wurde die Schmalbauchwespe *Gasteruption assectator* beobachtet.

Flugzeit: In einer Generation von Juni bis August, in der Südschweiz bereits ab Mai, hier möglicherweise bivoltin.

Gesamtverbreitung: Transpaläarktisch. Abgesehen von einer vermutlich irrtümlichen Meldung aus Barcelona (Bofill 1905) vom Großraum Paris über Mittel- und Nordeuropa bis zu den Kurilen; nordwärts in Norwegen bis 61°N, in Schweden und Finnland bis 63,5°N, in Russland bis Karelien, Kirov und Perm; südwärts bis Südtirol, Südrumänien und Südrussland. **SW-Eu:** E(?), I. **Z-Eu:** F, B, NL, D, A, CH, FL, DK. **N-Eu:** N, S, SF, EST, LT, LV, RUS(N). **NO-Eu:** CS, SK, PL, BY, UA, UA(K), RUS(S). **SO-Eu:** H, RO. **Sib:** W-Sib, O-Sib. **NO-As:** Jak, Amur, JAO, Khab, Prim, Sach, Kur. **SO-As:** MGL, RC (Xinjiang).

Lokalverbreitung: In Deutschland mit Ausnahme von Mecklenburg-Vorpommern aus allen Bundesländern nachgewiesen, aus Schleswig-Holstein und Thüringen nur historisch. In Österreich aus allen Bundesländern gemeldet, scheint allerdings im Pannonikum zu fehlen. In der Schweiz im Mittelland, im Wallis, im Kanton St. Gallen und Graubünden aktuell nachgewiesen, vom Genfersee nur historisch.

Hylaeus signatus (Panzer, 1798)
Reseden-Maskenbiene

Systematik: Untergattung *Prosopis* Fabricius, 1804.

Nomenklatur: Synonym: *Hylaeus pratensis* (Geoffroy, 1785).

Etymologie: Von lat. „*signatus*“ = „bezeichnet, kenntlich, mit einer Zeichnung versehen“. Der deutsche Name bezieht sich auf die ausschließliche Pollenquelle.

♂

Pollenquellen: Streng oligolektisch auf Resede (*Reseda*, Fam. Resedaceae). Nutzt neben den wild wachsenden Arten auch Gartenformen.

Nestbau: Nistet in den verschiedenartigsten Hohlräumen (Käferfraßgänge in Totholz, Löcher in Erdabbrüchen und Steilwänden, hohle Stängel von holzigen und krautigen Pflanzen, Mauerfugen, verlassene Nester anderer Hymenopteren u.a.m.).

Lebensraum: Brach- und Ruderalflächen, Hochwasserdämme, Gleisanlagen, Sand- und Lehmgruben, Ackersäume, durch die Nutzung von *Reseda*-Arten als Zierpflanze auch im Siedlungsgebiet. Vom Flachland bis in die montane Höhenstufe.

Parasiten: Als Nestparasit wurde die Schmalbauchwespe *Gasteruption assectator* beobachtet. Vereinzelt sind erwachsene Tiere von Fächerflüglern befallen.

Flugzeit: Von April/Mai bis August/September, zumindest partiell bivoltin.

Gesamtverbreitung: In Nordafrika von Marokko bis Libyen. In Eurasien von Madeira über Europa, Kleinasien und Kaukasus bis Turkmenien und Usbekistan; nordwärts bis Wales und Mittelengland (nicht in Irland und Norwegen), in Schweden bis 60°N, ebenso in Finnland (hier nur ein Fund 1958 bei Helsinki), in Russland bis Moskau und Perm; südwärts bis Sardinien, Kalabrien, Peloponnes und Israel.In der ssp. *berlandi* (Benoist, 1943) auf der Iberischen Halbinsel, in Südeuropa und im Kaukasus. **SW-Eu:** P, E, E(B), F(K), I(Sa), I, M. **Z-Eu:** F, B, LUX, NL, D, A, CH, FL, DK. **N-Eu:** GB, S, SF, RUS(N). **NO-Eu:** CS, SK, PL, BY, UA, UA(K), RUS(S). **SO-Eu:** H, RO, SLO, HR,

MK, SRB, BG. **N-Afr:** P(M), MA, DZ, TN, LAR. **W-As:** TR, IL, Kaukasus, IR. **Z-As:** TM, UZB. **NO-As:** {Prim}.

Lokalverbreitung: Im Gebiet aus allen Regionen gemeldet.

Hylaeus sinuatus (Schenck, 1853)

Gebuchtete Maskenbiene

Systematik: Untergattung *Paraprosopis* Popov, 1939.

Etymologie: Von lat. „*sinuatus*" = „buchtig, ausgebuchtet, gekrümmt, gebogen"; Schenck bezieht sich auf die Gesichtszeichnung des Männchens („*unter der Fühlerwurzel ein tiefer gerundeter Ausschnitt, so daß sich die weiße Färbung um dieselbe herum krümmt*").

Pollenquellen: Mit ziemlicher Sicherheit polylektisch.

Nestbau: Nistet in vorhandenen Hohlräumen (Käferfraßgänge in Totholz, hohle oder markhaltige Stängel von holzigen und krautigen Pflanzen).

Lebensraum: Waldaffin; Lichtungen, Waldsäume, Kahlschläge, Hecken, Ruderalflächen. Vom Flachland bis in die montane Höhenstufe.

Flugzeit: In einer Generation von Juni bis Ende August, in der Südschweiz von April bis September, hier möglicherweise zumindest partiell bivoltin.

Gesamtverbreitung: Von Spanien über Europa und Kleinasien bis in den Kaukasus; nordwärts bis zur Südspitze Schwedens (55°N) und ins Baltikum, in Russland bis Kirov und Perm; südwärts bis Sizilien, Griechenland, Zypern und Nordiran. **SW-Eu:** P?, E, I(Si), I. **Z-Eu:** F, B, D, A, CH, FL, DK. **N-Eu:**

♂

LT, LV, RUS(N). **NO-Eu:** CS, SK, PL, BY, UA, UA(K), RUS(S). **SO-Eu:** H, RO, MD, SLO, HR, MK, SRB, BG, GR. **W-As:** CY. **W-As:** TR, Kaukasus, IR.

Lokalverbreitung: Im Gebiet aus allen Regionen gemeldet.

Hylaeus styriacus Förster, 1871
Steirische Maskenbiene

Systematik: Untergattung *Paraprosopis* Popov, 1939.

Nomenklatur: Synonym: *Prosopis tristis* Frey-Gessner, 1900.

Etymologie: Vom latinisierten „*styriacus*“ = „steirisch“; der Typenfundort Graz liegt in der Steiermark.

Pollenquellen: Polylektisch.

Nestbau: Nistet in vorhandenen Hohlräumen (Käferfraßgänge in Totholz, hohle oder markhaltige Stängel von holzigen und krautigen Pflanzen).

Lebensraum: Waldaffin; Lichtungen, Waldsäume, Kahlschläge, Hecken, Ruderalflächen. Vom Flachland bis in die montane Höhenstufe.

Flugzeit: Von Juni bis August, in der Südschweiz bis September, vermutlich in einer Generation.

Gesamtverbreitung: Pontisch. Von Savoyen bis zur Wolga und Kleinasien; nordwärts bis Brandenburg; südwärts bis in die Toskana und Peloponnes, im Nahen Osten möglicherweise bis in den Libanon. Nach Warncke im Mittleren Taurus in der ssp. *creccus* (Warncke, 1992). **SW-Eu:** E?, I. **Z-Eu:** F, B, NL, D, A, CH, FL. **N-Eu:** EST, LT, LV, RUS(N). **NO-Eu:** CS, SK, PL, BY, UA, UA(K), RUS(S). **SO-Eu:** H, RO, MD, SLO, HR, BG, GR. **W-As:** TR, RL(?), Kaukasus.

Lokalverbreitung: Im Gebiet aus allen Regionen aktuell gemeldet mit Ausnahme von Schleswig-Holstein und Mecklenburg-Vorpommern (keine Nachweise) sowie Niedersachsen (nur historisch).

Hylaeus taeniolatus Förster, 1871
Gelbhals-Maskenbiene

Systematik: Untergattung *Paraprosopis* Popov, 1939.

Nomenklatur: Synonym: *Hylaeus diplonymus* (Schulz, 1906).

Etymologie: Von lat. „*taeniolatus*“ = „gebändert“ (von „*taenia*“ = „Band, Binde, Kopfbinde“); Förster bezieht sich auf die gelbe Zeichnung auf dem Pronotum des Weibchens („*eine nicht unterbrochene Querbinde auf dem Halskragen*“).

Pollenquellen: Vermutlich polylektisch; Blütenbesuch wurde bisher auf Graukresse (*Berteroa incana*) und Garten-Resede (*Reseda odorata*) beobachtet.

Lebensraum: Vom Flachland bis in die kolline Höhenstufe.

Flugzeit: In einer Generation von Juni bis August.

Gesamtverbreitung: In Nordafrika von den Kanaren über Marokko bis Ägypten. In Eurasien von Portugal über Süd- und südliches Mitteleuropa bis in die Türkei; nordwärts bis Sachsen und Südukraine; südwärts bis Sizilien und Malta, Zypern, Israel und Jordanien. **SW-Eu:** P, E, E(B), F(K), I(Sa), I(Si), I, M. **Z-Eu:** F, D, A, CH, FL. **NO-Eu:** UA. **SO-Eu:** SLO, AL, BG, GR. **N-Afr:** E(C), MA, DZ, TN, LAR, ET. **W-As:** GR(Ä), CY, TR, SYR, JOR, RL, IL.

Lokalverbreitung: In Deutschland nur aus Baden-Württemberg (Doczkal & Schmid-Egger 1993), Thüringen (Burger 2012) und Sachsen (Burger 2005) bekannt. In Österreich nur aus Vorarlberg gemeldet (Kopf & Schiestl 2000). In der Schweiz aktuell im Norden (Kantone Zürich, Schaffhausen, Thurgau, St. Gallen) sowie im Wallis und Tessin, historisch von Bern, Neuenburg und Genf.

Hylaeus trinotatus (Pérez, 1895)
Dreifleck-Maskenbiene

Systematik: Untergattung *Prosopis* Fabricius, 1804.

Etymologie: Von lat. „*tri-*“ = „drei-“ und „*notatus*“ = „gekennzeichnet, kenntlich“; wegen der aus drei weißen Flecken bestehenden Gesichtszeichnung des Weibchens.

Pollenquellen: Vermutlich polylektisch; Blütenbesuch wurde bisher nur auf Sumpf-Haarstrang (*Peucedanum palustre*) beobachtet.

Nestbau: Bekannt wurden bislang nur Nester in Schilfgallen.

Lebensraum: Ufersäume, Moore, Auengebiete.

Flugzeit: In einer Generation von Juni bis September.

Gesamtverbreitung: Von Spanien (Valencia) über Europa und Kleinasien bis in den Iran; nordwärts bis Brandenburg Slowakei und Nordrumänien; südwärts bis Sizilien, Peloponnes und Irak. Nach Warncke in Griechenland in der ssp. *graecus* (Warncke, 1992), in Mesopotamien in der ssp. *mesopotamicus* (Warncke, 1992). **SW-Eu:** E, E(B), I(Sa), I(Si), I. **Z-Eu:** F, D, A. **NO-Eu:** SK. **SO-Eu:** H, RO, HR, BG, GR. **N-Afr:** DZ? **W-As:** TR, IL, IRQ, IR.

Lokalverbreitung: Im Gebiet erst in jüngerer Zeit nachgewiesen. In Deutschland von Saure (2009) aus Brandenburg und von Liebig (2010) aus Sachsen, in Österreich von Schwarz & Gusenleitner (1997) aus dem Burgenland und Zettel et al. (2011) aus Niederösterreich gemeldet.

Hylaeus tyrolensis Förster, 1871
Tiroler Maskenbiene

Systematik: Untergattung *Hylaeus* Fabricius, 1793 *s. str.*

Nomenklatur: Synonym: *Prosopis helvetica* Frey-Gessner, 1900.

Etymologie: Das Typusexemplar stammt aus Telfs in Tirol.

Pollenquellen: Polylektisch.

Flugzeit: In einer Generation von Juni bis August.

Gesamtverbreitung: In Eurasien von der Provence über Süd- und südliches Mitteleuropa bis in die Türkei; nordwärts bis Baden-Württemberg und Slowakei; südwärts bis Apulien, Peloponnes und Israel. **SW-Eu:** I. **Z-Eu:** F, D, A, CH, FL. **NO-Eu:** SK. **SO-Eu:** RO, SLO, BG, GR. **W-As:** TR, IL.

Lokalverbreitung: In Deutschland erstmals nachgewiesen 1997 in Lottstetten/Baden-Württemberg (Herrmann 1998), 2011 am selben Ort bestätigt. In Österreich mit Ausnahme von Tirol aus allen Bundesländern gemeldet. In der Schweiz aktuell entlang des Jura-Südfußes, im St. Gallener Rheintal und im Wallis, historisch bei Zürich, Bern, Kanton Waadt und Genf.

Hylaeus variegatus (Fabricius, 1798)
Rote Maskenbiene

Systematik: Untergattung *Prosopis* Fabricius, 1804.

Nomenklatur: Synonym: *Hylaeus absolutus* auct. nec (Gribodo, 1894).

Etymologie: Von lat. „*variegatus*" = „bunt"; die Weibchen sind wegen des roten Hinterleibs und der reichen weißen Zeichnung von Kopf und Thorax recht farbenprächtig.

Pollenquellen: Polylektisch.

Nestbau: Nistet im Gegensatz zu den anderen einheimischen Arten der Gattung ausschließlich in vorhandenen Höhlungen in der Erde, insbesondere in verlassenen Nestern anderer Hautflügler, sowohl auf ebenen Flä-

chen als auch in Steilwänden. In der Regel ist die Nestanlage linear und enthält etwa ein halbes Dutzend Brutzellen.

Lebensraum: Sandaffin an trockenwarmen Standorten; Binnendünen, Flugsandfelder, Sandheiden, Brach- und Ruderalflächen, Sand-, Kies- und Lehmgruben, Magerrasen. Vom Flachland bis in die montane Höhenstufe.

Parasiten: Vereinzelt sind erwachsene Tiere vom Fächerflügler *Hylecthrus rubi* befallen.

Flugzeit: Von Juni bis September, unter günstigen Bedingungen bereits ab Mai, dann partiell bivoltin.

Gesamtverbreitung: Transpaläarktisch. In Nordafrika von Marokko bis Ägypten. In Eurasien von Portugal über Süd- und Mitteleuropa, Kleinasien, Kaukasus, Sibirien und Zentralasien bis zur Pazifikküste des Fernen Ostens; nordwärts bis Dänemark, Zentralpolen, Moskau und Kirov; südwärts bis Sizilien, Kreta, Israel und Jordanien. Im Mittelmeergebiet und auf der Iberischen Halbinsel in der ssp. *analis* (Fabricius, 1804). **SW-Eu:** P, E, E(B), F(K), I(Sa), I(Si), I. **Z-Eu:** F, B, LUX, NL, D, A, CH, DK. **N-Eu:** ~~{GB}~~, RUS(N). **NO-Eu:** CS, SK, PL, UA, UA(K), RUS(S). **SO-Eu:** H, RO, MD, SLO, HR, MK, MNE, SRB, AL, BG, GR, GR(K). **N-Afr:** MA, DZ, TN, LAR, ET. **W-As:** GR(Ä), TR, SYR, JOR, RL, IL, Kaukasus, IR. **Z-As:** TM, UZB, TAD, KAZ, KGZ. **Sib:** W-Sib, O-Sib. **NO-As:** Amur, JAO, Khab, Prim. **SO-As:** MGL, RC (Hebei).

Lokalverbreitung: In Deutschland in allen Bundesländern aktuell nachgewiesen mit Ausnahme von Schleswig-Holstein und Mecklenburg-Vorpommern, hier nur historisch belegt. In Österreich aus allen Bundesländern gemeldet. In der Schweiz aktuell in den Kantonen Schaffhausen und Thurgau, Genf, Wallis und Graubünden, historisch aus dem Mittelland, Basel, Waadt, Tessin und Misox.

Icteranthidium Michener, 1948
Harzbienen

Systematik: Familie: Megachilidae – Unterfamilie: Megachilinae – Tribus: Anthidiini.

Nomenklatur: Die Gattung wird von einigen Autoren als Untergattung der Gattung *Anthidium* geführt.

Literatur: Warncke (1980a); Banaszak & Romasenko (2001); Amiet et al. (2004); Scheuchl (2006).

Etymologie: Von lat. „*icterus*" bzw. griech. „*íkteros*" = „Gelbsucht", wegen der ausgedehnten Gelbfärbung des Körpers. Der deutsche Name bezieht sich auf das beim Nestbau verwendete Baumharz.

Körperliche Merkmale: Körperlänge 8–15 mm. *Icteranthidium* kann nur mit anderen Gattungen der Tribus Anthidiini verwechselt werden. Unter den einheimischen Anthidiini zeichnet sie sich gemeinsam mit den Gattungen *Anthidium, Pseudoanthidium* und *Stelis* durch fehlende Haftlappen (Pulvilli) aus. Am besten ist *Icteranthidium* durch die zahnartig vorgezogenen oder wenigstens vorspringenden Axillen des Scutellums zu erkennen. Dieses Merkmal besitzen sonst nur die Gattung *Stelis*, die aber durch den in zwei Dornen ausgezogenen Endrand der Vorder- und Mitteltibien (ein Dorn bei *Icteranthidium*) und beim Weibchen durch die fehlende Bauchbürste leicht abgetrennt werden kann, sowie *Anthidium oblongatum*, bei der aber die Mandibeln des Weibchens mit vielen ungleich großen Zähnchen ausgestattet sind (bei *Icteranthidium* nur vier mehr oder weniger gleich große Zähnchen) und das Endtergit des Männchens in zwei durch eine tiefe Einbuchtung getrennte Lappen ausgezogen ist.

Lebensweise: *Icteranthidium*-Arten sind solitär lebende, pollensammelnde und nestbauende Bienen.

Verbreitung/Artenzahl: Die Verbreitung dieser Gattung ist auf die Alte Welt beschränkt, wo sie hauptsächlich in heißen Klimaten vorkommt. Sie geht von Portugal und Marokko ostwärts bis in die Mongolei, in Europa nordwärts bis Ungarn, in Afrika verläuft die Südgrenze der Verbreitung von Senegal bis Kenia, nach Südosten geht sie bis Pakistan. Insgesamt sind gut 25 Arten bekannt, von denen im Gebiet eine vorkommt.

Icteranthidium laterale (Latreille, 1809)

Steppen-Harzbiene

Nomenklatur: Synonyme: *Anthidium laterale* Latreille, 1809; *Proanthidium laterale* (Latreille, 1809).

Etymologie: Von lat. „*lateralis*" = „die Seite betreffend, Seiten-"; Latreille bezieht sich auf die gelben Seitenflecken des Hinterleibs. Deutscher Name: Lebensraum der Art sind Gebiete mit Steppencharakter.

Pollenquellen: Oligolektisch auf Korbblütler (Asteraceae) der Unterfamilie Carduoideae, also auf Flockenblumen und Disteln.

Nestbau: Nistet in Hohlräumen im Erdboden. Ein Nest enthält bis zu einem Dutzend Brutzellen, die vollständig aus Harz gebaut werden.

Lebensraum: Trockenwarme Standorte mit Steppencharakter. Vom Flachland bis in die montane Höhenstufe.

Flugzeit: In einer Generation von Juni bis September.

Gesamtverbreitung: In Nordafrika aus Marokko und Algerien gemeldet. In Eurasien von Portugal über Süd- und südliches Mitteleuropa, Kleinasien, Kaukasus und Zentralasien bis zum Mittelsibirischen Bergland (Krasnojarsk, Tuva); nordwärts bis Südschweiz und Slowakei; südwärts bis Norditalien (Venetien, Trentino), Nordgriechenland und Nordiran. Auf der Iberischen Halbinsel und in Nordafrika in der ssp. *scutellare* (Latreille, 1809). **SW-Eu:** P, E, I. **Z-Eu:** F, A, CH. **NO-Eu:** SK, UA, RUS(S). **SO-Eu:** H, RO, SLO, SRB, BG, GR. **N-Afr:** MA, DZ. **W-As:** TR, Kaukasus, IR. **Z-As:** TM, UZB, TAD, KAZ, KGZ. **Sib:** W-Sib, O-Sib. **SO-As:** RC (Xinjiang).

Lokalverbreitung: In Österreich bislang nur ein Nachweis von 1991 vom Neusiedler See (Schwarz & Gusenleitner 1997); die immer wieder zitierten unbestätigten Literaturangaben aus Tirol beziehen sich auf alte Meldungen von Schenck und Friese, denen mit Sicherheit Funde aus dem heutigen Südtirol zugrunde lagen. In der Schweiz aktuell nur aus dem Wallis (Oertli et al. 2005; Amiet et al. 2014), ansonsten nur zwei historische Nachweise aus dem Münstertal und vom Genfersee (Amiet et al. 2004).

Lasioglossum Curtis, 1833

Schmalbienen

Systematik: Familie: Halictidae – Unterfamilie: Halictinae – Tribus: Halictini.

Nomenklatur: Die Gattung wurde lange Zeit unter dem Gattungsnamen *Halictus* geführt bzw. wurde als Untergattung von *Halictus* betrachtet. Unter den europäischen Autoren traten in jüngerer Zeit vor allem Pesenko für eine Erhebung der Untergattung *Evylaeus* in den Gattungsrang ein; derselbe Autor (Pesenko 1986) stellte für mehrere Artengruppen von *La-*

sioglossum Untergattungen auf. Im Gegensatz dazu erkennen Ebmer und Michener (2007) nur die Gattung *Lasioglossum* an, die Systeme dieser beiden Autoren unterscheiden sich im westpaläarktischen Rahmen im Großen und Ganzen nur dadurch, dass Ebmer die Gattung in die beiden Untergattungen *Lasioglossum s. str.* und *Evylaeus* aufteilt, während bei Michener etliche *Evylaeus*-Arten in einer weiteren Untergattung *Dialictus* platziert sind. Gibbs et al. (2013) stellen nach phylogenetischen Analysen ein neues Untergattungssystem auf, in dem Teile der zur Untergattung *Evylaeus* gehörenden paläarktischen Arten zu *Sphecodogastra* (zu der bis dahin ausschließlich einige neuweltliche, auf Onagraceae spezialisierte und daher dämmerungsaktive, mit vergrößerten Ozellen versehene Arten gezählt wurden) und zu *Hemihalictus* gestellt werden. Hier wird dem System von Ebmer gefolgt, die Auffassung von Michener wird in eckigen, die von Gibbs et al. in geschweiften Klammern angegeben.

Literatur: Blüthgen (1930a); Ebmer (1970); Ebmer (1971); Ebmer (1974); Amiet et al. (2001). Weitere hilfreiche Arbeiten: Pesenko et al. (2000).

Etymologie: Von griech. „*lásios*“ = „zottig, dicht behaart“ und griech./lat. „*glóssa*“ = „Zunge, Sprache“. Ihren deutschen Namen besitzt die Gattung wegen der lang gestreckten Gestalt der Männchen.

Körperliche Merkmale: Die Gattung umfasst kleine bis mittelgroße Bienen (3,5–12 mm); die Körper der einheimischen sind meist schwarz oder schwarzbraun gefärbt, es gibt aber auch metallisch grüne, blaue oder bronzefarbene Arten; bei etlichen Arten ist der Hinterleib der Männchen, bei ganz wenigen Arten auch der der Weibchen teilweise rot gefärbt. In der Neuen Welt überwiegen stark metallisch glänzende Arten. Die Männchen sind deutlich schlanker als die Weibchen; letztere besitzen eine Sammelbürste an den Hinterbeinen. Ähnlich wie bei *Halictus*, mit der sie früher zu einer Gattung zusammengefasst war, besitzen die Weibchen am Hinterleibsende eine kahle, von kurzer, dichter Behaarung gesäumte Furche. Von dieser Gattung unterscheidet sich *Lasioglossum* hauptsächlich durch das Fehlen von dichten hellen Haarbinden an den Enden der Hinterleibssegmente (allerdings treten oft solche Binden an der Basis der Segmente auf) und durch die Reduzierung der Cubitalader 3: Während diese bei *Halictus* genauso dick ist wie die Cubitalader 2, ist sie bei *Lasioglossum* deutlich dünner.

Lebensweise: Die meisten Arten leben in sozialen Gemeinschaften unterschiedlicher Entwicklungsstufen. Im Regelfall ziehen die überwinternden Weibchen im Frühjahr ihre erste Brut selbst groß, danach übernehmen die daraus schlüpfenden Arbeiterinnen die Versorgung der nächsten Brut, aus der in der Regel die Geschlechtstiere hervorgehen, zuweilen treten diese erst in der dritten Brut auf. Die Nester können von einem einzigen Weibchen oder auch von mehreren, in der Regel verwandten (Schwestern oder bei langlebigen Arten auch Mutter und Töchter) zusammen gegründet werden (polygyne Nestgründung). Die

Weibchen aller Arten überwintern, wobei die Königinnen der eusozialen Arten in der Regel zwei Bruten pro Jahr erzeugen. Zwar begeben sich manche Arten durchschnittlich etwas früher aus den Winterverstecken als andere bzw. schlüpfen die jungen Königinnen und Männchen etwas eher, aber im Großen und Ganzen ist der Lebenszyklus der einheimischen Schmalbienenarten gleichartig, d.h. im Frühjahr fliegen zuerst nur die aus den Überwinterungsquartieren kommenden Weibchen, bei eusozialen Arten erscheinen etwas später dann die Tiere der ersten Brut, überwiegend Arbeiterinnen (also unfruchtbare Weibchen) und nur vereinzelt Männchen, im Sommer schlüpfen dann die Männchen und die fertilen jungen Weibchen. Beide Geschlechter fliegen etliche Wochen zusammen, bis die Männchen schließlich sterben und die Weibchen ihre Überwinterungsquartiere aufsuchen.

Pollenquellen: Furchenbienen sind bis auf wenige Ausnahmen Nahrungsgeneralisten.

Nestbau: Sie legen ihre Nester in selbst gegrabenen Hohlräumen im Boden an, wobei meist unbewachsene Stellen bevorzugt werden. Bei vielen Arten ist der Nesteingang von einem kleinen Erdhügel (Tumulus) umgeben, der aus dem beim Nestbau anfallenden Aushub errichtet wird, bei anderen wird eine kurze Röhre gemauert. In der Regel besteht ein Nest aus einem Hauptgang, der mehr oder weniger vertikal verläuft. Die Brutzellen werden aus dem Bodensubstrat gefertigt und sind oft wabenartig zu einer Gruppe zusammengefasst („Erdwabe"). Diese Erdwabe befindet sich meist in einem Hohlraum („Nestkammer") und schwebt sozusagen, nur von schmalen Pfeilern mit den Kammerwänden verbunden, in dessen Mitte. Bei den eusozialen Arten wird diese Nestkammer im Frühjahr von der bzw. den Nestgründerinnen gegraben, eine weitere wird dann einige Zentimeter darunter von den Arbeiterinnen errichtet und nimmt die zweite Brut auf. Der Hauptgang führt fast immer noch ein Stück weiter in die Tiefe und endet dann blind. Bei manchen Arten werden nach dem Schlupf der Sommerbrut noch weitere Kammern gegraben, die dann den befruchteten Weibchen als Überwinterungsquartiere dienen.

Parasiten: Als Kuckucksbienen treten Blutbienen (*Sphecodes*), seltener Wespenbienen (*Nomada*) auf. Erwachsene Bienen sind manchmal von Fächerflüglern der Gattung *Halictoxenos* befallen, oft auch von Milben.

Verbreitung/Artenzahl: *Lasioglossum* kommt auf allen Kontinenten mit Ausnahme der Antarktis vor. Einige Arten sind holarktisch verbreitet. Weltweit sind weit über 1200 Arten bekannt, von denen im Gebiet 88 vorkommen.

Lasioglossum aegyptiellum (Strand, 1909)
Ägyptische Schmalbiene

Etymologie: Strand beschrieb die Art nach Tieren aus Ägypten.

Lokalverbreitung: Im Gebiet nur eine Meldung von Erlandsson (1979) aus Brissago/Tessin von 1954; mit größter Wahrscheinlichkeit handelt es sich um eine Verwechslung mit *Lasioglossum discum*.

Lasioglossum aeratum (Kirby, 1802)
Sandrasen-Schmalbiene

Systematik: Untergattung *Evylaeus* Robertson, 1902; {[*Dialictus* Robertson, 1902]}.

Nomenklatur: Synonym: *Evylaeus aeratus* (Kirby, 1802); *Lasioglossum semiaeneum* (Brullé, 1832); *Lasioglossum viridiaeneum* (Blüthgen, 1918).

Etymologie: Von lat. „*aeratum*" = „mit Erz beschlagen, aus Erz, ehern"; wegen der metallisch glänzenden Körperoberfläche. Deutscher Name: Sandrasen sind einer der Hauptlebensräume der Art.

Pollenquellen: Sicherlich polylektisch; bislang wurde aber nur die Nutzung des Pollens der beiden Pflanzenfamilien Apiaceae und Asteraceae nachgewiesen.

Nestbau: Nistet auf kahlen bis schütter bewachsenen Stellen auf horizontalen bis schwach geneigten Flächen.

Lebensweise: Möglicherweise eusozial.

Lebensraum: Sandaffin; Trockenrasen, Sandheiden, Steppen, Binnendünen, Flugsandfelder, Brach- und Ruderalflächen, Sand-, Kies- und Lehmgruben. Vom Flachland bis in die subalpine Höhenstufe.

Parasiten: Erwachsene Tiere sind zuweilen von Fächerflüglern befallen.

Flugzeit: Weibchen von April bis August/September, Männchen ab Juni.

Gesamtverbreitung: Überprüfungsbedürftige Internetquellen nennen die Art aus Marokko und Algerien. In Eurasien von Zentraliberien über Europa, Kleinasien, Kaukasus und Zentralasien bis zum Altai; nordwärts bis Südengland, in Norwegen und Schweden bis 60°N (Oslo bzw. Uppsala), in Finnland bis 61,5°N (Prov. Südsavo), in Russland bis Kirov; südwärts bis Sardinien, Molise, Kreta, Israel und Nordiran. Eigenartigerweise (Kirby beschrieb beide Arten aus England!) wird die Art in Großbritannien in aktueller Literatur und in Internetquellen als Synonym von *L. leucopus* aufgefasst. Auf Kreta in der ssp. *caudatum* (Warncke, 1982). **SW-Eu:** E, I(Sa), I. **Z-Eu:** F, LUX, NL, D, A, CH, DK. **N-Eu:** GB, N, S, SF, LT, LV, RUS(N). **NO-Eu:** CS, SK, PL, BY, UA, RUS(S). **SO-Eu:** H, RO, SLO, HR, MK, MNE, AL, BG, GR, GR(K). **N-Afr:** MA?, DZ?, {~~ET, ETH~~}. **W-As:** GR(Ä), TR, RL, IL, Kaukasus, IR. **Z-As:** UZB, KGZ. **Sib:** W-Sib.

Lokalverbreitung: In Deutschland in allen Bundesländern nachgewiesen, in Schleswig-Holstein, Mecklenburg-Vorpommern, Niedersachsen und Nordrhein-Westfalen nur historisch belegt. In Österreich mit Ausnahme von Salzburg und der Steiermark in allen Bundesländern nachgewiesen. In der Schweiz mit Ausnahme der Seenplatte des östlichen Mittellandes und des nördlichen Juras fast überall.

Lasioglossum albipes (Fabricius, 1781)
Weißbeinige Schmalbiene

Systematik: Untergattung *Evylaeus* Robertson, 1902; [*Evylaeus* Robertson, 1902]; {*Sphecodogastra* Ashmead, 1899}.

Nomenklatur: Synonym: *Evylaeus albipes* (Fabricius, 1781).

Etymologie: Von lat. „*albus*" = „weiß" und „*pes*" = „Fuß"; Fabricius bezieht sich auf die weiß gezeichneten Hinterbeine der Männchen („*tibiis albis*").

Pollenquellen: Polylektisch; nachgewiesen ist bislang die Nutzung des Pollens der acht Pflanzenfamilien Apiaceae, Asteraceae, Campanulaceae, Caryophyllaceae, Dipsacaceae, Plantaginaceae, Ranunculaceae und Rosaceae.

Nestbau: Nistet auf kahlen bis schütter bewachsenen Stellen auf horizontalen bis schwach geneigten Flächen, oft in kleinen Aggregationen. Der Nesteingang wird in der Regel von einem konischen Tumulus umgeben. Der rund 20 cm lange Nestgang verläuft vertikal. In etwa 10–15 cm Tiefe zweigt seitlich eine Kammer ab, in der sich, mit Stutzpfeilern an den Seitenwanden befestigt, eine wabenartige Anhäufung von Brutzellen befindet.

Lebensweise: Die Nestgründung erfolgt in der Regel durch ein einzelnes Weibchen, es wurden allerdings auch polygyne Nestgründungen durch gemeinsam überwinternde Weibchen beobachtet, wobei dann eines der Tiere die Rolle der Königin übernimmt. Die erste Brut von maximal einem Dutzend Nachkommen besteht aus Arbeiterinnen und zu einem normalerweise geringeren Teil aus Männchen. Der größte Teil der Arbeiterinnen wird zwar begattet, jedoch bleiben zumindest in den von einer Königin geführten Nestern deren Ovarien unterentwickelt, sodass sie weiterhin Arbeiterinnen bleiben. Im Falle eines verfrühten Todes der Königin kann allerdings ihr Platz von einer der begatteten Arbeiterinnen eingenommen werden, und anders als bei den meisten anderen eusozialen Arten, bei denen die „Ersatz"-Königin nur Männchen hervorbringt, werden bei *L. albipes* auch fertile Weibchen erzeugt. Die Arbeiterinnen der ersten Brut errichten nun rund 50 Brutzellen, aus denen dann die Geschlechtstiere, also Männchen und fertile Weibchen, schlüpfen. Im nördlichen Teil des Verbreitungsgebietes, wo die klimatischen Verhältnisse nur die Produktion einer Brut erlauben, ist eine Rückkehr zu einer solitären Lebensweise möglich.

Lebensraum: Waldaffin; Waldsäume, Magerrasen, Hochwasserdämme, im Siedlungsgebiet in Gärten und Streuobstwiesen. Vom Flachland bis in die alpine Höhenstufe.

Parasiten: Als Kuckucksbiene ist *Sphecodes monilicornis* bekannt. Erwachsene Tiere sind zuweilen von Fächerflüglern befallen.

Flugzeit: Weibchen von April bis Oktober, Männchen ab Juni/Juli.

Gesamtverbreitung: Transpaläarktisch. In Nordafrika nur zwei ältere, wenig plausible Meldungen aus Algerien. In Eurasien von Irland und Portugal über Europa, Kleinasien, Kaukasus, Zentralasien und Sibirien bis Japan und Kamtschatka; nordwärts bis Irland und Nordschottland, in Skandinavien bis jenseits des Polarkreises: in Norwegen bis 63,5°N (Trondheim), in Schweden bis 68°N (Torne Lappmark), in Finnland: 66°N (Prov. Nordösterbotten), in Russland bis Karelien und Perm; im Süden disjunkt hochmontan, südwärts bis Kalabrien, Peloponnes und Nordiran. **SW-Eu:** P, E, *F(K), I(Sa), I(Si), I. **Z-Eu:** F, B, LUX, NL, D, A, CH, FL, DK. **N-Eu:** IRL, GB, N, S, SF, EST, LT, LV, RUS(N). **NO-Eu:** CS, SK, PL, BY, UA, UA(K), RUS(S). **SO-Eu:** H, RO, SLO, HR, MK, MNE, SRB, AL, BG, GR. **N-Afr:** DZ? **W-As:** GR(Ä), TR, Kaukasus, IR. **Z-As:** TM, UZB, KGZ. **Sib:** W-Sib, O-Sib. **NO-As:** Khab, Prim, Sach, Kam, Kur. **SO-As:** MGL, RC (Gansu, Heilongjiang), KP, J.

Lokalverbreitung: Im Gebiet aus allen Regionen gemeldet.

Lasioglossum albocinctum (Lucas, 1849)
Weißgürtel-Schmalbiene

Systematik: Untergattung *Lasioglossum* Curtis, 1833 *s. str.*; {[*Lasioglossum* Curtis, 1833 *s. str.*]}.

Nomenklatur: Synonym: *Lasioglossum albomaculatum* auct. nec (Lucas, 1849); *Halictus separandus* Frey-Gessner, 1903.

Etymologie: Von lat. „*albus*" = „weiß" und „*cinctus*" = „umgürtet"; bezieht sich auf die weißen Basalbinden bei beiden Geschlechtern.

Pollenquellen: Polylektisch.

Nestbau: Nistet auf kahlen bis schütter bewachsenen Stellen, im Gebiet vorzugsweise in Lössboden. Der Nesteingang ist in eine Erdröhre verlängert.

Lebensraum: Trockenwarme Standorte; Magerrasen, Ruderalflächen. Vom Flachland bis in die montane Höhenstufe.

Flugzeit: Weibchen von Mai bis Oktober, Männchen ab Juli/August.

Gesamtverbreitung: In Nordafrika von Marokko bis Tunesien. In Eurasien von Portugal bis Südwestdeutschland, Südschweiz und Italien (von Südtirol bis Kalabrien und Sizilien), isoliert davon in Thessalien und auf der Insel *Lemnos. Die Meldungen aus Osteuropa beziehen sich auf *L. discum*. **SW-Eu:** P, E, E(B), F(K), I(Sa), I(Si), I. **Z-Eu:** F, D, CH. **NO-Eu:** {UA}. **SO-Eu:** {H, RO, SLO}, GR. **N-Afr:** MA, DZ, TN. **W-As:** *GR(Ä), {IL}.

Lokalverbreitung: Im Gebiet aktuell nur vom Kaiserstuhl und dem Wallis bekannt, historisch von Basel, dem Genfersee und dem Tessin.

Lasioglossum alpigenum (Dalla Torre, 1877)

Alpen-Schmalbiene

Systematik: Untergattung *Evylaeus* Robertson, 1902; {[*Dialictus* Robertson 1902]}.

Nomenklatur: Synonyme: *Evylaeus alpigenus* (Dalla Torre, 1877).

Etymologie: Von lat. „*alpigenum*" = „aus den Alpen stammend"; Dalla Torre beschrieb die Art nach Tieren vom Plumpserjoch in den Tiroler Alpen.

Pollenquellen: Sicherlich polylektisch; Blütenbesuch wurde bisher vor allem an gelbblühenden Korbblütlern (Asteraceae) beobachtet.

Nestbau: Nester wurden bislang nur einmal in Griechenland in 2100 m Höhe in einer offenliegenden Erdböschung gefunden (Ebmer 2008).

Lebensraum: In der subalpinen bis alpinen Höhenstufe.

Flugzeit: Weibchen von Juni bis Oktober, Männchen ab Juli.

Gesamtverbreitung: Pyrenäen, gesamter Alpenbogen von den französischen Seealpen bis zu den Julischen Alpen, Apennin (bisher nur ein Weibchen aus den Abruzzen bekannt, Ebmer 2003), Dinarisches und griechische Gebirge; südwärts bis zu den Abruzzen und zum Tymfristos. **SW-Eu:** E, I. **Z-Eu:** F, D, A, CH, FL. **NO-Eu:** **SO-Eu:** SLO, MNE, GR.

Lokalverbreitung: In Deutschland nur aus den bayerischen Alpen bekannt (aktuell). In Österreich aus Kärnten, Oberösterreich, Salzburg, Steiermark, Tirol und Vorarlberg gemeldet (aktuell), jüngst auch in *Niederösterreich gefunden. In der Schweiz auf den Alpenraum beschränkt.

Lasioglossum angusticeps (Perkins, 1895)

Schmalköpfige Schmalbiene

Systematik: Untergattung *Evylaeus* Robertson, 1902; [*Evylaeus* Robertson, 1902]; {*Hemihalictus* Cockerell, 1897}.

Nomenklatur: Synonym: *Evylaeus angusticeps* (Perkins, 1895).

Etymologie: Von lat. „*angustus*" = „eng, schmal" und „*ceps*" = „Kopf"; Perkins bezieht sich auf die Kopfform des Männchens („*having the face [...] much longer than wide*").

Pollenquellen: Sicherlich polylektisch; Blütenbesuch wurde bisher nur an Ziest (*Stachys*) beobachtet.

Lebensraum: Trockenwarme Standorte; Streuobstwiesen, Halbtrockenrasen, Magerrasen. Vom Flachland bis in die kolline Höhenstufe.

Parasiten: Kuckucksbienen wurden bisher nicht bekannt. Aus England wurden zwei Männchen bekannt, die von Fächerflüglern, vermutlich aus der Gattung *Halictoxenos*, befallen waren.

Flugzeit: Weibchen von April bis August, Männchen ab Juli.

Gesamtverbreitung: Sehr selten und lokal in der südlichen Westpaläarktis. In Nordafrika von Marokko bis Tunesien. In Eurasien von Portugal über Süd- und südliches Mitteleuropa und Kleinasien bis in den Iran; nordwärts bis Südengland, bis zum Südrand der deutschen Mittelgebirge und Zentralungarn; südwärts bis Sizilien, Kreta und Israel. **SW-Eu:** P, E, E(B), I(Si), I. **Z-Eu:** F, D, A, CH. **N-Eu:** GB. **SO-Eu:** H, RO, SLO, HR, GR, GR(K). **N-Afr:** MA, DZ, TN. **W-As:** GR(Ä), TR, IL, IR.

Lokalverbreitung: In Deutschland historisch nachgewiesen aus Rheinland-Pfalz, aktuell aus Bayern und Hessen. In Österreich historisch nachgewiesen aus Burgenland, Kärnten und Niederösterreich, aktuell aus der Steiermark. In der Schweiz nur historische Meldungen aus dem Kanton Genf (letzter Fund 1932).

Lasioglossum aureolum (Pérez, 1903)
Goldglänzende Schmalbiene

Etymologie: Von lat. „*aureolum*“ = „vergoldet, golden“; bezieht sich auf die goldmetallisch glänzende Körperoberfläche.

Lokalverbreitung: Von Knerer (1968) unter dem Namen *Dialictus aureolus* aus dem Leithagebirge gemeldet. Bei einer Nachprüfung durch Ebmer (1988a) erwies sich dieses Tier als *L. lissonotum*. Die weiteren Meldungen in dieser Publikation aus der Steiermark und Tirol beziehen sich auf *L. tirolense*.

Lasioglossum bavaricum (Blüthgen, 1930)
Bayrische Schmalbiene

Systematik: Untergattung *Evylaeus* Robertson, 1902; {[*Dialictus* Robertson, 1902]}.

Nomenklatur: Wurde von Warncke als Unterart von *Lasioglossum alpigenum* aufgefasst.

Etymologie: Bei der Trennung der Art von *L. alpigenum* lagen Blüthgen (in der Beschreibung nicht erwähnte) Tiere aus Bayern vor.

Pollenquellen: Sicherlich polylektisch.

Nestbau: Nester wurden bisher nur in leicht verfestigtem Kalkschutt gefunden.

Lebensraum: Von der kollinen bis in die alpine Höhenstufe.

Flugzeit: Weibchen von Mai bis September, Männchen ab Juli.

Gesamtverbreitung: Alpin-dinarisch. Die Stammform von Südostfrankreich (Mt. Ventoux) über den gesamten Alpenbogen bis zur Tatra; nordwärts bis

in das Bergland um Krakau; südwärts bis in die Abruzzen und die Gebirge Bulgariens. Die ssp. *olympicum* (Warncke, 1982) in den Bergen Griechenlands vom Olymp bis zum Taygetos sowie auf der Krim. **SW-Eu:** I. **Z-Eu:** F, D, A, CH, FL. **NO-Eu:** SK, PL, UA, UA(K). **SO-Eu:** SLO, HR, MK, BG, GR.

Lokalverbreitung: In Deutschland nur aus den bayerischen Alpen bekannt. In Österreich und in der Schweiz fast im gesamten Alpenraum (aktuell).

Lasioglossum bluethgeni Ebmer, 1971
Blüthgens Schmalbiene

Systematik: Untergattung *Evylaeus* Robertson, 1902; [*Evylaeus* Robertson, 1902]; {*Hemihalictus* Cockerell, 1897}.

Nomenklatur: Synonyme: *Evylaeus bluethgeni* (Ebmer, 1971); *Halictus hirtiventris* Blüthgen, 1923 (nec Cockerell, 1922).

Etymologie: Paul Blüthgen (1880–1967) beschrieb die Art unter dem Namen *Halictus hirtiventris.* Da Cockerell bereits früher eine *Lasioglossum*-Art so benannt hatte, erhielt sie von Ebmer einen neuen Artnamen, der diesem bedeutenden deutschen Hymenopterologen gewidmet ist.

Pollenquellen: Vermutlich polylektisch. Blütenbesuche wurden bisher wiederholt an Glockenblumen (*Campanula*) und einmal an Zaunrübe (*Bryonia*) beobachtet.

Lebensraum: Warme Standorte mit einem gewissen Maß an Feuchtigkeit; Laubwaldsäume, windgeschütztes, blütenreiches Grünland. Vom Flachland bis in die kolline Höhenstufe.

Flugzeit: Weibchen von März/April bis Oktober, Männchen ab August.

Gesamtverbreitung: Von den Pyrenäen über Süd- und südliches Mitteleuropa, Ukraine und Kleinasien bis in den Kaukasus; nordwärts bis Kiew; südwärts bis Norditalien, Zentralgriechenland (Parnass) und Südosttürkei. **SW-Eu:** E, I. **Z-Eu:** F, D, A, CH. **NO-Eu:** CS, SK, PL, UA, UA(K). **SO-Eu:** H, RO, SLO, HR, MK, BG, GR. **W-As:** GR(Ä), TR, Kaukasus.

Lokalverbreitung: In Deutschland aus Bayern, Baden-Württemberg, Hessen und Rheinland-Pfalz bekannt (aktuell). In Österreich aus dem Burgenland, Kärnten, Ober- und Niederösterreich sowie der Steiermark gemeldet. In der Schweiz nur von drei Fundorten in den Kantonen Genf und Zürich nachgewiesen (aktuell).

Lasioglossum brevicorne (Schenck, 1869)
Kurzfühler-Schmalbiene

Systematik: Untergattung *Evylaeus* Robertson, 1902; [*Dialictus* Robertson, 1902]; {*Hemihalictus* Cockerell, 1897}.

Nomenklatur: Synonym: *Evylaeus brevicornis* (Schenck, 1869).

Etymologie: Von lat. „*brevis*“ = „kurz, klein, schmal, gering“ und „*cornum*“ = „Horn“ (im Sinne von Fühler); Schenck bezieht sich auf die außergewöhnlich kurzen Fühler des Männchens („*Ausgezeichnet durch die kurzen Fühler, bedeutend kürzer als der Thorax*“).

Pollenquellen: Möglicherweise oligolektisch auf Korbblütler (Asteraceae); in bisherigen Pollenanalysen konnten nur Pollen dieser Pflanzenfamilie nachgewiesen werden.

Nestbau: Nistsubstrat vorwiegend Sand, im Gebirge auch Gesteinsgrus.

Lebensweise: Unbekannt, aber nach den phänologischen Daten vermutlich eusozial.

Lebensraum: Sandaffin; Binnendünen, Flugsandfelder, Magerrasen, Brach- und Ruderalflächen, Sandheiden, Sand-, Kies- und Lehmgruben. Vom Flachland bis in die montane Höhenstufe.

Parasiten: Als Kuckucksbiene ist *Sphecodes puncticeps* bekannt, erwähnt wird auch *S. miniatus*.

Flugzeit: Weibchen von April/Mai bis September/Oktober, Männchen ab Juli.

Gesamtverbreitung: Westpaläarktisch. In Nordafrika in der ssp. *gomerense* (Blüthgen, 1937) auf den Kanaren, in der Stammform von Marokko bis Tunesien, isoliert in der Cyrenaica. In Eurasien von Portugal über Europa, Kleinasien und Kaukasus bis Afghanistan; nordwärts bis Mittelengland, Südschweden (bis 57°N) und Baltikum, in Russland bis Kirov und Perm; südwärts bis Sardinien, Kalabrien, Kreta und Israel. **SW-Eu:** P, E, E(B), F(K), I(Sa), I. **Z-Eu:** F, B, LUX, NL, D, A, CH, DK. **N-Eu:** GB, S, EST, LT, LV, RUS(N).

NO-Eu: CS, SK, PL, BY, UA, RUS(S). **SO-Eu:** H, RO, AL, GR, GR(K). **N-Afr:** E(C), MA, DZ, TN. **W-As:** GR(Ä), TR, IL, Kaukasus, IR, AFG.

Lokalverbreitung: In Deutschland in allen Bundesländern nachgewiesen. In Österreich nur aus Tirol und Niederösterreich gemeldet. In der Schweiz aktuell im Wallis, Tessin und in Graubünden, historisch auch vom Genfersee.

Lasioglossum breviventre (Schenck, 1853)
Kurzbauch-Schmalbiene

Systematik: Untergattung *Lasioglossum* Curtis, 1833 *s. str.*; {[*Lasioglossum* Curtis, 1833 *s. str.*]}.

Nomenklatur: Synonym: *Halictus micans* Strand, 1909.

Etymologie: Von lat. „*brevis*" = „kurz" und „*venter*" = Bauch (im Sinne von Hinterleib); Schenck bezieht sich auf den kurzen Hinterleib („*Hinterleib fast oval, ziemlich breit und kurz*").

Pollenquellen: Vermutlich polylektisch; nachgewiesen ist bislang die Nutzung des Pollens von Kreuzblütlern (Brassicaceae) und Lippenblütlern (Lamiaceae).

Lebensraum: Trockene Standorte; Magerrasen, Ruderalflächen, warme Bergwiesen. Vom Flachland bis in die montane Höhenstufe.

Flugzeit: Nach Pesenko et al. (2000) fliegen beide Geschlechter im Frühjahr und der ersten Sommerhälfte.

Gesamtverbreitung: Sehr selten, Verbreitungsgebiet daher noch unklar. In Mitteleuropa weithin verschollen, in Südeuropa auffallend disjunkt-montan. Von Portugal bis Griechenland; nordwärts bis Belgien, Süddeutschland und Böhmen; südwärts in Italien bis zu den Monti Sibillini, in Griechenland bis zum Olymp. **SW-Eu:** P, E, I. **Z-Eu:** F, B, NL?, D, A, CH. **NO-Eu:** CS, SK, {~~PL~~}. **SO-Eu:** H, GR. **N-Afr:** {~~DZ~~}.

Lokalverbreitung: In Deutschland verschollen; historische Nachweise aus Nordrhein-Westfalen, Hessen, Thüringen, Sachsen und Bayern. Auch in Österreich nur historische Meldungen aus Niederösterreich, ein Weibchen aus Oberösterreich ist vermutlich falsch etikettiert und stammt ebenfalls aus dem östlichen Niederösterreich. In der Schweiz aktuell im Wallis, je ein aktueller und historischer Nachweis vom Jura-Südfuß.

Lasioglossum buccale (Pérez, 1903)
Matte Langkopf-Schmalbiene

Systematik: Untergattung *Evylaeus* Robertson, 1902; [*Evylaeus* Robertson, 1902]; {*Hemihalictus* Cockerell, 1897}.

Nomenklatur: Synonym: *Evylaeus buccalis* (Pérez, 1903).

Etymologie: Von lat. „*bucca*“ = „Backe“ bzw. „*buccatus*“ = „pauswangig, aufgeblasen“; bezieht sich auf die eigenartige Kopfform mit dem stark erhöhten Clypeus und Stirnschildchen beim Weibchen. Deutscher Name: Das Weibchen zeichnet sich durch den lang gezogenen Kopf aus und im Gegensatz zur ähnlichen *L. clypeare* durch das matte Mesonotum.

Pollenquellen: Es liegen keine Pollenanalysen vor. Nach Beobachtungen aus Österreich und Griechenland könnte eine Beziehung zu Fingerhut (*Digitalis*) bestehen.

Lebensraum: Trockenwarme Standorte; Magerrasen, sonnenexponierte Waldsäume und Lichtungen. Vom Flachland bis in die montane Höhenstufe.

Flugzeit: Nach den wenigen verfügbaren Daten von April bis September.

Gesamtverbreitung: Südliche Westpaläarktis. Von Portugal über Süd- und südliches Mitteleuropa über Kleinasien bis Zentralasien; nordwärts bis Süddeutschland, Böhmen, Nordukraine und Orenburg; südwärts bis Sizilien, Lazio, Nordgriechenland und Nordiran. **SW-Eu:** P, E, E(B), I(SI), I. **Z-Eu:** F, D, A, CH. **NO-Eu:** CS, SK, UA, RUS(S). **SO-Eu:** H, RO, SLO, MK, GR. **W-As:** GR(Ä), TR, IR. **Z-As:** UZB, TAD, KAZ, KGZ.

Lokalverbreitung: In Deutschland nur aus Rheinland-Pfalz und Baden-Württemberg nachgewiesen. In Österreich gemeldet aus dem Burgenland, Oberösterreich, Tirol, Kärnten und Niederösterreich, aus letzteren beiden aktuell. In der Schweiz aktuell im Wallis und Tessin, historisch auch vom Genfersee.

Lasioglossum calceatum (Scopoli, 1763)
Gewöhnliche Schmalbiene

Systematik: Untergattung *Evylaeus* Robertson, 1902; [*Evylaeus* Robertson, 1902]; {*Sphecodogastra* Ashmead, 1899}.

Nomenklatur: Synonyme: *Evylaeus calceatus* (Scopoli, 1763).

Etymologie: Von lat. „*calceatum*" = „mit Schuhen versehen, beschuht"; vermutlich wegen der teilweise weißgelben Beinfärbung des Männchens. Deutscher Name: Die Art ist im Gebiet eine der häufigsten der Gattung.

Pollenquellen: Polylektisch; nachgewiesen ist bislang die Nutzung des Pollens der 16 Pflanzenfamilien Apiaceae, Asparagaceae, Asteraceae, Brassicaceae, Caryophyllaceae, Dipsacaceae, Ericaceae, Geraniaceae, Hypericaceae, Lamiaceae, Liliaceae, Plantaginaceae, Primulaceae, Ranunculaceae, Rosaceae, Salicaceae und Scrophulariaceae.

Nestbau: Nistet auf kahlen oder schütter bis dichter bewachsenen, horizontalen oder relativ geneigten Flächen ohne erkennbare Bevorzugung eines bestimmten Substrats, oft in kleinen bis großen Aggregationen. Der Nesteingang wird in der Regel von einem konischen Tumulus umgeben. Er wird über Nacht oder bei Regen verschlossen. Der rund 20 cm lange Nestgang verläuft vertikal. In etwa 10–15 cm Tiefe zweigt seitlich eine Kammer ab, in der sich, mit Stützpfeilern an den Seitenwänden befestigt, eine wabenartige Anhäufung von Brutzellen befindet. Es wurden aber auch Nester beobachtet, bei denen die Brutzellen einzeln angelegt werden und direkt in den Hauptgang münden oder am Ende kurzer Seitengänge sitzen, möglicherweise abhängig von der Beschaffenheit des Bodensubstrats.

Lebensweise: In der Regel eusozial mit zwei Bruten. Die Nestgründung erfolgt in der Regel durch ein einzelnes Weibchen, es wurden allerdings auch polygyne Nestgründungen durch gemeinsam überwinternde Weibchen beobachtet, wobei dann eines der Tiere die Rolle der Königin übernimmt. Die erste Brut von maximal einem Dutzend Nachkommen besteht aus Arbeiterinnen und zu einem normalerweise geringeren Teil aus Männchen. Der größte Teil der Arbeiterinnen wird zwar begattet, jedoch bleiben zumindest in den von einer Königin geführten Nestern deren Ovarien unterentwickelt, sodass sie weiterhin Arbeiterinnen bleiben. Stirbt die Königin, wird ihr Platz in der Regel von der ältesten Arbeiterin eingenommen. Die Arbeiterinnen der ersten Brut errichten nun rund 50 Brutzellen, aus denen dann die Geschlechtstiere, also Männchen und fertile Weibchen, schlüpfen. Nach der Begattung überwintern die Weibchen in ihrem Geburtsnest. Manche Königinnen können zwei Jahre alt werden. Im nördlichen Teil des Verbreitungsgebietes, wo die klimatischen Verhältnisse nur die Produktion einer Brut erlauben, ist eine Rückkehr zu einer solitären Lebensweise möglich.

Lebensraum: Zeigt keine strenge Habitatbindung; sowohl an trockenwarmen als auch feuchtkühlen Standorten; vom xerothermen Trockenrasen bis zum Auwald, häufig auch im Siedlungsbereich. Vom Flachland bis in die subalpine, zuweilen auch alpine Höhenstufe.

Parasiten: Kuckucksbiene ist *Sphecodes monilicornis.* Als weitere Nestparasiten werden Goldwespen der Gattungen *Chrysis* und *Hedychridium* erwähnt. Erwachsene Tiere sind zuweilen von Fächerflüglern der Gattung *Halictoxenos* befallen.

Flugzeit: Weibchen von März bis Oktober, Männchen ab Juni.

Gesamtverbreitung: Transpaläarktisch. Von Irland und Portugal über Europa, Kleinasien, Kaukasus, Zentralasien und Sibirien bis zur Pazifikküste des Fernen Ostens; nordwärts bis Irland und Nordschottland, in Norwegen bis 63,5°N (Nord-Trøndelag), in Schweden und Finnland bis über den Polarkreis (67–68°N), ein Einzelfund aus Murmansk/Russland sogar bei 69,5°N, im Süden Europas isoliert hochmontan, südwärts bis Sizilien, Peloponnes, Israel und Nordiran. **SW-Eu:** P, E, I(Sa), I(Si), I. **Z-Eu:** F, B, LUX, NL, D, A, CH, FL, DK. **N-Eu:** IRL, GB, N, S, SF, EST, LT, LV, RUS(N). **NO-Eu:** CS, SK, PL, BY, UA, UA(K), RUS(S). **SO-Eu:** H, RO, SLO, HR, MK, BIH, BG, GR. **N-Afr:** DZ. **W-As:** GR(Ä), TR, SYR, RL, IL, Kaukasus, IR. **Z-As:** UZB, TAD, KAZ, KGZ. **Sib:** W-Sib, O-Sib. **NO-As:** Jak, Amur, JAO, Khab, Prim, Sach, Kam, Kur. **SO-As:** MGL, RC (Xinjiang, Gansu, Heilongjiang), KP, J.

Lokalverbreitung: Im Gebiet aus allen Regionen gemeldet.

Lasioglossum clypeare (Schenck, 1853)

Glatte Langkopf-Schmalbiene

Systematik: Untergattung *Evylaeus* Robertson, 1902; [*Dialictus* Robertson, 1902]; {*Hemihalictus* Cockerell, 1897}.

Nomenklatur: Synonym: *Evylaeus clypearis* (Schenck, 1853).

Etymologie: Von „*Clypeus*" (anat.) = „Kopfschild"; Schenck betont in seiner Beschreibung den lang gestreckten Clypeus. Deutscher Name: Das Weib-

chen zeichnet sich durch den lang gezogenen Kopf aus und im Gegensatz zur ähnlichen *L. buccale* durch das glatte Mesonotum.

Pollenquellen: Polylektisch; nachgewiesen ist bislang die Nutzung des Pollens der vier Pflanzenfamilien Asteraceae, Boraginaceae, Lamiaceae und Salicaceae. Lippenblütler (Lamiaceae) werden deutlich bevorzugt, sodass manche Autoren sie für oligolektisch halten. Im Gebiet ist sie hauptsächlich auf Ziest (*Stachys*) und Schwarznessel (*Ballota nigra*) zu beobachten.

Lebensraum: Trockenwarme Standorte; Trockenrasen, Ruderalflächen, Steppen. Vom Flachland bis in die montane Höhenstufe.

Flugzeit: Weibchen von Mai bis August, Männchen ab Juli.

Gesamtverbreitung: Südliche Westpaläarktis. In Nordafrika nur zwei überprüfungsbedürftige Meldungen von Marokko (Internetquelle) und Algerien (Blüthgen 1935). In Eurasien von Portugal über Süd- und südliches Mitteleuropa, Kleinasien und Kaukasus bis Zentralasien; nordwärts bis Sachsen-Anhalt, Böhmen und Nordukraine; südwärts bis Sizilien, Thessalien und Israel. **SW-Eu:** P, E, I(Sa), I(Si), I. **Z-Eu:** F, D, A, CH. **NO-Eu:** CS, SK, PL, UA, RUS(S). **SO-Eu:** H, RO, SLO, HR, MK, SRB, BG, GR. **N-Afr:** MA?, DZ? **W-As:** TR, IL, Kaukasus, IR. **Z-As:** *TM, *KAZ, KGZ.

Lokalverbreitung: In Deutschland nur bis zum Nordrand der Mittelgebirge; nachgewiesen aus Sachsen-Anhalt, Hessen, Thüringen, Rheinland-Pfalz, Baden-Württemberg und Bayern (aktuell). In Österreich historisch aus dem Burgenland und der Steiermark, aktuell aus dem Burgenland und Niederösterreich gemeldet. In der Schweiz historisch und aktuell aus dem Wallis und der Umgebung des Neuenburgersees, nur historisch aus dem Tessin und dem Genfersee-Gebiet.

Lasioglossum convexiusculum (Schenck, 1853)
Kleine Salbei-Schmalbiene

Systematik: Untergattung *Evylaeus* Robertson, 1902; [*Dialictus* Robertson, 1902]; {*Hemihalictus* Cockerell, 1897}.

Nomenklatur: Synonyme: *Evylaeus convexiusculus* (Schenck, 1853); *Halictus puncticollis* var. *genevensis* Frey-Gessner, 1903.

Etymologie: Diminutiv von lat. „*convexum*" = „gewölbt, gerundet"; Schenck betont in seiner Beschreibung des Männchens den aufgeworfenen Clypeus. Deutscher Name: Wiesensalbei gehört zu den bevorzugten Pollenquellen der Art.

Pollenquellen: Polylektisch; nachgewiesen ist bislang die Nutzung des Pollens der vier Pflanzenfamilien Asteraceae, Campanulaceae, Lamiaceae und Rubiaceae. Die Art zeigt aber eine ausgeprägte Vorliebe für Wiesensalbei (*Salvia pratensis*), sodass sie von manchen Autoren für oligolektisch auf Lippenblütler (Lamiaceae) gehalten wird.

Lebensweise: Vermutlich solitär.

Lebensraum: Trockenwarme Standorte; Magerrasen, Brachflächen. Vom Flachland bis in die montane Höhenstufe.

Flugzeit: Weibchen von Mai bis Juli/August, Männchen ab Juli.

Gesamtverbreitung: Wärmere Westpaläarktis. Von Portugal über Süd- und Mitteleuropa und Kleinasien bis in den Iran; nordwärts bis Belgien, Sachsen-Anhalt, Böhmen, Nordukraine und Südural, südwärts bis Lazio, Kreta, Zypern und Israel. Ob das Taxon *pendschakenticum* (Blüthgen, 1935) aus Tadschikistan eine Unterart von *L. convexiusculum* oder eine eigene Art darstellt, ist noch ungeklärt. **SW-Eu:** P, E, I. **Z-Eu:** F, B, D, A, CH. **NO-Eu:** CS, SK, PL, UA, RUS(S). **SO-Eu:** H, RO, SLO, HR, MNE, GR, GR(K). **W-As:** GR(Ä), CY, TR, IL, Kaukasus, IR. **Z-As:** TAD.

Lokalverbreitung: In Deutschland keine Nachweise aus dem Norden (Schleswig-Holstein, Mecklenburg-Vorpommern, Niedersachsen, Nordrhein-Westfalen), aus Rheinland-Pfalz nur historisch (letzter Fund vor 1900). In Österreich historische Meldungen aus Ober- und Niederösterreich sowie Tirol, aktuelle Nachweise aus Kärnten und der Steiermark. In der Schweiz aktuell aus dem Wallis und dem Kanton Zürich, historisch aus Basel, Graubünden sowie vom Neuenburger- und Genfersee.

Lasioglossum corvinum (Morawitz, 1877)
Rabenschwarze Schmalbiene

Systematik: Untergattung *Evylaeus* Robertson, 1902; [*Dialictus* Robertson, 1902]; {*Hemihalictus* Cockerell, 1897}.

Nomenklatur: Synonym: *Evylaeus corvinus* (Morawitz, 1876).

Etymologie: Von lat. „*corvinum*“ = „zum Raben gehörig, Raben-“, von: „*corvus*“ = Rabe; wegen der insgesamt schwarzen Färbung.

Pollenquellen: Vermutlich polylektisch.

Gesamtverbreitung: Südliche Westpaläarktis. In Nordafrika aus Marokko bekannt. In Eurasien von Zentraliberien über Südeuropa, Kleinasien, Südrussland und Kaukasus bis in den Iran; nordwärts bis Paris, Franken (verschollen), Böhmen und Donezk; südwärts bis Sizilien, Korfu, Südosttürkei und Nordiran. **SW-Eu:** P, E, I(Sa), I(Si), I. **Z-Eu:** F, D. **NO-Eu:** CS, UA, UA(K), RUS(S). **SO-Eu:** H, RO, SLO, HR, MK, SRB, BG, GR. **N-Afr:** MA. **W-As:** TR, Kaukasus, IR.

Lokalverbreitung: Im Gebiet nur ein einziger Fund von 1930 bei Bamberg/Bayern (Blüthgen 1951).

Lasioglossum costulatum (Kriechbaumer, 1873)
Glockenblumen-Schmalbiene

Systematik: Untergattung *Lasioglossum* Curtis, 1833 *s. str.*; {[*Lasioglossum* Curtis, 1833 *s. str.*]}.

Etymologie: Von lat. „*costulatum*" = „gerippt" (von „*costula*" = kleine Rippe); Kriechbaumer bezieht sich auf die rippenartig gerunzelte Basis des Mittelfelds („*metanoto basi longitudinaliter costulatis*"). Deutscher Name: Glockenblumen gehören zu den bevorzugten oder gar ausschließlichen Pollenquellen der Art.

Pollenquellen: Vermutlich oligolektisch auf Glockenblumen (*Campanula*, Fam. Campanulaceae). Bei Pollenanalysen fand Westrich (1989) unter 26 untersuchten Ladungen 21, die ausschließlich aus *Campanula*-Pollen bestanden, allerdings enthielten vier weitere außer Glockenblumen einen hohen Anteil an Labkraut (*Galium*, Fam. Rubiaceae), und eine Ladung enthielt nur Pollen von Korbblütlern der Unterfamilie Cichorioideae. Ob dieses Ergebnis einen Hinweis auf Meso- oder gar Polylektie darstellt oder nur einem Mangel an Glockenblumen geschuldet ist, ist unklar.

Nestbau: Nester wurden in Erdabbrüchen in sandigem und lössigem Substrat beobachtet.

Lebensweise: Solitär. Es wurden Nistgänge ohne Brutzellen gefunden, in denen sich mehrere Weibchen aufhielten. Ob diese gemeinsam an einem Nest bauten, also Anfänge einer sozialen Lebensweise zeigten, oder ob sie dort nur gemeinsam übernachteten, bleibt unklar.

Lebensraum: Trockenwarme Standorte; Magerrasen, Waldsäume, extensiv genutztes Grünland, Sand- und Kiesgruben, Brach- und Ruderalflächen, Gleisanlagen. Vom Flachland bis in die subalpine Höhenstufe.

Flugzeit: Weibchen von April/Mai bis August/September, Männchen ab Juli.

Gesamtverbreitung: Westpaläarktisch. In Nordafrika nur aus dem Hohen Atlas in Marokko und Algerien bekannt. In Eurasien von Portugal über Süd- und Mitteleuropa, Kleinasien, Kaukasus und Zentralasien bis Irkutsk; nordwärts bis Dänemark, Baltikum und Kirov; südwärts bis Sizilien, Kreta, Israel und Nordiran. **SW-Eu:** P, E, I(Sa), I(Si), I. **Z-Eu:** F, B, LUX, NL, D, A, CH, DK. **N-Eu:** LT, LV, RUS(N). **NO-Eu:** CS, SK, PL, BY, UA, UA(K), RUS(S). **SO-Eu:** H, RO, SLO, HR, MNE, BIH, BG, GR, GR(K). **N-Afr:** MA, DZ. **W-As:** GR(Ä), TR, IL, Kaukasus, IR. **Z-As:** KAZ. **Sib:** W-Sib, O-Sib.

Lokalverbreitung: In Deutschland mit Ausnahme von Schleswig-Holstein aus allen Bundesländern nachgewiesen, in Mecklenburg-Vorpommern und Niedersachsen nur historisch. In Österreich mit Ausnahme von Salzburg und Vorarlberg aus allen Bundesländern gemeldet, in Oberösterreich und Kärnten verschollen. In der Schweiz aktuell im Wallis, entlang des Jura-Südfußes, im Kanton Zürich und im Vorderrheintal, historisch bei Basel, Genf und im Tessin.

Lasioglossum crassepunctatum (Blüthgen, 1923)

Grobpunktierte Schmalbiene

Systematik: Untergattung *Evylaeus* Robertson, 1902; [*Dialictus* Robertson, 1902]; {*Hemihalictus* Cockerell, 1897}.

Nomenklatur: Synonyme: *Evylaeus crassepunctatus* (Blüthgen, 1923).

Etymologie: Von lat. „*crassus*" = „dick, grob" und „*punctatum*" = „punktiert"; Blüthgen bezieht sich auf die dichte und grobe Punktierung des Mesonotums.

Lebensraum: Trockenwarme Standorte mit Steppencharakter. Vom Flachland bis in die kolline Höhenstufe.

Flugzeit: Die beiden im Gebiet gefangenen Weibchen stammen von Ende Mai und Ende Juni.

Gesamtverbreitung: Mediterran-asiatische Steppenart. Von Nordspanien über Südeuropa und Kleinasien bis in den Nordiran; nordwärts bis Ostösterreich, Mähren, Nordukraine und Wolgograd; südwärts bis Sizilien, Peloponnes, Zypern und Israel. Die Meldung aus Tschita/Zabaikal, weitab vom übrigen Verbreitungsgebiet, beruht möglicherweise auf einer Fundort-Vertauschung (vgl. Ebmer 2000). **SW-Eu:** E, I(Si), I. **Z-Eu:** F, A. **NO-Eu:** CS, SK, UA, UA(K), RUS(S). **SO-Eu:** H, RO, MD, SLO, HR, MK, SRB, BG, GR. **W-As:** GR(Ä), CY, TR, JOR, IL, Kaukasus, IR. **Sib:** O-Sib?

Lokalverbreitung: Im Gebiet nur zwei historische Funde aus Niederösterreich von 1935 und dem Burgenland von 1971 (Ebmer 1988a).

Lasioglossum cupromicans (Pérez, 1903)

Grüne Gebirgs-Schmalbiene

Systematik: Untergattung *Evylaeus* Robertson, 1902; {[*Dialictus* Robertson, 1902]}.

Nomenklatur: Im Gebiet in der Unterart *Lasioglossum cupromicans tirolensis* (Blüthgen, 1944), in der Schweiz größtenteils in der Stammform, im Osten mit Übergängen zur ssp. *tirolense*.

Etymologie: Von lat. „*cuprum*" = „Kupfer" und „*micans*" = „funkelnd, schimmernd". Der deutsche Name bezieht sich auf Körperfarbe und Lebensraum.

Pollenquellen: Sicherlich polylektisch.

Nestbau: Nistet in feingrusigem Substrat,

Lebensweise: Unbekannt, wahrscheinlich solitär.

Lebensraum: Im Gebiet vorwiegend auf südexponierten, blütenreichen und steinigen Hängen in der montanen bis zur alpinen Höhenstufe.

Flugzeit: Weibchen von April bis September, Männchen ab Juli.

Gesamtverbreitung: Die westliche Stammform von den Pyrenäen über das Massif Central, Südostfrankreich und dem Alpenbogen bis zum Engadin und in Mittelitalien (Monte Parteni, Monte Sibillini). Die ostalpine ssp. *tirolense* (Blüthgen, 1944) vom Ortler-Gebiet bis Polen (Tatra und Distrikt Pila), Karpaten und Montenegro (Durmitor). In Griechenland in der ssp. *pangaeum* (Warncke, 1982) vom Vermion, Pangaion und Lakmos. In Kleinasien weitere, noch wenig geklärte Formen. **SW-Eu:** E, I. **Z-Eu:** F, D, A, CH, FL. **N-Eu:** IRL, GB. **NO-Eu:** SK, PL, UA. **SO-Eu:** RO, SLO, MK, MNE, GR. **W-As:** TR.

Lokalverbreitung: In Deutschland nur historisch aus den bayerischen Alpen nachgewiesen (Typenserie von *Halictus tirolensis* Blüthgen, 1944 von Mittenwald). In Österreich nur im Burgenland und in Vorarlberg keine Nachweise. In der Schweiz in den Alpen und im Jura (aktuell).

Lasioglossum danuvium (Blüthgen, 1944)

Donau-Schmalbiene

Systematik: Untergattung *Evylaeus* Robertson, 1902; {[*Dialictus* Robertson, 1902]}.

Nomenklatur: Synonym: *Evylaeus danuvius* (Blüthgen, 1944).

Etymologie: Von lat. „*Danubius*“ = „Donau“, vom an der Donau gelegenen Typenfundort Hainburg.

Pollenquellen: Vermutlich polylektisch.

Lebensraum: Im Gebiet offensichtlich auf die pannonische Felsenheide beschränkt.

Flugzeit: Verfügbare Funddaten von Juni bis August.

Gesamtverbreitung: Südosteuropäische Steppenart. Von Österreich (Hainburger Berge), Kroatien Veka), Montenegro, Bosnien-Herzegowina bis zu den *griechischen Rhodopen. **Z-Eu:** A. **SO-Eu:** HR, MNE, BIH, *GR.

Lokalverbreitung: Im Gebiet nur aus Niederösterreich bekannt (aktuell).

Lasioglossum discum (SMITH, 1853)
Glanzrücken-Schmalbiene

Systematik: Untergattung *Lasioglossum* CURTIS, 1833 *s. str.*; {[*Lasioglossum* CURTIS, 1833 *s. str.*]}.

Nomenklatur: Synonym: *Lasioglossum morbillosum* KRIECHBAUMER, 1873.

Etymologie: Von lat. „*discus*" (griech. Fdw.) = „Scheibe"; SMITH bezieht sich auf die stark glänzende „Scheibe", d.h. die Mittelpartie des Mesonotums.

Pollenquellen: Sicherlich polylektisch; besucht häufig Disteln und Flockenblumen.

Lebensraum: Trockenwarme Standorte; Trockenrasen, Steppen, Schottergruben. Vom Flachland bis in die kolline Höhenstufe.

Parasiten: Am Don wurde die auch im Gebiet vorkommende Blutbiene *Sphecodes schencki* als Kuckucksbiene beobachtet. Erwachsene Tiere sind zuweilen von Fächerflüglern der Gattung *Stylops* befallen.

Flugzeit: Weibchen von Juni bis August, Männchen ab Juli.

Gesamtverbreitung: Mediterran-westasiatisch. Die Stammform von Italien über Kleinasien und Zentralasien bis Tuva; nordwärts bis Tschechien, Ukraine und Perm; erreicht in Pakistan die orientalische Faunenregion. Ostwärts bis Tuva. Die westmediterrane ssp. *fertoni* (VACHAL, 1895) vom Maghreb über Iberien, Sizilien und Kalabrien bis Frankreich. In den Cottischen Alpen und im westlichen Piemont Übergangsformen zur Stammform. **SW-Eu:** P, E, F(K), I(Sa), I(Si), I, M. **Z-Eu:** F, {B}, {D}, A, CH. **N-Eu:** RUS(N). **NO-Eu:** CS, SK, UA, UA(K), RUS(S). **SO-Eu:** H, RO, SLO, HR, MK, MNE, SRB, BIH, AL, BG, GR. **N-Afr:** MA, DZ, TN. **W-As:** TR, IL, IRQ, Kaukasus, IR, AFG. **Z-As:** TM, UZB, TAD, KAZ, KGZ. **Sib:** O-Sib. **SO-As:** RC (Xinjiang). **Ori:** PAK.

Lokalverbreitung: In Österreich aktuell aus Kärnten, Niederösterreich und dem Burgenland, historisch aus der Steiermark; Meldungen aus Salzburg und Osttirol beruhen mit Sicherheit auf einem Irrtum. In der Schweiz aktuell im Tessin, historisch im Wallis und im Misox.

Lasioglossum elegans (Lepeletier, 1841)
Pracht-Schmalbiene

Systematik: Untergattung *Evylaeus* ROBERTSON, 1902; [*Evylaeus* ROBERTSON, 1902]; {*Hemihalictus* COCKERELL, 1897}.

Nomenklatur: Synonym: *Evylaeus elegans* (LEPELETIER, 1841).

Etymologie: Von lat. „*elegans*“ = „elegant, auserlesen“; durch ihren roten Hinterleib sind die Weibchen sehr auffällig gefärbt.

Pollenquellen: Offensichtlich oligolektisch auf Salbei (*Salvia*); im Gebiet wurden pollensammelnde Tiere auf Wiesensalbei (*Salvia pratensis*) und auf Quirlblütigem Salbei (*Salvia verticillata*) beobachtet. Im Gegensatz zu

anderen Salbei besuchenden Bienen landet *L. elegans* kopfüber auf der Unterseite der Oberlippe der Salbeiblüte und holt dann mit den Vorderbeinen den Pollen aus den Staubblättern, um ihn dann auf die Sammelbehaarung der Hinterbeine umzulagern. Zur Nektaraufnahme landet sie wie alle anderen Bienen in normaler Position auf der Unterlippe der Blüte (Ebmer 2003).

Lebensraum: Trockenwarme Standorte mit Steppencharakter, Magerrasen. Vom Flachland bis in die kolline Höhenstufe.

Flugzeit: Nach den verfügbaren Daten aus dem Gebiet Weibchen von Mai bis Juli, Männchen im Juli.

Gesamtverbreitung: Steppenart der warmen Westpaläarktis. Lokal und recht selten von Portugal über Südeuropa, Kleinasien und Kaukasus bis Kirgistan; nordwärts bis Mähren und Mittelukraine; südwärts bis Sizilien, Thessalien, Zypern und Israel. Die alte Meldung aus Algerien durch Blüthgen (1923) wurde später nie verifiziert, die Art wurde in Nordafrika nie mehr gefunden. **SW-Eu:** P, E, I(Si), I. **Z-Eu:** F, A, CH. **NO-Eu:** CS, SK, UA, RUS(S). **SO-Eu:** H, RO, HR, MK, SRB, BIH, BG, GR. **N-Afr:** DZ? **W-As:** GR(Ä), CY, TR, IL, Kaukasus, IR. **Z-As:** TM, KGZ.

Lokalverbreitung: In Österreich aktuell aus Niederösterreich und dem Burgenland. In der Schweiz aktuell und historisch aus dem Wallis, nur historisch von Genf.

Lasioglossum euboeense (Strand, 1909)
Steppen-Schmalbiene

Systematik: Untergattung *Evylaeus* Robertson, 1902; [*Evylaeus* Robertson, 1902]; {*Sphecodogastra* Ashmead, 1899}.

Nomenklatur: Synonym: *Evylaeus euboeensis* (Strand, 1909); *Halictus kirschbaumi* Blüthgen, 1918.

Etymologie: Strand beschrieb die Art aus Südeuböa. Deutscher Name: Steppen gehören zu den Hauptlebensräumen der Art.

Pollenquellen: Vermutlich polylektisch; besucht mit Vorliebe Korbblütler (Asteraceae).

Lebensweise: Unbekannt, aber nach den phänologischen Daten eher eusozial.

Lebensraum: Trockenwarme Standorte; Magerrasen, Binnendünen, Steppenwiesen. Vom Flachland bis in die montane Höhenstufe.

Flugzeit: Weibchen von April bis Oktober, Männchen ab Juli.

Gesamtverbreitung: Westpaläarktische Steppenart. In Nordafrika nur eine ältere, bestätigungsbedürftige Meldung von Algerien. In Eurasien von Zentralspanien über Südeuropa und Kleinasien bis in den Kaukasus und Westiran, südwärts bis in den Libanon, nordwärts bis an den Südrand der deut-

schen Mittelgebirge, Tschechien, in Polen bis an die Ostseeküste, von hier über die Ukraine bis zur Wolga, nordwärts bis Perm. **SW-Eu:** P, E, I. **Z-Eu:** F, D, A, CH. **N-Eu:** RUS(N). **NO-Eu:** CS, SK, PL, UA, RUS(S). **SO-Eu:** H, RO, MK, GR. **N-Afr:** DZ(?). **W-As:** GR(Ä), TR. **W-As:** RL, Kaukasus, IR.

Lokalverbreitung: In Deutschland historisch nachgewiesen in Niedersachsen, Brandenburg, Sachsen, Rheinland-Pfalz und Bayern, aktuell nur in Hessen und Baden-Württemberg (sehr selten). In Österreich nur aus Nie-

derösterreich und dem Burgenland bekannt (aktuell). In der Schweiz aktuell und historisch aus dem Wallis, nur historisch im Genfersee-Gebiet.

Lasioglossum fratellum (Pérez, 1903)
Wald-Schmalbiene

Systematik: Untergattung *Evylaeus* Robertson, 1902; [*Evylaeus* Robertson, 1902]; {*Sphecodogastra* Ashmead, 1899}.

Nomenklatur: Synonym: *Evylaeus fratellus* (Pérez, 1903); *Halictus freygessneri* Alfken, 1904; *Lasioglossum nigrum* auct. nec (Viereck, 1903).

Etymologie: Diminutiv von lat. „*frater*" = Bruder. Pérez stellt eine große Ähnlichkeit mit *Halictus affinis* (= *Lasioglossum affine*) fest, also „kleiner Bruder von *H. affinis*". Deutscher Name: Wälder sind einer der Hauptlebensräume der Art.

Pollenquellen: Vermutlich polylektisch; nachgewiesen ist bisher aber nur die Nutzung des Pollens von Heidelbeere (*Vaccinium myrtillus*) und Preiselbeere (*Vaccinium vitis-idaea*).

Nestbau: Nistet auf schütter bewachsenen Flächen ohne erkennbare Bevorzugung eines bestimmten Substrats. Die etwa ein halbes Dutzend Brutzellen werden als Gruppe in einem Hohlraum in einer Tiefe von 5–20 cm angelegt.

Lebensweise: Solitär, aber mit einigen ungewöhnlichen Abweichungen: Ein Teil der Weibchen überwintert zweimal und kann nach der zweiten Überwinterung, die gewöhnlich im Geburtsnest stattfindet, erneut Nachkommen aufzuziehen. Polygyne Nestgründungen kommen vor, eine Arbeitsteilung konnte bisher jedoch nicht beobachtet werden. Wie bei den meisten anderen Bienenarten schlüpfen die Männchen etwas früher als die Weibchen, verlassen das Nest und patrouillieren über blühende Futterpflanzen auf der Suche nach Weibchen.

Lebensraum: Waldaffin; Lichtungen, Kahlschläge, Waldsäume, Moore, Heiden. Vom Flachland bis in die alpine Höhenstufe (steigt höher als die nah verwandte *L. subfulvicorne*).

Parasiten: Als Kuckucksbiene wurde *Sphecodes hyalinatus* beobachtet. Erwachsene Tiere sind zuweilen von Fächerflüglern befallen.

Flugzeit: Weibchen von April bis Oktober, Männchen ab Juli.

Gesamtverbreitung: Transpaläarktisch in der gemäßigt-kühlen Zone. Die westpaläarktische Stammform nach sicher determinierbaren Männchen von Irland bis in die Nordosttürkei, Kaukasus und Baschkirien; nordwärts bis jenseits des Polarkreises: Norwegen, Schweden, Finnland und Russland bis 70°N; in Südeuropa disjunkt-montan: Spanien (Kantabrisches Gebirge, Sierra de la Demanda), Pyrenäen, Italien (Monte Parteni), Griechenland (Pindos). In Zentralasien sowie im nördlichen Ostasien ist die Situation mangels Männchen unklar. In der Ostpaläarktis in der ssp. *betulae* Ebmer, 1978. Die Meldung aus Marokko (Strand 1909a unter dem Synonym *Halictus freygessneri*) beruht sicherlich auf einer Fehldetermination; die Meldung aus Japan bezieht sich auf *L. nupricola* Sakagami, 1988. **SW-Eu:** E, I(Si), I. **Z-Eu:** F, B, LUX, NL, D, A, CH, FL, DK. **N-Eu:** IRL, GB, N, S, SF, EST, LT, LV, RUS(N). **NO-Eu:** CS, SK, PL, BY, UA, RUS(S). **SO-Eu:** H, RO, SLO, HR, MK, MNE, BG, GR. **N-Afr:** {MA}. **W-As:** TR, Kaukasus. **Sib:** O-Sib. **NO-As:** Jak, Amur(?), Prim, Sach(?), Kur(?), Kam(?). **SO-As:** MGL, KP, {J}.

Lokalverbreitung: In Deutschland in allen Bundesländern nachgewiesen (aktuell). In Österreich keine Nachweise aus dem Burgenland, sonst überall aktuell. In der Schweiz überall aktuell, lediglich aus dem Flachland zwischen Zürichsee und Bodensee keine Meldungen.

Lasioglossum fulvicorne (Kirby, 1802)

Braunfühler-Schmalbiene

Systematik: Untergattung *Evylaeus* Robertson, 1902; [*Evylaeus* Robertson, 1902]; {*Sphecodogastra* Ashmead, 1899}.

Nomenklatur: Synonym: *Evylaeus fulvicornis* (Kirby, 1802).

Etymologie: Von lat. „*fulvus*" = „dunkelgelb, braungelb, bräunlich, rotgelb" und „*cornum*" = „Horn" (im Sinne von Fühler); die Fühlergeißel des Männchens ist auf der Unterseite ockergelb.

Pollenquellen: Polylektisch; nachgewiesen ist bislang die Nutzung des Pollens der fünf Pflanzenfamilien Asteraceae, Brassicaceae, Ericaceae, Rosaceae und Salicaceae.

Nestbau: Nistet auf kahlen oder schütter bewachsenen, ebenen oder schwach geneigten Flächen ohne erkennbare Bevorzugung eines bestimmten Substrats, zuweilen in kleinen bis größeren Aggregationen. Das Nest besteht aus einem Hauptgang, in den die Brutzellen direkt einmünden.

Lebensweise: Solitär.

Lebensraum: Zeigt keine strenge Habitatbindung; sowohl auf trockenwarmen als auch feuchtkühlen Standorten; vom xerothermen Trockenrasen bis zum Au- oder Bergwald, häufig auch im Siedlungsbereich. Vom Flachland bis in die subalpine, zuweilen auch alpine Höhenstufe.

Parasiten: Als Kuckucksbiene sind *Sphecodes hyalinatus* und *S. ferruginatus* bekannt, in der Literatur werden auch *S. geoffrellus, S. miniatus* und *S. puncticeps* angeführt. Erwachsene Tiere sind zuweilen von Fächerflüglern der Gattung *Halictoxenus* befallen.

Flugzeit: Weibchen von März/April bis Oktober, Männchen ab Juli.

Gesamtverbreitung: Transpaläarktisch in der gemäßigt-kühlen Zone. Die Stammform von Zentralspanien über Europa bis zur Region Altai; nordwärts bis zur Nordgrenze Englands, in Norwegen bis 62°N (Otta), in Schweden bis 63,5 (Ångermanland), in Finnland bis 63°N (Prov. Mittelfinnland), in Russland bis Karelien und Perm; in Südeuropa disjunkt-montan, südwärts bis Sizilien, Nordgriechenland, Nordtürkei und Nordiran. Die ostpaläarktische ssp. *melanocorne* Ebmer, 1988 vom Baikalsee bis Jakutien (geht möglicherweise noch weiter ostwärts bis Kamtschatka, doch sind diese Meldungen noch zu überprüfen). In der schwach ausgeprägten ssp. *antelicum* (Warncke, 1975) in der Türkei und Iran. Dringt mit der auf Taiwan endemischen ssp. *koshunchare* (Strand, 1914) in die orientalische Faunenregion vor. **SW-Eu:** P, E, I(Si), I. **Z-Eu:** F, B, LUX, NL, D, A, CH, FL, DK. **N-Eu:** GB, N, S, SF, EST, LT, LV, RUS(N). **NO-Eu:** CS, SK, PL, BY, UA, UA(K), RUS(S). **SO-Eu:** H, RO, SLO, HR, MK, MNE, BG, GR. **W-As:** TR, Kaukasus, IR. **Z-As:** UZB. **Sib:** W-Sib, O-Sib. **NO-As:** Jak, Amur(?), Khab(?), Prim(?), Sach(?), Kam(?), Kur(?). **SO-As:** MGL. **Ori:** TW.

Lokalverbreitung: Im Gebiet aus allen Regionen gemeldet.

Lasioglossum glabriusculum (Morawitz, 1872)
Dickkopf-Schmalbiene

Systematik: Untergattung *Evylaeus* Robertson, 1902; [*Dialictus* Robertson, 1902]; {*Evylaeus* Robertson, 1902}.

Nomenklatur: Synonym: *Evylaeus glabriusculum* (Morawitz, 1872); *Halictus granulosus* Alfken, 1906.

Etymologie: Von lat. „*glaber*“ = „glatt, unbehaart, kahl“; Morawitz bezieht sich auf das stark glänzende Mesonotum. Deutscher Name: Das Weibchen besitzt einen annähernd quadratischen Kopf mit breiten Schläfen.

Pollenquellen: Vermutlich polylektisch.

Nestbau: Nistet auf kahlen oder schütter bewachsenen, ebenen oder schwach geneigten Flächen in sandigem oder lehmigem Substrat. Der Nesteingang ist in eine Erdröhre verlängert. Das Nest besteht aus einem vertikalen Hauptgang, an dem entlang zuerst eine Reihe von Hohlräumen gegraben wird. Sobald diese fertig sind, wird in die erste dieser Höhlungen eine Brutzelle errichtet, verproviantiert und von der Königin ein Ei hineingelegt. Dann erst wird die zweite Zelle gebaut und so fort. Anders als bei vielen verwandten Arten werden weder Nestkammern angelegt noch werden die Zellen wabenartig gruppiert.

Lebensweise: Eusozial. Eine polygyne Nestgründung durch Schwestern ist offensichtlich die Regel. Das größte Tier übernimmt die Rolle der Königin, die nicht nur Eier legt, sondern in der ersten Phase auch das Nest bewacht. Die erste Brut bringt Arbeiterinnen hervor, nur gelegentlich treten auch Männchen auf. Die Arbeiterinnen kümmern sich arbeitsteilig um Bewachung des Nesteingangs, um die Instandhaltung der Eingangsröhre und um die Versorgung der zweiten Brut, aus der Geschlechtstiere hervorgehen. Nach der Paarung überwintern die jungen Weibchen im Nest ihrer Mutter.

Lebensraum: Trockenwarme Standorte; Trockenrasen, Sand,- Kies- und Lehmgruben, Brach- und Ruderalflächen. Vom Flachland bis in die montane Höhenstufe.

Parasiten: Als Kuckucksbiene tritt *Nomada sheppardana* auf, vermutlich auch *Nomada minuscula*.

Flugzeit: Weibchen von April bis Oktober, Männchen ab August.

Gesamtverbreitung: Südliche Westpaläarktis. In Nordafrika in der ssp. *ultraparvum* (Cockerell, 1938) von Marokko bis Tunesien. In Eurasien in der Stammform von Portugal über Europa und Kleinasien bis in den Kaukasus; nordwärts bis Belgien, Süddeutschland, Südpolen und Mittelukraine; südwärts bis Sizilien, nördliche Peloponnes, Israel, Jordanien und Nordiran. **SW-Eu:** P, E, I(Si), I. **Z-Eu:** F, B, LUX, D, A, CH. **NO-Eu:** CS, SK, PL, UA, UA(K), RUS(S). **SO-Eu:** H, RO, SLO, HR, MK, SRB, BG, GR. **N-Afr:** MA, DZ, TN. **W-As:** GR(Ä), TR, JOR, IL, Kaukasus, IR.

Lokalverbreitung: In Deutschland fast nur im Süden; nachgewiesen aus Brandenburg, Hessen, Thüringen, Sachsen, Rheinland-Pfalz, Baden-Württemberg und Bayern (aktuell). In Österreich mit Ausnahme von Salzburg, Tirol und Vorarlberg aus allen Bundesländern nachgewiesen. In der Schweiz aktuell im Norden von Basel bis Thurgau, bei Genf, im Wallis und im Tessin, historisch aus dem Kanton Waadt.

Lasioglossum griseolum (Morawitz, 1872)

Graue Schmalbiene

Systematik: Untergattung *Evylaeus* Robertson, 1902; [*Dialictus* Robertson, 1902]; {*Hemihalictus* Cockerell, 1897}.

Nomenklatur: Synonym: *Evylaeus griseolum* (Morawitz, 1872).

Etymologie: Von lat. „*griseum*“ = „grau“; Morawitz bezieht sich auf die vollständig graue Behaarung.

Pollenquellen: Sicherlich polylektisch.

Lebensraum: Trockenwarme Standorte; Magerrasen, Brach- und Ruderalflächen, Steppen. Vom Flachland bis in die montane Höhenstufe.

Flugzeit: Weibchen von April bis September, Männchen ab Juni.

Gesamtverbreitung: In Nordafrika in der ssp. *musculum* (Blüthgen, 1925) von Marokko bis Tunesien. In Eurasien in der Stammform von Portugal über Süd- und südliches Mitteleuropa, Kleinasien und Kaukasus bis Zentralasien und Afghanistan; nordwärts bis Mitteldeutschland, Mähren und Mittelukraine; südwärts bis Sizilien, Kreta, Zypern und Israel. **SW-Eu:** P, E, E(B), I(Sa), I(Si), I. **Z-Eu:** F, B, D, A, CH. **NO-Eu:** CS, UA, RUS(S). **SO-Eu:** H, RO, SLO, HR, MK, BG, GR, GR(K). **N-Afr:** MA, DZ, TN. **Arab:** KSA. **W-As:** GR(Ä), CY, TR, JOR, IL, Kaukasus, IR, AFG. **Z-As:** UZB, TAD, KAZ, KGZ.

Lokalverbreitung: In Deutschland aktuell nur in Thüringen, Rheinland-Pfalz und Baden-Württemberg, historisch in Sachsen-Anhalt und Bayern, eine alte Meldung aus Hessen ohne Belege. In Österreich nur im Burgenland und in Niederösterreich. In der Schweiz aktuell im Wallis und am Neuenburgersee, historisch vom Genfersee.

Lasioglossum intermedium (Schenck, 1869)
Mittlere Schmalbiene

Systematik: Untergattung *Evylaeus* Robertson, 1902; [*Dialictus* Robertson, 1902]; {*Hemihalictus* Cockerell, 1897}.

Nomenklatur: Synonym: *Evylaeus intermedium* (Schenck, 1869).

Etymologie: Von lat. „*inter*" = „inmitten, zwischen, unter" und „*medium*" = „das mittlere, mitten, in der Mitte".

Pollenquellen: Vermutlich polylektisch; bisher wurde nur die Nutzung des Pollens von Wiesen-Löwenzahn (*Taraxacum officinale*, Fam. Asteraceae) und Weiden (*Salix*, Fam. Salicaceae) belegt.

Nestbau: Nistet auf kahlen oder schütter bewachsenen, ebenen oder schwach geneigten Flächen in sandigem oder lehmigem Substrat.

Lebensweise: Die phänologischen Daten lassen eine solitäre Lebensweise vermuten.

Lebensraum: Sandaffin; Binnendünen, Flugsandfelder, Sand-, Kies- und Lehmgruben. Vom Flachland bis in die montane, in der Südschweiz bis in die alpine Höhenstufe.

Flugzeit: Weibchen von April bis August, Männchen ab Juni.

Gesamtverbreitung: Westpaläarktische Sandart. Von Andalusien bis in die Osttürkei; nordwärts bis ins Baltikum; im Süden isoliert, in Italien bis Kalabrien, in Griechenland bis auf die Peloponnes. Meldungen aus der Osttürkei, dem Kaukasus und dem Iran beziehen sich auf das nah verwandte Taxon *scirpaceum* (Warncke, 1975), das möglicherweise nur eine Unterart von *L. intermedium* darstellt. **SW-Eu:** P, E, I(Sa), I(Si), I. **Z-Eu:** F, LUX, NL, D, A, CH, FL. **N-Eu:** S, LT, LV. **NO-Eu:** CS, PL, BY, UA, RUS(S). **SO-Eu:** H, RO, SLO, HR, MK. **W-As:** TR, Kaukasus, IR(?).

Lokalverbreitung: In Deutschland in allen Bundesländern nachgewiesen, aus Mecklenburg-Vorpommern und Niedersachsen nur historische Meldungen. In Österreich und der Schweiz aus allen Regionen aktuell gemeldet mit Ausnehme des Genfersee-Gebiets und des Tessins, hier nur historisch.

Lasioglossum interruptum (Panzer, 1798)
Schwarzrote Schmalbiene

Systematik: Untergattung *Evylaeus* Robertson, 1902; [*Evylaeus* Robertson, 1902]; {*Sphecodogastra* Ashmead, 1899}.

Nomenklatur: Synonym: *Evylaeus interruptus* (Panzer, 1798).

Etymologie: Von lat. „*interruptum*" = „unterbrochen"; bezieht sich auf die Basalbinden der Tergite. Deutscher Name: Das Männchen besitzt häufig teilweise rot gefärbte Tergite.

Pollenquellen: Polylektisch; nachgewiesen ist bislang die Nutzung des Pollens der fünf Pflanzenfamilien Asteraceae, Boraginaceae, Brassicaceae, Crassulaceae und Rosaceae.

Nestbau: Nistet auf kahlen oder schütter bewachsenen, ebenen oder schwach geneigten Flächen, bevorzugt in sandigem oder lössigem Substrat. Der Nesteingang ist in eine gekrümmte Erdröhre verlängert. Die Brutzellen werden wabenartig gruppiert in Nestkammern errichtet. Die oberen Nestkammern liegen ca. 15 cm, die unteren ca. 30 cm unter der Erdoberfläche.

Lebensweise: Eusozial. Die Nestgründung erfolgt oft polygyn.

Lebensraum: Warme Standorte; Trockenrasen, mageres Grünland, Brach- und Ruderalflächen, Hochwasser- und Bahndämme. Vom Flachland bis in die montane, manchmal untere subalpine Höhenstufe.

Parasiten: Als Kuckucksbiene wird *Sphecodes croaticus* vermutet.

Flugzeit: Weibchen von April bis September/Oktober, Männchen ab Juli.

Gesamtverbreitung: Südliche Westpaläarktis. In Nordafrika von Marokko bis Tunesien sowie in Ägypten. In Eurasien von Portugal bis in den Iran; nordwärts bis Norddeutschland und Nordpolen; südwärts bis Sizilien, Thessalien, Rhodos und Nordiran. **SW-Eu:** P, E, F(K), I(Sa), I(Si), I. **Z-Eu:** F, B, LUX, D, A, CH, DK? **N-Eu:** {GB}, RUS(N). **NO-Eu:** CS, SK, PL, UA, UA(K), RUS(S). **SO-Eu:** H, RO, SLO, HR, MK, SRB, BIH, BG, GR. **N-Afr:** MA, DZ, TN, ET. **W-As:** GR(Ä), TR. **W-As:** SYR, IL, Kaukasus, IR.

Lokalverbreitung: In Deutschland mit Ausnahme von Mecklenburg-Vorpommern aus allen Bundesländern nachgewiesen, in Schleswig-Holstein, Niedersachsen, Nordrhein-Westfalen und Sachsen nur historisch. In Österreich mit Ausnahme von Salzburg und Vorarlberg aus allen Bundesländern gemeldet. In der Schweiz mit Ausnahme der höheren Lagen des Juras, des Alpennordhanges und des Alpenhauptkammes fast überall (aktuell).

Lasioglossum kussariense (Blüthgen, 1925)
Kaukasische Schmalbiene

Systematik: Untergattung *Lasioglossum* Curtis, 1833 *s. str.*; {[*Lasioglossum* Curtis, 1833 *s. str.*]}.

Etymologie: Blüthgen beschrieb die Art aus „Kussary", dem heutigen Qusar in Aserbaidschan im Kaukasus.

Pollenquellen: Oligolektisch auf Glockenblumengewächse (Campanulaceae), im Gebiet auf *Campanula*, außerhalb Mitteleuropas wird auch der Pollen verwandter Pflanzengattungen genutzt (z. B. *Legousia*).

Lebensraum: Bisher auch im Mittelmeerraum nur an relativ feuchten Standorten; lichte Wälder, Waldsäume.

Flugzeit: Nach Funddaten aus dem gesamten Verbreitungsgebiet Weibchen von April/Mai bis Juli, Männchen von Juli bis August.

Gesamtverbreitung: Ostmediterran-kaukasisch. Von Istrien über die Türkei bis in den Kaukasus; nordwärts bis in die Steiermark; südwärts bis Kreta und Südtürkei. **Z-Eu:** A, CH? **NO-Eu:** RUS(S). **SO-Eu:** H, RO, SLO, HR, MK, SRB, GR, GR(K). **W-As:** GR(Ä), TR, Kaukasus.

Lokalverbreitung: In Österreich erst 2009 erstmals für das Gebiet aus der Steiermark gemeldet (Ebmer 2009); Gusenleitner et al. (2012) geben auch Niederösterreich und eine zweifelhafte Meldung aus Tirol an. Warncke (1986a) untersuchte ein Tier mit der Herkunftsbezeichnung „Ronco". Er bezog diese Angabe auf das Ronco bei Locarno in der Schweiz. Abgesehen davon, dass es in Italien eine ganze Reihe von Orten dieses Namens gibt, ist es laut Ebmer (2009) nach der Gesamtverbreitung dieser ponto-mediterranen Art sehr viel wahrscheinlicher, dass das slowenische Ronko gemeint ist, für das in Istrien die italienische Schreibweise „Ronco" gebraucht wurde.

Lasioglossum laeve (Kirby, 1802)

Glanz-Schmalbiene

Systematik: Untergattung *Evylaeus* Robertson, 1902; [*Evylaeus* Robertson, 1902]; {*Sphecodogastra* Ashmead, 1899}.

Nomenklatur: Synonym: *Evylaeus laeve* (Kirby, 1802).

Etymologie: Von lat. „*laevis*" = „glatt"; Kirby bezieht sich auf die glatten Tergite.

Pollenquellen: Polylektisch; bisher nachgewiesen ist die Nutzung des Pollens der drei Pflanzenfamilien Apiaceae, Asteraceae und Dipsacaceae.

Lebensweise: Vermutlich solitär.

Lebensraum: Trockenwarme Standorte; Magerrasen, sonnenexponierte Waldsäume, Ruderalflächen. Vom Flachland bis in die montane Höhenstufe.

Parasiten: Kuckucksbienen wurden bisher nicht bekannt. Erwachsene Tiere sind zuweilen von Fächerflüglern befallen.

Flugzeit: Weibchen von April/Mai bis September, Männchen ab Juli.

Gesamtverbreitung: Gemäßigte Westpaläarktis. von Zentralspanien über Europa, Türkei, Kaukasus bis in die Region Altai; nordwärts bis Südengland (von hier beschrieben, seit 200 Jahren verschollen), in Norwegen und Schweden bis 64°N (nur Meldungen aus dem 19. Jh.), in Russland bis Perm; im Süden isoliert-hochmontan, südwärts bis Sierra de Guadarrama, Sizilien, Monte Sibillini, *Kreta, Israel und Nordiran. **SW-Eu:** E, I(Si), I. **Z-Eu:** F, B, NL, D, A, CH, {DK}. **N-Eu:** GB, N, S, LT, RUS(N). **NO-Eu:** CS, SK, PL, BY, UA, RUS(S). **SO-Eu:** H, RO, SLO, HR, GR, *GR(K). **W-As:** GR(Ä), TR, SYR, IL, Kaukasus, IR. **Sib:** W-Sib. **NO-As:** {~~Kam~~}.

Lokalverbreitung: In Deutschland mit Ausnahme von Niedersachsen aus allen Bundesländern nachgewiesen, aber aktuell nur aus Baden-Württemberg gemeldet. In Österreich mit Ausnahme von Kärnten, Salzburg und Vorarlberg aus allen Bundesländern nachgewiesen. In der Schweiz aktuell im Wallis, historisch aus dem Genfersee-Gebiet, den Kantonen Waadt, Neuenburg und Bern sowie bei Basel nachgewiesen.

Lasioglossum laevidorsum (Blüthgen, 1923)

Glattbrust-Schmalbiene

Systematik: Untergattung *Evylaeus* Robertson, 1902; [*Dialictus* Robertson, 1902]; {*Hemihalictus* Cockerell, 1897}.

Nomenklatur: Synonym: *Evylaeus laevidorsus* (Blüthgen, 1923).

Etymologie: Von lat. „*laevis*" = „glatt" und „*dorsum*" = „Rücken"; wegen des glänzenden Mesonotums.

Pollenquellen: Vermutlich polylektisch.

Lebensraum: Trockenrasen, sandige Böschungen, Felssteppen.

Flugzeit: Weibchen von April/Mai bis September, Männchen ab Juli.

Gesamtverbreitung: Ostmediterran-orientalisch. Die europäische ssp. *priesneriellum* (Warncke, 1981) isoliert in den Pyrenäen, auf Mallorca und in Kalabrien, von den französischen Seealpen nordwärts bis Südschweiz und Kärnten und auf der Balkanhalbinsel südwärts bis auf die Peloponnes; die Stammform von der Ägäis über Iran und Zentralasien bis Nordwestindien (Punjab), dort in teilweise ungeklärten Formen. In der ssp. *troodicum* (Blüthgen, 1938) endemisch auf Zypern, in der ssp. *katharinae* Ebmer, 1974 in Israel, Jordanien und am Sinai . **SW-Eu:** E, E(B), I. **Z-Eu:** F, A, CH. **SO-Eu:** MK, SRB, BG, GR, GR(K). **N-Afr:** ET. **W-As:** GR(Ä), CY, TR, JOR, IL, Kaukasus, IR. **Ori:** IND.

Lokalverbreitung: In Österreich nur von wenigen Exemplaren aus Kärnten bekannt (16 Weibchen und 2 Männchen von 1964, 3 Weibchen von 1972, Ebmer 1988a). In der Schweiz aktuell aus dem Tessin (Amiet & Moretti 2002), historisch aus den Kantonen Freiburg, Wallis und Chur.

Lasioglossum laevigatum (Kirby, 1802)

Bezahnte Schmalbiene

Systematik: Untergattung *Lasioglossum* Curtis, 1833 *s. str.*; {[*Lasioglossum* Curtis, 1833 *s. str.*]}.

Etymologie: Von lat. „*laevigatum*" = „behauen, gezimmert" (im Sinne von glatt); Kirby bezieht sich auf die Skulptur des Hinterleibs („*Abdomen ovatum, nitidissime laevigatum*"). Deutscher Name: Beim Weibchen ist die Stutzkante des Propodeums beiderseits in einen zahnartigen Fortsatz ausgezogen.

Pollenquellen: Polylektisch; nachgewiesen ist bislang die Nutzung des Pollens der neun Pflanzenfamilien Apiaceae, Asteraceae, Brassicaceae, Caryophyllaceae, Cornaceae, Ranunculaceae, Rosaceae, Salicaceae und Scrophulariaceae.

Nestbau: Nistet auf kahlen oder schütter bewachsenen, ebenen oder schwach geneigten Flächen, bevorzugt in lössigem oder lehmigem Substrat.

Lebensweise: Solitär.

Lebensraum: Waldsäume, Lichtungen, Hecken, extensiv genutztes Grünland, trockene Fettwiesen und -weiden, Magerrasen, Sandheiden. Vom Flachland bis in die montane und subalpine Höhenstufe.

Flugzeit: Weibchen von März/April bis Oktober, Männchen ab Juli.

Gesamtverbreitung: Gemäßigte und warme Westpaläarktis. Von Zentralspanien bis Nordiran (Golestan); nordwärts bis Südengland, Dänemark, Baltikum und Perm; südwärts bis Sizilien, Peloponnes und Nordiran. **SW-Eu:** E, I(Si), I. **Z-Eu:** F, B, LUX, NL, D, A, CH, FL, DK. **N-Eu:** GB, LT, RUS(N). **NO-Eu:** CS, SK, PL, BY, UA, RUS(S). **SO-Eu:** H, RO, SLO, HR, MK, BG, GR. **W-As:** GR(Ä), TR, Kaukasus, IR.

Lokalverbreitung: In Deutschland mit Ausnahme von Schleswig-Holstein aus allen Bundesländern nachgewiesen, in Mecklenburg-Vorpommern und Brandenburg nur historisch. In Österreich und der Schweiz aus allen Regionen gemeldet.

Lasioglossum laterale (Brullé, 1832)

Runzelbrust-Schmalbiene

Systematik: Untergattung *Lasioglossum* Curtis, 1833 *s. str.*; {[*Lasioglossum* Curtis, 1833 *s. str.*]}.

Nomenklatur: Synonym: *Halictus ticinensis* Frey-Gessner, 1903.

Etymologie: Von lat. „*laterale*" = „die Seite betreffend, Seiten-"; wegen der gelblich weißen Haarflecken an der Basis der Tergite 2–4. Deutscher Name: Die Brustseiten des Weibchens sind stark gerunzelt.

Pollenquellen: Vermutlich polylektisch.

Lebensraum: Trockenwarme Standorte. Vom Flachland bis in die kolline Höhenstufe.

Flugzeit: Die wenigen Funddaten aus dem Gebiet stammen von April bis Mai.

Gesamtverbreitung: Seltene mediterrane Art. Von Spanien bis in die Westtürkei (Burdur), möglicherweise bis in den Kaukasus; nordwärts bis in die Slowakei; südwärts bis Sizilien und Kreta. **SW-Eu:** P?, E, I(Si), I. **Z-Eu:** F, {~~D~~}, {~~A~~}, CH. **NO-Eu:** SK, PL(?), RUS(S). **SO-Eu:** H, RO, SLO, HR, BG, GR, GR(K). **W-As:** TR, Kaukasus(?).

Lokalverbreitung: Im Gebiet nur historische Nachweise aus dem Tessin von vor 1890 und von 1903. Blüthgen (1921) meldet die Art auch aus Zürich; dies wäre bisher der einzige Fund nördlich der Alpen, sodass ein Irrtum sehr wahrscheinlich ist.

Lasioglossum laticeps (Schenck, 1869)
Breitkopf-Schmalbiene

Systematik: Untergattung *Evylaeus* Robertson, 1902; [*Evylaeus* Robertson, 1902]; {*Sphecodogastra* Ashmead, 1899}.

Nomenklatur: Synonyme: *Evylaeus laticeps* (Schenck, 1869); *Halictus affinis* Schenck, 1853.

Etymologie: Von lat. „*latus*" = „breit, groß" und „*ceps*" = „Kopf"; der Kopf beider Geschlechter ist deutlich kürzer als breit.

Pollenquellen: Polylektisch; nachgewiesen ist bislang die Nutzung des Pollens der sechs Pflanzenfamilien Apiaceae, Asteraceae, Brassicaceae, Ranunculaceae, Rosaceae und Salicaceae.

Nestbau: Nistet auf kahlen oder schütter bewachsenen, ebenen oder schwach geneigten Flächen in lehmigem, lössigem oder sandigem Substrat, zuweilen auch in Steilwänden oder in lehmverfugten Trockenmauern, meist in kleineren bis großen Aggregationen. Für beide Bruten wird jeweils eine Nistkammer errichtet, in der dann die Brutzellen wabenartig gruppiert untergebracht werden. Die Kammer der Frühjahrsbrut liegt etwa 6–10 cm, die der Sommerbrut rund 8–15 cm unter der Erdoberfläche. Anders als bei vielen anderen eusozialen Schmalbienen werden die Zellen nach der Eiablage verschlossen.

Lebensweise: Eusozial, aber auf einer relativ niedrigen Entwicklungsstufe. Die Nestgründung erfolgt in der Regel durch ein einzelnes Weibchen. Die Arbeiterinnen sind nur geringfügig kleiner als die Königin. In der ersten Brut entwickelt sich bereits ein relativ hoher Anteil von etwa einem Viertel an Männchen und rund die Hälfte der Arbeiterinnen weist entwickelte Ovarien auf. Die fertilen Weibchen der Sommerbrut überwintern nicht in ihrem Geburtsnest.

Lebensraum: Waldsäume, extensiv genutztes Grünland, Trockenrasen, Sand- und Lehmgruben, Brach- und Ruderalflächen. Vom Flachland bis in die montane Höhenstufe, in der Südschweiz zuweilen bis in die untere alpine Stufe.

Parasiten: Als Kuckucksbiene kommt *Sphecodes ephippius* und vermutlich auch *Sphecodes ferruginatus* infrage. Erwachsene Tiere sind zuweilen von Fächerflüglern befallen.

Flugzeit: Weibchen von März/April bis Oktober, Männchen ab Juni/Juli.

Gesamtverbreitung: Westpaläarktisch. Die Stammform von Portugal bis zum Ural; nordwärts bis Nordpolen, Litauen und Udmurtien; südwärts bis Sizilien und Bulgarien. In Griechenland Übergänge zur südöstlichen ssp. *hellenicum* (Blüthgen, 1937), diese südwärts bis Kreta, Zypern und Israel, ostwärts bis Iran. **SW-Eu:** P, E, I(Si), I. **Z-Eu:** F, B, LUX, NL, D, A, CH, FL, DK? **N-Eu:** GB, LT, LV, RUS(N). **NO-Eu:** CS, SK, PL, BY, UA, UA(K), RUS(S). **SO-Eu:** H, RO, SLO, HR, MK, BIH, AL, BG, GR, GR(K). **W-As:** GR(Ä), CY, TR, IL, Kaukasus, IR. **Z-As:** TM.

Lokalverbreitung: Im Gebiet mit Ausnahme von Schleswig-Holstein aus allen Regionen aktuell nachgewiesen

Lasioglossum lativentre (Schenck, 1853)
Breitbauch-Schmalbiene

Systematik: Untergattung *Lasioglossum* Curtis, 1833 *s. str.*; {[*Lasioglossum* Curtis, 1833 *s. str.*]}.

Nomenklatur: Synonym: *Halictus decipiens* Perkins, 1913.

Etymologie: Von lat. „*latus*" = „breit, groß" und „*venter*" = „Bauch" (im Sinne von Hinterleib); Schenck wählte den Namen, weil die Männchen einen für diese Gattung ungewöhnlich breiten Hinterleib besitzen.

Pollenquellen: Polylektisch; bislang nachgewiesen ist die Nutzung des Pollens der vier Pflanzenfamilien Asteraceae, Fabaceae, Plantaginaceae und Ranunculaceae.

Lebensweise: Solitär.

Lebensraum: Waldsäume, Magerrasen, extensiv genutztes Grünland, blütenreiche Fettwiesen, Brach- und Ruderalflächen. Vom Flachland bis in die montane Höhenstufe, in der Südschweiz zuweilen bis in die untere alpine Stufe.

Parasiten: Kuckucksbiene ist vermutlich *Sphecodes puncticeps*.

Flugzeit: Weibchen von April bis September/Oktober, Männchen ab Juli.

Gesamtverbreitung: Westpaläarktisch. Nach sicher determinierbaren Männchen von Südirland (aktuell nur noch ein Fundort bekannt) und Portugal bis in den Iran, nordwärts bis Mittelengland, Südschweden (60°N) und Perm; südwärts bis Sizilien, Kreta und Nordiran. **SW-Eu:** P, E, F(K), I(Sa), I(Si), I, P(A). **Z-Eu:** F, B, LUX, NL, D, A, CH, FL, DK. **N-Eu:** IRL, GB, S, EST, LT, LV, RUS(N). **NO-Eu:** CS, SK, PL, BY, UA, UA(K), RUS(S). **SO-Eu:** H, RO, SLO, HR, MK, SRB, BG, GR, GR(K). **W-As:** GR(Ä), TR, Kaukasus, IR.

Lokalverbreitung: In Deutschland aus allen Bundesländern nachgewiesen, aus Schleswig-Holstein und Thüringen nur historisch. In Österreich mit Ausnahme von Salzburg aus allen Bundesländern nachgewiesen. In der Schweiz fast überall.

Lasioglossum leucopus (Kirby, 1802)

Hellfüßige Schmalbiene

Systematik: Untergattung *Evylaeus* Robertson, 1902; {[*Dialictus* Robertson, 1902]}.

Nomenklatur: Synonyme: *Evylaeus leucopus* (Kirby, 1802).

Etymologie: Von griech. „*leukós*" = „weiß" und „*pus*" = „Fuß"; Kirby bezieht sich auf weißen Hintertarsen der Männchen („*tarsis albidis*").

Pollenquellen: Sicherlich polylektisch; bislang nachgewiesen wurde allerdings nur die Nutzung des Pollens der beiden Pflanzenfamilien Asteraceae und Rosaceae.

Nestbau: Nistet auf kahlen oder schütter bewachsenen, ebenen oder schwach geneigten Flächen, zuweilen in kleinen Aggregationen. Bevorzugt offenbar sandiges Substrat, nistet aber auch in Lehm.

Lebensweise: Je nach Autor wird eine solitäre oder eusoziale Lebensweise vermutet.

Lebensraum: Sandaffin; Waldsäume, Lichtungen, Magerrasen, extensiv genutztes Grünland, Sandheiden, Dünen, Sand- und Kiesgruben. Vom Flachland bis in die subalpine Höhenstufe.

Parasiten: Als Kuckucksbiene werden *Sphecodes geoffrellus, Sphecodes longulus* und *Nomada furva* vermutet.

Flugzeit: Weibchen von April bis September/Oktober, Männchen ab Mai/Juli.

Gesamtverbreitung: Kühle Zone Eurosibiriens. Von Zentralspanien bis Zabaikal und Jakutien; nordwärts bis Irland und Nordschottland, in Norwegen bis 65°N (Nord-Trøndelag), in Schweden bis 65,5°N (Luleå), in Finnland bis 64,5°N (Prov. Nordösterbotten, Kainuu), ein Einzelfund bei 66°N (Prov. Lappland), in Russland bis Karelien und Perm; im Süden montan, südwärts bis zur Sierra de Guadarrama, Korsika, Campania, Peloponnes und Nordiran. **SW-Eu:** E, *F(K), I. **Z-Eu:** F, B, LUX, NL, D, A, CH, FL, DK. **N-Eu:** IRL, GB, N, S, SF, EST, LT, LV, RUS(N). **NO-Eu:** CS, SK, PL, BY, UA, UA(K), RUS(S). **SO-Eu:** H, RO, SLO, HR, MK, BG, GR. **N-Afr:** {*TN*}. **W-As:** TR, Kaukasus, IR. **Z-As:** UZB. **Sib:** W-Sib, O-Sib. **NO-As:** Jak.

Lokalverbreitung: Im Gebiet mit Ausnahme des Pannonikums fast überall.

Lasioglossum leucozonium (Schrank, 1781)
Weißbinden-Schmalbiene

Systematik: Untergattung *Lasioglossum* Curtis, 1833 *s. str.*; {[*Lasioglossum* Curtis, 1833 *s. str.*]}.

Etymologie: Von griech. „*leukós*" = „weiß" und lat. „*zona*" (griech. Fremdwort) = „Gürtel, Zone"; wegen der weißen Basalbinden.

Pollenquellen: Ausgesprochen polylektisch; nachgewiesen ist bislang die Nutzung des Pollens der zehn Pflanzenfamilien Asteraceae, Campanulaceae, Cistaceae, Convolvulaceae, Dipsacaceae, Geraniaceae, Hypericaceae, Plantaginaceae, Ranunculaceae und Rosaceae.

Nestbau: Nistet auf kahlen oder schütter bewachsenen, ebenen Flächen, zuweilen in kleinen Aggregationen, in sandigem, lössigem oder lehmigem Substrat. Der Nesteingang ist von einem niedrigen konischen Tumulus umgeben. Über Nacht wird der Eingang verschlossen. Das Nest selbst besteht aus einem etwa 7–15 cm langen, mehr oder weniger senkrechten Hauptgang, von dem aus 2–5 cm lange horizontale oder schwach nach unten gekrümmte Seitengänge abzweigen, an deren Ende jeweils eine Brutzelle errichtet wird. Ein Nest enthält 6–15 Zellen. Die Zellen werden nach der Verproviantierung und Eiablage verschlossen und der Seitengang wird mit Erde verfüllt.

Lebensweise: Solitär. Die überwinterten Weibchen bauen im Frühjahr ein Nest, zuweilen gemeinsam mit einem weiteren Weibchen. Sie erzeugen eine einzige Generation, die im Sommer schlüpft. Die Weibchen sind so langlebig, dass sie nicht selten gemeinsam mit ihren Nachkommen beobachtet werden können.

Lebensraum: Zeigt keine strenge Habitatbindung, bevorzugt aber offene Landschaften; eher an trockenwarmen Standorten, ist aber auch in Mooren oder im Au- oder Bergwald zu finden, häufig auch im Siedlungsbereich. Vom Flachland bis in die subalpine Höhenstufe.

Parasiten: Kuckucksbiene ist *Sphecodes ephippius*, nach Beobachtungen aus den Niederlanden vermutlich auch *Sphecodes reticulatus*. Erwachsene Tiere sind zuweilen von Fächerflüglern der Gattung *Halictoxenos* befallen.

Flugzeit: Weibchen von April/Mai bis September/Oktober, Männchen ab Juni/Juli.

Gesamtverbreitung: Transpaläarktisch in mehreren Unterarten, in Südchina noch ungeklärte Formen. In Nordafrika von Marokko bis Ägypten. In Eurasien von Portugal bis zur Pazifikküste des Fernen Ostens; nordwärts in Norwegen bis 60°N (Prov. Akershus), in Schweden bis 64°N (Västerbotten), in Finnland bis 63,5°N (Prov. Nordsavo), in Russland bis Karelien und Perm; südwärts bis Sizilien, Kreta, Israel, Irak und Afghanistan. Erreicht in Kashmir und Himachal Pradesh die orientalische Faunenregion. In China nur im Südosten ohne Nachweise. Die Stammform von Iberien bis zum Baikalsee; die ssp. *cedri* Ebmer, 1976 in Marokko, Tunesien, Südspanien, Sizilien, Kreta und Zypern; die ssp. *mandschuricum* Ebmer, 1978 von Region Krasnojarsk bis zum Pazifik. Eingeschleppt in die Nearktis (kein Unterschied zur Nominatform), vermutlich bereits zur Zeit der Segelschiffe, da Mitte des 19. Jahrhunderts unter dem Synonym *Halictus similis* Smith, 1853 aus Nordamerika beschrieben; Neufundland südlich bis New Jersey, isoliert bis Tennessee, westlich bis Wisconsin. **SW-Eu:** P, E, F(K), I(Sa), I(Si), I. **Z-Eu:** F, B, LUX, NL, D, A, CH, FL, DK. **N-Eu:** GB, N, S, SF, EST, LT, LV, RUS(N). **NO-Eu:** CS, SK, PL, BY, UA, UA(K), RUS(S). **SO-Eu:** H, RO, SLO, HR, MK, SRB, BIH, AL, BG, GR, GR(K). **N-Afr:** MA, DZ, TN, LAR, ET. **W-As:** GR(Ä), CY, TR, IL, IRQ, Kaukasus, IR, AFG. **Z-As:** TM, ~~{UZB}~~, ~~{TAD}~~, KAZ, ~~{KGZ}~~. **Sib:** W-Sib, O-Sib. **NO-As:** Amur, Khab, Prim. **SO-As:** MGL, RC. **Ori:** PAK, IND. **Nearktis:** USA+.

Lokalverbreitung: Im Gebiet aus allen Regionen gemeldet (aktuell).

Lasioglossum limbellum (Morawitz, 1876)

Geriefte Steilwand-Schmalbiene

Systematik: Untergattung *Evylaeus* Robertson, 1902; [*Dialictus* Robertson, 1902]; {*Hemihalictus* Cockerell, 1897}.

Nomenklatur: Synonym: *Evylaeus limbellus* (Morawitz, 1876).

Etymologie: Von lat. „*limbellum*“ = „gesäumt“ (von „*limbus*“ = „Saum“); Morawitz bezieht sich auf den breiten durchscheinenden Endrand der Tergite („*segmentis margine apicali late pallescentibus*“). Deutscher Name: Beim Weibchen ist Basis und Scheibe von Tergit 1 fein, aber deutlich quer gerieft (quer chagriniert).

Pollenquellen: Polylektisch; nachgewiesen ist bislang nur die Nutzung des Pollens der beiden Pflanzenfamilien Asteraceae und Salicaceae.

Nestbau: Nistet hauptsächlich in sandigen und lössigen Steilwänden.

Lebensweise: Unbekannt.

Lebensraum: Sand-, Kies- und Lehmgruben, Steilwände, Abbruchkanten, Weinberge, Brach- und Ruderalflächen. Vom Flachland bis in die kolline Höhenstufe.

Parasiten: Kuckucksbienen wurden bisher nicht bekannt. Erwachsene Tiere sind zuweilen von Fächerflüglern der Gattung *Halictoxenos* befallen.

Flugzeit: Weibchen von März bis Oktober, Männchen ab Juli/August.

Gesamtverbreitung: Wärmere Paläarktis. In Nordafrika von Marokko bis Tunesien. In Eurasien von Portugal über Süd- und Mitteleuropa, Kleinasien, Kaukasus und Zentralasien bis China (Gansu); nordwärts bis Norddeutschland; südwärts bis Sizilien, Kreta, Zypern, Israel, Nordiran und Afghanistan. Die ssp. *ventrale* (PÉREZ, 1903) von Nordafrika über Iberien ostwärts bis Oberösterreich; die Stammform von Ostösterreich bis China. Das auch als Unterart von *L. limbellum* aufgefasste Taxon *dongaricum* (BLÜTHGEN, 1934) aus Usbekistan und Afghanistan ist eher als Farbform zu werten. **SW-Eu:** P, E, E(B), I(Sa), I(Si), I, M. **Z-Eu:** F, B, LUX, D, A, CH. **NO-Eu:** CS, SK, PL, UA, RUS(S). **SO-Eu:** H, RO, SLO, SRB, BG, GR, GR(K). **N-Afr:** MA, DZ, TN. **W-As:** GR(Ä), CY, TR, IL, IR, AFG. **Z-As:** TM, UZB, TAD. **SO-As:** RC (Gansu).

Lokalverbreitung: In Deutschland mit Ausnahme von Schleswig-Holstein, Mecklenburg-Vorpommern und Niedersachsen aus allen Bundesländern nachgewiesen, aus Brandenburg keine aktuellen Meldungen. In Österreich mit Ausnahme von Salzburg und Vorarlberg aus allen Bundesländern belegt. In der Schweiz fehlen Nachweise lediglich aus den höheren Lagen über 800 m, sonst fast überall (aktuell).

Lasioglossum lineare (SCHENCK, 1869)
Schornstein-Schmalbiene

Systematik: Untergattung *Evylaeus* ROBERTSON, 1902; [*Evylaeus* ROBERTSON, 1902]; {*Sphecodogastra* ASHMEAD, 1899}.

Nomenklatur: Synonym: *Evylaeus linearis* (SCHENCK, 1869); *Halictus longuloides* STRAND, 1909; *Halictus thuringiacus* BLÜTHGEN, 1916 (*nomen nudum*).

Etymologie: Von lat. „*linearis*" = „Linien-, linienförmig"; SCHENCK gibt keinen Hinweis zur Namenswahl, da er aber ein Männchen beschreibt, bezieht er sich möglicherweise auf das schlanke Abdomen. Der deutsche Name bezieht sich auf die Nistweise, die allerdings bei anderen Arten ähnlich ausgeprägt ist.

Pollenquellen: Polylektisch; nachgewiesen ist bisher die Nutzung des Pollens der fünf Pflanzenfamilien Asteraceae, Brassicaceae, Ranunculaceae, Rosaceae und Salicaceae.

Nestbau: Nistet auf kahlen oder schütter bewachsenen, ebenen oder schwach geneigten Flächen, zuweilen in großen Aggregationen von mehreren hundert Nestern. Bevorzugt offenbar sandige oder lössige Böden. Der Nesteingang ist in eine mehr oder weniger deutlich ausgeprägte Erdröhre verlängert, die permanent instand gehalten, verstärkt und erhöht wird. Die als Erdwabe in einer Nestkammer angelegten Brutzellen befinden sich in einer Tiefe von 15–30 cm. Sie bleiben bis zum Schlupf der ersten Brut geöffnet und der von den Larven abgegebene Kot wird permanent entfernt. Etwas unterhalb der ersten Nestkammer wird eine zweite, größere Kammer gegraben, in die die Brutzellen der Sommerbrut gebaut werden. Diese sind größer als die der ersten Brut und enthalten größere Pollenpakete. Nachdem alle Zellen verproviantiert sind, wird der Nesteingang bis zum Schlupf der Geschlechtstiere mit Erde verschlossen.

Lebensweise: Eusozial. Die Nestgründung erfolgt durch ein oder mehrere Weibchen, von denen dann eines die Rolle der Königin übernimmt, während die anderen Pollen und Nektar eintragen. Die erste Brut bringt in der Regel nur Arbeiterinnen hervor, die deutlich kleiner sind als die Nestgründerinnen. Die seltenen zu diesem Zeitpunkt erscheinenden Männchen werden von der Königin aktiv an der Paarung mit den Arbeiterinnen gehindert. Erst in der Sommerbrut werden Männchen und fertile Weibchen zu etwa gleichen Teilen produziert. Die Weibchen lassen sich nur einmal begatten und begeben sich selbst bei hochsommerlichen Temperaturen sofort nach der Verpaarung in spezielle Überwinterungszellen, die unterhalb der Sommernestkammer angelegt wurden.

Lebensraum: Trockenwarme Standorte; Magerrasen, Hochwasserdämme, Sandgruben, Weinberge, Ruderalflächen. Vom Flachland bis in die untere montane Höhenstufe.

Parasiten: Kuckucksbienen wurden bisher nicht bekannt. Bei Paris wurde die Parasitierung durch die Blasenkopffliege *Thecophora atra* beobachtet.

Flugzeit: Weibchen von März bis September, Männchen ab Juli.

Gesamtverbreitung: Von den französischen Pyrenäen über Mittel- und Osteuropa, Türkei, Kaukasus bis Nordiran (Kopet Dag) und Tadschikistan; nordwärts bis Norddeutschland, Nordpolen, Litauen und Kirov; südwärts bis bis *Apulien (Mt. Gargano), Kreta, Zypern und Israel. **SW-Eu:** {~~P, E~~}, I. **Z-Eu:** F, B, LUX, NL, D, A, CH, DK? **N-Eu:** LT, RUS(N). **NO-Eu:** CS, SK, PL, BY, UA, UA(K), RUS(S). **SO-Eu:** H, RO, MD, SLO, HR, MK, MNE, SRB, BIH, AL, BG, GR, GR(K). **W-As:** GR(Ä), CY, TR, SYR, RL, IL, JOR, Kaukasus, IR. **Z-As:** TM, UZB, TAD.

Lokalverbreitung: In Deutschland aus allen Bundesländern nachgewiesen, aus Schleswig-Holstein, Mecklenburg-Vorpommern und Nordrhein-Westfalen nur historisch belegt. In Österreich mit Ausnahme von Salzburg und Vorarlberg aus allen Bundesländern nachgewiesen. In der Schweiz aktuell im Mittelland, der Nordschweiz und im Wallis, historisch aus den Kantonen Genf, Waadt und Graubünden.

Lasioglossum lissonotum (Noskiewicz, 1926)
Felsheiden-Schmalbiene

Systematik: Untergattung *Evylaeus* Robertson, 1902; {[*Dialictus* Robertson, 1902]}.

Nomenklatur: Synonym: *Evylaeus lissonotus* (Noskiewicz, 1926).

Etymologie: Von griech. „*lissós*" = „glatt" und (anat.) „*notum*", also „mit glattem Mesonotum"; wegen des stark glänzenden Mesonotums. Deutscher Name: Felsheiden sind einer der Hauptlebensräume der Art.

Pollenquellen: Vermutlich polylektisch; bislang nachgewiesen ist allerdings nur die Nutzung des Pollens von der Glockenblume (*Campanula*).

Lebensweise: Nach den phänologischen Daten vermutlich eusozial.

Lebensraum: Trockenwarme Standorte; Magerrasen, Felssteppen, Felsheiden, Abwitterungshalden. Vom Flachland bis in die montane Höhenstufe.

Flugzeit: Weibchen von April bis August, Männchen ab Juni.

Gesamtverbreitung: Montane Felssteppenart des eher südlichen Europa. Von Portugal (Serra de Estrela) über Spanien (Sierra de Guadarrama) bis Griechenland (südwärts bis zum Taygetos/Peloponnes); nordwärts bis Luxemburg, Mähren und Rumänien; südwärts bis Norditalien und Peloponnes. **SW-Eu:** P, E, I. **Z-Eu:** F, LUX, D, A, CH. **NO-Eu:** CS, SK, {PL}. **SO-Eu:** H, RO, SLO, HR, BIH, GR.

Lokalverbreitung: In Deutschland aktuell in Baden-Württemberg, Bayern und Sachsen-Anhalt, historische Meldungen aus Thüringen und Rheinland-Pfalz. In Österreich aktuell nur mehr aus Niederösterreich, Meldung aus Kärnten und dem Burgenland sind älter als 50 Jahre. In der Schweiz aktuell aus dem Wallis, historisch vom Genfersee, Bielersee und aus dem Tessin.

Lasioglossum lucidulum (Schenck, 1861)
Leuchtende Schmalbiene

Systematik: Untergattung *Evylaeus* Robertson, 1902; [*Dialictus* Robertson, 1902]; {*Hemihalictus* Cockerell, 1897}.

Nomenklatur: Synonym: *Evylaeus lucidulus* (Schenck, 1861); *Halictus gracilis* Morawitz, 1865; *Halictus tenellus* Schenck, 1861.

Etymologie: Diminutiv von lat. „*lucidum*" = „leuchtend, hell", im Sinne von „glänzend"; wegen der glatten und glänzenden Tergite.

Pollenquellen: Polylektisch; nachgewiesen ist bislang die Nutzung des Pollens der vier Pflanzenfamilien Apiaceae, Asteraceae, Brassicaceae und Rosaceae.

Nestbau: Nistet auf kahlen oder schütter bewachsenen, ebenen oder schwach geneigten Flächen. Bevorzugt offenbar sandiges Substrat, nistet aber auch in Lösslehm. Das Nest besteht aus einem Hauptgang, der 5–10 cm senkrecht nach unten führt und sich hier verzweigt. Pro Nest wurden zwei bis acht Seitengänge gefunden, an deren Ende jeweils eine Brutzelle angelegt wurde. Die Seitengänge wurden nach der Eiablage mit losen Sandpartikeln verfüllt.

Lebensweise: Solitär.

Lebensraum: Sandaffin; Binnendünen, Flugsandfelder, Sand- und Lehmgruben, Magerrasen, Heiden, extensiv genutztes Grünland, Waldsäume, Ruderalflächen. Vom Flachland bis in die kolline Höhenstufe.

Parasiten: Kuckucksbiene sind vermutlich *Sphecodes niger*, *Sphecodes longulus* und *Nomada sheppardana*.

Flugzeit: Weibchen von April/Mai bis September/Oktober, Männchen ab Juli.

Gesamtverbreitung: Eurosibirisch. In Nordafrika nur von Marokko gemeldet. In Eurasien von Portugal über Europa, Kleinasien, Kaukasus, Zentralasien und Sibirien bis zum Baikalsee, isoliert im östlichen China (Shaanxi); nordwärts in Schweden bis 59°N (Närke), in Finnland bis 63,5°N (Prov. Kainuu), in Russland bis Karelien; südwärts bis Sizilien, Kreta, Zypern, Israel und Afghanistan. Erreicht in Pakistan die orientalische Faunenregion. **SW-Eu:** P, E, I(Sa), I(Si), I. **Z-Eu:** F, B, LUX, NL, D, A, CH, FL, DK. **N-Eu:** S, SF, EST, LT, LV, RUS(N). **NO-Eu:** CS, SK, PL, BY, UA, RUS(S). **SO-Eu:** H, RO, SLO, HR, MK, SRB, AL, BG, GR, GR(K). **N-Afr:** MA. **W-As:** GR(Ä), CY, TR, IL, Kaukasus, IR, AFG. **Z-As:** TM, UZB, TAD, KAZ, KGZ. **Sib:** W-Sib, O-Sib. **NO-As:** {~~Prim~~}. **SO-As:** MGL, RC (Xinjiang, Shaanxi). **Ori:** PAK.

Lokalverbreitung: In Deutschland und Österreich aus allen Bundesländern nachgewiesen. In der Schweiz fast überall aktuell, aus dem Genfersee-Gebiet nur historisch, fehlt an der Alpennordseite und dem Alpenhauptkamm.

Lasioglossum majus (Nylander, 1852)

Große Schmalbiene

Systematik: Untergattung *Lasioglossum* Curtis, 1833 *s. str.*; {[*Lasioglossum* Curtis, 1833 *s. str.*]}.

Nomenklatur: *Halictus major* Nylander, 1852.

Etymologie: Von lat. „*maius*" = „größer" (Komparativ von „*magnus*" = groß); Nylander vergleicht die Art mit der etwas kleineren *L. leucozoni-*

um („affinis est H. leucozonio, ala ant. 8–8 1/2 mm. (in H. leucozonio fere 7 mm)“).

Pollenquellen: Polylektisch; nachgewiesen ist bislang die Nutzung des Pollens der sieben Pflanzenfamilien Asteraceae, Boraginaceae, Lamiaceae, Plantaginaceae, Ranunculaceae, Rosaceae und Valerianaceae.

Nestbau: Nistet auf kahlen oder schütter bewachsenen, ebenen oder schwach geneigten Flächen, aber auch in Abbruchkanten, meist in kleineren Aggregationen. Bevorzugt Sand, Löss oder Lösslehm als Substrat. Der Nesteingang ist in eine 2–3 cm hohe, dickwandige Erdröhre verlängert. Der Nestgang führt senkrecht oder schwach gekrümmt nach unten, am Ende knickt er fast rechtwinklig ab und endet blind. Die Brutzellen münden direkt oder fast direkt in den Hauptgang, sie werden fortschreitend von oben nach unten angelegt.

Lebensweise: Solitär, aber nistet zuweilen kommunal, d.h. zwei oder mehr Weibchen teilen sich ein Nest, in das jede ihre eigenen Brutzellen versorgt.

Lebensraum: Waldsäume, Magerrasen, Hochwasserdämme, extensiv genutztes Grünland, Ruderalflächen, vor allem in Augebieten. Vom Flachland bis in die montane Höhenstufe.

Flugzeit: Weibchen von April bis September, Männchen ab Juli.

Gesamtverbreitung: Gemäßigte Westpaläarktis; isolierte Art einer sehr artenreichen ostpaläarktischen Artengruppe. Die Meldungen aus Nordafrika und aus Iberien sind nicht überprüfbar; zumindest in Nordafrika dürfte die Art nicht vorkommen. Nach aktuell überprüfbaren Exemplaren von Südfrankreich über Piemont, Slowenien, Nordkroatien bis Nordgriechenland; nordwärts bis Luxemburg, Niedersachsen, Polen (Poznan) und Baltikum (Alfken 1913: „Russische Ostseeprovinzen"); ostwärts nach vertrauenswürdigen Literaturangaben bis in die Ukraine; die Meldung von Perm (Lykov 2008) ist überprüfungsbedürftig. Alle Funde in der Mediterranzone und östlich von Griechenland erwiesen sich bei Überprüfungen als Fehlbestimmung oder basieren auf Meldungen, zu denen keine Belegexemplare existieren. **SW-Eu:** ~~{P}~~, E?, I(Sa), I(Si), I. **Z-Eu:** F, B, LUX, NL, D, A, CH. **N-Eu:** S, LT, RUS(N). **NO-Eu:** CS, SK, PL, BY, UA, RUS(S). **SO-Eu:** H, RO, SLO, HR, BIH, BG, GR. **N-Afr:** ~~{MA, TN}~~. **W-As:** Kaukasus, IR. **Z-As:** ~~{UZB}~~, ~~{TAD}~~, ~~{KGZ}~~. **SO-As:** ~~{MGL}~~.

Lokalverbreitung: In Deutschland mit Ausnahme von Schleswig-Holstein aus allen Bundesländern nachgewiesen, aus Niedersachsen, Nordrhein-Westfalen, Hessen, Sachsen und Sachsen-Anhalt nur historisch, aus Mecklenburg-Vorpommern nur eine zweifelhafte Meldung von 1867. In Österreich mit Ausnahme von Salzburg aus allen Bundesländern belegt. In der Schweiz aktuell aus den Kantonen Zürich, Freiburg, Genf, Wallis, Tessin und Graubünden, historisch aus den Kantonen Waadt, Bern und Thurgau, fehlt an der Alpennordseite und dem Alpenhauptkamm.

Lasioglossum malachurum (Kirby, 1802)

Feldweg-Schmalbiene

Systematik: Untergattung *Evylaeus* Robertson, 1902; [*Evylaeus* Robertson, 1902]; {*Sphecodogastra* Ashmead, 1899}.

Nomenklatur: Synonym: *Evylaeus malachurus* (Kirby, 1802).

Etymologie: Kirby gibt keine Hinweise für seine Namenswahl. Mehrere Herleitungen sind möglich. Zum einen könnte der Artname zusammenge-

setzt sein aus griech. „*malakós*“ = „weich, zart“ und „*ourá*“ = „Schwanz, Schweif, Nachhut“ (im Sinne von „Hinterleib“) oder aber aus griech. „*mala*“ = „sehr, heftig“ und „*kólos*“ = „jung, frisch“. Deutscher Name: Die Art nistet gerne im verdichteten Erdreich unbefestigter Feldwege.

Pollenquellen: Ausgesprochen polylektisch; nachgewiesen ist bislang die Nutzung des Pollens der zwölf Pflanzenfamilien Apiaceae, Asteraceae, Brassicaceae, Campanulaceae, Caryophyllaceae, Convolvulaceae, Fabaceae, Geraniaceae, Lamiaceae, Ranunculaceae, Rosaceae und Salicaceae.

Nestbau: Nistet auf kahlen oder schütter bewachsenen, ebenen Flachen, meist in großen Aggregationen; angeblich wurden auch Nester in Steilwänden beobachtet. Bevorzugt offenbar verdichtetes Substrat, daher findet man die Nester oft auf Feldwegen. In der Literatur finden sich widersprüchliche Angaben, ob eine monogyne oder polygyne Nestgründung die Regel ist. Vorjährige Nester können nach einer Reinigung wiederverwendet werden. Die etwa ein halbes Dutzend Zellen der ersten Brut sind in einer wabenartigen Gruppe zusammengefasst und werden in einer 10–15 cm unter der Oberfläche liegenden, direkt an den Gang angrenzenden Nestkammer untergebracht. Die Zellen der nächsten beiden Bruten werden dann in einer Tiefe von 25–30 cm nicht mehr gruppenweise in einer Kammer, sondern dicht gedrängt, aber einzeln in einer Reihe oder auch Doppelreihe entlang der nun sich verzweigenden Nestgänge angelegt, in die sie direkt münden.

Lebensweise: Eusozial auf einer sehr hohen Stufe, mit einer oder zwei Arbeiterinnen- und einer Geschlechtsgeneration. Die Brutzellen bleiben bis zur Verpuppung der Larven geöffnet. Eine Arbeitsteilung herrscht nicht nur zwischen der eierlegenden Königin und den deutlich kleineren Arbeiterinnen, sondern auch unter den Arbeiterinnen erfüllen verschiedene Individuen verschiedene Aufgaben. So sind einige Tiere vorwiegend mit dem Eintragen der Nahrung beschäftigt, während andere hauptsächlich das Nest bewachen. Die erste Brut, gewöhnlich aus maximal einem halben Dutzend Tieren bestehend, produziert nur Arbeiterinnen. Diese erweitern das Nest nach unten und legen bis zu 50 neue Brutzellen an, aus denen in klimatisch günstigen Regionen wiederum Arbeiterinnen und eine geringe Zahl von Männchen entstehen oder aber, wie im größten Teil des Gebiets, die Geschlechtstiere. Die Arbeiterinnen werden selten begattet, legen aber unbefruchtete Eier, aus denen Männchen entstehen. In wärmeren Klimazonen entwickeln sich die Geschlechtstiere erst in einer dritten Phase.

Lebensraum: Zeigt keine strenge Habitatbindung, eher an trockenwarmen Standorten, ist aber auch an gehölzdominierten Standorten oder in Auwäldern zu finden, häufig auch im Siedlungsbereich. Vom Flachland bis in die untere montane Höhenstufe.

Parasiten: Kuckucksbiene ist *Sphecodes monilicornis*. Als weitere Nestparasiten wurden verschiedene Arten der Wollschweber-Gattung *Bombylius* bekannt. Erwachsene Tiere sind zuweilen von Fächerflüglern der Gattung *Halictoxenos* befallen oder von Larven von Blasenkopf-Fliegen (Conopidae).

Flugzeit: Weibchen von April bis Oktober, Männchen ab Juli.

Gesamtverbreitung: Wärmere Zone der Westpaläarktis. In Nordafrika von Fuerteventura bis Tunesien und in Ägypten. In Eurasien von Portugal über Süd- und Mitteleuropa, Kleinasien und Kaukasus bis in den Iran; nordwärts bis Südengland, Dänemark und Mittelpolen; südwärts bis Sizilien, Kreta, Zypern, Israel und Nordiran. Eingeschleppt auf den Azoren. **SW-Eu:** P(A)+, P, E, E(B), F(K), I(Sa), I(Si), I, M. **Z-Eu:** F, B, LUX, NL, D, A, CH, DK. **N-Eu:** IRL(?), GB. **NO-Eu:** CS, SK, PL, UA, UA(K), RUS(S). **SO-Eu:** H, RO, MD, SLO, HR, MK, SRB, AL, BG, GR, GR(K). **N-Afr:** E(C), MA, DZ, TN, ET. **W-As:** GR(Ä), CY, TR, SYR, JOR, RL, IL, IRQ, Kaukasus, IR. **Z-As:** TM(?).

Lokalverbreitung: In Deutschland mit Ausnahme von Schleswig-Holstein aus allen Bundesländern nachgewiesen, aus Niedersachsen nur historisch. In Österreich mit Ausnahme von Salzburg aus allen Bundesländern gemeldet. In der Schweiz vor allem entlang des Jura-Südfußes, in der Nordschweiz und um Genf, vereinzelt im Wallis, Tessin und Graubünden (aktuell), fehlt in den höheren Lagen.

Lasioglossum mandibulare (Morawitz, 1866)
Kiefer-Schmalbiene

Systematik: Untergattung *Evylaeus* Robertson, 1902; {[*Dialictus* Robertson, 1902]}.

Nomenklatur: Synonyme: *Evylaeus mandibularis* (Morawitz, 1866).

Etymologie: Von (anat.) „*Mandibel*" = „Kieferzange"; Morawitz bezieht sich auf die rot gefärbten Mandibeln des Weibchens.

Pollenquellen: Vermutlich polylektisch.

Nestbau: Nistet zumindest im Gebiet in Salzböden.

Lebensweise: Da bei den Weibchen beträchtliche Größenunterschiede auftreten, ist die Art höchstwahrscheinlich eusozial.

Lebensraum: Trockenwarme Standorte mit Steppencharakter, im Gebiet Salzsteppen.

Gesamtverbreitung: Steppenart der südlichen Westpaläarktis. In Nordafrika von Algerien bis Tunesien. In Eurasien sehr lokal von Portugal über Süd- und südliches Mitteleuropa, Kleinasien, Levante und Kaukasus bis Zentralasien; nordwärts bis Ostösterreich, Siebenbürgen und Donezk; südwärts bis Kalabrien, Kreta, Zypern, Israel und Irak. Dass das von Morawitz (1890) unter dem Synonym *Halictus coloratus* aus Gansu/China gemeldete Tier tatsächlich zu *L. mandibulare* gehört, ist unwahrscheinlich – es gehört wohl eher zu *L. politum pekingense* (Blüthgen, 1925). **SW-Eu:** P, E, I. **Z-Eu:** F, A. **NO-Eu:** UA, UA(K), RUS(S). **SO-Eu:** H, RO, SRB, GR, GR(K). **N-Afr:** DZ, ET. **W-As:** GR(Ä), CY, TR, IL, IRQ, Kaukasus. **Z-As:** TM, KAZ. **SO-As:** RC (Gansu)?

Lokalverbreitung: Im Gebiet jüngst vom Neusiedler See bekannt geworden (Gusenleitner et al. 2012).

Lasioglossum marginatum (Brullé, 1832)
Langlebige Schmalbiene

Systematik: Untergattung *Evylaeus* Robertson, 1902; {[*Evylaeus* Robertson, 1902]}.

Nomenklatur: Synonym: *Evylaeus marginatus* (Brullé, 1832).

Etymologie: Von lat. „*marginatum*“ = „mit einem Rand versehen“; wegen der breit gelblich durchscheinenden Endränder der Tergite, die mit für die Gattung ungewöhnlich stark ausgebildeten Haarwimpern versehen sind. Deutscher Name: Die Königinnen dieser Art können ein Alter von sechs Jahren erreichen.

Pollenquellen: Polylektisch; nachgewiesen ist bislang die Nutzung des Pollens der sieben Pflanzenfamilien Aceraceae, Asteraceae, Brassicaceae, Ranunculaceae, Rosaceae, Salicaceae und Scrophulariaceae.

Nestbau: Nistet auf kahlen oder schütter bewachsenen, ebenen oder schwach geneigten Flächen, meist in großen Aggregationen. Bevorzugt Löss als Substrat, Nester wurden aber auch in reinen Lehmböden gefunden. Der Nesteingang ist in eine auffällige, in Einzelfällen bis 10 cm hohe, dickwandige Erdröhre verlängert. Bei der Nestgründung baut die Königin einen einfachen, senkrecht in die Erde reichenden Gang, der dann von

den Arbeiterinnen durch immer weitere Verzweigungen zu einem Labyrinth ausgebaut wird, das bis zu fast einem Meter in die Tiefe reicht und mehrere Hundert Brutzellen beherbergen kann.

Lebensweise: Eusozial auf sehr hoher Stufe. Einzigartig unter den einheimischen Wildbienen lebt das befruchtete Weibchen fünf bis sechs Jahre. Abweichend von der Vorgehensweise anderer Bienenarten errichtet es nach der Nestgründung zuerst zwei bis sechs Zellen, bevor sie diese mit Pollen und Nektar befüllt, und erst wenn alle Zellen verproviantiert sind, legt sie die Eier ab. Die Zellen werden nicht verschlossen, sodass die Königin in ständigem Kontakt mit ihren Nachkommen ist. Nach dem Schlupf dieser ersten Brut, die ausschließlich aus Weibchen besteht, wird der Nesteingang verschlossen. Die Tiere, die sich äußerlich nicht von ihrer Mutter unterscheiden und 12–15 Monate alt werden, bleiben das ganze restliche Jahr im Nest und überwintern dort gemeinsam mit der Königin. Im zweiten Frühling fliegen diese um Pollen und Nektar aus und errichten neue Brutzellen, während die Königin im Nest bleibt, Eier legt und die Brutzellen versorgt. Nach den zahlreichen Untersuchungen an dieser Art umfasst das Nest im zweiten Jahr 6–18 Arbeiterinnen, im dritten Jahr 18–54, im vierten 54–162 und erst im fünften Jahr mit 162–486 oder manchmal erst im sechsten Jahr mit 486–1458 Bewohnern treten fertile Weibchen und Männchen auf. In dem Jahr, in dem die Geschlechtstiere produziert werden, verläuft zuerst alles wie in den Jahren davor: Die Arbeiterinnen erwachen im Frühjahr aus der Diapause, verproviantieren in einer relativ kurzen Zeitspanne die neu errichteten Brutzellen und verschließen dann das Nest. Aber im September wird dann der Nestverschluss entfernt und die Männchen verlassen das Nest. Erst dadurch wird ihr Fortpflanzungsinstinkt geweckt. Sie erkunden die Umgebung und dringen in andere Nester ein, wo sie sich mit den darin befindlichen Weibchen paaren. Die Männchen sterben kurz darauf, die befruchteten Weibchen überwintern mit ihren Geschwistern im Geburtsnest und gründen im nächsten Jahr eigene Nester.

Lebensraum: Trockenwarme Standorte; Magerrasen, extensiv genutztes Grünland. Vom Flachland bis in die montane Höhenstufe.

Parasiten: Bisher wurden keine Kuckucksbienen bekannt.

Flugzeit: Weibchen von März bis Mai, Männchen von August/September bis Oktober,.

Gesamtverbreitung: Südliche Westpaläarktis. Von Zentralspanien über Süd- und südliches Mitteleuropa, Kleinasien, Levante, Kaukasus und Sibirien bis in die Region Altai; nordwärts bis in den Großraum Paris, Süddeutschland, Mähren, Slowakei und Kiew; südwärts bis Sizilien, Kreta, Israel und Afghanistan. Erreicht in Pakistan, Nepal und Kashmir die orientalische Faunenregion. **SW-Eu:** P, E, I(Si), I. **Z-Eu:** F, D, A, CH. **N-Eu:** RUS(N). **NO-Eu:** CS, SK, {~~PL~~}, UA, RUS(S). **SO-Eu:** H, RO, SLO, HR, MK, SRB, BIH, BG, GR, GR(K). **N-Afr:** {~~DZ~~}. **W-As:** GR(Ä), CY, TR, SYR, JOR, IL, IRQ, Kaukasus, IR, AFG. **Z-As:** TM, UZB, TAD, KAZ, KGZ. **Sib:** W-Sib. **Ori:** PAK, NEP, IND.

Lokalverbreitung: In Deutschland nur vom Kaiserstuhl und seit jüngerer Zeit von einigen Lokalitäten in Ostbayern bekannt (aktuell). In Österreich aus dem Burgenland, Ober- und Niederösterreich und der Steiermark belegt (aktuell). In der Schweiz nur aus der Umgebung von Schaffhausen, aus dem Wallis und von Genf gemeldet (aktuell).

Lasioglossum marginellum (Schenck, 1853)

Lehmwand-Schmalbiene

Systematik: Untergattung *Evylaeus* Robertson, 1902; [*Dialictus* Robertson, 1902]; {*Hemihalictus* Cockerell, 1897}.

Nomenklatur: Synonym: *Evylaeus marginellum* (Schenck, 1853).

Etymologie: Diminutiv von lat. „*marginatum*" = „mit einem Rand versehen"; Schenck bezieht sich offensichtlich auf das Mittelfeld des Propodeums (= Metathorax), auf dem die Runzeln nicht bis an die Stutzkante reichen, sondern eine glatte Zone freilassen („*Metathorax oben dicht unregelmäßig längsrunzlig, hinter den Längsrunzeln ein Rand*"). Deutscher Name: Die Art nistet gerne in Lehmsteilwänden.

Pollenquellen: Polylektisch; nachgewiesen ist bislang die Nutzung des Pollens der sechs Pflanzenfamilien Asteraceae, Apiaceae, Brassicaceae, Fabaceae, Lamiaceae und Papaveraceae.

Nestbau: Nistet in Löss- und Lehmwänden.

Lebensweise: Nach den wenigen phänologischen Daten vermutlich eher solitär.

Lebensraum: Trockenwarme Offenland-Standorte. Vom Flachland bis in die kolline Höhenstufe.

Parasiten: Als Kuckucksbiene wurde *Nomada sheppardana* nachgewiesen. An einem Nistplatz wurde auch *Sphecodes geoffrellus* beobachtet.

Flugzeit: Weibchen von Mai bis Juli, Männchen von Juli bis August.

Gesamtverbreitung: Extrem seltene und vielerorts verschwundene pontisch-submediterrane Art. Von Südfrankreich und Italien (südwärts bis Umbria und Basilicata) bis zum Don, von Wärmegebieten Mitteldeutschlands und Südpolen (Sandomierz) bis Makedonien und Bulgarien. Oft verwechselt mit der Nominatform von *L. subaenescens* (Pérez, 1895) (Spanien, Südfrankreich bis Montenegro) und deren östlicher ssp. *asiaticum* (Dalla Torre, 1876) (Türkei über ganz Zentralasien bis Mongolei). **SW-Eu:** {~~E~~}, I. **Z-Eu:** F, D, A, CH. **NO-Eu:** CS, SK, PL, UA, UA(K), RUS(S). **SO-Eu:** H, RO, HR, MK, SRB, BG, {~~GR(K)~~}. **W-As:** {~~GR(Ä)~~}, {Kaukasus}. **SO-As:** {RC (Xinjiang)}.

Lokalverbreitung: In Deutschland keine Nachweise aus Schleswig-Holstein, Mecklenburg-Vorpommern, Brandenburg und Nordrhein-Westfalen, historische Meldungen aus Niedersachsen, Hessen, Sachsen, Bayern und Rheinland-Pfalz, aktuell nur aus Sachsen-Anhalt, Thüringen und Baden-Württemberg. In Österreich nachgewiesen aus dem Burgenland sowie aus Ober- und Niederösterreich. In der Schweiz mit Ausnahme einer Meldung von 2014 aus dem Wallis (Amiet et al. 2014) nur historische Nachweise vom Genfersee (letzter Fund 1955).

Lasioglossum mesosclerum (Pérez, 1903)
Ziest-Schmalbiene

Systematik: Untergattung *Evylaeus* Robertson, 1902; [*Dialictus* Robertson, 1902]; {*Hemihalictus* Cockerell, 1897}.

Nomenklatur: Synonym: *Evylaeus mesosclerus* (Pérez, 1903).

Etymologie: Von griech. „*meso-*“ = „mittel-, zwischen-„ und „*sklerós*“ = „trocken, hart, rauh“. Deutscher Name: Die Art wurde auf Ziest beobachtet.

Pollenquellen: Vermutlich polylektisch; in der Literatur ist nur eine einzige Beobachtung zum Blütenbesuch zu finden: ein Männchen in Ungarn auf *Stachys annua*.

Lebensraum: Trockenwarme Standorte mit Steppencharakter. Vom Flachland bis in die kolline Höhenstufe.

Flugzeit: Nach Funddaten aus Österreich und Ungarn Weibchen von April bis August, Männchen von August bis September.

Gesamtverbreitung: Seltene mediterran-westasiatische Steppenart. Von Portugal bis Afghanistan; nordwärts bis Ostösterreich, Mähren und in die Ukraine (Kiew); südwärts bis Sizilien, Kreta, Libyen, Ägypten, Israel und Afghanistan. **SW-Eu:** P, E, I(Sa), I(Si), I. **Z-Eu:** F, A. **NO-Eu:** CS, SK, UA, RUS(S). **SO-Eu:** H, RO, HR, MK, SRB, BG, GR, GR(K). **N-Afr:** MA(?), LAR, ET. **W-As:** GR(Ä), CY, TR, SYR, JOR, RL, IL, Kaukasus, IR, AFG. **Z-As:** TM, UZB, TAD, KAZ.

Lokalverbreitung: Im Gebiet nur drei historische Funde von vor 1943 aus Niederösterreich und Wien (Ebmer 1988a) und zwei Funde von 2005 und 2012 aus Wien (Zettel et al. 2013).

Lasioglossum minutissimum (Kirby, 1802)
Winzige Schmalbiene

Systematik: Untergattung *Evylaeus* Robertson, 1902; [*Dialictus* Robertson, 1902]; {*Hemihalictus* Cockerell, 1897}.

Nomenklatur: Synonym: *Evylaeus minutissimus* (Kirby, 1802).

Etymologie: Superlativ von lat. „*minutum*“ = „winzig, klein“.

Pollenquellen: Polylektisch; nachgewiesen ist bislang die Nutzung des Pollens der beiden Pflanzenfamilien Asteraceae und Lamiaceae.

Nestbau: Nistet auf kahlen oder schütter bewachsenen, ebenen oder schwach geneigten Flächen oder in Lehmwänden. Das Nest besteht aus einem 5–10 cm langen, senkrecht oder in Krümmungen nach unten verlaufenden Hauptgang, von dem aus 3–15 mm lange Seitengänge zu jeweils einer Brutzelle führen. Nach Verproviantierung und Eiablage wird die Zelle geschlossen und der Seitengang vollständig mit Bodensubstrat verfüllt. Pro Nest werden nur 2–8 Zellen angelegt, sodass zu vermuten ist, dass die Weibchen mehrere Nester bauen.

Lebensweise: Solitär.

Lebensraum: Magerrasen, extensiv genutztes Grünland, Sand-, Kies- und Lehmgruben, Sanddünen, Flugsandfelder, Ruderalflächen. Vom Flachland bis in die untere montane Höhenstufe.

Parasiten: Kuckucksbiene ist *Sphecodes longulus*. Erwachsene Tiere sind zuweilen von Fächerflüglern befallen.

Flugzeit: Weibchen von April bis September, Männchen ab Juli .

Gesamtverbreitung: Streng westpaläarktisch, aber hier von allen Halictidae in der größten Nord-Süd-Verbreitung. In Nordafrika von den Kanaren bis Ägypten. In Eurasien von Portugal über Europa bis Westtürkei (Alanya), Zypern und Israel; nordwärts bis Irland und Mittelengland, in Schweden bis 58,5°N (Östergötland), Baltikum und Kirov; südwärts bis Sizilien, Südtürkei und Nordiran; isoliert im Hoggar-Gebirge und in Yemen (Sana'a). Eingeschleppt auf den Azoren. **SW-Eu:** P(A)+, P, E, E(B), I(Sa), I(Si), I, M. **Z-Eu:** F, B, LUX, NL, D, A, CH, DK. **N-Eu:** IRL, GB, S, LT, LV, RUS(N). **NO-Eu:** CS, SK, PL, BY, UA, UA(K), RUS(S). **SO-Eu:** H, RO, SLO, HR, MK, SRB, GR, GR(K). **N-Afr:** E(C), MA, DZ, TN, LAR, ET. **Arab:** Y. **W-As:** GR(Ä), CY, TR, IL, ~~{Kaukasus}~~. **Z-As:** ~~{UZB}~~.

Lokalverbreitung: In Deutschland aus allen Bundesländern aktuell nachgewiesen. In Österreich mit Ausnahme von Salzburg, Tirol und Vorarlberg aus allen Bundesländern aktuell gemeldet. In der Schweiz nachgewiesen von Genf entlang des gesamten Juras inklusive Vorland bis zum Bodensee sowie im Wallis und im Tessin (aktuell).

Lasioglossum minutulum (Schenck, 1853)

Kleine Schmalbiene

Systematik: Untergattung *Evylaeus* Robertson, 1902; [*Evylaeus* Robertson, 1902]; {*Sphecodogastra* Ashmead, 1899}.

Nomenklatur: Synonym: *Evylaeus minutulus* (Schenck, 1853); *Halictus ambiguus* Schenck, 1861; *Halictus semipunctulatus* Schenck, 1869.

Etymologie: Von lat. „*minutulum*" = „ganz klein".

Pollenquellen: Polylektisch; nachgewiesen ist bislang die Nutzung des Pollens der fünf Pflanzenfamilien Apiaceae, Asteraceae, Ranunculaceae, Rhamnaceae und Salicaceae.

Nestbau: Nistet auf kahlen oder schütter bewachsenen Flächen.

Lebensweise: Vermutlich solitär.

Lebensraum: Magerrasen, Brach- und Ruderalflächen, extensiv genutztes Grünland. Vom Flachland bis in die untere montane Höhenstufe.

Parasiten: Als Kuckucksbiene wurde bisher nur *Nomada furva* nachgewiesen.

Flugzeit: Weibchen von April bis September, Männchen ab August.

Gesamtverbreitung: Gemäßigte Zone der Westpaläarktis. Selten und disjunkt von *Portugal (Braga) bis zur Region (Barnaul) und Republik Altai (Artybash); nordwärts bis ins Baltikum und Perm; südwärts bis Sizilien und isoliert in Griechenland bis zur Giona und in der Türkei bis Bolu. Eine Meldung von Alfken (1912) für England unter dem Synonym *Halictus semipunctulatus* Schenck, 1869 blieb singulär und dürfte auf einem Irrtum beruhen. **SW-Eu:** *P, E, I(Si), I. **Z-Eu:** F, B, LUX, NL, D, A, CH. **N-Eu:** GB?, LV, RUS(N). **NO-Eu:** CS, SK, PL, UA, RUS(S). **SO-Eu:** H, RO, HR, SRB, GR. **W-As:** TR, Kaukasus(?). **Z-As:** TAD(?). **Sib:** W-Sib. **NO-As:** {~~RUS(FE)~~}.

Lokalverbreitung: In Deutschland mit Ausnahme von Schleswig-Holstein und Mecklenburg-Vorpommern aus allen Bundesländern nachgewiesen (aktuell). In Österreich nur aus Ober- und Niederösterreich sowie Vorarlberg belegt. In der Schweiz aktuelle Einzelfunde aus den Kantonen Solothurn, Zürich, Schaffhausen, St. Gallen, Graubünden und östliches Wallis, häufiger im Tessin, historisch vom Genfersee, Neuenburgersee und dem westlichen Wallis.

Lasioglossum monstrificum (Morawitz, 1891)
Wangendorn-Schmalbiene

Systematik: Untergattung *Evylaeus* Robertson, 1902; [*Dialictus* Robertson, 1902]; {*Hemihalictus* Cockerell, 1897}.

Nomenklatur: Erst 1986 wurde *Lasioglossum sabulosum* (Warncke, 1986) von *Lasioglossum sexstrigatum* (Schenck, 1869) abgespalten und wird seither unter diesem Namen geführt. Ebmer (pers. Mitt.) konnte in den 1980er Jahren authentisches Material von Morawitz aus dem Zoologischen Institut St. Petersburg untersuchen und legte daraus 1985 den Lectotypus von *L. monstrificum* fest (*locus typicus*: Irkutsk). Er vermutete schon länger eine Artgleichheit von *L. monstrificum* mit *L. sabulosum*, da aber *L. monstrificum* nur in einem Exemplar bekannt war, verzichtet er auf eine Synonymisierung. Nun konnte er aber jüngst mehr Material vom Baikalsee und aus Kasachstan untersuchen, das letzte Zweifel an der Identität der beiden Taxa beseitigte – syn. nov. durch Ebmer.

Etymologie: Von lat. „*monstrificus*" = „seltsam, sonderbar"; Morawitz bezieht sich auf die auffallende Bildung der Schläfen („*Höchst sonderbar sind die Schläfen gestaltet, indem dieselben sehr stark erweitert erscheinen und in einen vortretenden, abgerundeten Zahn auslaufen*"). Das bislang gebrauchte Synonym von lat. „*sabulosum*" = „sandig" (von „*sabulum*" =

„Sand“); bezieht sich auf die Lebensraumansprüche. Deutscher Name: Die Wangen des Männchens sind in einen zahnartigen Fortsatz ausgezogen.

Pollenquellen: Polylektisch.

Nestbau: Nistet auf kahlen oder schütter bewachsenen Stellen auf ebenen Flächen oder Abbruchkanten, manchmal kleineren Aggregationen; im Gegensatz zur nah verwandten *Lasioglossum sexstrigatum* offensichtlich nicht auf Feinsande als Substrat beschränkt. Nester wurden beobachtet in sandigen und lehmigen Böden, Waldböden sowie in Kalk- und Granitgrus.

Lebensraum: Offene, trockene Standorte auf Sandboden, Heiden, Kahlschläge, Waldsäume, Magerrasen, Sand- und Kiesgruben. Vom Flachland bis in die kolline Höhenstufe.

Parasiten: Erwachsene Tiere sind zuweilen vom Fächerflügler *Halictoxenos spencei* befallen.

Flugzeit: Weibchen von April bis September, Männchen ab Juli.

Gesamtverbreitung: Transpaläarktisch. Verbreitung wegen der Vermengung mit *L. sexstrigatum* nur ungenügend bekannt. Vom Großraum Paris ostwärts über Zentralasien und Sibirien bis Japan; in Europa nordwärts bis 60°N in Schweden (Värmland) und Kirov; südwärts bis in den Tessin, Piemont und Nordgriechenland. **SW-Eu:** I. **Z-Eu:** NL, D, A, CH. **N-Eu:** S, LT, RUS(N). **NO-Eu:** CS, SK, PL, BY. **Z-As:** *KAZ. **Sib:** *W-Sib, O-Sib. **SO-As:** *J.

Lokalverbreitung: In Deutschland in allen Bundesländern nachgewiesen, im Norden aber deutlich seltener. In Österreich aus Ober- und Niederösterreich, Burgenland, Salzburg, Tirol und Vorarlberg belegt. In der Schweiz aktuell aus der Nordschweiz, Wallis, Tessin und Freiburg, historisch von Lausanne, Martigny, Murtensee und dem Domleschg.

Lasioglossum morio (Fabricius, 1793)
Dunkelgrüne Schmalbiene

Systematik: Untergattung *Evylaeus* Robertson, 1902; {[*Dialictus* Robertson, 1902]}.

Nomenklatur: Synonym: *Evylaeus morio* (Fabricius, 1793).

Etymologie: Von lat. „*morio*“ = „Mohr“; Fabricius beschreibt die Art als schwarzes Tier mit bläulichem Thorax („*H. niger thorace coerulescente, abdomine atro nitido*“). Der deutsche Name betont den auffälligeren grünmetallischen Brustabschnitt.

Pollenquellen: Polylektisch; nachgewiesen ist bislang die Nutzung des Pollens der neun Pflanzenfamilien Asteraceae, Boraginaceae, Brassicaceae, Campanulaceae, Caryophyllaceae, Convolvulaceae, Hypericaceae, Lythraceae, Ranunculaceae und Rosaceae.

Nestbau: Nistet – oft in kleineren oder größeren Aggregationen – auf kahlen oder schütter bewachsenen, ebenen oder steil abfallenden Flächen in

den verschiedensten Substraten, in den Mörtelfugen von Mauern, im Erdreich der Wurzelballen umgestürzter Bäume, im Verwitterungsschutt alter Kalk- oder Sandsteinmauern und Ähnlichem. Auf ebenen Flächen ist der Nesteingang von einem kleinen konischen Tumulus umgeben. Das Nest besteht in der Regel aus einem bis zu 20 cm langen Hauptgang, entlang dem die Brutzellen in sehr kurzen Seitengängen oder direkt neben dem Hauptkorridor angelegt sind. Die Zellen sind zwar separat, aber normalerweise doch in Gruppen angeordnet. Ein Nest enthält etwa 10–18 Zellen.

Lebensweise: Eusozial. Die erste Brut besteht aus Arbeiterinnen. Die fertilen Weibchen der zweiten Brut graben sich zuweilen nach der Verpaarung eigene Überwinterungsgänge oder sie überwintern im Geburtsnest.

Lebensraum: Zeigt keine strenge Habitatbindung, kommt auch häufig im Siedlungsbereich vor. Vom Flachland bis in die untere subalpine Höhenstufe.

Parasiten: Als Kuckucksbiene wurden *Sphecodes niger, Sphecodes longulus, Sphecodes miniatus* und *Sphecodes geoffrellus* beobachtet, vermutet wird auch *Nomada furva*. Erwachsene Tiere sind zuweilen vom Fächerflügler *Halictoxenos tumulorum* befallen.

Flugzeit: Weibchen von März bis Oktober, Männchen ab Juli.

Gesamtverbreitung: Westpaläarktisch. In Nordafrika von Madeira und den Kanaren bis Tunesien. In Eurasien von den Azoren und Portugal über Europa, Kleinasien und Kaukasus bis in die Region Altai und *Kasachstan; nordwärts in Norwegen bis 62,5°N (Prov. Møre og Romsdal), in Schweden bis 63°N (Ångermanland), ein Einzelfund bei 65,5°N (Luleå), in Finnland bis 60°N (Åland, Helsinki), in Russland bis Kirov; südwärts bis Sizilien und Malta, Kreta und Israel. Eingeschleppt auf den Azoren. In der ssp. *cordiale* (Pérez, 1903) auf den Kanaren über Marokko bis Tunesien sowie in Südspanien. Ob das Taxon *corsicanum* (Blüthgen, 1931) als Unterart von *L. morio* oder als eigene Art aufzufassen ist, ist unklar. Die Meldungen aus China und der Mongolei dürften sich auf verwandte Arten beziehen. **SW-Eu:** P(A)+, P, E, F(K), I(Si), I, M. **Z-Eu:** F, B, LUX, NL, D, A, CH, FL, DK. **N-Eu:** IRL?, GB, N, S, SF, EST, LT, LV, RUS(N). **NO-Eu:** CS, SK, PL, BY, UA, UA(K), RUS(S). **SO-Eu:** H, RO, SLO, HR, MK, MNE, SRB, BIH, BG, GR, GR(K). **N-Afr:** ~~{P(M)}~~, E(C), MA, DZ, TN. **W-As:** TR, IL, Kaukasus. **Z-As:** *KAZ. **Sib:** W-Sib. **SO-As:** MGL?, RC (Tibet)?

Lokalverbreitung: Im Gebiet aus allen Regionen gemeldet (aktuell).

Lasioglossum nigripes (Lepeletier, 1841)

Schwarzbeinige Schmalbiene

Systematik: Untergattung *Evylaeus* Robertson, 1902; [*Evylaeus* Robertson, 1902]; {*Sphecodogastra* Ashmead, 1899}.

Nomenklatur: Synonym: *Evylaeus nigripes* (Lepeletier, 1841); *Halictus vulpinus* auct. nec (Fabricius, 1804).

Etymologie: Von lat. „*niger*" = „schwarz" und „*pes*" = „Fuß"; wegen der im Gegensatz zu den Männchen vieler anderer Schmalbienen schwarzen Beine.

Pollenquellen: Polylektisch; nachgewiesen ist bislang die Nutzung des Pollens der vier Pflanzenfamilien Asteraceae, Brassicaceae, Convolvulaceae und Fabaceae.

Nestbau: Nistet auf schütter bewachsenen Stellen auf ebenen oder schwach geneigten Flächen, seltener in Steilwänden, bevorzugt in Sand und Lösslehm, meist in kleineren Aggregationen. Der Nesteingang wird auf ebenen Flächen von einem großen Tumulus umgeben. Der Nestgang geht im Frühjahr bis in eine Tiefe von etwa 20 cm, im Sommer bis zu 40 cm. Die Brutzellen werden als Erdwabe in einer Nestkammer angelegt, die Wabe der ersten Brut enthält 5–15, die der zweiten 30–60 Zellen, wobei zuerst die Zellen angefertigt werden und erst dann ein Hohlraum um sie gegraben wird. Der beim Bau der zweiten Nestkammer anfallende Aushub wird in der Nestkammer der ersten Brut abgelagert. Die Brutzellen der zweiten Brut sind so groß wie die der ersten, werden aber großzügiger verproviantiert.

Lebensweise: Eusozial auf einer relativ hohen Stufe. Die Nestgründung erfolgt oft polygyn durch zwei oder drei gemeinsam überwinterten Schwestern. Die Art beginnt mit dem Bau der Brutzellen relativ spät im Jahr, im Mai oder Juni. Die Zellen werden nach Verproviantierung und Eiablage verschlossen und der Nesteingang wird für die Dauer der Brutentwicklung mit einem Erdpfropfen versiegelt. Die erste Brut besteht aus kleineren Arbeiterinnen und einigen wenigen Männchen, die zweite aus fertilen Weibchen und Männchen. Die Männchen suchen nach dem Verlassen ihres Nestes andere Nester auf und paaren sich offensichtlich mit den darin befindlichen Weibchen. Auch die Weibchen verlassen nach dem Schlüpfen das Nest, kehren aber in der Regel zum Überwintern dahin zurück. Eine Bewachung des Nestes durch Arbeiterinnen wie bei manchen verwandten Arten findet nicht statt.

Lebensraum: Zeigt wie die ökologisch und morphologisch sehr ähnliche *L. calceatum* keine strenge Habitatbindung, ist aber viel seltener. Vom Flachland bis in die montane und subalpine Höhenstufe.

Parasiten: Als Kuckucksbiene beobachtet wurde *Sphecodes alternatus* beobachtet; vermutet wird auch *Sphecodes pellucidus*.

Flugzeit: Weibchen von April/Mai bis Oktober, Männchen ab Juli.

Gesamtverbreitung: Westpaläarktis der warm-gemäßigten bis mediterranen Zone. In Nordafrika von Ägypten bekannt; eine überprüfungsbedürftige Meldung aus Algerien. In Eurasien von Zentralspanien über Süd- und Mitteleuropa, Kleinasien, Levante und Kaukasus bis in den Iran (Elburs) und Zentralasien; nordwärts bis Niedersachsen, Mittelpolen, Nordukraine; südwärts bis Sizilien, Kreta, Israel und Nordiran. In Ägypten und der Levante in der ssp. *pharaone* (Strand, 1909). **SW-Eu:** E, F(K), I(Sa), I(Si), I. **Z-Eu:** F, B, D, A, CH. **NO-Eu:** CS, SK, PL, UA, UA(K), RUS(S). **SO-Eu:** H, RO, SLO, HR, MK, SRB, BG, GR, GR(K). **N-Afr:** ~~{DZ}~~, ET. **W-As:** GR(Ä), TR, SYR, JOR, RL, IL, Kaukasus, IR. **Z-As:** TM, KAZ.

Lokalverbreitung: In Deutschland aktuell nur aus Baden-Württemberg nachgewiesen, historische Meldungen aus Niedersachsen, Thüringen, Sachsen, Rheinland-Pfalz und Bayern. In Österreich nur aus Salzburg ohne Meldung. In der Schweiz mit Ausnahme des Alpennordhangs fast überall (aktuell).

Lasioglossum nitidiusculum (Kirby, 1802)
Glänzende Schmalbiene

Systematik: Untergattung *Evylaeus* Robertson, 1902; [*Dialictus* Robertson, 1902]; {*Hemihalictus* Cockerell, 1897}.

Nomenklatur: Synonym: *Evylaeus nitidiusculum* (Kirby, 1802).

Etymologie: Von lat. „*nitidiusculum*" = „etwas glänzender"; Kirby bezieht sich auf den glänzenden Thorax und Hinterleib.

Pollenquellen: Polylektisch; nachgewiesen ist bislang die Nutzung des Pollens der sechs Pflanzenfamilien Apiaceae, Asteraceae, Boraginaceae, Brassicaceae, Salicaceae und Scrophulariaceae.

Nestbau: Nistet in sandigen oder lehmigen Böschungen und in Steilwänden, oft in sehr großen Aggregationen. Der Nestgang verläuft ungefähr im rechten Winkel zur Bodenoberfläche, er ist mehr oder weniger stark gekrümmt und kann sich verzweigen. Es werden kurzen Seitenkorridore gegraben, in denen mehrere Zellen hintereinander liegen.

Lebensweise: Solitär.

Lebensraum: Zeigt keine strenge Habitatbindung; Waldsäume, Magerrasen, Ruderalflächen, Sandgruben. Vom Flachland bis in die kolline, vereinzelt auch montane Höhenstufe.

Parasiten: Als Kuckucksbiene wurden *Sphecodes crassus, Sphecodes geoffrellus, Sphecodes miniatus, Nomada sheppardana* und *N. furva* bekannt. Erwachsene Tiere sind zuweilen vom Fächerflügler *Halictoxenos spencei* befallen.

Flugzeit: Weibchen von April bis September, Männchen ab Juli.

Gesamtverbreitung: Westpaläarktisch. In Nordafrika von Marokko bis Tunesien. In Eurasien von Iberien über Europa, Kleinasien und Kaukasus bis Sibirien (Republik Altai) und Zentralasien; nordwärts Südirland und Nordengland, in Norwegen und Schweden bis 60°N (Großraum Oslo, Upland), in Finnland bis 62°N (Prov. Nordkarelien), in Russland bis Karelien und Perm; südwärts bis Sizilien, Peloponnes, Kreta, Zypern und Nordiran. **SW-Eu:** P(?), E, I(Sa), I(Si), I. **Z-Eu:** F, B, LUX, NL, D, A, CH, FL, DK. **N-Eu:** IRL, GB, N, S, SF, EST, LT, LV, RUS(N). **NO-Eu:** CS, SK, PL, BY, UA, RUS(S). **SO-Eu:** H, RO, SLO, HR, MK, AL, GR, GR(K). **N-Afr:** MA, DZ, TN. **W-As:** CY, TR, Kaukasus, IR. **Z-As:** TM, TAD. **Sib:** W-Sib.

Lokalverbreitung: Im Gebiet aus allen Regionen gemeldet, fehlt nur in den höheren Lagen des Jura und am Alpennordhang.

Lasioglossum nitidulum (Fabricius, 1804)
Grünglanz-Schmalbiene

Systematik: Untergattung *Evylaeus* Robertson, 1902; {[*Dialictus* Robertson, 1902]}.

Nomenklatur: Synonyme: *Evylaeus nitidulus* (Fabricius, 1804); *Lasioglossum continentale* (Blüthgen, 1944).

Etymologie: Von lat. „*nitidus*" = „glänzend, schimmernd"; Fabricius bezieht sich auf die insgesamt glänzende Körperoberfläche („*P. atra, nitida, capite thoraceque cyaneo nitidis*"). Deutscher Name: Beim Weibchen sind Kopf, Brustabschnitt und Hinterleib, beim Männchen die ersten beiden grünmetallisch glänzend.

Pollenquellen: Polylektisch; nachgewiesen ist bislang die Nutzung des Pollens der zwölf Pflanzenfamilien Amaryllidaceae, Apiaceae, Asteraceae, Boraginaceae, Brassicaceae, Campanulaceae, Cistaceae, Lamiaceae, Papaveraceae, Ranunculaceae, Rosaceae und Scrophulariaceae.

Nestbau: Nistet bevorzugt in Steilwänden und anderen vertikalen Strukturen wie Trockenmauern, Mauerfugen oder erdgefüllten Felsspalten, selten auch auf mehr oder weniger ebenen Flächen, zuweilen in kleinen Aggregationen.

Lebensweise: Nach den phänologischen Daten vermutlich eusozial.

Lebensraum: Sand- und Lehmgruben, Trockenhänge, Weinberge, häufig auch im Siedlungsbereich. Vom Flachland bis in die montane Höhenstufe.

Flugzeit: Weibchen von März/April bis Oktober, Männchen ab Juni/Juli.

Gesamtverbreitung: Formenreich, neigt zu vielen Unterarten. Die Stammform in Mitteleuropa von Belgien bis zur Tatra, nordwärts bis Südschweden (Skåne); südwärts bis Sizilien und Kalabrien; isoliert in Spanien (Picos de

Europa, Santander) und Griechenland (Timfi und Panaitoliko). Die ssp. *fudakowskii* (Noskiewicz, 1925) in der mediterran beeinflussten Zone des Balkan, von Istrien bis in die Westtürkei (Aksaray) und völlig isoliert im Iran (Kuh Gol). Bildet verschiedene insulare Formen aus: ssp. *hammi* (Saunders, 1904) auf den Balearen, ssp. *sardinium* Ebmer, 1978 auf Korsika, Sardinien, Sizilien, Lampedusa und Malta sowie ssp. *cretense* (Warncke, 1975) auf Kreta. **SW-Eu:** E, I(Sa), I(Si), I, P(A). **Z-Eu:** F, B, LUX, NL, D, A, CH, FL, DK. **N-Eu:** S, LT, RUS(N). **NO-Eu:** CS, SK, PL, BY, UA, RUS(S). **SO-Eu:** H, RO, SLO, HR, SRB, AL, GR, GR(K). **W-As:** GR(Ä), CY, TR, IR.

Lokalverbreitung: Im Gebiet aus allen Regionen gemeldet mit Ausnahme von Salzburg.

Lasioglossum obscuratum (Morawitz, 1876)

Düstere Schmalbiene

Systematik: Untergattung *Evylaeus* Robertson, 1902; [*Evylaeus* Robertson, 1902]; {*Sphecodogastra* Ashmead, 1899}.

Nomenklatur: Synonyme: *Evylaeus obscuratus* (Morawitz, 1876).

Etymologie: Von lat. „*obscuratum*" = „verdunkelt, verborgen, versteckt".

Pollenquellen: Polylektisch; nach Pesenko et al. (2000) bevorzugt auf Korbblütler (Brassicaceae).

Flugzeit: Nach den wenigen Funddaten Weibchen von Mai bis September in Österreich, ab April in Ungarn, Männchen ab August in Ungarn.

Gesamtverbreitung: Westpaläarktische Steppenart. Die Stammform von Kleinasien nach Osten bis Kirgistan, südwärts bis Israel. In Europa die ssp. *acerbum* (Warncke, 1975) vom Pannonikum Österreichs bis Griechenland,

♀

nordwärts bis Südpolen und Nordukraine. **SW-Eu:** I. **Z-Eu:** {D}, A. **NO-Eu:** SK, PL, UA, UA(K), RUS(S). **SO-Eu:** H, RO, SLO, HR, MK, SRB, GR. **W-As:** GR(Ä), CY, TR, SYR, JOR, IL, Kaukasus, IR, AFG. **Z-As:** TM, UZB, TAD, KAZ, KGZ.

Lokalverbreitung: Im Gebiet nur aus Niederösterreich und dem Burgenland in wenigen Exemplaren nachgewiesen (letzter Fund 1961). Friese (1883) meldete die Art auch aus Thüringen, das betreffende Tier wurde aber später von Blüthgen (1925) als *Lasioglossum pallens* identifiziert.

Lasioglossum pallens (Brullé, 1832)
Frühlings-Schmalbiene

Systematik: Untergattung *Lasioglossum* Curtis, 1833 *s. str.*; {[*Lasioglossum* Curtis, 1833 *s. str.*]}.

Etymologie: Von lat. „*pallens*" = „bleich, gelb", Brullé bezieht sich auf die entfärbten Endränder der Tergite („*segmentorum marginibus pallidis*"). Der deutsche Name bezieht sich auf die frühe Flugzeit, insbesondere der Männchen.

Pollenquellen: Polylektisch; Westrich, der zwei Pollenladungen untersuchte, fand Pollen von Brassicaceae, Rosaceae, Miere (*Stellaria*) und Hahnenfuß (*Ranunculus*). Herrmann et al. (2003) analysierten 28 Ladungen von drei Fundorten im Kanton Zürich, in Baden-Württemberg und in Hessen, die fast alle zu 90–100 % aus Eichenpollen bestanden; nennenswerte Anteile an anderen Pollen stammten von Walnuss, Weide und Ahorn. Die Art sammelt

also offensichtlich bevorzugt den Pollen windblütiger Pflanzen. Da diese keinen Nektar produzieren, müssen sie zur Eigenversorgung andere Blüten besuchen, oder – wie von HERRMANN ET AL. beobachtet – die zuckerhaltigen Ausscheidungen von Blattläusen aufnehmen. Die auffallend dichte und stark fiedrig verzweigte Behaarung der Sternite dürfte eine Anpassung an das Sammeln des extrem feinen und nicht klebrigen Pollens windblütiger Pflanzen sein.

Nestbau: Die einzigen aus dem Gebiet beschriebenen Nester befanden sich auf einer sandigen, kurzrasigen und lückig bewachsenen Wiesenfläche, die im Nordosten von einem Laubwald begrenzt wurde. Sie bildeten eine lockere Aggregation von rund zehn Nestern.

Lebensweise: In der Literatur wurde die Art stets als solitär bezeichnet. Die Beobachtungen von HERRMANN ET AL. widersprechen dieser Auffassung, da die von ihnen untersuchten Nester von Wächterinnen gesichert wurden.

Lebensraum: Südexponierte Waldsäume, Hecken, Halbtrockenrasen, extensiv genutztes Grünland, Hochwasserdämme, Weinberge. Vom Flachland bis in die kolline Höhenstufe.

Parasiten: Kuckucksbiene ist *Sphecodes majalis*.

Flugzeit: Einzige Art der Gattung im Gebiet, bei der Weibchen und Männchen zusammen im Frühjahr fliegen (März/April bis Mai).

Gesamtverbreitung: Wärmere Westpaläarktis. In Nordafrika von Marokko bis Tunesien. In Eurasien von Portugal über Süd- und Mitteleuropa, Kleinasien bis Kaukasus und Iran (Khorramabad); nordwärts bis Niederlande und Litauen; südwärts bis Sizilien, Zypern, Südtürkei und Mitteliran. Die Angaben für Sibirien und die Mongolei, die alle auf MORAWITZ zurückgehen, beruhen ziemlich sicher auf einem Irrtum. **SW-Eu:** P, E, I(Sa), I(Si), I. **Z-Eu:** F, B, NL, D, A, CH. **N-Eu:** LT. **NO-Eu:** CS, SK, PL, UA, RUS(S). **SO-Eu:** H, RO, SLO, HR, BG, GR. **N-Afr:** MA, DZ, TN. **W-As:** GR(Ä), CY, TR, Kaukasus, IR. **Z-As:** KAZ? **Sib:** {~~Sib~~}. **SO-As:** {~~MGL~~}.

Lokalverbreitung: In Deutschland nur sehr vereinzelt über den nördlichen Mittelgebirgsrand hinausgehend, in Schleswig-Holstein, Mecklenburg-Vorpommern und Niedersachsen nicht nachgewiesen, aus allen anderen Ländern historisch und aktuell. In Österreich mit Ausnahme von Salzburg, Tirol, Vorarlberg und des Burgenlandes aus allen Bundesländern belegt.In der Schweiz aktuell bei Genf, vom Neuenburger- und Zürichsee, bei Aarau und Schaffhausen, in Graubünden, Tessin und Wallis, historisch auch von Basel.

Lasioglossum parvulum (SCHENCK, 1853)
Dunkle Schmalbiene

Systematik: Untergattung *Evylaeus* ROBERTSON, 1902; [*Dialictus* ROBERTSON, 1902]; {*Hemihalictus* COCKERELL, 1897}.

Nomenklatur: Synonyme: *Evylaeus parvulus* (Schenck, 1853); *Lasioglossum minutum* (Kirby, 1802).

Etymologie: Von lat. „*parvum*" = „klein, kurz, gering". Deutscher Name: Wegen des mehr oder weniger völligen Fehlens von hellen Haarflecken oder -binden auf dem Hinterleib wirkt die Art vergleichsweise dunkel.

Pollenquellen: Polylektisch; nachgewiesen ist bislang die Nutzung des Pollens der vier Pflanzenfamilien Asteraceae, Campanulaceae, Ranunculaceae und Salicaceae.

Nestbau: Nistet in Steilwänden, auch in der Erde in Wurzelballen umgestürzter Bäume, oder auf abschüssigen, seltener ebenen Flächen, ohne erkennbare Bevorzugung bestimmter Substrate. Das Nest besteht aus einem Hauptgang, der in Steilwänden zuerst horizontal verläuft und dann nach unten abfällt, wo mehrere Seitengänge angelegt sind, an deren Ende sich jeweils eine Brutzelle befindet.

Lebensweise: Solitär.

Lebensraum: Zeigt keine strenge Habitatbindung; Waldsäume, Kahlschläge, mageres Grünland, Heiden, Sand- und Kiesgruben, Weinberge. Vom Flachland bis in die montane, in der Südschweiz vereinzelt in die subalpine Höhenstufe.

Parasiten: Als Kuckucksbiene ist *Nomada distinguenda* bekannt, vermutet werden auch *Sphecodes geoffrellus, S. crassus, S. miniatus, S. ephippius* und *S. puncticeps*. Erwachsene Tiere sind zuweilen vom Fächerflügler *Halictoxenos spencei* befallen.

Flugzeit: Weibchen von April bis September/Oktober, Männchen ab Juni/Juli.

Gesamtverbreitung: Westpaläarktisch. Von Portugal über Europa, Kleinasien, Levante, Kaukasus bis in den Iran; nordwärts bis Nordengland und Südschweden (56°N: Skåne). In Südeuropa isoliert in den Gebirgen: Serra de Estrela, in Spanien südwärts bis zur Sierra Nevada, in Italien bis zum Aspremonte, ein Fund aus Sizilien, in Griechenland bis auf die Peloponnes; nach Südosten bis Nordiran. **SW-Eu:** P, E, E(B), I(Sa), I(Si), I. **Z-Eu:** F, B, LUX, NL, D, A, CH, FL, DK. **N-Eu:** IRL, GB, N, S, SF, RUS(N). **NO-Eu:** CS, SK, PL, UA, RUS(S). **SO-Eu:** H, RO, SLO, HR, MK, BIH, BG, GR. **W-As:** TR, SYR, IL, Kaukasus, IR. **NO-As:** (Prim).

Lokalverbreitung: Im Gebiet aus allen Regionen gemeldet, lediglich aus der Gegend um den Genfersee nur historische Meldungen.

Lasioglossum pauperatum (Brullé, 1832)

Unscheinbare Schmalbiene

Systematik: Untergattung *Evylaeus* Robertson, 1902; [*Dialictus* Robertson, 1902]; {*Hemihalictus* Cockerell, 1897}.

Nomenklatur: Synonyme: *Evylaeus pauperatus* (Brullé, 1832); *Halictus breviceps* Saunders, 1879.

Etymologie: Von lat. „*pauper*" = „arm"; Brullé bezieht sich vermutlich ebenso wie der deutsche Name auf den Mangel an markanten Merkmalen.

Pollenquellen: Vermutlich polylektisch.

Lebensraum: Trockenwarme Standorte; Magerrasen, Weinberge, Sandgruben. Vom Flachland bis in die kolline Höhenstufe.

Flugzeit: Nach den wenigen Daten aus dem Gebiet Weibchen von April bis August, Männchen im August.

Gesamtverbreitung: Atlanto-mediterran. In Nordafrika in der mediterranen Zone von Marokko bis Tunesien. In Eurasien von Portugal über Süd- und südliches Mitteleuropa bis zur Südküste der Türkei; nordwärts lokal bis Südengland, Südniederlande und Nordukraine; südwärts bis Sizilien, Kreta und Nordiran. **SW-Eu:** P, E, F(K), I(Sa), I(Si), I. **Z-Eu:** F, B, NL, D, CH. **N-Eu:** GB. **NO-Eu:** UA. **SO-Eu:** MK, MNE, BG, GR, GR(K). **N-Afr:** MA, DZ, TN. **W-As:** GR(Ä), TR, Kaukasus.

Lokalverbreitung: In Deutschland nur aus Baden-Württemberg, Bayern, Hessen und Rheinland-Pfalz nachgewiesen. In der Schweiz ein aktueller Fund bei Sisseln im Aargau, historische Meldungen von Genf, Wallis und Tessin.

Lasioglossum pauxillum (Schenck, 1853)
Acker-Schmalbiene

Systematik: Untergattung *Evylaeus* Robertson, 1902; [*Evylaeus* Robertson, 1902]; {*Sphecodogastra* Ashmead, 1899}.

Nomenklatur: Synonyme: *Evylaeus pauxillus* (Schenck, 1853); *Halictus immarginatus* Schenck, 1853.

Etymologie: Von lat. „*pauxillum*" = „wenig, klein". Deutscher Name: Äcker gehören zu den Lebensräumen der Art.

Pollenquellen: Ausgesprochen polylektisch; nachgewiesen ist bislang die Nutzung des Pollens der 16 Pflanzenfamilien Aceraceae, Apiaceae, Asparagaceae, Asteraceae, Brassicaceae, Caryophyllaceae, Cistaceae, Fabaceae, Geraniaceae, Hypericaceae, Lamiaceae, Linaceae, Ranunculaceae, Resedaceae, Rosaceae und Rubiaceae.

Nestbau: Nistet auf kahlen oder schütter bewachsenen, ebenen oder schwach geneigten Flächen, bevorzugt in Lehmböden, die auch verdichtet sein können, häufig in kleineren bis großen Aggregationen. Der Nesteingang ist in eine Röhre aus Aushubmaterial verlängert. Der Nestgang führt mehr oder weniger senkrecht in die Tiefe. Etwa in der Mitte des Ganges wird eine kugelförmige Nestkammer ausgeschachtet, in die eine Gruppe horizontal ausgerichteter Brutzellen angelegt wird, die mittels kleiner

Lehmpfeiler an der Wand des Hohlraums verankert wird. Nach dem Schlüpfen der ersten Brut wird das Nest durch mehrere Seitengängen erweitert, entlang denen neue Zellen angelegt werden.

Lebensweise: Eusozial. Die Nestgründung kann durch ein einzelnes, aber auch durch mehrere (bis zu sechs) Weibchen erfolgen, von denen dann eines die Rolle der Königin übernimmt. In einem monogynen Nest werden 3–6, in einem polygynen bis zu 25 Brutzellen angelegt. Die Brutzellen bleiben geöffnet und werden regelmäßig inspiziert, um Kot und eventuell tote Larven zu entfernen. In polygynen Nestern wird der Eingang ständig bewacht. Nachdem alle Brutzellen verproviantiert und die Eier abgelegt sind, wird das Nest verschlossen, bis die erste Brut schlüpft, die vollständig aus Arbeiterinnen besteht, die im Vergleich zur Nestgründerin deutlich kleiner sind. Da Männchen fehlen, werden diese nicht befruchtet. In der zweiten Brut werden dann die Geschlechtstiere produziert.

Lebensraum: Zeigt keine strenge Habitatbindung; häufig auch im Siedlungsbereich. Vom Flachland bis in die montane Höhenstufe.

Parasiten: Kuckucksbiene ist *Sphecodes crassus*, möglicherweise auch *S. ferruginatus*. Erwachsene Tiere sind zuweilen von Fächerflüglern befallen.

Flugzeit: Weibchen von März bis September/Oktober, Männchen ab Juli.

Gesamtverbreitung: Wärmere Westpaläarktis. In Nordafrika von Marokko bis Tunesien. In Eurasien von Portugal über Süd- und Mitteleuropa, Kleinasien, Levante und Kaukasus bis Turkmenien; nordwärts bis Mittelengland, Südschweden (Skåne), Baltikum, Kirov und Perm; südwärts bis Sizilien, Kreta, Zypern, Israel und Mitteliran (Zagros-Gebirge). **SW-Eu:** P, E, E(B), F(K), I(Sa), I(Si), I. **Z-Eu:** F, B, LUX, NL, D, A, CH, FL. **N-Eu:** GB, S, LT, LV, RUS(N). **NO-Eu:** CS, SK, PL, BY, UA, UA(K), RUS(S). **SO-Eu:** H, RO, MD, SLO, HR, MK, SRB, BIH, BG, GR, GR(K). **N-Afr:** MA, DZ, TN. **W-As:** GR(Ä), CY, TR. **W-As:** SYR, IL, Kaukasus, IR. **Z-As:** TM.

Lokalverbreitung: Im Gebiet aus allen Regionen gemeldet (aktuell).

Lasioglossum peregrinum (Blüthgen, 1923)
Fremde Schmalbiene

Systematik: Untergattung *Evylaeus* Robertson, 1902; [*Dialictus* Robertson, 1902]; {*Hemihalictus* Cockerell, 1897}.

Nomenklatur: Synonym: *Evylaeus peregrinus* (Blüthgen, 1923).

Etymologie: Von lat. „*peregrinum*" = „fremd, fremdländisch".

Pollenquellen: Vermutlich polylektisch.

Flugzeit: Nach Daten aus Slowenien und Kroatien Weibchen von Mai bis September, Männchen ab Juli.

Gesamtverbreitung: Balkanisch-westasiatisch, eher montane Art, nur lokal bis Piemont, häufiger von den Bergen Kroatiens bis zur Peloponnes, Kleinasien bis Iran (Damavend-Gebirge). **SW-Eu:** I. **Z-Eu:** CH. **NO-Eu:** UA, UA(K). **SO-Eu:** SLO, HR, MK, MNE, SRB, BIH, BG, GR. **W-As:** TR, IL, Kaukasus, IR.

Lokalverbreitung: Im Gebiet nur zwei Meldungen aus der Schweiz: eine bei Lugano (Tiere aus der Sammlung Morawitz, also aus dem 19. Jh., Ebmer 1988) und bei Glion bei Montreux/Genfersee 1972 (Ebmer 1997).

Lasioglossum pleurospeculum Herrmann, 2001
Ried-Schmalbiene

Systematik: Untergattung *Evylaeus* Robertson, 1902; [*Dialictus* Robertson, 1902]; {*Hemihalictus* Cockerell, 1897}.

Nomenklatur: Synonym: *Evylaeus pleurospeculus* (Herrmann, 2001).

Etymologie: Von griech. „*pleurá*" = „Körperseite" und „*speculum*" = „Spiegel", wegen der glatten Brustseiten. Deutscher Name: Der Hauptlebensraum der Art liegt in schilfbestandenen Feuchtgebieten.

Pollenquellen: Vermutlich polylektisch.

Lebensraum: Bisher nur in größeren Feuchtgebieten mit ausgedehnten Schilfbeständen gefunden, in deren Nachbarschaft trockene und mehr oder weniger sandige Bereiche vorhanden sind, oft Verlandungsgebiete an Seen. Vom Flachland bis in die kolline Höhenstufe.

Flugzeit: Funddaten der Weibchen vom 24. April bis 4. September, der Männchen vom 13. Juli bis 10. September.

Gesamtverbreitung: Nach sicheren Daten bisher nur vom Stromgebiet des oberen Rheins bekannt. **Z-Eu:** D, A, CH.

Lokalverbreitung: Bisher nur von Baden-Württemberg (Konstanz), Vorarlberg und den Schweizer Kantonen St. Gallen, Zürich und Uri bekannt geworden (Herrmann 2001; Kopf 2007).

Lasioglossum podolicum (Noskiewicz, 1925)
Podolische Schmalbiene

Systematik: Untergattung *Evylaeus* Robertson, 1902; {[*Dialictus* Robertson, 1902]}.

Nomenklatur: Synonym: *Evylaeus podolicus* (Noskiewicz, 1925).

Etymologie: Noskiewicz beschrieb die Art aus Podolien, einer Landschaft in der heutigen Ukraine.

Pollenquellen: Vermutlich polylektisch.

Lebensraum: Steppenbiotope, im Gebiet primär alpine Felssteppen. Vom der montanen bis in die subalpine Höhenstufe.

Flugzeit: Nach den wenigen Daten aus dem Gebiet Weibchen von Mai bis September, Männchen im Juli und August.

Gesamtverbreitung: Westpaläarktische Steppenart. Nach absolut sicher determinierbaren Männchen (die Weibchen könnten mit den nächstverwandten Arten *L. smeathmanellum* und *L. nitidulum* verwechselt werden) in mediterran-alpinen Steppenbiotopen von Spanien (Picos de Europa, Sierra de la Demanda, Pyrenäen), Sizilien (Ätna), relativ häufig in Griechenland bis zur östlichen Türkei, Zypern; in Mittel- und Osteuropa nördlich bis Südpolen (Ojców) und in die Ukraine (Podolien) und südwärts bis Südschweiz, Südtirol und Ostösterreich. In der ssp. *petrosum* (Warncke, 1975) im Iran. **SW-Eu:** E, I(Si), I. **Z-Eu:** F, D, A, CH. **NO-Eu:** PL, UA, UA(K), RUS(S). **SO-Eu:** H, RO, GR. **W-As:** CY, TR, IR.

Lokalverbreitung: In Österreich aus Kärnten und Tirol, in der Schweiz aus dem Wallis, dem Domleschg und von Pfäfers/Kanton St. Gallen nachgewiesen (aktuell).

Lasioglossum politum (Schenck, 1853)
Polierte Schmalbiene

Systematik: Untergattung *Evylaeus* Robertson, 1902; [*Evylaeus* Robertson, 1902]; {*Dialictus* Robertson, 1902}.

Nomenklatur: Synonym: *Evylaeus politus* (Schenck, 1853); *Halictus nanulus* Schenck, 1853; *Halictus pygmaeus* (Fabricius, 1804).

Etymologie: Von lat. „*politum*“ = „glatt, geglättet, poliert“.

Pollenquellen: Polylektisch; nachgewiesen ist bislang die Nutzung des Pollens der neun Pflanzenfamilien Apiaceae, Asteraceae, Boraginaceae,

Brassicaceae, Campanulaceae, Lythraceae, Ranunculaceae, Rosaceae und Scrophulariaceae.

Nestbau: Nistet auf kahlen oder schütter bewachsenen Stellen auf ebenen bis vertikalen Flächen, bevorzugt in Löss, Lösslehm und Sand, meist in kleineren, manchmal großen Aggregationen. Auf ebenen oder schwach geneigten Flächen ist der Nesteingang häufig von einem schmalen, ringartigen Wall umgeben, der manchmal in eine bis 2 cm hohe Erdröhre verlän-

gert wird. Der Eingangsbereich des Nestganges verläuft zunächst in rechtem Winkel zur Erdoberfläche (in Steilwänden also horizontal) und führt dann in die Tiefe, wo sich der Gang zuweilen verzweigt. Die Brutzellen münden direkt in den Nestgang.

Lebensweise: Eusozial. Die Nestgründung erfolgt nach bisherigen Beobachtungen monogyn. Das Weibchen errichtet nachtsüber eine Brutzelle, die sie dann am Tag verproviantiert. Bei schlechtem Wetter fertigt sie mehrere Zellen. Nach Verproviantierung und Eiablage werden die Zellen verschlossen. Die erste Brut besteht aus etwa einem halben Dutzend Arbeiterinnen, nur sehr selten werden auch Männchen produziert. Die Arbeiterinnen errichten die Zellen für die zweite Brut und verproviantieren sie; einige von ihnen fungieren als Wächter, indem sie mit ihrem klobigen Kopf den Nesteingang blockieren. In der zweiten Brut entstehen die Geschlechtstiere.

Lebensraum: Magerrasen, extensiv genutztes Grünland, Hochwasserdämme, Sand- und Kiesgruben, Kahlschläge, zuweilen im Siedlungsbereich. Vom Flachland bis in die kolline Höhenstufe.

Parasiten: Kuckucksbienen sind *Nomada minuscula, Sphecodes miniatus* und *Sphecodes puncticeps*.

Flugzeit: Weibchen von März/April bis Oktober, Männchen ab Juli.

Gesamtverbreitung: Transpaläarktisch. Die Stammform vom Iberischen Gebirge bis zum Ural, nordwärts bis Norddeutschland (historisch), Mittelpolen, Nordukraine und Perm; südwärts bis Sizilien und Kreta. Die ssp. *atomarium* (Morawitz, 1876) von der Türkei bis Zentralasien, südwärts bis Israel, Jordanien und Ägypten. Die ostpaläarktische ssp. *pekingense* (Blüthgen, 1925) von Nordchina und Japan (Honshu) bekannt. **SW-Eu:** P, E, I(Si), I. **Z-Eu:** F, B, D, A, CH, FL. **N-Eu:** RUS(N). **NO-Eu:** CS, SK, PL, UA, UA(K), RUS(S). **SO-Eu:** H, RO, SLO, HR, MK, BIH, BG, GR, *GR(K). **N-Afr:** DZ, TN, ET. **W-As:** GR(Ä), TR, SYR, IL, Kaukasus, IR. **Z-As:** TM, UZB, TAD. **SO-As:** MGL, RC (Beijing), J.

Lokalverbreitung: In Deutschland aktuell in allen südlichen Bundesländern bis zum Nordrand der Mittelgebirge nachgewiesen, historische Meldungen aus Niedersachsen, Nordrhein-Westfalen, Mecklenburg-Vorpommern und Brandenburg. In Österreich mit Ausnahme von Salzburg aus allen Bundesländern gemeldet. Fehlt in der Schweiz nur in den höheren Lagen des Juras und der Alpen sowie am Alpennordhang.

Lasioglossum prasinum (Smith, 1848)
Steppenheide-Schmalbiene

Systematik: Untergattung *Lasioglossum* Curtis, 1833 *s. str.*; {[*Lasioglossum* Curtis, 1833 *s. str.*]}.

Nomenklatur: *Halictus albidus* Schenck, 1861; *Halictus canescens* Schenck, 1874.

Etymologie: Von lat. „*prasinum*“ (griech. Fremdwort) = „grün, lauchgrün“; SMITH bezieht sich auf den metallisch grünen Thorax („*the dark green colour of the thorax*“). Deutscher Name: Steppenheiden sind einer der Hauptlebensräume der Art.

Pollenquellen: Polylektisch; nachgewiesen ist bislang die Nutzung des Pollens der drei Pflanzenfamilien Caryophyllaceae, Cistaceae und Ericaceae; zumindest in Heidegebieten wird die Glockenheide (*Erica tetralix*) bevorzugt.

Nestbau: Nistet auf kahlen oder schütter bewachsenen, ebenen oder schwach geneigten Flächen, fast ausschließlich in Sandböden, bisweilen in großen Aggregationen.

Lebensweise: Vermutlich solitär.

Lebensraum: An Sandböden gebunden; Sandheiden, Steppenheiden, Binnen- und Küstendünen, Flugsandfelder, Sandgruben. Vom Flachland bis in die kolline Höhenstufe.

Parasiten: Als Kuckucksbiene wurden *Sphecodes crassus*, *Sphecodes ephippius* und *Sphecodes monilicornis* beobachtet; möglicherweise kommen auch *Sphecodes reticulatus* und *Sphecodes pellucidus* infrage.

Flugzeit: Nach Daten aus den Niederlanden Weibchen von April bis Oktober, Männchen ab Juni/Juli.

Gesamtverbreitung: Subatlantisch. In Nordafrika von Marokko bis *Tunesien. In Eurasien von Portugal über Süd- und Mitteleuropa ostwärts bis Danzig, nach überprüfungsbedürftigen Meldungen bis in die Ukraine (Lviv, Dniepropetrowsk); nordwärts bis Südwales, Südengland und Nordpolen (Danzig), nach überprüfungsbedürftigen Meldungen bis ins Baltikum; südwärts bis Sizilien und Peloponnes. **SW-Eu:** P, E, E(B), F(K), I(Sa), I. **Z-Eu:** F, B, NL, D, {~~A~~}, {~~CH~~}. **N-Eu:** GB, LT(?), RUS(N)(?). **NO-Eu:** CS, PL, BY, UA(?). **SO-Eu:** HR, GR. **N-Afr:** MA, DZ, *TN. **W-As:** Kaukasus?

Lokalverbreitung: In Deutschland mit Ausnahme von Thüringen aus allen Bundesländern nachgewiesen, aktuell jedoch nur aus Niedersachsen, Sachsen-Anhalt, Nordrhein-Westfalen, Hessen und Baden-Württemberg. Aus Österreich nur zwei historische und auf falsche Determination beruhende Meldungen aus Ober- und Niederösterreich; die fraglichen Tiere wurden im Naturhistorischen Museum Wien gefunden und sind *Halictus pollinosus* (überprüft durch EBMER). Die Meldungen für die Schweiz von FREY-GESSNER (1899–1907) beruhen laut AMIET ET AL. (2001) auf Fehlbestimmungen.

Lasioglossum punctatissimum (SCHENCK, 1853)
Punktierte Schmalbiene

Systematik: Untergattung *Evylaeus* ROBERTSON, 1902; [*Dialictus* ROBERTSON, 1902]; {*Hemihalictus* COCKERELL, 1897}.

Nomenklatur: Synonym: *Evylaeus punctatissimus* (Schenck, 1853); *Halictus porcus* Morawitz, 1872.

Etymologie: Superlativ von lat. „*punctatum*" = „punktiert"; Schenck bezieht sich auf den sehr dicht punktierten Hinterleib.

Pollenquellen: Polylektisch; nachgewiesen ist bislang die Nutzung des Pollens der sieben Pflanzenfamilien Amaryllidaceae, Asteraceae, Ericaceae, Fabaceae, Ranunculaceae, Rosaceae und Scrophulariaceae.

Nestbau: Nester wurden auf einer schütter bewachsenen ebenen Fläche und in den lehmverfüllten Fugen einer Trockenmauer gefunden.

Lebensweise: Nach den phänologischen Daten vermutlich solitär.

Lebensraum: Trockenwarme Standorte; Trockenrasen, Waldsäume, Weinberge, Dünen, Heiden. Vom Flachland bis in die kolline, in der Südschweiz bis in die untere montane Höhenstufe.

Parasiten: Als Kuckucksbiene sind *Nomada furva* und *Sphecodes crassus* bekannt; möglicherweise kommt auch *Sphecodes marginatus* infrage. Erwachsene Tiere sind zuweilen vom Fächerflügler *Halictoxenos tumulorum* befallen.

Flugzeit: Weibchen von April bis Oktober, Männchen ab Juli.

Gesamtverbreitung: Westpaläarktisch. In Nordafrika von Marokko bis Tunesien, in Ägypten nur vom Sinai. In Eurasien von Portugal über Europa, Kleinasien und Kaukasus bis zum Altai; nordwärts bis Irland uns Südschottland, in Norwegen bis 61°N (Leikanger), in Schweden bis 60°N (Uppland), in Finnland bis 61,5°N (Prov. Südkarelien), in Russland bis Karelien, Kirov und Perm; südwärts bis Sizilien, Kreta, Israel und Nordiran. **SW-Eu:** P, E, E(B), I(Si), I. **Z-Eu:** F, B, LUX, NL, D, A, CH, FL, DK. **N-Eu:** IRL, GB, N, S, SF, EST, LT, LV, RUS(N). **NO-Eu:** CS, SK, PL, BY, UA, RUS(S). **SO-Eu:** H, RO, SLO, HR, MK, MNE, GR, GR(K). **N-Afr:** MA, DZ, TN, ET. **W-As:** GR(Ä), TR, IL, Kaukasus, IR. **Z-As:** UZB. **Sib:** W-Sib.

Lokalverbreitung: Im Gebiet aus fast allen Regionen gemeldet, lediglich das Bundesland Salzburg ist noch ohne Nachweise.

Lasioglossum puncticolle (Morawitz, 1872)

Runzelwangige Schmalbiene

Systematik: Untergattung *Evylaeus* Robertson, 1902; [*Evylaeus* Robertson, 1902]; {*Hemihalictus* Cockerell, 1897}.

Nomenklatur: Synonym: *Evylaeus puncticollis* (Morawitz, 1872).

Etymologie: Von lat. „*punctatum*" = „punktiert" und „*collis*" = „Hals", also „mit punktiertem Hals"; bezieht sich wohl auf die kräftige Punktierung des Mesonotums. Deutscher Name: Beim Weibchen besitzen die Schläfen in der unteren Hälfte kräftige, parallel zum Augenrand verlaufende Runzeln.

Pollenquellen: Polylektisch; nachgewiesen ist bislang nur die Nutzung des Pollens der beiden Pflanzenfamilien Asteraceae und Ranunculaceae.

Nestbau: Nistet in Steilwänden, bevorzugt in lehmigem Substrat, oft in großen Aggregationen. In Griechenland wurden auch senkrechte Nistgänge in ebenen Terra-rossa-Böden beobachtet.

Lebensweise: Vermutlich eusozial.

Lebensraum: Sand-, Kies- und Lehmgruben, Waldsäume, Magerrasen, extensiv genutztes Grünland. Vom Flachland bis in die kolline Höhenstufe.

Parasiten: Kuckucksbiene ist *Nomada kohli*. Erwachsene Tiere sind zuweilen von Fächerflüglern der Gattung *Halictoxenos* befallen.

Flugzeit: Weibchen von April/Mai bis Oktober, Männchen ab Juli. Im Süden in zwei Generationen.

Gesamtverbreitung: Wärmere Westpaläarktis. In Nordafrika von Marokko bis Tunesien. In Eurasien von Zentralspanien über Süd- und Mitteleuropa, Kleinasien, Levante und Kaukasus bis zum Ural und in den Iran; nordwärts bis Südengland, in Russland bis Perm; südwärts bis Sizilien, Kreta, Zypern, Israel und Nordiran. **SW-Eu:** P, E, I(Sa), I(Si), I. **Z-Eu:** F, B, LUX, NL, D, A, CH. **N-Eu:** GB, RUS(N). **NO-Eu:** CS, SK, PL, UA, UA(K), RUS(S). **SO-Eu:** H, RO, SLO, HR, MK, BG, GR, GR(K). **N-Afr:** MA, DZ, TN. **W-As:** GR(Ä), CY, TR, IL, Kaukasus, IR.

Lokalverbreitung: In Deutschland nur bis zum Nordrand der Mittelgebirge (eine Meldung von 1912 aus Brandenburg ist überprüfungsbedürftig); aktuell nur in Thüringen, Rheinland-Pfalz, Baden-Württemberg und Bayern. In Österreich nur aus der Steiermark, Niederösterreich und dem Burgenland gemeldet. In der Schweiz aktuell aus den Kantonen Genf, Waadt, Solothurn, Aargau und St. Gallen, historisch im Wallis.

Lasioglossum pygmaeum (Schenck, 1853)

Pygmäen-Schmalbiene

Systematik: Untergattung *Evylaeus* Robertson, 1902; [*Dialictus* Robertson, 1902]; {*Hemihalictus* Cockerell, 1897}.

Nomenklatur: Synonym: *Evylaeus pygmaeus* (Schenck, 1853); *Halictus distinctus* Schenck, 1869; *Halictus nitidus* Schenck, 1853; *Lasioglossum patulum* (Vachal, 1905).

Etymologie: Von lat. „*pygmaeum*“ (griech. Fremdwort) = „zwergenhaft“.

Pollenquellen: Polylektisch; nachgewiesen ist bislang nur die Nutzung des Pollens der drei Pflanzenfamilien Betulaceae, Fabaceae und Lamiaceae.

Nestbau: Ein Nest wurde auf einem Trockenhang in der Abbruchkante eines Weges gefunden.

Lebensweise: Nach den phänologischen Daten vermutlich solitär.

♀

Lebensraum: Trockenwarme Standorte; Magerrasen, Steinbrüche, Weinberge. Vom Flachland bis in die kolline, in der Südschweiz bis in die montane Höhenstufe.

Parasiten: Kuckucksbienen sind nicht bekannt. Erwachsene Tiere sind zuweilen von Fächerflüglern der Gattung *Halictoxenos* befallen.

Flugzeit: Weibchen von April/Mai bis September, Männchen ab Juni.

Gesamtverbreitung: Westpaläarktisch. In Nordafrika von Marokko bis Tunesien. In Eurasien von Zentralspanien über Süd- und Mitteleuropa, Kleinasien, Levante und Kaukasus bis Afghanistan und erreicht in Pakistan und Kashmir die orientalische Faunenregion; nordwärts bis Südholland, südwärts bis Sizilien, Zypern, Israel und Pakistan (Quetta). Die Stammform vom Maghreb über Iberien bis ins Karpatenbecken und den Balkan, hier in sehr breiter Übergangszone zur östlichen ssp. *patulum* (Vachal, 1905), die nach Osten über ganz Kleinasien, Zypern bis Kashmir reicht. **SW-Eu:** E, E(B), F(K), I(Si), I. **Z-Eu:** F, B, NL, D, A, CH. **NO-Eu:** CS, SK, PL?, UA, UA(K), RUS(S). **SO-Eu:** H, RO, SLO, HR, MK, BG, GR, GR(K)? **N-Afr:** MA, DZ, TN. **W-As:** GR(Ä), CY, TR, SYR, JOR, RL, IL, Kaukasus, IR, AFG. **Z-As:** TM, TAD. **Ori:** PAK, IND.

Lokalverbreitung: In Deutschland nur in Nordrhein-Westfalen vereinzelte Nachweise nördlich der Mittelgebirge (historisch); aktuell in Niedersachsen, Sachsen-Anhalt, Hessen, Thüringen, Rheinland-Pfalz, Baden-Württemberg und Bayern. In Österreich gemeldet aus Kärnten, Ober- und Niederösterreich sowie aus dem Burgenland. In der Schweiz aktuell aus den Kantonen Zürich, Basel und Tessin, aktuell und historisch aus Bern, Waadt, Genf und Wallis, nur historisch aus dem Kanton Neuenburg.

Lasioglossum quadrinotatulum (Schenck, 1861)
Vierpunkt-Schmalbiene

Systematik: Untergattung *Evylaeus* Robertson, 1902; [*Dialictus* Robertson, 1902]; {*Hemihalictus* Cockerell, 1897}.

Nomenklatur: Synonym: *Evylaeus quadrinotatulum* (Schenck, 1861).

Etymologie: Von lat. „*quadri-*“ = „vier-“ und Diminutiv von „*notatum*“ = „gekennzeichnet, mit einem Kennzeichen versehen“; bezieht sich auf die dichten, schneeweißen basalen Haarflecken auf den Tergiten 2 und 3 bei den Weibchen. Der deutsche Name bezieht sich wie die wissenschaftliche Bezeichnung auf die basalen Haarflecken der Tergite und auf Bevorzugung von Steilwänden als Nistplatz.

Pollenquellen: Vermutlich polylektisch.

Nestbau: Nistet vorwiegend in Steilwänden, aber auch auf kahlen ebenen Flächen, oft in kleinen bis größeren Aggregationen; überwiegend in Sand oder Löss, seltener in Lehm. In einer Steilwand verläuft der Hauptgang insgesamt nahezu horizontal, weist aber einige Knicke auf. Der Gang kann bis

♀

zu 55 cm lang sein. 9–14 cm vom Nesteingang entfernt werden mehrere kurze Seitengänge von 0,5–2,5 cm Länge gegraben, an deren Enden sich je eine Brutzelle befindet. Nach der letzten Zelle führt der Gang noch 1–2 Zentimeter weiter und endet blind. Nach der Eiablage verfüllt das Weibchen die Seitengänge mit Bodenpartikeln.

Lebensweise: Solitär.

Lebensraum: Sandaffin; Binnendünen, Flugsandfelder, Sandheiden, Steilufer, Sand-, Kies- und Lehmgruben, Brach- und Ruderalflächen, Magerrasen, extensiv genutztes Grünland. Vom Flachland bis in die kolline Höhenstufe.

Parasiten: Als Kuckucksbiene wurden *Sphecodes ephippius, Sphecodes monilicornis* und *Sphecodes hyalinatus* beobachtet, erwähnt werden auch *Sphecodes crassus* und *S. puncticeps*.

Flugzeit: Weibchen von April bis Oktober, Männchen ab Juli.

Gesamtverbreitung: Eurosibirisch. Vom Iberischen Gebirge bis Zabaikal (Tschita); nordwärts in Norwegen bis 60°N (Busund/Prov. Ringerike), in Schweden bis 58,5°N (Östergötland), in Finnland bis 60°N (Prov. Südkarelien), in Russland bis Karelien, Kirov und Perm; südwärts bis Umbria, Thessalien und Nordtürkei (Schwarzmeerküste, Pontisches Gebirge). Die Meldungen aus Jakutien (Pesenko & Davydova 2004) bedürfen der Überprüfung. **SW-Eu:** E, I. **Z-Eu:** F, B, LUX, NL, D, A, CH, {DK}. **N-Eu:** N, S, SF, EST, LT, LV, RUS(N). **NO-Eu:** CS, SK, PL, BY, UA, RUS(S). **SO-Eu:** H, RO, SLO, HR, MNE, GR? **N-Afr:** {DZ}. **W-As:** TR. **Sib:** O-Sib. **NO-As:** Jak(?).

Lokalverbreitung: In Deutschland mit Ausnahme von Hessen (letzter Fund 1946) aus allen Bundesländern aktuell nachgewiesen. In Österreich mit Ausnahme von Salzburg und Vorarlberg aus allen Bundesländern gemeldet. In der Schweiz aktuell nur ein Fund im Tessin, von hier auch historisch belegt, ebenso aus Genf und Graubünden.

Lasioglossum quadrinotatum (Kirby, 1802)

Vierfleck-Schmalbiene

Systematik: Untergattung *Lasioglossum* Curtis, 1833 *s. str.*; {[*Lasioglossum* Curtis, 1833 *s. str.*]}.

Etymologie: Von lat. „*quadri-*" = „vier-" und „*notatum*" = „gekennzeichnet, mit einem Kennzeichen versehen"; bezieht sich auf die dichten, schneeweißen basalen Haarflecken auf den Tergiten 2 und 3 bei den Weibchen.

Pollenquellen: Vermutlich polylektisch; nachgewiesen ist bislang nur die Nutzung des Pollens der beiden Pflanzenfamilien Asteraceae und Brassicaceae.

Nestbau: Nistet offenbar nur in Sand- oder Lössböden.

Lebensweise: Vermutlich solitär.

Lebensraum: Offene, trockene Standorte; Magerrasen, extensiv genutztes Grünland, Straßenböschungen. Vom Flachland bis in die kolline Höhenstufe.

Parasiten: Erwachsene Tiere sind zuweilen von Fächerflüglern der Gattung *Halictoxenos* befallen.

Flugzeit: Weibchen von April bis Oktober, Männchen ab Juli.

Gesamtverbreitung: Westpaläarktis. Von Portugal über Europa bis auf die Krim und die Nordosttürkei, möglicherweise bis in den Kaukasus; nordwärts bis Mittelengland, in Schweden bis 60°N (Uppland), in Finnland bis 60,5°N (Åland); südwärts bis Sizilien, Peloponnes und Nordtürkei. Eine Meldung von Morawitz (1890) von Gansu/China bezieht sich auf *Lasioglossum lisa* Ebmer, 1998. **SW-Eu:** P, E, I(Si), I. **Z-Eu:** F, B, NL, D, A, CH, DK. **N-Eu:** GB, S, SF, LT, LV, RUS(N). **NO-Eu:** CS, SK, PL, UA, UA(K), RUS(S). **SO-Eu:** H, RO, SLO, HR, MK, SRB, BIH, BG, GR. **W-As:** TR, {SYR}, Kaukasus(?), {~~IR~~}. **Z-As:** UZB, KAZ. **SO-As:** {~~RC(Gansu)~~}.

Lokalverbreitung: In Deutschland in allen Bundesländern nachgewiesen (aktuell). In Österreich mit Ausnahme von Salzburg, Tirol und Vorarlberg aus allen Bundesländern gemeldet. In der Schweiz aktuell nur ein Fund bei Basel, historisch von Genf und aus dem Wallis.

Lasioglossum quadrisignatum (Schenck, 1853)
Esparsetten-Schmalbiene

Systematik: Untergattung *Evylaeus* Robertson, 1902; [*Dialictus* Robertson, 1902]; {*Hemihalictus* Cockerell, 1897}.

Nomenklatur: Synonyme: *Evylaeus quadrisignatus* (Schenck, 1853); *Halictus nigerrimus* Schenck, 1875; *Halictus lucidus* Schenck, 1869.

Etymologie: Von lat. „*quadri-*“ = „vier-“ und „*signatum*“ = „bezeichnet, kenntlich, deutlich, sichtbar“; bezieht sich auf die basalen Haarflecken auf den Tergiten 2 und 3 bei den Weibchen. Deutscher Name: Esparsette wird von der Art gerne besucht.

Pollenquellen: Polylektisch; nachgewiesen ist bislang nur die Nutzung des Pollens der drei Pflanzenfamilien Boraginaceae, Crassulaceae und Fabaceae.

Lebensweise: Nach den phänologischen Daten vermutlich solitär.

Lebensraum: Warme Standorte; Magerrasen, Waldsäume. Vom Flachland bis in die montane Höhenstufe.

Flugzeit: Weibchen von April bis September, Männchen ab Juli.

Gesamtverbreitung: Warme Westpaläarktis, in den Wärmegebieten Mitteleuropas extrem rückläufig bis erloschen. Sehr selten in Südeuropa von Spanien (Jaén) bis Griechenland und Ukraine, Kleinasien bis Nordiran. **SW-Eu:** E, I. **Z-Eu:** F, B, D, A, CH. **NO-Eu:** CS, SK, PL, UA, UA(K), RUS(S). **SO-Eu:** H, RO, SLO, HR, MK, SRB, BIH, BG, GR. **N-Afr:** MA(?). **W-As:** TR, Kaukasus, IR.

Lokalverbreitung: In Deutschland nur bis maximal zum Nordrand der Mittelgebirge, aktuell aus Sachsen-Anhalt und Thüringen, historisch aus Hessen (vor 1875), Sachsen, Rheinland-Pfalz, Baden-Württemberg und Bayern nachgewiesen. In Österreich nur aus Niederösterreich und dem Burgenland gemeldet. In der Schweiz aktuell und historisch aus dem Wallis, nur historisch aus dem Tessin und dem Kanton Genf nachgewiesen.

Lasioglossum rufitarse (Zetterstedt, 1838)
Rotfuß-Schmalbiene

Systematik: Untergattung *Evylaeus* Robertson, 1902; [*Dialictus* Robertson, 1902]; {*Hemihalictus* Cockerell, 1897}.

Nomenklatur: Synonym: *Evylaeus rufitarsis* (Zetterstedt, 1838); *Halictus lucidus* Schenck, 1869.

Etymologie: Von lat. „*rufus*“ = „rötlich“ und „Tarsen“ (anat.) = Fußglieder.

Pollenquellen: Polylektisch; nachgewiesen ist bislang die Nutzung des Pollens der vier Pflanzenfamilien Asteraceae, Ericaceae, Ranunculaceae und Rosaceae.

Nestbau: Nistet auf schütter bewachsenen Flächen, meist in oder an Wäldern, ohne erkennbare Bevorzugung bestimmter Substrate.

Lebensweise: Solitär.

Lebensraum: Waldaffin; Waldwege, -säume und -lichtungen, Kahlschläge, Moore und Heiden. Vom Flachland bis in die montane und untere subalpine Höhenstufe.

Parasiten: Kuckucksbiene ist höchstwahrscheinlich *Sphecodes geoffrellus.*

Flugzeit: Weibchen von April bis Oktober, Männchen ab Juli.

Gesamtverbreitung: Autochthon holarktisch. Von den spanischen Pyrenäen über Europa, Kleinasien, Kaukasus, Nordzentralasien und Sibirien bis zu den Kurilen; nordwärts bis Nordirland und Nordschottland, in Norwegen bis 63°N (Prov. Møre og Romsdal), in Schweden bis 67°N (Lule Lappmark), in Finnland bis 67,5°N (Prov. Lappland), in Russland bis 68°N (Oblast Murmansk); im Süden sehr lokal in den Gebirgen, erst ein Fund aus den Pyrenäen, Alpen südwärts bis zum Monte Baldo, völlig isoliert in den Monti Parteni/Campania, im Balkan bis zum Rila-Gebirge, Nordtürkei und Elburs/Iran; in der Ostpaläarktis südwärts bis Nordkorea. In Nordamerika von Alaska ostwärts bis Nova Scotia, südwärts bis Kalifornien und Maine. **SW-Eu:** E, I. **Z-Eu:** F, B, LUX, NL, D, A, CH, FL, DK. **N-Eu:** IRL, GB, N, S, SF, EST, LT, LV, RUS(N). **NO-Eu:** CS, SK, PL, BY, UA, RUS(S). **SO-Eu:** H, RO, SLO, BG. **W-As:** TR, Kaukasus, IR. **Z-As:** KAZ. **Sib:** W-Sib, O-Sib. **NO-As:** Jak, Khab, Prim, Sach, Mag, Kam, Kur. **SO-As:** MGL, RC (Heilongjiang, Fujian), KP, {J}. **Nearktis:** Alaska, CDN, USA.

Lokalverbreitung: Fehlt im Gebiet nur im Pannonikum.

Lasioglossum sabulosum (Warncke, 1986)
Wangendorn-Schmalbiene

Siehe *Lasioglossum monstrificum*.

Lasioglossum semilucens (Alfken, 1914)
Mattglänzende Schmalbiene

Systematik: Untergattung *Evylaeus* Robertson, 1902; [*Dialictus* Robertson, 1902]; {*Hemihalictus* Cockerell, 1897}.

Nomenklatur: Synonym: *Evylaeus semilucens* (Alfken, 1914).

Etymologie: Von lat. „*semi-*" = „halb-" und „*lucens*" = „leuchtend, schimmernd". Deutscher Name: Das Mesonotum ist teilweise chagriniert, sodass ein seidenartiger Glanz entsteht.

Pollenquellen: Vermutlich polylektisch.

Lebensweise: Vermutlich solitär.

Lebensraum: Magerrasen, Sand- und Lehmgruben, Heiden, Brach- und Ruderalflächen, Weinberge, Wegböschungen. Vom Flachland bis in die kolline, vereinzelt bis in die untere montane Höhenstufe.

Flugzeit: Weibchen von April bis September, Männchen im August; Amiet et al. (2001) geben bei den Männchen „ab Ende Mai" an.

Gesamtverbreitung: Eurosibirisch, im Süden disjunkt montan. Von Portugal über Europa, Kleinasien und Kaukasus bis Zentralasien und Afghanistan; nordwärts bis Südengland, in Norwegen bis 60°N (Busund/Prov. Ringerike), in Schweden bis 62,5°N (Medelpad), in Russland bis Kirov und Perm; in Südeuropa nur in den Gebirgen, südwärts bis Lazio, Kreta und Zentralanatolien. In Mitteleuropa in den letzten Jahrzehnten auffällig selten geworden bis lokal erloschen. **SW-Eu:** P, E, I. **Z-Eu:** F, B, LUX, NL, D, A, CH, DK. **N-Eu:** GB, N, S, EST, LT, LV, RUS(N). **NO-Eu:** CS, SK, PL, BY, UA, RUS(S). **SO-Eu:** H, RO, SLO, HR, MK, GR, GR(K). **W-As:** TR, Kaukasus, AFG. **Z-As:** TAD, KAZ, KGZ.

Lokalverbreitung: Im Gebiet aus allen Regionen gemeldet (aktuell).

Lasioglossum setulellum (Strand, 1909)
Borsten-Schmalbiene

Systematik: Untergattung *Evylaeus* Robertson, 1902; [*Evylaeus* Robertson, 1902]; {*Sphecodogastra* Ashmead, 1899}.

Nomenklatur: Synonym: *Evylaeus setulellus* (Strand, 1909).

Etymologie: Von lat. „*seta*" = „Borste", also „borstig behaart"; siehe bei *L. setulosum*.

Pollenquellen: Vermutlich polylektisch.

Lebensweise: Laut Pesenko et al. (2000) nach den phänologischen Daten vermutlich eusozial.

Lebensraum: Trockenwarme Standorte mit Steppencharakter, im Gebiet von einer Schotterfläche mit kleinräumigen Sandablagerungen und einer Schottergrube bekannt. Vom Flachland bis in die kolline Höhenstufe.

Parasiten: Am Don wurde *Sphecodes croaticus* als Kuckucksbiene beobachtet.

Flugzeit: Nach den wenigen Daten aus dem Gebiet Weibchen im Mai, Männchen im Juli.

Gesamtverbreitung: Eurasische Steppenart. Von Zentralspanien über Süd- und südliches Mitteleuropa, Kleinasien, Kaukasus bis in den Iran, möglicherweise bis Kasachstan; nordwärts bis Ostösterreich und Nordukraine; südwärts bis Sizilien, Mazedonien, Syrien und Nordiran. **SW-Eu:** E, I(Si). **Z-Eu:** F, A. **NO-Eu:** CS, SK, PL, BY, UA, UA(K), RUS(S). **SO-Eu:** H, RO, MK, BIH. **W-As:** TR, SYR, Kaukasus, IR. **Z-As:** KAZ(?).

Lokalverbreitung: Im Gebiet nur aus Österreich bekannt (Niederösterreich, hier aktuell von zwei Fundorten, und überprüfungsbedürftig aus dem Burgenland).

Lasioglossum setulosum (Strand, 1909)

Wimpern-Schmalbiene

Systematik: Untergattung *Evylaeus* Robertson, 1902; [*Evylaeus* Robertson, 1902]; {*Sphecodogastra* Ashmead, 1899}.

Nomenklatur: Synonym: *Evylaeus setulosus* (Strand, 1909); *Halictus oblongatulus* Blüthgen, 1918.

Etymologie: Von lat. „*seta*" = „Borste", also „borstig behaart"; Strand beschreibt *L. setulellum* gemeinsam mit *L. setulosum*, letzterer Name wurde von Pérez für diese Art verwendet, aber nicht publiziert, sodass Strand der Autor ist. Die Weibchen beider Arten besitzen dichte, fast bindenartige Haarwimpern an den Endrändern der Tergite.

Pollenquellen: Vermutlich polylektisch.

Nestbau: Ist für den Nestbau offensichtlich an sandiges Substrat gebunden.

Lebensraum: Sandaffin an trockenwarmen Standorten; im Gebiet auf Brachäcker und Magerrasen beobachtet. Vom Flachland bis in die kolline Höhenstufe.

Flugzeit: Die wenigen Daten aus dem Gebiet liegen bei den Weibchen zwischen Ende April und Ende August, bei den Männchen zwischen Ende Juni und Mitte September.

Gesamtverbreitung: Eurasische Steppenart. In der Westpaläarktis von Hessen (historisch) bis in die Ukraine; nordwärts bis Mittelpolen (Poznán); südwärts bis in den Tessin und Südtirol. In der Ostpaläarktis in der Mandschurei und Jakutien. **Z-Eu:** D, A, CH. **NO-Eu:** CS, SK, PL, UA, RUS(S). **SO-Eu:** H, RO, BG. **NO-As:** Jak. **SO-As:** RC (Heilongjiang).

Lokalverbreitung: In Deutschland aktuell aus Brandenburg, Sachsen-Anhalt und Bayern nachgewiesen, historisch aus Hessen und Thüringen. In Österreich aktuell aus Ober- und Niederösterreich sowie der Steiermark gemeldet, historisch aus Kärnten und dem Burgenland. In der Schweiz nur im Tessin (historisch und aktuell).

Lasioglossum sexmaculatum (Schenck, 1853)

Sechsfleck-Schmalbiene

Systematik: Untergattung *Lasioglossum* Curtis, 1833 *s. str.*; {[*Lasioglossum* Curtis, 1833 *s. str.*]}.

Etymologie: Von lat. „*sex*" = „sechs" und „*maculatum*" = „gefleckt"; bezieht sich auf die basalen Haarflecken auf den Tergiten 2–4 bei den Weibchen.

Pollenquellen: Vermutlich polylektisch.

Nestbau: Ist für den Nestbau offensichtlich an sandiges Substrat gebunden.

Lebensweise: Vermutlich solitär.

Lebensraum: Sandaffin; Binnendünen, Flugsandfelder, Sandgruben, Sandheiden. Vom Flachland bis in die kolline, in der Schweiz bis montane Höhenstufe.

Flugzeit: Die wenigen Daten aus dem Gebiet liegen bei den Weibchen zwischen Ende März und Anfang Juni (fliegt sicherlich länger), das einzige Männchen Mitte August.

Gesamtverbreitung: Eurosibirische Sandart, extrem disjunkt verbreitet. Isoliert in Spanien, von den Niederlanden bis Jakutien; nordwärts in Norwegen (Prov. Rogaland, nur historische Funde) und Schweden (Uppland, aktuell) bis 60,5°N, in Russland bis Udmurtien; südwärts bis *Südtirol, Mittelgriechenland und Nordiran. **SW-Eu:** E, *I. **Z-Eu:** B(?), NL, D, A, CH, DK. **N-Eu:** N, S, LT, RUS(N). **NO-Eu:** CS, SK, PL, BY, UA(?), RUS(S). **SO-Eu:** RO, GR. **W-As:** Kaukasus, IR. **Sib:** W-Sib, O-Sib. **NO-As:** Jak. **SO-As:** {~~MGL~~}.

Lokalverbreitung: In Deutschland sehr zerstreut und selten, keine Nachweise aus Sachsen-Anhalt, Nordrhein-Westfalen und Baden-Württemberg, historisch aus Hessen, Thüringen und Rheinland-Pfalz, in den übrigen Bundesländern aktuell. Aus Österreich nicht belegt; die einzige Meldung von Fritsch (1878) aus Salzburg beruht sicher auf einer Fehlbestimmung. In der Schweiz nur zwei historische Nachweise von 1951 aus dem östlichen Graubünden (de Beaumont 1958).

Lasioglossum sexnotatulum (Nylander, 1852)
Sechspunkt-Schmalbiene

Etymologie: Von lat. „*sex*“ = „sechs“ und Diminutiv von „*notatum*“ = „gekennzeichnet, mit einem Kennzeichen versehen“; bezieht sich auf die basalen Haarflecken auf den Tergiten 2–4 bei den Weibchen.

Lokalverbreitung: Alle Meldungen aus dem Gebiet beziehen sich auf *Lasioglossum sexmaculatum* oder andere verwandte Arten. Die zu Deutschland nächstgelegenen Funde dieser borealen Art liegen in Dänemark und Polen.

Lasioglossum sexnotatum (Kirby, 1802)
Spargel-Schmalbiene

Systematik: Untergattung *Lasioglossum* Curtis, 1833 *s. str.*; {[*Lasioglossum* Curtis, 1833 *s. str.*]}.

Nomenklatur: Synonym: *Halictus nitidus* Panzer, 1798.

Etymologie: Von lat. „*sex*“ = „sechs“ und „*notatum*“ = „gekennzeichnet, mit einem Kennzeichen versehen“; bezieht sich auf die basalen Haarfle-

cken auf den Tergiten 2–4 bei den Weibchen. Deutscher Name: Die Art besucht gerne blühenden Spargel.

Pollenquellen: Polylektisch; nachgewiesen ist bislang die Nutzung des Pollens der acht Pflanzenfamilien Asparagaceae, Asteraceae, Brassicaceae, Lythraceae, Ranunculaceae, Rosaceae, Salicaceae und Scrophulariaceae.

Nestbau: Nach einer Beobachtung aus den Niederlanden errichtete die Art zerstreut liegende Nester auf kahlen Stellen in sandigem Boden.

Lebensweise: Vermutlich solitär.

Lebensraum: Trockenwarme Standorte in Sand- und Lössgebieten; Magerrasen, Sandgruben, Weinberge, Brach- und Ruderalflächen. Vom Flachland bis in die kolline, in der Südschweiz bis in die montane Höhenstufe.

Flugzeit: Weibchen von April/Mai bis September/Oktober, Männchen ab Juli.

Gesamtverbreitung: Gemäßigt-warme Westpaläarktis. Von Portugal über Europa, Kleinasien und Kaukasus bis Iran und Turkmenien, ein alter, später nicht wieder bestätigter Fund in der Südwestmongolei (Ebmer 1982); nordwärts bis Südengland, Dänemark, Nordpolen, Baltikum und Kirov; südwärts bis Sizilien, Peloponnes, Kreta und Nordiran. **SW-Eu:** P, E, F(K), I(Sa), I(Si), I. **Z-Eu:** F, B, LUX, NL, D, A, CH, DK. **N-Eu:** IRL?, GB, S(?), LT, LV, RUS(N). **NO-Eu:** CS, SK, PL, BY, UA, UA(K), RUS(S). **SO-Eu:** H, RO, MD, SLO, HR, MK, SRB, BG, GR, GR(K). **N-Afr:** {DZ}. **W-As:** GR(Ä), TR, Kaukasus, IR. **Z-As:** TM. **Sib:** O-Sib(?). **SO-As:** MGL.

Lokalverbreitung: In Deutschland aus allen Bundesländern nachgewiesen (aktuell). In Österreich lediglich aus Vorarlberg keine Nachweise. In der

Schweiz aktuell aus dem Wallis, dem Tessin und dem Bündner Rheintal, historisch aus der Nordschweiz und dem Mittelland, insbesondere aus der Gegend um den Genfersee. In Österreich und der Schweiz in den letzten Jahren auffällig selten geworden bis lokal erloschen.

Lasioglossum sexstrigatum (Schenck, 1869)
Sechsstreifige Schmalbiene

Systematik: Untergattung *Evylaeus* Robertson, 1902; [*Dialictus* Robertson, 1902]; {*Hemihalictus* Cockerell, 1897}.

Nomenklatur: *Lasioglossum sabulosum* wurde erst 1986 von dieser Art abgetrennt. Synonyme: *Evylaeus sexstrigatus* (Schenck, 1869); *Halictus monstrificus* auct. nec Morawitz, 1891.

Etymologie: Von lat. „*sex*" = „sechs" und „*strigatum*" = „mit einem Strich versehen"; bezieht sich auf die im Vergleich zu den verwandten Arten gut ausgebildeten Haarfransen am Endrand der Tergite 2–4 bei den Weibchen.

Pollenquellen: Polylektisch.

Nestbau: Nistet auf schütter bewachsenen ebenen Flächen, im Siedlungsbereich in den sandgefüllten Fugen zwischen Pflastersteinen, meist in kleineren bis größeren Aggregationen und bevorzugt in Sand- und Lehmböden.

Lebensraum: Sandaffin, zeigt aber ansonsten keine strenge Habitatbindung; Binnendünen, Sandtrockenrasen, Flugsandfelder, Binnendünen, Sandgruben, Brach- und Ruderalflächen, lichte Wälder, Sandheiden, Siedlungsbereich. Vom Flachland bis in die kolline Höhenstufe.

Parasiten: Als Kuckucksbiene wurden *Nomada sheppardana* und *Sphecodes miniatus* beobachtet, vermutet wird auch *Sphecodes longulus*.

Flugzeit: Weibchen von April bis September/Oktober, Männchen ab Juni.

Gesamtverbreitung: Transpaläarktisch. Von Portugal über Europa, Kleinasien, Kaukasus und Sibirien bis Japan (Hokkaido), in Asien ist die Verbreitung allerdings nur sehr lückenhaft bekannt; nordwärts bis Südengland (erst 2011 erstmals gemeldet, Hawkins 2011), in Norwegen bis 59°N (Prov. Østfold), in Schweden bis 59°N, vereinzelt bis 62°N, Baltikum, Kirov und Perm; südwärts bis Tessin, Südtirol (in Italien möglicherweise bis Campania), und Serbien. **SW-Eu:** P, E, I. **Z-Eu:** F, B, LUX, NL, D, A, CH, FL, DK. **N-Eu:** GB, N, S, EST, LT, LV, RUS(N). **NO-Eu:** CS, SK, PL, BY, UA, RUS(S). **SO-Eu:** H, RO, SLO, HR, *SRB. **W-As:** TR, Kaukasus. **Sib:** W-Sib, O-Sib. **SO-As:** RC, J. **Ori:** {NEP, IND(Assam), TW}.

Lokalverbreitung: Im Gebiet aus allen Regionen gemeldet, fehlt lediglich in den höheren Lagen; aus den Kantonen Genf, Waadt und Wallis nur historische Nachweise, sonst überall aktuell.

Lasioglossum smeathmanellum (Kirby, 1802)

Atlantische Schmalbiene

Systematik: Untergattung *Evylaeus* Robertson, 1902; {[*Dialictus* Robertson, 1902]}.

Nomenklatur: Synonym: *Evylaeus smeathmanellus* (Kirby, 1802).

Etymologie: Dem englischen Naturforscher Henry Smeathman (1742–1786) gewidmet. Der deutsche Name bezieht sich auf das Verbreitungsgebiet.

Pollenquellen: Sicherlich polylektisch.

Nestbau: Nester wurden am häufigsten in vertikalen Strukturen wie Mauerfugen in Trockenmauern, in alten Lehmwänden oder erdgefüllten Felsspalten beobachtet.

Lebensraum: Zeigt keine strenge Habitatbindung, oft im Siedlungsbereich, z. B. in Steingärten. Vom Flachland bis in die kolline Höhenstufe.

Flugzeit: Weibchen von April/Mai bis September, Männchen ab Juli.

Gesamtverbreitung: In Nordafrika nur von Marokko bekannt. In Europa von den Azoren (hier vermutlich eingeschleppt) über die Iberische Halbinsel nordwärts bis Irland und Schottland, ostwärts bis Südwestdeutschland. Die vielen Meldungen aus anderen Ländern sind auf Verwechslung mit verwandten Arten zurückzuführen. insbesondere aber dadurch, dass Warncke *L. smeathmanellum* mit *L. nitidulum* und deren Unterarten vermischte, die sich aber nach jüngeren Erkenntnissen teils als eigene Arten, teils als Unterarten anderer Arten darstellen. **SW-Eu:** P(A)+, P, E, E(B), {~~F(K)~~}, I(Sa), I(Si). **Z-Eu:** F, B, LUX(?), D, {~~A~~}, {~~CH~~}, {~~DK~~}. **N-Eu:** IRL, GB, {~~S~~}. **NO-Eu:** {~~CS~~}, {~~SK~~}, {~~PL~~}, {~~UA~~}, {~~RUS(S)~~}. **SO-Eu:** {~~H~~}, {~~RO~~}, {~~SLO~~}, {~~HR~~}, {~~SRB~~}, {~~BG~~}. **N-Afr:** MA. **W-As:** {~~IL~~}, {~~IR~~}. **Sib:** {~~Sib~~}. **SO-As:** {~~MGL~~}.

Lokalverbreitung: Im Gebiet nur aus Deutschland bekannt, hier zwar aus allen Bundesländern gemeldet, jedoch zumeist mit *L. nitidulum* verwechselt; verlässlich nur aus Nordrhein-Westfalen, Rheinland-Pfalz, Hessen und Nordwestbayern bekannt. Alte Meldungen aus Österreich und der Schweiz beziehen sich alle auf *Lasioglossum nitidulum*.

Lasioglossum sphecodimorphum (Vachal, 1892)

Rote Schmalbiene

Systematik: Untergattung *Evylaeus* Robertson, 1902; [*Dialictus* Robertson, 1902]; {*Hemihalictus* Cockerell, 1897}.

Nomenklatur: Synonym: *Evylaeus sphecodimorphus* (Vachal, 1892).

Etymologie: Vom Gattungsnamen *Sphecodes* = Blutbiene und griech. „*morphe*" = „Gestalt", also „vom Aussehen einer Blutbiene"; durch den roten Hinterleib wirkt die Art wie eine Blutbiene.

Flugzeit: Das im Gebiet gefangene Tier, ein Weibchen, stammt von Mitte Juni.

Gesamtverbreitung: Schwerpunktmäßig westmediterran. In Nordafrika von Marokko bis Libyen. In Eurasien von Portugal bis auf die Balearen sowie in der Levante (*Syrien, *Israel). Die Meldungen von Alfken (1914) von Südfrankreich und Sizilien konnten nie verifiziert werden, jedoch erscheint zumindest ein (ehemaliges?) Vorkommen in Südfrankreich durch den Fund eines Weibchens bei Genf wahrscheinlich. **SW-Eu:** P, E, E(B), I(Si)? **Z-Eu:** F(?), CH. **NO-Eu:** {~~UA~~}. **N-Afr:** {~~E(C)~~}, MA, DZ, LAR. **W-As:** *SYR, *IL.

Lokalverbreitung: Im Gebiet nur eine einzige Meldung von 1884 aus Peney bei Genf (Frey-Gessner 1899–1907). Amiet hat das betreffende Tier überprüft, und auch an der Herkunft bestehen keine vernünftigen Zweifel.

Lasioglossum subfasciatum (Imhoff, 1832)
Blauschimmernde Schmalbiene

Systematik: Untergattung *Lasioglossum* Curtis, 1833 *s. str.*; {[*Lasioglossum* Curtis, 1833 *s. str.*]}.

Nomenklatur: Synonym: *Halictus rufocinctus* Nylander, 1852.

Etymologie: Von lat. „*sub-*“ = „nahe an ...“ und „*fasciatum*“ = „umwickelt“; Imhoff bezeichnet die zweite und dritte Haarbinde des Hinterleibs als nicht sehr deutlich („*abdomine fasciis tribus, secunda et tertia subdistinctis*“). Deutscher Name: Das Mesonotum des Weibchens zeigt meist einen blaumetallischen Schimmer.

Pollenquellen: Polylektisch; nachgewiesen ist bislang die Nutzung des Pollens der neun Pflanzenfamilien Aceraceae, Apiaceae, Asteraceae, Brassicaceae, Dipsacaceae, Oleaceae, Rosaceae, Salicaceae und Valerianaceae.

Lebensweise: Vermutlich solitär.

Lebensraum: Magerrasen, Brach- und Ruderalflächen. Vom Flachland bis in die montane, in der Südschweiz bis in die subalpine Höhenstufe.

Flugzeit: Weibchen von März bis Oktober, Männchen ab Juli.

Gesamtverbreitung: Wärmere Westpaläarktis. Von Spanien über Europa, Kleinasien und Kaukasus bis in den Iran; in Mitteleuropa sehr lokal; nordwärts bis Belgien, Mittelpolen und Nordukraine; südwärts bis Sierra Nevada, Sizilien, Peloponnes und Nordiran. **SW-Eu:** E, I(Si), I. **Z-Eu:** F, B, D, A, CH. **NO-Eu:** CS, SK, PL, UA, UA(K), RUS(S). **SO-Eu:** H, RO, SLO, HR, MK, AL, BG, GR. **W-As:** GR(Ä), TR, Kaukasus, IR.

Lokalverbreitung: In Deutschland keine Nachweise aus Schleswig-Holstein, Mecklenburg-Vorpommern und Nordrhein-Westfalen, nur historisch aus Niedersachsen, Hessen und Rheinland-Pfalz, in den übrigen Bundesländern aktuell. In Österreich aus Ober- und Niederösterreich, dem Burgenland und der Steiermark nachgewiesen. In der Schweiz aktuell im Wallis und im Kanton Solothurn, historisch bei Baden, in der Bielersee-Gegend sowie in den Kantonen Waadt, Genf, Tessin und Graubünden.

Lasioglossum subfulvicorne (Blüthgen, 1934)
Bergheiden-Schmalbiene

Systematik: Untergattung *Evylaeus* Robertson, 1902; [*Evylaeus* Robertson, 1902]; {*Sphecodogastra* Ashmead, 1899}.

Nomenklatur: Im Gebiet in der Unterart *Lasioglossum subfulvicorne austriacum* Ebmer, 1974. Eine sichere Trennung von der nächstverwandten *L. fratellum* ist nur anhand des männlichen Genitals möglich.

Etymologie: Von lat. „*sub-*" = „nahe an ..." und „*fulvus*" = „dunkelgelb, braungelb, bräunlich, rotgelb" und „*cornum*" = „Horn" (im Sinne von Fühler). Deutscher Name: Bergheiden sind einer der Hauptlebensräume der Art.

Pollenquellen: Vermutlich polylektisch.

Lebensraum: Kühlere Standorte; Waldsäume, -wege und -lichtungen, Hochheiden. Von der montanen bis in die subalpine Höhenstufe, aber nicht oberhalb der Baumgrenze.

Flugzeit: Weibchen von Mai bis September, Männchen ab Juli/August.

Gesamtverbreitung: Transpaläarktisch in der gemäßigt-kühlen Zone. In der Westpaläarktis in der ssp. *austriacum* Ebmer, 1974; nach sicher determinierbaren Männchen von Frankreich (Massif Central, Südwestalpen) nordwärts in Deutschland bis zum Kahlen Asten/Rothaargebirge, Rhön, Harz, südwärts bis Bulgarien (Pirin), Nordgriechenland und Türkei (Ulu Dag). Die Ostgrenze in Kasachstan ist mangels Männchen unklar. Nach Literaturangaben (Männchen) nordwärts in Finnland bis 65°N (Prov. Kainuu) und 67,5°N im Oblast Murmansk. Die Nominatform in der Ostpaläarktis. **SW-Eu:** I. **Z-Eu:** F, B, NL, D, A, CH. **N-Eu:** S, SF. **NO-Eu:** CS. **SO-Eu:** SLO, BG, GR. **W-As:** TR, Kaukasus. **Z-As:** KAZ, KGZ. **Sib:** O-Sib. **NO-As:** Amur, Prim, Sach, Mag, Kam, Kur. **SO-As:** MGL, RC (Gansu), KP.

Lokalverbreitung: In Deutschland aktuell aus Sachsen-Anhalt, Hessen, Thüringen, Sachsen und Bayern, nur historisch aus Niedersachsen, Rheinland-Pfalz und Baden-Württemberg nachgewiesen. In Österreich mit Ausnahme des Burgenlandes aus allen Bundesländern gemeldet. In der Schweiz wurden Männchen bisher nur aus den Alpen bekannt, vermutliche Weibchen auch aus dem höheren Mittelland und dem Jura.

Lasioglossum subhirtum (Lepeletier, 1841)
Struppige Schmalbiene

Systematik: Untergattung *Evylaeus* Robertson, 1902; [*Evylaeus* Robertson, 1902]; {*Sphecodogastra* Ashmead, 1899}.

Nomenklatur: Synonym: *Evylaeus subhirtus* (Lepeletier, 1841); *Halictus malachurops* Cockerell, 1937.

Etymologie: Von lat. „*sub-*" = „nahe an ..." und „*hirtum*" = „struppig, rup-

♀

pig, rauh, borstig, behaart"; Lepeletier bezieht sich auf die Behaarung von Kopf und Thorax („*capite thoraceque albido subhirtis*").

Pollenquellen: Polylektisch; untersucht wurden bislang nur Pollenladungen aus dem Mittelmeerraum; diese enthielten Pollen der Pflanzenfamilien Asteraceae, Brassicaceae und Cistaceae.

Flugzeit: Nur wenige Daten aus dem Gebiet; Weibchen wurden von April bis Juli, Männchen im Juli und August beobachtet.

Gesamtverbreitung: Streng westmediterran. In Nordafrika von Marokko bis Tunesien. In Eurasien von Portugal bis ins Wallis; nordwärts bis in den Großraum Paris, Belgien und Süddeutschland; südwärts bis Sizilien und Toskana. **SW-Eu:** P, E, E(B), I(Sa), I(SI), I. **Z-Eu:** F, B, LUX, D, CH. **SO-Eu:** {H}, {RO}. **N-Afr:** MA, DZ, TN.

Lokalverbreitung: In Deutschland nur aus Rheinland-Pfalz und Bayern (historisch) sowie Baden-Württemberg bekannt (aktuell). In der Schweiz nur historische Meldungen von vor 1900 aus Genf und dem Wallis und ein Fund von Genf von 1966 sowie zwei aktuelle Meldungen aus den Kantonen Genf und Waadt (Burckhardt & Gonseth 2015).

Lasioglossum tarsatum (Schenck, 1869)
Dünen-Schmalbiene

Systematik: Untergattung *Evylaeus* Robertson, 1902; [*Dialictus* Robertson, 1902]; {*Hemihalictus* Cockerell, 1897}.

Nomenklatur: Synonym: *Evylaeus tarsatus* (Schenck, 1869); *Halictus berolinensis* Strand, 1909.

Etymologie: Von „Tarsen" (anat.) = „Fußglieder", Schenck hebt in seiner Beschreibung des Weibchens die braunroten Tarsen hervor. Deutscher Name: Dünen sind einer der bevorzugten Lebensräume der Sandart.

Pollenquellen: Vermutlich polylektisch.

Nestbau: Nistet offensichtlich nur in Sandböden. In den Niederlanden wurden kleine Nestaggregationen in Steilkanten einer Sandkuhle und auf einem spärlich bewachsenen Abhang gefunden.

Lebensweise: Nach den phänologischen Daten vermutlich solitär.

Lebensraum: Sandaffin; Küsten- und Binnendünen, Schwemmsand-Ablagerungen, Flugsandfelder, Sandgruben. Vom Flachland bis in die kolline Höhenstufe.

Parasiten: Mit ziemlicher Sicherheit *Sphecodes longulus*.

Flugzeit: Weibchen von April bis August, Männchen ab Juni.

Gesamtverbreitung: Sehr seltene und lokale eurasische Sandart. Von Haute-Savoie, Piemont und Belgien bis zum Ural; nordwärts in Schweden bis 58°N (Göteborg), im Oblast Leningrad bis 61°N (die historischen Meldungen aus Finnland beziehen sich alle auf heute zu Russland gehörende Lokalitäten); südwärts bis Lazio und Mazedonien. Offenbar isoliert in Afghanistan und *Kasachstan. **SW-Eu:** I. **N-Eu:** S, {SF}, LT, LV, RUS(N). **Z-Eu:** F, B, NL, D, A, CH, FL, DK. **NO-Eu:** CS, SK, PL, BY, UA, RUS(S). **SO-Eu:** H, RO, MK. **W-As:** AFG. **Z-As:** *KAZ.

Lokalverbreitung: In Deutschland mit Ausnahme von Rheinland-Pfalz, Hessen und Thüringen aus allen Bundesländern nachgewiesen, aus Mecklenburg-Vorpommern nur historische Meldungen. In Österreich aus Vorarlberg, Kärnten, Niederösterreich und dem Burgenland belegt. In der Schweiz aktuell bei Bern, im St. Gallener Rheintal und im Tessin, historisch je eine Meldung von Genf und Sierre.

Lasioglossum transitorium (Schenck, 1869)
Dreidornige Schmalbiene

Systematik: Untergattung *Evylaeus* Robertson, 1902; [*Dialictus* Robertson, 1902]; {*Hemihalictus* Cockerell, 1897}.

Nomenklatur: Im Gebiet in der Unterart *Lasioglossum transitorium planulum* (Pérez, 1903). Synonym: *Evylaeus transitorius* (Schenck, 1869).

♀

Etymologie: Von lat. „*transitorius*" = „mit einem Durchgang versehen, Durchgangs-, vorübergehend"; in SCHENCKS Originalbeschreibung findet sich kein Hinweis, worauf sich der Name beziehen soll, vermutlich spielt er auf die Ähnlichkeit mit verwandten Arten an. Deutscher Name: Der innere Sporn der Hintertibien beim Weibchen trägt drei breite Zähne.

Pollenquellen: Vermutlich polylektisch.

Lebensraum: Waldbrandgebiete, Magerrasen. Vom Flachland bis in die kolline Höhenstufe.

Flugzeit: Im Gebiet wurden Weibchen bisher von März bis Juli, Männchen im Juli gefunden.

Gesamtverbreitung: In der ssp. *planulum* (PÉREZ, 1903) von Nordafrika von Marokko bis Libyen und von Portugal nordwärts bis Bordeaux und ostwärts bis in die Südschweiz und Südtirol. Die balkanisch-ostmediterrane Stammform von Istrien bis zur Ägäis. Die ostmediterrane ssp. *uncinum* (VACHAL, 1905) von Kreta, der östlichen Ägäis und Zypern bis Israel und Ägypten. **SW-Eu:** P, E, E(B), F(K), I(Sa), I(SI), I, I(L), M. **Z-Eu:** F, A, CH. **SO-Eu:** RO, SLO, HR, MK, MNE, BG, GR, GR(K). **N-Afr:** MA, DZ, TN, LAR, ET. **W-As:** GR(Ä), CY, TR, SYR, JOR, IL.

Lokalverbreitung: SCHENCK gibt als Herkunftsland des Typenexemplars „Oesterreich" an, und das betreffende Tier trägt einen Zettel mit der Aufschrift „Wien". Da die Art mit Ausnahme des Tessins nie in Mitteleuropa gefunden wurde, vermutet EBMER, dass es aus den österreichischen Küstenlanden stammt und über das Museum Wien in SCHENCKS Hände gelangte. In der Schweiz gelang 1997 bei Locarno der Erstnachweis für Mitteleuropa (EBMER 2000).

Lasioglossum trichopygum (Blüthgen, 1923)

Borstige Schmalbiene

Systematik: Untergattung *Evylaeus* Robertson, 1902; {[*Evylaeus* Robertson, 1902]}.

Nomenklatur: Synonym: *Evylaeus trichopygus* (Blüthgen, 1923).

Etymologie: Von griech. „*trichos*" = „Haar" und „*pyx* (*pygos*)" = „Steiß"; Blüthgen bezieht sich auf die Behaarung der Hinterleibsspitze beim Männchen („*Segment 7 lang und dicht weißlich behaart, die Haare nach hinten gerichtet, 6 ebenso, aber kürzer behaart; Segment 5 am Grunde des Endteils mit einer dichten Reihe abstehender, gekrümmter weißlicher Haare*"). Der deutsche Name folgt der wissenschaftlichen Bezeichnung.

Pollenquellen: Nach Beobachtungen von Mazzucco im Pannonikum offensichtlich oligolektisch auf Kreuzblütler (Brassicaceae).

Lebensraum: Trockenwarme Standorte; im Gebiet von einer strukturreichen, mosaikartig mit Hecken, Böschungen, Gehölzen, Waldzungen, Brachen, Weideflächen und kleinflächigen Trockenrasen durchsetzten Kulturfläche, einer Schotterfläche mit kleinräumigen Sandablagerungen und einer Schottergrube bekannt. Vom Flachland bis in die kolline Höhenstufe.

Flugzeit: Aus dem Gebiet sind nur Daten von Weibchen aus dem Juni verfügbar.

Gesamtverbreitung: Pannonisch-pontische Steppenart. Von Niederösterreich ostwärts bis Armenien, häufig in den Bergen Griechenlands, nordwärts bis Kiew, südwärts bis auf die nördliche Peloponnes. **Z-Eu:** A. **NO-Eu:** CS, SK, PL, UA, RUS(S). **SO-Eu:** H, RO, HR, MK, MNE, SRB, BIH, BG, GR. **W-As:** TR, Kaukasus.

Lokalverbreitung: Im Gebiet nur aus dem Pannonikum (Niederösterreich, Burgenland) gemeldet.

Lasioglossum tricinctum (Schenck, 1874)

Dreizahn-Schmalbiene

Systematik: Untergattung *Evylaeus* Robertson, 1902; [*Evylaeus* Robertson, 1902]; {*Sphecodogastra* Ashmead, 1899}.

Nomenklatur: Synonym: *Evylaeus tricinctus* (Schenck, 1874).

Etymologie: Von lat. „*tri-*" = „drei-" und „*cinctum*" = umgürtet; bezieht sich auf die Haarbinden der Tergite. Deutscher Name: Der innere Sporn der Hintertibien beim Weibchen trägt drei große Zähne.

Pollenquellen: Vermutlich polylektisch.

Lebensweise: Nach den phänologischen Daten vermutlich eusozial.

Lebensraum: Trockenwarme Standorte; Weinberge, Halbtrocken- und Trockenrasen, Ruderalflächen, Sand- und Kiesgruben. Vom Flachland bis in die kolline, in der Südschweiz bis in die montane und vereinzelt subalpine Höhenstufe.

Flugzeit: Weibchen von April bis September, Männchen ab Juni/Juli.

Gesamtverbreitung: Westpaläarktisch-submediterran. Stammform von den spanischen Pyrenäen bis zur Krim und Kharkiv; nordwärts bis Thüringen, Südpolen und Kiew; südwärts bis Sizilien und Kreta. In der östlichen ssp. *muganicum* Ebmer, 1972 in der Türkei, Kaukasus und Iran. Die ssp. *lonicerae* Ebmer, 2014 endemisch auf Zypern. **SW-Eu:** P, E, I(Si), I. **Z-Eu:** F, LUX, D, A, CH. **N-Eu:** RUS(N). **NO-Eu:** CS, SK, PL, UA, UA(K). **SO-Eu:** H, RO, SLO, HR, MK, BG, GR, GR(K). **W-As:** GR(Ä), CY, TR, SYR, Kaukasus, IR.

Lokalverbreitung: In Deutschland aus Nordrhein-Westfalen, Thüringen, Sachsen-Anhalt Rheinland-Pfalz, Baden-Württemberg und Bayern aktuell, aus Hessen historisch nachgewiesen. In Österreich mit Ausnahme von Tirol, Vorarlberg und der Steiermark aus allen Bundesländern gemeldet. In der Schweiz aktuell in den Kantonen Basel, Aargau, Luzern, Freiburg, Waadt, Genf, Wallis und Tessin, historisch auch aus dem Kanton Bern.

Lasioglossum villosulum (Kirby, 1802)
Zottige Schmalbiene

Systematik: Untergattung *Evylaeus* Robertson, 1902; [*Dialictus* Robertson, 1902]; {*Hemihalictus* Cockerell, 1897}.

Nomenklatur: Synonym: *Evylaeus villosulus* (Kirby, 1802); *Halictus hirtellus* Schenck, 1869; *Halictus punctulatus* (Kirby, 1802).

Etymologie: Von lat. „*villosum*" = „zottig, haarig, behaart"; wegen der relativ dichten Körperbehaarung.

Pollenquellen: Polylektisch mit deutlicher Präferenz für Korbblütler; nachgewiesen ist bislang die Nutzung des Pollens der fünf Pflanzenfamilien Asteraceae, Boraginaceae, Convolvulaceae, Ranunculaceae und Scrophulariaceae.

Nestbau: Nistet auf schütter bewachsenen ebenen Flächen oder in Böschungen und Abbruchkanten, in kleineren, häufig auch in größeren Aggregationen, ohne erkennbare Bevorzugung bestimmter Substrate. Der Nesteingang wird auf ebenen Flächen von einem Tumulus umgeben. Das Nest besteht aus einem Hauptgang, der senkrecht nach unten führt und von dem in unregelmäßigen Abständen lange vertikale Seitengänge abgehen, an deren Ende sich je eine Brutzelle befindet. Diese Seitengänge werden nach Verproviantierung und Eiablage der Zelle mit Erde verfüllt.

Lebensweise: Solitär, bildet aber im Gegensatz zu den anderen Arten der Gattung zwei unabhängige Generationen pro Jahr aus. Die befruchteten Weibchen überwintern und errichten im Frühjahr ein Nest. Sie produzieren eine erste Generation von Männchen und Weibchen, die im Sommer schlüpft. Nach der Paarung legen die befruchteten Weibchen neue Nester an. Im Spätsommer oder Frühherbst erscheint eine kleinere zweite Generation, von der nur die befruchteten Weibchen überwintern.

Lebensraum: Zeigt keine strenge Habitatbindung, Waldsäume, extensiv genutztes Grünland, Brach- und Ruderalflächen, Böschungen, Sand-, Kies- und Lehmgruben. Vom Flachland bis in die montane Höhenstufe.

Parasiten: Als Kuckucksbienen wurden *Nomada distinguenda*, *Sphecodes puncticeps* und *Sphecodes monilicornis* beobachtet. Erwachsene Tiere sind zuweilen vom Fächerflügler *Halictoxenos spencei* befallen.

Flugzeit: Weibchen von März bis Oktober, Männchen ab Juni; in zwei Generationen.

Gesamtverbreitung: Transpaläarktisch; reicht von Nepal und Assam weit in die orientalische Faunenregion bis nach Malaysia. Die westpaläarktische Stammform in Nordafrika von Madeira und den Kanaren bis Ägypten; in Eurasien von den Azoren (hier wohl eingeschleppt) und Portugal über Europa, Kleinasien, Kaukasus und Zentralasien bis in die Mongolei und Nepal; nordwärts bis Nordirland und Nordschottland, in Norwegen bis 61°N (Prov. Hedmark), in Schweden bis 65°N (Norrbotten), in Finnland bis 63°N (Prov. Mittelfinnland), in Russland bis Karelien, Kirov und Perm; südwärts bis Sizilien, Israel und Nordiran. Die ostpaläarktische ssp. *trichopse* (Strand, 1914) von der Mongolei bis Nordjapan, südwärts über Taiwan bis Malaysia. Die ssp. *arabicum* Ebmer, 2008 in den Vereinigten Arabischen Emiraten und im Oman. **SW-Eu:** P(A)+, P, E, E(B), F(K), I(Sa), I(Si), I. **Z-Eu:** F, B, LUX, NL, D, A, CH, FL, DK. **N-Eu:** IRL, GB, N, S, SF, EST, LT, LV, RUS(N). **NO-Eu:** CS, SK, PL, BY, UA, UA(K), RUS(S). **SO-Eu:** H, RO, SLO, HR, MK, MNE, SRB, BIH, BG, GR, GR(K). **N-Afr:** P(M), E(C), MA, DZ, TN, LAR, ET. **Arab:** UAE, OM. **W-As:** GR(Ä), CY, TR, IL, Kaukasus, IR. **Z-As:** UZB, TAD. **Sib:** W-Sib, O-Sib. **NO-As:** Amur, Prim. **SO-As:** MGL, RC (Tibet, Gansu, Innere Mongolei, Shanxi, Shaanxi, Yunnan, Heilongjiang), KP, J. **Ori:** NEP, IND (Assam), TW.

Lokalverbreitung: Im Gebiet aus allen Regionen gemeldet (aktuell).

Lasioglossum xanthopus (Kirby, 1802)
Große Salbei-Schmalbiene

Systematik: Untergattung *Lasioglossum* Curtis, 1833 *s. str.*; {[*Lasioglossum* Curtis, 1833 *s. str.*]}.

Etymologie: Von griech. „*xanthos*" = „gelb" und „*pus*" = „Fuß"; wegen der rotgelben bzw. gelben Hintertibien und -tarsen bei beiden Geschlechtern. Deutscher Name: Wiesensalbei gehört zu den bevorzugten Pollenquellen der Art.

Pollenquellen: Polylektisch mit einer Präferenz für Wiesensalbei (*Salvia pratensis*); nachgewiesen ist bislang die Nutzung des Pollens der fünf Pflanzenfamilien Asteraceae, Boraginaceae, Brassicaceae, Campanulaceae und Lamiaceae.

♀

Nestbau: Nistet auf schütter oder dichter bewachsenen ebenen Flächen oder in Böschungen und Abbruchkanten, meist einzeln oder in kleineren Aggregationen, ohne erkennbare Bevorzugung bestimmter Substrate. Das Nest besteht aus einem mehr oder weniger senkrechten Gang, der 40–50 cm in die Tiefe reichen kann. Im unteren Drittel des Ganges wird eine Gruppe von 7–8 direkt in den Gang mündenden Brutzellen angelegt. Die Zellen liegen separat, aber sehr nahe beieinander. Nach Verproviantierung und Eiablage wird die Zelle mit einer dünnen Lage konzentrisch aufgebrachter Erdpartikel verschlossen. Nach Fertigstellung der letzten Zelle verschließt das Weibchen den Nesteingang von innen und verfüllt Teile des

♀

Ganges mit Erde. Die geschlüpften Larven brauchen ihren Pollenvorrat innerhalb von zwei Wochen auf und verpuppen sich.

Lebensweise: Solitär. In wärmeren Klimaten (Mittelmeergebiet, Ungarn) fliegen beide Geschlechter zusammen im Frühjahr, in Mitteleuropa dagegen sind die Männchen in der Regel nur im Herbst zu finden, allerdings treten auch hier immer wieder einmal Frühjahrsmännchen auf.

Lebensraum: Trockenwarme Standorte; extensiv genutztes Grünland, Magerrasen, Weinberge, Hochwasserdämme, Waldsäume, Hecken. Vom Flachland bis in die obere montane Höhenstufe.

Parasiten: Kuckucksbiene ist *Sphecodes spinulosus*. Erwachsene Tiere sind zuweilen vom Fächerflügler *Halictoxenus arnoldi* befallen.

Flugzeit: Weibchen von März bis Oktober, Männchen im September und Oktober, gelegentlich auch im Frühjahr.

Gesamtverbreitung: Wärmere bis gemäßigte Westpaläarktis. In Nordafrika von Marokko bis Libyen. In Eurasien von Zentraliberien über Europa, Kleinasien, Levante, Kaukasus und Zentralasien bis in die westliche Mongolei und China; nordwärts bis Südengland, in Norwegen von Berg (2000) erstmals nachgewiesen (Fredrikstad, 59°N), in Schweden aktuell bis Skane (56°N), historisch bis Småland (57°N), und bis ins Baltikum; südwärts bis Sizilien, Kreta, Israel und Nordiran. **SW-Eu:** P, E, I(Si), I. **Z-Eu:** F, B, LUX, NL, D, A, CH, DK. **N-Eu:** GB, N, S, EST, LT, LV, RUS(N). **NO-Eu:** CS, SK, PL, BY, UA, UA(K), RUS(S). **SO-Eu:** H, RO, SLO, HR, MK, BG, GR, GR(K). **N-Afr:** MA, DZ, TN, LAR. **W-As:** GR(Ä), TR, IL, Kaukasus, IR. **Z-As:** TM, UZB, TAD, KAZ, KGZ. **SO-As:** MGL, RC (Xinjiang). **Ori:** PAK.

Lokalverbreitung: In Deutschland in allen Bundesländern aktuell nachgewiesen, lediglich aus Mecklenburg-Vorpommern nur historisch. In Österreich aus Ober- und Niederösterreich, der Steiermark und dem Burgenland gemeldet. In der Schweiz aktuell im Wallis und entlang des Jura-Südfußes vom Neuenburgersee bis zum Bodensee, historisch auch von Genf, Waadt, Tessin und bei Chur.

Lasioglossum zonulum (Smith, 1848)
Breitbindige Schmalbiene

Systematik: Untergattung *Lasioglossum* Curtis, 1833 *s. str.*; {[*Lasioglossum* Curtis, 1833 *s. str.*]}.

Etymologie: Von lat. „*zona*“ (griech. Fremdwort) = „Gürtel, Zone“; bezieht sich auf die relativ breiten Haarbinden an der Basis der Tergite.

Pollenquellen: Ausgesprochen polylektisch; nachgewiesen ist bislang die Nutzung des Pollens der elf Pflanzenfamilien: Asparagaceae, Asteraceae, Brassicaceae, Campanulaceae, Cistaceae, Dipsacaceae, Hypericaceae, Papaveraceae, Plantaginaceae, Ranunculaceae und Rosaceae.

Nestbau: Nistet auf schütter bewachsenen Flächen, in kleineren, häufig auch in größeren Aggregationen, ohne erkennbare Bevorzugung bestimmter Substrate, auch in hartem Boden. Der Nesteingang wird von einem kegelförmigen Tumulus umgeben. Der Nestgang verläuft fast senkrecht nach unten und endet in etwa 20 cm Tiefe in einem breiten blinden Korridor. Ab einer Tiefe von 10 cm werden kurze Seitengänge von 1–2 cm Länge errichtet, die jeweils in einer Brutzelle enden.

Lebensweise: Solitär. Die Nestgründung erfolgt im Frühjahr durch ein überwintertes Weibchen. Nach Verproviantierung der Brutzellen und Eiablage verschließt das Weibchen den Nesteingang von innen und zieht sich in den unteren Teil des Nestes zurück. Nach dem Schlüpfen der Brut erfolgt die Paarung der neuen Generation. Danach graben sich die begatteten jungen Weibchen in ihrem Geburtsnest bis in eine Tiefe von 40–50 cm, wo jede ihren eigenen Überwinterungsplatz anlegt. Die Nestgründerin kann zwei Jahre alt werden. Sie überwintert zusammen mit ihren Töchtern, die im nächsten Frühjahr ausfliegen, um ihr eigenes Nest zu gründen.

Lebensraum: Offene und halboffene Standorte, zeigt aber ansonsten keine strenge Habitatbindung; extensiv genutztes Grünland, Waldsäume, Hecken, Magerrasen, Weinberge, Brach- und Ruderalflächen, Hochwasserdämme. Vom Flachland bis in die montane Höhenstufe.

Parasiten: Kuckucksbienen sind *Sphecodes monilicornis* und *Sphecodes scabricollis*, vermutlich auch *Sphecodes longulus*.

Flugzeit: Weibchen von April bis September/Oktober, Männchen ab Juli.

Gesamtverbreitung: Transpaläarktisch, vorzugsweise in der gemäßigten eurosibirischen Zone. Von Finisterre über Europa, Kleinasien, Levante, Kaukasus, Zentralasien und Sibirien bis zur Pazifikküste des Fernen Ostens; nordwärts bis Südwales und Südengland, in Norwegen bis 61°N (Lillehammer), in Schwden bis 62°N (Dalarna), in Finnland bis 63,5°N (Prov. Mittelfinnland); südwärts bis Córdoba, Sizilien, Kreta, Zypern, Israel und Afghanistan. In China nach Süden in der ssp. *euronotum* EBMER, 1998 bis Yunnan. In Nordamerika quer über die gemäßigte Zone verbreitet, vermutlich schon vor längerer Zeit eingeschleppt. **SW-Eu:** P, E, I(Si), I. **Z-Eu:** F, B, LUX, NL, D, A, CH, FL, DK. **N-Eu:** GB, N, S, SF, EST, LT, LV, RUS(N). **NO-Eu:** CS, SK, PL, BY, UA, UA(K), RUS(S). **SO-Eu:** H, RO, SLO, HR, MK, SRB, AL, BG, GR, GR(K). **N-Afr:** {~~DZ, TN~~}. **W-As:** CY, TR, IL, Kaukasus, IR, AFG. **Z-As:** UZB, KAZ. **Sib:** W-Sib, O-Sib. **NO-As:** Prim. **SO-As:** RC (Xinjiang, Sichuan, Yunnan, Gansu). **Nearktis:** CDN+, USA+.

Lokalverbreitung: Im Gebiet aus allen Regionen gemeldet (aktuell).

Lithurgus Berthold, 1827
Steinbienen

Systematik: Familie: Megachilidae – Unterfamilie: Megachilinae – Tribus: Lithurgini.

Literatur: Van der Zanden (1986); Banaszak & Romasenko (2001); Amiet et al. (2004); Scheuchl (2006).

Etymologie: Von griech. „*lithurgos*“ = „Steinarbeiter, Steinmetz“, möglicherweise wegen der Angewohnheit der erwachsenen Tiere, sich auf Steinen zu sonnen. Malyshev (1930) vermutet, der fast kahle und glänzende Hinterleib, der an einen polierten Stein erinnere, sei Anlass der Namensgebung. Möglich ist aber auch der Bezug auf den Nestbau, der mitunter in steinhartem Holz erfolgt.

Körperliche Merkmale: Steinbienen ähneln sehr den Blattschneiderbienen, von denen sie sich dadurch unterscheiden, dass der Endrand der Mandibeln schmaler ist als die Mandibelbasis. Die Weibchen der beiden einheimischen Arten sind zudem leicht an einem großen Querfortsatz auf der Stirn unterhalb der Fühler erkennbar, die Männchen zeichnen sich durch fehlende zahnartige Fortsätze auf Tergit 6 und einen großen dornartigen Fortsatz auf Tergit 7 aus. Steinbienen erreichen eine Körperlänge von 8–19 mm. Der Hinterleib trägt in der Regel dichte Haarbinden, bei den Weibchen ist er unterseits mit einer Sammelbürste versehen.

Lebensweise: *Lithurgus*-Arten sind solitär lebende, pollensammelnde und nestbauende Bienen.

Pollenquellen: Die neuweltlich verbreiteten Arten der Untergattung *Lithurgopsis* sind als Bestäuber von Kakteen bekannt. Die zweite der beiden Untergattungen, *Lithurgus s. str.*, die weltweit verbreitet ist, besteht ebenfalls durchweg aus Pollenspezialisten, die je nach Art Korbblütler oder Malvengewächse besammeln.

Nestbau: Die einheimischen Arten nisten in abgestorbenem, vorzugsweise morschem Holz, wo sie bereits vorhandene Hohlräume nutzen, aber auch in der Lage sind, mit ihren Mandibeln das Material, das mitunter sehr hart sein kann, ihren Bedürfnissen entsprechend zu bearbeiten.

Parasiten: Als Kuckucksbienen wurden Arten der Gattung *Stelis* bekannt.

Verbreitung/Artenzahl: Die Gattung ist in der Alten wie in der Neuen Welt von den tropischen bis zu den gemäßigten Klimazonen verbreitet, meidet in Amerika aber die feuchten Tropen. Weltweit sind knapp 30 Arten bekannt, von denen im Gebiet zwei vorkommen.

Lithurgus chrysurus Fonscolombe, 1834
Goldene Steinbiene

Etymologie: Von griech. „*chrysós*" = „Gold"; wegen der Farbe der Körperbehaarung.

Pollenquellen: Oligolektisch auf Korbblütler (Asteraceae) der Unterfamilie Carduoideae, also Disteln und Flockenblumen.

Nestbau: Nistet solitär, zuweilen auch in kleinen Aggregationen in totem, vorzugsweise morschem, manchmal aber auch in noch sehr hartem Holz. Das Weibchen nagt einen Gang, der sich in der Regel mehrfach verzweigt. In jedem dieser Seitengänge wird eine, seltener zwei oder drei hintereinander liegende Brutzellen errichtet. Diese werden nicht ausgekleidet. Es wird Pollen eingetragen, bis die Zelle zu etwa einem Viertel gefüllt ist. Dann erfolgt die Eiablage, worauf der Rest der Zelle mit Pollen aufgefüllt wird; lediglich ein kleiner Hohlraum um das Ei bleibt frei. Danach wird der Zwischenraum zwischen letzter Zelle und dem Hauptgang mit Holzmehl, Mulmbröckchen und anderen beim Nestbau anfallenden Holzpartikeln verfüllt.

Lebensraum: Warme Standorte mit einem Nebeneinander an trockenen und feuchteren Flächen; im Gebiet gefunden auf Sandäckern, Binnendünen, Hochwasserdämmen und in Auwaldgebieten. Vom Flachland bis in die kolline Höhenstufe.

Parasiten: Als Kuckucksbiene wurden *Stelis simillima* und *Stelis punctulatissima* beobachtet.

Flugzeit: In einer Generation von Juni bis August.

♀

Gesamtverbreitung: In Nordafrika von Marokko, Algerien und Ägypten gemeldet. In Eurasien von Portugal über Süd- und südliches Mitteleuropa, Kleinasien und Kaukasus bis in das östliche Zentralasien (Tadschikistan, Xinjiang); nordwärts bis Rheinland-Pfalz, Mähren und Nordukraine; südwärts bis Sizilien, Böotien, Zypern und Israel. Eingeschleppt in den USA. **SW-Eu:** E, I(Sa), I(Si), I. **Z-Eu:** F, D, A, CH. **NO-Eu:** CS, SK, UA, UA(K), RUS(S). **SO-Eu:** H, RO, SLO, HR, MK, SRB, BIH, BG, GR. **N-Afr:** MA, DZ, ET. **W-As:** GR(Ä), CY, TR. **W-As:** SYR, RL, IL, Kaukasus, IR. **Z-As:** TAD. **SO-As:** RC (Xinjiang). **Nearktis:** USA+.

Lokalverbreitung: *Lithurgus chrysurus* wird von Schmiedeknecht (1907) für Deutschland aufgeführt, wobei er sich auf das seiner Meinung nach zu dieser Art gehörende Exemplar von *L. cornutus* bezieht, das von Schenck (1861) aus Bamberg gemeldet wird; siehe bei *Lithurgus cornutus*. Erstfund für Deutschland 1995 in Rheinland-Pfalz (Schmid-Egger et al. 1995), in den Folgejahren auch von weiteren Fundorten in diesem Bundesland und in Hessen gemeldet; jüngst auch ein Männchen in Bayern gefunden (Scheuchl 2014), das aber möglicherweise nur eingeschleppt wurde. In Österreich bodenständig im Burgenland und in Niederösterreich. In der Schweiz historisch und aktuell im Tessin.

Lithurgus cornutus (Fabricius, 1787)
Gehörnte Steinbiene

Nomenklatur: Synonym: *Lithurgus fuscipennis* Lepeletier, 1841.

Etymologie: Von lat. „*cornutus*" = „gehörnt"; wegen des großen, hornartigen Höckers auf der Stirn des Weibchens.

Pollenquellen: Oligolektisch auf Korbblütler (Asteraceae) der Unterfamilie Carduoideae, also Disteln und Flockenblumen. Im Gebiet offenbar bevorzugt auf der Weg-Distel *(Carduus acanthoides)*.

Nestbau: Sehr ähnlich wie bei *Lithurgus chrysurus*, jedoch mit größeren Brutzellen, nicht durch Zwischenwände voneinander getrennt.

Lebensraum: Wie bei *Lithurgus chrysurus*.

Flugzeit: In einer Generation von Juni bis August.

Gesamtverbreitung: In Nordafrika von Marokko und Algerien gemeldet. In Eurasien von Portugal über Süd- und südliches Mitteleuropa, Kleinasien, Kaukasus und Zentralasien bis zum Mittelsibirischen Bergland (Krasnojarsk); nordwärts bis Ostösterreich, Mähren und Nordrumänien; südwärts bis Sizilien, Peloponnes, Israel und Nordiran. Die Nominatform in Nordafrika, die ssp. *fuscipennis* Lepeletier, 1841 von Portugal über Südeuropa und Südrussland bis in den Fernen Osten, die ssp. *maximus* Radoszkowski, 1872 von Kleinasien über Iran ins Turkestanische Becken. **SW-Eu:** P, E, I(Sa), I(Si), I. **Z-Eu:** F, {D}, A. **N-Eu:** RUS(N). **NO-Eu:** CS, SK, BY, UA, UA(K), RUS(S). **SO-Eu:** H, RO, SLO, HR, MK, SRB, GR. **N-Afr:** MA, DZ. **W-As:** TR, IL,

Kaukasus, IR. **Z-As:** TM, UZB, TAD, KAZ, KGZ. **Sib:** W-Sib, O-Sib. **SO-As:** RC (Xinjiang).

Lokalverbreitung: Für Deutschland von SCHENCK (1861) aus Bamberg gemeldet, der jedoch später in einem Brief an PÉREZ (1879) mitteilt, dass das betreffende Tier in Wirklichkeit eine *Osmia* ist. Im Gebiet nur im Burgenland und in Niederösterreich (aktuell).

Macropis PANZER 1809
Schenkelbienen

Systematik: Familie: Melittidae – Unterfamilie: Melittinae.

Literatur: SCHMIEDEKNECHT (1930); WARNCKE (1973); AMIET ET AL. (2007); MICHEZ & PATINY (2005); SCHEUCHL (2006).

Etymologie: Von griech. „*makrós*" = „groß, weit" und „*ops*" = „Auge". Ihren deutschen Namen besitzt die Gattung wegen der verdickten Hinterschenkel der Männchen.

Körperliche Merkmale: Schenkelbienen besitzen einen fast halbkugeligen, glänzend schwarzen Körper von 7–12 mm Länge. Die Vorderflügel besitzen im Gegensatz zu den anderen Gattungen der Familie Melittidae nur zwei Cubitalzellen. Der Hinterleib ist mit weißen Haarbinden versehen. Die Männchen haben einen gelben Kopfschild und verdickte Hinterschenkel. Die Weibchen besitzen an den Metatarsen der Hinterbeine ein samtartiges Polster aus sehr kurzen und dichten Haaren, mit der das von ihrer Futterpflanze abgesonderte Öl aufgenommen und dann in die Sammelbürste der Hintertibien, die aus dicht stehenden, fein und dicht gefiederten Haaren besteht, umgelagert wird.

Lebensweise: *Macropis*-Arten sind solitär lebende, pollensammelnde und nestbauende Bienen.

Pollenquellen: Soweit bisher bekannt sind alle Schenkelbienen auf ölabsondernde Gilbweidericharten (*Lysimachia*) spezialisiert. Diese Gilbweidericharten produzieren in ihren Blüten keinen Nektar, sondern ein Öl. Während alle übrigen einheimischen Bienen ihre Nachkommen mit Pollen und Nektar versorgen, sammeln die Schenkelbienen als einzige Bienengattung statt Nektar dieses Öl zur Verproviantierung ihrer Brutzellen. Aus diesem Grund müssen die erwachsenen Bienen andere Blumen zur Eigenversorgung mit Nektar aufsuchen.

Nestbau: Ähnlich wie die Sandbienen nisten auch die Schenkelbienen in selbst gegrabenen Gängen in der Erde, wobei bislang keine Bevorzugung eines bestimmten Substrats festgestellt wurde. Die Nester werden an Böschungen und Erdabbrüchen errichtet und liegen meist versteckt unter Grasbüscheln oder Ähnlichem. Von einem Hauptgang zweigen zwei oder drei kurze Nebengänge ab, an deren Ende eine oder mehrere Brutzellen angelegt werden. Bei der Anlage einer Brutzelle wird bei den ersten 4–5 Sammelflügen ausschließlich Öl eingetragen, das dazu benutzt wird, die Wände der Brutzelle ausgiebig mit *Lysimachia*-Öl zu tränken. Die nächsten (durchschnittlich sieben) Sammelflüge dienen dem Einbringen von Öl und Pollen für die Verproviantierung der Zelle. Die Konsistenz des Nahrungsvorrates ist kompakt. Pro Nest werden eine bis acht Brutzellen angelegt.

Parasiten: Als einzige Kuckucksbiene tritt die Schmuckbiene *Epeolus coecutiens* auf.

Besonderes Verhalten: Die Männchen der beiden heimischen Arten finden sich zum Schlafen oft in Anzahl in Gilbweiderich-Blüten zusammen.

Verbreitung/Artenzahl: Die Gattung ist holarktisch verbreitet. Weltweit sind 16 Arten bekannt, von denen im Gebiet zwei vorkommen.

Macropis europaea Warncke, 1973
Auen-Schenkelbiene

Nomenklatur: Synonym: *Macropis labiata* auct. nec (Fabricius, 1804).

Etymologie: Warum Warncke diesen Namen gewählt hat, bleibt sein Geheimnis; die Verbreitung der Art ist jedenfalls bei Weitem nicht auf Europa beschränkt. Deutscher Name: Auengebiete sind der Hauptlebensraum der Art.

Pollenquellen: Streng oligolektisch auf ölabsondernde Gilbweidericharten (*Lysimachia*, Fam. Primulaceae). Hauptpollenquelle ist der Gewöhnliche Gilbweiderich (*Lysimachia vulgaris*), in Gartenanlagen wird gelegentlich auch der Punkt-Gilbweiderich (*Lysimachia punctata*) besammelt.

Nestbau: Siehe Gattungssteckbrief.

Lebensraum: Eher feuchte Standorte; Hochwasserdämme, Auwälder, Gewässersäume, Moore.

Parasiten: Kuckucksbiene ist *Epeolus coecutiens*.

Flugzeit: In einer Generation von Juli bis September; etwa 2–3 Wochen später als *Macropis fulvipes*.

Gesamtverbreitung: Von Portugal über Europa, Kleinasien, Kaukasus und nördliches Zentralasien bis Westsibirien (Region Altai); nordwärts bis Südengland (keine Nachweise von Irland), in Norwegen bis 60°N, in Schweden bis 61°N, in Finnland bis 65°N, in Russland bis Karelien, Kirov und Perm; südwärts bis Norditalien, Epirus und Georgien. **SW-Eu:** P, E, I. **Z-Eu:** F, B, LUX, NL, D, A, CH, FL, DK. **N-Eu:** GB, N, S, SF, EST, LT, LV, RUS(N). **NO-Eu:** CS, SK, PL, BY, UA, RUS(S). **SO-Eu:** H, RO, SLO, HR, MK, SRB, BIH, BG, GR. **N-Afr:** DZ? **W-As:** TR(?), Kaukasus. **Z-As:** KAZ. **Sib:** W-Sib. **SO-As:** MGL, RC?

Lokalverbreitung: Im Gebiet aus allen Regionen gemeldet.

Macropis fulvipes (Fabricius, 1804)
Wald-Schenkelbiene

Etymologie: Von lat. „*fulvus*“ = „braungelb, bräunlich, rotgelb“ und „*pes*“ = „Fuß“; wegen der rotbraunen Behaarung der Mittel- und Hintermetatarsen beim Weibchen. Deutscher Name: Walddominierte Standorte sind der Hauptlebensraum der Art.

Pollenquellen: Streng oligolektisch auf ölabsondernde Gilbweidericharten (*Lysimachia*, Fam. Primulaceae). Hauptpollenquelle ist das Pfennigkraut (*Lysimachia nummularia*), in Gartenanlagen wird gelegentlich auch der Punkt-Gilbweiderich (*Lysimachia punctata*) besammelt.

Nestbau: Siehe Gattungssteckbrief.

Lebensraum: Waldaffin; Waldsäume, Lichtungen, Bachauen.

Parasiten: Kuckucksbiene ist *Epeolus coecutiens*.

Flugzeit: In einer Generation von Juni bis August; etwa 2–3 Wochen früher als *Macropis europaea*.

Gesamtverbreitung: Transpaläarktisch. In Nordafrika von Algerien gemeldet. In Eurasien von Zentralspanien über Europa, Kleinasien, Kaukasus, nördliches Zentralasien und Sibirien bis zur Pazifikküste des Fernen Ostens; nordwärts bis Dänemark, in Finnland bis 64°N, in Russland bis Leningrad, Kirov und Perm; südwärts bis in die Toskana, Mittelbulgarien, Nordtürkei (Pontisches Gebirge) und Aserbaidschan. **SW-Eu:** E, I. **Z-Eu:** F, B, LUX, NL, D, A, CH, FL, DK. **N-Eu:** SF, EST, LT, LV, RUS(N). **NO-Eu:** CS, SK, PL, BY, UA, RUS(S). **SO-Eu:** H, RO, SLO, HR, MK, SRB, BG. **N-Afr:** DZ. **W-As:** TR, Kaukasus. **Z-As:** KAZ. **Sib:** W-Sib, O-Sib. **NO-As:** Prim. **SO-As:** MGL, RC.

Lokalverbreitung: In Deutschland und Österreich aus allen Regionen gemeldet. In der Schweiz ohne Nachweise aus dem Jura, dem Kanton Genf und großen Teilen des Alpenhauptkamms; nur historisch belegt aus dem Kanton Waadt und dem Bergell.

Megachile LATREILLE, 1802
Blattschneiderbienen, Mörtelbienen

Systematik: Familie: Megachilidae – Unterfamilie: Megachilinae – Tribus: Megachilini.

Nomenklatur: *Megachile* wird von einigen Bearbeitern in drei Gattungen aufgeteilt, in *Megachile, Chalicodoma* und *Creightonella*. Da es aber Übergänge ziwschen diesen Taxa gibt, hat sich jüngst MICHENER (2007) erneut entschieden gegen eine Aufspaltung ausgesprochen. Er gliedert *Megachile* in 57 Untergattungen, die er auf drei Gruppen verteilt, die im Großen und Ganzen den oben erwähnten „Gattungen" entsprechen.

Literatur: SCHMIEDEKNECHT (1930); DORN & WEBER (1988); BANASZAK & ROMASENKO (2001); AMIET ET AL. (2004); SCHEUCHL (2006). Weitere hilfreiche Arbeiten: NIEMELÄ (1936); REBMANN (1968a, b); NIEUWENHUIJSEN (2011c).

Etymologie: Von griech. „*mégas*" = „groß" und „*cheilos*" = „Lippe", bezieht sich auf die kräftig ausgebildeten Mandibeln. Der deutsche Name „Blattschneiderbiene" nimmt Bezug auf die Nestbaugewohnheiten vieler Arten, die ihre Brutzellen aus Blattstücken fertigen, welche sie mit ihren Mandibeln aus dem Laub verschiedener Pflanzen schneiden; die Arten, die ihre Nester aus mineralischen Baustoffen errichten, werden „Mörtelbienen" genannt.

Körperliche Merkmale: Die Blattschneiderbienen umfassen mittelgroße bis sehr große Arten; zu ihnen gehört auch die größte bekannte Biene mit einer Körperlänge von 39 mm, die auf den Molukken beheimatete *Megachile pluto*. Die einheimischen Arten sind schwarz gefärbt, in heißen Klimaten auch mehr oder weniger ausgedehnt rot. Der Hinterleib ist oberseits meist spärlich behaart und oft mit Haarbinden versehen, bei den Weibchen trägt er unterseits eine rote, schwarze oder weißliche Sammelbürste. Von den anderen Bauchsammler-Tribus unterscheidet sich *Megachile* foglendermaßen: Von den Anthidiini dadurch, dass die Dicoidalader 2 deutlich vor der Cubitalader 2 mündet (Anthidiini: bei oder hinter der Cubitalader 2), von den Osmiini durch das Fehlen eines Haftlappens (Pulvillus) an den Klaunglieder der Beine, und von den Lithurgini dadurch, dass der Endrand der Mandibeln breiter ist als die Mandibelbasis. Bei den Männchen vieler *Megachile*-Arten sind die Vorderbeine modifiziert, z. B. durch weiß oder gelb gefärbte Verbreiterungen an den verschiedenen Beingliedern, durch dornartige Fortsätze an den Vordercoxen und/oder durch spezielle Ausprägungen der Vorderbein-Behaarung, die sämtlich beim Paarungsverhalten eine Rolle spielen.

Lebensweise: *Megachile*-Arten sind solitär lebende, pollensammelnde und nestbauende Bienen. Sie überdauern den Winter als Ruhelarve (Präpuppe) in ihrem Kokon. Zumindest bei einigen Arten „überliegt" ein Teil der Brut, d. h. sie schlüpft erst im übernächsten Jahr.

Pollenquellen: In der Regel zeigen sie keine Bevorzugung bestimmter Pollenquellen; nur wenige Arten sind auf eine Pflanzenfamilie spezialisiert.

Nestbau: Michener (2007) unterteilt die Gattung nach dem Nestbauverhalten in drei Gruppen. Die meisten Arten (Gruppe I) legen ihre Nester in den unterschiedlichsten vorhandenen Hohlräumen oder auch selbst genagten Gängen in markhaltigen Stängeln oder Ästen an, einige Arten auch in selbst gegrabenen Gängen im Erdboden, wo die aus Blattstücken errichteten Brutzellen angelegt werden. Diese Blattstücke werden mit den Mandibeln nach immer gleichem Muster in zwei verschiedenen Formen säuberlich ausgeschnitten – länglich-oval für die Zellenwände und kreisrund für den Zellenverschluss. Das Ausschneiden dauert nur wenige Sekunden. Die Arten von Gruppe III verwenden zwar auch Blattstücke, aber bei ihnen ist die Form unregelmäßig und der Rand in der Regel gezackt. Die Zellenwand wird mit wenig Pflanzenmörtel oder mineralischem Substrat verstärkt. Bei Gruppe II schließlich werden die Brutzellen vollständig aus Lehm oder Sand gebaut, auf pflanzliche Materialien wird, soweit bekannt, völlig verzichtet.

Parasiten: Als Kuckucksbienen sind Kegelbienen (*Coelioxys*), Düsterbienen (*Stelis*) und Zweizahnbienen (*Dioxys*) bekannt. Als weitere Brutparasiten treten Goldwespen (Chrysididae) verschiedener Gattungen, Schmalbauchwespen (Gasteruptionidae), Satellitenfliegen (*Miltogramma*) und Trauerschweber (*Anthrax*) auf.

Besonderes Verhalten: Die Männchen einiger Arten der Untergatttung *Chalicodoma* sind – insbesondere im Mittelmeerraum – als Bestäuber von Orchideen der Gattung *Ophrys* bekannt, deren Blüten durch Geruch und Aussehen *Megachile*-Weibchen imitieren; den dadurch angelockten Männchen wird dann beim Kopulationsversuch ein Pollenpaket angeheftet.

Artenzahl: Weltweit sind rund 1100 Arten bekannt, von denen im Gebiet 29 sicher nachgewiesen sind.

Megachile albisecta (Klug, 1817)
Südliche Mörtelbiene

Systematik: Untergattung *Creightonella* Cockerell, 1908.

Nomenklatur: Synonym: *Creightonella albisecta* (Klug, 1817).

Etymologie: Von lat. „*albus*" = „weiß" und „*secta*" = „durchtrennt, durchgeschnitten", wegen der schmalen weißen Haarbinden auf dem Hinterleib. Der deutsche Name bezieht sich auf das Verbreitungsgebiet.

Pollenquellen: Polylektisch mit deutlicher Präferenz für Korbblütler (Asteraceae) der Unterfamilie Carduoideae (*Carduus, Cirsium, Centaurea*).

Nestbau: Nistet in vorhandenen Hohlräumen im Boden oder in hohlen Stängeln. Die Nestanlage ist in der Regel linear; ein Nest enthält 3–9 Brutzellen. Die Zellen werden aus zugeschnittenen Blattstücken errichtet, die mit einer Mischung aus zerkauten Blättern und einem körpereigenen Sekret zusammengeklebt werden, ebenso der Nestverschluss. Ferton (1901) beobachtete auf Korsika, dass die Zellen mit einer Schicht von Pflanzenmörtel umhüllt werden, in die kleine Steinchen eingearbeitet sind. Aus demselben Material besteht auch der Nestverschluss, der so hart wird, dass es kaum gelingt, ihn mit einem Messer aufzuschneiden. Die Verwendung von Steinchen wird von anderen Autoren nicht erwähnt.

Lebensraum: Trockenwarme Standorte. Vom Flachland bis in die kolline Höhenstufe.

Parasiten: *Coelioxys argentea* und *Coelioxys acanthura* wurden in Osteuropa und im Mittelmeerraum an den Nestern beobachtet.

Flugzeit: In einer Generation von Juni bis August.

Gesamtverbreitung: In Nordafrika von Marokko bis Libyen. In Eurasien von Portugal über Süd- und südliches Mitteleuropa, Kleinasien und Kaukasus bis Zentralasien; nordwärts bis Ostösterreich, Mähren, Nordrumänien und Krim; südwärts bis Sizilien, Attika, Zypern, Israel und Nordiran. Aus Zentralasien wurde die ssp. *adlerbergi* Popov, 1936 und von Zypern die ssp. *cyprica* Cockerell, 1931 beschrieben. **SW-Eu:** P, E, E(B), F(K), I(Sa), I(Si), I. **Z-Eu:** F, ~~{D}~~, A. **N-Eu:** ~~{GB}~~. **NO-Eu:** CS, SK, UA, UA(K), RUS(S). **SO-Eu:** H, RO, SLO, HR, MK, MNE, SRB, BIH, AL, BG, GR. **N-Afr:** MA, DZ, TN, LAR. **W-As:** GR(Ä), CY, TR. **W-As:** SYR, IL, Kaukasus, IR. **Z-As:** TM, UZB, TAD, KAZ, KGZ.

Lokalverbreitung: Im Gebiet wurde bislang nur ein einziges Männchen 2000 in Nickelsdorf/Burgenland nachgewiesen (Schwarz & Gusenleitner 2000).

Megachile alpicola Alfken, 1924
Kleine Blattschneiderbiene

Systematik: Untergattung *Megachile* Latreille, 1802 *s. str.*

Etymologie: Von lat. „*-cola*“ = „Bewohner“ (von „*colere*“ = „bewohnen“). Der deutsche Name bezieht sich auf die im Vergleich zu den nächstverwandten Arten geringe Körpergröße.

Pollenquellen: Polylektisch; nachgewiesen ist die Nutzung des Pollens der vier Pflanzenfamilien Asteraceae, Fabaceae, Lamiaceae und Plantaginaceae.

Nestbau: Nistet in vorhandenen Hohlräumen, meist in Käferfraßgängen oder hohlen Stängeln, zuweilen auch im Erdboden. Die Brutzellen und der

Nestverschluss werden aus zugeschnittenen Blattstücken gefertigt, die nach bisherigen Beobachtungen von der Wald-Erdbeere stammen. Die Vorder- und Rückwand der Zellen bestehen aus runden, die Seitenwände aus ovalen Blattstücken. Meist liegen die Zellen in einer Reihe hintereinander, sodass die Vorderwand einer Zelle zugleich die Rückwand der nächsten bildet, aber manchmal werden auch Leerzellen eingefügt. Der Raum zwischen der zuetzt errichteten Zelle und der Nestöffnung wird mit tütenartig ineinander geschichteten Blattstücken gefüllt, anschließend wird das Nest mit einem Propf aus fein zerkautem, mit Sekret vermischtem Planzenmörtel versiegelt.

Lebensraum: Waldaffin; Waldsäume, Lichtungen, Kahlschläge. Von der montanen bis in die subalpine Höhenstufe, seltener in der kollinen Stufe.

Parasiten: Kuckucksbiene ist *Coelioxys inermis*.

Flugzeit: Von Mai bis August/September; möglicherweise partiell bivoltin.

Gesamtverbreitung: Transpaläarktisch. Von den Pyrenäen über Europa, Kleinasien, Zentralasien und Sibirien bis Kamtschatka; nordwärts in Norwegen bis 61,5°N, in Schweden bis 65,5°N, in Finnland bis 66°N, in Russland bis Karelien, Kirov und Perm; südwärts bis Norditalien (Piemont, Trentino, Aosta), Südrumänien und Nordosttürkei (Erzurum); isoliert am Olymp. Aus Skandinavien wurde die ssp. *loekeniana* Tkalců, 1977 beschrieben, die aber nur in der Färbung der Behaarung abweicht. **SW-Eu:** I. **Z-Eu:** F, B, LUX, NL, D, A, CH, FL. **N-Eu:** N, S, SF, EST, LT, LV, RUS(N). **NO-Eu:** CS, SK, PL, BY, UA, RUS(S). **SO-Eu:** RO, SLO, GR. **W-As:** TR. **Z-As:** KAZ. **Sib:** W-Sib, O-Sib. **NO-As:** Jak, Amur, Khab, Prim, Sach, Kam. **SO-As:** RC, KOR, J.

Lokalverbreitung: Im Gebiet aus allen Regionen gemeldet.

Megachile analis Nylander, 1852
Birken-Blattschneiderbiene

Systematik: Untergattung *Xanthosarus* Robertson, 1903.

Etymologie: Von lat. „*analis*" = „den After betreffend"; wegen der weißen Behaarung des letzten Tergits. Deutscher Name: Die Brutzellen werden häufig aus Rindenstreifen von Birken gefertigt.

Pollenquellen: Polylektisch; bisher nachgewiesen ist die Nutzung des Pollens der drei Pflanzenfamilien Ericaceae, Campanulaceae und Fabaceae.

Nestbau: Nistet in selbst gegrabenen oder vorhandenen Hohlräumen in der Erde, bevorzugt in Sandboden, oder unter Steinen. Das Nest besteht aus einem Gang, der in etwa 2,5–5 cm Tiefe mehr oder weniger parallel zur Erdoberfläche verläuft. Die Brutzellen werden aus papierdünnen Rindenstreifen von Birken, zuweilen auch aus Blattstücken von Weiden und Eichen oder einer Mischung aus Rinden- und Blattstücken gefertigt. Die 2–5 Zellen pro Nest liegen linear hintereinander. Der Raum zwischen Nestöffnung und Brutzellen wird mit Blatt-, Rinden- und Sandpartikeln verfüllt.

Lebensraum: Im Flachland in Sandheiden, Sandgruben und Dünen, im Gebirge auf Abwitterungshalden. Vom Flachland bis in die alpine Höhenstufe, in den Alpen nur in höheren Lagen.

Parasiten: Kuckucksbiene ist *Coelioxys quadridentata.*

Flugzeit: In einer Generation von Mai/Juni bis August/September

Gesamtverbreitung: Transpaläarktisch. Von Spanien (Sierra Nevada, Kantabrisches Gebirge) über Europa, Kleinasien, Zentralasien und Sibirien bis Kamtschatka; nordwärts in Schweden bis 65,5°N, in Finnland bis 66°N, in Russland bis Karelien, Kirov und Perm; südwärts bis Umbria, Peloponnes und Ostanatolien. Als Unterarten wurden die Taxa *cana* Alfken, 1931 aus dem Pamir, *chionura* Cockerell, 1924 aus Sibirien, und aus der Mongolei *batsumberensis* Tkalců, 1988, *turgensis* Tkalců, 1988 sowie *ulangomensis* Tkalců, 1988 beschrieben, die aber alle nur Färbungsformen darstellen. **SW-Eu:** E, I. **Z-Eu:** F, B, LUX, NL, D, A, CH, DK. **N-Eu:** S, SF, EST, LT, LV, RUS(N). **NO-Eu:** CS, SK, PL, BY, RUS(S). **SO-Eu:** RO, HR, MK, AL, BG, GR. **N-Afr:** {~~ET~~}. **W-As:** TR, Kaukasus, IR(?). **Z-As:** TM, TAD, KAZ. **Sib:** W-Sib, O-Sib. **NO-As:** Jak, Amur, JAO, Prim, Khab, Sach, Mag, Kam. **SO-As:** MGL, RC, KP.

Lokalverbreitung: In Deutschland nur ein einziger aktueller Fund von 1998 bei Delbrück/Nordrhein-Westfalen (Bleidorn et al. 2008), historisch von Schleswig-Holstein, Niedersachsen, Thüringen, Sachsen und Bayern gemeldet. In Österreich aus Kärnten, Oberösterreich, Salzburg und Tirol gemeldet. In der Schweiz in den Alpen vom Wallis bis Ost-Graubünden sowie ein Einzelfund bei Solothurn (überall aktuell).

Megachile apicalis Spinola, 1808
Flockenblumen-Blattschneiderbiene

Systematik: Untergattung *Eutricharaea* Thomson, 1872.

Etymologie: Von lat. „*apicalis*" = „die Spitze betreffend" (von „*apex*" = „Spitze"); Spinola bezieht sich offensichtlich auf die kontrastierend schwarz behaarte Hinterleibsspitze („*ventris lanâ niveâ apice nigrâ*"). Deutscher Name: Flockenblumen gehören zu den bevorzugten Pollenquellen der Art.

Pollenquellen: Polylektisch mit einer deutlichen Präferenz für Korbblütler der Unterfamilie Carduoideae (*Carduus, Cirsium, Centaurea*); bisher nachgewiesen ist die Nutzung des Pollens der drei Pflanzenfamilien Apiaceae, Asteraceae und Fabaceae.

Nestbau: Nistet in den verschiedenartigsten vorhandenen Hohlräumen, z. B. in hohlen Pflanzenstängeln, Löchern im Erdboden oder in Steilwänden, in Schneckenhäusern oder in verlassenen Nestern von Mörtelbienen. Die Brutzellen (2–8 pro Nest) werden aus zugeschnittenen Blattstücken gefertigt, ebenso der Nestverschluss, der in oder kurz vor der Nestöffnung aus mehreren kreisförmigen Blattstücken errichtet wird; dahinter befindet sich häufig eine Leerzelle.

Lebensraum: Trockenwarme Standorte. Vom Flachland bis in die montane Höhenstufe.

Parasiten: Als Kuckucksbienen werden *Coelioxys afra* und *Coelioxys brevis* genannt, möglicherweise kommt auch *Coelioxys rufocaudata* infrage. Als weiterer Brutparasit wurde die Erzwespe *Monodontomerus aeneus* beobachtet.

Flugzeit: In einer Generation von Juni bis August.

Gesamtverbreitung: In Nordafrika von Marokko bis Tunesien. In Eurasien von Portugal über Süd- und Mitteleuropa, Kleinasien, Kaukasus und Zentralasien bis Ostsibirien (Region Altai); nordwärts bis zur Ostseeküste; südwärts bis Sizilien und Malta, Peloponnes, Kreta, Südtürkei, Nordiran und Pakistan. **SW-Eu:** P, E, E(B), F(K), I(Sa), I(Si), I, I(L), M. **Z-Eu:** F, B, D, A, CH, DK. **N-Eu:** BALT. **NO-Eu:** CS, SK, PL, UA, UA(K), RUS(S). **SO-Eu:** H, RO, SLO, HR, MK, SRB, AL, BG, GR, GR(K). **N-Afr:** {E(C)}, MA, DZ, TN, ET(?). **W-As:** GR(Ä), CY, TR, IL, IRQ, Kaukasus, IR. **Z-As:** TM, UZB, TAD, KAZ, KGZ. **Sib:** W-Sib. **SO-As:** RC (Innere Mongolei). **Ori:** PAK. **Nearktis:** CDN+, USA+.

Lokalverbreitung: In Deutschland vereinzelte aktuelle Funde aus Niedersachsen, Nordrhein-Westfalen und Bayern, historisch aus Mecklenburg-Vorpommern, Sachsen-Anhalt, Brandenburg, Hessen, Thüringen, Sachsen und Baden-Württemberg. In Österreich aus dem Burgenland, der Steiermark, Kärnten und Niederösterreich nachgewiesen, eine überprüfungsbedürftige Meldung aus Tirol. In der Schweiz historisch aus Genf, dem Tessin, dem Wallis und dem Unterengadin, aktuell aus dem Wallis und Basel.

Megachile baetica (Gerstaecker, 1869)

Andalusische Mörtelbiene

Etymologie: Bezieht sich auf die Herkunft der Typusexemplare, die ehemalige römische Provinz Baetica in Südwestspanien.

Lokalverbreitung: Die historischen Meldungen von Friese (1896b) und Frey-Gessner (1908–1912) aus der Schweiz beziehen sich auf *Megachile parietina*.

Megachile bombycina Radoszkowski, 1874

Zangen-Blattschneiderbiene

Systematik: Untergattung *Eumegachile* Friese, 1899.

Etymologie: Von lat. „*bombycina*" = „seiden, aus Seide"; Radoszkowski übernahm den Namen aus einem Manuskript von Pallas, ohne Herleitung des Namens. Deutscher Name: Die Mandibeln des Weibchens sind lang und zangenartig gebogen.

Pollenquellen: Bisher wurde nur die Pollenladung des bei Niesky gefangenen Tieres untersucht. Diese enthielt ausschließlich Pollen von distelartigen Korbblütlern (*Carduus, Cirsium*) (Westrich & Dathe 1998).

Nestbau: Nistet in vorhandenen Hohlräumen, z. B. in Käferfraßgängen in Totholz oder hohlen Pflanzenstängeln. Brutzellen und Nestverschluss werden aus zugeschnittenen, mit Pflanzenmörtel zusammengeklebten Blattstücken gefertigt. Ein Nest enthält 6–8 hintereinander liegende Zellen.

Parasiten: Kuckucksbiene ist *Coelioxys elongata*. Als weitere Brutparasiten wurden die Erzwespe *Melittobia acasta* und die Schmalbauchwespe *Gasteruption caudatum* beobachtet.

Flugzeit: In einer Generation von Juni bis August.

Gesamtverbreitung: In Italien nur eine Meldung aus Lazio. Ansonsten von Ostdeutschland (historisch) über Osteuropa, Kaukasus, nördliches Zentralasien und Sibirien bis zur Pazifikküste des Fernen Ostens (Khabarowsk); nordwärts in Finnland bis 63°N (historisch), in Russland bis Karelien, Kirov und Perm; südwärts bis Südrumänien, Südukraine und Georgien. **SW-Eu:** I. **Z-Eu:** D, A. **N-Eu:** SF, EST, LT, LV, RUS(N). **NO-Eu:** SK, PL, BY, UA, RUS(S). **SO-Eu:** H, RO, HR, SRB. **W-As:** Kaukasus. **Z-As:** KAZ. **Sib:** W-Sib, O-Sib. **NO-As:** Amur, Khab. **SO-As:** RC (Xinjiang). **Ori:** TW?

Lokalverbreitung: Für Deutschland gibt es einige wenige historische Meldungen: Morawitz (1880) bezeichnet die Art als „in Mecklenburg einheimisch"; Müller (1944) meldet sie von Niesky/Sachsen, und Dorn & Weber (1988) berichten von einem Männchen aus Oderberg/Brandenburg ohne Datum. Die Meldung von Friese (1893), nach der S. Brauns ein Tier bei Östelse/Niedersachsen fing und die in der Folge mehrfach zitiert wurde, beruht laut Stöckhert (1933) auf einer Fehletikettierung, sodass davon ausgegangen werden kann, dass die Art bis Anfang des 20. Jahrhunderts westwärts bis etwas über die Oder-Neisse-Linie verbreitet war. In Österreich existiert eine Meldung von MOLITOR (1942) von Perchtoldsdorf/Niederösterreich; zwar ist seine Sammlung verloren gegangen, aber da *M. bombycina* auch in der Slowakei und in Ungarn vorkommt und MOLITOR für seine gewissenhafte Arbeitsweise bekannt ist, dürfte die Meldung korrekt sein (GUSENLEITNER ET AL. 2012).

Megachile centuncularis (LINNAEUS, 1758)
Rosen-Blattschneiderbiene

Systematik: Untergattung *Megachile* LATREILLE, 1802 *s. str.*

Etymologie: Von lat. „*centunculus*" = „kleiner Lumpen, zerlumpte Decke"; LINNÉ bezieht sich auf das Aussehen der Brutzellen („*intra terram plures nidos cylindricos ex foliis Rosae formans, tamquam centunculos*"). Deutscher Name: Die Art benutzt für den Nestbau gerne Blattstücke aus den Laubblättern von Rosen.

Pollenquellen: Polylektisch; bislang nachgewiesen ist die Nutzung des Pollens der drei Pflanzenfamilien Asteraceae, Fabaceae und Hypericaceae mit deutlicher Präferenz für die beiden ersten Familien.

Nestbau: Nistet in den verschiedenartigsten vorhandenen Hohlräumen, z.B. in hohlen Pflanzenstängeln, Löchern im Erdboden oder in Steilwänden, Felsspalten, Fugen in Trockenmauern, oder in dürren markhaltigen Stängeln, z.B. von Königskerzen, in die das Weibchen einen Nistgang nagt. Die Nestanlage ist linear, der Nestgang kann sowohl waagerecht als auch senkrecht verlaufen. Ein Nest enthält 3–15 Zellen. Brutzellen und Nestverschluss werden aus zugeschnittenen Blattstücken gefertigt, wobei kreisförmige Stücke, deren Durchmesser genau dem Durchmesser des Nistganges entspricht, als Vorder- und Rückwand (bzw. bei senkrechter Orientierung des Nestganges Boden und Deckel) der Zelle verwendet werden, während ovale Stücke dem Bau der Seitenwände dienen. Der Raum zwischen letzter Zelle und dem Nesteingang wird in der Regel mit Blattstücken verfüllt. Die Blattstücke für den Nestverschluss werden manchmal mit Pflanzenmörtel zusammengeklebt.

Lebensraum: Waldsäume, Hecken, extensiv genutztes Grünland, Hochwasserdämme, Brach- und Ruderalflächen, Gärten, Parks.

Parasiten: Kuckucksbienen sind *Coelioxys inermis*, *Coelioxys mandibularis* und *Coelioxys elongata*. Als weitere Brutparasiten wurden die Knotenwespe *Sapyga quinquepunctata* sowie Erzwespen der Gattungen *Abluxia, Anagrus, Aprostocetus, Baryscapus, Dibrachys, Melittobia, Monodontomerus* und *Pteromalus* beobachtet.

Flugzeit: Von Mai bis Oktober in zumindest partiell zwei Generationen.

Gesamtverbreitung: Holarktisch. In Nordafrika aus Marokko und Algerien gemeldet. In Eurasien von den Azoren über Europa, Kleinasien, Kaukasus, nördliches Zentralasien und Sibirien bis zur Pazifikküste des Fernen Ostens (Magadan); nordwärts bis Irland und Nordschottland, in Norwegen bis 66,5°N, in Schweden bis 62°N, in Finnland bis 63°N, in Russland bis Karelien, Kirov und Perm; südwärts bis Sizilien, Peloponnes, Zypern, Israel und Nordiran. Wenn die unter dem Synonym *M. appia* NURSE, 1903 gemeldeten Funde zutreffen, dann erreicht die Art in Kashmir die orientalische Faunenregion. In der Nearktis von Alaska und Quebec bis Kalifornien und Florida. Folgende Unterarten wurden beschrieben, die wohl sämtlich eher als Färbungsformen zu werten sind: ssp. *nesiotica* MAVROMOUSTAKIS, 1953 aus Zypern, ssp. *sachaensis* DAVYDOVA & PESENKO, 2002 aus Jakutien, und ssp. *theryi* COCKERELL, 1931 aus Marokko. **SW-Eu:** P(A), P, E, E(B), F(K), I(Sa), I(Si), I. **Z-Eu:** F, B, LUX, NL, D, A, CH, FL, DK. **N-Eu:** IRL, GB, N, S, SF, EST, LT, LV, RUS(N). **NO-Eu:** CS, SK, PL, BY, UA, UA(K), RUS(S). **SO-Eu:** H, RO, SLO, HR, SRB, BG, GR. **N-Afr:** P(M), MA, DZ. **W-As:** GR(Ä), CY, TR, IL, Kaukasus, IR. **Z-As:** KAZ. **Sib:** W-Sib, O-Sib. **NO-As:** Jak, Amur, JAO, Khab, Prim, Mag. **SO-As:** RC (Xinjiang), J(?). **Ori:** IND(?). **Nearktis:** Alaska, CDN, USA.

Lokalverbreitung: In Deutschland und Österreich aus allen Regionen gemeldet. In der Schweiz keine Nachweise von der Alpennordseite und dem Alpenhauptkamm, aus dem Engadin nur historisch belegt.

Megachile circumcincta (KIRBY, 1802)
Gebänderte Blattschneiderbiene

Systematik: Untergattung *Xanthosarus* ROBERTSON, 1903.

Etymologie: Von lat. „*circum*" = „rings, ringsum" und „*cinctum*" = „umgürtet"; bezieht sich auf die Haarbinden des Hinterleibs.

Pollenquellen: Polylektisch mit Präferenz für Fabaceae; bislang nachgewiesen ist die Nutzung des Pollens der vier Pflanzenfamilien Campanulaceae, Fabaceae, Onagraceae und Xanthorrhoeaceae.

Nestbau: Nistet in selbst gegrabenen oder vorhandenen Hohlräumen im Erdboden, oft dicht unter der Oberkante von Steilwänden, zuweilen auch in vorhandenen oberirdischen Hohlräumen. Das Nest besteht aus einem einfachen oder verzweigten Gang, der in der Regel dicht unter der Erdoberfläche verläuft. Die Brutzellen werden aus ausgeschnittenen Stücken von Laubblättern verschiedener Bäume und Sträucher errichtet. Ein Nest enthält 3–5 Zellen.

Lebensraum: Waldsäume, Magerrasen, Hecken, extensiv genutztes Grünland, Sand-, Kies- und Lehmgruben, Weinberge, Brach- und Ruderalflächen.

Parasiten: Kuckucksbienen sind *Coelioxys mandibularis* und *Coelioxys quadridentata*, möglicherweise auch *Coelioxys elongata* und *Coelioxys rufescens*.

Flugzeit: In einer Generation von Mai bis August.

Gesamtverbreitung: Holarktisch. In Nordafrika aus Algerien bekannt. In Eurasien von Portugal über Europa, Kleinasien und Kaukasus, nördliches Zentralasien und Sibirien bis zur Pazifikküste des Fernen Ostens; nordwärts bis Irland (2004 erstmals gemeldet, FITZPATRICK ET AL. 2006) und Nordschottland, in Norwegen bis 63,5°N, in Schweden bis 67°N, in Finnland bis 65°N, in Russland bis Karelien, Kirov und Perm; südwärts bis Sizilien, Nordgriechenland (Olymp), Südtürkei und Nordiran. Folgende Unterarten wurden beschrieben, die sämtlich lediglich als Färbungsformen zu werten sind: ssp. *etnaensis* VAN DER ZANDEN, 1989 von Sizilien, ssp. *lactescens* COCKERELL, 1928 vom Baikalsee, ssp. *numidica* TKALCCŮ, 1988 aus Algerien, und ssp. *ozbeki* TKALCCŮ, 1977 aus der Nordosttürkei. **SW-Eu:** P, E, I(Si), I. **Z-Eu:** F, B, LUX, NL, D, A, CH, FL, DK. **N-Eu:** IRL, GB, N, S, SF, EST, LT, LV, RUS(N). **NO-Eu:** CS, SK, PL, BY, UA, UA(K), RUS(S). **SO-Eu:** H, RO, SLO, HR, MK, SRB, AL, BG, GR. **N-Afr:** DZ. **W-As:** TR, Kaukasus, IR. **Z-As:** KAZ. **Sib:** W-Sib, O-Sib. **NO-As:** Jak, JAO, Prim, Sach, Mag, Kam, Kur. **SO-As:** RC (Xinjiang, Tibet, Gansu). **Nearktis:** Alaska, CDN, USA.

Lokalverbreitung: Im Gebiet aus allen Regionen gemeldet.

Megachile deceptoria PÉREZ, 1890
Salzsteppen-Blattschneiderbiene

Systematik: Untergattung *Eutricharaea* THOMSON, 1872.

Etymologie: Von lat. „*deceptoria*“ = „trügerisch, täuschend“; PÉREZ bezieht sich offensichtlich auf die Ähnlichkeit mit *M. leachella*. Deutscher Name: Im Gebiet nistet die Art in Salzböden.

Pollenquellen: Möglicherweise polylektisch; sie zeigt aber eine deutliche Präferenz für Fabaceae, insbesondere *Ononis* und *Lotus*.

Nestbau: Nistet in Salzböden. Die Brutzellen werden aus ausgeschnittenen Blattstücken gefertigt.

Lebensraum: Salzsteppen.

Parasiten: Kuckucksbiene ist *Coelioxys polycentris*.

Flugzeit: In einer Generation von Juni bis September.

Gesamtverbreitung: In Nordafrika aus Marokko und Tunesien gemeldet. In Eurasien von Portugal über Süd- und südliches Mitteleuropa, Kleinasien und Kaukasus bis Westkasachstan (Chelkar); nordwärts bis Mähren, Krim und Südrussland (Rostov); südwärts bis Basilicata, Südtürkei und Nordiran. **SW-Eu:** E, I. **Z-Eu:** F, A. **NO-Eu:** CS, SK, UA, UA(K), RUS(S). **SO-Eu:** H, SLO, MNE, SRB, BG, GR. **N-Afr:** MA, TN. **W-As:** TR, Kaukasus, IR. **Z-As:** KAZ. **NO-As:** Jak? **Ori:** PAK(?).

Lokalverbreitung: Im Gebiet nur im Seewinkel am Neusiedler See.

Megachile dorsalis Pérez, 1879
Südliche Blattschneiderbiene

Etymologie: Von lat. „*dorsalis*" = „den Rücken betreffend" (von „*dorsum*" = „Rücken").

Lokalverbreitung: Die Meldungen aus dem Gebiet (Österreich, Schweiz) beziehen sich auf *Megachile leachella*. Meldungen aus der Schweiz erwiesen sich als Fehlbestimmungen, ein Vorkommen im Genfersee-Gebiet oder im Wallis scheint aber möglich.

Megachile ericetorum Lepeletier, 1841
Platterbsen-Mörtelbiene

Systematik: Untergattung *Pseudomegachile* Friese, 1899.

Nomenklatur: Synonyme: *Chalicodoma ericetorum* (Lepeletier, 1841); *Megachile fasciata* Smith, 1844.

Etymologie: Von lat. „*ericetum*" = „Ort, an dem Erika wächst; Heide, Moor"; Lepeletier bezieht sich auf den Lebensraum, in dem er die Art fand. Deutscher Name: Platterbsen gehören zu den bevorzugten Pollenquellen der Art.

Pollenquellen: Oligolektisch auf Fabaceae spezialisiert.

Nestbau: Nistet in vorhandenen Hohlräumen in Totholz, Steilwänden und Erdabbrüchen, hohlen Pflanzenstängeln, Mauerfugen, Felsspalten oder

verlassenen Nestern anderer Hautflügler. Die Nestanlage ist linear; pro Nest werden 1–8 Zellen angelegt. Die Brutzellen sind zylindrisch und bestehen vollständig aus einem Mörtel, den das Weibchen aus Lehm oder Sand sowie einem körpereigenen Sekret mischt. Die Wände sind auffallend dick und werden innen mit Harz überzogen

Lebensraum: Magerrasen, Waldsäume, extensiv genutztes Grünland, Sand- und Lehmgruben, Weinberge, Brach- und Ruderalflächen, Gartenanlagen. Vom Flachland bis in die montane Höhenstufe.

Parasiten: Als Kuckucksbiene ist *Coelioxys aurolimbata* bekannt. Als weitere Brutparasiten wurden die Erzwespen *Leucospis dorsigera* und *Monodontomerus nitidus* beobachtet.

Flugzeit: In einer Generation von Juni bis August.

Gesamtverbreitung: In Nordafrika aus Marokko und Algerien gemeldet. In Eurasien von Portugal über Europa, Kleinasien, Kaukasus bis Sibirien (Kurgan), Mongolei und zur chinesischen Pazifikküste; nordwärts bis Südengland (hier nur einmal 1844 von drei Lokalitäten gemeldet), in Finnland bis 62°N; südwärts bis Sizilien, Kreta, Syrien und Nordiran. Eingeschleppt in der Nearktis. Folgende Unterarten wurden beschrieben, die wohl sämtlich eher als Färbungsformen zu werten sind: ssp. *euroa* (Tkalců, 1988) und ssp. *oraniensis* van der Zanden, 1989 aus Algerien, ssp. *melaleuca* van der Zanden, 1989 aus Marokko, Spanien und Korsika sowie ssp. *tyrneri* (Tkalců, 1994) aus der Türkei. **SW-Eu:** P, E, F(K), I(Sa), I(Si), I. **Z-Eu:** F, B, LUX, NL, D, A, CH, FL. **N-Eu:** GB, SF, EST, LT, LV, RUS(N). **NO-Eu:** CS, SK, PL, BY, UA, UA(K), RUS(S). **SO-Eu:** H, RO, SLO, HR, MK, SRB, BIH, AL, BG, GR, GR(K). **N-Afr:** MA, DZ. **W-As:** GR(Ä), CY, TR, SYR, Kaukasus, IR. **Sib:** W-Sib. **SO-As:** MGL, RC (Zhejiang, Shandong, Innere Mongolei). **Nearktis:** CDN+, USA+.

Lokalverbreitung: In Deutschland und Österreich aus allen Regionen gemeldet. In der Schweiz keine Nachweise aus dem Tessin und dem Engadin.

Megachile flabellipes Pérez, 1895
Fächerfüßige Blattschneiderbiene

Systematik: Untergattung *Eutricharaea* Thomson, 1872.

Nomenklatur: Synonym: *Megachile rubrimana* auct. nec Morawitz, 1893.

Etymologie: Von lat. „*flabellatus*" = „fächerartig" und „*pes*" = „Fuß"; wegen der verbreiterten und gelb gerandeten Vordertibien des Männchens.

Pollenquellen: Oligolektisch auf Asteraceae der Unterfamilie Carduoideae, im Gebiet vorwiegend auf *Centaurea stoebe*.

Lebensraum: Trockenwarme Standorte; Felssteppen. Vom Flachland bis in die kolline Höhenstufe.

Parasiten: Als Kuckucksbiene wird *Coelioxys haemorrhoa* vermutet.

Flugzeit: In einer Generation von Juni bis August.

Gesamtverbreitung: In Nordafrika nach überprüfungsbedürftigen Meldungen in Algerien und Tunesien. In Eurasien von Südfrankreich über Osteuropa und Griechenland bis in die Ukraine, Türkei und Iran (Kazerun); nordwärts bis Südschweiz, Mähren, Mittelrumänien und Krim; südwärts bis Lazio, Mittelgriechenland, Südtürkei und Südiran. **SW-Eu:** I. **Z-Eu:** F, A, CH. **NO-Eu:** CS, SK, UA, UA(K). **SO-Eu:** H, RO, SLO, HR, MK, GR. **N-Afr:** DZ(?), TN(?). **W-As:** TR, IR.

Lokalverbreitung: Im Gebiet nur in Niederösterreich, im Tessin und im Puschlav (aktuell).

Megachile genalis Morawitz, 1880
Stängel-Blattschneiderbiene

Systematik: Untergattung *Megachile* Latreille, 1802 *s. str.*

Nomenklatur: Synonym: *Megachile buyssoni* Pérez, 1890 (wird von manchen Autoren als westliche Unterart betrachtet).

Etymologie: Von lat. „*gena*" = „Wange"; bezieht sich auf die schwielige Vergrößerung der Mandibelbasis. Deutscher Name: Die Art nistet bevorzugt in Pflanzenstängeln.

Pollenquellen: Wird von manchen Autoren als oligolektisch auf Asteraceae bezeichnet, die beiden bisher von Westrich untersuchten Pollenladungen wiesen bei dem einen Tier ausschließlich Pollen des *Helianthus*-Typs, bei dem anderen je zur Hälfte Pollen vom *Achillea*-Typ und vom *Taraxacum*-Typ auf.

Nestbau: Nistet in senkrecht stehenden, grünen oder halb vertrockneten hohlen, zuweilen auch markhaltigen Stängeln von Küchenzwiebeln, Disteln und Ähnlichem; bekannt wurde auch ein Nest, das in der Blattscheide einer Maispflanze angelegt war, und eines in verrottetem Holz. Die Nestanlage ist linear. Ein Nest kann bis zu 15 Brutzellen enthalten, die aus ausgeschnittenen Blattstücken angefertigt werden.

Lebensraum: Trockenwarme Standorte; Trockenrasen, Abwitterungshalden, Brach- und Ruderalflächen, wurde aber auch an Auwaldsäumen gefangen. Vom Flachland bis in die montane Höhenstufe.

Flugzeit: In einer Generation von Juni bis September.

Gesamtverbreitung: Transpaläarktisch. Von Spanien über Europa, Kleinasien, Kaukasus, Sibirien und Zentralasien bis zur Pazifikküste des Fernen Ostens (Primorje, Sachalin); nordwärts bis ins Baltikum, in Russland bis Kirov und Perm; südwärts bis Lazio, Kroatien, Südrumänien, Südtürkei und Nordkaukasus. Aus der Osttürkei wurde eine Färbungsform als ssp. *tortumensis* Tkalců, 1980 beschrieben. **SW-Eu:** E, I. **Z-Eu:** F, B, NL, D, A, CH. **N-Eu:** LT, LV, RUS(N). **NO-Eu:** CS, SK, PL, BY, UA, UA(K), RUS(S). **SO-Eu:** H, RO, SLO, HR, BIH. **W-As:** TR, Kaukasus. **Z-As:** TAD, KAZ, KGZ. **Sib:** W-Sib. **NO-As:** Amur, Prim, Sach. **SO-As:** MGL, RC (Xinjiang), J.

Lokalverbreitung: In Deutschland mit Ausnahme von Schleswig-Holstein und Mecklenburg-Vorpommern aus allen Bundesländern nachgewiesen, aus Hessen und Sachsen nur historisch. In Österreich aus der Steiermark, Niederösterreich, Tirol und Vorarlberg nachgewiesen; eine zweifelhafte Meldung aus Oberösterreich. In der Schweiz wurden bislang nur zwei Weibchen 1932 bei Schuls/Engadin gefangen (de Beaumont 1958) und 2013 ebenfalls im Engadin (Amiet et al. 2014).

Megachile lagopoda (Linnaeus, 1761)
Wollfüßige Blattschneiderbiene

Systematik: Untergattung *Xanthosarus* Robertson, 1903.

Etymologie: Von griech. „*lagós*“ = „Hase“ und „*pus*“ = „Fuß“; bezieht sich auf die verbreiterten, mit dichten Haarfransen versehenen Vordertibien des Männchens.

Pollenquellen: Polylektisch mit einer deutlichen Präferenz für Asteraceae; bislang nachgewiesen ist die Nutzung des Pollens der vier Pflanzenfamilien Asteraceae, Campanulaceae, Fabaceae und Plantaginaceae.

Nestbau: Nistet im Boden in selbst gegrabenen Gängen oder in vorhandenen Hohlräumen in Totholz, Pflanzenstängeln, im Boden, in Steilwänden, in Felsspalten, Mauerfugen und unter Steinen. Das Nest besteht aus einem einfachen oder verzweigten Gang und enthält 2–12 Brutzellen, die aus ausgeschnittenen Blattstücken angefertigt werden. Der Nestverschluss ist aus 10–15 kreisrunden Blattstücken zusammengefügt, die an den Rändern miteinander verklebt sind.

♂

Lebensraum: Trockenwarme Standorte; Magerrasen, Sand- und Lehmgruben. Vom Flachland bis in die montane Höhenstufe.

Parasiten: Kuckucksbiene ist *Coelioxys conoidea*. Weitere, durch Zucht belegte Brutparasiten sind die Goldwespe *Hedychridium coriaceum* und die Erzwespe *Melittobia acasta*.

Flugzeit: In einer Generation von Juni bis August.

Gesamtverbreitung: Transpaläarktisch. In Nordafrika von Marokko bis Libyen. In Eurasien von Portugal über Europa, Kleinasien, Kaukasus und Sibirien bis zur Pazifikküste (Khabarovsk, Primorje, Japan, Südmandschurei); nordwärts in Norwegen bis 59°N (nur von Tjøme bekannt), in Schweden bis 60°N, in Finnland bis 62°N, in Russland bis Karelien, Kirov und Perm; südwärts bis Sizilien, Rhodos und Israel. Folgende Unterarten wurden beschrieben, die vermutlich alle als Färbungsformen zu werten sind: ssp. *alfkeni* VAN DER ZANDEN, 1988 aus der Levante, ssp. *algira* FRIESE, 1898 (Homonym) aus Algerien, ssp. *altaica* VAN DER ZANDEN, 1996 aus dem Altai, ssp. *furukawai* YASUMATSU, 1938 aus Japan, ssp. *pieli* COCKERELL, 1931 aus Ostchina, ssp. *seitziana* COCKERELL, 1925 aus den Pyrenäen, und ssp. *tibetana* HEDICKE, 1940 aus Tibet. **SW-Eu:** P, E, F(K), I(Sa), I(Si), I. **Z-Eu:** F, B, LUX, NL, D, A, CH, DK. **N-Eu:** GB?, N, S, SF, EST, LT, LV, RUS(N). **NO-Eu:** CS, SK, PL, BY, UA, UA(K), RUS(S). **SO-Eu:** H, RO, SLO, HR, MK, AL, BG, GR. **N-Afr:** MA, DZ, TN, LAR. **W-As:** GR(Ä), TR, RL, IL, Kaukasus, IR. **Z-As:** TM, UZB, TAD, KAZ, KGZ. **Sib:** W-Sib, O-Sib. **NO-As:** Amur, JAO, Khab, Prim. **SO-As:** RC (Xinjiang, Tibet), J.

Lokalverbreitung: In Deutschland aus allen Bundesländern nachgewiesen, aus Schleswig-Holstein, Mecklenburg-Vorpommern, Niedersachsen, Nordrhein-Westfalen und Baden-Württemberg nur historisch. In Österreich aus allen Bundesländern gemeldet, die Meldungen aus Salzburg und Oberösterreich sind überprüfungsbedürftig. In der Schweiz aktuell aus dem Wallis, dem Tessin und dem Engadin, historisch vom Genfersee sowie den Kantonen Bern, Zürich und Basel, auch aus dem Tessin und dem Unterengadin historische Meldungen.

Megachile lapponica Thomson, 1872
Weidenröschen-Blattschneiderbiene

Systematik: Untergattung *Megachile* Latreille, 1802 *s. str.*

Nomenklatur: *Megachile alpicola* auct nec. Alfken, 1924; *Megachile lapponica* wurde bis zur Klärung der Verwandtschaftsgruppe durch Alfken mit *Megachile alpicola* vermengt.

Etymologie: Typenfundort ist Lappland. Deutscher Name: Weidenröschen sind offensichtlich die ausschließliche Pollenquellen der Art, das Material zum Bau der Brutzellen stammt ebenfalls von dieser Pflanze.

Pollenquellen: Nach allen bisherigen Beobachtungen ist die Art oligolektisch auf Weidenröschen (*Epilobium*, Fam. Onagraceae). Bislang belegt ist nur die Nutzung des Pollens von Wald-Weidenröschen (*Epilobium angustifolium*).

Nestbau: Nistet in vorhandenen Hohlräumen, insbesondere in altem Holz. Für den Bau der Brutzellen werden Blattstücke von Weidenröschen verwendet, die meist aus den oberen Blättern geschnitten werden. Das Nest wird mit Rindenstücken verschlossen.

Lebensraum: Waldaffin; Windwurfflächen, Kahlschläge, Lichtungen, Waldsäume, auch im Siedlungsgebiet. Vom Flachland bis in die montane Höhenstufe.

Parasiten: Kuckucksbiene ist *Coelioxys inermis*.

Flugzeit: In einer Generation von Juni bis August.

Gesamtverbreitung: Transpaläarktisch. Von Nordwestfrankreich über Mittel- und Nordeuropa, nördliches Zentralasien und Sibirien bis zur Pazifikküste (Russland, Japan, Korea); nordwärts in Norwegen bis 61°N, in Schweden bis 68,5°N, in Finnland bis 66,5°N, in Russland bis Karelien, Kirov und Perm; südwärts bis in die Südalpen und Mittelrumänien, isoliert auf dem Olymp. Die Meldung aus der Nearktis bei Sheffield et al. (2011) durch Synonymisierung von *Megachile nivalis* Friese, 1903 mit *M. lapponica* ist nicht zutreffend – die abgebildeten Genitalien gehören definitiv nicht zu *M. lapponica*. In Japan in der ssp. *ishikawai* Hirashima & Maeta, 1974; Cockerell beschrieb weitere, jedoch lediglich als Färbungsformen zu wertende Unterarten aus Sibirien. **SW-Eu:** I. **Z-Eu:** F, B, NL, D, A, CH, DK. **N-Eu:** N, S, SF, EST, LT, LV, RUS(N). **NO-Eu:** CS, SK, PL, BY, UA, RUS(S). **SO-Eu:** RO, GR. **Z-As:** KAZ. **Sib:** W-Sib, O-Sib. **NO-As:** Jak, Amur, Khab, Prim, Sach, Mag, Kam, Kur. **SO-As:** RC, KOR, J. **Nearktis:** ~~{Alaska, CDN, USA}~~.

Lokalverbreitung: In Deutschland in allen Bundesländern aktuell nachgewiesen. Aus Österreich sind bislang nur je ein Männchen aus Niederösterreich und Tirol bekannt geworden. In der Schweiz zwei aktuelle Nachweise von Winterthur und Sedrun sowie historische Meldungen aus dem Mittelwallis.

Megachile leachella Curtis, 1828
Dünen-Blattschneiderbiene

Systematik: Untergattung *Eutricharaea* Thomson, 1872.

Nomenklatur: Synonyme: *Megachile argentata* auct. nec Fabricius, 1793; *Megachile dorsalis* auct. nec Pérez, 1879.

Etymologie: Benannt nach dem englischen Zoologen William Elford Leach (1790–1836). Deutscher Name: Die Art wird hauptsächlich auf Sanddünen angetroffen.

Pollenquellen: Polylektisch mit deutlicher Präferenz für Fabaceae; bislang nachgewiesen ist die Nutzung des Pollens der drei Pflanzenfamilien Fabaceae, Lamiaceae und Crassulaceae.

Nestbau: Nistet in selbst gegrabenen Hohlräumen auf schütter bewachsenen ebenen bis steil abfallenden Flächen in Sandböden oder in vorgefundenen oberirdischen Hohlräumen (hohle Pflanzenstängel, Fraßgänge in Totholz). Nester in der Regel einzeln oder in kleinen, unter günstigen Bedingungen aber auch in größeren Aggregationen. Das Nest besteht aus einem Gang, der sich verzweigen kann. Ein Nest enthält bis zu fünf Brutzellen, die aus ausgeschnittenen Blattstücken verschiedener Bäume, Sträucher und krautiger Pflanzen angefertigt werden. Nach Verproviantierung und Eiablage wird der Nestgang mit Sand verfüllt.

Lebensraum: Sandaffin; Binnendünen, Flugsandfelder, Sand- und Lehmgruben, Sandheiden. Vom Flachland bis in die montane Höhenstufe.

Parasiten: Durch Zucht aus den Wirtsnestern sicher nachgewiesene Kuckucksbiene ist *Coelioxys mandibularis*; mehrfach an den Wirtsnestern angetroffen wurden auch *Coelioxys afra, C. brevis, C. quadridentata, C. elongata* und *C. inermis*, nach Westrich kommt auch *Dioxys tridentata* als Kuckuck infrage. Als weitere Brutparasiten wurden Erzwespen der Gattungen *Monodontomerus* und *Melittobia* bekannt.

Flugzeit: In einer Generation von Mai bis September.

Gesamtverbreitung: Transpaläarktisch. In Nordafrika von Marokko bis Ägypten; südwärts bis Eritrea – die Meldungen insbesondere aus dem östlichen Nordafrika sind jedoch älteren Datums und dürften sich teilweise oder vollständig auf verwandte Arten beziehen. In Eurasien von Portugal über Europa, Kleinasien, Kaukasus, Zentralasien und Sibirien bis zur Pazifikküste (Russland, China); nordwärts bis Wales und Südengland (keine Nachweise von Irland und Norwegen und Finnland), bis 57°N in Schweden (Öland), in Russland bis Leningrad; südwärts bis Sizilien, Kreta, Zypern, Israel und Pakistan. Die Art wurde einmal irrtümlich aus den USA gemeldet. Aus Ägypten wurde die ssp. *maadiensis* van der Zanden, 1986 beschrieben. **SW-Eu:** P, E, E(B), F(K), I(Sa), I(Si), I. **Z-Eu:** F, B, NL, D, A, CH, DK. **N-Eu:** GB, S, EST, LT, LV, RUS(N). **NO-Eu:** CS, SK, PL, BY(?), UA, UA(K), RUS(S). **SO-Eu:** H, RO, SLO, HR, MK, MNE, SRB, AL, BG, GR, GR(K). **N-Afr:** MA, DZ, TN, LAR, ET, SUD, ER. **Arab:** {~~Y~~}. **W-As:** GR(Ä), CY, TR, SYR, IL, IRQ, Kaukasus, IR. **Z-As:** TM, UZB, TAD, KAZ, KGZ. **Sib:** W-Sib, O-Sib. **NO-As:** Jak, Amur, JAO, Khab, Prim. **SO-As:** MGL, RC (Xinjiang, NO-China). **Ori:** PAK. **Nearktis:** {~~USA+~~}.

Lokalverbreitung: In Deutschland in allen Bundesländern nachgewiesen, aus Nordrhein-Westfalen, Hessen, Rheinland-Pfalz und Baden-Württemberg nur historisch. In Österreich mit Ausnahme von Tirol und Vorarlberg aus allen Bundesländern bekannt, Meldungen aus Oberösterreich und Salzburg sind überprüfungsbedürftig. In der Schweiz aktuell im Wallis, Tessin und im Bündner Rheintal, historisch von Genf und dem Kanton Zürich; Frey-Gessner (1908–1912) erwähnt sie auch noch aus Basel.

Megachile lefebvrii Lepeletier, 1841

Lefebvres Mörtelbiene

Etymologie: Lepeletier widmet die Art dem Sammler der Typusexemplare („*Rapportée et donnée par M. Alexandre Lefebvre, ancien secrétaire de la Société Entomologique de France*").

Lokalverbreitung: FRIESE (1896a) meldet die Art als *Chalicodoma lefebvrei* aus Hoflössnitz/Sachsen, zusammen mit einer Reihe weiterer Arten, die mit Sicherheit nie in Sachsen vorkamen. Belegtiere sind nicht vorhanden. Es handelt sich mit Sicherheit um eine Falschmeldung.

Megachile ligniseca (KIRBY, 1802)
Holz-Blattschneiderbiene

Systematik: Untergattung *Megachile* LATREILLE, 1802 *s. str.*

Etymologie: Von lat. „*lignum*" = „Holz, Baum" und „*secare*" = „schneiden"; wegen der Nistbiologie. Deutscher Name: Nistet in Totholz.

Pollenquellen: Polylektisch; bislang nachgewiesen ist die Nutzung des Pollens der fünf Pflanzenfamilien Asteraceae, Dipsacaceae, Fabaceae, Lamiaceae und Plantaginaceae.

Nestbau: Nistet einzeln in vorhandenen Hohlräumen in totem, insbesondere morschem Holz, wie z.B. in Fraßgängen von Bockkäferlarven oder Weidenbohrerraupen. Ein Nest enthält bis zu neun Brutzellen, die aus zugeschnittenen Stücken von relativ dicken Blättern von Birke, Ahorn, Rose und anderen Laubgehölzen gefertigt werden. Zwischen der letzten gebauten Zelle und dem Nestverschluss aus zerkautem Holzmulm oder zerkauten Laubblättern bleiben eine oder zwei Kammern leer.

Lebensraum: Waldaffin; Lichtungen, Waldsäume, Auwälder, Moore. Vom Flachland bis in die untere subalpine Höhenstufe.

Parasiten: Kuckucksbiene ist *Coelioxys alata*, möglicherweise auch *Coelioxys elongata*.

Flugzeit: In einer Generation von Juni bis Anfang September.

Gesamtverbreitung: Transpaläarktisch. Von Spanien über Europa, Kleinasien, Kaukasus und Sibirien bis zur Pazifikküste des Fernen Ostens (Russland, Japan, China); nordwärts bis Irland, Wales und Nordengland, in Norwegen bis 61°N (letzte Meldung 1898), in Schweden bis 64°N, in Finnland bis 63,5°N, in Russland bis Karelien, Kirov und Perm; südwärts bis Norditalien (Piemont, Trentino, Friaul), Bosnien, Serbien, Nordosttürkei und Aserbaidschan. Nach VAN DER ZANDEN (1995) in Fennoskandien und Sibirien in der ssp. *lignisecula* COCKERELL, 1924. **SW-Eu:** E, I. **Z-Eu:** F, B, LUX, NL, D, A, CH, FL, DK. **N-Eu:** IRL, GB, N, S, SF, EST, LT, LV, RUS(N). **NO-Eu:** CS, SK, PL, BY, UA, RUS(S). **SO-Eu:** H, RO, SLO, HR, SRB, BIH. **W-As:** TR, Kaukasus. **Sib:** W-Sib, O-Sib. **NO-As:** Jak, Amur, JAO, Khab, Prim, Sach, Kam, Kur. **SO-As:** RC (Tibet, NO-China), J.

Lokalverbreitung: Im Gebiet aus allen Regionen gemeldet.

Megachile maackii Radoszkowski, 1874
Maacks Blattschneiderbiene

Systematik: Untergattung *Xanthosarus* Robertson, 1903.

Etymologie: Radoszkowski widmete die Art dem deutschbaltisch-russischen Naturforscher Richard Karlowitsch Maack (1825–1886), der die Tiere aus Ostsibirien mitbrachte.

Pollenquellen: Die Art wurde auf Fabaceae beobachtet.

Flugzeit: In einer Generation von Juni bis August (Daten aus dem Gesamtverbreitungsgebiet).

Gesamtverbreitung: Von Brandenburg (historisch) über Osteuropa und Sibirien bis in die Mongolei und zur Pazifikküste des Fernen Ostens; nordwärts bis Südschweden (nur ein Nachweis 1923 bei Korsberga/Småland), Baltikum, in Russland bis Leningrad und Perm; südwärts bis Ungarn und Ukraine. **Z-Eu:** D. **N-Eu:** S, EST, LT, LV, RUS(N). **NO-Eu:** SK, PL, UA, RUS(S). **SO-Eu:** H. **Sib:** W-Sib, O-Sib. **NO-As:** Jak,Khab, Amur, Prim, Mag. **SO-As:** MGL, RC.

Lokalverbreitung: Im Gebiet nur einmal gefunden am 17.05.1869 im Finkenkrug, einem Waldgebiet in Brandenburg am nordwestlichen Stadtrand von Berlin (van der Zanden 1988, Westrich & Dathe 1997).

Megachile manicata Giraud, 1861
Graue Mörtelbiene

Etymologie: Von lat. „*manicata*“ = „mit einer Hand versehen“; bezieht sich vermutlich auf die fingerartigen Fortsätze des Endtergits beim Männchen.

Lokalverbreitung: Schenck (1867) gibt die Art für Österreich an, bezieht sich aber mit Sicherheit auf das Tier, das der Originalbeschreibung zugrunde lag und das vom Berg Nanos im heutigen Slowenien stammt, also aus den sogenannten „Österreichischen Küstenlanden“. Nach Friese (1893) soll Schletterer die Art bei Hall in Tirol gefunden haben; sicherlich handelt es sich hier wie bei der Meldung von Dalla Torre (1877) vom Berg Isel und von Mils um *M. maritima* (vgl. auch Stöckl 2000).

Megachile maritima (Kirby, 1802)
Sand-Blattschneiderbiene

Systematik: Untergattung *Xanthosarus* Robertson, 1903.

Etymologie: Von lat. „*maritima*“ = „das Meer betreffend, Meer-“; Kirby fand die Art am Meer („*In maritimis, prope Landguard fort in Suffolcia semel lecta*“). Deutscher Name: Die Art kommt fast ausschließlich in Sandgebieten vor.

Pollenquellen: Polylektisch; bislang nachgewiesen ist die Nutzung des Pollens der fünf Pflanzenfamilien Asteraceae, Boraginaceae, Fabaceae, Onagraceae und Plantaginaceae.

Nestbau: Nistet in selbst gegrabenen Hohlräumen in der Erde, vorzugsweise unter Wurzelballen von Gräsern und unter Steinen; bevorzugtes Substrat ist Sand. Die Nester liegen einzeln, manchmal in kleinen Aggregationen. Der Nestgang verläuft schräg nach unten, aber nur wenige Zentimeter unter die Erdoberfläche. Ist er unverzweigt, enthält das Nest in der Regel 1–2, bei verzweigten Bauten 5–8 Brutzellen, die aus ausgeschnittenen Blattstücken verschiedener Bäume, Sträucher und krautiger Pflanzen angefertigt werden. Nach Verproviantierung und Eiablage wird der Nestgang mit Sand verfüllt.

Lebensraum: Sandaffin; Binnen- und Küstendünen, Flugsandfelder, Sand- und Lehmgruben, Sandheiden, Trockenrasen, Brach- und Ruderalflächen. Vom Flachland bis in die montane Höhenstufe.

Parasiten: Kuckucksbiene ist *Coelioxys conoidea.*

Flugzeit: In einer Generation von Juni bis August.

Gesamtverbreitung: Transpaläarktisch. In Nordafrika aus Marokko und Algerien gemeldet. In Eurasien von Portugal über Süd- und Mitteleuropa, Kleinasien, Kaukasus, Zentralasien und Sibirien bis zur Pazifikküste (Russland, Korea); nordwärts bis Irland, Wales und Nordengland (keine Nachweise aus Fennoskandien – die Meldungen aus Finnland liegen im heutigen Russland), in Russland bis Karelien und Kirov; südwärts bis Sizilien, Bulgarien, Südtürkei und Zentraliran. Wenn die Synonymisierung von *Megachile melanoneura* Cameron, 1909 mit *M. maritima* korrekt ist, dann erreicht die Art im Himachal Pradesh die orientalische Faunenregion. Die ssp. *kashgarensis* Cockerell, 1913 in Zentralasien, die ssp. *mandschurica* Hedicke, 1940 in Ost-China. **SW-Eu:** P, E, I(Sa), I(Si), I. **Z-Eu:** F, B, NL, D, A, CH, DK. **N-Eu:** IRL, GB, SF, EST, LT, LV, RUS(N). **NO-Eu:** CS, SK, PL, BY, UA, UA(K), RUS(S). **SO-Eu:** H, RO, SLO, HR, SRB, BG. **N-Afr:** MA, DZ. **W-As:** TR, Kaukasus, IR. **Z-As:** UZB, TAD, KAZ, KGZ. **Sib:** W-Sib, O-Sib. **NO-As:** Amur, JAO, Prim, Chuk. **SO-As:** RC (Xinjiang), KOR. **Ori:** PAK, IND(?).

Lokalverbreitung: In Deutschland und Österreich mit Ausnahme von Salzburg (keine Nachweise) aus allen Bundesländern nachgewiesen (aktuell). In der Schweiz keine Nachweise aus dem nördlichen Alpenvorland, dem Alpenhauptkamm und dem Engadin, historisch aus dem östliche Mittelland, dem Misox und Basel, sonst überall vereinzelte aktuelle Funde, nur im Wallis häufiger.

Megachile melanopyga Costa, 1863
Schwarzafter-Blattschneiderbiene

Systematik: Untergattung *Megachile* Latreille, 1802 *s. str.*

Etymologie: Von griech. „*mélas* (*mélanos*)“ = „schwarz“ und „*pyx* (*pygos*)“ = „Steiß, Gesäß“; die Bauchbürste ist größtenteils rot, auf den letzten Sterniten jedoch schwarz.

Pollenquellen: Polylektisch mit einer Präferenz von Asteraceae der Unterfamilie Carduoideae; bislang nachgewiesen ist die Nutzung des Pollens der drei Pflanzenfamilien Asteraceae, Fabaceae und Rosaceae.

Nestbau: In der Literatur findet sich eine mehrfach zitierte, erstmals in Friese (1899) publizierte Beobachtung zum Nestbauverhalten: „Das Nest befindet sich nach freundl. Mittheilung von Schmiedeknecht lose im Grase angelegt (Triest).“ Hier dürfte es sich mit ziemlicher Sicherheit um eine Verwechslung mit einer anderen Art handeln. Gauckler (1968) fand die Nester von *Megachile melanopyga* in den Fraßgängen des Prachtkäfers *Dicerca berolinensis* in abgestorbenen Buchen. Dazu passt die Vermutung von Burger (2005), die Art niste in den Bohrlöchern des Bockkäfers *Cerambyx scopolii*.

Lebensraum: Trockenwarme Standorte; Abwitterungshalden, Magerrasen, Felssteppen, Lösshohlwege, Streuobstwiesen. Vom Flachland bis in die montane Höhenstufe.

Flugzeit: Die Funddaten aus dem Gebiet gehen von Mai bis Oktober, die meisten Tiere stammen jedoch aus der Zeit von Juni bis August; vermutlich in einer Generation.

Gesamtverbreitung: Von Portugal über Süd- und südliches Mitteleuropa, Kleinasien und Kaukasus vermutlich bis Westsibirien; nordwärts bis Sachsen, Böhmen, Mittelukraine und Perm; südwärts bis Sizilien, Peloponnes, Zypern, Israel und Nachltschewan. Die Angaben für Westsibirien (Kurgan, Region Altai, Kemerowo) sind überprüfungsbedürftig. Proshchalykin (2007) gibt die Art pauschal für Japan, China, Korea, Burjatien und Ostsibirien an; da aus diesen Regionen anderweitig keine Meldungen existieren, dürfte es sich um einen Irrtum handeln. Aus Zypern wurde die ssp. *zakakica* MAVROMOUSTAKIS, 1957 beschrieben. **SW-Eu:** P, E, F(K), I(Sa), I(Si), I. **Z-Eu:** F, D, A, CH. **N-Eu:** RUS(N). **NO-Eu:** CS, SK, UA, UA(K), RUS(S). **SO-Eu:** H, RO, SLO, HR, MK, GR. **W-As:** GR(Ä), CY, TR, JOR, IL, Kaukasus. **Sib:** W-Sib(?), O-Sib? **SO-As:** RC?, KOR?, J?

Lokalverbreitung: In Deutschland historische Meldungen vom Kaiserstuhl/Baden-Württemberg, von Eichstätt und Matting/Bayern sowie von Zadel, Diesbar und Meißen/Sachsen; Meldungen von Rheinland-Pfalz und Thüringen erwiesen sich bei Nachuntersuchungen als Fehlbestimmungen; einziger aktueller Nachweis ist ein Männchen von Karpfenschänke/Sachsen aus dem Jahr 2000 (BURGER 2005). In Österreich historisch vom Burgenland, Oberösterreich und der Steiermark, aktuell in Tirol und Niederösterreich. In der Schweiz nur im Wallis, Tessin und im Bündner Rheintal (aktuell) sowie historisch aus dem Puschlav.

Megachile nigriventris SCHENCK, 1869

Schwarzbürstige Blattschneiderbiene

Systematik: Untergattung *Xanthosarus* ROBERTSON, 1903.

Etymologie: Von lat. „*nigrum*“ = „schwarz“ und „*venter* (*ventris*)“ = „Bauch“ (im Sinne von Hinterleib); wegen der schwarzen Bauchbürste des Weibchens

Pollenquellen: Gilt als oligolektisch auf Fabaceae, wurde aber auch beim Pollensammeln auf Türkenbund beobachtet.

Nestbau: Nistet einzeln, selten auch kommunal, in selbst genagten Gängen in morschem Holz (abgestorbene Bäume, Baumstümpfe, Balken, Pfosten). Die Brutzellen werden aus Laubblattstücken von erschiedenen Bäumen, Sträuchern oder krautigen Pflanzen, insbesondere Weidenröschen, errichtet, wobei die inneren Blattschichten der Zelle miteinander verklebt werden. Die Nestanlage ist linear. Ein Nest kann bis zu 15 Zellen enthalten.

Lebensraum: Waldaffin; Lichtungen, Waldsäume, Au- und Moorwälder. Vom Flachland bis in die subalpine Höhenstufe.

Parasiten: Als Kuckucksbienen wurden *Coelioxys lanceolata* und *Coelioxys elongata* beobachtet.

Flugzeit: In einer Generation von Mai bis August.

Gesamtverbreitung: Disjunkt in der West- und Ostpaläarktis oder transpaläarktisch mit Nachweislücke in Zentralasien und Ostsibirien. Von Zentralspanien über Europa und Sibirien bis Chanty-Mansijsk, ostwärts erst wieder im Oblast Amur und Primorje nachgewiesen, im Süden über Südrussland bis in den Nordwestiran (Prov. Ost-Aserbaidschan); nordwärts in Europa in Norwegen bis 62,5°N, in Schweden bis 67°N, in Finnland bis 68,5°N, in Russland bis Karelien und Kirov; südwärts bis Lazio und Mittelrumänien. In Fennoskandien in der ssp. *curvicrus* Thomson, 1872. **SW-Eu:** P, E, I. **Z-Eu:** F, D, A, CH, FL, DK. **N-Eu:** N, S, SF, EST, LT, LV, RUS(N). **NO-Eu:** CS, PL, UA, RUS(S). **SO-Eu:** H, RO, SLO. **N-Afr:** {~~DZ~~}. **W-As:** IR. **Sib:** W-Sib. **NO-As:** Amur, Prim.

Lokalverbreitung: In Deutschland keine Nachweise aus Schleswig-Holstein, Mecklenburg-Vorpommern, Sachsen-Anhalt und Brandenburg, sonst überall aktuell. In Österreich mit Ausnahme des Burgenlandes aus allen Bundesländern gemeldet. In der Schweiz fast überall.

Megachile octosignata Nylander, 1852
Achtfleck-Blattschneiderbiene

Systematik: Untergattung *Megachile* Latreille, 1802 *s. str.*

Etymologie: Von lat. „*octo*-" = „acht-" und „*signata*" = „bezeichnet, gekennzeichnet"; wegen der schneeweißen Seitenflecken auf dem Hinterleib.

Pollenquellen: Vermutlich polylektisch; am häufigsten auf Fabaceae und Asteraceae beobachtet.

Nestbau: Nistet in vorhandenen oder selbst geschaffenen Hohlräumen, z. B. in altem Holz oder in den Fugen von Steinmauern. Für den Bau der Brutzellen werden Blattstücke verschiedener Pflanzen verwendet; die inneren Blattschichten der Zelle sind miteinander verklebt.

Lebensraum: Trockenwarme Standorte; Trockenrasen, Weinberge. Vom Flachland bis in die kolline Höhenstufe.

Flugzeit: In einer Generation von Juni bis August/September.

Gesamtverbreitung: Von Portugal über Süd- und südliches Mitteleuropa, Kleinasien bis in den Kaukasus; nordwärts bis Ostösterreich, Mähren, Mittelpolen und Mittelrumänien; südwärts bis Lazio, Thessalien, Nordosttürkei und Aserbaidschan. **SW-Eu:** P, E, I(Si), I. **Z-Eu:** F, A. **NO-Eu:** CS, SK, PL, UA, UA(K), RUS(S). **SO-Eu:** H, RO, SLO, HR, BG, GR. **N-Afr:** DZ? **W-As:** TR, Kaukasus.

Lokalverbreitung: Im Gebiet nur aus Österreich bekannt; hier aktuell in Niederösterreich und dem Burgenland, historisch auch aus der Steiermark sowie eine mit ziemlicher Sicherheit irrtümliche Meldung aus Salzburg.

Megachile parietina (Geoffroy, 1785)

Schwarze Mörtelbiene

Systematik: Untergattung *Chalicodoma* Lepeletier, 1841.

Nomenklatur: Synonyme: *Chalicodoma parietina* (Geoffroy, 1785); *Megachile caementaria* (Meinecke, 1784).

Etymologie: Von lat. „*paries* (*parietis*)“ = „Wand“; Geoffroy bezieht sich auf die Tatsache, dass die Art ihre Nester auch auf Wänden und Mauern in Städten errichtet („*Habitat parietes curo oppositos*“). Deutscher Name: Körperoberfläche, Behaarung und Flügel des Weibchens sind vollständig schwarz, lediglich die Bauchbürste ist innen rot.

Pollenquellen: Polylektisch mit deutlicher Präferenz für Fabaceae und Lamiaceae; bislang nachgewiesen ist die Nutzung des Pollens der vier Pflanzenfamilien Boraginaceae, Fabaceae, Lamiaceae und Rosaceae.

Nestbau: Nistet an Felsen, Felswänden oder Gemäuern, oft in kleineren Aggregationen. Die Nester sind Freibauten aus einer Art Mörtel, der von der Biene mithilfe von Sand, Erdpartikeln, kleinen Steinchen und einem körpereigenen Speichelsekret hergestellt wird. In fertigem Zustand ähneln sie einer abgeflachten Halbkugel und enthalten bis zu 20 Brutzellen. Die Außenseite des Nests ist rauh, das Innere der Brutzellen jedoch sorgfältig geglättet. Alte Nester werden meist wieder verwendet.

Lebensraum: Trockenwarme Standorte; Trockenrasen mit Felsformationen, Steinbrüche, Kiesgruben. Vom Flachland bis in die montane, in der Südschweiz bis in die subalpine Höhenstufe.

Parasiten: Kuckucksbiene ist in erster Linie *Stelis nasuta*, aber auch *Stelis punctulatissima, Aglaoapis tridentata* und *Dioxys cincta*. Als weitere Brutparasiten wurden die Erzwespen *Leucospis gigas, Melittobia acasta, Monodontomerus aeneus* und *Monodontomerus obscurus* sowie die Goldwespen *Chrysis simplex*, *Chrysis sexdentata* und *Stilbum cyanurum* bekannt.

Flugzeit: In einer Generation von März/April bis August.

Gesamtverbreitung: In Nordafrika von den Kanaren bis Ägypten. In Eurasien von Portugal über Süd- und südliches Mitteleuropa, Kleinasien, Kaukasus bis Zentralasien; nordwärts bis Sachsen (historisch), Südpolen und Mittelukraine; südwärts bis Sizilien, Peloponnes, Rhodos, Israel und Pakistan. Folgende Färbungsformen werden von einigen Autoren als Unterarten aufgefasst: ssp. *carpathia* (Tkalců, 1992) von der Insel Karpathos, und ssp. *nestorea* Brulle, 1832, die in der Ostmediterraneis vorkommt. **SW-Eu:** P, E, E(B), I(Sa), I(Si), I. **Z-Eu:** F, B, D, A, CH, FL. **NO-Eu:** CS, SK, PL, UA, UA(K). **SO-Eu:** H, RO, SLO, HR, MK, MNE, SRB, BIH, AL, BG, GR. **N-Afr:** E(C), MA, DZ, TN, LAR, ET. **W-As:** GR(Ä), TR, SYR, JOR, RL, IL, Kaukasus. **Z-As:** TM, UZB, TAD, KAZ, KGZ. **Ori:** PAK.

Lokalverbreitung: In Deutschland aktuell nur mehr in Baden-Württemberg und dem Saarland, früher auch in Sachsen-Anhalt, Hessen, Thüringen, Sachsen und Bayern. In Österreich und der Schweiz aus allen Regionen gemeldet, in der Schweiz aktuell aber nur noch in den Kantonen Genf, Schaffhausen, Zürich, Wallis und Graubünden.

Megachile pilicrus Morawitz, 1877
Filzfleck-Blattschneiderbiene

Systematik: Untergattung *Megachile* Latreille, 1802 *s. str.*

Etymologie: Von lat. „*pilus*" = „(einzelnes) Haar" und „*crus*"= „Bein"; bezieht sich auf die artspezifische filzartige Behaarung der Hinterschenkelbasis beim Weibchen.

Pollenquellen: Oligolektisch auf Asteraceae der Unterfamilie Carduoideae (Disteln und Flockenblumen).

Nestbau: Nistet in bereits vorhandenen Hohlräumen in totem Holz oder hohlen Pflanzenstängeln.

Lebensraum: Trockenwarme Standorte. Vom Flachland bis in die montane Höhenstufe.

Parasiten: Als Kuckucksbiene wird in der Literatur nur *Coelioxys polycentris* erwähnt.

Flugzeit: In einer Generation von Juni bis August/September.

Gesamtverbreitung: In Nordafrika nur aus Marokko bekannt (ssp. *flavidus* van der Zanden, 1998). In Eurasien von Zentralspanien über Süd- und südliches Mitteleuropa, Kleinasien, Kaukasus bis Zentralasien; nordwärts bis Südschweiz, Ostösterreich, Mähren und Mittelukraine; südwärts bis Sardinien, Peloponnes, Südtürkei und Nordiran. Aus Marokko wurde die ssp. *flavidus* van der Zanden, 1998 beschrieben, die aber lediglich eine Färbungsform darstellt. **SW-Eu:** E, I(Sa), I. **Z-Eu:** F, D, A, CH. **N-Eu:** RUS(N). **NO-Eu:** CS, SK, UA, UA(K), RUS(S). **SO-Eu:** H, RO, SLO, HR, MK, MNE, BIH, AL, BG, GR. **N-Afr:** MA. **W-As:** GR(Ä), TR, Kaukasus, IR. **Z-As:** UZB, TAD, KGZ. **SO-As:** RC (Xinjiang)(?).

Lokalverbreitung: In Deutschland wurde die Art, mit einem Fragezeichen versehen, von Blüthgen (1925) aus Thüringen gemeldet; das betreffende Tier erwies sich bei einer Nachuntersuchung durch Stöckhert als *M. pyrenaea*. In Österreich bekannt aus Niederösterreich, dem Burgenland,

Kärnten und der Steiermark, eine Meldung aus Tirol erscheint zweifelhaft. In der Schweiz im Wallis und Tessin (aktuell).

Megachile pilidens ALFKEN, 1924
Filzzahn-Blattschneiderbiene

Systematik: Untergattung *Eutricharaea* THOMSON, 1872.

Etymologie: Von lat. „*pilus*" = „(einzelnes) Haar" und „*dens*" = „Zahn"; ALFKEN bezieht sich auf die filzartig behaarte Schwiele („Höckerchen oder Zähnchen") auf dem Sternit 4.

Pollenquellen: Polylektisch mit deutlicher Präferenz für Fabaceae; bislang nachgewiesen ist die Nutzung des Pollens der vier Pflanzenfamilien Asteraceae, Crassulaceae, Fabaceae und Orobanchaceae.

Nestbau: Nistet einzeln in bestehenden Hohlräumen unter Steinen, in Felsspalten, Mauerfugen oder im Boden, zuweilen auch in selbst gegrabenen Gängen in ebenen Flächen oder in Steilwänden. Für den Bau der Brutzellen werden Blattstücke verschiedener Pflanzen verwendet, die miteinander verklebt werden.

Lebensraum: Trockenwarme Standorte; Magerrasen, Sand-, Kies- und Lehmgruben, Abwitterungshalden, Weinberge, Brach- und Ruderalflächen. Vom Flachland bis in die montane Höhenstufe.

Parasiten: Kuckucksbiene ist *Coelioxys afra,* möglicherweise auch *Coelioxys brevis.*

Flugzeit: Zumindest partiell in zwei Generationen von Mai/Juni bis August/September.

Gesamtverbreitung: In Nordafrika von Marokko bis Ägypten. In Eurasien von Portugal über Süd- und südliches Mitteleuropa, Kleinasien, Kaukasus bis Südostkasachstan; nordwärts bis in die Norddeutsche Tiefebene, Mittelpolen und Kirov; südwärts bis Sizilien, Thessalien, Israel, Jordanien und Nordiran. Tkalců fasst die in Zentralasien vorkommende Färbungsform mit weißlicher Scopa als ssp. *sogdiana* Tkalců, 1988 auf. **SW-Eu:** P, E, E(B), F(K), I(Sa), I(Si), I. **Z-Eu:** F, B, LUX, NL, D, A, CH. **N-Eu:** RUS(N). **NO-Eu:** CS, SK, PL, UA, UA(K), RUS(S). **SO-Eu:** H, RO, SLO, HR, MK, SRB, BG, GR. **N-Afr:** MA, DZ, TN, LAR, ET. **W-As:** GR(Ä), TR, JOR, IL, Kaukasus, IR. **Z-As:** KAZ.

Lokalverbreitung: In Deutschland mit Ausnahme von Schleswig-Holstein und Mecklenburg-Vorpommern aus allen Bundesländern nachgewiesen (aktuell). In Österreich aus dem Burgenland, Niederösterreich und Tirol gemeldet. In der Schweiz aus den Kantonen Waadt, Genf, Wallis, Tessin, Graubünden und Basel (aktuell).

Megachile pyrenaea Pérez, 1890
Pyrenäen-Blattschneiderbiene

Systematik: Untergattung *Megachile* Latreille, 1802 *s. str.*

Etymologie: Die Tiere der Typenserie stammen aus den französischen Pyrenäen.

Pollenquellen: Vermutlich meso- oder polylektisch, bislang nachgewiesen ist die Nutzung des Pollens der beiden Pflanzenfamilien Asteraceae und Dipsacaceae.

Nestbau: Nistet einzeln in bestehenden Hohlräumen unter Steinen oder im Boden; verschiedentlich wird auch von Nestanlagen in hohlen Stängeln oder Totholz berichtet. Der Nestaufbau ist linear. Die Brutzellen bestehen aus ausgeschnittenen Blattstücken, die nach bisherigen Beobachtungen von Birken, Rosen und Robinien stammen.

Lebensraum: Trockenwarme Standorte; Trockenrasen, Abwitterungshalden, Steinbrüche, Sand- und Lehmgruben. Vom Flachland bis in die montane, in der Südschweiz bis in die subalpine Höhenstufe.

Parasiten: Kuckucksbiene ist *Coelioxys elongata*, vermutlich auch *Coelioxys mandibularis*.

Flugzeit: In einer Generation von Juli bis September.

Gesamtverbreitung: Von Zentralspanien über Europa und Kleinasien bis in den Kaukasus; nordwärts bis Norwegen (historisch, nur ein Exemplar), in Schweden bis 61,5°N, in Finnland bis 63,5°N, in Russland bis Karelien; südwärts bis Norditalien (Piemont, Lombardei, Trentino), Mittelgriechenland, Nordtürkei und Armenien. Tkalců beschrieb folgende Färbungsformen als

Unterarten: ssp. *ardahanensis* Tkalců, 1980 aus der Osttürkei, und ssp. *elfvingi* Tkalců, 1977 aus Fennoskandien. **SW-Eu:** E, I. **Z-Eu:** F, B, LUX, NL, D, A, CH, FL, {~~DK~~}. **N-Eu:** N, S, SF, EST, LT, LV, RUS(N). **NO-Eu:** CS, SK, PL, UA. **SO-Eu:** H, SLO, BG, GR. **W-As:** TR, Kaukasus.

Lokalverbreitung: In Deutschland nur in Rheinland-Pfalz, Baden-Württemberg und Bayern aktuell nachgewiesen, ein historischer Fund aus Thüringen. In Österreich aus Kärnten, Niederösterreich und Tirol gemeldet. In der Schweiz im Jura und in den Alpen, historische Meldungen von Basel und dem Genfersee-Gebiet.

Megachile pyrenaica Lepeletier, 1841
Pyrenäen-Mörtelbiene

Systematik: Untergattung *Chalicodoma* Lepeletier, 1841.

Nomenklatur: Synonym: *Chalicodoma pyrenaica* (Lepeletier, 1841).

Etymologie: Typenfundort ist Baréges in den französischen Pyrenäen.

Pollenquellen: Nach bisherigen Beobachtungen zum Blütenbesuch dürfte die Art oligolektisch auf Fabaceae sein.

Nestbau: Wie bei *Megachile parietina* sind die Nester Freibauten aus Mörtel; der Mörtel unterscheidet sich nur durch eine größere Homogenität und den Verzicht auf die Beimengung von Steinchen. Die Nester werden an die Oberflächen von Steinen, Felsen und Gebäudemauern angebracht, auch in den Zweigen von Sträuchern wurden sie gefunden.

Lebensraum: Trockenwarme Standorte; Felssteppen, Abwitterungshalden, Trockenrasen. Vom Flachland bis in die subalpine, in der Südschweiz bis in die untere alpine Höhenstufe.

Parasiten: Als Kuckucksbienen sind *Dioxys cincta* und *Stelis nasuta* bekannt. Als weitere Brutparasiten wurden die Erzwespen *Leucospis gigas* und *Pteromalus apum* sowie der Trauerschweber *Anthrax trifasciatus* beobachtet.

Flugzeit: In einer Generation von Mai bis Juli.

Gesamtverbreitung: In Nordafrika aus Algerien gemeldet. In Eurasien von Portugal über Süd- und südliches Mitteleuropa, Kleinasien und Kaukasus bis Zentralasien; nordwärts bis Schweiz, Südösterreich und Ungarn; südwärts bis Sizilien, Peloponnes, Südtürkei und Nordiran. Folgende Färbungsformen werden von verschiedenen Autoren als Unterarten aufgefasst: ssp. *alpina* (Morawitz, 1872) aus den Alpen, ssp. *asiae* (Tkalců, 1988) aus der Osttürkei und Armenien sowie ssp. *fulva* (van der Zanden, 1994) und ssp. *glacialis* (Alfken, 1931) aus dem Pamir. **SW-Eu:** P, E, I(Si), I. **Z-Eu:** F, D, A, CH. **SO-Eu:** H, SLO, HR, MK, GR. **N-Afr:** DZ. **W-As:** GR(Ä), TR, IL, Kaukasus, IR. **Z-As:** TAD, KAZ.

Lokalverbreitung: Aus Deutschland drei Meldungen: von Achkarren/Baden-Württemberg von 1923 (Lauterborn 1924), aus dem Moseltal/Rheinland-Pfalz von 1993 (Cölln et al. 1996) und aus der Eifel/Nordrhein-Westfalen von 1996 (Esser et al. 2010); möglicherweise handelt es sich jeweils um eingeschleppte Exemplare. In Österreich historisch und aktuell nachgewiesen aus Tirol, eine überprüfungsbedürftige Meldung aus der Steiermark von 1947. In der Schweiz aktuell und historisch aus dem westlichen Mittelland, dem westlichen Jura, dem Genfersee-Gebiet und den Alpen, hier im östlichen Bereich aktuell nur im Süden (Tessin, Engadin), historisch von Basel.

Megachile rotundata (Fabricius, 1787)
Luzerne-Blattschneiderbiene

Systematik: Untergattung *Eutricharaea* Thomson, 1872.

Nomenklatur: Synonym: *Megachile imbecilla* Gerstaecker, 1869.

Etymologie: Von lat. „*rotundata*" = „abgerundet"; Fabricius bezieht sich auf den runden Hinterleib („*abdomine subgloboso*"). Deutscher Name: Luzerne gehört zu den bevorzugten Pollenquellen der Art.

Pollenquellen: Polylektisch; bislang nachgewiesen ist die Nutzung des Pollens der sechs Pflanzenfamilien Amaryllidaceae, Apiaceae, Asteraceae, Crassulaceae, Fabaceae und Orobanchaceae. Wird weltweit kommerziell zur Bestäubung von Luzerne eingesetzt.

Nestbau: Nistet meist in Aggregationen in bestehenden Hohlräumen, vor allem in Totholz und hohlen Stängeln, aber auch im Boden und in Steilwän-

den. Für den Bau der Brutzellen werden Blattstücke verschiedener Pflanzen verwendet, die sowohl von Blüten- als auch Laubblättern stammen können. Die Nestanlage ist linear. Der Nestverschluss besteht aus mehreren runden Blattstücken, die zusammengeklebt sind. Ein Nest enthält 5–20 Brutzellen; ein Weibchen kann im Lauf ihres Lebens bis zu 40 Zellen versorgen.

Lebensraum: Brach- und Ruderalflächen, Sand- und Lehmgruben, Magerrasen, Waldsäume, Hochwasserdämme, Gleisanlagen, Weinberge. Vom Flachland bis in die untere montane Höhenstufe.

Parasiten: Als Kuckucksbienen bekannt sind *Stelis phaeoptera, Coelioxys elongata, Coelioxys rufocaudata, Coelioxys haemorrhoa* und *Coelioxys octodentata.* Weitere Brutparasiten sind die Keulenwespe *Sapyga quinquepunctata*, die Schmalbauchwespe *Gasteruption assectator,* Erzwespen der Gattungen *Coelopencyrtus, Leucospis, Melittobia, Monodontomerus* und *Pteromalus,* die Goldwespen *Chrysis ignita* und *Trychrysis cyanea* (Chrysididae), Wollschweber der Gattung *Anthrax* und die Fleischfliegen *Miltogramma murinum* und *Miltogramma oestraceum.* Als Endoparasiten wurden die Blasenkopffliegen *Physocephala pusilla* und *Physocephala vittata* beobachtet.

Flugzeit: In einer Generation von Juni bis August/September.

Gesamtverbreitung: Transpaläarktisch. In Nordafrika verlässlich von Marokko nachgewiesen; die Meldungen von Algerien bis Sudan sind überprüfungsbedürftig. In Eurasien von Portugal über Süd- und Mitteleuropa, Kleinasien, Kaukasus, Zentralasien und Sibirien bis zur Pazifikküste des Fernen Ostens (Russland, Japan); nordwärts bis in die Norddeutsche Tiefebene, Nordpolen, in Finnland bis 63°N, in Russland bis Karelien, Kirov und Perm; südwärts bis Sizilien, Kreta, Zypern, Südtürkei, Nordiran und Pakistan. Wenn die Synonymisierung von *Megachile nadia* Nurse, 1903 mit *M. rotundata* korrekt ist, dann erreicht die Art in Kashmir die orientalische Faunenregion. Als Luzerne-Bestäuber eingeführt in Kanada, USA, Chile, Argentinien, Australien und Neuseeland. **SW-Eu:** P, E, E(B), F(K), I(Sa), I(Si), I. **Z-Eu:** F, LUX, NL, D, A, CH, DK. **N-Eu:** {GB}, {S}, SF, RUS(N). **NO-Eu:** CS, SK, PL, BY, UA, UA(K), RUS(S). **SO-Eu:** H, RO, MD, SLO, HR, MK, SRB, BIH, AL, BG, GR, GR(K). **N-Afr:** MA, DZ(?), TN(?), LAR(?), SUD(?). **W-As:** CY, TR, Kaukasus, IR. **Z-As:** TM, UZB, TAD, KAZ, KGZ. **Sib:** W-Sib, O-Sib. **NO-As:** Jak, Amur, Khab, Prim. **SO-As:** MGL, RC, J. **Orl:** PAK, IND. **Nearktis:** CDN+, USA+. **Neotropis:** RA+, RCH+. **Australis:** AUS+, NZ+.

Lokalverbreitung: In Deutschland mit Ausnahme von Mecklenburg-Vorpommern aus allen Bundesländern nachgewiesen, mit Ausnahme von Schleswig-Holstein und Thüringen überall aktuell. In Österreich mit Ausnahme von Tirol und Vorarlberg aus allen Bundesländern gemeldet. In der Schweiz aktuell aus den Kantonen Basel, Schaffhausen, Zürich und Wallis, aus dem südlichenTessin und aus dem Puschlav nachgewiesen, historisch auch vom Genfersee.

Megachile sculpturalis Smith, 1853
Asiatische Blattschneiderbiene

Systematik: Untergattung *Callomegachile* Michener, 1962.

Etymologie: Smith bezieht sich auf die raue Skulptur des Clypeus („*the clypeus ruggedly sculptured*"). Der deutsche Name verweist auf die Herkunft der eingeschleppten Art.

Pollenquellen: Vermutlich polylektisch. Westrich (2015a) untersuchte die Pollenladung eines Weibchens und den Pollenvorrat von drei Brutzellen aus Südfrankreich und fand ausschließlich den Pollen des Japanischen Schnurbaums (*Sophora japonica*, Fabaceae). Mangum & Sumner (2003) trugen Beobachtungen über den Blütenbesuch der Art in den USA zusammen, die leider größtenteils nicht zwischen Nektar- und Pollensammeln unterscheiden. Explizit als Pollenquelle genannt wird lediglich die ostasiatische *Sophora japonica* und die aus Europa stammende Breitblättrige Platterbse (*Lathyrus latifolius*, Fabaceae).

Nestbau: Nistet in bestehenden Hohlräumen in Totholz oder in hohlen Stängeln. Die Nestanlage ist linear. Der Bau der Brutzellen beginnt mit der Errichtung eines Harzpropfs am Ende des Nistgangs. Dann wird die Innenwand der ersten Zelle vollständig mit Harz ausgekleidet. Danach erfolgt die Verproviantierung, bei der der hintere Bereich der Zelle komplett mit einem zähflüssigen Pollen-Nektar-Gemisch gefüllt wird. Nach der Eiablage wird in einigem Abstand zum Pollenpaket eine Harzwand eingezogen. Je nach Größe der Nisthöhle werden weitere Zellen gebaut. Der Nestverschluss besteht aus Lehm.

Flugzeit: In einer Generation von Juni bis August.

Gesamtverbreitung: Südostasiatische Art, die durch Verschleppung mittlerweile auch in Nordamerika und Europa Populationen etabliert hat. Ursprünglich nur in China, Korea, Taiwan und Japan beheimatet, hat sie sich innerhalb weniger Jahre von North Carolina, wo sie 1994 das erste Mal für den amerikanischen Kontinent nachgewiesen wurde, bis nach Michigan und Ontario/Kanada ausgebreitet. In Europa wurde sie das erste Mal 2008 in Marseille nachgewiesen (Vereecken & Barbier 2009), 2009 im Piemont (Quaranta et al. 2014), 2010 im Tessin (Amiet 2012) und 2015 in Deutschland (Westrich 2015b). Sie konnte offensichtlich an allen diesen Lokalitäten überlebensfähige Populationen etablieren. **SW-Eu:** I+. **Z-Eu:** F+, CH+. **SO-As:** RC, KOR, J. **Ori:** TW **Nearktis:** CDN+, USA+.

Lokalverbreitung: In Deutschland erstmals 2015 nistend am Bodensee entdeckt (Westrich 2015b). In der Schweiz im Tessin, wo erstmals 2010 bei Ancona ein Männchen und 2011 ein offenbar nistendes Weibchen beobachtet wurde (Amiet 2012); die Online-Karten des Centre Suisse de Cartographie de la Faune (2015) zeigen zwei weitere Fundorte am Vierwaldstättersee und in Zürich.

Megachile versicolor Smith, 1844
Bunte Blattschneiderbiene

Systematik: Untergattung *Megachile* Latreille, 1802 *s. str.*

Etymologie: Von lat. „*versicolor*“ = „bunt, verschiedenfarbig“; die Behaarung ist gelbbraun, die Bauchbürste rot und am Ende schwarz und die Haarbinden an den Endrändern der Tergite sind weißlich.

Pollenquellen: Polylektisch; bislang nachgewiesen ist die Nutzung des Pollens der fünf Pflanzenfamilien Asteraceae, Boraginaceae, Dipsacaceae, Fabaceae und Plantaginaceae.

Nestbau: Nistet in bestehenden Hohlräumen, wie z. B. Fraßgängen in Totholz, hohlen Pflanzenstängeln, Felsspalten, Fugen von Trockenmauern, oder in selbst genagten Gängen in markhaltigen Stängeln von Königskerze, Brombeeren, Rosen oder Ähnlichem. Die Nestanlage ist in der Regel linear, kann aber in unregelmäßig geformten Hohlräumen auch haufenförmig sein. Die Brutzellen werden aus Blattstücken von Wild- und Kulturrosen, Schlehen, Kornelkirsche u. a. errichtet. Der Leerraum zwischen der letzten angefertigten Zelle und dem Nesteingang wird mit gerollten Blattstücken gefüllt, dann wird der Nestverschluss aus mehreren Lagen runder Blattstücke angefertigt und mit einer oder zwei Schichten aus Pflanzenmörtel überzogen.

Lebensraum: Zeigt keine strenge Habitatbindung, ist aber eher an trockenwarmen Standorten zu finden; Waldsäume, Magerrasen, extensiv genutztes Grünland, Brach- und Ruderalflächen, Hochwasserdämme, Sand- und Lehmgruben, Weinberge, Gartenanlagen. Vom Flachland bis in die montane Höhenstufe.

Parasiten: Kuckucksbienen sind *Coelioxys mandibularis* und *Coelioxys inermis*. Als weiterer Brutparasit wurde die Erzwespe *Pteromalus apum* beobachtet.

Flugzeit: Zumindest partiell in zwei Generationen von Mai bis September.

Gesamtverbreitung: Transpaläarktisch. Von Madeira und Portugal über Europa, Kleinasien, Kaukasus, nördliches Zentralasien und Sibirien bis Kamtschatka; nordwärts bis Irland und Südschottland, in Norwegen bis 63,5°N, in Schweden und Finnland bis zum Polarkreis, in Russland bis Karelien, Kirov und Perm, südwärts bis Sizilien, Peloponnes, Südtürkei und Nordiran. Die Färbungsform *hiberniae* Perkins, 1925 aus Irland wird von manchen Autoren als Unterart aufgefasst. **SW-Eu:** P, E, E(B), F(K), I(Sa), I. **Z-Eu:** F, B, LUX, NL, D, A, CH, FL, DK. **N-Eu:** IRL, GB, N, S, SF, EST, LT, LV, RUS(N). **NO-Eu:** CS, SK, PL, BY, UA, UA(K), RUS(S). **SO-Eu:** H, RO, SLO, HR, SRB, BG, GR. **N-Afr:** P(M). **W-As:** TR, Kaukasus, IR. **Z-As:** KAZ. **Sib:** W-Sib, O-Sib. **NO-As:** Jak, Amur, JAO, Khab, Prim, Kam.

Lokalverbreitung: Im Gebiet mit Ausnahme von Salzburg und Vorarlberg (kommt aber mit Sicherheit auch hier vor) aus allen Regionen gemeldet (aktuell).

Megachile willughbiella (KIRBY, 1802)
Garten-Blattschneiderbiene

Systematik: Untergattung *Xanthosarus* ROBERTSON, 1903.

Etymologie: KIRBY erwähnt, dass die Brutzellen der Art oft in morschen Weidenstämmen gefunden werden, und sagt zur Namensgebung: *„I am led to give A. Willughbiella as the Willow Bee"*. Es handelt sich um ein Wortspiel, das sich auf den phonetischen Gleichklang des englischen Begriffes für „Weidenbiene" („willow bee") und dem Namen des englischen Naturforscher Francis WILLUGHBY (1635–1672) bezieht, der als Erster in seinen Werken eine in heutigem Sinne „wissenschaftliche" Sprache propagiert, die ausdrücklich alle vermenschlichende oder moralisch wertende Betrachtungsweisen verbannt. Die abweichende Schreibweise seines Namens „WILLOUGHBY" wurde in zahlreichen Publikationen (ungerechtfertigt) auf den KIRBY'schen Artnamen übertragen, sodass die Art bis in die jüngere Zeit vielfach als „*Megachile willoughbiella*" bezeichnet wurde. Deutscher Name: Die Art ist nicht selten auch im Siedlungsraum, insbesondere Gärten zu finden.

Pollenquellen: Polylektisch; bislang nachgewiesen ist die Nutzung des Pollens der fünf Pflanzenfamilien Asteraceae, Campanulaceae, Crassulaceae, Fabaceae und Onagraceae.

Nestbau: Nistet einzeln, gelegentlich auch kommunal oder in kleineren Aggregationen. Die Nester werden sowohl in vorhandenen Hohlräumen (Käferfraßgänge, unter Rinde, in Steilwänden, Felsspalten, Mauerfugen, verlassene Nester anderer Hymenopteren u.v.m.) als auch in selbst gegrabe-

nen oder genagten Gängen im Boden oder in morschem Holz angelegt. Sie bestehen je nach Situation aus einem einfachen oder verzweigten Gang, hier liegen die Brutzellen linear hintereinander; in einem unregelmäßig geformten Hohlraum werden die Brutzellen auch nebeneinander angelegt. Die Brutzellen werden aus Blattstücken von Wild- und Kulturrosen, Hainbuche, Kornelkirsche, Eiche, Robinie und anderen Bäumen und Sträuchern angefertigt.

Lebensraum: Waldsäume, Gartenanlagen, Streuobstwiesen. Vom Flachland bis in die subalpine Höhenstufe.

Parasiten: Kuckucksbienen sind *Coelioxys quadridentata* und *Coelioxys elongata*. Als weitere Brutparasiten wurden die Erzwespen *Melittobia acasta, Monodontomerus obscurus* und *Pteromalus apum* bekannt.

Flugzeit: Zumindest partiell in zwei Generationen von Mai bis September.

Gesamtverbreitung: Transpaläarktisch. In Nordafrika aus Algerien bekannt (ssp. *zeraldae* Tkalců, 1988). In Eurasien von Portugal über Europa, Kleinasien, Kaukasus, Zentralasien und Sibirien bis zur Pazifikküste des Fernen Ostens (Russland, Japan); nordwärts bis Irland und Nordschottland, bis 64°N in Norwegen, bis 66°N in Schweden und Finnland, in Russland bis Karelien und Perm; südwärts bis Lazio, Peloponnes, Südtürkei und Nordiran. Folgende Färbungsformen werden von verschiedenen Autoren als Unterarten aufgefasst: ssp. *hibernica* Perkins, 1925 aus Irland, ssp. *zeraldae* Tkalců, 1988 aus Algerien, ssp. *munakatai* Hirashima & Maeta, 1974 aus Japan sowie ssp. *provecta* Cockerell, 1924 und ssp. *kudiensis* Cockerell, 1924 aus dem Fernen Osten (Primorje). **SW-Eu:** P, E, I. **Z-Eu:** F, B, LUX, NL, D, A, CH, FL, DK. **N-Eu:** IRL, GB, N, S, SF, EST, LT, LV, RUS(N). **NO-Eu:** CS, SK, PL, BY, UA, UA(K), RUS(S). **SO-Eu:** H, RO, SLO, HR, MK, BIH, AL, BG, GR. **N-Afr:** DZ. **W-As:** TR, Kaukasus, IR. **Z-As:** TAD, KGZ. **Sib:** W-Sib, O-Sib. **NO-As:** Jak, Khab, Amur, JAO, Prim, Sach, Mag, Kur. **SO-As:** RC (Xinjiang), J.

Lokalverbreitung: Im Gebiet mit Ausnahme von Salzburg und Vorarlberg (kommt aber mit Sicherheit auch hier vor) aus allen Regionen gemeldet (aktuell).

Melecta Latreille, 1802
Trauerbienen

Systematik: Familie: Apidae – Unterfamilie: Apinae – Tribus: Melectini.

Nomenklatur: Die Untergattung *Eupavlovskia* wurde zeitweise von einigen Autoren als eigene Gattung geführt.

Literatur: Lieftinck (1980); Scheuchl (2000); Amiet et al. (2007). Weitere hilfreiche Arbeiten: Lieftinck (1969).

Etymologie: Von griech. „*meli*" = „Honig" und „*lego*" = „auflesen, sammeln", auch wenn die Gattung brutparasitisch lebt und keinen Honig sammelt. Ihr deutscher Name kommt von der schwarzen Färbung des Körpers und des größten Teils der Behaarung der meisten Arten.

Körperliche Merkmale: Trauerbienen besitzen einen zumeist großen, 6–20 mm langen, schwarz gefärbten Körper, der mit schneeweißen bzw. braunen Haarflecken versehen ist. Die Hinterbeine der Männchen sind oft modifiziert.

Lebensweise: *Melecta*-Arten leben als Brutparasitoide bei Pelzbienen (*Anthophora*), selten auch bei *Habropoda*. Anders als die meisten anderen Kuckucksbienen brechen sie in bereits verschlossene Zellen der Wirte ein und verschließen diese nach erfolgter Eiablage mit einem Gemisch aus Erde und körpereigenem Sekret. Zumindest *Melecta albifrons* und *M. luctuosa* überdauern den Winter als Imago in der Brutzelle des Wirtes. Als Kuckucksbienen besuchen Trauerbienen Blüten nur zur Eigenversorgung mit Nektar.

Besonderes Verhalten: Zuweilen finden sich Männchen zum Übernachten einzeln, oft aber auch in Gemeinschaft, in Blüten oder festgebissen an Pflanzenstängeln. Die Männchen einiger Arten sind insbesondere im Mittelmeerraum als Bestäuber von Orchideen der Gattung *Ophrys* bekannt, deren Blüten durch Geruch und Aussehen Trauerbienen-Weibchen imitieren; den dadurch angelockten Männchen wird dann beim Kopulationsversuch ein Pollenpaket angeheftet.

Verbreitung/Artenzahl: In der Alten Welt geht die Gattung von den Kanaren bis Ostchina, nordwärts bis Skandinavien und südwärts bis zur nordafrikanischen Küstenregion und Pakistan, in der Neuen Welt von Kanada bis Kalifornien und Texas. Insgesamt sind rund 60 Arten bekannt, von denen im Gebiet vier vorkommen.

Melecta albifrons (Forster, 1771)
Gewöhnliche Trauerbiene

Systematik: Untergattung *Melecta* Latreille, 1802 *s. str.*

Nomenklatur: Synonyme: *Melecta punctata* (Fabricius, 1775); *Melecta armata* (Panzer, 1799).

Etymologie: Von lat. „*albus*" = „weiß, glänzend weiß" und „*frons*" = „Stirn, Vorderseite"; bezieht sich auf das weißlich behaarte Gesicht („*circa basin antennarum pili albi*"). Deutscher Name: Die Art ist im Gebiet die häufigste der Gattung.

Lebensraum: Sand- und Lehmgruben, Steilwände, Erdabbrüche, Garten- und Parkanlagen. Vom Flachland bis in die alpine Höhenstufe.

Wirte: Hauptwirt ist *Anthophora plumipes*, weitere Wirte sind *Anthophora plagiata* und *Anthophora fulvitarsis*; in der Literatur werden auch *Anthophora retusa*, *Anthophora aestivalis* und *Anthophora crinipes* genannt.

Flugzeit: In einer Generation von März bis Juli.

Gesamtverbreitung: Westpaläarktisch. In Nordafrika von Marokko bis Ägypten. In Eurasien von Portugal über Europa, Kleinasien und die Levante bis Orenburg und in den Iran; nordwärts bis Mittelengland (nur je eine historische Meldung von Irland und eine historische Auflistung für Schweden), Baltikum und Moskau; südwärts bis Sizilien, Kreta, Zypern, Israel und Jordanien. Nach Lieftinck in drei Unterarten auftretend: Nominatform im gemäßigten Nordwesteuropa von Britannien bis weit nach Westasien, ssp. *albovaria* Erichson, 1841 diskontinuierlich von Iberien und Zentralfrankreich über die gesamte Mediterraneis bis in den Iran und ssp. *nigra* Spinola, 1806 diskontinuierlich von Südwestengland über Westfrankreich bis Italien und die Tyrrhenischen Inseln; da sie sich nur durch Färbung und Anordnung der Behaarung unterscheiden, sind sie sicherlich nur als Färbungsformen zu bewerten. **SW-Eu:** P, E, E(B), F(K), I(Sa), I(Si), I. **Z-Eu:** F, B, LUX, NL, D, A, CH, FL, DK. **N-Eu:** IRL, GB, S?, LT, LV, RUS(N). **NO-Eu:** CS, SK, PL, BY, UA, RUS(S). **SO-Eu:** H, RO, SLO, HR, MK, BIH, BG, GR, GR(K). **N-Afr:** {E(C)}, MA, DZ, TN, LAR, ET. **W-As:** GR(Ä), CY, TR, SYR, RL, IL, JOR, Kaukasus, IR.

Lokalverbreitung: Im Gebiet aus allen Regionen gemeldet.

Melecta duodecimmaculata (Rossi, 1790)

Zwölffleck-Trauerbiene

Etymologie: Von lat. „*duodecim*" = „zwölf" und „*maculata*" = „gefleckt"; wegen der zahlreichen weißen Haarflecken auf Thorax und Hinterleib.

Lokalverbreitung: Die Art wurde unter dem Synonym *Melecta plurinotata* Brullé, 1832 von Hoffer (1906) aus Seckau/Steiermark gemeldet. Es handelt sich mit ziemlicher Sicherheit um eine Verwechslung mit *Melecta luctuosa*.

Melecta festiva Lieftinck, 1980

Helle Trauerbiene

Systematik: Untergattung *Melecta* Latreille, 1802 *s. str.*

Etymologie: Von lat. „*festiva*" = „anmutig, fein, hübsch". Deutscher Name: Im Gegensatz zur sonst ähnlichen *M. obscura* besitzt die Art ein hell behaartes Gesicht.

Lebensraum: Trockenwarme Standorte. Vom Flachland bis in die montane Höhenstufe.

Wirte: Unbekannt.

Flugzeit: In einer Generation von April bis Juli.

Gesamtverbreitung: Von Portugal über Südeuropa, Kleinasien und Kaukasus bis Zentralasien; nordwärts bis in die Südschweiz, Südrumänien und Krim; südwärts bis Piemont, Kreta und Israel. **SW-Eu:** P, E, I. **Z-Eu:** F, CH. **NO-Eu:** UA(K). **SO-Eu:** RO, AL, BG, GR, GR(K). **W-As:** GR(Ä), TR, IL, Kaukasus. **Z-As:** TM, UZB.

Lokalverbreitung: Im Gebiet nur aus dem Wallis bekannt (historisch und aktuell)

Melecta italica Radoszkowski, 1876

Italienische Trauerbiene

Etymologie: Radoszkowski beschrieb die Art aus Italien.

Lokalverbreitung: Die Art wurde unter dem Synonym *Melecta luctuosa var. meridionalis* von Gribodo (1895) nach Tieren aus verschiedenen Ländern beschrieben, darunter auch „Germania (Mecklemburg)". In seiner Revision der Gattung synonymisiert Lieftinck (1980) nach Untersuchung von Typus-Exemplaren diese Form mit *Melecta italica* Radoszkowski, 1876. Er konnte allerdings die in der Beschreibung erwähnten Tiere aus Deutschland nicht auffinden, ist aber überzeugt, dass diese nicht mit *M. italica* konspezifisch seien.

Melecta luctuosa (Scopoli, 1770)

Pracht-Trauerbiene

Systematik: Untergattung *Melecta* Latreille, 1802 *s. str.*

Etymologie: Von lat. „*luctuosa*" = „traurig". Deutscher Name: Die Art ist nach *M. albifrons* im Gebiet die häufigste der Gattung, wirkt aber durch die scharfen Schwarz-Weiß-Kontraste von Körperoberfläche und Behaarung deutlich attraktiver als die mehr oder weniger einheitlich braune *M. albifrons*.

Lebensraum: Waldsäume, Hecken, Steilwände, Abbruchkanten, Trockenmauern, Sand-, Kies- und Lehmgruben. Vom Flachland bis in die montane Höhenstufe.

Wirte: Hauptwirt ist *Anthophora aestivalis*, weitere bekannte Wirte sind *Anthophora crinipes, Anthophora plagiata* und *Anthophora retusa*, möglicherweise kommt auch *Anthophora fulvitarsis* infrage.

Flugzeit: In einer Generation von April bis Juni/Juli.

Gesamtverbreitung: In Nordafrika von den Kanaren bis Ägypten. In Eurasien von Portugal über Europa, Kleinasien, Kaukasus, Zentralasien und Sibirien bis zum Amur; nordwärts bis Südengland und Südschweden (in beiden Ländern verschollen), Baltikum und Moskau; südwärts bis Sizilien, Kreta, Zypern und Nordiran. Erreicht in Pakistan die orientalische Faunenregion. **SW-Eu:** P, E, E(B), I(Si), I. **Z-Eu:** F, B, LUX, NL, D, A, CH, DK. **N-Eu:** GB, S, LT, LV, RUS(N). **NO-Eu:** CS, SK, PL, BY, UA, RUS(S). **SO-Eu:** H, RO, SLO, HR, MK, SRB, AL, BG, GR, GR(K). **N-Afr:** E(C), MA, DZ, TN, LAR, ET. **W-As:** GR(Ä), CY,

TR, Kaukasus, IR. **Z-As:** TM, UZB, TAD, KAZ. **Sib:** W-Sib, O-Sib. **NO-As:** Jak, Amur. **SO-As:** RC (Xinjiang). **Ori:** PAK.

Lokalverbreitung: Im Gebiet aus fast allen Regionen aktuell gemeldet, lediglich aus Niedersachsen, Sachsen-Anhalt, Kanton Waadt und Basel nur historisch; fehlt in großen Teilen des östlichen Mittellandes, entlang des Alpenhauptkamms und im Engadin; eine Meldung für das Bundesland Salzburg ist überprüfungsbedürftig.

Melecta obscura Friese, 1895
Dunkle Trauerbiene

Systematik: Untergattung *Eupavlovskia* Popov, 1955.

Nomenklatur: Im Gebiet in der Unterart *Melecta obscura simulatrix* (Lieftinck, 1969). Synonym: *Eupavlovskia obscura* (Friese, 1895).

Etymologie: Von lat. „*obscura*" = „dunkel, finster, versteckt, verborgen". Deutscher Name: Im Gegensatz zur sonst ähnlichen *M. festiva* besitzt die Art ein schwarz behaartes Gesicht.

Wirte: *Habropoda zonatula* und *Habropoda tarsata*, die beide im Gebiet noch nicht nachgewiesen wurden.

Flugzeit: In einer Generation von April bis Juni (Daten aus dem gesamten Verbreitungsgebiet).

Gesamtverbreitung: Von Ligurien über Südosteuropa, Kleinasien und Kaukasus bis Usbekistan; nordwärts bis Ostösterreich; südwärts bis Sizilien, Peloponnes und Südtürkei. Die Stammform in Italien (ein Fund in Dalmatien), die ssp. *simulatrix* (Lieftinck, 1969) im übrigen Gebiet. **SW-Eu:** I(Si), I. **Z-Eu:** A. **SO-Eu:** SLO, HR, MK, AL, GR. **W-As:** GR(Ä), TR, Kaukasus. **Z-As:** UZB.

Lokalverbreitung: Im Gebiet wurde bisher nur ein einziges Weibchen aus Wien (ohne Datum) gemeldet (Lieftinck 1969).

Melitta Kirby, 1802
Sägehornbienen

Systematik: Familie: Melittidae – Unterfamilie: Melittinae.

Nomenklatur: Die Gattung führte früher den Namen *Cilissa.* Warncke teilt die Gattung in die drei Untergattungen *Melitta s. str.*, *Cilissa* und *Pseudocilissa*, Michez & Eardley (2007) vereinigen *Pseudocilissa* und *Cilissa*, während Michener für die Westpaläarktis sämtliche Untergattungen verwirft. Hier wird der Untergattungseinteilung von Michez & Eardley gefolgt, in eckigen Klammern wird die von Warncke angegeben, sofern sie von Michez & Eardley abweicht.

Literatur: Blüthgen (1930c); Warncke (1973); Amiet et al. (2007); Michez & Eardley (2007); Scheuchl (2006). Weitere hilfreiche Arbeiten: Smit (2011).

Etymologie: Von griech. „*melitta*“ = „(Honig-)Biene“. Der deutsche Name leitet sich von den Verdickungen der Fühlerglieder der Männchen her, die den Fühlern ein sägeartiges Aussehen verleihen.

Körperliche Merkmale: Sägehornbienen sehen den Sandbienen täuschend ähnlich, die Weibchen können aber am Fehlen der Haarlocke der Hinterbeine und der Foveae facialis, die Männchen an den längeren Fühlern unterschieden werden, deren Glieder an der Unterseite oft apikal verdickt oder insgesamt gekrümmt sind; bei den einheimischen Arten sind auch die verdickten Klauenglieder der Beine ein Trennungsmerkmal.

Lebensweise: *Melitta*-Arten sind solitär lebende, pollensammelnde und nestbauende Bienen. Sie überdauern den Winter als Ruhelarve (Präpuppe) in ihrer Brutzelle.

Pollenquellen: Vermutlich alle, zumindest aber alle einheimischen *Melitta*-Arten sind auf bestimmte Blumengattungen oder -arten spezialisiert. Im Gegensatz zu den meisten anderen Bienenarten vermischen die Weibchen den Pollen vor dem Heimtransport mit Nektar.

Nestbau: Sie nisten in sandigem oder lehmigem Boden. Die Nester bestehen ähnlich wie bei den Sandbienen aus einem Hauptgang, von dem mehrere Seitengänge abzweigen, die in je einer Brutzelle enden. Die Brutzellen sind mit einer dünnen wachsartigen Substanz beschichtet.

Parasiten: Als Kuckucksbienen sind Wespenbienen *(Nomada)* bekannt.

Besonderes Verhalten: Auf der Suche nach unverpaarten Weibchen patrouillieren die Männchen mit hoher Geschwindigkeit zwischen den Futterpflanzen der jeweiligen Art. Sie schlafen allein oder in Gemeinschaft in Blüten oder auf anderen Pflanzenteilen.

Verbreitung/Artenzahl: Die Gattung ist holarktisch, ihr Verbreitungsgebiet erstreckt sich in der Paläarktis von den Kanaren bis Japan, in der Nearktis ist es disjunkt; hier bewohnt die Gattung im Westen die Sonora-Wüste in Kalifornien und Arizona, im Osten geht sie von den Staaten Mississippi und Florida nordwärts bis New Hampshire. Insgesamt sind knapp 30 Arten bekannt, von denen im Gebiet sechs vorkommen.

Melitta dimidiata Morawitz, 1875
Esparsetten-Sägehornbiene

Systematik: Untergattung *Cilissa* Leach, 1817; [*Pseudocilissa* Radoszkowski, 1891].

Etymologie: Von lat. „*dimidiata*“ = „halbiert, halb“; offensichtlich bezieht sich Morawitz auf die Behaarung des Hinterleibs beim Männchen, die in der vorderen Hälfte rotbraun, in der hinteren schwarz ist. Deutscher Name: Esparsette ist die ausschließliche Pollenquelle der Art.

Pollenquellen: Streng oligolektisch auf Esparsette (*Onobrychis*, Fam. Fabaceae).

Nestbau: Nistet auf ebenen oder abschüssigen Flächen in sandigem oder lehmigem Substrat.

Lebensraum: Trockenwarme Standorte; Trockenrasen, südexponiertes, extensiv genutztes Grünland. Vom Flachland bis in die montane Höhenstufe.

Flugzeit: In einer Generation von April bis Juli.

Gesamtverbreitung: Transpaläarktisch. Von Zentralspanien über Europa, Kleinasien, Kaukasus, Zentralasien und Sibirien bis zur Pazifikküste des Fernen Ostens; nordwärts bis Süddeutschland (verschollen), Mähren und Perm; südwärts bis Umbria, Südtürkei und Afghanistan. **SW-Eu:** E, I. **Z-Eu:** F, B, D, A, CH. **N-Eu:** GB, RUS(N). **NO-Eu:** CS, SK, PL, UA, RUS(S). **SO-Eu:** H, RO, SLO, HR, MK, SRB, BG, GR. **W-As:** TR, Kaukasus, AFG. **Z-As:** UZB, TAD, KAZ, KGZ. **Sib:** W-Sib, O-Sib. **NO-As:** RUS (Amur, Prim). **SO-As:** J?

Lokalverbreitung: In Deutschland nur von Mainfranken bekannt (letzter Fund vor 1990). In Österreich aus dem Burgenland, Ober- und Niederösterreich gemeldet. In der Schweiz historisch und aktuell aus dem Wallis, historisch auch aus Graubünden.

Melitta haemorrhoidalis (Fabricius, 1775)
Glockenblumen-Sägehornbiene

Systematik: Untergattung *Cilissa* Leach, 1812.

Etymologie: Von griech. „*haima*" = „Blut" und „*rhoe*" = „das Fließen", sinngemäß „als ob Blut geflossen sei", bezieht sich auf die rötliche Haarfranse an der Hinterleibsspitze des Weibchens. Deutscher Name: Glockenblumen sind die ausschließlichen Pollenquellen der Art.

Pollenquellen: Streng oligolektisch auf Glockenblumen (*Campanula*, Fam. Campanulaceae).

Nestbau: Nistet auf schütter bis dichter bewachsenen, ebenen bis schwach abschüssigen Flächen ohne erkennbare Bevorzugung bestimmter Bodenarten.

Lebensraum: Sonnenexponierte Waldsäume, extensiv genutztes Grünland, Halbtrockenrasen, Gartenanlagen mit ausreichenden Glockenblumen-Beständen. Vom Flachland bis in die subalpine Höhenstufe.

Parasiten: Kuckucksbienen sind *Nomada emarginata* und *Nomada flavopicta*.

Flugzeit: In einer Generation von Juni bis September.

Gesamtverbreitung: Von Nordostspanien über Europa und Kleinasien bis in den Kaukasus; nordwärts bis Südschottland, in Norwegen bis 60°N, in Schweden bis 60,5°N, in Finnland bis 65°N, in Russland bis Kirov und Perm; südwärts bis Lazio, Thessalien und Nordtürkei. Als Unterarten wurden ssp.

frisica Zimmermann, 1935 und ssp. *nigra* (Friese, 1885) beschrieben; sie stellen lediglich Färbungsformen dar. **SW-Eu:** E, E(B), I. **Z-Eu:** F, B, LUX, NL, D, A, CH, FL, DK. **N-Eu:** GB, N, S, SF, EST, LT, LV, RUS(N). **NO-Eu:** CS, SK, PL, BY, UA, RUS(S). **SO-Eu:** H, RO, SLO, HR, SRB, BG, GR. **W-As:** TR, Kaukasus.

Lokalverbreitung: Im Gebiet aus allen Regionen gemeldet.

Melitta leporina (Panzer, 1799)

Luzerne-Sägehornbiene

Systematik: Untergattung *Melitta* Kirby, 1802 *s. str.*

Etymologie: Von lat. „*leporina*“ = „Hasen-“; Panzer äußert sich nicht zur Namensgebung, nennt die Biene aber auch auf Deutsch „Haasen-Biene“, vermutlich wegen der auch dem Hasen nachgesagten Vorliebe für Kleearten oder wegen der ähnlichen Färbung des Haarkleids. Deutscher Name: Luzerne ist die bevorzugte Pollenquelle der Art.

Pollenquellen: Oligolektisch auf Fabaceae mit Präferenz für Luzerne (*Medicago sativa*).

Nestbau: Nistet einzeln oder in Aggregationen in selbst gegrabenen Gängen im Boden ohne erkennbare Bevorzugung bestimmter Bodenarten, auch in humosem oder hartem, lehmigem Substrat. Die Nesteingänge liegen oft am Fuße von Grasbüscheln und sind von einem kraterähnlichen

Tumulus umgeben. Das Nest besteht aus einem geraden Hauptkorridor, von dem rechtwinklig Seitengänge abgehen, an deren Ende sich je eine Brutzelle befindet. Die Zellen sind innen mit einem wachsartigen Sekret ausgekleidet. Ein Nest kann bis zu 15 Brutzellen enthalten.

Lebensraum: Blütenreiche Straßenränder und Wiesen, extensiv genutztes Grünland, Brach- und Ruderalflächen, Gartenanlagen. Vom Flachland bis in die kolline, zuweilen bis in die montane Höhenstufe.

Parasiten: Kuckucksbiene ist *Nomada flavopicta*.

Flugzeit: In einer Generation von Juni bis September.

Gesamtverbreitung: Transpaläarktisch. Von Portugal über Europa, Kleinasien, Kaukasus, Zentralasien und Sibirien bis zur Pazifikküste des Fernen Ostens; nordwärts bis Wales und Mittelengland (keine Nachweise von Irland), in Norwegen und Schweden bis 60°N, in Finnland bis 63°N, in Russland bis Kirov und Perm; südwärts bis Lazio, Südbulgarien, Nordtürkei und Zentraliran. **SW-Eu:** P, E, AND, I. **Z-Eu:** F, B, LUX, NL, D, A, CH, FL, DK. **N-Eu:** GB, N, S, SF, EST, LT, LV, RUS(N). **NO-Eu:** CS, SK, PL, BY, UA, UA(K), RUS(S). **SO-Eu:** H, RO, MD, SLO, HR, MNE, SRB, BIH, BG. **N-Afr:** ~~{DZ, ET}~~. **W-As:** TR, Kaukasus, IR, AFG. **Z-As:** TM, UZB, TAD, KAZ, KGZ. **Sib:** W-Sib, O-Sib. **NO-As:** Prim. **SO-As:** MGL, RC (Xinjiang).

Lokalverbreitung: Im Gebiet aus allen Regionen gemeldet.

Melitta melanura (Nylander, 1852)
Östliche Sägehornbiene

Systematik: Untergattung *Cilissa* Leach, 1812.

Nomenklatur: Der Name wurde von älteren Autoren oft für *M. nigricans* und *M. tricincta* verwendet. Synonym: *Melitta wankowiczi* Radoszkowski, 1891. Deutscher Name: Die östliche Art erreicht in Mitteldeutschland ihre Westgrenze.

Etymologie: Von griech. „*melan*" = „schwarz, dunkel"; Nylander bezieht sich auf die schwarzen Haare auf Scheitel und Thoraxoberseite („*pilis in vertice et in dorso thoracis nigris*").

Pollenquellen: Streng oligolektisch auf Glockenblumen (*Campanula*, Fam. Campanulaceae).

Parasiten: Als Kuckucksbiene wird *Nomada pulchra* vermutet.

Flugzeit: In einer Generation von Juni bis September.

Gesamtverbreitung: Von Mitteldeutschland (verschollen) über Europa, Kleinasien, Kaukasus und Zentralasien bis in die Zentralmongolei (vermutlich beziehen sich alle Meldungen von *M. tricincta* aus Sibirien und dem Fernen Osten auf *M. melanura*, da bei einer Angabe der Futterpflanzen nur *Campanula* genannt wird); nordwärts bis Schweden (nur auf Gotland), Litauen und Moskau; südwärts bis Nordgriechenland und Nordosttürkei. **Z-Eu:** ~~{F}~~, D, A. **N-Eu:** S, SF, LT, RUS(N). **NO-Eu:** CS, SK, PL, BY, UA, RUS(S). **SO-Eu:** H, RO, HR, MK, GR. **N-Afr:** ~~{DZ}~~ **W-As:** TR, Kaukasus. **Z-As:** TAD. **Sib:** W-Sib(?), O-Sib(?). **NO-As:** Jak(?), Khab(?), Prim(?) **SO-As:** MGL.

Lokalverbreitung: Die Art wurde in Deutschland von Stöckhert (1933) aus dem Kaiserstuhl gemeldet; da jedoch als Futterpflanze *Lythrum salicaria* angegeben ist und der Kaiserstuhl weitab vom übrigen Verbreitungsgebiet liegt, kann mit ziemlicher Sicherheit von einer Verwechslung mit *M. nigricans* ausgegangen werden; historische Meldungen existieren aus Sachsen-Anhalt, Thüringen und Brandenburg, von hier der letzte deutsche Fund von 1959 (Saure et al. 1998). In Österreich nur aus Niederösterreich bekannt (aktuell).

Melitta nigricans Alfken, 1905
Blutweiderich-Sägehornbiene

Systematik: Untergattung *Melitta* Kirby, 1802 *s. str.*

Nomenklatur: Synonym: *Melitta melanura* auct. nec Nylander, 1852.

Etymologie: Von lat. „*nigricans*" = „geschwärzt"; wegen der ausgedehnt schwarz behaarten Thoraxoberseite. Deutscher Name: Blutweiderich ist die ausschließliche Pollenquellen der Art.

Pollenquellen: Streng oligolektisch auf Blutweiderich (*Lythrum*, Fam. Lythraceae); Hauptpollenquelle in Mitteleuropa ist der Blut-Weiderich (*Lythrum salicaria*)

Nestbau: Nistet auf schütter bis dichter bewachsenen, ebenen bis schwach abschüssigen Flächen ohne erkennbare Bevorzugung bestimmter Bodenarten.

Lebensraum: Gewässersäume mit ausreichenden Beständen der Futterpflanze. Vom Flachland bis in die kolline Höhenstufe.

Parasiten: Kuckucksbiene ist *Nomada flavopicta*.

Flugzeit: In einer Generation von Juli bis August.

Gesamtverbreitung: In Nordafrika nur aus Marokko bekannt. In Eurasien von Portugal über Mittel- und nördliches Südeuropa bis in die Nordwesttürkei und Orenburg; nordwärts bis zum Baltikum und Moskau; südwärts bis Ligurien und Nordwesttürkei (Marmara-Region). **SW-Eu:** P, E, I. **Z-Eu:** F, B, LUX, NL, D, A, CH, FL, DK. **N-Eu:** LT, LV, RUS(N). **NO-Eu:** CS, SK, PL, BY, UA, RUS(S). **SO-Eu:** H, RO, SLO, HR, SRB, MK, BG. **N-Afr:** MA. **W-As:** TR.

Lokalverbreitung: In Deutschland mit Ausnahme von Schleswig-Holstein und Mecklenburg-Vorpommern, wo nur historische Meldungen vorliegen, überall aktuell. In Österreich keine Nachweise aus Salzburg und Vorarlberg, eine überprüfungsbedürftige Meldung aus Tirol, sonst überall aktuell. In der Schweiz aktuell in der Nordschweiz, dem Mittelland, dem Jura und dem Genfersee-Gebiet, historisch aus dem Wallis, fehlt im Tessin und im Engadin.

Melitta tricincta Kirby, 1802
Zahntrost-Sägehornbiene

Systematik: Untergattung *Melitta* Kirby, 1802 *s. str.*

Nomenklatur: Synonym: *Melitta melanura* auct. nec Nylander, 1852.

Etymologie: Von lat. „*tri-*" = „drei-" und „*cincta*" = „umgürtet"; wegen der hellen Haarbinden auf dem Hinterleib. Deutscher Name: Zahntrost ist die ausschließliche Pollenquellen der Art.

Pollenquellen: Streng oligolektisch auf Zahntrost (*Odontites*, Fam. Orobanchaceae). Hauptpollenquelle ist der Rote Zahntrost (*Odontites rubra*), in Gebieten, in denen der Gelbe Zahntrost (*Odontites lutea*) vorkommt, wird auch der Pollen dieser Pflanze gesammelt.

Nestbau: Nistet auf schütter bis dichter bewachsenen, ebenen bis abschüssigen Flächen ohne erkennbare Bevorzugung bestimmter Bodenarten.

Lebensraum: Brach- und Ruderalflächen, Sand-, Kies- und Lehmgruben, Magerrasen, Feuchtwiesen, extensiv genutztes Grünland, Binnendünen, Flugsandfelder, Hochwasserdämme. Vom Flachland bis in die montane, in der Südschweiz bis in die subalpine Höhenstufe.

Parasiten: Kuckucksbiene ist *Nomada flavopicta*.

Flugzeit: In einer Generation von August bis September.

Gesamtverbreitung: Von Portugal bis Bashkortostan; alle Meldungen von weiter östlich beziehen sich höchstwahrscheinlich auf *M. melanura*, da in Proshchalykin (2010a) nur Campanulaceae als Futterpflanze genannt wer-

den; nordwärts bis Südengland (keine Nachweise von Irland), in Schweden bis 59°N, in Russland bis Leningrad, Kirov und Perm; südwärts bis Sizilien und Südbulgarien. **SW-Eu:** P, E, F(K), I(Si), I. **Z-Eu:** F, B, LUX, NL, D, A, CH, FL, DK. **N-Eu:** GB, S, SF?, EST, LT, LV, RUS(N). **NO-Eu:** CS, SK, PL, BY, UA, RUS(S). **SO-Eu:** H, RO, SLO, HR, SRB, BG. **N-Afr:** {~~ET~~}. **Z-As:** KAZ, KGZ. **Sib:** W-Sib?, O-Sib? **NO-As:** Jak?, Khab?, Prim?

Lokalverbreitung: In Deutschland aus allen Bundesländern nachgewiesen. In Österreich mit Ausnahme von Salzburg aus allen Bundesländern gemeldet. In der Schweiz aktuell aus dem Wallis und dem Bündner und St. Gallener Rheintal sowie vom Zürichsee, historisch aus den Kantonen Waadt, Neuenburg, Freiburg und Bern.

Melitturga Latreille, 1809
Schwebebienen

Systematik: Familie: Andrenidae – Unterfamilie: Panurginae – Tribus: Melitturgini.

Literatur: Warncke (1987); Schmid-Egger & Scheuchl (1997); Amiet et al. (2011).

Etymologie: Von griech. „*melitta*“ = „(Honig-)Biene“ und „*urgos*“ = „Arbeiter“. Der deutsche Name bezieht sich auf die Angewohnheit der Männchen, im Flug oft an einer Stelle zu schweben.

Körperliche Merkmale: Schwebebienen sind relativ groß (Körperlänge 12–15 mm) und kompakt, die Fühler auffallend kurz und keulenförmig. Das Männchen hat auffallend große Augen und die Ozellen sitzen auffallend tief, nur wenig oberhalb der Fühlerbasis; außerdem besitzt es einen gelben oder zumindest gelb gezeichneten Clypeus, ein Merkmal, das bei einem Teil der Arten auch beim Weibchen auftritt. Der Hinterleib der Weibchen ist fast kahl, beim Männchen hingegen fast so dicht behaart wie der Thorax.

Lebensweise: *Melitturga*-Arten sind solitär lebende, pollensammelnde und nestbauende Bienen. Sie überdauern den Winter als Ruhelarve (Präpuppe) in ihrer Brutzelle.

Pollenquellen: Die heimischen Arten sind oligolektisch auf Schmetterlingsblütler (Fabaceae). Der Pollen wird vor dem Heimtransport mit Nektar durchfeuchtet.

Nestbau: Schwebebienen nisten in selbst gegrabenen Hohlräumen in der Erde. Der bei den Grabungsarbeiten anfallende Aushub wird in der Regel in Form eines Walls um den Nesteingang abgelagert. Die Brutzellen werden mit einem körpereigenen Sekret wasserdicht ausgekleidet.

Parasiten: Als Kuckucksbienen treten Arten der Gattung *Ammobatoides* auf.

Verbreitung/Artenzahl: Die Gattung ist auf die Alte Welt beschränkt; in der Paläarktis geht sie von Portugal bis China, in Europa nordwärts bis Tschechien, in Afrika südwärts bis Südafrika. Insgesamt sind 16 Arten bekannt, von denen im Gebiet zwei vorkommen.

Melitturga clavicornis (Latreille, 1806)

Luzerne-Schwebebiene

Etymologie: Von lat. „*clava*" = „Keule" und „*cornum*" = „Horn" (im Sinne von Fühler); die Fühler des Männchens sind sehr kurz und deutlich keulenförmig. Deutscher Name: Luzerne gehört zu den bevorzugten Pollenquellen der Art.

Pollenquellen: Oligolektisch auf Fabaceae (Schmetterlingsblütler). Hauptpollenquelle ist Luzerne (*Medicago sativa*).

Nestbau: Nistet meist in Aggregationen in selbst gegrabenen Gängen in der Erde, bevorzugt in Sand oder Lösslehm, auf ebenen oder abschüssigen Flächen. Die Nesteingänge befinden sich in der Regel versteckt unter Grasbüscheln oder krautigen Pflanzen und sind von einem Erdwall umgeben. Das Nest besteht aus einem Gang, der 15–20 cm steil nach unten führt, dann abknickt und mehr oder weniger horizontal weiterläuft. In diesem horizontalen Gang sitzen bis zu acht schräg im Boden stehende Brutzellen.

Lebensraum: Trockenwarme Standorte; Magerrasen, extensiv genutztes Grünland, Brach- und Ruderalflächen, Waldsäume, Hecken, Binnendünen, Steppen. Vom Flachland bis in die montane Höhenstufe.

Parasiten: Kuckucksbiene ist *Ammobatoides abdominalis*. Erwachsene Tiere sind zuweilen vom Fächerflügler *Ulrichia friesei* befallen (im Gebiet nicht nachgewiesen).

Flugzeit: In einer Generation von Juni bis August.

Gesamtverbreitung: Von Zentraliberien über Süd- und südliches Mitteleuropa, Kleinasien, Kaukasus, Sbirien und Zentralasien bis zum Baikalsee; nordwärts bis Brandenburg (verschollen), Baltikum, Kirov und Perm; südwärts bis Lazio, Peloponnes, Südtürkei und Nordiran. **SW-Eu:** E, I. **Z-Eu:** F, D, A, CH. **N-Eu:** EST, LT, LV, RUS(N). **NO Eu:** CS, SK, PL, BY, UA, UA(K), RUS(S). **SO-Eu:** H, RO, MD, SLO, HR, MK, SRB, AL, BG. **W-As:** TR, Kaukasus, IR. **Z-As:** TM, UZB, TAD, KAZ, KGZ. **Sib:** W-Sib, O-Sib. **SO-As:** MGL, RC (Xinjiang).

Lokalverbreitung: In Deutschland verschollen, historische Meldungen aus Brandenburg, Hessen, Thüringen, Sachsen, Rheinland-Pfalz und Baden-Württemberg; Internetquellen nennen auch einen Fund aus dem Bayerischen Wald, der aber aufgrund der klimatischen Ansprüche der Art ausgeschlossen werden kann. In Österreich nur im Burgenland und Niederösterreich bekannt, wo die einst weit verbreitete Art auf wenige kleine Restbestände zusammengeschmolzen ist. In der Schweiz nur aus dem Wallis gemeldet (aktuell).

Melitturga praestans Giraud, 1861
Östliche Schwebebiene

Etymologie: Von lat. „*praestans*" = „vortrefflich, hervorragend, ausgezeichnet". Deutscher Name: Die Art ist in Osteuropa, Kleinasien und im Nahen Osten verbreitet.

Pollenquellen: Oligolektisch auf Fabaceae (Schmetterlingsblütler), in der Slowakei offensichtlich mit deutlicher Präferenz für *Astragalus onobrychis*.

Lebensraum: Trockenwarme Standorte; im Gebiet nur mehr von einem Steppenrest auf einem Truppenübungsplatz bekannt.

Flugzeit: In einer Generation von April bis Juni.

Gesamtverbreitung: Von Ostösterreich über das südliche Osteuropa bis in den Iran; nordwärts bis Mähren und Nordrumänien (eine Meldung aus Baschkortostan durch Nikiforuk 1957 ist überprüfungsbedürftig); südwärts bis Zypern und Israel. In der ssp. *syriaca* Friese, 1899 in Kleinasien, Zypern und der Levante. **Z-Eu:** A. **NO-Eu:** CS, SK, RUS(S). **SO-Eu:** RO, MK, BG. **W-As:** GR(Ä), CY, TR, SYR, RL, IL, Kaukasus, IR.

Lokalverbreitung: Die einstmals um Wien verbreitete Art kommt offenbar nur mehr an einer Stelle auf dem Truppenübungsplatz Großmittel vor (Mazzucco 2001). Die niederösterreichischen und mährisch-slowakischen Vorkommen bilden eine vom Hauptverbreitungsgebiet isolierte Population.

Nomada Scopoli, 1770
Wespenbienen

Systematik: Familie: Apidae – Unterfamilie: Nomadinae – Tribus: Nomadini.

Literatur: Stöckhert (1930b); Pittioni (1952); Scheuchl (2000); Amiet et al. (2007). Weitere hilfreiche Arbeiten: Stöckhert (1922, 1941, 1943); Koller (1958); Schwarz (1967); Celary (1995); Smit (2004).

Etymologie: Von griech. „*nomas*“ (pl. „*nomades*“) bzw. lat. „*nomades*“ = „Nomaden“. Ihr deutscher Name kommt von der schwarz-gelben Hinterleibszeichnung vieler Arten, wodurch sie von Laien oft mit Wespen verwechselt werden.

Körperliche Merkmale: Wespenbienen sind 3,5–16 mm groß. Ihr Hinterleib ist fast vollständig unbehaart und meist mehr oder weniger auffällig schwarz-gelb oder rot-gelb gezeichnet.

Lebensweise: *Nomada*-Arten leben als Brutparasitoide bei anderen Bienenarten. Der weitaus größte Teil der Arten schmarotzt bei Sandbienen (*Andrena*), die restlichen bei Schmalbienen (*Lasioglossum*), Zottelbienen (*Panurgus*), Langhornbienen (*Eucera*) und Sägehornbienen (*Melitta*), möglicherweise auch bei *Colletes*; außerhalb Europas sind zusätzlich die Bienengattungen *Agapostemon, Lipotriches* und *Exomalopsis* als Wirte nachgewiesen. Viele Arten sind auf eine einzige oder einige wenige Wirtsarten spezialisiert. Als Kuckucksbienen besuchen sie Blüten nur zur Eigenversorgung mit Nektar. Flugzeit und Generationenzahl richtet sich nach dem Wirt; die meisten Arten fliegen im Frühjahr und haben eine Generation pro Jahr, einige wenige erscheinen erst im Sommer oder bilden zwei Generationen aus.

Besonderes Verhalten: Die Männchen einiger Arten bringen Pheromone auf Pflanzen auf und etablieren so Rendezvousplätze, an den sich andere Männchen und Weibchen sammeln. Andere Männchen patrouillieren an Nistplätzen und Nahrungspflanzen, um auf begattungsbereite Weibchen zu treffen. Die Suche nach den Wirtsnestern erfolgt zunächst auf Sicht, indem das *Nomada*-Weibchen alle möglichen Hohlräume im Boden untersucht; letztendlich spielen beim Lokalisieren eines Wirtsnestes jedoch Düfte die ausschlaggebende Rolle. Wenn ein Wirtsnest gefunden wird, prägt sich das Wespenbienen-Weibchen die Lage ein und besucht das Nest später mehrmals. Ein Nest, das bereits Pollen enthält, verströmt einen attraktiveren Geruch als ein leeres Nest. Wenn zwei *Nomada*-Weibchen der gleichen Art sich in einem Wirtsnest begegnen, dann verhalten sie sich aggressiv und versuchen, sich gegenseitig zu vertreiben. Weibchen von Wirten der Gattung *Andrena* verhalten sich außerhalb des Nestes gegen die *Nomada*-Weibchen nicht aggressiv; bei einer Begegnung innerhalb des Nestes jedoch wird das *Nomada*-Weibchen vertrieben. Wenn ein *Nomada*-Weibchen am Eingang eines Wirtsnestes feststellt, dass das Wirts-Weibchen anwesend ist, bezieht es einen Beobachtungsposten in der näheren Umgebung. Hier verfällt sie in Lauerstellung und beobachtet das Nest. Sie sitzt dann unbeweglich, mit dem Kopf zum Nesteingang. Sobald der Wirt wegfliegt, dringt das *Nomada*-Weibchen in das Nest ein. *Nomada* legt in der Regel zwei Eier pro Brutzelle, manchmal drei oder vier, an einer für die Art festgelegten Stelle in der Zellenwand.

Verbreitung/Artenzahl: *Nomada* ist in der Holarktis sehr artenreich, wo sie nordwärts bis Finnland und Alaska geht; in Afrika ist sie südlich der Sahara nur mit etwa zehn Arten vertreten, südwärts geht sie hier bis zum Kap. Ebenfalls mit nur wenigen Arten ist sie in der orientalischen Region verbreitet, wo sie bis zu den Philippinen geht und in die australische Region bis Queensland sowie in die ozeanische Region bis zu den Salomonen vordringt. Weltweit sind rund 800 Arten bekannt, von denen im Gebiet 96 vorkommen, die Meldungen von sechs weiteren Arten beruhen auf einem Irrtum oder sind sehr zweifelhaft.

Nomada agrestis Fabricius, 1787
Rotbindige Wespenbiene

Nomenklatur: Von lat. „*agrestis*“ = „ländlich, auf dem Land lebend“. Deutscher Name: Der Hinterleib ist schwarz mit breiten roten Binden.

Lokalverbreitung: Die Angaben von Kirchner (1867), der die Art für England, Deutschland und Italien auflistet, wurden bereits von Morawitz (1868) korrigiert („kommt in Nordafrika und Andalusien vor, aber nicht in England und Deutschland“).

Nomada alboguttata Herrich-Schäffer, 1839
Weißfleckige Wespenbiene

Systematik: *ruficornis*-Gruppe.

Nomenklatur: Der *Nomada alboguttata*-Komplex besteht nach Schwarz et al. (1996) aus vier unterscheidbaren Formen, von der jedoch nur zwei mit einem Namen belegt sind: Form 1: im April bei *Andrena ventralis* parasitierend. Form 2 (= *Nomada alboguttata* s. str.), von April bis Mai bei *Andrena barbilabris* parasitierend. Form 3, im Juni, Wirt unbekannt. Form 4 (= *Nomada baccata*), im Hochsommer bei der zweiten Generation von *Andrena argentata* parasitierend.

Etymologie: Von lat. „*alba*“ = „weiß“ und „*guttata*“ = „getüpfelt, gesprenkelt“; bezieht sich auf die weißgelben Flecken auf dem Hinterleib.

Lebensraum: Sand-, Kies- und Lehmgruben, Binnendünen, Sandheiden, Hochwasserdämme. Vom Flachland bis in die kolline Höhenstufe.

Wirt: *Andrena barbilabris*; sofern man die oben genannte „Form 1“ als konspezifisch mit *Nomada alboguttata* betrachtet, auch *Andrena ventralis*.

Flugzeit: In einer Generation von April bis Mai.

Gesamtverbreitung: Transpaläarktisch. Von Portugal bis Kamtschatka; in Europa nordwärts in Norwegen bis 63,5°N, in Schweden (68°N) und Finnland (69°N) bis jenseits des Polarkreises, in Russland bis Nordkarelien (66°N) und Kirov; südwärts bis in die Emilia-Romagna, Serbien, *Peloponnes und Nordtürkei. Die wenigen Meldungen aus England dürften sich mit ziemlicher Sicherheit auf *N. baccata* beziehen, die von dort beschrieben wurde, ebenso beruhen die historischen Meldungen aus Algerien auf der Verwechslung mit anderen Arten. In Japan in der ssp. *etizenensis* Tsuneki, 1975. **SW-Eu:** P, E, I. **Z-Eu:** F, B, LUX, NL, D, A, CH, FL, DK. **N-Eu:** {~~GB~~}, N, S, SF, EST, LT, LV, RUS(N). **NO-Eu:** CS, SK, PL, UA, RUS(S). **SO-Eu:** H, RO, SLO, HR, SRB, BIH, *GR. **N-Afr:** {~~DZ~~}. **W-As:** TR, Kaukasus. **Sib:** W-Sib, O-Sib. **NO-As:** Kam.

Lokalverbreitung: Im Deutschland und Österreich aus allen Regionen gemeldet. In der Schweiz keine Nachweise aus den höheren Lagen von Jura, den Alpen und dem nördlichen Alpenvorland sowie aus dem Engadin, nur historisch aus den Kantonen Waadt und Basel.

Nomada alpigena Schwarz, Gusenleitner & Mazzucco, 1999
Alpen-Wespenbiene

Systematik: *roberjeotiana* Gruppe.

Etymologie: Von lat. „*alpigena*“ = „aus den Alpen stammend“; mehrere Tiere der Typenserie stammen aus Ost- und Südtirol.

Flugzeit: Die wenigen bisher bekannten Daten stammen von Juli und August.

Gesamtverbreitung: Bisher nur von Ost- und Südtirol und von Slowenien bekannt. **SW-Eu:** I. **Z-Eu:** A. **SO-Eu:** SLO.

Lokalverbreitung: Im Gebiet bislang nur aus Osttirol gemeldet (Schwarz et al. 1999).

Nomada argentata Herrich-Schäffer, 1839

Silberhaarige Wespenbiene

Systematik: *integra*-Gruppe.

Etymologie: Von lat. „*argentata*“ = „versilbert, silbern“; bezieht sich auf die silberweißen Haarflecken auf Pleuren und Propodeum.

Lebensraum: Warme, offene bis halboffene Standorte, Magerrasen, Steppen. Vom Flachland bis in die montane Höhenstufe.

Wirt: Einziger bekannter Wirt im Gebiet ist *Andrena marginata*; im Mittelmeergebiet kommt auch deren Verwandte *Andrena pellucens* Pérez, 1895 hinzu.

Flugzeit: In einer Generation von Juli bis September.

Gesamtverbreitung: Von Westfrankreich über Europa, Südrussland und *Türkei bis in den Kaukasus; nordwärts bis in den Süden Irlands und Eng-

lands, Südnorwegen (58,5°N, letzter Fund um 1950), in Schweden bis 59°N, in Russland bis Leningrad (aus Finnland gemeldete Funde liegen heute in diesem Oblast) und Moskau; südwärts bis Sizilien und Thessalien. **SW-Eu:** I(Si), I. **Z-Eu:** F, B, NL, D, A, CH, DK. **N-Eu:** IRL, GB, N, S, SF, LV, RUS(N). **NO-Eu:** CS, SK, PL, BY, UA, RUS(S). **SO-Eu:** H, RO, SLO, HR, SRB, *BG, GR. **W-As:** *TR, Kaukasus.

Lokalverbreitung: In Deutschland mit Ausnahme von Brandenburg aus allen Bundesländern nachgewiesen, aktuell aber nur in Nordrhein-Westfalen, Hessen, Thüringen und Baden-Württemberg. In Österreich mit Ausnahme von Salzburg aus allen Bundesländern gemeldet. In der Schweiz aktuell nur aus dem Reusstal und dem Bündner Rheintal, historisch von Genf, aus dem Wallis, dem Misox und dem Unterengadin.

Nomada armata Herrich-Schäffer, 1839
Bedornte Wespenbiene

Systematik: *armata*-Gruppe.

Etymologie: Von lat. „*armata*“ = „bewaffnet, bewehrt“; bezieht sich wie der deutsche Name auf den großen Zahn auf dem Labrum.

Lebensraum: Trockene Fett- und Magerwiesen, Hochwasserdämme, Straßenböschungen, Waldsäume. Vom Flachland bis in die montane Höhenstufe.

Wirt: Einziger bekannter Wirt ist *Andrena hattorfiana*.

Flugzeit: In einer Generation von Mai bis August.

Gesamtverbreitung: Von Zentralspanien über Europa und Kleinasien bis in den Kaukasus; nordwärts in Norwegen bis 58°N (ein einziger Fund 1882 in Mandal, SCHØYEN 1887), in Schweden bis 59°N (aktuell), in Finnland bis 62,5°N (letzter Fund um 1960); südwärts bis Sizilien, Apulien und *Peloponnes. **SW-Eu:** E, *I(Sa), I(Si), I. **Z-Eu:** F, B, LUX, NL, D, A, CH, FL, DK. **N-Eu:** GB, N, S, SF, EST, LT, LV, RUS(N). **NO-Eu:** CS, SK, PL, BY, UA, RUS(S). **SO-Eu:** H, RO, SLO, HR, MNE, SRB, BIH, AL, BG, GR. **W-As:** *GR(Ä), TR, Kaukasus.

Lokalverbreitung: In Deutschland in allen Bundesländern nachgewiesen, nur historisch aus Schleswig-Holstein, Mecklenburg-Vorpommern und Niedersachsen. In Österreich und der Schweiz aus allen Regionen gemeldet.

Nomada atroscutellaris STRAND, 1921

Ehrenpreis-Wespenbiene

Systematik: *ruficornis*-Gruppe.

Nomenklatur: Synonym: *Nomada furva* var. *atroscutellaris* STRAND, 1921.

Etymologie: Von lat. „*atra*“ = „schwarz, dunkel“ und Adjektiv zu „*Scutellum*“ (anat.), also „mit schwarzem Scutellum“. Deutscher Name: Die Art ist häufig auf Ehrenpreis zu finden, der ausschließlichen Pollenquelle des Wirts.

Lebensraum: Extensiv genutztes, bevorzugt trockenes Grünland, Waldsäume, Hecken, Hochwasserdämme, Ruderalflächen, Sand-, Kies- und Lehmgruben, Gärten und Parks. Vom Flachland bis in die montane Höhenstufe.

Wirt: Einziger bekannter Wirt ist *Andrena viridescens*.

Flugzeit: In einer Generation von April bis Juni.

Gesamtverbreitung: Von Frankreich über Süd- und südliches Mitteleuropa, Kleinasien bis in den Kaukasus; nordwärts bis in die deutschen Mittelgebirge, Mittelpolen; südwärts bis Sizilien und *Peloponnes. **SW-Eu:** *I(Si), I. **Z-Eu:** F, D, A, CH, FL. **NO-Eu:** CS, SK, PL, UA, RUS(S). **SO-Eu:** H, RO, SLO, HR, *BIH, GR. **W-As:** TR, Kaukasus.

Lokalverbreitung: In Deutschland nordwärts nur bis in die Mittelgebirge, aktuell gemeldet aus Hessen, Rheinland-Pfalz, Baden-Württemberg und Bayern, historisch aus Sachsen-Anhalt und Thüringen. In Österreich aus allen Bundesländern gemeldet. In der Schweiz aktuell in der Nordschweiz, Jura, Mittelland, Wallis, Bündner Rheintal und Südtessin, historisch aus den Kantonen Genf und Waadt.

Nomada baccata SMITH, 1844

Perlen-Wespenbiene

Systematik: *ruficornis*-Gruppe.

Nomenklatur: Siehe Bemerkungen bei *Nomada alboguttata*.

Etymologie: Von lat. „*baccata*“ = „mit Perlen besetzt“; bezieht sich auf die weißen Hinterleibsflecken.

Lebensraum: Binnendünen, Sandheiden, Sandgruben. Vom Flachland bis in die kolline Höhenstufe

Wirt: Einziger bekannter Wirt ist *Andrena argentata*.

Flugzeit: In einer Generation von Juli bis September.

Gesamtverbreitung: Wegen der Vermengung mit *Nomada alboguttata* unklar. Nach glaubwürdigen Meldungen von Frankreich bis zum Ural; nordwärts bis Südengland, in Schweden bis 57,5°N (Småland), in Finnland bis 61°N (Hattula), in Russland bis Karelien; südwärts bis in die Emilia-Romagna und Ungarn, isoliert auf *Kreta. Aus der Slowakei wurde die ssp. *hrubanti* Balthasar, 1958 beschrieben (Färbungsform?). **SW-Eu:** I. **Z-Eu:** F, B, NL, D, A, CH, DK. **N-Eu:** GB, S, SF, LT, RUS(N). **NO-Eu:** CS, SK, PL, BY, RUS(S). **SO-Eu:** H, *GR(K).

Lokalverbreitung: Wegen der Vermengung mit *Nomada alboguttata* unklar. Nach vorliegenden Daten in Deutschland mit Ausnahme von Sachsen-Anhalt und Thüringen aus allen Bundesländern nachgewiesen, in Mecklenburg-Vorpommern, Nordrhein-Westfalen, Sachsen, Baden-Württemberg und Bayern nur historisch. In Österreich nur aus Kärnten und Niederösterreich gemeldet. In der Schweiz nur historische Nachweise aus Genf, dem Wallis und dem Bündner Rheintal (letzter Nachweis 1935).

Nomada basalis Herrich-Schäffer, 1839
Bunte Wespenbiene

Systematik: *basalis*-Gruppe.

Nomenklatur: Synonym: *Nomada flavomaculata* Lucas, 1849.

Etymologie: Von lat. „*basalis*“ = „grundständig“; bezieht sich vermutlich auf die rote Färbung der Hinterleibsbasis. Deutscher Name: Die Art wirkt mit dem schwarz-rot-gelb gezeichneten Körper recht farbenprächtig.

Lebensraum: Trockenwarme Standorte; Brachäcker, Feldraine, Steppenbiotope. Vom Flachland bis in die kolline Höhenstufe.

Wirt: Einziger bekannter Wirt im Gebiet ist *Andrena truncatilabris*, in der östlichen Mediterraneis werden höchstwahrscheinlich auch die Nester von *Andrena optata* Warncke, 1975 parasitiert.

Flugzeit: In einer Generation von April/Mai bis Juni.

Gesamtverbreitung: In Nordafrika von Marokko bis Tunesien. In Eurasien von Portugal über Süd- und südliches Mitteleuropa, Kleinasien und Kaukasus bis Zentralasien; nordwärts bis Ostösterreich, Mähren und Mittelukraine; südwärts bis Sizilien, Peloponnes, *Libanon und Südiran (Fars). Die Angaben für England basieren auf der Beschreibung von *Nomada rubra* Smith, 1849, einem Synonym von *N. basalis*; Smith hatte ein Tier aus der Samm-

lung Leach vorliegen, in der wiederholt Tiere aus Südeuropa unter das Material aus England geraten waren (Stöckhert 1941). **SW-Eu:** P, E, *F(K), I(Si), I. **Z-Eu:** F, D, A, CH. **N-Eu:** {~~GB~~}. **NO-Eu:** CS, SK, UA, RUS(S). **SO-Eu:** H, RO, SLO, HR, *MNE, MK, SRB, BIH, AL, BG, GR. **N-Afr:** MA, DZ, TN. **W-As:** GR(Ä), TR, SYR, *RL, IRQ, Kaukasus, IR. **Z-As:** TM, UZB, *TAD, KAZ, *KGZ.

Lokalverbreitung: Schenck (1867) gibt die Art irrtümlicherweise für Deutschland an. In Österreich nur aus dem Burgenland bekannt; eine Meldung aus Kärnten ist überprüfungsbedürftig. In der Schweiz nur eine historische Meldung von Genf.

Nomada beaumonti Schwarz, 1967

Beaumonts Wespenbiene

Etymologie: Schwarz widmete die Art dem Schweizer Entomologen Prof. Dr. Jacques de Beaumont (1901–1985).

Lokalverbreitung: Aufgrund einer Fehletikettierung wurde unter den Tieren, die bei der Originalbeschreibung der Art vorlagen, auch ein Weibchen aus Hessen aufgeführt. Die Art ist in Deutschland nicht zu erwarten.

Nomada bifasciata Olivier, 1811
Rotbäuchige Wespenbiene

Systematik: *bifasciata*-Gruppe.

Nomenklatur: Synonym: *Nomada lepeletieri* Pérez, 1884; *Nomada pusilla* auct. nec Lepeletier, 1841.

Etymologie: Von lat. „*bi-*" = „zwei-„ und „*fasciata*" = „umwickelt"; Olivier beschreibt Tiere aus Nordafrika, denen die in Mitteleuropa üblichen gelben Zeichnungselemente fehlen („*abdomen ferrugineux, avec deux bandes brunes*"), sodass bei Tieren im Gebiet nicht von zwei Binden gesprochen werden kann. Deutscher Name: Die Art ist von der nächstverwandten *N. fucata* durch die einfarbig rote Abdomenunterseite zu unterscheiden.

Lebensraum: Zeigt keine strenge Habitatbindung; Waldsäume und -lichtungen, trockene Fett- und Magerwiesen, Gärten und Parks. Vom Flachland bis in die kolline Höhenstufe.

Wirt: Einziger bekannter Wirt ist *Andrena gravida*.

Flugzeit: In einer Generation von März bis Juni.

Gesamtverbreitung: In Nordafrika von den Kanaren bis *Ägypten. In Eurasien von Portugal über Süd- und südliches Mitteleuropa bis in die Türkei; nordwärts bis zur Nord- und Ostseeküste; südwärts bis *Sizilien, *Malta, *Puglia, *Peloponnes und *Kreta. Die Nominatform in Nordafrika, im übrigen Verbreitungsgebiet in der ssp. *lepeletieri* Pérez, 1884. **SW-Eu:** P, E, E(B), *I(Si), I, *M. **Z-Eu:** F, B, NL, D, A, CH, FL, DK? **NO-Eu:** CS, SK, PL, UA, RUS(S).

SO-Eu: H, RO, SLO, HR, *MK, BG, GR, *GR(K). **N-Afr:** E(C), MA, DZ, TN, *LAR, *ET. **W-As:** GR(Ä), *CY, TR.

Lokalverbreitung: Im Gebiet aus allen Regionen gemeldet.

Nomada bispinosa Mocsáry, 1883

Zweidornige Wespenbiene

Systematik: *armata*-Gruppe.

Etymologie: Von lat. „*bi-* = „zwei-„ und „*spinosa*" = „dornig, stachelig"; wegen der zwei Dornen am Ende der Hintertibien.

Lebensraum: Sowohl an trockenen als auch feuchteren Standorten; Trockenrasen, Weinberge, Auwälder, Hochwasserdämme. Vom Flachland bis in die kolline Höhenstufe.

Wirte: Unbekannt. Die von Stöckhert (1954) genannte *Andrena hypopolia* ist sehr unwahrscheinlich, eher kommt eine *Lasioglossum*- oder eine kleinere *Halictus*-Art infrage.

Flugzeit: In einer Generation von Mai bis Juni.

Gesamtverbreitung: In Nordafrika in Marokko und Tunesien nachgewiesen. In Eurasien von Galicia über Süd- und südliches Mitteleuropa und Türkei bis Nord-*Iran, eine isolierte Meldung aus Pakistan; nordwärts bis Süddeutschland, Mähren und Südpolen; südwärts bis *Puglia und *Peloponnes. **SW-Eu:** E, I. **Z-Eu:** F, D, A, CH. **NO-Eu:** CS, SK, PL, *UA(K). **SO-Eu:** H, RO, HR, *BIH, *MNE, *MK, *BG, GR. **N-Afr:** *MA, TN. **W-As:** GR(Ä), TR, Kaukasus, *IR. **Ori:** PAK.

Lokalverbreitung: In Deutschland bis vor Kurzem nur aus dem baden-württembergischen Oberrheintal bekannt; wurde 2010 auch in Bayern gefunden (Scheuchl 2011). In Österreich aus Kärnten, Niederösterreich und dem Burgenland bekannt. In der Schweiz nur ein einziger Fund im Thurgau (aktuell, Amiet et al. 2007).

Nomada blepharipes Schmiedeknecht, 1882

Wimpernfüßige Wespenbiene

Systematik: *furva*-Gruppe.

Nomenklatur: Synonym: *Nomada erythrocephala* auct. nec Morawitz, 1871.

Etymologie: Von griech. „*blepharon*" = „Augenlid" und lat. „*pes*" = „Fuß"; bezieht sich auf die auffällige Haarfranse am hinteren Metatarsus des Männchens.

Wirte: Vermutet werden *Andrena hypopolia* und *Andrena cordialis*.

Flugzeit: In zwei Generation von Mai bis September.

Gesamtverbreitung: In Nordafrika von Marokko bis *Tunesien. In Eurasien von Portugal über Süd- und Osteuropa, Kleinasien und *Kaukasus bis Zentralasien; nordwärts bis Ostösterreich, Slowakei und Südukraine; südwärts bis Lazio und *Peloponnes. **SW-Eu:** P, E, I. **Z-Eu:** F, A, CH. **N-Eu:** {N}, {S}. **NO-Eu:** SK, UA. **SO-Eu:** H, RO, BG, GR. **N-Afr:** MA, DZ, *TN. **W-As:** TR, *Kaukasus. **Z-As:** *UZB, KAZ.

Lokalverbreitung: In Österreich aus Kärnten und dem Burgenland bekannt. In der Schweiz historisch vom Genfersee, historisch und aktuell aus dem Wallis.

Nomada bluethgeni Stöckhert, 1944
Blüthgens Wespenbiene

Systematik: *furva*-Gruppe.

Etymologie: Dem deutschen Hymenopterologen Paul Blüthgen (1880–1967) gewidmet.

Lebensraum: Trockenwarme Offenland-Standorte. Vom Flachland bis in die kolline Höhenstufe.

Wirte: *Lasioglossum marginellum*; in Slowenien auch bei *Lasioglossum sexstrigatum* beobachtet.

Flugzeit: In zwei Generationen von April bis August.

Gesamtverbreitung: Von Galicia (isoliert?) und dem ostspanischen Pyrenäenvorland (*Figueres) über Süd- und Südosteuropa, *Ägäis und *Kleinasien bis *Aserbaidschan; nordwärts bis Mitteldeutschland (historisch); südwärts bis *Sizilien, *Kalabrien, *Peloponnes und Süd-*Türkei. **SW-Eu:** *E, *F(K), *I(Si), I. **Z-Eu:** F, D, A, CH. **NO-Eu:** CS, SK, RUS(S). **SO-Eu:** H, RO, SLO, HR, *SRB, BG, GR. **W-As:** *GR(Ä), *TR, *Kaukasus.

Lokalverbreitung: In Deutschland nur aus Thüringen und dem Maintal in Bayern nachgewiesen (verschollen; Westrich & Dathe 1997, Burger & Winter 2002). In Österreich historisch aus der Steiermark (Franz 1982). In der Schweiz ein einziger Nachweis von Genf von 1878 (Amiet et al. 2007).

Nomada braunsiana Schmiedeknecht, 1882
Glockenblumen-Wespenbiene

Systematik: *ruficornis*-Gruppe.

Etymologie: Benannt nach dem norddeutschen Entomologen Hans Brauns (1857–1929). Deutscher Name: Die Art ist nicht selten in der Nähe von Glockenblumenbeständen zu finden, der ausschließlichen Pollenquelle ihrer Wirte.

Lebensraum: Trockenwarme Magerrasen, extensiv genutztes Grünland, Trockenhänge, südexponierte Waldränder, Hecken. Vom Flachland bis in die untere subalpine Höhenstufe.

Wirte: *Andrena curvungula, Andrena pandellei* und *Andrena paucisquama*.

Flugzeit: In einer Generation von Mai bis August.

Gesamtverbreitung: Von *Galicia (Lugo) bis in die Levante, isolierte Nachweise aus *Tadschikistan; nordwärts bis ins nördliche Polen (Bydgoszcz); südwärts bis in die Abruzzen, *Peloponnes und Jordanien. **SW-Eu:** E, *F(K), I. **Z-Eu:** F, B, LUX, D, A, CH, {~~DK~~}. **N-Eu:** S, RUS(N). **NO-Eu:** CS, SK, PL, UA. **SO-Eu:** H, RO, SLO, HR, *BG, GR. **W-As:** *GR(Ä), TR, JOR. **Z-As:** *TAD.

Lokalverbreitung: In Deutschland mit Ausnahme von Schleswig-Holstein, Niedersachsen und Brandenburg aus allen Bundesländern nachgewiesen, aus Sachsen-Anhalt, Nordrhein-Westfalen, Thüringen und Sachsen nur historisch. In Österreich aus dem Burgenland, Kärnten, Ober- und Niederösterreich sowie der Steiermark gemeldet. In der Schweiz aktuell aus den Kantonen Wallis, Graubünden und Neuenburg, historisch von Genf, Basel, Wallis, Tessin und Engadin.

Nomada calimorpha Schmiedeknecht, 1882
Pracht-Wespenbiene

Systematik: *ruficornis*-Gruppe.

Etymologie: Von griech. „*kal-*“ (latinisiert) = „schön“ und „*morphe*“ = „Gestalt“. Deutscher Name: Es handelt sich um eine mit ihrem ausgedehnt rot

gefärbten, mit gelben Flecken gezeichneten Hinterleib ausgesprochen attraktive Art.

Lebensraum: Trockenwarme Standorte; Weinberge, Trockenrasen, Steppen. Vom Flachland bis in die kolline Höhenstufe.

Wirte: Unbekannt.

Flugzeit: In einer Generation von Mai bis Juni.

Gesamtverbreitung: Einzige Meldung aus Spanien von Schmiedeknecht bei der Beschreibung der Art, sonst nie mehr dort gefunden, ebensowenig in Frankreich und Italien. Von Ostösterreich bis zum Kopet Dag (Iran/Turkmenien); südwärts bis auf die *Peloponnes. **SW-Eu:** E. **Z-Eu:** A. **NO-Eu:** CS, SK, RUS(S). **SO-Eu:** H, RO, *MK, GR. **W-As:** *GR(Ä), TR, IR. **Z-As:** TM(?).

Lokalverbreitung: Im Gebiet historisch aus dem Burgenland und Niederösterreich bekannt (Schwarz et al. 1996), aktuell aus Gedersdorf/Niederösterreich (Ebmer 2003).

Nomada carnifex Mocsáry, 1883
Dreizahn-Wespenbiene

Systematik: *armata*-Gruppe.

Etymologie: Von lat. „*carnifex*" = „Henker, Scharfrichter"; Mocsáry fühlte sich möglicherweise durch den mit Ausnahme der schwarzen Basis vollständig rot gefärbten Hinterleib an die „Berufskleidung" früherer Henker erinnert. Deutscher Name: Das Labrum trägt drei kräftige Zähne.

Flugzeit: Es liegen nur Funddaten aus dem Mai vor.

Gesamtverbreitung: In Nordafrika von *Marokko bis Tunesien. In Eurasien von Portugal bis Italien; nordwärts bis ins Tessin; südwärts bis Sizilien und Basilicata. **SW-Eu:** P, E, I(Si), I. **Z-Eu:** F, CH. **N-Afr:** *MA, DZ, TN.

Lokalverbreitung: Im Gebiet nur von zwei Weibchen bekannt, die 1988 und 1995 im südlichen Tessin gefangen wurden (Amiet et al. 2011).

Nomada castellana Dusmet, 1913
Kastilische Wespenbiene

Systematik: *ruficornis*-Gruppe.

Nomenklatur: Synonym: *Nomada baeri* Stöckhert, 1930.

Etymologie: Von lat. „*castellanus*" = „kastilisch, aus Kastilien"; Dusmet beschrieb die Art aus der Provinz Madrid.

Wirte: Mit ziemlicher Sicherheit *Andrena anthrisci*, vermutlich auch *Andrena alfkenella* und weitere Arten der *Andrena-minutula*-Gruppe.

Flugzeit: In einer Generation von April bis Juli.

Gesamtverbreitung: Von Portugal über Süd- und Mitteleuropa bis Südrussland und über *Kleinasien bis *Georgien, nach neueren Meldungen auch in Südkasachstan (Jabagly) und Ostsibirien (Irkutsk) gefunden; nordwärts bis ins Baltikum und Kirov; südwärts bis *Kalabrien und *Peloponnes. **SW-Eu:** E, I. **Z-Eu:** F, B, LUX, D, A, CH. **N-Eu:** LT, UA, RUS(N). **NO-Eu:** CS, SK, PL, RUS(S). **SO-Eu:** H, RO, SLO, HR, BG, *GR. **W-As:** *TR, *Kaukasus. **Z-As:** KAZ(?). **Sib:** O-Sib(?).

Lokalverbreitung: In Deutschland mit Ausnahme von Schleswig-Holstein und Mecklenburg-Vorpommern aus allen Bundesländern nachgewiesen, aus Niedersachsen nur historisch. In Österreich mit Ausnahme von Vorarlberg und dem Burgenland aus allen Bundesländern gemeldet. In der Schweiz sehr zerstreut aus fast allen Regionen gemeldet, keine Nachweise vom Alpenhauptkamm und der Alpennordseite, nur historisch vom Genfersee, Tessin, Misox und Engadin.

Nomada concolor Schmiedeknecht, 1882

Steppen-Wespenbiene

Systematik: *ruficornis*-Gruppe.

Etymologie: Von lat. „*concolor*" = „gleichfarbig"; Schmiedeknecht bezieht sich auf die ähnlich gefärbten *N. furva* und *N. distinguenda*. Der deutsche Name bezieht sich auf den Lebensraum.

Lebensraum: Trockenwarme Standorte mit Steppencharakter. Vom Flachland bis in die kolline Höhenstufe.

Wirt: Einziger bekannter Wirt im Gebiet ist *Andrena impunctata*; im Mittelmeergebiet kommen weitere Arten aus deren Verwandtschaft infrage.

Flugzeit: Das österreichische Tier wurde im Mai gefangen.

Gesamtverbreitung: Disjunkt und selten Marokko bis Algerien sowie von Portugal bis Ungarn und *Kroatien; eine Meldung aus Kreta scheint überprüfungsbedürftig. **SW-Eu:** P, E, E(B), I(Si), I. **Z-Eu:** F, A. **SO-Eu:** H, *HR, GR(K)(?). **N-Afr:** MA, DZ.

Lokalverbreitung: Im Gebiet bisher nur von einem Männchen aus dem Burgenland von 1991 bekannt (Schwarz & Gusenleitner 1997).

Nomada confinis Schmiedeknecht, 1882

Krainer Wespenbiene

Systematik: *ruficornis*-Gruppe.

Nomenklatur: Synonym: *Nomada carniolica* Schmiedeknecht, 1882.

Etymologie: Von lat. „*confinis*" = „angrenzend, benachbart"; der Name wurde Schmiedeknecht zusammen mit den Tieren von Kriechbaumer mitgeteilt und bezieht sich vielleicht auf das Scutellum („Die Schildchenhöcker sind sehr genähert. Der hellgelbe Querfleck besteht deutlich aus zwei sich berührenden runden Makeln"). Der deutsche Name ist vom Synonym *N. carniolica* abgeleitet, das aus „*Carniola*" = „Krain" beschrieben wurde.

Lebensraum: Trockenwarme Standorte. Vom Flachland bis in die kolline Höhenstufe.

Wirte: Unbekannt.

Flugzeit: In einer Generation von Mai bis Juni.

Gesamtverbreitung: Vom Wallis und Triest über Südosteuropa und Türkei bis Nord-*Iran (Täbris); südwärts bis *Peloponnes, Zypern und Israel. **SW-Eu:** I. **Z-Eu:** F(?), CH. **SO-Eu:** H, SLO, HR, *BG, GR. **W-As:** GR(Ä), CY, TR, SYR, *RL, IL, *IR.

Lokalverbreitung: Im Gebiet nur ein historischer Nachweis von Sierre von 1951 (Amiet et al. 2007).

Nomada conjungens Herrich-Schäffer, 1839
Dolden-Wespenbiene

Systematik: *ruficornis*-Gruppe.

Nomenklatur: Synonym: *Nomada dallatorreana* Schmiedeknecht, 1882.

Etymologie: Von lat. „*conjungens*“ = „zu einem Paar verbunden, ehelich verbunden“; Herrich-Schäffer gibt keinen Hinweis zur Namenswahl. Deutscher Name: Die Art ist nicht selten auf oder in der Nähe von Doldenblütlern zu finden, den ausschließlichen Pollenquellen ihrer Wirte.

Lebensraum: Trockene Mager- und Fettwiesen, Waldsäume, Hecken, Hochwasserdämme, Ruderalflächen, Gärten und Parks. Vom Flachland bis in die montane Höhenstufe.

Wirte: *Andrena proxima* und *Andrena alutacea*, vermutlich auch *Andrena ampla*.

Flugzeit: In einer Generation von April bis Juli.

Gesamtverbreitung: In Nordafrika aus Algerien und *Tunesien nachgewiesen. In Eurasien von Portugal über Europa und Kleinasien bis ins östliche Kasachstan; nordwärts bis Südwales und Südengland, Baltikum, Kirov und Perm; südwärts bis *Sizilien und *Peloponnes. In Nordafrika in der ssp. *bipunctis* Pérez, 1902. **SW-Eu:** P, E, *I(Si), I. **Z-Eu:** F, B, LUX, NL, D, A, CH. **N-Eu:** GB, LT, LV, RUS(N). **NO-Eu:** CS, SK, PL, BY, RUS(S). **SO-Eu:** H, RO, SLO, HR, *BIH, *MK, *BG, GR. **N-Afr:** DZ, *TN. **W-As:** TR. **Z-As:** KAZ.

Lokalverbreitung: In Deutschland mit Ausnahme von Mecklenburg-Vorpommern aus allen Bundesländern nachgewiesen, aus Schleswig-Holstein nur historisch. In Österreich mit Ausnahme von Vorarlberg aus allen Bundesländern gemeldet. In der Schweiz mit Ausnahme der Alpennordseite überall nachgewiesen.

Nomada connectens Pérez, 1884
Südwestliche Wespenbiene

Systematik: *furva*-Gruppe.

Etymologie: Von lat. „*connectens*" = „verknüpft, verbunden"; Pérez bezieht sich offensichtlich auf die Ähnlichkeit mit *N. kohli* und *N. erythrocephala*. Der deutsche Name verweist auf das Verbreitungsgebiet.

Lebensraum: Trockenwarme Standorte, Steppen oder Lössgebiete. Vom Flachland bis in die kolline Höhenstufe.

Wirte: Einziger bekannter Wirt ist *Andrena atrata*.

Flugzeit: In einer Generation von Mai/Juni bis September.

Gesamtverbreitung: Von Zentralspanien über Südeuropa bis in die Ägäis, die Levante, Kaukasus und *Westkasachstan (Uralsk); nordwärts bis Piemont und Wallis (historisch); südwärts bis Sizilien, *Puglia und *Peloponnes. Die Meldungen aus der Slowakei und Algerien dürften sich auf andere Arten beziehen. **SW-Eu:** E, I(Si), I. **Z-Eu:** F, CH. **NO-Eu:** SK? **N-Afr:** DZ? **SO-Eu:** *HR, *BG, GR. **W-As:** GR(Ä), IL, *JOR, *Kaukasus. **Z-As:** *KAZ.

Lokalverbreitung: Im Gebiet nur aus dem Wallis bekannt, letzter Nachweis von 1952 (Amiet et al. 2007).

Nomada corcyraea Schmiedeknecht, 1882
Glanzlippige Wespenbiene

Systematik: *armata*-Gruppe.

Nomenklatur: Jüngst wurde bei einer Revision des Schmiedeknecht'schen *Nomada*-Typenmaterials die Artgleichheit von *N. corcyraea* und *N. transitoria* Schmiedeknecht, 1882 festgestellt (Schwarz & Gusenleitner 2015). Im Gebiet wurde die Art bis dahin unter dem Namen *N. transitoria* geführt.

Etymologie: Von „*Corcyra*", dem antiken Namen für die Insel Korfu, von der die meisten Tiere der Typenserie stammen. Das Synonym von lat. „*transitoria*" = „Durchgangs-, Übergangs-"; Schmiedeknecht bezieht sich auf die Übergänge in der Färbung verschiedener mit *N. transitoria* verwandter Arten. Deutscher Name: Das Labrum des Weibchens besitzt an der Basis eine breite unpunktierte und polierte Zone.

Gesamtverbreitung: Nur sehr wenige und sehr zerstreute Meldungen von Portugal bis zur Wolga und Zentralanatolien; südwärts bis Peloponnes und südliche Türkei (Prov. Mersin). Wurde durch Přidal (2004) aus der Liste der slowakischen Bienenarten gestrichen, da keine verlässlichen Meldungen bekannt waren; in der Coll. Schwarz/Ansfelden befindet sich ein Tier aus Vinicky. **SW-Eu:** P, E. **Z-Eu:** A. **NO-Eu:** *SK, RUS(S). **SO-Eu:** *MK, GR. **W-As:** GR(Ä), TR.

Lokalverbreitung: Im Gebiet nur aus dem Burgenland gemeldet (Schwarz et al. 1996, ohne genauere Daten).

Nomada cruenta Schmiedeknecht, 1882

Blut-Wespenbiene

Systematik: *ruficornis*-Gruppe.

Etymologie: Von lat. „*cruenta*“ = „blutig, blutbefleckt“; wegen des fast vollständig roten Hinterleibs.

Lebensraum: Trockenwarme Standorte mit Steppencharakter, Weinbauterrassen, Ruderalflächen. Vom Flachland bis in die kolline Höhenstufe.

Wirt: *Andrena scita*; verschiedentlich wird auch *Andrena braunsiana* vermutet.

Flugzeit: In einer Generation von Mai bis Juli.

Gesamtverbreitung: Aus Zentralspanien (Madrid) und Sizilien (*locus typicus*) nur ältere Meldungen; Schmiedeknecht bezeichnet das Tier aus Sizilien, das ihm bei der Beschreibung der Art vorlag, als abweichend von den übrigen Tieren aus Ungarn, Slawonien und Griechenland, sodass diese westlichen Funde möglicherweise einer anderen Art zuzuordnen sind. Von Ostösterreich über Südosteuropa bis *Südrussland (Wolgograd) und in die Türkei; südwärts bis auf die Peloponnes. In Kleinasien in der ssp. *sexspinosa* Friese, 1921. **SW-Eu:** E, I(Si). **Z-Eu:** A. **NO-Eu:** CS, SK, *RUS(S). **SO-Eu:** H, RO, HR, *SRB, *MK, BG, GR, GR(K). **W-As:** GR(Ä), TR.

♀

Lokalverbreitung: Im Gebiet nur aus dem Burgenland und Niederösterreich gemeldet (letzter publizierter Fund 1985, Mazzucco & Ortel 2001).

Nomada discedens Pérez, 1884
Westliche Wespenbiene

Systematik: *furva*-Gruppe.

Etymologie: Von lat. „*discedens*“ = „auseinandergegangen, weggegangen“; Pérez bezieht sich offensichtlich auf die Unterschiede zu *N. kohli*. Der deutsche Name verweist auf das Verbreitungsgebiet.

Lebensraum: Sandheiden, Binnendünen, Flugsandfelder. Vom Flachland bis in die kolline Höhenstufe.

Wirte: Einziger mit ziemlicher Sicherheit zu vermutender Wirt ist *Lasioglossum prasinum*.

Flugzeit: Alle verfügbaren Funddaten stammen aus dem Juni.

Gesamtverbreitung: In Nordafrika verlässlich aus *Marokko nachgewiesen; zwei ältere Meldungen aus Algerien und Tunesien sind überprüfungsbedürftig. In Eurasien von Portugal bis ins westliche Deutschland. **SW-Eu:** P, E. **Z-Eu:** F, D. **N-Afr:** *MA, DZ(?), TN(?).

Lokalverbreitung: Bisher nur aus Schwetzingen/Baden-Württemberg, wo sie 1996 das erste Mal für Mitteleuropa festgestellt werden konnte (Westrich & Dathe 1997), und von Darmstadt/Hessen (Tischendorf 2008) bekannt.

Nomada discrepans Schmiedeknecht, 1882
Genfer Wespenbiene

Systematik: *ruficornis*-Gruppe.

Etymologie: Von lat. „*discrepans*“ = „nicht übereinstimmend, abweichend“; Schmiedeknecht bezieht sich auf die seiner Meinung nach isolierte Stellung innerhalb der Gattung. Der deutsche Name verweist auf den Typenfundort.

Lebensraum: Vom Flachland bis in die kolline, in der Südschweiz auch bis in die montane und subalpine Höhenstufe.

Wirte: Unbekannt.

Flugzeit: In zwei Generationen von April bis August.

Gesamtverbreitung: In Nordafrika von den Kanaren bis Tunesien. In Eurasien von Portugal bis Rumänien, zwei isolierte Funde in der *Türkei (Ürgüp) und in *Turkmenien (Ashgabat); nordwärts bis zur Loire, Südschweiz; südwärts bis Sizilien, *Kroatien und Mittelrumänien, im Nahen Osten bis *Israel. **SW-Eu:** P, E, I(Si), I. **Z-Eu:** F, CH. **NO-Eu:** SK. **SO-Eu:** H, RO, *HR. **W-As:** *TR, *IL. **N-Afr:** E(C), MA, DZ, TN. **Z-As:** *TM.

Lokalverbreitung: Im Gebiet nur ein aktueller Nachweis aus dem St. Galler Rheintal, historische Meldungen aus den Kantonen Basel, Bern, Genf und Wallis (Amiet et al. 2007).

Nomada distinguenda Morawitz, 1873

Getrennte Wespenbiene

Systematik: *furva*-Gruppe.

Etymologie: Von lat. „*distinguenda*" = „die zu unterscheidende"; Morawitz bezieht sich auf die Ähnlichkeit mit *N. furva*. Der deutsche Name folgt der wissenschaftlichen Bezeichnung.

Lebensraum: Zeigt keine strenge Habitatbindung; Waldsäume, extensiv genutztes Grünland, Brach- und Ruderalflächen, Böschungen, Sand-, Kies- und Lehmgruben. Vom Flachland bis in die montane Höhenstufe.

Wirte: *Lasioglossum villosulum* und sicherlich weitere kleine *Lasioglossum*-Arten wie *Lasioglossum parvulum* und *Lasioglossum nitidiusculum*.

Flugzeit: In zwei Generationen von April bis September/Oktober.

Gesamtverbreitung: In Nordafrika von Marokko bis Tunesien. In Eurasien von Portugal über Süd- und Mitteleuropa, Kleinasien und Kaukasus bis Turkmenien und Afghanistan; nordwärts bis in die Norddeutsche Tiefebene, Südpolen und Moskau; südwärts bis Sizilien, *Malta, Kreta, *Libanon und Afghanistan. **SW-Eu:** P, E, F(K), I(Sa), I(Si), I, *M. **Z-Eu:** F, B, NL, D, A, CH, DK. **N-Eu:** RUS(N). **NO-Eu:** CS, SK, PL, UA, *UA(K), RUS(S). **SO-Eu:** H, RO, SLO, HR, *MNE, MK, SRB, AL, BG, GR, GR(K). **N-Afr:** MA, DZ, TN. **W-As:** GR(Ä), TR, SYR, *RL, Kaukasus, *IR, AFG. **Z-As:** TM.

Lokalverbreitung: In Deutschland mit Ausnahme von Mecklenburg-Vorpommern und Niedersachsen aus allen Bundesländern nachgewiesen, aus Brandenburg, Hessen und Sachsen nur historisch. In Österreich mit Ausnahme von Salzburg, Tirol und Vorarlberg aus allen Bundesländern gemeldet. In der Schweiz aus allen Regionen bekannt.

Nomada emarginata Morawitz, 1877

Hecken-Wespenbiene

Systematik: *ruficornis*-Gruppe.

Etymologie: Von lat. „*emarginata*" = „ausgerandet"; Morawitz bezieht sich auf das tief ausgeschnittene Pronotum („*pronoto medio profunde emarginato*"). Der deutsche Name verweist auf den Lebensraum.

Lebensraum: Sonnenexponierte Waldsäume, Hecken, extensiv genutztes Grünland, Halbtrockenrasen. Vom Flachland bis in die montane, zuweilen auch in die untere subalpine Höhenstufe.

Wirt: Einziger sicher nachgewiesener Wirt ist *Melitta haemorrhoidalis*.

Flugzeit: In einer Generation von Mai/Juni bis September.

Gesamtverbreitung: Ein Einzelfund aus *Nordspanien (Burgos), ansonsten von Frankreich und Italien über Europa, *Kleinasien und Kaukasus bis Kirgistan; nordwärts bis ins Baltikum und Perm; südwärts bis Norditalien, Nord-*Griechenland und Nord-*Türkei. **SW-Eu:** *E, I. **Z-Eu:** F, B, NL, D, A, CH, FL. **N-Eu:** LT, RUS(N). **NO-Eu:** CS, SK, PL, BY, UA, RUS(S). **SO-Eu:** H, RO, SLO, *HR, BG, *GR. **W-As:** *TR, Kaukasus, *IR. **Z-As:** *UZB, KGZ.

Lokalverbreitung: In Deutschland mit Ausnahme von Schleswig-Holstein, Mecklenburg-Vorpommern und Brandenburg aus allen Bundesländern nachgewiesen, aus Sachsen-Anhalt nur historisch. In Österreich mit Ausnahme von Vorarlberg aus allen Bundesländern gemeldet. In der Schweiz aktuell und historisch im Wallis und im Unterengadin, außerhalb davon aktuell vom Bielersee, aus dem Aaretal und dem Bündner Rheintal, historisch von Genf, dem Misox, Bergell und Puschlav.

Nomada errans Lepeletier, 1841
Möhren-Wespenbiene

Systematik: *roberjeotiana*-Gruppe.

Etymologie: Von lat. „*errans*" = „umherirrend, sich herumtreibend". Deutscher Name: Die Art ist am ehesten auf der Wilden Möhre, einer Hauptpollenquelle der Wirtsarten, zu finden.

Lebensraum: Waldsäume, Hecken, Mager- und Fettwiesen, Hochwasserdämme, Ruderalflächen, Sand-, Kies- und Lehmgruben, Gärten und Parks.

♀

Vom Flachland bis in die kolline, im Süden bis in die untere montane Höhenstufe.

Wirte: *Andrena nitidiuscula* und *Andrena fulvicornis*, vermutlich auch *Andrena pallitarsis* und *Andrena pontica*.

Flugzeit: In einer Generation von Juni bis August.

Gesamtverbreitung: Eine überprüfungsbedürftige ältere Meldung von Galicia. Von Aquitanien bis in den sibirischen Teil Kasachstans; nordwärts bis Südengland (letzter Fund 1982), Moskau und Kirov; südwärts bis *Südtirol, Istrien und Rumänien. Wird von Proshchalykin (2010b) für Ostsibirien aufgelistet; er erwähnt sie aber in seinem Beitrag zum Katalog der Insekten des Fernen Ostens (Lelej 2012) nicht mehr. **SW-Eu:** E(?), *I. **Z-Eu:** F, NL, D, A, CH. **N-Eu:** GB, RUS(N). **NO-Eu:** CS, SK, PL, BY, UA, RUS(S). **SO-Eu:** H, RO, SLO, HR, *SRB. **Z-As:** KAZ. **Sib:** O-Sib?

Lokalverbreitung: In Deutschland mit Ausnahme von Schleswig-Holstein, Mecklenburg-Vorpommern, Niedersachsen und Nordrhein-Westfalen aus allen Bundesländern nachgewiesen, aus Sachsen-Anhalt und Sachsen nur historisch. In Österreich mit Ausnahme von Vorarlberg aus allen Bundesländern gemeldet. In der Schweiz aktuell nur aus Graubünden, historisch vom Genfersee, Wallis, Mittelland, Jura und Basel.

Nomada fabriciana (LINNAEUS, 1767)
Rotschwarze Wespenbiene

Systematik: *ruficornis*-Gruppe.

Etymologie: LINNÉ widmete die Art seinem Schüler Johann Christian FABRICIUS (1745–1808). Deutscher Name: Die Art ist ausschließlich schwarz und rot gefärbt.

Lebensraum: Zeigt keine strenge Habitatbindung; lichte Wälder, Waldsäume, Hecken, trockene Mager- und Fettwiesen, Hochwasserdämme, Ruderalflächen, Sand-, Kies- und Lehmgruben, Gärten und Parks. Vom Flachland bis in die subalpine Höhenstufe.

Wirte: *Andrena bicolor, Andrena chrysosceles, Andrena fulvata* und *Andrena angustior.*

Flugzeit: In zwei Generationen von März bis August.

Gesamtverbreitung: PÉREZ (1890) listet die Art für Algerien auf; sie wurde danach nie mehr dort gefunden, aber da das Verbreitungsgebiet der Wirtsart *Andrena bicolor* sich auch auf Nordafrika erstreckt, ist ein Vorkommen nicht ausgeschlossen. Von Portugal über Europa und Kleinasien bis zum Kaukasus; nordwärts bis Irland und Südschottland, Schweden (61°N, Gästrikland), Baltikum und Perm; südwärts bis Sizilien, Marche, *Peloponnes, *Kreta und Jordanien. Wird von PROSHCHALYKIN (2009) für Irkutsk gemeldet; er erwähnt sie aber in seinem Beitrag zum Katalog der Insekten des Fernen Ostens (LELEJ 2012) nicht mehr. **SW-Eu:** P, E, *F(K), I(Si), I. **Z-Eu:** F, B, LUX, NL, D, A, CH, FL, DK. **N-Eu:** IRL, GB, S, EST, LT, LV, RUS(N). **NO-Eu:** CS, SK, PL, BY(?), UA, *UA(K), RUS(S). **SO-Eu:** H, RO, SLO, HR, *MK, BG, GR, *GR(K). **N-Afr:** DZ(?). **W-As:** GR(Ä), TR, JOR, Kaukasus. **Sib:** O-Sib?

Lokalverbreitung: Im Gebiet aus allen Regionen gemeldet.

Nomada facilis Schwarz, 1967

Waldrand-Wespenbiene

Systematik: *integra*-Gruppe.

Nomenklatur: Wurde erst 1967 als eigenständige, von *Nomada integra* verschiedene Art erkannt.

Etymologie: Von lat. „*facilis*" = „leicht, mühelos, bequem"; bezieht sich offensichtlich auf die leichte Erkennbarkeit („*N. facilis n. sp. ist sehr leicht zu erkennen*"). Der deutsche Name verweist auf den Lebensraum.

Lebensraum: Waldsäume, Hecken, Hochwasserdämme, mageres und trockenes Grünland, Sand-, Kies- und Lehmgruben. Vom Flachland bis in die montane, im Süden zuweilen bis in die subalpine Höhenstufe.

Wirte: Bisher wurden *Andrena humilis* und *Andrena fulvago* als Wirte bekannt.

Flugzeit: In einer Generation von Mai bis August.

Gesamtverbreitung: Von *Zentralspanien (Madrid) über Süd-, südliches Mitteleuropa und Kaukasus bis Kasachstan (Akmolinsk); nordwärts bis Irland und Südschottland, Schweden (59°N, Södermanland) und Moskau; südwärts bis *Sardinien, Abruzzo und *Peloponnes. **SW-Eu:** *E, *I(Sa), I. **Z-Eu:** F, B, *LUX, D, A, CH. **N-Eu:** S, RUS(N). **NO-Eu:** CS, SK, PL. **SO-Eu:** H, RO, SLO, HR, *BG, GR. **W-As:** TR, Kaukasus. **Z-As:** KAZ.

Lokalverbreitung: Wegen der Vermengung mit *Nomada integra* können sich ältere Meldungen dieser Art auch auf *Nomada facilis* beziehen. Nach derzeitiger Datenlage in Deutschland aus Nordrhein-Westfalen, Hessen, Thüringen, Sachsen, Rheinland-Pfalz, Baden-Württemberg und Bayern nachgewiesen. In Österreich und der Schweiz aus allen Regionen gemeldet.

Nomada femoralis Morawitz, 1868

Schenkel-Wespenbiene

Systematik: *armata*-Gruppe.

Etymologie: Adjektiv zu lat. „*femur*" = „Schenkel"; wegen der verbreiterten Vorderschenkel der Männchen.

Lebensraum: Waldsäume, Hecken, Hochwasserdämme, mageres und trockenes Grünland, Sand-, Kies- und Lehmgruben, Brach- und Ruderalflächen. Vom Flachland bis in die montane Höhenstufe.

Wirte: *Andrena humilis*, *Andrena nigroolivacea*, möglicherweise auch *Andrena fulvago*.

Flugzeit: In einer Generation von April bis Juli.

Gesamtverbreitung: In Nordafrika von Marokko bis Tunesien. In Eurasien von Portugal über Süd- und Mitteleuropa und Kleinasien bis Kasachstan

(Suusamyr); nordwärts bis Nordpolen und ins Baltikum; südwärts bis Sizilien und Kreta, nach plausiblen Internetquellen auch bis Syrien und Israel. **SW-Eu:** P, E, F(K), I(Sa), I(Si), I. **Z-Eu:** F, B, LUX, NL, D, A, CH, FL. **N-Eu:** LT. **NO-Eu:** CS, SK, PL, BY, UA, RUS(S). **SO Eu:** H, RO, SLO, HR, *BG, GR, GR(K). **N-Afr:** MA, *DZ, TN. **W-As:** GR(Ä), TR, IL, SYR. **Z-As:** KGZ.

Lokalverbreitung: In Deutschland mit Ausnahme von Niedersachsen aus allen Bundesländern nachgewiesen, aus Mecklenburg-Vorpommern nur historisch. In Österreich mit Ausnahme von Salzburg aus allen Bundesländern gemeldet. In der Schweiz keine Nachweise aus dem Jura, der Alpennordseite und dem Alpenhauptkamm, im Mittelland von Genf bis zum Thurgau nur historische Meldungen, im Wallis, Tessin und Graubünden aktuell.

Nomada ferruginata (Linnaeus, 1767)

Rötliche Wespenbiene

Systematik: *ruficornis*-Gruppe.

Nomenklatur: Synonyme: *Nomada lateralis* Panzer, 1804, *Nomada xanthosticta (*Kirby, 1802). Der Name wurde lange Zeit für *N. integra* verwendet.

Etymologie: Von lat. „*ferruginea*“ = „rostfarben“; Linné bezieht sich auf die ausgedehnte Rotfärbung („*abdomine antennis ore pedibusque ferrugineis*“).

Lebensraum: Sand- und Kiesgruben, Hochwasserdämme, Waldsäume, Hecken, bevorzugt in Sandgebieten. Vom Flachland bis in die montane Höhenstufe.

Wirt: Einziger sicherer Wirt ist *Andrena praecox*, möglicherweise kommen auch andere Arten aus der Untergattung *Andrena s. str.* infrage.

Flugzeit: In einer Generation von März bis Mai.

Gesamtverbreitung: Sämtliche Meldungen aus Nordafrika beziehen sich auf *N. integra*. Von Zentralspanien über Europa und Südrussland bis in den Kaukasus; nordwärts bis Mittelschottland, Schweden (59°N, Södermanland), Baltikum und Kirov; südwärts bis *Sizilien, Lazio, Kroatien und Südrumänien. **SW-Eu:** E, *I(Si), I. **Z-Eu:** F, B, LUX, NL, D, A, CH, FL, DK. **N-Eu:** GB, S, EST, LT, LV, RUS(N). **NO-Eu:** CS, SK, PL, UA, RUS(S). **SO-Eu:** H, RO, *SLO, HR, *SRB. **N-Afr:** {~~MA, DZ, TN~~}. **W-As:** Kaukasus.

Lokalverbreitung: In Deutschland und Österreich mit Ausnahme von Salzburg aus allen Bundesländern nachgewiesen. In der Schweiz aktuell aus Genf, dem Kanton Jura und dem Bündner Rheintal, historisch aus den Kantonen Waadt, Neuenburg, Bern, Zürich, Thurgau, Wallis und aus dem Münstertal.

Nomada flava Panzer, 1798

Gelbe Wespenbiene

Systematik: *ruficornis*-Gruppe.

Nomenklatur: Wurde lange Zeit als Form von *N. ruficornis* auct. (= *N. panzeri)* betrachtet.

Etymologie: Von lat. „*flava*" = „goldgelb, rötlichgelb"; Panzer bezieht sich auf die ausgedehnte Gelbfärbung.

Lebensraum: Zeigt keine strenge Habitatbindung; lichte Wälder, Waldsäume, Hecken, trockene Mager- und Fettwiesen, Hochwasserdämme, Ruderalflächen, Sand-, Kies- und Lehmgruben, Gärten und Parks. Vom Flachland bis in die obere montane Höhenstufe.

Wirte: *Andrena nitida, Andrena nigroaenea, Andrena carantonica.*

Flugzeit: In einer Generation von März bis Juni.

Gesamtverbreitung: Alte Meldungen von den Kanaren und Algerien beruhen auf Fehldeterminationen. Wird in Celary (1995) für Spanien angeführt, ansonsten keine Meldungen aus Iberien. Von Frankreich und Italien über Europa, Südrussland und Kaukasus bis Zentralasien; nordwärts bis Irland und Nordengland, Schweden (55,5°N, Skåne), Baltikum und Moskau; südwärts bis Lazio und *Peloponnes. **SW-Eu:** E?, I. **Z-Eu:** F, B, LUX, NL, D, A, CH, DK. **N-Eu:** IRL, GB, S, LT, LV, RUS(N). **NO-Eu:** CS, SK, PL, BY, UA, *UA(K), RUS(S). **SO-Eu:** H, RO, SLO, HR, *SRB, GR. **N-Afr:** {~~E(C), DZ~~}. **W-As:** Kaukasus. **Z-As:** KAZ, *KGZ.

Lokalverbreitung: Im Gebiet aus allen Regionen gemeldet.

Nomada flavilabris Morawitz, 1875
Gelblippen-Wespenbiene

Systematik: *ruficornis*-Gruppe.

Nomenklatur: Synonym: *Nomada varipes* Pérez, 1913.

Etymologie: Von lat. „*flava*" = „goldgelb, rötlichgelb" und „*labrum*" = „Lippe"; Morawitz bezieht sich auf das gelb gefärbte Labrum.

Lebensraum: Trockenwarme Standorte; Magerrasen, Waldsäume, Ruderalflächen. Vom Flachland bis in die montane Höhenstufe.

Wirte: Einziger bekannter Wirt ist *Andrena nuptialis*.

Flugzeit: In einer Generation von April bis Juli.

Gesamtverbreitung: Offenbar zerstreut und selten von Katalonien bis in die Ukraine und von der Nordost-*Türkei und dem *Kaukasus bis Zentralasien. **SW-Eu:** E. **Z-Eu:** F, A, CH. **NO-Eu:** SK, UA. **W-As:** *TR, *Kaukasus. **Z-As:** UZB, TAD, KAZ.

Lokalverbreitung: Im Gebiet nur historisch aus Niederösterreich (Schwarz et al. 1996, ohne genauere Angaben) und dem Wallis (Amiet et al. 2007).

Nomada flavoguttata (Kirby, 1802)

Gelbfleckige Wespenbiene

Systematik: *ruficornis*-Gruppe.

Etymologie: Von lat. „*flava*“ = „goldgelb, rötlichgelb“ und „*guttata*“ = „getüpfelt“; Kirby bezieht sich auf den mit gelben Flecken gezeichneten Hinterleib („*abdomine rufo, punctis quatuor luteis*“).

Lebensraum: Zeigt keine strenge Habitatbindung; Waldsäume und -lichtungen, Kahlschläge, Ruderalflächen, trockene Fett- und Magerwiesen, Hochwasserdämme, Sand- und Kiesgruben, Gärten und Parks. Vom Flachland bis in die subalpine Höhenstufe.

Wirte: *Andrena falsifica, Andrena minutula, Andrena minutuloides, Andrena semilaevis* und *Andrena subopaca,* vermutlich auch noch weitere Arten der *Andrena-minutula*-Gruppe

Flugzeit: In zwei Generationen von März bis August.

Gesamtverbreitung: Transpaläarktisch. In Nordafrika von Marokko bis Tunesien. In Eurasien von Portugal über Europa, Kleinasien, Kaukasus, Sibirien und Zentralasien bis Japan und Kurilen; nordwärts bis Irland und Nordschottland, Norwegen (63,5°N, Trondheimfjord), Schweden (66,5°N, Norrbotten), Finnland, (66°N, Südlappland), Karelien und Perm; südwärts bis Sizilien, Basilicata, Kreta, *Israel und Nordiran. Erreicht in Kaschmir die orientalische Faunenregion. **SW-Eu:** P, E, E(B), *F(K), I(Si), I. **Z-Eu:** F, B, LUX, NL, D, A, CH, FL, DK. **N-Eu:** IRL, GB, N, S, SF, EST, LT, LV, RUS(N). **NO-Eu:**

CS, SK, PL, BY, UA, RUS(S). **SO-Eu:** H, RO, SLO, HR, SRB, BIH, *MK, *BG, GR, GR(K). **N-Afr:** *MA, DZ, TN. **W-As:** GR(Ä), CY, TR, SYR, *IL, Kaukasus, IR. **Z-As:** TM, TAD, KAZ, KGZ. **Sib:** W-Sib, O-Sib. **NO-As:** Jak, Prim, Kur. **SO-As:** *RC (Beijing), ROK, J. **Ori:** IND.

Lokalverbreitung: Im Gebiet aus allen Regionen gemeldet.

Nomada flavopicta (Kirby, 1802)

Greiskraut-Wespenbiene

Systematik: *ruficornis*-Gruppe.

Nomenklatur: Synonym: *Nomada jacobaeae* Panzer, 1799.

Etymologie: Von lat. „*flava*" = „goldgelb, rötlichgelb" und „*picta*" = „bemalt"; Kirby bezieht sich auf die gelbe Zeichnung von Scutellum und Hinterleib („*scutelli punctis duobus contiguis; abdominisque maculis, fasciisque, flavis*"). Deutscher Name: Die Art ist merkwürdigerweise kaum an den Pollenquellen der Wirte anzutreffen, sondern überwiegend an Greiskraut.

Lebensraum: Zeigt keine strenge Habitatbindung; Waldsäume, Hecken, blütenreiche Straßenränder und Wiesen, extensiv genutztes Grünland, Brach- und Ruderalflächen, Gartenanlagen. Vom Flachland bis in die kolline, zuweilen bis in die montane Höhenstufe.

Wirte: *Melitta leporina, Melitta haemorrhoidalis, Melitta nigricans* und *Melitta tricincta*.

Flugzeit: In einer Generation von Mai/Juni bis September/Oktober.

Gesamtverbreitung: Pérez (1890) listet die Art wie auch ihren Wirt *Melitta leporina* für Algerien auf; beide Arten wurden danach nie mehr dort gefunden. Von Asturien und Zentralspanien über Europa, *Kleinasien und Kaukasus bis nach Zentralasien; nordwärts bis Irland (letzter Fund 1897) und Mittelengland, Norwegen (60°N, Akershus), Schweden (60°, Uppland), Finnland (62°N, Nordkarelien), Karelien, Kirov und Perm; südwärts bis Lazio und *Nordgriechenland (Tymfi). Wird von Proshchalykin (2009) für Irkutsk gemeldet; er erwähnt die Art aber in seinem Beitrag zum Katalog der Insekten des Fernen Ostens (Lelej 2012) nicht mehr. Ebenso überprüfungsbedürftig ist die Meldung von Morawitz (1890) unter dem Synonym *N. jacobaeae* aus Gansu/China. Von manchen Autoren werden die Unterarten ssp. *albopicta* Morawitz, 1893 (Zentralasien) und *sericea* Dufour, 1841 (Südfrankreich, Italien) unterschieden (Färbungsformen?). **SW-Eu:** E, I. **Z-Eu:** F, B, LUX, NL, D, A, CH, FL, DK. **N-Eu:** IRL, GB, N, S, SF, EST, LT, LV, RUS(N). **NO-Eu:** CS, SK, PL, BY, UA, RUS(S). **SO-Eu:** H, RO, SLO, HR, BG, *GR. **N-Afr:** DZ(?). **W-As:** GR(Ä), *TR, Kaukasus, *IR. **Z-As:** UZB, TAD, KAZ, KGZ. **Sib:** O-Sib(?). **SO-As:** RC (Gansu)(?).

Lokalverbreitung: Im Gebiet aus allen Regionen gemeldet, lediglich in der Schweiz keine Nachweise von der Alpennordseite und dem Engadin.

Nomada fucata Panzer, 1798

Gewöhnliche Wespenbiene

Systematik: *bifasciata*-Gruppe.

Nomenklatur: Synonym: *Nomada bifasciata fucata* Panzer, 1798.

Etymologie: Von lat. „*fucata*“ = „gefärbt, geschminkt“. Deutscher Name: Die Art ist im Gebiet eine der häufigsten Wespenbienen.

Lebensraum: Zeigt keine strenge Habitatbindung; Waldsäume und -lichtungen, Kahlschläge, Ruderalflächen, trockene Fett- und Magerwiesen, Hochwasserdämme, Sand- und Kiesgruben, Gärten und Parks. Vom Flachland bis in die montane Höhenstufe.

Wirt: Einziger bekannter Wirt ist *Andrena flavipes*.

Flugzeit: In zwei Generationen von März bis August.

Gesamtverbreitung: In Nordafrika von Marokko bis Ägypten. In Eurasien von Portugal über Europa, Kleinasien und Kaukasus bis Zentralasien und Pakistan; nordwärts bis Wales und Südengland, Schweden (Erstnachweis 2001 in Skåne, 55,5°N), Baltikum und Moskau, südwärts bis Sizilien, Kreta, Zypern, *Jordanien, Irak und Afghanistan. Erreicht in Pakistan die orientalische Faunenregion. **SW-Eu:** P, E, E(B), F(K), I(Sa), I(Si), I. **Z-Eu:** F, B, LUX, NL,

D, A, CH, FL, DK. **N-Eu:** GB, S, LT, RUS(N). **NO-Eu:** CS, SK, PL, BY, UA, RUS(S). **SO-Eu:** H, RO, SLO, HR, SRB, BIH, AL, BG, GR, GR(K). **N-Afr:** MA, DZ, TN, LAR, ET. **W-As:** GR(Ä), CY, TR, *JOR, IRQ, Kaukasus, IR, AFG. **Z-As:** TM, UZB, *TAD, KAZ, KGZ. **Ori:** PAK.

Lokalverbreitung: Im Gebiet aus allen Regionen gemeldet, lediglich in der Schweiz keine Nachweise von der Alpennordseite, dem Alpenhauptkamm, dem Tessin und dem Engadin.

Nomada fulvicornis Fabricius, 1793
Gelbfühler-Wespenbiene

Systematik: *ruficornis*-Gruppe.

Nomenklatur: Ähnlich wie beim *Nomada-alboguttata*-Komplex lassen sich auch bei *Nomada fulvicornis* verschiedene Formen unterscheiden, die in Phänologie, Wirtswahl und Morphologie voneinander abweichen. Doczkal & Schmid-Egger (1993) trennen eine univoltine Form von der bivoltinen *Nomada fulvicornis* ab, die sie in Artrang erheben und als *Nomada meridionalis* Schmiedeknecht, 1882 bezeichnen; sie soll im Juli und August fliegen und bei der zweiten Generation von *Andrena nigrospina, A. bimaculata* und *A. thoracica* parasitieren. Falk (2004) bezeichnet die Nominatform *Nomada fulvicornis fulvicornis* auch als „*bimaculata* form"; sie ist bivoltin und parasitiert bei *Andrena bimaculata*. Daneben unterscheidet er noch die „*nigrospina* form", die er in Unterart-Rang erhebt und als *Nomada fulvicornis* *subcornuta* (Kirby, 1802) bezeichnet; sie fliegt von Mai bis Juli und parasitiert bei *Andrena nigrospina*; eine weitere, unbenannte bivoltine Form, die hauptsächlich bei *Andrena pilipes* parasitiert, und eine weitere, ebenfalls unbenannte univoltine Form, die im April und Mai fliegt und *Andrena tibialis* parasitiert. Es ist unklar, ob alle diese Formen auch auf dem Kontinent auftreten. Beobachtungen, die darauf hinweisen würden, liegen nicht vor. Da keine von Falks Formen mit der Phänologie der *Nomada meridionalis* Schmiedeknecht, 1882 sensu Doczkal & Schmid-Egger übereinstimmt, scheint keine mit ihr identisch zu sein. Es ist denkbar, dass sich hinter der *Nomada meridionalis* Schmiedeknecht, 1882 sensu Doczkal & Schmid-Egger ein Taxon verbirgt, das in zwei Generationen auftritt und deren erste Generation morphologisch nicht von *N. fulvicornis* s. str. zu trennen ist. Die im Vergleich zur ersten Generation kürzere Behaarung und ausgedehntere Gelbzeichnung der zweiten Generation ließe sich als schwacher Saisondimorphismus deuten, wie er bei bivoltinen Bienenarten nicht ungewöhnlich ist. Problematisch ist auch die Frage der korrekten Benennung. Es existieren etwa 30 Namen, die mit *N. fulvicornis* synonymisiert wurden und deren Typenmaterial vor einer endgültigen Entscheidung überprüft werden müsste. Bis zu einer endgültigen Klärung scheint es am vernünftigsten, *Nomada meridionalis* Schmiedeknecht, 1882 sensu Doczkal & Schmid-Egger als Unterart von *N. fulvicornis* aufzufassen, die sich durch verschiedene Wirtswahl im Begriff der Abspaltung von *N. fulvicornis* s. str. befindet. Synonym: *Nomada lineola* Panzer, 1798; *Nomada schmiedeknechti* Schmiedeknecht, 1882.

Etymologie: Von lat. „*fulvus*“ = „dunkelgelb, braungelb, bräunlich, rotgelb“ und „*cornum*“ = „Horn“ (im Sinne von Fühler).

Lebensraum: Zeigt keine strenge Habitatbindung; lichte Wälder, Waldsäume, Hecken, trockene Mager- und Fettwiesen, Hochwasserdämme, Ruderalflächen, Sand-, Kies- und Lehmgruben, Gärten und Parks. Vom Flachland bis in die montane Höhenstufe.

Wirte: *Andrena nigroaenea, Andrena nitida, Andrena thoracica, Andrena nigrospina, Andrena pilipes, Andrena tibialis*, vielleicht auch *Andrena agilissima*.

Flugzeit: In zwei Generationen von März bis August.

Gesamtverbreitung: Transpaläarktisch. In Nordafrika von Marokko bis Tunesien, in Arabien aus den Vereinigten Arabischen Emiraten gemeldet. In Eurasien von Portugal über Europa, Kleinasien, Kaukasus, Zentralasien und Sibirien bis zur Pazifikküste des Fernen Ostens; nordwärts bis Wales und Mittelengland, Norwegen (60°N, Buskerud), Schweden (62,5°N, Gundsvall), Finnland (63,5°N, Nordkarelien), Karelien und Kirov; südwärts bis Sizilien, *Malta, Kalabrien, *Peloponnes, *Kreta, Zypern, *Israel und Nordiran. Keine Meldungen aus Westsibirien, in der Ostpaläarktis aus Krasnojarsk, Irkutsk, Burjatien, Jakutien, Primorje und Japan. Erreicht in Pakistan und Kashmir die orientalische Faunenregion. Je nach Autor werden verschiedene Subspezies unterschieden: ssp. *jezoensis* Matsumura, 1912 aus Japan, ssp. [illegible] Pérez, 1895 aus dem Maghreb, ssp. [illegible] Mo-

RAWITZ, 1870 aus dem Kaukasus und Südrussland, ssp. *strigicollis* MORAWITZ, 1875 aus Zentralasien, sowie die eingangs erwähnten und vermutlich identischen ssp. *meridionalis* SCHMIEDEKNECHT 1882 und ssp. *subcornuta* (KIRBY, 1802) aus Mittel- und Südeuropa. **SW-Eu:** P, E, F(K), I(Sa), I(Si), I, *M. **Z-Eu:** F, B, LUX, NL, D, A, CH, FL, DK. **N-Eu:** GB, N, S, SF, EST, LT, LV, RUS(N). **NO-Eu:** CS, SK, PL, BY, UA, RUS(S). **SO-Eu:** H, RO, SLO, HR, SRB, *MK, GR, *GR(K). **N-Afr:** MA, DZ, TN. **Arab:** UAE. **W-As:** GR(Ä), CY, TR, *IL, Kaukasus, IR. **Z-As:** TM, UZB, TAD, KAZ, *KGZ. **Sib:** O-Sib. **NO-As:** Jak, Prim. **SO-As:** *RC (Beijing), J. **Ori:** PAK, IND.

Lokalverbreitung: Im Gebiet aus allen Regionen gemeldet, lediglich in der Schweiz keine Nachweise von der Alpennordseite und dem Oberengadin.

Nomada furva PANZER, 1798
Schwärzliche Wespenbiene

Systematik: *furva*-Gruppe.

Etymologie: Von lat. „*furva*" = „kohlschwarz, rabenschwarz"; wegen des mehr oder weniger einfarbig schwarzen Hinterleibs.

Lebensraum: Waldsäume, Lichtungen, Magerrasen, extensiv genutztes Grünland, Sandheiden, Dünen, Sand- und Kiesgruben. Vom Flachland bis in die kolline Höhenstufe.

Wirte: *Lasioglossum leucopus, Lasioglossum morio* und *Lasioglossum punctatissimum,* vermutlich noch weitere kleine *Lasioglossum*-Arten.

Flugzeit: In zwei Generationen von April bis September.

Gesamtverbreitung: In Nordafrika von Marokko bis Algerien. In Eurasien von Portugal über Europa, Kleinasien, Kaukasus und Zentralasien bis zur Pazifikküste des Fernen Ostens; nordwärts bis Mitteldeutschland und Nordpolen (die Meldungen von den Britischen Inseln beziehen sich auf *N. sheppardana,* vgl. STÖCKHERT 1933); südwärts bis Sizilien, *Kalabrien, *Peloponnes, Zypern und Daghestan. In der Ostpaläarktis nur zwei überprüfungsbedürftige Meldungen, eine aus Primorje (PROSHCHALYKIN 2009) sowie eine aus dem 19. Jahrhundert aus Tianjin (SICKMANN 1895). **SW-Eu:** P, E, I(Sa), I(Si), I. **Z-Eu:** F, B, NL, D, A, CH, ~~{DK}~~. **N-Eu:** ~~{IRL, GB, S, SF}~~, RUS(N)(?). **NO-Eu:** CS, SK, PL, UA, RUS(S). **SO-Eu:** H, RO, SLO, HR, MK, AL, *BG, *GR, GR(K). **N-Afr:** MA, DZ, ~~{TN}~~. **W-As:** GR(Ä), CY, TR, Kaukasus. **Z-As:** TM, UZB, TAD, KAZ, KGZ. **NO-As:** Prim(?). **SO-As:** RC(?).

Lokalverbreitung: In Deutschland mit Ausnahme von Schleswig-Holstein, Mecklenburg-Vorpommern und Niedersachsen aus allen Bundesländern nachgewiesen, aus Sachsen-Anhalt und Sachsen nur historisch. In Österreich mit Ausnahme von Vorarlberg und dem Burgenland aus allen Bundesländern gemeldet. In der Schweiz aktuell nur im Wallis, historisch aus den Kantonen Genf und Waadt.

Nomada furvoides Stöckhert, 1944
Zwerg-Wespenbiene

Systematik: *furva*-Gruppe.

Etymologie: Der Name bezieht sich auf die Ähnlichkeit mit *Nomada furva*. Deutscher Name: Die Art gehört mit einer Körperlänge von 5–6 mm zu den kleinsten heimischen Wespenbienen.

Wirte: In der Literatur findet sich nur ein Hinweis von Stöckhert, dass der Wirt sehr wahrscheinlich eine *Lasioglossum*-Art mit glänzendem Hinterleib, möglicherweise vielleicht aus der Verwandtschaft von *Lasioglossum nitidiusculum* sei.

Flugzeit: In einer Generation von Mai bis Juli.

Gesamtverbreitung: Aus Spanien nur eine überprüfungsbedürftige Meldung (von Archimowitsch 1952) von Valladolid. Von den französischen Pyrenäen über Südfrankreich, Norditalien bis Rumänien und in die Ägäis; nordwärts bis Mähren; südwärts bis Emilia-Romagna, *Peloponnes und *Syrien. **SW-Eu:** E(?), I. **Z-Eu:** F, A. **NO-Eu:** CS, SK. **SO-Eu:** H, RO, SLO, HR, *MNE, *MK, BG, GR. **W-As:** GR(Ä), TR, *SYR.

Lokalverbreitung: Im Gebiet nur aus dem Burgenland, Ober- und Niederösterreich sowie der Steiermark bekannt.

Nomada fuscicornis Nylander, 1848
Schwarzfühler-Wespenbiene

Systematik: *armata*-Gruppe.

Etymologie: Von lat. „*fuscus*" = „dunkelbraun, dunkel, schwarz" und „*cornum*" = „Horn" (hier im Sinne von Fühler); Nylander vergleicht die Art mit *N. obtusifrons* und gibt als Unterscheidungsmerkmal unter anderem die verdunkelten Fühler an („*Antennæ ut in eadem, sed totæ fuscæ obsoletius subtus rufescentes*").

Lebensraum: Waldsäume, Magerwiesen, Brach- und Ruderalflächen, Sand- und Kiesgruben, Hochwasserdämme, Weinberge, Gleisanlagen. Vom Flachland bis in die untere montane Höhenstufe.

Wirt: Einziger bekannter Wirt im Gebiet ist *Panurgus calcaratus*.

Flugzeit: In einer Generation von Juni/Juli bis September.

Gesamtverbreitung: Von Portugal über Europa bis Baschkortostan und über „Kleinasien bis in den *Kaukasus; nordwärts bis Schweden (59°N, Dalsland) und Finnland (63°N, Nordsavo), in Russland bis Karelien und Kirov; südwärts bis Sizilien, Kalabrien,Thessalien und die Ägäis. **SW-Eu:** P, E, I(Si), I. **Z-Eu:** F, B, LUX, NL, D, A, CH, DK. **N-Eu:** S, SF, EST, LT, LV, RUS(N) **NO-Eu:** CS, SK, PL, BY, UA, RUS(S). **SO-Eu:** H, RO, SLO, HR, *MNE, *SRB, AL, *MNE, *MK, *BG, GR. **N-Afr.:** (TN). **W-As:** GR(Ä), TR, *Kaukasus.

Lokalverbreitung: In Deutschland aus allen Bundesländern nachgewiesen, in Mecklenburg-Vorpommern nur historisch. In Österreich mit Ausnahme von Salzburg aus allen Bundesländern gemeldet. In der Schweiz aktuell aus dem Kanton Zürich, dem Bündner Rheintal und dem Wallis, historisch vom Bielersee.

Nomada glabella Thomson, 1870
Glatte Wespenbiene

Systematik: *ruficornis*-Gruppe.

Nomenklatur: Wird von manchen Autoren mit *Nomada panzeri* vermengt oder als Unterart betrachtet.

Etymologie: Von lat. „*glabella*" = „glatt, rasiert, unbehaart"; Thomson betont die spärliche Behaarung von Kopf und Mesonotum („*capite thoraceque vix hirtis*").

Lebensraum: Lichte Nadel-, seltener Laubwälder, Waldsäume, Moorgebiete, feuchtere Bereiche von Sandheiden. Von der kollinen bis in die subalpine Höhenstufe.

Wirte: *Andrena lapponica*, möglicherweise auch weitere verwandte Arten.

Flugzeit: In einer Generation von April bis Juli.

Gesamtverbreitung: Wegen der Vermengung mit *Nomada panzeri* unklar. Nach zuweilen überprüfungsbedürftigen Meldungen von Frankreich bis in die Ukraine; nordwärts in Skandinavien und Russland weit über den Polarkreis hinaus bis zur Nordmeerküste; südwärts bis in die Südschweiz, Kroatien und Südrumänien. **Z-Eu:** F, B, NL, D, A, CH. **N-Eu:** N, S, SF, LT, *EST, RUS(N). **NO-Eu:** CS, PL, BY(?), UA. **SO-Eu:** H, RO, HR.

Lokalverbreitung: Wegen der Vermengung mit *Nomada panzeri* unklar, dürfte sich aber im Großen und Ganzen mit der Verbreitung dieser Art decken.

Nomada glaberrima Schmiedeknecht, 1882
Glänzende Wespenbiene

Systematik: *integra*-Gruppe.

Etymologie: Superlativ von lat. „*glaber*" = „glatt, unbehaart, kahl"; Schmiedeknecht betont den Glanz von Kopf, Mesonotum und Scutellum („*Capite, praecipue mesonoto et scutello nitidis vix rugulosis*").

Wirte: Einziger bekannter Wirt ist *Andrena humilis*.

Flugzeit: In einer Generation von April bis Juni.

Gesamtverbreitung: Eine zweifelhafte Meldung aus Niederösterreich. Von Kroatien über die Balkanhalbinsel und Kleinasien bis in die Levante; südwärts bis *Peloponnes und Israel. **Z-Eu:** A? **NO-Eu:** RUS(S). **SO-Eu:** HR, AL, *MK, *BG, GR. **W-As:** GR(Ä), TR, SYR, RL, IL.

Lokalverbreitung: Maidl (1922) gibt an, dass von dieser Art „Stücke aus Niederösterreich" im Wiener Naturhistorischen Museum steckten.

Nomada glaucopis Pérez, 1890
Helläugige Wespenbiene

Etymologie: Von griech. „*glaukós*" = „hell, leuchtend, glänzend" und „*ópsis*" = „Aussehen, Erscheinung"; Pérez äußert sich zwar nicht zur Namensgebung, bezieht sich aber sicherlich auf die gelbliche Fleckenzeichnung des Hinterleibs.

Lokalverbreitung: Koller (1958) meldet ein Tier aus Oberösterreich: „Kloiber fing am 30. April 1934 in Ebelsberg bei Linz ein Männchen (determiniert von Pittioni)." Der Fund liegt so weitab vom Verbreitungsgebiet der Art, dass es sich nur um einen Irrtum handeln kann.

Nomada goodeniana (Kirby, 1802)
Feld-Wespenbiene

Systematik: *bifasciata*-Gruppe.

Etymologie: Kirby widmete die Art dem englischen Botaniker Reverend S. Goodenough. Deutscher Name: Die Art ist so ubiquitär, dass sie auch an den Rändern landwirtschaftlich genutzter Felder vorkommt.

Lebensraum: Zeigt keine strenge Habitatbindung; lichte Wälder, Waldsäume, Hecken, trockene Mager- und Fettwiesen, Hochwasserdämme, Ruderalflächen, Sand-, Kies- und Lehmgruben, Gärten und Parks. Vom Flachland bis in die montane Höhenstufe.

Wirte: *Andrena cineraria, Andrena nigroaenea, Andrena nitida, Andrena thoracica* und *Andrena tibialis.*

Flugzeit: In einer Generation von April bis Juni. Angeblich soll bei Populationen, die bei der bivoltinen *Andrena thoracica* parasitieren, eine zweite Generation auftreten.

Gesamtverbreitung: In Nordafrika eine einzige (überprüfungsbedürftige) Meldung. In Eurasien von Portugal über Europa, Südrussland, Kaukasus bis Zentralasien (Ostkasachstan, Ostkirgistan); nordwärts bis Irland und Nordschottland, Norwegen (60°N, Buskerud), Schweden (62°N, Hälsingland); Finnland (62,5°N, Nordkarelien), in Russland bis Karelien und Kirov; südwärts bis Kalabrien, *Peloponnes, *Zypern, *Syrien und Nord-*Iran. Proshchalykin (2010b) listet die Art für China und Ostsibirien auf. **SW-Eu:** P, E, *F(K), I. **Z-Eu:** F, B, LUX, NL, D, A, CH, DK. **N-Eu:** IRL, GB, N, S, SF, EST, LT, LV, RUS(N). **NO-Eu:** CS, SK, PL, BY, *UA(K), RUS(S). **SO-Eu:** H, RO, SLO, HR, BG, GR. **N-Afr:** DZ(?). **W-As:** GR(Ä), *CY, TR, *SYR, Kaukasus, *IR. **Z-As:** *UZB, *TAD, KAZ, KGZ. **Sib:** O-Sib(?). **SO-As:** RC (NO- und N-China)(?).

Lokalverbreitung: Im Gebiet aus allen Regionen gemeldet.

Nomada gransassoi Schwarz, 1986

Gransasso-Wespenbiene

Systematik: *ruficornis*-Gruppe.

Etymologie: Zwei Weibchen der Typenserie stammen aus dem Gran Sasso/Abruzzen.

Lebensraum: Von der montanen bis in die untere alpine Höhenstufe.

Wirte: Unbekannt.

Flugzeit: In einer Generation von Juni bis September.

Gesamtverbreitung: Nur von den französischen Seealpen, der Südschweiz und aus den Abruzzen bekannt. **SW-Eu:** I. **Z-Eu:** F, CH.

Lokalverbreitung: Im Gebiet nur in den Schweizer Alpen; historisch und aktuell aus dem Wallis und Graubünden, historisch aus dem Kanton Waadt; ein Fund von 1995 aus dem Lutschental/Kanton Bern (M. Schwarz, pers. Mitt.).

Nomada gribodoi Schmiedeknecht, 1882

Gribodos Wespenbiene

Systematik: *ruficornis*-Gruppe.

Etymologie: Benannt nach dem italienischen Entomologen Giovanni Gribodo (1846–1924).

Lebensraum: Trockenwarme Standorte; Felssteppen, Gebirgswiesen. Von der montanen bis in die untere alpine Höhenstufe.

Wirte: Unbekannt.

Flugzeit: In einer Generation von Juni bis September.

Gesamtverbreitung: Ohne weitere Daten für „northwest Africa" von Alexander & Schwarz (1994) aufgelistet. Von Nordostspanien (Barcelona) über Südfrankreich (nordwärts bis in die *Cevennen) bis in die Westschweiz und Südtirol sowie von *Mazedonien und *Bulgarien über Griechenland und Kleinasien bis in den *Kaukasus; südwärts bis *Umbrien, Nordgriechenland und *Rhodos. Mocsáry (1897) meldet einen Einzelfund von Isaszeg bei Budapest, und Osytshnjuk (1978) führt die Art für die „westliche Zentralzone" des europäischen Teils Russlands auf. **SW-Eu:** F, I. **Z-Eu:** F, CH. **NO-Eu:** RUS(S)? **SO-Eu:** H?, *MK, *BG, GR. **N-Afr:** MA(?), DZ(?), TN(?). **W-Asi:** GR(Ä), TR, *Kaukasus.

Lokalverbreitung: Im Gebiet nur ein historischer Nachweis von Basel (Amiet et al. 2007).

Nomada guttulata Schenck, 1861

Stumpfdorn-Wespenbiene

Systematik: *ruficornis*-Gruppe.

Etymologie: Diminutiv von lat. „*guttata*" = getüpfelt, gesprenkelt; Schenck bezieht sich auf die aus kleinen gelben Flecken bestehende Hinterleibszeichnung. Deutscher Name: Die Bedornung am Ende der Hintertibien besteht aus einigen, meist drei, kurzen und stumpfen Dörnchen.

Lebensraum: Magerrasen, trockene Fettwiesen, Feld- und Waldsäume, Hochwasserdämme, auch Gärten und Parks. Vom Flachland bis in die montane Höhenstufe.

Wirte: *Andrena labiata*, möglicherweise auch *Andrena potentillae;* Celary (1995) vermutet auch *A. florivaga* und *A. pauxilla*.

Flugzeit: In einer Generation von April bis Juli.

Gesamtverbreitung: Disjunkt in der West- und Ostpaläarktis oder transpaläarktisch mit großer Nachweislücke zwischen Europa und der Ostpaläarktis, in dieser Lücke nur einige Nachweise aus Zentralasien sowie eine unsichere Meldung aus Israel; in Europa von Portugal bis in die Ägäis; nordwärts bis Wales und Südengland, Schweden (60,5°N, Gävleborgs län), Baltikum, in Russland bis Kirov und Perm; südwärts bis *Sizilien, *Molise und *Peloponnes. **SW-Eu:** P, E, *I(Si), I. **Z-Eu:** F, B, NL, D, A, CH, DK. **N-Eu:** GB, S, LT, LV, RUS(N). **NO-Eu:** CS, SK, PL, BY, UA, RUS(S). **SO-Eu:** H, RO, SLO, HR, *MNE, SRB, GR. **W-As:** GR(Ä), *TR, IL? **Z-As:** KAZ, KGZ. **NO-As:** Prim. **SO-As:** J.

Lokalverbreitung: In Deutschland aus allen Bundesländern nachgewiesen, mit Ausnahme von Mecklenburg-Vorpommern überall aktuell. In Österreich mit Ausnahme von Kärnten und Vorarlberg aus allen Bundesländern gemeldet. In der Schweiz aktuell aus dem Mittelland, dem Jura, dem Wallis und dem Südtessin, in den Kantonen Genf und Waadt nur historisch.

Nomada hirtipes Pérez, 1884

Raufüßige Wespenbiene

Systematik: *ruficornis*-Gruppe.

Etymologie: Von lat. „*hirta*" = „struppig, rau, borstig behaart" und „*pes*" = „Fuß"; Pérez betont die Behaarung der Beine („*Sur les pattes, se voient des poils roux, très fins, entremêlés de cils plus forts, plus longs, noirâtres, évidents surtout au bout des articles des tarses, où ils sont presque épineux*").

Lebensraum: Hecken, Waldränder, Wiesenhänge. Vom Flachland bis in die montane Höhenstufe.

Wirt: Einziger bekannter Wirt ist *Andrena bucephala*.

Flugzeit: In einer Generation von April bis Juni.

Gesamtverbreitung: Vom französischen Pyrenäenvorland über Süd- und Mitteleuropa bis Griechenland; nordwärts bis Wales, Südengland, Slowakei und Südrumänien; südwärts bis Südfrankreich und *Peloponnes. **Z-Eu:** F, D, A, CH. **N-Eu.** GB. **NO-Eu:** CS, SK. **SO-Eu:** H, RO, SLO, BG, GR.

Lokalverbreitung: In Deutschland nur aus Baden-Württemberg, Hessen und Bayern nachgewiesen, aus Bayern nur historisch. In Österreich mit Ausnahme von Tirol aus allen Bundesländern gemeldet. In der Schweiz aktuell von Genf über den Jura und das Mittelland nordwärts bis in die Kantone Schaffhausen und Thurgau, nur historisch im Kanton Waadt, von Basel und aus dem Misox.

Nomada illustris Schmiedeknecht, 1882
Schnabel-Wespenbiene

Nomenklatur: Bei diesem Taxon handelt es sich vermutlich nur um eine Färbungsform der *Nomada mauritanica* (M. Schwarz, pers. Mitt.).

Etymologie: Von lat. „*illustris*" = „hell, glänzend, deutlich, ausgezeichnet"; Schmiedeknecht spielt vermutlich auf die reiche gelbe Zeichnung und die stattliche Größe an. Der deutsche Name bezieht sich auf den vorspringenden Clypeus.

Lokalverbreitung: Franz (1982) meldet ein Tier vom Kahlenberg bei Wien, determiniert von Pittioni. Der nächstgelegene Fundort liegt im Piemont, sodass es sich nur um einen Irrtum handeln kann.

Nomada incisa Schmiedeknecht, 1882
Gekerbte Wespenbiene

Systematik: *basalis*-Gruppe.

Etymologie: Von lat. „*incisa*" = „eingeschnitten, durchschnitten, geteilt"; Schmiedeknecht bezieht sich auf die in der Mitte eingeschnittenen oder unterbrochenen gelben Tergitbinden. Der deutsche Name folgt der wissenschaftlichen Bezeichnung.

Wirte: Unbekannt.

Flugzeit: In einer Generation von Juni bis Juli.

Gesamtverbreitung: Je ein alter und überprüfungsbedürftiger Nachweis aus Marokko und Tunesien. Ein isolierter Fund von Sizilien (einer der beiden „loci typici"), ansonsten von Ostösterreich und Slowenien bis zum Don sowie über Griechenland und Kleinasien bis in den *Kaukasus (Aserbaidschan); nordwärts bis Slowakei; südwärts bis *Toskana, *Peloponnes und Zypern. **SW-Eu:** I(Si), *I. **Z-Eu:** A. **NO-Eu:** SK, RUS(S). **SO-Eu:** H, SLO, HR, *MNE, MK, SRB, *BG, GR. **N-Afr:** MA(?), TN(?). **W-As:** CY, TR, *Kaukasus.

Lokalverbreitung: Im Gebiet nur im Burgenland und der Steiermark (aktuell) sowie in Niederösterreich (historisch).

Nomada integra Brullé, 1832
Habichtskraut-Wespenbiene

Systematik: *integra*-Gruppe.

Nomenklatur: Synonym: *Nomada cinctiventris* Friese, 1921; *Nomada ferruginata* auct. nec Linnaeus, 1767.

Etymologie: Von lat. „*integra*“ = „unberührt, unversehrt, vollständig“; Brullé bezieht sich auf das nicht eingekerbte Pygidium des Männchens („*ano maris integro*“). Deutscher Name: Die Art besucht häufig die Pollenquellen der auf Korbblütler spezialisierten Wirte, wie Löwenzahn oder Habichtskraut.

Lebensraum: Waldsäume, Hecken, Hochwasserdämme, mageres und trockenes Grünland, Sand-, Kies- und Lehmgruben. Vom Flachland bis in die montane, im Süden zuweilen bis in die subalpine Höhenstufe.

Wirte: *Andrena humilis, Andrena taraxaci, Andrena fulvago.*

Flugzeit: In einer Generation von April bis August.

Gesamtverbreitung: In Nordafrika von Marokko bis Tunesien. In Eurasien von Portugal über Europa, Kleinasien, Levante und Kaukasus bis Zentralasien; nordwärts bis Irland (historisch) und Mittelengland, Norwegen (59°N, Halden, vier Tiere aus dem 19. Jh., Stenløkk 2011), Schweden (nur 18 Tiere bekannt, aktuell bis 59°N, Stenløkk 2011), Finnland (nur acht Tiere bekannt, verschollen, bis 61°N, Söderman & Leinonen 2003), in Russland bis Karelien und Kirov; südwärts bis Sizilien, Molise, Peloponnes und Israel. Die Meldung aus Irkutsk (Sitdikov 1986) unter dem Synonym *N. cinctiventris* Friese, 1921 ist überprüfungsbedürftig. Aus Griechenland wurde die ssp. *nigra* Schwarz, 1967, und aus Tunesien, Algerien und Israel die ssp. *imperfecta* Schwarz, 1967 beschrieben. **SW-Eu:** P, E, I(Si), I. **Z-Eu:** F, B, LUX, NL, D, A, CH, FL, DK. **N-Eu:** IRL, GB, N, S, SF, LT, LV, RUS(N). **NO-Eu:** CS, SK, PL, BY, UA, RUS(S). **SO-Eu:** H, RO, SLO, HR, AL, *MK, BG, GR. **N-Afr:** MA, DZ, TN. **W-As:** GR(Ä), TR, SYR, RL, IL, Kaukasus. **Z-As:** TM, UZB, TAD, KAZ. **Sib:** O-Sib(?).

Lokalverbreitung: In Deutschland aus allen Bundesländern nachgewiesen, aus Schleswig-Holstein, Mecklenburg-Vorpommern, Niedersachsen und Sachsen-Anhalt nur historisch. In Österreich und der Schweiz aus allen Regionen gemeldet.

Nomada italica Dalla Torre & Friese, 1894

Italienische Wespenbiene

Systematik: *ruficornis*-Gruppe.

Etymologie: Schmiedeknecht (1882) beschrieb seine *Nomada festiva aus* Italien. Da der Name bereits durch die amerikanische *Nomada festiva* Cresson, 1863 präokkupiert war, wurde er von Dalla Torre & Friese in *N. italica* geändert.

Lebensraum: Binnendünen, in Sandheiden und Sandgruben, Weinberge, trockenwarme Südhänge. Höhenverbreitung unklar.

Wirt: Einziger bekannter Wirt ist *Andrena assimilis*.

Flugzeit: In zwei Generationen von April bis August.

Gesamtverbreitung: In Nordafrika aus Marokko nachgewiesen. In Eurasien von Zentralspanien bis Zentralasien, erreicht in Kashmir die orientalische Faunenregion; nordwärts bis Mitteldeutschland und Brandenburg, Nordpolen (Lubelski) und Nordukraine (Mel'nytsya), hier überall verschollen; südwärts bis Emilia-Romagna und *Peloponnes. Noskiewicz (1959) führt die Art ohne Angabe genauer Daten für Österreich und Ungarn an. **SW-Eu:** E, I. **Z-Eu:** F, D, A(?), CH. **NO-Eu:** PL, UA, RUS(S). **SO-Eu:** H(?), GR. **N-Afr:** *MA. **W-As:** GR(Ä), TR, Kaukasus. **Z-As:** TM, *UZB, TAD, KAZ, *KGZ. **Ori:** IND.

Lokalverbreitung: In Deutschland verschollen, nachgewiesen aus Sachsen-Anhalt, Brandenburg und Bayern. In der Schweiz nur ein Nachweise von Sierre/Wallis von 1885 (Amiet et al. 2007).

Nomada kohli Schmiedeknecht, 1882

Kohls Wespenbiene

Systematik: *furva*-Gruppe.

Etymologie: Benannt nach dem österreichischen Hymenopterologen Franz Friedrich Kohl (1851–1924), Sammler einiger Tiere der Typusserie.

Lebensraum: Sand-, Kies- und Lehmgruben, Waldsäume, Magerrasen, extensiv genutztes Grünland. Vom Flachland bis in die kolline Höhenstufe.

Wirte: Einziger bekannter Wirt ist *Lasioglossum puncticolle*.

Flugzeit: Zumindest partiell in zwei Generationen von Mai bis August.

Gesamtverbreitung: In Nordafrika von Marokko bis Libyen. In Eurasien von Portugal über Süd- und südliches Mitteleuropa und Südrussland sowie über *Kleinasien bis in den Kaukasus; nordwärts bis Süddeutschland,

Böhmen und Mittelukraine; südwärts bis Sizilien, *Malta, Basilicata, *Peloponnes, *Zypern und *Israel. **SW-Eu:** E, I(Sa), I(Si), I, *M. **Z-Eu:** F, D, A, CH. **NO-Eu:** CS, SK, UA, RUS(S). **SO-Eu:** H, RO, SLO, HR, MK, SRB, BIH, AL, BG, GR. **N-Afr:** *MA, DZ, TN, LAR. **W-As:** GR(Ä), *CY, *TR, *IL, Kaukasus.

Lokalverbreitung: In Deutschland nur aus Baden-Württemberg, Hessen und Bayern nachgewiesen (aktuell). In Österreich nur aus Niederösterreich (historisch) und dem Burgenland (aktuell; Schwarz & Gusenleitner 1999) bekannt. In der Schweiz nur historisch aus dem Kanton Genf und dem Wallis (Amiet et al. 2007).

Nomada lathburiana (Kirby 1802)

Rothaarige Wespenbiene

Systematik: *ruficornis*-Gruppe.

Etymologie: Kirby widmete die Art dem englischen Entomologen und Illustrator Peter Lathbury (1760–1820). Deutscher Name: Die Art ist dicht und abstehend rostrot behaart.

Lebensraum: Waldsäume, Hecken, trockene Wiesen, Magerrasen, Hochwasserdämme, Ruderalflächen, Sand- und Kiesgruben, Gärten und Parks. Vom Flachland bis in die subalpine Höhenstufe.

Wirte: *Andrena barbareae, Andrena cineraria, Andrena danuvia, Andrena vaga.*

Flugzeit: In der Regel in einer Generation von März bis Juni; in Regionen, in denen der bivoltine Wirt *Andrena barbareae* vorkommt, zumindest partiell in einer zweiten Generation von Juni bis August.

Gesamtverbreitung: Aus Nordafrika nur ein verlässlicher Nachweis von *Tunis, eine überprüfungsbedürftige ältere Angabe aus Algerien sowie eine zweifelhafte Meldung aus Ägypten. In Eurasien von Portugal über Europa, Südrussland, *Kleinasien (Hakkari), Kaukasus und Zentralasien bis Ostsibirien, Mongolei und Nordchina; nordwärts bis Wales und Nordengland, bis 62°N in Norwegen, 64°N in Schweden, 63°N Finnland, in Russland bis Karelien und Kirov; südwärts bis Norditalien und Nordbulgarien. Meldungen aus der Ostpaläarktis sind überprüfungsbedürftig. **SW-Eu:** P, E, I. **Z-Eu:** F, B, LUX, NL, D, A, CH, FL, DK. **N-Eu:** GB, N, S, SF, EST, LT, LV, RUS(N). **NO-Eu:** CS, SK, PL, BY, UA, RUS(S). **SO-Eu:** H, RO, SLO, HR, BG. **N-Afr:** DZ(?), *TN, ET? **W-As:** *TR, Kaukasus. **Z-As:** TAD, KAZ. **Sib:** O-Sib. **SO-As:** MGL, RC (NO- und N-China).

Lokalverbreitung: In Deutschland und Österreich mit Ausnahme von Kärnten aus allen Bundesländern nachgewiesen. In der Schweiz keine Nachweise aus den Kantonen Genf, Waadt, Tessin und der Alpennordseite, in Graubünden nur historisch.

Nomada leucophthalma (Kirby 1802)

Frühe Wespenbiene

Systematik: *ruficornis*-Gruppe.

Nomenklatur: Synonym: *Nomada borealis* Zetterstedt, 1838.

Etymologie: Von griech. „*leukós*" = „weiß" und „*phthalmos*" = „äugig"; wegen der hellen runden Flecken auf dem Hinterleib. Deutscher Name: Die Art erscheint bereits im ersten Frühjahr.

Lebensraum: Lichte Wälder, Kahlschläge, Waldsäume, Sand- und Kiesgruben. Vom Flachland bis in die subalpine Höhenstufe.

Wirte: *Andrena apicata, Andrena clarkella, Andrena nycthemera.*

Flugzeit: In einer Generation von März bis Juni.

Gesamtverbreitung: Transpaläarktisch. Von der Biskaya über Europa, Südrussland, Sibirien bis Japan und Kamtschatka, ein isolierter Fund in der *Osttürkei (Kars); nordwärts bis Irland und Nordschottland, bis 63,5°N in Norwegen (Trondheim), 67,5°N in Schweden (Vittangi), 67°N Finnland, in Russland bis Murmansk, südwärts bis Norditalien und *Thessalien. **SW-Eu:** E, I. **Z-Eu:** F, B, LUX, NL, D, A, CH, DK. **N-Eu:** IRL, GB, N, S, SF, EST, LT, LV, RUS(N). **NO-Eu:** CS, SK, PL, BY, UA, RUS(S). **SO-Eu:** H, RO, HR, *MK, *GR. **W-As:** *TR. **Z-As:** KAZ. **Sib:** O-Sib. **NO-As:** Jak, Prim, Kam. **SO-As:** MGL, J.

Lokalverbreitung: In Deutschland und Österreich aus allen Bundesländern nachgewiesen (aktuell). In der Schweiz nur sehr zerstreute Nachweise, ak-

tuell aus Genf, Neuenburgersee-Gebiet, Wallis, Nidwalden, St. Gallen, Tessin und Oberengadin, historisch aus Bern, Basel, Luzern und Chur.

Nomada linsenmaieri Schwarz, 1974

Linsenmaiers Wespenbiene

Systematik: *armata*-Gruppe.

Etymologie: Benannt nach dem deutschen Hymenopterologen Dr. Walter Linsenmaier (1917–2000).

Lebensraum: Vom Flachland bis in die montane Höhenstufe.

Wirte: Unbekannt.

Flugzeit: Vermutlich in einer Generation von Mai bis September.

Gesamtverbreitung: In Nordafrika aus Marokko, *Algerien und *Tunesien nachgewiesen. In Eurasien von Portugal über Spanien und Südfrankreich bis in die Südschweiz und Norditalien. **SW-Eu:** P, E, I. **Z-Eu:** F, CH. **N-Afr:** MA, *DZ, *TN.

Lokalverbreitung: Im Gebiet nur aus dem Wallis bekannt (historisch und aktuell; Amiet et al. 2007).

Nomada marshamella (Kirby, 1802)

Wiesen-Wespenbiene

Systematik: *ruficornis*-Gruppe.

Nomenklatur: Synonym: *Nomada alternata* (Kirby, 1802).

Etymologie: Benannt nach dem Präfekten der Londoner Linnean Society Thomas MARSHAM (1748–1819). Deutscher Name: Die Art ist ubiquitär und sogar auf Wirtschaftswiesen zu finden.

Lebensraum: Zeigt keine strenge Habitatbindung; Mager- und Fettwiesen, Heiden, offene Wälder, Waldsäume, Hecken, Brach- und Ruderalflächen, Gärten. Vom Flachland bis in die montane Höhenstufe.

Wirte: *Andrena carantonica, Andrena ferox, Andrena rosae, Andrena trimmerana*, vermutlich auch *Andrena nigroaenea* und *Andrena assimilis*.

Flugzeit: In einer Generation von April bis Juli.

Gesamtverbreitung: Aus Nordafrika nur eine überprüfungsbedürftige Meldung von 1906 aus Tunesien. In Eurasien von Portugal über Europa und Kleinasien bis in den Kaukasus (eine überprüfungsbedürftige Meldung aus Kasachstan); nordwärts bis Irland und Nordschottland, bis 63,5°N in Norwegen (Trondheim), 62,5°N in Schweden und Finnland, in Russland bis Kirov; südwärts bis Sizilien und *Peloponnes. **SW-Eu:** *P, E, *F(K), I(Sa), I(Si), I. **Z-Eu:** F, B, LUX, NL, D, A, CH, DK. **N-Eu:** IRL, GB, N, S, SF, EST, LT, LV, RUS(N). **NO-Eu:** CS, SK, PL, BY, *UA(K), RUS(S). **SO-Eu:** H, RO, SLO, HR, *MNE, *MK, GR. **N-Afr:** TN. **W-As:** *GR(Ä), TR, Kaukasus. **Z-As:** KAZ(?).

Lokalverbreitung: Im Gebiet aus allen Regionen gemeldet.

Nomada mauritanica LEPELETIER, 1841
Goldafter-Wespenbiene

Systematik: *bifasciata*-Gruppe

Nomenklatur: Tritt im Gebiet in der ssp. *chrysopyga* MORAWITZ, 1871 auf, die lange Zeit als eigene Art betrachtet wurde. Synonym: *Nomada superba* PÉREZ, 1902.

Etymologie: LEPELETIER beschrieb die Art von Oran/Algerien, das auf dem Gebiet der ehemaligen römischen Provinz Mauretania Caesariensis liegt. Der Name der heimischen Unterart von griech. „*chrysós*" = „Gold" und „*pyx* (*pygos*)" = „Steiß, Gesäß", wegen des gelben Querflecks vor dem Hinterleibsende. Hierauf bezieht sich auch der deutsche Name.

Lebensraum: Trockenwarme Standorte mit Steppencharakter. Vom Flachland bis in die kolline Höhenstufe.

Wirt: Bekannt sind *Andrena fuscosa* und *Andrena scita*; im Gebiet wurde als Wirt bisher nur *A. fuscosa* beobachtet.

Flugzeit: Vermutlich in zwei Generationen von Mai/Juni bis September.

Gesamtverbreitung: In Nordafrika von Marokko bis Ägypten; in Arabien in den Vereinigten Arabischen Emiraten, südwärts bis in den *Tschad (Tibesti). In Eurasien von Zentralspanien über Südeuropa, Kleinasien, Levante und Kaukasus bis Zentralasien; nordwärts bis Südschweiz, Ostösterreich und Mähren; südwärts bis Sizilien, Kalabrien, *Peloponnes, Kreta und Israel. Die Stammform über ganz Nordafrika verbreitet, die ssp. *obburdinensis* MORAWITZ, 1875 von Zentralasien bis Kashmir, die ssp. *chrysopyga* MORAWITZ, 1871 im übrigen Verbreitungsgebiet (vermutlich nur Färbungsformen). **SW-Eu:** E, I(Si), I. **Z-Eu:** F, ~~{D}~~, A, CH. **NO-Eu:** CS, SK, UA, UA(K), RUS(S). **SO-Eu:** H, RO, SLO, HR, SRB, *BG, GR, GR(K). **N-Afr:** MA, DZ, TN, LAR, ET. **Arab:** UAE. **W-As:** GR(Ä), TR, SYR, IL, Kaukasus. **Z-As:** TM, *UZB, *TAD, *KAZ.

Lokalverbreitung: Eine Meldung von 1924 aus Baden-Württemberg (STROHM 1924) unter dem Synonym *Nomada superba* wurde von STÖCKHERT (1933) bei einer Nachprüfung als *Nomada bifida* (= *N. ruficornis*) identifiziert. In Österreich nur aus Niederösterreich und dem Burgenland bekannt (seit Jahrzehnten verschollen). In der Schweiz nur einige wenige historische Meldungen aus dem 19. Jahrhundert aus dem Wallis und dem Tessin (AMIET ET AL. 2007).

Nomada melanopyga SCHMIEDEKNECHT, 1882
Schwarzsteiß-Wespenbiene

Systematik: *bifasciata*-Gruppe.

Etymologie: Von griech. „*melano-*" = „schwarz-, dunkel-" und „*pyx* (*pygos*)" = „Steiß, Gesäß"; SCHMIEDEKNECHT lag bei der Beschreibung nur das Männchen vor, dessen Endtergit schwärzlich gefärbt ist.

Lebensraum: Trockenwarme Standorte; Trockenrasen, Steppen. Vom Flachland bis in die kolline Höhenstufe.

Wirte: Unbekannt.

Flugzeit: Die wenigen Funddaten stammen aus dem Mai und Juni.

Gesamtverbreitung: Von Ostösterreich bis in die Türkei und den *Kaukasus (Armenien); nordwärts bis Mähren. **SW-Eu:** *I(Si). **Z-Eu:** A. **NO-Eu:** CS, SK. **SO-Eu:** H, RO. **W-As:** GR(Ä), TR, *Kaukasus.

Lokalverbreitung: Im Gebiet nur aus Niederösterreich und dem Burgenland bekannt (historisch, Franz 1982).

Nomada melathoracica Imhoff, 1834
Senf-Wespenbiene

Systematik: *ruficornis*-Gruppe.

Etymologie: Von griech. „*melano-*“ = „schwarz-, dunkel-“ und „Thorax“ (anat.) = Brustabschnitt; warum Imhoff diesen Namen wählte, bleibt rätselhaft, er beschreibt jedenfalls ausführlich die reiche gelbe Zeichnung des Brustabschnitts. Deutscher Name: Die Art besucht gerne Kreuzblütler wie den Senf, auf die ihre Wirte spezialisiert sind.

Lebensraum: Trockene Mager- und Fettwiesen, Waldsäume, Hecken, Hochwasserdämme, Sand-, Kies- und Lehmgruben, zuweilen auch Gärten und Parks. Vom Flachland bis in die montane Höhenstufe.

Wirte: *Andrena agilissima*, höchstwahrscheinlich auch *Andrena afrensis*.

Flugzeit: In einer Generation von April bis Juli.

Gesamtverbreitung: In Nordafrika von Marokko bis Algerien (überprüfungsbedürftig). In Eurasien von Portugal über Süd- und Mitteleuropa bis Bulgarien; nordwärts bis in die Niederlande und Mähren; südwärts bis Umbria. **SW-Eu:** P, E, I(Si)?, I. **Z-Eu:** F, B, LUX, NL, D, A, CH. **NO-Eu:** CS, SK, RUS(S)? **SO-Eu:** H, *HR, BG. **N-Afr:** MA(?), DZ(?). **W-As:** TR(?).

Lokalverbreitung: In Deutschland nur aus Rheinland-Pfalz, Hessen, Baden-Württemberg und Bayern (aktuell) sowie aus Nordrhein-Westfalen (historisch) nachgewiesen. In Österreich nur von Niederösterreich und der Steiermark bekannt. In der Schweiz aktuell und historisch aus dem Jura, Mittelland, Wallis und Tessin, nur historisch aus den Kantonen Genf, Waadt, Bern, Solothurn, Zürich.

Nomada minuscula Noskiewicz, 1930
Winzige Wespenbiene

Systematik: *furva*-Gruppe.

Nomenklatur: Von manchen Autoren mit *Nomada sheppardana* (Kirby, 1802) vermengt.

Etymologie: Diminutiv von lat. „*minuta*“ = „klein“; bezieht sich auf die geringe Körpergröße der Art.

Lebensraum: Magerrasen, extensiv genutztes Grünland, Hochwasserdämme, Sand- und Kiesgruben, Kahlschläge, Brach- und Ruderalflächen. Vom Flachland bis in die kolline Höhenstufe.

Wirte: *Lasioglossum politum*, *Lasioglossum glabriusculum*, *Lasioglossum semilucens*, vermutlich *Lasioglossum lucidulum* und möglicherweise noch weitere kleine *Lasioglossum*-Arten.

Flugzeit: In zwei Generationen von Mai bis August.

Gesamtverbreitung: Wegen der Vermengung mit *Nomada sheppardana* unklar. In Nordafrika von Marokko bis Tunesien. In Eurasien von *Spanien über Süd- und Mitteleuropa, bis zum Don und nach Griechenland; nordwärts bis Brandenburg und Nordpolen (Stettin); südwärts bis Sizilien und *Peloponnes. **SW-Eu:** *E, I(Si), I. **Z-Eu:** F, D, A, CH. **NO-Eu:** CS, SK, PL, UA, RUS(S). **SO-Eu:** H, *HR, *SRB, GR. **N-Afr:** MA, DZ, TN.

Lokalverbreitung: Wegen der Vermengung mit *Nomada sheppardana* unklar. In Deutschland aus Sachsen-Anhalt, Brandenburg, Hessen, Thüringen, Rheinland-Pfalz, Baden-Württemberg und Bayern gemeldet (aktuell). In Österreich aus Niederösterreich und dem Burgenland gemeldet. In der Schweiz aktuell aus dem Tessin, historisch von Genf.

Nomada moeschleri Alfken, 1913

Möschlers Wespenbiene

Systematik: *ruficornis*-Gruppe.

Etymologie: Benannt nach dem deutschen Entomologen Heinrich Benno Möschler (1831–1888).

Lebensraum: Waldsäume, Lichtungen, trockene Fett- und Magerwiesen, Gärten und Parks. Vom Flachland bis in die montane Höhenstufe

Wirte: Wahrscheinlichster Wirt ist *Andrena haemorrhoa*; vermutet werden auch *Andrena intermedia* und *Andrena lathyri*.

Flugzeit: In einer Generation von Mai bis Juli.

Gesamtverbreitung: Von Savoyen über Mittel- und Nordeuropa bis Zentralasien; nordwärts bis Schweden (67,5°N, Norrbotten), Finnland (63°N, Nordkarelien), in Russland bis Kirov; südwärts bis Slowenien. Wird von Proshchalykin (2009) von Irkutsk und Zabajkal gemeldet; er erwähnt sie aber in seinem Beitrag zum Katalog der Insekten des Fernen Ostens (Lelej 2012) nicht mehr. **Z-Eu:** F, B(?), NL, D, A, CH, DK. **N-Eu:** S, SF, LT, LV, *EST, RUS(N). **NO-Eu:** CS, PL, BY, RUS(S). **SO-Eu:** SLO. **Z-As:** UZB, KAZ. **Sib:** O-Sib(?).

Lokalverbreitung: In Deutschland mit Ausnahme von Niedersachsen, Rheinland-Pfalz und Baden-Württemberg aus allen Bundesländern nachgewiesen, aus Mecklenburg-Vorpommern und Nordrhein-Westfalen nur historisch. In Österreich mit Ausnahme von Kärnten und dem Burgenland aus allen Bundesländern gemeldet. In der Schweiz aktuell aus dem Jura, dem zentralen Mittelland, der Alpennordseite und dem Prättigau, historisch aus dem Kanton Waadt.

Nomada mutabilis Morawitz, 1870
Veränderliche Wespenbiene

Systematik: *armata*-Gruppe.

Etymologie: Von lat. „*mutabilis*" = „veränderlich, wandelbar".

Lebensraum: Trockene Standorte; Hochwasserdämme oder Sandheiden, trockene Fettwiesen. Vom Flachland bis in die montane Höhenstufe.

Wirte: *Andrena chrysopyga*. Zumindest in Griechenland ist auch *Andrena gravida* ein Wirt. Für die in der Literatur oftmals wiederholte Vermutung

♀

Frieses (1889), dass auch *Andrena schencki* (als *A. labiata* Schck.) und *Andrena polita* Wirte seien, gibt es bislang keine Belege.

Flugzeit: In einer Generation von Mai bis Juli.

Gesamtverbreitung: In Nordafrika von *Marokko, *Algerien und Tunesien nachgewiesen. In Eurasien von Portugal über Europa, Kleinasien und Kaukasus bis Zentralasien; nordwärts bis ins Baltikum, in Russland bis Perm; südwärts bis *Sizilien, *Puglia, *Peloponnes und *Israel. Die Art erreicht in Nepal und Kashmir die orientalische Faunenregion. Proshchalykin (2009) meldet sie aus Irkutsk und führt sie ohne weitere Angaben für Japan an; anderweitige Meldungen für diese Gebiete existieren nicht. **SW-Eu:** P, E, *I(Si), I. **Z-Eu:** F, B, NL, D, A, CH, DK. **N-Eu:** LT, LV, RUS(N). **NO-Eu:** CS, SK, PL, BY, UA, RUS(S). **SO-Eu:** H, RO, SLO, HR, SRB, *MK, *BG, GR, GR(K)(?). **N-Afr:** *MA, *DZ, TN. **W-As:** GR(Ä), TR, *IL, Kaukasus, IR. **Z-As:** TM, *UZB, KAZ, KGZ. **Sib:** O-Sib? **SO-As:** J? **Ori:** NEP, IND.

Lokalverbreitung: In Deutschland mit Ausnahme von Hessen aus allen Bundesländern nachgewiesen, aktuell nur aus Brandenburg. In Österreich mit Ausnahme von Salzburg, Steiermark und Vorarlberg aus allen Bundesländern gemeldet. In der Schweiz aktuell und historisch aus dem Wallis, nur historisch von Genf.

Nomada mutica Morawitz, 1872
Eichen-Wespenbiene

Systematik: *ruficornis*-Gruppe.

Etymologie: Von lat. „*mutica*" = „unbewaffnet"; Morawitz bezieht sich auf das Fehlen von Zähnchen auf dem Labrum („*labro mutico*"). Deutscher Name: Man findet die Art zuweilen an den Säumen von Eichenwäldern; Eichen gehören zu den bevorzugten Pollenquellen des Wirtes.

Lebensraum: Magerrasen, Heiden, offene Wälder, Waldsäume, Hecken, Brach- und Ruderalflächen. Vom Flachland bis in die montane Höhenstufe.

Wirte: *Andrena ferox*, vielleicht auch *Andrena trimmerana*. Alfken vermutet *Andrena chrysosceles*.

Flugzeit: In einer Generation von April bis Juli.

Gesamtverbreitung: Von Zentralspanien (*Madrid, *Avila) über Süd- und Mitteleuropa und Kleinasien bis in die Levante; nordwärts bis Holland, Mittelpolen (Breslau) und Nordukraine (Kiew); südwärts bis *Basilicata, Nordgriechenland (Olymp), *Zypern und *Israel. **SW-Eu:** E, I. **Z-Eu:** F, B, NL, D, A, CH. **NO-Eu:** CS, SK, PL, UA, RUS(S). **SO-Eu:** H, RO, SLO, HR, GR. **W-As:** GR(Ä), *CY, TR, SYR, *IL.

Lokalverbreitung: In Deutschland nur bis zum Nordrand der Mittelgebirge; nachgewiesen aus Thüringen, Rheinland-Pfalz und Baden-Württemberg (aktuell) sowie Sachsen-Anhalt, Nordrhein-Westfalen, Hessen, Sachsen und Bayern (historisch). In Österreich nur aus Ober- und Niederösterreich sowie dem Burgenland gemeldet. In der Schweiz aktuell von Genf, Martigny und dem Neuenburger See, historisch aus den Kantonen Genf, Waadt, Neuenburg, Bern und der Umgebung von Chur.

Nomada nobilis Herrich-Schäffer, 1839
Edle Wespenbiene

Systematik: *basalis*-Gruppe.

Etymologie: Von lat. „*nobilis*" = „edel, vornehm, vortrefflich, vorzüglich"; wegen ihrer Größe (12–14 mm) und attraktiven Färbung.

Lebensraum: Trockenwarme Standorte; Magerrasen, Brach- und Ruderalflächen. Vom Flachland bis in die montane Höhenstufe.

Wirte: Entgegen der vielfach zitierten Meinung Frieses (1887, 1889), der *Andrena nasuta* als Wirt postulierte, ist im Gebiet *Eucera interrupta* der tatsächliche Wirt; möglicherweise kommen noch weitere *Eucera*-Arten infrage.

Flugzeit: In einer Generation von Mai bis Juni.

Gesamtverbreitung: In Nordafrika von *Marokko bis *Tunesien. In Eurasien von Portugal über Süd- und Mitteleuropa, Kleinasien und Kaukasus bis in den Iran; nordwärts bis Mitteldeutschland (historisch), Böhmen, Mittelpolen und Mittelukraine; südwärts bis Sizilien, Kalabrien, Peloponnes und

♀

Israel. **SW-Eu:** P, E, I(Si), I. **Z-Eu:** F, D, A, CH. **NO-Eu:** CS, SK, PL, UA, *UA(K), RUS(S). **SO-Eu:** H, RO, SLO, HR, SRB, *MNE, AL, *MK, BG, GR. **N-Afr:** *MA, DZ, *TN. **W-As:** GR(Ä), TR, *SYR, IL, Kaukasus, IR.

Lokalverbreitung: In Deutschland aktuell nur in Baden-Württemberg, historisch aus Sachsen-Anhalt und Thüringen; Friese (1923) erwähnt die Art auch aus Mecklenburg-Vorpommern. Aus Österreich nur von einem Fund bei Poysdorf/Niederösterreich von 1888 bekannt (Franz 1982). In der Schweiz nur aus dem Wallis gemeldet (aktuell, Amiet et al. 2007).

Nomada noskiewiczi Schwarz, 1966
Pannonische Wespenbiene

Systematik: *ruficornis*-Gruppe.

Nomenklatur: Synonym: *Nomada alfkeni* Noskiewicz, 1939.

Etymologie: Benannt nach dem polnischen Hymenopterologen Jan Noskiewicz (1890–1963).

Lebensraum: Extensiv genutztes Grünland, Hecken, Waldsäume, Brach- und Ruderalflächen, Trockenrasen. Vom Flachland bis in die kolline Höhenstufe.

Wirte: Unbekannt.

Flugzeit: In einer Generation von April bis Juli.

Gesamtverbreitung: Mit Ausnahme einer überprüfungsbedürtigen Meldung aus Udmurtien (Sitdikov 1986) sowie einem jüngsten Nachweis aus Böhmen (Bogusch 2009) und einem isollerten Fund in *Kirgisien nur aus dem Pannonikum bekannt. **Z-Eu:** A. **N-Eu:** RUS(N)(?). **NO-Eu:** CS, SK. **SO-Eu:** H. **Z-As:** *KGZ.

Lokalverbreitung: Im Gebiet aus Niederösterreich und dem Burgenland bekannt (aktuell).

Nomada numida Lepeletier, 1841
Algerische Wespenbiene

Systematik: *bifasciata*-Gruppe.

Nomenklatur: Synonyme: *Nomada mauritanica* Lepeletier, 1841; *Nomada mauritanica manni* Morawitz, 1871; *Nomada manni* Morawitz, 1871.

Etymologie: Lepeletier beschrieb die Art von Oran/Algerien, aus einem Landstrich, der in der Antike von Berbervölkern bewohnt war, die unter dem Begriff „Numidier“ zusammengefasst wurden.

Wirte: Einziger bekannter Wirt ist *Andrena morio*.

Flugzeit: In einer Generation von Mai bis Juni.

Gesamtverbreitung: In Nordafrika von Marokko bis Ägypten. In Eurasien von Portugal über Südeuropa und Kleinasien bis in den Irak; nordwärts nach nicht völlig sicheren Meldungen in historischer Zeit bis Südwestdeutschland, ansonsten bis Slowakei und Südukraine; südwärts bis Sizilien, Kalabrien, *Peloponnes, Kreta, Zypern und Irak. Die Stammform in Nordafrika, die ssp. *manni* Morawitz, 1871 im übrigen Verbreitungsgebiet. **SW-Eu:** P, E, E(B), F(K), I(Sa), I(Si), I. **Z-Eu:** F, D(?). **NO-Eu:** SK, UA, RUS(S). **SO-Eu:** H, RO, HR, SRB, GR, GR(K). **N-Afr:** MA, DZ, TN, *LAR, ET. **W-As:** GR(Ä), CY, TR, IL, IRQ.

Lokalverbreitung: Friese (1921, 1923, 1926) meldet die Art aus Heidelberg/Baden-Württemberg, aus Eberstadt bei Darmstadt, Bickenbach und Frankfurt/Hessen sowie aus Neuss/Nordrhein-Westfalen. Westrich (1989) vermutet bei dem einzigen auffindbaren Belegexemplar mit der Angabe „Eberstadt" eine Fehletikettierung. Angesichts der Tatsache, dass an drei der genannten Fundorte zur damaligen Zeit auch der Wirt nachgewiesen wurde, ist ein früheres Vorkommen von *Nomada numida* in Deutschland nicht völlig von der Hand zu weisen, auch wenn weitere Meldungen aus Mitteleuropa fehlen.

Nomada obscura Zetterstedt, 1838
Vorfrühlings-Wespenbiene

Systematik: *ruficornis*-Gruppe.

Etymologie: Von lat. „*obscura*" = „dunkel, finster, versteckt, verborgen"; Zetterstedt vergleicht die Art mit *N. borealis* (= *leucophthalma*) und stellt fest, dass die Färbung des Körpers zwar ähnlich, aber bei *N. obscura* die rote Zeichnung weitgehend verdunkelt oder erloschen ist („*differt etiam clypeo toto nigro (nec margine rufo), scutello punctis 2 (nec linea continua) rufis, et abdomine in fundo nigricante (nec ferruginante)*"). Deutscher Name: Die Art erscheint bereits im ersten Frühjahr.

Lebensraum: Waldgebiete, Waldsäume und -lichtungen, Moore, Moor- und Sandheiden. Vom Flachland bis in die montane, teilweise subalpine Höhenstufe.

Wirte: Einziger bekannter Wirt ist *Andrena ruficrus*.

Flugzeit: In einer Generation von März bis Juni.

Gesamtverbreitung: Transpaläarktisch. Von den Benelux-Ländern über Mittel- und Nordeuropa und Sibirien bis zur Pazifikküste des Fernen Ostens; nordwärts bis 63,5°N in Norwegen (Trondheim), 66,5°N in Schweden (Lule Lappmark und Norrbotten), 68°N in Finnland, in Russland bis Karelien und Perm; südwärts bis in die Südalpen und Ungarn sowie in den *Kaukasus (Abchasien) und die Nordost-*Türkei (Kars). **Z-Eu:** B, LUX, NL, D, A, CH. **N-Eu:** N, S, SF, EST, LT, LV, RUS(N). **NO-Eu:** CS, SK, PL, RUS(S). **SO-Eu:** H. **W-As:** *TR, *Kaukasus. **Sib:** W-Sib, O-Sib. **NO-As:** Prim. **SO-As:** MGL.

Lokalverbreitung: In Deutschland mit Ausnahme von Mecklenburg-Vorpommern und Sachsen-Anhalt aus allen Bundesländern nachgewiesen, aus Schleswig-Holstein und Hessen nur historisch. In Österreich mit Ausnahme des Burgenlands aus allen Bundesländern gemeldet. In der Schweiz aktuell aus den Kantonen Solothurn, Uri, St. Gallen und Wallis, historisch aus den Kantonen Bern und Waadt.

Nomada obtusifrons Nylander, 1848

Stumpfkielige Wespenbiene

Systematik: *roberjeotiana*-Gruppe.

Etymologie: Von lat. „*obtusa*" = „abgestumpft, stumpf" und „*frons*" = Stirn; wegen des stumpfen Kieles auf der Stirn.

Lebensraum: Lichte Wälder, Waldsäume und -wege, Lichtungen, Kahlschläge, Sand- und Bergheiden, Moore. Vom Flachland bis in die subalpine Höhenstufe.

Wirte: *Andrena coitana*, vielleicht auch *Andrena tarsata*.

Flugzeit: In einer Generation von Juli bis August.

Gesamtverbreitung: Von Frankreich über Nord-, Mittel- und nördliches Südeuropa und Südrussland bis in den Kaukasus und die Nordost-*Türkei (Rize), ein isolierter Fund aus *Kasachstan (Almaty); nordwärts bis 61°N in Norwegen und Schweden (Lillehammer bzw. Dalarna), 62°N in Finnland (Nordkarelien), in Russland bis Karelien, Kirov und Perm; südwärts bis Südtirol und Kroatien. Wird von Proshchalykin (2010b) für Ostsibirien aufgelistet; er erwähnt die Art aber in seinem Beitrag zum Katalog der Insekten des Fernen Ostens (Lelej 2012) nicht mehr. **SW-Eu:** I. **Z-Eu:** F, B, LUX, NL, D, A, CH, FL, DK. **N-Eu:** IRL, GB, N, S, SF, EST, LT, LV, RUS(N). **NO-Eu:** CS, SK, PL, BY, UA, RUS(S). **SO-Eu:** H, RO, SLO, HR. **W-As:** *TR, Kaukasus. **Z-As:** *KAZ. **Sib:** O-Sib(?).

Lokalverbreitung: In Deutschland mit Ausnahme von Brandenburg aus allen Bundesländern nachgewiesen, aktuell nur aus Niedersachsen, Sachsen-Anhalt, Nordrhein-Westfalen, Rheinland-Pfalz und Baden-Württemberg. In Österreich mit Ausnahme des Burgenlands aus allen Bundesländern gemeldet. In der Schweiz nur im Alpenraum (historisch und aktuell).

Nomada opaca Alfken, 1913

Dunkle Wespenbiene

Systematik: *ruficornis*-Gruppe.

Nomenklatur: Synonym: *Nomada bifida* var. *opaca* Alfken, 1913.

Etymologie: Von lat. „*opaca*" = „schattig, dunkel"; Alfken beschreibt die Art als „sehr dunkle Varietät" von *N. bifida* (= *ruficornis*).

Lebensraum: Lichte Wälder, Waldsäume, Lichtungen. Vom Flachland bis in die kolline Höhenstufe.

Wirte: Einziger bekannter Wirt ist *Andrena fulvida*.

Flugzeit: In einer Generation von Mai bis Juni.

Gesamtverbreitung: Offensichtlich disjunkt transpaläarktisch; wie bei ihrem Wirt *Andrena fulvida* klafft in Mittelsibirien und Zentralasien eine ausgedehnte Nachweislücke. In der Westpaläarktis von Frankreich über Nord- und Mitteleuropa bis Karelien und Ukraine; nordwärts bis 60,5°N in Schweden (Gävleborgs län, ein Einzelfund bei 63°N, Ångermanland), 63°N in Finnland (Nordkarelien), in Russland bis Karelien; südwärts bis Südschweiz, *Südtirol und Slowenien. In der Ostpaläarktis vom Baikalsee bis Primorje, südwärts bis Nordkorea und Japan. **SW-Eu:** *I. **Z-Eu:** F, B, NL, D, A, CH, DK. **N-Eu:** S, SF, EST, LT, LV, RUS(N). **NO-Eu:** CS, PL, UA. **SO-Eu:** H, SLO. **Sib:** O-Sib. **NO-As:** Prim. **SO-As:** KP, J.

Lokalverbreitung: In Deutschland aktuell aus Rheinland-Pfalz, Baden-Württemberg und Bayern, historisch aus Schleswig-Holstein, Niedersachsen und Hessen nachgewiesen. In Österreich mit Ausnahme des Burgenlands und Ober- und Niederösterreich aus allen Bundesländern gemeldet. In der Schweiz verschollen, historisch vom Genfersee, Wallis, Neuenburgersee, Basel und aus den Kantonen Bern und Thurgau.

Nomada pallispinosa Schwarz, 1967
Blaßdornige Wespenbiene

Systematik: *integra*-Gruppe.

Etymologie: Von lat. „*pallens*“ = „bleich, gelb“ und „*spinosa*“ = „dornig, stachelig“; wegen der farblosen Dörnchen an der Spitze der Hintertibien.

Lebensraum: Vom Flachland bis in die montane Höhenstufe, in Südeuropa bis über 2000 m.

Wirte: Unbekannt.

Flugzeit: In einer Generation von April bis Juli.

Gesamtverbreitung: Von der Steiermark und Triest über die Balkanhalbinsel und Türkei bis in den Kaukasus, südwärts bis auf die Peloponnes und Israel. **SW-Eu:** I. **Z-Eu:** A. **SO-Eu:** SLO, *HR, *BIH, *BG, GR. **W-As:** GR(Ä), CY, TR, *RL, IL, Kaukasus.

Lokalverbreitung: Im Gebiet bisher nur aus der Steiermark bekannt, wo sie 1991 erstmals für Mitteleuropa nachgewiesen wurde (Schwarz & Gusenleitner 1997).

Nomada panurgina Morawitz, 1868
Schmallippige Wespenbiene

Systematik: *armata*-Gruppe.

Nomenklatur: Synonym: *Nomada julliani* Schmiedeknecht, 1882.

Etymologie: Benannt nach ihrer Wirtsgattung *Panurgus*. Deutscher Name: Das Labrum ist nach vorne deutlich verschmälert.

Lebensraum: Trockenwarme Standorte. Vom Flachland bis in die kolline Höhenstufe.

Wirte: Einziger bekannter Wirt im Gebiet ist *Panurgus dentipes*.

Flugzeit: In einer Generation von Juli bis August.

Gesamtverbreitung: In Nordafrika von Marokko bis Tunesien. In Eurasien von Zentralspanien über Südeuropa bis Kroatien; nordwärts bis zum Genfersee (historisch). **SW-Eu:** E, I(Si), I. **Z-Eu:** F, CH. **SO-Eu:** HR. **N-Afr:** MA, DZ, TN.

Lokalverbreitung: Im Gebiet nur historische Nachweise aus der Umgebung des Genfersees (Frey-Gessner 1908–1912).

Nomada panzeri Lepeletier, 1841

Panzers Wespenbiene

Systematik: *ruficornis*-Gruppe.

Nomenklatur: Formenreiche Art bzw. Artenkomplex. Die meisten neueren Autoren betrachten *Nomada glabella* als eigene Art, einige trennen auch *Nomada hybrida* Schmiedeknecht, 1882 ab.

Etymologie: Dem deutschen Arzt, Botaniker und Entomologen Georg Wolfgang Franz Panzer (1755–1829) gewidmet.

Lebensraum: Waldsäume, Lichtungen, Hecken, Wiesen, Auwälder, Heiden, Brach- und Ruderalflächen, Siedlungsbereich. Vom Flachland bis in die subalpine, in der Südschweiz bis in die alpine Höhenstufe.

Wirte: *Andrena fucata, Andrena fulva, Andrena helvola, Andrena lapponica, Andrena synadelpha* und *Andrena varians*.

Flugzeit: Flugdaten von März bis August, sodass zumindest von einer partiellen zweiten Generation ausgegangen werden muss.

Gesamtverbreitung: Transpaläarktisch. In Nordafrika nur eine überprüfungsbedürftige alte Meldung aus Algerien. In Eurasien von Portugal über Europa, Kleinasien, *Kaukasus und Sibirien bis nach Japan und den Kurilen; nordwärts bis Irland und Nordschottland, in Skandinavien und Russland bis an die Nordmeerküste; südwärts bis Sizilien, Abruzzo und Nord-*Griechenland. In Japan und Korea in der ssp. *orientis* Tsuneki, 1973. Von manchen Autoren werden die Taxa *glabella* Thomson, 1870 und *hybrida* Schmiedeknecht 1882 als ökologische Subspezies aufgefasst. **SW-Eu:** P, E, I(Si), I. **Z-Eu:** F, B, LUX, NL, D, A, CH, FL, DK. **N-Eu:** IRL, GB, N, S, SF, EST, LT, LV, RUS(N). **NO-Eu:** CS, SK, PL, BY, UA, RUS(S). **SO-Eu:** H, RO, SLO, HR, SRB, BIH, BG, *GR. **N-Afr:** DZ(?). **W-As:** TR, *Kaukasus. **Z-As:** KAZ. **Sib:** W-Sib, O-Sib. **NO-As:** Jak, Amur, Prim, Sach, Mag, Kam, Kur. **SO-As:** *RC (Sichuan), ROK, J.

Lokalverbreitung: Im Gebiet aus allen Regionen gemeldet.

Nomada piccioliana Magretti, 1883

Toskanische Wespenbiene

Systematik: *ruficornis*-Gruppe.

Etymologie: Benannt nach dem italienischen Entomologen Fernandino Maria Piccioli (1821–1900). Deutscher Name: Der Typus wurde in der Nähe von Florenz in der Toskana gefangen.

Lebensraum: Trockenwarme Hangwiesen, Magerrasen. Vom Flachland bis in die montane Höhenstufe.

Wirte: *Andrena combinata*, vermutlich auch weitere Arten der *Andrena-dorsata*-Gruppe.

Flugzeit: In einer Generation von Mai bis Juli.

Gesamtverbreitung: Von Zentralspanien bis in die Westukraine, Griechenland und Türkei; nordwärts bis Holland, Mitteldeutschland und Böhmen; südwärts bis Andalusien, *Puglia und Thessalien. Eine Meldung von Moskau stellte sich nachträglich als *N. zonata* heraus (Levchenko 2013). **SW-Eu:** E, I. **Z-Eu:** F, B, NL, D, A, CH. **N-Eu:** {~~RUS(N)~~}. **NO-Eu:** CS, SK, UA. **SO-Eu:** H, RO, *SRB, MK, GR. **W-As:** TR.

Lokalverbreitung: In Deutschland aktuell aus Sachsen-Anhalt, Thüringen, Nordrhein-Westfalen, Hessen, Rheinland-Pfalz, Baden-Württemberg und Bayern nachgewiesen. In Österreich aus dem Burgenland, Kärnten, Ober- und Niederösterreich gemeldet. In der Schweiz aktuell und historisch aus dem Wallis, nur historisch aus dem Jura, von Schaffhausen, Zürich und dem Prättigau.

Nomada pleurosticta Herrich-Schäffer, 1839
Bitterkraut-Wespenbiene

Systematik: *integra*-Gruppe.

Nomenklatur: Synonym: *Nomada major* Morawitz, 1872.

Etymologie: Von „Pleuren“ (anat.) = „Brustseiten“ und griech. „*stictos*“ = „gefleckt“. Deutscher Name: Die Art besucht häufig die Pollenquellen des auf Korbblütler spezialisierten Wirtes, wie Pippau oder Bitterkraut.

Lebensraum: Trockenwarme Fett- und Magerwiesen und Ruderalflächen, Waldsäume, Steinbrüche, Sand- und Lehmgruben. Vom Flachland bis in die kolline Höhenstufe.

Wirte: Einziger bekannter Wirt ist *Andrena polita*.

Flugzeit: In einer Generation von Juni bis August.

Gesamtverbreitung: In Nordafrika von einem einzigen Weibchen aus Tunis bekannt. In Eurasien vom spanischen Pyrenäen-Vorland (Barcelona)

über Mitteleuropa, Balkanhalbinsel und Kleinasien bis in den Kaukasus und *Westsibirien (Tomsk); nordwärts bis Mitteldeutschland und Böhmen; südwärts bis in die Südalpen, *Euböa, *Zypern und Nordiran. Meldungen aus England und Finnland beziehen sich auf *N. integra*. **SW-Eu:** E, I. **Z-Eu:** F, B, NL, D, A, CH. **N-Eu:** {GB}, {SF} **NO-Eu:** CS, SK. **SO-Eu:** H, BG, *GR. **N-Afr:** TN. **W-As:** *CY, TR, Kaukasus, IR. **Sib:** *W-Sib.

Lokalverbreitung: In Deutschland nur bis zum Nordrand der Mittelgebirge; nachgewiesen aus Hessen, Thüringen, Sachsen, Baden-Württemberg und Bayern (aktuell) sowie aus Sachsen-Anhalt und Rheinland-Pfalz (historisch). In Österreich aus Niederösterreich, dem Burgenland und der Steiermark gemeldet. In der Schweiz aktuell und historisch im Wallis und in Graubünden, historisch auch aus Basel.

Nomada posthuma Blüthgen, 1949

Auen-Wespenbiene

Systematik: *furva*-Gruppe.

Etymologie: Von lat. „*posthum*“ = „nach dem Tod (eintretend)“; Blüthgen nennt keine Gründe für seine Namenswahl. Deutscher Name: Auen sind der Hauptlebensraum der Art.

Lebensraum: Auwälder, Hochwasserdämme. Vom Flachland bis in die kolline, in der Südschweiz bis in die montane Höhenstufe.

Wirte: Vermutet wird *Lasioglossum glabriusculum*, mögliche Wirte sind weitere kleine *Lasioglossum*-Arten; auch Arten der *Andrena-minutula*-Gruppe kommen infrage.

Flugzeit: In einer Generation von Mai bis Juli.

Gesamtverbreitung: Sehr zerstreut von Südwestdeutschland und Westschweiz über Osteuropa, Südrussland und Sibirien bis zur Pazifikküste des Fernen Ostens (mit ausgedehnter Nachweislücke zwischen Ural und Mittelsibirischem Rücken); nordwärts bis Rheinland-Pfalz, Südpolen (Lysa Góra) und Nordukraine (Lviv); südwärts bis ins Wallis und *Israel. Erreicht in Nepal die orientalische Faunenregion. **Z-Eu:** D, A, CH. **NO-Eu:** PL, UA, RUS(S). **SO-Eu:** H. **W-As:** *IL. **Sib:** O-Sib. **NO-As:** Prim. **Ori:** NEP.

Lokalverbreitung: In Deutschland nur in Rheinland-Pfalz, Baden-Württemberg und Bayern nachgewiesen (aktuell). In Österreich nur aus Ober- und Niederösterreich sowie Vorarlberg gemeldet. In der Schweiz nur aus dem Thurgau und dem Wallis bekannt (aktuell).

Nomada propinqua Schmiedeknecht, 1882

Langfühler-Wespenbiene

Etymologie: Von lat. „*propinqua*" = „benachbart, verwandt"; Schmiedeknecht erwähnt die nahe Verwandtschaft mit *N. olympica* und *N. balteata*. Deutscher Name: Schmiedeknecht hebt in seiner Beschreibung die langen Fühler hervor („*N. propinqua kennzeichnet sich leicht durch die ungewöhnlich langen Fühler*").

Lokalverbreitung: Friese (1893) meldet ein Weibchen von Schwerin/Mecklenburg-Vorpommern; mit ziemlicher Sicherheit handelt es sich um einen Bestimmungsfehler, was bereits Stöckhert (1933) anmerkt.

Nomada pulchra Arnold, 1888

Schöne Wespenbiene

Systematik: *ruficornis*-Gruppe.

Etymologie: Von lat. „*pulchra*" = „schön, hübsch"; wegen des attraktiven Aussehens.

Wirte: Pittioni & Schmidt (1943) ziehen *Andrena hungarica* als Wirt in Betracht, während Wolf (1950) *Melitta melanura* vermutet, was insbesondere im Hinblick auf die Verbreitungsgebiete von Wirt und Kuckuck sehr viel wahrscheinlicher ist.

Gesamtverbreitung: Sehr zerstreut. In der Westpaläarktis von der Dauphiné bis Kasachstan; nordwärts bis ins Baltikum und Moskau; südwärts bis Serbien. In der Ostpaläarktis bisher nur ein Weibchen von Smolenschina/Irkutsk bekannt. **Z-Eu:** F, D, A. **N-Eu:** LT, LV, RUS(N). **NO-Eu:** BY, RUS(S). **SO-Eu:** H, RO, SRB. **Z-As:** KAZ. **Sib:** O-Sib?

Lokalverbreitung: Alfken (1908) meldet ein Männchen aus Fürstenberg/Brandenburg von 1892, es wurde von Pittioni überprüft. Wolf (1959) berichtet vom Fang eines Männchens aus Herborn/Hessen von 1944, diese Meldung ist überprüfungsbedürftig. In Österreich wurde nur ein Weibchen vom Bisamberg/Niederösterreich von 1887 bekannt (PITTIONI & SCHMIDT 1943).

Nomada rhenana MORAWITZ, 1872

Rheinische Wespenbiene

Systematik: *ruficornis*-Gruppe.

Nomenklatur: Synonyme: *Nomada rufipes* SCHENCK, 1869; *Nomada zonata rhenana* MORAWITZ, 1872.

Etymologie: Von lat. „*rhenana*" = „rheinisch"; MORAWITZ beschrieb die Art aus Bad Kreuznach in Rheinland-Pfalz.

Lebensraum: Trockene Mager- und Fettwiesen, Hochwasserdämme, Ruderalflächen, Sand-, Kies- und Lehmgruben, Hecken, Gärten und Parks. Vom Flachland bis in die kolline Höhenstufe.

Wirte: *Andrena ovatula* und vermutlich weitere Arten der *Andrena-ovatula*-Gruppe.

Flugzeit: April bis August in zwei Generationen.

Gesamtverbreitung: In Nordafrika von Marokko, Algerien und Ägypten bekannt. In Eurasien von Portugal über Süd- und Mitteleuropa bis Kleinasien und *Levante; nordwärts bis ins Baltikum; südwärts bis *Sizilien, Kalabrien, Griechenland, *Israel und *Jordanien. **SW-Eu:** P, E, *I(Si), I. **Z-Eu:** F, B, LUX, NL, D, A, CH, DK? **N-Eu:** LT. **NO-Eu:** CS, SK, PL, BY, UA, RUS(S). **SO-Eu:** H, RO, SLO, HR, SRB, *BIH, *MK, BG, GR. **N-Afr:** MA, DZ, ET. **W-As:** TR, *IL, *JOR.

Lokalverbreitung: In Deutschland aktuell nur aus Nordrhein-Westfalen nachgewiesen, historisch aus Niedersachsen, Sachsen-Anhalt, Brandenburg, Hessen, Thüringen, Sachsen, Rheinland-Pfalz, Baden-Württemberg und Bayern. In Österreich mit Ausnahme von Salzburg, Tirol und Vorarlberg aus allen Bundesländern gemeldet. In der Schweiz verschollen, historische Meldungen aus den Kantonen Genf, Waadt, Wallis, Bern, Basel und Thurgau.

Nomada roberjeotiana PANZER, 1799

Fingerkraut-Wespenbiene

Systematik: *roberjeotiana*-Gruppe.

Nomenklatur: Von manchen Autoren mit *Nomada tormentillae* ALFKEN, 1901 vermengt.

Etymologie: PANZER widmete die Art Claude ROBERJEOT (1753–1799), dem französischen Botschafter beim Rastatter Kongress und Förderer der Naturwissenschaften. Deutscher Name: Die Art deckt ihren Nahrungsbedarf häufig auf Fingerkraut, der ausschließlichen Pollenquelle eines ihrer Wirte.

Lebensraum: Sand-, Kies- und Lehmgruben, Sandheiden. Vom Flachland bis in die montane, in der Südschweiz bis in die subalpine Höhenstufe.

Wirte: *Andrena tarsata* und *Andrena fuscipes*, möglicherweise auch *Andrena denticulata*.

Flugzeit: In einer Generation von Juli bis September. Amiet et al. (2007) geben „Mitte Mai bis Mitte August" an, was eigenartig erscheint, da alle Wirtsarten ausgesprochene Spätsommerarten sind.

Gesamtverbreitung: Transpaläarktisch. Von den spanischen Pyrenäen (*Ripolles) über Mittel- und Nordeuropa, Kleinasien, Kaukasus und Sibirien bis Japan und Primorje; nordwärts bis Irland und Südschottland, nordwärts bis 63,5°N in Norwegen (Trondheim), 64°N in Schweden (Umeå, vereinzelt bis 66°N), 64,5°N in Finnland (Kainuu), in Russland bis Karelien, Kirov und Perm; südwärts bis Ligurien und Rumänien. In Japan und Korea in der ssp. *aino* Tsuneki, 1973. **SW-Eu:** *E, I. **Z-Eu:** F, B, NL, D, A, CH, DK. **N-Eu:** IRL, GB, N, S, SF, EST, LT, LV, RUS(N). **NO-Eu:** CS, SK, PL, BY, UA, RUS(S). **SO-Eu:** H, RO, HR. **W-As:** TR, Kaukasus. **Z-As:** KGZ. **Sib:** W-Sib, O-Sib. **NO-As:** Jak, Amur, JAO, Khab, Prim. **SO-As:** MGL, KP, J.

Lokalverbreitung: In Deutschland aus allen Bundesländern nachgewiesen, aus Mecklenburg-Vorpommern und Hessen nur historisch. In Österreich mit Ausnahme des Burgenlands, der Steiermark und Vorarlbergs aus allen Bundesländern gemeldet, die Meldung aus Tirol ist überprüfungsbedürftig. In der Schweiz zerstreute aktuelle und historische Nachweise aus dem Alpenraum, historisch auch von Genf, Basel und Zürich.

Nomada rostrata Herrich-Schäffer, 1839
Schnauzen-Wespenbiene

Systematik: *ruficornis*-Gruppe.

Nomenklatur: Synonyme: *Nomada eustalacta* Gerstaecker, 1869.

Etymologie: Von lat. „*rostrata*" = „mit einem Schnabel versehen", (von „*rostrum*" = „Schnabel, Rammsporn"); wegen des schnauzenartig vorgezogenen Clypeus.

Lebensraum: Trockenwarme Standorte in Sand- oder Lössgebieten, Steppen. Vom Flachland bis in die kolline Höhenstufe.

Wirte: Einziger bekannter Wirt ist *Andrena nasuta*.

Flugzeit: Die wenigen Funddaten aus dem Gebiet stammen von Mai bis Juni.

Gesamtverbreitung: Aus Frankreich nur eine einzige Meldung von Lepeletier (1841) aus Baréges am Fuß der Pyrenäen, ansonsten vom östlichen Deutschland über Südosteuropa bis in die Türkei; nordwärts bis Litauen; südwärts* bis Korinth. **Z-Eu:** F, D, A. **N-Eu:** LT. **NO-Eu:** CS, SK, RUS(S). **SO-Eu:** H, RO, *MK, BG, *GR. **W-As:** TR.

Lokalverbreitung: In Deutschland aktuell aus Brandenburg, historisch aus Bayern. In Österreich aktuell aus Niederösterreich, historisch aus Kärnten.

Nomada ruficornis (Linnaeus, 1758)
Rotfühler-Wespenbiene

Systematik: *ruficornis*-Gruppe.

Nomenklatur: Synonym: *Nomada bifida* Thomson, 1872. Der Name wurde früher häufig für *N. panzeri* gebraucht.

Etymologie: Von lat. „*rufus*" = „rötlich" und „*cornum*" = „Horn" (im Sinne von Fühler).

Lebensraum: Waldsäume, Lichtungen, trockene Fett- und Magerwiesen, Gärten und Parks. Vom Flachland bis in die montane Höhenstufe.

Wirte: Einziger sicher bekannter Wirt ist *Andrena haemorrhoa*.

Flugzeit: In einer Generation von März bis Juni.

Gesamtverbreitung: In Nordafrika verlässlich aus *Tunesien nachgewiesen, aus Marokko und Algerien gibt es überprüfungsbedürftige ältere Meldungen. In Eurasien von Portugal über Europa, Südrussland, Kaukasus, Zentralasien und Sibirien bis zur Japan und Kurilen; nordwärts bis Irland und Nordschottland, nordwärts bis 63,5°N in Norwegen (Brekstad), 67°N in Schweden (Lule Lappmark), 65°N in Finnland (Oulu), in Russland bis Karelien, Kirov und Perm; südwärts bis Toskana und Bulgarien. Aus Südrussland (Orenburg) wurde die ssp. *orenburgensis* Lozinski, 1922 beschrieben (Färbungsform?). **SW-Eu:** P, E, I(Si)?, I. **Z-Eu:** F, B, LUX, NL, D, A, CH, FL, DK. **N-Eu:** IRL, GB, N, S, SF, EST, LT, LV, RUS(N). **NO-Eu:** CS, SK, PL, BY, UA,

RUS(S). **SO-Eu:** H, RO, SLO, HR, SRB, *MNE, BG. **N-Afr:** MA(?), DZ(?), *TN. **W-As:** TR(?), SYR?, Kaukasus, *IR. **Z-As:** UZB, KAZ, *KGZ. **Sib:** W-Sib, O-Sib. **NO-As:** Jak, Amur, Sach, Kur. **SO-As:** MGL, J.

Lokalverbreitung: Im Gebiet aus allen Regionen gemeldet.

Nomada rufipes Fabricius, 1793
Heide-Wespenbiene

Systematik: *roberjeotiana*-Gruppe.

Nomenklatur: Synonym: *Nomada solidaginis* Panzer, 1799.

Etymologie: Von lat. „*rufus*“ = „rötlich“ und „*pes*“ = „Fuß“; wegen der größtenteils rot gefärbten Beine. Deutscher Name: Heiden sind der Hauptlebensraum der Art.

Lebensraum: Waldsäume und -lichtungen, Sandgruben, Binnendünen, Sandheiden, im Gebirge Matten und Felssteppen. Vom Flachland bis in die subalpine Höhenstufe.

Wirte: *Andrena fuscipes* und *Andrena simillima*, höchstwahrscheinlich auch *Andrena denticulata*.

Flugzeit: In einer Generation von Juli bis September.

Gesamtverbreitung: Von Portugal über Europa, Kleinasien, Südrussland, Zentralasien bis Jakutien und Amur (mit einer Nachweislücke vom Ural bis zum Baikalsee); nordwärts bis Irland und Südschottland, in Norwegen bis 61°N (Sogndal), in Schweden bis 65,5°N (Luleå), in Finnland bis 64°N (Kainuu), in Russland bis Karelien, Kirov und Perm; südwärts bis Emilia-Romagna, Kroatien, Nord-*Griechenland (Pangeo) und Südrumänien. Basie-

♀

rend auf der Auflistung für Algerien in Pérez (1879) wird die Art wiederholt für dieses Land angeführt; angesichts der Tatsache, dass die Untergattung *Cnemidandrena*, aus der sich alle Wirte von *N. rufipes* rekrutieren, in Nordafrika fehlt, ist ein Vorkommen jedoch extrem unwahrscheinlich. In Zentralasien in der ssp. *sempiterna* Morawitz, 1893. **SW-Eu:** P, E, I. **Z-Eu:** F, B, LUX, NL, D, A, CH, DK. **N-Eu:** IRL, GB, N, S, SF, EST, LT, LV, RUS(N). **NO-Eu:** CS, SK, PL, BY, UA, RUS(S). **SO-Eu:** H, RO, SLO, HR; *GR. **N-Afr:** DZ? **W-As:** TR(?). **Z-As:** TAD, KAZ, KGZ. **NO-As:** Jak, Amur.

Lokalverbreitung: In Deutschland und Österreich aus allen Bundesländern gemeldet. In der Schweiz aktuell nur im Alpenraum, historisch aus den Kantonen Genf, Bern und Aargau sowie aus dem Wallis, Misox und Puschlav.

Nomada sexfasciata Panzer, 1799
Langkopf-Wespenbiene

Systematik: *superba*-Gruppe.

Etymologie: Von lat. „*sex*" = „sechs" und „*fasciata*" = „umwickelt"; bezieht sich auf die gelben Hinterleibsbinden. Deutscher Name: Der Kopf ist auffällig vorgezogen.

Lebensraum: Trockenwarme Magerwiesen, extensiv genutztes Grünland, Hochwasserdämme, Hecken, Waldsäume, Ruderalflächen. Vom Flachland bis in die montane Höhenstufe.

Wirte: *Eucera longicornis, Eucera nigrescens*, vermutlich auch *Eucera interrupta*.

Flugzeit: In einer Generation von April bis Juni.

Gesamtverbreitung: Transpaläarktisch. In Nordafrika von Marokko bis Tunesien. In Eurasien von Portugal über Europa, Kleinasien, Levante, Kaukasus bis Kasachstan und vom Baikalsee bis zur Pazifikküste des Fernen Ostens (Nachweislücke in Westsibirien): nordwärts bis Südengland, in Schweden bis 59°N (verschollen), in Russland bis Kirov und Perm; südwärts bis Sizilien, Puglia, *Peloponnes, Rhodos, Südtürkei und Nordiran. **SW-Eu:** P, E, *F(K), I(Sa), I(Si), I. **Z-Eu:** F, B, LUX, NL, D, A, CH, FL, DK? **N-Eu:** GB, S, RUS(N). **NO-Eu:** CS, SK, PL, UA, UA(K), RUS(S). **SO-Eu:** H, RO, SLO, HR, *SRB, *MNE, BG, GR. **N-Afr:** MA, DZ, TN. **W-As:** GR(Ä), TR, IL(?), Kaukasus, IR. **Z-As:** KAZ. **Sib:** O-Sib. **NO-As:** Amur, JAO, Khab, Prim. **SO-As:** KP.

Lokalverbreitung: In Deutschland aus allen Bundesländern nachgewiesen, nur historisch nachgewiesen aus Schleswig-Holstein, Mecklenburg-Vorpommern, Niedersachsen und Sachsen-Anhalt. In Österreich und der Schweiz aus allen Regionen gemeldet.

Nomada sheppardana (Kirby 1802)
Sheppards Wespenbiene

Systematik: *furva*-Gruppe.

Nomenklatur: Synonym: *Nomada dalii* Curtis, 1832; *Nomada furva* var. *nigricans* Schmiedeknecht, 1882.

Etymologie: Kirby benannte die Art nach seinem Schüler A. B. Sheppard.

Lebensraum: Waldsäume, Magerrasen, Ruderalflächen, Sandgruben, Brach- und Ruderalflächen, lichte Wälder, Sandheiden. Vom Flachland bis in die montane Höhenstufe.

Wirte: *Lasioglossum nitidiusculum, Lasioglossum sexstrigatum*, vermutlich noch weitere kleine *Lasioglossum*-Arten.

Flugzeit: Von März/April bis August in zwei Generationen.

Gesamtverbreitung: In Nordafrika von Marokko bis *Ägypten. In Eurasien von Portugal bis zur Schwarzmeerküste; nordwärts bis Wales und Mittelengland und Nordpolen; südwärts bis Sizilien, Lazio, Kroatien und *Peloponnes. **SW-Eu:** P, E, I(Si), I. **Z-Eu:** F, B, LUX, NL, D, A, CH, DK. **N-Eu:** IRL, GB. **NO-Eu:** CS, SK, PL. **SO-Eu:** H, RO, SLO, HR, *GR. **N-Afr:** MA, DZ, TN, *ET.

Lokalverbreitung: In Deutschland und Österreich mit Ausnahme von Salzburg, Tirol und Vorarlberg aus allen Bundesländern nachgewiesen. In der Schweiz aktuell in Genf, im Jura, Wallis und Tessin, historisch aus Genf, Waadt, Solothurn, Wallis und Misox.

Nomada signata Jurine, 1807
Stachelbeer-Wespenbiene

Systematik: *ruficornis*-Gruppe.

Nomenklatur: Synonyme: *Nomada flava* var. *signata* Jurine, 1807; *Nomada ruficornis* var. *signata* Jurine, 1807.

Etymologie: Von lat. „*signata*“ = „bezeichnet, kenntlich, mit einem Kennzeichen versehen“. Deutscher Name: Die Art deckt ihren Nahrungsbedarf häufig zusammen mit ihrem Wirt an den Blüten von Stachel- oder Johannisbeeren.

Lebensraum: Bevorzugt im Siedlungsbereich, aber auch in Wäldern, Waldsäumen und an Hochwasserdämmen. Vom Flachland bis in die montane Höhenstufe.

Wirte: Einziger sicher bekannter Wirt ist *Andrena fulva*; möglicherweise kommen auch weitere Arten aus der Untergattung *Andrena s. str.* infrage.

Flugzeit: In einer Generation von März bis Juni.

Gesamtverbreitung: Von Portugal bis Polen und Rumänien; nordwärts bis Wales und Mittelengland, bis Südschweden (Erstfund 2010 in Veberöd/ Skåne, 55,5°N) und ins Baltikum; südwärts bis Basilicata und Südrumänien. Die Meldung von Sizilien geht auf Pagliano (1994), zurück, der Destefani zitiert, in dessen Arbeiten jedoch die Art nicht erwähnt wird; da aber der Wirt auf Sizilien nachgewiesen wurde, ist ein Vorkommen von *N. signa-*

ta theoretisch möglich. **SW-Eu:** P, E, {~~I(Si)~~}, I. **Z-Eu:** F, B, LUX, NL, D, A, CH, DK. **N-Eu:** GB, S, LT. **NO-Eu:** CS, SK, PL. **SO-Eu:** H, RO, SLO, HR. **W-As:** TR.

Lokalverbreitung: In Deutschland, Österreich und der Schweiz mit Ausnahme des Burgenlands aus allen Regionen nachgewiesen.

Nomada similis Morawitz, 1872
Ähnliche Wespenbiene

Systematik: *armata*-Gruppe.

Etymologie: Von lat. „*similis*" = „ähnlich, gleichartig"; Morawitz bezeichnete sie so wegen ihrer großen Ähnlichkeit mit *N. fuscicornis*.

Lebensraum: Wälder, Kahlschläge, Waldsäume, Magerrasen, Hecken, Sand-, Kies- und Lehmgruben. Vom Flachland bis in die subalpine Höhenstufe.

Wirte: Einziger bekannter Wirt ist *Panurgus banksianus*.

Flugzeit: In einer Generation von Juni bis September.

Gesamtverbreitung: Von Portugal über Europa bis Baschkortostan und die Nordwest-*Türkei (Uludağ); nordwärts bis Südschweden (57°N) und Nordpolen (in Polen verschollen); südwärts bis Abruzzo und Nord-*Griechenland. Eine Meldung aus Sizilien dürfte auf einem Irrtum beruhen, da der Wirt noch nie auf dieser Insel nachgewiesen wurde. **SW-Eu:** P, E, I(Si)?, I. **Z-Eu:** F, B, NL, D, A, CH, DK. **N-Eu:** S. **NO-Eu:** CS, SK, PL, UA, RUS(S). **SO-Eu:** H, RO, HR, MK, AL, BG, *GR. **W-As:** *TR.

Lokalverbreitung: In Deutschland aus allen Bundesländern nachgewiesen, aus Mecklenburg-Vorpommern nur historisch. In Österreich aus dem Burgenland, Kärnten, Niederösterreich und Tirol gemeldet. In der Schweiz einige wenige historische Nachweise aus dem Kanton Bern, ansonsten historisch und aktuell im Alpenraum vom westlichen Wallis bis in das östliche Graubünden.

Nomada stigma Fabricius, 1804
Esparsetten-Wespenbiene

Systematik: *integra*-Gruppe.

Nomenklatur: Der Status des Taxons *Nomada villipes* Stöckhert, 1930 ist unklar. Während es von manchen Autoren als Unterart oder gar eigene Art betrachtet wird, die im Gegensatz zur Nominatform bivoltin ist, gehen andere von einer einzigen Art aus, die aufgrund mehrerer verschiedener Wirte eine ungewöhnlich lange Flugzeit hat. Synonyme: *Nomada cinnabarina* Morawitz, 1870.

Etymologie: Von lat. „*stigma*" (griech. Fremdw.) = „Mal, Brandmal, Wundmal"; Fabricius gibt keinen Hinweis, auf welches Merkmal er die Bezeichnung bezieht. Deutscher Name: Die Art ist zuweilen in der Nähe von Esparsetten-Beständen zu finden, einer Pollenquelle ihrer Wirte.

Lebensraum: Trockenwarme Standorte; trockene Mager- und Fettwiesen, Feld- und Waldsäume, Hecken. Vom Flachland bis in die montane Höhenstufe.

Wirte: *Andrena decipiens, Andrena flavilabris, Andrena labialis, Andrena schencki;* CELARY (1995) nennt auch *A. humilis* und *A. taraxaci.*

Flugzeit: Von April bis August in einer, möglicherweise auch zwei Generationen.

Gesamtverbreitung: In Nordafrika aus Algerien (*locus typicus*) und *Tunesien nachgewiesen. In Eurasien von Portugal über Europa, Kleinasien, Kaukasus und Zentralasien bis Jakutien (mit ausgedehnter Nachweislücke zwischen Ural und Jakutien); nordwärts bis Südschweden (58,5°N, Norrköping) und Finnland (61°N, Joutseno), in Russland bis Karelien und Perm; südwärts bis *Sizilien, Abruzzo und *Peloponnes. Je nach Autor in folgende Subspezies unterteilt: ssp. *obscurata* SCHMIEDEKNECHT, 1882 aus Griechenland, die sicherlich nur eine Färbungsform darstellt, und ssp. *villipes* STÖCKHERT, 1930 als bisher nur aus Mitteleuropa bekannte ökologische Subspezies. **SW-Eu:** P, E, *I(Si), I. **Z-Eu:** F, B, LUX, NL, D, A, CH, DK. **N-Eu:** S, SF, LT, LV, RUS(N). **NO-Eu:** CS, SK, PL, UA, RUS(S). **SO-Eu:** H, RO, SLO, HR, BIH, *MK, BG, GR. **N-Afr:** DZ, *TN. –**W-As:** *GR(Ä), CY, TR, Kaukasus. **Z-As:** TAD, KAZ, *KGZ. **Sib:** O-Sib. **NO-As:** Jak.

Lokalverbreitung: In Deutschland aus allen Bundesländern nachgewiesen, aus Mecklenburg-Vorpommern nur historisch. In Österreich mit Ausnahme von Tirol und Vorarlberg aus allen Bundesländern gemeldet. In der Schweiz aktuell nur aus dem Wallis, historisch aus den Kantonen Genf, Waadt, Neuenburg, Bern, Basel und vom Walensee.

Nomada stoeckherti PITTIONI, 1951
Zweizellige Wespenbiene

Systematik: *ruficornis*-Gruppe.

Etymologie: Benannt zu Ehren des deutschen Hymenopterologen Emil STÖCKHERT (1888–1946). Deutscher Name: Bei der Art ist die Anzahl der Cubitalzellen im Vorderflügel auf zwei reduziert.

Lebensraum: Trockenwarme Standorte; Weinberge, Steppen. Vom Flachland bis in die kolline Höhenstufe.

Wirte: Unbekannt.

Flugzeit: In einer Generation von Mai bis Juli.

Gesamtverbreitung: Sehr zerstreut von *Andalusien über Mittel- und Osteuropa, Kleinasien und *Levante bis Afghanistan; nordwärts bis Mitteldeutschland, südwärts bis *Abruzzo, *Peloponnes und *Kreta. Ein Einzelfund aus *Algerien (Bouira). **SW-Eu:** *E, *I. **Z-Eu:** D, A. **NO-Eu:** CS, SK, *UA. **SO-Eu:** H, *RO, BG, *GR, *GR(K). **N-Afr:** *DZ. **W-As:** *GR(Ä), TR, *IL, AFG.

Lokalverbreitung: In Deutschland erstmals 2005 in Thale/Sachsen-Anhalt gefunden (Esser 2008). In Österreich aus Ober- und Niederösterreich sowie dem Burgenland gemeldet.

Nomada striata Fabricius, 1793

Gestreifte Wespenbiene

Systematik: *ruficornis*-Gruppe.

Nomenklatur: Synonyme: *Nomada hillana* (Kirby, 1802); *Nomada ochrostoma* (Kirby, 1802).

Etymologie: Von lat. „*striata*" = „gerippt, gestreift, gerillt"; Fabricius bezieht sich auf die Zeichnung des Mesonotums („*Thorax supra ferrugineis lineis tribus nigris*").

Lebensraum: Trockene Mager- und Fettwiesen, Waldsäume, Sand-, Kies- und Lehmgruben. Vom Flachland bis in die subalpine Hohenstufe.

Wirte: *Andrena aberrans, Andrena gelriae, Andrena intermedia, Andrena similis, Andrena wilkella.*

Flugzeit: In einer Generation von April bis August.

Gesamtverbreitung: Transpaläarktisch. In Nordafrika verlässlich aus Marokko nachgewiesen; eine alte, überprüfungsbedürftige Meldung aus Ägypten (Spinola 1839). In Eurasien von Portugal über Europa bis Primorje (mit ausgedehnter Nachweislücke zwischen Ural und Jakutien); nordwärts bis Irland und Nordschottland, bis 63°N in Norwegen (Møre og Romsdal), 65,5°N in Schweden (Luleå), 68,5°N Finnland (Inari), in Russland bis Karelien und Kirov; südwärts bis Sardinien, Kalabrien, *Peloponnes, Zypern und *Israel. **SW-Eu:** P, E, *F(K), I(Sa), I. **Z-Eu:** F, B, LUX, NL, D, A, CH, FL, DK. **N-Eu:** IRL, GB, N, S, SF, EST, LT, LV, RUS(N). **NO-Eu:** CS, SK, PL, BY, UA, RUS(S). **SO-Eu:** H, RO, SLO, HR, MK, *BG, GR. **N-Afr:** *MA, ET? **W-As:** GR(Ä), CY, TR, SYR, *IL, Kaukasus. **Z-As:** KAZ. **Sib:** O-Sib. **NO-As:** Jak, Prim.

Lokalverbreitung: Im Gebiet aus allen Regionen gemeldet.

Nomada succincta Panzer, 1798

Gegürtete Wespenbiene

Systematik: *bifasciata*-Gruppe.

Nomenklatur: *Nomada fulvicornis* auct. nec Fabricius, 1793.

Etymologie: Von lat. „*succincta*" = „umgürtet"; bezieht sich auf die gelben Hinterleibsbinden.

Lebensraum: Zeigt keine strenge Habitatbindung; lichte Wälder, Waldsäume, Hecken, trockene Mager- und Fettwiesen, Hochwasserdämme, Ruderalflächen, Sand-, Kies- und Lehmgruben, Gärten und Parks. Vom Flachland bis in die montane Höhenstufe.

Wirte: *Andrena nigroaenea* und *Andrena nitida*, in der Literatur werden verschiedentlich auch *Andrena curvungula* und *Andrena labialis* vermutet.

Flugzeit: In einer Generation von März bis Juni.

Gesamtverbreitung: Disjunkt in der West- und Ostpaläarktis oder transpaläarktisch mit Nachweislücke in Zentralasien und Ostsibirien. In Nordafrika von Marokko bis Tunesien. In Eurasien von Portugal über Süd- und Mitteleuropa, Kleinasien, Levante und Kaukasus ostwärts bis Omsk, in der Ostpaläarktis nur aus Primorje gemeldet; nordwärts bis ins Baltikum; südwärts bis Sizilien, *Peloponnes, *Zypern, *Israel und Jordanien. **SW-Eu:** P, E, *E(B), F(K), I(Sa), I(Si), I. **Z-Eu:** F, B, LUX, NL, D, A, CH, FL, DK. **N-Eu:** {~~IRL, GB, S~~}, LT, LV, RUS(N). **NO-Eu:** CS, SK, PL, BY, UA, RUS(S). **SO-Eu:** H, RO, SLO, HR, MK, GR. **N-Afr:** MA, DZ, TN. **W-As:** GR(Ä), *CY, TR, SYR, *IL, JOR, Kaukasus. **Z-As:** TM, KGZ. **Sib:** W-Sib. **NO-As:** Prim.

Lokalverbreitung: Im Gebiet aus allen Regionen gemeldet; mit Ausnahme der westlichen Schweiz überall aktuell.

Nomada sybarita SCHMIEDEKNECHT, 1882

Sybariten-Wespenbiene

Systematik: *basalis*-Gruppe.

Etymologie: Von Sybaris, einer antiken griechischen Stadt am Golf von Tarent. Der verschwenderische Lebensstil der Einwohner („Sybariten“) wurde sprichwörtlich, „sybaritisch“ ist heute ein Synonym für „genusssüchtig, schwelgerisch“.

Lebensraum: In Albanien Wiesen in Rotbuchenzone. Vom Flachland bis in die kolline, in Albanien bis in die montane Höhenstufe.

Flugzeit: Nach Flugdaten aus dem Gesamtverbreitungsgebiet von Mai bis Juli.

Gesamtverbreitung: Von Ostösterreich, Mähren und Slowakei über Südosteuropa bis in die Osttürkei (*Kars, *Hakkari) und *Aserbaidschan; südwärts bis auf die *Peloponnes und südliche Türkei (*Mut). **Z-Eu:** A. **N-Eu:** RUS(N). **NO-Eu:** CS, SK, RUS(S). **SO-Eu:** H, AL, BG, *GR. **W-As:** TR, *Kaukasus.

Lokalverbreitung: Von SCHWARZ & GUSENLEITNER (1997) und Folgepublikationen ohne weitere Angaben für Österreich aufgelistet.

Nomada symphyti STÖCKHERT, 1930

Beinwell-Wespenbiene

Systematik: *ruficornis*-Gruppe.

Etymologie: Benannt nach ihrem Wirt *Andrena symphyti*. Der deutsche Name bezieht sich auf die ausschließliche Pollenquelle des Wirtes.

Lebensraum: Fluss- und Bachauen, Auwaldränder, Waldlichtungen, Kiesgruben. Vom Flachland bis in die kolline Höhenstufe.

Wirte: Einziger bekannter Wirt ist *Andrena symphyti*.

Flugzeit: In einer Generation von Mai bis Juni.

Gesamtverbreitung: Von den Alpes-de-Haute-Provence über Süd- und südliches Mitteleuropa bis in die *Türkei; nordwärts bis Mitteldeutschland; südwärts bis Norditalien (Aosta, Piemon, *Venetien, *Friault) und Thessalien. **SW-Eu:** I. **Z-Eu:** F, D, A. **NO-Eu:** CS, SK, PL. **SO-Eu:** H, SLO, HR, GR. **W-As:** *TR.

Lokalverbreitung: In Deutschland nur aus Bayern und Sachsen-Anhalt bekannt, eine Meldung aus Rheinland-Pfalz ist zweifelhaft (Rühl 1978; vgl. Schmid-Egger et al. 1995). In Österreich mit Ausnahme von Tirol und Vorarlberg aus allen Bundesländern gemeldet. Aus der Schweiz keine Nachweise, jedoch aus dem benachbarten Aostatal (Amiet et al. 2007).

Nomada tormentillae Alfken, 1901
Blutwurz-Wespenbiene

Systematik: *roberjeotiana*-Gruppe.

Nomenklatur: Von manchen Autoren mit *Nomada roberjeotiana* Panzer, 1799 vermengt. Synonym: *Nomada montana* Mocsáry, 1894 (wegen Homonymie zu *Apis montana* Scopoli, 1763 [= *Nomada ferruginata* (Linnaeus, 1767)]).

Etymologie: Bezieht sich auf die bevorzugte Pollenquelle des auf Fingerkraut spezialisierten Wirtes, die Blutwurz (*Potentilla tormentilla*), die auch von der Wespenbiene gerne zur Nektaraufnahme besucht wird.

Lebensraum: Lichte Wälder, Waldsäume, Lichtungen, Sand- und Bergheiden, Moore. Vom Flachland bis zur subalpinen Höhenstufe

Wirte: Einziger bekannter Wirt ist *Andrena tarsata*.

Flugzeit: In einer Generation von Juni bis August.

Gesamtverbreitung: Von Frankreich bis Polen; nordwärts bis Schottland, bis 63,5°N in Norwegen (Trondheim), 60°N in Schweden (Västmanland), 63°N in Finnland (Kuopio/Nordsavo), in Russland bis Karelien und Perm. Wegen der Vermengung mit *N. roberjeotiana* nicht aus allen Ländern gemeldet, in denen sie vorkommt; tatsächlich dürfte sich ihr Verbreitungsgebiet mit dem ihres Wirtes decken. **Z-Eu:** F, D, A, CH. **N-Eu:** GB, N, S, SF, LV, RUS(N). **NO-Eu:** CS, SK, PL, RUS(S)(?). **SO-Eu:** H.

Lokalverbreitung: Wegen der Vermengung mit *Nomada roberjeotiana* unklar. In Deutschland gemeldet aus Niedersachsen, Brandenburg, Sachsen und Hessen. In Österreich aus Tirol, in der Schweiz aus Graubünden gemeldet.

Nomada trapeziformis Schmiedeknecht, 1882

Trapez-Wespenbiene

Systematik: *ruficornis*-Gruppe.

Nomenklatur: Synonym: *Nomada ruficornis* var. *trapeziformis* Schmiedeknecht, 1882.

Etymologie: Von lat. „*trapeziformis*" = „trapezförmig"; wegen der Form des hellen Seitenflecks auf Tergit 2, der nicht wie bei den verwandten Arten zugespitzt, sondern rundlich abgestutzt ist, sodass er eher trapezförmig wirkt.

Wirte: Vermutet werden *Andrena barbareae* und *Andrena limata*.

Flugzeit: In zwei Generationen von April bis September.

Gesamtverbreitung: In der Westpaläarktis von Frankreich (Département Nord) bis Slowakei und Ungarn sowie vom Baltikum bis Kirov, dazwischen eine Nachweislücke. Ein Einzelfund aus *Kasachstan (Almaty); in der Ostpaläarktis aus Krasnojarsk und Irkutsk gemeldet. **Z-Eu:** D, A, CH. **N-Eu:** LT, LV, RUS(N). **NO-Eu:** CS, SK, {~~PL~~}, BY, RUS(S). **SO-Eu:** H. **Z-As:** *KAZ. **Sib:** O-Sib.

Lokalverbreitung: In Deutschland nur aus Bayern bekannt (letzter Fund 1946, Stöckhert 1954). In Österreich historisch aus Kärnten, Ober- und Niederösterreich sowie dem Burgenland, aktuell aus der Steiermark gemeldet. Für die Schweiz von Frey-Gessner (1912) ohne genaue Fundortangabe gemeldet; Amiet et al. (2007) fanden das betreffende Tier, dem jedoch der Kopf fehlt, sodass es nicht sicher der Art zuzuordnen war.

Nomada tridentirostris Dours, 1873

Dreizahn-Wespenbiene

Systematik: *integra*-Gruppe.

Nomenklatur: Synonym: *Nomada integra* auct. nec Dours, 1873.

Etymologie: Von lat. „*tri-*" = „drei-" und „*dens* (*dentis*)" = „Zahn" sowie „*rostrum*" = „Schnabel, Rammsporn"; wegen der drei Zähnchen auf dem Labrum.

Lebensraum: Trockenwarme Standorte, Brach- und Ruderalflächen, Steppen. Vom Flachland bis in die kolline Höhenstufe.

Wirte: Einziger bekannter Wirt ist *Andrena ventricosa*.

Flugzeit: In einer Generation von April bis Mai.

Gesamtverbreitung: In Nordafrika von Marokko bis *Tunesien. In Eurasien von *Andalusien (Malaga) über Süd- und südliches Mitteleuropa und Kleinasien bis in den Nord-*Iran; nordwärts bis Mähren und Südpolen; südwärts bis Sizilien, *Puglia, *Peloponnes, Zypern und Israel. **SW-Eu:** E, I(Sa), I(Si), I. **Z-Eu:** F, A, CH. **NO-Eu:** CS, SK, PL. **SO-Eu:** H, SLO, HR, BIH, *MK, BG, GR.

N-Afr: MA, DZ, *TN. **W-As:** GR(Ä), CY, TR, IL, *IR.

Lokalverbreitung: Im Gebiet nur von einem Männchen vom Kahlenberg/Niederösterreich von 1885 (Pittioni & Schmidt 1943) und aktuell durch die Funde von vier Männchen und zwei Weibchen aus dem Kanton Genf bekannt (Amiet et al. 2007).

Nomada trispinosa Schmiedeknecht, 1882

Dreidornige Wespenbiene

Systematik: *trispinosa*-Gruppe.

Etymologie: Von lat. „*tri-*" = „drei-" und „*spinosa*" = „dornig, bedornt"; bezieht sich auf die drei kurzen dicken Dörnchen am Ende der Hintertibien.

Lebensraum: Sand-, Lehm- und Kiesgruben, Fettwiesen, Hochwasserdämme, Waldsäume, Ruderalflächen. Vom Flachland bis in die montane Höhenstufe.

Wirte: Einziger bekannter Wirt ist *Andrena taraxaci*; möglicherweise kommen auch weitere Arten aus der Untergattung *Chlorandrena* infrage.

Flugzeit: In einer Generation von April bis Juni/Juli; zuweilen tritt eine partielle zweite Generation auf.

Gesamtverbreitung: In der Westpaläarktis von Österreich ostwärts bis in die Ukraine und den *Kaukasus (Georgien); südwärts bis *Peloponnes und Israel. In der Ostpaläarktis aus der Mongolei und China gemeldet. Von Zypern wurde eine Färbungsform als ssp. *cypria* Mavromoustakis, 1952 beschrieben. **Z-Eu:** A. **NO-Eu:** CS, SK, UA, *UA(K), RUS(S). **SO-Eu:** H, RO, SLO, HR, MK, BG, GR. **W-As:** GR(Ä), CY, IL, *JOR, *Kaukasus. **SO-As:** MGL, RC (*Sichuan, *Beijing).

Lokalverbreitung: Im Gebiet nur in aus Österreich (Burgenland, Ober- und Niederösterreich, Steiermark) bekannt.

Nomada umbrosa Schmiedeknecht, 1882

Düstere Wespenbiene

Etymologie: Von lat. „*umbrosa*" = „schattig, beschattend" (hier im Sinne von „verdunkelt"); Schmiedeknecht beschrieb die Art als dunkle Form der *Nomada braunslana*.

Lokalverbreitung: Schmiedeknecht (1882) meldet das Taxon aus Griechenland und aus Thüringen. Da die Art seither ausschließlich in Griechenland gefunden wurde, handelt es sich bei dem deutschen Tier sicherlich um eine Farbform der *Nomada braunsiana*.

Nomada verna Schmiedeknecht, 1882

Frühlings-Wespenbiene

Systematik: *ruficornis*-Gruppe.

Etymologie: Von lat. „*verna*“ = „zum Frühling gehörig, Frühlings-“.

Lebensraum: Trockenwarme Standorte, extensiv genutztes Grünland, Weinberge, Brachen, Magerrasen. Vom Flachland bis in die kolline Höhenstufe.

Wirte: Einziger bekannter Wirt ist *Andrena tscheki*.

Flugzeit: Flugdaten im Gebiet aus dem Mai, dürfte wie der Wirt von März/April bis Mai aktiv sein.

Gesamtverbreitung: Offenbar isoliert in Spanien; ansonsten von der Emilia-Romagna ostwärts bis Griechenland; nordwärts bis Böhmen; südwärts bis *Sizilien, *Puglia, *Peloponnes und *Kreta. **SW-Eu:** E, *I(Si), I. **Z-Eu:** A. **NO-Eu:** CS. **SO-Eu:** H, RO, SLO, HR, GR, *GR(K).

Lokalverbreitung: Im Gebiet nur aus Niederösterreich bekannt, letzter Fund in den 1960er Jahren (Mazzucco & Ortel 2001).

Nomada villipes Stöckhert, 1930

Siehe *Nomada stigma*.

Nomada villosa Thomson, 1870
Zottige Wespenbiene

Systematik: *ruficornis*-Gruppe.

Etymologie: Von lat. „*villosa*“ = „zottig, haaarig, behaart“; bezieht sich auf die dichte und ziemlich lang abstehende Behaarung von Kopf und Thorax.

Lebensraum: Trockene Fett- und Magerwiesen, Hochwasserdämme, Feld- und Waldsäume, Gärten und Parks. Vom Flachland bis in die montane Höhenstufe.

Wirte: Einziger bekannter Wirt ist *Andrena lathyri*.

Flugzeit: In einer Generation von April bis Juli.

Gesamtverbreitung: Von Portugal über Europa bis in die Türkei; nordwärts in Südnorwegen (nur zwei Funde bei Seljord und Eidskog) wie auch in Schweden (Eda/Värmland und Uppland) bis 60°N; südwärts bis Piemont und Trentino, *Peloponnes und Türkei. Das aus Moskau gemeldete Tier stellte sich nachträglich als *N. striata* heraus (Levchenko 2013). **SW-Eu:** P, E, I. **Z-Eu:** F, B, D, A, CH, DK. **N-Eu:** N, S, ~~{RUS(N)}~~. **NO-Eu:** CS, SK, RUS(S). **SO-Eu:** H, SLO, *HR, *MK, *BG, GR. **W-As:** TR.

Lokalverbreitung: In Deutschland mit Ausnahme von Mecklenburg-Vorpommern und Brandenburg aus allen Bundesländern nachgewiesen, aus Schleswig-Holstein, Niedersachsen und Baden-Württemberg nur historische Nachweise. In Österreich aus allen Bundesländern gemeldet. In der Schweiz aktuell aus den Kantonen Neuenburg, Aargau, Zürich, Thurgau und Wallis, historisch aus den Kantonen Genf, Waadt, Bern, Solothurn, Zürich, Thurgau und Wallis.

Nomada zonata Panzer, 1798

Binden-Wespenbiene

Systematik: *ruficornis*-Gruppe.

Etymologie: Von lat. „*zonata*" = „mit einem Gürtel versehen" (von „*zona*" (griech. Fremdw.) = „Gürtel, Zone"); Panzer bezieht sich auf die schwarze bindenartige Zeichnung auf den Endrändern der Tergite („*abdomine flavo ferrugineo variegato, cingulis quatuor nigris*").

Lebensraum: Sand- und Kiesgruben, Magerrasen, Waldränder, Hochwasserdämme. Vom Flachland bis in die kolline Höhenstufe.

Wirte: *Andrena dorsata* und *Andrena propinqua*, vermutlich auch *Andrena confinis* und *Andrena congruens*, möglicherweise weitere Arten der *Andrena-dorsata*-Gruppe.

Flugzeit: In zwei Generationen von April bis August.

Gesamtverbreitung: In Nordafrika nur aus Marokko bekannt. In Eurasien von Portugal über Süd- und Mitteleuropa, Kleinasien, Kaukasus bis Zentralasien; nordwärts bis ins Baltikum, in Russland bis Kirov und Perm; südwärts bis *Sardinien, Emilia-Romagna, *Peloponnes und Nordiran. Bisher keine Nachweise aus Westsibirien; wird von Proshchalykin (2009) von Irkutsk gemeldet; er erwähnt sie aber in seinem Beitrag zum Katalog der Insekten des Fernen Ostens (Lelej 2012) nicht mehr. Es wurden einige Färbungsformen als Unterarten beschrieben: ssp. *pulcherrima* Stöckhert, 1941 aus Südtirol, ssp. *rubricata* Stöckhert, 1941 aus der Westtürkei, und ssp. *sarmatica* Stöckhert, 1941 aus Südrussland. **SW-Eu:** E, F(K), *I(Sa), I. **Z-Eu:** F, B, LUX, NL, D, A, CH. **N-Eu:** LT, RUS(N). **NO-Eu:** CS, SK, PL, BY, UA, RUS(S). **SO-Eu:** H, RO, SLO, HR, MK, SRB, *BG, GR. **N-Afr:** MA. **W-As:** GR(Ä), TR, *SYR, IL, Kaukasus, IR. **Z-As:** TM, UZB, TAD, KAZ, KGZ. **Sib:** O-Sib?

Lokalverbreitung: In Deutschland mit Ausnahme von Schleswig-Holstein und Mecklenburg-Vorpommern aus allen Bundesländern nachgewiesen (aktuell). In Österreich aus Nieder- und Oberösterreich, Salzburg und Tirol gemeldet. In der Schweiz aktuell aus den Kantonen Genf, Luzern und aus dem Südtessin, historisch aus den Kantonen Genf, Waadt, Neuenburg, Wallis sowie von Chur und dem Südtessin nachgewiesen.

Nomioides Schenck, 1866

Steppenbienen

Systematik: Familie: Halictidae – Unterfamilie: Nomioidinae.

Nomenklatur: Die Gattung war früher mit *Ceylalictus* vereinigt.

Literatur: Schmiedeknecht (1930); Ebmer (1988b); Amiet et al. (1999). Weitere hilfreiche Arbeiten: Constantinescu (1974); Pesenko et al. (2000).

Etymologie: Vom Namen der Bienengattung *Nomia* und griech. „*eidos*" = „das zu Sehende, Anblick, Gestalt", also frei übersetzt „der *Nomia* ähnlich“, da Schenck die Arten dieser Gattung wegen Ähnlichkeiten in den Mundteilen und dem Sammelapparat ursprünglich zu *Nomia* gestellt hatte, auch wenn sie im Übrigen kaum Ähnlichkeit aufweist. Der deutsche Name bezieht sich auf den Hauptlebensraum der Gattung.

Körperliche Merkmale: *Nomioides*-Arten sind sehr klein (2,5–6,5 mm); Kopf und Thorax sind in der Regel metallisch grün gefärbt und mehr oder weniger reich gelb gezeichnet, auch der Hinterleib kann teilweise Metallglanz aufweisen, eine gelbe Zeichnung ist hier bei fast allen Arten vorhanden, bei den Weibchen ist er meist größtenteils gelb gefärbt. Haarbinden auf den Tergiten sind nicht ausgebildet.

Lebensweise: *Nomioides*-Arten sind solitär lebende, pollensammelnde und nestbauende Bienen. Beide Geschlechter überwintern als erwachsene Tiere und erscheinen im Frühjahr gemeinsam.

Pollenquellen: Die Gattung ist polylektisch.

Nestbau: Die Nester werden in selbst gegrabenen Gängen in der Erde errichtet. Vom Hauptgang zweigen Nebengänge ab, an deren Ende je eine Brutzelle angelegt wird. Nach erfolgter Verproviantierung und Eiablage werden diese Nebengänge mit Erde verfüllt.

Parasiten: Kuckucksbienen sind in der Orientalis Arten einer noch unbeschriebenen Bienengattung; ansonsten wurden keine Kuckucksbienen bekannt.

Artenzahl: *Nomioides* ist auf die Alte Welt beschränkt, wo sie über ganz Afrika, die Arabische Halbinsel, den Indischen Subkontinent und die größten Teile Südostasiens verbreitet ist; sie erreicht hier Taiwan und die Philippinen, fehlt jedoch in Japan. In den trockenwarmen Bereichen der Paläarktis geht sie von den Kanaren und Portugal ostwärts bis China. Weltweit sind rund 60 Arten bekannt, von denen im Gebiet eine vorkommt.

Nomioides minutissimus (Rossi, 1790)

Dünen-Steppenbiene

Etymologie: Superlativ von „*minutus*“ = „winzig, klein“. Deutscher Name: Die Art kommt im Gebiet nur auf Sanddünen vor.

Pollenquellen: Polylektisch.

Nestbau: Nistet auf kahlen, ebenen Flächen in Feinsand oder in leichtem sandigem Lehm, meist in Aggregationen. Nistweise solitär, möglicherweise zuweilen kommunal. Das Nest besteht aus einem senkrecht nach unten führenden Hauptgang, von dem in einer Tiefe von 5–18 cm mehrere, meist 6–10 Seitengänge wegführen, die sich in der Regel verzweigen und an deren Ende je eine Brutzelle errichtet wird. Ein Nest enthält bis zu 20 Brutzellen. Im Gegensatz zu den Gängen werden die Wände der Brutzellen geglättet und mit einem Sekret überzogen.

♂

♀

Lebensraum: Sandaffin; im Gebiet nur auf offenen Binnendünen. Vom Flachland bis in die kolline Höhenstufe.

Parasiten: Kuckucksbiene ist *Sphecodes nomioidis*.

Flugzeit: In einer Generation von Juni bis August.

Gesamtverbreitung: In Nordafrika von Marokko bis Ägypten und südwärts bis in den Sudan. In Eurasien von Portugal über Süd- und südliches Mitteleuropa, Kleinasien, Levante, Kaukasus und Zentralasien bis in die Mongolei und China, erreicht in Pakistan und Nordindien die orientalische Faunenregion; nordwärts bis Süddeutschland, Böhmen und Mittelpolen (Breslau), in Russland bis Moskau und Udmurtien; südwärts bis Sizilien, Kreta, Zypern, Israel und Afghanistan. Manche Autoren trennen die maghrebinischen Populationen als ssp. *maurus* Blüthgen, 1925 ab. **SW-Eu:** P, E, E(B), I(Sa), I(Si), I. **Z-Eu:** F, B?, D, A, CH. **N-Eu:** ~~{GB}~~, RUS(N). **NO-Eu:** CS, SK, PL, UA, UA(K), RUS(S). **SO-Eu:** H, RO, MD, HR, MNE, BG, GR, GR(K). **N-Afr:** E(C), MA, DZ, TN, LAR, ET, SUD. **W-As:** GR(Ä), CY, TR, IL, Kaukasus, IR, AFG. **Z-As:** TM, UZB, TAD, KAZ, KGZ. **SO-As:** MGL, RC (Xinjiang, Gansu). **Ori:** PAK, IND.

Lokalverbreitung: In Deutschland aktuell aus Hessen, Baden-Württemberg und Bayern, historisch aus Rheinland-Pfalz (letzter Fund 1861) nachgewiesen. In Österreich von Niederösterreich, Kärnten und dem Burgenland gemeldet.

Osmia Panzer, 1806
Mauerbienen und Schneckenhausbienen

Systematik: Familie: Megachilidae – Unterfamilie: Megachilinae – Tribus: Osmiini.

Nomenklatur: Manche Autoren fassen die Gattung *Osmia* in einem weiten Sinn auf, sodass alle Arten der Tribus Osmiini der Gattung *Osmia* angehören. Abweichend von Michener (2007), der *Hoplosmia* als eigene Gattung auffasst, stellen Praz et al. (2008a) das Taxon als Untergattung zu *Osmia*.

Literatur: Blüthgen (1930d); Banaszak & Romasenko (2001); Amiet et al. (2004); Scheuchl (2006). Weitere hilfreiche Arbeiten: Tkalců (1971, 1974, 1975); Peters (1978); Warncke (1988, 1992f); Haeseler (1999); Nieuwenhuijsen (2014); (Müller 2015b).

Etymologie: Von griech. „*osme*“ = „Geruch“; Panzer gibt keinen Hinweis zur Namensgebung. Viele Arten legen ihre Nester in den Hohlräumen alter Mauern an – daher der eingebürgerte deutsche Name für diese Gattung. Allerdings wird für die Arten, die in leeren Schneckenhäusern nisten, der Gattungsname „Schneckenhausbiene“ verwendet.

Körperliche Merkmale: Die zwischen 6 und 16 mm großen Bienen besitzen meist einen gedrungenen Körper, der in der Regel schwarz, bei sehr wenigen Arten rot gefärbt ist oder wie bei vielen Arten metallisch glänzt. Farbe und Dichte der Behaarung ist sehr unterschiedlich, oft ist der Hinterleib fast kahl und/oder trägt helle Haarbinden. Die Weibchen besitzen eine rot, schwarz oder weiß gefärbte Bauchbürste für den Pollentransport. Die Männchen tragen auf dem Bauch und am Hinterleibsende die unterschiedlichsten Fortsätze, die oft arttypisch sind. Gattungstypisch in diesem Geschlecht ist das vergrößerte Sternit 2, das oft den größten Teil des folgenden Sternits verdeckt, sowie die mit einer Haarfranse besetzte Ausbuchtung am Endrand von Sternit 3. Ähnliche Bildungen gibt es nur bei einigen Arten von *Hoplitis* und der amerikanischen *Aloposmia*.

Lebensweise: *Osmia*-Arten sind solitär lebende, pollensammelnde und nestbauende Bienen. Sie überdauern in der Regel den Winter als Imago in ihrem Kokon. Ein Teil der Brut „überliegt", d.h. sie schlüpft erst im übernächsten Jahr, in diesem Fall erfolgt die erste Überwinterung üblicherweise im Ruhelarven-Stadium.

Pollenquellen: Viele Arten sind bezüglich der Pollenquellen nicht wählerisch, manche aber zeigen eine mehr oder weniger enge Spezialisierung auf bestimmte Pflanzenfamilien oder -gattungen.

Nestbau: Je nach Art nisten sie in vorgefundenen Hohlräumen der unterschiedlichsten Art, in selbst gefertigten Gängen in der Erde oder in markhaltigen Stängeln, in verlassenen Schneckenhäusern oder Pflanzengallen. Als Baustoff für die Brutzellen verwenden sie Lehm, Sand oder pflanzliches Material, letzteres wird entweder zerkaut und mit körpereigenen Sekreten zu einer Art Mörtel vermengt oder es werden nach Art mancher Blattschneiderbienen Stücke aus Laub- bzw. Blütenblättern bestimmter Pflanzen ausgeschnitten.

Parasiten: Als Kuckucksbienen treten Düsterbienenarten (*Stelis*) auf, vereinzelt auch Kegel- und Zweizahnbienen (*Coelioxys* und *Dioxys*), als weitere Brutschmarotzer Keulhornwespen der Gattung *Sapyga*, Goldwespen (*Chrysididae*) und Erzwespen der Familie *Pteromalidae*.

Besonderes Verhalten: Die Männchen einiger Arten sind – insbesondere im Mittelmeerraum – als Bestäuber von Orchideen der Gattung *Ophrys* bekannt, deren Blüten durch Geruch und Aussehen *Osmia*-Weibchen imitieren; den dadurch angelockten Männchen wird dann beim Kopulationsversuch ein Pollenpaket angeheftet.

Verbreitung/Artenzahl: Die Gattung ist holarktisch verbreitet, wo sie in der Westpaläarktis, insbesondere im Mittelmeergebiet, am artenreichsten ist. Sie ist sogar auf so entlegenen Inseln wie den Azoren und Madeira vertreten. Einige wenige Arten erreichen die neotropische und orientalische Region, in Afrika fehlt sie südlich der Sahara offensichtlich völlig, ebenso in der australischen und pazifischen Region. Insgesamt sind über 320 Arten bekannt, von denen im Gebiet 35 vorkommen.

Osmia alticola Benoist, 1922

Gebirgs-Mauerbiene

Systematik: Untergattung *Melanosmia* Schmiedeknecht, 1885.

Nomenklatur: Wurde gelegentlich mit *Osmia maritima* vermengt. Synonym: *Osmia maritima* auct. nec Friese, 1885.

Etymologie: Von lat. „*altum*" = „Höhe" und „*-cola*" = „-Bewohner" (von „*colere*" = „bewohnen"); ausgesprochene Gebirgsart.

Pollenquellen: Vermutlich oligolektisch auf Schmetterlingsblütler (Fabaceae).

Nestbau: Nistet in kurzen, selbst gegrabenen Gängen im Boden. Die Brutzellen werden aus zerkauten Blättern hergestellt.

Lebensraum: Almwiesen, Matten, Waldsäume. Von der montanen bis in alpine Höhenstufe.

Flugzeit: In einer Generation von Mai bis August.

Gesamtverbreitung: Bisher nur in den Pyrenäen und den Alpen nachgewiesen. **SW-Eu:** E, I. **Z-Eu:** F, A, CH.

Lokalverbreitung: In Österreich ein Fund aus den Ötztaler Alpen/Tirol von 1970 (Schedl 1982 als *O. maritima*, richtiggestellt in Schwarz & Gusenleitner 1999 bzw. Haeseler 1999) und einer von Heiligenblut/Kärnten von 2007 (Ebmer 2009). In der Schweiz aktuelle und historische Nachweise in den Südalpen vom Wallis bis ins Unterengadin.

Osmia anceyi Pérez, 1879

Provenzalische Mauerbiene

Systematik: Untergattung *Hoplosmia* Thomson, 1872.

Nomenklatur: Synonym: *Osmia bidentata* auct. nec Morawitz, 1876.

Etymologie: Typenfundort ist Ancey bei Marseille, in der Provence.

Pollenquellen: Oligolektisch auf Korbblütler (Asteraceae), vermutlich mit einer Präferenz für die Unterfamilie Carduoideae.

Nestbau: Nistet in vorhandenen Hohlräumen wie Käferfraßgängen oder in markhaltigen Stängeln. Die Brutzellen und der Nestverschluss werden aus Lehm hergestellt, zuweilen mit einer Beimischung von Markpartikeln.

Lebensraum: Trockenwarme Standorte: Trockenrasen, Felssteppen. Vom Flachland bis in die montane Höhenstufe.

Flugzeit: In einer Generation von Juni bis August.

Gesamtverbreitung: Westmediterran. In Nordafrika von Marokko bis Tunesien. In Eurasien von Portugal über Südspanien und Südfrankreich bis in die Südschweiz. Die Meldungen aus Triest, Slowenien und Kroatien beruhen auf Fehlbestimmungen. **SW-Eu:** P, E, {~~I~~}. **Z-Eu:** F, CH. **SO-Eu:** {~~SLO~~}, {~~HR~~}. **N-Afr:** MA, DZ, TN.

Lokalverbreitung: Im Gebiet nur im Wallis (historisch und aktuell).

Osmia andrenoides Spinola, 1808

Rote Schneckenhausbiene

Systematik: Untergattung *Erythrosmia* Schmiedeknecht, 1885.

Nomenklatur: Synonym: *Anthocopa andrenoides* (Spinola, 1808).

Etymologie: Vom Gattungsnamen *Andrena* und von griech. „*eidos*“ = „das zu Sehende, Anblick, Gestalt“, also „einer *Andrena* ähnlich“. Deutscher Name: Der Hinterleib beider Geschlechter ist mehr oder weniger ausgedehnt rot gefärbt.

Pollenquellen: Oligolektisch auf kleinblütige Lippenblütler (Lamiaceae).

Nestbau: Nistet in leeren, kleinen bis mittelgroßen Schneckenhäusern. Nach den wenigen bisher beobachteten Nestern zu urteilen, werden unter Steinen versteckt liegende Schneckenhäuser bevorzugt. In ihnen wird jeweils eine einzige Brutzelle errichtet, die durch eine Wand aus zerkauten Blättern von *Helianthemum* oder *Potentilla* abgeschlossen wird. Der Raum zwischen dieser Wand und dem Nestverschluss wird locker mit kleinen Steinchen, Pflanzenpartikeln und Erdkrumen aufgefüllt. Der Nestverschluss besteht aus einer Doppelwand aus Pflanzenmörtel, die an der Innenseite mit Steinchen und Erdpartikeln verstärkt wird.

Lebensraum: Trockenwarme Standorte; südexponierte Steinhalden und Trockenrasen, Felshänge, Schotterfluren. Vom Flachland bis in die montane, in der Südschweiz bis in die subalpine Höhenstufe.

Parasiten: Kuckucksbienen wurden bisher nicht bekannt. Als Brutparasiten wurden Goldwespen der Gattung *Chrysis* bekannt.

Flugzeit: In einer Generation von Mai bis August.

Gesamtverbreitung: Die Meldungen aus Nordafrika beziehen sich mit größter Wahrscheinlichkeit auf *Osmia sparsipuncta* Alfken, 1914 (Müller 2015b). Von Portugal über Süd- und südliches Mitteleuropa, Kleinasien, Kaukasus und Sibirien bis zur Pazifikküste des Fernen Ostens; nordwärts bis Mitteldeutschland, Böhmen; südwärts bis Sizilien, Südtürkei und Nordiran. Maidl (1922) führt die Art für das „Kurland" an (heutiges Lettland); da die Art aber weder in den angrenzenden Teilen Polens noch in Nordwestrussland gefunden wurde, dürfte diese Anfgabe auf einem Irrtum beruhen. **SW-Eu:** E, E(B), I(Sa), I(Si), I. **Z-Eu:** F, B, D, A, CH. **N-Eu:** {~~LV~~}. **NO-Eu:** CS, SK, PL, UA, UA(K), RUS(S). **SO-Eu:** H, RO, SLO, HR, MNE, SRB, AL, BG, GR, GR(K). **N-Afr:** {~~MA, DZ, TN~~}. **W-As:** GR(Ä), CY, TR, RL, IL, Kaukasus.

Lokalverbreitung: In Deutschland nordwärts nur bis in die Mittelgebirge, nachgewiesen aus Sachsen-Anhalt, Thüringen, Rheinland-Pfalz, Baden-Württemberg und Bayern (aktuell). In Österreich aus Kärnten, Niederösterreich, Steiermark, Tirol und dem Burgenland gemeldet. In der Schweiz aktuell aus dem Jura, insbesondere vom Südfuß, aus den Kantonen Bern, Wallis, St. Gallen, Tessin und Graubünden, historisch auch aus den Kantonen Genf und Waadt.

Osmia aurulenta (Panzer, 1799)
Goldene Schneckenhausbiene

Systematik: Untergattung *Helicosmia* Thomson, 1872.

Nomenklatur: Synonym: *Osmia tunensis aurulenta* (Panzer, 1799).

Etymologie: Von lat. „*aurum*" = „Gold"; wegen der rotgoldenen Behaarung.

Pollenquellen: Polylektisch mit Präferenz für Fabaceae; bislang nachgewiesen ist die Nutzung des Pollens der sechs Pflanzenfamilien Asteraceae, Boraginaceae, Cistaceae, Fabaceae, Lamiaceae und Plantaginaceae.

Nestbau: Nistet in leeren, mittelgroßen bis großen Schneckenhäusern, bevorzugt werden die von Weinbergschnecken (*Helix pomatia*). In den mittelgroßen Häusern befinden sich nur 1–4 linear hintereinander liegende Zellen, in Weinbergschneckenhäusern liegen die Zellen im vorderen Bereich nebeneinander. Die Trennwände der Zellen und der Nestverschluss werden aus zerkauten Blattstücken von *Fragaria*, *Helianthemum* u. a. gefertigt. Die Außenwand des Schneckenhauses wird lamellartig mit Pflanzenmörtel überzogen. Nach Fertigstellung des Nestverschlusses wird das Schneckenhaus – im Gegensatz etwa zu *Osmia bicolor* – nicht mehr bewegt.

Lebensraum: Magerrasen, extensiv genutztes Grünland, Waldsäume, Hecken, Abwitterungshalden, Steinbrüche, Binnendünen. Vom Flachland bis in die montane, in der Südschweiz bis in die subalpine Höhenstufe.

Parasiten: Kuckucksbiene ist *Stelis punctulatissima*. Als weitere Brutparasiten wurden die Keulenwespe *Sapyga quinquepunctata*, die Goldwespen *Chrysura trimaculata, Chrysura cuprea, Chrysis hirsuta* und *Chrysura dichroa* sowie Erzwespen der Gattung *Pteromalus* bekannt.

Flugzeit: In einer Generation von März bis Juli, Amiet et al. (2004) geben für die Schweiz Anfang März bis Anfang September an.

Gesamtverbreitung: Von Portugal über Europa und Kleinasien bis in den Kaukasus; nordwärts bis Irland und Südschottland, bis 59,5°N in Norwegen, 58°N in Schweden, in Russland bis Udmurtien; südwärts bis Sizilien, Griechenland und Libanon. Wird von Kuzmin & Molchanov (1983) für den Oblast Kurgan gemeldet und in der Russischen Roten Liste (Prisyazhnyuk 2008) aufgeführt; der Fundort ist aber so weitab vom übrigen Verbreitungsgebiet, dass die Meldung sicherlich auf einem Irrtum beruht. Die Meldungen aus Algerien beziehen sich auf *Osmia tunensis* (Fabricius, 1787). **SW-Eu:** P, E, E(B), AND, F(K), I(Sa), I(Si), I. **Z-Eu:** F, B, LUX, NL, D, A, CH, FL, DK. **N-Eu:** IRL, GB, N, S, LT, RUS(N). **NO-Eu:** CS, SK, PL, BY, UA, UA(K), RUS(S). **SO-Eu:** H, RO, SLO, HR, MK, SRB, BIH, AL, BG, GR. **N-Afr:** ~~{DZ}~~. **W-As:** CY?, TR, RL, Kaukasus, IR. **Sib:** W-Sib?

Lokalverbreitung: Im Gebiet aus allen Regionen gemeldet.

Osmia bicolor (Schrank, 1781)
Zweifarbige Schneckenhausbiene

Systematik: Untergattung *Neosmia* Tkalců, 1974.

Etymologie: Von lat. „*bicolor*" = „zweifarbig"; wegen der schwarz-roten Körperbehaarung.

Pollenquellen: Ausgesprochen polylektisch; bislang nachgewiesen ist die Nutzung des Pollens der 13 Pflanzenfamilien Apiaceae, Asparagaceae, Asteraceae, Boraginaceae, Brassicaceae, Cistaceae, Fabaceae, Lamiaceae, Ranunculaceae, Rosaceae, Salicaceae, Saxifragaceae und Violaceae.

Nestbau: Nistet in leeren, mittelgroßen Schneckenhäusern. In der Regel enthält ein Nest jeweils eine Brutzelle, nur selten werden mehrere (maximal fünf) Zellen angelegt. Die Außenwand des Schneckenhauses wird tarnnetzartig mit Pflanzenmörtel überzogen, die Trennwand der Brutzelle(n) und der Nestverschluss bestehen aus demselben Material, das aus den zerkauten Blättern von *Potentilla, Fragaria, Sanguisorba, Rosa* u. a. gefertigt wird. Den Nestverschluss bilden eine, selten zwei mit verschiedensten Partikeln (Steinchen, Erdkrumen, kleine Holzspäne, Bruchstücke von Schneckenhäusern etc.) gefüllte Leerzellen. Das Schneckenhaus wird nun so gedreht, dass die Öffnung nach unten zeigt. Gelegentlich wird auch das Erdreich unter dem Schneckenhaus entfernt, sodass es teilweise in den Erdboden sinkt. Zuletzt wird es mit Halmstücken, Kiefernnadeln, Holzspänen und ähnlichem Material vollständig bedeckt.

Lebensraum: Auwälder, Waldsäume, Hecken, Magerrasen, Abwitterungshalden. Vom Flachland bis in die montane, in der Südschweiz bis in die obere subalpine Höhenstufe.

Parasiten: Kuckucksbienen wurden bisher nicht beobachtet. Als Brutparasiten wurden die Keulenwespe *Sapyga clavicornis*, die Goldwespen *Chrysura trimaculata, Chrysura cuprea* und *Chrysura dichroa* sowie die Erzwespe *Eulophus osmiarum* bekannt.

Flugzeit: In einer Generation von März bis Juni/Juli, Amiet et al. 2004 geben für die Schweiz Anfang März bis Ende August an.

Gesamtverbreitung: Von Portugal über Europa, Südrussland und Kaukasus bis Irkutsk; nordwärts bis Wales und Mittelengland, bis 60°N in Norwegen, 61°N in Schweden, 60°N in Finnland (nur ein Nachweis bei Helsinki), in Russland bis Karelien und Kirov; südwärts bis Umbria und Bulgarien. Meldung von Irkutsk durch Smith (1879), der von dort eine *Osmia rufitarsis* beschrieb, deren Holotypus von Tkalců (1995) untersucht und als *O. bicolor* erkannt wurde. Die Meldung aus China dürfte sich auf eine andere Art beziehen. **SW-Eu:** P, E, {I(Si)}, I. **Z-Eu:** F, B, LUX, NL, D, A, CH, FL, ~~{DK}~~. **N-Eu:** GB, N, S, SF, EST, LT, LV, RUS(N). **NO-Eu:** CS, SK, PL, BY, UA, RUS(S). **SO-Eu:** H, RO, SLO, HR, SRB, BIH, AL, BG. **N-Afr:** ~~{DZ, LAR}~~. **W-As:** Kaukasus. **Sib:** W-Sib, O-Sib. **SO-As:** RC (Xinjiang)?

Lokalverbreitung: Im Gebiet aus allen Regionen aktuell gemeldet, lediglich aus Schleswig-Holstein nur historisch (letzter Fund 1952) und keine Nachweise aus dem Tessin und Misox.

Osmia bicornis (LINNAEUS, 1758)

Rote Mauerbiene

Systematik: Untergattung *Osmia* PANZER, 1806 *s. str.*

Nomenklatur: Synonym: *Osmia rufa* (LINNAEUS, 1758).

Etymologie: Von lat. „*bi-*“ = „zwei-“ und „*cornum*“ = „Horn“; wegen der beiden hornartigen Fortsätze auf dem Clypeus des Weibchens. Der deutsche Name bezieht sich auf die rostrote Körperbehaarung.

Pollenquellen: Ausgesprochen polylektisch; bislang nachgewiesen ist die Nutzung des Pollens der 18 Pflanzenfamilien Aceraceae, Aquifoliaceae, Berberidaceae, Betulaceae, Boraginaceae, Brassicaceae, Caryophyllaceae, Cistaceae, Fabaceae, Fagaceae, Juglandaceae, Lamiaceae, Papaveraceae, Plantaginaceae, Ranunculaceae, Resedaceae, Rosaceae und Salicaceae.

Nestbau: *Osmia bicornis* ist in Bezug auf die Wahl ihres Nistplatzes eine der flexibelsten Bienenarten. Nistet in den verschiedensten vorhandenen Hohlräumen, wie Fraßgänge in Totholz oder markhaltigen Stängeln, hohle Pflanzenstängel, verlassene Erdnester anderer Hautflügler auf ebenen Flächen oder in Steilwänden, Mauerfugen und vieles andere mehr. In der Regel ist die Nistweise solitär, zuweilen aber auch kommunal. Je nach Situation werden die Zellen linear oder haufenförmig angeordnet, das Baumaterial ist mit Speichel durchmischter Lehm oder Erde. Lineare Nester können bis zu 20 Zellen enthalten, die durch Zwischenwände getrennt sind; in haufenförmigen Nestern, die bis zu 30 Zellen enthalten können, werden auch Seitenwände gemauert.

Lebensraum: Zeigt keine strenge Habitatbindung; Waldsäume, Hecken, extensiv genutztes Grünland, Hochwasserdämme, Brach- und Ruderalflächen, Sand-, Kies- und Lehmgruben, Gärten und Parks, häufig im Siedlungsbereich. Vom Flachland bis in die montane Höhenstufe.

Parasiten: Als Kuckucksbiene wird *Stelis phaeoptera* genannt. Als weitere Brutparasiten wurden die Keulenwespe *Sapyga clavicornis*, die Schmalbauchwespe *Gasteruption jaculator*, die Goldwespe *Chrysis ignita*, die Erzwespen *Leucospis dorsigera*, *Melittobia acasta* und *Monodontomerus dentipes*, *Monodontomerus obscurus* und *Monodontomerus obsoletus*, der Trauerschweber *Anthrax anthrax*, die Taufliege *Cacoxenus indagator* sowie die Milben *Chaetodactylus osmiae* und *Thyrophagus spec.* bekannt.

Flugzeit: In einer Generation von März bis Juni/Juli.

Gesamtverbreitung: In Nordafrika von Marokko bis Tunesien. In Eurasien von Portugal über Europa, Kleinasien, Levante und Kaukasus bis Zentralasien; nordwärts bis Irland und Südschottland, bis 60°N in Norwegen (Buskerud), 63°N in Schweden (Ångermanland), 61,5°N in Finnland (Südkarelien), in Russland bis Kirov; südwärts bis Sizilien, Zypern, Israel und Nordiran. Bei den Meldungen aus der Ostpaläarktis handelt es sich um Verwechslungen mit *Osmia cornifrons* Radoszkowski, 1887. Die Nominatform in Skandinavien, Dänemark, Großbritannien, den südwestlichen Teil der Iberischen Halbinsel sowie auf Korsika und Sardinien; die ssp. *globosa* (Scopoli, 1763) im übrigen Verbreitungsgebiet (inkl. Tunesien) mit Ausnahme von Marokko, Algerien und den Balearen, die von der ssp. *fracticornis* Pérez, 1895 besiedelt werden. **SW-Eu:** P, E, E(B), AND, F(K), I(Sa), I(Si), I. **Z-Eu:** F, B, LUX, NL, D, A, CH, FL, DK. **N-Eu:** IRL, GB, N, S, SF, EST, LT, LV, RUS(N). **NO-Eu:** CS, SK, PL, BY, UA, UA(K), RUS(S). **SO-Eu:** H, RO, SLO, HR, MK, SRB, BIH, AL, BG, GR. **N-Afr:** MA, DZ, TN. **W-As:** GR(Ä), CY, TR, SYR, IL, Kaukasus, IR. **Z-As:** TM, KAZ, KGZ. **NO-As:** {~~Prim~~}. **SO-As:** {~~RC~~}, {~~J~~}.

Lokalverbreitung: Im Gebiet aus allen Regionen gemeldet.

Osmia bidentata Morawitz, 1876

Zweizähnige Mauerbiene

Systematik: Untergattung *Hoplosmia* Thomson, 1872.

Etymologie: Von lat. „*bi-*“ = „zwei-“ und „*dentata*“ = „mit Zähnen versehen“; wegen der beiden zahnartigen Fortsätze am Endtergit des Männchens.

Pollenquellen: Oligolektisch auf Asteraceae.

Nestbau: Nistet in verschiedenartigen vorhandenen Hohlräumen, z. B. Fraßgängen in Totholz, in hohlen Pflanzenstängeln, Löchern im Erdboden oder alten Nestern anderer erdbewohnender Hymenopteren. Die Zellzwischenwände und der Nestverschluss werden aus Lehm gefertigt.

Lebensraum: Trockenwarme Standorte; Weinberge, Trockenrasen, Steppen. Vom Flachland bis in die kolline Höhenstufe.

Flugzeit: In einer Generation von Juni bis August.

Gesamtverbreitung: In Nordafrika von Marokko bis Ägypten. In Eurasien von Portugal über Süd- und südliches Mitteleuropa, Kleinasien, Levante und Kaukasus bis in den Iran, nach einer überprüfungsbedürftigen Meldung (Kuzmin & Molchanov 1983) auch in Westsibirien (Oblast Kurgan); die Meldung aus der Mongolei (Romankova 1995) dürfte auf einem Irrtum beruhen; nordwärts bis Mähren, Südpolen und Nordukraine; südwärts bis Abruzzo, Israel, Jordanien und Nordiran. Im Nahen Osten und in Ägypten in der ssp. *pallens* (Tkalců, 1979). **SW-Eu:** P, E, I. **Z-Eu:** F, A, {~~CH~~}. **NO-Eu:** CS, SK, PL, UA, RUS(S). **SO-Eu:** H, RO, SLO, HR, MK, MNE, SRB, AL, BG, GR. **N-Afr:** MA, DZ, TN, LAR(?), ET. **W-As:** GR(Ä), TR, SYR, IL, JOR, Kaukasus, IR. **Sib:** W-Sib(?). **SO-As:** MGL?

Lokalverbreitung: Im Gebiet nur aus dem Burgenland (historisch) sowie aus Niederösterreich und der Steiermark (aktuell) gemeldet.

Osmia brevicornis (Fabricius, 1798)
Schöterich-Mauerbiene

Systematik: Untergattung *Metallinella* Tkalců, 1966.

Nomenklatur: Synonym: *Osmia atrocoerulea* Schilling, 1849; *Osmia panzeri* Morawitz, 1868; *Metallinella brevicornis* (Fabricius, 1798).

Etymologie: Von lat. „*brevis*" = „kurz, klein, schmal, gering" und „*cornum*" = „Horn" (im Sinne von Fühler). Deutscher Name: Schöterich gehört zu den bevorzugten Pollenquellen der Art.

Pollenquellen: Oligolektisch auf Kreuzblütler (Brassicaceae).

Nestbau: Nistet in vorhandenen Hohlräumen wie Fraßgängen in Totholz und in hohlen Pflanzenstängeln. Im Gegensatz zu allen anderen europäischen Bienen werden keine Brutzellen angelegt, sondern der als Nest dienende Hohlraum wird durchgehend mit Pollen gefüllt, in den in gewissen Abständen die Eier abgelegt werden. Je nach Größe kann ein Nest mehr als 20 Eier enthalten. Der Pollen ist kaum mit Nektar durchmischt und daher sehr trocken. Der Nestverschluss wird aus zerkauten Blättern angefertigt und sitzt 0,5–1 cm hinter dem Nesteingang.

Lebensraum: Waldsäume, Lichtungen, Kahlschläge, Hecken, Brach- und Ruderalflächen, auch im Siedlungsbereich. Vom Flachland bis in die montane Höhenstufe.

Parasiten: Als mögliche Kuckucksbienen werden *Stelis phaeoptera* und *Stelis punctulatissima* genannt, was aber wenig wahrscheinlich ist. Als weitere Brutparasiten wurden die Keulenwespe *Sapyga quinquepunctata*, die Goldwespe *Chrysis sexdentata* sowie die Erzwespe *Monodontomerus aeneus* bekannt.

Flugzeit: In einer Generation von April bis Juli.

Gesamtverbreitung: In Nordafrika von Marokko bis Tunesien. In Eurasien von Portugal über Süd- und Mitteleuropa, Kleinasien und Kaukasus bis Zentralasien und Afghanistan; nordwärts bis ins Baltikum; südwärts bis Kalabrien, Zypern und Nordiran. Von der südlichen Balkanhalbinsel (Mazedonien, Bulgarien, Griechenland), der Türkei und Zypern an ostwärts in der ssp. *leucogastra* MORAWITZ, 1875; in Nordafrika und Südspanien in der ssp. *subcyanea* ALFKEN, 1935. **SW-Eu:** P, E, AND, I. **Z-Eu:** F, LUX, D, A, CH, FL, DK. **N-Eu:** LT, RUS(N). **NO-Eu:** CS, SK, PL, UA, UA(K). **SO-Eu:** H, RO, SLO, HR, MK, SRB, BIH, BG, GR. **N-Afr:** MA, DZ, TN. **W-As:** GR(Ä), CY, TR, Kaukasus, IR, AFG. **Z-As:** TM, UZB, TAD, KAZ, KGZ.

Lokalverbreitung: In Deutschland mit Ausnahme von Schleswig-Holstein aus allen Bundesländern nachgewiesen, aus Mecklenburg-Vorpommern nur historisch. In Österreich mit Ausnahme von Kärnten aus allen Bundesländern gemeldet, die Meldungen aus Salzburg und der Steiermark sind überprüfungsbedürftig. In der Schweiz mit Ausnahme des Alpenhauptkammes und der Alpennordseite fast überall nachgewiesen, im Genfersee-Gebiet nur historisch.

Osmia caerulescens (LINNAEUS, 1758)

Blaue Mauerbiene

Systematik: Untergattung *Helicosmia* THOMSON, 1872.

Nomenklatur: Synonym: *Osmia aenea* (LINNAEUS, 1761).

♀

Etymologie: Von lat. „*caerulescens*“ = „bläulich“; wegen der metallisch blau schimmernden Körperoberfläche des Weibchens.

Pollenquellen: Polylektisch mit Präferenz für Fabaceae und Lamiaceae; bislang nachgewiesen ist die Nutzung des Pollens der sieben Pflanzenfamilien Asteraceae, Boraginaceae, Brassicaceae, Fabaceae, Hypericaceae, Lamiaceae und Ranunculaceae.

Nestbau: Nistet in verschiedenartigen vorhandenen Hohlräumen, z.B. Fraßgängen in Totholz, in hohlen Pflanzenstängeln oder Löchern in Steilwänden. Die Zellzwischenwände und der Nestverschluss werden aus zerkauten Laub-, zuweilen auch Blütenblättern gefertigt. Die Nestanlage ist linear, in größeren Hohlräumen werden die Zellen auch unregelmäßig nebeneinander angeordnet.

Lebensraum: Waldsäume, Lichtungen, Hecken, Magerrasen, Steinbrüche, Lehm- und Sandgruben, Brach- und Ruderalflächen, Gleisanlagen, Gärten. Vom Flachland bis in die montane, zuweilen bis in die subalpine Höhenstufe.

Parasiten: Kuckucksbiene ist *Stelis ornatula*. Als weitere Brutparasiten wurden die Keulhornwespen *Sapyga clavicornis* und *Sapyga quinquepunctata*, die Goldwespe *Chrysis sexdentata* sowie die Erzwespen *Aprostocetus pygmaeus, Eurytoma nodularis, Leucospis gigas, Melittobia acasta* und *Monodontomerus aeneus* bekannt.

Flugzeit: Von März bis September/Oktober, in zwei, möglicherweise sogar partiell drei Generationen.

Gesamtverbreitung: In Nordafrika von Marokko bis Ägypten. In Eurasien von Portugal über Europa, Kleinasien, Levante, Kaukasus bis Zentralasien, erreicht in Pakistan (Punjab) die orientalische Faunenregion; nordwärts bis Mittelschottland, in Norwegen bis 60°N (Buskerud), in Schweden bis 63°N (Jämtland), in Russland bis Leningrad; südwärts bis Sizilien und Malta, Kreta, Zypern, Israel, Jordanien und Nordiran. Der einzige aus Finnland gemeldete Fund von der Insel Lavansaari gehört heute zu Russland. Vermutlich eingeschleppt in der Nearktis; als Leguminosen-Bestäuber eingeführt nach Neuseeland. In Nordafrika in der ssp. *cyanea* (Fabricius, 1793). **SW-Eu:** P, E, E(B), AND, F(K), I(Sa), I(Si), I, M. **Z-Eu:** F, B, LUX, NL, D, A, CH, FL, DK. **N-Eu:** GB, N, S, {~~SF~~}, EST, LT, LV, RUS(N). **NO-Eu:** CS, SK, PL, BY, UA, UA(K), RUS(S). **SO-Eu:** H, RO, MD, SLO, HR, MK, SRB, BIH, AL, BG, GR, GR(K). **N-Afr:** {~~E(C)~~}, MA, DZ, TN, LAR, ET. **W-As:** GR(Ä), CY, TR, SYR, JOR, IL, Kaukasus, IR. **Z-As:** TM, UZB, TAD, KAZ, KGZ. **SO-As:** RC (Xinjiang). **Ori:** PAK. **Nearktis:** CDN+, USA+. **Aus:** NZ+.

Lokalverbreitung: Im Gebiet aus allen Regionen gemeldet.

Osmia cerinthidis Morawitz, 1875

Wachsblumen-Mauerbiene

Systematik: Untergattung *Osmia* Panzer, 1806 *s. str.*

Nomenklatur: *Osmia rufa* var. *cerinthidis* Morawitz, 1875.

Etymologie: Wachsblumen *(Cerinthe)* sind die ausschließlichen Pollenquellen der Art.

Pollenquellen: Streng oligolektisch auf Wachsblumen (*Cerinthe*, Fam. Boraginaceae).

Nestbau: Nistet in den verschiedensten vorhandenen Hohlräumen, bevorzugt in Fraßgängen in Totholz und in hohlen Pflanzenstängeln. Das Nest ist in der Regel linear angelegt, das Baumaterial für die Zellzwischenwände und den Nestverschluss besteht aus mit Speichel vermischtem mineralischem Substrat. Ein Nest enthält 2–9 Zellen.

Lebensraum: Waldsäume, Hecken, Brach- und Ruderalflächen, Hochwasserdämme. Vom Flachland bis in die montane Höhenstufe.

Flugzeit: In einer Generation von Mai bis Juni.

Gesamtverbreitung: Vom Piemont über Mittel- und Osteuropa, Kleinasien und Kaukasus bis in den Iran; nordwärts bis Bayern, Österreich, Böhmen, Mittelpolen und Nordukraine; im Süden isoliert in der ssp. *crassiclypeata* PETERS, 1978 auf Sizilien, auf dem Festland südwärts bis Piemont, Griechenland, Südtürkei und Nordiran. Die Meldungen aus China bedürfen der Überprüfung. **SW-Eu:** I(Si), I. **Z-Eu:** F, B, D, A. **NO-Eu:** CS, SK, PL, UA, UA(K), RUS(S). **SO-Eu:** H, RO, SLO, MK, BG, GR. **W-As:** TR, Kaukasus, IR. **SO-As:** RC (Beijing, Jilin, Shanxi)(?).

Lokalverbreitung: In Deutschland nur aus Bayern bekannt (nur noch von wenigen Fundorten aktuell). In Österreich aus dem Burgenland, Ober- und Niederösterreich, Salzburg, Steiermark und Tirol gemeldet.

Osmia cornuta (LATREILLE, 1805)
Gehörnte Mauerbiene

Systematik: Untergattung *Osmia* PANZER, 1806 *s. str.*

Etymologie: Von lat. „*cornuta*“ = „gehörnt, zweispitzig“; wegen der beiden hornartigen Fortsätze auf dem Clypeus des Weibchens.

Pollenquellen: Ausgesprochen polylektisch; bislang nachgewiesen ist die Nutzung des Pollens der 14 Pflanzenfamilien Aceraceae, Aquifoliaceae, Asparagaceae, Asteraceae, Berberidaceae, Brassicaceae, Fabaceae, Fagaceae, Liliaceae, Papaveraceae, Primulaceae, Ranunculaceae, Rosaceae und Salicaceae.

Nestbau: Nistet in den verschiedensten vorhandenen Hohlräumen, wie Fraßgänge in Totholz, hohle Pflanzenstängel, verlassene Erdnester anderer Hautflügler auf ebenen Flächen oder in Steilwänden, Mauerfugen und vieles andere mehr. In der Regel werden die Zellen linear, in größeren Hohlräumen aber auch unregelmäßig angeordnet. Das Baumaterial ist mit Speichel durchmischter Lehm oder Erde.

Lebensraum: Im Gebiet hauptsächlich im Siedlungsbereich, wo sie das ihr entsprechende Kleinklima vorfindet. Außerhalb von Ortschaften werden Standorte besiedelt, die sonnenexponierte Löss- und Lehmwände aufweisen, wie Weinberge und Flussufer. Vom Flachland bis in die montane Höhenstufe.

Parasiten: Kuckucksbienen wurden bisher nicht beobachtet. Als Brutparasiten wurden die Goldwespen *Chrysis ignita* und *Chrysura simplex*, die Erzwespen *Leucospis dorsigera, Melittobia acasta, Monodontomerus aeneus* und *Monodontomerus obscurus*, der Trauerschweber *Anthrax anthrax*, die Taufliege *Cacoxenus indagator*, der Ölkäfer *Sitaris muralis* sowie die Milbe *Chaetodactylus osmiae* bekannt.

Flugzeit: In einer Generation von Februar/März bis Mai/Juni.

Gesamtverbreitung: In Nordafrika von Algerien, Tunesien und Ägypten bekannt. In Eurasien von Portugal über Süd- und Mitteleuropa, Kleinasien und Kaukasus bis Südostkasachstan; nordwärts bis in die Norddeutsche Tiefebene, Mittelpolen, Nordukraine und Woronesch; südwärts bis Sizilien, Kreta, Syrien und Nordiran. Der Nachweis aus Primorje beruht auf einem Irrtum. Die Art wurde zu Bestäubungszwecken in die USA eingeführt, Berichte über überlebensfähige Populationen in freier Natur existieren jedoch nicht. In der ssp. *divergens* Friese, 1920 vom Iran bis Zentralasien; in der ssp. *neoregaena* Mavromoustakis, 1938 auf den Ägäischen Inseln und Zypern; in der ssp. *quasirufa* Peters, 1978 von der türkischen Ägäisküste bis in den Kaukasus und Nordwestiran sowie (isoliert?) in Ägypten. **SW-Eu:** P, E, E(B), AND, F(K), I(Sa), I(Si), I. **Z-Eu:** F, B, LUX, NL, D, A, CH, FL. **N-Eu:** {GB}. **NO-Eu:** CS, SK, PL, UA, UA(K), RUS(S). **SO-Eu:** H, RO, MD, SLO, HR, MK, BIH, BG, GR, GR(K). **N-Afr:** DZ, TN, ET. **W-As:** CY, TR, SYR, Kaukasus, IR. **Z-As:** TM, KAZ. **NO-As:** {Prim}. **Nearktis:** USA+?

Lokalverbreitung: In Deutschland und Österreich mit Ausnahme von Schleswig-Holstein aus allen Bundesländern nachgewiesen. In der Schweiz keine Nachweise vom Alpenhauptkamm und der Alpennordseite, im Engadin nur historisch, sonst fast überall aktuell.

Osmia emarginata Lepeletier, 1841

Westliche Felsen-Mauerbiene

Etymologie: Von lat. „*emarginata*" = „ausgerandet"; wegen des im Gegensatz zur nächstverwandten *O. mustelina* bogenförmig ausgeschnittenen Vorderrandes des Clypeus beim Weibchen. Deutscher Name: Im Gegensatz zur südosteuropäisch-ostmediterran verbreiteten *O. mustelina* ist *O. emarginata* auf Südwesteuropa beschränkt und kommt im Gebiet nicht vor.

Lokalverbreitung: Die aus dem Gebiet stammenden Meldungen beziehen sich alle auf *Osmia mustelina*.

Osmia gallarum Spinola, 1808

Gallen-Mauerbiene

Systematik: Untergattung *Pyrosmia* Tkalců, 1975.

Etymologie: Von lat. „*galla*" = „Gallapfel"; die Art benutzt häufig Galläpfel zur Nestanlage.

Pollenquellen: Oligolektisch auf Schmetterlingsblütler (Fabaceae), Hauptpollenquelle ist der Hufeisenklee (*Hippocrepis comosa*).

Nestbau: Nistet in vorhandenen Hohlräumen, wie Fraßgänge in Totholz und markhaltigen Stängeln, hohlen Pflanzenstängeln sowie in verlassenen Eichengallen der Gallwespen *Andricus kollari* und *Cynips argentea*. Nes-

ter in linearen Hohlräumen enthalten bis zu einem, in Eichengallen bis zu zwei Dutzend Brutzellen. Das Baumaterial der Brutzellen und des Nestverschlusses besteht aus zerkauten Blattstücken; in Nestern in markhaltigen Stängeln werden auch Markpartikel beigemischt. Der Nestverschluss besteht aus drei bis vier Lagen Pflanzenmörtel, die durch einen 0,5–1 mm breiten Zwischenraum voneinander getrennt sind.

Lebensraum: Trockenwarme Standorte, Trockenrasen, Waldsäume, Hecken. Vom Flachland bis in die montane, in der Südschweiz bis in die untere subalpine Höhenstufe.

Parasiten: Kuckucksbiene ist *Stelis minuta*. Als weiterer Brutparasit wurde *Sapyga quinquepunctata* bekannt.

Flugzeit: In einer Generation von April/Mai bis Juli/August.

Gesamtverbreitung: In Nordafrika in der ssp. *lapidistructor* Ferton, 1920 von Marokko bis Tunesien. Die Stammform von Portugal über Süd- und südliches Mitteleuropa bis Kleinasien; nordwärts bis Mitteldeutschland und Böhmen; südwärts bis Sizilien, Peloponnes und Südosttürkei. **SW-Eu:** P, E, I(Si), I. **Z-Eu:** F, LUX, D, A, CH. **NO-Eu:** CS, SK, PL, RUS(S). **SO-Eu:** H, RO, SLO, HR, MK, AL, BG, GR. **N-Afr:** MA, DZ, TN. **W-As:** GR(Ä), TR, {~~IL~~}.

Lokalverbreitung: In Deutschland nur aus Hessen, Thüringen, Rheinland-Pfalz, Baden-Württemberg und Bayern nachgewiesen (aktuell). In Österreich mit Ausnahme von Oberösterreich, Salzburg und Vorarlberg aus allen Bundesländern gemeldet. In der Schweiz aktuell und historisch aus den Kantonen Genf, Waadt, Neuenburg, Zürich, Schaffhausen, Wallis und Tessin.

Osmia inermis (Zetterstedt, 1838)
Felsheiden-Mauerbiene

Systematik: Untergattung *Melanosmia* Schmiedeknecht, 1885.

Etymologie: Von lat. „*inermis*" = „unbewehrt"; im Gegensatz zu *Osmia bicornis*, mit der Zetterstedt die Art vergleicht, fehlen die dornartigen Fortsätze auf dem Clypeus des Weibchens („*Facies inermis*"). Deutscher Name: Felsheiden sind einer der Hauptlebensräume der Art.

Pollenquellen: Vermutlich mesolektisch; bislang nachgewiesen ist die Nutzung des Pollens der beiden Pflanzenfamilien Fabaceae und Ericaceae, wobei Fabaceae deutlich bevorzugt werden.

Nestbau: Nistet unter Steinen oder Felshöhlungen, häufig kommunal – in diesem Fall kann ein Nest bis über 200 Brutzellen enthalten. Nester unter Steinen werden, offensichtlich zur Abwehr von Brutparasiten und als Ergebnis einer koordinierten Bautätigkeit aller zu einer Nestgemeinschaft gehörenden Weibchen, mit Sand so gegen den Untergrund abgedichtet, dass nur eine kleine Öffnung als Eingang zum Gemeinschaftsnest bleibt. Das Baumaterial der Brutzellen besteht aus zerkauten Blattstücken. Alte Brutzellen werden meist zumindest teilweise wiederverwendet.

Lebensraum: Geröllflächen entlang unregulierter Gebirgsbäche und -flüsse, Trockenheiden, Abwitterungshalden. Von der montanen bis in die alpine Höhenstufe.

Flugzeit: In einer Generation von Mai bis Juli/August.

Gesamtverbreitung: Holarktisch. In der Paläarktis von Zentralspanien über Europa bis Primorje (mit ausgedehnter Nachweislücke in Zentralasien und Sibirien); nordwärts bis Nordschottland, in Skandinavien bis weit über den Polarkreis hinaus: bis 69°N in Norwegen (Troms), 68,5°N in Schweden (Torne Lappmark), 70°N in Finnland (Utsjoki), in Russland bis 69,5°N (Eismeerküste im Obl. Murmansk); im Süden im Gebirge, südwärts bis in die Abruzzen und Peloponnes (Chelmos). Auf der südlichen Balkanhalbinsel, angeblich auch in den Abruzzen, in der ssp. *bulgarica* FRIESE, 1922. In der Nearktis von Alaska bis Labrador, von der Küste des Eismeeres im Osten südwärts bis Massachusets, im Westen über die Rocky Mountains bis Kalifornien. **SW-Eu:** E, I. **Z-Eu:** F, B, LUX(?), D, A, CH, FL. **N-Eu:** GB, N, S, SF, EST, LT, LV, RUS(N). **NO-Eu:** CS, SK, PL. **SO-Eu:** HR, MK, BG(?), GR. **W-As:** Kaukasus(?). **NO As:** Prim. **SO As:** RC (NO und NW-China). **Nearktis:** Alaska, CDN, USA.

Lokalverbreitung: In Deutschland nordwärts nur bis in die Mittelgebirge, aktuell nachgewiesen aus Hessen, Baden-Württemberg und Bayern, historisch aus Sachsen-Anhalt, Thüringen und Sachsen. In Österreich mit Ausnahme von Vorarlberg und dem Burgenland aus allen Bundesländern gemeldet, die Meldung aus Niederösterreich ist überprüfungsbedürftig. In der Schweiz auf den Alpenraum beschränkt, hier historisch und aktuell.

Osmia labialis Pérez, 1879
Karst-Mauerbiene

Systematik: Untergattung *Helicosmia* Thomson, 1872.

Etymologie: Adjektiv zu lat. „*labium*“ = „Lippe“; bezieht sich vermutlich auf den vorstehenden Höcker in der Mitte des Clypeus-Vorderrandes beim Weibchen. Deutscher Name: Die Art ist besonders in Karstgebieten verbreitet.

Pollenquellen: Oligolektisch auf Korbblütler (Asteraceae) der Unterfamilie Carduoideae.

Lebensraum: Trockenwarme Standorte; Fels- und Waldsteppen, Abwitterungshalden, Trockenrasen, Steinbrüche. Vom Flachland bis in die obere montane Höhenstufe.

Flugzeit: In einer Generation von Mai bis August.

Gesamtverbreitung: In Nordafrika nur aus Tunesien bekannt. In Eurasien von Portugal über Süd- und südliches Mitteleuropa bis Bulgarien; nordwärts bis Süddeutschland und Slowakei. Die ssp. *tornensis* Tkalců, 1975 aus der Slowakei beschrieben, in einem Einzelstück von Tirol gemeldet und von Zanden von Mazedonien angeführt. **SW-Eu:** P, E, I. **Z-Eu:** F, D, A, CH, FL. **NO-Eu:** SK. **SO-Eu:** MK, BG. **N-Afr:** TN.

Lokalverbreitung: In Deutschland nur aus Rheinland-Pfalz (historisch) sowie Baden-Württemberg und Bayern (aktuell) bekannt. In Österreich aus Kärnten, Ober- und Niederösterreich, Tirol sowie dem Burgenland gemeldet, letztere Meldung ist überprüfungsbedürftig. In der Schweiz aktuell im Alpengebiet, historisch auch von Genf und dem Misox.

Osmia laticeps Thomson, 1872
Moor-Mauerbiene

Systematik: Untergattung *Melanosmia* Schmiedeknecht, 1885.

Nomenklatur: Synonyme: *Osmia hyperborea* Tkalců, 1983.

Etymologie: Von lat. „*latus*“ = „breit, groß“ und „*ceps*“ = „Kopf“; Thomson erschien der Kopf des Weibchens etwas breiter als der von *Osmia uncinata*. Deutscher Name: Die Art kommt vorwiegend in Moorgebieten vor.

Pollenquellen: Oligolektisch auf Heidelbeere (*Vaccinium*, Fam. Ericaceae).

Lebensraum: Feuchtkühle Standorte; Moore, Moorheiden.

Flugzeit: Alle Funddaten aus dem Gebiet stammen aus dem Mai.

Gesamtverbreitung: Holarktisch, aber ohne Nachweise aus der Ostpaläarktis. In der Paläarktis südwestlichste Fundorte in Deutschland (verschollen), nordwärts in Skandinavien bis über den Polarkreis hinaus: bis 69°N in Norwegen (Storfjord), 68,5°N in Schweden (Abisko/Torne Lappmark), 69,5°N in Finnland, 63,5°N in Russland (Uchta/Rep. Komi). In der

Nearktis von Alaska ostwärts bis Nova Scotia, südwärts bis Ontario und Michigan. **Z-Eu:** D. **N-Eu:** N, S, SF, LT, RUS(N). **Nearktis:** Alaska, CDN, USA.

Lokalverbreitung: Im Gebiet nur aus Niedersachsen (letzter Fund 1978) und Bayern (letzter Fund 1970) bekannt (Haeseler 1999).

Osmia latreillei (Spinola, 1806)

Kiefer-Mauerbiene

Systematik: Untergattung *Helicosmia* Thomson, 1872.

Etymologie: Benannt nach dem französischen Naturforscher Pierre André Latreille (1762–1833). Der deutsche Name bezieht sich auf die komplexen Modifikationen auf dem Clypeus und den Mandibeln des Weibchens.

Pollenquellen: Oligolektisch auf Korbblütler (Asteraceae).

Nestbau: Nistet in vorhandenen Hohlräumen, wie Fraßgänge in Totholz und hohle Pflanzenstängel, sowie verlassene Erdnester anderer Hautflügler. Das Baumaterial der Brutzellen und des Nestverschlusses besteht aus zerkauten Blattstücken; letzterer besteht zuweilen aus mehreren Lagen Pflanzenmörtel, die Außenseite wird gelegentlich mit Pflanzenpartikeln verstärkt.

Lebensraum: Trockenwarme Standorte. Vom Flachland bis in die kolline Höhenstufe.

Parasiten: Kuckucksbienen wurden bisher nicht beobachtet. Als Brutparasiten wurden die Erzwespen: *Calosota vernalis, Monodontomerus aeneus* und *Monodontomerus obscurus* bekannt.

Flugzeit: Flugdaten aus Südeuropa von April bis Juni.

♀

♀

Gesamtverbreitung: In Nordafrika von Madeira und den Kanaren bis Ägypten. In Eurasien von Portugal über Südeuropa, Kleinasien und Levante bis in den Südiran; nordwärts bis Südschweiz (verschollen), Kroatien und Nordwesttürkei; südwärts bis Sizilien und Malta, Israel, Jordanien und Südiran. Die Nominatform von Frankreich, dem gesamten italienischen Festland über die Balkanhalbinsel bis Kreta und auf den Kanaren; die ssp. *ibero-africana* Peters, 1975 im übrigen Verbreitungsgebiet, Überschneidungszone bisher nur auf Korsika bekannt. **SW-Eu:** P, E, E(B), F(K), I(Sa), I(Si), I, M. **Z-Eu:** F, D, CH. **SO-Eu:** HR, MK, AL, GR, GR(K). **N-Afr:** P(M), E(C), MA, DZ, TN, LAR, ET. **Arab:** KSA. **W-As:** GR(Ä), CY, TR, SYR, JOR, IL, IR.

Lokalverbreitung: In Deutschland ein Einzelfund aus Rheinland-Pfalz von 1999 (Reder 2000), vermutlich handelt es sich um ein eingeschlepptes Tier. In der Schweiz historische Nachweise (vor 1900) aus der Umgebung von Genf (Frey-Gessner 1908–1912).

Osmia leaiana (Kirby, 1802)

Zweihöckerige Mauerbiene

Systematik: Untergattung *Helicosmia* Thomson, 1872.

Nomenklatur: Synonym: *Osmia solskyi* Morawitz, 1870.

Etymologie: Kirby widmete die Art dem Sekretär der Londoner Linnean Society, Dr. A. Mac Leay. Deutscher Name: Im Unterschied zur nächstverwandten *O. niveata* trägt der Vorderrand des Clypeus beim Weibchen zwei nach vorne gerichtete höckerartige Fortsätze.

Pollenquellen: Oligolektisch auf Korbblütler (Asteraceae) mit Präferenz für die Unterfamilie Carduoideae.

Nestbau: Nistet in vorhandenen Hohlräumen, besonders in Fraßgängen in Totholz und hohlen Pflanzenstängeln, aber auch in Felshöhlungen und

Mauerfugen. Das Baumaterial der Brutzellen und des Nestverschlusses besteht aus zerkauten Blattstücken.

Lebensraum: Waldsäume, Hecken, extensiv genutztes Grünland, Weinberge, Brach- und Ruderalflächen. Vom Flachland bis in die obere subalpine Höhenstufe.

Parasiten: Kuckucksbienen sind *Stelis phaeoptera* und *Stelis punctulatissima*. Weitere Brutparasiten sind die Keulenwespe *Sapyga quinquepunctata*, die Erzwespe *Melittobia acasta* und die Taufliege *Cacoxenus indagator*.

Flugzeit: Von April bis Juli/August, zuweilen bis in den September, vermutlich partiell in zwei Generationen.

Gesamtverbreitung: Transpaläarktisch. In Nordafrika von Marokko bis Tunesien, im Hohen Atlas in der ssp. *schachti* Warncke, 1988. In Eurasien von Portugal über Europa, Kleinasien, Kaukasus, Zentralasien und Sibirien bis Sachalin; nordwärts bis Wales und Nordengland, bis 61,5°N in Norwegen (Oppland), 66°N in Schweden (Norrbotten), 63,5°N in Finnland (Nordsavo), in Russland bis Karelien, Kirov und Perm; südwärts bis Sizilien, Griechenland und Nordiran. **SW-Eu:** E, E(B), AND, I(Si), I. **Z-Eu:** F, B, LUX, NL, D, A, CH, FL, DK. **N-Eu:** GB, N, S, SF, EST, LT, LV, RUS(N). **NO-Eu:** CS, SK, PL, BY, UA, UA(K), RUS(S). **SO-Eu:** H, RO, SLO, HR, MK, BG, GR. **N-Afr:** MA, DZ, TN. **W-As:** TR, Kaukasus, IR. **Z-As:** TAD, KAZ. **Sib:** W-Sib, O-Sib. **NO-As:** Jak, Khab, Amur, Prim, Sach.

Lokalverbreitung: Im Gebiet aus allen Regionen gemeldet.

Osmia ligurica Morawitz, 1868
Ligurische Mauerbiene

Systematik: Untergattung *Hoplosmia* Thomson, 1872.

Etymologie: Morawitz beschrieb die Art von Nizza, also von der ligurischen Küste.

Pollenquellen: Oligolektisch auf Korbblütler (Asteraceae) mit Präferenz für die Unterfamilie Asteroideae.

Nestbau: Nistet in hohlen Pflanzenstängeln oder Fraßgängen in markhaltigen Stängeln. Das Baumaterial der Brutzellen und des Nestverschlusses besteht aus zerkauten Blattstücken.

Lebensraum: Trockenwarme Standorte; Waldsteppen, Sandgruben. Vom Flachland bis in die kolline Höhenstufe.

Parasiten: Kuckucksbienen wurden bisher nicht festgestellt. Als Brutparasit wurde die Erzwespe *Leucospis dorsigera* bekannt.

Flugzeit: Flugdaten aus dem Gebiet stammen von Juni bis Juli.

Gesamtverbreitung: In Nordafrika nur aus Marokko bekannt. In Eurasien von Portugal über Südeuropa, Kleinasien, Levante und Kaukasus bis in den Iran; nordwärts bis Südschweiz, Ostösterreich und Slowakei; südwärts bis Sizilien, Kreta, Zypern, Israel, Jordanien und Nordiran. **SW-Eu:** P, E, E(B), F(K), I(Sa), I(Si), I. **Z-Eu:** F, A, CH. **NO-Eu:** SK. **SO-Eu:** H, RO, SLO, HR, MK, AL, BG, GR, GR(K). **N-Afr:** MA. **W-As:** GR(Ä), CY, TR, SYR, JOR, IL, Kaukasus, IR.

Lokalverbreitung: In Österreich je ein historischer und aktueller Fund aus Niederösterreich (Ebmer 2005). In der Schweiz historische Nachweise (vor 1900) aus der Umgebung von Genf (Frey-Gessner 1908–1912).

Osmia maritima Friese, 1885
Küsten-Mauerbiene

Systematik: Untergattung *Melanosmia* Schmiedeknecht, 1885.

Etymologie: Von lat. „*maritima*“ = „das Meer betreffend, Meer-“; wegen des Lebensraumes der Art.

Pollenquellen: Polylektisch; bislang nachgewiesen ist die Nutzung des Pollens der vier Pflanzenfamilien Asteraceae, Brassicaceae, Fabaceae und Rosaceae.

Nestbau: Nistet in selbst gegrabenen Hohlräumen im Sand der Küstendünen, bevorzugt in südostexponierten Steilkanten, meist in kleinen Aggregationen. Die Nester bestehen aus einem kurzen, gewöhnlich nur 1,5–3 cm langen Gang, der in der Regel nur eine Brutzelle enthält; selten werden längere Gänge mit bis zu zehn Zellen angelegt. Das Baumaterial der Zellen besteht aus zerkauten Blattstücken, die nach bisherigen Beobachtungen von Nachtkerze (*Oenothera*) und Veilchen (*Viola*) stammen, vermischt mit Sandkörnern und Wurzelpartikeln. Neue Brutzellen werden vorzugsweise im direkten Anschluss an die Zellen angelegt, aus denen die Tiere geschlüpft sind.

Lebensraum: Im Gebiet ausschließlich in den Küstendünen von Nord- und Ostsee.

Parasiten: Als Kuckucksbiene ist *Stelis ornatula* durch Zucht belegt. Weitere Brutparasiten sind die Goldwespe *Omalus auratus* und die Keulenwespe *Sapyga similis*.

Flugzeit: In einer Generation von Mai bis Juli.

Gesamtverbreitung: Holarktisch. Von den Niederlanden bis Kamtschatka (mit ausgedehnter Nachweislücke in Westsibirien); nordwärts in Norwegen bis 59°N (Stavanger), in Schweden bis 57°N (Halland), in Russland über den Polarkreis hinaus bis zur Halbinsel Kola und Kirov; südwärts bis zur Nord- und Ostseeküste. Die Meldungen aus Österreich und der Schweiz beziehen sich auf *O. alticola*, möglicherweise auch auf *O. steinmanni*. In der Ostpaläarktis westwärts bis Krasnojarsk und Tuva. In der Nearktis von Alaska ostwärts bis in die Northwest Territories von Kananda. **Z-Eu:** NL, D, {~~A~~}, {~~CH~~}, DK. **N-Eu:** N, S, SF(?), RUS(N). **NO-Eu:** {~~CS~~}, PL, RUS(S). **SO-Eu:** BG? **Sib:** O-Sib. **NO-As:** Jak, Khab, Prim, Sach, Chuk, Kam. **SO-As:** MGL. **Nearktis:** Alaska, CDN.

Lokalverbreitung: Im Gebiet nur in den Küstengebieten von Schleswig-Holstein und Niedersachsen (aktuell) sowie von Mecklenburg-Vorpommern (historisch).

Osmia melanogaster Spinola, 1808
Schwarzbäuchige Mauerbiene

Systematik: Untergattung *Helicosmia* Thomson, 1872.

Nomenklatur: Von Warncke als Synonym von *Osmia labialis* betrachtet.

Etymologie: Von griech. „*melano-*" = „schwarz, dunkel" und „*gaster*" = „Bauch"; wegen der schwarzen Bauchbürste des Weibchens.

Pollenquellen: Oligolektisch auf Korbblütler (Asteraceae) der Unterfamilie Carduoideae.

Nestbau: Nistet in vorhandenen Hohlräumen, wie leere Schneckenhäuser, Felsspalten, Fraßgängen in Totholz und hohlen Pflanzenstängeln. Das Baumaterial der Brutzellen und des Nestverschlusses besteht aus zerkauten Blattstücken.

Lebensraum: Trockenwarme Standorte. Vom Flachland bis in die kolline Höhenstufe.

Flugzeit: In einer Generation von Mai bis August

Gesamtverbreitung: In Nordafrika von Marokko bis Ägypten. In Eurasien von Portugal über Süd- und südliches Mitteleuropa, Kleinasien, Levante und Kaukasus bis Usbekistan; nordwärts bis Ostösterreich, Mähren, Mittelrumänien und Krim; südwärts bis Sizilien, Zypern, Israel, Jordanien und Nordiran. Die ssp. *subaenea* Pérez, 1895 in Nordafrika, Iberien inklusive Balearen und Sizilien. **SW-Eu:** P, E, E(B), **F(K)**, I(Sa), I(Si), I. **Z-Eu:** F, {~~D~~}, A, {~~CH~~}. **N-Eu:** {~~S~~}. **NO-Eu:** CS, SK, UA, UA(K), RUS(S). **SO-Eu:** H, RO, SLO, HR, MK, SRB, BG, GR. **N-Afr:** {~~E(C)~~}, MA, DZ, TN, LAR, ET. **W-As:** CY, TR, SYR, IL, JOR, Kaukasus, IR. **Z-As:** TM, UZB. **SO-As:** RC (Xinjiang)?

Lokalverbreitung: Die Art wurde von Warncke (1986b) aus Bayern und Rheinland-Pfalz gemeldet, ebenso aus der Schweiz – es handelte sich jedoch in allen Fällen um *O. labialis* (vgl. Herrmann 2010). Im Gebiet nur aus dem Burgenland, Ober- und Niederösterreich sowie der Steiermark gemeldet, in Niederösterreich aktuell, Meldung aus Oberösterreich zweifelhaft.

Osmia mustelina Gerstaecker, 1869
Östliche Felsen-Mauerbiene

Systematik: Untergattung *Osmia* Panzer, 1806 *s. str.*

Nomenklatur: Wurde früher gelegentlich mit *Osmia emarginata* vermengt.

Etymologie: Von lat. „*mustelinus*“ = „Wiesel“; Gerstaecker bezieht sich auf die Behaarung des Hinterleibs, die auf den ersten vier Tergiten bräunlich, auf den letzten beiden schwarz ist wie die Schwanzspitze des Wiesels. Deutscher Name: Im Gegensatz zur nächstverwandten *O. emarginata*, die auf Südwesteuropa beschränkt ist und im Gebiet nicht vorkommt, ist *O. mustelina* südosteuropäisch und ostmediterran verbreitet.

Pollenquellen: Polylektisch; bislang nachgewiesen ist die Nutzung des Pollens der fünf Pflanzenfamilien Boraginaceae, Cistaceae, Fabaceae, Lamiaceae und Papaveraceae.

Nestbau: Nistet in vorhandenen Hohlräumen, vor allem in Felsspalten und Mauerfugen, seltener in hohlen Pflanzenstängeln oder in verlassenen Nestern von *Megachile parietina*. Nistweise in der Regel solitär, aber nicht selten auch kommunal. Meist werden die Zellen unregelmäßig angeordnet. Das Baumaterial besteht aus zerkauten Blättern.

Lebensraum: Trockenwarme Standorte; Felssteppen, Abwitterungshalden, Trockenrasen, Steinbrüche. Vom Flachland bis in die subalpine Höhenstufe.

Parasiten: Kuckucksbienen sind *Stelis franconica* und vermutlich auch *Stelis phaeoptera*. Als weitere Brutparasiten wurden Goldwespen der Gattung *Chrysis* sowie die Erzwespe *Leucospis intermedia* bekannt.

Flugzeit: In einer Generation von März/April bis Juli/August.

Gesamtverbreitung: Von Frankreich (hier verläuft die noch unklare Grenze zu *O. emarginata*) und Italien über Mittel- und Osteuropa, Kleinasien, Levante und Kaukasus bis in den Iran; nordwärts bis zur Ostseeküste (historisch), Mittelpolen und Krim; südwärts bis Sizilien, Kreta, Israel und Nordiran. Die ssp. *umbrosa* PETERS, 1978 von Sizilien bis Apulien; die ssp. *griseohirta* ALFKEN, 1935 von Zentralanatolien an ostwärts (in Israel allerdings die Nominatform). **SW-Eu:** I(Si), I. **Z-Eu:** F, LUX, D, A, CH, FL. **NO-Eu:** CS, SK, PL, UA. **SO-Eu:** H, RO, SLO, HR, MK, GR, GR(K). **W-As:** GR(Ä), TR, RL, IL, Kaukasus, IR.

Lokalverbreitung: In Deutschland mit Ausnahme von Schleswig-Holstein, Niedersachsen und Nordrhein-Westfalen aus allen Bundesländern nachgewiesen, aus Mecklenburg-Vorpommern, Sachsen-Anhalt, Thüringen und Hessen nur historisch. In Österreich mit Ausnahme von Vorarlberg und des Burgenlands aus allen Bundesländern gemeldet, in Oberösterreich, Kärnten und der Steiermark nur historisch. In der Schweiz aktuell im gesamten Alpenraum und ein Einzelfund im Kanton Solothurn, historisch am Jura-Südfuß und aus dem Genfersee-Gebiet.

Osmia nigriventris (ZETTERSTEDT, 1838)

Schwarzbürstige Mauerbiene

Systematik: Untergattung *Melanosmia* SCHMIEDEKNECHT, 1885.

Etymologie: Von lat. „*nigra*“ = „schwarz“ und „*venter*“ = „Bauch“ (im Sinne von Hinterleib); wegen der schwarzen Bauchbürste des Weibchens.

Pollenquellen: Meso- oder polylektisch mit einer Präferenz für Heidelbeere (*Vaccinium*, Fam. Ericaceae); bislang nachgewiesen ist die Nutzung des Pollens der drei Pflanzenfamilien Ericaceae, Fabaceae und Rosaceae.

Nestbau: Nistet in diversen Totholzstrukturen, z.B. in Fraßgängen in Totholz und unter Rinde; vorhandene Hohlräume werden bei Bedarf durch Ausnagen mit den Mandibeln erweitert. Das Baumaterial der Brutzellen und des Nestverschlusses besteht aus zerkauten Blattstücken.

Lebensraum: Waldaffin; Waldsäume, Lichtungen, Auwälder. Von der kollinen bis in die alpine Höhenstufe.

Parasiten: Kuckucksbienen wurden bisher nicht festgestellt. Als Brutparasiten wurden die Keulenwespe *Sapyga similis* und die Goldwespe *Chrysis hirsuta* beobachtet.

Flugzeit: In einer Generation von April bis Juni/Juli, in der Schweiz bis August.

Gesamtverbreitung: Holarktisch. In der Paläarktis von den französischen Seealpen und Ligurien über Europa, Kleinasien, Kaukasus und Sibirien bis zur Pazifikküste des Fernen Ostens; nordwärts bis weit über den Polarkreis hinaus; in Norwegen und Finnland bis 70°N, in Schweden bis 68°N (Torne Lappmark), in Russland bis auf die Halbinsel Kola und Nordural; südwärts bis Norditalien (Piemont, Trentino), Slowakei und Anatolien. In der Nearktis von Alaska ostwärts bis Neufundland, südwärts bis Oregon, Idaho, Wyoming und Michigan. **SW-Eu:** I. **Z-Eu:** F, D, A, CH. **N-Eu:** {GB}, N, S, SF, EST, LT, LV, RUS(N). **NO-Eu:** CS, SK, PL, RUS(S). **W-As:** TR, Kaukasus. **Sib:** W-Sib,

O-Sib. **NO-As:** Jak, Khab, Amur, JAO, Prim, Sach, Chuk, Mag, Kam. **SO-As:** MGL, RC. **Nearktis:** Alaska, CDN, USA.

Lokalverbreitung: In Deutschland aus Thüringen und Bayern (aktuell) sowie aus Hessen, Sachsen, Niedersachsen und Baden-Württemberg (historisch) nachgewiesen. In Österreich mit Ausnahme des Burgenlandes aus allen Bundesländern gemeldet, die Meldung aus Kärnten ist überprüfungsbedürftig. In der Schweiz aktuell und historisch aus dem Wallis und aus Graubünden.

Osmia niveata (Fabricius, 1804)
Einhöckerige Mauerbiene

Systematik: Untergattung *Helicosmia* Thomson, 1872.

Nomenklatur: Synonym: *Osmia fulviventris* (Panzer, 1789).

Etymologie: Von lat. „*niveus*“ = „weiß, schneeweiß“; wegen der bei der afrikanischen Nominatform schneeweißen Haarbinden des Hinterleibs. Deutscher Name: Im Unterschied zur nächstverwandten *O. leaiana* trägt der Vorderrand des Clypeus beim Weibchen nur einen nach vorne gerichteten höckerartigen Fortsatz.

Pollenquellen: Oligolektisch auf Korbblütler (Asteraceae) mit Präferenz für die Unterfamilie Carduoideae.

Nestbau: Nistet in vorhandenen Hohlräumen, vor allem in Fraßgängen in Totholz oder hohlen Pflanzenstängeln, aber auch in Felsspalten und Mauerfugen. Das Baumaterial der Brutzellen und des Nestverschlusses besteht

aus zerkauten Blattstücken. Die Nestanlage ist linear, ein Nest enthält 2–6 Brutzellen.

Lebensraum: Waldsäume, Hecken, extensiv genutztes Grünland, Brach- und Ruderalflächen, Gartenanlagen. Vom Flachland bis in die montane, in der Südschweiz bis in die untere subalpine Höhenstufe.

Parasiten: Kuckucksbienen sind *Stelis phaeoptera* und *Stelis punctulatissima*. Als weitere Brutparasiten wurden die Keulhornwespen *Sapyga clavicornis* und *Sapyga quinquepunctata*, Goldwespen der Gattung *Chrysis* sowie die Erzwespen *Leucospis dorsigera* und *Monodontomerus aeneus* bekannt.

Flugzeit: In einer Generation von April bis Juni/Juli, in der Schweiz bis August.

Gesamtverbreitung: In Nordafrika von Madeira und den Kanaren bis Ägypten. In Eurasien von den Azoren und Portugal über Süd- und südliches Mitteleuropa, Kleinasien, Kaukasus und Sibirien bis zur Pazifikküste des Fernen Ostens; nordwärts in Norwegen bis 62°N (letzte Meldung 1990), in Schweden bis 65,5°N (Norrbotten), in Russland bis Perm; südwärts bis Sizilien, Kreta, Zypern, Israel, Jordanien und Südiran (Fars). **SW-Eu:** P(A), P, E, E(B), F(K), I(Sa), I(Si), I. **Z-Eu:** F, B, LUX, NL, D, A, CH, DK. **N-Eu:** GB, N, S, SF, LT, LV, RUS(N). **NO-Eu:** CS, SK, PL, BY, UA, UA(K), RUS(S). **SO-Eu:** H, RO, SLO, HR, MK, SRB, AL, BG, GR, GR(K). **N-Afr:** P(M), E(C), MA, DZ, TN, LAR, ET. **W-As:** GR(Ä), CY, TR, SYR, RL, IL, JOR, Kaukasus, IR. **Z-As:** TAD. **SO-As:** RC (Xinjiang)?

Lokalverbreitung: Im Gebiet aus allen Regionen gemeldet, aber in Schleswig-Holstein nur historisch, ebenso im Schweizer Mittelland, wo vom Genfersee bis zum Bodensee nur zwei aktuelle Funde existieren.

Osmia notata (Fabricius, 1804)
Distel-Mauerbiene

Etymologie: Von lat. „*notata*" = „gekennzeichnet, mit einem Kennzeichen versehen"; Fabricius bezieht sich auf die weißen Haarflecken des Hinterleibs („*abdominis segmentis utrinque macula albida*"). Deutscher Name: Die auf Korbblütler spezialisierte Art ist vor allem auf Disteln zu beobachten.

Lokalverbreitung: Fabricius beschrieb die Art aus Kiel, sicherlich aufgrund einer Fundortverwechslung, da die mediterrane Art im Gebiet nicht vorkommt. Die Meldungen aus Österreich (Kirchner 1867; Ducke 1900; Franz 1982) beziehen sich auf *Osmia labialis*.

Osmia parietina Curtis, 1828
Waldrand-Mauerbiene

Systematik: Untergattung *Melanosmia* Schmiedeknecht, 1885.

Nomenklatur: Synonyme: *Osmia angustula* Zetterstedt, 1838.

Etymologie: Von lat. „*paries* (Gen. *parietis*)" = „Wand"; Curtis fand die Art an Mauern fliegend („*flying about walls near Ambleside*"). Deutscher Name: Die Art ist vorwiegend in der Umgebung von Waldrändern zu finden.

Pollenquellen: Polylektisch mit Präferenz für Schmetterlingsblütler (Fabaceae).

Nestbau: Nistet in vorhandenen Hohlräumen, vor allem in Fraßgängen in Totholz, aber auch in Felsspalten und Mauerfugen oder in verlassenen Nestern anderer Hymenopteren. Das Baumaterial der Brutzellen und des Nestverschlusses besteht aus zerkauten Blattstücken.

Lebensraum: Waldaffin; lichte Wälder, Waldsäume, Lichtungen, Kahlschläge. Vom Flachland bis in die subalpine Höhenstufe.

Parasiten: Kuckucksbienen wurden bisher nicht festgestellt. Als Brutparasiten wurden die Keulenwespe *Sapyga similis*, die Goldwespen *Chrysura austriaca* und *Chrysis hirsuta* sowie die Erzwespe *Leucospis dorsigera* beobachtet.

Flugzeit: In einer Generation von April bis Juli/August.

Gesamtverbreitung: Transpaläarktisch mit Nachweislücke in Ostsibirien. In der Westpaläarktis von Zentralspanien über Europa, Kleinasien und Kaukasus bis Kasachstan (Almaty) und Westsibirien (Chanty-Mansijsk, Kemerowo); nordwärts bis Wales und Mittelschottland, in Skandinavien und Russland bis weit über den Polarkreis hinaus: in Norwegen bis 69°N (Tromsø), in Schweden bis 68,5°N (Torne Lappmark), in Finnland bis 69,5°N (Utsjoki), in Russland bis Murmansk und Kirov; im Süden in höheren Lagen, südwärts bis in die Abruzzen, Peloponnes (Chelmos) und Nordostanatolien. In der Ostpaläarktis aus Magadan und Primorje gemeldet. **SW-Eu:** E, I. **Z-Eu:** F, B, LUX, NL, D, A, CH, FL, DK. **N-Eu:** GB, N, S, SF, EST, LT, LV, RUS(N). **NO-Eu:** CS, SK, PL, BY, UA, RUS(S). **SO-Eu:** H, RO, SLO, HR, BG, GR. **N-Afr:** DZ? **W-As:** TR, Kaukasus. **Z-As:** KAZ. **Sib:** W-Sib. **NO-As:** Mag, Prim.

Lokalverbreitung: In Deutschland und Österreich mit Ausnahme des Burgenlandes aus allen Bundesländern nachgewiesen (aktuell). In der Schweiz aktuell aus dem Alpenraum, dem Jura und der Nordschweiz, vereinzelt im Mittelland, historisch von Genf.

Osmia pilicornis Smith, 1846

Lungenkraut-Mauerbiene

Systematik: Untergattung *Melanosmia* Schmiedeknecht, 1885.

Etymologie: Von lat. „*pilus*“ = „(einzelnes) Haar“ und „*cornum*“ = „Horn“ (im Sinne von Fühler); wegen der bewimperten Fühler des Männchens. Deutscher Name: Lungenkraut ist die bevorzugte Pollenquelle der Art.

Pollenquellen: Polylektisch mit Präferenz für Lungenkraut (*Pulmonaria*); bislang nachgewiesen ist die Nutzung des Pollens der vier Pflanzenfamilien Boraginaceae, Fabaceae, Lamiaceae und Rosaceae.

Nestbau: Nistet in diversen Totholzstrukturen, z. B. in Fraßgängen in Tot-

holz und unter Rinde. Das Baumaterial der Brutzellen ist bislang unbekannt. Meldungen über die Verwendung von leeren Schneckenhäusern als Nistgelegenheit beruhen mit ziemlicher Sicherheit auf einem Irrtum.

Lebensraum: Waldaffin; lichte Wälder, Waldsäume, Lichtungen, Kahlschläge. Vom Flachland bis in die montane Höhenstufe.

Parasiten: Kuckucksbienen wurden bisher nicht festgestellt. Als Brutparasit wird die Keulenwespe *Sapyga similis* vermutet.

Flugzeit: In einer Generation von März bis Juni.

Gesamtverbreitung: Von Nord- und Ostfrankreich über Europa und Südrussland bis zum Mittelsibirischen Bergland (Kurgan, Kemerowo); nordwärts bis Südwales und Südengland, in Schweden bis 60,5°N (Marma/Uppland), in Finnland bis 62°N (Provinz Mittelfinnland), in Russland bis Karelien, Kirov und Perm; südwärts bis Basses-Alpes, Südschweiz (historisch), Slowenien und Rumänien. Die Meldung aus China ist zweifelhaft. **Z-Eu:** F, B, LUX, NL, D, A, CH, DK. **N-Eu:** GB, S, SF, LT, LV, RUS(N). **NO-Eu:** CS, SK, PL, BY, UA, RUS(S). **SO-Eu:** H, RO, SLO. **Sib:** W-Sib. **SO-As:** RC (Hebei)?

Lokalverbreitung: In Deutschland aus allen Bundesländern nachgewiesen, aktuell nur aus Nordrhein-Westfalen, Thüringen, Baden-Württemberg und Bayern. In Österreich mit Ausnahme von Kärnten, Vorarlberg und dem Burgenland aus allen Bundesländern nachgewiesen. In der Schweiz aktuell aus dem Mittelland, dem Jura und der Nordschweiz, historisch aus dem Genfersee-Gebiet, im Alpenraum nur ein einziger historischer Fund aus dem Wallis.

Osmia rufohirta Latreille, 1811
Rothaarige Schneckenhausbiene

Systematik: Untergattung *Allosmia* Tkalců, 1974.

Nomenklatur: Synonym: *Anthocopa rufohirta* (Latreille, 1811).

Etymologie: Von lat. „*rufus*“ = „rötlich, rothaarig“ und „*hirta*“ = „struppig, borstig, behaart“.

Pollenquellen: Polylektisch mit Präferenz für Fabaceae; bislang nachgewiesen ist die Nutzung des Pollens der acht Pflanzenfamilien Asteraceae, Boraginaceae, Brassicaceae, Campanulaceae, Cistaceae, Convolvulaceae, Fabaceae und Lamiaceae.

Nestbau: Nistet in leeren Schneckenhäusern von Heideschnecken (*Helicella*) und anderen kleinen bis mittelgroßen Schneckenarten. Pro Schneckenhaus wird eine Brutzelle errichtet. Die Außenwand des Schneckenhauses wird tarnnetzartig mit Pflanzenmörtel überzogen, die Verschlusswand der Brutzelle besteht aus demselben Material. Das Nest wird mit zwei Wänden aus Pflanzenmörtel verschlossen, zwischen denen kleine Steinchen und Erdkrumen eingelagert sind. Nach Fertigstellung eines Nests wird das

Schneckenhaus an einen geschützten Platz gerollt, etwa unter einen Stein oder ein Grasbüschel. Gelegentlich erfolgt dieser Transport vor der Verproviantierung.

Lebensraum: Trockenwarme Standorte; Abwitterungshalden, Trockenrasen, Binnendünen. Vom Flachland bis in die montane Höhenstufe.

Parasiten: Kuckucksbienen wurden bisher nicht festgestellt. Als Brutparasiten wurden die Goldwespen *Chrysis cuprea, Chrysis dichroa* und *Chrysis trimaculata* beobachtet.

Flugzeit: In einer Generation von April bis Juli/August.

Gesamtverbreitung: In Nordafrika von Marokko bis Tunesien. In Eurasien von Portugal über Süd- und Mitteleuropa, Kleinasien, Levante, Kaukasus bis Südkasachstan (Baygekum) und Nordwestchina; nordwärts bis Mitteldeutschland, Böhmen und Nordukraine; südwärts bis Sizilien und Malta, Israel, Jordanien und Nordiran. In der ssp. *soror* Pérez, 1896 in Nordafrika, auf Malta und in der Levante. **SW-Eu:** P, E, F(K), I(Sa), I(Si), I, M. **Z-Eu:** F, B, LUX, D, A, CH, FL. **NO-Eu:** CS, SK, BY, UA, UA(K), RUS(S). **SO-Eu:** H, RO, SLO, HR, MK, SRB, AL, BG, GR. **N-Afr:** MA, DZ, TN. **W-As:** GR(Ä), TR, SYR, IL, JOR, Kaukasus, IR. **Z-As:** KAZ. **SO-As:** RC (Xinjiang).

Lokalverbreitung: In Deutschland mit Ausnahme von Schleswig-Holstein, Mecklenburg-Vorpommern, Niedersachsen und Nordrhein-Westfalen aus allen Bundesländern nachgewiesen. In Sachsen-Anhalt und Sachsen nur historisch. In Österreich mit Ausnahme von Vorarlberg aus allen Bundesländern gemeldet. In der Schweiz aktuell aus der Nordschweiz, dem Jura, dem Genfersee-Gebiet und dem westlichen Mittelland, vereinzelt auch von der Alpennordflanke, dem Rheintal, Wallis und dem südlichen Tessin gemeldet.

Osmia scutellaris Morawitz, 1868
Alant-Mauerbiene

Systematik: Untergattung *Hoplosmia* Thomson, 1872.

Etymologie: Von lat. „*scutellaris*“ = „das Schild betreffend“; hier: „das Scutellum betreffend“; wegen des bedornten Scutellums. Deutscher Name: Alant gehört zu den bevorzugten Pollenquellen der Art.

Pollenquellen: Oligolektisch auf Korbblütler (Asteraceae) mit Präferenz für die Unterfamilie Cichorioideae.

Nestbau: Alle bisher beobachteten Nester befanden sich in *Rubus*-Stängeln.

Lebensraum: Trockenwarme Standorte. Vom Flachland bis in die montane Höhenstufe.

Flugzeit: In einer Generation von Mai bis Juli/August.

Gesamtverbreitung: In Nordafrika von Marokko bis Tunesien. In Eurasien von Portugal über Südeuropa, Kleinasien, Levante und Kaukasus bis in den Iran; nordwärts bis Südschweiz (historisch), Slowakei und Krim; südwärts bis Sizilien, Kreta, Zypern, Israel, Jordanien und Nordiran. **SW-Eu:** P, E, I(Si), I. **Z-Eu:** F, CH. **NO-Eu:** SK, UA, UA(K), RUS(S). **SO-Eu:** H, RO, SLO, HR, MK, AL, BG, GR, GR(K). **N-Afr:** MA, DZ, TN. **W-As:** GR(Ä), CY, TR, SYR, JOR, IL, Kaukasus, IR.

Lokalverbreitung: Im Gebiet nur im Wallis und im Tessin (historisch und aktuell).

Osmia spinulosa (Kirby, 1802)
Bedornte Schneckenhausbiene

Systematik: Untergattung *Hoplosmia* Thomson, 1872.

Nomenklatur: Synonyme: *Anthocopa spinulosa* (Kirby, 1802); *Hoplosmia spinulosa* (Kirby, 1802).

Etymologie: Diminutiv von lat. „*spinosa*“ = „dornig, stachelig“; wegen des bedornten Scutellums.

Pollenquellen: Oligolektisch auf Korbblütler (Asteraceae).

Nestbau: Nistet in leeren Schneckenhäusern von Heideschnecken (*Helicella*) und anderen kleinen bis mittelgroßen Schneckenarten. Pro Schneckenhaus werden eine bis drei, in der Regel zwei Brutzellen errichtet. Baumaterial für Zellenwände und Nestverschluss sind zerkaute Blätter. Anders als bei anderen Schneckenhausnestern wird die Oberfläche des Schneckenhauses nicht mit Pflanzenmörtel überzogen. Nach Fertigstellung des Nestes wird es so gedreht, dass die Öffnung nach unten zeigt.

Lebensraum: Trockenwarme Standorte; Heiden, Steppen, Abwitterungshalden, Waldsäume, extensiv genutztes Grünland, Binnendünen, Steinbrüche. Vom Flachland bis in die subalpine Höhenstufe.

Parasiten: Kuckucksbienen sind *Stelis odontopyga* und *Stelis phaeoptera*. Als weitere Brutparasiten wurden die Goldwespen *Chrysura cuprea*, *Chrysura dichroa* und *Chrysura trimaculata*, die Erzwespen *Melittobia acasta*, *Pteromalus apum* und *Pteromalus venustus* sowie der Trauerschweber *Anthrax aethiops* bekannt.

Flugzeit: In einer Generation von Mai/Juni bis September.

Gesamtverbreitung: Vom spanischen Pyrenäenvorland (Gerona) über Europa, Kleinasien, Kaukasus und westliches Zentralasien bis zum Mittelsibirischen Bergland (Tomsk, Kemerowo, Republik Altai); nordwärts bis Südwales und Mittelengland, in Skandinavien bis 60°N in Norwegen und Schweden, in Russland bis Kirov und Perm; südwärts bis Sizilien und Südbulgarien. **SW-Eu:** E, AND, I(Si), I. **Z-Eu:** F, B, LUX, NL, D, A, CH, FL, DK. **N-Eu:** GB, N, S, SF(?), RUS(N). **NO-Eu:** CS, SK, PL, UA, UA(K), RUS(S). **SO-Eu:** H, RO, MD, SLO, HR, MK, SRB, BG. **W-As:** TR, Kaukasus. **Z-As:** TM, KAZ, KGZ. **Sib:** W-Sib.

Lokalverbreitung: In Deutschland mit Ausnahme von Schleswig-Holstein aus allen Bundesländern nachgewiesen (aktuell). In Österreich aus allen Bundesländern gemeldet. In der Schweiz aktuell, teilweise auch historisch aus den Kantonen Genf, Neuenburg, Bern, Basel, Schaffhausen, Wallis, Graubünden und St. Gallen, nur historisch aus dem Kanton Waadt.

Osmia steinmanni Müller, 2002

Alpen-Mauerbiene

Systematik: Untergattung *Melanosmia* Schmiedeknecht, 1885.

Etymologie: Benannt nach dem Schweizer Entomologen Dr. Erwin STEINMANN. Deutscher Name: Die Art ist nur aus den Alpen bekannt.

Pollenquellen: Vermutlich polylektisch mit deutlicher Präferenz für Fabaceae.

Lebensraum: Geröllhalden und Almwiesen in der montanen bis subalpinen Höhenstufe.

Flugzeit: Alle bisherigen Funde stammen aus dem Juni.

Gesamtverbreitung: Offenbar endemisch in den Zentralalpen. **SW-Eu:** I. **Z-Eu:** CH.

Lokalverbreitung: Im Gebiet bislang nur von den beiden Fundorten der Erstbeschreibung in Appenzell und Graubünden bekannt.

Osmia submicans MORAWITZ, 1871
Schimmernde Mauerbiene

Systematik: Untergattung *Pyrosmia* TKALCŮ, 1975.

Nomenklatur: Synonym: *Osmia giraudi* SCHMIEDEKNECHT, 1885.

Etymologie: Von lat. „*sub-*" = „nahe an ..." und „*micans*" = „funkelnd, schimmernd"; wegen der metallisch schimmernden Körperoberfläche.

Pollenquellen: Polylektisch mit deutlicher Präferenz für Fabaceae; bislang nachgewiesen ist die Nutzung des Pollens der acht Pflanzenfamilien Boraginaceae, Campanulaceae, Cistaceae, Crassulaceae, Fabaceae, Lamiaceae, Resedaceae und Plantaginaceae (Tribus Antirrhineae).

Nestbau: Nistet in vorhandenen Hohlräumen, vor allem in Fraßgängen in Totholz oder hohlen Pflanzenstängeln, aber auch in Felsspalten, Mauerfugen und verlassenen Nestern von *Megachile parietina*. Das Baumaterial der Brutzellen und des Nestverschlusses besteht aus Pflanzenmörtel; der Nestverschluss wird häufig mit Sandkörnchen verstärkt, zuweilen besteht er aus mehreren Schichten, die abwechselnd aus Pflanzenmörtel und aus Lehm gefertigt sind. In der Regel werden die Zellen linear, in größeren Hohlräumen aber auch unregelmäßig angeordnet.

Lebensraum: Trockenwarme Standorte; Weinberge, Trockenrasen, Waldsäume, Hecken, Abwitterungshalden. Vom Flachland bis in die montane, in der Südschweiz zuweilen bis in die subalpine Höhenstufe.

Parasiten: Als Brutparasit wurde bisher nur die Erzwespe *Monodontomerus aeneus* bekannt.

Flugzeit: Von Mai bis Juni in einer Generation, in der Südschweiz von März bis August vermutlich zumindest partiell in zwei Generationen.

Gesamtverbreitung: In Nordafrika von den Kanaren bis Ägypten. In Eurasien von Portugal über Süd- und südliches Mitteleuropa, Kleinasien, Levante und Kaukasus bis Zentralasien; nordwärts bis zu den deutschen Mittelgebirgen und Südrussland; südwärts bis Sizilien und Malta, Kreta, Zypern,

Israel und Jordanien. 2010 wurde die Art aus Japan, also erstmals aus der Ostpaläarktis, gemeldet (IKUDOME 2010), wo sie vermutlich eingeschleppt wurde; dass die Art in diesem gut durchforschten Land bisher übersehen wurde, ist unwahrscheinlich. In der ssp. *hebraea* BENOIST, 1934 in Nordafrika, dem Nahen Osten sowie Sizilien, Malta und Zypern; auf den Kanaren in drei Unterarten: ssp. *canaria* MAVROMOUSTAKIS, 1957 auf La Gomera, Teneriffa und Gran Canaria, ssp. *columbina* ZANDEN, 1996 auf La Palma und ssp. *lanzarotae* WARNCKE, 1992 auf Lanzarote und Fuerteventura. **SW-Eu:** P, E, E(B), F(K), I(Sa), I(Si), I, M. **Z-Eu:** F, D, CH, FL. **NO-Eu:** CS(?), SK(?), UA, UA(K), RUS(S). **SO-Eu:** H, SLO, HR, MK, GR, GR(K). **N-Afr:** E(C), MA, DZ, TN, LAR, ET. **W-As:** GR(Ä), CY, TR, SYR, JOR, RL, IL, Kaukasus. **Z-As:** UZB, KAZ. **SO-As:** J+.

Lokalverbreitung: In Deutschland nur aus Hessen, Thüringen, Baden-Württemberg und Bayern (aktuell) sowie Rheinland-Pfalz (letzter Fund 1967) nachgewiesen. In der Schweiz aktuell und historisch im Wallis, Tessin, Graubünden, Basel, Solothurn, Genf und vereinzelt an der Alpennordseite, historisch in den Kantonen Waadt, Zürich und Thurgau.

Osmia tergestensis DUCKE, 1897
Triester Mauerbiene

Systematik: Untergattung *Tergosmia* Warncke, 1988.

Nomenklatur: Synonym: *Anthocopa tergestensis* (DUCKE, 1897).

Etymologie: Benannt nach Tergeste, dem antiken Namen der Stadt Triest, woher die Typen der Art stammen.

Pollenquellen: Oligolektisch auf Schmetterlingsblütler (Fabaceae).

Nestbau: Nistet in vorhandenen Hohlräumen unter oder zwischen Steinen, in Felsspalten oder in Grasbüscheln, wo die Brutzellen einzeln oder in kleinen Gruppen errichtet werden. Sie bestehen aus drei Schichten: Die äußere und die innere werden aus ausgeschnittenen Stücken von Blütenblättern von *Geranium, Helianthemum, Hieracium, Ononis* u.a. gefertigt, dazwischen befindet sich eine Lage von Lehm, vermischt mit kleinen Steinchen. Erlaubt die Form des Hohlraumes eine lineare Anordnung der Zellen, wird das Nest mit Erdkrumen verschlossen.

Lebensraum: Trockenwarme Standorte; Trockenrasen, Felssteppen. Von der kollinen bis in die subalpine Höhenstufe.

Parasiten: Kuckucksbiene ist *Aglaoapis tridentata*.

Flugzeit: In einer Generation von Mai bis August.

Gesamtverbreitung: In Nordafrika aus Marokko und Ägypten bekannt. In Eurasien von Portugal über Süd- und südliches Mitteleuropa bis in die Ukraine und über Kleinasien bis Georgien, eine isolierte Meldung aus Kasachstan (Almaty); nordwärts bis Südschweiz, Ostösterreich, Mähren, Südpolen und Nordukraine; südwärts bis Lazio, Griechenland und Südtürkei (Konya). In der ssp. *ononidis* FERTON, 1897 in Kasachstan, Kleinasien, Nordafrika und der Iberischen Halbinsel bis in die Südschweiz. **SW-Eu:** P, E, I. **Z-Eu:** F, A, CH. **NO-Eu:** CS, SK, PL, UA, UA(K). **SO-Eu:** H, SLO, HR, BG, GR. **N-Afr:** MA, ET. **W-As:** TR, Kaukasus. **Z-As:** KAZ.

Lokalverbreitung: In Österreich nur aus Kärnten, Niederösterreich und dem Burgenland gemeldet. In der Schweiz historisch und aktuell aus dem Wallis, historisch aus dem Tessin.

Osmia tricornis LATREILLE, 1811

Dreihorn-Mauerbiene

Etymologie: Von lat. „*tri-*“ = „drei-“ und „*cornum*“ = „Horn“ (im Sinne von Fühler); wegen der drei hornartigen Fortsätze auf dem Clypeus des Weibchens.

Lokalverbreitung: KIRCHNER (1867) gibt die Art für Wien an. Da er sie auch aus Kaplitz/Tschechien meldet, das ebenfalls weit außerhalb des Verbreitungsgebietes liegt, kann man mit ziemlicher Sicherheit von einer Fehlbestimmung ausgehen.

Osmia uncinata GERSTAECKER, 1869

Rinden-Mauerbiene

Systematik: Untergattung *Melanosmia* SCHMIEDEKNECHT, 1885.

Etymologie: Von lat. „*uncinata*“ = „hakenförmig“. GERSTAECKER wählte den Namen wegen der hakenförmig gekrümmten Spitzen der Tibien. Deutscher Name: Die Art nistet gerne unter abgelösten Rindenstücken.

Pollenquellen: Polylektisch; bislang nachgewiesen ist die Nutzung des Pollens der zehn Pflanzenfamilien Asteraceae, Boraginaceae, Cistaceae, Cornaceae, Ericaceae, Fabaceae, Lamiaceae, Ranunculaceae, Rosaceae und Salicaceae.

Nestbau: Nistet in diversen Totholzstrukturen, z. B. in Fraßgängen in Totholz und unter lockerer Rinde, oder in den Spalten von Kiefernborke. Das Baumaterial der Brutzellen ist Pflanzenmörtel.

Lebensraum: Waldaffin; lichte Wälder, Waldsäume, Lichtungen, Kahlschläge. Vom Flachland bis in die subalpine Höhenstufe.

Parasiten: Als Brutparasiten wurden bisher nur die Keulenwespe *Sapyga similis* und die Goldwespe *Chrysura hybrida* bekannt.

Flugzeit: In einer Generation von März/April bis Juli/August.

Gesamtverbreitung: Transpaläarktisch. Von Ostfrankreich über Europa, Südrussland und Sibirien bis Magadan; nordwärts bis Schottland (auf den Britischen Inseln ausschließlich hier), in Skandinavien und Russland

bis weit über den Polarkreis hinaus; in Norwegen bis 70°N (Finnmark), in Schweden bis 67°N (Torne Lappmark), in Finnland bis 70°N (Utsjoki), in Russland bis an die Nordmeerküste von Murmansk und Kirov; südwärts bis in die Toskana, Slowenien und Rumänien. **SW-Eu:** I. **Z-Eu:** F, B, LUX, NL, D, A, CH, FL, DK. **N-Eu:** GB, N, S, SF, EST(?), LT, LV, RUS(N). **NO-Eu:** CS, SK, PL, BY, UA, RUS(S). **SO-Eu:** RO, SLO. **Sib:** W-Sib, O-Sib. **NO-As:** Jak, Amur, Khab, Prim, Chuk, Mag.

Lokalverbreitung: Im Gebiet mit Ausnahme von Vorarlberg aus allen Regionen gemeldet.

Osmia versicolor Latreille, 1811

Schillernde Schneckenhausbiene

Systematik: Untergattung *Pyrosmia* Tkalců, 1975.

Etymologie: Von lat. „*versicolor*“ – „bunt“; wegen der buntmetallisch schimmernden Körperoberfläche des Weibchens.

Pollenquellen: Polylektisch mit deutlicher Präferenz für Fabaceae; bislang nachgewiesen ist die Nutzung des Pollens der acht Pflanzenfamilien Asteraceae (Unterfamilien Asteroideae, Cichorioideae), Boraginaceae, Brassicaceae, Cistaceae, Crassulaceae, Campanulaceae, Fabaceae und Lamiaceae.

Nestbau: Nistet in kleinen bis mittelgroßen leeren Schneckenhäusern. Pro Schneckenhaus werden in der Regel mehrere (bis zu sieben) Brutzellen errichtet. Baumaterial für Zellenwände und Nestverschluss sind zerkaute Blätter, die im Gegensatz zur nahe verwandten *Osmia viridana* nicht mit Steinchen versetzt werden. Anders als bei anderen Schneckenhausnestern wird die Oberfläche des Schneckenhauses nicht mit Pflanzenmörtel überzogen. Der Leerraum zwischen letzter Brutzelle und dem Nestverschluss wird mit kleinen Steinchen, Erdkrumen und Pflanzenpartikel verfüllt. Nach Fertigstellung des Nestverschlusses wird das Schneckenhaus nicht mehr bewegt.

Lebensraum: Trockenwarme Standorte; Heiden, Trockenrasen, Abwitterungshalden. Vom Flachland bis in die montane Höhenstufe.

Flugzeit: In einer Generation von April bis Juni/Juli.

Gesamtverbreitung: In Nordafrika von Marokko bis Libyen. In Eurasien von Portugal über Süd- und südliches Mitteleuropa, Kleinasien und Levante bis in den Kaukasus; nordwärts bis Süddeutschland, Slowenien und Bulgarien; südwärts bis Sizilien, Kreta, Israel und Jordanien. In der ssp. *corrusca* Erichson, 1835 in Nordafrika, Iberien, Korsika und Sizilien (auf Sizilien Überschneidungen mit der Nominatform); in der ssp. *viricephalica* Warncke, 1992 in Kleinasien und der Levante. **SW-Eu:** P, E, E(B), F(K), I(Sa), I(Si), I. **Z-Eu:** F, D, {~~CH~~}. **NO-Eu:** H(?), RUS(S). **SO-Eu:** SLO, HR, MK, SRB, AL, BG, GR, GR(K). **N-Afr:** MA, DZ, TN, LAR. **W-As:** GR(Ä), TR, SYR, RL, IL, JOR, Kaukasus.

Lokalverbreitung: Im Gebiet nur in Deutschland nachgewiesen, historisch aus Baden-Württemberg und Bayern, die Meldungen aus Hessen und möglicherweise auch die aus Rheinland-Pfalz beziehen sich auf *Osmia viridana*, nach Amiet et al. (2004) ebenso die Meldungen aus der Schweiz durch Frey-Gessner (1908–1912).

Osmia viridana Morawitz, 1873
Grüne Schneckenhausbiene

Systematik: Untergattung *Pyrosmia* Tkalců, 1975.

Nomenklatur: Synonym: *Osmia versicolor* var. *viridana* Morawitz, 1873.

Etymologie: Von lat. „*viridis*" = „grün"; wegen der grünmetallisch schimmernden Körperoberfläche.

Pollenquellen: Polylektisch mit deutlicher Präferenz für Fabaceae; bislang nachgewiesen ist die Nutzung des Pollens der Pflanzenfamilien Boraginaceae, Brassicaceae, Crassulaceae, Fabaceae und Lamiaceae sowie des Pollens von einkeimblättrigen Pflanzen (Müller 2015b), vermutlich aus den Ordnungen Liliales oder Asparagales.

Nestbau: Nistet in kleinen bis mittelgroßen leeren Schneckenhäusern und anderen vorhandenen Hohlräumen, wie Felsspalten und -höhlungen oder verlassene Mörtelnester von *Megachile*-Arten. Baumaterial für Zellenwände und Nestverschluss sind zerkaute Blätter, die im Gegensatz zur nahe verwandten *Osmia versicolor* mit Steinchen versetzt werden. Der Leerraum zwischen letzter Brutzelle und dem Nestverschluss wird mit kleinen Steinchen, Erdkrumen und Pflanzenpartikel verfüllt.

Lebensraum: Trockenwarme Standorte; Heiden, Trockenrasen, Abwitterungshalden. Vom Flachland bis in die montane Höhenstufe.

Flugzeit: In einer Generation von April bis Juli.

Gesamtverbreitung: In Nordafrika von Algerien und Tunesien bekannt. In Eurasien von Zentralspanien über Süd- und südliches Mitteleuropa, Südrussland, Kleinasien und Kaukasus bis Zentralasien; nordwärts bis Süddeutschland und Krim; südwärts bis Sizilien, Kreta, Israel und Jordanien. In der ssp. *nicosiana* Mavromoustakis, 1939 endemisch auf Zypern, in der ssp. *rufispina* Morawitz, 1875 in Zentralasien. **SW-Eu:** E, I(Si), I. **Z-Eu:** F, D, CH. **NO-Eu:** UA, UA(K), RUS(S). **SO-Eu:** SLO, HR, MK, BG, GR, GR(K). **N-Afr:** DZ, TN. **W-As:** GR(A), CY, TR, SYR, IL, JOR, Kaukasus, IR. **Z-As:** TM, UZB, TAD, KAZ, KGZ.

Lokalverbreitung: In Deutschland aus Rheinland-Pfalz und Bayern (aktuell) sowie aus Baden-Württemberg (historisch) nachgewiesen. In der Schweiz aktuell vom Neuenburgersee-Gebiet und historisch vom Genfersee-Gebiet und von Schaffhausen.

Osmia xanthomelana (Kirby, 1802)
Hufeisenklee-Mauerbiene

Systematik: Untergattung *Melanosmia* Schmiedeknecht, 1885.

Nomenklatur: Synonym: *Osmia fuciformis* Latreille, 1811.

Etymologie: Von griech. „*xanthos*" = „gelb, blond" und „*melano-*" = „schwarz-"; wegen der gelbbraunen Körperbehaarung und der schwarzen Sammelbürste. Deutscher Name: Hufeisenklee ist eine der beiden fast ausschließlich besammelten Pollenquellen.

Pollenquellen: Oligolektisch auf Schmetterlingsblütler (Fabaceae), besammelt fast ausschließlich Hufeisenklee (*Hippocrepis comosa*) und Gewöhnlichen Hornklee (*Lotus corniculatus*).

Nestbau: Nistet in Grashorsten, zwischen Graswurzeln, unter am Boden liegendem Holz, in verrottenden Baumstümpfen oder in Felshöhlungen. Die Brutzellen bestehen vollständig aus Lehm, in den Wurzelfragmente oder Graspartikel eingearbeitet sind. Sie werden meist in kleinen Gruppen von 4–7 Zellen angelegt und sind oft mit umliegenden Strukturen wie Wurzeln, Kiefernnadeln oder Grashalmen verbunden.

Lebensraum: Trockenwarme Standorte; Waldsäume, Hecken, Magerrasen, sonnige Lichtungen.

Parasiten: Als Brutparasiten wurden bisher nur die Keulhornwespen *Sapyga similis* und *Sapyga quinquepunctata* sowie die Goldwespe *Chrysura hirsuta* bekannt.

Flugzeit: In einer Generation von Mai bis Juni, in der Südschweiz von März bis August.

Gesamtverbreitung: Von Andalusien (Sierra de Cazorla) über Europa und Südrussland bis in den Kaukasus; nordwärts bis Wales und Südengland (in Großbritannien fast vollständig verschwunden), Dänemark (nur ein Fund von 1916, Jørgensen 1921) und Nordpolen (in Polen letzte Funde vor 1950, Drogoszewski 1934); im Süden nur in höheren Lagen, südwärts bis in die Abruzzen und Nordgriechenland (Olymp). In der ssp. *clarior* Tkalců, 1983 in Iberien und den französischen Pyrenäen. Nach Nilsson (2003) beziehen sich alle Meldungen aus Schweden auf *O. maritima*. **SW-Eu:** E, AND, I. **Z-Eu:** F, B, LUX, NL, D, A, CH, DK. **N-Eu:** GB, {S}, {~~SF~~}, RUS(N)(?). **NO-Eu:** CS, SK, PL, UA, RUS(S). **SO-Eu:** H, RO, SLO, HR, GR. **W-As:** Kaukasus.

Lokalverbreitung: In Deutschland nur bis zum Nordrand der Mittelgebirge, nachgewiesen aus Hessen, Thüringen, Baden-Württemberg und Bayern (aktuell) sowie aus Sachsen-Anhalt, Nordrhein-Westfalen, Sachsen und Rheinland-Pfalz (historisch). In Österreich mit Ausnahme des Burgenlands aus allen Bundesländern gemeldet, die Meldung aus Kärnten ist überprüfungsbedürftig. In der Schweiz aktuell fast überall, aus den Kantonen Genf und Waadt nur historisch.

Panurginus Nylander, 1848
Scheinlappenbienen

Systematik: Familie: Andrenidae – Unterfamilie: Panurginae – Tribus: Panurgini.

Nomenklatur: Warncke betrachtete die Gattung als Untergattung von *Panurgus*. Bei etlichen Taxa, insbesondere bei denen der *montanus*-Gruppe (*alpinus, herzi, montanus, sericatus, tyrolensis*) besteht noch weitgehend Unklarheit darüber, ob sie als Synonyme, als Unterarten oder als Arten zu werten sind.

Literatur: Schmiedeknecht (1930); Warncke (1972); Schmid-Egger & Scheuchl (1997); Amiet et al. (2011).

Etymologie: Verkleinerungsform des Gattungsnamen *Panurgus*, mit der *Panurginus* eng verwandt ist, in den meisten Arten aber eine deutlich geringere Körpergröße aufweist. Auch der deutsche Name nimmt Bezug auf *Panurgus*, und zwar auf einen wenig gebräuchlichen deutschen Namen der Gattung, nämlich Lappenbiene.

Körperliche Merkmale: Die 5–9 mm langen Bienen besitzen einen schwarzen Körper, der Clypeus und Teile der Beine sind oft (bei den einheimischen Arten immer) gelb oder weißlich gefärbt. Im Habitus ähneln sie kleinen *Andrena*-Arten, besitzen im Gegensatz zu diesen aber nur zwei Cubitalzellen. Von der nächstverwandten Gattung *Panurgus* unterscheiden sie sich durch das Fehlen der Episternal-Naht auf den Brustseiten und durch die spärlich entwickelte Sammelbürste auf den Hinterbeinen bei den Weibchen; zudem sind wenigstens die einheimischen Arten deutlich kleiner.

Lebensweise: *Panurginus*-Arten sind solitär lebende, pollensammelnde und nestbauende Bienen.

Pollenquellen: Zumindest zwei der einheimischen Arten sind Pollenspezialisten (Korbblütler bzw. Kreuzblütler).

Nestbau: Scheinlappenbienen nisten in selbst gegrabenen Hohlräumen in der Erde, die sie auf vegetationsfreien oder schütter bewachsenen, horizontalen bis stark abschüssigen Flächen anlegen, meist in Aggregationen. Einige Arten nisten kommunal. Das Nest besteht aus einem Hauptgang, von dem mehrere Seitengänge abzweigen, an deren Ende jeweils eine einzige Brutzelle angelegt wird.

Parasiten: Kuckucksbienen wurden bisher nicht bekannt. Erwachsene Tiere sind zuweilen von Fächerflüglern der Gattung *Crawfordia* befallen.

Verbreitung/Artenzahl: Die Gattung *Panurginus* ist holarktisch verbreitet; ihr Verbreitungsgebiet erstreckt sich in der östlichen Hemisphäre von den Kanaren bis Sibirien und Japan, in der westlichen Hemisphäre kommt sie von Alaska bis Mexiko vor. Weltweit sind etwa 50 Arten bekannt, von denen im Gebiet vier vorkommen.

Panurginus costaricensis Friese, 1917

Costaricanische Scheinlappenbiene

Etymologie: Bezieht sich auf die Herkunft der Typusexemplare.

Lokalverbreitung: Franz (1982) meldet die Art von Gars/Niederösterreich. Der Name ist ein Synonym der mittelamerikanischen *Pseudopanurgus bidentis* Cockerell, 1896. Franz gibt als Verbreitungsgebiet der Art an: „Von Andalusien üb. Tunesien bis z. Isik-Kul. Costa Rica“, sodass es sich wohl eher um eine Verwechslung mit einer anderen Art als um eine Fehletikettierung handeln dürfte.

Panurginus herzi Morawitz, 1892

Alpen-Scheinlappenbiene

Systematik: Untergattung *Panurginus* Nylander, 1848 *s. str.*

Nomenklatur: Synonym: *Panurginus tyrolensis* (Richards, 1932); *Panurginus montanus tyrolensis* (Richards, 1932).

Etymologie: Benannt nach Otto Herz, dem Sammler der Typusexemplare. Deutscher Name: Die Art ist im Gebiet nur aus den Alpen bekannt.

Pollenquellen: Vermutlich polylektisch.

Lebensraum: Almwiesen, alpine Matten. Von der montanen bis in die subalpine Höhenstufe.

Flugzeit: In einer Generation von Juni bis August.

Gesamtverbreitung: In der Westpaläarktis von den Nördlichen Westalpen ostwärts über das Dinarische Gebirge bis zum Pindos und die Rhodopen, isoliert (?) im Kaukasus und im Mittelsibirischen Bergland (Tuva, Kemerowo, Rep. Altai). In der Ostpaläarktis aus Jakutien gemeldet. **SW-Eu:** I. **Z-Eu:** F?, D, A, CH, FL. **NO-Eu:** RUS(S). **SO-Eu:** MK, MNE, BG, GR. **W-As:** Kaukasus. **Sib:** W-Sib, O-Sib. **NO-As:** Jak. **SO-As:** MGL.

Lokalverbreitung: In Deutschland nur von wenigen Funden aus den bayerischen Alpen bekannt (Westrich & Dathe 1997; Ebmer 2003; letzter Fund 1983). In Österreich aus Salzburg, Steiermark, Tirol und Vorarlberg gemeldet. In der Schweiz aktuell und historisch in den Nordalpen, im Wallis südlich der Rhone nur ein historischer Fund.

Panurginus labiatus (Eversmann, 1852)
Steppen-Scheinlappenbiene

Systematik: Untergattung *Panurginus* Nylander, 1848 *s. str.*

Etymologie: Von lat. „*labium*“ = „Lippe, Rand“; bezieht sich auf den gelben Clypeus des Männchens. Deutscher Name: Die Art kommt vorwiegend in Gebieten mit Steppencharakter vor.

Pollenquellen: Oligolektisch auf Kreuzblütler (Brassicaceae), bevorzugt oder möglicherweise sogar ausschließlich auf Graukresse (*Berteroa incana*).

Lebensraum: Trockenwarme Standorte; Weinberge, Trockenrasen, Steppen, Heiden. Vom Flachland bis in die kolline Höhenstufe.

Parasiten: Erwachsene Tiere sind zuweilen vom Fächerflügler *Crawfordia labiata* Oglobin, 1924 befallen.

Flugzeit: In einer Generation von Juni bis August.

Gesamtverbreitung: Von Brandenburg (historisch) und Ostösterreich über Kleinasien, Kaukasus und südliches Sibirien bis zum Baikalsee; nordwärts bis Böhmen, Südpolen und Perm; südwärts bis Bulgarien. Die auf Friese (1901) zurückgehenden Angaben für Spanien beziehen sich auf andere Arten. **SW-Eu:** {E}. **Z-Eu:** D, A. **N-Eu:** RUS(N). **NO-Eu:** CS, SK, PL, UA, RUS(S). **SO-Eu:** H, RO, SLO, HR, MK, SRB, BG. **W-As:** TR(?), Kaukasus. **Z-As:** KAZ. **Sib:** W-Sib, O-Sib.

Lokalverbreitung: In Deutschland nur aus dem Raum Berlin bekannt, letzter Fund 1912 (Schirmer 1912). In Österreich aus dem Burgenland und Niederösterreich gemeldet (aktuell), zusätzlich eine überprüfungsbedürftige Meldung aus Oberösterreich von Hamann (1960).

Panurginus montanus Giraud, 1861
Gebirgs-Scheinlappenbiene

Systematik: Untergattung *Panurginus* Nylander, 1848 *s. str.*

Etymologie: Von lat. „*montanus*" = „Berg-, Gebirgs-, auf den Bergen befindlich"; bezieht sich auf den Lebensraum der Art.

Pollenquellen: Vermutlich oligolektisch auf Korbblütler (Asteraceae), kann hauptsächlich auf Pflanzen der Unterfamilie Cichorioideae beobachtet werden.

Lebensraum: Almwiesen, alpine Matten. Von der montanen bis in die alpine Höhenstufe.

Flugzeit: In einer Generation von Juni bis August.

Gesamtverbreitung: Von Saunders (1881) und von Diniz (1960) weitab vom übrigen Verbreitungsgebiet aus Portugal gemeldet. Die Meldungen von Maidl (1922) aus Albanien und Montenegro beziehen sich wahrscheinlich auf *P. herzi*, und auch die Angaben von Friese (1901) aus Irkut und von Wu (1982) aus Tibet dürften eine Verwechslung mit einer verwandten Art sein. Die Meldungen aus den anderen nachfolgend aufgelisteten Ländern beziehen sich auf von den jeweiligen Autoren als Unterarten von *P. montanus* aufgefassten Taxa, die aber in der heutigen Literatur zumeist als eigene Arten gelten. *Panurginus montanus* im engeren Sinn ist also nur von den französischen Seealpen und dem Piemont bis in die Ostalpen, nordwärts bis in die Bayerischen Alpen verbreitet. **SW-Eu:** P(?), I. **Z-Eu:** F, D, A, CH, FL. **NO-Eu:** {~~PL~~}, RUS(S)? **SO-Eu:** MNE?, AL? **W-As:** TR?, Kaukasus? **Sib:** O-Sib? **SO-As:** RC (Tibet)?

Lokalverbreitung: In Deutschland nur aus den Bayerischen Alpen bekannt (historisch und aktuell). In Österreich mit Ausnahme des Burgenlandes aus allen Bundesländern gemeldet. In der Schweiz aktuell und historisch aus dem östlichen Graubünden nachgewiesen.

Panurginus sericatus (Warncke, 1972)
Seidige Scheinlappenbiene

Systematik: Untergattung *Panurginus* Nylander, 1848 *s. str.*

Nomenklatur: Da im Engadin und Puschlav Übergangsformen zu *Panurginus montanus* auftreten, ist *Panurginus sericatus* möglicherweise nur deren westliche Unterart. Patiny (2003) fasst *P. alpinus* als eigene, nur in den Seealpen vorkommende Art auf. Synonym: *Panurgus montanus alpinus* Warncke 1972.

Etymologie: Von lat. „*sericatus*“ = „in Seide gekleidet“; Warncke gibt keinen Hinweis zur Namensgebung, am wahrscheinlichsten ist ein Bezug zur seidig glänzenden Oberfläche der Tergite.

Pollenquellen: Polylektisch.

Flugzeit: In einer Generation von Juni bis August.

Gesamtverbreitung: Endemisch in den Alpen; von den Seealpen bis in die Nördlichen Ostalpen. **Z-Eu:** F, A, CH.

Lokalverbreitung: Für Österreich gibt es in der Literatur keine einzige Meldung, lediglich den Hinweis in Schwarz & Gusenleitner (1997), „daß es sich bei den drei in unserem Untersuchungsgebiet [= Österreich] vorkommenden Arten (*P. montanus. P. herzi, P. sericatus*) um distinkte Arten handelt“. In der Schweiz aktuell und historisch mit Ausnahme des Südtessins und des Engadins aus dem gesamten Alpenraum gemeldet.

Panurgus Panzer, 1806
Zottelbienen

Systematik: Familie: Andrenidae – Unterfamilie: Panurginae – Tribus: Panurgini.

Literatur: Schmiedeknecht (1930); Warncke (1972); Schmid-Egger & Scheuchl (1997); Amiet et al. (2011).

Etymologie: Panzer gibt keinen Hinweis zur Namensgebung; Friese (1901) leitet den Namen ohne weitere Begründung von griech. „*panurgos*" = „schlau" ab. Ihren deutschen Namen trägt die Gattung wegen ihrer struppigen Behaarung; insbesondere die Sammelbehaarung auf den Hinterbeinen der Weibchen wirkt sehr zottig.

Körperliche Merkmale: Zottelbienen sind durchwegs tiefschwarz gefärbt mit struppiger, dunkler Behaarung. Ihre Körperlänge beträgt 5–14 mm, die einheimischen Arten sind deutlich größer als die nächstverwandte Gattung *Panurginus*. Von dieser Gattung unterscheidet sich *Panurgus* auch durch eine kurze Episternal-Naht, die *Panurginus* fehlt, im weiblichen Geschlecht auch durch die dichte Sammelbürste auf den Tibien und Metatarsen der Hinterbeine, die bei Panurginus nur spärlich ausgeprägt ist. Im Habitus ähneln sie auch *Andrena*-Arten, besitzen im Gegensatz zu diesen aber nur zwei Cubitalzellen. Die Männchen besitzen einen großen, kubischen Kopf. Das Männchen von *Panurgus calcaratus* trägt am Hinterschenkel einen eigentümlichen rechteckigen Fortsatz, wodurch es leicht von *Panurgus banksianus* zu unterscheiden ist.

Lebensweise: *Panurgus*-Arten sind solitär lebende, pollensammelnde und nestbauende Bienen. Sie überdauern den Winter als Ruhelarve (Präpuppe) in ihrer Brutzelle.

Pollenquellen: Die drei einheimischen Arten sind auf Korbblütler (*Asteraceae*) spezialisiert, wobei sie (fast?) ausschließlich gelb, zuweilen auch blau blühende Blüten von Arten der Unterfamilie Cichorioideae besammeln.

Nestbau: Alle Zottelbienen nisten in der Erde, meist in sandigem Substrat. Die Nistweise ist solitär, zuweilen auch kommunal. Aufgrund der Tatsache, dass die Pollenquellen ihre Blüten bereits am frühen Nachmittag schließen, erfolgt die Verproviantierung der Zellen nur zwischen etwa 8 und 14 Uhr.

Parasiten: Als Kuckucksbienen sind nur *Nomada*-Arten, als weitere Brutparasiten Satellitenfliegen der Gattung *Leucophora* bekannt.

Verbreitung/Artenzahl: Die Gattung ist auf die Westpaläarktis beschränkt. Weltweit sind fast 40 Arten bekannt, von denen im Gebiet drei vorkommen.

Panurgus banksianus (Kirby, 1802)

Große Zottelbiene

Systematik: Untergattung *Panurgus* Panzer, 1806 *s. str.*

Etymologie: Benannt nach dem englischen Naturforscher Sir Joseph Banks (1742–1820). Deutscher Name: Die Art ist die größte der einheimischen Zottelbienen (10–12 mm).

Pollenquellen: Oligolektisch auf Korbblütler (Asteraceae), besucht fast ausschließlich Arten der Unterfamilie Cichorioideae.

Nestbau: Nistet auf kahlen oder schütter bewachsenen, horizontalen oder schwach geneigten Flächen, bevorzugt in Sand- oder Lössboden, meist in kleineren oder größeren Aggregationen. Die Nistweise ist solitär. Das Nest besteht aus einem bogenförmigen Gang, der zwei Nestöffnungen miteinander verbindet. Am tiefsten Punkt des Bogens wird der Hauptgang schräg nach unten gegraben, der in einer Brutzelle endet. Der Aushub wird ausschließlich in dem Teil des Bogens abgelagert, der in der zuerst angelegten Nestöffnung mündet, sodass hier an der Oberfläche ein Tumulus entsteht. Der andere Teil des Bogens wird als Zugang benutzt. Nach Verproviantierung, Eiablage und Verschluss der ersten Brutzelle wird ein vom Hauptgang abzweigender Seitengang gegraben und auch dort eine Brutzelle errichtet. Insgesamt kann ein Nest bis zu zehn Brutzellen enthalten. Die Brutzellen liegen in einer Tiefe von 6–14 cm und sind mit einem wasserabweisenden, glänzenden Überzug beschichtet.

Lebensraum: Lichte Wälder, Waldsäume, Magerrasen, Bergwiesen, Sand-, Kies- und Lehmgruben, Brach- und Ruderalflächen. Vom Flachland bis in die obere subalpine Höhenstufe.

Parasiten: Kuckucksbiene ist *Nomada similis*.

Flugzeit: In einer Generation von Juni bis August.

Gesamtverbreitung: In Nordafrika von Marokko und Algerien bekannt. In Eurasien von Portugal über Europa und Kleinasien bis in den Kaukasus; nordwärts bis Wales und Mittelengland, in Norwegen bis 61°N (Hedmark), in Schweden bis 60,5°N (Värmland); südwärts bis Abruzzo, Nordgriechenland und Nordtürkei. Die Nominatform westwärts bis ins spanische Pyrenäenvorland, in Iberien und Nordafrika die ssp. *proximus* Saunders, 1881; die ssp. *dubiosus* Warncke, 1972 bisher nur von Sevilla und Granada bekannt. **SW-Eu:** P, E, I. **Z-Eu:** F, B, LUX, NL, D, A, CH, FL, DK. **N-Eu:** GB, N, S. **NO-Eu:** CS, SK, PL, BY, UA, RUS(S). **SO-Eu:** H, RO, SLO, MK, SRB, AL, BG, GR. **N-Afr:** MA, DZ. **W-As:** TR, Kaukasus.

Lokalverbreitung: In Deutschland und Österreich mit Ausnahme des Burgenlands aus allen Bundesländern nachgewiesen (aktuell). In der Schweiz aktuell und historisch im Alpenraum, vereinzelt auch im nördlichen Alpenvorland, historisch auch aus dem höheren Mittelland, dem Jura und Basel.

Panurgus calcaratus (Scopoli, 1763)
Stumpfzähnige Zottelbiene

Systematik: Untergattung *Panurgus* Panzer, 1806 *s. str.*

Nomenklatur: Synonym: *Panurgus lobatus* (Fabricius, 1804).

Etymologie: Von lat. „*calcaratus*" = „sporntragend" (von „*calcar*" = „Sporn"); wegen des spornartigen Fortsatzes auf dem Hinterschenkel des Männchens. Deutscher Name: Beim Männchen sind die Hinterschenkel der Hinterbeine in einen abgestutzten Zahn ausgezogen.

Pollenquellen: Oligolektisch auf Korbblütler (Asteraceae), besucht fast ausschließlich Arten der Unterfamilie Cichorioideae.

Nestbau: Nistet auf kahlen oder schütter bewachsenen, horizontalen oder geneigten Flächen, zuweilen auch in Steilwänden, bevorzugt in Sand- oder Lehmboden, meist in kleineren oder größeren Aggregationen. Die Nistweise ist solitär oder kommunal, in letzterem Fall leben 2–10 Weibchen in einem Nest zusammen. Die Nesteingänge werden von unregelmäßigen Erdhaufen umgeben. Das Nest besteht aus einem Hauptgang, der sich nach einigen Zentimetern in meist 3–5 Seitengänge gabelt, an deren Ende je eine Brutzelle errichtet wird. Die Brutzellen liegen in einer Tiefe von 10–25 cm und sind mit einem wasserabweisenden, glänzenden Überzug beschichtet. Nach Verproviantierung und Eiablage werden die Seitengänge mit Sand verfüllt. In der Regel erfolgt die Überwinterung als Ruhelarve und die Ver-

puppung im folgenden Sommer. Beobachtungen deuten jedoch darauf hin, dass sich ein Teil der Larven erst im übernächsten Jahr verpuppt.

Lebensraum: Waldsäume, Magerwiesen, Brach- und Ruderalflächen, Sand- und Kiesgruben, Hochwasserdämme, Weinberge, Gleisanlagen. Vom Flachland bis in die subalpine Höhenstufe.

Parasiten: Kuckucksbiene ist *Nomada fuscicornis*.

Flugzeit: In einer Generation von Juni bis September.

Gesamtverbreitung: In Nordafrika aus Marokko und Algerien bekannt, eine überprüfungsbedürftige Meldung aus Tunesien. In Eurasien von Portugal über Europa, Kleinasien, Kaukasus und Sibirien bis zum Mittelsibirischen Bergland (Bely Jar/Chakassien, Minusinsk/Krasnojarsk); nordwärts bis Wales und Südengland, bis 66°N in Norwegen (Mosjøen/Nordland), 60,5°N in Schweden (Värmland), 64,5°N in Finnland (Kainuu), in Russland bis Karelien, Kirov und Perm; südwärts bis Sizilien, Zakinthos und Nordtürkei. In der ssp. *lagopus* Warncke, 1972 von Nordafrika über Iberien bis Südfrankreich. **SW-Eu:** P, E, E(B), I(Sa), I(Si), I. **Z-Eu:** F, B, LUX, NL, D, A, CH, FL, DK. **N-Eu:** GB, N, S, SF, EST, LT, LV, RUS(N). **NO-Eu:** CS, SK, PL, BY, UA, UA(K), RUS(S). **SO-Eu:** H, RO, SLO, HR, MK, SRB, BIH, AL, BG, GR. **N-Afr:** MA, DZ, TN(?), ET? **W-As:** GR(Ä), TR, Kaukasus. **Z-As:** KAZ. **Sib:** W-Sib, O-Sib.

Lokalverbreitung: Im Gebiet aus fast allen Regionen aktuell gemeldet, lediglich in der Schweiz keine Nachweise aus dem Engadin, im Mittelland fast nur historisch, eine historische Meldung aus dem Puschlav.

Panurgus dentipes Latreille, 1811
Spitzzähnige Zottelbiene

Systematik: Untergattung *Panurgus* Panzer, 1806 *s. str.*

Etymologie: Von lat. „*dens*" = „Zahn" und „*pes*" = „Fuß"; wegen des zahnartigen Fortsatzes auf dem Hintertrochanter des Männchens. Deutscher Name: Beim Männchen sind die Trochanter der Hinterbeine in einen spitzen Zahn ausgezogen.

Pollenquellen: Oligolektisch auf Korbblütler (Asteraceae), besucht fast ausschließlich Arten der Unterfamilie Cichorioideae.

Nestbau: Nistet auf kahlen oder schütter bewachsenen, horizontalen oder geneigten Flächen, bevorzugt in Sand-, Löss- oder Lehmboden, meist in kleineren oder größeren Aggregationen. Die Nistweise ist solitär bzw. fakultativ kommunal.

Lebensraum: Trockenwarme Standorte; Weinberge, Brach- und Ruderalflächen. Vom Flachland bis in die montane Höhenstufe.

Parasiten: Kuckucksbiene ist *Nomada panurgina*. Als weiterer Brutparasit wurde der Ölkäfer *Meloe violaceus* bekannt.

Flugzeit: In einer Generation von Juni/Juli bis August/September.

Gesamtverbreitung: Westeuropäisch; von Portugal bis Südwestdeutschland und Wallis; nordwärts angeblich bis Belgien. Die Meldung von England (Salisbury) durch Smith (1891) dürfte auf einer Etikettenverwechslung basieren; jedenfalls wurde die Art danach nie mehr von den Britischen Inseln bekannt. Die Identität der Nachweise von Österreich an ostwärts ist rätselhaft; Warncke (1972) ordnete zumindest die Tiere aus Rumänien der Unterart *P. dentipes siculus* Morawitz, 1872 zu, von Patiny (1999) wurde das Taxon *siculus* erst als Unterart zu *P. vachali* Pérez, 1895 gestellt, später als eigenständige Art betrachtet, wobei nach demselben Autor sowohl *siculus* als auch *vachali* ausschließlich westmediterran verbreitet sind. Warncke (1972, 1987) beschrieb eine Reihe weiter Unterarten von *P. dentipes* von den Kanaren, Nordafrika, Kleinasien, dem Nahen Osten und Afghanistan, die alle von Patiny in Artrang erhoben wurden. **SW-Eu:** P, E, I(Sa), I(Si), I. **Z-Eu:** F, B, LUX, D, A?, CH. **N-Eu:** GB? **NO-Eu:** CS?, RUS(S)? **SO-Eu:** RO?, SRB?

Lokalverbreitung: In Deutschland nur im Südwesten, nachgewiesen aus Nordrhein-Westfalen, Hessen, Rheinland-Pfalz und Baden-Württemberg (aktuell). Aus Österreich existiert nur eine Meldung von Fritsch (1878) aus „Rosenau"; Orte dieses Namens gibt es in Ober- und Niederösterreich mehrere. In der Schweiz aktuell aus den Kantonen Basel und Waadt, aktuell und historisch aus den Kantonen Solothurn, Genf und Wallis, historisch vom Bielersee.

Paradioxys Mocsáry, 1894
Zweizahnbienen

Systematik: Familie: Megachilidae – Unterfamilie: Megachilinae – Tribus: Dioxyini.

Literatur: Schmiedeknecht (1930); Warncke (1977); Banaszak & Romasenko (2001); Amiet et al. (2004); Scheuchl (2006).

Etymologie: Von griech. „*para*" = „gegen, wider, im Vergleich mit, neben" in Verbindung mit dem Gattungsnamen *Dioxys*. Das Scutellum ist wie bei *Dioxys* beiderseits in einen zahnartigen Fortsatz ausgezogen.

Nomenklatur: Wurde bis in die jüngste Zeit als Untergattung von *Dioxys* aufgefasst.

Körperliche Merkmale: Als Kuckucksbienengattung bedürfen *Paradioxys*-Arten keiner Vorrichtung zum Pollentransport. Die Klauenglieder der Beine sind nicht mit einem Haftlappen ausgestattet. Von den nächstverwandten Gattungen *Dioxys* und *Aglaoapis* unterscheidet sich *Paradioxys* durch eine starke Leiste zwischen den Seitenzähnen des Scutellums, außerdem ist beim Weibchen der sichtbare Teil des Sternits 6 lang und schmal, fast nadelartig, und überragt das Tergit 6 bei Weitem (bei *Dioxys* und *Aglaoapis* sind Sternit 6 und Tergit 6 etwa gleich lang).

Lebensweise: *Paradioxys*-Arten leben als Brutparasitoide bei anderen Wildbienenarten aus der Familie Megachilidae. Als Kuckucksbienen besuchen sie Blüten nur zur Eigenversorgung mit Nektar.

Verbreitung/Artenzahl: Die Gattung ist auf die Westpaläarktis beschränkt. Weltweit sind lediglich zwei Arten bekannt, von denen eine im Gebiet vorkommt.

Paradioxys pannonica (Mocsáry, 1877)
Pannonische Zweizahnbiene

Etymologie: Der Typenfundort Szent Gellért bei Budapest liegt im Pannonikum.

Lebensraum: Trockenwarme Standorte; Trockenrasen mit Felsformationen, Steinbrüche, Kiesgruben. Vom Flachland bis in die kolline Höhenstufe.

Wirte: *Megachile parietina*; da im Burgenland diese Art aber noch nie nachgewiesen wurde, kommen auch andere *Megachile*-, vielleicht auch *Osmia*-Arten infrage. In Ungarn wurde *Megachile hungarica* als Wirt beobachtet.

Flugzeit: In einer Generation von Juni bis August.

Gesamtverbreitung: Von Ost Österreich nordwärts bis Slowakei, über Ungarn, Bulgarien, *Griechenland und Kleinasien südwärts bis Israel. **Z-Eu:** A. **NO-Eu:** SK, RUS(S). **SO-Eu:** H, BG, *GR. **W-As:** GR(Ä), TR, IL.

Lokalverbreitung: Im Gebiet nur aus Niederösterreich und dem Burgenland nachgewiesen (aktuell).

Parammobatodes Popov, 1931
Kurzhornbienen

Systematik: Familie: Apidae – Unterfamilie: Nomadinae – Tribus: Ammobatini.

Literatur: Schmiedeknecht (1930); Warncke (1983); Scheuchl (2000); Amiet et al. (2007).

Etymologie: Von griech. „*para*" = „gegen, wider, im Vergleich mit, neben" in Verbindung mit dem abgewandelten Gattungsnamen *Ammobates*. Der deutsche Name trennt nicht zwischen *Parammobatodes* und *Pasites*, mit der sie früher vereinigt war.

Nomenklatur: Die Gattung ist nahe mit den Gattungen *Pasites* und *Ammobates* verwandt und war lange Zeit mit *Pasites* vereinigt bzw. wurde als Untergattung von *Pasites* betrachtet.

Körperliche Merkmale: Der Körper ist 2,5–8 mm lang, bei den beiden heimischen Arten 4,5–6 mm. Vorderflügel mit zwei Cubitalzellen, Zelle 1 etwas größer als 2. Im Gegensatz zu den nächstverwandten Gattungen *Ammobates* und *Pasites* mündet die Cubitalader 2 in die Discoidalader 2 (bei *Ammobates* und *Pasites* mündet sie dahinter). Die Männchen besitzen die üblichen 13 Fühlergeißelglieder (bei *Pasites* 12). Der Hinterleib ist größtentells rotbraun gefärbt.

Lebensweise: *Parammobatodes*-Arten leben als Brutparasitoide bei Arten der Gattung *Camptopoeum*, wobei zumindest die heimischen Arten in der Regel auf eine bestimmte Wirtsart spezialisiert sind. Als Kuckucksbienen besuchen sie Blüten nur zur Eigenversorgung mit Nektar.

Verbreitung/Artenzahl: Weltweit sind acht Arten bekannt, sieben sind paläarktisch verbreitet (von den Kanaren über Nordafrika und Südeuropa bis Afghanistan), eine ist in Indien heimisch. Im Gebiet kommen zwei Arten vor.

Parammobatodes minutus (Mocsáry, 1878)
Zwerg-Kurzhornbiene

Etymologie: Von lat. „*minutus*" = „winzig, klein", wegen der geringen Körpergröße (5–6 mm).

Lebensraum: Trockenwarme, von Steilwänden oder Erdabbrüchen durchzogene Standorte. Vom Flachland bis in die kolline Höhenstufe.

Wirt: *Camptopoeum frontale*.

Flugzeit: In einer Generation von Juli bis August.

Gesamtverbreitung: Von Ostösterreich nordwärts bis Slowakei, über Ungarn und Rumänien bis in die Ukraine und über Bulgarien und Griechenland bis in die Südtürkei (Urfa). **Z-Eu:** A. **NO-Eu:** SK, UA. **SO-Eu:** H, RO, BG, GR. **W-As:** CY, TR.

Lokalverbreitung: Im Gebiet nur in Österreich, wo sie 2002 erstmals in Niederösterreich gefunden wurde (Ebmer 2003).

Parammobatodes schmidti Alfken, 1936

Salzsteppen-Kurzhornbiene

Nomenklatur: Die Eigenständigkeit der Art ist umstritten, da sich morphologische Unterschiede nur in der geringeren Körpergröße und der abweichenden Färbung zeigen. Sie wird daher von manchen Autoren als Synonym zu *Parammobatodes minutus* gestellt. Die Unterschiede in der Biologie (verschiedene Wirte) sprechen für eine eigene Art.

Etymologie: Benannt nach dem Wiener Entomologen Robert Schmidt, dem Sammler der Typusexemplare. Deutscher Name: Kommt im Gebiet nur in den pannonischen Salzsteppen vor.

Lebensraum: Salzsteppen. Vom Flachland bis in die kolline Höhenstufe.

Wirt: *Camptopoeum friesei.*

Flugzeit: Im Gebiet aus dem August, aber sicher wie der Wirt in einer Generation von Juli bis August/September.

Gesamt- und Lokalverbreitung: Nur aus Österreich (Neusiedler See/Burgenland) bekannt.

Pasites Jurine, 1807

Kurzhornbienen

Systematik: Familie: Apidae – Unterfamilie: Nomadinae – Tribus: Ammobatini.

Literatur: Schmiedeknecht (1930); Warncke (1983); Scheuchl (2000); Amiet et al. (2007).

Etymologie: Nach Friese (1895) Eigenname. Der deutsche Name bezieht sich auf die kurzen Fühler beim Männchen, die nur 12 Glieder besitzen.

Nomenklatur: Die Gattung ist nahe mit den Gattungen *Parammobatodes* und *Ammobates* verwandt, die von Warncke lediglich als Untergattungen von *Pasites* betrachtet wurden.

Körperliche Merkmale: Der Körper ist 2,5–12,5 mm lang, die heimische Art 7–8 mm. Vorderflügel mit zwei Cubitalzellen, Zelle 1 etwa so groß wie 2. Die Fühler der Männchen bestehen wie die der Weibchen aus 12 Gliedern (bei allen anderen einheimischen Bienengattungen mit Ausnahme von *Biastes* sind die Fühler der Männchen 13-gliedrig). Im Gegensatz zur verwandten Gattungen *Parammobates* mündet die Cubitalader 2 hinter der Discoidalader 2 (bei *Parammobates* mündet sie in die Discoidalader 2).

Lebensweise: *Pasites*-Arten leben als Brutparasitoide bei Arten der Gattung *Pseudapis* und anderen Nomiinae, wobei in der Regel eine Spezialisierung auf eine oder einige wenige Wirtsarten zu beobachten ist. Als Kuckucksbienen besuchen sie Blüten nur zur Eigenversorgung mit Nektar.

Verbreitung/Artenzahl: Weltweit sind 21 Arten bekannt, zwei davon sind paläarktisch verbreitet (eine davon auch im Gebiet) und gehen von Portugal und Marokko ostwärts bis in die Mongolei und Japan, 15 Arten kommen in Afrika südlich der Sahara vor, drei in Madagaskar und eine in Indien.

Pasites maculatus Jurine, 1807

Gefleckte Kurzhornbiene

Etymologie: Von lat. „*maculatus*" = „gefleckt"; wegen der weißen Filzflecken auf dem Hinterleib.

Lebensraum: Trockenwarme Standorte; Weinberge, Trockenrasen, Steppen. Vom Flachland bis in die kolline Höhenstufe.

Wirte: *Pseudapis diversipes* und *Pseudapis femoralis*; nach einer älteren Angabe auch *Melitturga clavicornis*, was aber sehr zweifelhaft erscheint.

Flugzeit: In einer Generation von Mai bis September.

Gesamtverbreitung: In Nordafrika von Marokko bis Tunesien sowie in Ägypten. In Eurasien von Portugal über Süd- und südliches Mitteleuropa, Kleinasien, Levante, Kaukasus, Zentralasien und Sibirien bis in die Region Amur, erreicht in Pakistan die orientalische Faunenregion; nordwärts bis zur Loire, Ostösterreich, Mähren, Südpolen (verschollen) und Baschkortostan; südwärts bis Sizilien, Kreta, Israel, Irak und Afghanistan. In Westsibirien mit Ausnahme von Khakassien keine Meldungen, von hier ostwärts bis in den Oblast Amur. **SW-Eu:** P, E, I(Si), I. **Z-Eu:** F, D, A, CH. **N-Eu:** RUS(N). **NO-Eu:** CS, SK, PL, BY, UA, RUS(S). **SO-Eu:** H, RO, SLO, HR, SRB, BG, GR, GR(K). **N-Afr:** MA, DZ, TN, ET. **W-As:** GR(Ä), CY, TR, SYR, IL, JOR, IRQ, Kaukasus, IR, AFG. **Z-As:** TM, UZB, TAD, KAZ, KGZ. **Sib:** W-Sib, O-Sib. **NO-As:** Amur. **SO-As:** RC (Xinjiang). **Ori:** PAK.

Lokalverbreitung: Schenck (1869) gibt die Art für Wiesbaden und Weilburg/Hessen an, alle folgenden Angaben für Deutschland gehen auf diese Meldung zurück. Es wurde verschiedentlich spekuliert, Schenck könnte die Art mit *Ammobates punctatus* verwechselt haben, für die er sie bis dahin auch hielt, aber da er sie sehr detailliert und zutreffend beschreibt und explizit die 12-gliedrigen Fühler des Männchens erwähnt, dürfte ihm tatsächlich *Pasites maculatus* vorgelegen haben. In Österreich historisch aus dem Burgenland und Niederösterreich gemeldet. In der Schweiz auf das Wallis beschränkt (aktuell und historisch).

Protosmia Ducke, 1900
Zwergmauerbienen

Systematik: Familie: Megachilidae – Unterfamilie: Megachilinae – Tribus: Osmiini.

Nomenklatur: *Protosmia* wird von manchen Autoren als Untergattung zur Gattung *Osmia* gestellt.

Literatur: Amiet et al. (2004); Scheuchl (2006). Weitere hilfreiche Arbeiten: Müller (2015b).

Etymologie: Von griech. „*protos*" = „zuerst, Vorläufer von" in Verbindung mit dem Gattungsnamen *Osmia*.

Körperliche Merkmale: *Protosmia* ähnelt sehr einer kleinen *Osmia*, die Körperlänge liegt zwischen 3,5 und 9,5 mm, bei der einzigen einheimischen Art bei 5 mm. Im Unterschied zu *Osmia* sind die Parapsidien linienförmig (bei *Osmia* punktförmig). Die Körperfarbe ist schwarz und ohne Metallglanz, wie er bei einigen *Osmia*-Arten auftritt. Die Weibchen besitzen eine Bauchbürste für den Pollentransport.

Lebensweise: *Protosmia*-Arten sind solitär lebende, pollensammelnde und nestbauende Bienen.

Pollenquellen: Nach bisherigen Beobachtungen sind alle Arten polylektisch.

Nestbau: Zwergmauerbienen nisten in verschiedenartigsten vorhandenen Hohlräumen, z. B. Fraßgängen in Totholz, in hohlen Pflanzenstängeln, Löchern in Steilwänden, Felsspalten oder leeren Schneckenhäusern. Die meisten Arten, deren Nistverhalten beobachtet werden konnte, verwendeten Baumharz als Material für Zellwände und Nestverschluss.

Verbreitung/Artenzahl: Die Gattung ist disjunkt verbreitet: Eine Art lebt im Westen Nordamerikas, der Rest ist pläarktisch mit Ausstrahlung in die orientalische Faunenregion und geht vom Mittelmeergebiet bis nach Nordindien und Burma. Weltweit sind rund 30 Arten bekannt, von denen eine im Gebiet vorkommt.

Protosmia minutula (Pérez, 1896)

Winzige Zwergmauerbiene

Systematik: Untergattung *Nanosmia* Griswold, 1998.

Nomenklatur: Synonym: *Osmia minutula* Pérez, 1896.

Etymologie: Diminutiv von lat. „*minuta*“ = „winzig, klein“; Körpergröße um 5 mm.

Pollenquellen: Polylektisch mit Präferenz für kleinblütige Lamiaceae.

Lebensraum: Trockenwarme Standorte; Trockenrasen, Felssteppen. Von der kollinen bis in die subalpine Höhenstufe.

Flugzeit: In einer Generation von Juni bis August.

Gesamtverbreitung: Westmediterran, nordwärts bis ins Wallis und Südtirol, hier zugleich östlichster Fundort, im übrigen Italien nicht nachgewiesen. **SW-Eu:** P, E(B), I(Si), I. **Z-Eu:** F, CH. **N-Afr:** MA, DZ, TN.

Lokalverbreitung: Im Gebiet nur aus dem Wallis bekannt (aktuell).

Pseudapis Kirby, 1900

Schienenbienen

Systematik: Familie: Halictidae – Unterfamilie: Nomiinae.

Nomenklatur: Die Gattung wurde lange als Untergattung der Großgattung *Nomia* betrachtet. Das Taxon *Nomiapis* wird von Michener (2007) als Synonym von *Pseudapis* betrachtet, von anderen Autoren jedoch als Untergattung von *Pseudapis* oder gar als eigene Gattung, in die dann auch die beiden einheimischen Arten gestellt werden.

Literatur: Schmiedeknecht (1930); Warncke (1976); Amiet et al. (1999). Weitere hilfreiche Arbeiten: Pesenko et al. (2000); Baker (2002).

Etymologie: Von griech. „*pseudo*“ = „falsch, unecht, vorgetäuscht“ und lat. „*apis*“ = „Biene“. Der deutsche Name nimmt Bezug auf die auffälligen und artcharakteristischen Bildungen an den Tibien (= Schienen) der Hinterbeine bei den Männchen.

Körperliche Merkmale: Das auffälligste Merkmal der Gattung sind die stark vergrößerten Tegulae, die bis deutlich hinter die Naht zwischen Mesonotum und Scutellum reichen. Ein weiteres Merkmal sind die durchsichtigen Lamellen an den Seiten des Pronotums. Die Körperlänge beträgt 6–11 mm (bei den einheimischen Arten 8–10 mm). Die Tergite besitzen Basal- oder Apikalbinden, die Endränder der Tergite sind meist durchscheinend. Die Hinterbeine der Männchen sind artcharakteristisch modifiziert.

Lebensweise: *Pseudapis*-Arten sind solitär lebende, pollensammelnde und nestbauende Bienen.

Nestbau: Das Nest besteht aus einem selbst gegrabenen, in der Regel verzweigten Gang in der Erde und wird meist auf kahlen oder schütter bewachsenen, ebenen oder schwach geneigten Flächen angelegt. Nistweise in der Regel solitär, fakultativ kommunal. Die Brutzellen werden meist in Gruppen vertikal im Boden der Nestgänge angelegt. Ihre Innenseiten werden mit einem wasserabweisenden Überzug beschichtet. Alte Brutzellen werden häufig wieder benutzt.

Parasiten: Als Kuckucksbienen sind Arten der Gattung *Pasites* bekannt.

Verbreitung/Artenzahl: Die Gattung ist über den gesamten afrikanischen Kontinent mit Ausnahme von Madagaskar verbreitet, in der Paläarktis geht sie von Marokko und Iberien bis Sibirien, Nordchina und Japan und in der Orientalis südwärts bis Indien und Thailand. Weltweit sind über 70 Arten bekannt, von denen zwei im Gebiet vorkommen.

Pseudapis diversipes (Latreille, 1806)
Schmallappige Schienenbiene

Systematik: Untergattung *Nomiapis* Cockerell, 1919.

Nomenklatur: Synonym: *Nomia diversipes* Latreille, 1806; *Nomiapis diversipes* (Latreille, 1806).

Etymologie: Von lat. „*diversus*“ = „verschieden“ und „*pes*“ = „Fuß“; wegen der außergewöhnlichen Bildung der Hinterschenkel des Männchens. Deutscher Name: Im Gegensatz zu *P. femoralis* ist der lappenartige Anhang der Hintertibien zum Ende hin schmal zugespitzt.

Pollenquellen: Eindeutig polylektisch, auch wenn manche Autoren die Art für oligolektisch auf Fabaceae halten.

Lebensraum: Trockenwarme Standorte; Weinberge, Trockenrasen, Steppen. Vom Flachland bis in die kolline Höhenstufe.

Flugzeit: In einer Generation von Mai/Juni bis August/September.

Gesamtverbreitung: In Nordafrika nur eine vermutlich irrtümliche Meldung von Friese (1897b) aus Algerien. In Eurasien von Portugal über Süd- und südliches Mitteleuropa, Kleinasien, Levante, Kaukasus und Zentralasien

bis Ostmongolei, erreicht im Süden in Pakistan die orientalische Faunenregion; nordwärts bis Ostösterreich, Mähren, Südpolen und Mittelukraine; südwärts bis Sizilien, Kreta, Israel, Jordanien und Afghanistan. **SW-Eu:** P, E, E(B), F(K), I(Sa), I(Si), I. **Z-Eu:** F, D, A, CH. **NO-Eu:** CS, SK, PL, UA, UA(K), RUS(S). **SO-Eu:** H, RO, MD, SLO, HR, MK, MNE, SRB, BIH, BG, GR, GR(K). **N-Afr:** DZ? **W-As:** GR(Ä), CY, TR, SYR, RL, IL, JOR, Kaukasus, IR, AFG. **Z-As:** TM, UZB, TAD, KAZ, KGZ. **SO-As:** MGL, RC (Xinjiang)(?). **Ori:** PAK.

Lokalverbreitung: Die Angabe für Deutschland („Mannheim") in Ebmer (1988) beruht auf einer Verwechslung mit einer Angabe zu *Pseudapis femoralis*. *Pseudapis diversipes* wurde bisher aus Deutschland nicht bekannt. In Österreich historisch und aktuell aus Niederösterreich und dem Burgenland gemeldet; die Art war Jahrzehnte aus Österreich verschwunden und breitet sich nun wieder im Pannonikum aus. In der Schweiz aktuell und historisch im Wallis, ein historischer Fund bei Genf.

Pseudapis femoralis (Pallas, 1773)

Breitlappige Schienenbiene

Systematik: Untergattung *Nomiapis* Cockerell, 1919.

Nomenklatur: Synonym: *Nomia femoralis* (Pallas, 1773); *Nomiapis femoralis* (Pallas, 1773); *Lasius difformis* Panzer, 1805.

Etymologie: Adjektiv zu lat. „*femur*" = „Schenkel"; wegen der enorm verdickten Hinterschenkel des Männchens. Deutscher Name: Im Gegensatz zu *P. diversipes* ist der lappenartige Anhang der Hintertibien am Ende breit abgestutzt.

Pollenquellen: Polylektisch.

Lebensraum: Trockenwarme Standorte; Weinberge, Trockenrasen, Steppen. Vom Flachland bis in die kolline Höhenstufe.

Flugzeit: Flugdaten im Gebiet von Juni und Juli.

Gesamtverbreitung: Von Nordwestspanien (Barcelona) über Mittel- und Südosteuropa (in Frankreich und Italien nur Meldungen aus dem 19. Jh.), Kaukasus, Levante, Zentralasien und Sibirien bis Ostchina; nordwärts bis Süddeutschland und Ostösterreich (in beiden Ländern verschollen), Mähren, Südpolen, in Russland angeblich bis Kirov; südwärts bis Thessalien, (keine Meldungen aus der Türkei), Israel und Nordiran. **SW-Eu:** E, I. **Z-Eu:** F, D, A. **N-Eu:** RUS(N). **NO-Eu:** CS, SK, PL, UA, UA(K), RUS(S). **SO-Eu:** H, RO, HR, SRB, GR. **W-As:** IL, Kaukasus, IR. **Z-As:** UZB, TAD, KAZ. **Sib:** W-Sib, O-Sib. **SO-As:** MGL, RC (Xinjiang, Innere Mongolei), {J}.

Lokalverbreitung: Aus dem Gebiet verschwunden. In Deutschland historisch aus Rheinland-Pfalz, Baden-Württemberg und Hessen, letzter Fund 1936. In Österreich nur aus Niederösterreich gemeldet, letzter Fund 1954.

Pseudoanthidium Friese, 1898
Zwergwollbienen

Systematik: Familie: Megachilidae – Unterfamilie: Megachilinae – Tribus: Anthidiini.

Nomenklatur: Wurde bis in jüngere Zeit zur Gattung *Anthidium* gezählt. Einige Autoren halten an dieser Auffassung fest.

Literatur: Warncke (1980a); Banaszak & Romasenko (2001); Amiet et al. (2004); Scheuchl (2006). Weitere hilfreiche Arbeiten: Aguib et al. (2010).

Etymologie: Von griech. „*pseudo*" = „falsch, unecht, vorgetäuscht" in Verbindung mit dem Gattungsnamen *Anthidium*. Der deutsche Name bezieht sich auf die Nistbiologie und die gegenüber den meisten anderen Anthidiini geringe Körpergröße.

Körperliche Merkmale: Im Habitus sehr ähnlich der Gattung *Anthidiellum*, von der sie sich durch das Fehlen eines Haftlappens auf den Klauengliedern der Beine unterscheidet. Die Körpergröße reicht von 6–11 mm; wie bei fast allen Gattungen der Tribus Anthidiini sind im Gegensatz zu den anderen einheimischen Gattungen die Männchen größer als die Weibchen. Der Körper ist schwarz mit gelber Zeichnung; die Oberseite des Hinterleibes ist mehr oder weniger unbehaart. Das letzte Tergit des Männchens ist im Gegensatz zu den nächstverwandten Gattungen entweder nur seicht ausgerandet oder zweilappig, jedenfalls nicht bedornt oder einspitzig. Die Weibchen tragen am Bauch eine helle Haarbürste für den Pollentransport.

Lebensweise: *Pseudoanthidium*-Arten sind solitär lebende, pollensammelnde und nestbauende Bienen.

Pollenquellen: Alle einheimischen Arten sind oligolektisch.

Nestbau: Nisten in markhaltigen Stängeln oder vorgefundenen Hohlräumen. Das Baumaterial der Brutzellen besteht aus Pflanzenwolle.

Parasiten: Als Kuckucksbienen sind Arten der Gattung *Stelis* bekannt, als weitere Brutparasiten Goldwespen und Erzwespen.

Verbreitung/Artenzahl: Die Gattung ist auf dem gesamten afrikanischen Kontinent verbreitet, kommt auch auf der Arabischen Halbinsel und in Südostasien vor und geht in der Paläarktis vom Mittelmeerbecken bis nach Zentralasien. Weltweit sind fast 40 Arten bekannt, von denen drei, möglicherweise auch vier, im Gebiet vorkommen.

Pseudoanthidium melanurum (Klug, 1832)
Dunkle Zwergwollbiene

Systematik: Untergattung *Royanthidium* Pasteels, 1969.

Nomenklatur: Synonyme: *Anthidium melanurum* (Klug, 1832); *Anthidium nigricolle* Morawitz, 1875.

Etymologie: Von griech. „*melan-*“ = „schwarz, dunkel“; im Gegensatz zu den meisten anderen Anthidiini ist der Clypeus schwarz, und auch die gelbe Zeichnung des Nebengesichts ist deutlich reduziert.

Pollenquellen: Oligolektisch auf Korbblütler (Asteraceae) der Unterfamilie Carduoideae.

Flugzeit: In einer Generation von Mai bis Juli/August.

Gesamtverbreitung: In Nordafrika von Marokko bis Tunesien. In Eurasien von Portugal über Süd- und Mitteleuropa, Kleinasien und Levante bis in den Kaukasus; nordwärts bis Brandenburg und Mittelpolen (in beiden Ländern verschollen); südwärts bis Sizilien, Peloponnes, Kreta und Israel. **SW-Eu:** P, E, I(Sa), I(Si), I. **Z-Eu:** F, D. **NO-Eu:** PL, RUS(S). **SO-Eu:** RO, MK, BG, GR, GR(K). **N-Afr:** MA, DZ, TN. **W-As:** TR, SYR, IL, Kaukasus.

Lokalverbreitung: In Deutschland nur historisch von Berlin und Zootzen/Brandenburg (Ende 19./Anfang 20. Jh., Friese 1898) gemeldet. In der Schweiz kein Nachweis, jedoch aus dem benachbarten Aostatal (Amiet et al. 2004).

Pseudoanthidium nanum (Mocsáry, 1879)
Östliche Zwergwollbiene

Systematik: Untergattung *Pseudoanthidium* Friese, 1898 *s. str.*

Nomenklatur: Die Art wurde bis vor Kurzem mit *P. scapulare* (Latreille, 1809) vermengt. Synonyme: *Anthidium lituratum* (Panzer, 1801) part.; *Anthidium scapulare* auct. nec Latreille, 1809; *Proanthidium nanum* (Mocsáry, 1879).

Etymologie: Von lat. „*nanum*“ (griech. Fremdw.) = „Zwerg“; die Körperlänge der Art beträgt 6–7,5 mm. Deutscher Name: Die Art ist im Gegensatz zur nächstverwandten *P. scapulare* osteuropäisch verbreitet.

Pollenquellen: Oligolektisch auf Korbblütler (Asteraceae) der Unterfamilie Carduoideae.

Nestbau: Nistet in selbst genagten oder vorgefundenen Gängen in markhaltigen Stängeln oder vorhandenen Hohlräumen, z. B. Käferfraßgängen in Totholz, hohlen Pflanzenstängeln, in alten Eichengallen oder verlassenen Nestern anderer Bienen. Die Nestanlage ist in der Regel linear. Die Brutzellen werden aus Pflanzenwolle errichtet, hergestellt aus abgeschabten Härchen von Pflanzenblättern und -stängeln. Die Zwischenräume zwischen den Zellen werden ebenfalls mit diesem Material verfüllt. Ein Nest enthält 6–24 Zellen.

Lebensraum: Trockenwarme Standorte; Brach- und Ruderalflächen, Magerrasen, Waldsäume , Hecken. Vom Flachland bis in die montane Höhenstufe.

Parasiten: Als Kuckucksbiene sind *Stelis signata, Stelis ornatula* und *Stelis punctulatissima*, als weitere Brutparasiten die Keulenwespe *Sapyga quinquepunctata* und Erzwespen der Gattungen *Adontomerus, Eurytoma, Leucospis, Melittobia* und *Neochalcis* bekannt geworden. Angaben von Goldwespen als Nestparasiten werden verschiedentlich bezweifelt.

Flugzeit: In einer Generation von Juni bis Mitte September.

Gesamtverbreitung: Wegen der Vermengung mit *P. scapulare* ist unklar, auf welche Art sich Literaturmeldungen beziehen; es zeichnet sich aber für *P. nanum* eine osteuropäische und für *P. scapulare* eine südwesteuropäisch-nordafrikanische Verbreitung ab. In der nachfolgenden Länderliste werden alle Meldungen von *P. lituratum, P. scapulare* und *P. nanum* berücksichtigt, Länder außerhalb des vermuteten Verbreitungsgebiets sind mit einem Fragezeichen versehen. Vom östlichen Deutschland und Österreich ostwärts über Süd- und Mitteleuropa, Kleinasien, Levante und Kaukasus bis Zentralasien; nordwärts in Russland angeblich bis Kirov und Perm; südwärts bis Kreta, Israel und Nordiran. Bei den Meldungen aus Nordafrika handelt es sich um die gelegentlich als Unterart von *P. lituratum* aufgefasste *Pseudoanthidium stigmaticorne* (Dours, 1873). Die alten Meldungen von Morawitz (1880) aus China und Sibirien dürften sich auf andere Arten beziehen. Eingeschleppt in den USA (New York, New Jersey). Nach Warncke die ssp. *cribratum* (Morawitz, 1875) von Griechenland und Levante bis ins Turkestanische Becken, die ssp. *tropicum* (Warncke, 1981) im Südiran. **SW-Eu:** ~~{P, E, E(B), F(K), I(Sa), I(Si), I}~~. **Z-Eu:** F?, B?, LUX?, NL?, D, A, CH(?). **N-Eu:** RUS(N). **NO-Eu:** CS, SK, PL, UA, UA(K), RUS(S). **SO-Eu:** H, RO, SLO, HR, MK, SRB, AL, BG, GR, GR(K). **N-Afr:** ~~{MA, DZ, TN}~~. **W-As:** GR(Ä), TR, SYR, IL, Kaukasus, IR. **Z-As:** TM, UZB, TAD, KAZ. **Sib:** Sib? **SO-As:** RC (Xinjiang)? **Nearktis:** USA+

Lokalverbreitung: Wegen der Vermengung mit *P. scapulare* ist die Situation unklar; bei den Populationen in Deutschland und Österreich dürfte es sich um *P. nanum* handeln, in der Schweiz zumindest in der südlichen Hälfte bei den Tieren vom Tessin an westwärts um *P. scapulare*. In Deutschland nur in Brandenburg über den Nordrand der Mittelgebirge hinausgehend, aktuell nachgewiesen aus Sachsen-Anhalt, Brandenburg, Hessen, Thüringen, Rheinland-Pfalz, Baden-Württemberg und Bayern, historisch aus Sachsen. In Österreich mit Ausnahme von Oberösterreich, Salzburg und Vorarlberg aus allen Bundesländern gemeldet. In der Schweiz beziehen sich wahrscheinlich nur die Meldungen aus Basel (aktuell) und dem Unterengadin (aktuell und historisch) auf *P. nanum*.

Pseudoanthidium scapulare (Latreille, 1809)
Westliche Zwergwollbiene

Systematik: Untergattung *Pseudoanthidium* Friese, 1898 *s. str.*

Nomenklatur: Die Art wurde bis vor Kurzem mit *P. nanum* (Mocsáry, 1879) vermengt. Synonyme: *Anthidium lituratum* (Panzer, 1801) part.

Etymologie: Von lat. „*scapulare*“ = „Schulterkleid“; Latreille bezieht sich auf die gelben „Schultern“ („*épaules*“). Deutscher Name: Die Art ist im Gegensatz zur nächstverwandten *P. scapulare* in Westeuropa und Nordwestafrika verbreitet.

Pollenquellen: Oligolektisch auf Korbblütler (Asteraceae) der Unterfamilie Carduoideae.

Nestbau: Die Nistbiologie dürfte im Wesentlichen identisch mit der von *P. nanum* sein.

Lebensraum: Trockenwarme Standorte; Magerrasen, Steppen. Vom Flachland bis in die montane Höhenstufe.

Flugzeit: In einer Generation von Juni bis Mitte September.

Gesamtverbreitung: In Nordafrika von Marokko bis Libyen. In Eurasien von Portugal ostwärts vermutlich nur bis Italien, bei den Meldungen östlich davon dürfte es sich um *P. nanum* oder andere Arten handeln. **SW-Eu:** P, E, E(B), F(K), I(Sa), I(Si), I. **NO-Eu:** RUS(S)? **SO-Eu:** H(?), RO(?), SLO(?), HR(?), GR(?). **N-Afr:** MA, DZ, TN, LAR. **W-As:** IL?, IR? **Z-As:** KAZ? **SO-As:** RC?

Lokalverbreitung: Wegen der Vermengung mit *P. nanum* ist die Situation unklar; kommt vermutlich im Gebiet nur in der Schweiz vor, hier dürfte es sich bei den aus Genf (aktuell) sowie aus dem Wallis und dem Tessin (aktuell und historisch) unter den Namen *lituratum* und *nanum* gemeldeten Tieren um *P. scapulare* handeln.

Pseudoanthidium tenellum (MOCSÁRY, 1879)

Salzsteppen-Zwergwollbiene

Systematik: Untergattung *Pseudoanthidium* FRIESE, 1898 *s. str.*

Nomenklatur: Synonym: *Anthidium tenellum* MOCSÁRY, 1879.

Etymologie: Von lat. „*tenellum*" = „sehr zart, zartfühlend". Deutscher Name: Im Gebiet kommt die Art nur an Binnensalzstellen vor.

Pollenquellen: Oligolektisch auf Korbblütler (Asteraceae) der Unterfamilie Carduoideae.

Lebensraum: Zumindest im Gebiet auf Salzböden beschränkt.

Flugzeit: In einer Generation von Juni bis August.

Gesamtverbreitung: In Nordafrika aus Algerien bekannt. In Eurasien vom östlichen Deutschland und Österreich ostwärts bis Bulgarien, eine isolierte Meldung aus Tadschikistan (POPOV 1967). **SW-Eu:** I(Sa)?, I? **Z-Eu:** D, A. **NO-Eu:** SK. **SO-Eu:** H, RO, SRB, BG. **N-Afr:** DZ. **Z-As:** TAD.

Lokalverbreitung: In Deutschland erstmals 1996 in Sachsen-Anhalt nachgewiesen, 2001 und 2002 weitere Funde in diesem Bundesland (BURGER & RUHNKE 2004). In Österreich nur aus Niederösterreich und dem Burgenland gemeldet (aktuell).

Rhodanthidium Isensee, 1927
Wollbienen

Systematik: Familie: Megachilidae – Unterfamilie: Megachilinae – Tribus: Anthidiini.

Nomenklatur: Wurde bis in jüngere Zeit zur Gattung *Anthidium* gezählt. Einige Autoren halten an dieser Auffassung fest.

Literatur: Warncke (1980a); Banaszak & Romasenko (2001); Amiet et al. (2004); Scheuchl (2006).

Etymologie: Von griech. „*rhodos*“ = „Rose“ in Verbindung mit dem Gattungsnamen *Anthidium,* wegen der bei etlichen Arten ins Rote gehende helle Körperzeichnung. Der deutsche Name trennt nicht zwischen *Rhodanthidium* und *Anthidium*, mit der sie früher vereinigt war.

Körperliche Merkmale: Im Habitus sehr ähnlich der Gattung *Anthidium*. Wie diese besitzt sie einen Haftlappen auf den Klauengliedern der Beine. Die Körpergröße reicht von 8,5–22 mm; wie bei fast allen Gattungen der Tribus Anthidiini sind im Gegensatz zu den anderen einheimischen Gattungen die Männchen größer als die Weibchen. Die Mandibeln der Weibchen enden in drei oder vier kurzen und stumpfen Zähnen, während bei den anderen Anthidiini diese Zähne länger und spitz bis mäßig spitz sind. Der Körper ist schwarz mit gelber bis rotgelber Zeichnung; die Oberseite des Hinterleibes ist mehr oder weniger unbehaart. Das letzte Tergit des Männchens ist dreiteilig. Die Weibchen tragen am Bauch eine helle Haarbürste für den Pollentransport.

Lebensweise: *Rhodanthidium*-Arten sind solitär lebende, pollensammelnde und nestbauende Bienen.

Pollenquellen: Die beiden einheimischen Arten sind polylektisch.

Nestbau: Die Nester werden in vorgefundenen oder selbst gegrabenen Hohlräumen im oder über dem Erdboden angelegt. Das Baumaterial der Brutzellen besteht aus Pflanzenwolle.

Parasiten: Kuckucksbienen wurden bisher nicht bekannt; als Brutparasiten wurden Goldwespen der Gattung *Chrysis* beobachtet.

Verbreitung/Artenzahl: Die Gattung ist auf die Paläarktis beschränkt, wo sie von Marokko und Iberien bis Zentralasien geht. Weltweit sind knapp 15 Arten bekannt, von denen zwei im Gebiet vorkommen.

Rhodanthidium caturigense (Giraud, 1863)
Südalpen-Wollbiene

Systematik: Untergattung *Asianthidium* Popov, 1950.

Nomenklatur: Synonym: *Anthidium caturigense* Giraud, 1863.

Etymologie: Typenfundort ist Valloise/Dep. Hautes Alpes (Südalpen), wo in der Antike der keltische Stamm der Caturiger (lat. *Caturiges*) siedelte.

Pollenquellen: Polylektisch mit Präferenz für Fabaceae.

Nestbau: Nistet im Boden. Das Nest besteht in einem selbst gegrabenen kurzen Gang, an dessen Ende die Brutzelle angelegt wird. Die Zelle besteht aus Pflanzenhaaren und wird innen mit Harz überzogen. Der Raum zwischen Zelle und Nestöffnung wird mit Steinchen und Pflanzenpartikeln verfüllt.

Parasiten: Als Brutparasit werden die Goldwespen *Chrysis analis, Chrysis emarginatula* und *Chrysis simplonica* angegeben.

Lebensraum: Trockenwarme Standorte; Trockenrasen, Felssteppen. Vom Flachland bis in die montane Höhenstufe.

Flugzeit: In einer Generation von Juni bis August.

Gesamtverbreitung: Von Südspanien (Almeria) über Südeuropa, Kleinasien und Levante bis in den Kaukasus; nordwärts bis Südschweiz; südwärts in Italien bis Piemont und Trentino, auf der Balkanhalbinsel bis auf die Peloponnes, im Nahen Osten bis Israel. Nach Warncke (1980a) in Iberien in der ssp. *pyrenaeum* (Alfken, 1927), auf der Balkanhalbinsel und Kleinasien in der ssp. *ducale* (Morawitz, 1875), in der Levante in der ssp. *jerusalemicum* (Mavromoustakis, 1938). **SW-Eu:** E, I. **Z-Eu:** F, CH. **SO-Eu:** AL, BG, GR. **W-As:** TR, RL, IL, Kaukasus.

Lokalverbreitung: Im Gebiet nur im Wallis (historisch und aktuell).

Rhodanthidium septemdentatum (Latreille, 1809)
Schneckenhaus-Wollbiene

Systematik: Untergattung *Rhodanthidium* Isensee, 1927 *s. str.*

Nomenklatur: Synonym: *Anthidium septemdentatum* Latreille, 1809.

Etymologie: Von lat. „*septem-*“ = „sieben“ und „*dentatum*“ = „mit Zähnen“; wegen der sieben zahnartigen Fortsätze am Hinterleib des Männchens.

Pollenquellen: Polylektisch.

Nestbau: Nistet in leeren Schneckenhäusern der Weinbergschnecke (*Helix*). Das Baumaterial der Brutzellen besteht aus Harz und Steinchen.

Lebensraum: Trockenwarme Standorte; Trockenrasen, Felssteppen. Vom Flachland bis in die montane Höhenstufe.

Flugzeit: Vermutlich in einer Generation von Mai bis September.

Gesamtverbreitung: Von Portugal über Süd- und südliches Mitteleuropa, Kleinasien, Levante und Kaukasus bis in den Iran; nordwärts bis Böhmen und Nordrumänien; südwärts bis Sizilien, Kreta, Zypern, Israel und Nordiran. Nach Warncke (1980a) in der ssp. *rufocinctum* (Alfken, 1930) ende

misch auf Kreta, in der ssp. *faciale* (FRIESE, 1917) in der Ägäis, auf Zypern, in Kleinasien und der Levante. **SW-Eu:** P, E, E(B), F(K), I(Sa), I(Si), I. **Z-Eu:** F, A, CH. **NO-Eu:** CS, SK, RUS(S). **SO-Eu:** H, RO, SLO, HR, MK, MNE, SRB, BIH, AL, GR, GR(K). **N-Afr:** ~~{MA}~~. **W-As:** GR(Ä), CY, TR, RL, IL, Kaukasus, IR.

Lokalverbreitung: In Österreich aus Kärnten, Niederösterreich, Tirol, dem Burgenland und der Steiermark nachgewiesen. In der Schweiz aktuell und historisch aus dem Wallis und dem Tessin, historisch aus den Kantonen Genf, Waadt, Bern und Graubünden.

Rhophitoides SCHENCK, 1861
Graubienen

Systematik: Familie: Halictidae – Unterfamilie: Rophitinae.

Nomenklatur: Wird vielfach – MICHENER (2007) folgend – als Untergattung von *Rophites* aufgefasst.

Literatur: BLÜTHGEN (1930b); SCHWAMMBERGER (1975); AMIET ET AL. (1999). Weitere hilfreiche Arbeiten: PESENKO ET AL. (2000)

Etymologie: Zusammengesetzt aus dem Gattungsnamen *Rophites* und dem Suffix „*-oides*" vom griech. „*eidos*" = „das zu Sehende, Anblick, Gestalt", frei übersetzt also „dem *Rophites* ähnlich". Der deutsche Name rührt von den weißen Haarbinden des Hinterleibs, die ihm eine mehr oder weniger graue Färbung verleihen.

Körperliche Merkmale: Graubienen sind kleine, 6–8 mm große Tiere mit hellen Hinterleibsbinden. Im Unterschied zu *Rophites* sind die Labialpalpen nicht abgeflacht und kürzer als die Maxillarpalpen, überdies fehlt den Weibchen die stachelartige Stirnbehaarung.

Lebensweise: *Rhophitoides*-Arten sind solitär lebende, pollensammelnde und nestbauende Bienen. Sie überdauern den Winter als Ruhelarve (Präpuppe) in ihrem Kokon.

Pollenquellen: Die bei uns heimische Art ist auf Schmetterlingsblütler (*Fabaceae*) spezialisiert.

Nestbau: Graubienen nisten in selbst gegrabenen Hohlräumen in der Erde, bevorzugt in Aggregationen.

Verbreitung/Artenzahl: Die Gattung ist auf die Paläarktis beschränkt, wo sie von Marokko und Frankreich bis in den Kaukasus verbreitet ist. Insgesamt sind vier Arten bekannt, von denen eine im Gebiet vorkommt.

Rhophitoides canus (Eversmann, 1852)

Luzerne-Graubiene

Nomenklatur: Synonym: *Rophites canus* Eversmann, 1852.

Etymologie: Von lat. „*canus*“ = „grau, weißgrau“; wegen der Behaarungsfärbung. Der deutsche Name bezieht sich auf eine der Hauptpollenquellen.

Pollenquellen: Oligolektisch auf Schmetterlingsblütler (Fabaceae); hauptsächlich an Luzerne (*Medicago sativa)* und Sichelklee (*Medicago falcata*) zu finden.

Nestbau: Nistet auf kahlen oder lückig bewachsenen Flächen in selbst gegrabenen Gängen in sandigem, lössigem oder humosem Substrat, in der

Regel in kleinen bis großen Aggregationen. Der Nesteingang ist meist von einem konischen Tumulus umgeben. Das Nest besteht aus einem mehr oder weniger senkrecht bis in eine Tiefe von ca. 30 cm führenden Hauptgang, von dem in gewissen Abständen 2–4 cm lange Seitengänge abzweigen. Hier werden 1–3 Brutzellen angelegt. Ein Nest kann zwischen 4 und 25 Zellen enthalten. Die Zellen werden innen geglättet, jedoch nicht mit einem Sekret ausgekleidet.

Lebensraum: Magerrasen, Hochwasserdämme, Brach- und Ruderalflächen. Vom Flachland bis in die kolline Höhenstufe.

Flugzeit: In einer Generation von Juni bis August.

Gesamtverbreitung: Eurasische Steppenart, die in Europa an der westlichen Verbreitungsgrenze punktuell und nicht jedes Jahr bestätigt auftritt; westwärts bis ins Loire-Tal und Straßburg gefunden; ostwärts über ganz Zentralasien bis in die zentrale Mongolei und Zabaikal; nordwärts bis Nordpolen (Bydgoszcz), Nordukraine, Tatarstan und Baschkortostan; südwärts bis Südtirol, Südbulgarien, Südtürkei und Nordiran. **SW-Eu:** I. **Z-Eu:** F, B, LUX, NL, D, A, CH. **N-Eu:** LV, RUS(N). **NO-Eu:** CS, SK, PL, BY, UA, UA(K), RUS(S). **SO-Eu:** H, RO, MD, SLO, HR, SRB. **W-As:** TR, Kaukasus, IR. **Z-As:** TM, UZB, KAZ, KGZ. **Sib:** W-Sib, O-Sib. **SO-As:** MGL, RC (Xinjiang), KP.

Lokalverbreitung: In Deutschland nur in Brandenburg über den Nordrand der Mittelgebirge hinausgehend, aktuell nachgewiesen aus Sachsen-Anhalt, Brandenburg, Hessen, Thüringen, Sachsen, Rheinland-Pfalz, Baden-Württemberg und Bayern, historisch aus Nordrhein-Westfalen. In Österreich mit Ausnahme von Salzburg und Vorarlberg aus allen Bundesländern gemeldet. In der Schweiz aktuell aus dem Unterengadin, historisch von Basel.

Rophites Spinola, 1808
Schlürfbienen

Systematik: Familie: Halictidae – Unterfamilie: Rophitinae.

Literatur: Blüthgen (1930b); Ebmer & Schwammberger (1986); Amiet et al. (1999). Weitere hilfreiche Arbeiten: Pesenko et al. (2000).

Etymologie: Von griech. „*rhophitis*" = „Schlürfen, Schlucken"; Spinola gibt keinen Hinweis zur Namensgebung. Der deutsche Name folgt der wissenschaftlichen Bezeichnung.

Körperliche Merkmale: *Rophites* ähnelt den Gattungen *Lasioglossum* und *Halictus*, allerdings fehlt den Weibchen die unbehaarte Furche am Hinterleibsende. Sie sind im weiblichen Geschlecht durch ein im mitteleuropäischen Raum einzigartiges Merkmal ausgezeichnet: Sie tragen auf der Stirn eine Reihe von zu Stacheln umgebildeten Haaren, die sie zum Pollensammeln benutzen, indem sie sie an den Staubbeuteln reiben und gleichzeitig über Thorax und Beine Vibrationen übertragen, die durch die Flugmuskulatur bei entkoppelten Flügeln erzeugt werden („buzzing"). Im Unterschied zu *Rhophitoides* sind die Labialpalpen abgeflacht und länger als die Maxillarpalpen.

Lebensweise: *Rophites*-Arten sind solitär lebende, pollensammelnde und nestbauende Bienen. Sie überdauern den Winter als Ruhelarve (Präpuppe) in ihrem Kokon.

Pollenquellen: Die drei bei uns heimischen Arten sind auf kleinblütige Lippenblütler (Lamiaceae) spezialisiert.

Nestbau: Schlürfbienen nisten in kleineren Aggregationen in selbst gegrabenen Hohlräumen in der Erde.

Parasiten: Als Kuckucksbienen treten Arten der Gattung *Biastes* auf.

Verbreitung/Artenzahl: Die Gattung ist auf die Paläarktis beschränkt, wo sie von Marokko und Iberien über Kleinasien bis Zentralasien und die Mongolei verbreitet ist. Insgesamt sind rund 15 Arten bekannt, von denen drei im Gebiet vorkommen.

Rophites algirus Pérez, 1895
Frühe Ziest-Schlürfbiene

Nomenklatur: Im Gebiet in der Unterart *Rophites algirus trispinosus* Pérez, 1903.

Etymologie: Typenfundort ist Algier. Name der Unterart von lat. „*tri-*“ = „drei-“ und „*spinosus*“ = „dornig, bedornt“, was sich auf die Fortsätze auf den Sterniten der Männchen bezieht. Deutscher Name: Ähnlich wie bei *R. quinquespinosus* gehört Ziest zu den bevorzugten Pollenquellen der Art, sie erscheint aber etwa zwei bis drei Wochen früher als diese.

Pollenquellen: Oligolektisch auf kleinblütige Lippenblütler (Lamiaceae), wird zumeist auf Aufrechtem Ziest (*Stachys recta*), seltener auch auf Heil-Ziest (*Stachys officinalis*) und Wirbeldost (*Clinopodium vulgare*) beobachtet.

Nestbau: Nistet einzeln oder in kleineren Aggregationen auf kahlen oder schütter bewachsenen Flächen in selbst gegrabenen Gängen in Lösslehm oder Sand.

Lebensraum: Trockenwarme Standorte; Magerrasen, Böschungen, Abwitterungshalden, Felssteppen, Brach- und Ruderalflächen, Weinberge. Vom Flachland bis in die montane Höhenstufe.

Parasiten: Kuckucksbiene ist *Biastes emarginatus*.

Flugzeit: In einer Generation von Juni bis Juli.

Gesamtverbreitung: Die Stammform von Marokko über das nördliche Afrika bis Israel und Libanon. Die weit verbreitete ssp. *trispinosus* Pérez, 1903 von *Spanien (Sierra de Albarracin) lokal ostwärts bis Kasachstan (Fabritchny), mit Häufigkeitsschwerpunkt von Frankreich bis Bulgarien; nordwärts bis Polen, Moskau und Baschkortostan; südwärts bis Lazio und Bulgarien. In Griechenland in der ssp. *graecus* Warncke, 1980; in der Türkei bis Georgien und zum Elburs in der ssp. *montanus* Ebmer, 1978. **SW-Eu:** *E, I. **Z-Eu:** F, D, A, CH. **N-Eu:** RUS(N). **NO-Eu:** CS, SK, PL, UA, UA(K), RUS(S). **SO-Eu:** H, SLO, HR, BG, GR. **N-Afr:** MA, DZ, TN, RIM. **W-As:** TR, RL, IL, Kaukasus, IR.

Lokalverbreitung: In Deutschland nur in Brandenburg über den Nordrand der Mittelgebirge hinausgehend, aktuell nachgewiesen aus Sachsen-Anhalt, Brandenburg, Hessen, Thüringen, Rheinland-Pfalz, Baden-Württemberg und Bayern, historisch aus Niedersachsen und Sachsen. In Österreich aus dem Burgenland sowie Ober- und Niederösterreich gemeldet, eine Meldung aus der Steiermark ist überprüfungsbedürftig. In der Schweiz aktuell im Wallis, Tessin und Puschlav, historisch aus den Kantonen Genf, Waadt und Bern.

Rophites hartmanni Friese, 1902
Östliche Schlürfbiene

Etymologie: Benannt nach Ferdinand Hartmann, dem Sammler der Typusexemplare. Deutscher Name: Das Verbreitungsgebiet der Art erreicht im Gebiet ihre westliche Grenze.

Pollenquellen: Oligolektisch auf kleinblütige Lippenblütler (Lamiaceae), am häufigsten auf Schwarznessel (*Ballota nigra*) zu finden.

Nestbau: Nistet einzeln oder in kleineren Aggregationen auf kahlen oder schütter bewachsenen Flächen in selbst gegrabenen Gängen. Der Nesteingang ist meist von einem Tumulus umgeben. Das Nest besteht aus einem schräg nach unten führenden Hauptgang, von dem ab einer Tiefe von etwa 10 cm eine Reihe sehr kurzer (7–9 mm) Seitengänge abzweigen, an deren Ende je eine Brutzelle angelegt wird. Die Seitengänge am Fuß des Nestes können zuweilen etwas länger ausfallen und 2–3 Zellen aufnehmen. Ein Nest kann bis zu 12 Zellen enthalten. Die Zellen werden innen geglättet, jedoch nicht mit einem Sekret ausgekleidet.

Lebensraum: Trockenwarme Standorte; Magerrasen, Hecken, Waldsäume, Böschungen, Brach- und Ruderalflächen, Weinberge. Vom Flachland bis in die montane Höhenstufe.

Parasiten: Kuckucksbiene ist vermutlich *Biastes emarginatus*. Erwachsene Tiere sind zuweilen von Fächerflüglern befallen.

Flugzeit: In einer Generation von Juli bis September.

Gesamtverbreitung: Pontomediterran, aktuell nach Westen bis ins zentrale Niederösterreich, nordwärts bis Nordpolen und Nordukraine, südwärts bis auf die Peloponnes, ostwärts über Kleinasien bis Israel. **Z-Eu:** D, A. **NO-Eu:** CS, SK, PL, UA, UA(K), RUS(S). **SO-Eu:** H, RO, MD, HR, SRB, BG, GR. **W As:** TR, IL, Kaukasus.

Lokalverbreitung: Im Gebiet nur aus Österreich bekannt (Burgenland, Ober- und Niederösterreich, Steiermark, aus Oberösterreich historisch, sonst aktuell). Pesenko et al. (2000) nennen als westlichsten Verbreitungspunkt Süddeutschland, ohne Angabe genauerer Daten; Grund dafür sind möglicherweise Fundortangaben von Tieren aus Deutschland in den Grenzen vor 1945, beziehen sich also auf österreichische Fundorte.

Rophites quinquespinosus Spinola, 1808

Späte Ziest-Schlürfbiene

Etymologie: Von lat. „*quinque-*“ = „fünf“ und „*spinosus*“ = „dornig, bedornt“; Spinola bezieht sich auf die dornartigen Fortsätze auf den letzten Sterniten des Männchens („*ventre 6-annulato; annulo ultimo ventrali majore, spinulis quinque subtùs armato*“). Deutscher Name: Ähnlich wie bei *R. algirus* gehört Ziest zu den bevorzugten Pollenquellen der Art, sie erscheint aber etwa zwei bis drei Wochen später als diese.

Pollenquellen: Oligolektisch auf kleinblütige Lippenblütler (Lamiaceae), am häufigsten auf Schwarznessel (*Ballota nigra*) zu finden.

Nestbau: Nistet einzeln oder in kleineren Aggregationen in selbst gegrabenen Gängen in sandigem oder lehmigem Substrat. Die Nester werden bevorzugt auf kahlen oder schütter bewachsenen Flächen angelegt, die sich im Regenschatten von Bäumen befinden, also an süd- oder südostexponierten Waldrändern. Der Nesteingang ist meist von einem Tumulus umgeben. Das Nest besteht aus einem schräg nach unten führenden Hauptgang, von dem in unregelmäßiger Verteilung kurze Seitengänge abzweigen, an deren Ende je eine, zuweilen auch zwei Brutzellen angelegt werden. Ein Nest kann bis zu 10 Zellen enthalten. Die Zellen werden innen geglättet, jedoch nicht mit einem Sekret ausgekleidet.

Lebensraum: Trockenwarme Standorte; Magerrasen, Hecken, Waldsäume, Binnendünen, Brach- und Ruderalflächen, Weinberge. Vom Flachland bis in die kolline Höhenstufe.

Parasiten: Kuckucksbiene ist *Biastes emarginatus.* Erwachsene Tiere sind zuweilen von Fächerflüglern der Gattung *Eurystylops* befallen.

Flugzeit: In einer Generation von Juni/Juli bis August.

Gesamtverbreitung: Westpaläarktis. Westwärts bis in die französischen Pyrenäen, nach überprüfungsbedürftigen Meldungen auch im spanischen Vorland; nordwärts bis Südengland (historisch), Südschweden (Uppland, 60°N), Baltikum, Kirov und Perm; südwärts bis Emilia-Romagna, Nordgriechenland, Nordtürkei; sehr disjunkt nach Osten bis zum Baikalsee. **SW-Eu:** E(?), I, M? **Z-Eu:** F, B, NL, D, A, CH, DK. **N-Eu:** GB, S, EST, LT, LV, RUS(N). **NO-Eu:** CS, SK, PL, BY, UA, UA(K), RUS(S). **SO-Eu:** H, RO, MD, SLO, HR, SRB, BIH, AL, BG, GR. **N-Afr:** TN. **W-As:** TR, Kaukasus. **Z-As:** UZB, KAZ, KGZ. **Sib:** W-Sib, O-Sib. **SO-As:** RC (Xinjiang).

Lokalverbreitung: In Deutschland nur in Brandenburg über den Nordrand der Mittelgebirge hinausgehend, aktuell nachgewiesen aus Sachsen-Anhalt, Brandenburg, Thüringen, Sachsen, Rheinland-Pfalz, Baden-Württemberg und Bayern, historisch aus Schleswig-Holstein, Mecklenburg-Vorpommern, Niedersachsen und Hessen. In Österreich mit Ausnahme von Vorarlberg aus allen Bundesländern gemeldet, Meldung aus Salzburg überprüfungsbedürftig. In der Schweiz nur wenige aktuelle Funde aus den Kantonen Graubünden, Bern, Basel und Freiburg, historisch auch aus den Kantonen Genf, Waadt, Tessin, Zürich und Thurgau.

Sphecodes Latreille 1804
Blutbienen

Systematik: Familie: Halictidae – Unterfamilie: Halictinae – Tribus: Halictini.

Nomenklatur: Im 19. Jahrhundert wurden für einige *Sphecodes*-Arten die Gattungen *Sabulicola* Verhoeff, 1890 und *Dichroa* Illiger, 1806 aufgestellt.

Literatur: Šustera (1959); Warncke (1992b); Amiet et al. (1999); Bogusch & Straka (2012). Weitere hilfreiche Arbeiten: Astafurova & Proshchalykin 2014.

Etymologie: Von griech. „*sphex*" (Gen. „*sphecos*") = „Wespe". Der deutsche Name leitet sich von der bei fast allen Arten roten Färbung des Hinterleibs ab.

Körperliche Merkmale: Blutbienen sind in Habitus und Aussehen äußerst einheitlich – sie besitzen alle einen glänzenden schwarzen Körper, lediglich der Hinterleib ist mit Ausnahme der vollständig schwarzen Männchen einiger Arten intensiv rot gefärbt. Die einzelnen Arten können in erster Linie anhand der Skulptur bestimmter Körperteile unterschieden werden. Die Körpergröße ist, wie bei allen Kuckucksbienen, auch innerhalb einer Art sehr unterschiedlich; innerhalb der Gattung reicht sie von 4 bis 15 mm. Die Vorderflügel besitzen in der Regel drei Cubitalzellen, von denen die mittlere deutlich kleiner ist als die beiden anderen; lediglich in der Nearktis existieren einige wenige Arten mit nur zwei Cubitalzellen.

Lebensweise: *Sphecodes*-Arten leben als Brutparasitoide bei anderen Bienen. Unter den heimischen Arten parasitieren die meisten die Nester von Furchenbienen- und Schmalbienenarten (*Halictus* und *Lasioglossum*), einige die von Sandbienen (*Andrena*) und eine befällt eine Seidenbiene (*Colletes cunicularius*). Manche Arten sind auf einen einzigen Wirt oder einige wenige Wirtsarten spezialisiert. Im Gegensatz zu den anderen Kuckucksbienen-Gattungen warten Blutbienen nicht, bis ihr Wirt das Nest verlässt, sondern dringen gewaltsam in die Wirtsnester ein. Dabei werden gelegentlich Wirtstiere getötet, insbesondere werden bei eusozialen Arten die Nestwächterinnen Opfer eindringender Blutsbienen. Sind diese ins Wirtsnest gelangt, brechen sie bereits verschlossene Brutzellen auf, töten Ei oder Larve, legen ihr eigenes Ei ab und verschließen die Zelle wieder. Blutbienen fliegen vom Frühjahr bis zum Herbst, wobei sich Flugzeit und Generationenfolge meist mit denen der jeweiligen Wirte decken. Beim größten Teil der Arten überwintern die begatteten Weibchen und legen im Frühjahr und Sommer ihre Eier in die Nester der jeweiligen Wirtsbienen. Im Sommer erscheinen dann die jungen Weibchen und Männchen; letztere sterben noch im selben Jahr.

Bei einigen Arten verlassen beide Geschlechter die Wirtsnester erst im Frühjahr und verpaaren sich erst jetzt. Als Kuckucksbienen besuchen sie Blüten nur zur Eigenversorgung mit Nektar.

Verbreitung/Artenzahl: Auf allen Kontinenten weit verbreitet, lediglich in Australien auf den Nordosten (Queensland) beschränkt. In der östlichen Hemisphäre geht sie von den Kanaren bis Japan, nordwärts in Skandinavien bis 64°N, südwärts bis Südafrika und Madagaskar, in der tropischen Zone über die Arabische Halbinsel bis Südostasien, Indonesien, Philippinen und Neuguinea. In der westlichen Hemisphäre ist sie von der Ost- bis zur Westküste verbreitet und vom subarktischen Alaska südwärts bis Argentinien. Weltweit sind knapp 300 Arten bekannt, von denen im Gebiet 31 vorkommen.

Sphecodes albilabris (Fabricius, 1793)
Riesen-Blutbiene

Nomenklatur: Synonyme: *Sphecodes fuscipennis* (Germar, 1819).

Etymologie: Von lat. „*albus*" = „weiß" und „*labrum*" = „Lippe"; wegen der beim Männchen dicht schneeweiß behaarten unteren Gesichtshälfte. Deutscher Name: Die Art ist mit 11–14 mm Körperlänge die größte heimische Blutbiene.

Lebensraum: Binnendünen, Flugsandfelder, Sandgruben, Magerrasen, Hochwasserdämme, hauptsächlich in Sand-, aber auch Lössgebieten. Vom Flachland bis in die montane Höhenstufe.

Wirte: Sicherer Wirt ist *Colletes cunicularius*; wurde auch an den Nestern von *Halictus sexcinctus*, *Halictus quadricinctus* und *Melitturga clavicornis* beobachtet.

Flugzeit: Weibchen von März bis August, Männchen von Juli bis Oktober.

Gesamtverbreitung: Transpaläarktisch. In Nordafrika von Marokko bis Ägypten. In Eurasien von Portugal über Europa, Kleinasien, Levante, Kaukasus, Zentralasien und Sibirien bis zur Pazifikküste des Fernen Ostens, erreicht in Nordwestindien (Uttar Pradesh) die orientalische Faunenregion; nordwärts bis 60°N in Norwegen (Hønefoss), 62,5°N in Schweden (Västernorrland), 63,5°N in Finnland (Nordkarelien), in Russland bis Karelien und Kirov; südwärts bis Sizilien, Kreta, Zypern und Israel. In der ssp. *rubripes* Spinola, 1838 in Nordafrika, Levante, Iberien inkl. Balearen, Sardinien und Zypern. **SW-Eu:** P, E, E(B), *F(K), I(Sa), I(Si), I. **Z-Eu:** F, B, LUX, NL, D, A, CH, FL, DK. **N-Eu:** GB, N, S, SF, EST, LT, LV, RUS(N). **NO-Eu:** CS, SK, PL, BY, UA, RUS(S). **SO-Eu:** H, RO, SLO, HR, MK, SRB, AL, BG, GR, GR(K). **N-Afr:** MA, DZ, TN, LAR, ET. **W-As:** GR(Ä), CY, TR, IL, JOR, Kaukasus, *IR. **Z-As:** TM, UZB, TAD, KAZ, KGZ. **Sib:** W-Sib, O-Sib. **NO-As:** Prim. **Ori:** IND.

Lokalverbreitung: Im Gebiet mit Ausnahme von Salzburg aus allen Regionen gemeldet.

Sphecodes alternatus Smith, 1853
Ungewisse Blutbiene

Nomenklatur: Unter diesem Namen verbargen sich lange Zeit zwei Arten, bis Warncke 1992 *Sphecodes crassanus* als eigene Art erkannte und von *Sphecodes alternatus* abtrennte.

Etymologie: Von lat. „*alternatus*“ = „abwechselnd“; Smith gibt keinen Hinweis zur Namensgebung. Der deutsche Name bezieht sich auf die Vermengung mit *S. crassanus*.

Wirte: Nicht sicher bekannt; vermutet werden *Lasioglossum nigripes, Halictus eurygnathus, H. langobardicus* und *H. patellatus*.

Flugzeit: Weibchen von Mai bis Juli, Männchen von Mai bis August.

Gesamtverbreitung: In Nordafrika von Marokko bis Tunesien und in Ägypten. In Eurasien von Portugal über Süd- und südliches Mitteleuropa, Kleinasien und Kaukasus bis Zentralasien und Sibirien (Rep. Altai, Khakassien); nordwärts bis Schweiz, Ostösterreich, Slowakei und Nordukraine; südwärts bis Sizilien, Zypern, Südtürkei und *Nordiran. In der ssp. *algeriensis* Alfken, 1914 im Maghreb, vermutlich auch in Ägypten, in der ssp. *gracilior* Morawitz, 1894 in Zentralasien. **SW-Eu:** P, E, E(B), *F(K), I(Sa), I(Si), I. **Z-Eu:** F, A, CH. **NO-Eu:** SK, UA, RUS(S). **SO-Eu:** H, RO, SLO, HR, SRB, AL, GR, GR(K). **N-Afr:** MA, DZ, TN, ET. **W-As:** GR(Ä), CY, TR, Kaukasus, IR. **Z-As:** UZB, TAD. **Sib:** W-Sib.

Lokalverbreitung: In Österreich aus dem Burgenland nachgewiesen (aktuell, Schwarz & Gusenleitner 1997). Aus der Schweiz nur historische Funde von Genf, Bern, dem Tessin und dem Misox (Amiet et al. 1999).

Sphecodes crassanus Warncke, 1992
Siebstirn-Blutbiene

Nomenklatur: Wurde erst 1992 durch Warncke von *Sphecodes alternatus* abgetrennt.

Etymologie: Von lat. „*crassare*“ = „sich verdichten“; bezieht sich offensichtlich auf die vor den Ozellen dicht punktierte Stirn (im Gegensatz zur zerstreuter punktierten Stirn bei *S. alternatus*).

Flugzeit: Funddaten aus dem Gebiet (nur Männchen) von Mai bis August; in Südeuropa Weibchen April bis August, Männchen Juli bis August.

Gesamtverbreitung: In Nordafrika in Marokko und Algerien. In Eurasien von Portugal über Süd- und Zentralspanien, Südfrankreich bis in die Südschweiz (historisch), bisher keine Nachweise aus Osteuropa, lediglich ein Fund in Griechenland (Thessalien), in der Türkei von der Ägäisküste bis Erzurum und Hatay. **SW-Eu:** P, E, I. **Z-Eu:** F, CH. **SO-Eu:** GR. **N-Afr:** *MA, DZ. **W-As:** TR.

Lokalverbreitung: Im Gebiet nur aus Genf und dem Wallis von zwei historischen Funden bekannt, letzter Fund 1928 (Amiet et al. 1999).

Sphecodes crassus Thomson, 1870
Dichtpunktierte Blutbiene

Nomenklatur: Synonyme: *Sphecodes divisus* Hagens, 1882, *Sphecodes variegatus* Hagens, 1874; *Sphecodes valesianus* Frey-Gessner, 1903.

Etymologie: Von lat. „*crassare*“ = „sich verdichten“; Thomson bezieht sich offensichtlich auf die an der Basis sehr dicht punktierten Tergite 2 und 3 („*abdomine segmentis 2–3 basi punctatissimis*“).

Lebensraum: Zeigt keine strenge Habitatbindung; häufig auch im Siedlungsbereich. Vom Flachland bis in die untere subalpine Höhenstufe.

Wirte: *Lasioglossum pauxillum, L. punctatissimum*, vermutlich auch *L. nitidiusculum, L. quadrinotatulum* und *L. prasinum*.

Flugzeit: Weibchen von April bis September, Männchen von Juni bis Oktober.

Gesamtverbreitung: Transpaläarktisch. In Nordafrika aus Marokko bekannt. In Eurasien von Portugal über Europa, Kleinasien, Kaukasus und Sibirien bis Japan und Kamtschatka, nordwärts bis Irland und Südschottland, in Norwegen bis 64°N (Trøndelag), in Schweden bis 66,5°N (Norrbotten), in Finnland bis 65,5°N (Nordösterbotten), in Russland bis ins nördliche Karelien, Kirov und Perm, südwärts bis Sizilien, Griechenland, Südtürkei und Nordiran. **SW-Eu:** P, E, I(Si), I. **Z-Eu:** F, B, LUX, NL, D, A, CH, FL, DK. **N-Eu:** IRL, GB, N, S, SF, EST, LT, LV, RUS(N). **NO-Eu:** CS, SK, PL, BY, UA, RUS(S). **SO-Eu:** H, RO, SLO, *HR, BG, GR. **N-Afr:** MA. **W-As:** TR, Kaukasus, IR. **Sib:** W-Sib, O-Sib. **NO-As:** Jak, Amur, JAO, Khab, Prim, Sach, Kam. **SO-As:** MGL, J.

Lokalverbreitung: Im Gebiet aus allen Regionen gemeldet.

Sphecodes cristatus Hagens, 1882

Gekielte Blutbiene

Etymologie: Von lat. „*cristatus*" = „mit Helmbusch, kammtragend"; von der Leiste oder Kiel auf der Stirn vor den Ozellen, die an den Helmbusch eines römischen Helmes erinnert.

Lebensraum: Magerrasen, Hochwasserdämme, Brach- und Ruderalflächen, Sanddünen, Sand- und Kiesgruben. Vom Flachland bis in die montane Höhenstufe.

Wirte: Sichere Wirte sind *Halictus confusus, H. leucaheneus, H. seladonius, H. semitectus* und *H. subauratus,* vermutet wird auch *Lasioglossum nigripes.*

Flugzeit: Nach Funddaten aus dem Gebiet Weibchen im Juni, Männchen im Juli.

Gesamtverbreitung: Transpaläarktisch. Von der französischen Atlantikküste über Europa, Kleinasien, Kaukasus und Sibirien bis zur Pazifikküste des Fernen Ostens; nordwärts bis zur Insel Öland (56,5°N), in Russland bis Moskau und Udmurtien; südwärts bis Sizilien, Griechenland und Mitteltürkei. **SW-Eu:** I(Si), I. **Z-Eu:** F, D, A, CH, DK? **N-Eu:** S, LT, LV, RUS(N). **NO-Eu:** CS, SK, PL, BY, UA, RUS(S). **SO-Eu:** H, RO, AL, GR. **W-As:** GR(Ä), TR, Kaukasus. **Z-As:** ~~{TAD}~~, ~~{KAZ}~~. **Sib:** W-Sib, O-Sib. **NO-As:** Amur, JAO, Khab, Prim. **SO-As:** MGL.

Lokalverbreitung: In Deutschland im Norden kaum Nachweise, aktuell aus Brandenburg, Hessen, Sachsen, Rheinland-Pfalz, Baden-Württemberg und Bayern, historisch aus Sachsen-Anhalt und Nordrhein-Westfalen. In Österreich nur aus Niederösterreich und dem Burgenland gemeldet. In der Schweiz nur historisch aus dem Wallis, letzter Fund 1930 (Amiet et al. 1999).

Sphecodes croaticus Meyer, 1922

Kroatische Blutbiene

Nomenklatur: Siehe bei *Sphecodes zangherii.*

Etymologie: Typenfundort ist Alancic in Kroatien.

Lebensraum: Trockenwarme Standorte; Trockenrasen, Brach- und Ruderalflächen, Steppen. Vom Flachland bis in die montane Höhenstufe.

Wirte: Vermutet werden *Lasioglossum interruptum* und *Lasioglossum setulellum.*

Flugzeit: Weibchen Mai bis August, Männchen August bis Oktober.

Gesamtverbreitung: Von Portugal über Süd- und Mitteleuropa und Kleinasien bis in den Kaukasus; nordwärts bis Süddeutschland, Südpolen und Nordukraine; südwärts bis *Puglia, Griechenland, Zypern und Südtürkei. Die bisher einzige Meldung aus Slowenien stellte sich zwar nachträglich als *S. crassus* heraus, dennoch kommt die Art sicherlich dort vor. In der ssp.

cypricus Blüthgen, 1937 endemisch auf Zypern. **SW-Eu:** P, E, I. **Z-Eu:** F, D, A, CH. **NO-Eu:** CS, SK, PL, UA, RUS(S). **SO-Eu:** H, RO, {~~SLO~~}, HR, BG, GR. **N-Afr:** {~~MA~~}. **W-As:** CY, TR, Kaukasus.

Lokalverbreitung: In Deutschland nur im Süden; aktuell nachgewiesen aus Thüringen, Rheinland-Pfalz, Baden-Württemberg und Bayern, historisch aus Sachsen-Anhalt. In Österreich aus Ober- und Niederösterreich, der Steiermark und dem Burgenland gemeldet. In der Schweiz nur wenige historische Funde vom Genfersee-Gebiet, vom Neuenburgersee und von Baden, letzter Fund 1966.

Sphecodes dusmeti Blüthgen, 1925
Dusmets Blutbiene

Etymologie: Benannt nach dem spanischen Hymenopterologen José Maria Dusmet y Alonso (1869–1960).

Wirte: Unbekannt.

Flugzeit: Funddaten aus dem Gebiet von Juni bis August.

Gesamtverbreitung: In Nordafrika aus Marokko bekannt. In Eurasien von Süd- und Zentralspanien über Südfrankreich bis in die Südschweiz (historisch) und *Italien (südwärts bis in die Abruzzen), und von *Bulgarien und Griechenland (südwärts bis auf die *Peloponnes) über Kleinasien und *Nordiran bis Tadschikistan. Im Maghreb in der ssp. *maroccanus* Warncke, 1992. **SW-Eu:** E, *I. **Z-Eu:** F, CH. **SO-Eu:** *BG, GR. **N-Afr:** MA. **W-As:** GR(Ä), TR, *IR. **Z-As:** TAD.

Lokalverbreitung: Im Gebiet nur aus dem Wallis bekannt; Amiet et al. (1999) kennen vier historische Funde und geben den letzten Fund mit 1926 an, Warncke (1992) berichtet von einem zusätzlichen Nachweis aus Vercorin im Annivers-Tal von 1984.

Sphecodes ephippius (Linnaeus, 1767)
Gewöhnliche Blutbiene

Nomenklatur: Synonyme: *Sphecodes divisus* (Kirby, 1802); *Sphecodes rufescens* (Geoffroy, 1785); *Sphecodes similis* Wesmael, 1836.

Etymologie: Von lat. „*ephippius*" = „gesattelt"; von: griech. „*ephippion*" = „Schabracke, Sattel"; Linné wurde offensichtlich durch die rot gefärbten Tergite an eine Satteldecke erinnert. Deutscher Name: Die Art ist im Gebiet eine der häufigsten Blutbienen.

Lebensraum: Zeigt keine strenge Habitatbindung. Vom Flachland bis in die subalpine Höhenstufe.

Wirte: Sehr breites Wirtsspektrum aus den Gattungen *Lasioglossum*, *Halictus* und *Andrena*. Beobachtet wurden *Andrena barbilabris, A. bicolor, A. chrysopyga, A. flavipes, A. labialis, A. minutula, A. ovatula, A. wilkella, Ha-*

lictus maculatus, H. rubicundus, H. subauratus, H. tumulorum, Lasioglossum fratellum, L. laticeps, L. lativentre, L. leucozonium, L. malachurum, L. pauxillum, L. prasinum und *L. quadrinotatulum*.

Flugzeit: Weibchen März bis Oktober, Männchen von Mai bis Oktober.

Gesamtverbreitung: In Nordafrika von Marokko bis Tunesien und aus Ägypten bekannt. In Eurasien von Portugal über Europa, Kleinasien, Kaukasus bis Sibirien (Irkutsk) und die Nordwestmongolei; nordwärts bis Irland und Mittelengland, in Norwegen bis 62°N (Møre og Romsdal), in Schweden und Finnland bis 62°N (Hälsingland bzw. Jyväskylä/Mittelfinnland), in Russland bis Kirov; südwärts bis Sizilien, *Peloponnes, Kreta und Israel. **SW-Eu:** P, E, I(Sa), I(Si), I. **Z-Eu:** F, B, LUX, NL, D, A, CH, FL, DK. **N-Eu:** IRL, GB, N, S, SF, EST, LT, LV, RUS(N). **NO-Eu:** CS, SK, PL, BY, UA, UA(K), RUS(S). **SO-Eu:** H, RO, SLO, HR, SRB, BIH, GR, GR(K). **N-Afr:** MA, DZ, TN, ET. **W-As:** GR(Ä), TR, SYR, IL, Kaukasus, *IR. **Z-As:** TM, *TAD. **Sib:** W-Sib, O-Sib. **SO-As:** MGL, RC (Xinjiang).

Lokalverbreitung: Im Gebiet aus allen Regionen gemeldet.

Sphecodes ferruginatus Hagens, 1882
Rostfarbene Blutbiene

Nomenklatur: Synonyme: *Sphecodes rufescens* Hagens, 1875.

Etymologie: Von lat. „*ferrugineus*“ = „rostfarbig“.

Lebensraum: Zeigt keine strenge Habitatbindung. Vom Flachland bis in die alpine Höhenstufe.

Wirte: *Lasioglossum fulvicorne, L. laticeps, L. pauxillum* und vermutlich noch weitere Arten der *Lasioglossum-calceatum*-Gruppe.

Flugzeit: Weibchen April bis Oktober, Männchen von Juni bis Oktober.

Gesamtverbreitung: Transpaläarktisch. Von Portugal über Europa, Kleinasien, Kaukasus und Sibirien bis Japan und die Kurilen; nordwärts bis Irland und Nordengland, in Norwegen bis 63,5°N (Nord-Trøndelag), in Schweden bis 66,5°N (Norrbotten), in Finnland bis 65°N (Oulu/Nordösterbotten), in Russland bis Murmansk (67°N), Kirov und Perm; südwärts bis Campania, Nordgriechenland und Südtürkei. Die Meldung von den Balearen erwies sich nachträglich als *S. monilicornis*. **SW-Eu:** P, E, {~~E(B)~~}, I. **Z-Eu:** F, B, LUX, NL, D, A, CH, FL, DK. **N-Eu:** IRL, GB, S, SF, EST, LT, LV, RUS(N). **NO-Eu:** CS, SK, PL, BY, UA, RUS(S). **SO-Eu:** H, RO, SLO, HR, SRB, BIH, BG, GR, *GR(K). **W-As:** GR(Ä), TR, Kaukasus. **Sib:** W-Sib, O-Sib. **NO-As:** Amur, Khab, Prim, Kur. **SO-As:** MGL, J.

Lokalverbreitung: In Deutschland aus allen Bundesländern nachgewiesen, in Schleswig-Holstein nur historisch. In Österreich und der Schweiz aus allen Regionen gemeldet.

Sphecodes geoffrellus (KIRBY, 1802)

Glänzende Zwerg-Blutbiene

Nomenklatur: Synonyme: *Sphecodes affinis* HAGENS, 1882; *Sphecodes fasciatus* HAGENS, 1882.

Etymologie: Benannt nach dem französischen Zoologen Étienne GEOFFROY Saint-Hilaire (1772–1844). Deutscher Name: Im Vergleich zu den nächstverwandten, ebenfalls sehr kleinen *S. miniatus* und *S. marginatus* wirkt das Mesonotum durch die zerstreutere Punktierung glänzender.

Lebensraum: Zeigt keine strenge Habitatbindung, kommt auch häufig im Siedlungsbereich vor. Vom Flachland bis in die alpine Höhenstufe.

Wirte: *Lasioglossum fratellum, L. leucopus, L. marginellum, L. morio, L. nitidiusculum, L. pauxillum, L. rufitarse, L. sexstrigatum,* vielleicht noch weitere *Lasioglossum*-Arten.

Flugzeit: Weibchen April bis Oktober, Männchen von Juni bis Oktober.

Gesamtverbreitung: Transpaläarktisch von Portugal bis Japan und Kamtschatka. In Nordafrika von Marokko bekannt (ssp. *atlassa* WARNCKE, 1992). Die Nominatform von Iberien über Europa bis Südrussland und Südtürkei (Niğde); nordwärts bis Irland und Nordschottland, in Norwegen bis 63,5°N (Nord-Trøndelag), in Schweden bis 66°N (Norrbotten), in Finnland bis 65,5°N (Oulu/Nordösterbotten), in Russland bis Karelien und Kirov; südwärts bis Sizilien, Kalabrien, Peloponnes und Südtürkei. In der ssp. *hakkariensis* WARNCKE, 1992 in Ostanatolien und dem Kaukasus. **SW-Eu:** P, E, *AND, I(Si), I. **Z-Eu:** F, B, LUX, NL, D, A, CH, FL, DK. **N-Eu:** IRL, GB, N, S, SF, EST, LT, LV, RUS(N). **NO-Eu:** CS, SK, PL, BY, UA, RUS(S). **SO-Eu:** H, RO, SLO, *HR, GR. **N-Afr:** MA, TN(?). **W-As:** TR, Kaukasus. **Z-As:** KAZ. **Sib:** W-Sib, O-Sib. **NO-As:** Jak, Amur, JAO, Khab, Prim, Sach, Chuk, Mag, Kam, Kur. **SO-As:** MGL, J.

Lokalverbreitung: Im Gebiet aus allen Regionen gemeldet.

Sphecodes gibbus (LINNAEUS, 1758)

Buckel-Blutbiene

Etymologie: Von lat. „*gibbus*" = „Buckel, Höcker"; der Beschreibung LINNÉs ist kein Hinweis auf die Namensgebung zu entnehmen; möglicherweise bezieht sie sich auf den hochgewölbten Scheitel. Der deutsche Name folgt der wissenschaftlichen Bezeichnung.

Lebensraum: Zeigt keine strenge Habitatbindung, kommt auch häufig im Siedlungsbereich vor. Vom Flachland bis in die alpine Höhenstufe.

Wirte: *Halictus quadricinctus, H. rubicundus, H. sexcinctus* und *H. simplex*; vermutet werden auch *Halictus maculatus* und *Lasioglossum malachurum*. Meldungen von *Andrena vaga* und *Colletes cunicularius* als Wirt dürften nicht zutreffen.

Flugzeit: Weibchen April bis Oktober, Männchen von Juni bis Oktober.

Gesamtverbreitung: In Nordafrika von Marokko bis Tunesien und in Ägypten. In Eurasien von Portugal über Europa, Kleinasien, Levante, Kaukasus und Zentralasien bis zum Mittelsibirischen Bergland (Minussinsk, Kemerowo) und die Mongolei, erreicht in Kashmir und Bihar die orientalische Faunenregion; nordwärts bis Irland und Südschottland, in Norwegen bis 63°N (Møre og Romsdal), in Schweden bis 66°N (Norrbotten), in Finnland bis 63,5°N (Nordsavo), in Russland bis Karelien, Kirov und Perm; südwärts bis Sizilien, *Peloponnes, Kreta, Zypern, Israel, *Jordanien, *Nordiran und Afghanistan. Die Meldungen aus Primorje und Japan gehören zu *Sphecodes nippon* Meyer, 1922 (Astafurova & Proshchalykin 2014). In der ssp. *rufispinosus* Meyer, 1920 in Nordafrika, Zypern und Levante bis in den Irak, in der ssp. *nigripennis* Morawitz, 1876 in Zentralasien. **SW-Eu:** P, E, E(B), F(K), I(Sa), I(Si), I. **Z-Eu:** F, B, LUX, NL, D, A, CH, FL, DK. **N-Eu:** IRL, GB, N, S, SF, EST, LT, LV, RUS(N). **NO-Eu:** CS, SK, PL, BY, UA, UA(K), RUS(S). **SO-Eu:** H, RO, SLO, HR, MK, SRB, BIH, BG, GR, GR(K). **N-Afr:** MA, DZ, TN, ET. **W-As:** GR(Ä), CY, TR, IL, *JOR, IRQ, Kaukasus, *IR, AFG. **Z-As:** TM, UZB, TAD, KAZ, KGZ. **Sib:** W-Sib, O-Sib. **NO-As:** {~~Prim~~}. **SO-As:** MGL, RC (Xinjiang), {~~J~~}. **Ori:** IND.

Lokalverbreitung: Im Gebiet aus allen Regionen gemeldet.

Sphecodes hyalinatus Hagens, 1882

Durchscheinende Blutbiene

Etymologie: Von lat. „*hyalinatus*" = „durchsichtig, transparent"; Hagens verwendet einen unveröffentlichten Namen von Schenck und gibt keine Hinweise auf die Namensgebung. Der deutsche Name folgt der wissenschaftlichen Bezeichnung.

Lebensraum: Zeigt keine strenge Habitatbindung. Vom Flachland bis in die subalpine Höhenstufe.

Wirte: *Lasioglossum fratellum, L. fulvicorne*, vermutet wird auch *L. quadrinotatulum*.

Flugzeit: Weibchen April bis September, Männchen von Juni bis Oktober.

Gesamtverbreitung: Transpaläarktisch mit Nachweislücke in Zentralasien und zwischen Ural und Altai. Von den spanischen Pyrenäen über Europa bis Südrussland und von der Republik Altai und Kemerowo; nordwärts bis Irland und Nordschottland, in Skandinavien bis weit über den Polarkreis hinaus: in Norwegen bis 70°N (Finnmark), in Schweden bis 68,5°N (Torne Lappmark), in Finnland bis 68°N (Nordlappland), in Russland bis Karelien, Kirov und Perm; südwärts bis Sizilien, Thessalien und Bulgarien. **SW-Eu:** E, I(Si), I. **Z-Eu:** F, B, LUX, NL, D, A, CH, FL, DK? **N-Eu:** IRL, GB, N, S, SF, LT, LV, RUS(N). **NO-Eu:** CS, SK, PL, UA, RUS(S). **SO-Eu:** H, RO, SLO, *HR, BG. **W-As:** Kaukasus. **Sib:** W-Sib, O-Sib. **NO-As:** Amur, Khab, Prim, Mag, Kam.

Lokalverbreitung: Im Gebiet aus allen Regionen gemeldet.

Sphecodes intermedius Blüthgen, 1923

Mittlere Blutbiene

Etymologie: Von lat. „*inter*" = „inmitten, zwischen, unter" und „*medius*" = „der mittlere, mitten, in der Mitte"; Blüthgen bezieht sich offensichtlich auf die Form der männlichen Genitalien („*Endglied in der Form zwischen ferruginatus und hyalinatus stehend (mit Worten sehr schwer zu beschreiben)*"). Der deutsche Name folgt der wissenschaftlichen Bezeichnung.

Lebensraum: Trockenwarme Standorte mit Steppencharakter. Vom Flachland bis in die kolline Höhenstufe.

Wirte: Vermutlich *Halictus pollinosus* und/oder *Halictus kessleri*.

Flugzeit: Flugdaten aus dem Gebiet (inklusive Tschechien): Weibchen von April, Juni und Juli, Männchen von April, Juni und August.

Gesamtverbreitung: In Nordafrika von Marokko bis Libyen und in Ägypten nachgewiesen. In Eurasien von *Portugal und Südspanien über Süd- und südliches Mitteleuropa, Kleinasien und Kaukasus bis Zentralasien; nordwärts bis Ostösterreich, Mähren, Nordukraine und Wolgograd; bisher keine Nachweise aus Italien und der Balkanhalbinsel. **SW-Eu:** *P, E. **Z-Eu:** A. **NO-Eu:** CS, SK, UA, RUS(S). **SO-Eu:** H. **N-Afr:** MA, DZ, TN, LAR, *ET. **W-As:** TR, Kaukasus, *IR. **Z-As:** TM, UZB, TAD, KAZ. **Ori:** PAK.

Lokalverbreitung: Im Gebiet nur aus dem Burgenland und Niederösterreich bekannt.

Sphecodes longulus HAGENS, 1882

Längliche Blutbiene

Nomenklatur: Synonym: *Sphecodes nitidulus* HAGENS, 1882.

Etymologie: Von lat. „*longulus*“ = „ziemlich weit, ziemlich lang“; HAGENS bezieht sich auf die Gestalt des Männchens („*Eine kleine und besonders schlanke Art*“)

Lebensraum: Zeigt keine strenge Habitatbindung. Vom Flachland bis in die montane Höhenstufe.

Wirte: *Lasioglossum lucidulum, L. minutissimum, L. morio, L. punctatissimum, L. semilucens* und *L. sexstrigatum*, möglicherweise auch *L. leucopus* und *L. zonulum*.

Flugzeit: Weibchen März bis September, Männchen von Juni bis September.

Gesamtverbreitung: Transpaläarktisch mit Nachweislücke zwischen dem Ural und dem Mittelsibirischen Bergland In der Westpaläarktis verlässlich in Tunesien und in Eurasien von Galicia über Europa, Kleinasien, Levante, *Kaukasus und Südrussland bis Tadschikistan; nordwärts bis Südengland (zwei Meldungen aus den 1920er Jahren), Südschweden (56°N, Skåne), Finnland (63°N, Nordsavo), in Russland bis Karelien und Kirov; südwärts bis Sizilien, Peloponnes, *Zypern und Syrien (Damaskus). In der Ostpaläarktis von Kemerowo bis Primorje und Japan. **SW-Eu:** E, E(B), *F(K), I(Si), I. **Z-Eu:** F, B, LUX, NL, D, A, CH, FL, DK. **N-Eu:** GB, S, SF, LT, LV, RUS(N). **NO-Eu:** CS, SK, PL, BY, UA, RUS(S). **SO-Eu:** H, RO, SLO, HR, *SRB, *MK, BG, GR. **N-Afr:** *TN, DZ? **W-As:** *CY, TR, SYR, *Kaukasus, *IR. **Z-As:** TAD. **Sib:** W-Sib, O-Sib. **NO-As:** Amur, JAO, Prim. **SO-As:** J.

Lokalverbreitung: Im Gebiet aus allen Regionen gemeldet.

Sphecodes majalis PÉREZ, 1903

Mai-Blutbiene

Etymologie: Adjektiv zu lat. „*maius*“ = „Mai“; bezieht sich auf die Flugzeit beider Geschlechter.

Lebensraum: Südexponierte Waldsäume, Hecken, Halbtrockenrasen, extensiv genutztes Grünland, Hochwasserdämme, Weinberge. Vom Flachland bis in die kolline Höhenstufe.

Wirte: *Lasioglossum pallens*.

Flugzeit: Beide Geschlechter fliegen von April bis Mai.

Gesamtverbreitung: In Nordafrika von Algerien bekannt. In Eurasien von Süd- und Zentralspanien über Süd- und Mitteleuropa, Kleinasien und Kaukasus bis in das Grenzgebiet von Iran und Turkmenien; nordwärts bis Niederlande und Mitteldeutschland; südwärts bis Südfrankreich, *Piemont und Thessalien. In der ssp. *barbatus* BLÜTHGEN, 1923 in Kleinasien (wird von manchen Autoren als eigene Art aufgefasst). **SW-Eu:** E, *I. **Z-Eu:** F, B, NL, D, A, CH. **NO-Eu:** CS, SK, UA, RUS(S). **SO-Eu:** H, RO, SLO, HR, GR. **N-Afr:** DZ. **W-As:** GR(Ä), TR. **Z-As:** IR/TM.

Lokalverbreitung: In Deutschland nur bis zum Nordrand der Mittelgebirge; nachgewiesen aus Hessen, Thüringen, Sachsen-Anhalt, Rheinland-Pfalz, Baden-Württemberg und Bayern (aktuell). In Österreich aus Ober- und Niederösterreich sowie der Steiermark gemeldet. In der Schweiz nur von Genf, Neuenburgersee, Zürich und bei Olten.

Sphecodes marginatus Hagens, 1882

Gerandete Zwerg-Blutbiene

Nomenklatur: Synonyme: *Sphecodes atratus* Hagens, 1882; *Sphecodes nigritulus* Hagens, 1882.

Etymologie: Von lat. „*marginatus*" = „mit einem Rand versehen"; Hagens bezieht sich offensichtlich auf die Filzflecken der männlichen Fühler („*der Haarfleck erstreckt sich fast bis zum Ende und lässt einen schmalen Rand übrig*").

Lebensraum: Trockenwarme, offene Standorte, in der Regel auf sandigen Böden. Vom Flachland bis in die montane Höhenstufe

Wirte: Vermutlich *Lasioglossum lucidulum, L. punctatissimum, L. monstrificum, L. semilucens* und *L. sexstrigatum*. Vermutet wurde auch *Dufourea minuta*, was aber sicherlich nicht zutrifft.

Flugzeit: Die wenigen Flugdaten aus dem Gebiet stammen von Mai und August.

Gesamtverbreitung: In Nordafrika von den Kanaren bis Ägypten und von der Arabischen Halbinsel aus den Vereinigten Arabischen Emiraten bekannt. In Eurasien von Portugal über Süd- und Mitteleuropa, Kleinasien und Kaukasus bis Nordpakistan, wo die Art die orientalische Faunenregion erreicht; nordwärts bis Dänemark, Nordpolen, Baltikum und Perm; südwärts bis Sizilien, Peloponnes, Kreta und Südtürkei. In der ssp. *biskrensis* Pérez, 1903 in Nordafrika, Iberien, Korsika, Sardinien, Sizilien, Mittel- und Süditalien, Balkanhalbinsel, Kleinasien und Kaukasus; in der ssp. *larochei* Warncke, 1992 endemisch auf Gran Canaria; in der ssp. *creticus* Warncke, 1992 endemisch auf Kreta. **SW-Eu:** P, E, I(Sa), I(Si), I. **Z-Eu:** F, B, NL, D, A, CH, DK. **N-Eu:** LT, LV, RUS(N). **NO-Eu:** CS, SK, PL, BY, UA, UA(K). **SO-Eu:** H, GR, GR(K). **N-Afr:** E(C), MA, DZ, TN, LAR, ET. **Arab:** UAE. **W-As:** GR(Ä), TR, Kaukasus. **Ori:** PAK.

Lokalverbreitung: In Deutschland aus allen Bundesländern nachgewiesen (aktuell). In Österreich aus Ober- und Niederösterreich und dem Burgenland gemeldet, die Meldung eines Fundes von 1946 aus der Steiermark ist überprüfungsbedürftig. In der Schweiz aktuell aus dem Wallis und vom Neuenburgersee, historisch von Genf und dem Emmental.

Sphecodes miniatus Hagens, 1882

Gewöhnliche Zwerg-Blutbiene

Nomenklatur: Synonyme: *Sphecodes dimidiatus* Hagens, 1882; *Sphecodes murithianus* Frey-Gessner, 1903.

Etymologie: Von lat. „*miniatus*" = „rot gefärbt". Deutscher Name: Die Art ist in den meisten Regionen des Gebiets die häufigste Zwerg-Blutbiene.

Lebensraum: Zeigt keine strenge Habitatbindung. Vom Flachland bis in die alpine Höhenstufe.

Wirte: Hauptwirt ist offensichtlich *Lasioglossum nitidiusculum*, weitere Wirte sind *L. pauxillum, L. politum* und *L. punctatissimum,* sehr wahrscheinlich auch *L. morio* und *L. sexstrigatum.*

Flugzeit: Weibchen April bis September, Männchen von Juni/Juli bis September.

Gesamtverbreitung: Transpaläarktisch mit Nachweislücke in Zentralasien. In Nordafrika aus Algerien gemeldet; im westlichen Eurasien von *Süd- und Zentralspanien über Mittel- und Osteuropa, Südrussland und *Kleinasien bis in den Kaukasus und ostwärts bis Orenburg; nordwärts bis Südengland, in Schweden bis 64°N (Västerbotten), in Finnland bis 63,5°N (Nordkarelien), in Russland bis Karelien und Kirov; südwärts bis *Puglia und Peloponnes. Im östlichen Teil des Verbreitungsgebietes von Thymen bis Khabarovsk und aus der Mongolei gemeldet. **SW-Eu:** E, I. **Z-Eu:** F, B, LUX, NL, D, A, CH, DK. **N-Eu:** IRL?, GB, S, SF, LT, LV, RUS(N). **NO-Eu:** CS, SK, PL, BY, UA, RUS(S). **SO-Eu:** H, RO, SLO, HR, *BG, GR, *GR(K). **N-Afr:** *DZ. **W-As:** GR(Ä), *TR, Kaukasus. **Sib:** W-Sib, O-Sib. **NO-As:** Khab. **SO-As:** MGL.

Lokalverbreitung: Im Gebiet aus allen Regionen gemeldet.

Sphecodes monilicornis (Kirby, 1802)

Dickkopf-Blutbiene

Nomenklatur: Synonyme: *Sphecodes subquadratus* Smith, 1845; *Sphecodes* quadratus Meyer, 1920.

Etymologie: Von lat. „*monile*" = „Halskette" und „*cornum*" = Horn (im Sinne von Fühler); Kirby erinnerte der Anblick der Fühler wegen der gebogenen Geißelglieder an eine Halskette („*Antennæ [...], articulis arcuatis; certo situ tamen submoniliformes sunt*"). Deutscher Name: Der Kopf des Weibchens wirkt stark verdickt.

Lebensraum: Zeigt keine strenge Habitatbindung. Vom Flachland bis in die montane Höhenstufe.

Wirte: Sehr breites Wirtsspektrum aus den Gattungen *Lasioglossum, Halictus* und *Andrena*. Beobachtet wurden *Andrena flavipes, Halictus maculatus, H. rubicundus, H. tumulorum, Lasioglossum albipes, L. calceatum, L. laticeps, L. leucozonium, L. malachurum, L. pauxillum, L. prasinum, L. quadrinotatulum, L. villosulum* und *L. zonulum*.

Flugzeit: Weibchen März bis Oktober, Männchen von Mai bis Oktober.

Gesamtverbreitung: Transpaläarktisch. In Nordafrika aus Marokko und Algerien bekannt. In Eurasien von Portugal über Europa, Kleinasien, Kaukasus, Zentralasien und Sibirien bis zur Pazifikküste des Fernen Ostens, erreicht in Belutschistan, Kashmir und Punjab die orientalische Faunenregion; nordwärts bis Irland und Nordschottland, bis 63,5°N in Norwegen (Nord-Trøndelag), 66°N in Schweden (Norrbotten), 67°N in Finnland (Kemijärvi/Lappland), in Russland bis Karelien, Kirov und Perm; südwärts bis Sizilien, Peloponnes, Kreta, Zypern und Südtürkei. In Westsibirien erstmals durch Levchenko & Tomkovich (2014) nachgewiesen (Chanty-Mansijsk). Nach Warncke (1992b) in der ssp. *berberus* Warncke, 1992 in Marokko, in der ssp. *quadratus* Meyer, 1920 in Iberien, Südfrankreich, Italien, Dalmatien, Griechenland, und in der ssp. *cephalotes* Meyer, 1920 von der Ägäis ostwärts in die Türkei und Zypern. **SW-Eu:** P, E, E(B), *F(K), I(Sa), I(Si), I. **Z-Eu:** F, B, LUX, NL, D, A, CH, FL, DK. **N-Eu:** IRL, GB, N, S, SF, EST, LT, LV, RUS(N). **NO-Eu:** CS, SK, PL, BY, UA, UA(K), RUS(S). **SO-Eu:** H, RO, SLO, HR, MK, MNE, SRB, BIH, AL, BG, GR, *GR(K). **N-Afr:** MA, DZ. **W-As:** GR(Ä), CY, TR, JOR(?), Kaukasus, *IR. **Z-As:** TM, UZB, TAD. **Sib:** W-Sib, O-Sib. **NO-As:** Jak, Amur, JAO, Khab, Prim. **SO-As:** MGL. **Ori:** PAK, IND.

Lokalverbreitung: Im Gebiet aus allen Regionen gemeldet.

Sphecodes niger Hagens, 1874
Schwarze Blutbiene

Etymologie: Von lat. „*niger*" = „schwarz"; wegen des im Gegensatz zu fast allen anderen *Sphecodes*-Arten schwarzen Hinterleibs.

Lebensraum: Zeigt keine strenge Habitatbindung. Vom Flachland bis in die untere subalpine Höhenstufe.

Wirte: Sicherer Wirt ist *Lasioglossum morio*, vermutlich kommen aber auch *L. lucidulum* und *L. nitidiusculum* infrage.

Flugzeit: Weibchen April bis Oktober, Männchen von Juni bis Oktober.

Gesamtverbreitung: Von *Portugal und Spanien (nur von Barcelona gemeldet) über Europa bis in die Westukraine und die Türkei; nordwärts bis Wales und Mittelengland und ins Baltikum, in Russland bis Moskau; südwärts bis Emilia-Romagna, Slowenien und Ungarn, ein Nachweis aus Anatolien (Ankara). **SW-Eu:** *P, E, I(Si)?, I. **Z-Eu:** F, B, NL, D, A, CH, DK. **N-Eu:** GB, LT, LV, RUS(N). **NO-Eu:** CS, SK, PL, BY, UA. **SO-Eu:** H, SLO, *HR. **W-As:** TR.

Lokalverbreitung: In Deutschland keine Nachweise aus Schleswig-Holstein und Mecklenburg-Vorpommern, sonst überall aktuell. In Österreich und der Schweiz fast überall mit Ausnahme des Tessins und des Engadins, in den Kantonen Genf und Waadt nur historisch.

Sphecodes nomioidis Pesenko, 1979
Steppen-Blutbiene

Nomenklatur: Warncke synonymisiert die Art mit *Sphecodes marginatus*. Bogusch & Straka (2012) erkannten aber bei Untersuchungen von reichhaltigem Material der *Sphecodes-marginatus*-Gruppe die Eigenständigkeit von *Sphecodes nomioidis*.

Etymologie: Vom Gattungsnamen des ursprünglich angenommenen Wirtes. Der deutsche Name bezieht sich auf den bisher bekannt gewordenen Lebensraum.

Lebensraum: Trockenwarme Standorte mit Steppencharakter. Vom Flachland bis in die alpine Höhenstufe.

Wirte: In der Originalbeschreibung wird als Wirt *Nomioides minutissimus* angegeben; dies wird von Pesenko aber später dahingehend korrigiert, dass es sich bei dem Wirt wohl eher um eine *Lasioglossum*-Art aus der Untergattung *Evylaeus* gehandelt habe.

Gesamtverbreitung: Aufgrund der Vermengung mit *Sphecodes marginatus* unklar. Bogusch & Straka (2012) bezeichnen die Art als ponto-mediterran ohne Westeuropa und Nordafrika und führen sie von folgenden Ländern an: Österreich, Bulgarien, Tschechien, Griechenland, Ungarn, Jordanien, Rumänien, Slowakei und Türkei. **Z-Eu:** A. **NO-Eu:** CS, SK, UA. **SO-Eu:** H, RO, GR, BG. **W-As:** TR, JOR.

Lokalverbreitung: Bogusch & Straka (2012) geben die Art ohne Funddaten für Österreich an.

Sphecodes olivieri Lepeletier, 1825
Oliviers Blutbiene

Etymologie: Benannt nach dem französischen Zoologen Guillaume-Antoine Olivier (1756–1814).

Lokalverbreitung: Im Gebiet wurden von Franz (1982) zwei Männchen aus Niederösterreich gemeldet, beide von Blüthgen bestimmt, der aber später ein Vorkommen der Art in Österreich bezweifelte.

Sphecodes pellucidus Smith, 1845

Sand-Blutbiene

Nomenklatur: Synonym: *Sphecodes pilifrons* Thomson, 1870.

Etymologie: Von lat. „*pellucidus*" = „durchsichtig, hell"; Smith bezieht sich auf die durchsichtigen Flügel des Männchens („*its male is at once known by its hyaline wings*"). Deutscher Name: Die Art wird hauptsächlich in Sandgebieten angetroffen.

Lebensraum: Hauptsächlich in Sandgebieten; Sand- und Kiesgruben, Waldsäume und Ruderalflächen. Vom Flachland bis in die subalpine Höhenstufe.

Wirte: *Andrena barbilabris*, *A. nycthemera* und *Lasioglossum leucozonium*, wahrscheinlich auch *A. argentata* und *A. ventralis*, vermutet werden auch *A. bicolor*, *A. humilis*, *A. wilkella* und *L. prasinum*.

Flugzeit: Weibchen April bis August, Männchen von Juni bis September.

Gesamtverbreitung: Transpaläarktisch. In Nordafrika von Marokko bis Tunesien. In Eurasien von Portugal über Europa, Kleinasien, Kaukasus, Zentralasien und Sibirien bis zur Pazifikküste des Fernen Ostens; nordwärts bis Irland und Südschottland, in Skandinavien bis 62,5°N in Norwegen (Møre og Romsdal), 64°N in Schweden (Västerbotten), 65°N in Finnland (Oulu), in Russland bis Karelien, Kirov und Perm; südwärts bis Sizilien, Bulgarien, *Kreta (keine Nachweise vom griechischen Festland), Zypern und *Nordiran. **SW-Eu:** P, E, I(Si), I. **Z-Eu:** F, B, LUX, NL, D, A, CH, FL, DK. **N-Eu:** IRL, GB, N, S, SF, EST, LT, LV, RUS(N). **NO-Eu:** CS, SK, PL, BY, UA, RUS(S). **SO-Eu:** H, RO, SLO, HR, BG, *GR(K). **N-Afr:** MA, DZ, TN. **W-As:** CY, TR, Kaukasus, IR. **Z-As:** TM, KGZ. **Sib:** W-Sib, O-Sib. **NO-As:** Jak, Amur, JAO, Khab, Prim. **SO-As:** MGL, RC (Xinjiang).

Lokalverbreitung: Im Gebiet aus allen Regionen gemeldet.

Sphecodes pseudofasciatus Blüthgen, 1925
Spanische Blutbiene

Etymologie: Von lat. „*pseudo*" = „falsch" und dem Artnamen von *Sphecodes fasciatus* (= *geoffrellus*), die sehr ähnlich aussieht. Deutscher Name: Typenfundort ist Valbanera in Nordspanien.

Lebensraum: Trockenwarme Standorte; Trockenrasen, Sandböschungen, Brach- und Ruderalflächen. Vom Flachland bis in die montane Höhenstufe.

Wirte: Unbekannt.

Flugzeit: Weibchen April bis Juli/August, Männchen von Juni/Juli bis August.

Gesamtverbreitung: In Nordafrika aus Marokko bekannt. In Eurasien von *Portugal über Süd- und südliches Mitteleuropa bis in die Ukraine; nordwärts bis Süddeutschland und Mähren; südwärts bis *Campania, Slowenien und Rumänien; isolierte Nachweise in der Türkei (Bogusch & Straka 2012) und *Usbekistan. **SW-Eu:** *P, E, I, P(A). **Z-Eu:** F, D, A, CH. **N-Eu:** RUS(N). **NO-Eu:** CS, SK, UA. **SO-Eu:** H, RO, SLO. **N-Afr:** MA. **W-As:** TR. **Z-As:** *UZB.

Lokalverbreitung: In Deutschland nur aus Hessen, Baden-Württemberg und Bayern nachgewiesen; eine Angabe für Sachsen beruht auf einem Irrtum. In Österreich aus dem Burgenland, Kärnten, Niederösterreich und der Steiermark gemeldet, angeblich auch aus Salzburg. In der Schweiz aktuell aus dem Wallis, Tessin, Murtensee und Aargau, historisch aus dem Genfersee-Gebiet, Wallis, Misox und Zürich.

Sphecodes puncticeps Thomson, 1870
Punktierte Blutbiene

Etymologie: Von lat. „*punctatus*" = „punktiert" und „*ceps*" = „Kopf"; Thomson bezieht sich auf den punktierten Scheitel („*vertice crebre subtilius punctato*"). Der deutsche Name lehnt sich an die wissenschaftliche Bezeichnung an.

Lebensraum: Hauptsächlich in Sandgebieten; Binnendünen, Flugsandfelder, Magerrasen, Brach- und Ruderalflächen, Sandheiden, Sand-, Kies- und Lehmgruben. Vom Flachland bis in die montane Höhenstufe.

Wirte: Bekannt sind *Lasioglossum brevicorne, L. politum, L. monstrificum* und *L. villosulum*.

Flugzeit: Weibchen April bis Juli/August, Männchen von Juni/Juli bis September.

Gesamtverbreitung: In Nordafrika von Marokko bis *Tunesien und in Ägypten. In Eurasien von Portugal über Europa, Kleinasien, Levante und Kaukasus bis Tadschikistan, jüngst aus der Region Altai gemeldet (Astafurova & Proshchalykin 2015); südwärts bis Sizilien und *Malta, *Kalabrien, Peloponnes, Kreta, Zypern, Israel, Südiran und Afghanistan. **SW-Eu:** P, E, E(B), *F(K), I(Sa), I(Si), I, *M. **Z-Eu:** F, B, LUX, NL, D, A, CH, FL, DK. **N-Eu:** GB, N, S, SF, LT, LV, RUS(N). **NO-Eu:** CS, SK, PL, BY, UA, RUS(S). **SO-Eu:** H, RO, SLO, HR, MK, BG, GR, GR(K). **N-Afr:** E(C), MA, DZ, *TN, ET. **W-As:** GR(Ä), CY, TR, IL, IR, AFG. **Z-As:** UZB, TAD. **NO-As:** Prim(?). **SO-As:** MGL.

Lokalverbreitung: Im Gebiet aus allen Regionen gemeldet.

Sphecodes reticulatus Thomson, 1870

Netz-Blutbiene

Etymologie: Von lat. „*reticulatus*“ = „netzförmig, gitterförmig“; Thomson bezieht sich auf die Skulptur des Propodeums („*Metathorax postice lateribus reticulato-strigosis*“).

Lebensraum: Hauptsächlich in Sandgebieten; Binnendünen, Sand- und Kiesgruben, Waldsäume, Magerrasen, Sandheiden, Ruderalflächen. Vom Flachland bis in die montane Höhenstufe.

Wirte: *Andrena argentata* und *A. barbilabris*, vermutet werden auch *A. wilkella* und *Lasioglossum prasinum*.

Flugzeit: Weibchen April/Mai bis September, Männchen von Juli bis Oktober.

Gesamtverbreitung: Von Portugal über Europa und Kleinasien bis in den Kaukasus und über Sibirien bis Irkutsk; nordwärts bis Wales und Mittelengland, in Schweden bis 60°N (Västmanland, Uppland), in Finnland bis 62,5°N (Nordsavo), in Russland bis Leningrad, Kirov und Perm; südwärts bis Sizilien, *Kalabrien, *Kreta, Südtürkei und *Nordiran. Die Meldungen aus Nordafrika und dem Nahen Osten beziehen sich nach Warncke (1992b) wohl auf *Sphecodes alternatus* Smith, 1853. **SW-Eu:** P, E, I(Si), I. **Z-Eu:** F, B, LUX, NL, D, A, CH, FL, DK. **N-Eu:** GB, S, SF, EST, LT, LV, RUS(N). **NO-Eu:** CS, SK, PL, BY, UA, RUS(S). **SO-Eu:** H, RO, SLO, HR, SRB, *MK, BG, GR, *GR(K). **N-Afr:** {DZ}. **W-As:** GR(Ä), TR, {IL}, Kaukasus, *IR. **Sib:** W Sib, O Sib.

Lokalverbreitung: Im Gebiet aus fast allen Regionen aktuell gemeldet, in der Schweiz im Genfersee-Gebiet und weiten Teilen des Mittellandes nur historisch.

Sphecodes rubicundus Hagens, 1875
Weißhaarige Blutbiene

Nomenklatur: Warncke fasste die Art als Unterart von *Sphecodes ruficrus* auf. Synonym: *Sphecodes rufiventris* auct. nec Panzer, 1798.

Etymologie: Von lat. „*rubicundus*" = „rot, rot bemalt". Deutscher Name: Die Art ist im Unterschied zur nächstverwandten *S. ruficrus* weiß behaart.

Lebensraum: Trockene Mager- und Fettwiesen, Feld- und Waldsäume. Vom Flachland bis in die kolline Höhenstufe.

Wirte: Sicher bekannter Wirt ist *Andrena labialis*, vermutet werden auch *A. agilissima* und *A. nigroaenea*.

Flugzeit: Beide Geschlechter fliegen von Mai bis Juli, Weibchen werden zuweilen noch im September beobachtet.

Gesamtverbreitung: In Nordafrika von *Marokko und *Tunesien nachgewiesen. Von Portugal über Europa und Kleinasien bis in den Kaukasus; nordwärts bis Wales und Südengland, ins Baltikum, in Russland bis Perm; südwärts bis Sizilien, *Abruzzo, Peloponnes, *Kreta und Südtürkei. **SW-Eu:** P, E, I(Si), I. **Z-Eu:** F, B, LUX, NL, D, A, CH, DK. **N-Eu:** GB, LT, LV, RUS(N). **NO-Eu:** CS, SK, PL, UA, RUS(S). **SO-Eu:** H, RO, HR, SRB, GR, *GR(K). **N-Afr:** *MA, *TN. **W-As:** GR(Ä), TR, Kaukasus.

Lokalverbreitung: In Deutschland aus allen Bundesländern nachgewiesen, aus Mecklenburg-Vorpommern und Sachsen-Anhalt nur historisch. In Österreich aus dem Burgenland, Kärnten sowie Ober- und Niederösterreich gemeldet. In der Schweiz aktuell nur von Genf, historisch aus den Kantonen Waadt, Bern und Zürich.

Sphecodes ruficrus (Erichson, 1835)
Schwarzhaarige Blutbiene

Nomenklatur: Synonym: *Sphecodes hispanicus* Wesmael, 1836; *Sphecodes rufipes* Smith, 1853.

Etymologie: Von lat. „*rufus*" = „rötlich, rothaarig" und „*crus*" = „Bein, Schienbein"; wegen der rot gefärbten Tibien und Tarsen. Deutscher Name: Die Art ist im Unterschied zur nächstverwandten *S. rubicundus* schwarz behaart.

Lebensraum: Trockenwarme Standorte; Trockenrasen, Steppen. Vom Flachland bis in die kolline Höhenstufe.

Wirte: Hauptwirt scheint *Andrena humilis* zu sein, infrage kommen auch *A. livens* und *A. taraxaci. Andrena decipiens* wird ebenfalls als Wirt vermutet.

Flugzeit: Weibchen April bis Juni, Männchen von April bis Mai.

Gesamtverbreitung: In Nordafrika von den Kanaren bis Ägypten. In Eurasien von Portugal über Süd- und südliches Mitteleuropa (südwärts bis *Pug-

lia) ostwärts bis Westösterreich, offenbar isoliert in der Ägäis und der Türkei; nordwärts bis Süddeutschland (historisch bis Mitteldeutschland); im Süden vom Sinai nordwärts bis Israel und *Jordanien. Die Angaben aus Ungarn, Mazedonien und Griechenland unter dem Synonym *Sphecodes hispanicus* Wesmael, 1836 beziehen sich auf *S. rubicundus*. Auf den Kanaren in zwei Unterarten: ssp. *gomerensis* Warncke, 1992 auf La Gomera und ssp. *piceohirtus* Blüthgen, 1958 auf Teneriffa. **SW-Eu:** P, E, E(B), I(Sa), I(Si), I. **Z-Eu:** F, D, A, CH. **SO-Eu:** {H}, {MK}, {GR}. **N-Afr:** E(C), MA, DZ, TN, LAR, ET. **W-As:** GR(Ä), TR, IL, *JOR.

Lokalverbreitung: In Deutschland aktuell aus Baden-Württemberg und Bayern nachgewiesen, in Sachsen-Anhalt letzter Fund 1949. In Österreich nur aus Vorarlberg gemeldet, wo sie erst 2002 erstmals für das Land entdeckt wurde (Schwarz et al. 2005). In der Schweiz vom Genfersee bis zum Bodensee über den ganzen Jura und dessen südliches Vorland verbreitet (aktuell und historisch), dazu ein aktueller Fund im Wallis.

Sphecodes rufiventris (Panzer, 1798)

Geriefte Blutbiene

Nomenklatur: Synonym: *Sphecodes subovalis* Schenck, 1853.

Etymologie: Von lat. „*rufus*“ = „rötlich, rothaarig“ und „*venter* (Gen. *ventris*)“ = „Bauch“ (im Sinne von Hinterleib). Deutscher Name: Die Art zeichnet sich durch senkrecht stehende Riefen auf den Mesopleuren aus.

Lebensraum: Trockenwarme Magerrasen, Waldsäume, Hochwasserdämme, Ruderalflächen, Lehmgruben. Vom Flachland bis in die montane Höhenstufe.

Wirte: Einziger sicher bekannter Wirt ist *Halictus maculatus*.

Flugzeit: Weibchen April bis September, Männchen von Mai/Juni bis September.

Gesamtverbreitung: In Nordafrika nur aus Algerien bekannt. In Eurasien von Portugal über Süd- und Mitteleuropa, Kleinasien und Kaukasus bis Zentralasien und Khakassien; nordwärts bis ins Baltikum, in Russland bis Kirov und Perm; südwärts bis Sizilien, *Korinth, Südtürkei und *Nordiran. Nach Warncke (1992b) in der ssp. *hethiticus* Warncke, 1992 in Kleinasien und in der ssp. *tadschicus* Blüthgen, 1935 in Zentralasien. **SW-Eu:** P, E, I(Si), I. **Z-Eu:** F, B, LUX, NL, D, A, CH, FL, DK. **N-Eu:** {GB}, LT, LV, RUS(N). **NO-Eu:** CS, SK, PL, BY, UA, RUS(S). **SO-Eu:** H, RO, SLO, HR, SRB, BIH, BG, GR. **N-Afr:** DZ. **W-As:** CY(?), TR, Kaukasus, *IR. **Z-As:** UZB, TAD, KAZ. **Sib:** W-Sib.

Lokalverbreitung: In Deutschland aus allen Bundesländern nachgewiesen, in Schleswig-Holstein, Mecklenburg-Vorpommern und Niedersachsen historisch, sonst überall aktuell. In Österreich und der Schweiz aus allen Regionen gemeldet mit Ausnahme des Schweizer Alpenhauptkamms und des nördlichen Alpenvorlandes.

Sphecodes scabricollis Wesmael, 1865
Leistenkopf-Blutbiene

Etymologie: Von lat. „*scaber*" = „scharf" und „*collaris*" = „den Hals betreffend, Hals-"; bezieht sich wie der deutsche Name auf die leistenartige scharfe Kante am Hinterrand der Schläfen.

Lebensraum: Zeigt keine strenge Habitatbindung; sowohl auf offenen als auch auf walddominierten Standorten; extensiv genutztes Grünland, Waldsäume, Lichtungen, Hecken, Magerrasen, Weinberge, Brach- und Ruderalflächen, Hochwasserdämme. Vom Flachland bis in die montane Höhenstufe.

Wirte: *Lasioglossum zonulum*, höchstwahrscheinlich auch *Lasioglossum leucozonium*, und möglicherweise *Lasioglossum majus*.

Flugzeit: Weibchen Mai/Juni bis September, Männchen von August bis September, Amiet et al. (1999) geben für die Schweiz für beide Geschlechter eine Flugzeit von Mai bis September an.

Gesamtverbreitung: Transpaläarktisch mit Nachweislücke im westlichen Sibirien und Zentralasien. In der Westpaläarktis von Zentral- und Südspanien über Süd- und Mitteleuropa bis Griechenland; nordwärts bis Südwales und Südengland sowie Ostseeküste bis ins Baltikum; südwärts bis Norditalien und Thessalien. In Sibirien aus Novosibirsk, Kemerovo, Republik und Region Altai gemeldet (Astafurova & Proshchalykin 2015), in der Ostpaläarktis vom Oblast Amur bis Sachalin, südwärts bis Südjapan (Kyushu). **SW-Eu:** E, I. **Z-Eu:** F, B, LUX, NL, D, A, CH, FL, DK? **N-Eu:** GB, SF, EST, LT, LV, RUS(N). **NO-Eu:** CS, SK, PL, BY, RUS(S). **SO-Eu:** H, RO, SLO, HR, BG,

GR. **W-As:** Kaukasus(?). **Sib:** W.Sib. **NO-As:** Amur, JAO, Khab, Prim, Sach, Kur. **SO-As:** KOR, J.

Lokalverbreitung: In Deutschland mit Ausnahme von Mecklenburg-Vorpommern, Sachsen-Anhalt, Thüringen und Sachsen aus allen Bundesländern nachgewiesen. In Österreich und der Schweiz aus allen Regionen gemeldet, in letzterer im Südwesten nur historisch.

Sphecodes schenckii Hagens, 1882
Schencks Blutbiene

Etymologie: Benannt nach dem hessischen Hymenopterologen Philipp Adolph Schenck (1763–1805).

Lebensraum: Trockenwarme Standorte; Trockenrasen, Steppen, Schottergruben. Vom Flachland bis in die kolline Höhenstufe.

Wirte: Einziger bekannter Wirt ist *Lasioglossum discum*, höchstwahrscheinlich kommt auch *Lasioglossum majus* infrage.

Flugzeit: Weibchen von April bis August, Männchen von Juni bis September.

Gesamtverbreitung: In Nordafrika verlässlich aus *Tunesien nachgewiesen. In Eurasien von Zentralspanien über Südeuropa, Südrussland und Kleinasien bis in die Levante, den Kaukasus und *Nordiran; nordwärts bis Süddeutschland, Slowakei und Nordukraine; südwärts bis Sizilien, *Peloponnes, *Kreta, Zypern und Israel. In Kleinasien, Kaukasus, Zypern und Levante in der ssp. *caspicus* Meyer, 1920. **SW-Eu:** E, I(Si), I. **Z-Eu:** F, D, A, CH. **NO-Eu:** CS, SK, UA, UA(K), RUS(S). **SO-Eu:** H, RO, SLO, HR, GR, *GR(K). **N-Afr:** *TN, DZ?, ET? **W-As:** GR(Ä), CY, TR, IL, Kaukasus, *IR.

Lokalverbreitung: Aus Deutschland nur durch fünf Männchen von 1962 aus Konstanz bekannt (Westrich & Dathe 1997); vorangegangene Meldungen aus Deutschland erwiesen sich bei Nachprüfungen durch Blüthgen als falsch. In Österreich aus dem Burgenland, Kärnten und Salzburg gemeldet, bei der Meldung aus Tirol von 1887 ist unklar, ob Nord- oder Südtirol gemeint ist. In der Schweiz aktuell nur je ein Fund aus den Kantonen Genf und Solothurn, historisch aus Genf, vom Bielersee, aus den Kantonen Zürich und Thurgau sowie aus dem Wallis, Tessin und Misox.

Sphecodes spinulosus Hagens, 1875
Rotdornige Blutbiene

Etymologie: Diminutiv von lat. „*spinosus*" = „dornig, bedornt"; wegen der roten Dörnchen an den Hintertibien der Männchen („*zeichnet sich vorzüglich aus durch Dörnchen auf den Hinterschienen, welche sonst nur bei den Weibchen vorkommen*").

Lebensraum: Trockenwarme Standorte; extensiv genutztes Grünland, Magerrasen, Weinberge, Hochwasserdämme, Waldsäume, Hecken. Vom

Flachland bis in die obere montane, zuweilen subalpine Höhenstufe.

Wirte: Einziger bekannter Wirt ist *Lasioglossum xanthopus*.

Flugzeit: Beide Geschlechter fliegen von Mai bis Juli, einzelne Tiere sind auch noch im August und September zu finden.

Gesamtverbreitung: In Nordafrika verlässlich nur aus *Marokko und *Algerien bekannt. In Eurasien von Südspanien über Europa, Südrussland und Kleinasien bis in den Kaukasus, ein isolierter Nachweis aus *Kasachstan, jüngst auch aus der Region Altai gemeldet (Astafurova & Proshchalykin 2015); nordwärts bis Südengland, Dänemark (Sjælland, Bornholm) und Südschweden (Ålabodarna/Skåne); südwärts bis Sizilien, *Peloponnes, Kreta und Südtürkei. **SW-Eu:** E, I(Si), I. **Z-Eu:** F, B, LUX, NL, D, A, CH, DK. **N-Eu:** {~~IRL~~}, GB, S. **NO-Eu:** CS, SK, PL, BY, UA, RUS(S). **SO-Eu:** H, RO, SLO, HR, BG, GR, GR(K). **N-Afr:** *MA, *DZ, ET? **W-As:** TR, Kaukasus. **Z-As:** *KAZ. **Sib:** W-Sib.

Lokalverbreitung: In Deutschland aus allen Bundesländern nachgewiesen, aus Mecklenburg-Vorpommern, Niedersachsen, Nordrhein-Westfalen und Sachsen nur historisch. In Österreich nur aus dem Burgenland und Niederösterreich gemeldet. In der Schweiz aktuell und historisch aus dem Wallis, historisch von Genf.

Sphecodes zangherii Noskiewicz, 1931

Zangheris Blutbiene

Nomenklatur: Die taxonomische Situation zwischen *Sphecodes zangherii* und *Sphecodes croaticus* ist äußerst verworren. Warncke (1992b) untersuchte diesen Artenkomplex als Erster und kam zu dem Ergebnis, dass beide Taxa in Deutschland vorkommen. Burger & Reum (2004) fanden bei einer Serienuntersuchung der beiden Taxa im Material aus Deutschland nur *S. zangherii* und schlossen daraus, dass vermutlich alle mitteleuropäischen Tiere zu *S. zangherii* gehören. Im Gegensatz dazu gelangen Bogusch & Straka (2012) bei ihrer Untersuchung des Komplexes, basierend auf umfangreichem Material aus der Warncke-Sammlung, zu dem Ergebnis, dass *S. zangherii* in Mitteleuropa nur in den französischen und Schweizer Alpen vorkommt und alle anderen mitteleuropäischen Tiere fehlbestimmte *S. croaticus* sind. Möglicherweise wurden bei diesen Untersuchungen die Taxa jeweils unterschiedlich interpretiert. Eine Klärung ist vermutlich nur durch Typenuntersuchung beider Taxa möglich. Bei den Angaben zu *Sphecodes zangherii* und *Sphecodes croaticus* wird hier der Auffassung von Bogusch & Straka (2012) gefolgt.

Etymologie: Benannt nach dem italienischen Naturforscher und Schriftsteller Pietro Zangheri (1889–1983), Sammler der Typenserie.

Lebensraum: Warme Standorte; Trockenrasen, mageres Grünland, Brach- und Ruderalflächen. Vom Flachland bis in die montane Höhenstufe.

Wirte: Möglicherweise *Lasioglossum interruptum*.

Flugzeit: Alle Flugdaten aus dem Gebiet stammen aus dem Juni und Juli.

Gesamtverbreitung: Von Frankreich bis in die Türkei; südwärts bis *Campania und Peloponnes. **SW-Eu:** I. **Z-Eu:** F, D. **NO-Eu:** UA. **SO-Eu:** GR. **N-Afr:** MA(?). **W-As:** TR.

Lokalverbreitung: Wegen der schwierigen Abgrenzung zu *Sphecodes croaticus* unklar, nach Bogusch & Straka (2012) im Gebiet nur in den Schweizer Alpen.

Stelis Panzer, 1806
Düsterbienen

Systematik: Familie: Megachilidae – Unterfamilie: Megachilinae – Tribus: Anthidiini.

Literatur: Blüthgen (1930e); Warncke (1992d); Banaszak & Romasenko (2001); Amiet et al. (2004); Scheuchl (2006); Kasparek (2015). Weitere hilfreiche Arbeiten: Ornosa et al. (2009).

Etymologie: Möglicherweise vom griech. „*stelis*" = eine Schmarotzerpflanze. Panzer äußert sich nicht über die Herkunft des Namens; es bleibt auch offen, ob er sich über die brutparasitische Lebensweise der Gattung im Klaren war. Ihren deutschen Namen besitzt die Gattung wegen des vollständig oder größtenteils schwarz gefärbten Körpers der meisten Arten.

Körperliche Merkmale: Die Größe der Düsterbienen liegt zwischen 4 und 14 mm. Der Körper ist schwarz, bei nordamerikanischen Arten auch metallisch, viele Arten sind weiß, gelb oder rotgelb gezeichnet. Wie bei allen Anthidiini und im Gegensatz zu den anderen Tribus der Familie Megachilidae mündet die Discoidalader 2 hinter oder in die Cubitalader 2. Von den anderen Gattungen der Tribus Anthidiini unterscheidet sich *Stelis* dadurch, dass Vorder und Mitteltibien am Ende mit zwei statt nur einem Dorn ausgestattet sind. Im Aussehen ähneln Düsterbienen oft ihren Wirten. Wie bei allen Kuckucksbienen fehlt dem Weibchen ein Pollensammelapparat.

Lebensweise: *Stelis*-Arten leben als Brutparasitoide bei Löcherbienen (*Heriades*), Mauerbienen (*Osmia*), Scherenbienen (*Chelostoma*), Wollbienen (*Anthidium*) und Harzbienen (*Anthidiellum*), wobei sie in der Regel auf eine oder einige wenige Wirtsarten spezialisiert sind. Die Larven der Düsterbienen töten die Wirtslarve und saugen sie zumindest teilweise aus, bevor sie anschließend den Pollenvorrat verzehren. Als Kuckucksbienen besuchen Düsterbienen Blüten nur zur Eigenversorgung mit Nektar. Sie überdauern den Winter als Ruhelarve (Präpuppe) in der Wirtszelle.

Verbreitung/Artenzahl: *Stelis* ist vorwiegend holarktisch verbreitet, dringt aber in die tropische Zone vor, in der westlichen Hemisphäre bis Costa Rica, in der östlichen Hemisphäre bis Kenia und Malaysia, eine Art kommt isoliert in Südafrika vor. Weltweit sind rund 100 Arten bekannt, zwölf davon im Gebiet.

Stelis annulata (Lepeletier, 1841)
Südliche Düsterbiene

Systematik: Untergattung *Heterostelis* Timberlake, 1941.

Nomenklatur: Synonym: *Stelis freygessneri* Friese, 1885.

Etymologie: Von lat. „*annulata*“ = „geringelt“, Lepeletier bezieht sich auf die rostrote, ringartige Zeichnung auf den Fühlern des ihm bei der Beschreibung vorliegenden Männchens („*Antennes noires avec un anneau ferrugineux, formé du troisième article et de la base du quatrième*“). Der deutsche Name bezieht sich auf das Verbreitungsgebiet.

Lebensraum: Trockenwarme Standorte; Trockenrasen, Abwitterungshalden, Steppen, aufgelassene Weinberge. Vom Flachland bis in die montane Höhenstufe.

Wirte: Einziger bekannter Wirt ist *Anthidium interruptum*.

Flugzeit: In einer Generation von Juli bis September.

Gesamtverbreitung: Von Zentralspanien über Südeuropa bis Ukraine, Kleinasien und nördliche Levante; nordwärts bis ins Pariser Becken und Wallis (beides historisch) und Krim; südwärts bis Apulien, Attika und Libanon. **SW-Eu:** E, I. **Z-Eu:** F, A, CH. **NO-Eu:** UA, UA(K). **SO-Eu:** H, GR. **N-Afr:** DZ. **W-As:** TR, RL.

Lokalverbreitung: Im Gebiet nur von historischen Meldungen aus dem Wallis bekannt, letzter Fund 1923 (AMIET ET AL. 2004). Die Angaben für Tirol aus dem 19. Jh. beziehen sich mit Sicherheit auf Südtirol.

Stelis breviuscula (NYLANDER, 1848)
Kurze Düsterbiene

Systematik: Untergattung *Stelis* PANZER, 1806 *s. str.*

Etymologie: Komparativ von lat. „*brevis*" = „kurz, schmal"; NYLANDER bezieht sich auf die geringe Körpergröße von rund 5 mm.

Lebensraum: Waldsäume und Lichtungen, Hecken, extensiv genutztes Grünland. Vom Flachland bis in die montane Höhenstufe.

Wirte: *Heriades truncorum* und *H. crenulatus*, möglicherweise *Chelostoma rapunculi*. Ältere Vermutungen über *Hoplitis adunca* als Wirt erscheinen äußerst fraglich.

Flugzeit: In einer Generation von Mai/Juni bis August/September.

Gesamtverbreitung: In Nordafrika von Marokko bis Algerien und aus Ägypten bekannt. In Eurasien von Portugal über Europa, Kleinasien und Kaukasus bis Zentralasien; nordwärts bis Südengland, bis 60°N in Norwegen (Ringerike/Buskerud), 62,5°N in Schweden (Medelpad), 63,5°N in Finnland (Nordkarelien), in Russland bis Karelien, Moskau und Udmurtien; südwärts bis Sizilien, Epirus und Nordtürkei. **SW-Eu:** P, E, E(B), I(Sa), I(Si), I. **Z-Eu:** F, B, LUX, NL, D, A, CH, FL. **N-Eu:** GB, S, SF, EST, LT, LV, RUS(N). **NO-Eu:** CS, SK, PL, BY, UA, UA(K), RUS(S). **SO-Eu:** H, RO, SLO, HR, BG, GR. **N-Afr:** DZ, ET. **W-As:** TR, Kaukasus. **Z-As:** TM. **SO-As:** RC (Xinjiang).

♀

Lokalverbreitung: Im Gebiet mit Ausnahme von Salzburg aus allen Regionen gemeldet, in der Schweiz im Genfersee-Gebiet und im Tessin nur historisch.

Stelis franconica Blüthgen, 1930

Fränkische Düsterbiene

Systematik: Untergattung *Stelis* Panzer, 1806 *s. str.*

Nomenklatur: Synonym: *Stelis phaeoptera franconica* Blüthgen, 1930.

Etymologie: Von lat. „*franconica* = fränkisch; die Tiere der Typenserie stammen aus der Fränkischen Alb.

Lebensraum: Trockenwarme Standorte; Felssteppen, Abwitterungshalden, Trockenrasen, Steinbrüche. Vom der kollinen bis in die subalpine Höhenstufe.

Wirte: *Osmia emarginata, O. mustelina*. In Zentralasien, wo diese beiden Wirtsarten nicht vorkommen, dürfte sie die Nester anderer Arten aus der Untergattung *Osmia s. str.* parasitieren.

Flugzeit: In einer Generation von Mai bis Juli.

Gesamtverbreitung: Vom Wallis und Ligurien (San Remo) bis Polen; auf der Balkanhalbinsel nur aus Bulgarien und in Zentralasien von Kasachstan, Kirgistan und dem Uigurischen Autonomen Gebiet gemeldet. **SW-Eu:** I. **Z-Eu:** F, D, A, CH. **NO-Eu:** CS, SK, PL. **SO-Eu:** BG. **Z-As:** KAZ, KGZ. **SO-As:** RC (Xinjiang).

Lokalverbreitung: In Deutschland nur aus Rheinland-Pfalz (letzter Fund 1949) und Bayern (letzter Fund 1929) nachgewiesen. In Österreich historisch aus Tirol (letzter Fund 1897) und aktuell aus Kärnten gemeldet. In der Schweiz nur im Alpenraum, aktuell und historisch aus dem Wallis, dem Tessin, Graubünden und dem Kanton Bern, historisch vom Walensee.

Stelis minima Schenck, 1859

Winzige Düsterbiene

Systematik: Untergattung *Stelis* Panzer, 1806 *s. str.*

Nomenklatur: Synonym: *Stelis minuta minima* Schenck, 1859.

Etymologie: Von lat. „*minima*“ = „die kleinste“; Schenck bezieht sich auf die geringe Körpergröße von 3–4 mm.

Lebensraum: Waldränder und -lichtungen, Kahlschläge, Ruderalflächen, trockene Fettwiesen, Magerrasen, Hochwasserdämme, Gärten, Parks. Vom Flachland bis in die montane Höhenstufe.

Wirte: *Chelostoma campanularum* und *Ch. distinctum*, vielleicht auch *Heriades truncorum*.

Flugzeit: In einer Generation von Juni bis August.

Gesamtverbreitung: Wegen der Vermengung mit *St. minuta* nicht vollständig bekannt, ist sicher weiter verbreitet. Unter dem Namen *Stelis minima* gemeldet vom Puy-de-Dôme und Südtirol bis in die Ukraine; nordwärts bis ins Baltikum, Finnland (61°N, Südkarelien) und Leningrad; isolierte Meldungen aus dem Kaukasus (Teberda/Karatschai-Tscherkessien) und im Oblast Kurgan. **SW-Eu:** I. **Z-Eu:** F, B, NL, D, A, CH, FL, DK? **N-Eu:** SF, EST, LT, LV, RUS(N). **NO-Eu:** CS, SK, PL, BY, UA, RUS(S). **W-As:** Kaukasus. **Sib:** W-Sib.

Lokalverbreitung: In Deutschland mit Ausnahme von Mecklenburg-Vorpommern aus allen Bundesländern aktuell nachgewiesen. In Österreich mit Ausnahme des Burgenlandes, der Steiermark und Vorarlberg aus allen Bundesländern gemeldet. In der Schweiz aktuell nur aus Solothurn und dem Wallis, historisch aus dem Wallis, vom Genfersee, dem Tessin, dem Misox und dem Kanton Bern.

Stelis minuta Lepeletier & Serville, 1825

Zwerg-Düsterbiene

Systematik: Untergattung *Stelis* Panzer, 1806 *s. str.*

Etymologie: Von lat. „*minuta*" = „winzig, klein"; Lepeletier & Serville beziehen sich auf die geringe Körpergröße von 5–6 mm.

Lebensraum: Waldsäume und Lichtungen, Hecken, Ruderalflächen, Kies- und Lehmgruben, Eisenbahnanlagen. Vom Flachland bis in die montane Höhenstufe.

Wirte: *Hoplitis claviventris, H. leucomelana, H. tridentata* und *Osmia gallarum*, vermutet werden auch *Heriades truncorum* und *Hoplitis anthocopoides*.

Flugzeit: In einer Generation von Juni bis September.

Gesamtverbreitung: In Nordafrika von Marokko bis Algerien. In Eurasien vom spanischen Pyrenäen-Vorland über Europa, Kleinasien und Südrussland bis in den Kaukasus; nordwärts bis ins Baltikum und Finnland (64,5°N, Oulu), in Russland bis Karelien, Kirov und Perm; südwärts bis Norditalien, *Peloponnes und Südtürkei. Eine Meldung aus dem Uigurischen Autonomen Gebiet (Wu 1985) ist wegen des weitab vom übrigen bekannten Verbreitungsgebiet liegenden Fundorts überprüfungsbedürftig. **SW-Eu:** E, I. **Z-Eu:** F, B, LUX, NL, D, A, CH, DK. **N-Eu:** GB?, SF, EST, LT, LV, RUS(N). **NO-Eu:** CS, SK, PL, BY, RUS(S). **SO-Eu:** H, RO, SLO, HR, MK, GR. **N-Afr:** MA, DZ, ET? **W-As:** TR, RL, Kaukasus. **SO-As:** RC (Xinjiang)(?).

Lokalverbreitung: Im Gebiet mit Ausnahme von Vorarlberg aus allen Regionen gemeldet.

Stelis nasuta (Latreille, 1809)

Rotfleckige Düsterbiene

Systematik: Untergattung *Stelidomorpha* Morawitz, 1875.

Etymologie: Von lat. „*nasuta*“ = „mit großer Nase“; Latreille bezieht sich auf den vorgezogenen Clypeus („*Clypeo feminarum maxime producte*“). Deutscher Name: Die Schläfen sind mit je einem großen roten Fleck versehen.

Lebensraum: Trockenwarme Standorte. Trockenrasen mit Felsformationen, Steinbrüche, Kiesgruben. Vom Flachland bis in die montane, in der Südschweiz bis in die untere subalpine Höhenstufe.

Wirte: *Megachile parietina* und *M. pyrenaica*. *Stelis nasuta* legt in der Regel mehrere Eier in eine Wirtszelle, sodass die Körpergröße der erwachsenen Tiere je nach Anzahl der abgelegten Eier erheblich schwanken kann.

Flugzeit: In einer Generation von Mai bis August.

Gesamtverbreitung: In Nordafrika von Marokko bis Algerien. In Eurasien von Portugal über Süd- und südliches Mitteleuropa, Kleinasien, Levante und Kaukasus bis Zentralasien; nordwärts bis Mitteldeutschland (historisch), Mähren (historisch) und Krim; südwärts bis Sizilien, Kreta, Israel und Südiran. Die Angabe für Schweden (Maidl 1922) beruht sicherlich auf einem Irrtum. **SW-Eu:** P, E, *F(K), I(Sa), I(Si), I. **Z-Eu:** F, D, A, CH. **N-Eu:** S? **NO-Eu:** CS, SK, UA(K). **SO-Eu:** H, SLO, HR, MNE, BIH, BG, GR, GR(K). **N-Afr:** MA, DZ. **W-As:** GR(Ä), TR, SYR, RL, IL, Kaukasus, IR. **Z-As:** UZB, TAD.

♂

Lokalverbreitung: In Deutschland verschollen, nachgewiesen aus Sachsen-Anhalt, Hessen, Thüringen, Baden-Württemberg und Bayern (letzter Fund 1960 in Baden-Württemberg). In Österreich verschollen, nachgewiesen aus Niederösterreich, Tirol und der Steiermark (letzter Fund 1950 in Niederösterreich). In der Schweiz aktuell im Unterengadin, historisch vom Genfersee, aus dem Wallis, Misox, Graubünden sowie den Kantonen Zürich und Aargau.

Stelis odontopyga Noskiewicz, 1925
Schneckenhaus-Düsterbiene

Systematik: Untergattung *Stelis* Panzer, 1806 *s. str.*

Etymologie: Von griech. „*odonto-*" = „Zahn-" und „*pyx* (Gen. *pygos*)" = „Steiß, Gesäß"; Noskiewicz bezieht sich auf das in einen zähnchenartigen Fortsatz endende Tergit 7 beim Männchen. Deutscher Name: Die Art hält sich oft auf oder in der Nähe von leeren Schneckenhäusern auf, in denen ihr Wirt nistet.

Lebensraum: Trockenwarme Standorte; Heiden, Steppen, Abwitterungshalden, Waldsäume, extensiv genutztes Grünland, Binnendünen, Steinbrüche. Vom Flachland bis in die subalpine Höhenstufe.

Wirte: *Osmia spinulosa*.

Flugzeit: In einer Generation von Juni bis August.

Gesamtverbreitung: Von Südspanien über Süd- und Mitteleuropa und Kleinasien bis in den Kaukasus; nordwärts bis Mitteldeutschland, Böhmen, Südpolen und Nordukraine; südwärts bis Lazio, Griechenland und Nordtürkei. **SW-Eu:** E, I. **Z-Eu:** F, B, LUX, D, A, CH. **NO-Eu:** CS, SK, PL, UA, UA(K), RUS(S). **SO-Eu:** H, RO, SLO, HR, BG, GR. **W-As:** TR, Kaukasus.

Lokalverbreitung: In Deutschland aus Niedersachsen, Sachsen-Anhalt, Hessen, Thüringen, Rheinland-Pfalz, Baden-Württemberg und Bayern nachgewiesen (aktuell). In Österreich aus dem Burgenland, Kärnten, Niederösterreich und etwas fraglich aus Oberösterreich gemeldet. In der Schweiz nur aus dem Wallis bekannt (aktuell).

Stelis ornatula (Klug, 1807)

Stängel-Düsterbiene

Systematik: Untergattung *Stelis* Panzer, 1806 *s. str.*

Nomenklatur: Synonym: *Stelis octomaculata* Smith, 1843.

Etymologie: Diminutiv von lat. „*ornata*" – „geschmückt". Deutscher Name: Die Art hält sich oft auf oder in der Nähe von dürren Stängeln auf, in denen ihre Wirte nisten.

Lebensraum: Waldsäume, Lichtungen, Hecken, Ruderalflächen, Kies- und Lehmgruben, Eisenbahnanlagen. Vom Flachland bis in die subalpine Höhenstufe.

Wirte: *Hoplitis claviventris, H. leucomelana, H. tridentata* und *Osmia caerulescens*, angegeben werden auch *Pseudoanthidium nanum* und *Osmia maritima;* eine Meldung über *Ceratina cucurbitina* als Wirt dürfte nicht den Tatsachen entsprechen.

Flugzeit: In einer Generation von April/Juni bis August.

Gesamtverbreitung: Transpaläarktisch. In Nordafrika von Madeira (eingeschleppt?) und von Marokko bis Algerien. In Eurasien von Zentralspanien über Europa, Kleinasien, Kaukasus, Zentralasien und Sibirien bis zur Pazifikküste des Fernen Ostens; nordwärts bis Wales und Mittelengland, bis 60°N in Norwegen (Akershus), 64°N in Schweden (Västerbotten), 64°N in Finnland (Nordsavo, ein Einzelfund in Nordlappland bei 68,5°N), in Russland bis Karelien, Kirov und Perm; südwärts bis Campania, Nordgriechenland (Olymp), Nordtürkei und Nordiran. **SW-Eu:** E, I. **Z-Eu:** F, B, LUX, NL, D, A, CH, DK. **N-Eu:** GB, N, S, SF, EST, LT, LV, RUS(N). **NO-Eu:** CS, SK, PL, BY, UA, UA(K), RUS(S). **SO-Eu:** H, RO, SLO, HR, MNE, SRB, GR. **N-Afr:** P(M), MA, DZ. **W-As:** TR, Kaukasus, IR. **Z-As:** TM, UZB, TAD, KAZ. **Sib:** W-Sib, O-Sib. **NO-As:** Jak, Amur, Khab, Prim. **SO-As:** RC (Xinjiang).

Lokalverbreitung: Im Gebiet aus allen Regionen gemeldet.

Stelis phaeoptera (Kirby, 1802)

Schwarzflüglige Düsterbiene

Systematik: Untergattung *Stelis* Panzer, 1806 *s. str.*

Etymologie: Von lat. „*phaeus*“ = „dunkel bräunlich“ und griech. „*pteron*“ = „Flügel“; Kirby bezieht sich auf den breiten dunklen Außenrand der Flügel („*Alae fuscae, latere exteriori nigrae*“).

Lebensraum: Waldsäume, Hecken, extensiv genutztes Grünland, Weinberge, Brach- und Ruderalflächen. Vom Flachland bis in die subalpine Höhenstufe.

Wirte: Hauptwirte sind *Osmia leaiana* und *Osmia niveata*, wurde aber auch an den Nestern von *Osmia emarginata, Hoplitis tuberculata* und *Anthidium manicatum* beobachtet; daneben sind in der Literatur eine Vielzahl anderer vermuteter Wirte angegeben, die aber zumeist auf wenig aussagekräftigen Einzelbeobachtungen basieren (*Chelostoma florisomne, Hoplitis anthocopoides, H. leucomelana, H. loti, Megachile rotundata, Osmia bicolor, O. bicornis, O. inermis, O. notata, O. parietina, Heriades truncorum, O. spinulosa*).

Flugzeit: In einer Generation von April/Mai bis Mitte August/September.

Gesamtverbreitung: In Nordafrika von Marokko bis Ägypten. In Eurasien von Portugal über Europa, Kleinasien und Kaukasus bis Zentralasien; nordwärts bis Wales und Mittelengland, in Norwegen bis 60°N (letzte Meldung aus dem 19. Jh.), in Schweden und Finnland bis 66°N (Norrbotten bzw. Lappland), in Russland bis Karelien und Kirov; südwärts bis Sizilien, Kreta, Zypern, Israel und Afghanistan. **SW-Eu:** P, E, F(K), I(Sa), I(Si), I. **Z-Eu:** F, B, LUX, NL, D, A, CH, DK. **N-Eu:** GB, N, S, SF, EST, LT, LV, RUS(N). **NO-Eu:** CS, SK, PL, BY, UA, UA(K), RUS(S). **SO-Eu:** H, RO, SLO, HR, MK, BG, GR(K). **N-Afr:** E(C), MA, DZ, TN, LAR, ET. **W-As:** *GR(Ä), CY, TR, IL, IRQ, Kaukasus, IR, AFG. **Z-As:** UZB, TAD, KAZ, KGZ. **SO-As:** RC (Xinjiang).

Lokalverbreitung: Im Gebiet aus allen Regionen gemeldet; in Deutschland aus Schleswig-Holstein und Mecklenburg-Vorpommern nur historisch; in der Schweiz aktuell nur im Alpenraum mit Ausnahme je eines Fundes in den Kantonen Bern und Solothurn.

Stelis punctulatissima (Kirby, 1802)
Punktierte Düsterbiene

Systematik: Untergattung *Stelis* Panzer, 1806 *s. str.*

Nomenklatur: Synonym: *Stelis aterrima* (Panzer, 1798).

Etymologie: Von lat. „*punctulatissimus*" = „stark punktiert", wegen der dichten Punktierung des Körpers.

Lebensraum: Waldsäume, Lichtungen, Hochwasserdämme, Sand-, Kies- und Lehmgruben, Brach- und Ruderalflächen, Gärten und Parks. Vom Flachland bis in die montane Höhenstufe.

Wirte: Das Wirtsspektrum ist offensichtlich relativ breit, aber leider existieren nur Beobachtungen an den potenziellen Wirtsnestern und keine Zuchtnachweis; lediglich in Frankreich wurde *S. punctulatissima* aus einem Nest von *Anthidium oblongatum* gezogen. Als ziemlich sichere Wirte können *Hoplitis adunca* und *Anthidium manicatum* angenommen werden, vermu-

tet werden *Chelostoma ventrale, Megachile parietina, Osmia aurulenta, O. brevicornis, O. leaiana, O. niveata* und *Pseudoanthidium nanum*.

Flugzeit: In einer Generation von Mai/Juni bis August/September.

Gesamtverbreitung: In Nordafrika von Marokko bis Algerien. In Eurasien von Portugal über Europa, Kleinasien und Kaukasus bis Zentralasien und zum Mittelsibirischen Bergland (Kemerowo); nordwärts in Europa bis Wales und Nordengland, in Norwegen bis 60°N (Buskerud), in Schweden bis 62,5°N (Västernorrland), in Finnland bis 63°N (Mittelfinnland), in Russland bis Karelien, Kirov und Perm; südwärts bis Lazio, Attika und Syrien. In der ssp. *hellenica* Mavromoustakis, 1959 in Nordafrika, Iberien, südliche Balkanhalbinsel, Kleinasien und Levante. **SW-Eu:** P, E, E(B), I. **Z-Eu:** F, B, LUX, NL, D, A, CH, FL, DK. **N-Eu:** GB, N, S, SF, EST, LT, LV, RUS(N). **NO-Eu:** CS, SK, PL, BY, UA, UA(K), RUS(S). **SO-Eu:** H, RO, SLO, HR, BG, GR. **N-Afr:** MA, DZ. **W-As:** GR(Ä), TR, SYR, Kaukasus. **Z-As:** KAZ. **Sib:** W-Sib.

Lokalverbreitung: Im Gebiet aus allen Regionen gemeldet.

Stelis signata (Latreille, 1809)
Gelbfleckige Düsterbiene

Systematik: Untergattung *Protostelis* Friese, 1895.

Etymologie: Von lat. „*signata*" = „bezeichnet, kenntlich, sichtbar"; Latreille bezieht sich auf die großen gelben Seitenflecken auf den Tergiten.

Lebensraum: Sonnige Waldsäume und -lichtungen, Kahlschläge, Magerrasen, Ruderalflächen, Sand- und Kiesgruben, auch im Siedlungsbereich. Vom Flachland bis in die montane Höhenstufe.

Wirte: *Anthidiellum strigatum*, möglicherweise auch *Pseudoanthidium nanum.*

Flugzeit: In einer Generation von Mai/Juni bis August.

Gesamtverbreitung: In Nordafrika von Marokko bis Tunesien. In Eurasien von Portugal über Europa, Kleinasien, Levante und Kaukasus bis Westkasachstan; nordwärts bis Finnland bis 62°N (Pirkanmaa), in Russland bis Karelien und Perm; südwärts bis Sizilien, Attika, Zypern, Israel und Nordiran. Nach WARNCKE in der ssp. *flavescens* FRIESE, 1925 in Nordafrika, Südeuropa und Kleinasien, in der ssp. *eremica* ALFKEN, 1938, beide dürften sicherlich nur als reine Färbungsformen zu werten sein. **SW-Eu:** P, E, I(Si), I. **Z-Eu:** F, B, LUX, NL, D, A, CH, DK? **N-Eu:** SF, RUS(N). **NO-Eu:** CS, SK, PL, UA, UA(K), RUS(S). **SO-Eu:** H, RO, SLO, HR, MNE, BG, GR. **N-Afr:** MA, DZ, TN. **W-As:** GR(Ä), CY, TR, SYR, RL, IRQ, Kaukasus, IR. **Z-As:** KAZ.

Lokalverbreitung: Im Gebiet aus fast allen Regionen gemeldet, in Schleswig-Holstein nur historisch, in Österreich keine Nachweise aus Salzburg, in der Schweiz keine Nachweise aus dem Genfersee-Gebiet und großen Teilen des Mittellandes.

Stelis simillima MORAWITZ, 1875
Moderholz-Düsterbiene

Systematik: Untergattung *Stelis* PANZER, 1806 *s. str.*

Etymologie: Superlativ von lat. „*similis*" = „ähnlich, gleichartig"; MORAWITZ vergleicht die Art mit der ähnlichen *S. aterrima* (= *punctulatissima*) („*Obgleich in Körpergestalt und Zeichnung der S. aterrima vollkommen ähnlich*"). Deutscher Name: Die Art hält sich oft in der Nähe der Nistplätze ihres Wirtes auf, der in abgestorbenem, oftmals leicht angemodertem Holz nistet.

Lebensraum: Warme Standorte mit einem Nebeneinander an trockenen und feuchteren Flächen; Sandäcker, Binnendünen, Hochwasserdämme, Auwaldgebiete. Vom Flachland bis in die kolline Höhenstufe.

Wirte: *Lithurgus chrysurus* und *Lithurgus cornutus*.

Flugzeit: In einer Generation von Juli bis August.

Gesamtverbreitung: In Nordafrika aus Marokko, Algerien und *Tunesien nachgewiesen. In Eurasien von Südspanien über Südeuropa und Südrussland bis zum Mittelsibirischen Bergland (Tomsk, Kemerowo) sowie über Kleinasien und Levante bis zum Kopet Dag; nordwärts bis in die Südschweiz und Kroatien; südwärts bis Sizilien, Peloponnes und Libanon. **SW-Eu:** E, I(Sa), I(Si), I. **Z-Eu:** F, CH. **N-Eu:** RUS(N). **NO-Eu:** UA, UA(K), RUS(S). **SO-Eu:** HR, BG, GR. **N-Afr:** MA, DZ, *TN. **W-As:** TR, SYR, RL, Kaukasus, IR. **Z-As:** TM. **Sib:** W-Sib.

Lokalverbreitung: Im Gebiet erstmals 2006 in Lugano/Tessin nachgewiesen (KOUAKOU ET AL. 2008).

Synhalonia Patton, 1879
Langhornbienen

Systematik: Familie: Apidae – Unterfamilie: Apinae – Tribus: Eucerini.

Nomenklatur: Ursprünglich wurden die Arten der Gattung wie alle paläarktischen Eucerini mit drei Cubitalzellen zuerst als Untergattung *Macrocera* zu *Eucera* gestellt, die dann unter dem Namen *Tetralonia* lange Zeit als eigene Gattung geführt wurde. In Europa wurde *Synhalonia* erst in jüngerer Zeit aus der Gattung *Tetralonia* ausgegliedert und erst als Untergattung zu *Eucera* gestellt, bis sie letztendlich zur selbstständigen Gattung erhoben wurde. Einige Autoren vereinigen aber weiterhin alle Eucerini, also auch *Synhalonia*, zu einer einzigen Gattung *Eucera*, Michener (2007) betrachtet *Synhalonia* als Untergattung von *Eucera*.

Literatur: Schmiedeknecht (1930); Scheuchl (2000); Amiet et al. (2007).

Etymologie: Zusammengesetzt aus griech. „*syn-*“ = „zusammen, mit“ und dem zweiten Teil des Gattungsnamens *Tetralonia*. Der deutsche Name trennt nicht zwischen *Synhalonia* und *Eucera*, mit der sie früher vereinigt war.

Körperliche Merkmale: In Größe (9–19 mm), Form und Färbung ähnelt die Gattung *Synhalonia* wie alle Langhornbienen sehr den Pelzbienen. Die Männchen besitzen einen gelb gezeichneten Kopfschild und stark verlängerte Fühler, die zuweilen fast Körperlänge erreichen, dem Kennzeichen aller Eucerini, unter denen *Synhalonia* zu den Gattungen mit drei Cubitalzellen im Vorderflügel gehört. Die Weibchen vieler Arten haben helle Hinterleibsbinden. Von der Gattung *Tetralonia*, die wie *Synhalonia* drei Cubitalzellen besitzt, unterscheidet sich die Gattung dadurch, dass die Maxillarpalpen aus 5–6 Gliedern bestehen (*Tetralonia* nur 3–4 Glieder). Überdies ist die Keirotrichialfläche, eine auf der Innenseite der Hintertibien befindliche, dicht mit kurzen und feinen, von der übrigen Tibialbehaarung abgesetzte Fläche, apikal weniger als halb so breit wie die Hintertibia und zur Basis hin nur bis zur Mitte der Tibia ausgedehnt (bei *Tetralonia* apikal mindestens halb so breit wie die Hintertibia und zur Basis hin über die Mitte der Tibia reichend). Diese Merkmal teilt sich *Synhalonia* mit *Tetraloniella*, der dritten Eucerini-Gattung mit drei Cubitalzellen, von der sie sich durch den in Seitenansicht um etwa eine Augenbreite vorspringenden Clypeus unterscheiden, die Männchen der altweltlichen Arten überdies durch einen auf der Unterseite der Mittelschenkel sitzenden Fleck aus dichten, anliegenden roten Haaren.

Lebensweise: *Synhalonia*-Arten sind solitär lebende, pollensammelnde und nestbauende Bienen.

Pollenquellen: Polylektisch.

Nestbau: *Synhalonia* nistet in selbst gegrabenen Hohlräumen in der Erde.

Parasiten: Bei den im Gebiet vorkommenden Arten wurden bisher keine Brutparasiten, außerhalb des Gebiets die Kuckucksbienen-Gattung *Ammobates* sowie Ölkäfer der Gattung *Meloe* beobachtet.

Verbreitung/Artenzahl: In der Neuen Welt geht die Gattung von British Columbia südwärts bis Mexiko, in der Alten Welt von den Kanaren bis Japan. Weltweit sind über 100 Arten bekannt, von denen zwei im Gebiet vorkommen, die Meldung einer weiteren Art ist zweifelhaft.

Synhalonia hungarica (FRIESE, 1895)
Ungarische Langhornbiene

Nomenklatur: Synonyme: *Eucera hungarica* FRIESE, 1895; *Macrocera hungarica* (FRIESE, 1895); *Tetralonia hungarica* (FRIESE, 1895).

Etymologie: Adjektiv zu lat. „*Hungaria*“ = Ungarn, wo sich der Typenfundort befindet.

Pollenquellen: Polylektisch.

Lebensraum: Trockenwarme Standorte. Vom Flachland bis in die untere montane Höhenstufe.

Flugzeit: In einer Generation von Mai bis Juli/August.

Gesamtverbreitung: Von DUSMET (1928) sicherlich irrtümlich aus Marokko gemeldet. Von Nordspanien über Süd- und südliches Mitteleuropa, Südrussland, Kleinasien, Levante und Kaukasus bis ins östliche *Kasachstan;

♀

nordwärts bis Südschweiz, Ostösterreich, Mähren, Südpolen und Baschkortostan; südwärts bis Marche, Kreta und Israel. **SW-Eu:** E, I. **Z-Eu:** F, A, CH. **NO-Eu:** CS, SK, PL, UA, RUS(S). **SO-Eu:** H, RO, HR, GR, GR(K). **N-Afr:** {MA}. **W-As:** TR, SYR, JOR, IL, Kaukasus. **Z-As:** *KAZ.

Lokalverbreitung: In Österreich aus dem Burgenland und Niederösterreich gemeldet, nach Gusenleitner et al. (2012) aktuell nur mehr an einer Fundstelle. In der Schweiz nur im Wallis (historisch und aktuell, Amiet et al. 2007).

Synhalonia rufa (Lepeletier, 1841)

Rothaarige Langhornbiene

Nomenklatur: Synonym: *Tetralonia berlandi* (Dusmet, 1926); *Tetralonia grandis* (Fonscolombe, 1846); *Eucera ruficollis* auct. nec (Brullé, 1832).

Etymologie: Von lat. „*rufa*“ = „rot“; Lepeletier bezieht sich auf die rostrote Behaarung von Kopf und Brustabschnitt („*Capite thoraceque rufo ferrugineo hirsutis*“).

Pollenquellen: Polylektisch.

Lebensraum: Trockenwarme Standorte. Vom Flachland bis in die kolline Höhenstufe.

Flugzeit: Die wenigen Flugdaten stammen von Mai bis Juni, in einer Generation.

Gesamtverbreitung: In Nordafrika von Marokko bis Ägypten. In Eurasien von Portugal über Südeuropa, Kleinasien, Levante und Kaukasus bis Zentralasien; nordwärts bis ins nördliche Ungarn und Orenburg; südwärts bis Sizilien, Kreta und Israel. **SW-Eu:** E, E(B), I(Si), I. **Z-Eu:** F, A(?). **NO-Eu:** SK(?), UA, RUS(S). **SO-Eu:** H, RO, HR, MK, GR, GR(K). **N-Afr:** E(C), MA, DZ, TN, LAR, ET. **W-As:** TR, SYR, IL, Kaukasus, IR. **Z-As:** TM, UZB.

Lokalverbreitung: Friese (1896c) meldet den Fund eines Weibchens (als *Eucera ruficollis* Brullé) vom Bisamberg/Wien aus dem Museum Wien; dort ist ein solches Tier aber nicht auffindbar. Da die Art aber auch aus Ungarn bekannt ist, ist ein ehemaliges Vorkommen in Wien nicht auszuschließen.

Synhalonia tricincta (Erichson, 1835)

Dreibindige Langhornbiene

Etymologie: Von lat. „*tri* “ = „drei “ und „*cinctum*“ = umgürtet; wegen der Haarbinden auf dem Hinterleib.

Lokalverbreitung: Kirchner (1867) gibt die Art für „Preussen“ an; es dürfte sich um einen Irrtum handeln. Für Österreich existieren nur die Angaben von Franz (1982), der zwei Fundorte aufführt, nämlich Piesting und Neusiedler See; er beruft sich dabei auf Pittioni & Schmidt (1942), wo sich aber weder diese Art noch überhaupt unter allen angeführten Eucerini eine Art mit dieser Fundortkombination findet.

Systropha Illiger, 1806
Spiralhornbienen

Systematik: Familie: Halictidae – Unterfamilie: Rophitinae.

Literatur: Schmiedeknecht (1930); Warncke (1980b); Amiet et al. (1999); Patiny & Michez (2006). Weitere hilfreiche Arbeiten: Pesenko et al. (2000).

Etymologie: Von griech. „*systrepho*" = „winden, verziehen, verzerren, verdrehen", bezieht sich wie der deutsche Name auf die spiralig gewundenen Fühler der Männchen.

Körperliche Merkmale: Spiralhornbienen besitzen einen schwarz gefärbten, 9–14 mm (heimische Arten um 9 mm) langen Körper. Die Vorderflügel besitzen drei Cubitalzellen, die mittlere ist deutlich kleiner als die beiden anderen. Das Weibchen besitzt ein verlängertes Fühlergeißelglied 2; bei den Männchen sind die letzten fünf Fühlerglieder spiralförmig eingerollt – ein Merkmal, das bei keiner anderen Bienengattung auftritt. Die Männchen der heimischen Arten tragen auf Sternit 2 und 3 zahnartige Fortsätze. Für den Pollentransport wird von den Weibchen nicht nur die Sammelbürste der Hinterbeine, sondern praktisch die gesamte Körperbehaarung eingesetzt, die aus gefiederten Haaren besteht.

Lebensweise: *Systropha*-Arten sind solitär lebende, pollensammelnde und nestbauende Bienen.

Pollenquellen: Die beiden heimischen und möglicherweise alle Arten sind auf *Convolvulus* spezialisiert.

Nestbau: Die Nester werden in selbst gegrabenen Gängen im Erdboden angelegt, bei denen von einem Hauptgang mehrere Nebengänge abzweigen, an deren Ende sich die Brutzellen befinden. Diese Nebengänge sind ungewöhnlich kurz und erreichen kaum 1 cm Länge.

Parasiten: Kuckucksbienen sind Arten der Gattung *Biastes*.

Verbreitung/Artenzahl: *Systropha* ist auf die Alte Welt beschränkt, sie geht in Eurasien von Iberien bis Zentralasien, nordwärts bis etwa 51°N, in Afrika südwärts bis Namibia, von dort ostwärts über die Arabische Halbinsel bis Sri Lanka und Thailand. Weltweit sind etwa 25 Arten bekannt, von denen zwei im Gebiet vorkommen.

Systropha curvicornis (Scopoli, 1770)
Kleine Spiralhornbiene

Systematik: Untergattung *Systropha* Illiger, 1806 *s. str.*

Nomenklatur: Synonym: *Systropha spiralis* Olivier, 1789.

Etymologie: Von lat. „*curvus*" = „krumm, gekrümmt" und Adjektiv zu „*cornum*" = „Horn" (im Sinne von Fühler). Deutscher Name: Die Art ist mit 8–9 mm Körperlänge etwas kleiner als *S. planidens*.

Pollenquellen: Streng oligolektisch auf Winden (*Convolvulus*, Fam. Convolvulaceae), bevorzugt auf Acker-Winde (*Convolvulus arvensis*).

Nestbau: Nistet auf kahlen oder schütter bewachsenen, ebenen bis stark abschüssigen Flächen in selbst gegrabenen Gängen in der Erde, in der Regel in Aggregationen. Bevorzugt sandiges Substrat. Der Nesteingang ist von einem Tumulus umgeben. Das Nest besteht aus einem mehr oder weniger vertikal in die Erde führenden Hauptgang von etwa 25 cm Länge. Beginnend von einer Tiefe von 12–18 cm zweigen in Abständen von 0,5–1 cm kurze, etwa 2 cm lange Seitengänge ab, an deren Ende je eine Brutzelle angelegt wird. Anders als bei vielen anderen Bienenarten werden die Wände der Brutzellen weder durch herangeschaffte Materialien noch durch körpereigene Sekrete ausgekleidet.

Lebensraum: Trockenwarme Standorte; Weinberge, Brach- und Ruderalflächen. Vom Flachland bis in die kolline, selten bis in die montane Höhenstufe.

Parasiten: Kuckucksbiene ist *Biastes brevicornis*.

Flugzeit: In einer Generation von Juni bis August.

Gesamtverbreitung: Von Portugal über Süd- und Mitteleuropa, Südrussland und Kleinasien bis Zentralasien; nordwärts bis ins Baltikum, in Russland bis Moskau und Perm; südwärts bis Molise, Südbulgarien und Nordiran. **SW-Eu:** P, E, I. **Z-Eu:** F, B, D, A, CH. **N-Eu:** LT, LV, RUS(N). **NO-Eu:** CS, SK, PL, BY, UA, UA(K), RUS(S). **SO-Eu:** H, RO, MD, SLO, HR, MK, SRB, BIH, AL, BG. **W-As:** TR, IR. **Z-As:** TM, TAD, KAZ.

Lokalverbreitung: In Deutschland mit Ausnahme von Schleswig-Holstein, Niedersachsen, Nordrhein-Westfalen, Hessen und Bayern aus allen Bundeslândern nachgewiesen, aus Mecklenburg-Vorpommern, Thüringen, Sachsen, Rheinland-Pfalz und Baden-Württemberg historisch, aktuell aus Sachsen-Anhalt und Brandenburg. Die Meldungen von Schenck (1851) aus Hessen (als *Systropha spiralis*) beziehen sich auf *S. planidens*. In Österreich aus dem Burgenland, Niederösterreich und der Steiermark gemeldet. In der Schweiz aktuell und historisch aus dem Wallis, historisch von Genf und aus dem Tessin.

Systropha planidens Giraud, 1861
Große Spiralhornbiene

Systematik: Untergattung *Systropha* Illiger, 1806 *s. str.*

Etymologie: Von lat. „*planus*" = „flach" und „*dens*"= „Zahn"; Giraud bezieht sich auf die zahnartigen Fortsätze auf den Sterniten 2 und 3 der Männchen. Deutscher Name: Die Art ist mit 10–11 mm Körperlänge etwas größer als *S. curvicornis*.

Pollenquellen: Streng oligolektisch auf Winden (*Convolvulus*, Fam. Convolvulaceae), bevorzugt auf Acker-Winde (*Convolvulus arvensis*).

Nestbau: Nistet auf kahlen oder schütter bewachsenen, ebenen bis stark abschüssigen Flächen in selbst gegrabenen Gängen in der Erde, in der Regel in Aggregationen. Ist bezüglich des Nistsubstrats weniger anspruchsvoll als *Systropha curvicornis*, nistet in Sand, Löss, Lehm oder sogar in fein-

körnigem Verwitterungsgrus, auch in verdichtetem Substrat. Der Nesteingang ist von einem Tumulus umgeben. Das Nest besteht aus einem mehr oder weniger vertikal in die Erde führenden Hauptgang von 20–65 cm Länge, je nach Nistsubstrat. Beginnend von einer Tiefe von 6–30 cm zweigen spiralig angeordnet in Abständen von 2,5–3 cm kurze, kaum 1,5 cm lange Seitengänge ab, an deren Ende je eine Brutzelle angelegt wird. Nach MALYSHEV (1925) bleiben die Wände der Brutzellen unbehandelt, nach POPOVA (1982) werden sie mit einer glänzenden, wasserabstoßenden Schicht ausgekleidet.

Lebensraum: Trockenwarme Standorte; Weinberge, Brach- und Ruderalflächen. Vom Flachland bis in die kolline Höhenstufe.

Parasiten: Kuckucksbiene ist *Biastes brevicornis*.

Flugzeit: In einer Generation von Juni bis Juli/August.

Gesamtverbreitung: Von Portugal über Süd- und südliches Mitteleuropa, Südrussland sowie über Kleinasien und Levante bis in den Kaukasus; nordwärts bis Südpolen, in Russland bis Moskau und Kirov; südwärts bis Griechenland und Nordiran. Auf der Krim, in Kleinasien, Kaukasus und Iran in der ssp. *anatolica* WARNCKE 1976; in Iberien und Südfrankreich in der ssp. *grandimargo* PÉREZ, 1905, die zuweilen als eigene Art aufgefasst wird. **SW-Eu:** P, E. **Z-Eu:** F, D, A, CH. **N-Eu:** RUS(N). **NO-Eu:** CS, SK, PL, BY, UA, UA(K), RUS(S). **SO-Eu:** H, RO, HR, MK, SRB, BIH, BG, GR. **W-As:** TR, SYR, IL, Kaukasus, IR. **Ori:** PAK(?).

Lokalverbreitung: In Deutschland nur im Süden, aktuell aus Hessen, Rheinland-Pfalz und Baden-Württemberg, historisch aus Bayern. In Österreich aus dem Burgenland und Niederösterreich gemeldet. In der Schweiz historisch und angeblich auch aktuell bei Basel.

Tetralonia SPINOLA, 1839
Langhornbienen

Systematik: Familie: Apidae – Unterfamilie: Apinae – Tribus: Eucerini.

Nomenklatur: Ursprünglich wurden die Arten der Gattung wie alle paläarktischen Eucerini mit drei Cubitalzellen zuerst als Untergattung *Macrocera* zu *Eucera* gestellt, die dann unter dem Namen *Tetralonia* lange Zeit als eigene Gattung geführt wurde. In Europa wird *Tetralonia* erst in jüngerer Zeit in die drei Gattungen *Synhalonia*, *Tetralonia* und *Tetraloniella* aufgespalten. Einige Autoren vereinigen aber weiterhin alle Eucerini zu einer einzigen Gattung *Eucera*.

Literatur: SCHMIEDEKNECHT (1930); SCHEUCHL (2000); AMIET ET AL. (2007).

Etymologie: SPINOLA erklärt die Namensgebung folgendermaßen: *„Je l'ai composé de deux mots grecs qui signifient quatre aréoles“* = „Ich habe den Namen aus zwei griechischen Wörtern zusammengesetzt, die 'vier Flächen' bedeuten". Was er mit den „*quatre aréoles*" genau meint, verrät der Autor nicht, aber da sich der Name auf ein Merkmal im Vorderflügel beziehen soll, das die Gattung von *Eucera* abtrennt, sind womöglich die drei Cubitalzellen und die Radialzelle gemeint. Der deutsche Name trennt nicht zwischen *Tetralonia* und *Eucera*, mit der sie früher vereinigt war.

Körperliche Merkmale: Im Habitus ähnelt die Gattung *Tetralonia* wie alle Langhornbienen den Pelzbienen. Die Körperlänge liegt zwischen 10 und 16 mm. Die Männchen besitzen einen gelb gezeichneten Kopfschild und verlängerte Fühler, die aber generell etwas kürzer sind als bei den anderen Eucerini (mit Ausnahme von *Cubitalia*); überdies ist der Clypeus weniger vorspringend. *Tetralonia* gehört zu den Langhornbienen mit drei Cubitalzellen im Vorderflügel. Die Weibchen besitzen helle Hinterleibsbinden. Im Gegensatz zu den anderen Gattungen der Tribus Eucerini ist die Sammelbürste auf den Hinterbeinen spärlich ausgebildet und besteht aus verzweigten Haaren. Von der Gattung *Synhalonia*, die wie *Tetralonia* drei Cubitalzellen besitzt, unterscheidet sich die Gattung dadurch, dass die Maxillarpalpen aus 3–4 Gliedern bestehen (*Tetralonia* 5–6 Glieder). Überdies ist die Keirotrichialfläche, eine auf der Innenseite der Hintertibien befindliche, dicht mit kurzen und feinen, von der übrigen Tibialbehaarung abgesetzte Fläche, apikal mindestens halb so breit wie die Hintertibia und zur Basis hin über die Mitte der Tibia reichend (bei *Synhalonia* apikal weniger als halb so breit wie die Hintertibia und zur Basis hin nur bis zur Mitte der Tibia ausgedehnt).

Lebensweise: *Tetralonia*-Arten sind solitär lebende, pollensammelnde und nestbauende Bienen.

Pollenquellen: Zumindest die einheimische Art, aber auch weitere, möglicherweise sogar alle Arten sind oligolektisch auf Malvengewächse (Malvaceae).

Nestbau: *Tetralonia* nistet in selbst gegrabenen Hohlräumen in der Erde.

Besonderes Verhalten: Zuweilen finden sich Männchen zum Schlafen einzeln oder in Gemeinschaft in Blüten oder festgebissen an Pflanzenstängeln.

Verbreitung/Artenzahl: Das Verbreitungsgebiet der Gattung ist auf die Alte Welt beschränkt und erstreckt sich von Südafrika nordwärts bis Norddeutschland und Russland und ostwärts bis Indien und Sri Lanka. Insgesamt sind knapp 20 Arten bekannt, von denen eine im Gebiet vorkommt.

Tetralonia malvae (Rossi, 1790)

Malven-Langhornbiene

Systematik: Untergattung *Tetralonia* Spinola, 1839 *s. str.*

Nomenklatur: Synonym: *Tetralonia macroglossa* (Illiger, 1806).

Etymologie: Von griech. „*makrós*“ = „groß, weit“ und „*glóssa*“ = „Zunge“; die Glossa ist wie bei allen Eucerini sehr lang. Deutscher Name: Malven und andere Malvengewächse sind die ausschließlichen Pollenquellen der Art.

Pollenquellen: Oligolektisch auf Malvengewächse (Malvaceae).

Nestbau: Nistet auf kahlen oder schütter bewachsenen, ebenen bis stark abschüssigen Flächen oder in Steilwänden in selbst gegrabenen Gängen in der Erde, oft in Aggregationen. Bevorzugtes Substrat ist Sand, Löss oder Lösslehm. Das Nest besteht aus einem Gang, der sich verzweigen kann. Die Brutzellen stehen mehr oder weniger aufrecht und sind innen mit einer glänzenden Schicht überzogen.

Lebensraum: Trockenwarme Standorte; Weinberge, Brach- und Ruderalflächen, Sand und Lehmgruben, Steilufer. Vom Flachland bis in die montane Höhenstufe.

Parasiten: Kuckucksbiene ist *Triepeolus tristis*. Als weiterer Nestparasit wurde eine Blasenkopffliege der Gattung *Conops* bekannt.

Flugzeit: In einer Generation von Juni bis August.

Gesamtverbreitung: Von Spanien über Süd- und Mitteleuropa, Südrussland, Kleinasien und Kaukasus bis Zentralasien; nordwärts bis Litauen und Orenburg; südwärts bis Sizilien, Kreta, Syrien, Irak und Nordiran. **SW-Eu:** E, I(Si), I. **Z-Eu:** F, NL, D, A, CH. **N-Eu:** LT. **NO-Eu:** CS, SK, PL, BY, UA, UA(K), RUS(S). **SO-Eu:** H, RO, SLO, HR, MK, SRB, BIH, BG, *GR, GR(K). **N-Afr:** MA(?), ET(?). **W-As:** GR(Ä), CY, TR, SYR, IRQ, Kaukasus, IR. **Z-As:** UZB, TAD, KAZ.

Lokalverbreitung: In Deutschland mit Ausnahme von Schleswig-Holstein, Mecklenburg-Vorpommern, Niedersachsen, Nordrhein-Westfalen und Sachsen aus allen Bundesländern nachgewiesen, in Brandenburg und Bayern nur historisch. In Österreich aus dem Burgenland, Niederösterreich und der Steiermark gemeldet. In der Schweiz nur historisch vom Genfersee sowie aus dem Tessin und dem Misox.

Tetraloniella Ashmead, 1899
Langhornbienen

Systematik: Familie: Apidae – Unterfamilie: Apinae – Tribus: Eucerini.

Nomenklatur: Ursprünglich wurden die Arten der Gattung wie alle paläarktischen Eucerini mit drei Cubitalzellen zuerst als Untergattung *Macrocera* zu *Eucera* gestellt, die dann unter dem Namen *Tetralonia* lange Zeit als eigene Gattung geführt wurde. In Europa wird *Tetralonia* erst in jüngerer Zeit in die drei Gattungen *Synhalonia, Tetralonia* und *Tetraloniella* aufgespalten. Einige Autoren vereinigen aber weiterhin alle Eucerini zu einer einzigen Gattung *Eucera*.

Literatur: Schmiedeknecht (1930); Scheuchl (2000); Amiet et al. (2007). Weitere hilfreiche Arbeiten: Tkalců (1979, 1984b).

Etymologie: Verkleinerungsform des Gattungsnamens *Tetralonia*. Der deutsche Name trennt nicht zwischen *Tetraloniella* und *Eucera*, mit der sie früher vereinigt war.

Körperliche Merkmale: Im Habitus ähnelt die Gattung *Tetraloniella* wie alle Langhornbienen den Pelzbienen. Die Männchen besitzen einen gelb gezeichneten Kopfschild und, wie alle Eucerini, stark verlängerte Fühler, die zuweilen fast Körperlänge erreichen. *Tetraloniella* gehört zu den Langhornbienen mit drei Cubitalzellen im Vorderflügel. Von der Gattung *Tetralonia*, die wie *Tetraloniella* drei Cubitalzellen besitzt, unterscheidet sich die Gattung dadurch, dass die Maxillarpalpen aus 5–6 Gliedern bestehen (*Tetralonia* nur 3–4 Glieder). Überdies ist die Keirotrichialfläche, eine auf der Innenseite der Hintertibien befindliche, dicht mit kurzen und feinen, von der übrigen Tibialbehaarung abgesetzte Fläche, apikal weniger als halb so breit wie die Hintertibia und zur Basis hin nur bis zur Mitte der Tibia ausgedehnt (bei *Tetralonia* apikal mindestens halb so breit wie die Hintertibia und zur Basis hin über die Mitte der Tibia reichend). Diese Merkmal teilt sich *Tetraloniella* mit *Synhalonia*, der dritten Eucerini-Gattung mit drei Cubitalzellen, von der sie sich durch den in Seitenansicht um weniger als eine Augenbreite vorspringenden Clypeus unterscheidet (*Synhalonia:* um etwa eine Augenbreite vorspringend), die Männchen der altweltlichen Arten überdies durch das Fehlen eines auf der Unterseite der Mittelschenkel sitzenden Flecks aus dichten, anliegenden roten Haaren. Überdies sind die Haare der Sammelbürste bei den Weibchen gefiedert, zumindest am Vorderrand der Scopa, während sie bei *Synhalonia* einfach gebaut sind. Die Weibchen der *Tetraloniella-ruficornis*-Gruppe (von den heimischen Arten sind dies *T. alticincta, T. fulvescens, T. inulae* und *T. salicariae),* alle offensichtlich auf *Inula* und *Pulicaria* spezialisiert, sind auf den Sterniten 3–5 mit einer spezialisierten, aus zahlreichen an ihrer Spitze wellen- bis korkenzieherförmig verbogenen Borsten zusammengesetzten Behaarung ausgestattet, die dazu dient, Pollen von den Blüten abzustreifen (Müller 2008).

Lebensweise: *Tetraloniella*-Arten sind solitär lebende, pollensammelnde und nestbauende Bienen.

Nestbau: Die Nester sind selbst gegrabene Gänge in der Erde.

Parasiten: *Ammobates, Triepeolus.*

Besonderes Verhalten: Die Männchen einiger Arten sind – insbesondere im Mittelmeerraum – als Bestäuber von Orchideen der Gattung *Ophrys* bekannt, deren Blüten durch Geruch und Aussehen Langhornbienen-Weibchen imitieren; den dadurch angelockten Männchen wird dann beim Kopulationsversuch ein Pollenpaket angeheftet. Oft finden sich Männchen zum Schlafen in Anzahl in Blüten zusammen.

Verbreitung/Artenzahl: Weltweit sind über 120 Arten beschrieben, fast die Hälfte davon leben in der Neuen Welt, wo sie in den südlichen Teilen der USA und in Mittelamerika südwärts bis Panama verbreitet sind. Die meisten Arten der Alten Welt kommen in Afrika südlich der Sahara vor; in der paläarktischen Region geht die Gattung von der Iberischen Halbinsel bis Zentralasien. Aus dem behandelten Gebiet sind acht Arten bekannt.

Tetraloniella alticincta (Lepeletier, 1841)
Flohkraut-Langhornbiene

Systematik: Untergattung *Tetraloniella* Ashmead, 1899 *s. str.*

Nomenklatur: Wurde lange Zeit mit der ausschließlich westmediterran verbreiteten *T. ruficornis* (Fabricius, 1804) vermengt. Synonyme: *Tetralonia alticincta* (Lepeletier, 1841); *Eucera alticincta* (Lepeletier, 1841).

Etymologie: Von lat. „*altus*“ = „hoch, tief, weit“ und „*cincta*“ = „umgürtet“; wegen der breiten Haarbinden auf den Tergiten. Deutscher Name: Flohkraut und Alant sind die einzigen bisher bekannten Pollenquellen der Art.

Pollenquellen: Oligolektisch auf Asteraceae (Korbblütler) der Unterfamilie Asteroideae; als Pollenquelle sind bisher nur das Große Flohkraut (*Pulicaria dysenterica*) und Alantarten (*Inula*) belegt.

Nestbau: Nistet auf kahlen oder schütter bewachsenen, ebenen bis abschüssigen Flächen in selbst gegrabenen Gängen in der Erde. Der Nesteingang ist von einem Tumulus umgeben. Das Nest besteht aus einem Hauptgang, der mehr oder weniger senkrecht in die Erde führt und sich nach wenigen Zentimetern zu einer Kammer erweitert, von der aus der Hauptgang und mehrere Nebengänge weiterführen. Unterhalb der Wurzelschicht wird am Ende von schräg nach unten gegrabenen Seitengängen je eine aufrecht stehende Brutzelle angelegt.

Lebensraum: Ufersäume, Auwiesen, im Pannonikum auch in Salzsteppen. Vom Flachland bis in die kolline Höhenstufe.

Parasiten: Kuckucksbiene ist vermutlich *Ammobates vinctus*.

Flugzeit: In einer Generation von Juli bis September.

Gesamtverbreitung: In Nordafrika von Marokko und Tunesien gemeldet. In Eurasien von Spanien über Süd- und südliches Mitteleuropa, Kleinasien und Kaukasus bis Zentralasien; nordwärts bis Süddeutschland (historisch), Böhmen und Nordukraine; südwärts bis Sizilien, Griechenland und Südtürkei. **SW-Eu:** E, F(K), I(Si), I. **Z-Eu:** F, D, A, CH. **NO-Eu:** CS, SK, UA, UA(K), RUS(S). **SO-Eu:** H, RO, SLO, HR, MK, SRB, AL, BG, GR. **N-Afr:** MA, TN. **W-As:** TR, Kaukasus. **Z-As:** TM, UZB, TAD, KGZ. **Ori:** ~~{IND, Myanmar}~~.

Lokalverbreitung: In Deutschland nur vom Kaiserstuhl/Baden-Württemberg nachgewiesen, letzter Fund 1926 (Strohm 1925). In Österreich aus dem Burgenland und Niederösterreich gemeldet. In der Schweiz aktuell und historisch von Genf, historisch von Lugano.

Tetraloniella dentata (Germar, 1839)
Flockenblumen-Langhornbiene

Systematik: Untergattung *Tetraloniella* Ashmead, 1899 *s. str.*

Nomenklatur: Synonyme: *Tetralonia dentata* (Germar, 1839); *Eucera dentata* Germar, 1839.

Etymologie: Von lat. „*dentata*“ = „gezähnt, mit Zähnen“; die Tergite 5 und 6 der Männchen tragen seitlich je einen zahnartigen Fortsatz. Deutscher Name: Flockenblumen und Disteln sind die ausschließlichen Pollenquellen der Art.

Pollenquellen: Oligolektisch auf Korbblütler (Asteraceae) der Unterfamilie Carduoideae (Disteln, Flockenblumen).

Nestbau: Nistet auf kahlen oder schütter bewachsenen, ebenen bis abschüssigen Flächen in selbst gegrabenen Gängen in der Erde. Der Nesteingang ist von einem Tumulus umgeben. Das Nest besteht aus einem in der Regel verzweigten Hauptgang. Bevorzugtes Substrat ist Sand, Löss oder Lösslehm, das auch verdichtet sein kann.

Lebensraum: Trockenwarme Standorte; Weinberge, Brach- und Ruderalflächen, Sand- und Lehmgruben, Steilufer. Vom Flachland bis in die montane Höhenstufe.

Parasiten: Als Kuckucksbiene werden *Ammobates vinctus* und *Triepeolus tristis* angegeben.

Flugzeit: In einer Generation von Juni bis August/September.

Gesamtverbreitung: In Nordafrika von Marokko bis Tunesien. In Eurasien von Portugal über Süd- und Mitteleuropa, Kleinasien, Levante und Kaukasus bis Zentralasien; nordwärts bis ins Baltikum, in Russland bis Kirov und Perm; südwärts bis Sizilien, Griechenland, Israel und Nordiran. In Nordafrika in der ssp. *atlantis* (Tkalců, 1998), auf Sardinien in der ssp. *amseli* (Alfken, 1938). Aus Pakistan wurde die ssp. *macrozona* Cockerell, 1922 beschrieben, aus der Mongolei die ssp. *extrema* (Tkalců, 1998). **SW-Eu:** P, E, I(Sa), I(Si), I. **Z-Eu:** F, D, A, CH. **N-Eu:** EST, LT, LV, RUS(N). **NO-Eu:** CS, SK, PL, BY, UA, RUS(S). **SO-Eu:** H, RO, SLO, HR, MK, SRB, BIH, BG. **N-Afr:** MA, DZ, TN. **W-As:** GR(Ä), TR, SYR, IL, Kaukasus, IR. **Z-As:** UZB, TAD, KAZ. **SO-As:** MGL. **Ori:** PAK(?).

Lokalverbreitung: In Deutschland aktuell nur aus Brandenburg nachgewiesen, historisch aus Mecklenburg-Vorpommern, Sachsen-Anhalt, Hessen und Thüringen; die Meldung von Morawitz (1872) als *Tetralonia pollinosa* var. *tricincta* von Bad Kreuznach/Rheinland-Pfalz kann nicht mit Sicherheit auf *T. dentata* bezogen werden und Belegtiere wurden bisher nicht überprüft. In Österreich aus dem Burgenland und Niederösterreich gemeldet. In der Schweiz aktuell und historisch aus dem Wallis, historisch aus dem Tessin und dem Misox.

Tetraloniella fulvescens (Giraud, 1863)
Ochsenaugen-Langhornbiene

Systematik: Untergattung *Tetraloniella* Ashmead, 1899 *s. str.*

Nomenklatur: Synonyme: *Tetralonia dufourii* (Pérez, 1879); *Tetralonia fulvescens* Giraud, 1863.

Etymologie: Von lat. „*fulvus*" = „dunkelgelb, braungelb, bräunlich, rotgelb"; wegen der Farbe des Haarkleids. Deutscher Name: Ochsenauge gehört zu den bevorzugten Pollenquellen der Art.

Pollenquellen: Oligolektisch auf Asteraceae (Korbblütler) der Unterfamilie Asteroideae; fast ausschließlich auf Alant (*Inula*) beobachtet.

Nestbau: Nistet auf kahlen oder schütter bewachsenen, ebenen bis abschüssigen Flächen in selbst gegrabenen Gängen in der Erde, meist in Aggregationen.

Lebensraum: Trockenwarme Standorte; Brach- und Ruderalflächen, Brennen, Steppen. Vom Flachland bis in die montane Höhenstufe.

Parasiten: Unbekannt.

Flugzeit: In einer Generation von Juni bis August.

Gesamtverbreitung: In Nordafrika von Marokko bis Tunesien. In Eurasien von Portugal über Süd- und südliches Mitteleuropa, Kleinasien und Kaukasus bis Zentralasien; nordwärts bis Südschweiz, Ostösterreich, Mähren, Nordukraine und Baschkortostan; südwärts bis Sizilien, Griechenland (Korinth) und Türkei. **SW-Eu:** P, E, I(Sa), I(Si), I. **Z-Eu:** F, A, CH. **NO-Eu:** CS, SK, UA, RUS(S). **SO-Eu:** H, RO, SLO, HR, AL, BG, GR. **N-Afr:** MA, DZ, TN. **W-As:** GR(Ä), TR, Kaukasus. **Z-As:** UZB, KAZ.

Lokalverbreitung: In Österreich aus dem Burgenland, Kärnten und Niederösterreich gemeldet. In der Schweiz aktuell aus dem Wallis, aktuell und historisch aus Genf, historisch aus dem Tessin.

Tetraloniella graja (Eversmann, 1852)
Distel-Langhornbiene

Systematik: Untergattung *Tetraloniella* Ashmead, 1899 *s. str.*

Nomenklatur: Synonyme: *Tetralonia graja* (Eversmann, 1852).

Etymologie: Von lat. „*graja*" = „griechisch". Eversmann beschreibt seine Art zwar aus Russland, bezieht sich aber auf ein *nomen nudum* von Herrich-Schaeffer, der Tiere aus Griechenland vorliegen hatte. Deutscher Name: Disteln gehören zu den bevorzugten Pollenquellen der Art.

Pollenquellen: Oligolektisch auf Asteraceae (Korbblütler) der Unterfamilie Asteroideae; hauptsächlich auf Disteln beobachtet.

Lebensraum: Trockenwarme Standorte. Vom Flachland bis in die kolline Höhenstufe.

Parasiten: Kuckucksbiene ist vermutlich *Ammobates vinctus*.

Gesamtverbreitung: In Nordafrika aus Ägypten bekannt (überprüfungsbedürftig auch aus Algerien). Von Portugal über Süd- und südliches Mitteleuropa, Kleinasien und Levante bis in den Kaukasus, möglicherweise bis Pakistan; nordwärts bis Ungarn und Orenburg; südwärts bis Sizilien, Griechenland, Israel und Jordanien. In der ssp. *lusitania* (Tkalců, 1998) in Iberien, in der ssp. *siirtensis* (Tkalců, 1998) in der Osttürkei, und in der ssp. *nursei* Cockerell, 1922 in Pakistan; letztere ist möglicherweise eine eigenständige Art. **SW-Eu:** P, E, I(Sa), I(Si), I. **Z-Eu:** F, A? **NO-Eu:** SK?, UA, UA(K), RUS(S). **SO-Eu:** H, RO, HR, MK, SRB, BG, GR. **N-Afr:** DZ(?), ET. **W-As:** GR(Ä), TR, SYR, JOR, IL, Kaukasus. **Ori:** PAK?, ~~{IND, Myanmar}~~.

Lokalverbreitung: Von Schwarz et al. (1996) und Folgepublikationen ohne weitere Angaben als fragwürdiger Nachweis bzw. unbestätigte Literaturangabe für Österreich aufgelistet. Da die Art auch in Ungarn nachgewiesen wurde, ist ein ehemaliges Vorkommen in Ostösterreich nicht ausgeschlossen.

Tetraloniella inulae (Tkalců, 1979)
Alant-Langhornbiene

Systematik: Untergattung *Tetraloniella* Ashmead, 1899 *s. str.*

Nomenklatur: Synonyme: *Tetralonia inulae* Tkalců, 1979.

Etymologie: Vom Gattungsnamen *Inula*, der deutlich bevorzugten Pollenquelle der Art.

Pollenquellen: Oligolektisch auf Asteraceae (Korbblütler) der Unterfamilie Asteroideae; fast ausschließlich auf Alant (*Inula*) beobachtet.

Lebensraum: Trockenwarme Standorte; Brach- und Ruderalflächen, Brennen, Steppen. Vom Flachland bis in die montane Höhenstufe.

Parasiten: Kuckucksbienen sind vermutlich *Ammobates vinctus* und *Tetraloniella inulae*; letztere wurde in Italien als Wirt beobachtet (G. Pagliano, pers. Mitt. an M. Schwarz).

Flugzeit: Alle Flugdaten aus dem Gebiet stammen aus dem Juli.

Gesamtverbreitung: Angeblich auch in Frankreich gefunden; ansonsten von Friaul bis in die Ukraine und über Kleinasien und Kaukasus bis in den Iran; nordwärts bis Ostösterreich und Mähren; südwärts bis Bulgarien und Nordiran (Dasht). **Z-Eu:** F(?), A, CH. **NO-Eu:** CS, SK, MD, UA, RUS(S). **SO-Eu:** MD, SLO, HR, BG. **W-As:** CY, TR, Kaukasus, IR.

Lokalverbreitung: In Österreich aus dem Burgenland und der Steiermark gemeldet (Schwarz et al. 1999). In der Schweiz nur von einem Fundort im Südtessin bekannt (aktuell, Amiet et al. 2007).

Tetraloniella nana (Morawitz, 1873)

Zwerg-Langhornbiene

Systematik: Untergattung *Tetraloniella* Ashmead, 1899 *s. str.*

Nomenklatur: Synonyme: *Tetralonia nana* Morawitz, 1873.

Etymologie: Von lat. „*nana*“ = „Zwergin“ (griech. Fremdw.); die Art ist mit rund 8 mm Körperlänge eine der kleineren Langhornbienen.

Pollenquellen: Wahrscheinlich oligolektisch auf Malvengewächse (Malvaceae).

Parasiten: Als Kuckucksbiene wurde *Triepeolus tristis* beobachtet; in der Literatur wird, zurückgehend auf Fahringer (1914), auch *Coelioxys polycentris* angegeben, was wenig wahrscheinlich erscheint.

Flugzeit: Juli.

Gesamtverbreitung: Von Südwestspanien (Cádiz) über Süd- und südliches Mitteleuropa und Südrussland sowie über Kleinasien und Kaukasus bis Zentralasien; nordwärts bis Mähren und Baschkortostan; südwärts bis Lazio, Nordgriechenland und Mitteltürkei. **SW-Eu:** E, F(K), I. **Z-Eu:** F, A. **NO-Eu:** CS, SK, UA, RUS(S). **SO-Eu:** H, RO, SLO, HR, MK, SRB, BG, GR. **W-As:** TR, Kaukasus. **Z-As:** TM, UZB.

Lokalverbreitung: Im Gebiet nur von einem einzigen Weibchen von Guntramsdorf/Niederösterreich aus der ersten Hälfte des 20. Jahrhunderts (Pittioni & Schmidt 1942) und von einem Männchen aus Loipersdorf/Burgenland aus dem Jahr 2000 (Ebmer 2001) bekannt.

Tetraloniella pollinosa (Lepeletier, 1841)

Filzige Langhornbiene

Systematik: Untergattung *Tetraloniella* Ashmead, 1899 *s. str.*

Nomenklatur: Synonyme: *Tetralonia pollinosa* (Lepeletier, 1841); *Eucera pollinosa* (Lepeletier, 1841).

Etymologie: Von lat. „*pollinosa*“ = „bestäubt“, wegen der extrem dichten und kurzen Behaarung des Hinterleibs, wodurch er wie staubbedeckt wirkt.

Pollenquellen: Vermutlich oligolektisch auf Dipsacaceae, auch wenn die Art oft an Malvaceae und Asteraceae beobachtet wird.

Flugzeit: In einer Generation von Juli bis September.

Gesamtverbreitung: Viele ältere Meldungen beziehen sich auf *T. dentata* oder verwandte Arten, sodass die nachfolgenden Angaben zwar wahrscheinlich, aber nicht absolut sicher sind: Von Spanien über Süd- und südliches Mitteleuropa und Südrussland sowie über Kleinasien bis in den Kaukasus; nordwärts bis Mähren, Mittelukraine, Ryazan und Baschkortostan; südwärts bis Italien, Griechenland und Türkei. **SW-Eu:** E, I(Sa), I. **Z-Eu:** F, D?, A, CH. **N-Eu:** RUS(N). **NO-Eu:** CS(?), SK(?), PL, ~~{BY}~~, UA, RUS(S). **SO-Eu:** H, RO, HR, SRB, BG, GR. **N-Afr:** DZ? **W-As:** TR, IL, Kaukasus.

Lokalverbreitung: Aus Deutschland existiert eine Meldung von Morawitz (1872) als *Tetralonia pollinosa* var. *tricincta* von Bad Kreuznach/Rheinland-Pfalz, sie ist vermutlich auf *T. dentata* zu beziehen, Belegtiere konnten aber bisher nicht überprüft werden. In Österreich vom Neusiedlersee/Burgenland von 1886 und von Oberweiden/Niederösterreich von 1935 bekannt (Pittioni & Schmidt 1942). In der Schweiz nur zwei Nachweise aus dem Wallis aus dem 19. Jahrhundert, einer von Siders (Friese 1893) und einer von Sierre (Frey-Gessner 1905).

Tetraloniella ruficornis (Fabricius, 1804)
Rotfühler-Langhornbiene

Etymologie: Von lat. „*rufus*" = „rötlich" und „*cornum*" = „Horn" (im Sinne von Fühler).

Lokalverbreitung: Alle Nachweise aus dem Gebiet (Morawitz 1872, Pittioni & Schmidt 1942, Frey-Gessner 1899–1907) beziehen sich auf *Tetraloniella alticincta*.

Tetraloniella salicariae (Lepeletier, 1841)
Blutweiderich-Langhornbiene

Systematik: Untergattung *Tetraloniella* Ashmead, 1899 *s. str.*

Nomenklatur: Synonyme: *Tetralonia salicariae* (Lepeletier, 1841); *Eucera salicariae* (Lepeletier, 1841).

Etymologie: Vom Pflanzennamen *Lythrum salicaria* (Blutweiderich), der bevorzugten Pollenquelle der Art.

Pollenquellen: Polylektisch mit zumindest im Gebiet deutlicher Präferenz für Blut-Weiderich (*Lythrum salicaria*), besammelt Blüten der Familien Lythraceae, Apiaceae, Malvaceae, Solanaceae und Asteraceae.

Nestbau: Nistet auf kahlen oder schütter bewachsenen, ebenen bis stark abschüssigen Flächen in selbst gegrabenen Gängen in der Erde. Das Nest besteht aus einem in der Regel verzweigten Hauptgang. Bevorzugtes Substrat ist Sand, Löss oder Lösslehm.

Lebensraum: Ufersäume, Auwiesen, Hochwasserdämme, Sand- und Lehmgruben. Vom Flachland bis in die kolline Höhenstufe.

Parasiten: Kuckucksbiene ist *Triepeolus tristis*.

Flugzeit: In einer Generation von Juni bis Ende August.

Besonderes Verhalten: Männchen sind in Südwestdeutschland Opfer von Sexualtäuschung durch die Orchidee *Ophrys elatior*.

Gesamtverbreitung: Von Portugal über Süd- und Mitteleuropa, Kleinasien, Kaukasus bis Usbekistan (Djume) und Westsibirien (Chelyabinsk); nordwärts bis Brandenburg, in Russland bis Moskau und Udmurtien; südwärts bis Kalabrien, Nordgriechenland und Nordtürkei. **SW-Eu:** P, E, F(K), I. **Z-Eu:** F, D, A, CH, FL. **N-Eu:** RUS(N). **NO-Eu:** CS, SK, PL, UA, RUS(S). **SO-Eu:** H, RO, SLO, HR, MNE, SRB, BIH, BG, GR(?). **N-Afr:** DZ? **W-As:** TR, Kaukasus. **Z-As:** UZB. **Sib:** W-Sib.

Lokalverbreitung: In Deutschland nur aus Brandenburg, Rheinland-Pfalz und Baden-Württemberg (aktuell) sowie Bayern (historisch) nachgewiesen. In Österreich aus dem Burgenland, Kärnten, Ober- und Niederösterreich, Vorarlberg sowie der Steiermark gemeldet. In der Schweiz aktuell aus dem Bündner und St. Gallener Rheintal sowie dem Kanton Aargau, aktuell und historisch aus den Kantonen Genf, Wallis und Tessin, historisch aus den Kantonen Waadt und Bern.

Tetraloniella scabiosae (Mocsáry, 1881)
Skabiosen-Langhornbiene

Etymologie: Die offensichtlich mesolektische Art besucht bevorzugt Skabiosen.

Lokalverbreitung: Das von Amiet (1991) aus dem Wallis gemeldete Tier stellte sich nachträglich als ein ungewöhnlich kleines Exemplar von *Tetraloniella pollinosa* heraus (Amiet et al. 2007).

Thyreus Panzer 1806
Fleckenbienen

Systematik: Familie: Apidae – Unterfamilie: Apinae – Tribus: Melectini.

Nomenklatur: Warncke stellte *Thyreus* als Untergattung zur Gattung *Melecta*. Synonym: *Crocisa* Jurine, 1801.

Literatur: de Beaumont (1940); Lieftinck (1968); Scheuchl (2000); Amiet et al. (2007).

Etymologie: *Thyreus* ist eine Gestalt der griechischen Mythologie.

Körperliche Merkmale: *Thyreus* ähnelt sehr der Gattung *Melecta*, unterscheidet sich aber durch das flache und unbehaarte Scutellum, dessen Hinterrand in der Mitte ausgeschnitten ist und dort ein weißes Haarbüschel trägt (*Melecta* mit gewölbtem, behaartem zweidornigen Scutellum). Die Gattung besitzt einen 8–14 mm langen, schwarz gefärbten Körper, der mit schneeweißen, bei tropischen Arten manchmal hellblauen oder grünen Haarflecken versehen ist.

Lebensweise: *Thyreus*-Arten leben als Brutparasitoide bei den Pelzbienen-Gattungen *Anthophora* und *Amegilla* sowie der Langhornbienen-Gattung *Synhalonia*, wobei sie in der Regel auf eine oder einige wenige Wirtsarten spezialisiert sind. Anders als die meisten anderen Kuckucksbienen brechen sie in bereits verschlossene Zellen der Wirte ein und verschließen diese nach erfolgter Eiablage mit einem Gemisch aus Erde und körpereigenem Sekret. Im Unterschied zu *Melecta* spinnen *Thyreus*-Larven zur Verpuppung keinen Kokon. Als Kuckucksbienen besuchen sie Blüten nur zur Eigenversorgung mit Nektar.

Besonderes Verhalten: Zuweilen finden sich Männchen zum Schlafen einzeln oder in Gemeinschaft festgebissen an Pflanzenstängeln.

Verbreitung/Artenzahl: *Thyreus* ist über ganz Afrika inklusive Madagaskar, in Eurasien von den Kanaren bis Japan und den Fernen Osten, nordwärts bis etwa 53°N, südwärts bis Indonesien, Taiwan und ostwärts über die Philippinen bis auf die Solomonen sowie in Australien in Victoria und das zentrale Westaustralien verbreitet. Weltweit sind über 120 Arten bekannt, von denen fünf im Gebiet vorkommen.

Thyreus hirtus (Beaumont, 1940)
Struppige Fleckenbiene

Etymologie: Von lat. „*hirtus*“ = „struppig, ruppig, rau, borstig, behaart“. Der deutsche Name folgt der wissenschaftlichen Bezeichnung.

Lebensraum: Vom Flachland bis in die montane Höhenstufe.

Wirte: Unbekannt.

Flugzeit: Flugdaten aus dem Gebiet von Mai bis August.

Gesamtverbreitung: In Nordafrika von Algerien bis Tunesien. In Eurasien von Portugal über Süd- und südliches Mitteleuropa bis Südrussland und Kleinasien; nordwärts bis in die Südschweiz und Wolgograd; südwärts bis Sizilien, Kreta und Nordtürkei. **SW-Eu:** P, E, F(K), I(Si), I. **Z-Eu:** F, CH. **NO-Eu:** RUS(S). **SO-Eu:** GR(K). **N-Afr:** DZ, TN. **W-As:** TR.

Lokalverbreitung: Franz (1982) meldet einen Fund bei Guntramsdorf in Niederösterreich; die Art wurde aber in keiner nachfolgenden Artenliste für Österreich erwähnt. Im Gebiet nur aus dem Wallis bekannt (historisch und aktuell).

Thyreus histrionicus (Illiger, 1806)

Hohlfuß-Fleckenbiene

Nomenklatur: Synonym: *Crocisa major* Morawitz, 1875.

Etymologie: Von lat. „*histrionicus*" = „Schauspieler-, zu den Schauspielern gehörig". Deutscher Name: Die Außenseite des hinteren Metatarsus ist beim Männchen leicht konkav, im Gegensatz zur sehr ähnlichen *T. ramosus*.

Lebensraum: Trockenwarme Standorte, Sand-, Kies- und Lehmgruben, Steilwände und Abbruchkanten, Weinberge. Vom Flachland bis in die montane Höhenstufe.

Wirte: *Amegilla quadrifasciata*.

Flugzeit: In einer Generation von Juli bis August.

♂

Gesamtverbreitung: In Nordafrika von den Kanaren bis Ägypten; je ein Nachweis aus *Saudi-Arabien und von Sokotra. In Eurasien von Portugal über Süd- und Mitteleuropa und Südrussland sowie über Kleinasien und Kaukasus bis Zentralasien; nordwärts bis Brandenburg, Böhmen, Südpolen, Mittelukraine und Baschkortostan; südwärts bis Sizilien und Malta, Kreta, Zypern, *Israel und Nordiran. **SW-Eu:** P, E, E(B), F(K), I(Sa), I(Si), I, I(L), M. **Z-Eu:** F, B, D, A, CH. **NO-Eu:** CS, SK, PL, BY, UA, UA(K), RUS(S). **SO-Eu:** H, RO, HR, MK, MNE, SRB, AL, BG, GR, GR(K). **N-Afr:** E(C), MA, DZ, TN, LAR, ET. **Arab:** *KSA, Sokotra. **W-As:** GR(Ä), CY, TR, SYR, RL, *IL, Kaukasus, IR. **Z-As:** UZB, TAD, KAZ, KGZ. **SO-As:** RC (Xinjiang).

Lokalverbreitung: In Deutschland verschollen, nachgewiesen aus Brandenburg, Thüringen, Sachsen und Bayern; bei dem aktuellen Einzelfund von Meckenheim/NW aus dem Jahre 1996 (Esser et al. 2010) dürfte es sich um ein eingeschlepptes Tier handeln. In Österreich aus dem Burgenland, Kärnten, Niederösterreich und der Steiermark gemeldet. In der Schweiz nur historische Funde aus dem Misox und eine aktuelle Meldung von 2014 aus dem Südtessin (Amiet et al. 2014).

Thyreus orbatus (Lepeletier, 1841)
Schwarzgesichtige Fleckenbiene

Nomenklatur: Synonym: *Crocisa scutellaris* auct. nec (Fabricius, 1781).

Etymologie: Von lat. „*orbatus*" = „beraubt". Deutscher Name: Das Gesicht der Art ist unterhalb der Fühler schwarz behaart, ein Merkmal, das sie unter den heimischen Arten nur mit *T. hirtus* teilt.

Lebensraum: Sand- und Lehmgruben, strukturreiches, extensiv genutztes Grünland. Vom Flachland bis in die untere subalpine Höhenstufe.

Wirte: Hauptwirt ist *Anthophora quadrimaculata*, als weitere Wirte werden *A. borealis, A. plagiata* und *A. pubescens* genannt.

Flugzeit: Flugdaten aus dem Gebiet von Mai bis August/September.

Gesamtverbreitung: In Nordafrika von Marokko bis Ägypten, nach einer überprüfungsbedürftigen Meldung südwärts bis Eritrea. In Eurasien von Portugal über Süd- und Mitteleuropa bis Ukraine und Kleinasien; südwärts bis Campania, Griechenland und *Israel. **SW-Eu:** P, E, E(B), I. **Z-Eu:** F, B, LUX, NL, D, A, CH. **N-Eu:** LV. **NO-Eu:** CS, SK, PL, UA, RUS(S). **SO-Eu:** H, RO, SLO, HR, MK, SRB, BG, GR. **N-Afr:** MA, DZ, TN, LAR, ET, ER(?). **W-As:** TR, *IL.

Lokalverbreitung: In Deutschland mit Ausnahme von Schleswig-Holstein aus allen Bundesländern nachgewiesen, in Sachsen nur historisch. In Österreich mit Ausnahme von Salzburg aus allen Bundesländern gemeldet. In der Schweiz historisch und aktuell im Mittelland, Berner Oberland, Wallis und Graubünden, im Genfersee-Gebiet und dem Misox nur historisch, keine Nachweise aus dem Tessin.

Thyreus ramosus (Lepeletier, 1841)
Rundfuß-Fleckenbiene

Etymologie: Von lat. „*ramosus*" = „weit verzweigt"; Lepeletier bezieht sich auf die weißen Haarflecken der Hinterleibs, die auf Tergit 1 und 2 sich über den Seitenrand erstrecken und dann zur Mitte hin „abzweigen" („*primi secundique ramum perpendicularem emittente*"). Deutscher Name: Die Außenseite des hinteren Metatarsus ist beim Männchen leicht gewölbt, im Gegensatz zur sehr ähnlichen *T. histrionicus*.

Lebensraum: Trockenwarme Standorte wie Weinberge, Ruderalflächen und Steppen. Vom Flachland bis in die kolline, in der Südschweiz bis in die untere montane Höhenstufe.

Wirte: Sicher nachgewiesener Wirt ist *Amegilla albigena*. Ältere Angaben über *Anthophora pubescens* und *Antophora bimaculata* dürften eher spekulativ sein und nicht den Tatsachen entsprechen.

Flugzeit: Vermutlich in einer Generation von Juni bis September, in der Südschweiz zuweilen bis Oktober.

Gesamtverbreitung: In Nordafrika von den Kanaren bis Ägypten und südwärts bis in den Sudan; auf der arabischen Halbinsel aus fast allen Ländern gemeldet. In Eurasien von Portugal über Süd- und südliches Mitteleuropa, Kleinasien, Levante und Kaukasus bis Zentralasien, erreicht im nordindischen Himalaya (Mussouri) die orientalische Faunenregion; nordwärts bis Südschweiz, Österreich, Slowakei, Nordukraine und Penza; südwärts bis Sizilien und Malta, Peloponnes, Kreta, Zypern, Israel und Afghanistan. Aus Japan eine zweifelhafte Meldung von den Ryukyu-Inseln. **SW-Eu:** P, E, E(B),

F(K), I(Sa), I(Si), I, I(L), M. **Z-Eu:** F, D, A, CH. **NO-Eu:** SK, UA, UA(K), RUS(S). **SO-Eu:** H, RO, MD, HR, MK, SRB, AL, BG, GR, GR(K). **N-Afr:** E(C), MA, DZ, TN, LAR, ET, SUD. **Arab:** KSA, UAE, Y, OM. **W-As:** GR(Ä), CY, TR, SYR, RL, IL, IRQ, Kaukasus, IR, AFG. **Z-As:** TM, UZB, TAD, KAZ, KGZ. **SO-As:** RC, J? **Ori:** PAK, IND.

Lokalverbreitung: In Österreich aus dem Burgenland, Niederösterreich und Tirol gemeldet. In der Schweiz historisch und aktuell im Wallis sowie zwei historische Meldungen von Nyon/Waadt und Brissago/Tessin.

Thyreus truncatus (Pérez, 1883)
Gestutzte Fleckenbiene

Etymologie: Von lat. „*truncatus*" = „gestutzt, abgestutzt"; Pérez bezieht sich auf das abgestutzte Tergit 7 beim Männchen („*Distinct de toutes les espèces à moi connues par l'anus coupé droit*"). Deutscher Name: Im Gegensatz zur den sehr ähnlichen *T. histrionicus* und *T. ramosus*, bei denen beim Männchen die Seitenecken von Tergit 7 in ein Dörnchen oder einen Zahn ausgezogen sind, ist der Endrand mehr oder weniger gerade abgestutzt.

Lebensraum: Trockenwarme Standorte; Weinberge, Ruderalflächen, Steppen. Vom Flachland bis in die kolline Höhenstufe.

Wirte: Einziger bekannter Wirt ist *Amegilla garrula*.

Flugzeit: In einer Generation von Juli bis August.

Gesamtverbreitung: In Nordafrika von Marokko, Algerien und Ägypten bekannt. In Eurasien von Zentralspanien über Süd- und südliches Mitteleuropa, Kleinasien, Levante und Kaukasus bis Tadschikistan; nordwärts bis Südschweiz, Ostösterreich, Slowakei, Südukraine und Orenburg; südwärts bis Sizilien, Kreta, Israeli und Nordiran. Die Meldung von den Kanaren (Maidl 1922) dürfte sich auf *T. ramosus* beziehen. **SW-Eu:** E, I(Si), I. **Z-Eu:** F, A, CH. **N-Eu:** RUS(N)(?). **NO-Eu:** SK, PL, UA, UA(K), RUS(S). **SO-Eu:** H, RO, HR, MK, SRB, AL, BG, GR, GR(K). **N-Afr:** E(C)?, MA, DZ, ET. **W-As:** TR, SYR, IL, Kaukasus, Kuwait, IR. **Z-As:** TAD.

Lokalverbreitung: In Österreich aus dem Burgenland und Niederösterreich gemeldet. In der Schweiz historisch und aktuell nur von wenigen Fundorten aus dem Wallis bekannt.

Trachusa Panzer, 1804
Harzbienen

Systematik: Familie: Megachilidae – Unterfamilie: Megachilinae – Tribus: Anthidiini.

Nomenklatur: Wird von manchen Autoren zur Gattung *Anthidium* gestellt.

Literatur: Warncke (1980a); Banaszak & Romasenko (2001); Amiet et al. (2004); Scheuchl (2006).

Etymologie: Von lat. „*trachus*" = „rau" (nach Friese 1898). Bis vor Kurzem wurde *Trachusa byssina* als einzige Art in diese Gattung gestellt – bis dahin wurde die Gattung mit dem deutschen Namen „Bastardbienen" belegt, da *Trachusa byssina* hinsichtlich des Aussehens und der Lebensweise wie eine Mischung aus Blattschneider-, Mauer- und Wollbienen erscheint. Mit der umfassenderen Definition der Gattung, die vor allem Arten einschließt, die vom Habitus her an *Anthidium*-Arten erinnern, erscheint der vom Nistverhalten abgeleitete Gattungsname „Harzbiene" angebrachter.

Körperliche Merkmale: Der Körper der heimischen Arten ist 11–15 mm lang, schwarz gefärbt oder mit gelber Zeichnung, die Behaarung ist graugelb bis rötlich braun. Die Weibchen tragen am Bauch eine weißliche Sammelbürste. Im Unterschied zu anderen Anthidiini-Gattungen sind die Seitenecken des Scutellums nicht zahnartig ausgezogen und die Klauenglieder besitzen einen deutlichen Haftlappen. Diese Merkmalskombination trifft bei den heimischen Arten nur noch auf *Anthidiellum* zu, die aber mit 6–7 mm Körperlänge deutlich kleiner ist.

Lebensweise: *Trachusa*-Arten sind solitär lebende, pollensammelnde und nestbauende Bienen.

Blütenbesuch: Je nach Art poly-, meso- oder oligolektisch.

Nestbau: *Trachusa* legt – im Gegensatz zu fast allen anderen Anthidiini – ihre Nester in selbst gegrabenen Gängen im Erdboden an, wo die aus Blattteilen errichteten und innen mit Harz überzogenen Brutzellen angelegt werden.

Parasiten: Bisher wurde an den Nistplätzen nur die Kegelbiene *Coelioxys quadridentata* beobachtet.

Besonderes Verhalten: Zuweilen finden sich Männchen zum Schlafen einzeln oder in Gemeinschaft festgebissen an Pflanzenstängeln.

Verbreitung/Artenzahl: *Trachusa* kommt sowohl in der Alten wie in der Neuen Welt vor. In Amerika reicht ihre Verbreitung von New Jersey im Norden bis Mexiko im Süden. In Afrika geht sie von Südafrika nordwärts bis an die Mittelmeerküste; eine durch eine einzige Art vertretene Untergattung kommt auf der Insel Sokotra vor. In Eurasien ist sie von Iberien bis in den Fernen Osten verbreitet und dringt weit in die orientalische Zone vor: Südindien, Südostchina, Taiwan, Malaysia und Borneo. Weltweit sind etwa 45 Arten bekannt, von denen zwei im Gebiet vorkommen.

Trachusa byssina (PANZER, 1804)

Große Harzbiene

Systematik: Untergattung *Trachusa* PANZER, 1804 *s. str.*

Nomenklatur: Synonym: *Anthidium byssinum* (PANZER, 1805); *Trachusa serratulae* PANZER, 1804.

Etymologie: Von lat. „*byssina*“ = „aus feinstem Leinen gemacht, kattunen, aus Batist“ (griech. Fremdwort). Deutscher Name: Der deutsche Name bezieht sich auf die Verwendung von Harz als Nistmaterial; im Gegensatz zu *Anthidiellum strigatum* ist *T. byssina* deutlich größer,

Pollenquellen: Oligolektisch auf Schmetterlingsblütler (Fabaceae), Hauptpollenquelle ist der Gewöhnliche Hornklee (*Lotus corniculatus*).

Nestbau: Nistplätze sind kahle oder schütter bewachsene Flächen, meist auf abschüssigen Flächen, zuweilen auch in Steilwänden. Besiedelt auch humoses Substrat, bevorzugt aber sandige oder lössige Böden, oft in Aggregationen. Das Nest besteht aus einem selbst gegrabenen Gang von 10–15 cm Länge, der sich meist in zwei oder mehrere Seitengängen verzweigt. Am Ende der Seitengänge werden 2–4 hintereinander liegende Brutzellen platziert. Für den Bau der Zellen werden Streifen aus den Blättern von verschiedenen Bäumen und Kräutern ausgeschnitten, die als Zellenwände dienen. Sodann werden kleine Harzstückchen gesammelt, die am Ende der

Brutzelle deponiert werden, bis eine ausreichende Menge vorhanden ist, um die Innenseite der Blätter mit einer Harzschicht zu überziehen.

Lebensraum: Blütenreiche Waldsäume, Hecken, Magerwiesen, Sand- und Lehmgruben, Heiden, Weinberge. Vom Flachland bis in die montane, zuweilen auch subalpine Höhenstufe.

Parasiten: Als Kuckucksbienen werden *Coelioxys quadridentata* und *Aglaoapis tridentata* vermutet.

Flugzeit: In einer Generation von Juni bis August.

Gesamtverbreitung: Von Portugal über Europa, Kleinasien, Kaukasus, Zentralasien und Sibirien bis zur Oblast Amur und die Jüdische Autonome Oblast; nordwärts bis 60°N in Norwegen (Oppland), 63°N in Schweden (Jämtland), 64°N in Finnland (Kokkola/Mittelösterbotten), in Russland bis Karelien, Kirov und Perm; südwärts bis Abruzzo, Nordgriechenland (Olymp/Timfi) und Nordtürkei. **SW-Eu:** P, E, I. **Z-Eu:** F, B, LUX, NL, D, A, CH, FL, DK. **N-Eu:** N, S, SF, EST, LT, LV, RUS(N). **NO-Eu:** CS, SK, PL, BY, UA, RUS(S). **SO-Eu:** H, RO, SLO, HR, MNE, AL, BG, GR. **W-As:** TR, Kaukasus. **Z-As:** KAZ. **Sib:** W-Sib, O-Sib. **NO-As:** Amur, JAO. **SO-As:** MGL.

Lokalverbreitung: Im Gebiet aktuell aus fast allen Regionen gemeldet, lediglich in Schleswig-Holstein, dem Genfersee-Gebiet und dem Südtessin nur historisch.

Trachusa interrupta (Fabricius, 1781)
Skabiosen-Harzbiene

Systematik: Untergattung *Paraanthidium* Friese, 1898.

Nomenklatur: Synonym: *Anthidium interruptum* (Fabricius, 1781).

Etymologie: Von lat. „*interrupta*“ = „unterbrochen“, Fabricius bezieht sich auf die bindenartige gelbe Zeichnung der Tergite, die auf den ersten beiden Tergiten mitten unterbrochen ist („*abdomine strigis quinque flavis, anticis duabus interruptis*“). Deutscher Name: Skabiosen gehören zu den bevorzugten Pollenquellen der Art.

Pollenquellen: Vermutlich oligolektisch auf Kardengewächse (Dipsacaceae).

Nestbau: Wie bei *Trachusa byssina* besteht das Nest aus einem selbst gegrabenen Gang im Erdboden, in den hintereinander Zellen aus ausgeschnittenen Blattstücken errichtet und innen mit Harz ausgekleidet werden.

Lebensraum: Trockenwarme Standorte; Trockenrasen, Abwitterungshalden, Steppen, aufgelassene Weinberge. Vom Flachland bis in die montane Höhenstufe.

Parasiten: Kuckucksbiene ist *Stelis annulata*.

Flugzeit: In einer Generation von Juni bis August.

Gesamtverbreitung: In Nordafrika von Marokko bis Tunesien. In Eurasien von Portugal über Südeuropa und Kleinasien bis zur Wolga und in den Kaukasus; nordwärts bis Südschweiz, Südösterreich (historisch), Slowakei und Südukraine (Cherson); südwärts bis Sizilien, Attika und Syrien. **SW-Eu:** E, I(Sa), I(Si), I. **Z-Eu:** F, A?, CH. **NO-Eu:** SK, UA, UA(K), RUS(S). **SO-Eu:** H, RO, HR, MK, MNE, SRB, AL, BG, GR. **N-Afr:** MA, DZ, TN, LAR. **W-As:** TR, SYR, Kaukasus.

Lokalverbreitung: In Österreich von Friese (1898) für Kärnten aufgeführt, seither nicht wieder gemeldet. In der Schweiz aktuell aus Genf, aktuell und historisch aus dem Wallis und historisch aus dem Misox.

Triepeolus Robertson, 1901
Filzbienen

Systematik: Familie: Apidae – Unterfamilie: Nomadinae – Tribus: Epeolini.

Nomenklatur: *Triepeolus* wurde in Europa erst in jüngerer Zeit von der Gattung *Epeolus* abgetrennt.

Literatur: Bischoff (1930b); Scheuchl (2000); Amiet et al. (2007).

Etymologie: Von lat. „*tri-*“ = „drei-“ und dem Gattungsnamen *Epeolus*, Robertson bezieht sich auf die dreigliedrigen Maxillarpalpen („*maxillary palpi three-jointed*“). Der deutsche Name trennt nicht zwischen *Triepeolus* und *Epeolus*, mit der sie früher vereinigt war.

Körperliche Merkmale: *Triepeolus* sind klein bis mittelgroß (7–11 mm), der Körperbau ist gedrungen. Der Hinterleib ist mit filzartig anliegenden weißen Haarflecken verziert. Der Körpers ist überwiegend schwarz gefärbt, die Beine sind oft vollständig oder teilweise rot (bei der heimischen Art schwarz bis bräunlich). Wie alle Epeolini besitzt *Triepeolus* drei Cubitalzellen, jedoch ist die Cubitalzelle 2 im Gegensatz zu *Epeolus* kleiner als 3 (*Epeolus*: beinahe gleich groß). In der Regel kann *Triepeolus* auch durch die dreigliedrigen Maxillarpalpen von *Epeolus* (Maxillarpalpen zweigliedrig) unterschieden werden, wenngleich dieses Merkmal in seltenen Fällen variieren kann.

Lebensweise: *Triepeolus*-Arten leben als Brutparasitoide bei anderen Bienen, wobei sie in der Regel auf eine oder einige wenige Wirtsarten spezialisiert sind. Die meisten *Triepeolus*-Arten parasitieren die Nester von Eucerini (*Melissodes, Peponapis, Svastra, Synhalonia, Tetraloniella, Xenoglossa*), einige auch andere Gattungen wie *Anthophora, Centris, Melitoma, Ptiloglossa, Protoxaea* und *Dieunomia*. Als Kuckucksbienen besuchen sie Blüten nur zur Eigenversorgung mit Nektar.

Verbreitung/Artenzahl: *Triepeolus* ist in beiden Hemisphären verbreitet. In Amerika geht sie von Südkanada südwärts bis in die argentinische Provinz Rio Negro. Sie fehlt in Afrika, in den tropischen Bereichen Asiens sowie in Australien und Ozeanien. In Eurasien, wo sie nur durch zwei Arten vertreten ist, geht sie von Iberien bis Japan und den Fernen Osten. Insgesamt sind über 140 Arten bekannt, von denen eine im Gebiet vorkommt.

Triepeolus tristis (Smith, 1854)
Schwarze Filzbiene

Nomenklatur: Synonym: *Epeolus tristis* Smith, 1854.

Etymologie: Von lat. „*tristis*" = „finster, traurig"; wegen der einfarbig schwarzen Körperoberfläche (mit weißen Haarflecken).

Lebensraum: Trockenwarme Standorte; Weinberge, Brach- und Ruderalflächen, Sand und Lehmgruben, Steilufer. Vom Flachland bis in die kolline Höhenstufe.

Wirte: Sichere Wirte sind *Tetralonia macroglossa, Tetralonia salicariae* und *Tetraloniella dentata*, möglicherweise kommt auch *Tetralonia macroglossa* infrage. Die Angabe von *Colletes succinctus* als Wirt in Rumänien (Iuga 1958) erscheint wenig wahrscheinlich.

Flugzeit: In einer Generation von Juli bis August.

Gesamtverbreitung: Disjunkt in der West- und Ostpaläarktis oder transpaläarktisch mit Nachweislücke in Westsibirien und Zentralasien. In der West-

♂

paläarktis von Spanien ostwärts bis Baschkortostan und Kleinasien. In der Ostpaläarktis von Burjatien bis Primorje. **SW-Eu:** E, F(K), I. **Z-Eu:** F, D, A, CH. **N-Eu:** RUS(N). **NO-Eu:** SK, PL, BY, RUS(S). **SO-Eu:** H, RO, SLO, *HR, SRB, BG. **W-As:** TR. **Sib:** O-Sib. **NO-As:** Amur, JAO, Khab, Prim.

Lokalverbreitung: STÖCKHERT (1933) berichtet: „*In Deutschland wurde sie bisher nur in einem männlichen Stück bei Arnswalde in Brandenburg gefangen*". Er bezieht sich auf das Tier, das GERSTAECKER (1869) als *Epeolus speciosus* beschreibt; bei dem Exemplar handelt es sich zwar tatsächlich um *T. tristis*, jedoch liegt Arnswalde (Choszczenski) heute in Polen. In Österreich aus dem Burgenland, Niederösterreich und der Steiermark gemeldet. In der Schweiz nur aus dem Mittelwallis bekannt, letzter Fund 1942 (AMIET ET AL. 2007).

Xylocopa LATREILLE, 1802
Holzbienen

Systematik: Familie: Apidae – Unterfamilie: Xylocopinae – Tribus: Xylocopini.

Literatur: SCHMIEDEKNECHT (1930); WARNCKE (1982b); SCHEUCHL (2000); TERZO ET AL. (2007).

Etymologie: Von griech. „*xylokópos*" = „Holzfäller", nimmt wie der deutsche Name Bezug auf die Tatsache, dass Nester oft in morschem Holz angelegt werden.

Körperliche Merkmale: Holzbienen zeichnen sich durch einen robusten Habitus aus; ihre Körperlänge beträgt 13–30 mm. Die kleinste der drei heimischen Arten, *Xylocopa iris*, ist mit 14–16 mm Körperlänge bereits eine vergleichsweise stattliche Biene, die beiden anderen sind in der Regel deutlich über 2 cm lang, sodass sie vom Laien oft für Hummeln gehalten werden. Der Körper ist schwarz, die Flügel sind stark verdunkelt und schillern meist blauviolett. Während bei den heimischen Arten die Behaarung einfarbig schwarz ist, kann sie bei anderen zumindest teilweise weiß, braun, rot, gelb, grün oder hellblau sein. Bei Arten der in Mitteleuropa nicht vorkommenden Untergattungen *Koptortosoma* und *Mesotrichia* ist der vordere Teil des Hinterleibs zu einem Hohlraum umgebildet, der symbiotischen Milben Schutz bietet, die sich offensichtlich im Nest der Holzbiene von Pilzen oder anderen für die Brut schädlichen Organismen ernähren.

Lebensweise: *Xylocopa*-Arten sind solitär lebende, pollensammelnde und nestbauende Bienen. In Mitteleuropa jährlich eine Generation, die im Spätsommer erscheint, um sich im Herbst in ihre Überwinterungsquartiere (vorgefundene Hohlräume aller Art, selbst gegrabene Gänge in der Erde) zurückzuziehen, nicht selten in kleinen Gemeinschaften. Erst im Frühjahr des nächsten Jahres paaren sich die Tiere. Ähnlich wie bei den Keulhornbienen und im Unterschied zu den meisten anderen solitär lebenden Bienenarten erleben Holzbienen-Weibchen den Schlupf ihrer Nachkommen und leben kurze Zeit mit ihnen zusammen, bevor sie sterben. Manche Arten (nicht die einheimischen) zeigen Vorstufen einer sozialen Lebensweise.

Blütenbesuch: Holzbienen sind polylektisch, bevorzugen aber Fabaceae und Lamiaceae. Häufig betätigen sie sich als „Nektarräuber", indem sie – anders als z. B. Hummeln, die mit ihren Mandibeln eine Öffnung in die Blütenbasis beißen – ihren durch stärkere Sklerotisierung zu einem Stechorgan umgebildeten Rüssel direkt durch die Blütenwand in den Nektar enthaltenden Bereich der Blüte senken. Dieses Verhalten ist allerdings bei den einheimischen Arten noch nicht beobachtet worden. Der Pollentransport erfolgt mittels der behaarten Tibien und -metatarsen der Hinterbeine, angeblich wird zusätzlich Pollen im Kropf befördert.

Nestbau: Die meisten Arten, darunter auch die einheimischen, legen ihre Nester in selbst genagten Gängen in markhaltigen Stängeln oder totem Holz an oder in vorgefundenen Hohlräumen in hohlen Pflanzenstängeln. Lediglich die Arten der Untergattung *Proxylocopa* nisten in der Erde.

Besonderes Verhalten: Die Männchen von *Xylocopa iris* sind in Griechenland und Italien die einzigen bekannten Bestäuber der Orchideen *Ophrys spruneri* und *Ophrys sipontensis*, deren Blüten durch Geruch und Aussehen ein Holzbienen-Weibchen imitieren; den dadurch angelockten Männchen wird dann beim Kopulationsversuch ein Pollenpaket angeheftet.

Verbreitung/Artenzahl: In Amerika von Südontario südwärts bis in die Provinz Chubut im südlichen Argentinien, Westindische Inseln, im pazifischen Raum vermutlich einheimisch auf den Galapagos und eingeschleppt auf Hawaii und den Marianen. Über den gesamten afrikanischen Kontinent inklusive Madagaskar verbreitet. In Eurasien von Iberien bis Japan und den Fernen Osten, nordwärts bis etwa 53°N, südwärts bis zur Arabischen Halbinsel, Indien, Sri Lanka, über Indonesien, Taiwan, Philippinen, Borneo, Sundainseln, Neuguinea und den Bismark-Archipel bis ins östliche und südliche Australien. Weltweit sind über 470 Arten bekannt, von denen drei im Gebiet vorkommen.

Xylocopa iris (Christ, 1791)

Kleine Holzbiene

Systematik: Untergattung *Copoxyla* Maa, 1954.

Nomenklatur: Synonym: *Xylocopa cyanescens* Brullé, 1832.

Etymologie: Von griech. „*iris*“ = „Regenbogen“; Christ bezieht sich auf die blau schillernde Körperoberfläche. Deutscher Name: Die Art ist mit 14–16 mm die kleinste der drei heimischen Holzbienen.

Pollenquellen: Poly- oder mesolektisch; bislang nachgewiesen ist die Nutzung des Pollens der beiden Pflanzenfamilien Fabaceae und Lamiaceae.

Nestbau: Nistet in selbst genagten Gängen in markhaltigen dürren Stängeln oder Zweigen oder in hohlen Stängeln. Die Nestanlage ist linear und besteht aus 5–7 Brutzellen. Das Baumaterial der Zwischenwände und des Nestverschlusses besteht aus abgenagten Markpartikeln.

Lebensraum: Trockenwarme Standorte; Weinberge, Hecken, Waldsäume. Vom Flachland bis in die kolline Höhenstufe.

Flugzeit: In einer Generation von April bis Oktober. Beide Geschlechter erscheinen im Spätsommer und überwintern.

Gesamtverbreitung: In Nordafrika von Marokko bis Ägypten. In Eurasien von Portugal über Süd- und südliches Mitteleuropa, Kleinasien, Levante und Kaukasus bis Zentralasien; nordwärts bis Süddeutschland (historisch), Südschweiz, Ostösterreich, Mähren, Nordukraine und Orenburg; südwärts bis Sizilien, Kreta, Zypern, Israel und Afghanistan. In der ssp. *uclesiensis* Pérez, 1901 in Iberien, in der ssp. *cupreipennis* Smith, 1874 in Nordafrika. **SW-Eu:** P, E, F(K), I(Sa), I(Si), I. **Z-Eu:** F, D, A, CH. **NO-Eu:** CS, SK, PL, UA, UA(K), RUS(S). **SO-Eu:** H, RO, MD, SLO, HR, MK, MNE, SRB, BIH, AL, BG, GR, GR(K). **N-Afr:** MA, DZ, TN, LAR, ET. **W-As:** GR(Ä), CY, TR, SYR, JOR, RL, IL, Kaukasus, IR, AFG. **Z-As:** TM, UZB, TAD, KAZ.

Lokalverbreitung: In Deutschland nur im Kaiserstuhl/Baden-Württemberg durch je ein Weibchen vom Isteiner Klotz 1923 (Lauterborn 1924) und von Sasbach 1957 (Westrich & Dathe 1997) sowie durch zwei Männchen von Schapdetten/Nordrhein-Westfalen 1882 (Esser et al. 2010) belegt, letztere dürften entweder verschleppte Tiere oder fehletikettiert sein. In Österreich aus dem Burgenland und Niederösterreich gemeldet (aktuell). In der Schweiz historisch und aktuell aus Genf, Wallis und Tessin, historisch aus dem Puschlav nachgewiesen.

Xylocopa valga Gerstaecker, 1872
Schwarzfühler-Holzbiene

Systematik: Untergattung *Xylocopa* Latreille, 1802 *s. str.*

Etymologie: Von lat. „*valga*“ = „krummbeinig, schief“; Gerstaecker bezieht sich auf die Bildung der Hinterbeine des Männchens („*Die Hinterschienen [...] erscheinen durch ihr winklig hervortretendes unteres Ende wie eingeknickt*“). Der deutsche Name bezieht sich auf die Farbe der Fühler bei den Männchen, die bei *X. valga* völlig schwarz sind, im Gegensatz zur im Feld kaum zu unterscheidenden *X. violacea* – hier ist die Fühlergeißel des Männchens unten, auf den letzten beiden Fühlergliedern auch oben, rotgelb.

Pollenquellen: Polylektisch.

Nestbau: Wie bei *Xylocopa violacea.*

Lebensraum: Trockenwarme Standorte; Weinberge, Hecken, Waldsäume. Vom Flachland bis in die kolline Höhenstufe.

Flugzeit: In einer Generation von April bis Oktober. Beide Geschlechter erscheinen im Spätsommer und überwintern, wobei oft mehrere Tiere gemeinschaftlich ein Versteck aufsuchen.

Gesamtverbreitung: In Nordafrika aus Marokko und Algerien bekannt. In Eurasien von Portugal über Süd- und südliches Mitteleuropa, Kleinasien, Kaukasus bis Zentralasien und Sibirien (Krasnojarsk, Tuva), in China ostwärts bis Gansu, erreicht in Kashmir die orientalische Faunenregion; nordwärts bis Süddeutschland, Südschweiz, Ostösterreich, Böhmen, Mittelpolen, Nordukraine, in Russland bis Arkhangelsk, Kirov und Perm; südwärts bis Sizilien, Kreta, Israel und Afghanistan. Der Fundort der einzigen Meldung aus Syrien („Amann Geb.") liegt heute in der Türkei; die Art kommt aber sicherlich in Syrien vor. **SW-Eu:** P, E, F(K), I(Si), I. **Z-Eu:** F, B, D, A, CH. **N-Eu:** SF, EST, LT, LV, RUS(N). **NO-Eu:** CS, SK, PL, BY, UA, UA(K), RUS(S). **SO-Eu:** H, RO, SLO, HR, MK, MNE, SRB, BIH, AL, BG, GR, GR(K). **N-Afr:** MA, DZ. **W-As:** GR(Ä), TR, {~~SYR~~}, IL, IRQ, Kaukasus, IR, AFG. **Z-As:** TM, UZB, TAD, KAZ, KGZ. **Sib:** W-Sib, O-Sib. **SO-As:** MGL, RC (Xinjiang, Tibet, Gansu). **Ori:** PAK, IND.

Lokalverbreitung: In Deutschland erstmals 2006 durch ein vermutlich eingeschlepptes Tier (Totfund) aus Zittau/Sachsen bekannt geworden (Franke 2006), 2011 dann von zwei Fundorten in Baden-Württemberg gemeldet (Schmid-Egger & Doczkal 2012), und Treiber (2015) listet zahlreiche aktuelle Nachweise aus Südbaden auf. In Österreich aus dem Burgenland, Kärnten, Ober- und Niederösterreich und der Steiermark belegt. In der Schweiz historisch und aktuell aus dem Wallis und Tessin, historisch von Genf, dem Neuenburgersee und aus dem Puschlav nachgewiesen.

Xylocopa violacea (Linnaeus, 1758)
Blauschwarze Holzbiene

Systematik: Untergattung *Xylocopa* Latreille, 1802 *s. str.*

Etymologie: Von lat. „*violacea*" = „violett"; wegen der violett schillernden Flügel. Deutscher Name: Die Körper- und Haarfarbe ist schwarz, die Flügel haben einen blaumetallischen bis violetten Glanz.

Pollenquellen: Polylektisch; nachgewiesen ist bislang die Nutzung von Pollen aus den vier Pflanzenfamilien Asteraceae, Boraginaceae, Fabaceae und Lamiaceae. Im Siedlungsbereich besucht *Xylocopa violacea* mit Vorliebe die Blüten des Blauregens (*Wisteria sinensis*).

Nestbau: Nistet in selbst genagten Hohlräumen in abgestorbenem, meist mürbem, aber nicht morschem Holz, auch in hohlen Stängeln mit stabiler Außenhülle wie etwa Bambusstäbe. Die Brutzellen sind linear angeordnet und durch Wände aus mit Sekreten vermischten Holzpartikeln voneinander getrennt, wobei die Nistgänge sowohl horizontal als auch vertikal angeordnet sein können. In dickerem Holz verzweigt sich der Hauptgang in mehrere parallel verlaufende Seitengänge.

Lebensraum: Trockenwarme Standorte; Streuobstwiesen, Weinberge, auch im Siedlungsgebiet, sofern geeignete Nistgelegenheiten vorhanden sind. Bevorzugt Gegenden mit hoher Sonneneinstrahlung, dringt in den letzten Jahren aber auch vermehrt in kühlere Gegenden vor. Vom Flachland bis in die montane Höhenstufe.

Parasiten: Als Brutparasit wurde in Ungarn die Keulenwespe *Polochrum repandum* beobachtet, die auch in Österreich vorkommt.

Flugzeit: In einer Generation von März (bei günstiger Witterung bereits im Februar) bis Oktober. Beide Geschlechter erscheinen im Spätsommer und überwintern.

Gesamtverbreitung: In Nordafrika von Marokko bis Ägypten; die Meldungen aus dem Sudan und Eritrea sind überprüfungsbedürftig. In Eurasien von Portugal über Süd- und Mitteleuropa, Kleinasien, Levante und Kaukasus bis Zentralasien; nordwärts bis Mittelengland, wird von Smith (1874) für Schweden angeführt, in Finnland ein historischer Fund (62°N, Kangasniemi/Südsavo 1923, Elfving 1968), in Russland bis Smolensk, Moskau, Vladimir und Kirov; südwärts bis Sizilien und Malta, Kreta, Zypern, Israel, Jordanien und Südiran (Shiraz). **SW-Eu:** P, E, E(B), F(K), I(Sa), I(Si), I, I(L), M. **Z-Eu:** F, B, LUX, NL, D, A, CH, DK. **N-Eu:** GB, S, SF, RUS(N). **NO-Eu:** CS, SK, PL, UA, UA(K), RUS(S). **SO-Eu:** H, RO, SLO, HR, MK, MNE, SRB, BIH, AL, BG, GR, GR(K). **N-Afr:** MA, DZ, TN, LAR, ET, SUD(?), ER(?). **W-As:** GR(Ä), CY, TR, SYR, RL, IL, JOR, IRQ, Kaukasus, IR. **Z-As:** TM, {~~UZB~~}, TAD, KAZ. **SO-As:** RC?

Lokalverbreitung: Im Gebiet mit Ausnahme von Schleswig-Holstein und Mecklenburg-Vorpommern aus allen Regionen gemeldet, ist in Deutschland erst in den letzten Jahren nach Norddeutschland vorgedrungen.

Literatur

Aerts, W. (1960): Die Bienenfauna des Rheinlandes. Decheniana 112: 181–208.

Aguib, S., Louadi, K. & Schwarz, M. (2010): Les Anthidiini (Megachilidae, Megachilinae) d'Algérie avec trois espèces nouvelles pour ce pays: Anthidium (Anthidium) florentinum (Fabricius, 1775), Anthidium (Proanthidium) amabile Alfken, 1932 et Pseudoanthidium (Exanthidium) enslini (Alfken, 1928). Entomofauna 31(12): 121–152. (http://www.landesmuseum.at/pdf_frei_remote/ENT_0031_0121-0152.pdf)

Alexander, B.A. & Schwarz, M. (1994): A Catalog of the Species of Nomada (Hymenoptera: Apoidea) of the World. University of Kansas Science Bulletin 55(7): 239–270. (http://www.archive.org/download/universityofkans55univ/universityofkans55univ.pdf)

Alfken, J.D. (1912): Die Bienenfauna von Westpreußen. Bericht des Westpreussischen Botanisch Zoologischen Vereins 34: 1–94.

Alfken, J.D. (1913): Die Bienenfauna von Ostpreußen. Schriften der Physikalisch-Ökonomischen Gesellschaft zu Königsberg 53: 114–182.

Alfken, J.D. (1914): Beitrag zur Kenntnis der Bienenfauna von Algerien. Mémoires de la Société Entomologique de Belgique 22: 185–237. (http://www.archive.org/download/mmoires22191314soci/mmoires22191314soci.pdf)

Alfken, J.D. (1924): Beitrag zur Kenntnis einiger Bienen Finlands. Notulae Entomologicae 4: 33–40.

Alfken, J.D. (1927): Ueber einige Arten der Anthophora quadrifasciata-Gruppe (Hym.). Entomologische Mitteilungen 16: 120–122. (http://sdei.senckenberg.de/~openaccess/00976.pdf)

Alfken, J.D. (1935): Apidae (excl. Bombus). Wissenschaftliche Ergebnisse der niederländischen Karakorum Expedition 1935: 251–254.

Alfken, J.D. (1938): Contributi alla conoscenza della fauna entomoliogica della Sardegna. Apidae. Memorie della Societá Entomologica Italiana 16: 97–114.

Amiet, F. (1991): Verzeichnis der Bienen der Schweiz. Stand Dezember 1990. Mitteilungen der Naturforschenden Gesellschaft des Kantons Solothurn 35: 141–175.

Amiet, F. (1996): Hymenoptera, Apidae, 1. Teil. Allgemeiner Teil, Gattungsschlüssel, die Gattungen Apis, Bombus und Psithyrus. Insecta Helvetica, Fauna 12, herausgegeben von der Schweizerischen Entomologischen Gesellschaft: 98 S.

Amiet, F. (2012): Die Blattschneiderbiene Megachile sculpturalis Smith, 1853 (Hymenoptera, Apidae) nun auch in der Schweiz. Entomo Helvetica 5: 156–159. (http://www.entomohelvetica.ch/pdf/ausgabe5/157_159_Amiet_Megachile.pdf)

Amiet, F. & Moretti, M. (2002): Neue und interessante Bienen und Wespenarten für das Tessin und die Schweiz von Waldbrandgebieten (Hymenoptera: Aculeata: Apidae, Pompilidae, Sphecidae). Mitteilungen der Schweizerischen Entomologischen Gesellschaft 75: 173–182. (http://www.wsl.ch/personal_homepages/moretti/download/Amiet_and_Moretti_2002)

Amiet, F., Herrmann, M., Müller, A. & Neumeyer, R. (2001): Fauna Helvetica – Apidae 3. Halictus, Lasioglossum. Fauna Helvetica 6, herausgegeben von Centre suisse de cartographie de la faune und der Schweizerischen Entomologischen Gesellschaft: 208 S.

Amiet, F., Herrmann, M., Müller, A. & Neumeyer, R. (2004): Fauna Helvetica – Apidae 4. Anthidium, Chelostoma, Coelioxys, Dioxys, Heriades, Lithurgus, Megachile, Osmia, Stelis. Fauna Helvetica 9, herausgegeben von Centre suisse de cartographie de la faune und der Schweizerischen Entomologischen Gesellschaft: 273 S.

Amiet, F., Herrmann, M., Müller, A. & Neumeyer, R. (2007): Fauna Helvetica – Apidae 5. Ammobates, Ammobatoides, Anthophora, Biastes, Ceratina, Dasypoda, Epeoloides, Epeolus, Eucera, Macropis, Melecta, Melitta, Nomada, Pasites, Tetralonia, Thyreus, Xylocopa. Fauna Helvetica 20, herausgegeben von Centre suisse de cartographie de la faune und der Schweizerischen Entomologischen Gesellschaft: 356 S.

Amiet, F., Herrmann, M., Müller, A. & Neumeyer, R. (2011): Fauna Helvetica – Apidae 6. Andrena, Melitturga, Panurginus, Panurgus. Fauna Helvetica 26, herausgegeben von Centre suisse de cartographie de la faune und der Schweizerischen Entomologischen Gesellschaft: 316 S.

Amiet, F., Herrmann, M., Müller, A. & Neumeyer, R. (2014): Hyménoptères Aculéates (Abeilles Solitaires). CSCF & karch News 39: 6–7. (http://www.cscf.ch/files/content/sites/cscf/files/News/CSCF%20e-NewsL39(2014).pdf)

Amiet, F., Müller, A. & Neumeyer, R. (1999): Fauna Helvetica – Apidae 2. Colletes, Dufourea, Hylaeus, Nomia, Nomioides, Rhophitoides, Rophites, Sphecodes, Systropha. Fauna Helvetica 4, herausgegeben von Centre suisse de cartographie de la faune und der Schweizerischen Entomologischen Gesellschaft: 219 S.

Aouar-Sadli, M., Louadi, K. & Doumandji, S.E. (2012): New Records of Wild Bees (Hymenoptera, Apoidea) for Wildlife in Algeria. Journal of the Entomological Research Society 14(3): 19–27.

Ariana, A., Scheuchl, E., Tadauchi, O. & Gusenleitner, F. (2009): A taxonomic revision of the subgenus Andrena (Brachyandrena) (Hymenoptera: Andrenidae). Zootaxa 2281: 21–39. (http://www.mapress.com/zootaxa/2009/f/zt02281p039.pdf)

Astafurova, Y.V. & Proshchalykin, M.Y. (2015): Bees of the genus Sphecodes Latreille 1804 of Siberia, with a key to species (Hymenoptera: Apoidea: Halictidae). Zootaxa 4052(1): 65–95.

Baker, D.B. (1994a): On the nomenclature of two sibling species of the Andrena tibialis (Kirby, 1802) group (Hymenoptera, Apoidea). Entomologist's Gazette 45(4): 281–290.

Baker, D.B. (1994b): Type Material in the University Museum, Oxford, of bees described by Comte Amédée Lepeletier de Saint-Fargeau and Pierre André Latreille (Hymenoptera, Apoidea). Journal of Natural History 28(5): 1189–1204.

Baker, D.B. (2002): On Palaearctic and Oriental species of the genera Pseudapis W. F. Kirby, 1900, and Nomiapis Cockerell, 1919: (Hymenoptera, Halictidae, Nomiinae). Beiträge zur Entomologie 52(1): 1–83. (http://www.atlashymenoptera.net/biblio/Baker_2002_Pseudapis_Nomiapis_couleur.pdf)

Balles, L. (1949): Beiträge zur Kenntnis der Hymenopterenfauna von Baden. VIII. Beitrag zur Kenntnis der badischen Bienen. Mitteilungen des Badischen Landesvereins für Naturkunde und Naturschutz N.F. 5: 57–62. (http://www.freidok.uni-freiburg.de/volltexte/8738/pdf/BLNN_NF_Bd5_Heft_1_6_1948_1952.pdf)

Banaszak, J. & Romasenko, L. (2001): Megachilid bees of Europe. Second edition – corrected and supplemented. 239 S.

BENOIST, R. (1929): Les Heriades de la Faune Française (Hym. Apidae). Annales de la Société Entomologique de France 98(1/2): 131–141.

BERG, Ø. (2000): Aculeata of Norway. 3. Eleven species of bees new to Norway (Hymenoptera: Apoidea). Norwegian Journal of Entomology 47(2): 177–181. (http://www.entomologi.no/journals/nje/2000-2/NJE_47_02_2000.pdf)

BISCHOFF, H. (1930a): Beitrag zur Kenntnis paläarktischer Arten der Gattung Epeolus. (Hym. Apid.). Deutsche Entomologische Zeitschrift 1930 (1): 1–15.

BISCHOFF, H. (1930b): Epeolus. In: SCHMIEDEKNECHT, O. (Hg.): Die Hymenopteren Nord- und Mitteleuropas. 2. Aufl.: 832–834. (http://www.biologiezentrum.at/pdf_frei_remote/MON-E-HYM_0026_0001-1062.pdf)

BLEIDORN, C., DUDLER, H., SCHLICHTING, U., VENNE, C. & VON DER REIDT, J. (2008): Beitrag zur Wildbienenfauna Westfalens – Erstnachweise und Wiederfunde als verschollen eingestufter Arten aus Ostwestfalen-Lippe. Natur und Heimat 68(3): 77–86. (http://www.stechimmen-owl.de/sites/download/bienenfauna_westfalen.pdf)

BLÜTHGEN, P. (1916): Ein Beitrag zur Bienenfauna Nordwestthüringens. Mitteilungen der Entomologischen Gesellschaft Halle 10 [1909]: 10–40. (http://www.biodiversitylibrary.org/item/52195#5)

BLÜTHGEN, P. (1920): Beiträge zur Kenntnis deutscher Bienen. II. Osmia loti Morawitz (nec Morice, difformis Perez, Morawitzi Gerst., Schmied., Ducke) und Osmia brachyceros Blüthgen (loti Morice non Morawitz). Stettiner Entomologische Zeitung 81: 31–36. (http://www.archive.org/details/stettinerentomol8081191920ento)

BLÜTHGEN, P. (1921): Die deutschen Arten der Bienengattung Halictus Latr. (Hym.) (Schluß). Deutsche Entomologische Zeitschrift 1920(3/4): 267–302. (http://www.biodiversitylibrary.org/item/103242#page/287/mode/1up)

BLÜTHGEN, P. (1923): Beiträge zur Kenntnis der Bienengattung Halictus Latr. Archiv für Naturgeschichte 89A(5): 232–332.

BLÜTHGEN, P. (1925): Beiträge zur Kenntnis der Hymenopterenfauna des Saaletales. Stettiner Entomologische Zeitung 85: 137–172.

BLÜTHGEN, P. (1930a): Halictus Latr. In: SCHMIEDEKNECHT, O. (Hg.): Die Hymenopteren Nord- und Mitteleuropas. 2. Aufl.: 729–767.

BLÜTHGEN, P. (1930b): Rhophites Spin. In: SCHMIEDEKNECHT, O. (Hg.): Die Hymenopteren Nord- und Mitteleuropas. 2. Aufl.: 771–772. (http://www.biologiezentrum.at/pdf_frei_remote/MON-E-HYM_0026_0001-1062.pdf)

BLÜTHGEN, P. (1930c): Melitta K. In: SCHMIEDEKNECHT, O. (Hg.): Die Hymenopteren Nord- und Mitteleuropas. 2. Aufl.: 773–776. (http://www.biologiezentrum.at/pdf_frei_remote/MON-E-HYM_0026_0001-1062.pdf)

BLÜTHGEN, P. (1930d): Osmia Latr. In: SCHMIEDEKNECHT, O. (Hg.): Die Hymenopteren Nord- und Mitteleuropas. 2. Aufl.: 808–822. (http://www.biologiezentrum.at/pdf_frei_remote/MON-E-HYM_0026_0001-1062.pdf)

BLÜTHGEN, P. (1930e): Stelis Panz. In: SCHMIEDEKNECHT, O. (Hg.): Die Hymenopteren Nord- und Mitteleuropas. 2. Aufl.: 834–837. (http://www.biologiezentrum.at/pdf_frei_remote/MON-E-HYM_0026_0001-1062.pdf)

BLÜTHGEN, P. (1930f): Psithyrus Lep. In: SCHMIEDEKNECHT, O. (Hg.): Die Hymenopteren Nord- und Mitteleuropas. 2. Aufl.: 845–849. (http://www.biologiezentrum.at/pdf_frei_remote/MON-E-HYM_0026_0001-1062.pdf)

Blüthgen, P. (1930g): Prosopis Fabr. In: Schmiedeknecht, O. (Hg.): Die Hymenopteren Nord- und Mitteleuropas. 2. Aufl.: 876–888. (http://www.biologiezentrum.at/pdf_frei_remote/MON-E-HYM_0026_0001-1062.pdf)

Blüthgen, P. (1930h): Colletes Latr. In: Schmiedeknecht, O. (Hg.) Die Hymenopteren Nord- und Mitteleuropas. 2. Aufl.: 888–897. (http://www.biologiezentrum.at/pdf_frei_remote/MON-E-HYM_0026_0001-1062.pdf)

Blüthgen, P. (1935): Neue paläarktische Halictus-Arten. (Hym. Apidae). I. Grüne Binden-Halictus. Deutsche Entomologische Zeitschrift 1935: 111–120.

Blüthgen, P. (1936): Neue paläarktische Binden-Halictus (Hym. Apidae). Mitteilungen aus dem Zoologischen Museum in Berlin 21(2): 270–313.

Blüthgen, P. (1944): Neue oder für Deutschland neue Bienen und Wespen und neue deutsche Fundorte einiger Arten. (Hym. Apid., Sphecid., Vespid.). Mitteilungen der Deutschen Entomologischen Gesellschaft 12(2–10): 24–31.

Blüthgen, P. (1949): Neues oder Wissenswertes über mitteleuropäische Aculeaten und Goldwespen. Beiträge zur taxonomischen Zoologie 1: 77–100.

Blüthgen, P. (1951): Neues oder Wissenswertes über mitteleuropäische Aculeaten und Goldwespen II. (Hym.). Bonner zoologische Beiträge 2(3–4): 229–234.

Bofill y Pichot, J.M. (1905): Catàlech de Insectes de Catalunya. Hymenòpters. XIX Familia. Apidae. Institució Catalana d'Història Natural: 5–72. (http://www.archive.org/download/catalechdeinsect19anti/catalechdeinsect19anti.pdf)

Bogusch, P. (2003): Hosts, foraging behaviour and distribution of six species of cleptoparasitic bees of the family Apidae (Hymenoptera: Apoidea). Acta Societatis Zoologicae Bohemiae 67(1): 65–70. (http://web.natur.cuni.cz/filosof/bogusch/cl-frvs.pdf)

Bogusch, P. (2009): Blanokřídlí (Hymenoptera) bez mravenců (Formicoidea). In: Marhoul, P., Benediktová, V., Chvojková, E. & Čížková, Š. (Hgg.): [Entomological survey EVL Hora Rip – Final Report] Entomologický průzkum EVL Hora Říp – Závěrečná zpráva (213 S.): 117–148. (http://www.usteckykraj-priroda.cz/files/files/Rip_Entomologie_SMALL.pdf)

Bogusch, P. & Straka, J. (2012): Review and identification of the cuckoo bees of central Europe (Hymenoptera: Halictidae: Sphecodes). Zootaxa 3311: 1–41. (http://www.researchgate.net/publication/231181295_Review_and_identification_of_the_cuckoo_bees_of_Central_Europe_(Hymenoptera_Halictidae_Sphecodes))

Bollow, C. (1918): [Die für die Mark neue Apide Ceratina nigrolabiata Friese]. Deutsche Entomologische Zeitschrift 1918: 416. (http://www.biodiversitylibrary.org/item/103200#)

Brooks, R.W. (1988): Systematics and Phylogeny of the Anthophorine Bees (Hymenoptera: Anthophoridae; Anthophorini). University of Kansas Science Bulletin 53(9): 436–575. (http://www.archive.org/download/universityofkans53univ/universityofkans53univ.pdf)

Burckhardt, D. & Gonseth, Y. (2015): Stratégie de révision du statut liste rouge des espèces. Hyménoptères aculéates (Abeilles solitaires). CSCF & karch News 40: 5–8. (http://www.cscf.ch/files/content/sites/cscf/files/Documents%20%C3%A0%20t%C3%A9l%C3%A9charger/News%20cscf&karch/CSCF%20e-NewsL40(2015).pdf)

BURGER, F. (2005): Rote Liste Wildbienen [Sachsen]. Materialien zu Naturschutz und Landschaftspflege 2005: 1–37. (http://www.umwelt.sachsen.de/lfug/veroeffentlichungen/verzeichnis/Naturschutz/Wild?Bienen3_2006.pdf)

BURGER, F. & KUHLMANN, M. (2008): Erstnachweis der Bienenart Colletes mlokossewiczi Radoszkowski, 1891 für Deutschland (Hymenoptera, Apoidea, Colletidae). Entomologische Nachrichten und Berichte 52: 115–117.

BURGER, F. & RUHNKE, H. (2004): Rote Liste der Wildbienen (Hymenoptera: Apidae) des Landes Sachsen-Anhalt. Berichte des Landesamtes für Umweltschutz Sachsen-Anhalt 39: 356–365. (http://www.sachsen-anhalt.de/LPSA/fileadmin/Elementbibliothek/Bibliothek_Politik_und_Verwaltung/Bibliothek_LAU/Naturschutz/Arten-_und_Biotopschutz/Dateien/rl04_356-365_Wildbienen.pdf)

BURGER, F. & WINTER, R. (2002): Nachtrag zur Bienenfauna Thüringens (Hymenoptera, Apidae). Check-Listen Thüringer Insekten 10: 61–62.

CAMERON, S.A., HINES, H.M. & WILLIAMS, P.H. (2007): A comprehensive phylogeny of the bumble bees (Bombus). Biological Journal of the Linnean Society 91: 161–188. (http://www.nhm.ac.uk/research-curation/projects/bombus/Cameron&al07_phylogeny.pdf)

CELARY, W. (1995): Nomadini (Hymenoptera, Apoidea, Anthophoridae) of Poland. Monografie Fauny Polski 20: 281 S.

Centre Suisse de Cartographie de la Faune (2015): Verbreitungskarten Tierarten: Megachile sculpturalis SMITH, 1853. Download: 12.11.2015. (http://lepus.unine.ch/carto/index.php?nuesp=59592&rivieres=on&lacs=on&hillsh=on&data=on&year=2000)

CÖLLN, K., HEMBACH, J. & JAKUBZIK, A. (1996): Erstnachweise von Stechimmen für Rheinland-Pfalz (Hymenoptera, Aculeata). Dendrocopos 23: 165–168.

COMBA, L. & COMBA, M. (1991): Catalogo degli Apoidei Laziali (Hymenoptera, Aculeata). Fragmenta Entomologica 22 Suppl.: 1–169. (http://serverbau.bio.uniroma1.it/web/html/fragmenta/vol1990/1991p1b.pdf)

CONSTANTINESCU, A. (1974): Le genre Nomioides Schenk (Hymenoptera, Apoidea) en Roumanie. Travaux du Muséum d'Histoire Naturelle „Grigore Antipa" 15: 267–282. (http://www.travaux.ro/web/pdf/15-TMNHNGA-267-282.pdf)

CREUTZBURG, F. (2015): Neu in Thüringen: Andrena lagopus (Latreille, 1809) (Hymenoptera, Apidae) und Ammoplanus marathroicus (De Stephani, 1887) (Hymenoptera, Crabronidae). Mitteilungen des Thüringer Entomologenverbandes 22(1): 2–8. (http://www.jeninsekt.de/docs/CreutzburgThueringen.pdf)

DALLA TORRE, K.W. (1877): Die Apiden Tirols. (Fortsetzung und Schluss). Zeitschrift des Ferdinandeums Tirol 21(3): 160–196. (http://www.landesmuseum.at/pdf_frei_remote/VeroeffFerd_3_21_0158-0196.pdf)

DALLA TORRE, K.W. (1896): Catalogus Hymenopterorum hucusque descriptorum systematicus et synonymicus. Volumen X: Apidae (Anthophila). viii+643 S. (http://www.biologiezentrum.at/pdf_frei_remote/MON-E-HYM_0019_0001-0643.pdf)

DALY, H.V. (1966): Biological studies on Ceratina dallatorreana, an alien bee in California which reproduces by parthenogenesis (Hymenoptera: Apoidea). Annals of the Entomological Society of America 59(6): 1138–1154.

Daly, H.V. (1983): Taxonomy and ecology of Ceratinini of North Africa and the Iberian Peninsula (Hymenoptera: Apoidea). Systematic Entomology 8(1): 29–62.

Dardón, M.J., Torres, F. & Ornosa, C. (2014): The subgenus Andrena (Micrandrena) (Hymenoptera: Andrenidae) in the Iberian Peninsula. Zootaxa 3872(5): 467–497.

Dathe, H.H. (1980): Die Arten der Gattung Hylaeus F. in Europa (Hymenoptera: Apoidea: Colletidae). Mitteilungen aus dem Zoologischen Museum in Berlin 56(2). 207–294.

Dathe, H.H. (1986): Beiträge zur Klärung asiatischer Hylaeus-Arten der Autoren Morawitz, Cockerell und Strand (Hymenoptera, Apoidea). Folia Entomologica Hungarica 47: 23–39.

Dathe, H.H., von der Heide, A. & Witt, R. (1996): Nachweis einer neuen Maskenbiene für Europa – Hylaeus lepidulus Cockerell, 1924 (Hym., Apidae). Entomologische Nachrichten und Berichte 40(3): 157–163. (http://www.landesmuseum.at/pdf_frei_remote/EntBer_40_0157-0163.pdf)

Davydova, N.G. & Pesenko, Y.A. (2002): Bee fauna (Hymenoptera, Apoidea) of Yakutia. I. Entomological Review 82(6): 665–679.

Day, M.C. (1979): The species of Hymenoptera described by Linnaeus in the genera Sphex, Chrysis, Vespa, Apis and Mutilla. Biological Journal of the Linnean Society 12(1): 45–84.

de Beaumont, J. (1940): Les Crocisa de la faune française (Hym. Apidae). Annales de la Société Entomologique de France 108 [1939]: 161–171. (http://gallica.bnf.fr/ark:/12148/bpt6k6138887f/f168.image)

de Beaumont, J. (1958): Les Hyménoptères Aculéates du Parc National Suisse et des régions limitrophes. In: Ergebnisse der wissenschaftlichen Untersuchung des schweizerischen Nationalparks (Résultats des recherches scientifiques entreprises au Parc National suisse) (N.F.) 6(40): 145–236. (https://www.parcs.ch/mmds/pdf_public/1407_beaumont_hymenopteres_nf_1958.pdf)

de Beaumont, J. (1960): Apidés de Suisse romande (Hym.). Bulletin de Société Vaudoise des Sciences Naturelles 67(302): 349–356.

de Schulthess, A. (1924): Contribution à la connaissance da la faune des Hyménoptères de l'Afrique du Nord. Bulletin de la Société d'Histoire Naturelle de l'Afrique du Nord 15(6): 293–320. (http://bibdigital.rjb.csic.es/ing/Libro.php?Libro=1849)

Delmas, R. (1962): Notes zoogéographiques et systématiques sur les Bombidae. I. Le Bombus brodmannicus Vogt des Alpes françaises. Annales de l'Abeille 5(3): 175–179. (https://hal.archives-ouvertes.fr/hal-00890163/document)

Diniz, M. de Assunçao (1960): Notas sobre Himenopteros de Portugal. I. Memórias e Estudos do Museu Zoológico da Universidade de Coimbra 266: 1–37.

Doczkal, D. & Schmid-Egger, C. (1993): Ergänzungen zur Wildbienenfauna Baden-Württembergs. Carolinea 50 [1992]: 173–176.

Dorn, M. & Weber, D. (1988): Die Luzerne-Blattschneiderbiene und ihre Verwandten in Mitteleuropa. Neue Brehm-Bücherei 582: 110 S.

Dours, J.A. (1872): Hyménoptères nouveaux du bassin Méditerranéen. Revue et Magazin de Zoologie (2)23: 293–311, 349–359, 396–399, 419–434. (http://www.archive.org/details/monographieicono00dour)

Drogoszewski, K. (1934): Nowe dla Polski srodkowej zadlowki [Neue für Zentralpolens Fauna Akuleaten]. Polskie Pismo Entomologiczne 13(1–4): 125–131. (http://156.17.59.206/POLSKIE%20PISMO%20ENTOMOLOGICZNE/PPE_1934_t13_z1-4.pdf)

Ducke, A. (1898): Zur Kenntnis der Bienenfauna des österreichischen Küstenlandes. Entomologische Nachrichten 24(14): 212–217.

Ducke, A. (1900): Die Bienengattung Osmia Panz. als Ergänzung zu Schmiedeknecht's „Apidae europaeae" Vol. II. in ihren palaearctischen Arten monographisch bearbeitet. Berichte des naturwissenschaftlich-medicinischen Vereins zu Innsbruck (1899) 25: 1–323. (http://www.biodiversitylibrary.org/item/48752#page/46/mode/1up)

Dusmet, J.M. (1906): Los „Ápidos" de España. II. Género Coelioxys. Boletín de la Real Sociedad Española de Historia Natural 6: 134–152. (http://www.archive.org/details/boletndelarealso56real)

Dusmet, J.M. (1923): Los Ápidos de España. VI. Géneros Xylocopa Latr. y Ceratina Latr. Memorias de la Real Sociedad Española de Historia Natural 11(7): 269–304.

Dusmet, J.M. (1926): Los Ápidos de España. VII. Géneros Eucera Scop. y Tetralonia Spin. Memorias de la Real Sociedad Española de Historia Natural 13: 83–201.

Dylewska, M. (1987): Die Gattung Andrena Fabricius (Andrenidae, Apoidea) in Nord- und Mitteleuropa. Acta Zoologica Cracoviensia 30(12): 359–708.

Ebmer, A.W. (1969): Die Bienen des Genus Halictus Latr. s.l. im Großraum von Linz. Teil I. Naturkundliches Jahrbuch der Stadt Linz 1969: 133–183. (http://www.landesmuseum.at/pdf_frei_remote/NKJB_15_0133-0183.pdf)

Ebmer, A.W. (1970): Die Bienen des Genus Halictus Latr. s.l. im Großraum von Linz. Teil II. Naturkundliches Jahrbuch der Stadt Linz 1970: 19–82. (http://www.landesmuseum.at/pdf_frei_remote/NKJB_16_0019-0082.pdf)

Ebmer, A.W. (1971): Die Bienen des Genus Halictus Latr. s.l. im Großraum von Linz. Teil III. Naturkundliches Jahrbuch der Stadt Linz 1971: 63–156. (http://www.atlashymenoptera.net/biblio/Ebmer_1971_3_GrossraumLinz.pdf)

Ebmer, A.W. (1974): Die Bienen des Genus Halictus Latr. s. l. im Großraum von Linz (Hymenoptera, Apidae). Nachtrag und zweiter Anhang. Naturkundliches Jahrbuch der Stadt Linz 1973: 123–158. (http://www.landesmuseum.at/pdf_frei_remote/NKJB_19_0123-0158.pdf)

Ebmer, A.W. (1982): Zur Bienenfauna der Mongolei. Die Arten der Gattungen Halictus Latr. und Lasioglossum Curt. (Hymenoptera: Halictidae). Ergebnisse der Mongolisch-Deutschen Biologischen Expeditionen seit 1962, Nr. 108. Mitteilungen aus dem Zoologischen Museum in Berlin 58(2): 199–227.

Ebmer, A.W. (1984): Die westpaläarktischen Arten der Gattung Dufourea Lepeletier 1841 mit illustrierten Bestimmungstabellen. (Insecta: Hymenoptera: Apoidea: Halictidae: Dufoureinae). Senckenbergiana Biologica 64(4/6) (1983): 313–379.

Ebmer, A.W. (1988a): Kritische Liste der nicht-parasitischen Halictidae Österreichs mit Berücksichtigung aller mitteleuropäischen Arten (Insecta: Hymenoptera: Apoidea: Halictidae). Linzer Biologische Beiträge 20(2): 527–711. (http://www.biologiezentrum.at/pdf_frei_remote/LBB_0020_2_0527-0711.pdf)

Ebmer, A.W. (1988b): Die europäischen Arten der Gattungen Halictus Latreille 1804 und Lasioglossum Curtis 1833 mit illustrierten Bestimmungstabellen (Insecta: Hymenoptera: Apoidea: Halictidae: Halictinae). 1. Allgemeiner Teil, Tabelle der Gattungen. Senckenbergiana Biologica 68(1–3) [1987]: 59–148.

Ebmer, A.W. (1997): Asiatische Halictidae – 6. Lasioglossum carinaless-Evylaeus: Ergänzungen zu den Artengruppen von L. nitidiusculum und L. punctatissium s.l., sowie die Artengruppe der L. marginellum (Insecta: Hymenoptera: Apoidea: Halictidae). Linzer Biologische Beiträge 29(2): 921–982. (http://www.biologiezentrum.at/pdf_frei_remote/LBB_0029_2_0921-0982.pdf)

Ebmer, A.W. (1999): Hymenopterologische Notizen aus Österreich – 11 (Insecta: Hymenoptera: Apoidea). Linzer Biologische Beiträge 31(1): 103–114. (http://www.biologiezentrum.at/pdf_frei_remote/LBB_0031_1_0103-0114.pdf)

Ebmer, A.W. (2000): Asiatische Halictidae – 9. Die Artengruppe des Lasioglossum pauperatum (Insecta: Hymenoptera: Apoidea: Halictidae: Halictinae). Linzer Biologische Beiträge 32(1): 399–453. (http://www.biologiezentrum.at/pdf_frei_remote/LBB_0032_1_0399-0453.pdf)

Ebmer, A.W. (2001): Hymenopterologische Notizen aus Österreich – 14 (Insecta: Hymenoptera: Apoidea). Linzer Biologische Beiträge 33(1): 435–460. (http://www.biologiezentrum.at/pdf_frei_remote/LBB_0033_1_0435-0460.pdf)

Ebmer, A.W. (2003): Hymenopterologische Notizen aus Österreich – 16 (Insecta: Hymenoptera: Apoidea). Linzer Biologische Beiträge 35(1): 313–403. (http://www.biologiezentrum.at/pdf_frei_remote/LBB_0035_1_0313-0403.pdf)

Ebmer, A.W. (2005): Hymenopterologische Notizen aus Österreich – 18 (Insecta: Hymenoptera: Apoidea). Linzer Biologische Beiträge 37(1): 321–342. (http://www.landesmuseum.at/pdf_frei_remote/LBB_0037_1_0321-0342.pdf)

Ebmer, A.W. (2008): Die westpaläarktischen Arten der Gattung Dufourea Lepeletier 1841 (Insecta: Hymenoptera: Apoidea: Halictidae: Rophitinae). Fünfter Nachtrag. Linzer Biologische Beiträge 40(1): 581–625. (http://www.landesmuseum.at/pdf_frei_remote/LBB_0040_1_0581-0625.pdf)

Ebmer, A.W. (2009): Apidologische Notizen aus Österreich – 1 (Insecta: Hymenoptera: Apoidea). Beiträge zur Entomofaunistik 10: 49–66. (http://www.landesmuseum.at/pdf_frei_remote/BEF_10_0049-0066.pdf)

Ebmer, A.W. (2011): Holarktische Bienenarten – autochthon, eingeführt, eingeschleppt. Linzer Biologische Beiträge 43(1): 5–83. (http://www.landesmuseum.at/pdf_frei_remote/LBB_0043_1_0005-0083.pdf)

Ebmer, A.W. (2014): Die nicht-parasitischen Halictidae der Insel Zypern im Vergleich zu Kreta mit einer Monographie der Lasioglossum bimaculatum-Artengruppe und einer Übersicht der Halictus nicosiae-Untergruppe (Insecta: Hymenoptera: Apoidea: Halictidae). Linzer Biologische Beiträge 46(1): 291–413. (http://www.landesmuseum.at/pdf_frei_remote/LBB_0046_1_0291-0413.pdf)

Ebmer, A.W. & Schwammberger, K.H. (1986): Die Bienengattung Rophites Spinola 1808 (Insecta: Hymenoptera: Apoidea: Halictidae: Dufoureinae). Illustrierte Bestimmungstabellen. Senckenbergiana Biologica 66(4–6) [1985]: 271–304. (http://www.atlashymenoptera.net/biblio/Ebmer_1986_Rophites.pdf)

Ebmer, A.W., Gusenleitner, F. & Gusenleitner, J. (1994): Hymenopterologische Notizen aus Österreich – 1 (Insecta: Hymenoptera aculeata). Linzer Biologische Beiträge 26(1): 393–405. (http://www.biologiezentrum.at/pdf_frei_remote/LBB_0026_1_0393-0405.pdf)

Edwards, R. & Broad, G. (Hgg.) (2006): Provisional atlas of the aculeate Hymenoptera of Britain and Ireland. Part 6. 148 S. (http://core.ac.uk/download/pdf/62986.pdf)

Elfving, R. (1968): Die Bienen Finnlands. Fauna Fennica 21: 1–69.

Erlandsson, S. (1979): Hymenoptera Aculeata from the European part of the Mediterranean countries, II. Acta Entomologica Jugoslavica 15(1–2): 111–130.

Esser, J. (2008): Erstnachweis der Wespenbiene Nomada stoeckherti Pittioni, 1951 (Hymenoptera: Apidae) in Deutschland. Bembix 26: 11.

Esser, J., Fuhrmann, M. & Venne, C. (2010): Rote Liste und Gesamtartenliste der Wildbienen und Wespen (Hymenoptera: Apidae, Crabronidae, Sphecidae, Ampulicidae, Pompilidae, Vespidae, Tiphiidae, Sapygidae, Mutillidae, Chrysididae) Nordrhein-Westfalens. Ampulex 2: 5–60. (http://www.google.de/url?sa=t&rct=j&q=&esrc=s&source=web&cd=1&ved=0CCEQFjAAahUKEwjWiM_AgOXHAhWE2SwKHdoKD64&url=http%3A%2F%2Fwww.ampulex.de%2Findex.php%2Fde%2Fampulex-pdf%2Fcategory%2F2-standardaufloesung%3Fdownload%3D3%3Aampulex-22010&usg=AFQjCNHO1qdok7dEsxG-xpQRL1rD8o-ojg&bvm=bv.102022582,d.bGg)

Fabricius, J.C. (1793): Entomologia systematica emendata et aucta secundum classes, ordines, genera, species, adjectis synonymis, locis, observationibus, descriptionibus. 2: viii+519 S. (http://gallica.bnf.fr/ark:/12148/bpt6k97168d.image.f256)

Fabricius, J.C. (1798): Supplementum entomologiae systematicae. ii+572 S. (http://books.google.de/books?hl=de&id=UXtIAAAAYAAJ&q=parvula#v=onepage&q=parvula&f=false)

Fahringer, J. (1914): Über den Nestbau zweier Bienen. Zeitschrift für wissenschaftliche Insektenbiologie 10: 16–20. (http://www.biodiversitylibrary.org/item/43158#42)

Fahringer, J. & Friese, H. (1921): Eine Hymenopteren-Ausbeute aus dem Amanusgebirge. (Kleinasien und Nord-Syrien, südl. Armenien.). Archiv für Naturgeschichte (A) 87(3): 150–176.

Falk, S.J. (2004): The form of Nomada fulvicornis F. (Hymenoptera Apidae) associated with the mining bee Andrena nigrospina Thomson. British Journal of Entomology and Natural History 17(4): 229–235.

Ferton, C. (1901): Notes détachées sur l'instinct des Hyménoptères mellifères et ravisseurs avec la description de quelques espèces. Annales de la Société Entomologique de France 70: 83–148. (http://www.archive.org/details/annalesdelasoci701901soci)

Ferton, C. (1902): Notes détachées sur l'instinct des Hyménoptères mellifères et ravisseurs. 2me Série. Avec la description d'une nouvelle espèce. Annales de la Société Entomologique de France 71: 499–531. (http://www.archive.org/details/annalesdelasoci71190203soci)

Fitzpatrick, U., Murray, T.E., Byrne, A., Paxton, R.J. & Brown, M.J.F. (2006): Regional Red List of Irish Bees. 38 pp. (http://www.npws.ie/en/media/Media,4550,en.pdf)

Franke, R. (2006): Holzbienen (Xylocopa) in Sachsen (Hymenoptera, Apidae) mit Erstfund von Xylocopa valga Gerstaecker, 1872 für Deutschland. Entomologische Nachrichten und Berichte 50: 229–230.

Franz, H. (1982): Die Hymenopteren des Nordostalpengebietes und seines Vorlandes. 1. Teil. Denkschrift der österreichischen Akademie der Wissenschaften in Wien,

Mathematisch-Naturwissenschaftliche Klasse 124: 1–370. (http://www.landesmuseum.at/pdf_frei_remote/DAKW_124_0001-0370.pdf)

Frey-Gessner, E. (1899–1907): Fauna insectorum Helvetiae. Hymenoptera Apidae, Vol. I. Gesellig lebende Bienen, Urbienen und Schenkelsammler. Vol. II. Bauchsammler und Schmarotzerbienen. Mitteilungen der Schweizerischen entomologischen Gesellschaft, Supplement, Vol. 1: viii+392 S.

Frey-Gessner, E. (1901): Hyménoptères du Valais (Suite). Famille Apidae. Genre Sphecodes Latr. [u. a.]. Bulletin de la Murithienne 30: 78–154. (http://doc.rero.ch/search?ln=fr&keep_facet_filter=1&c=NAVCOLLSPEC.VALAIS.BULLETIN_MURITHIENNE&jrec=1171&so=d)

Frey-Gessner, E. (1902): Hyménoptères du Valais (Suite). Halictus Latr. Bulletin de la Murithienne 31: 21–80. (http://doc.rero.ch/search?ln=fr&keep_facet_filter=1&c=NAVCOLLSPEC.VALAIS.BULLETIN_MURITHIENNE&jrec=1171&so=d)

Frey-Gessner, E. (1905): Hyménoptères du Valais (Suite). Apidæ. Sous-famille Panurginæ Schenk [u. a.]. Bulletin de la Murithienne 34: 36–86.

Frey-Gessner, E. (1908–1912): Fauna insectorum helvetiae. Hymenoptera-Apidae. Vol. II Bauchsammler und Schmarotzerbienen. Mitteilungen der Schweizerischen Entomologischen Gesellschaft, Supplement, Vol. 2: vi+319 S.

Frey-Gessner, E. (1912): Systematisches Verzeichnis der bis jetzt in der Schweiz gefundenen Apiden. Mitteilungen der Schweizerischen Entomologischen Gesellschaft 12, Suppl.: 257–319.

Friese, H. (1883): Beitrag zur Hymenopterenfauna des Saalthals. Zeitschrift für Naturwissenschaften 56: 185–218. (http://www.biodiversitylibrary.org/item/108728#page/205/mode/1up)

Friese, H. (1887): Kurzer Überblick einer Apidenausbeute in Ungarn. Entomologische Nachrichten 13(14): 213–220. (http://www.biodiversitylibrary.org/item/100978#page/279/mode/1up)

Friese, H. (1889): Die Schmarotzerbienen und ihre Wirthe. Zoologische Jahrbücher (Abteilung für Systematik, Geographie und Biologie der Tiere) 3 [1888]: 847–870. (http://www.archive.org/details/zoologischejahrb03jena)

Friese, H. (1893): Die Bienenfauna von Deutschland und Ungarn. 79 S.

Friese, H. (1895): Die Bienen Europas (Apidae europaeae) nach ihren Gattungen, Arten und Varietäten auf vergleichend morphologisch-biologischer Grundlage. Theil I. Schmarotzerbienen. 218 S. (https://archive.org/details/diebieneneuropa02friegoog)

Friese, H. (1896a): Zur Bienenfauna Deutschlands. Entomologische Nachrichten 22(12): 189–190. (http://www.archive.org/download/entomologischena221896berl/entomologischena221896berl.pdf)

Friese, H. (1896b): Neue und wenig bekannte südeuropäische Apiden. Természetrajzi Füzetek 19(3–4): 277–284. (http://www.biodiversitylibrary.org/item/96856)

Friese, H. (1896c): Die Bienen Europas (Apidae europaeae) nach ihren Gattungen, Arten und Varietäten auf vergleichend morphologisch-biologischer Grundlage. Theil II. Genus Eucera. 216 S.

Friese, H. (1897a): Die Bienen Europas (Apidae europaeae) nach ihren Gattungen, Arten und Varietäten auf vergleichend morphologisch-biologischer Grundlage. Theil

III. Genus Podalirius. 316 S. (http://zoologie.umh.ac.be/hymenoptera/biblio/Friese_1897_Die%20Bienen%20Europas_III_Podalirius_full.pdf)

Friese, H. (1897b): Monographie der Bienengattung Nomia (Latr.) (Palaearctische Formen). In: Festschrift zur Feier des fünfzigjährigen Bestehens des Vereins für schlesische Insektenkunde in Breslau: 45–84. (http://www.archive.org/stream/festschriftzurf00dittgoog#page/n93/mode/1up)

Friese, H. (1898): Die Bienen Europas (Apidae europaeae) nach ihren Gattungen, Arten und Varietäten auf vergleichend morphologisch-biologischer Grundlage. Theil IV. Genus Eriades, Genus Trachusa, Genus Anthidium. 303 S. (https://archive.org/stream/diebieneneuropa01friegoog#page/n5/mode/2up)

Friese, H. (1899): Die Bienen Europas (Apidae europaeae) nach ihren Gattungen, Arten und Varietäten auf vergleichend morphologisch-biologischer Grundlage. Theil V. Genus Lithurgus, Genus Megachile (Chalicodoma). 228 S.

Friese, H. (1901): Die Bienen Europas (Apidae europaeae) nach ihren Gattungen, Arten und Varietäten auf vergleichend morphologisch-biologischer Grundlage. Theil VI. Subfam. Panurginae, Melittinae, Xylocopinae. 284 S.

Friese, H. (1915): Zur Bienenfauna von Abessinien. (Hym.). Deutsche Entomologische Zeitschrift 1915(3): 265–298.

Friese, H. (1921): Ueber einige für Deutschland weniger bekannte Bienen und eine Grabwespe (Hym.). Zeitschrift für wissenschaftliche Insektenbiologie 16(9/10): 161–163. (https://ia601403.us.archive.org/10/items/zeitschriftfurwi1619unse/zeitschriftfurwi1619unse.pdf)

Friese, H. (1923): Die europäischen Bienen (Apidae). Das Leben und Wirken unserer Blumenwespen. Eine Darstellung der Lebensweise unserer wilden wie gesellig lebenden Bienen nach eigenen Untersuchungen für Naturfreunde, Lehrer und Zoologen. viii+456 S.

Friese, H. (1926): Die Bienen, Wespen, Grab- und Goldwespen. In: Schröder, C. (Hg.): Die Insekten Mitteleuropas insbesondere Deutschlands, Band I, Hymenopteren, Teil 1: 192 S.

Fritsch, K. (1878): Jährliche Periode der Insectenfauna von Österreich-Ungarn. III. Die Hautflügler (Hymenoptera). Denkschriften der Kaiserlichen Akademie der Wissenschaften, Mathematisch-Naturwissenschaftliche Classe 38: 97–166. (http://www.archive.org/download/denkschriftender38kais/denkschriftender38kais.pdf)

Gauckler, K. (1968): Der Berliner Prachtkäfer und seine Verwandten in der Frankenalb Beiträge zur Zoogeographie und Ökologie von Dicerca berolinensis Herbst. Nachrichtenblatt der Bayerischen Entomologen 17: 10–14. (http://www.zobodat.at/pdf/NachBlBayEnt_017_0010-0014.pdf)

Gerstaecker, A. (1869): Beiträge zur näheren Kenntnis einiger Bienen-Gattungen. Stettiner Entomologische Zeitung 30: 139–184, 315–367. (http://www.archive.org/details/entomologischeze301869ento)

Gibbs, J., Packer, L., Dumesh, S. & Danforth, B.D. (2013): Revision and reclassification of Lasioglossum (Evylaeus), L. (Hemihalictus) and L. (Sphecodogastra) in eastern North America (Hymenoptera: Apoidea: Halictidae). Zootaxa 3672(1): 1–117.

Gogala, A. (1994): Contribution to the Knowledge of the Bee fauna of Slovenia II. (Hymenoptera: Apidae). Scopolia 31: 1–40. (http://www.dlib.si/details/URN:NBN:SI:DOC-FAWHUBYS/)

Gokcezade, J.F., Gereben-Krenn, B.-A., Neumayer, J. & Krenn, H.W. (2010): Feldbestimmungsschlüssel für die Hummeln Österreichs, Deutschlands und der Schweiz (Hymenoptera, Apidae). Linzer Biologische Beiträge 42(1): 5–42. (http://www.landesmuseum.at/pdf_frei_remote/LBB_0042_1_0005-0042.pdf)

Graeffe, E. (1902): Die Apiden-Fauna des österreichischen Küstenlandes. Verhandlungen der k. k. Zoologisch-Botanischen Gesellschaft in Wien 52: 113–135. (http://www.landesmuseum.at/pdf_frei_remote/VZBG_52_0113-0135.pdf)

Graeffe, E. (1906): Beiträge zur Insektenfauna von Tunis. Verhandlungen der k. k. Zoologisch-Botanischen Gesellschaft in Wien 56(6–7): 446–471. (http://www.biodiversitylibrary.org/pdf1/000502900047595.pdf)

Grandi, G. (1935): Contributi alla conoscenza degli Imenotteri Aculeati. [XIV. &] XV. Bollettino dell'Istituto di Entomologia dell'Università di Bologna 8: 27–121.

Grünwaldt, W. (1977): Die postglaziale Besiedlung Mitteleuropas durch die Bienengattung Andrena F. Verhandlungen des 7. Internationalen Symposiums über Entomofaunistik in Mitteleuropa, Leningrad, 19.–24.9.1977: 206–208.

Guiglia, D. (1938): Spedizione Zoologica del Marchese Saverio Patrizi nel Basso Giuba e nell" Oltregiuba Guigno-Agosto 1934. XII Imenotteri Aculeati. Annali del Museo Civico di Storia Naturale di Genova 58: 182–188.

Gusenleitner, F. (1984): Faunistische und morphologische Angaben zu bemerkenswerten Andrena-Arten aus Österreich (Insecta: Hymenoptera: Apoidea: Andrenidae). Linzer Biologische Beiträge 16(2): 211–276. (http://www.biologiezentrum.at/pdf_frei_remote/LBB_0016_2_0211-0276.pdf)

Gusenleitner, F. & Schwarz, M. (2002): Weltweite Checkliste der Bienengattung Andrena mit Bemerkungen und Ergänzungen zu paläarktischen Arten (Hymenoptera, Apidae, Andreninae, Andrena). Entomofauna, Supplement 12: 1280 S.

Gusenleitner, F., Schwarz, M. & Kopf, T. (2001): Weitere Angaben zur Bienenfauna Österreichs. Vorstudie zu einer Gesamtbearbeitung der Bienen Österreichs VI (Hymenoptera, Apidae). Entomofauna 22(25): 453–472. (www.biologiezentrum.at/pdf_frei_remote/ENT_0022_0453-0472.pdf)

Gusenleitner, F., Schwarz, M. & Mazzucco, K. (2012): Checklisten der Fauna Österreichs, No. 6. Apidae (Insecta: Hymenoptera). Biosystematics and Ecology Series 29: 9–129.

Haeseler, V. (1999): Zur Kenntnis von Osmia alticola Benoist 1922, Osmia maritima Friese 1885 sowie der für Mitteleuropa bislang unbekannten Osmia hyperborea Tkalcu 1983 (Apidae: Osmia (Melanosmia Schmiedeknecht 1885)). Entomofauna 20(30): 449–460. (http://www.landesmuseum.at/pdf_frei_remote/ENT_0020_0449-0460.pdf)

Hamann, H.H.F. (1960): Der Mönchgraben vor dem Bau der Autobahn. Naturkundliches Jahrbuch der Stadt Linz 1960: 113–244. (http://www.zobodat.at/pdf/NKJB_6_0113-0244.pdf)

Hawkins, R.D. (2011): Lasioglossum sexstrigatum (Hymenoptera: Apidae, Halictinae) new to Britain. British Journal of Entomology and Natural History 24(2): 90–92. (http://www.bwars.com/sites/www.bwars.com/files/diary_downloads/Lasioglossum-sexstrigatum-hawkins.pdf)

Hedicke, H. (1922): Die Hymenopterenfauna des Groß-Machnower Weinbergs bei Mittenwalde (Mark). Ein Beitrag zur Kenntnis der faunistischen Verhältnisse pontischer

Hügel. Deutsche Entomologische Zeitschrift 1922(3): 249–287. (http://ia600506.us.archive.org/5/items/deutscheentomolo1922deut/deutscheentomolo1922deut.pdf)

Herrero Hernández, J. & Pérez-Iñigo Mora, C. (1982): Las abejas de España: El género Anthophora (Hym. Apoidea). Claves para la identificacion de la Fauna Española 3: 3–31.

Herrmann, M. (1998): Hylaeus tyrolensis, eine für Deutschland neue Maskenbiene (Hymenoptera, Apidae). Carolinea 56: 127.

Herrmann, M. (2001): Lasioglossum (Evylaeus) pleurospeculum spec. nov. – eine neue Furchenbienenart aus Mitteleuropa (Hymenoptera, Apidae). Linzer Biologische Beiträge 33(2): 709–721. (http://www.biologiezentrum.at/pdf_frei_remote/LBB_0033_2_0709-0721.pdf)

Herrmann, M. (2010): Die Karst-Mauerbiene (Osmia labialis) in Deutschland (Hymenoptera, Apidae). Bembix 30: 27–31.

Herrmann, M., Burger, F., Müller, A. & Tischendorf, S. (2003): Verbreitung, Lebensraum und Biologie der Furchenbiene Lasioglossum pallens (Brullé 1932) und ihrer Kuckucksbiene Sphecodes majalis Perez 1903 in Deutschland (Hymenoptera, Apidae, Halictinae). Carolinea 61: 133–144.

Herrmann, M. & Doczkal, D. (1999): Schlüssel zur Trennung der Zwillingsarten Lasioglossum sexstrigatum (Schenck, 1870) und Lasioglossum sabulosum (Warncke, 1986) (Hym., Apidae). Entomologische Nachrichten und Berichte 43: 33–40. (http://www.landesmuseum.at/pdf_frei_remote/EntBer_43_0033-0040.pdf)

Hofeneder, K. & Fulmek, L. (1942): Verzeichnis der Strepsipteren und ihrer Wirte. Arbeiten über physiologische und angewandte Entomologie 9(4): 249–283. (http://www.sdei.de/images/pdf/02584.pdf)

Hoffer, E. (1906): Bericht der entomologischen Sektion über ihre Tätigkeit im Jahre 1906. Mitteilungen des naturwissenschaftlichen Vereins für Steiermark 43: 417–440. (https://ia600402.us.archive.org/28/items/mitteilungendesn1906mojs/mitteilungendesn1906mojs.pdf)

Ikudome, S. (2010): Osmia (Pyrosmia) submicans Morawitz, a species new to Japan (Hymenoptera, Megachilidae). Chugoku Kontyû 24: 22–23.

Iuga, V.G. (1958): Hymenoptera Apoidea Fam. Apidae Subfam. Anthophorinae. Fauna Republicii populare Romîne 9(3): 270 S. (http://www.atlashymenoptera.net/biblio/IUGA_1958_Anthophorinae_compact.pdf)

Jørgensen, L. (1921): Danske Bier. Danmarks Fauna, Dansk Naturhistorisk Forening 25: 264 S. http://www.biodiversitylibrary.org/item/16071

Józan, Z. (1995): Adatok a tervezett Duna-Dráva Nemzeti Park fullánkos hártyásszárnyú (Hymenoptera, Aculeata) faunájának ismeretéhez. Dunántúli Dolgozatok Természettudományi Sorozat 8: 99–115.

Kasparek, M. (2015): The Cuckoo Bees of the Genus Stelis Panzer, 1806 in Europe, North Africa and the Middle East: A Review and Identification Guide. Entomofauna Supplement 18: 144 S.

Kirchner, L. (1867): Catalogus Hymenopterorum Europae. 258 S. (http://www.biologiezentrum.at/pdf_frei_remote/MON E HYM_0016_0001 0285 1.pdf)

Knerer, G. (1968): Zur Bienenfauna Niederösterreichs: Die Unterfamilie Halictinae. Zoologischer Anzeiger 181: 82–117.

KNÖRZER, A. (1941): Bemerkenswerte Hymenopterenfunde in Südbayern. Mitteilungen der Münchner Entomologischen Gesellschaft 31(3): 934–937. (http://www.biodiversitylibrary.org/item/91976#1048)

KOCOUREK, M. (1963): Beiträge zur Kenntnis der Fauna der aculeaten Hymenopteren der Tschechoslowakei. Acta Faunistica Entomologica Musei Nationalis Pragae 9(85): 285–298.

KOCOUREK, M. (1966). Prodromus der Hymenopteren der Tschechoslowakei, Pars 9. Apoidea, 1. Acta Faunistica Entomologica Musei Nationalis Pragae, Suppl. 2, 12: 1–122.

KOCOUREK, M. (1990). Beiträge zur Kenntnis der Gattung Ceratina in der Westpaläarktis und dem turkestanischen Becken (Hymenoptera, Apidae). Entomofauna 19(34): 533–548. (http://www.biologiezentrum.at/pdf_frei_remote/ENT_0019_0533-0548.pdf)

KOLLER, F. (1958): Beiträge zur Kenntnis der Schmarotzerbienen des Linzer Raumes und Oberösterreichs. I. Nomada Latr. Naturkundliches Jahrbuch der Stadt Linz 1958: 243–264. (http://81.10.184.26:9001/pdf/NKJB_4_0243-0264.pdf)

KOPF, T. (2007): Die Wildbienen (Apidae, Hymenoptera) des Naturschutzgebietes Gsieg – Obere Mähder (Lustenau, Vorarlberg, Austria). Vorarlberger Naturschau 20: 237–266. (http://www.landesmuseum.at/pdf_frei_remote/VNFE_20_0237-0266.pdf)

KOPF, T. & SCHIESTL, F. (2000): Wildbienen (Hymenoptera, Apoidea) an Hochwasserdämmen des Vorarlberger Rheintals (Austria). Vorarlberger Naturschau 8: 63–96. (http://www.biologiezentrum.at/pdf_frei_remote/VNFE_8_0063-0096.pdf)

KOSTER, A. (1986): Het genus Hylaeus in Nederland (Hymenoptera, Colletidae). Zoologische Bijdragen 36: 1–120. (http://www.repository.naturalis.nl/document/148513)

KOUAKOU, D., SATTLER, T., OBRIST, M.K., DUELLI, P. & MORETTI, M. (2008): Recent Swiss records of rare bee species (Hymenoptera, Apidae) with two species new to Switzerland. Mitteilungen der Schweizerischen Entomologischen Gesellschaft 81: 191–197. (http://www.wsl.ch/personal_homepages/sattler/download/Kouakou_MitSchEntGes2008.pdf)

KUHLMANN, M. (2009): Erster Nachtrag zur Kenntnis der Bienengattung Colletes Latreille 1802 in der Mongolei mit Beschreibung einer neuen Art (Hymenoptera, Apiformes, Colletidae). Beiträge zur Entomologie 59(1): 19–32.

KUZMIN, P.M. & MOLCHANOV, A.E. (1983): [Fauna of bee families Megachilidae and Anthophoridae of Kurgan region] фауна пчелиных семейств Megachilidae и Anthophoridae Курганской области. In: KALININ, S.S. (Hg.): [Invertebrate fauna of the Urals] (1–47): 19–25.

LAUTERBORN, R. (1924): Faunistische Beobachtungen aus dem Gebiete des Oberrheins und des Bodensees. 4. Reihe. Mitteilungen des Badischen Landesvereins für Naturkunde und Naturschutz N.F. 1(12/13): 284–290. (http://www.freidok.uni-freiburg.de/volltexte/8749/pdf/BLNN_NF_Bd1_Heft_1_25_1919_1925.pdf)

LELEJ, A.S. (2012): [Annotated catalogue of the insects of Russian Far East. Volume I. Hymenoptera] Аннотированный каталог насекомых Дальнего Востока России. Том I. Перепончатокрылые. 635 S. (http://msubiology.info/shipunov/school/books/annotir_katalog_nasek_daln_vostoka_2012_1.pdf)

Lepeletier, A. (1841): Histoire naturelle des Insectes. Hyménoptères. Suites à Buffon II. Vol. 2: 1–680. (http://www.archive.org/details/histoirenaturell02lepe)

Levchenko, T.V. (2013): [Contributions to the fauna of bees (Hymenoptera: Apoidea) of Moscow Province. 4. Family Apidae. Subfamilies Apinae (conclusive part) and Nomadinae] Материалы по фауне пчел (Hymenoptera: Apoidea) Московской области. 4. Семейство Apidae. Подсемейства Apinae (заключение) и Nomadinae. Eversmannia 34: 40–56.

Levchenko, T.V. & Tomkovich, K.P. (2014): Contribution to the bee fauna (Hymenoptera: Apiformes) of the Khanty-Mansi Autonomous Region, Western Siberia, Russia. Entomofauna 35(5): 85–100.

Liebig, W.H. (2010): Nachtrag zur Stechimmenfauna der Muskauer Heide (Hymenoptera: Aculeata). Sächsische Entomologische Zeitschrift 5: 7–30.

Lieftinck, M.A. (1968): A review of Old World species of Thyreus Panzer (= Crocisa Jurine) (Hym., Apoidea, Anthophoridae). Part 4. Palearctic Species. Zoologische Verhandelingen 98: 1–139. (http://www.repository.naturalis.nl/document/149110)

Lieftinck, M.A. (1969): The melectine genus Eupavlovskia Popov, 1955, with notes on its distribution and host relations (Hymenoptera, Apoidea, Anthophoridae). Tijdschrift voor Entomologie 112(4): 101–122.

Lieftinck, M.A. (1980): Prodrome to a monograph of the Palaearctic species of the genus Melecta Latreille 1802 (Hymenoptera, Anthophoridae). Tijdschrift voor Entomologie 123(6): 129–349. (http://www.biodiversitylibrary.org/item/95697#page/169/mode/1up)

Linné, C. (1767): Systema naturae per regna tria naturae, secundum classes, ordines, genera, species, cum characteribus, differentiis, synonymis, locis. (Ed. 12) 1(2): 533–1327. (http://gdz.sub.uni-goettingen.de/dms/load/pdf/)

Lomholdt, O. (1989): Hylaeus pfankuchi (Alfken, 1919) new to Finland (Hymenoptera, Apidae). Notulae Entomologicae 69(2): 57–58.

Lykov, V.A. (2008): [The bees (Hymenoptera, Apoidea) of the insular Kungur forest-steppe] Пчелы (Hymenoptera, Apoidea) островной Кунгурской лесостепи. Vestnik Permskogo Universiteta, Biologiya 9(25): 32–36. (http://www.psu.ru/psu2/files/6275/2008_9_25.pdf)

Maharramov, M.M., Aliyev, K.A. & Bayramov, A.B. (2014): [The fauna and ecology of bees of the family Megachilidae (Hymenoptera: Apoidea) in Nakhchivan Autonomous Republic of Azerbaijan] Фауна и экология пчелиных семейства Megachilidae (Hymenoptera: Apoidea) Нахичеванской Автономной Республики Азербайджана. Kavkazskii Entomologicheskii Byulleten 10(1): 143–150. (http://ssc-ras.ru/files/files/20_Maharramov,%20Aliyev,%20Bayramov.pdf)

Maidl, F. (1922): Beiträge zur Hymenopterenfauna Dalmatiens, Montenegros und Albaniens, 1. Teil. Aculeata und Chrysididae. Annalen des Naturhistorischen Museums in Wien 35: 36–106. (http://www.biologiezentrum.at/pdf_frei_remote/ANNA_35_0036-0106.pdf)

Malloch, J.R. (1918): Occurrence of a European solitary bee (Andrena wilkella Kirby) in the Eastern United States. Proceedings of the Biological Society of Washington 31: 61–64. (http://www.archive.org/stream/proceedingsofbio31biol/proceedingsofbio31biol_djvu.txt)

MALYSHEV, S.I. (1925): [The nesting habits of spiral-horned bees, Systropha Latr.] Гнездование спиралеусых пчел рода Systropha Latr. (Hymenoptera Apodea). Russkoe Entomologicheskoe Obozrenie 19(1): 21–26.

MALYSHEV, S.I. (1930): Nistgewohnheiten der Steinbienen, Lithurgus Latr. (Apoidea). Zeitschrift für Morphologie und Ökologie der Tiere 19(1): 116–134.

MANDERY, K., KOSUCH, J. & SCHUBERTH, J. (2008): Untersuchungsergebnisse zum Artstatus von Andrena decipiens Schenck, 1861, Andrena flavilabris Schenck, 1874, und ihrem gemeinsamen Brutparasiten Nomada stigma Fabricius, 1804 (Hymenoptera: Apidae). Nachrichtenblatt der Bayerischen Entomologen 57(1–2): 30–41. (http://www.klaus-mandery.de/resources/Sodru+Mandery_Kosuch_Schuberth+aus+-MEG_NachrBl_57_Heft1u2_2008+klein.pdf)

MANGUM, W.A. & SUMNER, S. (2003): A survey of the North American range of Megachile (Callomegachile) sculpturalis, an adventive species in North America. Journal of the Kansas Entomological Society 76(4): 658–662.

MARIKOVSKAYA, T.P. (1972): [On biology of bees (Apoidea) of the south-east Kazakhstan] К биологии пчелиных (Apoidea) юго-Востока Казахстана. Trudy Vsesoyuznovo Entomologicheskovo Obshchestva 55: 187–216.

MARKOWSKY, H. (1939): Einige seltenere Bienen aus der Umgebung Berlins, die ich im Jahre 1936 erbeutete. (Hym. Apid.). Mitteilungen der Deutschen Entomologischen Gesellschaft 9(4–5): 65–66.

MARKOWSKY, H. (1940): Einige seltenere Bienen aus der Umgebung Berlins. Mitteilungen der Deutschen Entomologischen Gesellschaft 9(8–10) [1938/40]: 110–111.

MAUSS, V. (1986): Bestimmungsschlüssel für die Hummeln der Bundesrepublik Deutschland. 52 S. Hg.: Deutscher Jugendbund für Naturbeobachtung (DJN), Hamburg.

MAZZUCCO, K. (2001): Untersuchungen zur Stechimmenfauna des Truppenübungsplatzes Großmittel im Steinfeld, Niederösterreich (Hymenoptera: Apoidea, Sphecidae, Pompilidae, Vespoidea, Scoliidae, Chrysididae, Tiphiidae, Mutillidae). Stapfia 77: 189–204. (http://www.landesmuseum.at/pdf_frei_remote/STAPFIA_0077_0189-0204.pdf)

MAZZUCCO, K. & ORTEL, J. (2001): Die Wildbienen (Hymenoptera: Apoidae) des Eichkogels bei Mödling (Niederösterreich). Beiträge zur Entomofaunistik 2: 87–115. (http://www.landesmuseum.at/pdf_frei_remote/BEF_2_0087-0115.pdf)

MICHENER, C.D. (2007): The Bees of the World. 2nd edition: i-xvi+953 S.

MICHEZ, D. & EARDLEY, C.D. (2007): Monographic revision of the bee genus Melitta Kirby 1802 (Hymenoptera: Apoidea: Melittidae). Annales de la Société Entomologique de France (n.s.) 43(4): 379–440. (http://zoologie.umh.ac.be/asef/pdf/2007_43_04%5Ccompact%5CMichez_Eardley_2007_ASEF_43_4_379_440_compact.pdf)

MICHEZ, D. & PATINY, S. (2005): World revision of the oil-collecting bee genus Macropis Panzer 1809 (Hymenoptera, Apoidea, Melittidae) with a description of a new species from Laos. Annales de la Société Entomologique de France (n.s.) 41(1): 15–28. (http://www.atlashymenoptera.net/biblio/161_Michez_et_Patiny_ASEF_2005_41_1_15_28_full.pdf)

MICHEZ, D., TERZO, M. & RASMONT, P. (2004): Révision des espèces ouest-paléarctiques du genre Dasypoda Latreille 1802 (Hymenoptera, Apoidea, Melittidae). Linzer Biologische Beiträge 36(2): 847–900. (http://www.zobodat.at/stable/pdf/LBB_0036_2_0847-0900.pdf)

Mocsáry, A. (1897): Ordo Hymenoptera. In: Fauna Regni Hungariae, III. Arthropoda. Regia Societas Scientiarum naturalium Hungarica: 1–113.

Mocsáry, A. & Szépligeti, V. (1901): Hymenopterák/Hymenopteren. In: Horváth, G.: Dritte asiatische Forschungsreise des Grafen Eugen Zichy. Band II. Zoologische Ergebnisse der dritten asiatischen Forschungsreise des Grafen Eugen Zichy. Vol. 2 (472 S.): 121–169.

Molitor, A. (1942): Psychobiologische Beobachtungen und Versuche mit heimischen Bienenarten. Niederdonau / Natur und Kultur 18: 1–26.

Monsevičius, V. (1988): [36 species of bees (Hymenoptera, Apoidea) new to the Lithuanian SSR, found in 1976, 1979–1985] 36 новых для Литовской ССР видов пчелиных, обнаруженных в 1976, 1979–1985 гг. In: Jonaitis, V. (Hg.): [New and rare for the Lithuanian SSR insect species. Records and descriptions of 1987] (108 S.): 66–79.

Morawitz, F. (1868): Die Bienen des Gouvernements von St. Petersburg. Horae Societatis Entomologicae Rossicae 6(2) [1869]: 27–71.

Morawitz, F. (1872): Ein Beitrag zur Bienenfauna Deutschlands. Verhandlungen der k. k. Zoologisch-Botanischen Gesellschaft in Wien 22: 355–388. (http://www.landesmuseum.at/pdf_frei_remote/VZBG_22_0355-0388.pdf)

Morawitz, F. (1880): Ein Beitrag zur Bienen-Fauna Mittel-Asiens. Bulletin de l'Académie impériale des Sciences de St. Pétersbourg 26: 337–389 [Spaltennummerierung]. (http://www.archive.org/download/bulletindelacadm26impe/bulletindelacadm26impe.pdf)

Morawitz, F. (1890): Insecta a cl. G. N. Potanin in China et in Mongolia novissime lecta. XIV. Hymenoptera aculeata: III. Apidae. Horae Societatis Entomologicae Rossicae 24: 349–385. (http://www.biodiversitylibrary.org/item/88009)

Moustafa, M.A. (1986): Die Bienen der Gattung Andrena Fabricius (Hymenoptera, Apidae) aus Ägypten und den angrenzenden Gebieten. Mitteilungen aus dem Zoologischen Museum in Berlin 62(2): 219–302.

Müller, A. (2008): A specialized pollen-harvesting device in European bees of the genus Tetraloniella (Hymenoptera, Apidae, Eucerini). Linzer Biologische Beiträge 40(1): 881–884. (http://www.zobodat.at/stable/pdf/LBB_0040_1_0881-0884.pdf)

Müller, A. (2015a): Nest architecture and pollen hosts of the boreoalpine osmiine bee species Hoplitis (Alcidamea) tuberculata (Hymenoptera, Megachilidae). Journal of Hymenoptera Research 47: 53–64.

Müller, A. (2015b): Palaearctic Osmiine Bees. ETH Zürich, http://blogs.ethz.ch/osmiini

Müller, A. & Kuhlmann, M. (2003): Narrow flower specialisation in two European bee species of the genus Colletes (Hymenoptera: Apoidea: Colletidae). European Journal of Entomology 100(4): 631–635. (http://www.eje.cz/pdfs/eje/2003/04/25.pdf)

Müller, A. & Kuhlmann, M. (2008): Pollen hosts of western palaearctic bees of the genus Colletes (Hymenoptera: Colletidae): the Asteraceae paradox. Biological Journal of the Linnean Society 95: 719–733.

Müller, H. (1944): Beiträge zur Kenntnis der Bienenfauna Sachsens. (Hymen. Apid.). Mitteilungen der Deutschen Entomologischen Gesellschaft (13)5–10: 65–100.

NIEMELÄ, P. (1936): Mitteilungen über die Apiden (Hym.) Finnlands. 1. Die Gattung Megachile Latr. Annales Entomologici Fennici 2: 86–96, 140–149.

NIEMELÄ, P. (1947): Mitteilungen über die Apiden (Hym.) Finnlands. 2. Die Gattung Epeolus Latr. Annales Entomologici Fennici 13(2): 35–43.

NIEMELÄ, P. (1949): Mitteilungen über die Apiden (Hym.) Finnlands. 3. Die Untergattung Taeniandrena Hedicke. Annales Entomologici Fennici 15(3): 101–120.

NIEUWENHUIJSEN, H. (2007): Determinatietabel voor de Nederlandse Anthophora-soorten. Bzzz 26: 73–76. (http://www.hymenovaria.nl/pdf/anthophora_tabel.pdf)

NIEUWENHUIJSEN, H. (2010): Determinatietabel voor de bijen van het genus Coelioxys in Nederland. Hymeno Varia 1: 32–35. (http://www.hymenoptera.nl/pdf/HymenoVaria1b.pdf)

NIEUWENHUIJSEN, H. (2011a): Determinatietabel voor de bijen van het genus Anthidium in Nederland. Hymeno Varia 3: 57–58. (http://www.hymenovaria.nl/pdf/Anthidium-Nederland.pdf)

NIEUWENHUIJSEN, H. (2011b): Determinatietabel voor de bijen van het genus Chelostoma in Nederland. Hymeno Varia 3: 58–59. (http://www.hymenoptera.nl/pdf/HymenoVaria3.pdf)

NIEUWENHUIJSEN, H. (2011c): Determinatietabel voor de bijen van het genus Megachile in Nederland. Hymeno Varia 3: 59–64. (http://www.hymenoptera.nl/pdf/HymenoVaria3.pdf)

NIEUWENHUIJSEN, H. (2014): Determinatietabel voor de Nederlandse soorten van Hoplitis (kleine metselbijen) en Osmia (metselbijen). Hymeno Varia 8: 29–39. (http://www.hymenovaria.nl/pdf/Osmia-Hoplitis-Nederland-tabel-3.pdf)

NIEUWENHUIJSEN, H. & RAEMAKERS, I. (2009): Tabel voor de bijen van het genus Hylaeus in Nederland. Bzzz 29: 28–36. (http://www.hymenoptera.nl/pdf/bzzz29b.pdf)

NIKIFORUK, K.S. (1957): [Bees of the Bashkir ASSR] Пчелы Башкирской АССР. Zapiski Bashkirskogo Filiala Geograficheskogo Obshchestva SSSR 1: 139–162.

NILSSON, L.A. (2003): Prerevisional checklist and synonymy of the bees of Sweden (Hymenoptera: Apoidea). ArtDatabanken, Sveriges Lantbruksuniversitet: 114 S.

NILSSON, L.A. (2010): The type material of Swedish bees (Hymenoptera, Apoidea) IV. Bees from Thomson's collection. Entomologisk Tidskrift 131(1): 73–94. (http://www.sef.nu/download/entomologisk_tidskrift/et_2010/ET2010%2073-94%20mindre.pdf)

NOBILE, V., MELONI, C. & TOMARCHIA, S. (2005): Andrena nuove per la Sicilia e la Sardegna (Hymenoptera, Andrenidae). I. Bolletino della Società Entomologica Italiana 137(3): 223–228.

NOSKIEWICZ, J. (1936): Die paläarktischen Colletes-Arten. v+532 S.

NOTTON, D.F. & DATHE, H.H. (2008): William Kirby's types of Hylaeus Fabricius (Hymenoptera, Colletidae) in the collection of the Natural History Museum, London. Journal of Natural History 42(27): 1861–1865.

OBRECHT, E. & SCHOLL, A. (1984): Bombus lucorum auct. ein Artenkomplex – Enzymelektrophoretische Befunde (Hymenoptera, Bombidae). Verhandlungen der Deutschen Zoologischen Gesellschaft 77: 266.

Ødegaard, F., Gjershaug, J.O., Staverløkk, A. & Bengtson, R. (2015): Artsdatabanken – Sibirhumle Bombus semenoviellus Skorikov, 1910. (http://data.artsdatabanken.no/Pages/156332)

Oertli, S., Müller, A. & Dorn, S. (2005): Ecological and seasonal patterns in the diversity of a species-rich bee assemblage (Hymenoptera: Apoidea: Apiformes). European Journal of Entomology 102(1): 53–63. (http://www.eje.cz/pdfarticles/962/eje_102_1_053_Oertli.pdf)

Ornosa, C., Torres, F. & Ortiz-Sánchez, F.J. (2009): Claves y datos nuevos de las especies ibericas del genero Stelis Panzer, 1806 (Hymenoptera, Apoidea, Megachilidae, Anthidiini). Graellsia 65(2): 111–132. (http://www.researchgate.net/publication/43245298_Claves_y_datos_nuevos_de_las_especies_ibricas_del_gnero_Stelis_Panzer_1806_(Hymenoptera_Apoidea_Megachilidae_Anthidiini)

Osytshnjuk, A.Z. (1978): Nomada. In: Medvedeva, G.S.: [The identification of the insects of the European part of the USSR] Vol. 3. Hymenoptera: 453–482.

Osytshnjuk, A.Z., Marshakov, V.G., Romankova, T.G. & Levchinskaya, G.N. (1980): [A study of bees (Apoidea) and digger wasps (Specidae) in the Lazov Reserve, Primorsky Territory]. Vestnik Kharkov University 195: 76–78.

Osytshnjuk, A.Z., Romasenko, L., Banaszak, J. & Cierzniak, T. (2005): Andreninae of the Central and Eastern Palaearctic. Part 1. Polish Entomological Monographs 2: 235 S.

Pachinger, B. (2003): Andrena cordialis Morawitz 1877 – eine neue Sandbiene für Österreich und weitere bemerkenswerte Vorkommen ausgewählter Wildbienen-Arten (Hymenoptera: Apidae) in Wien, Niederösterreich und Kärnten. Linzer Biologische Beiträge 35(2): 927–934. (http://www.biologiezentrum.at/pdf_frei_remote/LBB_0035_2_0927-0934.pdf)

Pagliano, G. (1994): Catalogo degli Imenotteri italiani. IV. (Apoidea: Colletidae, Andrenidae, Megachilidae, Anthophoridae, Apidae). Memorie della Società Entomologica Italiana 72: 331–467.

Panfilov, D.V., Rossolimo, O.L. & Syroechkovskij, E.E. (1961): [On the fauna and zoogeography of bumble bees (Bombinae) in Tuva] К фауне и зоогеографии шмелей (Bombinae) Тувы. Izvestiya sibirskogo otdeleniya Akademii Nauk SSSR 6: 106–113.

Panzer, G.W.F. (1798): Faunae Insectorum Germanicae initia oder Deutschlands Insecten. Jhg. 5, Heft 49–60.

Patiny, S. (1999): Révision des Panurginae ouest-paléarctiques n'appartenant pas à la tribu des Melitturgini Michener, 1944. Partie 1: Panurgus Panzer, 1806 et Camptopoeum Spinola, 1843 (Hymenoptera, Andrenidae). Entomofauna 20(19): 309–327. (http://www.biologiezentrum.at/pdf_frei_remote/ENT_0020_0309-0327.pdf)

Patiny, S. & Michez, D. (2006): Phylogenetic analysis of the Systropha Illiger 1806 (Hymenoptera: Apoidea: Halictidae) and description of a new subgenus. Annales de la Société entomologique de France (n.s.) 42(1): 27–44. (http://zoologie.umh.ac.be/asef/pdf/2006_42_01/full/Patiny_ASEF_2006_42_1_27_44_full.pdf)

Patiny, S. & Terzo, M. (2010): Catalogue et clé des sous-genres et espèces du genre Andrena de Belgique et du nord de la France (Hymenoptera, Apoidea). 39 S. (http://www.zoologie.umh.ac.be/hymenoptera/biblio/Patiny_&_Terzo_2010_Andrena_Belgique_et_N_France_full.pdf)

Pauly, A., Devalez, J., Sonet, G., Nagy, Z.T. & Boeve, J.L. (2015): DNA barcoding and male genital morphology reveal five new cryptic species in the West Palaearctic bee Se ladonia smaragdula (Vachal, 1895) (Hymenoptera: Apoidea: Halictidae). Zootaxa 4034(2): 257–290.

Pedersen, B.V. (2002): European bumblebees (Hymenoptera: Bombini) – phylogenetic relationships inferred from DNA sequences. Insect Systematics and Evolution 33: 361–386.

Peeters, T.M.J., Nieuwenhuijsen, H., Smit, J., van der Meer, F., Raemakers, I.P., Heimans, W.R.B., van Achterberg, K., Kwak, M., Loonstra, A.J., de Rond, J., Roos, M. & Reemer, M. (2012): De Nederlandse bijen. Natuur van Nederland 11: 544 S.

Pérez, J. (1879): Contribution à la faune des Apiaires de France. Actes de la Société Linnéenne de Bordeaux (4)3(33): 119–229. (http://www.biodiversitylibrary.org/item/105920#page/129/mode/1up)

Pérez, J. (1890): Catalogue des Mellifères du Sud-Ouest. Actes de la Société Linnéenne de Bordeaux 44: 133–200. (http://www.biodiversitylibrary.org/item/87652#11)

Perkins, R.C.L. (1914): Synopsis of the British Forms of the Andrena minutula Group [concl.]. Entomologist's Monthly Magazine 50: 112–115. (http://www.archive.org/details/entomologistsmon50225191 4oxfo)

Perkins, R.C.L. (1921): Andrena jacobi n. n. for A. trimmerana auct. and a new Irish variety of this species. Entomologist's Monthly Magazine (3)7: 39–40. (http://www.biodiversitylibrary.org/item/36035#71)

Pesenko, Y.A. (1985): A subgeneric classification of bees of the genus Halictus Latreille sensu stricto (Hymenoptera, Halictidae). Entomological Review 63(3): 1–20.

Pesenko, Y.A. & Davydova, N.G. (2004): [Bee fauna (Hymenoptera, Apoidea) of Yakutia: II.] Entomologicheskoe Obozrenie 83(3): 684–703.

Pesenko, Y.A., Banaszak, J., Radchenko, V.G. & Cierzniak, T. (2000): Bees of the family Halictidae (excluding Sphecodes) of Poland: taxonomy, ecology, bionomics. ix+348 S. (http://www.researchgate.net/publication/268076790_Bees_of_the_family_Halictidae_(excluding_Sphecodes)_of_Poland_taxonomy_ecology_bionomics)

Petagna, V. (1787): Specimen Insectorum Ulterioris Kalabriene. vii+46 S. (http://gdz.sub.uni-goettingen.de/dms/load/img/?IDDOC=327816)

Peters, D.S. (1978): Systematik und Zoogeographie der west-paläarktischen Arten von Osmia Panzer 1806 s. str., Monosmia Tkalcu 1974 und Orientosmia n. subgen. (Insecta: Hymenoptera: Megachilidae). Senckenbergiana Biologica 58(5–6): 287–346.

Pittioni, B. (1945): Beiträge zur Kenntnis paläarktischer Apiden (Hymenopt.) I. Die Gruppe des Epeolus tarsalis Mor. Zeitschrift der Wiener Entomologischen Gesellschaft 30(56): 128–147. (http://www.landesmuseum.at/pdf_frei_remote/ZOEV_30_0128-0147.pdf)

Pittioni, B. (1948): Andrena (Andrenella) enslinella Stckht. und ihre Verwandten (Hym., Apid.). Beiträge zur Kenntnis paläarktischer Apiden II. Annalen des Naturhistorischen Museums in Wien 56: 130–149. (http://www.biologiezentrum.at/pdf_frei_remote/ANNA_56_0130-0149.pdf)

Pittioni, B. (1950): Die westpaläarktischen Arten der Gattung Spatulariella Pop. (Hym. Apoidea, Colletidae). Bollettino della Societá Veneziana di Storia Naturale 5: 76–113.

Pittioni, B. (1952): Die Nomada-Arten der Alten Welt, Bestimmungstabelle der Männchen. Annalen des Naturhistorischen Museums in Wien 59 [1952–1953]: 223–291. (http://www.biologiezentrum.at/pdf_frei_remote/ANNA_59_0223-0291.pdf)

Pittioni, B. (2015): Card Index. (http://pittioni.myspecies.info/)

Pittioni, B. & Schmidt, R. (1942): Die Bienen des südöstlichen Niederdonau. 1. Apidae, Podaliriidae, Xylocopidae und Ceratinidae. Niederdonau / Natur und Kultur 19: 1–69. (http://www.landesmuseum.at/pdf_frei_remote/MON_E_HYM_0001_0001-0059.pdf)

Pittioni, B. & Schmidt, R. (1943): Die Bienen des südöstlichen Niederdonau. 2. Andrenidae und isoliert stehende Gattungen. Niederdonau / Natur und Kultur 24: 1–83. (http://www.landesmuseum.at/pdf_frei_remote/MON_E_HYM_0001_0001-0083.pdf)

Pittioni, B. & Stöckhert, E. (1950): Über einige neue und verkannte Andrena-Arten. Beiträge zur Kenntnis paläarktischer Apiden. III. Annalen des Naturhistorischen Museums in Wien 57: 284–295. (http://www.biologiezentrum.at/pdf_frei_remote/ANNA_57_0284-0295.pdf)

Popova, L.M. (1982): [On the nesting of bees of the genus Systropha.] In: Grebennikov, V.S. (Hg.): [Insect Pollinators of Agricultural Plants. A Collection of Scientific Papers.] (160 S.): 100–105.

Praz, C., Carron, G. & Michez, D. (2008b): Dasypoda braccata Eversmann (Hymenoptera, Dasypodaidae), nouvelle espèce pour l'apidofaune italienne. Osmia 2: 16–20. (http://homepages.ulb.ac.be/~nvereeck/PDF_OSMIA2/OSMIA2.pdf)

Praz, C.J., Müller, A., Danforth, B.N., Griswold, T.L., Widmer, A. & Dorn, S. (2008): Phylogeny and biogeography of bees of the tribe Osmiini (Hymenoptera: Megachilidae). Molecular Phylogenetics and Evolution 49(1): 185–197. (https://doc.rero.ch/record/28956/files/Praz_Christophe_J._-_Phylogeny_and_biogeography_of_bees_of_the_tribe_Osmiini_20120402.pdf)

Přidal, A. (1999): Bee-species Colletes inexpectatus Noskiewicz, 1936 – species revocata (Hymenoptera: Colletidae). Acta Universitatis Agriculturae et Silviculturae Mendelianae Brunensis 47(1): 55–60. (http://old.mendelu.cz/~apridal/publik.htm)

Prisyazhnyuk, V.E. (Hg.) (2008): [Red List of Rare and Endangered Animals and Plants, which Particularly Protected in Russia. Part 2. Invertebrates (2. edition)] Красный список особо охраняемых редких и находящихся под угрозой исчезновения животных и растений. Часть 2. Беспозвоночные животны (2-й выпуск). [Red Book Bulletin] Бюллетень Красной книги 2/2004 [2008]: 512 S. (http://ashipunov.info/shipunov/school/books/krasnyj_spisok_rossii_2008_2_besp.pdf)

Proshchalykin, M.Y. (2004): A check list of the bees (Hymenoptera, Apoidea) of the southern part of the Russian Far East. Far Eastern Entomologist 143: 1–19. (http://www.biosoil.ru/fee/2004/N-143/N-143.pdf)

Proshchalykin, M.Y. (2005): [Fauna of the Bees (Hymenoptera, Apoidea) of the Southern Part of the Russian Far East] Фауна пчел (Hymenoptera, Apoidea) юга Дальнего Востока России. A. I. Kurentsov's Annual Memorial Meetings 16: 5–38. (http://www.biosoil.ru/kurentsov/16/xvi-01/P-xvi-01.pdf)

Proshchalykin, M.Y. (2007): The bees of the family Megachilidae (Hymenoptera, Apoidea) of Transbaikalia. Far Eastern Entomologist 175: 1–18. (http://www.biosoil.ru/fee/2007/N 175/N 175.pdf)

Proshchalykin, M.Y. (2009): [Cleptoparasitic bees of the family Apidae (Hymenoptera, Apoidea) of the Eastern Siberia and the Russian Far East] Пчелы-клептопаразиты семейства Apidae (Hymenoptera, Apoidea) Восточной Сибири и Дальнего Востока России. Euroasian Entomological Joumal 8(2): 237–244. (http://ibss.febras.ru/files/00008206.pdf)

Proshchalykin, M.Y. (2010a): The short-tongued bees (Hymenoptera, Apoidea: Colletidae, Andrenidae, Halictidae, Melittidae) of Transbaikalia. Euroasian Entomological Journal 9(3): 508–514. (http://www.biosoil.ru/files/00009680.pdf)

Proshchalykin, M.Y. (2010b): [The bees of subfamily Nomadinae (Hymenoptera: Apidae) of the Eastern Palaearctic Region] Пчелы подсемейства Nomadinae (Hymenoptera: Apidae) Восточной Палеарктики. Trudy Russkogo Entomologicheskogo Obshchestva 81(2): 21–28. (http://www.biosoil.ru/files/00009679.pdf)

Proshchalykin, M.Y. & Kuhlmann, M. (2015): Type specimens of Colletes Latreille (Hymenoptera, Colletidae) deposited in the Zoological Institute of the Russian Academy of Sciences, St. Petersburg, with description of a new species. Zootaxa 3949(4): 540–554.

Proshchalykin, M.Y., Lelej, A.S. & Kupianskaya, A.N. (2004): [Bee fauna (Hymenoptera, Apoidea) of Sakhalin Island] Фауна пчёл (Hymenoptera, Apoidea) острова Сахалин. In: Storozhenko, S.Y., Bogatov, V.V., Lelej, A.S. & Makarchenko, E.A. (Hgg.): Flora and fauna of Sakhalin Island. Materials of the International Sakhalin Island Project: 154–192. (http://ibss.febras.ru/files/00003107.pdf)

Quaranta, M., Sommaruga, A., Balzarini, P. & Felicioli, A. (2014): A new species for the bee fauna of Italy: Megachile sculpturalis continues its colonization of Europe. Bulletin of Insectology 67(2): 287–293. (http://www.bulletinofinsectology.org/pdfarticles/vol67-2014-287-293quaranta.pdf)

Quelle, F. (1936): Eine für Deutschland neue Anthophora Latr.-Art (Hymenopt. Apid.). Mitteilungen der Deutschen Entomologischen Gesellschaft 6: 55.

Rasmont, P., Ebmer, A.W., Banaszak, J. & van der Zanden, G. (1995): Hymenoptera Apoidea Gallica. Liste taxonomique des abeilles de France, de Belgique, de Suisse et du Grand-Duché de Luxembourg. Bulletin de la Société Entomologique de France 100 (hors série): 98 S. (http://www.atlashymenoptera.net/biblio/Rasmont_et_al_1995_Apoidea_Gallica.pdf)

Rebmann, O. (1968a): 3. Beitrag zur Kenntnis der Gattung Megachile Latr. (Hym. Apidae): Subgenus Eutricharaea und seine bisher bekanntgewordenen Arten. Deutsche Entomologische Zeitschrift (N.F.) 15(1–3): 21–48.

Rebmann, O. (1968b): 4. Beitrag zur Kenntnis der Gattung Megachile Latr. Über palaarktische Subgenera von Megachile. I. Nachrichtenblatt der Bayerischen Entomologen 17: 121–123. (http://www.biodiversitylibrary.org/item/92097#page/257/mode/1up)

Reder, G. (2000): Zugewandert oder eingeschleppt? Nachweis von Osmia latreilli Spinola, 1806 in Deutschland (Hymenoptera: Megachilidae). Bembix 13: 13–15. (http://www.schmid-egger.de/bembix13.pdf)

Risch, S. (1997): Die Arten der Gattung Eucera Scopoli 1770 (Hymenoptera, Apidae). Die Untergattung Pteneucera Thalcu 1984. Linzer Biologische Beiträge 29(1): 555–580. (http://www.biologiezentrum.at/pdf_frei_remote/LBB_0029_1_0555-0580.pdf)

Risch, S. (1999): Neue und wenig bekannte Arten der Gattung Eucera Scopoli 1770 (Hymenoptera, Apidae). Linzer Biologische Beiträge 31(1): 115–145. (http://www.biologiezentrum.at/pdf_frei_remote/LBB_0031_1_0115-0145.pdf)

Risch, S. (2001): Die Arten der Gattung Eucera Scopoli 1770 (Hymenoptera, Apidae). Untergattung Pareucera Thalcu 1979. Entomofauna 22(15): 365–376. (http://www.landesmuseum.at/pdf_frei_remote/ENT_0022_0365-0376.pdf)

Risch, S. (2003): Die Arten der Gattung Eucera Scopoli 1770 (Hymenoptera, Apidae). Die Untergattungen Stilbeucera Thalcu 1979, Atopeucera Thalcu 1984 und Hemieucera Sitdikov & Pesenko 1988. Linzer Biologische Beiträge 35(2): 1241–1292. (http://www.biologiezentrum.at/pdf_frei_remote/LBB_0035_2_1241-1292.pdf)

Rogenhofer, A. & Kohl, F. (1886): Hymenoptera aculeata Gerst. In: Beck. G.: Fauna von Hernstein in Niederösterreich und der weiteren Umgebung: 214–228.

Romankova, T.G. (1995): [73. Family Megachilidae.] In: Lehr, P.A. (Hg.): [The identification of the insects of the Far East of Russia], Operdelitel nasekomych Dalnego Vostoka Rossii 4(1) (606 S.): 530–547.

Rossi, P. (1790): Fauna Etrusca, sistens Insecta quae in provinciis Florentina et Pisana praesertim collegit. 2: 348 S. (http://gdz.sub.uni-goettingen.de/dms/load/img/?PPN=PPN574640711&IDDOC=581094)

Rossi, P. (1792): Mantissa insectorum, exhibens species nuper in Etruria collectas, adiectis Faunae Etruscae illustrationibus ac emendationibus. 1: 148 S. (http://books.google.de/books?id=UfBAAAAAcAAJ&printsec=frontcover&dq=Mantissa+insectorum,+exhibens+species+nuper+in+Etruria+collectas&source=bl&ots=l-pvflpiVdw&sig=H8tN9rvfNpwf3SN-fj5hdIuFYPo&hl=de&ei=0BVzTbuEJsbdsgbZvY-SEDg&sa=X&oi=book_result&ct=result&resnum=4&ved=0CCQQ6AEwAw#v=onepage&q&f=false)

Rowson, R. & Pavett, M. (2008): A visual guide for the identification of British Coelioxys Bees. 7 S. (http://www.bwars.com/Files%204%20downloading/TEST%20KEYS/Coelioxys-lowres.pdf)

Rudow, F. (1876): Sammelbericht aus der Märkischen Schweiz. Entomologische Nachrichten 2(11): 169–170. (http://www.archive.org/download/entomologischena21876berl/entomologischena21876berl.pdf)

Saunders, E. (1881): Notes on the Entomology of Portugal. VI. Hymenoptera Aculeata, collected by the Rev. A. E. Eaton in 1880. Entomologist's Monthly Magazine 18: 165–171. (http://www.archive.org/details/entomologistsmon1718188082oxfo)

Saure, C. (2009): Erste Nachweise von Hylaeus trinotatus (Pérez 1895) in Deutschland sowie Anmerkungen zu ausgewählten und in Deutschland seltenen Hylaeus-Arten (Hymenoptera, Apidae). Eucera 2: 1824. (http://www.wildbienen.info/downloads/eucera-2-2009-01.pdf)

Saure, C. (2012): Die Wildbienen des Botanischen Gartens Berlin-Dahlem (Hymenoptera Apiformes). Märkische Entomologische Nachrichten 14(1): 29–67.

Saure, C., Burger, F. & Dathe, H.H. (1998): Die Bienenarten von Brandenburg und Berlin (Hym., Apidae). Entomologische Nachrichten und Berichte 42(3): 155–166. (http://www.landesmuseum.at/pdf_frei_remote/EntBer_42_0155-0166.pdf)

Schedl, W. (1982): Über aculeate Hautflügler der zentralen Ötztaler Alpen (Tirol, Österreich) (Insecta: Hymenoptera). Berichte des naturwissenschaftlich-medizinischen Vereins zu Innsbruck 69: 95–117. (http://www.biologiezentrum.at/pdf_frei_remote/BERI_69_0095-0117.pdf)

SCHENCK, A. (1851): Beschreibung Nassauischer Bienenarten. Jahrbücher des Vereins für Naturkunde im Herzogthum Nassau 7(2–3): 1–106.

SCHENCK, A. (1861): Die nassauischen Bienen. Revision und Ergänzung der früheren Bearbeitungen. Jahrbücher des Vereins für Naturkunde im Herzogthum Nassau 14 (1859): 1–414.

SCHENCK, A. (1867): Verzeichniß der nassauischen Hymenoptera aculeata mit Hinzufügung der übrigen deutschen Arten. Berliner Entomologische Zeitschrift 10(4) [1866]: 317–369. (http://www.biodiversitylibrary.org/item/34396#page/342/mode/1up)

SCHENCK, A. (1869): Beschreibung der nassauischen Bienen. Zweiter Nachtrag. Jahrbücher des Nassauischen Vereins für Naturkunde 21 22 (1867–1868): 1–114. (http://www.biodiversitylibrary.org/item/95763)

SCHEUCHL, E. (2000): Illustrierte Bestimmungstabellen der Wildbienen Deutschlands und Österreichs. Band I: Anthophoridae. (2. erweiterte Auflage). xxxi+158 S.

SCHEUCHL, E. (2006): Illustrierte Bestimmungstabellen der Wildbienen Deutschlands und Österreichs. Band II: Megachilidae / Melittidae. (2. erweiterte Auflage). 192 S.

SCHEUCHL, E. (2011): Andrena pontica Warncke, 1972, und Andrena susterai Alfken, 1914, neu für Deutschland, Nomada bispinosa Mocsáry, 1883, und Andrena saxonica Stöckhert, 1935, neu für Bayern, sowie weitere faunistische Neuigkeiten (Hymenoptera: Apidae). Beiträge zur bayerischen Entomofaunistik 11: 31–38.

SCHEUCHL, E. (2014): Lithurgus chrysurus Fonscolombe, 1834 neu für Bayern und weitere faunistische Neuigkeiten (Insecta: Hymenoptera: Apidae). Beiträge zur bayerischen Entomofaunistik 14: 93–101.

SCHIRMER, C. (1912): Beiträge zur Kenntnis der Hymenopterenfauna der Provinz Brandenburg. Berliner Entomologische Zeitschrift 56 [1911]: 153–171. (http://www.biodiversitylibrary.org/item/36396)

SCHIRMER, C. (1915): Beiträge zur Kenntnis der Hymenopterenfauna der Provinz Brandenburg (Nachtrag). Deutsche Entomologische Zeitschrift 1915: 454–457.

SCHLETTERER, A. (1887): Die Bienen Tirols. Jahresbericht der k. k. Staats-Unterrealschule Leopoldstadt 12: 3–28.

SCHLETTERER, A. (1889): Monographie der Bienen-Gattungen Chelostoma Latr. und Heriades Spin. Zoologische Jahrbücher (Abteilung für Systematik, Geographie und Biologie der Tiere) 4: 591–691. (http://www.biodiversitylibrary.org/item/38153#7)

SCHLETTERER, A. (1890): Die Bienen-Gattung Dasypoda Latr. Berliner Entomologische Zeitschrift 35(1): 11–56. (http://www.archive.org/details/berlinerentomolo351890253518829Oberl)

SCHMID-EGGER, C. (2005): Proxiandrena subgen.nov. und Revision der west- und zentralpaläarktischen Arten der Andrena proxima-Gruppe (Hymenoptera, Apidae). Revue suisse de Zoologie 112(4): 1029–1044. (http://bembix.de/publicationen_pdf/Schmid-Egger%202005%20Proxiandrena%20subgen.%20nov.%20und%20Revision%20der%20Andrena%20proxima%20Gruppe.pdf)

SCHMID-EGGER, C. & DOCZKAL, D. (1995): Der taxonomische Status von Andrena fulvicornis Schenck, 1853 (Hymenoptera: Apidae). Entomofauna 16(1): 1–12. (http://www.landesmuseum.at/pdf_frei_remote/ENT_0016_0001-0012.pdf)

SCHMID-EGGER, C. & DOCZKAL, D. (2012): Xylocopa valga Gerstäcker, 1872 (Hymenoptera, Apidae) neu in Südwestdeutschland. Ampulex 4: 43–46. (http://www.ampulex.de/index.php/de/ampulex-pdf)

Schmid-Egger, C. & Scheuchl, E. (1997): Illustrierte Bestimmungstabellen der Wildbienen Deutschlands und Österreichs. Band III: Andrenidae. 180 S.

Schmid-Egger, C., Risch, S. & Niehuis, O. (1995): Die Wildbienen und Wespen in Rheinland-Pfalz (Hymenoptera, Aculeata). Verbreitung, Ökologie und Gefährdungssituation. Fauna und Flora in Rheinland-Pfalz, Beiheft 16: 296 S.

Schmiedeknecht, O. (1882–1884): Apidae europaeae (Die Bienen Europa's) per Genera, Species et Varietates. Tomus I. Nomada, Bombus, Psithyrus et Andrena. [xiv]+866 S., pls. 1–15. [1882: 1–314; 1883: 315–550; 1884: 551–866.] (http://www.archive.org/download/apidaeeuropaeaed00schm/apidaeeuropaeaed00schm.pdf)

Schmiedeknecht, O. (1907): Die Hymenopteren Mitteleuropas nach ihren Gattungen und zum grossen Teil auch nach ihren Arten analytisch bearbeitet. 1. Auflage: 804 S. (http://www.archive.org/download/diehymenopterenm00schm/diehymenopterenm00schm.pdf)

Schmiedeknecht, O. (1930): Die Hymenopteren Nord- und Mitteleuropas mit Einschluß von England, Südschweiz, Südtirol und Ungarn. 2. Auflage: x+1062 S. (http://www.biologiezentrum.at/pdf_frei_remote/MON-E-HYM_0026_0001-1062.pdf)

Schmidt, S., Schmid-Egger, C., Morinière, J., Haszprunar, G. & Hebert, P.D.N. (2014): DNA barcoding largely supports 250 years of classical taxonomy: identifications for Central European bees (Hymenoptera, Apoidea partim). Molecular Ecology Resources 2015: 16 S.

Scholl, A. & Obrecht, E. (1983): Enzymelektrophoretische Untersuchungen zur Artabgrenzung im Bombus lucorum-Komplex (Apidae, Bombini). Apidologie 14(2): 65–78. (https://hal.archives-ouvertes.fr/hal-00890586/document)

Schøyen, W.M. (1887): Supplement til H. Siebke's Enumeratio insectorum Norvegicorum Fasc. V, Pars I (Hymenoptera phytophaga & aculeata). Christiania Videnskabs-Selskabs Forhandlinger 1887(5): 3–11.

Schwammberger, K.-H. (1969): Interessante Bienenfunde aus Südwestdeutschland (Hymenoptera, Apoidea). Veröffentlichungen der Landesstelle für Naturschutz und Landschaftspflege Baden-Württemberg 37: 213–220.

Schwammberger, K.-H. (1975): Die bisher bekanntgewordenen Arten der Bienengattung Rhophitoides Schenck (Hymenoptera: Apoidea: Halictidae). Senckenbergiana Biologica 56: 57–63. (http://zoologie.umh.ac.be/hymenoptera/biblio/Schwammberger_1975_Rophitoides.pdf)

Schwarz, M. (1967): Die Gruppe der Nomada cinctiventris Fr. Polskie Pismo Entomologiczne 37: 263–339.

Schwarz, M. (2014): Bienen, Wespen und Ameisen – eine Übersicht über heimische Hautflügler (Hymenoptera) sowie praktische Tipps für angehende Hymenopterologen. Entomologica Austriaca 21: 153–207. (http://www.landesmuseum.at/pdf_frei_remote/ENTAU_0021_0153-0207.pdf)

Schwarz, M. & Gusenleitner, F. (1997): Neue und ausgewählte Bienenarten für Österreich. Vorstudie zu einer Gesamtbearbeitung der Bienen Österreichs (Hymenoptera, Apidae). Entomofauna 18(20): 301–372. (http://www.biologiezentrum.at/pdf_frei_remote/ENT_0018_0301-0372.pdf)

Schwarz, M. & Gusenleitner, F. (1999): Weitere Angaben zur Bienenfauna Österreichs. Vorstudie zu einer Gesamtbearbeitung der Bienen Österreichs II (Hymenoptera, Api dae). Entomofauna 20(11): 185–253. (http://www.biologiezentrum.at/pdf_frei_remote/ENT_0020_0185-0253.pdf)

Schwarz, M. & Gusenleitner, F. (2000): Weitere Angaben zur Bienenfauna Österreichs. Vorstudie zu einer Gesamtbearbeitung der Bienen Österreichs V (Hymenoptera, Apidae). Entomofauna 21(32): 457–468. (http://www.biologiezentrum.at/pdf_frei_remote/ENT_0021_0457-0466.pdf)

Schwarz, M. & Gusenleitner, F. (2015): Über den Verbleib der von Schmiedeknecht 1882 beschriebenen Nomada-Arten und Festlegung von Lectotypen der aufgefundenen Arten. Mit zusätzlichen Ergänzungen und Beschreibungen zu einigen Arten (Hymenoptera, Apidae, Nomadinae). Linzer Biologische Beiträge 47(1): 1003–1044. (http://www.landesmuseum.at/pdf_frei_remote/LBB_0047_1_1003-1044.pdf)

Schwarz, M., Gusenleitner, F. & Kopf, T. (2005): Weitere Angaben zur Bienenfauna Österreichs sowie Beschreibung einer neuen Osmia-Art. Vorstudie zu einer Gesamtbearbeitung der Bienen Österreichs VIII (Hymenoptera, Apidae). Entomofauna 26(8): 117–164. (http://www.landesmuseum.at/pdf_frei_remote/ENT_0026_0117-0163-1.pdf)

Schwarz, M., Gusenleitner, F. & Mazzucco, K. (1999): Weitere Angaben zur Bienenfauna Österreichs. Vorstudie zu einer Gesamtbearbeitung der Bienen Österreichs III (Hymenoptera, Apidae). Entomofauna 20(31): 461–524. (http://www.landesmuseum.at/pdf_frei_remote/ENT_0020_0461-0521.pdf)

Schwarz, M., Gusenleitner, F., Westrich, P. & Dathe, H.H. (1996): Katalog der Bienen Österreichs, Deutschlands und der Schweiz (Hymenoptera, Apidae). Entomofauna, Supplement 8: 398 S. (http://www.landesmuseum.at/pdf_frei_remote/ENTS_S8_0001-0398.pdf)

Schwenninger, H.R. (2001): Verbreitung und Gefährdung von Andrena rhenana Stoeckhert 1930 in Deutschland (Hymenoptera: Apidae). Mitteilungen Entomologischer Verein Stuttgart 36: 9–14.

Schwenninger, H.R. (2007a): Eine neue Art der Andrena taraxaci-Gruppe aus Italien und der Schweiz (Hymenoptera, Andrenidae, Andrena, Subgenus Chlorandrena). Linzer Biologische Beiträge 39(1): 637–650. (http://www.biologiezentrum.at/pdf_frei_remote/LBB_0039_1_0637-0650.pdf)

Schwenninger, H.R. (2007b): Erster belegter Fund von Anthidium florentinum (Fabricius, 1775) in Deutschland (Hymenoptera: Apoidea: Megachilidae). Mitteilungen des Entomologischen Vereins Stuttgart 43: 3–6.

Schwenninger, H.R. (2009): Zum taxonomischen Status von Andrena anthrisci Blüthgen 1925 (Hymenoptera, Andrenidae, Andrena, Micrandrena). Linzer Biologische Beiträge 41(2): 2025–2038. (http://www.biologiezentrum.at/pdf_frei_remote/LBB_0041_2_2025-2038.pdf)

Schwenninger, H.R. (2013): Festlegung von Typen für Andrena nitidiuscula Schenck 1853 und Andrena fulvicornis Schenck 1861 sowie Erstnachweis von Andrena curvana Warncke 1965 für Deutschland (Hymenoptera, Andrenidae, Andrena, Subgenus Notandrena). Linzer Biologische Beiträge 45(2): 1945–1962. (http://www.biologiezentrum.at/pdf_frei_remote/LBB_0045_2_1945-1962.pdf)

Schwenninger, H.R. (2015): Revision of the Western Palearctic species of the Andrena taraxaci-group with description of four new species (Hymenoptera: Andrenidae). Stuttgarter Beiträge zur Naturkunde (A)8: 251–270.

SEDIVY, C., DORN, S., WIDMER, A. & MÜLLER, A. (2013): Host range evolution in a selected group of osmiine bees (Hymenoptera: Megachilidae): the Boraginaceae-Fabaceae paradox. Biological Journal of the Linnean Society 108: 35–54.

SEDIVY, C., PRAZ, C.J., MÜLLER, A. & DORN, S. (2008): Patterns of Host-Plant Choice in Bees of the Genus Chelostoma: The Constraint Hypothesis of Host-Range Evolution in Bees. Evolution 2008: 1–21.

SHEBL, A. & TADAUCHI, O. (2009): The Genus Andrena from Kazakhstan and Kyrgyzstan (Hymenoptera, Andrenidae) (3). Esakia 49: 21–62. (https://qir.kyushu-u.ac.jp/dspace/bitstream/2324/16146/1/esakia_49_p021.pdf)

SHEFFIELD, C.S., RATTI, C., PACKER, L. & GRISWOLD, T. (2011): Leafcutter and Mason Bees of the Genus Megachile Latreille (Hymenoptera: Megachilidae) in Canada and Alaska. Canadian Journal of Arthropod Identification 18: 1–107. (http://www.biology.ualberta.ca/bsc/ejournal/srpg_18/srpg_18.pdf)

SICKMANN, F. (1895): Beiträge zur Kenntnis der Hymenopteren-Fauna des nördlichen China. Zoologische Jahrbücher (Abteilung für Systematik, Geographie und Biologie der Tiere) 8: 195–235. (http://www.archive.org/download/zoologischejahrb08jena/zoologischejahrb08jena.pdf)

SITDIKOV, A.A. (1986): [The bee fauna (Hymenoptera, Apoidea) of Udmurtia, with a deskription of Melitta udmurtica sp.n.] ,Фауна пчел (Hymenoptera, Apoidea) Удмуртии, с описанием Melitta udmurtica sp. n. Trudy Zoologicheskogo Instituta Akademii Nauk SSR Leningrad 159: 103–112. (http://zoologie.umh.ac.be/hymenoptera/biblio/sitdikov_1986_Melitta_udmurtica.pdf)

SITDIKOV, A.A. & PESENKO, Y.A. (1988): [A subgeneric classification of bees of the genus Eucera Scopoli (Hymenoptera, Anthophoridae) with a scheme of the phylogenetic relationships between the subgenera.] Podrodovaya klassifikatsiya pchel rode Eucera Scopoli (Hymenoptera, Anthophoridae) so skemoj filogeneticheskikh otnoshenij mejdu podrodami. Trudy Zoologicheskogo Instituta Akademii Nauk SSR Leningrad 175: 75–101.

SKHIRTLADZE, I.A. (1970): [To the Study of Bees of Small Caucasus]. Vestnik Gosudarstvennogo Muzeya Gruzii (A)26-27: 191–203.

SMIT, J. (2004): De wespbijen (Nomada) van Nederland (Hymenoptera: Apidae). Nederlandse Faunistische Mededelingen 20: 33–125. (http://www.repository.naturalis.nl/document/93865)

SMIT, J. (2009): Determinatietabel voor de bijen van het genus Colletes in Nederland. Bzzz 30: 65–68. (http://www.hymenoptera.nl/pdf/bzzz30.pdf).

SMIT, J. (2011): Determinatietabel voor de bijen van het genus Melitta in Nederland. Hymeno Varia 2: 33–34. (http://www.hymenovaria.nl/pdf/Melitta-Nederland.pdf)

SMITH, F. (1854): Catalogue of Hymenopterous insects in the collection of the British Museum. Apidæ. 2: 199–465. (http://www.archive.org/details/catalogueofhymen02brituoft)

SMITH, F. (1879): Descriptions of New Species of Hymenoptera in the Collection of the British Museum. xxi+240 S. (http://www.biodiversitylibrary.org/item/56822#7)

SMITH, F. (1891): Catalogue of British Hymenoptera in the collection of the British Museum. Part I: Andrenidæ and Apidæ. 2. ed. (new issue), xi+236 S. (Catalogue of British Hymenoptera in the collection of the British Museum. Part I: Andrenidæ and Apidæ.)

SÖDERMAN, G. & LEINONEN, R. (2003): Suomen Mesipistiäiset ja niiden uhanalaisuus. 420 S.

SPINOLA, M. (1806): Insectorum Liguriæ species novæ aut rariores quas in agro Ligustico nuper detexit, descripsit, et iconibus illustravit. Bd. 1: 17+159 S. (http://gdz.sub.uni-goettingen.de/dms/load/pdf/)

SPINOLA, M. (1839): Compte rendu des Hymenopteres recueillis par M. Fischer pendant son voyage en Égypte, et communiqués par M. le Docteur Waltl. Annales de la Société Entomologique de France 7 [1838]: 437–546. (http://www.biodiversitylibrary.org/item/53389#639)

STANDFUSS, K., SCHEUCHL, E. & STANDFUSS, L. (2011): Zur aktuellen Bienenfauna der Ölbaumzone in Südost-Thessalien / Griechenland (Hymenoptera: Apoidea: Apiformes). 4. Andrenidae. Entomofauna 32(19): 285–300. (http://www.landesmuseum.at/pdf_frei_remote/ENT_0032_0285-0300.pdf)

STENLØKK, J. (2011): On the genus Nomada Scopoli, 1770 (Hymenoptera, Apoidae) in Norway. Norwegian Journal of Entomology 58(1): 44–72.

STÖCKHERT, E. (1919): Beiträge zur Kenntnis der Hymenopterenfauna Frankens. Mitteilungen der Münchner Entomologischen Gesellschaft 9: 4–12, 17–32, 37–49. (http://www.biodiversitylibrary.org/item/94450)

STÖCKHERT, E. (1922): Nomada ochrostoma K. und ihre deutschen Verwandten (Hym.). Konowia 1(3): 113–124; 1(4–5): 161–172. (http://www.biologiezentrum.at/pdf_frei_remote/KON_1_0113-0124.pdf + http://www.biologiezentrum.at/pdf_frei_remote/KON_1_0161-0172.pdf)

STÖCKHERT, E. (1924): Über einige neue deutsche Andrena-Arten. Archiv für Naturgeschichte (A)90(4): 165–179.

STÖCKHERT, E. (1930a): Andrena Fabr. In: SCHMIEDEKNECHT, O. (Hg.): Die Hymenopteren Nord- und Mitteleuropas. 2. Aufl.: 897–986. (http://www.biologiezentrum.at/pdf_frei_remote/MON-E-HYM_0026_0001-1062.pdf)

STÖCKHERT, E. (1930b): Nomada Fabr. In: SCHMIEDEKNECHT, O. (Hg.): Die Hymenopteren Nord- und Mitteleuropas. 2. Aufl.: 986–1053. (http://www.biologiezentrum.at/pdf_frei_remote/MON-E-HYM_0026_0001-1062.pdf)

STÖCKHERT, E. (1935): Über einige neue deutsche Arten der Andrena minutula-Gruppe. Deutsche Entomologische Zeitschrift: 65–85.

STÖCKHERT, E. (1941): Über die Gruppe der Nomada zonata Pz. Mitteilungen der Münchner Entomologischen Gesellschaft 31: 1072–122. (http://www.biodiversitylibrary.org/item/91976#page/1186/mode/1up)

STÖCKHERT, E. (1942): Andrena proxima K. und ihr bisher unbekannter „Doppelgänger", Andrena alutacea n. sp. Mitteilungen der Münchner Entomologischen Gesellschaft 32(1): 236–252. (http://www.biodiversitylibrary.org/item/92045#7)

STÖCKHERT, E. (1943): Über die Gruppe der Nomada furva Pz. Deutsche Entomologische Zeitschrift 1943: 89–126.

STÖCKHERT, F.K. (1933): Die Bienen Frankens (Hym. Apid.). Deutsche Entomologische Zeitschrift Beiheft 1932: i-vii+1–294.

STÖCKHERT, F.K. (1954): Fauna Apoideorum Germaniae. Abhandlungen der Bayerischen Akademie der Wissenschaften, Mathematisch-naturwissenschaftliche Klasse N.F. 65: 1–87.

Stöckl, P. (2000): Synopsis der Megachilinae Nord- und Südtirols (Österreich, Italien) (Hymenoptera: Apidae). Berichte des naturwissenschaftlich-medizinischen Vereins in Innsbruck 87: 273–306. (http://www.biologiezentrum.at/pdf_frei_remote/BERI_87_0273-0306.pdf)

Straka, J. & Bogusch, P. (2011): Contribution to the taxonomy of the Hylaeus gibbus species group in Europe (Hymenoptera, Apoidea and Colletidae). Zootaxa 2932: 51–67.

Strand, E. (1909a): Die paläarktischen Halictus-Arten des Kgl. Zoologischen Museums zu Berlin, z.T. nach Bestimmungen von J.D. Alfken. Archiv für Naturgeschichte 75, I(1): 1–62.

Strand, E. (1909b): Die paläarktischen Prosopis-Arten des Kgl. Zoologischen Museums zu Berlin. Entomologische Rundschau 26: 72, 74–75. (http://www.archive.org/details/entomologischeru261909stut)

Strand, E. (1913): Apidae von Ceylon, gesammelt 1899 von Herrn Dr. W. Horn. Archiv für Naturgeschichte 79A(2): 135–150. (http://www.biodiversitylibrary.org/item/47763#page/317/mode/1up)

Strand, E. (1918): Notizen zur Hymenopterenfauna Deutschlands. II. Einige Hymenopteren von Kulmbach in Bayern. Entomologische Zeitschrift 32: 3–4. (http://www.biodiversitylibrary.org/item/99182#page/15/mode/1up)

Streinzer, M. (2010): Erstnachweis von Bombus semenoviellus Skorikov, 1910 (Hymenoptera, Apidae) für Österreich. Entomofauna 31: 265–268. (http://www.biologiezentrum.at/pdf_frei_remote/ENT_0031_0265-0268.pdf)

Strohm, K. (1924): Beitrag zur Kenntnis der Bienenfauna von Baden. Mitteilungen der Badischen Entomologischen Vereinigung 1(3–4): 123–137.

Strohm, K. (1925): Insekten der badischen Fauna. I. Beitrag. Mitteilungen der Badischen Entomologischen Vereinigung 1(7): 204–220.

Šustera, O. (1959): Bestimmungstabelle der tschechoslowakischen Arten der Bienengattung Sphecodes Latr. Acta Societatis Entomologicae Cechoslovenicae 56: 169–180.

Taeger, A. & Blank, S.M. (1995): Untersuchungen der Arthopodenfauna im Biosphärenreservat Schorfheide-Chorin 1992 bis 1994. Beiträge der 2. Hymenopterologen-Tagung in Görlitz (18.8.–20.8.1995): 5–7. (http://www.dgaae.de/files/dgaae/downloads/goerli95.pdf)

Terzo, M. (1998): Annotated list of the species of the genus Ceratina (Latreille) occuring in the Near East, with descriptions of new species (Hymenoptera: Apoidea: Xylocopinae). Linzer Biologische Beiträge 30(2): 719–743. (http://www.biologiezentrum.at/pdf_frei_remote/LBB_0030_2_0719-0743.pdf)

Terzo, M. & Ortiz-Sánchez, F.J. (2004): Nuevos datos para las species de ceratinini de Españia y Portugal, con una clave para su identificatión (Hymenoptera, Apoidea, Xylocopinae). Graellsia 60(1): 13–26. (http://graellsia.revistas.csic.es/index.php/graellsia/article/view/190/194)

Terzo, M. & Rasmont, P. (1997): Ceratina zwakhalsi et Ceratina verhoeffi, deux nouvelles espèces de la région ouestpaléarctique (Hymenoptera, Apoidea, Xylocopinae). Tijdschrift voor Entomologie 140: 221–236. (http://www.atlashymenoptera.net/biblio/092_Terzo_&_Rasmont_1998_Ceratina_zwakhalsi_verhoeffi.pdf)

Terzo, M. & Rasmont, P. (2005): Biogéographie et systématique des abeilles rubicoles du genre Ceratina Latreille au Turkestan (Hymenoptera, Apoidea, Xylocopinae). Annales de la Société Entomologique de France 40(2) [2004]: 109–130. (http://zoologie.umh.ac.be/hymenoptera/biblio/Terzo_et_Rasmont_ASEF_2004_40(2)_109-130.pdf)

Terzo, M., Iserbyt, S. & Rasmont, P. (2007): Révision des Xylocopinae (Hymenoptera: Apidae) de France et de Belgique. Annales de la Société Entomologique de France 43(4): 445–491. (http://zoologie.umh.ac.be/asef/pdf/2007_43_04%5Ccompact%5CTerzo_et_al_2007_ASEF_43_4_445_491_compact.pdf)

Tischendorf, S. (2008): Zur Wirtsbindung und zum Vorkommen von Nomada discedens Pérez 1884 (Hymenoptera Apidae) in Deutschland. Hessische Faunistische Briefe 27(1): 1–7.

Tischendorf, S., Frommer, U., Flügel, H.-J., Schmalz, K.-H. & Dorow, W.H.O. (2009): Kommentierte Rote Liste der Bienen Hessens – Artenliste, Verbreitung, Gefährdung. 151 S. (https://hmuelv.hessen.de/sites/default/files/HMUELV/26_rote_listen_bienen.pdf)

Tkalců, B. (1971): Zur Identität zweier Osmia-Arten (Hymenoptera, Apoidea, Megachilidae). Acta Entomologica Bohemoslovaca 68(4): 222–230.

Tkalců, B. (1974): Revision und Klassifikation der bisher zur Untergattung Hoplosmia Thomson gestellten Anthocopa-Arten (Hymenoptera, Apoidea, Megachilidae). Acta Entomologica Bohemoslovaca 71(2): 114–135.

Tkalců, B. (1975): Revision der europäischen Osmia (Chalcosmia)-Arten der fulviventris-Gruppe (Hymenoptera: Apoidea: Megachilidae). Vestnik ceskoslovenské Spolecnosti zoologické 39(4): 297–317.

Tkalců, B. (1979): Revision der europäischen Vertreter der Artengruppe von Tetralonia ruficornis (Fabricius) (Hymenoptera, Apoidea). Časopis Moravského Musea Brně 64:127–152.

Tkalců, B. (1984a): Revision der Gattung Cubitalia Friese, 1911 (Hymenoptera, Apoidea). Annotationes Zoologicae et Botanicae 161: 1-15. (http://www.atlashymenoptera.net/biblio/Tkalcu_1984_Revision_Gattung_Cubitalia_compact.pdf)

Tkalců, B. (1984b): Systematisches Verzeichnis der westpaläarktischen Tetralonia- und Eucera-Arten, deren Männchen als Blütenbesucher verschiedener Ophrys-Arten festgestellt wurden. Mit Beschreibung neuer Taxa (Hymenoptera: Apoidea). Nova Acta Regiae Societatis Scientiarium Upsalensis (Serie V:C) 3: 57–77

Tkalců, B. (1995): Die Bienen der Tribus Osmiini der Mongolei (Insecta: Hymenoptera: Apoidea: Megachilidae). Ergebnisse der Mongolisch-Deutschen Biologischen Expeditionen seit 1962, Nr. 213. Entomologische Abhandlungen und Berichte aus dem Staatlichen Museum für Tierkunde in Dresden 57(1): 109–147.

Torres, F., Ornosa, C. & Ortiz-Sánchez, F.J. (2012): Claves y datos nuevos de las especies Ibéricas del género Chelostoma Latreille, 1809 (Hymenoptera, Megachilidae, Osmiini). Graellsia 68(2): 263–280. (http://graellsia.revistas.csic.es/index.php/graellsia/article/view/451/452)

Trautmann, G. & Trautmann, W. (1924): Beitrag zur Erforschung der Bienenfauna des Allgäus. Zeitschrift für wissenschaftliche Insektenbiologie 19(9): 224–225.

Treiber, R. (2015): Beobachtungen der Südlichen Holzbiene Xylocopa valga Gerstaecker, 1872 (Hymenoptera: Apidae, Xylocopinae) in Südbaden und im Elsass (France, Alsace, Département Haut-Rhin). Ampulex 7: 26–31. (http://www.landesmuseum.at/pdf_frei_remote/Ampulex_7_0026-0031.pdf)

UNGRICHT, S., MÜLLER, A. & DORN, S. (2008): A taxonomic catalogue of the Palaearctic bees of the tribe Osmiini (Hymenoptera: Apoidea: Megachilidae). Zootaxa 1865: 1–253.

VAN DER SMISSEN, J. (2001): Die Wildbienen und Wespen Schleswig-Holsteins – Rote Liste. 3 Bände. Landesamt für Natur und Umwelt des Landes Schleswig-Holstein (Hrsg): 137 S. (http://www.umweltdaten.landsh.de/nuis/upool/gesamt/fliegen/stechimmen_72dpi.pdf)

VAN DER SMISSEN, J. & RASMONT, P. (2000): Bombus semenoviellus Skorikov 1910, eine für Westeuropa neue Hummelart (Hymenopter: Bombus, Cullumanobombus). Bembix 13: 21–24. (http://www.google.de/url?sa=t&rct=j&q=&esrc=s&source=web&cd=1&ved=0CCAQFjAAahUKEwi__4b57ILIAhUKkSwKHXdpBuU&url=http%3A%2F%2Fwww.bembix.de%2Findex.php%2Fde%2Fbembix-print%3Fdownload%3D13%3Abembix-13&usg=AFQjCNHiiMvA2kkoTcHYg9L6UDBR-z0YuA&bvm=bv.103073922,d.bGg)

VAN DER ZANDEN, G. (1983): Taxonomische und faunistische Bemerkungen zu einigen paläarktischen Bauchsammler-Arten (Insecta, Hymenoptera, Apoidea, Megachilidae). Faunistische Abhandlungen aus dem Staatlichen Museum für Tierkunde in Dresden 10(3): 125–139.

VAN DER ZANDEN, G. (1986): Die paläarktischen Arten der Gattung Lithurgus Latreille, 1825 (Hymenoptera, Apoidea, Megachilidae). Mitteilungen aus dem Zoologischen Museum in Berlin 62(1): 53–59.

VAN DER ZANDEN, G. (1988): Nomenklatorische und taxonomische Bemerkungen zu einigen paläarktischen Arten der Familie Megachilidae (Insecta, Hymenoptera, Apoidea, Megachilidae). Reichenbachia 26(10): 55–64.

VAN DER ZANDEN, G. (1995): Zur Synonymie paläarktischer Arten der Familie Megachilidae (Insecta, Hymenoptera; Apoidea). Linzer Biologische Beiträge 27(1): 427–434. (http://www.biologiezentrum.at/pdf_frei_remote/LBB_0027_1_0427-0434.pdf)

VEREECKEN, N. & BARBIER, E. (2009): Premières données sur la présence de l'abeille asiatique Megachile (Callomegachile) sculpturalis Smith (Hymenoptera, Megachilidae) en Europe. Osmia 3: 4–6. (http://www.oabeilles.net/PDF_OSMIA3/Vereecken_Barbier_2009_Megachile_sculpturalis.pdf)

VON ARCHIMOWITSCH, A. (1952): Fauna de insectos en España que acuden a los „portagranos" de la remolacha. Boletin de la Real Sociedad Espanola de la Historia Natural (ser. Biol.) 50: 90–119.

VON HAGEN, E. (1994): Hummeln bestimmen, ansiedeln, vermehren, schützen. 4. überarb. Auflage, 320 S.

VON HEYDEN, L. (1903): Beiträge zur Kenntnis der Hymenopteren-Fauna der weiteren Umgegend von Frankfurt a.M. Bericht der Senckenbergischen Naturforschenden Gesellschaft 1903: 97–112. (http://www.biodiversitylibrary.org/item/33703#3)

WARNCKE, K. (1965): Beitrag zur Kenntnis der Bienengattung Andrena F. in der Türkei (Hymenoptera, Apoidea). Mitteilungen der Münchner Entomologischen Gesellschaft 55: 244–273. (http://www.biodiversitylibrary.org/item/92560#page/256/mode/1up)

Warncke, K. (1967a): Faunistische Bemerkungen über westpaläarktische Bienen der Gattung Andrena F. (Hymenoptera Apoidea). Bulletin des Recherches agronomiques de Gembloux 2(3): 569–581.

Warncke, K. (1967b): Beitrag zur Klärung paläarktischer Andrena-Arten (Hym. Apidae). Eos 43: 171–318.

Warncke, K. (1968): Die Untergattungen der westpaläarktischen Bienengattung Andrena F. Memorias e Estudios do Museu zoologico da Universidade de Coimbra 307: 1–107. (http://www.atlashymenoptera.net/biblio/Warncke_1968_Andrena_Untergattungen_1_108_full.pdf)

Warncke, K. (1970): Die unter dem Gattungsnamen Apis beschriebenen Andrenae (Apoidea, Hymenoptera) und Fixierung von Lectotypen weiterer von Fabricius beschriebener Andrena-Arten. Nachrichtenblatt der Bayerischen Entomologen 19(2): 28–32. (http://www.biodiversitylibrary.org/item/92089#7)

Warncke, K. (1972): Westpaläarktische Bienen der Unterfamilie Panurginae (Hym., Apidae). Polskie Pismo Entomologiczne 42(1): 53–108.

Warncke, K. (1973): Die westpaläarktischen Arten der Bienenfamilie Melittidae (Hymenoptera). Polskie Pismo Entomologiczne 43: 97–126.

Warncke, K. (1974a): Beitrag zur Kenntnis und Verbreitung der Sandbienen in Nordafrika (Hymenoptera, Apoidea, Andrena). Mitteilungen aus dem Zoologischen Museum in Berlin 50(1): 1–53.

Warncke, K. (1974b): Die Sandbienen der Türkei (Hymenoptera, Apoidea, Andrena), Teil A. Mitteilungen der Münchner Entomologischen Gesellschaft 64: 81–116. (http://www.biodiversitylibrary.org/item/92096#10)

Warncke, K. (1975a): Die Bienengattung Andrena F., 1775, in Iberien (Hym. Apidae). Teil B. Eos 50 [1974]: 119–223.

Warncke, K. (1975b): Ergänzungen zu den Verbreitungskarten der Bienengattung Andrena in Frankreich (Hymenoptera, Andrenidae). Entomologische Zeitschrift 85(12): 133–136.

Warncke, K. (1976): Zur Systematik und Verbreitung der Bienengattung Nomia Latr. in der Westpaläarktis und dem turkestanischen Becken. Reichenbachia 16(7): 93–120. (http://zoologie.umh.ac.be/hymenoptera/biblio/Warncke_1976_Nomia.pdf)

Warncke, K. (1977): Beitrag zur Systematik der westpaläarktischen Bienengattung Dioxys Lep. & Serv. Reichenbachia 16(28): 265–282. (http://www.biodiversitylibrary.org/name/Andrena_taraxaci#187)

Warncke, K. (1979): Beiträge zur Bienenfauna des Iran: 3. Die Gattung Rophites Spin., mit einer Revision der westpaläarktischen Arten der Bienengattung Rophites Spin. Bollettino del Museo Civico di Storia Naturale di Venezia 30: 111–155.

Warncke, K. (1980a): Die Bienengattung Anthidium Fabricius, 1804 in der Westpaläarktis und im turkestanischen Becken. Entomofauna 1(10): 119–210. (http://www.biologiezentrum.at/pdf_frei_remote/ENT_0001_0119-0210.pdf)

Warncke, K. (1980b): Die Bienengattungen Nomia und Systropha im Iran mit Ergänzungen zu den Nomia-Arten der Westpaläarktis. Linzer Biologische Beiträge 12(2): 363–384. (http://www.biologiezentrum.at/pdf_frei_remote/LBB_0012_2_0363-0384.pdf)

WARNCKE, K. (1982a): Zur Systematik der Bienen – Die Unterfamilie Nomadinae (Hymenoptera, Apidae). Entomofauna 3(8): 97–128. (http://www.biologiezentrum.at/pdf_frei_remote/ENT_0002_0357-0414.pdf)

WARNCKE, K. (1982b): Die Holzbienen des Vorderen Orients (Hym., Apidae). Linzer Biologische Beiträge 14(1): 23–37. (http://www.biologiezentrum.at/pdf_frei_remote/LBB_0014_1_0023-0037.pdf)

WARNCKE, K. (1983): Zur Kenntnis der Bienengattung Pasites Jurine, 1807, in der Westpaläarktis. Entomofauna 4(21): 261–347. (http://www.biologiezentrum.at/pdf_frei_remote/ENT_0004_0261-0347.pdf)

WARNCKE, K. (1986a): Die Wildbienen Mitteleuropas, ihre gültigen Namen und ihre Verbreitung (Insecta: Hymenoptera). Entomofauna, Supplement 3: 1–128. (http://www.landesmuseum.at/pdf_frei_remote/ENTS_S3_0001-0128.pdf)

WARNCKE, K. (1986b): Elf Bienenarten neu für Bayern (Hymenoptera, Apidae). Nachrichtenblatt der Bayerischen Entomologen 35(1): 25–28. (http://www.biodiversitylibrary.org/page/29246796#page/187/mode/1up)

WARNCKE, K. (1987): Ergänzende Untersuchungen an Bienen der Gattung Panurgus und Melitturga / Andreninae, Apidae, vor allem aus dem türkischen Raum. Bollettino del Museo Civico di Storia Naturale di Venezia 36 [1985]: 75–107.

WARNCKE, K. (1988): Die Bienengattung Osmia Panzer, 1806, ihre Systematik in der Westpaläarktis und ihre Verbreitung in der Türkei. 1. Untergattung Helicosmia Thomson, 1872 (Hymenoptera, Apidae). Entomofauna 9(1): 1–45. (http://www.biologiezentrum.at/pdf_frei_remote/ENT_0009_0001-0045.pdf)

WARNCKE, K. (1991): Die Bienengattung Osmia Panzer 1806, ihre Systematik in der Westpaläarktis und ihre Verbreitung in der Türkei. 10. Die Untergattung Alcidamea Cress. Linzer Biologische Beiträge 23(2): 701–751. (http://www.biologiezentrum.at/pdf_frei_remote/LBB_0023_2_0701-0751.pdf)

WARNCKE, K. (1992a): Für Bayern, bzw. Süddeutschland neue Bienenarten (Hymenoptera, Apidae). Bericht der Naturforschenden Gesellschaft Augsburg 52: 1–8. (http://www.landesmuseum.at/pdf_frei_remote/Ber_Naturf_Ges_Augsburg_052_1992_0001-0008.pdf)

WARNCKE, K. (1992b): Die westpaläarktischen Arten der Bienengattung Sphecodes Latr. (Hymenoptera, Apidae, Halictinae). Bericht der Naturforschenden Gesellschaft Augsburg 52: 9–64. (http://zoologie.umh.ac.be/hymenoptera/biblio/Warncke_Sphecodes_1992.pdf)

WARNCKE, K. (1992c): Die westpaläarktischen Arten der Bienengattung Coelioxys Latr. (Hymenoptera, Apidae, Megachilinae). Bericht der Naturforschenden Gesellschaft Augsburg 53: 31–77. (http://www.zobodat.at/pdf/Ber-Naturf-Ges-Augsburg_053_1992_0031-0077.pdf)

WARNCKE, K. (1992d): Die westpaläarktischen Arten der Bienengattung Stelis Panzer, 1806 (Hymenoptera, Apidae, Megachilinae). Entomofauna 13(22): 341–374. (http://www.biologiezentrum.at/pdf_frei/ENT_0013_0341-0374.pdf)

WARNCKE, K. (1992e): Die westmediterranen Arten der Bienen Osmia subg. Hoplitis Klug 1807. Linzer Biologische Beiträge 24(1): 103–121. (http://www.biologiezentrum.at/pdf_frei_remote/LBB_0024_1_0103-0121.pdf)

Wegelin, H. (1900): Verzeichnis der Hymenopteren des Kantons Thurgau. Mitteilungen der Thurgauischen Naturforschenden Gesellschaft 14: 119–150. (http://www.biodiversitylibrary.org/item/95072#page/148/mode/1up)

Westrich, P. (1984): Kritisches Verzeichnis der Bienen der Bundesrepublik Deutschland (Hymenoptera, Apoidea). Courier Forschungsinstitut Senckenberg 66: 1–86.

Westrich, P. (1989): Die Wildbienen Baden-Württembergs. Bd. 1 u. 2. 972 S.

Westrich, P. (2015a): Faszination Wildbienen. Forschungsprojekte: Megachile sculpturalis 3. Download: 12.11.2015. (http://www.wildbienen.info/forschung/projekte_10.php)

Westrich, P. (2015b): Faszination Wildbienen. Forschungsprojekte: Megachile sculpturalis 5. Download: 12.11.2015. (http://www.wildbienen.info/forschung/projekte_15.php)

Westrich, P. & Dathe, H.H. (1997): Die Bienenarten Deutschlands (Hymenoptera, Apidae). Ein aktualisiertes Verzeichnis mit kritischen Anmerkungen. Mitteilungen Entomologischer Verein Stuttgart 32(1): 3–34. (http://www.wildbienen.info/downloads/westrich_dathe_46.pdf)

Westrich, P. & Dathe, H.H. (1998): Die Bienenarten Deutschlands. Berichtigungen und Ergänzungen (Hymenoptera, Apidae). Entomologische Zeitschrift 108(4): 154–156.

Westrich, P., Gusenleitner, F. & Amiet, F. (1997): Andrena afrensis Warncke 1967, eine für Mitteleuropa neue Bienen-Art (Hymenoptera, Apidae). Linzer Biologische Beiträge 29: 1167–1174. (http://www.biologiezentrum.at/pdf_frei_remote/LBB_0029_2_1167-1174.pdf)

Williams, P.H. (1991): The bumble bees of the Kashmir Himalaya (Hymenoptera: Apidae, Bombini). Bulletin of the British Museum (Natural History) Entomology 60(1): 1–204.

Williams, P.H., Brown, M.J.F., Carolan, J.C., An, J., Goulson, D., Aytekin, A.M., Best, L.E., Byvaltsev, A.M., Cederberg, B., Dawson, R., Huang, J., Ito, M., Monfared, A., Raina, R.H., Schmid-Hempel, P., Sheffield, C.S., Sima, P. & Xie, Z. (2012): Unveiling cryptic species of the bumblebee subgenus Bombus s.str. worldwide with COI barcodes (Hymenoptera: Apidae). Systematics and Biodiversity 10(1): 21–56. (http://www.nhm.ac.uk/research-curation/research/projects/bombus/Williams&al12_Bombus.pdf)

Wolf, H. (1950): Über die Wirte der Gruppe der Nomada flavopicta K. (Hym. Apidae). Entomologische Zeitschrift 60(14): 106–108.

Wolf, H. (1959): Über einige westdeutsche Bienen und Grabwespen (Hym. Apoidea, Sphecoidea). Mitteilungen der Deutschen Entomologischen Gesellschaft 18: 11–16.

Wu, Y. R. (1982): Hymenoptera: Apoidea. In: [Huang, F.S. (Hg.): The series of the Scientific Expedition to the Qinghai-Xizang Plateau. Insects of Xizang]. 2 (508 S.): 379–426.

Wu, Y. R. (1985): Hymenoptera: Apoidea. In: [Living Things of Tianshan Tumur Mt. Region of Xinjiang] (353 S.): 137–150.

Wu, Y. R. (2006): Insecta Hymenoptera Megachilidae. Fauna Sinica 44: 474 S.

Xu, H.-I. & Tadauchi, O. (2012): A Revision of the Subgenus Andrena of the Genus Andrena of Eastern Asia (Hymenoptera: Apoidea: Andrenidae). Journal of the Faculty of

Agriculture, Kyushu University 57(1): 97–114. (https://qir.kyushu-u.ac.jp/dspace/bitstream/2324/22056/1/p097.pdf)

YARROW, I. H. H. (1968): Recent additions to the British bee-fauna, with comments and corrections. Entomologist's Monthly Magazine 104: 60–64.

YARROW, I. H. H. & GUICHARD, K.M. (1941): Some rare Hymenoptera Aculeata, with two species new to Britain. Entomologist's Monthly Magazine 77: 2–13.

ZETTEL, H., EBMER, A.W. & WIESBAUER, H. (2011): Zur Kenntnis der Wildbienen (Hymenoptera: Apidae) in Wien, Niederösterreich und dem Burgenland (Österreich) – 5. Beiträge zur Entomofaunistik 12: 105–122. (http://www.landesmuseum.at/pdf_frei_remote/BEF_5_0099-0124.pdf)

ZETTEL, H., SCHÖDL, S. & WIESBAUER, H. (2004): Zur Kenntnis der Wildbienen (Hymenoptera: Apidae) in Wien, Niederösterreich und dem Burgenland (Österreich) – 1. Beiträge zur Entomofaunistik 5: 99–124. (http://www.landesmuseum.at/pdf_frei_remote/BEF_5_0099-0124.pdf)

ZETTEL, H., SCHÖDL, S. & WIESBAUER, H. (2005): Zur Kenntnis der Wildbienen (Hymenoptera: Apidae) in Wien, Niederösterreich und dem Burgenland (Österreich) – 2. Beiträge zur Entomofaunistik 6: 107–126. (http://www.landesmuseum.at/pdf_frei_remote/BEF_6_0107-0126.pdf)

ZETTEL, H., ZIMMERMANN, D. & WIESBAUER, H. (2013): Die Bienen und Grabwespen (Hymenoptera: Apoidea) im Donaupark in Wien (Österreich). Sabulosi. Beiträge zur Hymenopterologie 3: 1–23. (http://www.nhm-wien.ac.at/jart/prj3/nhm/data/uploads/mitarbeiter_dokumente/zimmermann/Sabulosi-3.pdf)

ZILAHI-KISS, E. (1915): [Neuere Daten zur Hymenopterenfauna von Ungarn.] Újab adatok Magyarország Hymenoptera-faunájához. II. Rovartani Lapok 22: 19–33, 76–86, 139. (http://www.biodiversitylibrary.org/item/103050#page/512/mode/1up)

ZIMSEN, E. (1964): The type material of J. C. Fabricius. 656 S.

Bildquellennachweis

Die Abkürzungen bedeuten: o = oben, u = unten, m= mittig, l = links, r = rechts

Heiko Bellmann/Frank Hecker: 72, 233, 292, 614, 624, 638, 674, 713, 746, 760, 776, 778, 846

Andreas W. Ebmer: 34, 36, 41, 52, 57, 63 o, 63 u, 65, 68, 69, 85, 101 o, 101 u, 104, 105, 106, 134, 139 o, 139 u, 149, 151, 153, 160, 162, 166 o, 166 u, 173, 174, 177 o, 177 u, 179, 181, 190, 191, 192, 204 o, 204 u, 211 o, 223, 224, 236, 247, 248, 263 o, 369, 370, 376 o, 376 u, 382, 400, 404, 410, 411, 440, 441, 443, 481, 486, 487, 505, 508 o, 508 u, 511, 514, 515, 517, 519 o, 519 u, 521 o, 521 u, 528 o, 528 u, 531, 558, 565 o, 565 u, 579, 604, 620, 645, 648, 653, 654, 669, 670, 671, 673, 676, 683, 689, 694, 697, 705 o, 705 u, 707, 714, 742, 755, 756, 758, 766, 769, 772, 773, 782, 787, 795, 796, 825, 831, 842, 850, 854, 857, 858, 868

Roland Günter: 47, 129, 147, 389, 405, 406, 446, 464, 495, 542, 562, 731, 744, 832

Frank Hecker: 270, 273, 279, 287, 408, 623

Erwin Scheuchl: 83, 109, 154, 169, 211 u, 227, 231, 242, 244, 306, 316, 333, 336, 382, 384, 413, 420, 433, 434, 450, 480, 540, 541, 545, 552, 556 o, 556 u, 597, 609, 626, 629, 636, 642, 643, 649, 733 o, 733 u, 739, 740 u, 750, 762, 767, 833, 836

Heinz Wiesbauer: 303, 313, 323, 341, 343, 348, 350, 356, 360, 361

Wolfgang Willner: 36, 45, 53, 55, 70, 71, 74, 75, 87, 90, 92, 93 m r, 93 u l, 96, 98, 99 o, 99 u, 110, 112, 119, 127, 135, 141, 145, 156, 163, 165, 171, 184, 194, 196, 198, 200, 205, 212, 219, 221, 225 o, 225 m, 226, 238, 253 o, 253 u, 260, 263 m r, 263 u l, 265, 266, 268, 272, 276, 281, 293, 294, 299, 311, 318, 324, 330, 331, 335, 338, 344, 351, 355, 363, 365, 367, 373, 378, 390, 392, 395, 415, 419, 422, 426, 430, 451, 455, 461, 462, 463, 465, 466, 469, 472, 475 o, 475 u, 479 m r, 479 u l, 488 o, 488 u, 489, 490, 491, 492, 510, 557, 569, 570, 572, 584, 586, 590 o, 590 u, 594, 612, 613, 621, 633, 652, 657, 658, 661, 666, 677, 679, 685, 691, 693, 698, 700, 708, 712, 716, 727 o, 727 m r, 727 u, 735, 736, 740 o, 748, 749, 792, 798, 800, 801, 802, 804, 811, 816, 818, 822, 828, 835, 839, 843, 862, 865, 866, 871

Register

A

Abweichende Maskenbiene 474
Achtfleck-Blattschneiderbiene 622
Ackerhummel 281
Acker-Schmalbiene 561
Ägyptische Schmalbiene 500
Ähnliche Wespenbiene 717
Alant-Langhornbiene 852
Alant-Mauerbiene 761
Alfkens Zwergsandbiene 48
Algerische Wespenbiene 701
Alpen-Filzbiene 380
Alpen-Glanzbiene 372
Alpen-Herbstsandbiene 96
Alpenhummel 252
Alpen-Maskenbiene 455
Alpen-Mauerbiene 762
Alpenrosen-Lockensandbiene 172
Alpen-Scheinlappenbiene 771
Alpen-Schmalbiene 503
Alpen-Seidenbiene 352
Alpen-Wespenbiene 652
Andalusische Mörtelbiene 605
Asiatische Blattschneiderbiene 631
Atlantische Sandbiene 201
Atlantische Schmalbiene 581
Auen-Lockensandbiene 131
Auen-Schenkelbiene 597
Auen-Wespenbiene 708

B

Balkan-Furchenbiene 416
Bärenklau-Sandbiene 173
Bärtige Kuckuckshummel 255
Bärtige Sandbiene 57
Baumhummel 267
Bayrische Schmalbiene 504
Beaumonts Wespenbiene 657
Bedornte Kegelbiene 322
Bedornte Schneckenhausbiene 761
Bedornte Wespenbiene 654
Behaarte Maskenbiene 485
Beinwell-Sandbiene 192
Beinwell-Wespenbiene 720
Belgische Lockensandbiene 58
Bergheiden-Schmalbiene 583
Berghummel 276
Berg-Kleesandbiene 119
Bergwaldhummel 297
Bergwald-Sandbiene 73
Berg-Wollbiene 224
Beulen-Maskenbiene 465
Bezahnte Schmalbiene 530
Binden-Filzbiene 381
Bindenpelzbiene 32
Binden-Wespenbiene 725
Birken-Blattschneiderbiene 602
Bitterkraut-Wespenbiene 707
Blaßdornige Wespenbiene 704
Blattschneiderbiene 599
Blaue Ehrenpreis-Sandbiene 210
Blaue Mauerbiene 739
Blauschimmernde Schmalbiene 582
Blauschwarze Holzbiene 870
Bleiche Seidenbiene 340
Blutbiene 803
Blüthgens Schmalbiene 505
Blüthgens Wespenbiene 660
Bluthummel 264
Blutweiderich-Langhornbiene 854
Blutweiderich-Sägehornbiene 644
Blut-Wespenbiene 666
Blutwurz-Sandbiene 195
Blutwurz-Wespenbiene 721
Böhmische Kuckuckshummel 255
Borsten-Schmalbiene 576
Borstige Schmalbiene 587
Braune Bindenpelzbiene 35
Braune Furchenbiene 397
Braune Schuppensandbiene 80
Braunfühler-Schmalbiene 523
Breitbauch-Schmalbiene 533
Breitbindige Schmalbiene 591
Breitkiefer-Furchenbiene 400
Breitkopf-Schmalbiene 532
Breitlappige Schienenbiene 787
Breitrandige Lockensandbiene 193
Breitschaft-Maskenbiene 468
Breitscheitel-Sandbiene 206
Bremer Herbstsandbiene 62
Buckel-Blutbiene 810
Buckel-Maskenbiene 468
Buckel-Seidenbiene 344
Buntbiene 298
Bunte Blattschneiderbiene 632

Bunte Hummel 292
Bunte Steppenbiene 310
Bunte Wespenbiene 656

C
Chrysanthemen-Scherenbiene 320
Costaricanische Scheinlappenbiene 771

D
Dalla-Torres Keulhornbiene 307
Dalmatinische Felsenbiene 437
Deichhummel 260
Diadem-Wollbiene 219
Dichtpunktierte Blutbiene 806
Dichtpunktierte Goldfurchenbiene 421
Dichtpunktierte Körbchensandbiene 76
Dickkopf-Blutbiene 815
Dickkopf-Furchenbiene 407
Dickkopf-Schmalbiene 524
Dickschenklige Pelzbiene 235
Distel-Langhornbiene 851
Distel-Mauerbiene 757
Dolden-Seidenbiene 345
Dolden-Wespenbiene 664
Donau-Düstersandbiene 81
Donau-Schmalbiene 517
Dornbeinige Pelzbiene 237
Dreibindige Langhornbiene 840
Dreidornige Schmalbiene 585
Dreidornige Wespenbiene 723
Dreifleck-Maskenbiene 493
Dreihorn-Mauerbiene 765
Dreizahn-Schmalbiene 587
Dreizahn-Stängelbiene 450
Dreizahn-Wespenbiene 662, 722
Duckes Maskenbiene 467
Dünen-Blattschneiderbiene 615
Dünen-Pelzbiene 233
Dünen-Schmalbiene 585
Dünen-Seidenbiene 354
Dünen-Steppenbiene 726
Dunkelfransige Hosenbiene 366
Dunkelgrüne Schmalbiene 551
Dunkle Erdhummel 294
Dunkle Lockensandbiene 52
Dunkle Schmalbiene 559
Dunkle Trauerbiene 639
Dunkle Wespenbiene 703
Dunkle Zweizahnbiene 31
Dunkle Zwergwollbiene 789
Durchscheinende Blutbiene 811
Dusmets Blutbiene 808
Düsterbiene 826
Düstere Schmalbiene 557
Düstere Wespenbiene 723

E
Edelstein-Goldfurchenbiene 403
Edle Wespenbiene 700
Efeu-Seidenbiene 349
Ehrenpreis-Wespenbiene 655
Eichen-Sandbiene 89
Eichen-Wespenbiene 699
Einhöckerige Mauerbiene 755
Einhorn-Stängelbiene 449
Eisenhut-Hummel 263
Enslins Zwergsandbiene 88
Erzfarbene Düstersandbiene 141
Esparsetten-Kleesandbiene 107
Esparsetten-Sägehornbiene 640
Esparsetten-Schmalbiene 574
Esparsetten-Wespenbiene 717

F
Fächerfüßige Blattschneiderbiene 610
Fahlbeinige Kielsandbiene 155
Fahlrote Sandbiene 178
Feindornige Sandbiene 152
Feindornige Stängelbiene 449
Feldhummel 286
Feld-Kuckuckshummel 257
Feldweg-Schmalbiene 542
Feld-Wespenbiene 684
Felsenbiene 431
Felsheiden-Mauerbiene 745
Felsheiden-Schmalbiene 538
Felsspalten-Wollbiene 224
Felssteppen-Sandbiene 171
Filzbiene 379, 864
Filzbindige Hosenbiene 366
Filzbindige Seidenbiene 346
Filzfleck-Blattschneiderbiene 625
Filzige Kraftbiene 248
Filzige Langhornbiene 853
Filzige Pelzbiene 243
Filzzahn-Blattschneiderbiene 626
Fingerkraut-Wespenbiene 710

Fingerkraut-Zwergsandbiene 88
Fleckenbiene 856
Flockenblumen-Blattschneiderbiene 603
Flockenblumen-Langhornbiene 849
Flohkraut-Langhornbiene 848
Florentiner Wollbiene 220
Fränkische Düsterbiene 829
Französische Felsenbiene 448
Fremde Schmalbiene 563
Frühe Doldensandbiene 168
Frühe Lockensandbiene 164
Frühe Wespenbiene 692
Frühe Ziest-Schlürfbiene 798
Frühlings-Pelzbiene 242
Frühlings-Schmalbiene 558
Frühlings-Seidenbiene 342
Frühlings-Wespenbiene 723
Fuchspelz-Sandbiene 212
Fuchsrote Lockensandbiene 98
Furchenbiene 395

G

Gabel-Sandbiene 95
Gallen-Mauerbiene 744
Gallische Düstersandbiene 54
Gallische Seidenbiene 347
Garten-Blattschneiderbiene 633
Gartenhummel 265
Garten-Wollbiene 222
Gebänderte Blattschneiderbiene 607
Gebänderte Pelzbiene 230
Gebirgs-Glanzbiene 375
Gebirgs-Mauerbiene 730
Gebirgs-Natternkopfbiene 438
Gebirgs-Sandbiene 132
Gebirgs-Scheinlappenbiene 773
Gebuchtete Maskenbiene 491
Gefleckte Kuckuckshummel 295
Gefleckte Kurzhornbiene 783
Geflügelte Kegelbiene 324
Gegürtete Wespenbiene 719
Gehörnte Maskenbiene 463
Gehörnte Mauerbiene 742
Gehörnte Steinbiene 595
Geißklee-Sandbiene 43
Gekerbte Löcherbiene 428
Gekerbte Stängelbiene 447
Gekerbte Wespenbiene 688
Gekielte Blutbiene 807
Gelappte Furchenbiene 409
Gelbbeinige Kielsandbiene 68
Gelbbindige Furchenbiene 415
Gelbe Wespenbiene 674
Gelbfleckige Düsterbiene 836
Gelbfleckige Wespenbiene 676
Gelbfühler-Wespenbiene 679
Gelbhals-Maskenbiene 493
Gelbliche Kuckuckshummel 261
Gelblippen-Wespenbiene 675
Gelblippige Sandbiene 91
Gelbspornige Stängelbiene 436
Genfer Wespenbiene 667
Gerandete Zwerg-Blutbiene 814
Geriefte Blutbiene 822
Geriefte Steilwand-Schmalbiene 536
Geringelte Maskenbiene 456
Geschwänzte Kegelbiene 326
Gesellige Sandbiene 64
Gestreifte Wespenbiene 719
Gestutzte Fleckenbiene 860
Getrennte Wespenbiene 668
Gewöhnliche Bindensandbiene 91
Gewöhnliche Blutbiene 808
Gewöhnliche Dörnchensandbiene 114
Gewöhnliche Filzbiene 383
Gewöhnliche Furchenbiene 420
Gewöhnliche Goldfurchenbiene 425
Gewöhnliche Keulhornbiene 306
Gewöhnliche Löcherbiene 429
Gewöhnliche Maskenbiene 460
Gewöhnliche Natternkopfbiene 433
Gewöhnliche Schmalbiene 509
Gewöhnliche Trauerbiene 635
Gewöhnliche Wespenbiene 678
Gewöhnliche Zwerg-Blutbiene 815
Gewöhnliche Zwergsandbiene 129
Gezähnte Glanzbiene 372
Gezähnte Keulhornbiene 308
Gezeichnete Maskenbiene 484
Glanzbiene 370
Glänzende Düstersandbiene 145
Glänzende Langhornbiene 393
Glänzende Riefensandbiene 148
Glänzende Schmalbiene 554
Glänzende Wespenbiene 684
Glänzende Zwerg-Blutbiene 810
Glanzlippige Wespenbiene 665

Glanzlose Keulhornbiene 308
Glanzlose Riefensandbiene 84
Glanzlose Zwergsandbiene 189
Glanzrücken-Schmalbiene 518
Glanzrücken-Zwergsandbiene 130
Glanz-Schmalbiene 529
Glattbrust-Schmalbiene 530
Glatte Langkopf-Schmalbiene 511
Glatte Wespenbiene 683
Glattrandige Zwergsandbiene 182
Glattstirn-Felsenbiene 438
Gletscher-Maskenbiene 470
Glockenblumen-Felsenbiene 443
Glockenblumenhummel 290
Glockenblumen-Sägehornbiene 641
Glockenblumen-Scherenbiene 319
Glockenblumen-Schmalbiene 514
Glockenblumen-Wespenbiene 660
Goldafter-Bindensandbiene 67
Goldafter-Wespenbiene 694
Goldaster-Seidenbiene 341
Goldene Schneckenhausbiene 732
Goldene Steinbiene 594
Goldfarbene Langhornbiene 392
Goldglänzende Schmalbiene 504
Goldsaum-Kegelbiene 325
Gransasso-Wespenbiene 686
Grashummel 285
Graubiene 795
Graue Langhornbiene 386
Graue Lockensandbiene 151
Graue Mörtelbiene 618
Graue Natternkopfbiene 445
Graue Schmalbiene 525
Graue Schuppensandbiene 155
Grauschwarze Düstersandbiene 69
Grauweiße Hummel 278
Gredlers Maskenbiene 471
Greiskraut-Wespenbiene 677
Gribodos Wespenbiene 686
Grobpunktierte Kleesandbiene 213
Grobpunktierte Maskenbiene 485
Grobpunktierte Schmalbiene 516
Große Erdhummel 274
Große Filzfurchenbiene 410
Große Harzbiene 862
Große Keulhornbiene 303
Große Möhren-Sandbiene 150
Große Natternkopfbiene 441
Große Pelzbiene 237
Große Salbei-Schmalbiene 589
Große Sandgängerbiene 38
Große Scherenbiene 318
Große Schmalbiene 540
Große Spiralhornbiene 843
Große Weiden-Sandbiene 205
Große Zottelbiene 776
Großkopf-Zangensandbiene 210
Grubenhummel 291
Gruben-Scherenbiene 317
Grüne Dörnchensandbiene 142
Grüne Gebirgs-Schmalbiene 516
Grüne Goldfurchenbiene 417
Grüne Schneckenhausbiene 768
Grünglanz-Schmalbiene 555
Gürtel-Wollbiene 218

H

Haarschopf-Pelzbiene 236
Habichtskraut-Glanzbiene 375
Habichtskraut-Wespenbiene 689
Hahnenfuß-Scherenbiene 316
Halbnackte Langhornbiene 394
Handlirschs Scherenbiene 319
Harzbiene 496, 860
Hecken-Wespenbiene 668
Heide-Erdhummel 258
Heide-Filzbiene 380
Heide-Goldfurchenbiene 402
Heidehummel 269
Heidekraut-Herbstsandbiene 104
Heidekraut-Seidenbiene 360
Heidelbeer-Lockensandbiene 122
Heide-Wespenbiene 713
Helläugige Wespenbiene 684
Helle Erdhummel 272
Helle Trauerbiene 637
Hellfransige Herbstsandbiene 200
Hellfüßige Schmalbiene 534
Herzförmige Sandbiene 79
Herz-Maskenbiene 459
Hesperiden-Sandbiene 114
Hochgebirgs-Maskenbiene 480
Höcker-Stängelbiene 452
Höhenhummel 289
Hohlfuß-Fleckenbiene 857
Holzbiene 866
Holz-Blattschneiderbiene 617

Hornklee-Felsenbiene 440
Hornklee-Wollbiene 221
Hosenbiene 363
Hufeisenklee-Mauerbiene 769
Hummel 250

I
Iberische Kielsandbiene 170
Igel-Steppensandbiene 117
Italienische Dörnchensandbiene 187
Italienische Trauerbiene 637
Italienische Wespenbiene 690

J
Juni-Langhornbiene 388

K
Kahle Schuppensandbiene 158
Kahlrand-Sandbiene 183
Kahrs Maskenbiene 475
Kamillen-Sandbiene 75
Kärntner Furchenbiene 398
Karst-Mauerbiene 747
Kaspische Langhornbiene 386
Kaspische Seidenbiene 340
Kastilische Wespenbiene 662
Kaukasische Schmalbiene 527
Kaukasus-Hummel 254
Kegelbiene 321
Kerbel-Zwergsandbiene 51
Kerben-Scherenbiene 315
Kesslers Goldfurchenbiene 403
Keulhornbiene 301
Kiefer-Mauerbiene 748
Kiefer-Schmalbiene 544
Kleine Blattschneiderbiene 601
Kleine Filzfurchenbiene 424
Kleine Holzbiene 868
Kleine Kraftbiene 249
Kleine Maskenbiene 482
Kleine Salbei-Schmalbiene 512
Kleine Sandgängerbiene 39
Kleine Schmalbiene 549
Kleine Spiralhornbiene 841
Kleinköpfige Sandbiene 157
Knautien-Hosenbiene 368
Knautien-Sandbiene 111
Kohls Wespenbiene 690
Kopfschild-Maskenbiene 460
Kraftbiene 246
Krainer Wespenbiene 663
Kressen-Sandbiene 116
Kroatische Blutbiene 807
Kuckuckshummel 250
Kurzbauch-Schmalbiene 507
Kurze Düsterbiene 828
Kurze Zwergsandbiene 79
Kurzfransige Scherenbiene 313
Kurzfühler-Kraftbiene 247
Kurzfühler-Maskenbiene 458
Kurzfühler-Schmalbiene 506
Kurzhornbiene 781, 783
Kurzwangen-Seidenbiene 339
Küsten-Mauerbiene 751

L
Laesus-Hummel 270
Langfransige Scherenbiene 314
Langfühler-Wespenbiene 709
Langhornbiene 361, 384, 838, 844, 847
Langkopf-Wespenbiene 714
Langlebige Schmalbiene 545
Längliche Blutbiene 813
Langobarden-Furchenbiene 405
Langschwanz-Kegelbiene 328
Lanzen-Kegelbiene 332
Lauch-Maskenbiene 486
Lauch-Seidenbiene 348
Lefebvres Mörtelbiene 616
Lehmhummel 253
Lehm-Kuckuckshummel 275
Lehmwand-Schmalbiene 547
Leinbiene 444
Lein-Sandbiene 61
Leistenkopf-Blutbiene 823
Leisten-Zwergsandbiene 188
Leuchtende Schmalbiene 539
Ligurische Mauerbiene 751
Linien-Maskenbiene 477
Linsenmaiers Wespenbiene 693
Löcherbiene 427
Löffelbeinige Furchenbiene 399
Löwenzahn-Dörnchensandbiene 194
Lungenkraut-Mauerbiene 758
Luzerne-Blattschneiderbiene 629
Luzerne-Graubiene 796
Luzerne-Sägehornbiene 642
Luzerne-Schwebebiene 648

M
Maacks Blattschneiderbiene 618
Mai-Blutbiene 813
Mai-Langhornbiene 390
Malven-Langhornbiene 845
Mandibel-Kegelbiene 332
Mannstreu-Sandbiene 82
Mannstreu-Seidenbiene 351
Marschhummel 259
Maskenbiene 453
Matte Dörnchensandbiene 126
Matte Langkopf-Schmalbiene 507
Matte Natternkopfbiene 435
Mattglänzende Schmalbiene 575
Mauerbiene 728
Mauer-Maskenbiene 472
Mazzuccos Stängelbiene 442
Metallische Keulhornbiene 304
Milchstern-Schuppensandbiene 132
Mittlere Blutbiene 812
Mittlere Maskenbiene 475
Mittlere Schmalbiene 526
Mittlere Schuppensandbiene 86
Moderholz-Düsterbiene 837
Mohnbiene 445
Möhren-Wespenbiene 669
Moor-Mauerbiene 747
Mooshummel 279
Mörtelbiene 599
Möschlers Wespenbiene 697

N
Nadelrissige Sandbiene 44
Natternkopfbiene 431
Natternkopf-Pelzbiene 232
Netz-Blutbiene 820
Netzrippen-Sandbiene 74
Nordische Hummel 277
Nördliche Maskenbiene 457
Nördliche Pelzbiene 234
Nördliche Rippensandbiene 133
Norwegische Kuckuckshummel 280

O
Obsthummel 282
Ochsenaugen-Langhornbiene 851
Ochsenzungen-Langhornbiene 362
Ochsenzungen-Sandbiene 138
Ochsenzungen-Seidenbiene 356
Ockerköpfige Herbstsandbiene 185
Oliviers Blutbiene 817
Orientalische Pelzbiene 240
Östliche Dörnchensandbiene 73
Östliche Düstersandbiene 76
Östliche Felsen-Mauerbiene 753
Östliche Kielsandbiene 80
Östliche Kleesandbiene 167
Östliche Sägehornbiene 644
Östliche Schlürfbiene 799
Östliche Schwebebiene 649
Östliche Seidenbiene 355
Östliche Zangensandbiene 101
Östliche Zwergsandbiene 137
Östliche Zwergwollbiene 789
Ovale Kleesandbiene 153

P
Pannonische Langhornbiene 391
Pannonische Seidenbiene 357
Pannonische Wespenbiene 701
Pannonische Zweizahnbiene 780
Panzers Wespenbiene 706
Pastello-Dörnchensandbiene 157
Pelzbiene 228
Perlen-Wespenbiene 655
Pillichs Zwergsandbiene 161
Pippau-Sandbiene 100
Platterbsen-Mörtelbiene 609
Podolische Schmalbiene 564
Polierte Maskenbiene 465
Polierte Sandbiene 161
Polierte Schmalbiene 564
Pontische Kielsandbiene 162
Pracht-Sandbiene 88
Pracht-Schmalbiene 518
Pracht-Trauerbiene 638
Pracht-Wespenbiene 661
Provenzalische Mauerbiene 730
Puder-Filzfurchenbiene 427
Punktierte Blutbiene 819
Punktierte Düsterbiene 835
Punktierte Langhornbiene 394
Punktierte Schmalbiene 567
Punktierte Zwergsandbiene 136
Punktlose Sandbiene 118
Pygmäen-Schmalbiene 570
Pyrenäen-Blattschneiderbiene 627
Pyrenäenhummel 284

Pyrenäen-Mörtelbiene 628

Q
Quirlige Sandbiene 210

R
Rabenschwarze Schmalbiene 513
Ragwurz-Langhornbiene 387
Rainfarn-Herbstsandbiene 83
Rainfarn-Maskenbiene 479
Rainfarn-Seidenbiene 359
Rauchflügelige Düstersandbiene 56
Raue Furchenbiene 397
Raufüßige Wespenbiene 687
Reseden-Maskenbiene 489
Reseden-Seidenbiene 357
Rheinische Dörnchensandbiene 172
Rheinische Wespenbiene 710
Ried-Maskenbiene 483
Ried-Schmalbiene 563
Riesen-Blutbiene 804
Riesen-Seidenbiene 353
Rinden-Mauerbiene 765
Röhricht-Maskenbiene 478
Rosen-Blattschneiderbiene 606
Rostfarbene Blutbiene 809
Rotbäuchige Wespenbiene 658
Rotbauch-Sandbiene 208
Rotbeinige Furchenbiene 412
Rotbeinige Körbchensandbiene 86
Rotbeinige Lockensandbiene 71
Rotbeinige Rippensandbiene 198
Rotbindige Wespenbiene 651
Rotbürstige Pelzbiene 245
Rotdornige Blutbiene 824
Rote Ehrenpreis-Sandbiene 121
Rote Fingerkraut-Sandbiene 164
Rote Körbchensandbiene 199
Rote Maskenbiene 494
Rote Mauerbiene 736
Rote Rauken-Sandbiene 181
Rote Schmalbiene 581
Rote Schneckenhausbiene 731
Rote Schuppensandbiene 176
Rotfleckige Düsterbiene 831
Rotfühler-Kielsandbiene 102
Rotfühler-Langhornbiene 854
Rotfühler-Wespenbiene 712
Rotfühler-Zwergsandbiene 138
Rotfuß-Schmalbiene 574
Rothaarige Düstersandbiene 196
Rothaarige Kleesandbiene 185
Rothaarige Langhornbiene 840
Rothaarige Schneckenhausbiene 759
Rothaarige Wespenbiene 691
Rotklee-Sandbiene 120
Rötliche Kegelbiene 336
Rötliche Wespenbiene 673
Rotschienen-Sandbiene 175
Rotschopfige Sandbiene 110
Rotschwanz-Kegelbiene 329
Rotschwarze Kuckuckshummel 287
Rotschwarze Wespenbiene 671
Rundfleck-Maskenbiene 466
Rundfuß-Fleckenbiene 859
Runzelbrust-Schmalbiene 531
Runzelige Zwergsandbiene 178
Runzelwangige Schmalbiene 568
Rußige Sandbiene 105

S
Sächsische Zwergsandbiene 179
Sägehornbiene 639
Sajos Furchenbiene 414
Salbei-Bindenpelzbiene 37
Salz-Buntbiene 299
Salzsteppen-Blattschneiderbiene 608
Salzsteppen-Kegelbiene 334
Salzsteppen-Kurzhornbiene 782
Salzsteppen-Zwergwollbiene 792
Samthummel 258
Samt-Sandbiene 183
Sandbiene 41
Sand-Blattschneiderbiene 618
Sand-Blutbiene 818
Sandgängerbiene 37
Sandglöckchen-Glanzbiene 373
Sand-Goldfurchenbiene 406
Sandhummel 296
Sandrasen-Kegelbiene 327
Sandrasen-Maskenbiene 455
Sandrasen-Schmalbiene 500
Sandsteppen-Furchenbiene 424
Scheinlappenbiene 770
Schencks Blutbiene 824
Schencks Sandbiene 180
Schenkelbiene 596
Schenkel-Wespenbiene 672

Scherenbiene 312
Schienenbiene 785
Schilfgallen-Maskenbiene 482
Schillernde Schneckenhausbiene 766
Schimmernde Mauerbiene 763
Schlehen-Lockensandbiene 113
Schlürfbiene 797
Schmalbiene 497
Schmalköpfige Schmalbiene 503
Schmalkopf-Maskenbiene 476
Schmallappige Schienenbiene 786
Schmallippige Wespenbiene 704
Schmuckbiene 377, 378
Schnabel-Sandbiene 135
Schnabel-Wespenbiene 688
Schnauzen-Wespenbiene 711
Schneckenhausbiene 728
Schneckenhaus-Düsterbiene 832
Schneckenhaus-Wollbiene 794
Schnee-Maskenbiene 481
Schöne Wespenbiene 709
Schornstein-Pelzbiene 241
Schornstein-Schmalbiene 537
Schöterich-Blauschillersandbiene 46
Schöterich-Mauerbiene 738
Schöterich-Sandbiene 165
Schuppen-Furchenbiene 409
Schuppenhaarige Kegelbiene 322
Schuppige Steppensandbiene 44
Schusteras Körbchensandbiene 190
Schwarzafter-Blattschneiderbiene 619
Schwarzbäuchige Mauerbiene 752
Schwarzbeinige Körbchensandbiene 167
Schwarzbeinige Rippensandbiene 60
Schwarzbeinige Schmalbiene 553
Schwarzbürstige Blattschneiderbiene 621
Schwarzbürstige Mauerbiene 754
Schwarze Blutbiene 816
Schwarze Düstersandbiene 134
Schwarze Filzbiene 865
Schwarze Keulhornbiene 305
Schwarze Köhlersandbiene 159
Schwarze Leistensandbiene 55
Schwarze Mörtelbiene 623
Schwarze Rauken-Sandbiene 149
Schwarzflüglige Düsterbiene 834
Schwarzfühler-Holzbiene 869
Schwarzfühler-Langhornbiene 386
Schwarzfühler-Wespenbiene 682
Schwarzgesichtige Fleckenbiene 858
Schwarzgraue Pelzbiene 240
Schwarzhaarige Blutbiene 821
Schwarzhaarige Düstersandbiene 125
Schwarzköpfige Herbstsandbiene 140
Schwarzkümmel-Seidenbiene 358
Schwärzliche Wespenbiene 681
Schwarzlippige Keulhornbiene 309
Schwarzrote Schmalbiene 526
Schwarzspornige Stängelbiene 439
Schwarzsteiß-Wespenbiene 695
Schwebebiene 647
Schweriner Sandbiene 190
Sechsbinden-Furchenbiene 418
Sechsfleck-Schmalbiene 577
Sechspunkt-Schmalbiene 578
Sechsstreifige Schmalbiene 580
Seidenbiene 337
Seidige Scheinlappenbiene 774
Senf-Blauschillersandbiene 46
Senf-Sandbiene 202
Senf-Wespenbiene 696
Senf-Zwergsandbiene 94
Sheppards Wespenbiene 715
Siebendornige Wollbiene 228
Sieb-Körbchensandbiene 124
Siebstirn-Blutbiene 806
Silberhaarige Kegelbiene 325
Silberhaarige Wespenbiene 653
Silber-Sandbiene 53
Skabiosen-Harzbiene 863
Skabiosen-Hosenbiene 364
Skabiosen-Langhornbiene 855
Skabiosen-Sandbiene 127
Skandinavische Hummel 290
Smaragdgrüne Goldfurchenbiene 421
Sommer-Kielsandbiene 146
Sonnenröschen-Sandbiene 108
Spanische Blutbiene 819
Spargel-Sandbiene 66
Spargel-Schmalbiene 578
Späte Doldensandbiene 49
Späte Ziest-Schlürfbiene 801
Spiralhornbiene 841
Spitzenfleck-Maskenbiene 473
Spitzfühler-Stängelbiene 432
Spitzleibige Keulhornbiene 302

Spitzzähnige Zottelbiene 779
Stachelbeer-Wespenbiene 716
Stacheltragende Kegelbiene 327
Stängelbiene 431
Stängel-Blattschneiderbiene 611
Stängel-Düsterbiene 833
Stängel-Löcherbiene 429
Starkpunktierte Sandbiene 209
Steinbiene 593
Steinhummel 271
Steinkraut-Sandbiene 203
Steirische Maskenbiene 492
Steirische Scherenbiene 320
Steppenbiene 309, 725
Steppen-Blutbiene 817
Steppen-Buntbiene 300
Steppen-Filzbiene 382
Steppenglanzbiene 39, 40
Steppen-Goldfurchenbiene 417
Steppen-Harzbiene 497
Steppenheide-Schmalbiene 566
Steppenhummel 262
Steppen-Sandbiene 118
Steppen-Scheinlappenbiene 772
Steppen-Schmalbiene 520
Steppen-Wespenbiene 663
Strandaster-Seidenbiene 349
Struppige Fleckenbiene 856
Struppige Schmalbiene 583
Stumpfdorn-Wespenbiene 687
Stumpfe Kegelbiene 333
Stumpfe Zweizahnbiene 369
Stumpfkielige Wespenbiene 703
Stumpfzähnige Zottelbiene 777
Südalpen-Wollbiene 793
Südliche Blattschneiderbiene 609
Südliche Doldensandbiene 50
Südliche Düsterbiene 827
Südliche Furchenbiene 402
Südliche Goldfurchenbiene 423
Südliche Maskenbiene 477
Südliche Mörtelbiene 600
Südwestliche Wespenbiene 665
Sybariten-Wespenbiene 720

T

Taigahummel 288
Tarsen-Filzbiene 383
Tiroler Maskenbiene 494
Toskanische Wespenbiene 706
Trapez-Wespenbiene 722
Trauerbiene 634
Triester Mauerbiene 764
Trockenrasen-Filzbiene 381
Trughummel 275

U

Unbewehrte Kegelbiene 330
Unerwartete Hummel 268
Unerwartete Seidenbiene 353
Ungarische Bindensandbiene 115
Ungarische Körbchensandbiene 128
Ungarische Langhornbiene 839
Ungarische Zwergsandbiene 186
Ungewisse Blutbiene 805
Ungezähnte Glanzbiene 374
Unscheinbare Schmalbiene 560

V

Veränderliche Hummel 266
Veränderliche Lockensandbiene 207
Veränderliche Wespenbiene 698
Verkannte Goldfurchenbiene 399
Verkannte Maskenbiene 462
Verkannte Zwergsandbiene 159
Vierbindige Furchenbiene 411
Vierfarbige Kuckuckshummel 284
Vierfleck-Pelzbiene 244
Vierfleck-Schmalbiene 573
Vierpunkt-Schmalbiene 571
Vierzähnige Kegelbiene 334
Vorfrühlings-Wespenbiene 702

W

Wachsblumen-Hummel 256
Wachsblumen-Mauerbiene 741
Wald-Körbchensandbiene 77
Wald-Kuckuckshummel 293
Wald-Lockensandbiene 97
Wald-Maskenbiene 487
Wald-Pelzbiene 239
Waldrand-Mauerbiene 757
Waldrand-Sandbiene 103
Waldrand-Wespenbiene 672
Wald-Schenkelbiene 598
Wald-Schmalbiene 522
Wangendorn-Schmalbiene 550, 575
Weidenröschen-Blattschneiderbiene 614

Weißbeinige Schmalbiene 501
Weißbinden-Schmalbiene 535
Weißbindige Zwergsandbiene 148
Weißdorn-Sandbiene 63
Weiße Bindenpelzbiene 35
Weiße Bindensandbiene 109
Weiße Köhlersandbiene 143
Weißfleckige Düstersandbiene 47
Weißfleckige Seidenbiene 338
Weißfleckige Wespenbiene 651
Weißfleckige Wollbiene 226
Weißgraue Pelzbiene 235
Weißgürtel-Schmalbiene 502
Weißhaarige Blutbiene 821
Weißwangen-Bindenpelzbiene 33
Wespenbiene 650
Westalpen-Sandbiene 48
Westliche Felsen-Mauerbiene 744
Westliche Wespenbiene 667
Westliche Zangensandbiene 50
Westliche Zwergwollbiene 791
Wicken-Langhornbiene 388
Wiesenhummel 283
Wiesen-Körbchensandbiene 78
Wiesen-Wespenbiene 693
Wimpernfüßige Wespenbiene 659
Wimpern-Schmalbiene 577
Winzige Düsterbiene 829
Winzige Schmalbiene 548
Winzige Wespenbiene 696
Winzige Zwergmauerbiene 785
Winzige Zwergsandbiene 169
Wollbiene 217, 793
Wollfüßige Blattschneiderbiene 612

Z

Zahntrost-Sägehornbiene 646
Zahntrost-Seidenbiene 358
Zangen-Blattschneiderbiene 605
Zangheris Blutbiene 825
Zarte Maskenbiene 470
Zaunrüben-Sandbiene 93
Zaunwicken-Sandbiene 124
Ziest-Schmalbiene 548
Zottelbiene 775
Zottige Felsenbiene 453
Zottige Schmalbiene 588
Zottige Wespenbiene 724
Zweibindige Maskenbiene 458
Zweibindige Pelzbiene 231
Zweidornige Wespenbiene 659
Zweifarbige Sandbiene 59
Zweifarbige Schneckenhausbiene 734
Zweifurchige Steppensandbiene 61
Zweihöckerige Mauerbiene 749
Zweizahnbiene 31, 368, 780
Zweizähnige Mauerbiene 737
Zweizellige Sandbiene 122
Zweizellige Wespenbiene 718
Zwerg-Düsterbiene 830
Zwergharzbiene 214, 216
Zwerg-Kurzhornbiene 781
Zwerg-Langhornbiene 853
Zwergmauerbiene 784
Zwerg-Wespenbiene 682
Zwergwollbiene 788
Zwölffleck-Trauerbiene 637